Paris
1861-1870

Beron, Pierre

Panépistème, ou ensemble des sciences physiques et naturelles et des sciences métaphysiques et morales, devenu possible

Tome 8

Symbole applicable
pour tout, ou partie
des documents microfilmés

Original illisible

NF Z 43-120-10

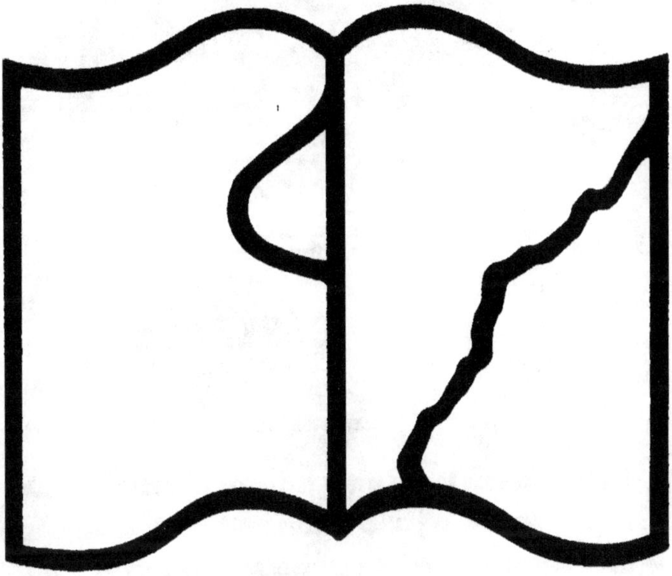

Symbole applicable pour tout, ou partie des documents microfilmés

Texte détérioré — reliure défectueuse

NF Z 43-120-11

PHYSICO-CHIMIE

TOME IER

PARTIE GÉNÉRALE

SIMPLIFIÉE PAR

I. L'EXPOSITION DES ÉQUIVALENTS EN TÉTRAÈDRES ET EN NOMBRES ENTIERS;
II. LES SEPT RAPPORTS ENTRE LES NOMBRES DES ÉLÉMENTS ET DES COULEURS;
III. LA POUSSÉE DE L'EXPANSION DES ÉLECTRES PRODUISANT LA DENSITÉ;
IV. L'EXPLICATION DE LA FERMENTATION ET DE LA PUTRÉFACTION;
V. LA CORRESPONDANCE ENTRE LES ESPÈCES DES ÉLECTRES
ET LES ORGANES DES SENS.

PAR

PIERRE HÉRON

Prix du tome Ier : 10 francs.

PARIS

J. B. BAILLIÈRE ET FILS
LIBRAIRES
de l'Académie impériale de médecine
rue Hautefeuille, 19
PRÈS LE BOULEVARD SAINT-GERMAIN

GAUTHIER-VILLARS
IMPRIMEUR-LIBRAIRE
du Bureau des longitudes
de l'École impériale polytechnique
SUCCESSEUR DE MALLET-BACHELIER
quai des Augustins, 55

1870

PANÉPISTÈME

DES

SCIENCES PHYSIQUES ET NATURELLES

ET DES

SCIENCES MÉTAPHYSIQUES ET MORALES

VIII

Paris. — Imprimerie Cusset et Cie, rue Racine, 26.

PHYSICO-CHIMIE

TOME IER

PARTIE GÉNÉRALE

SIMPLIFIÉE PAR

I. L'EXPOSITION DES ÉQUIVALENTS EN TÉTRAÈDRES ET EN NOMBRES ENTIERS;
II. LES SEPT RAPPORTS ENTRE LES NOMBRES DES ÉLÉMENTS ET DES COULEURS;
III. LA POUSSÉE DE L'EXPANSION DES ÉLECTRES PRODUISANT LA DENSITÉ;
IV. L'ÉTAT DES CORPS ÉPROUVANT LA COMPRESSION DU BAROÉLECTRE;
V. L'EXPLICATION DE LA FERMENTATION ET DE LA PUTRÉFACTION;
VI. LA CORRESPONDANCE ENTRE LES ESPÈCES DES ÉLECTRES ET LES ORGANES DES SENS.

PAR

PIERRE BÉRON

PARIS

J. B. BAILLIÈRE ET FILS
LIBRAIRES
de l'Académie impériale de médecine
rue Hautefeuille, 19
PRÈS LE BOULEVARD SAINT-GERMAIN

GAUTHIER-VILLARS
IMPRIMEUR-LIBRAIRE
du Bureau des longitudes
de l'École impériale polytechnique
SUCCESSEUR DE MALLET-BACHELIER
quai des Augustins, 55

1870

AVERTISSEMENT

SUR LE CHANGEMENT DE LA CHIMIE DESCRIPTIVE EN UNE SCIENCE, LA PHYSICO-CHIMIE.

La multiplication des découvertes de corps nouveaux a prouvé que, par la voie des expériences, on ne parviendrait jamais à connaître l'ensemble des corps, et encore moins l'ensemble de leurs propriétés chimiques et thérapeutiques, et l'origine de leurs qualités organoleptiques. La supériorité réelle des chimistes, est évaluée par la découverte de quelque généralité de faits nommés *loi*. Le nombre de lois étant médiocre, en les apprenant, on parviendrait en peu de temps à savoir le mode de la production de tout corps, connu ou inconnu. Aussi les mathématiciens exposent d'abord les quatre règles, et, de l'infinité du nombre des opérations arithmétiques, ils rapportent *quelques-unes* à titre d'exemples. La physico-chimie est une science comparable à la géométrie.

Par la *balance* on évalue la masse (barogène); par le *rhéomètre* on évalue l'expansion de l'électricité (pycnoélectre); par les organes des sens on détermine les qualités organoleptiques; par les contacts des corps entre eux on détermine leurs propriétés chimiques.

Le changement de la chimie descriptive en une science, s'est opérée : 1° au moyen de la découverte de la nature des éléments des corps, qui sont au nombre de deux : l'*hydrogène* et l'*oxygène*, et 2° au moyen de la découverte des espèces de fluides impondérables, qui correspondent aux organes des sens et aux sept espèces de sentiments, produits par les sons, les couleurs, les odeurs et les saveurs.

De même donc qu'avec un nombre de chiffres, par leur arrangement, on peut présenter l'infinité des nombres, de même je suis parvenu à exposer le mode de production des corps inorganiques, décomposables et indécomposables, et le mode de production des corps organiques, des plantes et des animaux.

Si les chimistes n'ont pas fait cela jusqu'à présent, la cause en est

1° qu'ils admettaient les atomes isolés dans les équivalents, tandis que d'après la loi de la barostatique, ce ne peut être que les *tétraèdres* des atomes qui composent les équivalents; 2° qu'ils ignoraient la correspondance entre les organes des sens et les espèces de fluides. Ils disputaient sur l'existence ou la non existence d'une production spontanée des champignons et des animalcules, parce que les uns et les autres ignoraient que les tétraèdres de l'un des fluides sont amenés, par l'expansion du pycnoélectre, dans la surface des plantes, où ils obtiennent l'arrangement de *chlorophylle;* tandis que les champignons sont les produits du chyle de l'engrais ou des liquides organiques. Ce que les chimistes ignoraient complètement c'est le mode de production des animalcules par l'expansion des deux électricités, de la lumière, de la chaleur et du *baroélectre* (fluide parfaitement inconnu).

I. STRUCTURE TÉTRAÉDRIQUE DES ÉQUIVALENTS.

Équivalents. Les chimistes, en admettant les atomes comme équivalents, ont été conduits aux poids exposés par des nombres fractionnels de formes $n + \frac{1}{4}$, $n' + \frac{2}{4}$, $n'' + \frac{3}{4}$. **Dumas.** Les fractions disparaissent dans les équivalents $4n + 1$, $4n' + 2$, $4n'' + 3$, composés de tétraèdres. Au lieu que le poids de l'atome d'hydrogène, admis comme unité des poids des équivalents, soit 1, il est 4, poids du tétraèdre d'hydrogène, ou hydrotétraèdre; il s'ensuit que dans cet ouvrage, les équivalents des corps indécomposables sont exposés en nombres entiers.

Les chimistes admettent comme simples les corps indécomposables de nombre croissant, tandis qu'ici il est prouvé qu'il n'y a que deux éléments simples, l'hydrogène et l'oxygène; les autres corps, sans être simples, sont indécomposables, parce qu'ils sont des résidus, (*hypolcopes*), et non des corps produits par une combinaison. Cette double simplification facilite beaucoup l'étude de la science.

Atomes et molécules. Les atomes ont un volume très-petit, limité comme l'est celui des grains de sable; le volume des tétraèdres des atomes n'est pas limité, car, sans en changer le poids, la chaleur fait augmenter le volume des corps, par l'écartement des atomes des tétraèdres, qui deviennent d'autant plus volumineux, qu'il y a plus d'expansion de chaleur, et accroissement de ses molécules. La dilatation produite par la poussée de l'expansion des molécules de la chaleur, peut être interceptée par une compression antagoniste, qui résulte de la poussée du l'expansion des molécules du baroélectre. Les molécules qui ont subi une compression indéfinie se trouvent inéquilibrées, et pour cela en expansion, lorsqu'elles n'éprouvent pas de résistances antagonistes d'une autre expansion d'électres.

Densité et volume. Le volume **v** d'un tétraèdre d'hydrogène pèse 4; le volume *v* d'un tétraèdre d'oxygène pèse $4 \times 8 = 32$ Un même volume **v** peut donc contenir le poids 4 ou 4×16 de barogène, selon qu'il *est composé d'hydrogène ou d'oxygène*. Donc, la densité de l'oxygène est 16 fois celle de l'hydrogène. La cause en est que le barogène 8β des atomes de l'oxygène subit, en toutes directions, de la part du baroélectre, une poussée **p**, double de celle *p*, qu'éprouvent les atomes d'hydrogène qui n'ont que 1β de barogène. Telle est l'origine du rapport 1:8 des poids des deux atomes.

Le mélange du volume **v** d'hydrogène et du volume *v* d'oxygène=3, pèse $4 + 32 = 36$; chacun des trois tiers du volume **v** pèse 12 et il a la même densité.

La pénétration du volume *v* d'oxygène dans celui **v** d'hydrogène, produit la vapeur d'eau; le barogène 36 est contenu dans le volume **v** $= 2v$, la densité 12 devient 18; car on a $H^4 + O^4 = 4HO$; $\mathbf{v} + v = \mathbf{v}$.

La densité croît : 1° *par la diminution du volume* **v** des tétraèdres, par le barogène 8β contenu dans les atomes qui sont soumis à la compression exercée de la part du baroélectre; 2° elle croît aussi par la pénétration des tétraèdres l'un dans l'autre, et 3° d'autres fois par la subdivision d'un tétraèdre composé en d'autres de volume inférieur (*isomères*).

Porosité. Les tétraèdres étant composés de 4 atomes, les intervalles vides qui les séparent sont des pores, qui peuvent diminuer par une compression ou augmenter par une traction et par une poussée exercée par l'expansion de la chaleur.

Mode de la multiplication des corps indécomposables. De la proposition que *les corps décomposables sont composés*, les chimistes ont tiré la conclusion que *les corps indécomposables sont simples*; cette conclusion a perdu toute sa valeur depuis la découverte des tétraèdres. Un corps non simple, est indécomposable lorsqu'il est le résidu de la séparation de quelques atomes des tétraèdres des corps décomposables. D'un tétraèdre d'eau 4HO décomposable, sont produits deux résidus indécomposables, par la séparation de 1 ou de 3 atomes d'oxygène : $4HO - O =$ *azote*; $4HO - O^3 =$ *carbone*. L'introduction d'oxygène O^2 dans le carbone en fait résulter l'azote; la séparation d'oxygène O^2 de l'azote en fait résulter le carbone. Les résultats des expériences suivantes doivent servir à titre d'exemple.

I. Un mélange sec d'azote et d'oxygène, soumis à des décharges électriques, donne de l'acide azotique hydraté; on a $Az^2 + O = O^2H^4 + O = 4HO$.

II. L'eau imbibée, d'acide carbonique, exposée au soleil dans des cloches non bleues devient de l'*azote* et de l'*oxygène*. $C^2O^4 = C^2O^2 + O^2 = Az^2 + O^2$.

III. L'hydrogène, brûlé dans l'oxygène, ne produit que de l'eau; s'il est brûlé dans l'air pur, il s'y produit de l'eau et de l'acide carbonique: $Az^2 + O^2 = C^2O^4$.

IV. Dans le blé et l'orge il n'y a que du chyle $6C^4H^4O^4$; on trouve du diamide dans le gluten $C^4H^4O^4 = Az^4H^4$.

V. La diamide de la levure employée pour faire fermenter le sucre, devient de la glycérine et de l'acide succinique $Az^4H^{4} = C^6H^8O^6 + C^8H^6O^8$.

VI. Le tétraèdre de plomb est $Pb^4 = 208 = C^{16}H^{16}O^{16} = C^8S^4O^{16}$; la séparation de quatre atomes d'hydrogène laisse le résidu $Pb^4 - H^4 = C^4Az^4S^2O^8$ indécomposable, nommé *thallium*, dont Lamy obtint des lingots de plusieurs kilogrammes dans la boue provenant de chambres en plomb dans lesquelles on brûle le soufre. Ce poids de thallium ne se trouve ni dans le soufre ni dans le plomb; il est le produit du plomb par une séparation d'un hydrotétraèdre 4H.

Mode de formation des cristaux. Il est prouvé, par les dissections et les clivages, que les tétraèdres sont les derniers éléments qui composent tous les corps solides inorganiques; on savait qu'il y a six systèmes de cristaux chimiques, qui se subdivisent: 1° en cristaux qui ne divisent pas l'expansion de la lumière, et 2° en cristaux qui la divisent. De ceux-ci les uns ne la divisent pas dans une seule direction de l'incidence, et les autres ne la divisent pas en deux directions.

On trouve dans cet ouvrage: 1° qu'en arrangeant les tétraèdres, de manière à placer les pycnoélectriques dans les aréolectriques, on en obtient des cristaux réguliers qui ne divisent pas la lumière; 2° qu'en faisant coïncider les faces ou passer les sommets de l'une sur le milieu du côté de l'autre, on en obtient deux systèmes de pyramides antipodes à axes coïncidants et à base *carrée* ou *hexagone* commune; ces deux systèmes de cristaux ne divisent pas l'expansion de la lumière incidente dans la direction de l'axe des pyramides; 3° qu'en accolant les tétraèdres par l'une de leurs arêtes pour en faire résulter un couple de rhombes, il n'est possible de superposer ces rhombes que de trois manières : 1° les faire coïncider ; 2° croiser leurs diagonales ou 3° les accoler pour les allonger. En ces trois positions on obtient des bases rhombes, rectangles ou parallélogrammes, les axes des deux couples de pyramides antipodes se croisent, et l'expansion de la lumière, dans les directions des axes des couples des pyramides, ne se divise pas.

État visqueux. L'expansion de la chaleur, par la poussée qu'elle exerce contre les tétraèdres, leur fait, dans les cristaux de quelques minerais, obtenir en partie un arrangement, d'où provient un mélange de cristaux de deux systèmes ; les corps réduits à cet état deviennent visqueux.

État allotropique. Cet état est celui des cristaux de deux systèmes composés de mêmes tétraèdres diffus, et qui possèdent des électres dont l'expansion est déterminée par chaque système cristallin.

II. ÉLECTROCHIMIE.

Tous les chimistes modernes disent que leurs ouvrages sont électrochimiques ; cependant on n'y trouve aucune découverte en rapport avec les deux espèces d'électres, encore moins avec l'expansion de la lumière, de la chaleur et du baroélectre. Ils ignorent même l'existence de ce dernier fluide. Dans la description des corps, on emploie des termes qui indiquent : 1° leurs qualités organoleptiques ; 2° des changements que produisent sur eux la chaleur, la lumière, les électres et la pression ; 3° des changements qui résultent du contact de leurs tétraèdres, et 4° des changements qui s'opèrent dans les corps organiques.

Qualités organoleptiques. Les sentiments sont des composés d'électres produits dans les organes des sens. Ils sont les mêmes chez tous les individus, car ils y sont produits 1° par les électres qui circulent dans les nerfs, et 2° par l'espèce des électres en expansion venant des corps. Il est exposé, dans la *Physique céleste*, t. III, que chacun des organes des sens des individus primitifs est produit par l'expansion d'un fluide respectif.

I. L'expansion centrifuge de la lumière produit les *yeux*.

II. L'expansion de la chaleur de l'air et de l'eau produit l'*épiderme*.

III. L'expansion des pycnoélectres produit l'*organe du goût*.

IV. L'expansion de l'aéroélectre produit l'*organe de l'odorat*.

V. Les écrans que font les corps par leur barogène β à l'expansion du baroélectre E, sont autant d'espèces d'inéquilibres, qui produisent l'*appareil compliqué de translation*.

VI. Dans les couches inférieures du globe il y a des fossiles d'invertébrés et point de vertébrés; dans les couches supérieures il y a de ces mêmes fossiles mêlés avec ceux des vertébrés qui ont l'organe de l'ouïe. Il est indiqué qu'à l'époque *e* de la production de cet organe, il y avait expansion de l'*échoélectre* produit par l'appareil de translation des mouches et des scarabées, dont les fossiles sont dans la couche où se trouvent ceux des vertébrés primitifs.

Les décharges du pycnoélectre dans l'aréoélectre, sont des mélanges inéquilibrés d'électromérides, dont l'expansion est de l'*échogène*. Aucune accumulation de pycnoélectres n'est possible dans le vide; il y a donc manque de décharges, et par suite manque de production d'échogène. Le manque d'air produit celui de décharges et de propagation.

Par les sept sons, les sept couleurs, les odeurs et les saveurs, il devient connu que les molécules de chacun de deux électres sont composées de sept *électromérides* (portions d'électres) de volumes égaux et de densités inégales. Ce sont donc ces électromérides qui produisent les sept sons, couleurs, odeurs, saveurs.

Déplacement des tétraèdres par l'expansion des électres. L'intensité de l'expansion des électres croît avec l'élévation de température. Lorsque la poussée répulsive *r*, exercée sur les tétraèdres, est inférieure à la poussée *p* compressive exercée sur eux latéralement de la part du baroélectre, le corps reste solide; il ne devient liquide que lorsqu'en élevant la température on fait augmenter la poussée répulsive pour devenir **r**, supérieure à celle de la poussée *p* latérale, et inférieure à celle **p** de la direction centripète de l'expansion du baroélectre.

Les électres ÉE² rendent aréoélectriques les corps chauffés; leur refroidissement s'opère par l'éloignement de l'aréoélectre et par l'accumulation du pycnoélectre. Dans la préparation des conserves, on met en contact deux corps pycnoélectrisés par le refroidissement, qui, étant antagonistes, empêchent la pénétration de l'oxygène dans les conserves. De même le fer, pycnoélectrisé, devient inoxydable (passif).

Réactifs chimiques. Les deux éléments hylicoahyles entrent dans la composition des corps en rapport différents, lesquels produisent des inéquilibres aux points de contact. Pour mettre en contact les tétraèdres de deux corps, on les réduit à l'état liquide par la chaleur ou par leur dissolution dans des liquides. Il a été dit que dans les solides c'est la poussée r de l'expansion électrique d'une intensité inférieure à celle de la compression p latérale du baroélectre. Si de tels tétraèdres sont dans un liquide de densité inférieure, la compression p diminue; si elle devient inférieure à la répulsion r, les tétraèdres du liquide pénètrent entre ceux du corps solide.

Ayant ainsi deux sels dissous dans l'eau, leur réaction consiste en la séparation des facteurs AB et A'B' pour produire les sels des facteurs A'B, AB'.

Explosion. L'expansion subite du pycnoélectre est ce qu'on doit entendre par le mot *explosion*. L'hydrogène $6H\acute{E}$, se combinant avec l'oxygène $6O\acute{E}$, produit l'eau $6HO$ et de la chaleur obscure avec explosion ou de la chaleur lumineuse sans explosion. On a :

$$6H\dot{E} + 6O\acute{E} = 6HO + 3\dot{E}\acute{E}^2 + 3\dot{E} = 6HO + 2\dot{E}^2\acute{E} + 2\dot{E}\acute{E}^2.$$

Dans l'un de ces cas il y a $3\dot{E}\acute{E}^2$ de chaleur et excès de $3\acute{E}$ de pycnoélectre; dans l'autre, il y a de la lumière, moins de chaleur, et point d'excès de pycnoélectre. Dans les magasins de gaz, il y a des appareils de chauffage et d'éclairage : du même volume de gaz, il se produit la quantité de chaleur $3\dot{E}\acute{E}^2$ obscure, ou $2\dot{E}\acute{E}^2$ avec de la lumière $2\dot{E}^2\acute{E}$. Parmi les membres de l'Institut de France : 1° les uns, au moyen de l'appareil d'éclairage, en brûlant 1 gramme d'hydrogène, ont trouvé 23640 calories (**Desprets**, **Laplace**, etc.); 2° les autres, au moyen d'un appareil de chauffage, en ont trouvé 34600 (**Dulong**, **Favre**, etc.). Les chimistes du même Institut ne sont pas parvenus à rendre compte aux expérimentateurs de l'origine du désaccord des résultats d'expériences très-exactes. L'ignorance des chimistes par rapport à la nature des électres, ainsi vulgarisée, empêchera le public d'aller demander leur opinion sur cet ouvrage.

Bioélectre ou électre amphistrophe des arbres. Les branches inférieures des arbres séculiers, des chênes, des cèdres de Liban, etc., d'une longueur au-dessus de 10 mètres et d'un poids de quelques milliers de kilogrammes, éprouvent, de la part du baroélectre, une poussée **p** verticale, qui pourrait être évaluée en poids p. Si l'on sépare la branche du tronc, et, après l'avoir fixée par cette extrémité sur un support, si on y attache le poids p pour obtenir un équilibre, un poids p', appliqué sur la branche pour la détacher du tronc avec le poids p, donne la somme $p + p'$ d'une poussée convergente qui existe entre la branche et le tronc. Entre ces parties de l'arbre, il n'a jamais manqué d'expansion centrifuge diurne et centripète nocturne du pycnoélectre, accompagnée par l'expansion inverse de l'aréoélectre.

Il y a donc autant de filets des deux électres entre la branche et le tronc qu'il y a de jours écoulés depuis la poussée de la branche. La végétation des arbres dépend de ces filets d'électres nommés bioélectres, parce que ce sont eux qui soutiennent la vie, laquelle disparaît des parties des arbres où ces bioélectres ne sont plus accumulés. La putréfaction ne commence par les électres à l'état latent que lorsque leur expansion n'est plus empêchée par la présence des bioélectres des (électres amphistrophes).

Différence électrique entre les corps organiques et les corps inorganiques. Les corps organiques sont composés de *biochyle*, soutenant la vie par les deux électres à l'état amphistrophe, qui sont les bioélectres, et de *périchyle*, formant les enveloppes de globules produits par l'inversion de l'expansion; ce périchyle soutient le bioélectre et aussi les électres à l'état latent. Les faces *ff'*, vis-à-vis des tétraèdres composant les cristaux des corps inorganiques, soutiennent les deux facteurs ÉÉ' de la chaleur, lesquels exercent entre eux une répulsion *r* plus faible que la poussée *p*, compressive du baroélectre.

Les deux électres des corps organiques, produisent de la chaleur et de la lumière, dont l'expansion fait en résulter des animalcules ayant quatre organes des sens et un appareil de translation.

Les deux facteurs de la chaleur, soutenus par les faces *ff'*, vis-à-vis des cristaux, viennent en combinaison et produisent de la chaleur, lorsqu'en frottant les corps on brise non les cristaux, mais leur tétraèdre; car, pour obtenir de la chaleur, il ne faut pas pulvériser les corps, mais il faut les frotter ou les charger pour produire l'étranglement par la déchirure des couches de tétraèdres.

Résumé. Dans cet ouvrage sont exposés 1° l'origine des deux électres; 2° celle des sept couples d'électromérides; 3° celle de la chaleur et de la lumière; 4° celle du composé d'un photoélectre avec sept thermoélectres; 5° l'origine du baroélectre; 6° l'origine de l'hydrogène et de l'oxygène; 7° le mode de production des corps indécomposables avec leurs qualités et leurs propriétés; 8° le mode de production de chaque espèce de zymose, de fermentation et de putréfaction; 9° le mode de production des plantes et des animaux par les éléments de l'eau et par le biochyle soutenant les bioélectres.

ÉLÉMENTS DES CORPS INDÉCOMPOSABLES SUBDIVISÉS EN MÉTALLOIDES, PARAMÉTAUX ET MÉTAUX.

I. ÉLÉMENTS DES MÉTALLOIDES ET DES FACTEURS DE LEURS ÉQUIVALENTS COLORÉS.

Hydatétes, Chlorophyllétes, Théetes, Phosphorétes, Argilétes.

HYDATÉTES	Carbone	$C^2=12=OH^6$	$=8HO-4O$	
	Azote	$Az^2=28=O^2H^4$		
CHLOROPHYLLÉTES	Iode (1)	$I=127=O^{14}H^{15}$	$=22HO$	$=36HO-3HO$
	Chlore (2)	$Cl^2=71=O^6H^7$		
	Brome (3)	$Br=80=O^6H^6$	$=11HO$	
	Fluor	$Fl=19=O^2H^3$		
THÉETES	Soufre (4)	$S^2=32=C^4H^8$		
	Sélénium (5)	$Se^2=80=C^{10}H^{20}$		
	Tellure	$Te=64=C^3H^{16}$		
PHOSPHORÉTES	Phosphore	$Ph=31=As^2H^8=As^2H^6-H^2$		
	Arsenic	$As=75=C^2HPh^2=C^2H^2Ph^2-H$		
	Antimoine (8)	$Sb=43=C^4H^3O^2=C^2Ph=Bi-C^2O^2$		
	Osmium (9)	$Os^2=199=C^{16}H^7O^{12}=C^{12}As^4H^7O^8=C^4HPh^2C^6O^6=C^2AsC^6O^6$		
ARGILÉTES	Silicium (6)	$Si^2=46=C^6H^6$		
	Bore (7)	$B^4=44=C^6H^8=Si^2-H$; $B=H^6O$; $BO^2=H^6O^4$		

II. ÉLÉMENTS DES PARAMÉTAUX BIEN CONNUS.

Potassium	$K^2=78=C^{10}H^{18}=C^2H^2,C^8H^{16}$
Sodium	$Na^2=40=C^6H^{10}=C^2H^2,C^4H^8$

---

(1) L'iode a deux couleurs : 1° rouge, produite par les facteurs H^{10}, H^5 et 2° bleue produite par les facteurs O^3, O^6 ; ainsi on a iode $=H^{10}O^3$, H^5O^6.

(2) *Le jaune du chlore est le produit des facteurs* O^3O^3 ; *il devient verdâtre par* le bleu produit des facteurs H^4, H^3 ; ainsi on a chlore $=H^4O^3$, H^3O^3.

(3) Le rouge du brome est le produit des facteurs H^4O^4, H^2O^6.

(4) Le soufre est jaune, des facteurs C^2H^5, C^3H^3 ; chauffé il devient $S^6=C^{12}H^{24}$ rouge C^4H^{16}, C^8,H^8 ou rouge jaune C^3H^{15}, C^4H^9.

(5) Le sélénium est rouge, des facteurs $Se^3=C^{15}H^{30}=C^{10}H^{20}$, C^5H^{10}.

(6) Le silicium est brun, des facteurs C^6H^6, C^2H^3.

(7) Le bore est rouge, des facteurs C^6H^4, C^3H^4.

(8) L'hydrogène antimonié est $SbH=C^4H^4O^2=C^4HPh$ tandis que l'hydrogène arsenié est C^2HPh^2 ; l'analogie entre ces deux gaz correspond à celle de leurs éléments.

(9) L'acide osmique est $Os^2O^8=C^4HPh^2,C^6O^6=C^2HPh^2,C^4O^4,C^6O^{12}=AsC^4O^4,C^6O^{12}$. — La présence de l'arsenic dans l'oxyde de carbone et dans l'acide carbonique se manifeste par une odeur de raifort très-piquante, qui cause des douleurs aux yeux, paralyse pour quelques jours le sens de l'odorat et excite la toux.

Baryum	$Ba^{2}=137=C^{10}H^{10}=C^{8}H^{8},C^{10}H^{10}$
Thorium	$Th=59=C^{8}H^{11}=C^{4}H^{4},C^{4}H^{7}$
Strontium	$St=44=C^{6}H^{8}=C^{4}H^{4},C^{2}H^{4}$
Glucinium	$Gl=14=C^{2}H^{2}=C^{2}H^{2}$
Aluminium	$Al^{2}=27=C^{4}H^{3}=C^{2}H^{2},C^{2}H$
Calcium	$Ca^{2}=40=C^{6}H^{4}=C^{2}H^{2},C^{4}H^{2}$
Zirconium	$Zi^{2}=67=C^{10}H^{7}=C^{4}H^{4},C^{6}H^{3}$
Yttrium	$Y^{2}=66=C^{10}H^{6}=C^{6}H^{6},C^{4}$
Lithium	$Li^{2}=26=C^{4}H^{2}=C^{2}H^{2},C^{2}$
Magnésium	$Mg^{2}=24=C^{4}=O^{2}H^{8}=2OH^{4}$

III. ÉLÉMENTS DES MÉTAUX, PRODUISANT LEURS PROPRIÉTÉS CHIMIQUES ET NON LEURS PROPRIÉTÉS ÉLECTRIQUES.

Fer	$Fe^{2}=56=C^{4}H^{8}O^{3}=C^{2}H^{2},SO^{4}=C^{4}H^{5},3HO=C^{2}PhH^{2}$ (1)
Chrome	$Cr^{2}=53=C^{4}H^{5}O^{3}=C^{2}H,SO^{3}=C^{4}H^{2},3HO$
Magnésium	$Mn^{2}=55=C^{4}H^{7}O^{3}=C^{2}H^{3},SO^{3}=C^{4}H^{4},3HO$
Cobalt	$Co^{2}=59=C^{4}H^{3}O^{4}$
Nickel	$Ni^{2}=59=C^{4}H^{3}O^{4}$
Uranium	$U^{2}=60=C^{4}H^{4}O^{4}=C^{2}O^{2}SO^{2}$
Zinc	$Zn^{2}=65=C^{4}H^{9}O^{4}$
Cadmium	$Cd=56=Zn^{2}-HO$
Tantale	$Ta=69=C^{6}H^{9}O^{3}=C^{6}H^{6},3HO$
Niobium	$Nb=49=C^{4}H^{9}O^{2}=SH,SO^{2}$
Tungstène	$Tu=92=C^{8}H^{12}O^{4}=C^{8}H^{8},4HO$
Molybdène	$Mo=42=C^{4}H^{8}O^{2}=C^{2}As^{2}H^{2}$
Vanadium	$V=3MO=126=C^{12}H^{6}O^{6}=C^{6}As^{6}H^{6}$
Étain	$Sn=59=C^{6}H^{7}O^{2}=C^{4}HAs^{2}H^{6}$
Titane	$Ti^{2}=50=C^{4}H^{7}O^{2}=C^{4}H^{4},3HO$
Antimoine	$Sb=43=C^{4}H^{3}O^{2}=C^{2}Ph=Bi-C^{2}O^{2}$
Bismuth	$Bi=71=C^{6}H^{3}O^{4}=C^{4}O^{2}Ph$
Plomb	$Pb=104=C^{8}H^{8}O^{6}=C^{4}S^{2}O^{6}$
Thallium	$T\lambda=204=C^{16}H^{12}O^{12}=C^{16}O^{6},S^{2}O^{6}$
Cuivre	$Cu^{2}=63=C^{6}H^{3}O^{3}=C^{2}As^{2}H^{3}$ ou $C^{4}H^{7}O^{4}=As^{2}H^{2}SO^{3}$
Mercure	$Hg=100=C^{4}H^{12}O^{8}=S^{2}O^{5},4HO$
Argent	$Ag=108=C^{4}H^{12}O^{9}=S^{2}O^{5},4HO$
Platine	$Pt=97=C^{4}H^{9}O^{8}=As^{2}H^{2}SH^{2}O^{6}=PbSO^{4},2HO$
Iridium	$Ir=99=C^{4}H^{11}O^{8}=S^{2}O^{5},3HO$
Ruthenium	$Rt=52=C^{4}H^{4}O^{3}=C^{2}SO^{3}$
Rhodium	$Rh=52=C^{4}H^{4}O^{3}=C^{2}SO^{3}$
Or	$Au=98=C^{4}H^{10}O^{8}=C^{2}H^{4}O^{3},C^{2}H^{6}O^{5}=SO^{5},SH^{2}O^{5}$
Palladium	$Pd=53=C^{4}H^{5}O^{3}=C^{4}HOSO^{2}$
Osmium	$Os^{2}=100=C^{6}H^{4}O^{6}=C^{2}AsC^{2}O^{6}$; $Os^{2}O^{2}=AsC^{4}O^{4},12CO^{2}$

(1) Le souffre et le phosphore font augmenter la dûreté des métaux qui contiennent les mêmes éléments qu'eux.

A. ÉLÉMENTS DES MÉTAUX, PRODUISANT LEURS PROPRIÉTÉS ÉLECTRIQUES EN COMMENÇANT PAR LE PLUS PYCNOÉLECTRIQUE.

Bismuth	$Bi = C^6 \overset{\prime\prime}{H}{}^3 O^4 = C^4 PhO^3$
Nickel	$Ni^3 = C^4H^3O^4 = C^7PhO^3$
Cobalt	$Co^3 = C^4H^3O^4 = C^8O^3Ph$
Palladium	$Pd = C^4H^4O^3 = C^3SO^3,HO$
Plomb	$Pb = C^8H^8O^6 = C^4O^3,S^2O^4$
Or	$Au = C^4H^{10}O^8 = SO^3,SH^3O^5$
Argent	$Ag = C^4H^{12}O^9 = SH^3O^6,SHO^3$
Cuivre	$Cu^6 = C^6H^8O^9$
Zinc	$Zn^2 = C^4H^9O^4$
Fer	$Fe^3 = C^4H^6O^3 = C^2H^8SO^3$
Cadmium	$Cd = Z^3 - HO$
Antimoine	$Sb = C^4H^3O^4 = C^8Az^8H^3 = C^3Ph.$

B. CORRESPONDANCE ENTRE LES ÉLÉMENTS DES MÉTAUX ET LEUR COULEUR.

Or. Réfléchit le photoélectre jaune et transmet le vert; il y a les rapports 5:3 et 6:4 *dans les facteurs* $SO^3,SH^2O^6 = C^3H^4O^3,C^3H^3O^4$.

Cuivre. Le rouge est le produit du rapport 2:1 entre les éléments des deux facteurs $C^4H^3O^3,C^2HO$.

Argent. Le rouge très-lavé dans le blanc est le produit du rapport 2:1 des éléments des facteurs $C^2H^4O^6,C^3H^4O^3$.

NOMENCLATURE

DES TERMES CORRESPONDANTS

1° AUX TÉTRAÈDRES DES DEUX ESPÈCES D'ATOMES,

ET 2° AUX ÉTATS ÉLECTRIQUES DES ÉQUIVALENTS (1).

ACTION SUPRÊME, action hyperphysique.

AMMONIAQUE. Ce mot ne dérive pas de ἄμμος, sable, mais du temple de Jupiter, Ἄμμων, qui est dans le désert où est exploité le sel ammoniac.

AMMONIOTÉTRAÈDRES. Tétraèdres composés d'équivalents d'ammoniaque $= Az^2H^2,4H$.

ANISORRHOPIE (ἄνισος, *inégal*, ῥοπή, inclinaison), inéquilibre des fluides occasionnant leur expansion qui est une *action*; l'inéquilibre donc est la *force*.

ANISOTHERMIE, inégalité de température; cause de l'expansion des molécules μ' du côté chaud et des molécules μ du côté froid; ainsi elle est la source des actions électriques.

ANTHRACOTÉTRAÈDRES, ANTHRACOZEUGMES, tétraèdres ou zeugmes de carbone $= C^2 = 0,4H$.

ARÉOÉLECTRE (ἀραιός, raréfié), V. *pycnoélectre* et *électre*.

ARÉOÉLECTRICITÉ, V. *pycnoélectricité*.

ARÉOÉLECTRISER, V. *pycnoélectriser*.

ARÉOSYZYGUE, V. *pycnosyzygue* et *zeugme*.

ARÉOTÉTRAÈDRE, V. *pycnotétraèdre*.

ARÉOTMÈME (τμῆμα, partie), portion aréoélectrique des couples ĖĖ.

ATMOAÉROSPHÈRE (ἀτμός, vapeur, ἀήρ, air); ainsi est nommée la partie de l'atmosphère jusqu'à 3000 mètres d'épaisseur, au-dessus de laquelle la vapeur manque et l'air est sec.

ATMOTÉTRAÈDRES (ἀτμός, vapeur), tétraèdres *o*,4HO composant la vapeur.

ATOME (ἀ privat. τέμνειν, tailler), il n'y a dans la nature que deux espèces de volumes très-petits, limités et invariables.

---

(1) Jusqu'à présent il était inconnu 1° que les métaux se forment, de l'eau et des minerais alluviens, dans les fournaises souterraines, 2° que les minerais alluviens se forment de l'eau et du carbone dans les plantes, 3° que le carbone se forme à la surface des feuilles, et 4° que l'azote se forme de l'eau dans les mers et dans les plantes.

Pour indiquer les *corps découverts*, les chimistes s'étaient orientés de quelques unes de leurs propriétés, car il leur était inconnu que dans tous les corps n'entrent que les deux espèces d'atomes, mais en ordres différents. Les propriétés des corps *résultent* 1° de ces ordres et 2° des deux électricités.

Après avoir découvert dans l'eau l'origine des corps terrestres, pour trouver des termes indiquant les actions qui accompagnent toutes les séries de transformations, l'auteur ne rencontre pas de difficultés, car il connaît la langue thrace, sa langue maternelle, la langue d'Homère, dans laquelle il a puisé cette terminologie.

1° Dans le volume *o'* d'*hydrogène* H = 8β est contenu le mélange de 1 thermozeugme θ et 2 molécule β d'électre μ'' *isopycne* nommés *barogène*. 2° Dans le volume égal *o* d'oxygène O = φβθβ⁷ est contenu le mélange de 1 photozeugme, 7 thermozeugmes et 8 molécules de barogène β. *Ces quantités* 1β et 8β de barogène font être les volumes v, *v* des tétraèdres *o*,4H, *o*,4O en raison *inverse* des racines cubiques de 1 et de 8, $v : v = \sqrt{8} : \sqrt{1}$. Les deux espèces d'atomes sont tous arrangés 1° en tétraèdres Δ' de volume v contenant 4 portions de barogène β, et 2° en tétraèdres Δ de volume *v* contenant 32 portions de barogène β.

AYLE (ἄυλος, immatériel), tels sont la chaleur, la lumière et les syzygues électriques qui les composent.

AZOTOTÉTRAÈDRES, tétraèdres *o*,4Az *composés* d'azotozeugmes.

AZOTOZEUGME, c'est le résidu provenant de 1 hydatotétraèdre après la *séparation* de 1 atome d'oxygène pour en résulter 1 tétraèdre trisperme

$$o,4HO - O = O^3,4H = Az^2.$$

BAROGÈNE (βάρος) et

BARYGÈNE (βαρύς, pesant), ainsi est nommé l'électre isopycne; *ses molécules* sont indiquées par le signe μ'' qui est l'électre en expansion venant des deux *cosmosphères* P, A (*fig.* 1). La densité inégale de l'électre de ces cosmosphères se trouve égalisée dans *les molécules* μ'' qui se trouvent en expansion dans l'espace Π inégalement éloigné des cosmosphères. *Les portions* β, 8β, 36β de barogène contenues dans les corps éprouvent des molécules isopycnes μ'' *homonymes des poussées* convergentes, ces poussées sont ce qu'on doit entendre par les mots *pesanteur*, *gravitation* (βαρύτης).

Le barogène β, 8β, 4β, 32β, 36β contenu dans 1 atome d'hydrogène, dans 1 atome d'oxygène, dans 1 hydrotétraèdre *o*,4H, dans 1 oxytétraèdre *o*,4O ou dans 1 azotétraèdre *o*,4HO *est ce* qu'on doit entendre par le mot *poids* (βάρος).

CHLOROPHYLLE (χλωρός, vert, φύλλον, feuille), V. *phytoplasme*.

CHROMATOZEUGME (χρῶμα, couleur, ζεῦγμα, couple), V. *phytoplasme*.

COSMOSPHÈRES. L'*éther* en état équilibré occupant l'espace indéfini céleste est admis par les physiciens actuels, pour *lesquels* sont *inexplicables* les expansions des molécules nommées *action* et l'inéquilibre des molécules *nommé force*. J'ai trouvé 1° dans les expansions et 2° dans l'existence de l'inéquilibre l'indice de l'intervention d'une Action hyperphysique laquelle divisa le fluide primitif, l'*éther*, équilibré et inerte, des molécules de volume indéfini, en deux masses inégales M + M et M, lesquelles en par*courant* des distances *inégales* ont été accumulées dans deux volumes égaux. Au moment de la fin de l'Action dans une sphère P contenant la masse M + M' supérieure, les molécules μ se sont trouvées plus *denses* que celles μ' de la sphère A contenant la masse M inférieure de molécules.

CRISTALLOPHRAGME (φράγμα, cloison), dépôt cristallin galvanoplastique produit par les courants thermoélectriques *autour des houillers souterrains*, pour devenir séparés de la mer. La température élevée des fournaises *convertit cette masse* cristalline en terrains ignés, granit, basalte, porphyre. (*Physique céleste*, t. III, p. 404.)

DENSITÉ DES ATOMES, V. *hydrogène*.

DENSITÉ DES TÉTRAÈDRES. *Dans le* volume v d'eau est contenu le barogène β + 8β, qui produit une densité 1; en *introduisant dans ce volume* v *le* barogène 8β de volume *v*, il y en reste la moitié, et l'autre moitié se répand *dans le reste* du volume v. La densité *d* correspondant au barogène 9 dans le volume *v* devient d pour le barogène 9 + 4 du volume *v*, ainsi est trouvée pour l'eau oxygénée la densité

$$9:13 = 1:\chi - \frac{13}{9} = 1,444.$$

La densité des corps est trouvée par leurs éléments s'ils sont connus; au moyen de la densité des corps indécomposables on trouve par le calcul leurs éléments.

DIASTOLE (διά, prép., στέλλειν, amener), dilatation, accroissement des volumes par l'expansion des molécules et non par leur raréfaction ou par leur déplacement.

DIAZEUXE (διὰ, prep., ζεύγειν, conjuguer), délogement des endotétraèdres A qui sont pycnoélectriques, décomposition, analyse.

DISPERMES (δὶς, deux fois, σπέρμα, noyau), tétraèdres à deux noyaux, lesquels sont semblables de deux *hémitétraèdres*.

ECCHALYBOSE (χάλυψ, acier) changement (du fer) en acier.

ECCHOMATOSE (χῶμα, alluvion), changement (des substances végétales) en alluvion.

ECCHROMATOSE (ἐκ, *prép.*, χρῶμα, couleur), changement (du rapport $n:n'$ des syzygues dans les zeugmes) pour résulter un ou plusieurs des sept rapports chromatiques qui sont : 2:1, 15:8, 5:3, 8:2, 4:3, 5:4, 9:8, *rouge, orangé, jaune, vert, bleu, indigo, violet*.

ECMÉTALLOSE, changement (de l'alluvion) en métaux dans les fournaises souterraines.

ECPHOTOSE (φῶς, lumière), changement (des deux électricités) en lumière (comme dans l'arc voltaïque).

ECPHYTOSE (φυτόν, plante), changement (de l'eau) en plantes.

ECTÉTRAÉDRIASE (ἐκ, prép., τετράεδρον, tétraèdre), délogement des tétraèdres A les plus pycnoélectriques, des tétraèdres A' les moins électriques, *décomposition*, diminution de densité par l'accroissement du volume $v + v$ des tétraèdres séparés.

ECTHERMANTOSE (ἐκ, prép., θερμότης, chaleur), changement (des deux électricités) en chaleur (comme dans *l'arc voltaïque*).

ECTOTÉTRAÈDRE (ἐκτός, du dehors), tétraèdre A' dans lequel est logé un autre A moins aréodiectrique.

ÉLECTRE. *L'éther des molécules volumineuses* équilibré dans l'espace Σ céleste, a été converti en *électre* par l'*Action hyperphysique*, qui l'a ramassé en deux *cosmosphères*. *Depuis la fin* de cette action, les molécules inéquilibrées se trouvent en expansion pour envahir par 1 seconde un espace de 77000 lieues *en* chaque direction. Quoique le laps de temps T écoulé depuis la fin de l'*Action hyperphysique* soit très-long, les parties *o, o'* de l'espace envahi des molécules μ, μ' ne sont qu'une minime partie de l'espace Σ qui a été occupé par les molécules équilibrées.

ÉLECTRICITÉ, expansion des molécules μ, μ' en directions opposées à cause du minimum de résistance; la vitesse de cette expansion dans les fils télégraphiques est comparable à celle des molécules μ des pycnosyzygues composant la lumière.

ÉLECTRICITÉ LATENTE. Les surfaces minces des corps isolants soutiennent les deux électricités en état latent, de telles surfaces sont les tétraèdres. Un tétraèdre d'eau devient d'une dimension 12 fois plus grande, et il occupe un volume 12^3 plus grand lorsque ses deux surfaces soutiennent les deux électricités en état latent. La déchirure mécanique des tétraèdres fait les deux électricités se mêler et devenir chaleur, laquelle a été nommée *latente*, quoiqu'on ait connu seulement l'existence de l'électricité à état latent, et la production de chaleur dans la rencontre des deux électricités.

ÉLECTROLYSE (λύσις, décomposition) séparation ou délogement de tétraèdres des zeugmes hyliques pour en obtenir des tétraèdres hyliconyles au moyen des éléments des thermozeugmes

$$4HO + 4EE^2 = 4H\dot{E} + 4O\dot{E}\dot{E}$$

(hydrogène ordinaire et oxygène aréoélectrisé ou ozoné).

ÉLECTROTMÈME, V. *Aréotmème*.

ÉLECTROZEUGMES (ζεῦγμα, couple), couples ayant pour éléments les deux électrosyzygues; ces couples composent *l'électricité neutre*.

ENDOTÉTRAÈDRES (ἔνδον, intérieur), tétraèdre Δ pycnoélectrisé logé dans le tétraèdre Δ' aréoélectrisé.

ENTÉTRAÉDRIASE (ἐν, prép.), logement des tetraèdres Δ pycnoélectriques dans les tétraèdres Δ' aréoélectriques, *combinaison*; accroissement de la densité et diminution de la somme $v + v$ des volumes en v, disparition du volume v.

EXAÉROSE (ἀήρ, air), changement (de l'eau) en air.

EXANTHRACOSE (ἐκ, prép., ἄνθραξ, charbon), changement de *l'azote* $Az^2 = O^3,4H$) en oxyde de carbone

$$C^2O^2 = O^3,4H.$$

EXAZOTOSE (ἐκ, prép., ἄζωτον, azote), changement (de l'oxyde de carbone C^2O^2) en azote $= O^3,4H$, car il est

$$C^2 = O,4H.$$

EXÉLECTROSE. Changement (de la chaleur Θ ou de la lumière Φ) en électricité.

EXHYDATOSE (ὕδωρ, eau), changement (de l'air) en eau.

HOMOLOGUE (ὁμόλογος) indiquant deux objets analogues, ainsi sont nommées les zeugmes qui entrent dans les tétraèdres comme noyau à la place des autres; l'ammoniozeugme AzH^3 est homologue de trois hydatozeugmes; l'amide

$$AzH^2 = AzH^3 - H = 3HO - H = 2HO,O$$

est l'homologue de 1 atome d'oxygène; l'*hypamide* AzH est l'homologue des 2 atomes d'oxygène; l'azote Az est l'homologue des 3 atomes d'oxygène, ainsi C^2N est homologue de l'acide oxalique anhydre C^2O^3.

HYDATOTÉTRAÈDRES, (ὕδωρ) tétraèdres o,4HO de l'eau ou composant l'eau comme le sont les *hydatozeugmes*; leur différence des atmotétraèdres ne consiste 1° qu'en une présence d'électricité dans la vapeur, ou 2° dans son absence dans l'eau. La dimension moyenne des atmotétraèdres diffère l'été et l'hiver, elle est d'environ $0^{mm},02$. Telle est la longueur *l* réelle des atmotétraèdres, pour en déduire celle λ des hydatotétraèdres il faut la diviser par 12, et ainsi on trouverait 1/600e de millimètre qui correspond à la longueur des ondes de la couleur jaune. Là est l'indice de l'origine de la liaison des rapports entre les syzygues des corps et leur couleur.

HYDATOZEUGME (ὕδωρ, eau, ζεῦγμα couple), couples o,4HO d'oxytétraèdres logés dans les hydrotétraèdres; ces zeugmes en état liquide occupent un volume 12^3 fois inférieur à celui qu'ils occupent en état gazeux, parce que la densité de l'eau est $12^3 = 1728$ fois supérieure à celle de sa vapeur sous la pression ordinaire. Les deux facteurs $3^3 \times 4^3 = 12^3$ correspondent aux deux dimensions des tétraèdres; celles des six arêtes étant 4, 3 est la longueur *h* des 4 perpendiculaires abaissées des sommets sur les 4 faces opposées.

Cet accroissement de volume est accompagné d'une exelectrose des thermozeugmes et d'un abaissement de température. Le volume V des tetraèdres de la vapeur est produit par les poussées 4*r* et 3*r* répulsives qui ont pour cause l'expansion des molécules μ, μ', expansion en chaque direction pour envahir l'espace qui a pour mesure le cube 12^3 du produit cubique des deux dimensions 4 et 3.

HYDROGÈNE $H = 8\beta$, ce *mélange de* l'électre isopycne β nommé *barogène* avec un thermozeugme $\theta = \overset{+-}{EE^2}$ est une espèce d'atome; l'autre espèce est celle des atomes d'oxygène

O=φβ̄β̄'. Le volume o' des atomes d'hydrogène est égal à celui des atomes o d'oxygène. Le volume v des hydrotétraèdres o,4H est double du volume v des oxytétraèdres o,4O, parce que les atomes o d'oxygène à cause de leur barogène 8β éprouvent en chacune des trois dimensions, de la part de l'électre isopycne, une poussée qui est double de celle qu'éprouve le barogène β des atomes de l'hydrogène, dont on distingue les trois espèces suivantes :

1° **HYDROGÈNE ORDINAIRE** HE, est un zeugme hylicoayle neutre.

2° **HYDROGÈNE PYCNOÉLECTRISÉ** HEH, est l'hydrogène des acides *hydriques*.

3° **HYDROGÈNE ARÉOÉLECTRISÉ** HEE, est l'*hydrogène nommé allotrope*.

Le nombre N des hydrotétraèdres o,4H ne varie pas, mais le volume qu'ils occupent en état gazeux aux températures élevées ou en état solide contenant les oxytétraèdres, varie des millions de fois.

HYDROTÉTRAÈDRES, tétraèdres o,4H composés de 4 atomes d'hydrogène ayant un volume v, lequel varie avec les températures sans pour cela changer le volume o' des atomes.

HYLICOAYLE (ὑλικὸς, matériel, ἄϋλος, immatériel), les deux espèces d'atomes primitifs ont pour éléments communs le barogène avec les thermozeugmes, lesquels ne peuvent manquer d'aucun corps, la différence provient des *photozeugmes contenus dans les atomes o* de l'oxygène, la chaleur spécifique est en rapport inverse du nombre des thermozeugmes et des hydrotétraèdres qui composent les résidus indécomposables considérés comme équivalents primitifs

HYLIQUE (ὑλικὸς, matériel), corps contenant du barogène.

HYPERPHYSIQUE (ὑπὲρ., prép.), action qui n'a pas été postérieure à la loi physique, car elle en est l'origine.

ISOPYCNE (ἴσος, égal, πυκνὸς, dense), d'égale densité. V. *électre* et *barogène*.

ISORRHOPIE (ἴσος, égal, ῥοπή, inclinaison), équilibre opposé de l'*anisorrhopie*.

LIPOCORMES (λείπειν, manquer, κορμὸς, tronc), arbrisseaux monocotylédones qui, *dans les pays chauds*, conservent leur tronc et le perdent en hiver aux pays froids ; il ne reste que le col et les racines.

LIPOSPERME (λείπειν, manquer, σπέρμα, noyau), tétraèdres o,4H, o,4O, o,4HO sans noyau.

MÉTANGISME (μεταγγισμός, transfusion) et

MÉTATÉTRAÉDRIASE, déplacement et logement des tétraèdres les uns dans les autres, *analyse* par rapport au délogement, *synthèse* par rapport au logement.

MONOSPERME (μόνος, seul, σπέρμα, *noyau*), tétraèdres à un seul noyau $0,4H = C^2$, de telles espèces de tétraèdres sont composés les corps solides, liquides ou vaporeux.

OXYGÈNE, O=φβ̄β̄' atomes primitifs de volume *o constant contenant 8 fois* autant de barogène que le volume o' égal de l'hydrogène ; ainsi la densité du barogène est dans les atomes o d'oxygène 8 fois celle des atomes o' d'hydrogène.

1° **OXYGÈNE ORDINAIRE** =o,4OE sont tétraèdres hylicoayles neutres.

2° **OXYGÈNE ARÉOÉLECTRISÉ** =o,4OEE sont tétraèdres hylicoayles avec excédant d'aréosyzygues, tel est l'*oxygène ozoné*.

3° **OXYGÈNE PYCNOÉLECTRISÉ** =o,4OEE tels sont les tétraèdres hylicoayles *qui composent les acides ; on* le nommait *oxygène allotrope*.

OXYTÉTRAÈDRES =o,4OE, *tétraèdres* à d'oxygène de volume v moitié aussi grand que le volume v des hydrotétraèdres ; ce rapport entre les volumes est en raison inverse de celui entre les racines cubiques $\sqrt[3]{8}:\sqrt[3]{1}$ = v : v des quantités 86 et ϐ de barogène contenues dans atomes *o*, *o'* d'oxygène et d'hydrogène ; il en résulte que la densité *d* de l'oxygène est 16 fois celle δ=0,06928 de l'hydrogène. Cet accord mathématique entre les résultats du calcul basé sur la loi physique et les résultats exacts des observations, sert à fixer les idées des lecteurs à cette loi, qui régit toutes les actions chimiques.

PESANTEUR est la poussée exercée par les molécules μ'' isopycnes contre *leurs homonymes contenues dans les* corps célestes.

PHYTOPLASME (πλάττειν, enduire), phytozeugme ; les hydatotétraèdres $o,4H^2O^3$ *dans la surface des feuilles se* trouvent logés dans les anthracotétraèdres $o,4C^3$, *et dans ces hydatotétraè*dres se logent les oxytétraèdres $o,4O^3$ ou $o,2O^6$. Pour éviter la fraction de l'atome d'oxygène, les chimistes allemands admettent les phytozeugmes doubles ($o,4C^6O^9$), ($o,4H^6O^6$; le rapport $O^6:O^9$ produit la couleur verte des feuilles. Les chimistes croyaient que le noir était une couleur, et comme le carbone colore en noir, ils admettaient pour chaque couleur des feuilles et des fleurs des espèces d'encres nommées *chlorophylle, cyanine, xanthine, érythrine*, sans qu'il leur fût possible d'y trouver des éléments chimiques différents, comme l'est le carbone.

PHYTOSYZYGUE, l'un des deux éléments des phytozeugmes.

PHYTOTÉTRAÈDRES (φυτὸν, plante), tétraèdres composés de *phytozeugmes*.

PHYTOZEUGME (ζεῦγμα, couple), couples ($o,4C^6O^9$), ($o,4H^6O^6$) composant les tétraèdres des substances végétales *chlorophylle* de couleur verte provenant du rapport $O^9:O^6$.

POIDS. Ce mot indique : 1° la quantité *q*β de barogène contenue dans les corps et 2° la différence p − *p* = π des poussées p centripète et *p* centrifuge exercée aux corps MN antidotes. Cette poussée π est en rapport inverse avec la quantité *q*β de barogène contenu dans le diamètre MN de la terre. Le poids π de chaque corps terrestre correspond à la quantité *q*β de son barogène, lequel éprouve la poussée p analogue.

PYCNOÉLECTRE (πυκνὸς, dense). Les molécules homonymes équilibrées ayant une densité indéfiniment petite, et de volume indéfiniment grand, ont éprouvé *une division et une compres*sion inégales, et se sont trouvées oc*cuper deux espaces égaux*, et pour cela avoir deux densités inégales et indéfinies; *le fluide le plus dense est pycnoélectre*, et *aréoélectre* le fluide composé *d'une même espèce de molé*cules, mais moins denses. V. *électre*.

PYCNOÉLECTRICITÉ. L'ensemble des pycnosyzygues est le fluide nommé *électricité positive*; l'ensemble des aréosyzygues est l'*électricité négative*, ou *aréoélectricité*.

PYCNOÉLECTRISER, charger de pycnoélectricité.

PYCNORRHEUME (ῥεῦμα, courant) courant produit par l'expansion non de translation des molécules μ des pycnosyzygues, sa direction a pour cause l'expansion des molécules μ' des aréosyzygues en sens opposé.

PYCNOSYZYGUES (σύζυγος, élément d'un couple). Ainsi est nommé l'élément $\overset{+}{E}$ d'un couple $\overset{+-}{EE}$ composé de molécules μ denses ; l'autre élément $\overline{E}$ d'égal volume, mais composé des molécules μ' moins denses, est nommé *aréosyzygue*.

PYCNOTÉTRAÈDRE, tétraèdre A composé des éléments hyliques soutenant les pycnosyzygues ; ceux-ci les amènent et les logent dans les aréotétraèdres A'.

PYCNOTMÈME, V. *Aréotmème*.

REUME (*ῥεῦμα, courant*), les courants d'électre sont une expansion des mo*lécules* μ, μ', *et non translation* comme celles des gaz et des liquides.

SYZEUXE (σὺν, prép., ζεύγειν, conjuguer), pénétration des pycnosyzygues ou des pycnotétraèdres dans les aréotétraèdres. Par *syzeuxe*, on doit entendre une action ayant pour cause le contact d'aréotétraèdres A' ou $o,4MO$ en contact avec les pycnotétraèdres A; ceux-ci, arrivés par ce contact en inéquilibre, produisent la syzeuxe en se logeant dans les aréotétraèdres A'. Au lieu des termes abstraits *combinaison chimique* de nature inconnue, on dira *syzeuxe* ou *entétraédriase* pour exprimer les actions qui précèdent la production des faits observés.

TÉTRAÈDRE (τέσσαρα, quatre, ἕδρα, base), corps à quatre faces de triangles équilatéraux; la longueur de l'arête étant 4, la hauteur est 3; la surface s de chaque triangle est $s = 3 \times 2$; le volume A du tétraèdre est

$$A = \tfrac{1}{3}hs = 1 \times 6;$$

h étant la hauteur 3 des tétraèdres. Ces rapports géométriques se rencontrent dans les résultats des densités obtenues par le calcul et qui sont d'accord avec ceux obtenus par les observations.

THIOTÉTRAÈDRE (θεῖον, soufre), tétraèdre des équivalents de soufre nommés

THIOZEUGME.

ZEUGME (ζευγνύειν, conjuguer), le produit de l'action *zeuxe*, couple des deux tétraèdres, sel, combiné.

ZEUXE, V. *Syzeuxe*.

FIN DE LA NOMENCLATURE.

PHYSICO-CHIMIE

NOTIONS GÉOLOGIQUES.

§ 1. Les *minéralogistes* ont observé et décrit les corps terrestres dans leur état naturel ; les *chimistes* ont examiné et exposé la composition et les propriétés de ces corps ; les *géologues* sont parvenus à classer les minerais naturels, 1° d'après les gisements, et 2° d'après leur rapport avec la surface des continents.

En soumettant toutes les espèces très-nombreuses de minerais à des températures élevées, à des courants électriques et à des pressions élevées, les chimistes ont trouvé environ 60 corps différents.

A l'égard de l'origine des corps on ne pouvait former que des hypothèses, car on n'avait aucune preuve qui pût indiquer pourquoi les corps sont indécomposables. Cette lacune a été comblée tout d'un coup : on s'est aperçu que les corps qui se décomposent réapparaissent par la combinaison de leurs éléments, tandis que les *résidus* produits par la séparation d'un des éléments n'étant pas des corps résultant d'une combinaison, sont des corps non décomposables, sans cependant être des corps simples.

Tous les chimistes sont tombés d'accord à cet égard, et ils avouent que c'est plutôt à l'oubli qu'à l'ignorance qu'il faut attribuer cet état des corps indécomposables. Il ne reste plus qu'à montrer quels sont les corps primitifs dont les résidus sont devenus des corps indécomposables. Sans connaître ces corps d'après le principe de la production des corps indécomposables, nous savons *a priori* que les corps élémentaires ne peuvent manquer dans aucun des combinés des résidus indécomposables; ces corps sont les deux espèces d'atomes qui composent l'eau : l'*oxygène* et l'*hydrogène;* tous les autres corps indécomposables sont des résidus ne contenant que de l'hydrogène et de l'oxygène. Leur différence est due : 1° aux combinés dont les atomes ont été *séparés, ou* 2° au *nombre* des atomes séparés de ces mêmes composés.

Cette découverte du mode de production des résidus par la séparation des éléments des combinés décomposables, a conduit à trouver un ordre généalogique des corps indécomposables, des *résidus.*

Ce dont les chimistes ne se sont pas aperçus jusqu'à présent, c'est que si petits que soient le poids β d'un atome d'*hydrogène* et le poids 8β d'un atome d'*oxygène,* ces atomes, en obéissant à la loi de l'Aérostatique, se transforment spontanément en tétraèdres, lesquels sont indiqués : 1° par le signe Δ pour les atomes O qui indiquent l'*oxygène, et* 2° *par le signe* Δ' pour les atomes H qui indiquent l'*hydrogène.* Les 4 atomes de chaque espèce contenus dans un tétraèdre sont indiqués par les signes *o*,4O et *o*,4H; il y a donc des *oxytétraèdres* et des *hydrotétraèdres.*

La combinaison de ces deux corps n'est que le *logement* des tétraèdres d'oxygène Δ dans les tétraèdres d'hydrogène Δ', d'où résultent des couples indiqués par le signe *o*,4HO et nommés *hydatotétraèdres.* Il ne faut pas considérer ce mode de combinaison comme une hypothèse employée pour faciliter l'explication; la résidence des tétraèdres les uns dans les autres est la cause de l'accroissement de la densité, accroissement dû à ce que ces tétraèdres Δ sont sortis de leur espace *e* qui reste vide à cause du séjour de ces tétraèdres Δ dans les autres Δ' dont le volume reste le même et dont le poids augmente.

I. On trouve dans les plantes : 1° les deux espèces d'atomes de l'eau, et 2° deux autres qui sont deux espèces de résidus dont, 1° l'un nommé *azote* est produit par la séparation d'un atome d'oxygène de l'hydatotétraèdre, et 2° l'autre nommé *carbone* est produit par la séparation des 3 atomes d'oxygène. En indiquant par le signe Az^2 l'azote, et par le signe C^2 le carbone, on a :

$$o{,}4HO - O = O^3{,}4H = Az^2 = 28 \text{ et } o{,}4HO - 3O = O{,}4H = C^2 = 12.$$

II. On trouve dans l'alluvion qui couvre le globe : 1° les deux atomes de l'eau, 2° les deux résidus produits dans les plantes, et 3° un nombre *n* d'autres espèces de résidus indécomposables.

III. On trouve dans les filons métallifères : 1° les deux atomes de l'eau, 2° les résidus des plantes, 3° les minerais alluviens, et

4° d'autres espèces qui ont été produites par ces minerais alluviens.

Avant d'exposer la distribution des minerais dans la Terre, j'indiquerai les noms des corps indécomposables et les signes symboliques pour mettre le lecteur en état de connaître les noms des corps et la classe à laquelle chaque corps appartient; je mentionnerai ensuite la distribution observée des corps.

I. STŒCHIOMÉTRIE, POIDS DES ÉQUIVALENTS.

§ 2. Jusqu'ici on ignorait la composition des corps des tétraèdres et le mode de production des résidus nommés *équivalents indécomposables*. Cette ignorance a été cause que les chimistes, dans leurs calculs, au lieu de considérer les tétraèdres d'hydrogène *o*,4H comme unité de poids, ont admis l'atome H dont le poids est 1; ainsi, au lieu d'obtenir pour équivalents des poids exposés par des nombres entiers *n*, ils les ont trouvés tels pour la moitié de ces poids; les poids des autres équivalents se sont trouvés exposés par des nombres fractionnaires. Ces fractions ont disparu parce qu'on a pour unité de poids les tétraèdres *o*,4H et non les atomes H, comme l'admettait le docteur PROUT. Dumas, qui a fait un grand nombre d'objections justes, et Prout, après beaucoup de raisonnements logiques, sont tombés d'accord. Ces deux éminents chimistes, ainsi que tous les autres, ont abandonné l'unité employée pour indiquer le poids des équivalents; car, 1° en supposant que le poids de l'hydrogène soit 1, on ne peut éviter les nombres fractionnaires dans la valeur du poids des résidus, et 2° en supposant ce poids 12,5 on obtient des valeurs qui ne correspondent pas aux atomes entiers d'oxygène dans les combinés.

En prenant une unité quatre fois plus grande que celle de l'atome de l'hydrogène, on trouvera que pour chacun des 60 résidus le poids, de son tétraèdre correspond aux tétraèdres de l'oxygène qui peuvent s'y loger et qui en sortent.

§ 3. **Origine des différents poids des résidus**. L'*azote* et le *carbone* sont des résidus produits par les hydatotétraèdres *o*,4HO par la séparation de 1 ou de 3 atomes d'oxygène. Les tétraèdres de l'oxygène *o*,4O se logent dans les tétraèdres de l'hydrogène *o*,4H, dans ceux du carbone *o*,4C^2 et dans ceux de l'azote *o*,4Az^2. C'est de ces couples de quatre espèces de tétraèdres que sont composées toutes les plantes exposées dans la *Phytochimie*.

II. Les tétraèdres des substances végétales ont la forme *o*,4$C^6H^5O^5$. Il se sépare quelques atomes du reste des tétraèdres des plantes qui sont sur toute la surface du globe, et les résidus ainsi produits restent sur toute la surface du globe, et les *n* espèces de minerais qui correspondent à ces résidus composent l'alluvion. Les détails de ces minerais sont exposés dans la *Chomatochimie* (χῶμα, alluvion).

III. Les tétraèdres composés de *phytotétraèdres* et de *chomatotétraèdres* ont produit des résidus *n'* espèces de minerais *plutoniens*, qui sont logés dans les crevasses de la couche d'alluvion, ainsi que les minerais des plantes et les minerais d'alluvion. Les minerais plutoniens dans leur état naturel sont dans chaque partie des *filons* différemment mêlés ; les détails de ces minerais sont exposés dans la *Métallochimie*. Le poids des deux atomes composant l'eau et le poids des résidus composant : 1° les plantes, 2° l'alluvion, 3° les métaux, sont indiqués dans le tableau (A). Dans la première colonne se trouvent les noms des corps ; dans la deuxième leurs symboles ; dans la troisième le poids des résidus nommés *équivalent* en prenant pour unité le poids 1 de l'atome d'hydrogène. Les chimistes français et les chimistes étrangers n'ont pas trouvé dans les équivalents des corps de même poids que Berzelius. Ainsi la troisième colonne est triple. Dans la quatrième colonne se trouve la *densité* et dans la cinquième la *chaleur spécifique* des corps.

L'ordre suivi dans le tableau est celui de la généalogie des résidus ; on voit qu'il y a concordance entre la succession des minerais des plantes d'alluvion et des filons, accroissement de densité et du poids des équivalents et décroissement presque proportionnel de la chaleur spécifique.

A. TABLE DES CORPS INDÉCOMPOSABLES ET DU POIDS DE LEURS ÉQUIVALENTS.

Noms des corps.	Symboles.	Poids des équivalents.	Densité.	Chaleur spécifique.
		I. Atomes primitifs.		
Hydrogène.	H	1	0,00026	3,2936
Oxygène.	O	2	1,10563	0,2301
		II. Résidus ou équivalents indécomposables.		
		A. de premier ordre.		
Carbone.	C	6		0,2009
Azote.	Az	14	0,97137	0,2754

Noms des corps.	Symboles.	Poids des équivalents trouvés par les chimistes. franç.	étrang.	Berzelius.	Densité.	Chaleur spécifique.
		B. de deuxième ordre.				
Fluor	F	19	18,7	9,37		
Chlore	Cl	35,5	35,4	17,74	1,333	
Brome	Br	79	78,4	39,20	2,980	0,1350
Iode	I	127	126	68,28	4,948	0,0541
Bore	B	10,89	10,8	10,91		
Soufre	S	16		16,12	2,026	0,2026
Phosphore	Ph	31	31,4	15,72	1,75	0,1887
Sélénium	Se	39,62	40	39,63	4,310	0,0837
Potassium (kalium)	K	39,11	39,2	39,26	0,865	
Sodium (Natrium)	Na	23	23,2	23,31	0,972	
Lithium	Li	6,43	6,4	6,44	0,593	
Barium	Ba	69,64	68,6	68,66		
Strontium	Sr	43,08	44	43,85		
Calcium	Ca	20	20,5	20,52		
Didyme	Di	49				
Magnésium	Mg	12	12,7	12,69		0,2466
Manganèse	Mn	27,57	27,6	27,72	7,5	0,2107
Lanthane	La	47,6	30,1			
Silicium	Si	21,34	14,8	22,29		
Aluminium	Al	13,68	13,7	13,72	2,560	
Fer	Fe	28	27,2	27,28	7,207	0,1138
Chrome	Cr	26,28	28,1	28,19	5,905	
Glucinium	Gl	6,96				
Donénium	D	62,93				
Cérium	Ce	47,26	46,3			
Erbium	Er					
Yttrium	Y	32,18				
Thorium	Th	59,51	59,6	59,65		
Ruthénium	Ru	52,16				
Zirconium	Zr	33,58	22,4	33,65		
Titane	Ti	25,18	24,5	24,33	5,300	
Molybdène	Mo	46,07	48	47,96	8,611	0,0722
Vanadium	V	68,47	68,6	68,66		
Arsenic	As	75	75,2	37,67	5,959	0,0814
Tellure	Te	64,14	64	64,25	6,258	0,0515
Palladium	Pd	53,24	53,4	53,36	11,300	0,0593
Zinc	Zn	32,52	32,2	32,31	6,861	0,0955
Rhodium	Rh	52,16	52,1	52,2	10,649	0,0580
Cadmium	Cd	55,74	55,8	55,83	8,601	0,0567
Etain (stanum)	Sn	59	59	58,92	7,291	0,0562
Cobalt	Co	29,52	29,6	29,57	7,811	0,1070
Nickel	Ni	29,58	29,6	29,62	8,279	0,1086
Cuivre	Cu	31,73	31,8	31,72	8,788	0,0952
		C. de troisième ordre.				
Antimoine (stibium)	Sb	60,55	129	64,62	6,212	0,0508
Bismuth	Bi	106,43	106,4	71,07	9,822	0,0308
Plomb	Pb	103,56	103,8	103,73	11,352	0,0314
Mercure (hydrargirum)	Hg	100	101,4	101,43	13,595	0,0333
Argent	Ag	108	108,1	108,30	10,474	0,0570
Or (aurum)	Au	98,33	199	99,60	19,3	0,0324
Platine	Pt	98,57	98,7	98,85	21,5	0,0324
Tungstène (Wolfram)	W	92,6	95	94,80	17,6	0,0361
Iridium	Ir	98,57	98,7	98,84	18,680	0,0348
Osmium	Os	99,11	99,6	99,72	21,3 10,000	
Terbium						
Thalium	Tl	204				
Uranium (1)	U	60	217	217,26	9,000	

(1) Le poids p des résidus est inférieur à celui des couples de tétraèdres des

§ 4. **Rapports entre les résultats numériques du tableau et l'origine des corps.** Je vais exposer : 1° la différence entre les poids trouvés par les chimistes pour les équivalents des mêmes corps; 2° l'existence des groupes dont le poids des équivalents va en progression géométrique; 3° l'existence d'un rapport semblable entre les densités; 4° l'existence d'un rapport inverse entre le poids des équivalents des corps et leur chaleur spécifique.

I. **Différence entre le poids des équivalents.** Si au lieu d'exposer en bloc les résultats obtenus par les chimistes français et par les chimistes étrangers, j'exposais séparément les résultats obtenus par chacun d'eux, comme je l'ai fait pour ceux de Berzelius, j'aurais été dans la nécessité de faire autant de colonnes qu'il y a de chimistes. Cependant il est bien prouvé que les expériences sont arrivées à un degré de perfectionnement tel qu'il serait impossible d'attribuer à des erreurs la différence des résultats : il faut bien plutôt y reconnaître l'absence d'uniformité mathématique dans les équivalents composant les métaux homonymes, que d'attribuer aux expériences des chimistes un manque d'exactitude aussi grossier (1).

Berzelius et les autres chimistes supposaient à chaque équivalent un volume limité, et ils ont fait le calcul sur des volumes en modifiant le poids. Dans d'autres cas, quelques chimistes ont attribué le poids obtenu à 2 ou à 3 équivalents qu'ils ont subdivisés. Toutefois

---

deux espèces d'atomes. Ces tétraèdres, dont la forme est *o*,4HO et le poids 30, en perdant 1 ou 3 atomes d'oxygène, deviennent des résidus dont le poids est 28 ou 12, poids qui correspond exactement aux équivalents doubles de l'azote et du carbone. Connaissant les poids 4 et 32 des deux tétraèdres des atomes, on connait le poids 30 des couples *o*,4HO. J'ai indiqué dans le tableau le poids des résidus trouvés par les observations; les nombres fractionnaires indiquant le poids des équivalents deviennent des nombres entiers p quand on les multiplie par 4 pour correspondre aux tétraèdres *o*,4H et *o*,4O des atomes. Il y a donc autant d'équations à deux inconnues qu'il y a d'équivalents indécomposables. Pour résoudre ces équations, il faut admettre la condition que les nombres *n*, *m* des atomes d'oxygène sont des nombres entiers et non des fractions :

$$p = nO + mH = 32n + 4m;\ m = \tfrac{1}{4}p - 8n;\ n = \tfrac{1}{32}p - \tfrac{1}{8}m.$$

Une autre condition est le rapport entre les nombres des atomes qui entrent dans les tétraèdres composant un couple. Ces rapports ne peuvent être qu'au nombre de sept 2:1; 9:8; 5:3; 4:3; 5:4; 9:8 qui produisent les sept couleurs respectives : *rouge, orangé, jaune, vert, bleu, indigo, violet.* Un nombre égal d'atomes produit le blanc.

(1) Le poids des équivalents des corps odorants est très-divergent dans les résultats de tous les chimistes; ils ignoraient la cause de cette divergence, car ils ne savaient pas comment les odeurs sont produites.

les chimistes modernes, en s'attachant aux poids exposés en nombres entiers ou en fractions simples, ont été conduits à des résultats qui feraient disparaître les fractions si on les multipliait par 4.

II. **Groupe des équivalents des corps différents.** Si l'on prend pour unité le poids 6 de l'équivalent du carbone qui est le plus petit, on trouve que son tétraèdre simple est $4C=24$, et les tétraèdres doubles, triples, quadruples forment une série de poids :

$$4C=24\,;\ 4C^2=48;\ 4C^3=72;\ 4C^4=96.$$

Les équivalents indécomposables sont des résidus produits par la séparation de quelques atomes des phytozeugmes $C^{24}H^{22}O^{22}$ ou $C^{12}H^{10}O^{10}$; les poids trouvés correspondent donc aux espèces de phytozeugmes dont les équivalents composant les corps ont été produits.

III. **Rapport direct entre les densités et le poids des équivalents.** Le poids élevé des équivalents correspond aux grandes densités des métaux. Le volume des tétraèdres étant le même, le nombre de leurs couples correspond à leur densité. La densité 1 de la substance végétale ou celle 3,5 du carbone n'augmente que par des couples de tétraèdres *logés dans d'autres tétraèdres sans qu'il* en résulte un accroissement de volume. Les détails de ces rapports sont exposés géométriquement ci-dessous.

IV. **Rapport inverse entre la chaleur spécifique et le poids des équivalents.** On sait qu'il faut des quantités de chaleur très-différentes pour chauffer à un même nombre de degrés des poids égaux de différents métaux. Ainsi la quantité de chaleur (des thermozeugmes $\dot{E}E'$) nécessaire pour chauffer de 0° à 100° 1 kilogramme d'eau étant représentée par 1,000, celle qui produira la même élévation de température sur un kilogramme de divers métaux est représentée par les nombres de la dernière colonne du tableau (A). *Dulong* et Petit ont trouvé que les métaux composés d'équivalents d'un grand poids reçoivent une petite quantité de chaleur pour que leur *température s'élève de 0° à 100°*. Le poids de l'équivalent de l'hydrogène étant 1, celui de l'équivalent du mercure 100, la chaleur spécifique de l'hydrogène est cent fois celle du mercure. Dans 1 kilogramme il entre q tétraèdres de mercure et $100q$ d'hydrogène. Si donc l'hydrogène exige cent fois plus de chaleur que le mercure, cela prouve que chaque tétraèdre est chauffé avec une égale quantité θ de chaleur.

Résumé. Ces détails succincts aideront le lecteur à s'orienter dans l'ordre de la généologie des corps. Dans le principe il n'y avait que de l'eau; les rayons solaires l'ont transformée en chlorophylle, en déplaçant les trois atomes d'oxygène de chaque hydatotétraèdre. Les mêmes rayons solaires font que ces 3 atomes d'oxygène se séparent d'un tétraèdre d'eau et le résidu $4HO - 3O = H^4O$ est, non un atome, mais un équivalent double de *carbone* indiqué par le signe C^2. Les dépôts de houille sont des amas de pareils résidus. Ces dépôts, dans le principe, étaient des amas des restes des plantes continentales amenés dans les lacs : 1° par les eaux de pluie et accumulés dans les *embouchures inférieures de ces lacs*, ou 2° *amenés* aux côtes par les vents de la mer, ou 3° amenés alternativement de ces deux côtés.

L'azote est également un résidu; il est produit par la séparation d'un atome d'oxygène, d'un hydatotétraèdre $4HO - O = H^4O^3 = Az^2$. L'azote, au lieu d'être produit par l'eau, peut se former par le carbone et l'oxygène des plantes et ne différer de l'oxyde de carbone qu'en ce qu'il y reste à l'état solide ou liquide, car l'azote produit dans les mers est toujours gazeux; son mélange avec l'atome d'oxygène séparé de l'hydatotétraèdre est l'*air*.

Les rayons solaires séparent quelques atomes des restes des plantes à la *surface des continents, et c'est ainsi que se produisent toutes* les espèces de résidus qui sont des minerais composant la couche d'alluvion.

Les houilles souterraines en contact avec l'eau se combinent avec ses deux éléments pour se changer en *acide carbonique* C^2O^4 et en *gaz des marais* C^2H^4. Après cette disparition de l'eau, sa chaleur reste libre, et cette chaleur se répand à la surface des houillères.

Cette source de chaleur devient la cause d'une série de déplacements des minerais alluviens qui se déposent de l'eau sur la houille à l'état galvanoplastique pour former un *diaphragme* dont l'épaisseur *faisant diminuer l'éloignement de la chaleur*, produit une élévation de température autour de la houille. L'intervalle entre celle-ci et le diaphragme contenant les gaz et la vapeur est ce qu'on appelle une *fournaise souterraine*.

Le grand nombre de fournaises correspond à celui des houillères souterraines; leur paroi, le *diaphragme*, composée des dépôts des cristaux de minerais alluviens dissous dans la mer, se brise mille fois pour laisser s'échapper les gaz; mais les milliers de cratères sont comblés par de nouveaux dépôts cristallins; de sorte que le diaphragme acquiert enfin une épaisseur suffisante pour vaincre la poussée répulsive des gaz de la fournaise.

L'élévation de température dans la fournaise au-dessus de 1000°

fait devenir : 1° *liquide* la couche intérieure du diaphragme ; 2° *demi-liquide* sa couche du milieu ; 3° *mouillée* la couche extérieure, qui est brisée par la poussée répulsive. Les fragments de cette couche, nommés *porphyre*, en cédant à la poussée de la masse demi-liquide qui est le *granite*, s'écartent et la laissent s'élever. Cette masse s'amincit au milieu et elle se trouve déchirée par la masse liquide qui est le *basalte*, masse qui, en s'élevant, fait d'une part augmenter l'espace de la fournaise et d'autre part diminuer la *poussée répulsive* des gaz ; ensuite cette masse se refroidit promptement dans l'air et elle se solidifie ; c'est ainsi que l'équilibre s'y établit.

De pareils soulèvements des terrains ignés déchirent la couche de l'alluvion et y produisent des crevasses dont la paroi exerce de faibles résistances sur les gaz produits dans les fournaises. Ainsi se forment des espèces de cheminées entre les fournaises et les crevasses. Les dépôts de vapeurs et de gaz accumulés sur les parois les bouchent et s'opposent à l'éloignement des gaz. Alors leur poussée répulsive augmente dans les fournaises au point que de nouvelles cheminées s'ouvrent et sont comblées par de nouveaux dépôts métallifères.

Ainsi les produits des gaz des fournaises se transforment en dépôts en forme de filons métallifères logés dans des crevasses à paroi d'alluvion et dans le voisinage des fournaises, dont le plus grand nombre, après avoir consommé leur houille, sont éteintes aujourd'hui.

II. DISTRIBUTION DES MINERAIS DANS LA TERRE.

§ 5. Après avoir exposé la généalogie des corps d'après la loi physique, je mentionnerai, à titre d'exemple, la distribution des différentes espèces de minerais et leur gisements, qui ont été trouvés par les observations. Debette a exposé les gisements des minéraux ; de la Bèche a exposé les espèces de minéraux trouvés dans différentes parties du globe.

Tous les minéraux observés ont été produits d'après la loi physique. J'ai montré le mode de changement de l'eau en minéraux d'après la même loi ; telle est la cause de l'accord entre les résultats obtenus d'après la loi et ceux obtenus par les observations.

A. MODE DE GISEMENT DES MINÉRAUX.

§ 6. Dans le tome III de la *Physique céleste*, j'ai exposé dans un un ordre chronologique : 1° la formation des minerais de l'alluvion et leur mode de séparation de la Terre pour y revenir à l'état d'aérolithes ; 2° le commencement des pluies qui a eu pour cause le soulèvement des montagnes ; 3° les déplacements des minerais alluviens par les eaux des pluies, déplacements opérés d'après la loi de l'hydraulique ; 4° enfin, la production des gaz dans les fournaises souterraines et leur dépôt en forme de filons dans les crevasses produites dans la couche d'alluvion.

Debatte a exposé de la manière suivante ce mode de distribution des gisements des minéraux.

Couches. Les couches sont des lits ou des assises d'une grande régularité ; elles ont été produites par les eaux. Dans le principe, avant les pluies et après le soulèvement des montagnes, les intervalles existant entre leurs pieds étaient des abîmes ayant des milliers de mètres de profondeur. Depuis le commencement des pluies, les torrents d'eau descendant des versants ont rempli les abîmes, et la surface de la Terre était composée de mers, de lacs et de pyramides volumineuses. Les eaux troubles des lacs, en s'éclaircissant, ont produit des lits de couches parallèles, lesquelles se sont affaissées dans les parties où le support était faible, et il en est résulté des courbures dans les masses des couches encore demi-solides, qui n'ont subi aucune rupture. Quand ensuite les bassins ont été comblés et que le niveau des lacs s'est changé en plaines, les fleuves en creusant les roches de l'embouchure inférieure, ont acquis des lits ayant un niveau inférieur au précédent, et c'est ainsi que dans les versants de leurs rives sont venues au jour les courbures des couches parallèles entre elles sans avoir aucun rapport avec l'horizon.

Filons. Dans les crevasses des couches solides de l'alluvion coupées dans chaque direction, sont contenus des minerais de tissu cristallin. La couche d'alluvion a été déchirée pendant le soulèvement des terrains ignés ; ainsi elle existait avant ; elle est cependant composée de minerais alluviens, ainsi que les couches parallèles courbées et pliées dans chaque sens. Les minerais encaissés dans les crevasses de la couche alluvienne, 1° sont disposés symétriquement par zones de part et d'autre d'un plan parallèle aux deux parois encaissantes, ou 2° ils sont parallèles aux deux plans de stratification et se nomment *filons-couches*, pour les distinguer des *filons-zones*.

I. *Filons-zones.* Les minerais métallifères composant les filons ont leur origine dans les fournaises où les gaz se condensent au fond des crevasses dans la direction des deux parois encaissantes.

II. *Filons-couches.* Les minerais de cette espèce de filons ne diffèrent pas de ceux des filons-zones ; il n'y a que leur disposition qui diffère, car au lieu d'être symétriques avec le plan du milieu, ils le sont par rapport aux plans de stratification. On voit par là que les gaz des fournaises, après avoir déchiré les couches inférieures, soulèvent les couches supérieures et se déposent dans les intervalles ainsi produits. Ces intervalles sont élargis dans différentes parties, ce qui prouve que la poussée répulsive exercée par les gaz des fournaises contre les couches n'a pas éprouvé partout la même résistance.

Ainsi les *filons-couches* font éprouver aux dépôts stratifiés des rejets provenant de leur faible résistance. La masse des gaz ainsi multipliée dans ces rejets a diminué dans les parties les plus éloignées; il en est résulté des inflexions, des étranglements et la confusion des dépôts métallifères.

Les *filons croiseurs* sont plus modernes; ils coupent sous différents angles : 1° les filons les plus anciens, et 2° les directions des couches alluviennes. Habituellement les filons croiseurs sont stériles et sont appelés *tailles* ou *dykes;* car leurs dépôts ont été produits par des gaz qui ont ouvert ces issues après que les anciennes ont été bouchées.

Il est rare qu'il n'existe qu'un seul filon métallifère dans un même pays; ordinairement on en rencontre plusieurs autres parallèles à des minerais de même nature, d'où résulte un système indiquant que la couche d'alluvion, d'abord unie, a été repoussée par les masses ignées pendant leur soulèvement, et a acquis un nombre de crevasses presque parallèle.

Pour y arriver, les gaz des fournaises ont rencontré des résistances inférieures à celle exercée par la couche intacte d'alluvion. Les gaz provenant de mêmes fournaises, en se refroidissant dans les différents filons, ont formé des dépôts de minerais semblables, différemment disposés dans chaque filon.

Dans le même pays les deux ou trois systèmes de filons croiseurs contiennent autant d'espèces différentes de minerais, d'où il devient évident que chacun des systèmes se trouve, à des époques différentes, en communication avec les fournaises. Les filons croiseurs sont des dépôts dans des crevasses ouvertes dans l'alluvion après la fermeture des crevasses précédentes par les filons qui y sont logés.

Amas. Les masses des minerais ignés se trouvent aussi en amas dont l'alluvion est de forme irrégulière, soit dans les terrains sédimentaires, soit dans les terrains stratifiés. On distingue : 1° les amas ignés *entrelacés* soulevés entre les bords des couches déchirées, et 2° les *amas-couches* intercalés en forme de champignon dans les intervalles produits par le détachement de la couche supérieure et sa separation des couches parallèles inférieures percées par des amas ignés.

Mines en sac. Ces minerais venant du dehors remplissent les cavités superficielles ou des crevasses qui se rencontrent principalement dans les terrains calcaires.

Remarques sur les gisements exposés. 1° Les couches composées de terrains sédimentaires ou de terrains non stratifiés ne contiennent que quatorze espèces de minerais alluviens. 2° Les *amas entrelacés* et droits, et les *amas-couches* sont des terrains ignés qui contiennent des minerais alluviens cristallisés.

Amas. La masse liquide qui est le *granite*, repousse les fragments qui sont le *porphyre*, et à son tour est elle-même repoussée par la masse liquide qui est le *basalte*, et se soulève de la couche d'alluvion à des intervalles qui se rapprochent. 1° Dans les parties faibles, cette couche s'est déchirée et les masses de granite et de basalte se sont élevées en forme d'amas droits ou de pyramides. 2° Dans les parties solides, au lieu que cette même couche ait été déchirée par les gaz des fournaises jusqu'à la surface du sol, ce sont les strates inférieures qui ont été déchirés et les strates supérieures se sont décollées et ont laissé les masses ignées, le *basalte*, s'injecter dans les intervalles qui, dans plusieurs pays, ont une telle symétrie qu'on les prendrait pour l'ouvrage des hommes.

Filons. Les espèces de minerais contenus dans les filons sont : 1° celles de l'alluvion, et 2° celles des minerais correspondant aux gaz des fournaises contenus dans chaque espèce de filons. Quoique dans toutes les fournaises les gaz soient produits par les houilles et le diaphragme d'alluvion, les dépôts produits par les gaz dans les filons diffèrent. La différence consiste dans le mélange de minerais alluviens cristallisés simultanément avec les métaux dans des rapports qui ne sont pas partout les mêmes.

Couches des sédiments et couches non stratifiées. Les restes des plantes deviennent des minerais qui composent la couche alluvienne qui enveloppe le globe. Les eaux des pluies diluviennes, en descendant des versants, en ont enlevé les minerais et les ont charriés dans les lacs qu'ils ont comblés. Ainsi les mêmes espèces de minerais alluviens se trouvent à l'état, 1° de terrains sédimentaires; 2° de couche non stratifiée; 3° de *porphyre*, de *granite* et de *basalte*, qu'on nomme *terrains ignés*.

Mines en sac. Les mines de fer sont, comme les minerais alluviens, distribués sur toute la surface du globe. Dans les filons métallifères le fer manque rarement, tandis que dans les mines de fer en sac on ne rencontre pas les métaux des filons et l'on n'y trouve que les minerais alluviens. Les détails sur les minerais aérolithiques mentionnés plus bas, font connaître un état de la couche alluvienne où le fer métallique se formait de la silice actuelle. Cet état n'a changé que quand ont commencé les pluies diluviennes.

Le fer métallique répandu sur le globe, devenu un hydrate, a été enlevé par les eaux qui l'ont charrié dans les embouchures supérieures des lacs pour y former des mines en sac.

Ainsi, parmi les métaux, le fer se distingue : 1° par sa distribution sur toute la surface du globe en masses très-grandes correspondant à celles de la houille; 2° par ses mines en sac remplies du dehors comme celles de la houille ; 3° par les masses énormes de fer métallique des aérolithes. Tous ces détails ont été exposés dans un ordre chronologique d'après la loi physique dans la *Physique céleste*, ouvrage indispensable aux naturalistes.

B. Mode de distribution des corps indécomposables.

§ 7. Après avoir décrit la forme des gisements des minerais, pour faire mieux comprendre au lecteur la vérité de mon assertion, je lui ferai voir que le plus grand nombre des corps indécomposables est formé de minerais alluviens et de minerais plutoniens, qui tirent leur origine des fournaises souterraines. Au moyen des observations directes, de la Bèche a trouvé les corps indécomposables en quantités très-inégales ; en raison des localités qu'ils occupent, il les a subdivisés en douze ordres, sans avoir égard à la forme de leurs gisements dans les systèmes de filons et les couches statifiées ou non stratifiées d'alluvion. Cependant il est prouvé que les minerais de la couche alluvienne se trouvent aussi dans les filons, tandis que les minerais métallifères des filons manquent dans les couches d'alluvion. Ces minerais se rencontrent dans les amas de granite et à l'entour ; c'est pourquoi ils sont en communication avec les fournaises souterraines dont les terrains ignés ont été soulevés par la poussée répulsive des gaz.

Ces gaz, dont la température est très-élevée et la pression de plusieurs milliers d'atmosphères, se refroidissent en arrivant aux filons et ils s'y déposent en cristaux dont la forme est déterminée par les éléments qui entrent dans la composition des tétraèdres après la séparation de quelques atomes, d'où il résulte autant d'espèces de résidus qu'il y a d'espèces de corps indécomposables exposés dans le tableau B, d'après leurs gisements en douze ordres qui sont les suivants :

B. TABLEAU DE LA DISTRIBUTION DES CORPS INDÉCOMPOSABLES.

CORPS.	I.	II.	III.	IV.	V.	VI.	VII.	VIII.	IX.	X.	XI.	XII.
Potassium. . .	0	0	0	0	0	0	0	0	0		0	0
Sodium. . . .	0	0	0	0	0	0	0	0	0		0	0
Lithium. . . .					0	0		0				
Barium						0	0	0				
Strontium. . .							0	0				
Calcium. . . .	0	0	0	0	0	0	0	0	0		0	0
Magnium. . . .	0	0	0	0	0	0	0	0			0	0
Yttrium. . . .					0	0						
Glucinium. . .					0	0	0					
Aluminium. . .	0	0	0	0	0	0	0	0	0		0	0
Zirconium. . .					0	0						
Thorium. . . .					0							
Cérium. . . .					0	0						
Lanthane. . .					0	0						
Didyme. . . .					0	0						
Uranium. . .					0	0						
Manganèse. . .	0	0	0	0	0	0	0		0		0	0
Fer.	0	0	0	0	0	0	0		0		0	0
Nickel.						0	0				0	0
Cobalt.				0	0	0	0		0		0	
Zinc.				0	0	0	0					
Cadmium. . .						0	0					
Etain.					0	0	0					
Plomb.				0	0	0	0			0	0	0
Bismuth. . . .				0	0	0	0			0		
Cuivre.				0	0	0	0	0	0	0	0	0
Mercure. . . .							0			0		
Argent.				0	0	0	0			0		
Palladium. . .				0	0	0	0			0		
Rhodium. . . .				0						0		
Ruthénium. .				0						0		
Iridium. . . .				0			0			0		
Platine.				0			0			0		
Osmium. . . .				0						0		
Or.				0	0	0	0			0		
Silicium. . . .	0	0	0	0	0	0	0	0	0		0	0
Carbone. . . .	0				0	0	0	0	0	0	0	0
Bore.					0	0	0	0	0			
Titane.		0	0	0	0	0	0					
Tantale. . . .					0	0						
Niobium. . . .					0	0						
Pélopium. . .					0	0						
Tungstène. . .					0	0						
Molybdène. . .					0	0	0					
Vanadium. . .					0	0	0					
Chrome. . . .						0	0				0	
Tellure.						0	0			0		
Antimoine. . .						0	0			0		
Arsenic. . . .				0	0	0	0	0	0	0		
Phosphore. . .	0		0	0	0	0	0	0			0	0
Azote.	0							0	0	0	0	0
Sélénium. . .						0	0		0	0	0	
Soufre.	0	0	0	0	0	0	0	0	0	0	0	0
Iode.							0	0				
Brome.							0	0				
Chlore.	0	0	0	0	0	0	0	0			0	0
Fluor.	0	0	0	0	0	0	0	0				0
Sommes. . .	14	12	13	28	40	46	41	22	[illegible]	19	19	14

I. Alluvion contenant les minerais les plus copieux formant la couche supérieure du globe.

II. Roches volcaniques actuelles,	corps sporades.
III. Roches volcaniques anciennes,	
IV. Roches basiques,	
V. Granites,	
VI. Filons stanifères,	
VII. Filons ordinaires et géodes,	
VIII. Sources minérales,	
IX. Émanations volcaniques,	
X. Radicaux natifs,	
XI. Aérolithes,	
XII. Corps organisés,	

Généalogie des corps déduite de leur distribution. Les quatorze espèces de minerais alluviens composent les colonnes I, II, III, IX, XI, XII dans lesquelles ne se trouvent pas les minerais métallifères des filons, minerais qui sont placés dans les autres colonnes accompagnés des minerais alluviens. On voit ainsi que les minerais alluviens qui sont contenus dans les plantes en très-petite quantité, doivent leur augmentation à l'accumulation des restes des plantes de plusieurs siècles. Les chimistes agricoles ont trouvé que l'eau dissout la potasse, la soude et les autres oxydes du sol, et qu'elle les amène dans les plantes ; mais il n'est pas moins vrai que les plantes développées dans un sol composé d'oxydes métalliques, contiennent d'autres oxydes qui ne s'y trouvent pas; ces oxydes sont produits directement dans les plantes, de même que le phosphore et la chaux sont dus à l'albumine à l'état de résidus à la suite de la séparation d'une partie de carbone et d'oxygène pendant le développement du poulet.

L'hypothèse que les corps sont indécomposables parce qu'ils n'ont pas été produits par une combinaison est très-juste; mais on verra ici que les corps sont des résidus produits par la séparation de quelques atomes des corps composés. Ainsi ceux qui ne connaissaient pas ce mode de production des corps indécomposables arriveront à s'apercevoir : 1° que les plantes transforment les deux éléments de l'eau en minerais alluviens, et 2° que dans les fournaises souterraines, des composés des atomes différents se séparent des gaz produits par la houille, et qu'ainsi il en résulte un grand nombre d'espèces de résidus, nombre qui s'accroît par la découverte de nouveaux résidus semblables. A coup sûr on finira par découvrir une méthode pour produire de nouveaux corps indécomposables.

Dans les quatre ordres de gisement, chacun a pu se rendre compte du mode de production des espèces de leurs minerais. Il se présente ici un cas tout particulier : on prouve que les *minerais aérolithiques* ne diffèrent pas de ceux, 1° d'alluvion, 2° des roches volcaniques actuelles, 3° des roches volcaniques anciennes, 4° d'émanations volcaniques, 5° des corps organisés.

Rien n'excite autant la curiosité des chimistes que la série des actions qui ont dû avoir lieu d'après la loi physique, dans un ordre chronologique d'où est résulté l'état de choses actuel. Après avoir trouvé les mêmes minerais dans les aérolithes et l'alluvion, les chimistes ont cru pouvoir apprendre aux astronomes comment ils avaient été enlevés de la surface du globe. Mais le fait est resté problématique tout aussi bien pour les chimistes que pour les astronomes, et personne n'a pu se rendre compte, 1° d'une action qui aurait pour effet l'enlèvement de la couche superficielle du globe et encore moins, 2° d'une action qui aurait pour effet le retour détaillé de ces minerais de l'espace dans la terre.

1° Mode de distribution de l'alluvion ancienne.

§ 8. En partant des plantes et de leurs reste, son a trouvé que les résidus indécomposables qui en sont le produit devaient se rencontrer sur toute la surface du globe, surface qui était unie avant le soulèvement des terrains ignés.

En partant des houilles souterraines qui chauffent les gaz des fournaises et leur diaphragme cristallin jusqu'au point de réduire : 1° la couche intérieure à l'état liquide, 2° la couche du milieu à l'état demi-liquide, 3° la couche extérieure à l'état mouillé, j'ai prouvé le soulèvement, 1° de la masse demi-liquide qui est le *granite*, et 2° de la masse liquide qui est le *basalte*.

La surface du globe, d'abord unie, est devenue inégale sans que le niveau précédent ait changé ; car la couche d'alluvion a été déchirée et les masses ignées en s'élevant ont soulevé les bords jusqu'à une hauteur *h* qui est d'autant plus grande que les pieds opposés des montagnes sont plus éloignés. Les intervalles de la couche d'alluvion qui ont gardé leur niveau, sont arrivés à former le fond des abîmes à plusieurs lieues de distance des bords soulevés.

Cette inégalité de la surface du globe a, d'après la loi physique, occasionné la formation des pluies, dont l'eau très-copieuse a été recueillie dans les intervalles qui se trouvent entre les bords soulevés ; c'est ainsi qu'à cette époque la surface du globe était composée des mers, des lacs et des pyramides dont, 1° la partie inférieure avait un tronc entouré de couche d'alluvion avec plusieurs crevasses parallèles, 2° la partie médiane était composée de *granite*, 3° le sommet formé de *basalte*.

2° Mode de distribution de l'alluvion depuis le commencement des pluies.

§ 9. Avant les pluies, tous les résidus des plantes aquatiques restaient en place et faisaient partie de la couche d'alluvion; mais l'épaisseur de cette couche était limitée, car l'accumulation de ces résidus s'opposait à ce que l'eau s'élevât à travers les racines profondes jusqu'à la surface des plantes. L'alluvion ancienne est une couche non stratifiée; elle forme la paroi de tous les bassins qui, remplis par l'eau des pluies primitives, sont devenus des lacs. Les eaux des pluies postérieures ont charrié des versants ambiants l'alluvion qui s'y formait, et c'est par de pareils dépôts stratifiés qu'ont été comblés les lacs. A leur partie supérieure se trouvent les mines de fer en sac; à leur partie inférieure, des deux côtés de l'embouchure, se sont accumulés les troncs des arbres, dont les premiers repoussés par ceux qui sont venus ensuite, se sont abaissés jusqu'au fond des lacs. De ce dépôt, 1° ceux qui ont été isolés de l'eau sont restés conservés à l'état de houille; 2° ceux qui se trouvaient en contact avec les eaux stagnantes sont devenus des fournaises volcaniques souterraines; 3° enfin ceux qui sont en contact avec un courant d'eau ou une rivière souterraine se sont aussi changés en fournaises; mais ces fournaises différaient des précédentes en ce qu'il ne s'y forme pas de diaphragme, car l'eau des montagnes arrive par son poids spécifique jusqu'à la surface de la houille qui est le fond du bassin. Au fur et à mesure que la houille décompose l'eau et met sa chaleur en liberté, les gaz produits se mêlent avec l'eau chauffée sous la pression d'une centaine d'atmosphères.

C'est de l'embouchure inférieure du récipient souterrain que s'écoule l'eau du fond, laquelle remonte par son poids spécifique. Ces eaux minérales contiennent : 1° des minerais alluviens des sources d'eau douce; 2° des gaz produits par l'eau et le carbone; 3° des résidus produits dans la fournaise, résidus analogues à ceux des émanations des fournaises volcaniques.

Alluvion avant et après les pluies. C'est avant les pluies que s'est opéré le soulèvement des terrains ignés qui formaient les diaphragmes cristallins des fournaises qui sont autour de la houille ancienne. Sous ce rapport il n'y a qu'une seule espèce de fournaise, sans cependant que leurs produits aient une forme égale. Ces produits sont : 1° des terrains ignés des diaphragmes; 2° des déjections trachytiques engendrées par la chaleur de l'alluvion formant la paroi des bassins qui contiennent la houille moderne; 3° les gaz des eaux minérales et des émanations volcaniques.

En ce qui concerne les pluies, des débris de l'alluvion ancienne mêlés avec les débris de l'alluvion postérieure aux pluies se sont déplacés. Ces débris, une fois mêlés, ont été conduits dans les bassins par les nombreuses embouchures supérieures de ces bassins. Autour de ces embouchures, s'est déposé le fer sous forme de mines en sac; après ces mines viennent les gros fragments de roches, puis en avançant vers l'embouchure inférieure de chaque bassin, on trouve des grains de sable déposés pour former des couches parallèles. Le volume de ces grains dont la structure est cristalline, diminue, et ils deviennent microscopiques dans les environs de l'embouchure inférieure des bassins où sont les houilles continentales et les eaux minérales. Par cet ordre de la distribution des minerais dans les bassins comblés, et à l'aide de la loi hydrostatique, on arrive à connaître la série des actions qui ont eu pour cause physique l'écoulement des eaux de pluies cent fois plus grandes que les pluies actuelles les plus abondantes.

Ces pluies, les espèces d'animaux, l'abaissement subit de la température, le système permien des géologues, les cités antiques ayant jusqu'à 36 degrés de latitude, l'unique couche de sable venant du sud qui les a couverts, les brèches ossifères exposées au sud, les cadavres de millions d'animaux accumulés dans l'extrémité boréale de l'Asie, les éruptions subites des volcans, l'étendue du grès rouge, toutes ces choses se coordonnent d'après la loi de l'aérostatique. Pour le prouver, on voit aussi que dans les régions polaires il s'est opéré une séparation subite d'une masse énorme d'air ayant une poussée suffisante pour enlever la couche supérieure de l'alluvion dont les fragments retournent à l'état d'*aérolithes*, lesquels sont composés de minerais alluviens. Dans la *Physique céleste*, j'ai démontré mathématiquement que les comètes sont des masses d'air produites par les planètes dont elles ont été séparées.

3° Minerais plutoniens.

§ 10. Le nombre des espèces de minerais alluviens est limité, mais ce nombre est en rapport avec les substances provenant des restes des plantes. Il ne se produit pas d'autres minerais à la surface de la terre, et les aérolithes nous prouvent qu'il n'y en a jamais eu; il n'y a pas eu non plus de terrains ignés, quoique leurs éléments chimiques soient d'alluvion.

Les minerais plutoniens ont leur origine dans les fournaises, dans lesquelles les deux espèces de gaz produits par le carbone et la vapeur d'eau se sont trouvés soumis à une grande pression et à une température élevée pendant un long espace de temps, jusqu'à ce qu'ils parvinssent à s'échapper et à passer dans des fissures de la couche d'alluvion. Là ils se sont refroidis et se sont déposés sous forme de zones cristallines. Du mélange des tétraèdres, des gaz et de l'alluvion, il se sépare des atomes qui éprouvent des poussées supérieures, et les résidus ainsi produits sont des métaux; leurs équivalents ont un poids auquel il faut ajouter le poids du nombre des atomes séparés pour obtenir le poids du composé dont le résidu est produit.

Ainsi il n'y a pas de moyen direct de déterminer les nombres n, m, d'atomes d'oxygène et d'hydrogène contenus dans le résidu du poids indiqué dans le tableau (A). Il y a une équation à deux inconnues exprimées en nombre entiers; cette condition limite le nombre des solutions de l'équation suivante :

$$(\alpha) \qquad 4p = 4n\mathrm{O} + 4m\mathrm{H} = 32n + 4m.$$

Pour le poids $p = 28 = \mathrm{Az}^2$ ou pour le poids $p' = 12 = \mathrm{C}^2$ on a :

$$4\mathrm{Az}^2 = 4 \times 28 = 32n + 4m; \quad m = 28 - 8n; \; n = 3; \quad m = 4;$$

$$4\mathrm{C}^2 = 4 \times 12 = 32n + 4m; \; 32n = 48 - 4m; \; m = 4 \text{ donne } n = 1.$$

En mettant pour p dans l'équation (α) le poids des équivalents du tableau (A), on trouverait un petit nombre de valeurs en nombre entier pour n et m. J'aborderai ce sujet plus bas, car les sept couleurs des corps ne sont pas des espèces d'ancre, comme on l'a supposé, mais elles sont produites par les équivalents d'une manière analogue à celle des couleurs du spectre solaire.

NOTIONS COSMOGONIQUES.

§ 11. C'est au moyen du poids des équivalents des corps indécomposables que leur subdivision a été opérée dans le tableau A. Il n'y a de propriété indispensable, telle que le poids, que dans le cas où cette propriété est unie au poids ; par exemple, chaque corps a une densité, une chaleur spécifique, une couleur, un ensemble de couleurs (blanc) ou l'absence du blanc (noir). Dans les corps différents, Berzelius, puis Ampère et tous les chimistes actuels ont reconnu un état électrique positif ou négatif, inséparable des *corpuscules* ou de la *masse* dont la nature est aussi inconnue que celle de l'électricité. Je m'appliquerai d'abord à fixer les idées du lecteur sur le double principe des deux espèces d'atomes qui ont produit les corps terrestres.

Il est une hypothèse répandue chez les physiciens, c'est qu'il existe dans l'espace céleste un fluide équilibré composé de molécules qui, pour occuper l'espace indéfini, doivent avoir : 1° un nombre indéfini et un volume défini, ou 2° un volume indéfini et un nombre défini, ou 3° un volume et un nombre indéfinis. Ce fluide hypothétique, nommé *éther*, est le milieu dans lequel s'opèrent toutes *actions* produites par des *forces* inconnues, sans qu'on ignore cependant que le mot *action* signifie une expansion ou un écoulement précédé et soutenu par un inéquilibre, lequel est incompatible avec l'état équilibré admis pour l'éther.

Les expansions spontanées de toutes les espèces de fluides existants ne permettent pas de considérer l'éther comme étant à l'état équilibré, mais il n'en résulte pas qu'il n'a jamais été dans cet état. Au contraire, on voit précisément par l'expansion observée, que les molécules autrefois indéfiniment volumineuses et inertes ont éprouvé une poussée compressive qui les a fait diminuer de volume en parcourant l'espace indéfini pour se trouver dans un espace *limité* et défini.

Les deux électricités des corps sont la cause de leur *affinité*; elles sont composées de molécules homonymes. 1° Dans l'électricité positive, les molécules ont une densité supérieure $\delta+\delta'$, et 2° dans l'électricité négative, elles ont une densité inférieure δ. **Davy**, ainsi que **Faraday** et leurs partisans, se sont abstenus d'émettre aucune hypothèse sur la nature du fluide électrique; mais selon eux ce fluide peut être: 1° d'une seule espèce et être distribué en excès dans les *corps électrisés positivement* et faire défaut dans les corps électrisés *négativement*, ou 2° de deux espèces capables de produire de la chaleur par leur combinaison.

Ces deux opinions se fondent en une seule, si l'on considère que le fluide *éther* est divisé en deux parties inégales $M+M'$ et M, et que chacune de ces parties est comprimée séparément de manière que leurs molécules parcourent des distances inégales et se trouvent occuper deux volumes égaux v, v', et par conséquent possèdent deux densités inégales. Les corps C, C' dont l'un C électrisé positivement et l'autre C' négativement, possèdent donc, sous des volumes égaux, d'inégales quantités d'éther; ainsi, 1° celui-ci est en excès dans le corps C et manque dans l'autre C'; 2° il y a deux espèces d'éther, l'un *dense* et l'autre moins dense, tous les deux en *inéquilibre et par* conséquent en expansion.

Delarive a reconnu dans les électrolyses l'existence d'une expansion électrique opposée d'un pôle à l'autre; la vitesse de pareilles expansions est démontrée dans les télégraphes. L'inéquilibre qui produit des expansions électriques de ce genre et celui qui produit l'expansion de la lumière ne sont pas de nature différente, parce que la lumière est produite au point de rencontre des deux électricités.

Fresnel, Daguin, Pouillet et leurs partisans ont reconnu une origine commune aux fluides impondérables et à la pesanteur. Si cette idée, très-logique et conforme à la loi physique, n'a pu trouver son application aux faits obtenus par les expériences, c'est parce qu'on ne connaissait pas l'origine de l'absence d'équilibre qui précède les actions. Dans le principe, les physiciens et les astronomes supposaient qu'il y avait dans le Monde beaucoup d'espèces d'inéquilibre, mais ils n'en connaissaient pas les causes, lesquelles se sont évanouies quand il s'est établi un état de périodicités dont le nombre est égal à celui des espèces de séries de faits existant dans le Monde. Ainsi, au lieu d'exposer l'inéquilibre pour faire apparaître les actions, on a fait en sorte d'éluder la question qui a excité et excite encore la curiosité de tous les hommes.

Au lieu de s'attacher aux hypothèses adoptées jusqu'ici, chaque physicien qui lira cet ouvrage pourra reconnaître que la loi physique qui régit la production des faits cosmiques n'a pour origine qu'une action hyperphysique. Ainsi, bien que cette action n'ait pas été produite d'après la loi physique, celle-ci n'en est pas moins un résultat correspondant.

I. CHANGEMENT DE L'ÉTHER EN ÉLECTRE.

§ 12 Le Monde (ὑπάρχει) a eu un commencement (ἀρχήν); les faits s'y produisent d'après la loi physique, laquelle n'existait pas avant le Monde, et par suite son commencement coïncide avec celui du monde; ces faits sont σύναρχοι. On voit ainsi qu'une *action hyperphysique* (ἄναρχος καὶ ἀΐδιος) a produit un inéquilibre indéfini dans l'éther qui était précédemment équilibré (ἀδρανής).

Ces notions servent à démontrer qu'une action hyperphysique trouvant l'éther équilibré dans l'espace indéfini (χῶρος ἀχώρητος), l'a divisé en deux parties inégales M + M et M dont chacune a dû parcourir des distances inégales pour arriver à occuper un volume égal, et ces deux parties ont été séparées par la distance AP (fig. 1), très-grande mais limitée (χῶρος χωρητός).

Fig. 1.

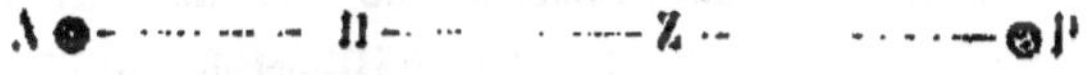

1° Au commencement de l'action, les molécules volumineuses composant l'éther équilibré dans l'espace indéfini ont été divisées. 2° Pendant la durée de l'action, le volume des molécules a diminué et leur densité a augmenté. 3° A la fin de l'action, il ne s'est trouvé dans l'espace céleste que deux globes, deux cosmophores A, P, contenant toutes les molécules de l'éther séparées en quantités inégales, et occupant un volume égal à cause de leur inégale densité $\delta + \delta'$ et δ.

L'effet de l'action hyperphysique ne consiste qu'en un emmagasinage de tout le mouvement convergent opéré par les molécules: 1° pour que leur état d'*éther en équilibre* se change en état d'*électre en inéquilibre*; 2° pour que de l'espace céleste disparaisse l'inertie, et que l'action, qui n'est que l'expansion des molécules qui se trouvent en inéquilibre, apparaisse dans les deux cosmosphères (1).

(1) Guidé par ses observations BUFFON, a découvert dans la nature l'existence d'une matière toujours vivante, toujours active, soutenant la nutrition et le développement des plantes et des animaux; cette matière se divise (par l'expansion) en particules extrêmement subtiles, incorruptibles et indestructibles, capables de s'organiser et de s'arranger de manière à former des corps d'animaux et des plantes. Cette matière est ici l'*électre* en inéquilibre composé des particules nommées *molécules*; elles sont en inéquilibre et par conséquent en expansion. Le mot *molécule*

II. FIN DE L'ACTION HYPERPHYSIQUE ET COMMENCEMENT DU MONDE.

§ 13. L'action hyperphysique s'est terminée en laissant béant tout l'espace indéfini, car l'éther a été indéfiniment comprimé pour arriver à occuper deux volumes égaux de densités différentes.

Dès l'instant où l'action compressive a fini, l'expansion des molécules des deux cosmosphères a commencé; cette expansion a été spontanée à cause de l'inéquilibre des molécules qui, en se repoussant mutuellement, n'éprouvent du côté de l'espace aucune résistance. Pour se faire une idée du mode d'expansion indéfinie des molécules de l'électre, il faut se rappeler l'expansion de ces molécules composant la lumière; elles envahissent par seconde, dans chaque direction, un espace de 77000 lieues, sans que jamais la vitesse change. Quand, d'après Newton, on supposait que la lumière avait des atomes d'un volume borné, comme les grains de sable, on ne pouvait se rendre compte de l'égalité de vitesse de chaque source de lumière; ici, au contraire, le fait s'explique spontanément, parce que ce ne sont pas les corps lumineux qui communiquent le mouvement aux molécules comme le fait la poudre pour les projectiles; la vitesse est constante dans chaque espèce de fluide impondérable.

Au moment où une couche mince des molécules se sépare de la surface d'un corps lumineux, leur expansion s'opère au moyen d'une poussée dans chaque sens, sans dépendre davantage des molécules qui suivent. La vitesse n'a pour cause que l'expansion de chaque molécule, expansion dont la durée est indéfinie et dont les pulsations isochrones se manifestent à des intervalles égaux entre les ondes.

Dans le monde on ne trouve aucune autre cause Motrice différente de la poussée répulsive qui provient de l'expansion des molécules; il n'y a pas non plus de matière différente de celle des molécules de l'éther. Connaissant donc : 1° le mouvement, 2° la matière, 3° son inégale densité, on peut exposer dans un ordre chronologique : 1° le mode de production, les espèces de couples des fluides impondérables dans l'espace *central Z*, et 2° la production des deux espèces d'atomes dans l'espace *mondain* Π. 1° L'espace central est unique au Monde, parce qu'il est au milieu et à une égale distance des deux cosmosphères. 2° L'espace mondain est aussi unique parce que les ondes O, o y amènent en densité égale les molécules μ, μ' des deux cosmosphères. d, *d* étant les densités des molécules et la distance D=AP, ces densités sont en raison directe avec les carrés des dis-

---

indique un ensemble de particules homogènes dont le volume peut indéfiniment augmenter.

tances ΠP, ΠA, *et* on a l'unique *espace mondain* Π déterminé par les équations

$$d : d = \Pi P^2 : \Pi A^2 \text{ et } D = \Pi P + PA.$$

Dans l'espace central Z et partout ailleurs les molécules des ondes des cosmosphères ont une densité inégale ; dans le seul espace mondain les ondes O, o amènent l'électre en densité égale.

III. SEPT ESPÈCES DE COUPLES PÉRIPHÉRIQUES PRODUITS DANS L'ESPACE CENTRAL.

§ 14. On voit par les sept espèces de saveurs, d'odeurs, de couleurs et de sons qu'il y a autant d'espèces de segments d'électre ou des couples de périphéries qui ont été produits dans l'espace central Z (fig. 2), où les ondes A, B, C, D de la pycnosphère E ou P se sont rencontrées avec les ondes égales A', B', C', D' de l'aérosphère E' ou A. Les ondes des deux cosmosphères sont des surfaces sphériques indiquées dans la figure par *aa*, *bb*, *cc*... *αα*, ββ, γγ... contenant les *molécules* denses μ, le *pycnoélectre* et les molécules moins denses μ', l'*aéroélectre*.

Les rencontres des surfaces des ondes sont des périphéries indiquées dans la fig. 2 (B, B'); chacune d'elles est composée d'un volume égal d'électre et d'inégale quantité de molécules ou de particules. En venant en contact, les molécules hétéronymes des ondes se trouvent en équilibre rompu, lequel consiste en une résistance ou en une poussée supérieure du côté du *pycnoélectre* et inférieure du côté de l'*aéroélectre*. Cette rupture d'équilibre est une *force* que l'on nomme *affinité*.

La faible résistance qu'oppose l'aéroélectre permet à une quantité des particules du pynoélectre de pénétrer dans l'espace de la périphérie occupée par l'aéroélectre, et il en résulte un équilibre entre les molécules *hétéropycnes* (d'inégale densité). C'est ainsi qu'il s'est produit des mélanges d'électre des ondes quand une partie de pycnoélectre a pénétré dans l'aéroélectre. Cette pénétration est une *action chimique*.

L'équilibre qui s'effectue dans les molécules denses μ et les molécules moins denses μ', est un *produit chimique* qui se maintient pour toujours et qui sert à faire connaître quelle a été la *force*, l'*affinité* (l'inéquilibre) qui a occasionné l'*action chimique*. On ne voit pas cependant quel laps de temps s'est écoulé depuis cette action jusqu'à présent; l'ordre chronologique seul est conservé, et cet ordre est le suivant : les sept espèces de couples étant produits avant les corps, elles se trouvent dans les corps.

Fig. 3.

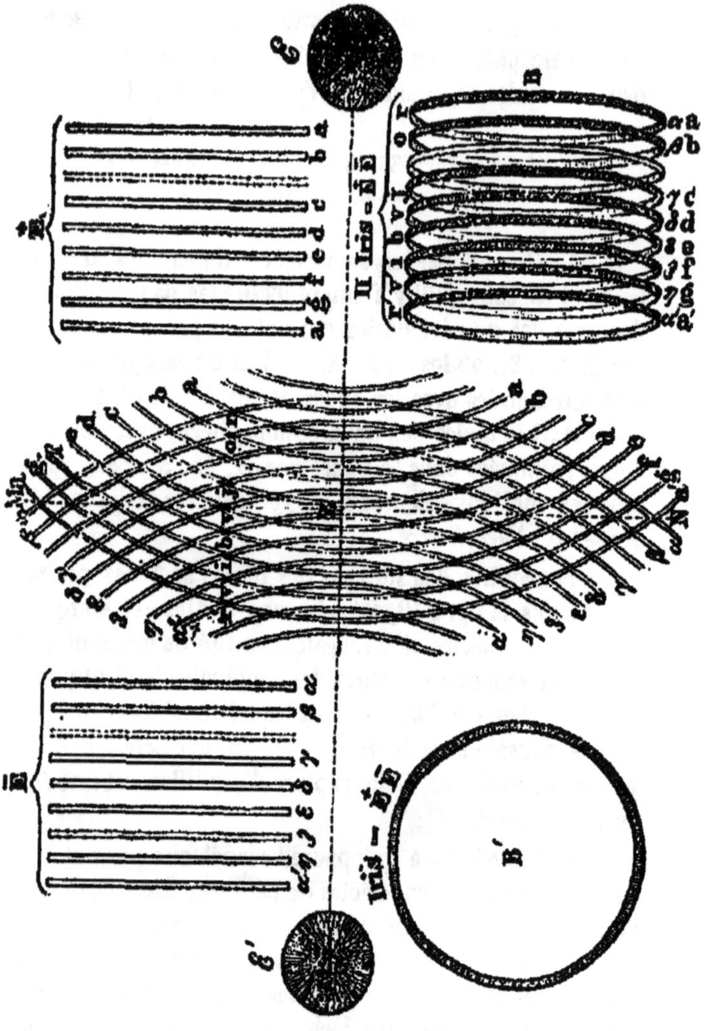

Différence entre la force et l'affinité. Avant que l'on connût la nature des *forces* et celle de l'*affinité*, on savait : 1° que l'*affinité* est une *force*, et 2° que les *forces* ne sont pas l'*affinité*. Cette différence est indiquée ici dans un ordre chronologique. A l'instant où finit l'action hyperphysique, l'inéquilibre apparut dans les molécules des deux Cosmosphères; l'effet immédiat fut l'expansion, il y avait donc la *force* et l'*action*, mais il manquait l'*affinité*, l'*action chimique* et les *faits produits*. Pendant la première période de la Cosmogonie il n'y avait au Monde que deux Cosmosphères soutenant une force et son action simple qui est l'expansion des molécules. Cette période s'est terminée quand se sont produits les sept espèces de couples engendrés par la rencontre des ondes A et A'. Cette rencontre a eu lieu dans le plan MN perdendiculaire sur la ligne PA.

Les molécules hétéropycnes μ, μ', venues en contact, se sont trouvées en inéquilibre, d'où est résultée une action d'une très-courte durée; l'effet de cette action a été un état équilibré d'une durée perpétuelle. Il y a eu *affinité*, *action chimique* dont les *produits* font connaître le mode de production, production qui s'est effectuée d'après la loi physique.

A. Producion de sept espèces de couples de premier ordre.

§ 15. Dans le plan MN s'est trouvée la périphérie *v* ou *vδd* (fig. 2B) produite par les molécules de pycnoélectre ε et d'aréoélectre ε' amenées avec les surfaces sphériques des ondes A, A'. Ainsi chacune de ces ondes a laissé dans la périphérie du milieu une partie de ses molécules; de l'onde A il est resté la quantité δ et de l'onde A' la quantité *d*. L'onde A avec le reste d'électre A — δ s'est avancée pour aller à la rencontre des ondes B', C', D' et l'onde A' avec l'électre A' — *d* s'est avancée pour se rencontrer avec les ondes B, C, D, E. Dans chacune de ces rencontres, les ondes ont perdu une si grande quantité de leurs molécules qu'il n'en est pas resté une quantité suffisante pour produire des mélanges ultérieurs. De chaque côté du plan il y a eu trois périphéries formées par des mélanges pareils, correspondant en même temps aux sons et aux couleurs et à la loi physique.

L'onde A a perdu les quantités δ, ε, ζ, η de molécules dans ses rencontres avec les ondes A', B', C', D'; l'onde A' a perdu des quantités supérieures *d*, *e*, *f*, *g*. Les sept phériphéries ont été formées par des mélanges de quantités inégales de molécules. Ces quantités ont été indiquées en B (fig. 2) par les signes *aα*, *bβ*, *cγ*, *dδ*, *eε*, *fζ*, *gη*.

I. La vitesse égale des ondes a fait que les rencontres ont eu lieu à des distances égales des deux côtés du plan MN; la plus grande diminution de la quantité des molécules de l'onde A' a empêché le mélange entre *j* et *o*. C'est à ce cas singulier, conforme à la loi physique, que correspondent l'ordre des sons de l'octave : 1° entre le *sol* et l'*ut*, et 2° entre le *sol* et le *ré*, et l'ordre des couleurs du spectre : 1° entre le vert et le rouge, et 2° entre le vert et le violet.

II. L'onde A s'est rencontrée avec B' et l'onde A' avec B des deux côtés du plan MN où s'est trouvée la périphérie des ondes *dd* et δδ : ainsi il s'est produit des périphéries *b* ou εε et *j* ou *c*γ (fig. 2 B). L'égalité des distances parcourues par les deux ondes correspond : 1° à celle des intervalles du son *sol* avec les sons voisins *la* et *fa*, et 2° à celle des espaces occupés dans le spectre par les deux moitiés du vert, avec du bleu d'une part, et avec du jaune de l'autre.

III. L'onde A' affaiblie après deux rencontres en *v* et en *b*, devient A — δ — ε quand elle se reconlre avec l'onde C' en *i* où s'est produit le mélange *i* ou *f*ζ. L'onde A', affaiblie davantage après la rencontre en *v* et en *j*, devient A' — *d* — *e* quand elle se rencontre avec l'onde C entre *j* et *o*. Comme je n'ai trouvé ni *son* ni *couleur* dans cet intervalle correspondant à l'intervalle *i*, j'ai attribué ce cas au trop grand affaiblissement de la densité des molécules de l'onde A'—*d* — *e*.

IV. L'onde A, affaiblie pour devenir A — δ — ε — ζ, est venue en *v'* se rencontrer avec l'onde D' plus faible qu'elle ; il y a donc eu mélange des molécules *v'* ou *g*η. L'onde A', dans son état de densité A' — *d* — *e*, est venue en *o* se rencontrer avec l'onde D et a produit le mélange *o* ou *b*β. L'égalité des distances parcourues en trois unités de temps par les ondes A, A' correspond : 1° à celle des intervalles du son *sol* avec les sons *ré* et *si*, et 2° avec les intervalles dans le spectre entre le *vert*, le *violet* ou entre le *vert* et l'*orangé*.

V. L'onde A, affaiblie, est devenue A — δ — ε — ζ — η, avec une densité égale à celle de l'onde E' ; c'est pourquoi il n'y a pas eu de mélanges dans leur rencontre en *r'*. L'onde A' affaiblie est devenue A' — *d* — *e* — *f* — *g* quand elle s'est rencontrée en *r* avec l'onde E ; il s'y est produit le mélange *v* ou *u*α (fig. 2B).

VI. L'onde A, s'étant très-peu affaiblie, a acquis un dégré de densité égal à celui de densité de l'onde E' ; l'onde A', au contraire, s'étant beaucoup affaiblie est arrivée à un degré de densité qui l'a rendue égale à la moitié de celle de l'onde F.

Deux affaiblissements inégaux de densité ont empêché les mélanges de se produire ultérieurement des deux côtés du plan central ; les résultats de cette inégalité se sont maintenus : 1° entre les deux moitiés de l'octave, et 2° entre les deux moitiés occupées par les couleurs du spectre.

Les mélanges du pycnoélectre ont commencé à s'effectuer à la suite de la rencontre des ondes A, A' dans le plan central M, et ils ont cessé : 1° par la rencontre de l'onde peu affaiblie A — δ — ε — ζ — η, avec l'onde A', et 2° par la rencontre de l'onde très-affaiblie A'—*d*—*e*—*f*—*g* avec l'onde E. Ces mélanges sont le résultat de la *première période cosmogonique*; avant cette rencontre des ondes en Z il n'y avait que l'électre anisopycne qui fût en inéquilibre. Une minime partie de cet électre a engendré sept périphéries de rayons inégaux; dans chacune de ces périphéries se sont trouvés le pycnoélectre ε et l'aréoélectre ε' ayant un volume égal *v* et des quantités inégales de particules *g*, *g'*, lesquelles n'ont rien perdu de leur expansion primitive.

B. Production des couples de deuxième ordre.

§ 16. Les composés formant sept couples périphériques sont devenus dans l'espace central un fluide en expansion qui a produit les ondes heptaples *o*, lesquelles se sont rencontrées avec les ondes H, J, L de la pycnosphère P, d'un côté, et avec les ondes H', J', L' de l'aréosphère A, de l'autre.

La densité *d* des molécules dans les ondes heptaples s'est trouvée être inégale avec celles δ + δ' et δ des molécules μ des ondes H, J, L et des molécules μ' des ondes H', J', L'. Il y a eu une affinité qui a sollicité : 1° la pénétration des molécules μ de pycnoélectre dans les ondes heptaples, et 2° la pénétration des molécules *a*α, *b*β, *c*γ des ondes heptaples dans les molécules μ' d'aréoélectre. C'est à cause de cette affinité qu'il s'est produit des composés de deuxième ordre de quatorze espèces.

Les couples *a*α, *b*β, *c*γ, *d*δ, *e*ε, *f*ζ, *g*η des ondes heptaples, par leurs sept éléments d'aréoélectre α, β, γ, se sont trouvés en inéquilibre et en affinité avec les molécules μ de pycnoélectre; chacun des éléments α, β, γ, nommés *aréotmèmes* (τμῆμα, particule), a été pénétré d'un deuxième *pycnotmème a*, *b*, *c*, du côté des ondes H, J. L. C'est ainsi qu'il s'est produit du côté de la pycnosphère P sept nouveaux couples de deuxième ordre indiqués par les signes *a*α*a*, *b*β*b*, *c*γ*c*.

Les ondes heptaples se sont trouvées en affinité par leurs éléments *a*, *b*, *c* de pycnoélectre avec l'aréoélectre μ' des ondes H', J', L'. Les *pycnotmèmes a*, *b*, *c* ont pénétré dans l'aréoélectre μ', et c'est ainsi qu'il s'est produit du côté de l'aréosphère A sept autres couples de deuxième ordre indiqués par les signes α*a*α, β*b*β, γ*c*γ.

Il a cessé de se produire ultérieurement des composés dans l'espace central quand, de chaque côté de la masse des sept espèces de couples de premier ordre, il s'est produit une espèce d'enveloppe composée de couples de deuxième ordre. Ainsi il s'est formé dans l'espace central un ensemble de toutes les espèces de fluides impondérables, lesquels ont engendré les organes des sens. Ces espèces sont les suivantes :

1° **Sept espèces d'odeurs produites par les aréotmèmes** $\alpha, \beta, \gamma, \delta, \varepsilon, \zeta, \eta$
2° **Sept espèces de saveur produites par les pycnotmèmes** a, b, c, d, e, f, g } 1er ordre ;

3° **Sept couleurs produites par les composés** $a\alpha a, b\beta b, c\gamma c, d\delta d, e\varepsilon e, f\zeta f, g\eta g$
4° **Sept sons produits par les composés** $\alpha a\alpha, \beta b\beta, \gamma c\gamma, \delta d\delta, \varepsilon e\varepsilon, \zeta f\zeta, \eta g\eta$ } 2e ordre ;

5° Le **pyconosyzygue** $= a\alpha a + b\beta b + c\gamma c + d\delta d + e\varepsilon e + f\zeta f + g\eta g = \dot{E}$;

6° L'**aréosyzygue** $= \alpha a\alpha + \beta b\beta + \gamma c\gamma + \delta d\delta + \varepsilon e\varepsilon + \zeta f\zeta + \eta g\eta = \bar{E}$;

7° La **pycnoélectricité** (électricité positive) $= g\dot{E}$;

8° L'**aréoélectricité** (électricité négative) $= g\bar{E}$;

9° L'**électrozeugme**, unité de l'électricité neutre $\dot{E}\bar{E}$;

10° L'**électricité neutre** $= g\dot{E}\bar{E}$;

11° Le **photozeugme**, unité de la lumière $\dot{E}^2\bar{E}$;

12° Le **thermozeugme**, unité de la chaleur $\dot{E}\bar{E}^2$;

13° La **lumière** $= g\dot{E}^2\bar{E}$;

14° La **chaleur** $= g\dot{E}\bar{E}^2$;

15° La **lumière exélectrosée** $g\dot{E}^2\bar{E} = g\dot{E}^2 + g\bar{E}$;

16° La **chaleur exélectrosée** (latente) $g\dot{E}\bar{E}^2 = g\dot{E} + g\bar{E}^2$;

17° L'**électricité ecphotosée** $6g\dot{E} + 6g\bar{E} = 3g\dot{E}^2\bar{E} + 3g\bar{E}$;

18° L'**électricité ecthermosée** (chaleur latente) $6g\dot{E} + 6g\bar{E} = 3g\dot{E}\bar{E}^2 + 3g\dot{E}$;

19° L'**électricité exactinosée** (ἀκτὶν, rayon) $6g\dot{E} + 6g\bar{E} = 2g\dot{E}^2\bar{E} + 2g\dot{E}\bar{E}^2$.

Ce grand nombre de combinés ayles de l'espace central se trouve en concordance : 1° avec les espèces de sentiments que produit chaque espèce sur les organes des sens, et 2° avec les espèces de propriétés des corps entre eux, ainsi qu'on peut le voir avec détail dans cet ouvrage, qui contient, outre la description des propriétés des corps, leur mode de production qui s'opère toujours par l'expansion des molécules dont chaque espèce est composée. L'ignorance où l'on était sur cette partie de la chimie a rendu nécessaire la publication de cet ouvrage.

C. Déplacement des composés produits dans l'espace central, exode.

§ 17. L'ensemble des composés indiqués comme occupant un espace en forme de meule contenait dans son milieu les sept périphéries dans lesquelles se trouvaient les sept espèces de couples de premier ordre. Autour de ce milieu était une enveloppe formée des composés de deuxième ordre. 1° Du côté de la pycnosphère P les sept espèces de composés ayant la forme *aaa*, *bβb*, *cγc*, contenaient le pynoélectre μ en quantité supérieure. 2° Du côté de l'aréosphère A les sept autres espèces de composés contenaient l'aréoélectre μ' en quantité supérieure. Cet ensemble de composés-limites s'est trouvé dans l'espace central en inéquilibre, car il éprouvait du côté de la pycnosphère P une poussée **p** supérieure à celle *p* exercée du côté de l'aréosphère A. La différence $\mathbf{p}-p$ entre les deux poussées se trouvait à son maximum au commencement de l'exode quand la vitesse du déplacement était aussi à son maximum. Vers la fin de l'exode, la différence $\mathbf{p}-p$ entre les deux poussées et la vitesse de translation de la masse ont atteint leur minimum. Cette masse des composés ayles étant arrivée à l'espace Π a éprouvé une poussée égale p' : 1° de la part de l'électre ε'' amené des ondes O ayant pour rayon $PZ+Z\Pi$, et 2° de la part de l'électre ε'' amené des ondes **o** ayant pour rayon $AZ-z\Pi$. Mathématiquement parlant, la différence $\mathbf{p}-p$ entre les deux poussées n'arrivera jamais à s'annuler.

IV. DEUX ESPÈCES D'ATOMES HYLICOAYLES PRODUITS DANS L'ESPACE MONDAIN.

§ 18. L'électre ε'' des ondes O, **o**, composé des molécules μ'' d'égale densité (isopycnes), s'est trouvé en inéquilibre avec chacune des deux moitiés de l'enveloppe de l'ensemble de la masse des composés ayles. La *moitié postérieure* de l'enveloppe du côté de la pycnosphère contenait avec les composés pycnoélectriques de deuxième ordre *aaa*, *bβb*, *cγc* en grande quantité les composés aréoélectriques *aaa*, *βbβ*, *γcγ* de la moitié antérieure de l'enveloppe. Cette moitié s'est trouvée dans l'espace mondain, comme cela avait lieu dans l'espace central, contenir les composés aréoélectriques qui entrent dans les thermozeugmes $\dot{E}E^{2}=0$.

Ces composés contiennent l'aréoélectre ε', formé de molécules μ' en plus grande quantité que le pycnoélectre; c'est pourquoi la densité d' de molécules m' de leurs ondes o s'est trouvée inférieure à celle $\delta+\delta'$ de l'électre isopycne ϵ''. Il y a eu affinité, et cette affinité a amené une action chimique dont le produit est le mélange des molécules μ'' de densité supérieure $\delta+\delta'$, lesquelles ont pénétré dans les molécules m' de densité inférieure d'.

Il y a eu aussi affinité dans la moitié postérieure de l'enveloppe, parce que la densité $\delta+\delta'$ des molécules μ'' de l'électre isopycne était inférieure à *celle d des molécules m* des ondes *o*, car les thermozeugmes θ mêlés avec les photozeugmes $\dot{E}'E=\varphi$ entrent dans ces molécules. Aucune autre espèce de combinés ne pouvait s'effectuer dans l'espace mondain.

Différence entre les deux espèces de composés dans l'espace mondain. La moitié antérieure de l'enveloppe contenant des thermozeugmes isolés différait de sa moitié postérieure contenant aussi des thermozeugmes, mais dont sept étaient composés d'un photozeugme pour donner naissance au phototermozeugme $\varphi\theta^7$. Ces deux espèces de zeugmes ont produit deux espèces qui leur correspondent par leurs propriétés.

On donne le nom d'**hydrogène** au composé indiqué par le signe $H=\theta\beta$.

On donne le nom d'**oxygène** au composé indiqué par le signe $O=\varphi\beta\overline{\theta\beta}^7$.

Les propriétés de ces atomes correspondent aux *éléments* dont ils portent le nom. Je vais les énumérer.

I. L'hydrogène est pycnoélectrique, l'oxygène est aréoélectrique, par rapport à leur facteur ou leur *élément* commun qui est électre isopycne, dont la particule employée pour unité est indiquée par le signe β; car cet électre : 1° pénètre dans les thermozeugmes en produisant l'*hydrogène* $\theta\beta$, et 2° il s'imprègne des photothermozeugmes $\varphi\theta^7$ pour produire l'oxygène $\varphi\beta\overline{\theta\beta}^7$.

II. L'atome $\theta\beta$ pèse 1 parce qu'il est composé d'un *thermozeugme* limité avec une particule β correspondant à l'électre isopycne. L'atome $\varphi\beta\theta\beta^7$ pèse 8 parce qu'il est composé de 8 zeugmes ayles dont chacun est composé d'une particule β d'électre isopycne.

III. Le volume **v** des tétraèdres de l'hydrogène est double du volume *v* des tétraèdres de l'oxygène. Les deux espèces d'atomes sont d'égale volume *o*; *en obéissant* à la pesanteur, d'après la loi de l Aérostatique, les atomes se combinent spontanément de manière à former des tétraèdres. Chaque atome d'oxygène pesant 8 *éprouve* par son barogène 8β dans les trois dimensions de la part de l'électre isopycne une poussée compressive qui est double de celle qu'éprouve le barogène β contenu dans les atomes de l'hydrogène. Sans que le volume *o* des atomes change, celui des tétraèdres change donc pour se trouver en raison inverse des racines cubiques du poids des atomes :

$$\mathbf{v} : v = \sqrt[3]{8} : \sqrt[3]{1} = 2 : 1.$$

Ces trois différences des propriétés de l'oxygène et de l'hydrogène sont la cause physique de toutes les propriétés des corps terrestres qui sont composés de deux espèces d'atomes et de fluides ayles.

Dans la deuxième période de la Cosmogonie : 1° l'*exode* correspond à l'avancement des ondes A, B, C et A', B', C' des deux Cosmosphères vers l'espace central, et 2° la production des deux espèces d'atomes hylicoayles correspond à la production des pycnosyzygues *q*É dans la moitié postérieure et des aréosyzygues *q*É de l'enveloppe ayle contenant les restes de sept couples de premier ordre. Avant la fin de la première période il n'y avait plus d'espèce de composé ayle; avant la fin de la deuxième période il n'y avait plus d'espèce de composé hylique.

V. GRAVITATION ET POIDS.

§ 19. A la fin de la deuxième période de la Cosmogonie, l'espace mondain avait un corps central contenant dans son milieu une masse ayle **m**" qui est restée comme excédant après que la masse ayle **m**' eût été composée de la partie **m** de masse hylique d'où est résulté le total **m m**' de masse hylicoayle formant une enveloppe autour de la masse ayle **m**".

La quantité **q** d'atome de chaque diamètre D du corps central, l'*Archégète*, intercepte une quantité égale de molécules μ" d'électre isopycne affluent M et laisse passer outre la différence M — **q**.

Les corps situés à la surface de l'Archégète, du Soleil ou de la Terre éprouvent : 1° de la part de l'espace une poussée P exercée par l'électre isopycne ε", et 2° de la part de la surface du globe une poussée **p** = P — (P — **p**) à cause de la quantité d'électre **q** qui n'arrive pas d'un point antipode à l'autre de chaque diamètre des globes.

Admettons qu'un corps comme la Lune s'approcherait de la Terre; la poussée P qu'elle éprouve de l'électre isopycne affluent ne subit aucune modification, tandis que la poussée **p** exercée par la différence M — **q** de l'électre qui traverse la Terre diminue en raison inverse des carrés des distances. Cette diminution de la poussée **p** a pour effet *l'accroissement* de la *vitesse*, de manière que les distances soient en rapport direct avec les carrés des temps. Ces deux rapports de *mouvement* découverts par Newton correspondent aux degrés de l'inéquilibre qui a pour cause physique l'interception d'une quantité **q** d'électre isopycne, opérée par l'électre de chaque diamètre.

Si la Lune était sur la Terre, elle en recevrait la poussée **p** indiquée par la différence d'électre M — **q**; à une distance de 400 R (R étant le rayon de la Terre), la Lune éprouve de la part de la Terre une poussée 400 × 400 fois plus grande que celle qu'elle recevrait si elle se trouvait sur la Terre.

Ceux qui ont trouvé absurde l'idée de l'existence d'une *attraction* comme cause de la *gravitation* ont cherché à arriver au même résultat au moyen d'une série d'hypothèses qui ne fussent pas en désaccord avec la cause réelle.

On a supposé aux *corpuscules* deux états comme pour l'électre isopycne ε'' : celui-ci avec des composés ayles, se trouve dans les corps qui sont hylicoayles. Dans cet état on a donné à l'électre isopycne ε'' ou au *barogène* β le nom de *corpuscules mondains*. L'électre hylique isopycne ε'' amené avec les ondes O, **o** des deux Cosmosphères a été désigné sous le nom de *corpuscules ultra-mondains*.

La gravitation avec ces propriétés a été déduite de la suppression du passage d'une quantité **q** de corpuscules, quantité égale à celle des corpuscules contenus dans chacun des diamètres entre les points antipodes.

La poussée **p** exercée par les corpuscules ultra-mondains maintient le niveau des liquides et des gaz; on l'a attribuée à l'attraction. Quant à l'autre poussée horizontale ou transversale *p* plus faible que la verticale **p**, elle n'a été annoncée ni par les partisans de la pression ni par ceux de l'attraction ; il leur serait même impossible de l'expliquer. *L'existence d'une pareille poussée est inévitable* dans l'expansion des molécules μ'' ; ces molécules ont pour effet direct les *deux états des corps* solides et liquides ; l'état des gaz permanents est dû à une cause tout à fait différente de celle de l'état des vapeurs.

§ 20. **Poids**. Nous sentons le poids et sa *quantité* au moyen des filets des muscles qui sont composés de globules dans lesquels entrent les *molécules* hyliques μ'' qui entrent aussi dans les corps. Le poids est mesuré par le poids, car ici le mot *poids* signifie inéquilibre des molécules hyliques μ'' contenues dans chaque corps ; cet inéquilibre a sa cause dans l'inégalité entre les molécules affluentes

M et les molécules M — n émergeant de chaque point de la Terre. Pour faire connaître la quantité de molécules isopycnes qui doit servir d'unité de poids, j'emploie l'unité d'un atome d'hydrogène indiquée par le signe β nommé *barogène*. Parmi ces unités, il en entre huit dans un atome d'oxygène dont le poids est 8β. Ainsi le mot *poids* indique : 1° les sentiments que le barogène produit, et 2° la quantité *q*β de barogène contenue dans chaque corps; de même que le mot *chaleur* indique : 1° les sentiments que les *thermozeugmes* produisent, et 2° la quantité *q*θ de thermozeugmes contenus dans chaque corps.

Résumé. On voit par la gravitation des planètes vers le Soleil que dans le principe leur masse faisait partie de la masse du Soleil; de même la gravitation du Soleil et des étoiles vers l'Archégète prouve que dans le principe leur masse faisait partie de la masse de ce corps central. Ainsi, d'après la gravitation de même que d'après la loi physique, on voit qu'il n'y avait dans le principe qu'un seul corps central. Tous ces détails sont consignés dans la *Physique Céleste*.

Il est prouvé d'après la loi physique qu'il s'est produit deux espèces d'atomes; les chimistes en ont trouvé plus de soixante. On verra dans cet ouvrage que les deux espèces d'atomes, en obéissant à la pesanteur, en vertu de leur barogène, se trouvent transformés en tétraèdres :

1° Les *combinaisons chimiques* sont les *délogements* des tétraèdres o,4ȮĖ soutenant la pycnoélectricité, dans les tétraèdres o,4ḢĖ soutenant l'aréoélectricité.

2° *Les analyses chimiques* sont les *délogements* des tétraèdres intérieurs indiqués par le signe Δ, des tétraèdres extérieurs indiqués par le signe Δ'.

3° La *production des corps indécomposables* est la séparation de 1 ou 3 atomes d'un couple ΔΔ' de tétraèdres, d'où résulte un résidu nommé *colobome* (κολόβωμα, chose mutilée, tronçon), dans lequel sont 1 tétraèdre ou 3 atomes formant 1° le colobome du *tétraèdre de fruit* ou 2° le *noyau* du tétraèdre conservé.

Des deux espèces d'atomes primitifs, les colobomes sont des corps indécomposables de premier ordre des tétraèdres; ces colobomes et ceux des atomes produisent des colobomes de deuxième ordre par la séparation de 1 ou 3 atomes. Ce mode de multiplication des corps indécomposables sert à faire distinguer aux chimistes les deux espèces de corps simples et le nombre indéfini des corps composés des résidus.

VI. SUBDIVISION DE LA MASSE EMPYRÉE DU CORPS CENTRAL.

§ 21. Dans la *Physique Céleste*, on voit que le corps central nommé *Archégète* se trouve dans la direction de la constellation de la *Licorne*, au centre de la Voie lactée. Il y a eu une expulsion de neuf jets de cette *masse empyrée* dont la subdivision a produit toutes les étoiles et les nébuleuses composant la Voie lactée; notre Soleil est une de ces étoiles télescopiques.

Neuf jets de masse empyrée ont aussi été expulsés du Soleil; depuis cette expulsion il a été couvert de vapeur, comme l'est encore l'Archégète depuis l'expulsion de ces gros jets de masse empyrée; tous les soleils passent dans cet état après l'expulsion des jets de masse empyrée. Dans ce cas il apparait subitement au ciel une étoile de première grandeur qui s'affaiblit rapidement et qui en dix-sept mois devient invisible à l'œil nu (1).

Le Soleil est resté couvert de vapeurs qui ont intercepté pendant si longtemps la distribution de ses rayons que ses jets de masse empyrée ont perdu leur chaleur et sont devenus des globes de glace. A l'époque où la vapeur a cessé de se produire et où celle qui s'était produite s'est précipitée sur le Soleil, ses rayons ont commencé à arriver aux planètes qui s'étaient toutes transformées en globes de glace; il n'y avait pas de différences physiques entre elles.

Les différences physiques existant entre les planètes sont dues aux densités inégales de rayons, car si leur densité est 1 dans la planète Neptune, elle est 900 dans notre planète. Les changements produits par les rayons solaires se sont opérés avec une vitesse proportionnelle à la densité de ces rayons. A différentes époques, la Terre s'est trouvée successivement dans l'état où se trouvent actuellement les planètes supérieures Neptune, Uranus, Saturne. Jupiter et Mars. Dans la suite des temps la Terre arrivera d'abord à l'état actuel de la planète Vénus et plus tard elle arrivera à l'état actuel de Mercure.

Les rapports entre les distances et les densités des rayons une fois connus, on peut déterminer la vitesse des changements physiques dans chacune des planètes. 1° On trouve le maximum de densite

(1) Au moyen des calculs de la *Physique céleste*, il est démontré qu'avant la fin de notre siècle il apparaîtra une étoile temporaire, sinon deux.

dans la planète Mercure; cette densité diminue pour atteindre un minimum dans les trois planètes éloignées. 2° Il existe une atmosphère dans chacune des planètes supérieures, il n'y en a pas dans les deux planètes inférieures. 3° La rotation de quatre planètes intérieures est de vingt-quatre heures, et celle de planètes extérieures de dix heures. 4° Les périhélies des comètes se trouvent entre les orbites des planètes intérieures et il n'y en a aucune entre les orbites des planètes extérieures. 5° Un état inaltérable, un calme de mort règne dans les deux planètes inférieures, dans la Lune et dans les satellites, tandis qu'il s'opère des changements dans les planètes supérieures, changements analogues à ceux de la Terre qui correspondent aux saisons. Des changements ont lieu aussi dans toutes les étoiles visibles à l'œil nu.

D'après la loi de la gravitation, il s'est produit des mouvements rotatoires des corps célestes et leurs mouvements orbiculaires. 1° Par le mouvement linéaire existant, et 2° par celui de la poussée centripète exercée par les jets expulsés, le corps central acquiert un mouvement rotatoire. Chacun des jets acquiert un mouvement orbiculaire : 1° par la *poussée centrifuge* **p**, et 2° par le choc tangentiel qui est une poussée *p* exercée sur la masse expulsée par le bord postérieur du cratère dont les jets s'échappent.

C'est pendant la troisième période cosmogonique que s'opère la *subdivision de toute la masse empyrée*. L'inéquilibre dans la masse empyrée provient de l'accumulation de la poussée répulsive **r**, laquelle parvient à vaincre la poussée compressive **p**, et alors il y a expulsion des jets de la masse empyrée.

Il n'y a eu jusqu'à présent qu'une seule expulsion de neuf gros jets de l'Archégète; il s'écoulera un bien plus long temps avant que la deuxième expulsion de neuf autres jets pareils aux précédents ait lieu. Il y a dans l'Archégète une si grande masse empyrée qu'elle suffirait à produire au moins un million d'expulsions de gros jets. Chacune des périodes astrogoniques de l'Archégète a une durée plusieurs millions de fois plus grande que celle d'une centaine de périodes de chaque soleil; chacune de ces périodes des soleils a une durée d'une centaine de millions de siècles. Ces longues mesures de temps correspondent aux grandes dimensions des distances parcourues par les masses M + M' et M de molécules : 1° pour se trouver accumulées dans deux volumes égaux, et 2° pour posséder un tel degré d'inéquilibre qu'il faudrait un espace de temps indéfini pour que sa partie ayle composée de pycnoélectre ε et d'aréoélectre ε' disparût de la masse empyrée hylicoayle.

On trouve un état final équilibré dans les deux planètes inférieures, dont toute la masse d'eau s'est transformée en minerais inaltérables par des rayons solaires.

Le poids actuel de l'eau de la Terre est plus de dix mille fois moindre que son poids total ; on voit par là que pour qu'une telle quantité d'eau disparût, il faudrait un espace de temps dix mille fois plus grand que celui nécessaire pour la disparition de tout le reste d'eau qui continue à diminuer.

Si les habitants de la planète Mars observent alors la Terre réduite à l'état anhydre, ils n'y trouveront aucun changement physique et elle leur paraîtra semblable à Vénus et à Mercure. Les planètes supérieures se trouveront successivement dans cet état anhydre et inaltérable ; il y aura alors expulsion de neuf autres jets de masse empyrée, le Soleil entrera dans sa deuxième période.

La *troisième et dernière période cosmogonique* est la subdivision de la masse empyrée expulsée de l'Archégète pour produire des soleils, et expulsée des soleils pour produire des planètes ; enfin cette masse empyrée expulsée des planètes produit des satellites.

Les autres subdivisions qui produisent les *microplanétes* (*planétoïdes*), les *comètes*, les *bolides*, les *étoiles filantes* sont mentionnées dans la *Physique Céleste*.

L'état final de la masse empyrée est d'abord la séparation totale de sa chaleur pour se changer en une masse de glace, laquelle se fond et se transforme en plantes ; les restes des plantes deviennent l'alluvion et les houilles. Une partie du carbone se combine avec l'eau et met sa chaleur en liberté ; cette chaleur chauffe les fournaises souterraines, transforme 1° les gaz en minerais indécomposables et 2° le diaphragme en terrains ignés.

Quand l'eau se transforme en alluvion, sa quantité diminue ; ainsi ce n'est pas le niveau des mers qui baisse, mais leur fond qui s'élève, et il y a une diminution générale de la profondeur des mers en communication l'une avec l'autre. La profondeur de la mer Caspienne diminue autant par l'abaissement de son niveau que par le soulèvement de son fond, parce que cette mer est isolée ; le niveau de l'alluvion s'élève partout.

Résumé. On voit par ce qui vient d'être dit : 1° l'origine des fluides ayles impondérables produits dans *l'espace central*, et 2° leur translation dans l'*espace mondain* où une partie des combinés exotiques a été combinée avec les molécules isopycnes sous deux rapports différents qui ont donné naissance à l'*hydrogène* et à l'*oxygène* contenant les particules β et 8β des molécules isopycnes μ''. Ces particules β, nommées *barogène* éprouvent une poussée compressive de la part des molécules isopycnes homonymes μ'', ce qui leur fait exercer une résistance pour empêcher que chaque diamètre produise une quantité **m** de molécules affluentes égale à la quantité des molécules homonymes contenues dans chaque diamètre des corps célestes et de la Terre. L'inéquilibre produit entre les corps célestes est en rapport inverse des carrés des distances; on lui donne le nom de *gravitation*. Ce rapport a été découvert par Newton; ici j'ai montré l'origine de cet inéquilibre d'où résulte : 1° le niveau, et 2° le changement des liquides en solides et des solides en liquides, comme on le verra plus bas.

Le poids d'un atome d'hydrogène est une particule β des molécules isopycnes; celui d'un atome d'oxygène est 8β; c'est dans ces unités de poids que j'ai exposé d'abord le poids des tétraèdres d'hydrogène et d'oxygène, puis celui des équivalents indécomposables.

Subdivision des matières. La *Physico-Chimie* est composée de deux parties, la partie *générale* et la partie *spéciale*.

La *Physico-Chimie générale* contient : 1° l'exposition des détails des sept espèces de combinés ayles produits dans l'*espace central*, et 2° l'exposition des détails des *deux espèces d'atomes* hylicoayles produits dans l'*espace mondain* de la combinaison des molécules isopycnes avec les molécules ayles.

La *Physico-Chimie spéciale* est composée de la *Phyto-Chimie*, de la *Chomato-Chimie* et de la *Métallo-Chimie;* on y trouve la description habituelle des *propriétés* et des *qualités* observées des corps, puis *leur mode de production*. Jusqu'à présent cette dernière partie ne se trouvait pas dans les ouvrages des chimistes; c'est cette lacune que la publication de cet ouvrage est appelée à combler.

PHYSICO-CHIMIE GÉNÉRALE.

§ 22. Les notions géologiques obtenues par les observations nous démontrent d'une manière évidente qu'il existe une coordination : 1° dans la distribution des *plantes*, de l'*alluvion* et du *fer* sur toute la surface de la Terre, et 2° dans le séjour des *minerais métallifères* dans les filons voisins des fournaises souterraines. 1° L'*oxygène* et l'*hydrogène* qui composent l'*eau* ne manquent ni de *plantes*, ni d'*alluvions*, ni de *filons*; 2° le carbone et l'azote qui, avec l'eau, composent les plantes se trouvent dans l'*alluvion* et dans les *filons*; 3° l'alluvion forme les *parois* des crevasses dans lesquelles sont logés les *filons*.

Les notions cosmogoniques ont été obtenues d'après la loi physique : 1° au moyen du nombre des *organes des sens*, et 2° au moyen des *appareils de translation des animaux*, on a vu que les individus primitifs de chaque espèce ont été produits par des plantes : 1° par l'expansion d'autant de genres de composés ayles qu'il y a d'organes des sens, et 2° par l'expansion d'autant d'espèces de composés hylico-ayles qu'il y a d'espèces d'appareils de translation dans chaque espèce animale.

Dans leur enfance les individus primitifs étaient neutres, ensuite à l'âge de la puberté et grâce à une nourriture abondante les parties génitales des individus mâles se formèrent. Une *exspermatose* de l'individu mâle sur la plante nourrice engendra l'individu femelle qui ne diffère du mâle que par les parties génitales et par l'appareil propre à produire une nourriture pareille à celle de la plante. La reproduction n'est qu'une continuité de l'expansion des molécules composés ayles qui ont produit le couple primitif de chaque espèce. La conservation de la structure des couples primitifs de chaque espèce animale ou végétale dans leurs descendants est due à l'expansion des composés ayles combinés de manière à différer autant de celle du couple primitif qu'il y a de races et de variétés dans le genre humain et dans chaque genre animal.

1° Le nombre égal des organes des sens de l'*homme* et des *vertébrés* est une preuve que le nombre des composés ayles était *complet* avant la formation des individus primitifs. 2° Dans les variations de l'appareil de translation, s'est conservé l'état de la surface de la Terre correspondant aux appareils qui sont des espèces de monuments archéologiques représentant l'état de la surface de la Terre à différentes époques, sans que l'on voie nulle part l'intervention d'aucune *action hyperphysique* analogue à celle contenue dans la Genèse. A ce sujet le lecteur peut consulter la *Physique Céleste*, t. III, p. 472.

La Physico-Chimie générale contient : 1° les propriétés des deux atomes; 2° les trois états des corps; 3° la *stœchiométrie* des composés ayles avec le mode de production des propriétés et des qualités des corps; 4° le mode de production des corps indécomposables *carbone* et *azote* composant les plantes avec les deux atomes de l'eau; 5° enfin le mode de production des corps indécomposables de l'alluvion et des filons.

Le nombre des faits obtenus par les observations s'accroît en raison du nombre des observateurs; au contraire le nombre des espèces de composés ayles est borné et est le même que celui des espèces de sentiments d'*odeurs*, de *saveurs*, de *couleurs*, de *sons*, de *lumière blanche*, de *chaleur* et de *poids*.

Au lieu donc de m'attacher à l'innombrable série des faits pour enregistrer leurs noms et le nombre de propriétés qui les distinguent des autres, je me bornerai à indiquer le mode de production d'un certain nombre de faits de chaque espèce, pour mettre le lecteur en état d'opérer de la même manière sur chaque espèce de propriétés observées dans les corps terrestres décomposables ou indécomposables. Les trente et une espèces de composés ayles et les deux espèces d'atomes hylicoayles θβ $\varsigma\beta\overline{\theta\beta}^{7}$ étant en expansion produisent une infinité de corps ayant des propriétés différentes, mais toujours correspondantes aux expansions des composés ayles au nombre de trente-trois. Ce nombre de composés en expansion perpétuelle produit des faits qui varient dans chaque pays proportionnellement à l'intensité des rayons *solaires*, *diurnes* et *annuels*.

Les physiciens de tous les temps ont reconnu dans les corps l'existence des atomes; les chimistes du siècle actuel ont reconnu l'existence d'un fluide, l'*électricité*, qui diffère des atomes et qui produit la lumière et la chaleur. On a trouvé que les molécules sont homoïdes, mais qu'elles ont deux densités; dans l'*électricité positive* les molécules ont une densité $\delta + \delta'$ et dans l'*électricité négative* elles ont une densité inférieure δ. Dans les acides on reconnaît l'électricité positive et dans les oxydes l'électricité négative; dans les mélanges des deux électricités on a reconnu la production de la chaleur seule ou de la chaleur et de la lumière. On ne peut mesurer exactement la quantité de lumière comme celle de la chaleur et celle des équivalents matériels q, q' qui doivent se combiner de façon à produire la chaleur q'' dont la quantité est déterminée.

$6q$ étant la quantité d'atomes d'hydrogène contenu dans 1 gramme, la même quantité d'atomes d'oxygène est contenue dans 8 grammes. J'ai brûlé une quantité égale d'hydrogène dans deux espèces d'appareils semblables à ceux qui se vendent dans les magasins où le gaz se vend. Quand on veut se chauffer, on lui donne un appareil A qui produit peu de lumière, et quand on veut avoir de la lumière on lui donne un autre appareil B.

La quantité de chaleur produite est mesurée par l'élévation de la température de la même masse d'eau. En employant en même temps les deux appareils et en brûlant la même quantité de gaz des magasins ou d'hydrogène, on obtient : 1° au moyen de l'appareil A la quantité $3q$ de calories obscures, et 2° au moyen de l'appareil B la quantité $2q$ de calories lumineuses.

Avec ces données $6qH$, $6qO$, $3q\Theta$, $2q\Theta + \chi\Phi$, j'ai trouvé, à l'aide des calculs rapportés plus bas, qu'en représentant : 1° la quantité $6q\bar{H}$ d'atomes d'hydrogène par une quantité égale d'aréosyzygues $6q\bar{E}$, et 2° la quantité $6q\bar{O}$ d'atomes d'oxygène par la quantité $6q\dot{E}$ de pycnosyzygues, il en résulte que

$$6q\bar{E} + 6q\dot{E} = 2q\dot{E}^2\bar{E} + 2q\dot{E}\bar{E}^2 \quad \text{et} \quad 6q\bar{E} + 6q\dot{E} = 3q\dot{E}\bar{E}^2 + 3q\dot{E}.$$

Le lecteur peut voir : 1° que l'ensemble des composés $\dot{E}^2\bar{E}$ nommés *photozeugmes* est le fluide *lumière*; 2° que l'ensemble des composés $\dot{E}\bar{E}^2$ nommés *thermozeugmes* est le fluide *chaleur*; 3° que chaque atome d'hydrogène est le support d'un aréosyzygue $\bar{E}$ et que chaque atome d'oxygène est le support d'un pycnosyzygue $\dot{E}$; de sorte que dans la combustion de l'hydrogène dans les appareils A, B l'action chimique est exprimée par (α) $6q\dot{H}\bar{E} + 6q\bar{O}\dot{E} = 6q\dot{H}\bar{O} + 2q\dot{E}^2E + 2q\dot{E}\bar{E}^2$ (appareil A).

(β) $6q\dot{H}\bar{E} + 6q\bar{O}\dot{E} = 6q\dot{H}\bar{O} + 3q\dot{E}\bar{E}^2 + 3q\dot{E}$ (appareil B).

Avant cette découverte, les électrochimistes étaient hors d'état d'exposer la nature des *actions chimiques* et l'*affinité* qui les précède et qui occasionne leur apparition. Mon but est de me servir des *faits découverts* par les chimistes comme exemples des lois qui ont leur origine : 1° dans la densité inégale des molécules homonymes composant les deux électricités, et 2° dans l'expansion indéfinie de ces molécules.

Les résidus des composés qui restent après que quelque atomes se sont séparés de leurs équivalents sont des *corps indécomposables* parce qu'ils ne sont plus les composés dont ils ont été produits. Ces résidus diffèrent de tous les autres qui ont été produits par d'autres espèces de composés.

Espèces des composés. Il y a : 1° dans l'eau $\dot{H}\bar{O}$ un couple *hylique* neutre, 2° dans l'électricité neutre $\dot{E}\bar{E}$ un couple *ayle.* Ces couples se combinent avec l'un de leurs éléments ou avec l'un des éléments de l'autre couple, et il en résulte ainsi trois ordres de composés *hyliques, ayles, hylicoayles;* de cette manière les deux espèces de couples neutres deviennent *pycnoélectrisées* ou *aréoélectrisées.*

Composés hyliques.	*Composés ayles.*	*Composés hylicoayles.*
Neutres.	Eau $\dot{H}\bar{O}$ Électricité neutre $\dot{E}\bar{E}$	Oxygène hydrogéné ordinaire $\bar{O}\dot{E}\dot{H}\bar{E}$.
Aréoélectrisés.	Eau oxygénée $\dot{H}\bar{O}^2$. Chaleur $\dot{E}\bar{E}^2$	Oxygène ozoné $\bar{O}\dot{E}\bar{E}$. Hydrogène ozoné $\dot{H}\bar{E}^2$.
Pycnoélectrisés.	Eau hydrogénée $\dot{H}^2\bar{O}$ Lumière $\dot{E}^2\bar{E}$	Oxygène allotropique $\bar{O}^2\dot{E}$. Hydrogène allotropique $\dot{H}\bar{E}\dot{E}$.

Il y a dans la Terre des corps hyliques et des corps hylicoayles neutres, pycnoélectrisés ou aréoélectrisés, correspondant : 1° aux sels neutres $\dot{M}M'\bar{O}^2$; 2° aux acides $M'\bar{O}\dot{E}$; 3° aux alcalis $\dot{M}\bar{O}\bar{E}$.

Actions chimiques. Les pycnosyzygues ayles $\dot{E}$ des acides pénètrent dans les aréosyzygues ayles $\bar{E}$ des alcalis (α) (β); les pycnosyzygues hyliques des métaux $\dot{M}$ et des métalloïdes M' pénètrent dans les atomes aréoélectriques de l'oxygène et il en résulte des sels de forme $\dot{M}M'\bar{O}^2$.

Des atomes et des équivalents indécomposables hyliques, 1° les uns, oxygène $\bar{O}$, chlore $\bar{Cl}$, iode $\bar{J}$, brome $\bar{Br}$, fluore $\bar{Fl}$, sont *aréoélectriques;* 2° les autres, hydrogène $\dot{H}$, carbone $\dot{C}$, azote $\dot{Az}$, métalloïdes

M'; les métaux Ṁ, sont *pycnoélectriques*. Ampère a déjà découvert ces corpuscules qu'il a distingués en *électropositifs* et *électronégatifs* soutenant des sphères d'électricité hétéronymes indiqués ici par les signes É, Ė. Ainsi chaque atome et chaque équivalent isolé est un corps *hylicoayle* ŌÉ, ĈĖ... ĤE, ṀE...

Deux corps hylicoayles (α) (β) produisent par leur entétraédrisse un composé hylique et un composé ayle; les tétraèdres électropositifs Δ qui se logent dans les tétraèdres électronégatifs Δ' donnent le composé hylique. Dans les cas où ce séjour n'a pas lieu, les tétraèdres hétéronymes restent séparés les uns des autres en se mêlant d'après la loi de l'Aérostatique, loi qui régit les poussées opposées exercées sur le barogène (corpuscules), 1° par l'expansion centripète des molécules isopycnes μ'', et 2° par l'expansion répulsive des molécules μ, μ' des syzygues É, Ė des corpuscules qβ, qβ.

I. ACTION DANS LE MÉLANGE DES GAZ ET DES LIQUIDES.

§ 23. La combinaison des atomes et des équivalents indécomposables en tétraèdres est un effet direct produit d'après la loi de l'Aréostatique. Cette loi n'est qu'une poussée centripète **p** exercée par l'expansion des molécules isopycnes μ'' contre leurs homonymes le barogène β (corpuscules). Les corps ne manquent pas d'un arrangement ainsi produit; la *tétraédriase* est une propriété commune des corps dont la série d'effets fait ressortir la différence qui existe entre les *actions* des *mélanges* opérées d'après la loi aréostatique ou hydrostatique et les *actions chimiques*. En exposant séparément ces actions je mets dans tout son jour l'action qui produit la *pesanteur* au moyen du barogène (corpuscule) contenu dans les corps.

La densité des gaz et des liquides résulte des intervalles *i*, *i'* entre les quatre atomes ou les quatre équivalents des tétraèdres; ces intervalles (pores) ne disparaissent jamais pour laisser les atomes venir en contact immédiat, mais ils sont moindres quand il y a une grande quantité de barogène qβ d'atomes d'oxygène=8 ou d'équivalents de mercure 100. Tels sont la liaison entre les densités des corps et le poids de leurs équivalents indécomposables.

On connaît : 1° la forme tétraédrique de tous les corps; 2° les poussées répulsives **r**, **r'** entre les atomes ou les équivalents des gaz séparés par les intervalles **i**, **i'**; 3° les poussées répulsives *r*, *r'* entre les équivalents des liquides séparés par des intervalles *i*, *i'*; 4° les poussées centripètes *p*, *p'* contre le barogène qβ, qβ' des tétraèdres des gaz et des poussées **p**, **p'** contre le barogène **q**β, **q'**β des tétraèdres des liquides. Au moyen de ces données on détermine *à priori* :

1° Que les tétraèdres des gaz et des vapeurs doivent s'équilibrer parce qu'ils obéissent aux fortes poussées répulsives **r**, **r'**, et non aux faibles poussées centripètes *p*, *p'* ;

2° Que des tétraèdres des liquides : 1° les uns se mêlent comme ceux des gaz, et 2° les autres ne se mêlent pas. 1° L'eau se mêle avec l'*alcool en toute proportion* parce que les poussées répulsives *r*, *r'* des tétraèdres doubles de l'eau 4HO + 4HO et des tétraèdres doubles d'alcool $2C^4H^6O^2 = 2C^4H^4 + 4HO$ n'exercent pas entre eux des poussées répulsives *r*, *r'* différentes quoique faibles, et le poids 28 de l'équivalent C^4H^4 éprouve une poussée centripète *p'* peu inférieure à celle *p* exercée par le poids 36 de l'hydatotétraèdre 4HO. C'est ce poids inférieur 28 qui fait nager l'alcool sur l'eau. 2° L'huile ne se mêle pas avec l'eau parce qu'elle ne contient pas de tétraèdres d'eau; elle se mêle avec l'alcool qui contient des hydroanthracotétraèdres C^4H^4.

Dissolution. Les mélanges des tétraèdres des liquides avec ceux des sels diffèrent en ce qu'il y est contenu une plus grande quantité de barogène et que la poussée répulsive *r* y est plus faible. Il y a toujours un *point de saturation* correspondant à l'équilibre établi au barogène des tétraèdres des sels entre la poussée centripète *p* et la poussée répulsive *r*; celle-ci peut augmenter avec l'élévation de la température; alors la quantité des tétraèdres du sel augmente également pour qu'il y soit contenu autant de barogène qu'il est nécessaire pour qu'il s'exerce sur lui une poussée centripète *p* égale à la poussée *r* fortifiée par la multiplication des thermozeugmes et par l'expansion de molécules μ, μ' de leurs syzygues.

Si la température des dissolutions saturées baisse, le point de saturation indique une diminution des *halatotétraèdres* (ἅλας, sel) dans la dissolution; la poussée centripète *p'* reste le même, tandis que la poussée répulsive *r* s'affaiblit avec l'abaissement de la température.

1° Dans les mélange des gaz, il n'y a aucun changement de volume; par suite la densité *d''* est la moyenne de la somme $\frac{1}{2}(qd + q'd')$.

2° Dans les actions chimiques qui consistent dans le séjour des pycnotétraèdres Δ dans les aréotétraèdres Δ', il y a accroissement de densité et éloignement des électrosyzygues sous forme de thermozeugmes; le nombre *n* de pycnotétraèdres Δ est égal au nombre *n* des aréotétraèdres Δ'. Ce rapport n'existe pas entre les nombres **n**, **n**, N des tétraèdres des liquides et des gaz mêlés en toute proportion.

3° Dans les mélanges des liquides, les nombres n, n des tétraèdres varient comme dans les gaz ; 1° il y a quelquefois changement des électrosyzygues en thermozeugmes qui s'éloignent, et 2° il y a accroissement de densité comme dans les combinaisons chimiques. Cette ressemblance n'indique que la diminution de la poussée répulsive r qui produit l'accroissement de la densité et qui est produite par l'éloignement des thermozeugmes.

Les actions chimiques étant des *entétraédriases* ne peuvent avoir lieu que dans les cas où un nombre n de pycnotétraèdres se loge dans un nombre égal d'aréotétraèdres. Dans le cas où il y a quelque excédant n' de l'un ou de l'autre espèce, il reste isolé.

II. EXPÉRIENCES CHIMIQUES.

§ 24. Pour obtenir les espèces d'actions que produit un corps A, on le met en contact avec les corps B, C, D... à différentes températures, à diverses pressions et toujours à l'état gazeux, liquide ou pulvérisé. Il peut en résulter : 1° qu'il y ait entétraédriase avec les corps **b, c, d**...; 2° qu'il y ait mélange avec les corps a, b, c...; 3° qu'il reste intact avec les corps A, B, C...

Dans les entétraédriases avec les tétraèdres dont le poids connu est Π, on détermine le nombre n des tétraèdres entétraédriasés par ce poids Π du corps disparu qui est $\Pi = n\pi$. Sachant que chaque tétraèdre Δ loge dans un autre Δ', on trouve le poids π', 1° par le poids Π' disparu du corps A, et 2° par le nombre n des tétraèdres Δ, car il faut que $\Pi' = n\pi'$, et par suite :

$$(\gamma) \qquad n = \frac{\Pi}{\pi} = \frac{\Pi'}{\pi'}, \quad \pi'\Pi = \pi\Pi'.$$

Connaissant trois des quatre quantités, on peut déterminer la quatrième. Ainsi Berzelius a déterminé les poids des équivalents sans savoir qu'ils sont combinés en tétraèdres.

Mélanges. On a déjà vu que l'alcool C^4H^4, H^2O^2, 1° se mêle avec l'eau par son hémitétraèdre H^2O^2 d'eau 2HO, et 2° se mêle avec l'huile par son tétraèdre de carbone hydrogéné C^4H^4. L'eau ne se mêle pas avec l'huile parce qu'il n'y a pas de tétraèdres homonymes. Cette origine, 1° du mélange de quelques-uns des liquides, et 2° de l'absence des autres, devient un moyen de découvrir les espèces d'atomes composant les tétraèdres.

stœchiométrie électrique. Chaque atome ou équivalent est le support d'un électrosyzygite; leur nombre *n* est déterminé par les poids Π, π et Π', π' (γ). Il est démontré qu'un nombre égal d'équivalents liquides ou gazeux de combustibles produit une quantité égale de thermozeugmes ou *calories* et consomme un nombre égal d'atomes d'oxygène. En comptant pour chaque thermozeugme ÉĒ² 1 pycnosyzygue et 2 aréosyzygues, on trouve le même nombre *n* d'équivalents et d'aréosyzygues. Dans les cas où les combustibles sont solides et où le produit est la vapeur, on remarque une absence de calories qui correspond à la chaleur latente contenue dans la vapeur.

Trois espèces de tétraèdres. Dans leur état normal, les tétraèdres *simples ou couplés sont* composés de quatre atomes ou de quatre équivalents 4H, 4O, 4HO; ces tétraèdres sans noyaux se nomment *lipospermes*. Les résidus 4HO—O, 4HO—3O indiqués par les formules Ō³É³,4HĒ²; ŌÉ,4HĒ² sont des tétraèdres d'hydrogène *trispermes* ou *monospermes*.

I. Dans les tétraèdres trispermes Ō³É³, 4HĒ² les expansions des molécules μ des trois pycnosyzygues É ne sont pas des directions opposées à celles des molécules μ' des quatre aréosyzygues Ē. Cette cause mécanique s'oppose à l'approche des atomes, les corps *azote*, *bioxyde d'azote*, *oxyde de carbone*... sont des gaz permanents. Si les couples des tétraèdres sont en nombre supérieur en restant trispermes, leur ensemble est un liquide *fumant*.

II. Dans les tétraèdres monospermes ŌÉ, 4HĒ², l'expansion des molécules μ de l'unique pycnosyzygue É s'opère en directions opposées à l'expansion des molécules μ' des huit aréosyzygues Ē. Il y a un minimum de poussée répulsive *r*, et les atomes O,4H, par leur barogène 8β, 4β, obéissent à la poussée compressive *p* exercée par l'expansion des molécules isopycnes μ''. Le *carbone* est composé des hydotétraèdres monospermes, lesquels ne s'éloignent pas les uns des autres quelque élevée que soit la température; c'est de pareils tétraèdres que sont composés tous les corps de *solidité permanente*. Si les tétraèdres ne sont pas simples 4H, mais doubles 4H², ou s'ils sont des couples 4HO, ils forment des corps qui acquièrent les trois états.

III. Les tétraèdres lipospermes simples 4HĒ, 4ŌÉ sont des gaz permanents parce que l'expansion des molécules y est homonyme: elles exercent une poussée répulsive *r*, laquelle dépasse tous les degrés de pression. Ce résultat ne diffère de celui des tétraèdres trispermes qu'en ce que les tétraèdres couplés lipospermes *o*,4HO ne sont pas des corps fumants comme les corps composés de tétraèdres trispermes couplés.

Tous ces détails, exposés d'après la loi connue de la Mécanique, se trouvent parfaitement d'accord avec l'état des corps. Il en résulte : 1° que la poussée compressive p est exercée dans chaque direction de l'expansion des molécules isopycnes μ'' contre le barogène, lequel étant uni avec les composés ayles θ, $\varphi\theta'$ éprouve en même temps la poussée répulsive r de l'expansion des molécules μ, μ' ; 2° que la poussée centripète $\mathbf{p}$ des molécules isopycnes μ'' maintient, 1° au niveau le barogène des liquides et des gaz, et 2° en inéquilibre perpétuel les corps célestes. L'origine de cet inéquilibre se trouve exposé dans le tome I de la *Physique céleste ;* tant qu'on ignorait l'origine de l'action provenant de l'expansion des molécules isopycnes μ'', il était tout à fait impossible de composer une *Physique céleste* et encore moins une *Physico-chimie.*

PREMIÈRE SECTION.

TÉTRAÈDRES D'HYDROGÈNE ET D'OXYGÈNE.

§ 25. Quelque petite que soit chaque particule hylique β qui unie avec une particule ayle θ, produit l'atome θβ de l'hydrogène dont le volume est limité, chacun de ces atomes obéit à la *pesanteur*, qui est une poussée exercée par l'expansion des molécules hyliques μ″ au degré supérieur P de l'espace vers la Terre, et à un degré inférieur P=p de la Terre vers l'espace. Se trouvant donc dans un tel équilibre, les atomes des gaz et des liquides se combinent spontanément sous forme de *tétraèdres*, qui sont indiqués par le signe u△et produisent un niveau.

L'état tétraédrique ou la *tétraédriase* est une propriété comme la densité et la chaleur spécifique commune des corps. Les chimistes ont découvert l'existence d'équivalents quadruples de carbone dans les substances végétales; ils connaissaient bien la loi de l'Aréostatique qui fait acquérir aux atomes la combinaison indiquée, et, cependant, ils n'ont pas songé à attribuer à cette loi les équivalents doubles de carbone dans les composés des plantes. Cet état tétraédrique ne se rencontre pas dans les composés ayles, et cela sert à distinguer ses composés et les produits provenant de leur expansion.

Propriétés des corps composés des tétraèdres. Le volume *o* de deux espèces d'atomes, si faible qu'il soit, a un diamètre invariable δ; les atomes étant hylicoayles et de volume borné, ne sont pas des espèces de grains de sable qui, disposés en tétraèdres, acquièrent la dimension limitée dont le diamètre est 2δ. L'élément hylique β reste borné dans chaque atome, tandis que l'élément ayle θ est en expansion; il y a ainsi une poussée répulsive *r* entre les quatre atomes de tétraèdres. Cette poussée est variable; elle fait écarter l'un de l'autre les atomes *o*, *o′*, pour se trouver en équilibre par rapport à la poussée compressive *p* exercée par l'expansion des molécules hyliques μ'' contre leurs homonymes β contenus dans les atomes.

Ainsi le volume o des atomes est constant, mais les volumes $\mathbf{v}$, v de leurs tétraèdres sous la même pression et à la même température sont en raison inverse des racines cubiques des quantités des molécules hyliques β étant la quantité des molécules hyliques qui se trouve dans chaque atome d'hydrogène o', et 8β celle qui se trouve dans chaque atome d'oxygène o, si la poussée exercée par les molécules μ'' dans les trois directions contre le barogène β de l'hydrogène est 1, elle serait 2 pour le barogène 8β des atomes o de l'oxygène; on aurait alors :

$$v : \mathbf{v} = \sqrt[3]{\beta} : \sqrt[3]{8\beta} = 1 : 2.$$

§ 26. **Densité.** Dans les atomes o', o est contenu le barogène β, 8β, d'où résulte la *densité atomique* 1 et 8. Dans les tétraèdres Δ' dont le volume est $\mathbf{v} = 2v$ est contenu le barogène 4β, et dans les tétraèdres Δ dont le volume est v, est contenu dans le barogène 32β; il en résulte la *densité tétraédrique* 1 dans les tétraèdres Δ' et 16 dans les tétraèdres Δ.

Le mélange des tétraèdres $q\Delta' + q\Delta$ occupe un volume $q\mathbf{v} + qv = 3qv$; le barogène $q\beta + 8q\beta = gq\beta$ y est contenu; et on en obtient *densité* moyenne $\frac{9}{3} = 3$.

Si les tétraèdres $q\Delta$ qui occupent l'espace dont le volume est qv se *logeait* dans les tétraèdres $q\Delta'$, cet espace qv resterait vide et les couples ou les zeugmes de tétraèdres $q\Delta\Delta'$ occuperaient l'espace dont le volume est $q\mathbf{v} = 2 \times qv$. La quantité de barogène $gq\beta$ qui occupe ce volume aurait la densité dérivée $\frac{9}{2} = 4\frac{1}{2}$. Ce séjour des tétraèdres Δ dans les tétraèdres Δ' se nommait *action chimique*; on a trouvé que le mot *entétraédriase* exprime bien cette action.

L'espace $q\mathbf{v}$ occupé par la quantité β de barogène $gq\beta$ à l'état de vapeur, devient 1728 fois plus petite quand on condense la vapeur pour en obtenir de l'eau. Le nombre 1728 est le cube $12^3 = 4^3 \times 3^3$. 4λ étant la longueur de l'une des six arêtes d'un tétraèdre régulier, la longueur de l'une de ses quatre perpendiculaires abaissées de l'un des quatre sommets sur le centre de la face triangulaire opposée est 3λ.

On trouve ainsi, au moyen du calcul basé sur la stéréométrie, que les arêtes dont la longueur est 4λ dans les tétraèdres Δ' de la vapeur deviennent λ dans les tétraèdres de l'eau; les perpendiculaires dont la longueur est 3λ deviennent λ. Le volume d'un tétraèdre de l'eau étant λ^3, ce tétraèdre de l'eau devient $12^3\lambda^3$ lorsque l'eau se change en vapeur.

En hiver, le diamètre d des tétraèdres de vapeur est un peu plus grand, à $0^{mm},02$; en été, il est un peu plus petit. A la densité 12^3 fois supérieure de l'eau, on trouve que le diamètre δ de ces tétraèdres est 12 fois plus petit que le diamètre de longueur moyenne $d = 0^{mm},02$; ainsi l'on a :

$$\delta = \frac{1}{12} d = \frac{1}{12} \times 0^{mm},02 = \frac{1}{600} \text{ (1)}.$$

La densité est une propriété correspondant à la quantité $q\beta$ ou $q'\beta$ de barogène contenu dans un tétraèdre Δ' ; elle croît proportionnellement avec le nombre n de tétraèdres Δ contenant les quantités de barogène $q\beta$, $q'\beta$ et logés dans le tétraèdre Δ'. Telle est la liaison physique entre l'accroissement des densités et les entétraédriuses (combinaisons chimiques ou synthèses).

§ 27. **Électrosyzygues.** La résidence des oxytétraèdres $o{,}4\bar{O}\dot{E}$ dans les hydrotétraèdres $o{,}4\dot{\bar{H}}E$ s'opère avec production de photozeugmes $\dot{E}^2E$ et de thermozeugmes $\dot{E}E^2$ accompagnées d'augmentation de densité 3δ à $4\frac{1}{2}\delta$.

La transformation de la vapeur en eau s'opère avec production de thermozeugmes obscurs avec un accroissement de densité de $4\frac{1}{2}\delta$ à $1728 \times 4\frac{1}{2}\delta$. Ces thermozeugmes $q\dot{E}\bar{E}^2$ ainsi produits ne se trouvent pas comme tels dans les atmotétraèdres, mais leurs électrosyzygues qE, $q\dot{E}^2$ y sont soutenus à l'état latent par les atomes $\bar{O}\dot{H}$. Ainsi la forme des atmotétraèdres est $o{,}4\dot{\bar{H}}E^2\bar{O}\dot{E}$, et la forme des hydatotétraèdres $o{,}4\dot{\bar{H}}\bar{O}$. Les électrosyzygues $\dot{E}$, E^2 se mêlent par la pénétration des molécules denses μ des pycnosyzygues E dans les molécules moins denses μ' des aréosyzygues E^2.

Pour changer la vapeur en eau, il faut déchirer les enveloppes qui font l'office d'une espèce de bouteille de Leyde, car les électrosyzygues qui étaient soutenus à l'état latent ne le sont plus. Cette déchirure des enveloppes est une opération mécanique et non une action chimique, de même que le cassage des bouteilles de Leyde n'est pas une action chimique.

§ 28. **Force de la vapeur et force de l'air.** L'expansion des molécules μ, μ' des thermozeugmes $q\dot{E}\bar{E}^2$ exerce une poussée sur les atomes de l'air qui se dilate et par l'accroissement de son volume

---

(1) Dans leur mesure micrométrique, les tétraèdres se présentent sous forme de vésicules d'une enveloppe dont le diamètre est d. Pour trouver le diamètre δ, on a employé la densité $12^3 = d$ de l'eau sans avoir égard à la forme, comme cela a eu lieu dans le calcul ci-dessus basé sur les deux facteurs 4 et 3 du nombre 12 indiquant le rapport 4 : 3 entre les arêtes et les perpendiculaires.

les corps se trouvent repoussés. Les électrosyzygues $q\dot{E}$, qE^{2} des thermozeugmes à 100° ne produisent plus cette poussée; ils passent aux atomes $\ddot{O}$, $\ddot{H}$ de l'eau en y restant à l'état latent; l'expansion des molécules μ' des aréosyzygues homonymes $\dot{E}^{2}$ exerce entre les tétraèdres Δ' une poussée qui fait devenir le volume Δ' 1728 *fois* plus grand. On ne trouve pas dans les gaz un tel accroissement subit de volume, et par suite il ne s'y produit pas une poussée analogue à celle obtenue par la transformation de l'eau en vapeur.

§ 29. **Couleurs**. Les longueurs des ondes des septs couleurs, exposées en millionièmes de millimètre, sont :

Rouge,	orangé,	jaune,	vert,	bleu,	indigo,	violet.
710	658	589	526	484	429	393

Le diamètre δ des tétraèdres de l'eau a été trouvé de 600 unités pareilles et par suite égal à la longueur des ondes extrêmes du jaune. Cet accord entre ces deux espèces de longueur paraîtrait un cas fortuit si l'on ne savait pas que les sept longueurs des ondes des entre couleurs sont elles dans les sept rapports harmoniques 2 : 1, 15:8, 5 : 3, 3 : 2, 4 : 3, 5:4, 9:8.

Les gaz n'ont pas de couleurs à cause de la dimension $d = 12\delta$ de leurs tétraèdres trop grande pour donner les longueurs indiquées exigées pour la production des couleurs. Dans cet ouvrage je démontre plusieurs fois mathématiquement que les couleurs des corps résultent des rapports de leurs équivalents; elles ne sont pas des espèces d'encre composée d'éléments différents comme les chimistes ont essayé de le prouver.

CHAPITRE I.

OXYGÈNE $\bar{O}\dot{\bar{E}}=8$; OXYTÉTRAÈDRE $=o.4\bar{O}\dot{\bar{E}}=32$; VOLUME $v=1$.

§ 30. Des deux éléments unis dans le composé $\varphi\beta\theta\bar{\beta}^7$, l'un *hylique* 8β et l'autre *ayle* $\varphi\bar{\theta}^7$, résultent les propriétés suivantes : 1° le poids atomique 8; 2° l'état aéroélectrique indiqué par le signe $\breve{O}$; 3° le volume v des oxytétraèdres; 4° la densité atomique $d=8\delta$. La chaleur spécifique est en rapport avec la densité 14 des thermozeugmes θ.

Le mot *oxygène* (ὀξὺ, aigre; γεννᾶν, engendrer) n'indique pas les éléments indiqués du corps. Dans le principe, les chimistes ayant trouvé l'oxygène contenu dans les acides, ont admis que sa présence est cause de la saveur aigre; pour indiquer cette cause on a donc cru que le nom d'*oxygène* convenait mieux que tout autre. On avait déjà adopté ce nom : 1° quand on a découvert des acides dans lesquels il n'y a pas d'oxygène, et 2° quand on a prouvé que l'état des acides avec ou sans oxygène est toujours pycnoélectrique, tandis que l'oxygène à l'état *hylique* est aréoélectrique $\breve{O}$; à l'état ordinaire $\breve{O}\dot{E}$, l'oxygène est un corps neutre.

La série de pareils faits fait voir d'une manière évidente l'erreur des *atomistes* anciens qui cherchaient l'origine des propriétés dans les espèces d'atomes, dans leurs formes et dans leur mode de coordination. Tous les chimistes modernes ont reconnu l'*électricité* comme cause des propriétés des corps; ils se sont appelés *électrochimistes* sans qu'il paraisse cependant qu'ils aient fait faire le moindre progrès à la science, et cela parce que, comme leurs devanciers, ils ne connaissaient pas la nature de l'électricité et encore moins son origine.

En exposant les propriétés de l'*oxygène ordinaire*, de l'*oxygène allotropique* ou *ozoné*, de l'*oxygène des acides*, des *oxydes* et des *sels* d'après la même loi physique, je mets le lecteur en état d'opérer de la même manière dans l'explication de chaque propriété des corps différents. C'est par la découverte de quelque propriété des corps ou de quelque corps indécomposable qu'on peut apprécier le mérite des chimistes. Ces découvertes croissent en rapport direct avec le nombre des observateurs, tandis que le nombre des composés ayles dont l'expansion produit ces faits, reste fixe et invariable; mais toujours ces composés sont en inéquilibre et en expansion.

Depuis 1840, lorsque Schœnbein eut attiré l'attention des chimistes sur l'oxygène qui répand une odeur, on a publié tant ouvrages sur le mode de production de cette propriété, qu'ils suffiraient pour remplir de vastes bibliothèques.

Après avoir exposé le mode de production des sept espèces d'odeur produites par sept espèces d'*électrotmèmes* α, β, γ... et après avoir prouvé qu'il y a de tels électrotmèmes dans l'oxygène ozoné, j'ai mis le lecteur à même de se convaincre de l'état véritable de l'oxygène ozoné. Il ne sera plus nécessaire de perdre du temps pour chercher la cause de l'odeur de l'oxygène obtenu dans l'électrolyse de l'eau. Au lieu de commencer par expérimenter, les jeunes chimistes apprendront d'abord à connaître la concordance qui existe entre les espèces de propriétés et celles des composés ayles. Si ces composés eussent été connus avant 1840, on n'aurait pas perdu tant de travaux pour chercher la nature électrique de l'oxygène, car son odeur ne diffère pas de celle répandue au moyen des décharges de l'électricité des machines.

I. OXYGÈNE ORDINAIRE $\bar{O}\dot{E}$.

§ 31. Les atomes d'oxygène sont simples par rapport à leur élément hylique β^{s}; ils sont cependant *hylicoayles* parce que dans cet élément est logé un composé ayle $\varphi\theta^{7}$, d'où il résulte que l'élément hylique est aréoélectrique (*négatif*); il est réduit à un état neutre en laissant pénétrer un pycnosyzygue $\dot{E}$ dans son intérieur. Ampère admettait un électrosphère hétéronyme soutenu par une autre unie et inséparable des corpuscules.

État gazeux. Les quatre pycnosyzygues $\dot{E}$ de chaque tétraèdre sont soutenus par quatre atomes aréoélectriques $4\bar{O}$; ils exercent en outre une poussée répulsive **r** qui est communiquée au moyen des *thermozeugmes* θ^{7} aux éléments hyliques β^{s} de chaque atome $\bar{O}$, lesquels sont ainsi sollicités de s'écarter les uns des autres et de faire augmenter le volume *v* des tétraèdres. Ces éléments hyliques β^{s} éprouvent de la part de l'expansion des molécules μ'' de l'électre isopycne ι'' une poussée compressive **p** qui sollicite l'approche les uns des autres des quatre atomes 4O. Cette poussée compressive **p** qui est la cause de la gravitation est constante et invariable; elle croît lorsqu'on exerce sur le gaz une poussée compressive mécanique. La poussée répulsive **r** soutenue par l'expansion des pycnosyzygues Ė fait augmenter indéfiniment le volume du gaz lorsqu'il est introduit dans le vide.

L'oxygène composé des tétraèdres simples *o*,4ŌĖ est un gaz permanent parce que chaque fois que la température baisse et sous chaque pression les pycnosyzygues E ne se séparent pas des éléments hyliques β[8] des atomes d'oxygène. L'état gazeux ainsi produit est un état permanent. Les couples ŌĖ sont un état neutre correspondant à l'état neutre des couples d'électrozeugmes ĖE. L'oxygène ordinaire, qui est un corps neutre, devient *aréoélectrisé* 1° en recevant un deuxième aréosyzygue hylique Ō'Ė ou ayle ŌĖĖ. Tel est l'oxygène qui répand une odeur.

Densité. En admettant 1 comme densité de l'air, on trouve que la densité de l'oxygène est de 1,1057 à 1, 1056. Le poids d'un litre d'oxygène est le produit de 1gr.,2932×1,1056=1gr.,4298. En admettant 1 comme densité des tétraèdres *o*,4ḢĖ qui pèsent 4, on trouve au moyen du calcul et de l'observation une densité 16 pour l'oxygène, car ses tétraèdres qui pèsent 4×8=32 ont un volume *v* moitié moins grand que le volume **v** des tétraèdres de l'hydrogène dont chacun pèse 4.

Qualités. L'expansion des composés ayles de l'oxygène neutre ne produit pas des sentiments sur les quatre organe des sens correspondant aux sept espèces de couples ayles et aux quatorze espèces d'éléments de ces couples; l'oxygène ordinaire ne produit n saveurs, ni odeurs, ni couleurs, ni sons.

Chaleur spécifique. Parmi les autres propriétés mentionnées de l'oxygène, se trouvait aussi sa chaleur spécifique 0,236; la chaleur spécifique de l'hydrogène est exactement quatorze fois celle de l'oxygène 14×0,236=3,304. Au lieu de m'arrêter à ces résultats de l'expérience, j'arrive au même but au moyen du calcul basé, 1° sur les éléments des atomes des deux gaz θβ et $\varphi\beta\overline{\theta\beta}^7$, et 2° sur les volumes **v**, *v* de leurs tétraèdres.

1° Les atomes *o'*, *o* des deux espèces ont un diamètre égal 28 et un rayon égal 8; ce rayon, 1° dans les atomes de l'hydrogène est occupé par un thermozeugme θ=ĖE[8]; 2° dans les atomes de l'oxygène il est occupé par sept thermozeugmes. Il y a donc une densité sept fois plus grande.

2° Les tétraèdres de l'hydrogène ont un volume **v** double du volume *v* des tétraèdres de l'oxygène; ainsi on trouve que les sept thermozeugmes dans le volume *v* se trouvent à une densité **d** équivalent à quatorze fois la densité *d* de la thermozeugme θ composant l'hydrogène et occupant un double volume **v**.

Cet accord entre les résultats de l'observation ne se rencontre pas dans les calculs où l'on admettait un rapport inverse : 1° entre le poids atomique 8 de l'oxygène et sa chaleur spécifique, ou 2° entre la densité **d**' de l'oxygène et celle *d*' de l'hydrogène.

Réfraction de la lumière. On trouve que la réfraction 0,924 de la lumière dans l'oxygène est double de celle 0,462 de l'hydrogène. 1° Ce rapport est inverse avec celui existant entre les volumes *v*, **v** des tétraèdres de ces gaz; 2° il est direct avec les poussées **p**, *p* exercées dans les trois directions de l'électre isopycne ε″ sur le barogène β⁴ des atomes d'oxygène. Les photozeugmes Ė⁴Ē dans leur expansion, en pénétrant dans l'oxygène, éprouvent dans l'électre isopycne une résistance qui est double de celle qu'ils éprouvent dans l'hydrogène.

II. OXYGÈNE ARÉOÉLECTRISÉ Ō⁴Ė et ŌĖĒ (1).

§ 32. Il y a deux espèces d'oxygène aréoélectrisé, Ō⁴Ė et ŌĖĒ; l'une de ces espèces se reconnaissait à son odeur piquante; l'autre Ō⁴Ė, dont la densité double de celle de l'oxygène ordinaire était inconnue, est obtenue par l'eau oxygénée de la manière indiquée ci-dessous.

L'oxygène de l'atmosphère est l'oxygène ordinaire; pour en rendre une partie aréoélectrisée, on le met en contact avec le phosphore soutenant en excédant des aréosyzygues Ē, lesquels arrivent à être pénétrés par les zeugmes neutres ŌĖ de l'oxygène ordinaire, et c'est ainsi que se produit l'oxygène aréoélectrisé ŌĖĒ.

Les détails de l'électrolyse seront mentionnés plus bas; il y a : 1° des sorties des oxytétraèdres *o*,4O qui se séparent des hydatotétraèdres *o*,4HO, et il y a exélectrose des thermozeugmes ĖĒ². L'un Ē des deux aréosyzygues Ē² est pénétré par les atomes pycnoélectriques

---

(1) Il y a aussi l'oxygène pycnoélectrisé ayant la forme ŌĖ², mais il n'est jamais isolé, il est équivalent des acides; ces zeugmes hylicoynles correspondent aux photozeugmes Ė⁴Ē, tandis que l'oxygène *ozoné* correspond aux thermozeugmes ĖĒ².

$\acute{H}$ de l'hydrogène, et il en résulte le gaz à l'état ordinaire $\acute{H}\bar{E}$; l'électrozeugme neutre $\dot{E}\bar{E}$ pénètre dans les atomes aréoélectriques $\bar{O}$ de l'oxygène, lequel émane des électrolyses de l'eau et est toujours aréoélectrisé $\bar{O}\dot{E}\bar{E}$ et par conséquent odorant.

Si j'entreprenais de rapporter une partie des expériences faites sur cet oxygène et des explications qu'on a données à ce sujet, je lasserais la patience de mes lecteurs; cependant j'en mentionnerai quelques-uns pour que chacun soit en état de comprendre : 1° que tous les résultats des expériences sont exacts, et 2° que tous correspondent à l'oxygène aréoélectrisé.

Oxygène allotropique. Les propriétés de cet oxygène étudiées par Houzeau sont les suivantes :

OXYGÈNE ORDINAIRE $O\dot{E}$ A 15°.	OXYGÈNE OZONÉ $O\dot{E}\bar{E}$ A 15°.
1° Gaz inodore, incolore, insipide.	1° Gaz incolore, très-odorant, ayant la saveur du homard.
2° Sans action sur le tournesol bleu.	2° Décolore avec rapidité le tournesol bleu.
3° N'oxyde pas l'argent.	3° Oxyde l'argent.
4° Sans action sur l'ammoniaque.	4° Brûle spontanément l'ammoniaque et le transforme en azotate.
5° Sans action sur le gaz hydrogène phosphoré.	5° Brûle instantanément l'hydrogène phosphoré avec émission de lumière.
6° Ne décompose pas l'iodure de potassium.	6° Agit rapidement sur l'iodure de potassium et met l'iode en liberté.
7° Ne réagit pas sur l'acide chlorhydrique.	7° Décompose l'acide chlorhydrique et met le chlore en liberté.
8° Est un oxydant faible.	8° Est un agent puissant d'oxydation et un chlorurant énergique.
9° Très-stable à toutes les températures.	9° Stable à 15°, est détruit vers 75°.

Parmi les espèces de différences exposées, l'*odeur* et la *saveur* sont deux *qualités;* les autres sont des *propriétés chimiques* ayant pour cause physique l'équivalent négatif $\bar{E}$ ou l'aréosyzygue qui manque dans l'oxygène ordinaire. Toutes ces différences sont produites de la manière suivante dans l'oxygène ozoné.

1° **Odeur et saveur.** L'expansion des molécules μ' des aréosyzygues $\bar{E}$ des composés $\bar{O}\dot{E}\bar{E}$ est opérée par un inéquilibre entre ces molécules μ' et leurs homonymes composant les aréosyzygues $\bar{E}$ et les atomes $\bar{O}$. Ce mode de propagation des odeurs ne diffère pas de celle qu'on admettait pour les ondes sonores dans l'air. 1° De même que l'intensité des sons s'affaiblit dans l'air raréfié, de même l'intensité des odeurs s'affaiblit dans le froid. S'il était possible d'obtenir par le vide de thermozeugmes un froid absolu analogue au vide aérien, les odeurs deviendraient *insensibles* comme le deviennent les sons.

2° Un autre moyen d'étouffer les progrès de l'expansion des molécules μ' ou μ, c'est de recourir à une expansion opposée *de molécules homonymes*. Les bruits forts étouffent les bruits faibles, et les thermozeugmes denses, ou les hautes températures rendent insensibles les odeurs des corps qu'on y introduit.

La saveur du homard est produite par le mélange des molécules μ, μ', μ'' qui pénètrent l'épiderme de la langue; ces molécules ont leur origine : 1° dans celle μ'' de l'électre isopycne ϵ'', et 2° dans celle *des électroyzygues* $\dot{E}$, $\bar{E}$.

2° **Décoloration du tournesol bleu.** L'électrozeugme neutre $\dot{E}\bar{E}$ amène les tétraèdres d'oxygène dans les tétraèdres aréoélectriques du tournesol. Les couleurs ne sont pas une espèce d'encre; le bleu de tournesol est produit par le rapport H^6O^8, H^6O^6 entre les équivalents de l'oxygène. Après l'introduction d'un tétraèdre d'oxygène le composé devient H^6O^{12}, H^6O^6; ainsi le changement du rapport $O^8 : O^6$ du bleu en rapport $O^{12} : O^6$ produit le rouge.

3° **Oxydation de l'argent.** Ce qui se produit dans le tournesol se répète dans les corps qui se séparent *facilement des aréosyzygues* $\bar{E}$, lesquels arrivent à être pénétrés par les électrozeugmes séparés de l'oxygène $\bar{O}\dot{E}\bar{E}$. L'aréosyzygue $\bar{E}$ de l'argent se trouve remplacé par l'atome aréoélectrique $\bar{O}$ d'oxygène, et ainsi des éléments $\bar{E}$, $\bar{O}$ déplacés les deux zeugmes hylicoayles précédentes changent et se transforment en deux autres analogues dont l'un est *hylique* et l'autre *ayle* :

$$Ag\bar{E} + \bar{O}\dot{E}\bar{E} = Ag\bar{O} + \dot{E}\bar{E}^2.$$

Dans l'article sur l'argent j'ai fait *connaître ses éléments* et ses propriétés et la propriété particulière de l'aréosyzygue $\bar{E}$ de s'en séparer très-facilement, ce qui rend ce métal inoxydable dans l'air et indispensable dans la *Photographie*.

4° **Transformation de l'ammoniaque en azotate.** L'ammoniaque produit une odeur pénétrante par l'expansion de ses aréosyzygues $\bar{E}$; les électrozeugmes $\dot{E}\bar{E}$ de l'oxygène pénètrent dans ces aréosyzygues pour devenir des thermozeugmes $\dot{E}\bar{E}^2$, et les atomes de l'oxygène aréoélectrique $\bar{O}$ remplacent les aréosyzygues $\bar{E}$ indiqués dans l'équation

$$Az^2H^6\bar{E}^6 + O^8\dot{E}^8 = AzH^4O,\ AzO^5 + 2HO + 7\dot{E}\bar{E}^2 + \dot{E}\bar{E}.$$

Les thermozeugmes $7\dot{E}E^3$ contiennent la somme $E^4 + E^3$ d'aréosyzygues, et les électrozeugmes $\dot{E}E$ devenus $q\dot{E}^3E^3$ produisent des photozeugmes $q\dot{E}^3E$ mêlés avec des thermozeugmes $q\dot{E}E^3$. Ce mélange de lumière et de chaleur fait dire que l'*ammoniaque brûle dans l'oxygène ozoné.*

5° **Combustion du gaz hydrogène phosphoré.** L'équivalent PhH^3 de ce gaz brûle dans 8 atomes d'oxygène ozoné; les produits hyliques sont l'*eau* et l'*acide phosphorique*, et les produits ayles la *chaleur* et la *lumière;* celle-ci, dans ce cas, est supérieure à la précédente dans le rapport 4 : 3, comme cela se voit dans l'équation

$$PhH^3E^4 + O^8\dot{E}^8E^8 = PhO^5\dot{E}E + 3HO + 4\dot{E}E^3 + 3\dot{E}E.$$

6° **Décomposition de l'iodure de potassium.** Les équivalents de l'iodure de potassium $KJ\bar{E}$ soutiennent un aréosyzygue $\bar{E}$ facilement séparable comme l'est celui soutenu par les équivalents de l'argent. L'iode $\bar{J}$ remplace deux aréosyzygues et l'iodure de potassium $KJ\bar{E}$ correspond à $K\bar{E}^3$ ou à $K\bar{O}^2$; il en résulte l'équation

$$KJ\bar{E} + \bar{O}\dot{E}\bar{E} = K\bar{O}\bar{E} + J\dot{E}.$$

L'iode $J\dot{E}$ est un zeugme hylicoayle analogue à l'oxygène ozoné $\bar{O}\dot{E}\bar{E}$; il est comme celui-ci un corps aréoélectrisé, mais au lieu d'un aréosyzygue ayle $\bar{E}$ et d'un aréosyzygue hylique $\bar{O}$, dans l'iode tous les deux sont hyliques; l'iode est un corps ozoné comme l'oxygène $\bar{O}\dot{E}\bar{E}$.

7° **Décomposition de l'acide chlorhydrique.** L'équivalent hylique $\bar{Cl}$ du chlore a la valeur de deux aréosyzygues comme l'iode; un équivalent d'iode ou de chlore remplace deux atomes d'oxygène dans les composés avec les métaux.

Ce zeugme $\dot{H}\bar{Cl}$ diffère du précédent en ce que l'hydrogène est $\dot{H}\bar{E}$, tandis que l'équivalent du potassium est $K\bar{E}^3$; car l'équivalent hylique de potassium correspond par son état pycnoélectrique à celui des trois atomes d'hydrogène $\dot{H}^3$ ou à trois pycnosyzygues $\dot{E}^3$. L'action chimique est exposée dans l'équation

$$\dot{H}\bar{Cl}\dot{E}\bar{E} + \bar{O}\dot{E}\bar{E} = \bar{Cl}\dot{E} + HO + \dot{E}\bar{E}^2.$$

Dans cette décomposition il y a production de chaleur obscure,

8° **Origine de la propriété oxydante.** 1° L'électrozeugme $\dot{E}\bar{E}$ de l'oxygène $\bar{O}\dot{E}\bar{E}$ éprouve dans les aréosyzygues $\bar{E}$ des métaux une résistance r inférieure à celle $\mathbf{r}$ que l'oxygène $\bar{O}$ éprouve.

2° Les équivalents pycnoélectriques $\dot{M}$ des métaux éprouvent dans l'oxygène aréoélectrique $\bar{O}$ une résistance r' inférieure à celle r' qu'ils éprouvent dans l'aréosysygue ayle $\bar{E}$. *Cette explication de la propriété oxydante est basée sur la nature de l'affinité, laquelle précède les actions.*

9° **Désozonisation de l'oxygène.** L'aréosyzygue $\bar{E}$, au lieu de se loger concurremment avec le pyconosyzygue $\dot{E}$ dans les aréosyzygues séparables, se sépare dans les cas où il se trouve en contact avec les corps dont les aréosyzygues ne se séparent pas. Ces corps aréoélectriques sont le *charbon*, la *chaux*, la *baryte*.

La désozonisation est produite à la température ordinaire par l'expansion des aréosyzygues $\bar{E}$ des thermozeugmes; c'est pourquoi l'on trouve des quantités très-différentes d'oxygène ozoné. Un litre de gaz odorant, 1° préparé par l'acide sulfurique $SO^3\dot{E}\bar{E}$ et le bioxyde de barium

$$BaSO^3\dot{E}\bar{E} + BaO^2 = BaOSO^3 + O\dot{E}\bar{E}$$

peut contenir de 3 à 7 milligrammes d'oxygène actif; 2° celui qui est préparé par l'électrolyse, de 2 à 6; 3° le gaz préparé par le phosphore, 0,2 à 0,5.

Résumé. Pour rendre plus évidente l'uniformité des actions chimiques je répéterai les cinq formules dans lesquelles sont exposées les actions :

$$\bar{O}\dot{E}\bar{E} + Ag\bar{E} = Ag\bar{O} + \dot{E}\bar{E}^2;$$

$$\bar{O}^3\dot{E}^3\bar{E}^3 + Az^2H^6\bar{E}^6 = AzH^4OAzO^5 + 2HO + 7\dot{E}\bar{E}^4 + \dot{E}\bar{E};$$

$$\bar{O}^3\dot{E}^3\bar{E}^3 + PhH^3\bar{E}4 = 3HO + 4\dot{E}\bar{E}^2 + 3\dot{E}\bar{E} + PhO^5\dot{E}\bar{E};$$

$$\bar{O}\dot{E}\bar{E} + KJ\bar{E} = K\bar{O}\bar{E}^2 + J\dot{E};$$

$$\bar{O}\dot{E}\bar{E} + \hat{H}\bar{Cl}\dot{E}\bar{E} = \bar{Cl}\dot{E} + HO + \dot{E}\bar{E}^2.$$

Mes lecteurs connaissant l'état électrique des *équivalents hyliques* et leurs syzygues ayles avant le contact des corps, je veux les mettre en état de reconnaître *à priori* ce que les chimistes trouvaient après les *actions chimiques*, dont la nature leur était inconnue.

Les calculs chimiques étaient basés sur les poids des *équivalents* découverts par Berzelius; on savait *à priori* que les poids **p**, p des deux corps **c**, c soumis à une action chimique reproduisent la même somme **s** $=$ **p** $+ p$ après avoir subi cette mystérieuse action.

A l'avenir les jeunes chimistes uniront à ces calculs des équivalents hyliques les calculs basés : 1° sur les pyconosyzygues électriques indiqués par le signe $\dot{E}$, et 2° sur les aréosyzygues indiqués par le signe $\bar{E}$. 1° Le résultat des équivalents hyliques restera semblable à celui qu'on trouvera et qu'on déterminera même *à priori*; 2° les résultats électrosyzygues *chaleur*, *lumière*, *couleur*, *odeur*, *saveur* obtenus par les observations se trouvent déterminés *à priori*.

Chaque chimiste peut, d'après cet ouvrage, en composer un autre plus ou moins étendu en y faisant figurer la stœchiométrie électrique, comme l'ont fait les chimistes après la découverte du poids des équivalents par Berzelius.

Ressemblance entre l'eau oxygénée et l'oxygène ozoné. Les deux corps sont composés : 1° d'un zeugme neutre aylo $\dot{E}\bar{E}$ ou hylique $\dot{H}\bar{O}$, et 2° d'oxygène $\bar{O}$; les corps dont la présence sépare l'aréosyzygue $\bar{E}$ de l'oxygène séparent aussi l'atome oxygène de l'eau oxygénée. Cet atome a été indiqué par le signe $\mathring{\bar{O}}$ et l'eau oxygénée par $HO\mathring{\bar{O}}$. Le chlorate de potasse KO,ClO^5 a été considéré comme une combinaison de chlorure de potassium avec l'ozone $KCl\mathring{O}^6$ pour expliquer sa ressemblance avec l'oxygène ozoné. Dans l'article sur le chlore, je démontre que ce corps est un équivalent correspondant à deux équivalents hyliques d'oxygène $\bar{O}^2$.

Ozonisation de l'oxygène de l'air par les étincelles électriques. Les pycnosyzygues $q\dot{E}^3$ des conducteurs traversent l'air pour pénétrer dans les aréosyzygues $q\bar{E}^3$. Dans le vide il se produit de grandes quantités de photozeugmes $q\dot{E}^2\bar{E}$, car il y a absence d'électrozeugmes neutres $\dot{E}\bar{E}$. Dans l'air et dans l'oxygène, les aréosyzygues $\bar{E}$ se trouvent pénétrés par les pycnosyzygues $\dot{E}$ de l'oxygène ordinaire $\bar{O}\dot{E}$, et c'est ainsi que cet oxygène devient ozoné. Les étincelles entre les nuages produisent un pareil oxygène dont l'existence a été signalée déjà en 1840 par Schœnbein. Pendant l'épidémie de choléra de 1865, on s'est beaucoup occupé de l'observation de l'air ozoné en y cherchant la cause de l'épidémie.

CHAPITRE II.

HYDROGÈNE, ḢE = 1. HYDROTÉTRAÈDRE *o*.4ḢE = 4. VOLUME = 2*v* (1).

§ 33. La particule β d'électre isopycne ε″ pénétrée dans le thermozeugme θ = ĖĖ² est l'atome θβ de l'hydrogène *hylique* indiqué par le signe Ḣ parce que l'électre ε″ étant en densité plus grande que les thermozeugmes y pénètre, tandis que c'est le contraire qui a lieu pour l'oxygène.

Les deux atomes à l'état hylique n'existent jamais isolés, tandis que les électrosyzygues séparés ĖĖ sont l'électricité positive ou négative. Les atomes se trouvent : 1° à l'état neutre ; 2° à l'état aréoélectrisé ou à l'état pycnoélectrisé *hylique* ou *hylicoayle*.

I. **État neutre**, 1° *hylique* ḢŌ, *eau*; 2° *hylicoayle* ḢE, *gaz*.

II. **État pycnoélectrique**, 1° *hylique* Ḣ²O dans les compositions ; 2° *hylicoayle* ḢĖĖ, *solide allotropique*.

III. **État aréoélectrique**, 1° *hylique* ḢŌ² ; 2° *hylicoayle* ḢĖ², odorant.

De ces divers états, l'hydrogène possède des expansions de ses molécules dont les unes affectent les organes des sens et les autres affectent les expansions provenant des molécules des autres corps. C'est dans ces affections directes de l'électricité des nerfs par celle de l'hydrogène que consistent 1° les sentiments correspondant à ses *qualités;* 2° les sentiments produits par les changements opérés entre l'hydrogène et les autres corps, ou entre l'hydrogène et les électrosyzygues des corps, sont ses *propriétés* dont le nombre est indéfini comme l'est celui des corps.

(1) On a donné d'abord à ce gaz combustible le nom d'*air inflammable*, puis d'*hydrogène* (générateur de l'eau) composé des deux mots ὕδωρ, eau; γεννᾶν, engendrer, parce que c'est l'un des deux atomes qui composent l'eau ; sous ce rapport le couple des deux gaz serait indiqué par le nom d'*hydrogène*.

Qualités. A l'état neutre de gaz hylicoayle ĤĖ, il n'a pas d'inéquilibre entre l'expansion de ses molécules et celle de l'électricité des nerfs; par suite il ne se produit pas de sentiment de sons, d'odeurs et de saveur. J'ai déjà dit que les gaz n'ont pas de couleur.

L'hydrogène aréoélectrisé ĤĖ² est ozoné comme cela a lieu pour l'oxygène ŌĖĖ dans un pareil état. L'odeur alliacée est éloignée avec la séparation de l'aréosyzygue lorsque l'hydrogène vient en contact avec la dissolution des sels de plomb, d'argent ou de mercure. On doit supposer que c'est par oubli que les chimistes n'ont pas fait de comparaison entre cet hydrogène et l'oxygène ozoné; la dézozonisation du gaz a été considérée comme une purification de ce gaz.

Densité. Le gaz hydrogène ordinaire est composé d'atomes hylicoayles ĤĖ coordonnés, par leur *barogène* β qui est leur *masse* obéissant à la pesanteur, en tétraèdres indiqués par le signe Δ'. Les aréosyzygues Ė des atomes pycnoélectriques Ĥ exercent une poussée répulsive *r*; le barogène β des atomes éprouve une poussée compressive *p*. Il en résulte un état équilibré entre les atomes o,4ĤĖ composant les tétraèdres Δ'. La poussée répulsive *r* étant égale pour les aréosyzygues Ė de l'hydrogène ĤĖ et pour les pycnosyzygues Ė de l'oxygène ŌĖ, la poussée compressive *p* est en rapport direct avec les racines cubiques des quantités de particules β 8β de barogène qui entrent dans les atomes. Cette poussée compressive dans les trois directions étant entre les atomes d'oxygène 8β double de celle qui existe entre les atomes d'hydrogène β, rend le volume *v* des tétraèdres Δ d'oxygène moitié moins grand que le volume **v** des tétraèdres d'hydrogène Δ'.

Sous la pression normale atmosphérique, en supposant 1 la quantité 1gr.,2932 de barogène contenu dans le volume L de 1 litre, on trouve dans ce volume L rempli d'hydrogène la quantité 0gr.,089 de barogène. Le mot *densité* indique la quantité des particules de barogène contenu dans un volume L et non la quantité de particules de barogène contenu dans les longueurs **l**, *l*; car les cubes de ces longueurs *l*, **l**, sont : 1° en rapport direct avec les volumes *v*, **v**, et 2° en rapport inverse avec les densités **d**, *d*. En prenant 1 comme densité de l'air.

Regnault a trouvé que celle de l'hydrogène était 0,06926, valeur beaucoup plus rapprochée de la véritable que celle 0,06920 trouvée par **Dumas** et **Boussingault** comme cela est démontré plus bas. On voit par les chiffres $1 : 0{,}06926 = \frac{1}{14{,}5}$ que l'air est environ quatorze fois et demie plus dense que l'hydrogène.

Hydrogène aréoélectrisé odorant. Le zinc placé dans l'acide sulfurique étendu sous la forme SO⁴HÉÈ se loge dans le tétraèdre SO⁴, et il en résulte du sulfure de zinc ZnS logé dans l'oxytétraèdre 4O. L'aréosyzygue Ē du ZnĒ avec l'hydrogène HÉÈ de l'acide produit l'hydrogène odorant ḢĒ²Ė, d'après l'action chimique exposée dans l'équation suivante :

$$SO^4\dot{H}\dot{E}\bar{E} + Zn\bar{E} = ZnSO^4 + \dot{H}\bar{E}^2\dot{E}.$$

Hydrogène pycnoélectrisé. Je montrerai en parlant de l'électrolyse de l'eau que si l'électrode négatif est un corps poreux et l'électrode positif un fil mince, pendant le développement de l'oxygène il n'y a pas d'hydrogène à l'état gazeux ; il reste à l'état solide sur le corps poreux, car il est devenu pycnoélectrisé et il a la forme ḢĖĖ, comme cela se voit par la différence des actions chimiques entre cet hydrogène et l'hydrogène ordinaire ḢĒ. En introduisant l'hydrogène ordinaire dans le sulfate d'argent il n'y a aucune réaction, tandis que l'hydrogène pycnoélectrisé se combine avec l'oxygène de l'oxyde, et l'argent se précipite. L'action chimique a pour équation :

$$AgSO^4 + \dot{H}\dot{E}\dot{E} = Ag + HO + SO^4H\dot{E}\dot{E}.$$

Chaleur spécifique de l'hydrogène et réfraction de la lumière dans l'oxygène. (Voir § 31.)

1. ENTÉTRAÈDRIASE DE L'OXYGÈNE DANS L'HYDROGÈNE.

§ 34. Les oxytétraèdres *o*,4ŌĒ restent inaltérables dans leur contact avec les hydrotétraèdres *o*,4ḢĒ sans cependant exercer les uns sur les autres des poussées *p* égales à celles **p** que les atomes homonymes ŌĖ, ḢĒ exercent entre eux, comme cela résulte de l'expérience suivante.

On remplit le vase B (fig. 3) avec de l'oxygène et l'autre B′ avec de l'hydrogène et l'on ouvre les robinets V, V′ ; le lendemain on referme ces robinets et l'on trouve dans les deux vases un volume égal d'hydrogène et d'oxygène. De sorte que les tétraèdres homonymes de chaque espèce se trouvent équilibrés entre eux, parce que la poussée répulsive **p** entre les syzygues homonymes dépasse celle *p* exercée par l'électre isopycne ε″ qui sollicite le barogène β et β² vers le sol.

Fig. 3.

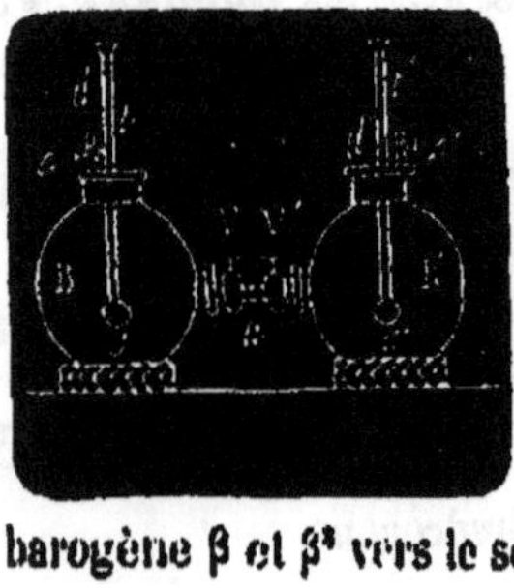

Mélange des gaz. Il y a dans le tube *a* de communication : 1° expansion d'oxysyzygues É du vase B vers le vase B', et 2° expansion d'aréosyzygues É du vase B' au vase B. Ces expansions des électrosyzygues ne diffèrent pas de celles des courants électriqnes; je ne les mentionne que pour mettre le lecteur en état de juger, 1° en quoi consistent les courants électriques, et 2° quelle différence existe entre les *mélanges* de tétraèdres et les *entétraédriases*.

Entétraédriases. En mettant en communication les deux vases B, B' avec un troisième semblable contenant de l'hydrogène double l'espace des hydrotétraèdres *qΔ' sera occupé dans* chacun des trois vases par rapport à l'espace occupé par des oxytétraèdres, *qΔ'*. Après l'entétraédriase des oxytétraèdres *qΔ* dans les *qΔ'* hydrotétraèdres, l'espace qui était occupé par des oxytétraèdres du vase B disparaît; car les tétraèdres *o,4ŌÉ* quittent cette place et vont se loger dans les hydrotétraèdres, et c'est ainsi que sont produits, 1° une place vide, et 2° des couples ΔΔ' de tétraèdres indiqués par le signe *o,4ŌÉĤÉ'* et nommés *atmotétraèdres*. Dans cette action chimique, 1° la somme des poids des tétraèdres $4q\beta + 32q\beta = 36q\beta$ n'éprouvent aucun changement, comme on le savait *à priori;* 2° l'espace 3B a été réduit à 2B et la densité *2d* a augmenté et est devenue *3d*. Avant que l'on connût le mode de composition par les entétraédriases, on ne pouvait déterminer *à priori*, 1° l'étendue de l'espace qui doit rester vide, et 2° la densité du composé produit.

II. PRODUCTION DES SONS PAR LES DÉCHARGES ÉLECTRIQUES.

§ 35. L'hydrogène se développe dans un flacon F (fig. 4) à deux tubulures et produit de l'acide sulfurique et du zinc; pour qu'il se produise un son il faut que l'extrémité inférieure du tube V ne soit ni au niveau de la flamme de l'hydrogène dégagé du flacon F ni au-dessus de ce niveau. Les oxytétraèdres *o,4ŌÉ* venant de l'air, entraînés par leurs pycnosyzygues É, frottent le bord aréoélectrique du tube V et le chargent d'électricité de la même manière que le plateau en verre de la machine électrique s'en charge. Dans les deux cas ces charges électriques ne peuvent s'opérer dans le vide; il n'y a donc jamais de décharges à cause du manque de résistance de l'air.

Fig. 4.

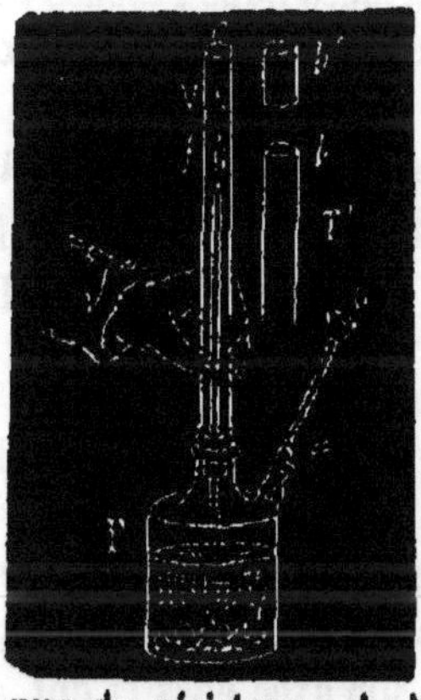

Les sons ne sont que la répétition de l'expansion ou des décharges de pycnosyzygues accumulés à de courts intervalles. Ces expansions se propagent en directions divergentes au moyen des pycnosyzygues É des corps avec une vitesse invariable. Ces expansions, répétées à des intervalles $\frac{1}{2}$ T, $\frac{8}{15}$ T, $\frac{3}{5}$ T, $\frac{2}{3}$ T, $\frac{3}{4}$ T, $\frac{4}{5}$ T, $\frac{8}{9}$ T, T..., produisent les sons d'une octave.

Si le filet de l'hydrogène reste le même et qu'on remplace le tube V par un autre T' de double diamètre, les intervalles nécessaires pour que son bord soit chargé deviennent doubles, les décharges se réduisent à moitié par seconde, le son passe à l'octave inférieure.

Si, au contraire, le tube V se trouve remplacé par un autre d'un diamètre moitié moins grand, le son produit est d'une octave plus élevée.

Origine des sept sons. J'ai montré comment les ondes des deux cosmosphères rencontrées dans l'espace central ont produit sept espèces de couples ayant pour élément les périphéries de volume égal contenant des quantités inégales de particules d'électre. Les portions égales nommées *électrotmèmes* des sept couples sont indiqués par les signes $a, b, c ... \alpha, \beta, \gamma ...$ La somme $a + b + c + d + e + f + g =$ É compose un *pycnosyzygue*, dont plusieurs chargent le bord du tube. Les décharges s'opèrent par la séparation de l'espèce d'électrotmème qui excède ; de sorte que chaque décharge est déterminée par l'une des sept espèces d'électrotmèmes, dont les volumes étant dans une des sept dimensions, les intervalles des décharges se trouvent déterminés par ces volumes. Ainsi, connaissant les rapports de 1 : 1, 9 : 8, 5 : 4, 4 : 3, 3 : 2, 5 : 3, 15 : 8, 2 : 1 entre les sons, on en déduit les rapports correspondant des électrotmèmes.

Les sons comme les couleurs sont de sept espèces, parce qu'il s'est produit autant d'espèces de couples périphériques dans l'espace central; chaque bruit amorphe se décompose en un nombre de sons d'une ou de plusieurs octaves, de même que chaque mélange de couleur se décompose en un nombre des sept couleurs du spectre. Cette identité, 1° de l'origine des sons, et 2° de leur production par les décharges des électrotmèmes $a, b, c ...$ se manifeste dans l'expérience suivante de **Schaffgotsch**.

Le son de l'*harmonie chimique* se soutient par les charges et les décharges électriques opérées dans le bord du tube V. Si l'on produit dans le voisinage des décharges pareilles à l'unisson au moyen d'un instrument, leur expansion se croise avec celle des décharges du bord du tube V. Alors avec les expansions concentriques précédentes, la flamme en reçoit d'autres qui sont à l'unisson avec elles et ont des directions opposées ; elle se trouve agitée et s'éteint souvent, surtout lorsque le son extérieur est d'*une* octave supérieure. Les détails du mode de la production des sons par des décharges d'électricité sont exposés dans le cinquième livre de la *Physique*.

III. PRODUCTION DES COULEURS DE LA FLAMME.

§ 36. Une fois que l'on connaît les fréquentes décharges qui produisent le son, on peut juger facilement de leur effet sur la flamme qui oscille en directions divergentes : 1° en haut avec une flamme *jaune extérieure*, et 2° en bas avec une flamme *bleue* qui semble entrer par la pointe dans le tube de dégagement lui-même. Ainsi ces deux flammes ont pour base commune l'orifice du tube effilé ; ces deux flammes ne brûlent pas simultanément, mais elles se succèdent à des intervalles correspondant à ceux des décharges. On n'a pas manqué de signaler cette concordance, sans cependant aller assez loin pour y trouver l'origine des sons.

1° L'allongement de la flamme extérieure correspond à l'intervalle pendant lequel s'opère la charge électrique. 2° Le recul de la flamme dans l'orifice est produit par l'expansion des pycnosyzygues Ė contre le filet de l'hydrogène İ. 3° Les durées des intervalles correspondent aux diamètres des tubes V et aux octaves.

1° Les oxytétraèdres *o*,4ŌĖ pénètrent par la périphérie de l'orifice effilé, et ils sont alternativement en haut et en bas. On voit par la couleur jaune de la flamme extérieure que dans la base d'un oxytétraèdre Δ=*o*,4ŌĖ pénètre le sommet ŌĖ du tétraèdre suivant pour que sa base reste ensuite de 3ŌĖ. L'action chimique est exposée par la disposition chromatique des atomes

$$H^4O^4 : H^4O^3 = O^4 : O^3 = \text{jaune}.$$

2° Le renversement des oxytétraèdres produit un effet correspondant ; c'est la base 3ŌĖ du tétraèdre suivant qui est repoussée après le tétraèdre précédent *o*,4ŌĖ, de sorte que dans ce cas l'action chimique est exposée dans l'équation

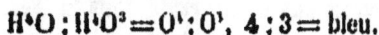

$$H^4O : H^4O^3 = O^4 : O^3,\ 4 : 3 = \text{bleu}.$$

IV. CHALEUR ET LUMIÈRE ENGENDRÉES PAR L'EXPANSION DES MOLÉCULES.

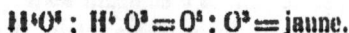

§ 37. Les physiciens de tous les temps avaient supposé que la chaleur, la lumière et les forces avaient un état analogue à celui de la matière pondérable, matière qui change de forme et de place sans augmenter ou diminuer. Les faits produits par l'électricité ont rendu incontestable l'identité des éléments, 1° dans les deux électricités, 2° dans la lumière et 3° dans la chaleur. On a même reconnu un excédant, 1° d'électricité positive dans la lumière, et 2° d'électricité négative dans la chaleur. Tous ces résultats obtenus par les observations se sont trouvés d'accord avec les résultats obtenus d'après la loi physique basée sur un changement des molécules équilibrées par un fluide primitif en molécules non équilibrées, changement opéré par une *action hyperphysique* d'un **Être infini** et par conséquent d'une grandeur inconcevable, mais d'une existence incontestable.

Pour arriver à l'engendrement de la chaleur et de la lumière par des éléments existant sous forme d'électricité neutre contenue dans la masse empyrée, je répète le mode de production de sept couples de composés ayles dans l'espace *central*, et transférés dans l'espace *mondain* (cosmique), le seul dans l'univers où les ondes O, **o** des deux Cosmosphères amènent l'électre ε'' ou ses molécules μ'' à une égale densité. Cette répétition sert à relier les séries des actions unies entre elles comme causes et effets.

Les deux espèces d'atomes $\theta\beta$ $\varphi\beta\overline{\theta\beta}^{7}$ sont des composés de l'électre isopycne ε'' avec les composés ayles amenés dans l'espace mondain par des ondes *o* de la masse ayle. Cette production d'atomes n'a été interceptée qu'après qu'il s'est produit une enveloppe épaisse autour de la masse ayle dont les ondes *o* ne pouvaient plus se rencontrer avec l'électre isopycne ε'' qui n'a pas cessé d'être amené par les ondes O, **o**.

On nomme *masse empyrée* l'enveloppe épaisse composée d'atomes et pénétré par les ondes *o* amenant les sept espèces de composés. De petites portions de la masse totale M sont contenues dans les étoiles télescopiques, dans notre Soleil et dans les étoiles visibles à l'œil nu, qui sont : 1° des systèmes planétaires dont le soleil est entouré de vapeur, et 2° des systèmes doryphoriques dont les planètes et le soleil sont invisibles.

Il n'y aurait pas d'électricité dans la Terre si les rayons solaires ne l'amenaient pas. En parlant de la masse empyrée du Soleil, les rayons ne sont que des électrozeugmes neutres $Q\dot{E}\bar{E}$, dont les pycnosyzygues $\dot{E}$ contiennent les sept pycnotmèmes *a*, *b*, *c*... et les aréosyzygues $\bar{E}$ contiennent les sept aréotmèmes α, β, γ...

Origine de la lumière, de la chaleur et de l'électricité dans la Terre. Les rayons solaires $6q\dot{E}\bar{E}$, en se subdivisant par l'expansion des molécules μ, μ' composant leurs électrotmèmes a, b, c..., α, β, γ..., deviennent des photozeugmes et des thermozeugmes composant la lumière et la chaleur de la manière suivante :

$$6q\dot{E}\dot{E} = 2q\ \dot{E}^2E + 2q\dot{E}\dot{E}^2 = \varphi + \theta.$$

Courants terrestres électriques. Les thermozeugmes $\dot{E}\dot{E}^2$ des rayons solaires pénètrent dans le sol et dans l'eau et se *séparent* des photozeugmes $\dot{E}^2\dot{E}$ qui s'en trouvent éloignés. Ces thermozeugmes étant en inéquilibre, leurs molécules μ' acquièrent une expansion dans la direction dans laquelle est exercé le minimum de résistance. Ces directions conduisent aux régions les plus froides et les moins éloignées.

Les molécules denses μ de pycnosyzygues électrozeugmes neutres $\dot{E}\dot{E}$ se trouvent réduites en inéquilibre par l'arrivée des molécules μ' les moins denses, exerçant le minimum de résistance. Ainsi l'inéquilibre thermostatique est la cause principale, 1° de l'expansion des molécules μ' composant les aréosyzygues $\dot{E}$, et 2° de celle des molécules μ composant les pycnosyzygues $\dot{E}$ qui acquièrent une expansion dans des directions opposées. Ces expansions dans des directions opposées sont ce qu'on appelle des *courants électriques*, lesquels peuvent être établis aussi bien par des inéquilibres entre les molécules denses μ de quelques métaux et les molécules moins denses μ' des aréosyzygues $\dot{E}$ des thermozeugmes $\dot{E}\dot{E}^2$ comme cela est démontré dans l'électrolyse de l'eau.

Développement de nouveaux électrosyzygues. Dans l'electrolyse de l'eau, chaque hydatotètraèdre ayant le volume Δ' devient deux $\Delta'\Delta$, l'un $o,4H = \Delta'$ ayant le volume **v**, et l'autre $o,4O = \Delta$ ayant le volume v moitié moins grand. Le volume **v** est $12^3 = 1728$ fois plus grand que le volume de l'hydatotétraèdre et le volume v en est 864 fois plus grand. Cet accroissement de 2592 fois du volume de l'eau est obtenu au moyen de l'expansion des molécules μ', μ contenues dans les aréosyzygues $\dot{E}$ de gaz hydrogène $\dot{H}\dot{E}$ et dans les pycnosyzygues de gaz oxygène $\dot{O}\dot{E}$.

Le poids ou l'électre isopycne de l'eau décomposée est contenu dans les deux gaz; la multiplication des électrosyzygues $\dot{E}$, $\dot{E}$ se manifeste d'abord dans les volumes **v**, v, et pendant que ces gaz se réduisent en eau, ils se présentent à l'état d'une grande quantité de photozeugmes et de thermozeugmes.

Dans l'électrolyse, en décomposant 9 grammes d'eau ayant le volume Δ' par l'expansion, non par la consommation des électrosyzygues Ė, E, on obtient 9 grammes de gaz dont le volume est 2592 fois celui des 9 grammes d'eau.

En composant ces gaz on obtient de nouveau les 9 grammes d'eau et en même temps de lumière et de chaleur qui suffit pour élever la température de 1 degré de 34462 grammes d'eau.

Cette série de faits est bien établie et très-connue; elle a pour but ici de mettre en évidence le développement des électrosyzygues, non du néant mais de l'expansion des molécules μ, μ' composant les électrosyzygues Ė, E; ces molécules acquièrent une expansion chaque fois qu'il y a une diminution de résistance extérieure.

Je reviendrai plus bas sur ce sujet en parlant de la stœchiométrie électrique et des calculs des actions chimiques comprenant non-seulement les poids des équivalents, mais aussi leurs électrosyzygues Ė, E. Dans les ouvrages des chimistes on trouve le poids des équivalents; ici le lecteur verra que les équivalents hyliques soutiennent des électrosyzygues indiqués par l'état électrique des corps. En comptant pour chaque équivalent hylique un équivalent ayle, on trouve la quantité des thermozeugmes $q\dot{E}\dot{E}^{2}$ exposés en calories, qui ont pour unité la quantité suffisante pour élever 1 gramme d'eau de 1 degré.

DEUXIÈME SECTION.

EAU, ÉLECTRICITÉ, PESANTEUR.

---

§ 38. Les thermozeugmes θ et le *barogène* β se trouvent mêlés dans les deux éléments de l'eau.

I. Le *poids* est une propriété commune des corps, car ils contiennent du barogène dont des quantités égales occupent dans les corps des volumes différents, qui produisent les densités. En obéissant à la pesanteur par leur barogène, les atomes se combinent de façon à prendre la forme de tétraèdres. Ainsi le poids amène la *densité* et la *tétraédriase*.

II. La *chaleur spécifique* est également une propriété commune des corps, car le barogène qui est l'électre isopycne est mêlé avec des thermozeugmes dans les atomes composant l'eau et tous les autres corps terrestres.

Tous les changements opérés sur les atomes de l'eau consistent en déplacements de ces atomes ou de leurs tétraèdres, qui, avant d'être déplacés, sont réduits en inéquilibre : 1° au moyen de leur barogène par la pesanteur, ou 2° au moyen de leurs thermozeugmes par l'expansion des molécules μ, μ' composant les syzygues $\dot{E}$, E dont les mélanges sont : 1° l'*électricité neutre* $3q\dot{E}\mathrm{E}$; 2° la *pycnoélectricité* $3q\dot{E}$; 3° l'*aréoélectricité* $3q\mathrm{E}$; 4° les *photozeugmes* $q\dot{E}^2\mathrm{E}$; 5° les *thermozeugmes* $q\dot{E}\mathrm{E}^2$; 6° *chaleur exélectrosée* ou *électricité latente* $q\dot{E}$, $q\mathrm{E}^2$.

ORIGINE DES ACTIONS PRODUISANT LES CHANGEMENTS DES CORPS TERRESTRES.

§ 39. La rotation de la Terre et son mouvement orbiculaire sont cause que les thermozeugmes amenés du Soleil se trouvent inégalement distribués dans sa couche superficielle et dans celle de l'air ambiant. 1° Cet inéquilibre thermométrique est la *force*; 2° l'expansion des molécules μ, μ' provoqué par cet inéquilibre consiste dans des *actions* observées dans les déplacements des atomes; 3° les atomes déplacés et équilibrés sont des corps observés. Chacun d'eux a été d'abord une plante, puis après avoir éprouvé un nombre inégal de changements, les atomes des plantes se sont trouvés à des époques diverses, dans des états correspondant à leur âge. La combinaison des corps terrestres d'après leur âge met donc en relief la série des changements qui ont eu lieu depuis l'état de plante de chaque corps jusqu'à son état minéralogique. A l'avenir les minéralogistes pourront coordonner : 1° les corps en minerais d'après les périodes géologiques conservées dans les aérolithes; 2° les corps de la même période en minerais d'âges différents.

I. Ces expansions des molécules μ, μ' composant les électrosyzygues, 1° dans la mer, séparent un atome d'oxygène d'un hydrotétraèdre; 2° dans les feuilles des plantes, en séparent trois atomes d'oxygène. Les résidus, 1° dans la mer sont l'azote, et 2° dans les feuilles ils sont le carbone; ils se forment d'après les équations hylicoayles suivantes :

$$o,4HO+\dot{E}E^3-\bar{O}\dot{E}=H^3O^3HE^3=Az^2E^2 \text{ (azote)};$$

$$o,4HO+3\dot{E}E^3-3\bar{O}\dot{E}=HOH^3E^6=C^2E^6 \text{ (carbone)}.$$

Dans la nature, il n'y a pas de courants électriques pareils à ceux des piles employées dans les électrolyses; ce qui le prouve c'est l'absence de décomposition de l'eau qui s'opère d'après l'équation

$$o,4HO+4\dot{E}E^3=4\ddot{H}E+4O\dot{E}E.$$

II. A une température, 1° au-dessous de 0° le volume de l'eau croît pendant la congélation; 2° au-dessus de 100°, l'eau se change en vapeur ayant un volume 12^3 fois plus grand que celui de l'eau. 1° Dans la congélation de l'eau, la chaleur apparaît en quantité constante ϑ. 2° Dans la vaporisation, la chaleur disparaît aussi en quantité constante 8ϑ. 3° Dans la combinaison de l'hydrogène avec l'oxygène, il se produit également une quantité constante de chaleur θ et le volume diminue.

1° Dans la fusion de la glace, il y a disparition de la quantité ϑ de chaleur; 2° dans la condensation de la vapeur, la quantité 8ϑ de la chaleur réapparaît; 3° dans l'électrolyse de l'eau, il n'y a ni abaissement de température ni disparition de chaleur.

III. Les masses d'air ombragé par les montagnes et les forêts conservent pendant le jour leur température nocturne à côté de l'air chaud non ombragé. 1° L'expansion des molécules denses μ entraîne les pycnosyzygues $\dot{E}$ avec de l'oxygène de l'air froid, et 2° l'expansion des molécules moins denses μ' entraîne les aréosyzygues $\dot{E}'$ avec l'azote $Az^2\dot{E}^2 = H^2O^2H\dot{E}^2$. Les oxytétraèdres $4\bar{O}\dot{E}$ se logent dans les azototétraèdres $4Az^2\dot{E}^2$ et produisent des atmotétraèdres $4HO\dot{E}\dot{E}'$. C'est des enveloppes déchirées de ces atmotétraèdres que se forment les pluies.

IV. Dans les réservoirs souterrains à fond de houille, les éléments de l'eau se combinent avec le carbone et se changent en gaz des marais et en acide carbonique sous une pression déterminée de la profondeur *h* des réservoirs. Une quantité θ' de chaleur latente est mise en liberté pendant la décomposition de l'eau pour former les gaz. Cette chaleur se répand avec les gaz dans l'eau *froide* et *douce* qui arrive au fond des réservoirs des sommets des montagnes. Une fois chaude et chargée des gaz, l'eau n'est plus douce, elle est devenue *minérale*, telle qu'on la rencontre dans les sources.

En parcourant les terrains alluviens, les terrains ignés communiquant avec les fournaises, les veines d'eau qui descendent en enlèvent une partie après avoir passé par des réservoirs à fond de houille pour être chauffées ou par des fonds froids de différents minerais. C'est pourquoi les eaux de chaque source, chaudes ou froides, contiennent des minerais qui ne sont pas les mêmes.

J'ai montré l'*exélectrose*, 1° de la quantité ϑ de chaleur dans la fusion de la glace, et 2° de la quantité 8ϑ dans la vaporisation de l'eau, puis j'ai fait voir que l'*ecthermose* d'électricité est la chaleur qui se répand dans la congélation de l'eau et dans la condensation de la vapeur. Les quantités constantes ϑ, 8ϑ de chaleur exélectrosée dans les deux changements d'état de l'eau correspondent aux deux poussées $\mathfrak{p}'$, p : 1° l'une $\mathfrak{p}'$ exercée par la pression de l'air en sens vertical centripète, et 2° l'autre p exercée en sens transversal par l'expansion des molécules μ''. L'existence de la pression $\mathfrak{p}$ était connue, celle de la poussé p et la cause des trois états des corps l'étaient aussi.

L'*exhydatose* de l'air dans l'atmosphère et dans les souterrains et l'*exaérose* de l'eau dans les mers étaient inconnues; c'est pourquoi l'on ne pouvait expliquer l'*inéquilibre atmosphérique* dont l'existence et les degrés sont bien déterminés d'après la loi de l'Aréostatique, et l'on en a déduit les degrés de l'inéquilibre.

On voit par le changement subit du volume Δ' d'un hydatotétraèdre en un volume 1728 fois plus grand au moyen de l'exélectrose de la chaleur 82 que la *force motrice* des machines à vapeur est l'expansion des électrosyzygues Ė, Ė².

Les actions chimiques qui accompagnent tous les changements observés se trouvent exposées en équations de termes hylicosyles. Ainsi j'ai montré par la voie chimique les causes physiques toujours d'accord avec les phénomènes qui en résultent.

Les eaux amenées des fleuves dans les mers sont du même poids que les masses d'air amenées par les vents des mers chaudes dans les continents. Les vents ont leur source dans les *régions des calmes des mers chaudes*. J'invite les marins à aller dans les régions des calmes avec leurs bateaux à vapeur, et ils pourront s'assurer qu'en sortant de chaque partie du contour inconstant de ces calmes, ils auront tous des vents divergents et dans leur direction. L'intensité des vents, d'abord faible, atteint aux côtes un maximum correspondant à la distance qui existe entre les régions des calmes et les côtes.

Sur les côtes, pendant les jours sereins d'été, le vent de la mer commence à croître le matin : 1° avec l'élévation du thermomètre, et 2° avec l'abaissement du baromètre pour atteindre ensemble une trope vers trois à quatre heures du soir. Ensuite le vent s'affaiblit, le thermomètre baisse et le baromètre monte ; ces périodes se répètent pendant tous les jours sereins.

Les poussées p' de la pression atmosphérique et celle p de l'expansion des molécules isopycnes μ'' se distinguent bien par les effets produits : 1° sur les tétraèdres de l'eau, et 2° sur les deux changements d'état. Le *point de congélation* dans le vide et sous chaque pression est constant ; au contraire l'*évaporation* s'établit à chaque température dans le vide et dans l'air sec ; elle est l'effet d'un inéquilibre entre l'expansion des molécules μ, μ' des électrosyzygues latents Ė, Ė², ceux-ci ne manquant ni de l'eau ni de la glace. L'équilibre s'établit quand les atmotétraèdres 4ĦĖ² ŌĖ éprouvent par leurs électrosyzygues Ė², Ė une poussée égale de la part de leurs homonymes contenues dans la chaleur libre et dans celle de l'eau ou de la glace.

I. Dans les températures basses, la poussée des expansions nommée *tension* est faible ; elle correspond à la petite quantité de l'eau vaporisée pour atteindre le *point de saturation* ou l'*équilibre*. 4,600 étant la tension à 0°, Regnault l'a trouvée de 41,821 à 35°, environ dix fois plus grande. Si l'on éloigne la vapeur produite, l'inéquilibre réapparaît, et il se produit de la vapeur contenant des électrosyzygues à l'état latent dont la séparation de l'eau ou de la glace fait baisser la température.

II. La pression p' est un résultat de la somme des deux poussées :

1° l'une verticale correspondant à l'expansion des molécules isopycnes μ'' exercée sur le barogène *b* de la colonne d'air, et 2° l'autre répulsive *r* correspondant à l'expansion des molécules μ, μ' des syzygues $\dot{E}$, E^2 des thermozeugmes $\dot{E}E^2$. C'est donc cette poussée répulsive *r* qui est en rapport direct avec les *tensions*.

Les actions qui précèdent la production des faits *physico-chimiques*, *minéralogiques*, *météorologiques* sont exposées dans les équations entre les éléments hyliques et les éléments ayles. Les éléments ayles composés des molécules μ, μ' en expansion sont les deux espèces d'électrosyzygues $\dot{E}$,E qui composent :

1° Les électrozeugmes neutres $\dot{E}E$;
2° Les thermozeugmes $\dot{E}E + E = \dot{E}E^2$;
3° Les photozeugmes $\dot{E}E + \dot{E} = \dot{E}^2E$;
4° Les thermozeugmes à l'état d'électricité latente $\dot{E}$, E^2.

C'est dans cet état qu'est contenue la chaleur 29 dans la glace, 29 + 9 dans l'eau ; 29 + 9 + 89 dans la vapeur. Ces quantités d'électrosyzygues $2q(\dot{E} + E^2)$, $3q(E + E^2)$, $11q(\dot{E} + E^2)$ sont déterminées : 1° dans la condensation de la vapeur ; 2° dans la congélation de l'eau ; 3° dans la décomposition de l'eau ou de la glace.

Tous les faits ne sont que des états des actions réduites en équilibre ; la courte durée des actions est observée dans les expériences chimiques et dans les changements d'état de l'atmosphère. Toutes les actions ont pour cause un inéquilibre indiqué par le mot abstrait *force*. L'objet de la *Physico-Chimie* se borne à la coordination des faits découverts pour correspondre : 1° aux actions terminées depuis longtemps, et 2° aux forces qui ont soutenu les actions. Ces *forces* sont les inéquilibres entre les molécules indéfiniment denses, dont l'expansion forme des *actions*.

CHAPITRE PREMIER.

LA PESANTEUR DÉMONTRÉE DANS LES TROIS ÉTATS DE L'EAU.

§ 40. Depuis la découverte de la loi de gravitation entre les corps célestes par Newton, ce grand physicien et ses successeurs se sont occupés de la découverte de l'origine de cette propriété commune au corps comme l'est : 1° leur *densité*, 2° leur chaleur spécifique, 3° leur tétraédriase. Personne ne s'attendait à trouver la solution de *ce grand problème dans le changement* de la glace en eau, changement accompagné de la disparition d'une quantité constante $\mathfrak{Z}$ de chaleur.

La chaleur $\mathfrak{Z} = q\dot{E}\bar{E}^2$ devient insensible dans 1 gramme d'eau parce que les électrosyzygues des thermozeugmes $q\dot{E}\bar{E}^2$ se séparent : 1° Les électrosyzygues positifs $q\dot{E}$ pénètrent dans les atomes négatifs d'oxygène $q\bar{O}$, et 2° les atomes positifs d'hydrogène $q\dot{H}$ pénètrent dans les électrosyzygues négatifs $q\bar{E}^2$ d'après l'équation suivante :

$$q\dot{E}\bar{E}^2 + q\dot{H}\bar{O} = q\dot{H}\bar{E}^2 + q\bar{O}\dot{E}.$$

La chaleur $\mathfrak{Z}$ réapparait pendant la transformation de l'eau en glace. Cette disparition de chaleur et ce changement de thermozeugmes $8q\dot{E}\bar{E}^2$ en électrosyzygues $q\dot{E}$, $q\bar{E}^2$ se remarquent dans le changement de 1 gramme d'eau en vapeur. Dans ce cas il y a accroissement de volume, tandis que la disparition de la chaleur $\mathfrak{Z}$ dans la fusion de la glace amène une diminution de volume.

On voit ainsi que les *électrosyzygues* $q\dot{E}$, $q\bar{E}^2$ *qui passent* dans la glace par l'expansion de leurs molécules μ, μ' exercent contre les composés ayles des atomes une poussée répulsive r égale à la poussée compressive p de la part des molécules isopycnes μ'' exercée contre le barogène β des atomes. Cette poussée p est constante ; elle est supprimée par une poussée répulsive r produite par une quantité constante d'électrosyzygues $q\dot{E}$, $q\dot{E}^2$ obtenus des thermozeugmes exélectrosés $q\dot{E}\dot{E}^2$.

La disparition de la chaleur 8$\mathfrak{S}$ au moyen de 1 gramme de vapeur s'opère à chaque température parce qu'elle ne dépend que de la pression atmosphérique p' et elle n'a avec la pesanteur aucun autre rapport, si ce n'est que les vapeurs se trouvent de niveau comme cela arrive pour les liquides.

Dans 1 gramme d'eau à 0° la quantité $8q\dot{E}\dot{E}^2$ de thermozeugmes s'exélectrose pour produire 1 gramme de vapeur dont le volume V est 12^3 fois celui de l'eau. Dans 1 gramme de glace la quantité $q\dot{E}\dot{E}$ de thermozeugmes s'exélectrose pour produire 1 gramme d'eau dont le volume v est inférieur à celui v' de la glace.

I. ÉLECTRICITÉ LATENTE DES TROIS ÉTATS DE L'EAU.

§ 41. Les thermozeugmes $q\dot{E}\dot{E}^2$ qui composent la chaleur ne deviennent pas latents comme on l'a supposé, mais au fur et à mesure que leur densité s'accroît, leurs électrosyzygues $q\dot{E}$, $q\dot{E}^2$ parviennent à trouver des résistances inférieures dans les atomes de l'eau, et se séparent : 1° les pycnosyzygues $q\dot{E}$ pénètrent dans les atomes d'oxygène hyliques $q\bar{O}$ qui deviennent hylicoayles $q\bar{O}\dot{E}$; au contraire, 2° les atomes d'hydrogène $q\bar{H}$ pénètrent dans les uréosyzygues $q\dot{E}^2$ et deviennent hylicoayles $q\bar{H}\dot{E}^2$.

Les physiciens connaissaient bien cet état hylicoayle des atomes; ils savaient aussi que la chaleur est produite par les deux électricités; les chimistes ont tiré parti de ce changement d'électricité en chaleur pour expliquer les actions chimiques. Léopold Gmelin dans son ouvrage, un des plus étendus qui existent, a reconnu l'*exélectrose* de la chaleur et l'*ecthermose* de l'électricité, sans cependant aller jusqu'à trouver que la chaleur nommée *latente* n'est que la chaleur exélectrosée et qu'elle est mise en liberté quand l'électricité s'ecthermose en se séparant des atomes $q\bar{O}\dot{E}$. $q\bar{H}\dot{E}^2$.

On trouve dans la condensation de la vapeur une production de chaleur 8$\mathfrak{S}$ suffisante pour élever de 1° 640 grammes à l'aide de la condensation de 1 gramme de vapeur réduit en eau à 0°. On trouve aussi la production de chaleur $\mathfrak{S}$ dans la congélation de 1 gramme d'eau.

Ces quantités de chaleur 8$\mathfrak{S}$ et $\mathfrak{S}$ produites par l'ecthermose des électrosyzygues $8q\dot{E}$, $8q\dot{E}^2$ et $q\dot{E}$, $q\dot{E}^2$ ne conduisent-elles pas à conclure qu'il reste encore dans les atomes Ö, Ĥ des hydatotétraèdres de la glace? Une erreur, disait Aristote, conduit à des milliers d'autres erreurs. Après l'hypothèse des deux espèces de chaleur latente, on a découvert dans la glace une quantité de chaleur pareille, quantité qui n'est pas inférieure à 2Э. Ensuite on en put déduire que dans les hydatotétraèdres se trouve la quantité $3q\dot{E}\dot{E}^{2}$ de thermozeugmes exélectrosés. Ces thermozeugmes 3Э sont mis en liberté dans les *fournaises quand les* anthracotétraèdres C^{4} de la *houille* se trouvent logés par les hydatotétraèdres, et c'est ainsi que prennent naissance les gaz $C^{2}O^{4}$, $C^{2}H^{4}$ d'acide carbonique et des marais avec la chaleur 3Э.

Électricité latente de la glace. La démonstration de l'identité de la chaleur et de l'électricité latente de l'eau ne conduit pas à conclure que l'électricité est évacuée entièrement de la glace; au contraire l'existence de l'électricité latente en très-grande quantité dans la glace se trouve démontrée dans des expériences qu'on peut facilement répéter. Je citerai à l'appui le fait historique suivant dont l'expérience a été faite sur une trop grande échelle pour qu'on en puisse récuser les détails.

Pendant l'automne de 1817, j'étais à **Silistra** quand un paysan s'arrêta dans une auberge avec un chariot découvert rempli de chaux vive. Pendant la nuit le temps changea, et il tomba de la neige en abondance. Le lendemain on fut bien surpris de ne plus trouver le chariot; mais bientôt après on s'aperçut qu'il avait été brûlé par la chaleur produite par la chaux qu'on trouva éteinte au-dessous de la neige.

Si l'on remplit de chaux vive une caisse de bois, et qu'on y enterre quelques gros morceaux de glace, on voit aussitôt le bois s'allumer. Personne n'avait remarqué que cet effet se produit même quand on opère à une température au-dessous de zéro.

Avant d'éteindre la chaux avec de la glace, les chimistes l'ayant éteinte avec de l'eau, avaient supposé que la chaleur observée était la même que celle qui est mise en liberté dans la congélation de l'eau. En opérant avec de la glace, on s'aperçut qu'il se produisait une chaleur Э suffisante pour fondre la glace, puis une autre au moins égale à celle de Э, sinon plus grande, qui fait brûler le bois, et cela même à une température au-dessous de *zéro*.

Explication de l'action chimique. La chaux vive CaO devient la chaux hydratée CaOHO; la somme des poids $28+q$ qui étaient séparés dans la chaux et dans l'eau se trouve dans l'hydrate. La stœchiométrie hylique s'est bornée à cette équation :

$$CaO + HO = CaOHO.$$

On ignorait : 1° que les corps eaux et chaux sont composés de tétraèdres $o,4HO$, $o,4CaO$; 2° que les tétraèdres de l'eau soutiennent les électrosyzygues $q\dot{E}$, $q\bar{E}^2$ à l'état latent; 3° que l'hydrate $o,4HOCaO$ est un hydatotétraèdre hylique $o,4HO$ logé dans un tétraèdre de la chaux $o,4CaO$, 4° enfin que l'hydatotétraèdre hylicoayles $o,4\dot{H}\bar{E}^2\bar{O}\dot{E}$, pendant ce séjour se sépare de son électricité latente $q\bar{E}^2$, $q\dot{E}$, dont les syzygues combinés sont des thermozeugmes $q\dot{E}\bar{E}^2$.

L'expansion de ces thermozeugmes est donc : 1° la chaleur 29 + 9 mise en liberté quand on éteint la chaux avec de l'eau, ou 2° la chaleur 29 — 9 mise en liberté quand la chaux est éteinte avec de la glace (1).

II. CHANGEMENT D'ÉTAT DU A LA CHALEUR LATENTE.

§ 42. La glace déplacée d'un espace à — 20°, dans un autre à — 10° se dilate en arrivant à cette température; les métaux éprouvent aussi ce changement jusqu'à la température de leur fusion qui diffère pour chaque métal. Aux températures au-dessus de zéro, l'état des métaux persiste, tandis que la glace persiste à 0° et son volume diminue jusqu'à sa transformation en eau.

L'eau à 4° placée dans des espaces à 10°, 20°... 90° en acquiert la température et se dilate comme la glace; l'eau placée dans un espace à 100° et au-dessus n'acquiert pas la température de l'espace, mais elle se transforme en vapeur d'un volume 12^3 fois supérieur. Après que toute la quantité d'eau a été vaporisée, la vapeur sous la pression ordinaire acquiert la température de l'espace ambiant et une

---

(1) On voit par ce mode de changement de l'électricité latente de l'eau en chaleur pendant le séjour des hydatotétraèdres hylicoayles $o,4\dot{H}\bar{E}^2\bar{O}\dot{E}$ dans ceux de la chaux que la *chaleur terrestre* est produite par la même électricité $3q\dot{E}$, $3q\bar{E}^2$ de l'eau, car les hydatotétraèdres hylicoayles étant en contact avec la houille se logent dans ses tétraèdres et se séparent de leurs électrosyzygues $q\dot{E}$, $q\bar{E}^2$, lesquels sont transformés en thermozeugmes $q\dot{E}\bar{E}^2$ ou en chaleur. Dans ce cas il y a : 1° abandon des oxytétraèdres $o,4O^2$ qui se logent dans les anthracotétraèdres $o,4C$, et 2° séjour des anthracotétraèdres $o,4C$ dans les hydrotétraèdres $o,4H^2$. Ces détails de la série des actions qui précèdent l'apparition de la chaleur sont classés dans un ordre chronologique d'après la loi de l'Électrostatique, loi qui trouve partout son application; en suivant cette loi, on est sûr de trouver le mode de la production des actions chimiques qui précèdent les faits obtenus.

dilatation correspondante, de sorte qu'alors elle ne diffère pas de l'air.

L'élévation de la température et la disparition de chaleur produisent la fusion de la glace et la vaporisation de l'eau, et cependant les effets sont opposés. La chaleur produit la densité dans un cas et une grande dilatation dans l'autre : 1° Pendant le dégel, la glace est à 0° sous chaque pression, tandis que, 2° sous des pressions différentes, *l'évaporation de l'eau est indépendante de la température.*

1° La différence par rapport à la pression, et 2° la ressemblance par rapport à la disparition des quantités constantes ϑ et 8ϑ de chaleur, prouvent incontestablement que dans les deux cas l'expansion des électrosyzygues $q\dot{E}$, $q\bar{E}^2$ des thermozeugmes exélectrosés $q\dot{E}\bar{E}^2$ exerce des *poussées répulsives* r, r' *contre les poussées compressives* p, p' d'origine différente. La poussée variable p' produite par la pression atmosphérique est équilibrée par la poussée répulsive r aussi variable. 2° La poussée constate p est produite par les molécules isopycnes μ''; elle devient équilibrée par la poussée répulsive r qui *est aussi constante, car la chaleur latente* ϑ *ne varie pas, comme cela* a lieu pour le point 0° de congélation de l'eau et de la fusion de la glace. Il y a dans les deux cas des couples d'action dont un élément est commun et leurs effets différents à cause de l'autre élément. J'ai montré que dans la vaporisation la poussée p' de la pression est le *second élément; on a vu que dans le dégel le second élément,* la poussée p, est l'expansion des molécules isopycnes. Cette poussée est la cause de la gravitation; c'est pourquoi je mentionnerai séparément tous les détails des actions qui accompagnent, 1° le dégel, et 2° la congélation de l'eau.

I. Série d'actions dans la fusion de la glace. *L'élévation de la température de la glace est accompagnée d'une dilatation, effet* direct de l'expansion des molécules des syzygues $q\dot{E}$, $q\bar{E}^2$ composant les thermozeugmes $q\dot{E}\bar{E}^2$, expansion opérée dans le milieu des hydatotétraèdres o,4HO de la glace qui soutiennent les électrosyzygues $2q\dot{E}$, $2q\bar{E}^2$ dans la forme $4HO(2q\dot{E}+2q\bar{E}^2)$. A 0°, *la poussée répulsive* r exercée par l'expansion des molécules μ, μ' contre les électrosyzygues $2q\dot{E}+2q\bar{E}^2$ est de même degré que la poussée compressive p exercée par l'expansion des molécules isopycnes μ'' contre leurs homonymes, le barogène β de l'hydrogène et 8β de l'oxygène.

L'expansion des molécules μ, μ' *qui a servi à écarter les atomes* des hydatotétraèdres jusqu'à 0° ne peuvent continuer à cause de la poussé p exercée sur le barogène de ces atomes. Les électrosyzygues $q\dot{E}$, $q\bar{E}^2$ de la chaleur $\vartheta=q\dot{E}\bar{E}^2$ s'accumulent avec ceux $2q\dot{E}$, $2q\bar{E}^2$ et les hydatotétraèdres prennent la forme $4HO(3q\dot{E}+3q\dot{E}^{2})$. Cette accumulation s'accroît jusqu'à ce que l'expansion de molécules μ, μ' de ces électrosyzygues parvienne à établir un équilibre dans les hydatotétraèdres. Un tel équilibre ne s'établit que par l'accroissement de la poussée répulsive r pour devenir égale à la poussée constante compressive p.

Les hydatotétraèdres ainsi équilibrés cessent d'être accolés les uns aux autres; leur barogène n'obéit plus qu'à la poussée centripète **p** provenant de l'inégale quantité de molécules isopycnes centripètes *M et de celles centrifuges* **M — m**, *dont l'expansion produit les poussées* P, P — **p**. Les corps de la surface de la Terre éprouvent en même temps la poussée centripète P et la poussée centrifuge P — **p**; par suite ils sont dans l'inéquilibre indiquée par la différence P — (P — **p**) = **p** entre les deux poussées opposées. C'est l'effet de cette différence entre les deux poussées qu'on nommait *attraction*, nom qui ne correspond pas à la différence **p** entre les deux poussées, laquelle différence est une *impulsion* (ὤθησις).

II. **Série des actions dans la vaporisation de l'eau.** En élevant la température de l'eau de 0° à 4°, sa densité croît pour atteindre un maximum à 4°, puis elle décroît pour atteindre un minimum à 100°. Ensuite, au lieu que cette diminution de densité diminue, l'ébullition de l'eau s'établit sans que la température de l'eau s'élève. Les thermozeugmes $\mathbf{q}\dot{E}\dot{E}^{2}$ s'exélectrosent, parce que la poussée de l'expansion des molécules μ, μ' de leurs syzygues $q\dot{E}, q\dot{E}^{2}$ est trop faible pour qu'il y ait continuation de l'accroissement du volume de l'eau produit par l'écartement des atomes HO composant ses tétraèdres 4HO.

Ces syzygues s'accumulent avec ceux $3q\dot{E}$, $3q\dot{E}^{2}$ de l'eau; ainsi leurs tétraèdres prennent la forme $4HO[(3q\dot{E}+3q\dot{E}^{2})+(\mathbf{q}\dot{E}+\mathbf{q}\dot{E}^{2})] = 4H\bar{O}(\mathbf{q}'\dot{E}+\mathbf{q}'\dot{E}^{2})$ en supposant que $\mathbf{q}+3q=\mathbf{q}'$.

La poussée répulsive de ces syzygue augmente jusqu'au degré **r** pour établir un équilibre avec la poussée p' de la pression centripète au moyen de l'affaiblissement de la répulsion **r** par l'écartement des atomes dans les tétraèdres 4HO, dont le diamètre devient 12 fois plus grand et le volume 12^{3} fois plus grand; car la densité de l'eau est 12^{3} fois celle de la vapeur à 100° et à la pression ordinaire.

Si l'on compare les volumes des tétraèdres Δ', Δ des deux liquides qui ont les longueurs **f**, f pour arêtes et les longueurs **c**, c pour perpendiculaires, on a :

$$\Delta' : \Delta = \mathbf{c}^{3}\mathbf{f}^{3} : c^{3}f^{3} = 12^{3}\mathbf{a} : 12^{3}a = \mathbf{a}^{3} : a^{3}.$$

En admettant pour les arêtes **f** = 4a, *f* = 4*a*, on a d'après la stéréométrie des tétraèdres réguliers les perpendiculaires **c** = 3a, *c* = 3*a*. Les deux facteurs 4 et 3 du produit 12, dont le cube indique le rapport entre les volumes, sont les deux dimensions de tétraèdres liquides dont le diamètre devient 4×3 fois plus grand dans les atmotétraèdres; on obtient ainsi un rapport entre les densités des liquides et celle de leur vapeur.

La pression restant la même, le volume de la vapeur croît avec la température, parce que la poussée de l'expansion des molécules μ, μ' des syzygues des thermozeugmes exerce une répulsion **r'** contre les atomes des atmotétraèdres 4ĪŌ (**q'**Ė + **q'**Ė²).

III. **Série des actions dans la transformation de la vapeur en gaz.** Les expériences ont prouvé que quand la vapeur est arrivée à 400° les thermozeugmes se trouvent dans un inéquilibre trop grand pour que ses tétraèdres soient soutenus. Les atomes A d'oxygène Ō soutiennent un nombre égal A de pycnosyzygues Ė, tandis que les atomes A d'hydrogène Ī soutiennent un nombre double d'aréosyzygues Ė². Cet inéquilibre fait que l'excédant AĖ d'aréosyzygue arrivés à 400° se sépare; les oxytétraèdres 4ŌĖ repoussés sortent alors des hydrotétraèdres 4ĪĖ et les atmotétraèdres 4ĪŌ (**q'**Ė + **q'**Ė² deviennent : 1° des oxytétraèdres 4**q**ŌE, et 2° des hydrotétraèdres 4**q**ĪĖ.

IV. **Série d'actions dans les machines à vapeur.** L'origine de cette série d'actions est l'accroissement du volume des tétraèdres Δ' de l'eau, volume qui devient 1728 fois plus grand sous la pression ordinaire. La vapeur restant renfermée dans la chaudière exerce une pression **p** qui empêche la vapeur de se produire ultérieurement dans le cas où la température de l'eau reste constante. Pour soutenir l'évaporation à une température constante dans la chaudière, il faut en éloigner la quantité de vapeur au fur et à mesure qu'une autre quantité égale s'y produit, pour empêcher la pression de la vapeur de s'opposer à l'évaporation ultérieure; car alors l'expansion des molécules μ, μ' des syzygues des thermozeugmes exerce une poussée croissante jusqu'au point de faire éclater la chaudière si la soupape est fermée.

Le volume de l'air et des gaz ne s'accroît pas ainsi subitement; ces deux corps ne font que se dilater comme la vapeur. Cet accroissement de volume s'opère pour chaque liquide à une température différente sous la pression ordinaire; mais dans la chaudière la pression croît et fait hausser la température à un degré suffisant pour soutenir la vaporisation. Telle est la cause qui a empêché que l'eau fût remplacée par l'éther.

Dans les perfectionnements introduits dans les machines à vapeur, on a visé à une facile production de vapeur et l'on a espéré arriver à ce but en variant la forme des chaudières. Il n'y a pas jusqu'à présent de chaudières qui soient en rapport avec les appareils des chimistes; ceux-ci plongent les chaudières à eau dans les chaudières à huile, lesquelles étant ouvertes, sont exposées au feu pour que leur chaleur se répande sur toute la surface de la chaudière à eau, chaudière qui peut être composée de tubes plongés dans un bain d'huile.

Force des machines à vapeur. Cette sorte de force, sans avoir pour cause la pesanteur, produit des résultats identiques; il y a des machines à eau, à vent, à vapeur. Toutes les explications sur la nature de la force des machines à vapeur ne sont en quelque sorte que des descriptions de faits bien connus. Il n'en pouvait être autrement tant qu'on ignorait que toutes les poussées ont pour cause l'expansion spontanée des électrosyzygues É, É', lesquels, 1° étant unis dans leur expansion, produisent la *chaleur*, et 2° étant soutenus séparément par l'oxygène ŌĖ et l'hydrogène ĪĖ², produisent l'*électricité latente*.

Dans les machines à eau et dans celles à vent, l'inéquilibre est produit par un autre inéquilibre mécanique. Cet inéquilibre produit les mêmes effets dans les moulins à vapeur; dans ce cas on sait qu'une quantité de chaleur se *consomme* et qu'une quantité d'eau dont le volume est Δ se change en vapeur ayant le volume $12^3\Delta$. La multiplication de volume exerce une poussée correspondante à celle de la chute d'eau ou de l'écoulement d'air.

Le changement d'un tétraèdre dont le volume est v en tétraèdre ayant le volume $\mathbf{v}=1728\,v$ est une action ayant pour cause la *force*; cette force n'est que le changement de la chaleur en électricité latente. Une fois le volume v devenu $1728\,v$, la température au-dessus de 100° dilate ce volume $\mathbf{v}$, de sorte qu'il y a : 1° une poussée subite $\mathbf{p}$ provenant du changement du volume v de l'eau en volume $\mathbf{v}$ de vapeur, et 2° une poussée graduelle provenant de l'accroissement du volume $\mathbf{v}$ par sa dilatation, accroissement qui ne diffère pas de celui de l'air. Ainsi, les machines à air n'ont pas l'avantage de la poussée subite obtenue par le changement de l'eau en vapeur.

Détente. Les atmotétraèdres composant la vapeur soutiennent les électrosyzygues comme les gaz; ils ont la forme o,4ĪĖ²ŌĖ. Le piston est réduit en inéquilibre par la poussée répulsive $\mathbf{r}$ de la vapeur devenue supérieure à la poussée $\mathbf{p}$ du poids du corps C à soulever. Ce corps parcourt la hauteur *h*, pendant que la quantité *q* d'atmotétraèdres ayant le volume *v* acquiert un volume *qn* et la poussée répulsive **r** de la détente *qd* diminue pour devenir *d* lorsque la poussée répulsive de la vapeur est en équilibre avec la poussée **p** du poids du corps C à soulever; alors le produit de la détente *d* de la vapeur dense qui s'échappe du cylindre est perdu.

L'amplitude *a* du piston et la hauteur *h* parcourue par le corps C sont en rapport direct avec les poussées **r**, **p**; on a $a : h = \mathbf{r} : \mathbf{p}$.

Le nombre *n* des amplitudes *a* par seconde est en rapport direct avec la vitesse ou avec le produit. Ce produit *f* ne correspond pas à la partie *s* de la surface du piston qui est en rapport avec la surface S de la chaudière, mais à la poussée répulsive **r** des atmotétraèdres. Cette poussé est en rapport direct avec les cubes de la vapeur, tandis que la surface *s* du piston est en rapport avec les carrés de la surface S de la chaudière.

On trouve par les expériences que le produit des machines croît avec le nombre *n* des amplitudes par seconde. Pour augmenter ce nombre, j'ai indiqué dans la *Physique* (t. III) un appareil *pour faire* communiquer la chaudière avec un cylindre dont le piston fait *n* amplitudes par seconde et dont tous ensemble font *nm*. Cet accroissement de produit a pour cause la diminution de la perte de la détente.

V. **Série des changements de la vapeur en eau.** Les hydatotétraèdres *o*,4ḢÖ et les électrosyzygues Ė, E^3 séparés des thermozeugmes soutenus par les atomes Ö,Ĭ composent les atmotétraèdres *o*,4ḢĖ'ÖĖ. Le retour de ces atmotétraèdres à l'hydatotétraèdre *o*,4ḢŎ et au thermozeugmes ĖE^2 s'opère par la séparation des électrosyzygues Ė,E^2 des atomes de l'eau pour se mêler et se transformer de nouveau en chaleur en même temps que la vapeur devient de l'eau.

Dans le vide, au-dessous de 0° les atmotétraèdres gèlent, et en exerçant une poussée entre eux par l'expansion des *molécules* des électrosyzygues, ils se soutiennent dans l'espace sans obéir à la pesanteur pour se précipiter au fond du récipient; la même chose a lieu pour les atmotétraèdres dans l'atmosphère au-dessous de 0°. En élevant la température au-dessus de zéro, l'expansion des molécules μ, μ' des *thermozeugmes de l'espace ambiant croît* avec la densité des thermozeugmes. Ainsi la poussée répulsive **r** parvient à tenir en suspension une grande quantité d'atmotétraèdres jusqu'à un certain *degré de saturation;* degré qu'on obtient aussi bien dans le vide que dans l'air, parce que la vapeur est comme une espèce de gaz.

Ainsi le retour *spontané de la vapeur à l'eau ne s'opère* que dans le cas où elle a une densité supérieure à celle qui peut être tenue en *suspension* par la poussée répulsive contre la poussée centripète p de la pesanteur. A une température de 35°, la *tension* de la vapeur est 41,821 et à 0° elle est 4,600; ces tensions sont en rapport direct avec les *quantités* q, *q d'atmotétraèdres contenus dans 1 litre vide dans* les cas où il y a saturation de vapeur. Cette saturation de vapeur n'a pas lieu dans l'air; on l'obtient sous une cloche qui couvre une couche d'eau et qui est maintenue à des températures différentes.

Dans 100 litres d'air à la température ordinaire on trouve 4 à 9 litres de vapeur; il faut 1728 litres de vapeur pour obtenir 1 litre d'eau. En exagérant la quantité de vapeur pour en trouver 1 litre dans 100 litres d'air, si l'on admet qu'après une averse l'air reste parfaitement sec, il en faudrait 172,800 litres pour obtenir 1 litre d'eau. D'après ce résultat du calcul, il serait impossible de produire de l'eau par un changement spontané des atmotétraèdres en hydatotétraèdre, dans le cas où l'air contient la vapeur en quantités obtenues par les observations faites sur l'état ordinaire de l'air. Le mode de formation des pluies est indiqué plus bas.

III. EAU OXYGÉNÉE HO^2.

§ 43. **Propriétés.** L'eau oxygénée est un corps liquide incolore, inodore; elle produit sur la langue un picotement et cause une sensation particulière, désagréable, qui rappelle la saveur de certains sels métalliques. Elle attaque très-promptement l'épiderme et le blanchit; elle décolore la teinture de tournesol et celle du curcuma.

La tension de sa vapeur est beaucoup plus faible que celle de la vapeur d'eau; ainsi on peut la concentrer facilement dans le vide sec.

Elle ne gèle pas à — 30°;

Sa densité a été trouvée de 1,452;

Elle tombe au fond de l'eau ordinaire, et se dissout ensuite en toutes proportions.

L'eau oxygénée concentrée se décompose à 20°; si elle est étendue dans l'eau, elle se décompose à 50°; même à de basses températures, l'oxygène se dégage de l'eau concentrée.

Plusieurs corps produisent la séparation de l'oxygène avec ou sans explosion, par leur simple contact.

L'oxygène passe de l'eau oxygénée : 1° à plusieurs oxydes qui deviennent des bioxydes; 2° aux métaux qui en sont oxydés; 3° aux sulfures qui deviennent des sulfates.

L'oxygène dégage de l'eau oxyénée; mis en contact avec quelques oxydes, il en fait séparer l'oxygène.

Les acides donnent de la fixité; d'autres acides s'en décomposent.

Préparation. On prépare l'eau oxygénée en dissolvant le bioxyde de barium dans l'acide chlorhydrique; il se produit du chlorure de barium et de l'eau oxygénée. Pour obtenir ce bioxyde, on chauffe l'oxyde dans un courant d'oxygène.

Actions produisant les propriétés précitées.

Les chimistes se sont bornés à la description fidèle des propriétés indiquées et des manipulations nécessaires dans la préparation de l'eau oxygénée; ils ont cherché à découvrir le mystère de la production des faits par les actions électriques dont l'existence est incontestable; il ne leur a manqué que la connaissance de la force qui précède les actions. Ici je démontre que la *force* est l'inéquilibre des molécules indéfiniment comprimées, que l'*action* est l'expansion des molécules, et que l'*affinité* est l'inéquilibre qui apparaît dans le contact des molécules moins denses μ' avec les molécules denses μ, car celles-ci sont alors sollicitées à pénétrer dans l'espace occupé par les molécules moins denses. Tant qu'on ignora l'origine des forces, des actions et des affinités, la chimie ne fut en quelque sorte qu'un registre. La découverte de cette origine trouve partout son application; je citerai, à titre d'exemple, les actions qui précèdent chacune des qualités et des propriétés décrites.

Qualités. Il n'y a pas d'équivalents en rapport chromatique; il y a deux éléments négatifs $\bar{O}^4$ et un élément positif $\dot{H}$ comme dans l'oxygène *ozoné* $\bar{O}\dot{E}\dot{E}$, mais tous les deux sont hyliques et sans expansion; c'est pourquoi il ne se produit pas d'odeur. Placé sur la langue, l'oxygène provoque l'expansion des molécules denses des nerfs, et c'est ainsi que se produit le sentiment correspondant; l'attaque de l'épiderme est un effet chimique.

Propriétés. Chacune des propriétés est le résultat d'une série d'actions. Je mentionnerai d'abord le mode de formation de l'eau oxygénée pour connaître sa nature. Il faut se souvenir que les combinaisons sont des *entétraédriases* et les décompositions des *ectétraédriases*; j'exposerai donc les équivalents en tétraèdres 4O et en hémitétraèdres 2B, 2H, 2Cl dans l'équation suivante :

$$(\alpha) \qquad Ba^2\bar{O}^4 + \dot{H}^2\dot{E}^2\bar{Cl}^2\dot{E}^2 = Ba^2\bar{Cl}^2 + \dot{H}^2\dot{E}^2\bar{O}^4\dot{E}^2.$$

D'après ces éléments hylicoayles de l'eau oxygénée, les propriétés observées se combinent par rapport à la chaleur et à la production des actions quand il y a d'autres corps en contact.

1. **Propriétés par rapport à la chaleur.** La vapeur de l'eau oxygénée, sans perdre son électricité latente, s'évapore pendant la décomposition d'une quantité de chaleur beaucoup moindre que celle $8q\dot{E}\dot{E}^2 = 8\mathfrak{Q}$ qui se décompose dans la vaporisation de l'eau.

La poussée répulsive r exercée séparément entre les électrosyzygues latents $\dot{E}^2$, E^2 dépasse de beaucoup la poussée compressive p exercée sur le barogène β de l'expansion des molécules isopycnes μ''; telle est la cause de l'absence de congélation.

Les aréosyzygues E des thermozeugmes ambiants sollicitent la séparation de l'oxygène aréoélectrisé $\bar{O}\dot{E}\dot{E}$, lequel se sépare de son aréosyzygue et reste à l'état ordinaire. Schœnbein, guidé par la ressemblance de la décomposition entre l'eau oxygénée et l'oxygène ozoné, ne manqua pas de trouver qu'il y avait identité de composition, mais il ne put aller plus avant. De même que l'oxygène ozoné, l'eau oxygénée se décompose spontanément.

Propriété par le contact avec les autres corps. Les chimistes on dit qu'on ne connaissait pas la force agissant au contact, et cependant ils n'ignoraient pas que l'électricité des particules ou des corpuscules soutient l'électrosphère hétéronyme. Le contact de l'eau oxygénée avec les autres corps ne doit produire : 1° que l'expansion des molécules les plus denses μ dans l'espace occupé par les molécules moins denses μ', et 2° que l'entétraédriase de quelques-uns des équivalents avec les ectétraédriases des autres.

Les métaux inoxydables dans l'air, tels que le platine, l'or, le charbon, le plomb, le bismuth et ceux déjà très-oxydés, comme le bioxyde de manganèse, les hydrates alcalins, exercent sur l'aréosyzygue E une poussée répulsive faible. Le charbon et la chaleur, au contraire, par leurs aréosyzygues, exercent sur l'oxygène hylique une forte poussée répulsive. Ainsi, 1° l'éloignement de l'aréosyzygue E vers les métaux occasionne l'éloignement de l'oxygène à l'état ordinaire $\bar{O}\dot{E}$, et 2° l'éloignement de l'oxygène hylique $\bar{O}$ entraîne le pycnosyzygue $\dot{E}$.

Si ces métaux, l'oxyde d'argent, l'acide plombique, le bioxyde de manganèse, sont secs et réduits en poudre fine, et si l'eau tombe sur eux goutte à goutte, les électrozeugmes $\dot{E}E$ dans leur séparation subite, se composent de façon à produire la chaleur et la lumière :

$$6q\dot{E} + 6qE = 2q\dot{E}^2E + 2q\dot{E}E^2$$; on dit *qu'il y a explosion*.

Actions chimiques. L'oxygène de l'eau oxygénée $\dot{H}E\bar{O}^2\dot{E}$, de même que l'oxygène ozoné, passe aux métaux ou aux oxydes pour y remplacer l'aréosyzygue E séparé, qui se combine avec l'électrozeugme $\dot{E}E$ qui devient le thermozeugme $\dot{E}E^2$; ainsi Thénard a produit le bioxyde de strontium, le bioxyde de calcium, etc.

C'est de la même manière que se produit l'oxydation de plusieurs métaux $\dot{M}E$ avec production de chaleur

$$\dot{M}E + \dot{H}E\bar{O}^2\dot{E} = \dot{M}\bar{O} + HO + \dot{E}E^2.$$

Plusieurs sulfures $\dot{M}S$ se logent dans les oxytétraèdres en faisant déloger les hydatotétraèdres. Ces actions sont exposées dans l'équation suivante :

$$\dot{M}SE^4 + 4HE\bar{O}^2\dot{E} = \dot{M}SO^4 + 4\dot{E}E^2.$$

Les oxydes des métaux inoxydables à l'air ont la forme $\dot{M}\bar{O}\dot{E}E$; pendant leur contact avec l'eau oxygénée, leur aréosyzygue E passe dans l'électrozeugme $\dot{E}E$ pour se changer en chaleur qui est observée, et l'oxygène se sépare :

$$\dot{M}\dot{E}^2\bar{O}E + HE\bar{O}^2\dot{E} = \dot{M} + HO + O\dot{E} + \dot{E}E^2.$$

L'acide sulfurique $SHO^4\dot{E}E$ donne de la fixité à l'eau ; l'acide sulfureux $SE\bar{O}^2\dot{E}E^2$ est détruit par elle, de même que les acides sulfhydrique et iodhydrique :

$$S\dot{E}O^2\dot{E}^2E^2 + 2HE\bar{O}^2\dot{E} = SE + 2HO + 4O\dot{E} + 2\dot{E}E^2 \text{ (chaleur)};$$
$$HS\dot{E}\dot{E} + HE\bar{O}^2\dot{E} = SE + 2HO + \dot{E}^2E \text{ (lumière)};$$
$$HJ\dot{E}E + HE\bar{O}^2\dot{E} = J\dot{E} + 2HO + \dot{E}E^2 \text{ (chaleur)}.$$

Dans l'électrolyse, l'eau oxygénée donne un volume égal d'oxygène ordinaire et d'hydrogène, tandis qu'amenée à son maximum de concentration elle se décompose en dégageant 475 fois son volume d'oxygène au lieu de 1 v. $\frac{1}{2} \times 1728 = 864$ qui est presque double. Les chimistes se sont dispensés d'avoir recours à des hypothèses pour expliquer le fait ; ils n'ont trouvé aucun moyen de prouver que cet oxygène diffère de l'oxygène ordinaire, et que l'eau qui reste diffère de l'eau ordinaire. L'oxygène dégagé est aréoélectrisé ; il a la forme $\bar{O}^2\dot{E}$ et non la forme ordinaire $\bar{O}^2\dot{E}^2$ dont le volume **v** est égal à celui de l'hydrogène. Le volume *v* de l'oxygène aréoélectrisé $\bar{O}^2\dot{E}$ correspond au syzygue $\dot{E}$ et non au double atome hylique d'oxygène.

On voit par l'excédant $43 = 475 - 432$ du volume de l'oxygène observé qu'il y a de l'oxygène ordinaire $O^2\dot{E}^2$ qui a été produit par l'aréoxygène $\bar{O}^2\dot{E}$ par la pénétration des quelques pycnosyzygues E des thermozeugmes $\dot{E}^2E$. Tous ces détails se retrouvent dans l'équation :

$$H^2E^2O^4 = H^2E^2O^2\dot{E} + O^2\dot{E}.$$

CHAPITRE II.

ACTIONS ÉLECTRIQUES PRODUISANT LE MAGNÉTISME, L'ENDOSMOSE ET L'ÉLECTROLYSE.

§ 44. Les déplacements du magnète, ceux des liquides et des gaz et la séparation des éléments de l'eau sont des faits produits sur les corps par des actions dont l'origine ne correspond pas à la pesanteur; ce sont des effets mécaniques ayant pour cause des actions qui ne le sont pas; par suite ces actions ne sont pas entre elles de nature différente. L'identité de la nature des trois ordres d'actions se manifeste dans les courants électriques lesquels décomposent l'eau, déplacent les liquides et font dévier le magnète. Cette déviation prouve que le magnète reste dans une position déterminée par des actions qui ne diffèrent pas des mêmes courants.

Les courants électriques sont des *actions* précédées de *forces*. Les anciens ont emprunté ces mots abstraits à la Mécanique, car dans les moulins à eau l'*action* est l'écoulement et la *force* la hauteur de la chute de l'eau. Dans les courants : 1° l'écoulement électrique correspond à l'*expansion* des molécules denses μ, et 2° l'inéquilibre des molécules μ correspond à la hauteur h de la chute.

Le *produit* des moulins correspond au produit $h \times q$ provenant de la hauteur h de la chute et de la quantité q d'eau écoulée par seconde. Dans le cas où la hauteur de la chute est égal, les produits des moulins sont en rapport direct avec les quantités $\mathfrak{q}$, q d'eau écoulée par seconde. C'est ce qui a lieu pour les courants : 1° à la hauteur h de la chute correspond l'inégalité i de l'état électrique et de la température; 2° à la quantité $\mathfrak{q}$, q correspond la quantité μ des molécules écoulées de la surface s de la coupe du fil conduisant le courant. Ainsi le produit des courants est $i \times s$, l'inéquilibre est i et la quantité la surface s de la coupe. En supposant la même densité aux molécules et la même épaisseur aux fils conducteurs, les produits des courants sont en rapport direct avec les inéquilibres i, $\mathfrak{i}$.

Pour comparer les degrés des inéquilibres, on compare les effets mécaniques, 1° des déviations du magnète; 2° des quantités des liquides déplacés par seconde dans les endosmoses; 3° des quantités des gaz produits dans l'électrolyse de l'eau. Au moyen des observations, Ohm a constaté ces rapports exposés dans la formule suivante :

$$(\alpha)\quad p=\frac{ics}{L+r};\qquad (\beta)\quad p=\frac{E}{L+r};\qquad (\gamma)\quad p=\frac{nE}{nL+r}.$$

$1 \times s = E$ indique la quantité des molécules μ en expansion qui éprouve une résistance dans la longueur L du fil et une autre r dans les métaux anisothermes en contact; p est le produit mécanique de la poussée observé dans la déviation du magnète; c est la conductibilité des métaux pour l'électricité et s la surface de la coupe du fil. En variant les longueurs L, les corps s et les degrés 1 des différences entre les températures, on obtient des effets mécaniques dans les déviations du magnète, effets employés : 1° par Ohm pour mesurer la poussée ou l'intensité 1 de l'expansion, et 2° par Melloni pour mesurer les différences des températures.

La même déviation du magnète a fait connaître : 1° à Ohm la quantité des molécules μ en expansion, et 2° à Melloni la même quantité de molécules réduites en inéquilibre par les métaux anisothermes en contact.

1° Les résultats sont obtenus lorsqu'on opère avec un fil (α) dont la conductibilité est c chauffé inégalement aux deux extrémités; 2° en opérant avec (β) avec un couple des métaux en contact d'inégale conductibilité; 3° s'il y a n couples pareils (γ), chacun d'eux produira l'inéquilibre $E=1 \times s$ qui est la quantité μ de molécules en expansion. Dans ce cas on s'attendait à obtenir une poussée np, mais l'observation n'a pas réalisé cette espérance; la déviation magnétique indique la même poussée p. Alors on a recommencé la description du fait sous forme d'explication, on a dit que *le degré de la poussée produite par chaque couple est égal à la résistance qui en résulte.*

L'observation a démontré que si l'on coupe le fil au milieu et qu'on sépare ces deux extrémités par une couche d'eau dont l'épaisseur est e, il faudrait pour que cette résistance r fût vaincue, un nombre n de couples proportionnel à la résistance r. Ces effets sont réels et font comprendre qu'il ne faut pas confondre les poussées produites par les expansions des molécules μ et les poussés produites par les quantités d'eau tombant de la hauteur nh. Pour tirer de là une comparaison concordante, il faut comparer les n couples à n hauteurs h dont chacune en tombant isolément produit la poussée p.

La vitesse de l'expansion des molécules étant égale, la quantité des molécules qui passent par seconde venant de 1 ou de *n* couples ne diffère pas; elles s'écoulent les unes après les autres quand la résistance est vaincue comme l'est celle du magnète. Dans l'eau la vitesse croît avec la hauteur de la chute, et le produit est évalué dans la résistance **r**. Dans le cas ou la résistance **r** ralentit la vitesse de l'expansion des molécules μ, il s'en fait une accumulation; alors la poussée devient *np* aux deux extrémités du fil, de sorte que les molécules μ de la couche d'eau se trouvent réduites en inéquilibre entre les deux extrémités du fil. Les molécules μ, μ' des syzygues É, É² de la chaleur latente de l'eau exercent des résistances sur leurs homonymes qui arrivent. Dans ce cas les effets de l'expansion des molécules ont de la ressemblauce avec ceux produits par les liquides.

Je mentionnerai séparément les appareils employés pour obtenir des inéquilibres et l'expansion des molécules nommées *courants électriques*, et je ferai voir le mode de production des faits mécaniques et des faits chimico-mécaniques au moyen des poussées exercées par ces courants. 1° Le magnète dévie de sa position; 2° les liquides s'en trouvent déplacés; 3° l'eau est décomposée et ses éléments se présentent sous un volume équivalant à 2592 fois celui de l'eau et de plus ces éléments ont une odeur qui ne se rencontrait nulle part.

Entre la formation de l'inéquilibre produisant les courants et les faits mécaniques ou chimico-mécaniques il y a des séries d'actions qui se succèdent; ces actions sont liées entre elles comme causes et effets, lesquelles causes mettent en évidence l'expansion des molécules ainsi produites.

I. DEUX SYSTÈMES DE COURANTS THERMOMÉTRIQUES SOUTENANT LES DEUX POSITIONS DU MAGNÈTE.

§ 45. Le magnète se distingue des autres corps en ce que, mis en liberté, il prend spontanément une position à laquelle il revient toujours quand on cherche à l'y soustraire mécaniquement ou par l'approche d'un courant. La poussée qui soutient le magnète est vaincue par deux poussées, 1° l'une de nature mécanique, correspondant à la masse du magnète; 2° l'autre aylo, provenant de l'expansion des molécules et exercée sur les molécules homonymes ayles unies avec la masse nommée *barogène*.

Le magnète reste dans une position constante déterminée par une faible poussée exercée sur les éléments ayles de tous les corps qui, ne pouvant vaincre la poussée de la pesanteur p, lui obéissent. Cette poussée p du magnète est vaincue par la poussée répulsive r venant de l'expansion des molécules dirigée des régions froides vers les régions chaudes. Pour dévier de sa position, il faut que le magnète éprouve une poussée répulsive r dans un autre sens. On voit ainsi, d'une manière irrécusable, qu'il existe dans la Terre des poussées provenant de l'expansion des molécules μ.

Il existe dans le magnète : 1° une *position méridionale* de sa longueur qui se trouve presque sur le plan du méridien du pays ; 2° une *direction polaire* de ses deux extrémités qui se rétablit spontanément quand on fait faire au magnète une demi-révolution et qu'on le laisse dans son méridien. On voit par ces deux propriétés du magnète qu'il y a dans la Terre deux systèmes de poussées répulsives : 1° la poussée r dans le sens rectiligne, dirigée des régions polaires vers la zone torride ; 2° la poussée r' dans le sens hélicoïdal sur chaque hémisphère, dirigée dans le sens de la marche du Soleil du solstice vers l'équinoxe.

Je ferai connaître : 1° l'origine de l'expansion des molécules dans les directions des méridiens avec leurs variations ; 2° l'origine de l'expansion des molécules dans des directions hélicoïdales sur les deux hémisphères. J'ai déja démontré les détails du magnétisme dans le texte de l'*Atlas météorologique* ; si je reviens ici succinctement sur ce sujet, c'est pour mettre le lecteur en état de connaître le mode de production d'un grand nombre de faits différents.

Après avoir indiqué les propriétés connues du magnète et le mode de production des courants thermoélectriques, il ne reste qu'à unir sur le globe les régions froides avec les régions les plus chaudes et les moins éloignées pour déterminer à la fois : 1° la direction de l'expansion la plus intense des molécules μ, et 2° la position méridionale du magnète formant dans chaque pays des angles a, a', a''... avec leur méridien géographique.

L'expansion des molécules μ se propage du sol dans l'atmosphère suivant les tangentes de chaque pays du globe pour y former des angles γ, γ', γ'' avec l'horizon. Ces angles tangentiels sont l'*inclinaison*, et les angles a, a', a'' sont la *déclinaison*.

L'expansion des molécules, dans le *sens hélicoïdal*, se manifeste dans l'ecmagnétose du fer doux qui s'opère dans le sens de la marche indiquée par le Soleil, marche invariable dont les effets sont constants. Au contraire la distribution de la chaleur du Soleil à la surface du globe varie, 1° le matin et le soir ; 2° l'hiver et l'été ; 3° pendant l'existence des forêts et après qu'elles ont été élaguées. A ces variations thermométriques correspondent celles de la déclinaison et de l'inclinaison considérées comme *anomalies*.

La coïncidence entre les variations de température et les anomalies magnétiques très-nombreuses met dans toute son évidence l'existence des courants terrestres thermoélectriques.

A. Variation de l'inclinaison et de la déclinaison.

§ 46. Il y a des variations séculaires dans l'*inclinaison* qui va toujours en diminuant; il y en a aussi dans la *déclinaison*, mais elles ne répondent pas à celles de l'inclinaison, comme on le voit dans le tableau contenant les résultats des observations faites à Paris, résultats qui diffèrent peu de ceux de Londres.

PARIS.

Années.	Déclinaison.	Années.	Inclinaison.
1580.	11° 30′ E.	1671.	75° 0′
1618.	8 0	1754.	72 15
1663.	0 0	1779.	72 25
1678.	1 30 O.	1780.	71 48
1700.	8 10	1791.	70 52
1767.	19 16	1798.	69 51
1780.	19 55	1806.	69 12
1785.	22 00	1810.	68 50
1814.	22 34	1814.	68 36
1816.	22 25	1816.	68 40
1835.	22 4	1818.	68 35
		1820.	68 30
1853.	21 17	1822.	68 11
		1825.	68
		1829.	67 40
		1831.	67 40
		1835.	67 24
		1851.	66 35
		1853.	66 28

§ 47. **Coïncidence entre les variations magnétiques et la culture du sol.** Par sa position le magnète indique la direction de l'expansion des molécules μ; l'approche d'une expansion des molécules μ, qui n'est pas dans le même sens que celle de l'expansion des molécules terrestres le fait dévier de la position ainsi déterminée.

Les déviations du magnète indiquées dans les tableaux correspondent à celles de l'expansion des molécules terrestres μ qui ont changé de direction. Ce changement indique que la température du sol n'est plus la même que précédemment. Si elle baissait ou s'élevait en même temps au sud et au nord, il n'y aurait pas de déviation du magnète

§ 48. **Déclinaison.** A Paris, le rapprochement de l'extrémité nord du magnète vers l'ouest peut être produit : 1° par un accroissement de l'intensité de l'expansion du côté nord-ouest, ou 2° par son affaiblissement du côté nord-est. La première hypothèse ne peut se réaliser que par un abaissement de température au nord-ouest ou par son élévation au sud-est. La seconde résulterait d'une élévation de température au nord-est ou d'un abaissement au sud-ouest.

L'histoire seule peut nous révéler quelle est la mieux fondée de ces quatre hypothèses. Les historiens anciens et ceux du moyen âge nous apprennent que l'Allemagne était couverte de forêts vierges impénétrables ; par suite le sol ombragé était froid.

Pendant les trois derniers siècles, le nombre des habitants s'est accru et l'étendue des forêts a diminué proportionnellement ; le sol cultivé exposé au soleil a acquis une température plus élevée que celle qu'il avait à l'époque où il était ombragé. A Paris, l'intensité de l'expansion des molécules s'est affaiblie du nord-est au sud-ouest, tandis que celle du nord-ouest au sud-est est restée la même jusqu'en 1785, époque où la marche du magnète vers l'ouest s'est arrêtée pour un demi-siècle. Pendant cet espace temps les colons de l'Amérique venant de l'Europe ont détruit les forêts, le sol échauffé a fait affaiblir à Paris l'intensité de l'expansion des molécules dans le sens du nord-ouest au sud-est. Dans l'Europe occidentale le magnète est resté stationnaire, ce qui indiquait un progrès égal de la culture dans l'Europe orientale et dans l'Amérique du Nord.

Depuis 1835, dans un espace de dix-huit ans, le magnète a reculé de 2 degrés vers l'est, cette vitesse était due à l'affaiblissement rapide de l'intensité de l'expansion des molécules du nord-ouest vers le sud-est. Cette rétrogradation de 2 degrés fait voir la différence entre les progrès de la culture en Amérique et en Russie jusqu'à la fin du siècle actuel. A Paris, le magnète s'approchera de son méridien géographique comme il l'a fait en 1663.

Oscillation diurne de la déclinaison. Le matin, depuis le lever du soleil jusqu'à midi, pendant les jours sereins, le magnète avance vers l'ouest; après quelques oscillations il recule jusqu'après le coucher du Soleil. Les amplitudes diffèrent dans chaque pays; l'été elles sont supérieures à celles de l'hiver quand elles sont plus anormales qu'en été.

Dans ces périodes diurnes, on voit sur une petite échelle ce qui s'est opéré en grand pendant des siècles : 1° Pour les habitants de l'Europe occidentale, le matin l'hémisphère oriental est chauffé par le Soleil; cet état correspond à celui des siècles précédents où le magnète avançait vers l'ouest; 2° après midi c'est l'hémisphère occidental qui est chauffé et le magnète se dirige vers l'est comme il le fait depuis 1835.

§ 49. **Inclinaison.** En 1671, à Paris, l'inclinaison était de 75 degrés; elle a diminué lentement jusqu'en 1835, puis en dix-huit ans elle a diminué de 2 degrés vitesse qui dépasse les précédentes.

Le magnète libre n'obéissant pas à la pesanteur, mais bien à la seule poussée de l'expansion des molécules, indique par son inclinaison sur l'horizon du côté sud la direction de la poussée exercée par l'expansion des molécules dans le sens de la tangente du globe passant par le pays des observations. Si le magnète éprouvait une poussée horizontale supérieure, il acquerrait cette position, comme cela a lieu dans la zone torride où l'inclinaison est de 90 degrés. En s'éloignant vers les régions froides l'intensité de l'expansion des molécules s'affaiblit du côté de la zone torride et s'accroît du côté des régions froides; en même temps l'angle γ croît du côté de l'horizon tandis que l'inclinaison décroît.

En restant dans le même pays (Paris), si la température du sol s'élève aux régions froides et reste la même du côté équatorial, la direction de l'expansion des molécules est indiquée par celle de la tangente tirée des régions froides les moins éloignées et touchant le globe à Paris.

Si donc la culture avance vers les latitudes supérieures, le point froid dont est tiré la tangente touchant le globe à Paris rétrograderait. Ainsi, en Europe et en Amérique la diminution de l'inclinaison avance avec le défrichement des forêts; sa vitesse depuis 1835 correspond à celle du retour de la déclinaison; elle est le résultat de la somme des progrès de la culture en Europe et en Amérique.

Liaison entre la vitesse de la diminution de l'inclinaison et le retour de la déclinaison. Les colons d'Amérique et les émigrés, dont le nombre s'accroît tous les ans, défrichent d'immenses superficies de forêts, et la température du sol s'élève de plus en plus. Il en résulte un affaiblissement de l'expansion des molécules dans la direction nord-ouest de Paris, tandis que dans la direction nord-est il n'y a pas d'affaiblissement pareil; car en Russie le défrichement des forêts est moins rapide qu'en Amérique. C'est ainsi qu'a eu lieu le retour du magnète à Paris; l'accroissement de vitesse de la diminution de l'inclinaison est aussi l'effet de la culture, mais cet effet correpond à la somme $c + e$ des progrès annuels, tandis que la déviation de la déclinaison indique la différence $c - e$ de ces progrès.

B. Direction des extrémités du magnète vers les poles terrestres.

§ 50. La direction du magnète libre est déterminée par celledes molécules μ en expansion qui s'opère des régions froides de la Terre vers les régions les plus chaudes et les moins éloignées. Il y a coïncidence entre la position du magnète à des époques différentes et les changements de la température du sol d'abord ombragé et froid, puis cultivé et exposé au soleil; de sorte qu'on voit clairement la position de la longueur du magnète dans la direction déterminée de l'ensemble des poussées exercées par l'expansion des molécules μ, expansion qui part des régions froides et se dirige vers les régions les plus chaudes et les moins éloignées.

Si cette poussée était la seule cause, il serait indifférent que l'un ou l'autre extrémité du magnète fût tournée vers le nord ou vere le sud, de même qu'une planche flotte également sur un fleuve avec l'une ou l'autre extrémité en bas. Il y a une autre poussée qui fait venir vers le nord l'extrémité *n* (fig. 5) du magnète NS lorsqu'on le renverse en employant une poussée mécanique *p* supérieure à celle *p* qui soutient l'extrémité N vers le nord.

De même que l'expansion des molécules μ soutient le magnète dans le plan du méridien, de même cette expansion des moléculess μ soutient chacune de ses extrémités vers l'un ou l'autre pôle terrestre. Les directions de ses expansions sont hélycoïdales et parallèles dans chaque hémisphère aux hélices décrites en trois mois par le Soleil depuis son solstice jusqu'à l'équinoxe.

Ces *hélices estivales* prolongées dans l'autre hémisphère sont *automnales* et chaudes. Au contraire, pour chacun des deux hémisphères le Soleil en partant du soltice de l'autre hémisphère pour arriver à l'équinoxe en trois mois, décrit deux hélices *hivernales* froides, lesquelles prolongées dans l'autre hémisphère sont des *hélices printanières*.

Dans chacun des deux hémisphères, pendant l'éloignement du Soleil, la température de l'été et de l'automne est supérieure à celle de l'hiver et du printemps produite par le Soleil quand il s'approche de son solstice. L'hélice chaude pour un hémisphère est froide pour l'autre; par suite l'expansion des molécules μ des hélices froides, hivernales et printanières vers les hélices chaudes, estivales et automnales, suit les directions des hélices parallèles à celles décrites par le Soleil depuis son solstice jusqu'à l'équinoxe.

Fig. 5.

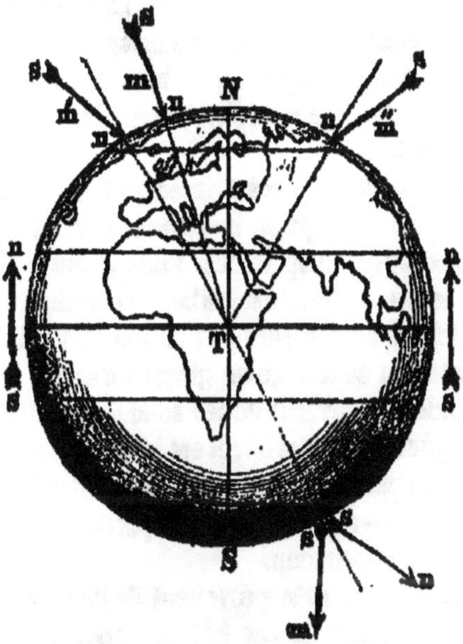

Un habitant N (fig. 6) de l'hémisphère nord qui regarde vers l'équateur *m* voit dans l'hélice *a*, *b* (A) la marche du Soleil pendant son éloignement du solstice; il s'élève, et venant du nord-est passe par le méridien et va se coucher vers le sud-ouest. L'hélice ainsi décrite est *dexiostrophe*.

Fig. 6.

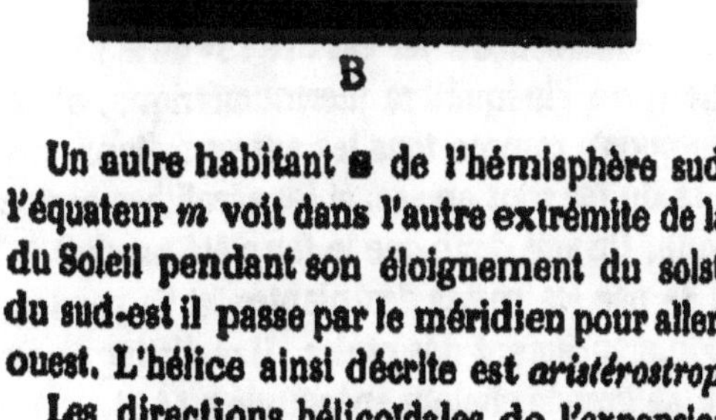

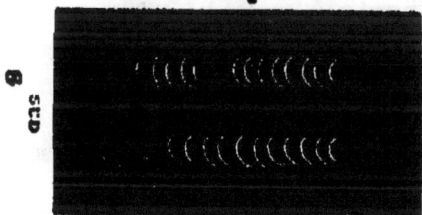

Un autre habitant S de l'hémisphère sud qui regarde aussi vers l'équateur *m* voit dans l'autre extrémite de la même hélice la marche du Soleil pendant son éloignement du solstice; il s'élève, et venant du sud-est il passe par le méridien pour aller se coucher vers le nord-ouest. L'hélice ainsi décrite est *aristérostrophe*.

Les directions hélicoïdales de l'expansion des molécules convergent des deux hémisphères N, S vers l'équateur *m*. Les deux poussées dans le sens d'hélices opposées ne permettent pas aux tétraèdres composant le magnète de changer de position, car pendant l'aimantation du fer ses tétraèdres se combinent de manière à exercer le minimum de résistance.

C. Aimantation ou schmagnétose du fer.

§ 51. Deux barres F, F' de fer doux qu'on laisse à leur place resteront toujours dans le même état; si on les suspend dans le plan méridional géographique sans les déplacer, au bout de quelques semaines elles se trouveront dans le méridien magnétique; si on les en retire elles y reviendront.

En les laissant de côté, si l'une F reste intacte et que l'autre F' reçoive tous les jours quelques coups de marteaux, au bout de quelques semaines, des deux barres suspendues, l'une F' qui a reçu les coups de marteaux ira se placer dans le méridien magnétique, l'autre F sera devenue insensible et ne différera pas de son état primitif.

J'ai montré comment l'eau se change en glaçon; c'est de la même manière que le fer liquide se convertit en fer solide. La poussée répulsive r entre les syzygues $\dot{E}^2$ à l'état latent est inférieure à la poussée compressive p exercée par l'expansion des molécules isopycnes μ''; c'est donc la différence $p-r$ des poussées opposées qui empêche les tétraèdres de se déplacer beaucoup.

La poussée répulsive extérieure r provenant de l'expansion des molécules μ des régions froides et des hélices terrestres froides, cette poussée r', simultanément avec celle r fait que les faces f des *sidérotétraèdres* (σίδηρον, fer) qui regardent au nord et au nord-est soutiennent les pycnosyzygues latents $\dot{E}$, et que les faces f' qui regardent au sud et au sud-ouest soutiennent les aréosyzygues $\dot{E}^2$. Cette combinaison des syzygues hétéronymes $\dot{E}\dot{E}^2$ dans les facettes des tétraèdres est produite : 1° par l'expansion de l'électricité négative ou des molécules μ' moins denses des régions chaudes vers les régions froides, et 2° par l'expansion des molécules denses μ ou de l'électricité positive dans des directions opposées.

Cet exposé de l'aimantation du fer est tiré : 1° de la série des actions qui ont pour force l'inéquilibre thermométrique, et 2° de la structure du fer composé, comme tous les autres métaux, de tétraèdres. Les gisements du fer sont en sac, et les aérolithes sont composés de fer métallique. On voit donc que le fer a été produit à la surface de la terre : 1° par les restes des plantes, et 2° par les rayons solaires avant le commencement des pluies. Il se distingue aussi des autres métaux par sa grande chaleur spécifique 0,1141.

Les coups de marteaux sont une opération mécanique dont le résultat ne peut être différent; ce sont les facettes f, f' qui acquièrent une fixité suffisante pour conserver la position qu'ils ont obtenue pendant leur exposition aux courrants terrestres thermoélectriques.

D. COINCIDENCE ENTRE LES DIRECTIONS DES COURANTS TERRESTRES ET LES POSITIONS DU MAGNÈTE.

§ 52. On trouve dans la zone torride des pays où le magnète mis en liberté reste horizontal *ns*, *ns* (fig. 5) ; la périphérie qui unit ces points se nomme *équateur magnétique*. Il y a un équilibre entre les poussées exercées par l'expansion des molécules μ en directions convergentes ; la déclinaison seule n'est pas la même partout.

Le capitaine Ross a trouvé dans l'île *Bootia-Felix* le magnète vertical *m* sur l'horizon sans aucune déclinaison ; il résulte de là qu'il y a égalité de l'ensemble des poussées exercées dans des directions convergentes par l'expansion des molécules. Ce point de l'île est considéré comme le *pôle magnétique*.

Cette partie du globe n'offre d'autre particularité que de se trouver entre les deux régions de l'hémisphères nord où l'amplitude thermométrique annuelle atteint deux maxima. Ces inéquilibres thermométriques occasionnent des expansions d'intensité correpondantes. L'amplitude **a** de la Sibérie est supérieure à celle *a* de l'Amérique et produit dans les couches du sol et de l'air l'expansion des molécules μ qui exerce la poussée **p** supérieure à la poussée *p*, due à l'amplitude *a* de l'Amérique.

Les distances *mm''*, *mm'* entre la Bootia-Felix et la Sibérie d'une part, et l'extrémité de l'Amérique de l'autre, sont proportionnelles à ces deux poussées **p**, *p*.

En partant de l'île précitée l'inclinaison croît en direction divergentes avec des vitesses *v*, **v** qui sont en raison inverse entre les distances **d**, *d* qui séparent l'île de l'équateur du côté de la Sibérie ou du côté de l'Amérique.

Un *pôle magnétique austral* se trouve à l'extrémité sud de la terre Victoria ; il est indiqué par les inclinaisons divergentes *Sm*, *Sn* du magnète autour du pays inabordable, où la direction du magnète est verticale.

RÉSUMÉ.

§ 53. Si quelque lecteur conserve des doutes sur le mode d'exposition des séries de la succession des actions opérées d'après la loi de l'Aérostatique, la faute en est : 1° à moi, qui n'ai peut-être pas assez clairement exposé les faits dont l'existence est incontestable, ou 2° au lecteur, qui ne s'est pas suffisamment appliqué à étudier les détails des propriétés du magnète exposées dans la *Physique*.

L'intensité des poussées qui soutiennent le magnète dans sa position, nommée *force magnétique*, diffère dans chaque pays, car il faut appliquer différentes forces mécaniques pour le déplacer. Ces forces sont faibles dans les pays chauds de la zone torride, sauf dans l'archipel de Galapagos, dont l'eau est à 14 degrés, tandis que dans les pays des régions amblantes elle est à 27 degrés.

Dans l'hémisphère boréal, les forces atteignent deux maxima dans les pays qui ont de grandes amplitudes thermométriques annuelles, telles que : 1° l'extrémité boréale de l'Amérique, et 2° la Sibérie. Cependant on trouve le maximum absolu à New-York, sur les côtes baignées par le courant chaud. Cet inéquilibre thermométrique, dû au contact de l'eau chaude avec la côte froide ne diffère pas de celui de l'archipel précité où l'eau est froide et les côtes chaudes. Il y a donc accroissement de force.

Le magnète est d'un usage très-fréquent, car ses déviations indiquent : 1° l'existence des courants électriques (non celle de l'électricité stationnaire) ; 2° la direction de ces courants ; 3° leur intensité. Cependant on ignorait en quoi consiste cette liaison entre les actions ayles et les produits hyliques, liaison qui a occupé les physiologistes et les philosophes de tous les temps. Ce grand problème est résolu ici pour la première fois et pour toujours, car à l'avenir on ne pourra s'empêcher de reconnaître que les actions sont hylicoayles. On savait que l'*âme* est *ayle* ; ce qu'on apprend ici, c'est que le *corps* est *hylique* et qu'il est en même temps *ayle*. Par cet élément commun, les actions intellectuelles se propagent dans le corps et produisent des actions matérielles ; de même les actions matérielles étant toujours le résultat de l'expansion des molécules immatérielles, se propagent dans l'intelligence et produisent les actions ayles immatérielles.

II. ENDOSMOSE.

§ 54. En exerçant une pression mécanique sur les liquides et sur les gaz, on peut les faire traverser les corps solides ; dans le cas où deux liquides sont séparés par une cloison, si l'un A la pénètre pour passer dans l'autre B, on voit qu'il y a un inéquilibre qui occasionne une action de fluide immatériel qui aurait pu résulter d'une action mécanique. Dès que l'on connaît les détails des poussées exercées sur le magnète par l'expansion des molécules μ, on comprend aisément que ces poussées font pénétrer les liquides et le gaz à travers les cloisons. On a donné à cette pénétration les nom d'*endosmose* (ἔνδον, en dedans; ὠθεῖν, pousser). Pour mesurer les degrés des poussées, on emploie l'appareil suivant.

Endosmomètre R (fig. 7). C'est une bouteille dont le fond *c* se compose d'une cloison qui est humectée par es deux liquides en contact; l'un est contenu dans le récipient K dans lequel plonge la bouteille R remplie par l'autre liquide et fermée par un bouchon *b* qui porte un tube *t* courbé à son extrémité. Le niveau du liquide peut s'élever dans le tube, et il permet d'évaluer la quantité du liquide qui pénètre à travers les cloisons. J'ai déjà mentionné dans la *Physique* (t. IV, p. 259) les détails des résultats dus aux observations; je les répéterai succinctement pour démontrer l'identité d'inéquilibre qui a pour action : 1° les poussées exercées sur le magnète, et 2° les poussées exercées sur les liquides et les gaz en endosmose. Il faut donc que les chimistes renoncent à jamais à se servir des mots abstraits *forces*, *actions*, *affinités*, ou que s'ils les emploient, ils indiquent les inéquilibres simples, les fluides en écoulement et les inéquilibres relatifs dont les actions indiquent la différence entre les deux poussées $\mathbf{p}-p=p'$.

Fig. 7.

L'expansion des molécules μ des syzygues È, É s'opère dans les corps au moyen de leurs homonymes qui s'y trouvent et qui en produisent la *chaleur spécifique*, chaleur qui diffère dans chaque corps. Dans ce cas l'endosmose est *ayle*. Si l'expansion des molécules μ est d'une intensité suffisante pour vaincre la poussée centripète *p* exercée par les molécules isopycnes μ″ sur le barogène, alors les tétraèdres des liquides, des gaz et des cloisons se combinent de manière à obéir à la poussée **p** de l'expansion des molécules, et l'endosmose est *hylique*. La transparence des corps n'est que l'endosmose de la lumière *photoendosmose*; de même la pénétration de l'électricité à travers les métaux est une *électroendosmose*. Telle est aussi la *thermoendosmose* qui est commune à tous les corps, tandis que les corps opaques sont des isolateurs pour la lumière, de même que le verre et la résine le sont pour l'électricité.

A. Endosmose ayle de la lumière, de la chaleur et de l'électricité.

§ 55. Pour les fluides impondérables, les corps dans leurs trois

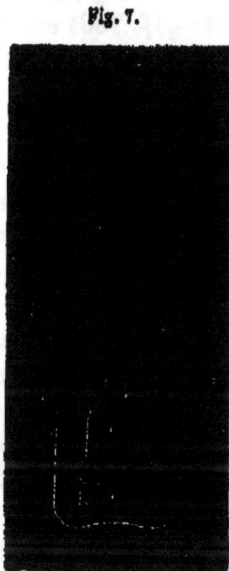

états peuvent être considérés comme des cloisons, lesquelles, pour servir aux endosmoses de chaque espèce de fluides doivent être imbibés de ces mêmes fluides. La chaleur $q\theta$ et le barogène $q\beta$ ne manquent dans aucun corps ; c'est pourquoi ces deux éléments font écran à une quantité égale à leurs homonymes incidents $\mathfrak{q}\theta$, $\mathfrak{q}\beta$ et laissent passer outre les différences $(\mathfrak{q}-q)\theta$, $(\mathfrak{q}-q)\beta$. Telle est l'origine de la *chaleur spécifique* et du *poids* qui ne manquent dans aucun corps.

La chaleur spécifique ne diffère de la chaleur latente que comme cause et effets; la chaleur latente est la chaleur exélectrosée $a\dot{E}\bar{E}^2 = a\dot{E} + a\bar{E}^2$. C'est donc cette chaleur exélectrosée qui fait écran à la propagation d'une égale quantité de chaleur libre et laisse l'excédant passer outre. J'ai démontré l'existence de la chaleur latente dans la glace, elle ne manque dans aucun corps solide.

La lumière entre comme élément de l'oxygène seul $O = \varphi\beta\theta\overline{\beta}^7$: ses syzygues $\dot{E}^2$, $\bar{E}$ entrent dans la chaleur $\dot{E}\bar{E}^2$. Il n'y a de transparents parmi les corps que ceux qui sont imbibés de photozeugmes et qui soutiennent les sysygues $\dot{E}^2$, $\bar{E}$ à l'état latent. Le *noir* est l'absence de lumière, provenant de sa dispersion par les cristaux du charbon, qui sont mieux coordonnés dans le diamant.

Les métaux soutiennent les syzygues $\dot{E}$, $\bar{E}$ des deux électricités à l'état latent, ils en sont imbibés, et par cette raison ce sont des cloisons qui exercent un minimum de résistance sur la pénétration de l'électricité.

1° *Endosmose de la lumière par les corps transparents.*

§ 56. Les corps transparents sont composés de tétraèdres dont les facettes soutiennent les syzygues $\dot{E}^2$, $\bar{E}$ des photozeugmes à l'état latent et équilibrés. L'incidence des photozeugmes $\dot{E}^2\bar{E}$ produit sur la face S un inéquilibre qui se propage jusqu'à l'autre face S' postérieure dont s'éloignent les photozeugmes $\dot{E}^2\bar{E}$ du corps pour céder leur place à ceux qui arrivent. Pendant cette transmission de l'expansion des molécules incidentes, il s'exerce :

I. Une poussée opposée à leur propagation de la part de leurs homonymes stationnaires; de sorte que l'expansion incidente φ se divise en deux : 1° la portion α qui est réfléchie, et 2° la portion α' qui est réfractée.

II. Deux autres poussées convergentes sont exercées des deux côtés sur l'expansion latérale des molécules α *réfléchies*.

III. Deux poussées pareilles sont exercée sur l'expansion des molécules réfractaires α'. Les modifications des expansions des molécules composant la lumière sont exposées avec détails dans le cinquième volume de la *Physique* et dans le deuxième volume de la *Physique céleste*. Je n'en fais mention ici que pour montrer la structure tétraédrique des corps.

Réflexion et réfraction. L'expansion des molécules incidentes φ est divisée par la résistance de la lumière stationnaire en deux portions à la surface S des corps; une de ces portions α, est réfléchie, et l'autre α' est réfractée. Cette direction se maintient jusqu'à la surface postérieure S' si les corps sont composés d'un seul système de tétraèdres; car s'il y en a deux, l'expansion α' se trouve subdivisée en deux, *a*, *a'*, lesquelles se propagent jusqu'à la surface postérieure S', et en émergeant font paraître double le corps que l'expansion directe des molécules φ ou celle des molécules réfléchies α fait paraître simple.

L'angle γ de réflexion est, pour tous les corps, égal à l'angle de l'incidence, tandis que l'angle de réfraction γ' diffère pour chaque corps comme leur chaleur spécifique; c'est pourquoi l'on emploie la réfraction de la lumière dans les corps pour montrer la différence de leur structure tétraédrique, de même qu'on emploie la chaleur spécifique pour connaître la quantité de leur chaleur électrisée.

Aplatissement (polarisation). L'expansion des molécules φ est divisée en α, α' par une poussée contre sa marche, poussée qui détermine l'expansion α' réfractée par la suppression de son expansion dans le sens vertical de la surface antérieure S. A sa sortie de la surface postérieure S', l'expansion α' éprouve un poussée en sens inverse, l'expansion se trouve supprimée, et il ne reste que celle qui s'opère dans le sens transversal parallèle à la surface réfléchissante S'.

La portion α est réfléchie par une poussée répulsive **p** double de la poussée *p* de l'incidence, et il ne reste que la différence $p-\mathbf{p}=-p$. Cette poussée **p** est aussi exercée latéralement par les molécules stationnaires dans le sens convergent vers le plan de réflexion. Ainsi, l'expansion latérale des molécules α est supprimée, il ne reste que l'expansion dans le sens du plan de réflexion.

Dans les cristaux qui divisent en deux l'expansion des molécules α, les portions *a*, *a'* qui émergent de la surface postérieure S' sont aplaties, les unes perpendiculairement aux autres. On voit par cet aplatissement quelle est la disposition des tétraèdres composant les cristaux.

Le fluide qui résulte de l'ensemble des photozeugmes $E^2\bar{E}$ est la *lumière;* l'expansion des molécules μ, μ' composant les syzygues $\dot{E}$, $\bar{E}$ est la propagation de la lumière ; l'espace envahie par seconde par cette expansion est de 77000 lieues en direction centrifuge. Cette expansion s'opère au moyen des pulsations composées des *diastoles* indiquées par les surfaces sphériques composée des molécules μ, μ' séparées des intervalles λ alternativement pleins et vides.

Les résultats numériques suivants ont été trouvés par Newton et vérifiés par tous les physiciens postérieurs :

1° Il entre 2000 intervalles λ dans 1 millimètre.

2° Il entre 1000 × 4000 × 77 = 308000000 millimètres dans 77 lieues.

3° Il s'opère 308000000 × 2000 pulsations des molécules par seconde.

4° Il entre 60 × 60 × 24 × 365 = 31536000 secondes dans 365 jours.

5° Il s'opère 1616000000000 × 31536000 pulsations par an.

6° Il s'opère 19426176000000000000 × 31536000000000 de pulsations pendant un million d'années que la lumière met pour franchir l'espace qui sépare la Terre des corps célestes perceptibles les plus éloignés. Si je rapporte ces résultats du calcul et de l'observation, résultats qu'on ne peut contester, c'est afin de faire comprendre au lecteur : 1° que les molécules μ sont en effet d'une densité indéfinie, et 2° que ces molécules existent et qu'elles sont en inéquilibre et en expansion perpétuelle, car la durée de cette expansion est indéfinie.

2° *Endosmose de l'électricité par les métaux.*

§ 57. Les métaux sont composés de tétraèdres soutenant à l'état latent les électrosyzygues $\dot{E}$, $\bar{E}$ dans le rapport, 1° $\dot{E}\bar{E}^2$ de thermozeugmes, 2° $\dot{E}\bar{E}$ d'électrozeugmes, ou 3° dans des rapports mixtes des deux précédents. Les tétraèdres de l'eau ne soutiennent que des syzygues $q\dot{E}$, $q\bar{E}^2$ de thermozeugmes $q\dot{E}\bar{E}^2$. La plus grande résistance contre l'expansion des molécules μ, μ' des courants électriques est exercée par l'eau pure ; parmi les métaux, c'est le mercure qui exerce le maximum de résistance. Il y a même un rapport entre les conductibilités des métaux indiqués ici :

MÉTAUX.	CONDUCTIBILITÉ. Écroui.	Recuit.	MÉTAUX.	CONDUCTIBILITÉ. Écroui.	Recuit.
Argent.	93,45	100	Palladium.	13,98	
Cuivre.	89,08	91,44	Fer.	12,12	12,25
Or.	64,39	65,46	Plomb.	8,28	
Cadmium.	24,57		Platine.	8,04	8,15
Zinc.	24,00		Mercure.	1,80	
Étain.	13,66				

On voit par les différences que produit le recuit que la disposition des facettes des tétraèdres ainsi obtenus facilite l'endosmose de l'électricité. La chaleur fait diminuer l'endosmose et son absence l'augmente.

	Argent.	Cuivre.	Or.	Étain.	Laiton.	Fer.	Plomb.	Platine.
A 0°	136,25	100	80	31	29	18	15	14
A 10°	94,45	73	65	20	25	11	10	11
A 200°	68,72	55	55	15	22	7	7	9

En prenant le chiffre 100 comme endosmose de l'argent à 16°, **Mathiessen**, a trouvé les endosmoses suivantes pour les métaux alcalins :

Sodium.	Magnésium.	Calcium.	Potassium.	Lithium.	Strontium.
37,43	25,47	22,14	20,85	19	6,71

A 100° l'endosmose de ces métaux serait inférieure, de sorte qu'il n'y a aucune distinction à faire entre l'endosmose de ces métaux et celle des précédents.

Corps isolants. Les corps soutiennent l'endosmose des fluides lorsqu'ils en sont imbibés pour qu'il s'établisse une communication et qu'il n'y ait pas interruption. Les corps qui ne sont pas imbibés par les deux fluides ou qui ne soutiennent qu'une espèce d'électrosyzygue $\dot{E}$ ou $\bar{E}$ en empêchent l'endosmose; car l'expansion des molécules de l'autre espèce ne peut seule établir un courant. 1° Le *verre* par ses aréosyzygues $q\bar{E}$ soutenus par les atomes pynoélectriques s'oppose à l'endosmose de l'aréoélectricité; 2° la résine, par ses pycnosyzygues qE s'oppose à l'endosmose de la pycnoélectricité.

En élevant la température du verre, ses atomes pycnoélectriques soutiennent jusqu'à saturation les aréosyzygues $q\bar{E}^2$, et une portion $q\dot{E}$ de pycnosyzygues reste dans le verre pour établir l'endosmose. Cette portion croît avec les températures et l'endosmose aussi. On savait : 1° que le verre est aréoélectrique et la résine pycnoélectrique, et 2° que les courants sont composés des deux électricités, et cependant personne n'a pu comprendre comment l'isolation se produit.

Endosmose des électricités par des liquides. Pouillet a trouvé l'endosmose des électricités par le cuivre 16500000 fois plus grande que celle due à la dissolution saturée du sulfate de cuivre; Becquerel est arrivé au même résultat. En désignant par 100 l'endosmose de cette dissolution, elle devient 64, 44, 31 quand elle est étendue de 1, 2, 4 volumes d'eau; l'endosmose est 0,25 de l'eau pure et 1,5 lorsqu'elle contient $\frac{1}{10000}$ d'acide nitrique. On trouve aussi que l'endosmose de l'électricité par le cuivre est 1650000 × 400 fois plus grande que celle due à l'eau pure; malgré cela, l'eau n'isole pas l'électricité comme le fait le verre.

Cette différence de résistance de l'eau, qui est 600000000 de fois celle du cuivre contre l'endosmose de l'électricité, fait voir d'une manière évidente combien est grande la quantité de thermozeugmes exélectrosés $q\dot{E}E$ de l'eau, dont la chaleur spécifique est 1 et combien la quantité en est minime dans le cuivre dont la chaleur spécifique est 0,095.

3° Endosmose des corps pour la chaleur.

§ 58. De même que la lumière et les deux électricités stationnaires à l'état d'électricité libre ou cédant leur place aux syzygues incidents homonymes, de même les syzygues latents $q\dot{E}$, qE^2 des thermozeugmes stationnaires $q\dot{E}E^2$ s'éloignent des cloisons à l'état de chaleur libre, et ils cèdent leur place aux syzygues homonymes incidents.

Newton a exposé la propagation de la chaleur au moyen de l'inéquilibre thermométrique $(\mathbf{t}-t)n$ entre les points en contact dont l'un est à la température $\mathbf{t}$ et l'autre à la température t; n est un nombre constant. Cette propagation a lieu dans les métaux de même espèce. Si les métaux diffèrent, l'anisothermie $\mathbf{t}-t$ fait propager la chaleur avec des vitesses différentes dans chaque couple de métal; on voit par là que la quantité de chaleur exélectrosée $q\dot{E}$, qE^2 est faible dans les métaux qui permettent des expansions peu différentes aux molécules μ' des thermozeugmes $q\dot{E}E^2$. Les résultats suivants sont dus à des observations très-exactes. En prenant 1000 pour vitesse de l'expansion dans l'or, les vitesses décroissent dans les autres corps simultanément avec leur densité, indiquée dans la troisième colonne.

Or	1000	19,3	Étain	304	7,1
Platine	981	21,5	Plomb	180	11,4
Argent	978	10,5	Marbre		23,0
Cuivre	898	8,8	Porcelaine		12,2
Fer	374	7,2	Terre cuite		11,4
Zinc	363	6,9			

Différence entre l'endosmose de la chaleur obscure et de la chaleur lumineuse. La chaleur obscure se propage dans les corps opaques et dans les corps transparents d'après l'inéquilibre de Newton, tandis que la propagation de la chaleur lumineuse dans l'air, l'eau et les autres corps transparents s'opère avec la vitesse de la lumière, parce que dans ces corps les thermozeugmes stationnaires s'éloignent en même temps que les photozeugmes. L'expérience se fait avec deux vases cylindriques de 1 mètre de profondeur à l'état de trop-plein d'eau. L'eau bouillante coule à la surface d'un vase A placé à l'ombre, et l'eau à la température ordinaire coule à la surface du vase B, exposé au Soleil pendant l'été. Au bout de quelques heures, on trouve que la chaleur obscure, en décroissant en progression géométrique, devient insensible à la profondeur d'un demi-mètre. Au contraire la température du fond de l'autre vase est supérieure à celle de l'eau de la couche superficielle. Chacun sait que sur les côtes l'eau du fond de la mer n'est pas moins chaude que celle de la surface.

La chaleur obscure et la chaleur lumineuse produisent des séries de faits observés par Melloni. Pour les expliquer ce physicien a supposé sept espèces de chaleur correspondant aux sept couleurs. En effet, en opérant sur des corps de couleur différente avec la chaleur lumineuse, les résultats obtenus diffèrent, mais il correspondent aux couleurs de la lumière et aux couleurs de la chaleur, qui en possède les éléments, sans cependant être séparés comme ils le sont dans les sept *sons de l'octave*.

§ 59. **Rapport direct entre les vitesses de propagation et les densités des métaux.** Dans le tableau, on voit la coïncidence qui existe entre les vitesses de propagation et la densité des métaux. La différence entre l'or et le platine est minime; quant à celle du plomb, elle résulte d'une manière qui est exposée dans l'article sur ce métal.

En général, on voit qu'il y a une diminution de résistance contre la propagation de la chaleur qui correspond à l'accroissement de la densité des métaux. Le poids p des équivalents des métaux denses est grand et leur chaleur spécifique c est faible. De sorte que le produit

$p \times c$ est une quantité constante; elle est déterminée par ses facteurs dont la valeur est indiquée dans le tableau A, p. 12-13.

§ 60. **Rapport inverse entre les poids des équivalents et la chaleur spécifique des métaux.** En 1760, Black, chimiste de Glasgow, a constaté par l'expérience que pour élever la température de 1 degré il faut pour chaque corps une quantité différente de chaleur. Il s'est écoulé un siècle depuis que les chimistes ont vérifié cette propriété des corps et ses variations avec la structure des corps; car dans le diamant la résistance est 0,14, dans le graphite 0,20, dans le charbon de bois 0,24.

En 1819, Dulong et Petit ont découvert que *les équivalents indécomposables possèdent la même capacité pour la chaleur*. Soient c la chaleur spécifique d'un corps et n le nombre des atomes contenus dans l'unité du poids, $\text{c} = \frac{c}{n}$ sera la chaleur spécifique d'un équivalent, et $p = \frac{1}{n}$ sera le poids d'un équivalent. Si l'on multiplie c par p, on trouve $\text{c} \times p = c$. La chaleur spécifique d'un atome est le produit obtenu par le poids de l'équivalent chimique multiplié par la quantité de chaleur spécifique c trouvée par l'observation. En prenant 1 pour la chaleur spécifique de l'eau et 100 pour le poids de l'atome d'oxygène, le produit $\text{c} \times p$ est égal à 0,37 environ. Dans cet ouvrage, le poids de l'hydrogène est 1 et celui de l'oxygène 8; sa chaleur spécifique est:

$$(\alpha) \qquad 14 \times 0{,}2361 = 3{,}3034 \text{ (au lieu de } 3{,}2936).$$

Le produit 0,37 n'ayant pas été trouvé égal pour tous les corps, quelques chimistes ont désapprouvé la prétendue loi. Les partisans de Dulong et de Petit n'ont pu se rendre compte de l'origine de cette loi, qui a pour base deux facteurs incompatibles. On verra ici: 1° que le poids p des atomes indique le nombre n des tétraèdres composant les tronçons indécomposables; 2° que la chaleur spécifique c trouvée par l'observation est une portion de la chaleur 3,3034 du tétraèdre de l'hydrogène pesant 1 et entrant p fois dans l'équivalent qui pèse p; de sorte qu'à la surface du tétraèdre extérieur Δ' de l'équivalent on ne trouve que la portion

$$(\beta) \qquad \frac{0{,}37}{p} = \frac{3{,}3034}{p'}; \; p' = \frac{8}{100} p.$$

Le rapport (α) gène, de la chaleur spécifique de l'oxygène 4 fois moindre a été trouvé : 1° dans celui des thermozeugmes β, β^7 qui entrent dans l'hydrogène 0β et dans l'oxygène $\varphi\beta 0\beta^7$, et 2° dans le barogène β et β^8 dont β éprouve dans chacune des trois dimensions la poussée 1 compressive. Ainsi, dans l'oxygène, β^8 en éprouve une double de celle de l'hydrogène ; de sorte que les tétraèdres Δ de l'oxygène réduit à la moitié du volume **v** des tétraèdres de l'hydrogène sont restés avec la moitié de la chaleur $\frac{3,3034}{7}$ qui est $\frac{1}{14}\times 3,3034$.

De cette manière, le lecteur pourra fixer ses idées sur ce qu'il doit entendre par les mots *chaleur spécifique, capacité calorifique* qui n'indiquent pas la cause, mais l'effet observé précédé des séries d'actions ayant pour cause un inéquilibre. L'expansion des molécules μ est l'action principale; la propagation des molécules dans les corps est l'*endosmose pour la chaleur*. Si dans chaque corps cette propagation s'opère avec une vitesse différente quand la source de la chaleur est la même, c'est à cause des résistances inégales r, **r** exercées de la part des molécules homonymes É, É^1 soutenues à l'état d'électricité latente par les atomes des tétraèdres.

C'est au moyen des vitesses de la propagation de la chaleur d'un bain dans les corps de même forme et de même volume qu'on détermine la résistance r, **r** qui correspond à la quantité $q\theta$, **q**θ des thermozeugmes stationnaires à l'état exélectrosé. Ces quantités sont donc la cause des effets observés et décrits sous le nom de *chaleur spécifique*.

Le rapport inverse entre les résistances r, **r** et le poids **p**, p des équivalents est un effet du séjour des nombres **n**, n des tétraèdres Δ dans le tétraèdre dont le volume est Δ'. 1° Le nombre **n** de tétraèdres Δ fait augmenter le poids **p** de l'équivalent du tétraèdre Δ' et en même temps il fait se trouver à sa surface la quantité de chaleur stationnaire $q\theta = \frac{3,3034}{\mathbf{n}}$. 2° Au contraire, le nombre n de tétraèdres Δ fait augmenter le poids p du tétraèdre Δ'; il reste alors à sa surface une grande quantité de chaleur **q**$\theta = \frac{3,3034}{n}$. Il ne faut pas considérer cette série d'actions comme puisée dans l'imagination de l'auteur pour donner une explication plausible des faits observés. Au contraire, 1° la forme tétraédrique résulte de la pesanteur; 2° la chaleur stationnaire à l'état exélectrosé est obtenue par les observations ; 3° les découvertes de Dulong et de Petit ont servi à vérifier la subdivision de la quantité θ de chaleur stationnaire du tétraèdre Δ', 1° quand il contient 4 atomes d'hydrogène, et 2° quand il contient chaque nombre des autres tétraèdres.

Dans la table A, p. 12 on voit en général que les densités sont en rapport inverse avec la chaleur spécifique, ce qui prouve que le volume **v** des tétraèdres Δ' de l'hydrogène ne diffère pas de celui des tétraèdres des corps indécomposables, tandis qu'il n'en est pas de même pour les composés mentionnés plus bas.

B. Endosmose hylicoatle des liquides et des gaz.

§ 61. Après que Ohm eut établi le rapport direct entre les degrés des anisothermies Θ—θ ou $n(T-t)$, qui est la formule de Newton, et les angles Γ, γ des déviations du magnète, il restait à connaître la cause de ces rapports entre ces déviations d'origine mécanique et le contact du zinc avec le cuivre, action d'origine ayle; ces deux métaux ne se distinguent des autres que par de très-petites différences : 1° entre les poids 32,5 et 31,75 de leurs équivalents, et 2° entre leur chaleur spécifique 0,0955 et 0,0952.

Entre ces métaux, 1° la différence des densités 6,861, 8,788, et 2° celle de la conductibilité pour la chaleur 363, 898 sont considérables. Il y a donc un inéquilibre sur le zinc auquel arrive facilement une grande quantité de chaleur **q**θ du côté du cuivre et une quantité inférieure *q*θ du côté du lambeau humide composant les couples de la pile de Volta. Il est démontré ainsi qu'il n'existe d'autre cause produisant les inéquilibres que l'inégale densité des thermozeugme et qu'il n'y a d'autre espèce de courants que ceux provenant : 1° de l'expansion des molécules les moins denses μ' contenues dans les aréosyzygues Ė² des thermozeugmes *q*ĖĖ², et 2° de l'expansion des molécules denses μ contenues dans les pycnosyzygues Ė.

Nous savons : 1° que le barogène β et les thermozeugmes θ se trouvent unis dans les corps; 2° que le barogène β obéit à la poussée centripète *p* exercée par les molécules μ'' affluentes et que les thermozeugmes obéissent à la poussée *p'* de l'expansion des molécules denses μ. Il en résulte que si les corps éprouvent par leur barogène β une poussée **p** verticale supérieure à celle qu'éprouvent leurs thermozeugmes de la poussée répulsive *r*, ils sont forcés de se maintenir à un niveau. Si, au contraire, la poussée répulsive *r* surpasse la poussée *p*, si le niveau du liquide est détruit il se rétablit seul.

Dans ce dernier cas, la poussée répulsive *r'*, au lieu de repousser les couples Δ'Δ des tétraèdres composant le liquide, peut les séparer et détruire les couples. 1° Pour le déplacement des couples de tétraèdres à travers les cloisons, on dit qu'il y a *endosmose*; 2° pour la séparation des éléments des couples tétraédriques, on dit qu'il y a *électrolyse* auquel on donne le nom d'*action chimique*. Tous ces détails seront mentionnés plus bas; quant à présent, je m'occuperai de l'endosmose des liquides et des gaz.

1° *Endosmose des liquides.*

§ 62. L'inéquilibre dans les liquides est produit : 1° par les courants des deux électricités; 2° par l'inégalité de la température produite par celle des densités des thermozeugmes mis en liberté; 3° par l'inégalité de l'expansion des thermozeugmes mis en liberté dans les corps soutenant des quantité inégales de thermozeugmes exélectrosés. Il est facile d'observer la concordance qui existe entre les poussées venant de la pycnoélectricité des courants ou des corps froids; on a pu voir par l'identité des résultats de cette poussée et de celle qui a pour cause la chaleur exélectrosée, que la chaleur, dans cet état latent, produit des effets qui ne diffèrent pas de ceux de la chaleur qui est libre.

Les observations ont été faites : 1° avec des cloisons de substances animales telles que *vessies;* 2° avec des cloisons de substances végétales, telles que *tranches circulaires de poireau*, *portions de gutta-percha* ou *de plantes;* 3° avec des cloisons de gypse, de terre cuite, etc.

a. Endosmose avec cloisons de vessies.

§ 63. On opère avec des poussées extérieures sur un seul liquide, ou l'on obtient une poussée par le contact des deux liquides dont la cloison peut être imbibée.

I. Un seul liquide. De l'eau ou tout autre liquide est contenu dans la bouteille B (fig. 7) et dans le vase K dans lequel la bouteille est plongée; tout y reste à l'état équilibré. On fait entrer la pycnoélectricité par le fil *n* dans le vase K et l'aréoélectricité par le fil *m* dans la bouteille; le niveau s'élève dans le tube *t* à des hauteurs correspondant à l'intensité des courants. Si l'eau est colorée en bleu avec des violettes, 1° elle devient rouge dans le vase K, et 2° elle devient verte dans la bouteille.

L'eau glaciale étant dans le vase K et l'eau très-chaude dans la bouteille, il apparaît une élévation du niveau dans le tube; ses hauteurs correspondent aux degrés de l'anisothermie indiqués dans la formule de Newton $n(T-t)$. Si dans ce cas l'eau est colorée, sa couleur n'éprouve aucun changement.

Explication. Dans les deux cas l'expansion des molécules denses μ exerce une poussée p' sur les couples des tétraèdres $\Delta\,\Delta'$ composant le liquide, 1° qui surpasse celle p exercée par les molécules isopycnes " exercée sur leur barogène $q\beta$, et 2° qui est inférieure à la poussée p'' exercée sur les couples des tétraèdres qui s'opposent à leur séparation. Il y a donc transmission des tétraèdres $\Delta\,\Delta'$ à travers la cloison pendant l'expansion des molécules μ du vase K par la cloison dans la bouteille. L'élévation du niveau dans le tube t indique la quantité de tétraèdres du liquide passé à travers la cloison.

Les syzygues E de la pycnoélectricité séparent deux atomes d'oxygènes de l'équivalent $H^6O^2H^6O^6$ des violettes, et il reste l'équivalent $H^6O^2HO^4$ dont la couleur est rouge $O^4:O^4$. Les deux atomes d'oxygène passent dans la bouteille aux deux équivalents des violettes qui deviennent $2H^6O^2H^6O^6$ ayant la couleur verte O^2O^6.

II. **Deux liquides.** Le liquide qui traverse la cloison est dans le vase K, et dans la bouteille se trouve le liquide vers lequel la poussée est dirigée. Les faits observés peuvent varier à l'infini; j'en rapporterai un certain nombre qui serviront d'exemples dans l'exposition de leur mode de production.

1° *Eau et acide sulfureux ou tout autre acide métallique.* L'eau pure étant dans les deux vases B, K, il y a équilibre; la vessie en est imbibée. Si l'acide est introduit dans le vase K, le niveau monte dans le tube t. Cette pénétration croît avec la quantité d'acide introduit jusqu'à un certain degré d'étendue de l'acide dans la bouteille. Il s'établit un équilibre et le niveau ne monte plus. Dans les cas où l'on opère à des températures différentes, il faut pour obtenir l'équilibre indiqué à une basse température, plus d'acide qu'à une température élevée.

2° *Eau et acide végétal.* Comme dans le cas précédent, on obtient un équilibre après la pénétration d'une quantité d'acide dans la bouteille; si l'on élève la température, l'endosmose recommence, et pour la supprimer, il faut affaiblir l'acide avec de l'eau; si, au contraire, on baisse la température, il apparaît une exosmose, l'eau acidulée recule. Pour la supprimer il faut introduire de l'acide dans le récipient K. Tous ces changements résultent de ceux de la poussée exercée sur la cloison par les molécules μ ou μ' en expansion.

3° *Eaux et sels.* Les dissolutions des sels sont introduites dans la bouteille et l'eau pure dans le vase K, d'où elle pénètre dans la bouteille et fait monter le niveau jusqu'à l'extrémité courbée du tube *t* pour commencer à couler. Il s'établit un équilibre qui reste constant sans qu'une inversion apparaisse.

4° *Dissolution saturée des deux sels.* L'eau passe du sel moins soluble dans le sel plus soluble.

5° *Eau et alcool ou éther.* L'éther pénètre dans l'eau à travers la cloison avec une intensité **I** supérieure à celle *i* avec laquelle y pénètre l'alcool; celui-ci pénètre dans l'éther avec une intensité $i' = \mathbf{I} - i$ qui est la différence des deux intensités précédentes.

Mode de production des faits exposés. Dans ces cinq cas il n'y a que des mélanges d'acides, de sels, d'éther ou d'alcool avec l'eau, laquelle étant imbibée par la vessie se met en contact avec le liquide du vase K. Comme on l'a vu déjà, les mélanges s'opèrent par des poussées répulsives **r**, **r'** entre les tétraèdres homonymes supérieurs à celles *r*, *r'* entre les tétraèdres hétéronymes Δ', Δ''.

1° Les acides ou leurs tétraèdres repoussés entre eux rencontrent dans l'eau de la cloison une résistance inférieure; ils y pénètrent et se propagent dans l'eau pure de la bouteille en faisant monter le niveau dans le tube *t* jusqu'à une hauteur *h*, qui produit une contre-poussée dans la cloison jusqu'au point d'amener un équilibre. A des températures élevées, pour que l'équilibre s'établisse, il faut qu'il arrive à la bouteille moins d'acide qu'à des températures basses.

2° Un acide végétal produit le même effet qu'un acide minéral. Après que l'équilibre a été établi : 1° si l'on élève la température, l'endosmose recommence; pour l'affaiblir et obtenir un équilibre de cette température il faut étendre l'acide par l'eau; 2° si, au contraire, on baisse la température, il en résulte un *exosmose* ou *inversion;* les tétraèdres de l'acide, dans la bouteille éprouvent de la pesanteur à cause du niveau élevé et de leur poussée mutuelle une somme de poussées $p + p'$ qui est supérieure à la poussée p'' exercée entre les syzygues homonymes $\dot{E}$ des tétraèdres des acides.

3° Dans les sels, les couples des tétraèdres soutiennent une faible quantité $q0$ de thermozeugmes exélectrosés, tandis que l'eau en contient une grande quantité **q0**. L'eau de la cloison se répand dans la dissolution et elle y est remplacée par une autre quantité, de sorte que le niveau s'élève jusqu'à l'extrémité du tube *t* et qu'elle s'en écoule.

4° Le cas précédent a lieu pour deux dissolutions saturées de sels; l'eau qui est en quantité plus grande dans le sel le moins soluble passe de cette dissolution dans celle du sel le plus soluble et une partie du sel peu solide se précipite.

5° Dans l'alcool excèdent les aréosvzygues E, ils excèdent davantage dans l'éther, comme on le verra plus bas. Les tétraèdres anthracohydriques C^4H^4 de l'alcool $4C^2H^3,HO$ passent dans l'eau de la cloison et se propagent dans l'eau de la bouteille à cause de la poussée répulsive *r*. La poussée répulsive *r* est supérieure dans l'éther $4C^4H^5,2HO$ dont les tétraèdres anthracohydriques pénètrent dans l'eau avec une grande intensité *i*.

L'éther pénètre dans l'alcool avec une intensité *i* comparable à celle avec laquelle l'alcool pénètre dans l'eau.

b. Endosmose avec cloisons de gutta-percha.

§ 64. En tenant l'eau pure dans le vase K et l'eau acidulée dans la bouteille, le niveau s'élève dans le tube *t*. De même l'eau passe du vase K à travers la cloison dans l'alcool contenu dans la bouteille. Un ballon de gutta-percha rempli d'éther ou d'alcool se vide quand on le plonge dans l'eau; s'il est rempli d'éther il se vide en le plongeant dans l'alcool.

Les faits inverses par rapport aux précédents résultent de la différence des cloisons, différence qui consiste en ce que la vessie arrive facilement à être imbibée par l'eau, tandis que le gutta-percha, au contraire, est impénétrable; cette substance se trouve imbibée par les acides étendus de l'éther et de l'alcool. Il y a donc toujours des mélanges des liquides. On peut opérer indifféremment avec la vessie ou avec toute autre cloison, pourvu qu'elle soit susceptible d'être imbibée par l'un ou l'autre liquide. (Voir *Physique*, t. IV, p. 200.)

2° *Endosmose des gaz.*

§ 65. La cloison est toujours imbibée plus promptement par un gaz que par l'autre; les intervalles entre les tétraèdres sont des espèces de crevasses fines comparables à celles des cloches; ces crevasses laissent l'hydrogène en sortir pour se répandre dans l'air dont l'azote seulement entre dans la cloche et non l'oxygène. Les azototétraèdres $O^3,4H$ ne diffèrent des hydrotétraèdres $o,4H$ que par leur noyau O^3; l'azote trouvé dans la cloche n'est que de l'oxygène 30 logé dans les hydrotétraèdres $o,4H$.

Les cloisons peuvent être : 1° une mince surface d'eau; 2° une vessie; 3° du gutta-percha ou toute autre substance perméable aux gaz, de gypse, des terres cuites ; les gaz pénètrent chacune de ces cloisons dans les directions suivantes.

I. **Cloison d'eau.** On laisse tomber une bulle de savon gonflée d'air dans une éprouvette en verre contenant de l'acide carbonique. La bulle s'arrête dans la couche où l'acide carbonique commence, puis elle s'enfle, devient grande et descend en se gonflant plus rapidement, et enfin elle crève.

II. **Cloison de vessie.** La vessie mouillée représente ici la bulle d'eau du cas précédent.

1° *Air ou gaz des marais avec acide carbonique ou hydrosulfurique.* Une vessie humide, remplie d'air ou de gaz des marais, se gonfle dans les acides carbonique ou hydrosulfurique, et crève ; elle se gonfle plus rapidement quand, après avoir été tenue un instant dans un de ces acides, on la place dans l'autre. Si la vessie peu remplie d'air n'est pas humide, elle ne se gonfle pas dans les acides. Si on la plonge dans l'eau de Seltz, elle se gonfle comme dans le gaz, mais plus lentement.

2° *Air et vapeur d'eau.* En fermant avec une vessie la base d'un entonnoir, on le remplit d'eau pure et l'on plonge le tube dans le mercure ; l'éloignement de l'eau à travers la vessie fait monter celui-ci dans le tube. Si la hauteur du tube n'est que de quelques décimètres, toute l'eau disparaît. Si le tube, bien fermé, est en haut et la base en bas, l'eau s'éloigne également, sans cependant qu'il se forme de vide dans le tube, où l'air pénètre à travers l'eau de la cloison étendue et humide.

III. **Cloison de gutta-percha.** L'endosmose ne s'opère pas ici à travers une couche d'eau, mais à travers la masse même végétale.

Air et hydrogène. La cloison de gutta-percha ferme la base de la bouteille remplie d'hydrogène et bouchée en *b*. Quand on l'expose à l'air, la cloison est repoussée en dedans jusqu'à ce qu'elle crève ; l'hydrogène en sort et l'air n'y entre pas.

En établissant une comparaison entre les espaces de temps nécessaires pour qu'il pénètre un volume égal de gaz différents, Mitchell a trouvé que pour qu'un volume de gaz égal fût transmis à travers le gutta-percha, il fallait les temps suivants :

1° Gaz ammoniaque =	1 minute.	6° Arsenic hydrogène	27 1/2.
2° Acide sulfhydrique =	2 1/2.	7° Gaz oléfiant	28.
3° Cyanogène	3 1/2.	8° Hydrogène	37 1/2.
4° Acide carbonique	5 1/2.	9° Oxygène	1h. 53m.
5° Protoxyde d'azote	6 1/2.	10° Oxygène de carbone.	2h. 40m.

Mode de production des transmissions par les cloisons. Le gaz dont la cloison est imbibée vient en contact avec le gaz pour lequel la cloison est moins perméable. Les mélanges s'opèrent toujours par les poussées **p**, *p* exercées par les molécules homonymes μ, μ' des pycnosyzygues *q*E et des aréosyzygues *q*E² soutenus par les atomes des gaz à l'état d'électricité latente.

I. *Cloison d'eau.* La couche mince d'eau est imperméable à l'air renfermé et à l'air extérieur. L'eau venant en contact avec l'acide carbonique, qui est la vapeur composée des enveloppes de vésicules, s'en trouve pénétrée. Ces vésicules se trouvent en inéquilibre parce qu'elles éprouvent une poussée **p** de la part de leurs homonymes, poussée qui n'a pas lieu du côté de l'air. Ainsi l'acide carbonique passe de la cloison dans l'air et il s'y trouve remplacé par une nouvelle quantité, de sorte que la bulle étant trop gonflée finit par crever.

II. *Cloison de vessie.* La vessie sèche remplie de gaz et placée dans d'autres gaz s'oppose à toute endosmose; la vessie humide est une bulle d'eau qui est inégalement perméable aux gaz. L'eau se mêle plus facilement avec les vésicules de vapeur qu'avec les gaz permanents.

1° Le gaz des marais où l'air ne pénètre pas dans la couche d'eau de la vessie qui les contient, tandis que les vésicules de vapeur de l'acide carbonique ou hydrosulfurique y pénètrent facilement. De la couche d'eau de la vessie la vapeur passe dans le gaz. Ces deux espèces de vapeur n'exercent pas de résistance entre elles; ainsi pour charger la couche d'eau des deux espèces de vapeur, ont tient la vassie un instant dans une vapeur, puis on la porte dans l'eau.

2° L'air ne pénètre dans la couche d'eau de la vessie que sous une pression considérable; ici cette pression est occasionnée par l'éloignement de la vapeur d'eau à travers la vessie.

III. *Cloison de gutta-percha.* Les gaz et les vapeurs se propagent dans cette cloison plus facilement que l'air. Dans les dix résultats obtenus par Mitchell, on voit que les vapeurs éprouvent de faibles résistances, et l'oxyde de carbone s'en distingue par une résistance extraordinaire. Mais avant d'exposer l'origine de ces différences, je veux d'abord mettre le lecteur en état de connaître les éléments du gutta-percha et ceux de chacun des gaz.

Comparaison des endosmoses des liquides tels que l'eau, la colle, le sucre, l'albumine, la gomme. Il y a toujours endosmose de l'eau du vase K vers les substances végétales ou animales contenues dans la bouteille ou dans un entonnoir *sks*. Quand ces dissolutions ont la même densité, soit 1,07, l'endosmose de l'eau diffère pour chacune d'elles. En les introduisant l'une après l'autre dans la bouteille et en tenant dans le vase K l'eau pure au même niveau, on obtient dans un égal espace de temps les hauteurs suivantes :

Colle.	Gomme.	Sucre.	Albumine.
3	5	11	12

L'endosmose devient ainsi un moyen de comparer les densités de l'électricité latente des substances en dissolution. En supposant que cette densité est 1 pour l'eau pure elle devient inférieure dans chacune des dissolutions contenant des quantités égales de chaque substance et une quantité égale d'eau. On voit par la hauteur 12 obtenue dans l'albumine qu'il y a une électricité latente quatre fois moindre que celle de la colle.

Les substances végétales diffèrent peu par rapport à leurs éléments qui sont habituellement $C^{12}H^{11}O^{11}$; leurs différences ont pour causes les quantités d'électricité latente observées : 1° dans les degrés de poussées de l'endosmose; 2° dans les quantités de la chaleur spécifique; 3° dans leurs qualités indiquées au moyen des organes des sens, et 4° dans leurs propriétés thérapeutiques.

Au moyen d'un appareil, Widemann a fait monter l'eau d'un récipient et écouler par minute des quantités correspondantes à l'intensité du courant qui exerce une poussée par un manchon de platine autour d'un vase poreux humide plongé dans l'eau et contenant à sa face intérieure un autre manchon de platine qui communique avec l'électricité négative.

III. ÉLECTROLYSES AU MOYEN D'ÉLECTRORRHEUMES.

§ 66. Les poussées des molécules denses μ des pycnosyzygues Ė en expansion s'opèrent toujours sur les thermozeugmes θ composant les atomes H, O avec leur barogène β, β^{1} lequel obéit à la poussée centripète p exercée par les molécules isopycnes μ''. Les molécules denses μ éprouvent le minimum de résistance dans les molécules les moins denses μ', lesquelles par leur expansion, non par leur translation, forment ensemble des *électrorrheumes* (ῥεῦμα, courant). Les deux électricités à l'état statique restent séparées.

Je vais faire connaître ici : 1° les espèces d'inéquilibre qui occasionnent les expansions des molécules μ, μ′; 2° le mode d'application de leur poussée pour produire des effets mécaniques ou des effets chimiques de plusieurs genres.

I. Au moyen du même courant, 1° on déplace le magnète; 2° on produit l'endosmose de l'eau; 3° on la fait monter; 4° on fait sortir les oxytétraèdres des hydrotétraèdres, de sorte que d'un hydatotétraèdre dont le volume est Δ′ on obtient 1728 hydrogènes ayant un volume égal Δ′ et 1728 oxytétraèdres ayant la moitié du volume Δ′.

II. Cette même sortie des oxytétraèdres s'obtient au moyen d'une élévation de température à 400°. Dans ce cas il y a expansion des molécules μ′ de la vapeur et affluence des molécules denses μ en quantité supérieure. Cette inégalité fait naître des courants thermo-électriques correspondant au degré $n(T-t)=n(400-15)$ de la formule de Newton. C'est donc l'intensité de ce courant qui produit une quantité énorme de gaz correspondant, qu'on ne pourrait obtenir dans un même espace de temps avec les appareils habituels.

Je donnerai d'abord les détails de l'ectétraédriase des oxytétraèdres dans un seul bain, puis dans plusieurs qui sont en communication. Quant au mode de production des courants, j'en parlerai dans une section suivante.

A. Électrolyse dans un récipient.

§ 67. Deux lames, dont l'une C (fig. 7) est en cuivre, parallèle et rapprochée d'une autre Z, qui est en zinc, plongent dans un vase de porcelaine rempli d'acide sulfurique très-étendu. Ces deux lames communiquent par le fil *mnn′m′*, lequel est coupé au milieu pour que les extrémités *n*, *n′* qu'on a appelées *pôles*, *électrodes*, mais qu'ici je nomme *bouche*, soient séparées par un filet mince B′ d'eau, lequel remplace un filet métallique égal, avec cette différence qu'il y a une plus grande résistance r de la part des électrosyzygues latents qÉ, qÉ′ contenus

Fig. 7.

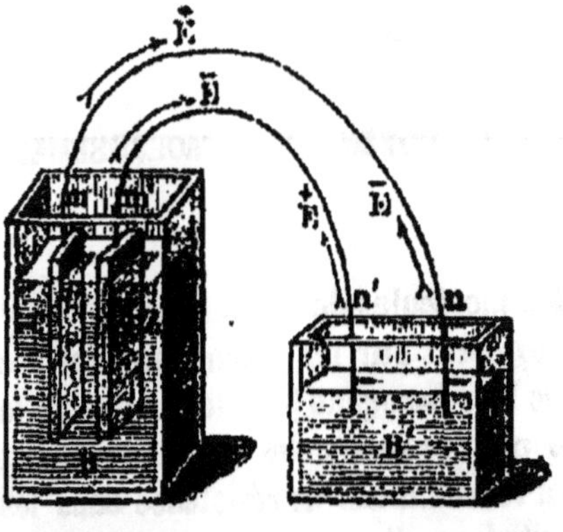

dans le filet aquatique que celle *r* produite par les électrosyzygues latents $q\dot{E}$, qE^2 du fil métallique.

La bouche positive *n pynostome* (στόμα, bouche) expire l'expansion des molécules denses μ et aspire l'expansion des molécules moins denses μ'; le contraire a lieu dans la bouche négative *n'* nommée *aréostome*. 1° De la part de la bouche positive *n*, l'expansion des molécules μ exerce une poussée sur les molécules homonymes contenues dans les pycnosyzygues de l'électricité latente $q\dot{E}$, $q\dot{E}^2$ et dans ceux des barogènes β ou μ'' qui entrent dans les atomes d'hydrogène $\dot{H} = 0\beta$. 2° De la part de la bouche négative *n'* l'expansion des molécules μ' exerce une poussée sur les molécules homonymes contenues dans les aréosyzygues qE^2 et dans ceux des thermozeugmes $\varphi\theta^7$ contenus dans les atomes d'oxygène $\bar{O} = \varphi\beta\overline{\theta\beta}^7$.

Dans la figure 11 on voit dans chaque bouche l'éloignement des atomes et des syzygues homoélectriques; les atomes et les syzygues hétéronymes y restent. Les molécules de ceux-ci prennent une expansion vers la bouche comme on le voit dans la figure 8.

Fig. 8.

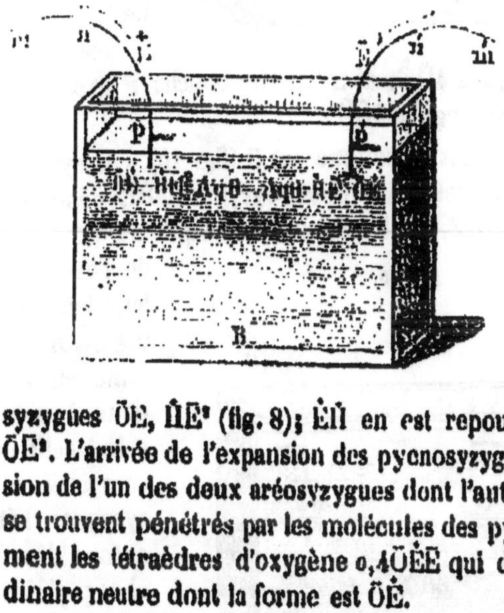

I. Autour de la bouche positive P, se trouvent d'abord les atomes avec leurs électrosyzygues $\bar{O}E$, $\dot{H}E^2$ (fig. 8); $\dot{E}\dot{H}$ en est repoussé (fig. 9), et il reste $\bar{O}E^2$. L'arrivée de l'expansion des pycnosyzygues $\dot{E}$ sollicite l'expansion de l'un des deux aréosyzygues dont l'autre ainsi que l'oxygène se trouvent pénétrés par les molécules des pycnosyzygues $\dot{E}$ et forment les tétraèdres d'oxygène o,4$\bar{O}\dot{E}\dot{E}$ qui diffère de l'oxygène ordinaire neutre dont la forme est $\bar{O}\dot{E}$.

II. Autour de la bouche négative on trouve d'abord les mêmes éléments qu'autour de la bouche positive (fig. 8); l'expansion des molécules expirées μ' exerce une poussée contre les atomes d'oxygène $\bar{O}$ et contre les aréosyzygues E^2; $\dot{H}E$ reste autour de la bouche.

L'arrivée de l'expansion des molécules μ' des aréosyzygues E sollicite l'expansion des molécules denses μ des pycnosyzygues $\dot{E}$, qui se propagent dans la bouche, et les aréosyzygues E qui en sont expirés restent soutenus par les atomes d'hydrogène à l'état de tétraèdres $o_14\dot{H}\dot{E}$ (fig. 9) d'hydrogène ordinaire.

D'abord les molécules μ, μ' expirées des deux bouches par leur expansion dans le bain B forment deux cônes antipodes ayant chacun leur sommet dans une bouche. Les bases des cônes rencontrées déterminent par le minimum de résistance la formation de la voie la plus courte entre les deux bouches ; dans le bain cette voie est un *filet aquatique* remplaçant une partie du fil métallique. Les hydatotétraèdres $4\dot{H}\bar{O}\dot{E}\bar{E}^2$ de ce filet éprouvent : 1° de la part de la bouche P une poussée contre les pycnosyzygues $4\dot{H}\dot{E}$, et 2° l'autre bouche P' exerce une poussée contre les aréosyzygues $4\bar{O}\bar{E}^2$.

Fig. 9.

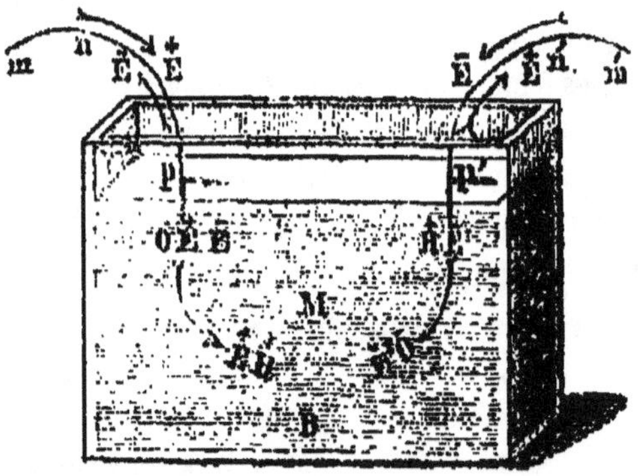

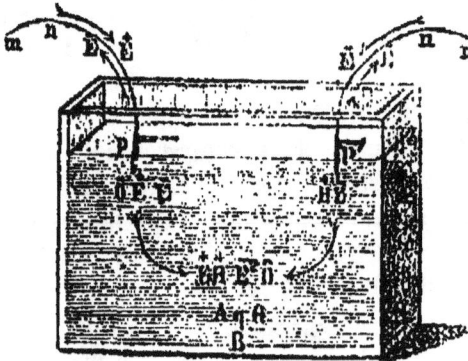

A milieu du filet aquatique en B (fig. 10), ces syzygues hétéronymes se combinent ; les pycnosyzygues $4\dot{H}\dot{E}$ pénètrent dans les aréosyzygues $4\bar{O}\bar{E}^2$, et il en résulte un équilibre dû à la production de l'eau et de sa chaleur latente. La quantité $q\dot{H}\bar{O}\dot{E}\bar{E}^2$ d'eau produite en B entre les deux bouches est égale à celle de l'eau décomposée laissant les syzygues hétéronymes autour des deux bouches p p' dont chacune expire une espèce de syzygue et aspire l'autre sans qu'il se perde rien des syzygues qui arrivent d'une bouche et s'éloignent par l'autre, ainsi que cela a lieu quand les extrémités des deux fils sont en contact.

Fig. 10.

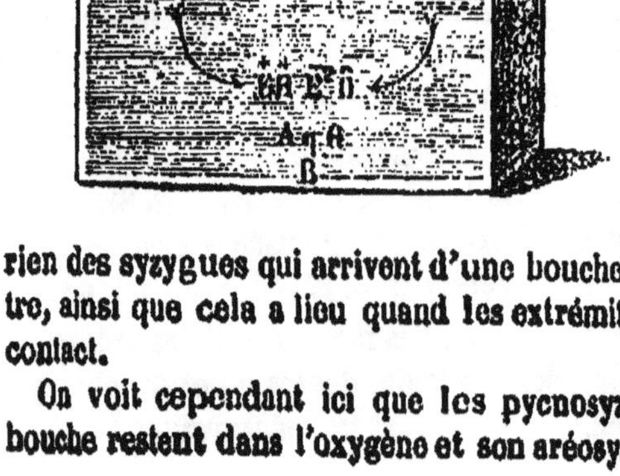

On voit cependant ici que les pycnosyzygues $q\dot{E}$ expirés d'une bouche restent dans l'oxygène et son aréosyzygue $q\bar{O}\bar{E}$, et que l'autre aréosyzygue Ē est expiré ; de même les aréosyzygues qĒ expirés de la bouche P′ restent dans l'hydrogène qui est qĤĒ et le pycnosyzygue Ė en est aspiré.

Discussion. L'appareil *nn* (fig. 11), nommé *voltamètre*, sert à mesurer le gaz hydrogène dans le tube *i* et l'oxygène dans le tube *i′* produits en dix minutes au moyen des courants de sources différentes. On trouve : 1° le volume **v** de gaz hydrogène double du volume *v* de gaz oxygène; 2° les quantités de chaque gaz correspondent aux intensités des courants.

Fig. 11

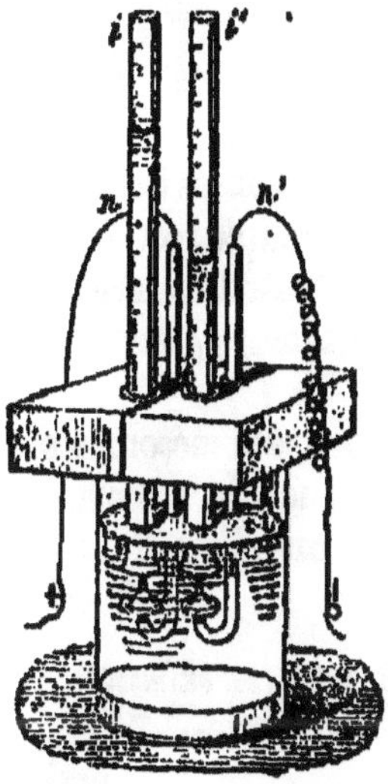

L'appareil *ho* (fig. 2) est employé pour faire connaître le rapport qui existe entre les poussées exercées par l'expansion des molécules μ, μ′ des syzygues Ė, Ē et la quantité des gaz produits dans le voltamètre.

Les tubes *h*, *h*... sont remplis d'hydrogène, les tubes *o*, *o*... sont remplis d'oxygène sous une pression moitié moins grande que celle de l'hydrogène. Les couples des tubes *ho*, *ho*... plongent dans les bains séparés ; les lames de platine arrivent jusqu'à ces bains; ces lames y communiquent par l'eau, et c'est par des fils de platine *ho* qu'un couple communique avec l'autre.

Fig. 12.

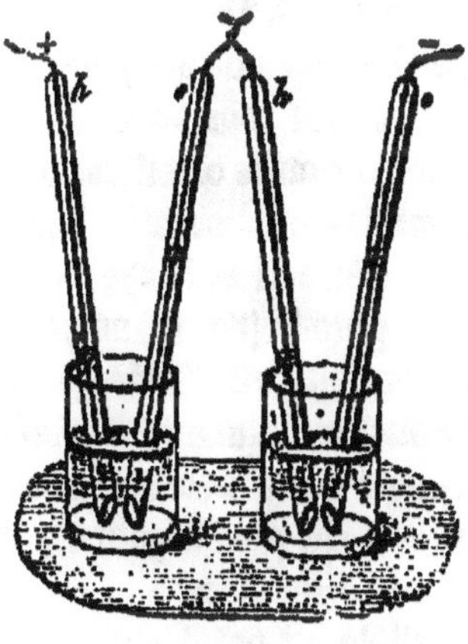

Le fil + qui sort du tube d'hydrogène *h* est conduit par le fil + *n* dans le tube *i* du voltamètre ; l'autre fil — est conduit par le fil — *n′* dans l'autre tube *i′*. On voit qu'au fur et à mesure que les gaz disparaissent dans les couples *oh*, *oh*..., il se produit dans le voltamètre une quantité de gaz homonymes égale à la somme disparue dans les couples *oh*, *oh*.

Inéquilibre des couples et leurs effets. Dans chaque bain, vers le milieu, le gaz oxygène ŌĖ et le gaz hydrogène ĤĒ se rencontrent, amenés qu'ils sont par leurs syzygues Ė, Ē et non par les syzygues Ė, Ē² de chaleur, comme cela a lieu dans les bains de l'électrolyse de l'eau. Il y a donc combinaison des atomes et production d'eau ; les pycnosyzygues É, qui ont amené l'oxygène dans le bain, s'en séparent et avancent pour sortir des tubes *h*, *h*. 2° Les aréosyzygues amènent à leur tour les atomes d'hydrogène ĤÈ dans le bain, et ils se séparent et sortent des tubes *o*, *o*. La séparation des syzygues É, È est occasionnée par la combinaison des atomes Ĥ, Ō.

Le nombre *n* des couples *oh* produit *n* filets *f* d'expansion, unis pour en faire résulter une poussée **p** *n* fois la poussée *p* d'un filet *f*. Dans le voltamètre, les fils $+n$ $-n'$ amènent les *n* filets d'expansion qui exercent la poussée **p** sur les couples composant les tétraèdres de l'eau *o*,4HOÉÈ[3] ; il y a excédant d'un aréosyzygue, lequel apparaît dans l'oxygène ozoné du voltamètre, tandis que l'oxygène des tubes *o*, *o*... est ordinaire.

Quelques actions de l'électrolyse ont été méconnues par les chimistes, d'autres sont passées inaperçues, et une autre série de ces actions leur est restée tout à fait inconnue.

1° *Actions méconnues par les chimistes.*

§ 68. Tous les résultats obtenus par les observations ont été vérifiés ; quant aux hypothèses puisées dans l'imagination, elles ont quelque réalité quand elles ne sont qu'une espèce de résumé des faits observés. C'est cette coordination des faits observés dans les électrolyses qu'a faite Grotthuss en 1805. Davy, Berzelius, Ampère, et beaucoup de physiciens et de chimistes de nos jours ont approuvé cette coordination. Davy et après lui tous les autres considèrent les atomes réunis dans un composé comme constitués dans des états électiques différents, *positifs* pour les uns, *négatifs* pour les autres, comme le sont dans l'eau l'hydrogène Ĥ et l'oxygène Ō. Il est reconnu qu'un filet aquatique va du pôle P (fig. 10) au pôle négatif P' ; il est admis : 1° que les atomes positifs *n*Ĥ d'hydrogène, repoussés par la pycnoélectricité, font tous ensemble une *demi-révolution* ou un *pas rectiligne*, et l'atome d'oxygène reste isolé autour du pôle P, et 2° que l'atome d'hydrogène, voisin du pôle négatif P', après le pas fait, se sépare de l'oxygène qui reste en place.

Un autre filet aquatique *f'* parallèle au précédent va du pôle négatif P' au pôle positif ; il reçoit la poussée de l'électricité négative exercée sur les atomes négatifs d'oxygène *n*, lesquels font un pas tous ensemble : ainsi, 1° dans le pôle négatif il reste un deuxième atome d'hydrogène, et 2° au pôle positif P arrive un deuxième atome d'oxygène.

Remarque. Les deux électricités exercent des poussées sur les atomes à l'état électrique homonyme et laissent autour de chaque pôle l'atome à l'état électrique hétéronyme ; cependant il ne s'ensuit pas qu'il faille deux filets aquatiques, car dans un seul filet les atomes déplacés dans les deux moitiés se rencontrent au milieu du filet susdit et s'unissent comme cela s'opère dans les bains des tubes à gaz (fig. 12).

Comme tout est connu dans cette série d'actions, tous les chimistes sont convaincus qu'il n'y a qu'un seul filet aquatique interpolé composé des deux moitiés égales $\frac{1}{2}f + \frac{1}{2}f'$. L'opinion qui admet deux filets ne peut être attribuée qu'à la négligence, surtout si l'on considère qu'il est impossible qu'il existe deux filets parallèles qui ne se confondent pas dans le bassin.

2° *Faits inaperçus.*

§ 69. Dans les tubes *oh*, *oh*... (fig. 12) les gaz ne se combinent ni quand ils restent mêlés ni lorsque, étant séparés par l'eau du bain, on y fait passer des étincelles électriques. Les gaz ne se combinent pas non plus au moyen des communications métalliques seules. Si les deux espèces de communication sont établies et que les extrémités des fils + — restent séparées, il n'y a ni courant ni disparition de gaz. On voit ainsi qu'il faut laisser passer l'expansion des molécules μ du fil + au fil —, car l'expansion des molécules μ' du fil — au fil + s'opère en même temps. Ce passage des expansions peut s'opérer par le contact immédiat des fils ou au moyen d'un filet aquatique, comme cela a lieu quand on conduit les fils + — dans le voltamètre.

Ampère le premier, puis d'autres physiciens après lui ont reconnu : 1° dans les atomes d'hydrogène des particules à l'état pycnoélectrique soutenant une sphère d'aréoélectricité, et 2° dans les atomes d'oxygène des particules à l'état aréoélectrique soutenant une sphère de pycnoélectricité.

Eh bien ! les gaz *h*, *o* des tubes se changent en eau dans les bains et l'eau du bain du voltamètre se transforme en gaz, sans pour cela qu'il y ait absence de propagation de l'expansion des molécules μ, μ' dans les filets + — dont ceux qui séparent des tubes une espèce de molécules y amènent l'autre espèce. Ce qui devait le plus attirer l'attention, c'est la production des quantités de gaz, quantités égales à la somme des gaz exhydatosés dans les *n* couples et n'en diffèrent que par 1° l'odeur particulière de l'oxygène, et 2° l'élévaton considérable de température de l'électrode positif.

Rien ne serait plus propre à démontrer la vérité reconnue par Ampère, que la séparation des sphères électriques et la réduction des atomes de l'état gazeux à l'état liquide. Il s'effectue en même temps une transformation de l'eau en gaz, qui prouve que l'hydrogène y acquiert une sphère négative et devient $\dot{H}\ddot{E}$; l'oxygène acquiert une sphère positive et devient $O\dot{E}$; son odeur est due à une quantité d'électricité négative dont l'expansion produit des sentiments correspondants; la même électricité produit la chaleur qu'on observe, et qui ne se trouve pas dans l'autre électrode.

Davy, Faraday, Berzelius ont reconnu l'ecthermose de l'électricité; L. Gmelin a exposé les cas de l'exélectrose de la chaleur; il ne lui a manqué que de connaître le mode de production de chaleur lumineuse par les électricités, et la cause de la production des deux électricités par la chaleur obscure seule, et non par la chaleur lumineuse.

En unissant les faits bien connus, 1° avec la production des deux gaz dans le voltamètre, 2° avec l'odeur de l'oxygène, 3° avec l'élévation de la température du pôle positif, on est conduit à chercher les électrosphères des gaz $\dot{H}E$, $\bar{O}\dot{E}E$ dans les thermozeugmes latents $\dot{E}E^{2}$. De sorte que les expansions des molécules μ, μ' produisent la séparation, 1° des éléments pycnoélectriques $\dot{H}E$, et 2° des éléments aréoélectriques $\bar{O}E^{2}$ comme Grotthuss et Davy l'ont reconnu. Ampère y a apporté des perfectionnements; l'odeur et l'élévation de température suffisent pour rendre évidente la présence d'un excédant d'électricité négative.

3° *Actions d'origine inconnue.*

§ 70. En coordonnant les faits observés, Grotthuss et ses successeurs se sont bornés à les attribuer aux actions qui ne sont que des écoulements d'un fluide qui serait, 1° en excès dans un des corps, et 2° en défaut dans les autres. On obtient ainsi l'inéquilibre qui occasionne l'écoulement des corps où le fluide est en excès vers les autres où il est en défaut. Cet inéquilibre satisfait parfaitement celui de l'affinité, car la courte durée de l'action chimique se termine par l'établissement d'un équilibre qui est le produit ou le composé. Faraday et les autres chimistes anglais ont coordonné les séries d'actions en partant de ces distributions de molécules homoïdales; il ne leur a manqué que de reconnaître : 1° dans le fluide en excès les mêmes molécules de densité supérieure μ, et 2° dans le fluide en défaut ces molécules en densité inférieure μ'.

Les physiciens des autres nations, se basant sur les produits de chaleur et de lumière dans les rencontres du fluide en excès avec le fluide en défaut, ont trouvé que la chaleur est composée de deux espèces de fluides dont les molécules se combinent différemment pour produire la chaleur et la lumière. Faraday s'est attaché au principe basé sur la loi physique que les molécules des fluides hétéronymes ne peuvent s'unir pour produire d'autres espèces de fluides.

Delarive, en discutant l'électrolyse, a reconnu l'absence d'électricité dans les atomes d'eau dont, à cause de l'affinité, 1° l'hydrogène $\bar{H}$ s'unit avec l'aréoélectricité et se change en gaz $\bar{H}\bar{E}$, et 2° l'oxygène $\bar{O}$ s'unit avec la pycnoélectricité et se change aussi en gaz $\bar{O}\bar{E}$. Ce physicien, en suivant l'hypothèse des déplacements des atomes d'un pôle à l'autre, a admis que ces atomes deviennent des gaz en s'y unissant avec l'une ou l'autre électricité sans qu'il en résulte un affaiblissement du courant et sans qu'on connaisse la cause de l'odeur de l'oxygène.

Baudrimont s'est distingué des physiciens ses prédécesseurs et de ses contemporains en abordant la question de l'origine du mouvement ; il a reconnu dans l'électricité la propriété innée d'augmenter par l'expansion des molécnles dont elle est composée. Le susdit chimiste désapprouve l'existence d'un fluide équilibré dans l'espace; il reconnaît que l'expansion dans les molécules des deux électricités exerce une poussée qui met les atomes en mouvement ; il sent que l'expansion des molécules est l'effet d'un inéquilibre inné. Il n'a pu faire le dernier pas pour aborder le but qu'il voulait atteindre. Le principe d'expliquer les faits d'après les lois physiques a eu trop d'empire sur son jugement; malgré l'expansion des molécules de la lumière qui va à l'indéfini, Baudrimont n'est pas parvenu à y reconnaître une *action hyperphysique* qui a eu lieu entre l'état des molécules équilibrées dans l'espace indéfini et l'état où ces mêmes molécules se sont trouvées réduites en inéquilibre qui se manifeste dans leur expansion indéfinie et qui ne peut consister qu'en une compression préalable des molécules qui ont été équilibrées dans l'espace. Ces molécules ont été ensuite divisées en deux parties inégales, lesquelles, comprimées inégalement, se sont trouvées en densité inégale occupant deux volumes égaux.

On a su dans tous les temps, les habitants de la Terre avant le

Déluge reconnaissaient même comme *dogme* que le Monde est *éternel* (αἰώνιος) et non *perpétuel* (ἀΐδιος), qu'il a eu un commencement à une époque définie, tandis que sa fin n'aura lieu qu'à une époque indéfinie. Le Monde a commencé au moment où l'action hyperphysique a fini. Cette notion, jusqu'à présent considérée comme non susceptible d'une preuve physique, est ici exposée de manière à ne pas différer des autres notions des faits physiques bien prouvés.

On ignorait :

1° La *tétraédriase* des atomes; ainsi l'on ne pouvait comprendre comment il se fait que les atomes ayant un volume constant, leur densité et celle de leurs composés éprouvent des changements énormes.

2° La *gravitation*, 1° qui fait que les atomes se coordonnent en tétraèdres; 2° qui fait que ces tétraèdres à l'état gazeux et à l'état liquide obéissent à la poussée centripète **p** pour former un niveau, lequel se rétablit spontanément quand on le détruit; 3° qui fait que les tétraèdres des liquides restent serrés entre eux par une poussée compressive *p*, laquelle est vaincue dans les liquides par la poussée répulsive **r** exercée sur les tétraèdres par les syzygues $q\dot{E}$, $q\bar{E}^{s}$ d'électricité latente produite par la chaleur exélectrosée.

3° La *combinaison au milieu du bain* des éléments hétéroélectriques $\dot{H}\dot{E}$, $\bar{O}\bar{E}^{s}$ repoussés des deux pôles.

4° L'*électrolyse* de l'eau qui consiste : 1° dans la pénétration de l'hydotétraèdre dans les aréosyzygues, et 2° dans la pénétration des pycnosyzygues dans les oxytétraèdres. Ainsi de quatre thermozeugmes $4\dot{E}\bar{E}^{s}$ et d'un tétraèdre d'eau $4\dot{H}\bar{O}$ on obtient les tétraèdres de gaz :

$$4\dot{E}\bar{E}^{s}+4\dot{H}\bar{O}=4\dot{H}E+4\bar{O}\dot{E}E,$$

l'hydrogène ordinaire, l'oxygène aréoélectrisé et odorant.

5° La *cause du rapport* entre les volumes **v**, *v* d'un hydotétrèdre et d'un oxytétraèdre avec les racines cubiques du barogène β et β^{s} contenu dans les atomes $\mathbf{v} : v = \sqrt[3]{8} : \sqrt[3]{1}$.

Fig. 13.

6° La *cause de l'accroissement du volume* Δ' d'un hydatotétraèdre 4HO pour devenir 1728 Δ' + 1728 Δ; Δ' = 2Δ donne un accroissement de 2592 fois le volume de l'eau.

7° Le *mode des mélanges*. Deux vases B, B' (fig. 13), remplis des deux gaz ou des deux liquides sous la même pression, sont mis en communication au moyen du tube *a* par l'ouverture du robinet V, V'; le lendemain on ferme les robinets et l'on trouve les fluides distribués également dans les deux vases. Ainsi il est démontré que les poussées répulsives r, r' exercées entre les tétraèdres homonymes Δ', Δ' et Δ, Δ surpassent celles exercées entre les tétraèdres hétéronymes Δ'Δ. Ces poussées résultent de l'expansion des molécules μ, μ' des syzygues Ė, Ė des gaz ou des liquides (§ 23).

B. Rapport entre les effets du courant et la forme des électrodes.

§ 71. Au moyen d'un courant conduit dans l'eau pure par les deux vases d'un endosmomètre, la pynoélectricité exerce une poussée mécanique qui fait monter le niveau. Cet effet mécanique est produit quand la cloison est un corps cylindrique poreux entouré au dehors et au dedans par les deux manchons en platine qui servent d'électrode. **Jamain** a remplacé ces manchons par deux lames *l*, *l'* de 15 centimètres carrés plongées dans l'eau acidulée, et c'est à peine s'il en a obtenu une petite quantité de gaz. Dans l'eau pure il ne se produit pas de gaz, de même que dans les deux cas précédents où il n'y a que des effets mécaniques. La lame positive *l* devient orangée, puis noire; l'autre *l'* devient violacée, puis noire. En remplaçant l'une ou l'autre lame par un fil mince de platine on obtient une quantité ordinaire de gaz, tandis qu'il n'y en a pas dans la lame *l*.

1° Dans le cas où l'électrode est un fil, l'oxygène étant de 9 centimètres cubes, on trouve 3 centimètres dans la lame *l'*. Si l'on remplace la lame par l'éponge de platine maintenue dans une sorte de nacelle en platine ou en charbon, il n'y a pas d'abord dégagement d'hydrogène correspondant à l'oxygène produit autour du fil. C'est plus tard qu'il commence à être produit; l'hydrogène disparu est allotropique et a la forme ḢĖĖ (§ 30).

2° Dans le cas où l'autre électrode est en fil et où la lame *l* reste, l'oxygène a 1 centimètre cube et l'hydrogène 2.

3° Dans les feuilles des plantes il se produit de l'oxygène et il n'y a pas d'ydrogène; cette production a lieu seulement pendant le jour; elle ne s'opère pas même pendant la nuit la plus chaude; elle est plus grande pendant les jours chauds et sereins du printemps lorsque le sol est froid. Chaque feuille est un bain d'électrolyse. La queue de la feuille qui correspond au fil de platine est un électrode positif, et la surface chaude de la feuille qui correspond à la lame l' est un électrode négatif. 1° L'oxygène se développe du côté de la queue; 2° l'hydrogène reste à la surface; il n'acquiert pas l'état gazeux ayant la forme $\mathring{H}\dot{E}^3$, mais il reste à l'état d'hydrogène aréoélectrisé $\mathring{H}\dot{E}^3$ qui diffère de l'allotropique ayant la forme $\mathring{H}\dot{E}\dot{E}$.

4° Les tétraèdres de l'eau $4\mathring{H}\bar{O}\dot{E}\dot{E}^4$ pèsent 36; ce poids se réduit à 12, quand il s'en est séparé trois atomes d'oxygène et qu'il est resté trois atomes d'hydrogène aréoélectrisé

$$4\mathring{H}\bar{O}\dot{E}E^4 - 3\bar{O}\dot{E} = \bar{O}\dot{E},4\mathring{H}\dot{E}^3 = \bar{C}^2E^6 \text{ (carbone)}.$$

Le carbone $\check{C}\dot{E}^6$ est un résidu $\bar{O}\dot{E},4\mathring{H}\dot{E}^3$ des hydatotétraèdres $4\mathring{H}\bar{O}\dot{E}\dot{E}^4$; le mode de production de ses propriétés fera l'objet d'une section particulière. Je me contente de mentionner ici le mode de sa formation pour le coordoner avec celui de la production de l'hydrogène et de l'oxygène aréoélectrisés $\mathring{H}\dot{E}^3$, $\bar{O}^3E$ d'où il résulte des couleurs correspondantes de la manière suivante.

L'orangé est produit par le rapport $O^8 : O^9$ dans la lame l qui correspond à la partie de la queue des feuilles des plantes.

Le violacé est produit par $O^9 : O^8$ dans la lame l' qui correspond à la surface des feuilles.

Les atomes des deux rapports qui restent séparés et disparaissent dans les lames l, l', s'unissent dans les feuilles des plantes et produisent le rapport

$$(O^{16}+O^{8}) : O^{16} = O^{24} : O^{16} = 3 : 2$$

qui est le rapport du vert.

C. ÉLECTROLYSE DE PLUSIEURS COMPOSÉS DANS LES BAINS SÉPARÉS.

§ 72. Les deux bains extrêmes reçoivent l'expansion des molécules μ, μ' de la pynoélectricité et de l'aréoélectricité $q\dot{E}$, $q\bar{E}$. 1° Les dissolutions des bains V, V' (fig. 14) communiquent par des fils de platine qui livrent passage à l'expansion des molécules μ, μ', ou 2° elles communiquent par des mèches d, e

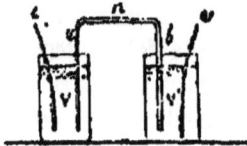

Fig. 14.

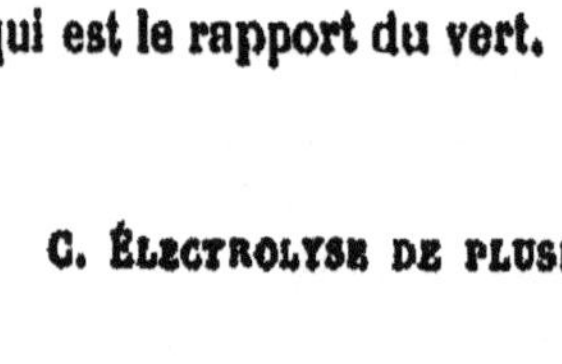

(fig. 15) imbibées dans une dissolution qui leur livre passage de même qu'aux cloisons.

Fig. 15.

En remplaçant les bains V, V.... (fig. 14) par le voltamètre, il se produit dans chacun une quantité égale de gaz. Si différentes dissolutions sont contenues dans chaque bain V, V'..., on y trouve un nombre égal de tétraèdres décomposés, et cela sous toute pression. **Luson** a opéré jusqu'à 30 atmosphères sans trouver aucune différence. La quantité des tétraèdres déplacés correspond à l'intensité des poussées des molécules en expansion μ, μ'.

Faraday a découvert cette liaison dans des combinés binaires $\dot{M}\bar{O}$, $\dot{M}\bar{C}l$, $\dot{M}J$, $\dot{M}\bar{C}y$...

Matteucci a décomposé les sels neutres dont la base contient $4\dot{M}\bar{O}$, qui sont un métallotétraèdre $4\dot{M}$ logé dans un oxytétraèdre $4\bar{O}\dot{E}$. Becquerel a obtenu le déguerpissement des tétraèdres $4\dot{M}$ des métaux de ceux M' des métalloïdes $\bar{O}$, $\bar{C}l$, J... qui sont aréoélectriques; il a été conduit par là à admettre la forme SO^4,M pour les sulfates MO, SO^3 comme l'admit aussi Dulong. On voit par la tétraédriase établie ici, que la forme réelle est $4(SM, O^4)$; un tétraèdre $4\bar{S}\dot{M}$ de sulfure est logé dans un tétraèdre $4O^4$ composé de tétraèdres qui se réduisent en un oxytétraèdre ayant le noyau $\bar{S}\dot{M}$, indiqué par la formule $\bar{S}\dot{M},4\bar{O}\dot{E}$. Les propriétés des corps provenant de la forme tétraédrique de leurs équivalents sont très-nombreuses et en rapport direct avec les couleurs; de sorte que les démonstrations du mode de production de ces propriétés peuvent être exposées en formules mathématiques bien déterminées.

La propagation de l'expansion des molécules hétéronymes μ, μ' dans les bains intermédiaires est facilitée par la diminution des intervalles interposés; les résultats qu'on en obtient sont consignés dans la section suivante.

D. MULTIPLICATION DE LA LUMIÈRE ET DE LA CHALEUR PAR L'ÉLECTROLYSE DE L'EAU.

§ 73. La quantité d'eau décomposée par heure correspond au degré de l'inéquilibre thermométrique de la formule de Newton

$n(T-t)$. L'électrolyse de l'eau à 400 degrés indique une intensité $n(T-t)=n(400^\circ-15^\circ)$ qui ne peut être atteinte par les piles ni en degré ni en étendue. Un nombre voulu de chaudières produit une quantité de vapeur qui, passant par des tubes chauffés à 400 degrés en sort transformée en gaz oxygène.

Ce gaz traversant des tubes plongés dans la chaudière transforme l'eau en vapeur, ensuite une partie de cette eau est employée pour chauffer la vapeur et en *décomposer* une quantité dix fois plus grande ; de sorte que les deux gaz se multiplient à l'infini. On évite l'explosion au moyen de la subdivision du gaz en filets minces.

Cette multiplication de chaleur lumineuse n'est que l'effet de l'éloignement des obstacles qui s'opposent à l'expansion des molécules, de même que dans un fusil à vent les balles se trouvent chassées quand on éloigne l'obstacle qui s'oppose à l'expansion de l'air.

TROISIÈME SECTION.

ECPHOTOSE, EXÉLECTROSE DE LA CHALEUR, ECTHERMOSE DE L'ÉLECTRICITÉ.

---

§ 74. Les deux espèces d'électrosyzygues positifs $\dot{E}$ et négatifs E se présentent :

1° Comme deux *électricités stationnaires* $3q\dot{E}$, $3qE$;

2° Comme deux *courants* propagés en sens opposé;

3° Comme *thermozeugmes* $q\dot{E}E^2$;

4° Comme *photozeugmes* qE^2E;

5° Comme *thermozeugmes lumineux* $q\dot{E}E^2 + qE^2E$;

6° Comme *électricité latente* $3q\dot{E}$, $3q\bar{E}$;

7° Comme *chaleur exélectrosée* $q\dot{E}$, qE^2.

1° Le changement de la chaleur en électricité produit une diminution de chaleur, un froid; 2° le changement de la chaleur en lumière consiste, non dans un abaissement de température, mais dans l'absence d'élévation de température à la surface des métaux.

Les aréosyzygues E se séparent des thermozeugmes $\dot{E}E^2$ de la couche superficielle des métaux nommée *métalloépiderme;* il n'y reste que les couples neutres $\dot{E}E$. Les pycnosyzygues $\dot{E}$ affluents pénètrent dans ces couples, et les photozeugmes $\dot{E}^2E$ arrivent à occuper dans le métalloépiderme une épaisseur d'autant plus grande que la température du métal est plus élevée.

Durant cette action dans le métalloépiderme, il ne se produit pas l'effet de la chaleur mise en liberté, la main n'en est pas brûlée, l'eau n'y bout pas; au contraire, l'eau en ébullition acquiert une température de 36 degrés. La masse pâteuse du verre permet qu'elle soit malaxée dans l'eau qui reste tiède; c'est la couche superficielle soutenant les photozeugmes qui empêche la propagation de la chaleur contenue dans la masse brûlante.

Les aréosyzygues Ė de la chaleur des gaz ou des vapeurs comprimées, produisent une poussée par l'expansion de leurs molécules μ'; cette poussée donne naissance à un travail; ainsi, dans le cas où il y a une résistance matérielle, la chaleur disparaît à cause de l'éloignement de ses aréosyzygues Ė.

La dissolution de sels dans les liquides est la dilatation qui occasionne l'exélectrose d'une quantité de chaleur; dans ces cas, le travail qui s'effectue est l'accroissement des intervalles entre les tétraèdres.

L'eau à 100 degrés, quand elle se refroidit, acquiert les pycnosyzygues Ė pendant que les aréosyzygues Ė se séparent des thermozeugmes ĖĖ*. La couche superficielle se charge d'électricité positive; de sorte qu'en cet état de froid elle est comparable aux métaux chauffés. Cette eau ne bout pas à 100 dégrés parce que la chaleur latente de la vapeur éprouve une résistance dans la chaleur ecphotosée.

A une température de 136°, les thermozeugmes acquièrent une poussée répulsive r suffisante pour déchirer la couche photoélectrique à la surface de l'eau, et il s'y produit une explosion subite de vapeur qui se répand en projetant l'eau avec une telle violence qu'elle parvient à briser les ballons peu solides.

Ce point d'éruption est produit : 1° par le refroidissement des métaux; 2° par le chauffage des liquides; 3° il manque dans la masse pâteuse du verre. Cette masse se distingue par son état aréoélectrique qui rend le verre un corps *isolant*; la résine est également un corps isolant par son état pycnoélectrique. En général, les corps *monoélectriques* sont des corps isolants pour l'électricité homonyme; l'électricité hétéronyme seule s'y accumule *sans se* propager.

Ecthermose de l'électricité latente des solides. J'ai fait voir qu'il existe une chaleur latente considérable dans la glace; ici je démontrerai son existence dans les métaux. Pour faire ecthermoser l'électricité latente il faut procéder comme on le fait pour la vapeur, il *faut déchirer les tétraèdres* et non les séparer; il faut *frotter* les corps solides et non les *pulvériser* si l'on veut en obtenir de la chaleur.

Dans leur état naturel, les tétraèdres des solides soutiennent les deux espèces d'électrosyzygues Ė, Ė* en densité inférieure à celle des liquides. Leur poussée répulsive r est inférieure à celle de la poussée compressive p exercée par l'expansion des molécules isopycnes μ" sur le barogène β des tétraèdres.

Les déplacements mécaniques des tétraèdres produisent un inéquilibre sur les électrosyzygues; dès que l'action mécanique est interceptée, l'équilibre électrique s'établit à l'aide des expansions des molécules comprimées μ', lesquelles, dans leur expansion, font trop avancer les tétraèdres et produisent ainsi de l'autre côté un nouvel inéquilibre de degré inférieur. Les expansions suivantes s'opèrent à des intervalles égaux au moyen des molécules comprimées après avoir atteint un maximum de compression. L'équilibre s'établit après un nombre *n* d'oscillations sans aucun changement de température. De pareils inéquilibres et leurs effets mécaniques sont la cause de l'*élasticité* des corps.

Si l'on charge une barre métallique d'un poids *b*, sa longueur L devient $L + l$; après l'éloignement du poids, la barre fait un certain nombre d'oscillations et revient à sa longueur L. Si l'on augmente le poids jusqu'au point **b** pour en venir à déchirer les tétraèdres, il se fait un étranglement brûlant au milieu de la barre tendue. Les électrosyzygues É, E' des tétraèdres déchirés se rencontrent et s'ecthermosent en produisant une élévation de température.

En éloignant le poids **b** après l'apparition d'une trace de chaleur, la barre ne revient plus à sa longueur L; elle conserve la longueur $L + l'$. Les détails de l'élasticité ainsi produite servent à mettre dans toute leur évidence : 1° la structure tétraédriédrique de tous les corps, et 2° l'existence d'électrosyzygues latents positifs É dans le milieu des tétraèdres et d'électrosyzygues négatifs E' à leur surface.

Dans cette section, j'ai exposé les actions produites par les inéquilibres des électrosyzygues :

1° Par la compression et la dilatation des gaz, 1° sans éprouver aucune résistance et sans produire ni travail ni froid, ou 2° en éprouvant une résistance et en produisant du travail et du froid;

2° Par la dissolution des solides dans les liquides où il y a une résistance et apparition du froid;

3° Par la formation d'une couche photoélectrique autour des métaux en fusion qui empêche la propagation de la chaleur aux températures élevées, de sorte que l'eau à 100 degrés s'y refroidit jusqu'à 36°;

4° Par l'ébullition des liquides, laquelle est une exélectrose de la chaleur qui s'éloigne avec les tétraèdres augmentés de volume;

5° Par la déchirure des tétraèdres des solides au moyen du *frottement* pour faire venir en rencontre les syzygues Ê, E' et les faire s'unir pour apparaître comme chaleur libre.

CHAPITRE I.

CHALEUR EXÉLECTROSÉE, SES ACTIONS ET SES EFFETS.

§ 75. Le froid est la preuve d'une diminution de chaleur; une telle diminution de chaleur a lieu également en l'absence d'élévation de température pendant l'introduction de la chaleur. Ainsi les mots *froid* ou *abaissement* de température ne peuvent s'employer pour expliquer le changement de la chaleur en électricité, changement qu'on nomme *exélectrose*.

Les mêmes syzygues É, 2E ou ÉÉ, E sont tantôt l'électricité, tantôt la chaleur :

1° L'expansion des molécules μ des pycnosyzygues É ou des molécules μ' des aréosyzygues E se manifeste dans les corps comme *poussée répulsive* r ou comme *chocs*.

2° L'expansion des molécules μ, μ' des thermozeugmes ÉE² se manifeste dans les corps comme *dilatation;* dans un cas les tétraèdres se déplacent, dans l'autre leurs intervalles augmentent.

Pour mesurer les *intensités des poussées* on emploie le *magnète*, dont la position est déterminée par les courants électriques terrestres. Pour mesurer les intensités des *dilatations*, on emploie celle du mercure, de l'alcool ou de l'air.

L'électricité produite par la chaleur 𝔖 reste conservée à l'état latent dans les liquides en exerçant une poussée répulsive r d'où résulte un équilibre avec la poussée compressive *p* exercée par l'expansion des molécules isopycnes μ'' contre le barogène β des atomes; dans ce cas unique il y a *exélectrose de chaleur*, et l'électricité, au lieu de produire des chocs et un accroissement de volume, sert à soutenir en équilible les tétraèdres des liquides. Le point de fusion des solides est une action qui est en rapport : 1° avec le poids de leurs équivalents; 2° avec leur densité; 3° avec leur chaleur spécifique.

La vaporisation des liquides s'opère à toute température; elle s'arrète quand la poussée **p** de la pression centripète a une intensité égale à celle de la poussée **r** exercée par la chaleur qui produit la dilatation.

L'état globuleux a pour cause l'exélectrose continuelle de la chaleur comme celle de l'eau bouillante, avec cette différence que dans l'eau l'électricité ne se disperse pas, mais reste à l'état latent dans les tétraèdres composant la vapeur, tandis que dans l'état globuleux la chaleur s'exélectrose au fur et à mesure qu'elle arrive à la surface du métal. L'expansion des molécules μ' des aréosyzygues exerce une poussée répulsive **r** correspondant à la quantité $q\dot{E}\dot{E}^2$ de thermozougmes exélectrosés par seconde.

L'exélectrose de la chaleur correspond à l'ecthermose de l'électricité. Ces changements, il est vrai, étaient connus, mais les résultats des observations n'étaient pas coordonnés dans un ordre indiquant la succession des actions. Il y avait une lacune entre l'origine des actions et les résultats obtenus par les expériences; les poussées répulsives exercées par les molécules en expansion, quoique observées, restaient inexplicables; on ignorait complétement l'expansion spontanée et indéfinie des molécules, telle qu'elle se présente dans la lumière des étoiles, on ignorait l'origine du mouvement; on connaissait seulement le grand nombre de faits trouvés par les observations ou par les expériences. Tous les observateurs, tous les expérimentateurs travaillaient pour découvrir l'origine du mouvement indispensable à la production de chaque fait, à chaque action physique ou intellectuelle.

I. CHALEUR OU FROID OBTENU PAR LA COMPRESSION DES GAZ OU PAR LEUR DILATATION.

§ 76. Le nombre n de tétraèdres Δ d'un gaz ou d'une vapeur occupe tout l'espace e, qe, qe... des vases dans lesquels on l'introduit. Cette dilatation s'opère avec une diminution de tension et avec un abaissement de température durant autant que la dilatation.

Dans le vase v dont le volume est e, l'intervalle entre les tétraèdres est petit (h) et il est grand (H) dans le vase V. Si les atomes des tétraèdres étaient limités comme les grains de sable, ils conserveraient le volume v. J'ai démontré que la vapeur est composée des couples de tétraèdres $\Delta'\Delta$ soutenant à l'état latent : 1° dans leur milieu les pycnosyzygues $\dot{E}$, et 2° à leur surface les aréosyzygues doubles $\dot{E}^2$. L'expansion des molécules μ' des syzygues homonymes superficiels

É fait donc écarter ou s'approcher les tétraèdres les uns des autres pour établir un équilibre entre eux.

Si les n tétraèdres sont mis en communication avec un vase vide V' (fig. 13) qui n'offre aucune résistance, ils y pénètrent en obéissant à la poussée répulsive r, et l'équilibre s'établit dans les intervalles **h** entre les tétraèdres. Si dans le vase V les n tétraèdres étaient sous la pression ordinaire, cette pression se réduit à la moitié dans les deux vases V, V'. C'est cette diminution de résistance qui est cause de l'accroissement d'expansion des molécules μ' des syzygues latents É et É² provenant de l'électrose d'une quantité de chaleur qui est mesurée, 1° avant son exélectrose, et 2° après l'ecthermose de l'électricité.

Si, au contraire, à la pression ordinaire les gaz sont dans les deux vases V, V', on remplit l'une avec le mercure; l'expansion d'une portion des molécules des syzygues É et É² se trouve supprimée; elle s'ecthermose et se répand à l'état de chaleur libre.

Favre et Silbermann ont expérimenté sur plusieurs gaz au moyen d'une espèce de pompe dont l'élévation du piston produit la dilatation et l'abaissement de température (—); l'abaissement du piston, au contraire, produit un accroissement de compression et une élévation de température (+). Chaque course du piston exercée dans le même espace de temps produit des quantités inégales d'électricité qÉ, qÉ² ecthermosé et de chaleur exélectrosée; et cela diffère pour chaque gaz, comme on le voit dans le tableau suivant :

AIR.		OXYGÈNE.	HYDROGÈNE.	ACIDE CARBONIQUE.	OXYDE DE CARBONE.	PROTOXYDE D'AZOTE.
Entre ¼ et ½ atmosphère.	+ 5°,6	5°,6	9°,7	4°,7	5°,0	4°,7
	— 5,0	4,7	5,0	4,7	5 0	4,8
Entre ½ et 1 atmosphère.	+ 8,8	9,3	13,8	7,3	8,6	0,8
	— 7,6	7,6	8,5	7,3	7,3	0,6
Entre 1 et 2 atmosphères.	+ 13°,2	13,2	18,5	11,3	12,0	11,0
	— 12,8	13,2	13,7	11,3	12,0	11,3
Entre ½ et 2 atmosphères.	+ 22,0	22,5	32,3	18,0	21,3	17,6
	— 20,4	20,8	22,2	18,6	19,9	17,9
Entre ¼ et 2 atmosphères.	+ 27,6	28,1	42,0	23,3	20,8	22,3
	— 25,4	25,3	27,2	23,3	24,8	22,2

I. L'*expansion* des gaz dans le vide ne présente aucun abaissement de température, et cela à cause de l'absence d'expansion des molécules μ' des aréosyzygues $q\dot{E}$ des thermozeugmes $q\dot{E}\dot{E}^2$. Cette expansion des molécules μ' n'est due qu'à ce qu'il existe une résistance qui produit un inéquilibre; en pareil cas, il y a en même temps une action qui se présente : 1° comme *travail* exercé sur la résistance, et 2° comme abaissement analogue de température. Ce mode de production de travail correspondant à la quantité de chaleur disparue, qui a lieu aussi bien pour les gaz que pour les vapeurs, la quantité $q\dot{E}$ d'aréosyzygue produit : 1° le *travail* par l'expansion de ses molécules μ', et 2° le *froid* par la décomposition des thermozeugmes $q\dot{E}\dot{E}^2$.

Les gaz produisent un travail inférieur à celui des vapeurs; cette différence entre les gaz et la vapeur a pour cause l'électricité latente $\dot{E}$, $\dot{E}^2$ soutenue par les vésicules des vapeurs, tandis que les atomes des tétraèdres des gaz soutiennent une seule espèce d'électrosyzygues.

II. La *compression* des gaz est un travail qui peut être exposé en quantité $q\dot{E}\dot{E}^2$ de thermozeugmes décomposés : 1° en *électricité neutre* $q\dot{E}\dot{E}$ devenue insensible, et 2° en *aréosyzygues* $q\dot{E}$ dont l'expansion produit la poussée observée dans le travail, qui est ici une compression.

Les tétraèdres q, en abandonnant l'espace e pour en occuper un autre inférieur *e*, n'abandonnent pas leurs thermozeugmes $q\dot{E}\dot{E}^2$; il les amènent dans l'espace inférieur *e*, où leur densité augmente proportionnellement à la différence e—*e* des deux espaces. On voit ainsi que la quantité *q* de chaleur employée pour le travail pendant l'expansion est une cause de la production de la quantité *q'* de chaleur produite pendant la compression, sans cependant qu'il en résulte que ces quantités doivent être égales. Les différences sont faibles pour les vapeurs de l'acide carbonique et du protoxyde d'azote, tandis qu'elles sont considérables pour les gaz. L'hydrogène se distingue des autres gaz par de grandes différences.

La même différence e—*e* d'espace abandonné produit dans l'hydrogène comprimé une quantité $q\dot{E}\dot{E}^2$ de thermozeugmes qui est presque double de celle $q'\dot{E}\dot{E}^2$ que produit le travail; de sorte qu'en opérant sur de grandes dimensions sous une pression entre $\frac{1}{4}$ et $\frac{1}{2}$ atmospère, on en obtiendrait un accroissement de chaleur, tandis qu'on ne peut obtenir ce résultat par les autres gaz et encore moins par les vapeurs. Connaissant la cause physique de l'accroissement de la chaleur trouvée par l'expérience, il ne reste qu'à inventer un appareil convenable pour produire une compression de 4 volumes d'hydrogène pour les réduire à trois et en obtenir une quantité de chaleur double de celle qui est dépensée pour la compression.

Ce résultat sert à faire connaître à chacun : 1° le mode de production du travail par la poussée exercée par l'expansion des molécules μ' des aréosyzygues Ë des thermozeugmes, et 2° le mode d'élévation de température par le rapprochement des tétraèdres entre eux en même temps qu'avec celui de leurs thermozeugmes.

II. MÉLANGES FRIGORIFIQUES.

§ 77. L'exélectrose de la chaleur est la cause d'un abaissement de température qui est très-exactement mesuré. L'exélectrose est occasionnée au moyen des mélanges et des dissolutions des corps solides dont les tétraèdres Δ repoussés entre eux éprouvent une faible résistance : 1° dans les tétraèdres hétéronymes Δ' et dans la poussée compressive p exercée par les molécules isopycnes μ''; cette poussée est réduite dans le liquide à $p-p'$. La poussée répulsive r des tétraèdres Δ entre eux en dehors du liquide est inférieure à la poussée compressive p et le corps reste à l'état solide, tandis que ce corps placé dans le liquide exerce la même poussée répulsive r entre ses tétraèdres, lesquels, dans ce cas, éprouvent la poussée compressive $p-p'$ de la part des molécules isopycnes μ''.

Dissolution des corps solides dans les liquides. Dans le cas où la poussée répulsive r est inférieure à la différence $p-p'$ de la poussée compressive, les corps restent insolubles; les corps deviennent plus insolubles dans les liquides qui ne sont pas en endosmose; car de pareils liquides exercent une poussée compressive $p+p'$; pour qu'un liquide soit dissolvant, il faut qu'il soit en endosmose.

C'est au moyen de l'endosmose des tétraèdres superficiels dans la couche ambiante du liquide que la dissolution du solide s'opère. Les intervalles h entre les tétraèdres Δ croissent, ils deviennent h dans quelques liquides et H dans les autres. Ce sont ces intervalles qui occasionnent l'exélectrose de la chaleur. Le froid produit par la dissolution diffère par rapport à sa cause de celui de la dilatation. Dans les dissolutions il ne se produit pas de travail.

Les degrés de froid correspondent aux intervalles qui dépendent de la différence $r-(p-p')$, laquelle croît : 1° à cause de la poussée répulsive r exercée entre les tétraèdres A du corps solide, et 2° à cause de la diminution de la poussée compressive $p - p'$.

Je rapporterai comme exemple les résultats thermométriques obtenus par les expériences, puis j'indiquerai le mode de production du froid à des degrés différents. Les corps sont dissous : 1° dans l'eau, 2° dans la glace pilée, 3° dans les acides étendus.

En partant de la température 10°, j'indique par t celle au-dessous de zéro, de sorte que le froid produit est la somme $10° + t$.

I. *Eau et sels.*

1°	1	Eau..........	— 10°
	1	Azotate d'ammoniaque.......	
2°	1	Eau..........	— 10
	1	Azotate d'ammoniaque.......	
	1	Sous-carbonate de soude.......	
3°	16	Eau..........	— 12
	5	Azotate de potasse.	
	5	Chlorhydrate d'ammoniaque...	
4°	10	Eau..........	— 10°
	5	Chlorhydrate d'ammoniaque. .	
	5	Azotate de potasse.	
	8	Sulfate de soude.	
5°	4	Eau..........	— 5
	57	Chlorhydrate de potasse......	
	32	Chlorhydrate d'ammoniaque. .	
	10	Azotate de potasse.	

II. *Neige ou glace pilée et sels.*

6°	2	Neige.........	— 10°
	1	Sel marin.....	
	24	Neige.........	— 10
	10	Sel marin.....	
	5	Chlothydrate d'ammoniaque...	
	5	Azotate de potasse.	
7°	2	Neige.........	— 8
	3	Chlorure de calcium.......	
8°	5	Neige.......	— 14
	2	Sel marin.....	
	1	Chlorhydrate d'ammoniaque. .	
9°	12	Neige.......	— 21
	5	Sel marin.....	
	5	Azotate d'ammoniaque......	
10°	3	Neige.......	— 8
	4	Potasse......	

III. *Sels et acides étendus d'eau.*

11°	3	Sulfate de soude.	— 8
	2	Acide azotique...	
12°	6	Sulfate de soude..	— 23
	4	Chlorhydrate d'ammoniaque...	
	2	Acétate de potasse.	
	1	Acide azotique...	
13°	9	Phosphate de soude.	— 20
	4	Acide nitrique...	
14°	6	Sulfate de soude.	— 26
	5	Azotate d'ammoniaque......	
	4	Acide azotique..	
15°	20	Sulfate de soude.	— 8,15
	10	Acide sulfurique à 30°.......	
16	8	Sulfate de soude..	— 17
	5	Acidechlorhydrique	

Dans ces cas il y a dilatation des tétraèdres des solides dans l'eau pure ou mêlée avec les acides; les intervalles h des tétraèdres engendrent l'exélectrose de la chaleur, l'électricité $\dot{E}$, E^2 est soutenue à l'état latent en quantité tellement supérieure que les intervalles peuvent augmenter dans les acides dont les tétraèdres exercent une faible résistance.

1° Les tétraèdres Δ d'azotate d'ammoniaque dans l'air exercent entre eux une poussée répulsive r inférieure à la poussée compressive p de la part des molécules isopycnes μ''. En contact avec l'eau, la poussée p se partage : 1° p' se dirige vers les hydatotétraèdres Δ', et 2° la différence $p-p'$ reste inférieure à la poussée répulsive r. Ainsi les tétraèdres du sel Δ se répandent par l'accroissement des intervalles h, jusqu'à la grandeur H qui est déterminée par la différence $p-p'$ des poussées compressives. Une pareille dissolution est une espèce d'évaporation du sel dans l'eau, comme cela a lieu à l'égard de l'évaporation de l'eau dans un espace raréfié. Dans les deux cas la chaleur s'exélectrise, et l'électricité est soutenue à l'état latent par les tétraèdres.

2° Les tétraèdres des sels différents exercent une minime résistance entre eux; on gagne ainsi en intervalle H, H', lesquels occasionnent l'exélectrose d'une quantité analogue de thermozeugmes $q\dot{E}E^2 + q'\dot{E}E^2$ et l'abaissement supérieur de température.

3° Les poussées répulsive r', r'' entre les tétraèdres des sels sont différentes; la poussée r entre les tétraèdres d'ammoniaque est la plus grande, tandis que la plus grande diminution de la poussée compressive $p-p'$ est occasionnée par l'acide azotique.

4° Au moyen de trois sels les plus solubles dans l'eau, on gagne le maximum d'intervalles H, H', H'' dans la quantité d'eau suffisante.

5° Au contraire, dans la petite quantité d'eau les intervalles h, h', h'' se trouvent occupés par de faibles quantités d'électricité latente et de chaleur exélectrosée; le froid est faible.

6° Il y a endosmose, 1° du sel marin dans la neige ou dans la glace pilés, et 2° de l'eau dans le sel dont la densitée est de près de 2. Pour avoir les mêmes intervalles H, H', il faut un nombre égal d'éléments de tétraèdres; cela s'obtient par le double poids de la neige. Les tétraèdres Δ', Δ occupent séparément $2v+v$; après la dissolution, ces 3 volumes se trouvent occupés par l'une et par l'autre espèce de tétraèdres.

7° Dans le liquide précédent il se dissout deux autres sels pour que les intervalles entre leurs tétraèdres augmentent et deviennent

H″, H‴. Ces intervalles sont occupés par des quantités proportionnelles d'électricité latente produite par l'exélectrose de la chaleur de l'eau.

8° Le chlorure de calcium produit une endosmose moins grande que celle du sel marin à cause de sa poussée répulsive r' inférieure à r.

9° Les tétraèdres de chlorhydrate d'ammoniaque pénètrent dans le liquide du sel marin et produisent un froid supérieur de 4 degrés.

10° En augmentant le liquide et en remplaçant le chlorhydrate par l'azotate d'ammoniaque, les intervalles H″ s'élargissent davantage et le froid devient plus grand.

11° La potasse n'est pas vers l'eau d'une endosmose si forte que l'est le sel marin.

12° Les acides étendus possèdent l'expansion des molécules μ, μ′ de l'électricité neutre Ė, Ē soutenue par leur oxygène ŌĖĒ. Les tétraèdres des sels soutiennent l'électricité latente Ė, Ē²; il y a donc de la part des acides une résistance plus faible que de la part de l'eau; cela fait augmenter les intervalles davantage dans les acides que dans l'eau. Le sulfate de soude comparé au phosphate de soude possède une poussée répulsive r inférieure.

13° Les trois sels dans la même quantité d'acide étendu occupent les intervalles H, H′, H″ et produisent un abaissement de température de 10° à —23°; si les sels sont au nombre de 2 ou 1, les quantités d'électricité latente q(Ė, Ē²) et q'(Ė, Ē²) s'évanouissent; il y a une quantité de chaleur exélectrosée inférieure. Le froid produit est faible.

14° (Voir 12°).

15° La résistance entre les sulfates et l'acide sulfurique est grande; les intervalles H entre les tétraèdres croissent peu. Par suite la quantité de chaleur exélectrosée est petite et le froid produit est faible.

16° En remplaçant l'acide sulfurique par l'acide chlorhydrique, la résistance devient faible, les intervalles H augmentent et occasionnent l'exélectrose de grandes quantités de chaleur, d'où il résulte un grand abaissement de température.

III. ECPHOTOSE DE LA CHALEUR A LA SURFACE DES MÉTAUX.

§ 78. Les thermozeugmes qĖĒ² du feu arrivent au métal chauffé et s'en éloignent comme chaleur libre et comme électricité négative E, qui sollicite l'affluence de l'électricité positive É. Ainsi les thermozeugmes ÈE² à la surface des métaux chauffés se transforment en photozeugmes, lesquels apparaissent dans l'obscurité quand le métal est encore obscur à la lumière du jour. Cette couche de lumière est la rencontre des pycnosyzygues É affluant avec les couples d'électricité neutre ÈE dont les aréosyzygues E viennent de se séparer. La densité des photozeugmes croît avec la température du métal qui apparaît rouge obscur, rouge blanc, lorsque la chaleur du métal augmente.

Les résultats suivants des expériences sont combinés de manière à rendre évidente l'ecphotose de la chaleur à la surface des métaux.

Beaudrimont a évalué les différences de température de l'eau et du creuset de platine incandescent à différents degrés ; il a trouvé pour l'eau 36 degrés au rouge obscur du métal, 49 degrés au rouge, 50 degrés au rouge blanc. En projetant de l'eau bouillante dans le creuset rouge obscur, sa température retombe à 36 degrés, température qui est celle de la surface de la couche lumineuse.

La limite inférieure de la température du métal, pour qu'il n'y ait pas adhérence et vaporisation du liquide, dépend de sa nature ; de sorte que cette limite est d'autant plus basse que la température de l'ébullition du liquide l'est elle-même. Cette limite est au-dessous du rouge pour l'eau et les liquides les plus volatils. Les liquides inflammables donnent souvent une flamme à l'ouverture du creuset sans que le liquide cesse de présenter le même phénomène ; alors le liquide brûlant diminue comme dans sa combustion ordinaire.

L'ecphotose de la chaleur s'opère à la surface de tous les corps, *platine*, *verre*, *porcelaine*, *essence de térébenthine*, etc. L'*eau*, l'*alcool*, l'*éther* se soutiennent sur l'acide sulfurique presque bouillant.

La non-propagation de chaleur est démontrée dans tous ces cas, même dans la grande différence T—*t* entre la température T du métal et celle *t* du liquide. Boutigny a trouvé pour T les limites inférieures 142, 134, 61 degrés en opérant avec l'eau, l'alcool et l'éther. Au-dessous de ces températures, la couche de lumière nommée *photostrome* ne s'oppose plus à la propagation de la chaleur dans les liquides ; ce point de température t apparaît dans les liquides comme une explosion. Une grande quantité de chaleur passe du métal à 142 degrés dans l'eau à 36 degrés, et la transforme subitement en vapeur qui se disperse. Si l'on opère sur une grande quantité d'eau, une partie de cette eau se transforme subitement en vapeur et une autre est projetée en dehors du vase.

Pouillet a chauffé au rouge blanc un grand creuset de platine qu'il a rempli d'eau. L'eau a conservé presque tout son poids pendant quelques heures.

Herkins a adapté un tuyeau en fer muni d'un robinet à une petite chaudière à vapeur qu'il a fait rougir, et il y a introduit de l'eau. La vapeur produite s'est échappée avec violence par une soupape de sûreté chargée à 50 atmosphères; pas une goutte d'eau n'a pénétré dans le tube de fer, dont le robinet était resté ouvert. Ayant retiré le feu et laissé refroidir la chaudière, tout à coup la vapeur est sortie par le tube en produisant un mugissement épouvantable, mugissement causé par des millions de décharges électriques. Ces décharges électriques de l'appareil électromagnétique de **Ruhmkorff** produisent des mugissements pareils au moment de l'interruption du courant.

L'acide sulfureux anhydre bout à — 10°; il est réduit à une température inférieure dans un creuset rouge. L'eau qu'on y introduit se convertit en glace.

Jusqu'en 1808, les physiciens niaient la possibilité de plonger impunément le bras dans la fonte en fusion. Boutigny mit tous ses soins à constater cette possibilité, et depuis chacun a pu facilement répéter l'expérience. Il ne restait plus qu'à inventer des hypothèses plus ou moins plausibles pour expliquer les faits dont l'existence était devenue incontestable. Si les chimistes de 1808 eussent possédé les connaissances de ceux de 1868, ils auraient combiné l'ecphotose de la chaleur observée dans la production des courants thermoélectriques avec l'absence de chaleur libre dans les métaux en fusion, et ils seraient ainsi arrivés à découvrir l'existence de l'ecphotose de chaleur dans les métaux en fusion.

Ecphotose de la chaleur superficielle. Du foyer la chaleur pénètre dans les métaux et les réduit à l'état liquide ou demi-liquide; il existe à leur surface des courants thermoélectriques constatés par les déviations du magnète, mais il n'y a pas de rayonnement de chaleur lumineuse analogue à celle émanée du foyer. La couche superficielle de la masse se distingue en ce qu'il y a expansion des molécules μ' des aréosyzygues et affluence des molécules μ des pycnosyzygues. Cette couche est d'une ténacité extrême dans la masse ramollie et incandescente du verre. Pour en séparer une portion, il faut presser beaucoup avec un morceau de bois, car en tirant on obtient des filets extrêmement minces qui ne se cassent pas. La couche superficielle de la masse est la barrière qui s'oppose à la propagation de la chaleur; sa ténacité croît avec la densité des molécules μ' en expansion.

Boutigny a remarqué qu'on ressent plus de chaleur en posant précipitamment sa main dans le métal que s'y on l'y fait entrer lentement; il ajoute que dès qu'on commence à sentir une chaleur à peine supportable de 40 à 50 degrés, on peut retirer subitement sa main.

L'expansion des molécules μ' de la surface du liquide exerce une vive impression, elle est une poussée dans les parties non immergées voisines de la surface du liquide; cette poussée est un effet de l'expansion des molécules copieuses μ'.

La nécessité d'une chaleur plus grande pour n'être pas brûlé correspond à celle des jours d'été pour la formation de la grêle. A l'avenir on saura distinguer l'état des électrosyzygues $6q\dot{E}$, $6q\ddot{E}$ combinés différemment pour faire apparaître :

I. La pycnoélectricité $6q\dot{E}$ et l'aréoélectricité $6q\ddot{E}$;

II. La chaleur $2q\dot{E}\ddot{E}^2$ et la lumière $2q\dot{E}^2\ddot{E}$;

III. La chaleur $3q\dot{E}\ddot{E}^2$ et l'électricité positive $3q\dot{E}$ ou l'explosion.

IV. ÉBULLITION.

§ 79. L'ébullition est une action produite par un inéquilibre des tétraèdres des liquides; ces tétraèdres correspondent aux équivalents chimiques, qui diffèrent dans chaque liquide. Dans le même liquide l'inéquilibre soutenant l'ébullition est produit : 1° par la poussée atmosphérique A, et 2° par la poussée répulsive r exercée par l'expansion des molécules μ' des aréosyzygues $\ddot{E}$ des thermozeugnes $\dot{E}\ddot{E}^2$ qui arrivent du feu dans le liquide. Cette poussée r est celle qui produit le travail quand le volume de la vapeur augmente, et la quantité $q\dot{E}\ddot{E}^2$ de thermozeugmes devient latente.

L'ébullition de l'eau à 100 degrés est soutenue par l'exélectrose de la chaleur et l'éloignement de la vapeur pour que la pression reste constante. Si la vapeur renfermée dans la chaudière fait augmenter la pression A, l'ébullition se trouve interceptée par l'équilibre qui s'établit entre la poussée r qui correspond à la température t de l'eau, température qui ne monte pas plus haut, s'il s'évapore de la surface de la chaudière une quantité de chaleur égale à celle qui y arrive. Mais le volume de la chaudière restant limité si la poussée r croît avec l'expansion de la chaleur libre, elle parvient à vaincre la résistance ou la pression mesurée dans la soupape, et l'ébullition se manifeste; elle s'interrompt quand on ferme la soupape et recommence quand on l'ouvre. Pendant que les aréosyzygues Ė s'éloignent du fond de la chaudière, les pycnosyzygues É y arrivent de l'eau froide et de l'air ; il y en a une charge dont le maximum est suivi d'une multitude de décharges immédiates dont le bruissement peut être comparé à celui de *l'eau qui chante avant de bouillir*. Les pycnosyzygues É de la chaleur du feu pénètrent dans les tétraèdres 4ŌĖ de l'oxygène logés dans ceux de l'hydrogène qui pénètrent dans les aérosyzygues, et ils deviennent ainsi 4ĤĖ². Il se forme d'abord des vésicules volumineuses contenant dans leur milieu l'électricité positive, laquelle exerce une poussée contre la pression. Arrivées à la surface, ces vésicules crèvent; elles diffèrent du grand nombre de vésicules vides au milieu qui flottent dans l'air. Cet état est soutenu par les électrosyzygues latents Ė, Ē².

Les décharges électriques dans le fond de la chaudière de métal commencent à une température de 100 degrés, tandis que celles du fond d'un ballon de verre commencent à 100°,7 ou 100°,8 ; mais si ce fond est enduit de soufre, l'ébullition commence à 99°,8 ou 99°,7.

Les vésicules produites au fond d'un vase contenant de l'acide sulfurique sont très-volumineuses; il s'accumule une grande quantité d'électricité positive dans leur milieu. Des nombreuses bulles qui couvrent le fond du ballon, il s'en détache une au point d'ébullition ; cette bulle, grossie énormément, vient crever à la surface avec une décharge électrique qui exerce sur le liquide une poussée qui le soulève et qui imprime au vase une secousse suffisante pour le briser.

Quand on laisse séjourner de l'acide sulfurique dans un ballon neuf, la température de l'ébullition de l'eau s'élève à 105 ou 106 degrés après qu'on a bien lavé le ballon ; avec une parcelle de limaille de fer, l'ébullition s'opère à 100 degrés. La même élévation de température s'obtient : 1° par la potasse ; 2° par le frottement avec un papier mouillé ; 3° par la chaleur rouge du ballon qu'on laisse refroidir avant d'y introduire l'eau.

Par la manière dont ces cas sont coordonnés, on voit que l'ébullition est précédée de décharges électriques entre le fond du vase et le liquide. Ces décharges trouvent dans les métaux une résistance moindre que dans le verre aréoélectrique et isolateur ; cet état est augmenté par les quatre procédés indiqués par lesquels la température de l'ébullition s'élève.

Si au lieu de chauffer le ballon et de le refroidir, on chauffe l'eau à 100 ou à 98 degrés et qu'on la laisse refroidir, cette eau ne bout qu'à une température supérieure à 110 degrés. **Galy-Cazalat** a laissé une couche d'huile à la surface d'une eau qui avait été chauffée à

100 degrés; c'est ainsi que l'huile a servi à empêcher l'éloignement de l'air. Jusqu'à 123 degrés cette eau est restée calme; au bout de quelques instants il s'est produit subitement une grande masse de vapeur qui a lancé une grande partie de l'eau hors du ballon, et qui parfois peut le briser. Cette production subite de vapeur s'opère dans plusieurs cas dont je parlerai plus bas.

Explosion des chaudières. Cette expérience a servi à prouver que les explosions de chaudières sont produites d'une manière analogue sans cependant aller jusqu'à y reconnaître : 1° des charges électriques pendant le refroidissement de l'eau, et 2° la répulsion de la couche superficielle de l'eau par le fer devenu rouge en recevant l'électricité positive. Lorsque les bateaux s'arrêtent la nuit, si on laisse le feu s'éteindre et si la nuit est froide et que la chaudière se trouve suffisamment pleine pour n'avoir pas besoin d'être remplie de nouveau, elle devient chargée d'électricité, et le lendemain, quand on chauffe, l'ébullition n'arrive pas à 100 degrés; aux températures 120 et 125 degrés, il n'y a ni vapeur ni pression. En pareil cas, il se produit subitement une grande masse de vapeur qui s'échappe de la soupape, et qui parfois peut rompre la chaudière.

Éolypile (ἔολος, πύλη, porte). Cet appareil (fig. 16) est une chaudière de cuivre qui se termine par un tube étroit. On introduit l'eau en chauffant d'abord le vase pour chasser l'air et en en plongeant ensuite l'orifice dans l'eau avant le refroidissement du vase. On obtient ainsi une couche électrique entre le métal et l'eau froide, ainsi que cela a lieu quand on chauffe un ballon en verre et qu'on le laisse se refroidir pour qu'il se charge d'électricité.

Fig. 16.

Héron d'Alexandrie a expérimenté avec cet appareil dans lequel l'eau ne bout ni régulièrment ni à 100 degrés. Il y a un obstacle entre le métal et l'eau qui empêche le passage continuel de la chaleur dans l'eau pour qu'elle y devienne latente et s'éloigne avec les vésicules de la vapeur. Après une élévation de température au-dessus de 100 degrés, l'obstacle se trouve vaincu et l'excédant de chaleur répandu subitement dans l'eau en transforme une partie en vapeur qui s'échappe sous la forme de bouffées. En opérant avec des appareils analogues à l'éolipyle, Donny a porté la température de l'eau jusqu'à 138 degrés. Après une vaporisation brusque, l'eau a été lancée violemment; d'autres fois l'appareil a été brisé.

CHAPITRE II.

ÉLASTICITÉ ET PRODUCTION DE CHALEUR PAR LE FROTTEMENT.

§ 80. *Les corps solides conservent toujours leur forme*; les peintures et les statues de l'Égypte et de l'Inde antérieures au Déluge sont encore dans le même état au bout de plus de 6000 ans.

Cependant en exerçant une faible poussée sur un corps, il fléchit et reste déformé tant que la poussée mécanique persiste; dès qu'elle cesse, le corps reprend sa *forme* normale.

Ne sachant ni comment les particules cèdent à une poussée ni comment elles reprennent leur place, les physiciens se sont bornés à exposer exactement les résultats dus à leurs expériences. Ils ont trouvé dans chaque corps une limite pour les degrés des poussées exposées en poids. Au delà de cette limite, la poussée fait émaner du corps une certaine quantité de chaleur, et le corps ne revient plus à sa forme primitive. Tous les corps contractent cette chaleur par le *frottement*.

Avec la seule connaissance des efforts et des résultats produits par les corps, les physiciens ont été conduits à reconnaître une structure cristalline et l'existence des molécules. Je complète ici ces résultats d'observation : 1° par ceux de la chaleur qui provient des corps quand *l'effort dépasse la limite et quand on les frotte*; 2° par l'effort mécanique qui correspond à la poussée exercée par les molécules isopycnes μ'' sur le barogène β des tétraèdres; 3° par les molécules μ' des aréosyzygues $\dot{E}^{s}$ soutenus, à l'état latent, à la surface *s* des tétraèdres par les pycnosyzygues $\dot{E}$ de la surface intérieure *s*. De cet état des corps et des causes qui y produisent des inéquilibres, il résulte des actions qui amènent :

I. Des changements de volume pour revenir à leur forme primitive;

II. Une apparition de chaleur produite par le mélange des électrosyzygues É, É² des surfaces *s*, *s* des tétraèdres déchirés;

III. Une poussée exercée par les molécules de l'aréosyzygue *q*É qui se séparent des couples neutres É, É et font disparaître la chaleur.

I. ÉLASTICITÉ (ἐλαύνειν, pousser en avant).

§ 81. Les tétraèdres des corps solides sont équilibrés : 1° par leur barogène β avec l'expansion centripète verticale des molécules isopycnes μ″ et avec leurs expansions transversales ; 2° par rapport aux aréosyzygues É des surfaces *s* des tétraèdres.

La poussée centripète **p** et la poussée transversale *p* surpassent dans les solides la poussée répulsive *r* exercée entre les aréosyzygues des surfaces *s* des tétraèdres, et c'est cette supériorité de pression qui occasionne la solidité des corps. Pour détruire cet état équilibré entre la poussée compressive *p* et la poussée répulsive *r*, il suffit : 1° d'opérer mécaniquement pour changer la poussée *p* en l'augmentant au moyen d'une pression ou en la diminuant au moyen d'une traction; 2° d'élever la température pour augmenter la poussée répulsive *r* ou pour diminuer cette poussée par un abaissement de température.

I. En partant de 0°, on obtient du volume V d'un corps un accroissement *v* tout aussi bien par une expansion des aréosyzygues É de chaleur introduite que par une traction mécanique appliquée sur toute la surface du corps.

II. Au contraire, en abaissant la température, le volume V diminue de *v*, autant qu'il diminue par une compression exercée sur toute la surface du corps.

III. Aux températures 10, 100, 200 degrés, le volume V devient $V+v$, $V+v+v'$... par l'accroissement de la poussée répulsive *r*; la même traction appliquée aux métaux chauffés de — 10 degrés à 10 degrés produit un accroissement de volume *α* inférieur à celui *v* qu'elle produit à — 10 degrés. A des températures élevées, la traction produit des effets qui diffèrent pour chaque métal. Ces effets diffèrent aussi pour le même métal selon qu'il est écroui ou recuit.

Limite de l'élasticité. Tant que la traction ou la compression ne dépassent pas une certaine limite propre à chaque corps, tel corps qui avait été déformé pendant cette traction ou cette compression revient à sa forme primitive dès que l'action mécanique a cessé.

Dans le cas où cette action dépasse la limite de l'élasticité, le corps exhale une certaine quantité de chaleur, et lorsque la poussée a cessé, ce corps reste déformé et ne reprend pas sa forme primitive.

Une limite d'élasticité est une traction ou une poussée mécanique p' opposée et égale à la poussé compressive p exercée par les molécules isopycnes μ'' contre le barogène β des tétraèdres. Dès que la traction p' dépasse la compression p, les tétraèdres se déchirent, les électrosyzygues É, E^2 soutenus dans leurs surfaces s, s à l'état latent se mêlent et apparaissent à l'état de chaleur libre $ÉE^2$. Les tétraèdres restent déchirés et le volume $V+v$ ne revient plus à V ni la longueur $L+l$ à la longueur primitive L.

Les changements de volumes sont produits : 1° par *traction* ou *compression*; 2° par *flexion*; 3° par *torsion* exercée sur les corps par des poids mesurés.

A. Élasticité de compression ou de traction.

§ 82. L'expérience a démonté d'abord : 1° qu'une barre chargée du poids P perd la partie l sur sa longueur L; 2° que la même barre tendue par le même poids P gagne la longueur l. Ainsi l'élasticité de traction a servi à déterminer celle de la compression et à faire voir que la tension ou la traction est une poussée p' exercée contre la poussée de compression p, et que par suite elle est parallèle à la poussée r exercée entre les aréosyzygues, poussée qui croît avec la température et produit aussi un accroissement de volume. La compression produit une poussée μ'' parallèle à celle exercée par les molécules isopycnes μ'', et opposée à la poussée répulsive r, poussée qui décroît avec la température et occasionne aussi une diminution de volume.

Les résultats de toutes les expériences sont d'une exactitude géométrique. **Cagnard-Latour** a opéré au moyen d'un fil métallique ABC (fig. 17) long de 2 mètres, plongé dans le fond B d'un tube rempli d'eau. Une traction de poids P est appliquée au moyen d'un levier AC appuyé en D. Le fil ainsi tendu s'est allongé de 6 millimètres; le niveau ne s'est abaissé que de $2^{mm},5$. Avant que le fil soit fixé au fond du tube en l'élevant de 6 millimètres, le niveau s'est abaissé de 5 millimètres. Le volume du fil avait donc augmenté de $2^{mm},5$ et en même temps son diamètre avait diminué.

Fig. 17.

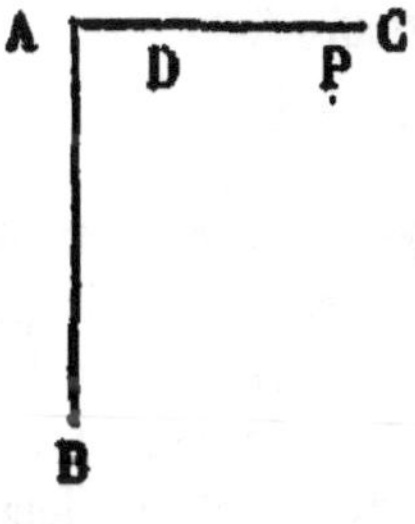

Dans la traction du fil contre la poussée centripète $\mathfrak{p}$ et dans le sens de la poussée répulsive r, il se produit une diminution de la poussée répulsive $\mathfrak{r}$ dans le sens transversal contre la poussée compressive p qui est constante. C'est donc cet affaiblissement de la poussée r qui fait diminuer le diamètre du fil AB.

Le calcul n'est que la combinaison mathématique des résultats obtenus par les observations dont on s'est servi pour trouver : 1° l'accroissement de volume ; 2° le rapport entre l'allongement et la diminution du diamètre.

En appelant S la surface de l'eau dans le tube et s la section du fil, on a :

$$(\alpha) \qquad s \times 6^{\text{m}} = S \times 5^{\text{mm}}.$$

Quand ensuite on étire le fil de manière à l'allonger de 6 millimètres, on a :

$$(\beta) \qquad L\lambda = 6^{\text{mm}},$$

en représentant par L la longueur du fil et par λ l'allongement de l'unité de longueur. Le volume de la partie plongée a diminué de $2^{\text{mm}},5 \times S$ ou de $Ls\gamma$; en représentant par γ la contraction de l'unité de la surface s de la section, on a :

$$(\gamma) \qquad 2{,}5 \times S = Ls\gamma.$$

En éliminant s, S, L par les trois équations, on trouve $\gamma = \frac{1}{2}\,\gamma$. Ce rapport indique l'affaiblissement $r - r'$ de la poussée répulsive dans le sens transversal à cause de la multiplication $r + 2r'$ dans le sens de la longueur. En comptant les deux directions de la section, l'affaiblissement est $r - 2r'$, affaiblissement qui ne diffère pas de l'accroissement dans la direction de la longueur.

B. Élasticité de flexion.

§ 83. Dans les tractions, la barre allongée avec son diamètre rétréci revient à son état équilibré après la cessation de la poussée qui a produit l'inéquilibre dont j'ai parlé. La barre horizontale DE (fig. 18) est fixée par son extrémité E dans le mur AC et sur son extrémité D elle reçoit des charges π, π', π'' qui font plus augmenter la poussée centripète $\mathfrak{p}$ à l'extrémité B qu'à l'autre

A. Le barogène ꞵ des tétraèdres obéit à la charge et à la poussée p; ainsi ils se déplacent : 1° ceux de la surface inférieure se rapprochent et deviennent une courbe concave CD′; 2° ceux de la face supérieure s'éloignent et deviennent une courbe convexe AB′.

Fig. 18.

La longueur ED = L devient L — *l* dans la courbe convexe et L + *l* dans la courbe concave. La densité *d* des aréosyzygues Ē diminue dans la courbe convexe et augmente dans la courbe concave pour devenir $d - \delta$, $d + \delta$.

Ainsi le poids π produit deux inéquilibres : 1° l'un hylique entre les tétraèdres, et 2° l'autre ayle entre les aréosyzygues ; les actions de ces inéquilibres se trouvent supprimées par le poids et reparaissent toutes les deux dès qu'on le fait disparaître.

La barre déplacée par le poids π de CB à CD′, après la disparition de ce poids, ne revient pas à sa position primitive en parcourant l'arc D′D par son extrémité, mais, à cause du double inéquilibre et de la double action, après avoir parcouru l'arc D′D, la barre se trouve équilibrée par rapport à ses tétraèdres, mais elle est en inéquilibre par rapport à la poussée répulsive *r* que ces mêmes tétraèdres ont reçue de l'expansion des molécules μ′ des aréosyzygues *q*Ē. C'est donc cette poussée répulsive *r* qui fait que la barre dépasse la position primitive ED et avance pour décrire un arc DB″ égal à DD′ avec une vitesse égale et non avec une vitesse décroissante, comme cela a lieu dans l'élévation des corps.

En DB″, la barre arrive également en double inéquilibre comme elle y était arrivée en DD′ : 1° La poussée centripète p fait déplacer le barogène B des tétraèdres, et 2° la poussée répulsive *r* y exerce une poussée parallèle et égale. La barre est ainsi forcée de parcourir l'arc B″D′ = 2DD′, et de rester ainsi en oscillation perpétuelle et isochrône.

C. Élasticité de torsion.

§ 84. Une lame métallique L*a* (fig. 19) est tordue par un effort mécanique exercé sur l'une de ses extrémités pendant que l'autre est fixe. L'effort est appliqué aux leviers *d*, *e* et la ligne droite *a* devient une courbe oblique L*n*. Les deux côtés extérieurs deviennent des courbes convexes, tandis que la ligne du milieu de la lame reste dans son état primitif une ligne droite nommée *axe*.

Fig. 10.

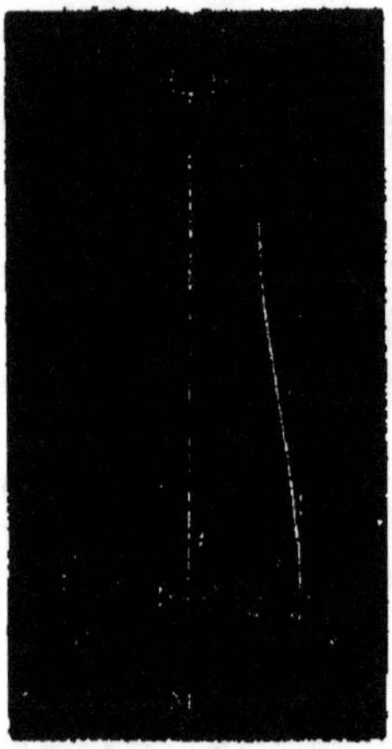

L'effort déplace les tétraèdres, et ceux-ci entraînent leurs aréosyzygues *q*Ē.

L'action de l'effort s'arrête après avoir décrit un arc *a*; il y a alors un repos produit, non par l'inertie, mais par les deux poussées égales et opposées.

Au moment de la cessation de l'effort, le double inéquilibre, 1° hylique des tétraèdres, et 2° ayle de leurs aréosyzygues produit une double action. La lame tordue pour former la courbe L*n'* revient dans sa position primitive L*a* à cause de l'action produite par l'inéquilire hylique; ensuite elle obéit à l'action de la poussée répulsive provenant de l'expansion des aréosyzygues *q*Ē, et elle avance ainsi pour parcourir un autre arc *a* égal à celui qui a été parcouru.

Au moment où elle s'arrête, la lame se trouve aussi tordue par l'arc *a* du coté opposé qu'elle l'était lorsque l'effort a cessé. Elle est donc sollicitée par le double inéquilibre à rebrousser chemin et à décrire l'arc double 2*a* pour se retrouver dans la position L*n'*. Cette oscillation horizontale est éternelle comme le sont : 1° l'oscillation de la barre horizontale, et 2° les raccourcissements et les allongements des barres verticales après que la charge a disparu

Je dis : 1° que la barre revient dans sa position primitive à l'aide de la poussée p des molécules isopycnes μ'', et 2° qu'elle dépasse cette position avec la poussée répulsive *r* exercée par l'expansion des molécules μ' des aréosyzygues pour mettre dans toute son évidence la double action, tandis que cette séparation des actions n'existe pas. L'expansion des molécules inéquilibrées μ'', μ' s'opère simultanément, et son existence est démontrée dans l'isochronisme des oscillations dont les amplitudes diminuent indéfiniment sans s'anéantir.

D. LA PESANTEUR DES CORPS DÉMONTRÉE PAR LEUR ÉLASTICITÉ.

§ 85. Par leur barogène β, les atomes obéissent à la poussée centripète des molécules isopycnes μ″ et arrivent ainsi à une coordination des tétraèdres. Les atomes négatifs Ō soutiennent les pycnosyzygues Ė; les atomes positifs Ĥ soutiennent les aréosyzygues. Les couples de tétraèdres Δ'Δ soutiennent les électrosyzygues Ė, Ė² de la chaleur à l'état latent.

Connaissant cet état des corps et les efforts mécaniques qui dérangent les tétraèdres pour qu'il en résulte un inéquilibre hylique, nous savons : 1° qu'il y est en même temps en inéquilibre ayle, et 2° que le double inéquilibre doit être suivi d'une double action, qui est bien démontrée dans le pendule MT (fig. 18) qui ne diffère pas de la barre AB (fig. 20).

Fig. 20.

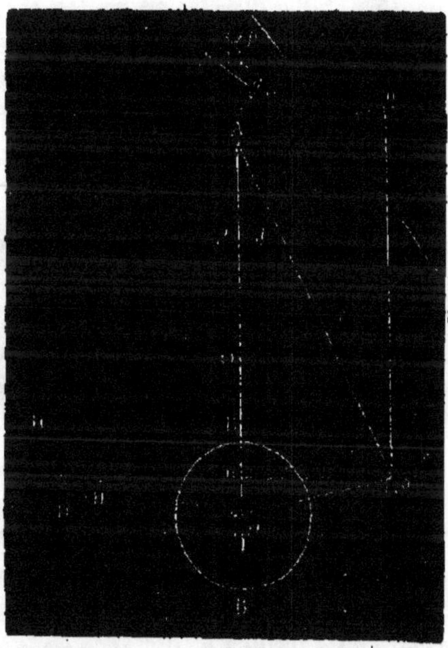

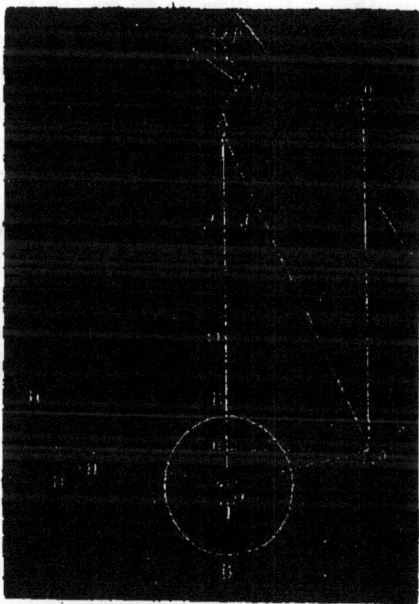

Un effort amène le poids T (fig. 20) en H' et il produit un double inéquilibre sur les tétraèdres composant le fil courbe H'qA. Dans la face concave, les tétraèdres ont la densité $d + \delta$, tandis que dans la face convexe ils ont la densité $\delta - \delta$. C'est dans ce rapport que sont aussi les densités des aréosyzygues Ė² soutenus à la surface *s* des tétraèdres à l'état latent par les pycnosyzygues Ė de la face intérieure *s*.

L'effort une fois éloigné, le fil courbe se trouve dans un double inéquilibre qui produit une double action : 1° une action hylique qui se termine au moment où le fil est vertical AT; dans ce moment commence : 2° l'action ayle qui amène le fil à une égale distance Am de l'autre côté; il y est réduit en inéquilibre double comme il l'a été en AH'. Ainsi ce pendule resterait en oscillation éternelle si dans le support *ab* il n'y avait pas le frottement dont l'effet est décrit plus bas.

Soit M (fig. 21) une boule de métal suspendue par un cordon *a* et à laquelle est attaché un autre cordon vertical *b* identique avec le premier. Si l'on tire brusquement le cordon *b* il se rompt, mais si l'on tire peu à peu, c'est le cordon *a* qui se rompt.

Fig. 21.

Dans les deux cas l'effort produit un double inéquilibre ; la double action qui s'ensuit, 1° dans un cas s'exerce entre *n* et *o*, car alors la masse M est le point d'appui qui n'a pas été dérangé ; 2° dans l'autre cas le dérangement des tétraèdres est propagé jusqu'au point d'appui *c*. Ainsi le recul de l'action double en partant de *c* parcourt le cordon *a* qui se rompt.

Choc. Soit une série *ib* (fig. 22) de billes d'ivoire en contact et suspendues ; si par un effort l'une *a* est éloignée les tétraèdres du fil qui la soutient forment une courbe ayant une face concave et uneautre convexe comme dans le pendule. L'effort éloigné laisse la bille *a* en double inéquilibre qui produit une double action :

Fig. 22.

1° l'action hylique qui se termine au moment où la bille *a* arrive en contact avec la bille *c* ; 2° l'action ayle qui commence en ce moment, et qui n'est que l'expansion des molécules μ' des aréosyzygues *q*Ë, qui se propagent par les molécules homonymes de cinq billes ; arrivés à la sixième, ces aréosyzygues, en exerçant des contre-répulsions, font éloigner cette bille jusqu'à *b*, distance égale à *ac*.

Ainsi la bille *b* est réduite en inéquilibre double comme l'a été *e* ; elle est sollicitée à produire une action double et une oscillation perpétuelle.

Chute des corps. Le corps C (fig. 23) est soutenu par un support à la hauteur RC. Dès que le support est éloigné, le corps *e* se trouve en inéquilibre simple. Il obéit par son barogène *q*β à l'expansion des

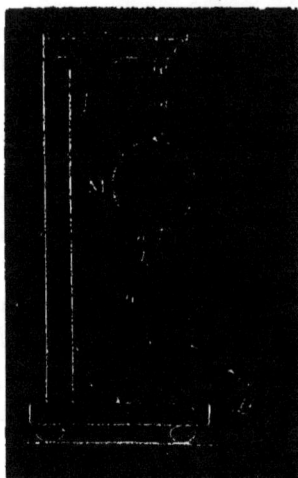

Fig. 23.

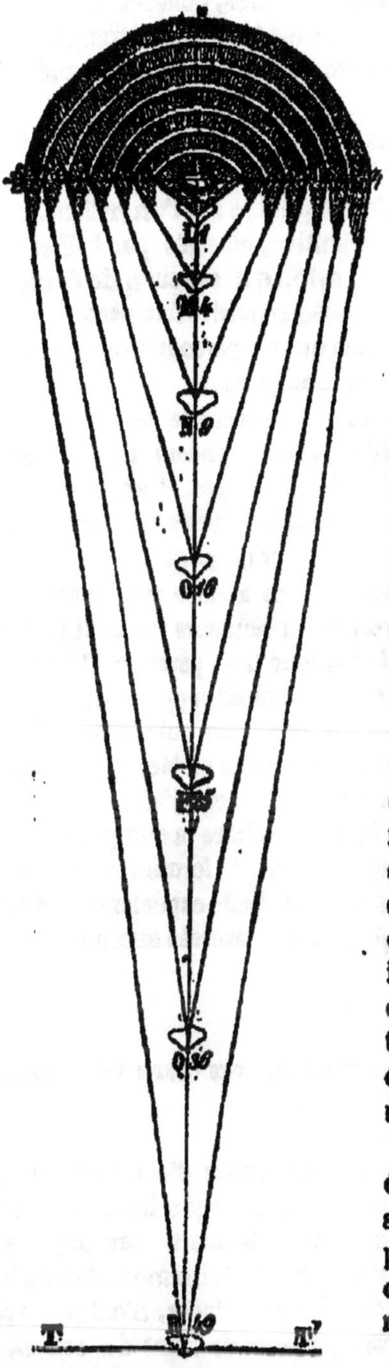

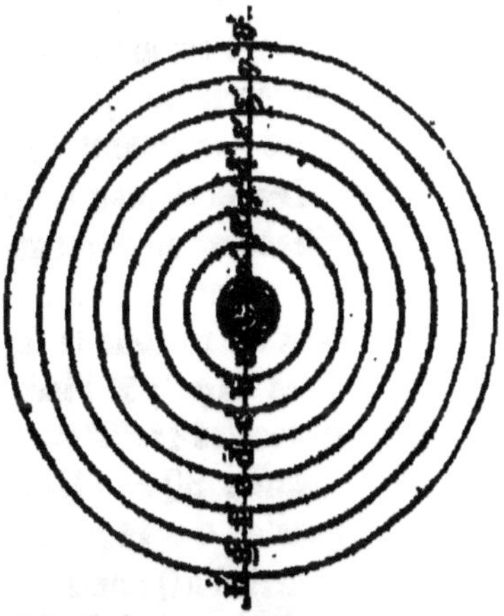

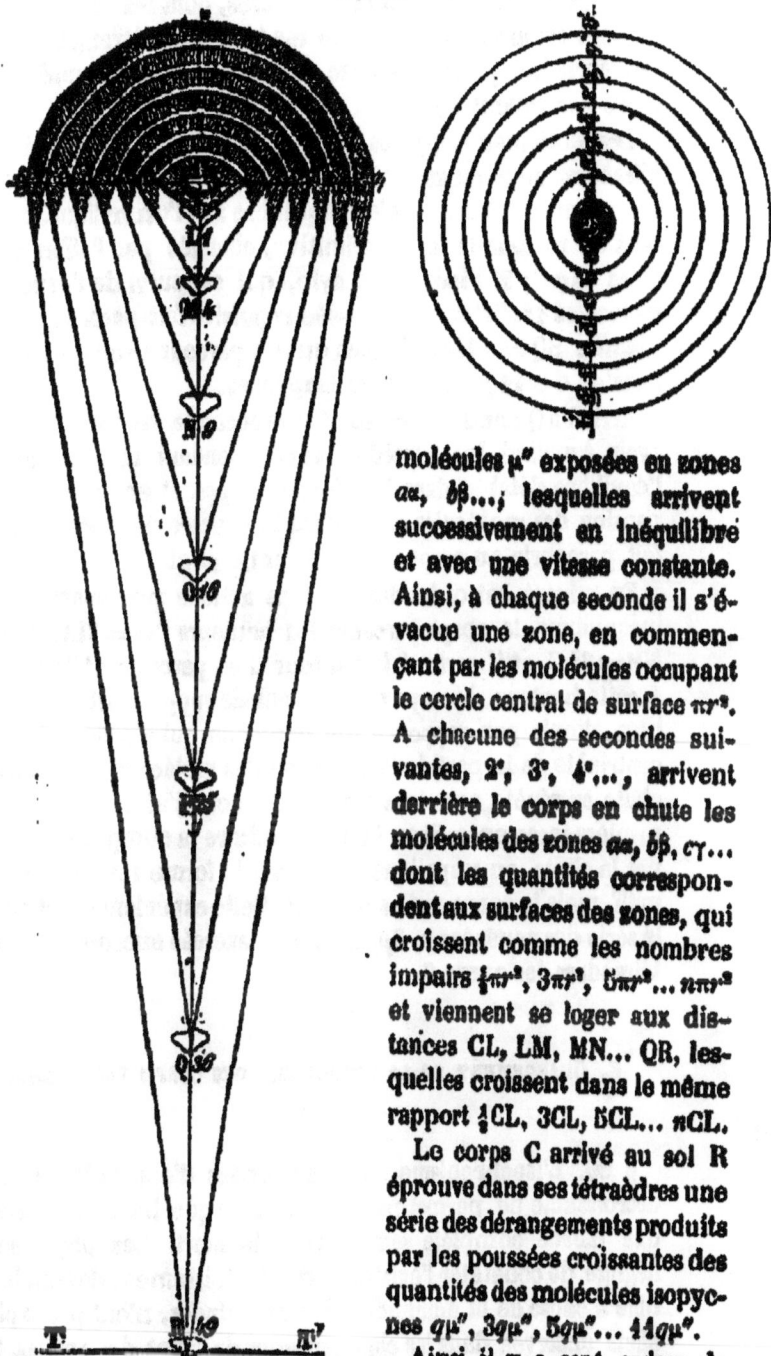

molécules μ'' exposées en zones $a\alpha$, $b\beta$..., lesquelles arrivent successivement en inéquilibre et avec une vitesse constante. Ainsi, à chaque seconde il s'évacue une zone, en commençant par les molécules occupant le cercle central de surface πr^2. A chacune des secondes suivantes, 2e, 3e, 4e..., arrivent derrière le corps en chute les molécules des zones $a\alpha$, $b\beta$, $c\gamma$... dont les quantités correspondent aux surfaces des zones, qui croissent comme les nombres impairs $\frac{1}{2}\pi r^2$, $3\pi r^2$, $5\pi r^2$... $n\pi r^2$ et viennent se loger aux distances CL, LM, MN... QR, lesquelles croissent dans le même rapport $\frac{1}{2}$CL, 3CL, 5CL... nCL.

Le corps C arrivé au sol R éprouve dans ses tétraèdres une série des dérangements produits par les poussées croissantes des quantités des molécules isopycnes $q\mu''$, $3q\mu''$, $5q\mu''$... $11q\mu''$.

Ainsi il y a sept ordres de dérangements dans les tétraèdres du corps, et par suite il se produit sept ordres de doubles inéquilibres, dont les actions hyliques ne peuvent commencer que quand les tétraèdres dérangés les derniers ont repris leur place. Cet ordre des actions hyliques amène le même ordre des actions ayles.

Les molécules isopycnes $11q\mu''$ sont celles qui ont produit sur les tétraèdres un dérangement dont le degré est $11d$ dans le corps C et qui y ont causé un double inéquilibre : 1° l'un hylique, qui a pour effet de rétablir la forme primitive, changée par l'effort des molécules $11q\mu''$; 2° l'inéquilibre ayle, qui est suivi de l'expansion des molécules $11q'\mu'$ dont la poussée répulsive fait parcourir au corps la distance RQ = 11LC, distance qu'il a parcourue en obéissant à l'expansion des $11q\mu''$ molécules isopycnes.

Arrivé à Q pendant l'espace d'une seconde, le corps C s'est trouvé avoir équilibré les tétraèdres $11q\Delta$; pendant la deuxième seconde l'équilibre s'établit dans les tétraèdres $gq\Delta$ et en même temps l'expansion des molécules $gq'\mu'$. C'est la poussée de cette expansion qui fait parcourir au corps C la hauteur QP $= g$LC.

En suivant cet ordre des doubles actions provenant des doubles inéquilibres, le corps parcourt les hauteurs PO = 7LC, ON = 5LC, NM = 3LC, et il arrive à la hauteur C en parcourant la distance LC. A cette hauteur, le corps n'ayant pas de support est dans un inéquilibre simple par rapport à son barogène qui éprouve une poussée centripète de la part de l'expansion des molécules isopycnes μ''. La chute se répète avec tous les détails dont j'ai parlé, et cela d'une manière incessante. Si au lieu de produire la compression du corps C par la chute, on y applique un effort, la forme reprend son état primitif, mais le corps reste sur le sol. Cette expérience met en lumière la série des poussées p, $3p$, $5p$... $11p$ exercée successivement sur les tétraèdres des corps C.

E. CHANGEMENT DE LA STRUCTURE DES CORPS PAR L'ÉLASTICITÉ.

§ 86. L'isochronisme de toute espèce d'oscillation à amplitude décroissante ne permet pas de supposer que les corps restent dans une inertie complète semblable à la mort. Les physiciens ayant négligé de constater l'existence du décroissement devenu imperceptible à cause de la diminution des amplitudes, n'ont pas expliqué les effets observés dans les changements de l'état des solides, tels que les suivants.

Ressorts. Les ressorts sont composés de tétraèdres inéquilibrés à des degrés qui perpétuent leurs changements; car avant d'atteindre un état équilibré on les remonte en supposant que lorsqu'on a ainsi obtenu un nouvel inéquilibre hylique on a en même temps supprimé l'expansion ultérieure des molécules μ', expansion qui cesserait si le ressort revenait à sa forme primitive, comme cela a lieu pour le fil du pendule.

Les oscillations des molécules μ' dans les ressorts abandonnés arrivent, avec le temps, à se trouver dans un inéquilibre d'un degré inférieur à celui qu'elles possédaient d'abord. C'est ainsi que ces ressorts, quand ils sont montés de nouveau, reviennent à un état toujours différent du premier, car ils s'affaiblissent de nouveau dans un plus court espace de temps. Au lieu de laisser les ressorts se reposer, on leur rend un certain degré d'activité par la chaleur ou par un frottement en les tenant étendus.

Les vibrations et les variations de température font augmenter les oscillations des molécules μ', lesquelles entraînent les tétraèdres des corps dans leur direction, et en font ainsi changer la structure, comme cela a été dit à propos de l'ecmagnétose du fer (§ 51). Lorsque ce métal est nouvellement forgé, les molécules μ' des aréosyzygues sont distribués également sur les tétraèdres, et le rendent ainsi flexible et *nerveux;* sa cassure est fibreuse, terne. Mais s'il reste longtemps exposé au froid ou à la chaleur et aux courants terrestres, pour que ses tétraèdres prennent une combinaison magnétique et deviennent, comme on dit, *vieux*, il devient plus dur, cassant; sa cassure est grenue et présente des facettes brillantes qui sont celles des tétraèdres combinés de manière à exercer le minimum de résistance sur les molécules μ' en expansion.

Essieux. Les essieux de voitures se brisent souvent avec une grande facilité; cela arrive notamment quand ils ont passé du chaud au froid et qu'ils se sont trouvés longtemps dans la direction de l'est à l'ouest, et que par conséquent ils ont été facilement traversés par des courants terrestres. Dans cette position, si la température du fer s'abaisse beaucoup, son ecmagnétose atteint un degré correspondant au froid. C'est par cette raison que les essieux cassent plus souvent en hiver qu'en été.

Changement de structure démontré dans les sons. Les verges de métal tirées à la filière ou les bandes de verre frottées dans le sens de la longueur donnent d'abord des sons sourds et qui se produisent difficilement. Quand on les a soutenues en assez longues vibrations, on parvient toujours à en obtenir des sons purs et émis avec facilité, et cela par suite de la combinaison des tétraèdres pour se mettre à l'unisson avec les expansions des molécules μ' qui ont pour éléments les sept *aréotmèmes* α, β, γ, δ, ε, ζ, η (§ 16) (1).

Le *soufre* coulé en forme de disque ne peut donner de sons purs; plus tard il vibre facilement en donnant un son qui au bout de quelques mois n'est plus le même, mais qui monte en montrant la combinaison des tétraèdres pour se transformer en cristaux d'un autre système.

F. Distinction des corps par rapport a la structure et aux éléments des équivalents.

§ 87. Les molécules μ' des aréosyzygues sont soutenues à la surface extérieure s des tétraèdres. Lors donc que ceux-ci arrivent en inéquilibre à l'aide d'un effort, ils réduisent en inéquilibre correspondant les molécules μ'; de même lorsque les molécules μ' sont réduites en inéquilibre par une inégalité de température ou par les courants électriques, elles entraînent les tétraèdres et les coordonnent de manière qu'ils exercent le minimum de résistance; les planches, les plaques de verre ou de métal qu'on laisse appuyées obliquement à leur extrémité supérieure se courbent en quelques mois. Tous les changements de structure se bornent à la combinaison des cristaux et sont produits dans chaque corps à des degrés différents qui dépendent des éléments des équivalents indécomposables.

Le poids de chaque équivalent, ses réactions lorsqu'il se trouve en contact avec d'autres corps, ses couleurs et la *réfraction* de la direction de l'expansion des molécules μ, μ' des électrosyzygues Ė, E dépendent de ces éléments, tandis que la *réflexion* est produite par les aréosyzygues superficiels E.

Réfraction. Il y a dans les tétraèdres de chaque corps des électrosyzygues qĖ, q'Ė ayant des rapports différents, lesquels exercent une résistance inégale sur les syzygues homonymes incidents sur

(1) Dans le livre VI de la *Physique*, on trouve la solution du problème qui a préoccupé tous les physiciens depuis Pythagore. On admet que la corde ayant une longueur l donne un son d'une octave plus élevée que le même son obtenu par la longueur $2l$ de la même corde. Cette loi n'est pas vérifiée par l'expérience; le son de la corde $2l$ n'est pas suffisamment grave, ce qui prouve qu'il faut une longueur $2l + 2\lambda$. J'ai démontré mathématiquement que $l + \lambda$ est la diagonale de la longueur l, de sorte que la loi a été trouvée réelle et que l'hypothèse de Pythagore a été rectifiée.

la facette; une partie *a* de la lumière est réfléchie et l'autre partie *b* pénètre dans le transparent par une poussée *p* qui fait sortir de la face postérieure *f'* les syzygues homonymes stationnaires. La poussée *p* étant la même dans chaque corps, la résistance *r* diffère et l'angle γ de réfraction y correspond; il y a donc autant d'angles de réfraction que de corps différents.

Réflexion. Les électrosyzygues incidents *q*Ė, *q'*Ė rencontrent les aréosyzygues *q''*Ė à chaque surface *s* des tétraèdres. Soit la molécule incidente A, C (fig. 24) conduite vers la surface *d*U avec une vitesse composée de *s'*U', *s*A. Arrivée à la surface la molécule pénètre si elle y éprouve une poussée faible; si, au contraire, la poussée opposée est grande, l'expansion des molécules avance jusqu'à ce que la poussée opposée devienne égale à la poussée de la molécule incidente. L'effet de l'expansion entre les molécules est une poussée centrifuge U*s'* égale à la poussée centripète *s'*U', sans qu'il s'opère aucun changement dans la poussée horizontale *s'*A; de sorte que l'égalité de l'angle d'incidence et de réflexion résulte de la poussée centrifuge provenant de la *diastole* des molécules incidentes.

Fig 24.

Cette égalité entre les deux poussées des molécules incidentes arrêtées par les molécules homonymes stationnaires, se rencontre avec la réflexion hylique des corps en chute et avec la réflexion ayle des molécules. Les métaux et tous les corps opaques séparent la lumière incidente φ en deux portions *a*, *b*: 1° la lumière réfractée *a* qui est réfléchie après avoir pénétré la couche *f* des aréosyzygues *q*Ė²; 2° la lumière réfléchie *b* séparée à la surface *f* de ces aréosyzygues *q*Ė². 1° La *réfraction* est produite par les éléments chimiques des équivalents indécomposables; 2° la *réflexion* est produite par la résistance des aréosyzygues *q*Ė² de la surface *s* des tétraèdres composant chaque corps.

II. PRODUCTION DE CHALEUR PAR L'ÉLECTRICITÉ LATENTE DES TÉTRAÈDRES.

§ 88. Les faits mentionnés se sont trouvés coordonnés de manière à mettre en évidence l'existence des tétraèdres dans tous les corps et l'existence de l'électricité latente, l'électricité *positive* $\dot{E}$ soutenue par le tétraèdre négatif Δ logé dans le tétraèdre positif Δ' soutenant l'électricité *négative* E^2.

Chaque action mécanique, chaque effort capable de déchirer les tétraèdres produit donc le mélange des électrosyzygues $q\dot{E}$, qE^2, qui se changent ainsi en chaleur libre $q\dot{E}E^2$. Les moyens employés pour déchirer les tétraèdres des solides sont : la *compression*, la *percussion* et sur une plus grande dimension le *frottement*. Je citerai à titre d'exemples un certain nombre de faits dus à l'expérience qui mettront le lecteur en état d'expliquer toute production de chaleur par des efforts mécaniques.

A. Production de chaleur par la compression et la percussion.

§ 89. La chaleur est produite par l'ecthermose de l'électricité latente $q\dot{E}$, qE^2 occasionnée par la fracture des tétraèdres qui soutenaient les syzygues $q\dot{E}$, qE^2 séparés et équilibrés. Il y a donc un rapport direct entre le travail ou l'effort mécanique et le nombre *n* de tétraèdres brisés ; il y a en même temps un rapport entre ce nombre *n* de tétraèdres et le même nombre de couples $q\dot{E}$, qE^2 d'électricité latente qui deviennent des thermozeugmes $q\dot{E}+qE^2=q\dot{E}E^2$.

I. **Chaleur de la percussion.** Les corps deviennent brûlants quand ils subissent l'opération de la filière ou celle du laminoir. Quand une barre métallique est soumise à une charge capable de la rompre, le métal devient brûlant au point de l'étranglement aminci par les déchirures des tétraèdres dont l'électricité latente s'ecthermose. Tant que ces déchirures n'ont pas eu lieu, il y a un inéquilibre entre les aréosyzygues $\dot{E}$, lequel disparaît après l'enlèvement de la charge. Cette production d'inéquilibre électrique et cette apparition spontanée de l'équilibre précédent se nomment *élasticité*, propriété commune des corps qui n'apparaît qu'à la suite d'efforts dont la force *f* suffit pour déplacer les tétraèdres et est inférieure à celle qui les déchire, comme je viens de le démontrer longuement.

Pour faire arriver la chaleur jusqu'au point d'obtenir du feu, les forgerons donnent des coups de marteau sur un clou posé sur une enclume de manière à l'aplatir successivement dans deux sens opposés, car de cette manière on parvient à déchirer un plus grand nombre de tétraèdres. Une barre de plomb soumise à la même épreuve finit par fondre. Si l'on donne des coups de marteau sur la même partie, la chaleur produite est très-médiocre et analogue au nombre de tétraèdres déchirés.

II. **Chaleur de la compression.** La compression déchire un petit nombre de tétraèdres, mais elle fait diminuer les intervalles entre eux ; ainsi, 1° par la compression, une portion des électrosyzygues $q'\dot{E}$, $q'\dot{E}^2$ s'éloigne des intervalles à l'état ecthermosé ; 2° par la traction les tétraèdres se trouvent en inéquilibre, leurs intervalles augmentent, et ils permettent à une quantité égale de chaleur $q'\dot{E}\dot{E}^2$ de s'exélectroser pour occuper les intervalles augmentés.

La compression et la dilatation ne sont que le résultat de l'élasticité, tandis que la percussion ne produit la chaleur que par la déchirure des tétraèdres. Les expériences ont été faites par **Berthollet, Pictet** et **Biot** ; ils ont comprimé sous un balancier à frapper les monnaies des plans d'or, d'argent et de cuivre, disposés de manière à ne pouvoir s'étendre latéralement. Le cuivre a donné la plus grande chaleur et l'or la plus faible. Un disque de cuivre est arrivé à 11°,5 au premier choc, à 2°,5 au second et à 0°,8 au troisième ; après quoi, il n'y eut plus d'élévation de température.

Cette expérience a conduit à deux découvertes différentes : 1° la chaleur est produite par la déchirure des tétraèdres au moyen de la percussion, tandis qu'elle est faible dans les compressions, où les amplitudes sont très-médiocres ; 2° les métaux tels que le cuivre, l'argent et l'or ont la chaleur spécifique 0,095, 0,057, 0,032, et les quantités de chaleur obtenues par l'expérience correspondent à cette chaleur.

Les tétraèdres des liquides ne se déchirent ni ne se rapprochent beaucoup les uns des autres ; l'agitation ni la compression ne produisent donc pas de chaleur dans l'eau et dans l'alcool. L'éther comprimé produit une quantité de chaleur égale à celle qui s'évanouit quand on le dilate ; cette chaleur correspond au changement des intervalles.

Briquet à air. La chaleur produite par la compression des gaz arrive à une température suffisante pour enflammer l'amadou ; on a trouvé que, pour arriver à ce but, il fallait une température de 300 degrés, tandis que celle produite dans le tube dans lequel on enfonce rapidement le piston s'élève à 490 degrés, car l'air du tube est réduite au douzième.

En opérant dans l'obscurité avec l'air, l'oxygène ou le chlore, il se produit une vive lumière, qui n'apparaît pas quand on opère avec l'hydrogène, l'azote ou le gaz des marais. Cette lumière est due à l'expansion des pycnosyzygues $\dot{E}$ de l'oxygène $\bar{O}\dot{E}$ ou du chlore $\bar{Cl}\dot{E}$ qui se mêlent avec les thermozeugmes $\dot{E}\dot{E}^2$ mis en liberté, et ainsi l'on a :

$$3q\dot{E} + 3q\dot{E}\dot{E}^2 = 2q\dot{E}^2\dot{E} + 2q\dot{E}\dot{E}^2 \text{ (chaleur lumineuse).}$$

B. Production de chaleur par le frottement.

§ 90. L'effet matériel du contact des gaz, des liquides ou des solides avec les corps solides, est l'éloignement des particules matérielles, qui sont en quantité très-faible lorsque le corps frottant est un gaz, en quantité médiocre lorsqu'il est liquide, et en quantité d'autant plus considérable que le corps frottant est solide, dur, et que l'effort est d'une grande intensité.

Action nommée frottement. La poussée entre deux corps *c*, *c* est due à un inéquilibre mécanique; les tétraèdres du corps le moins dur finissent par se déchirer, et leurs électrosyzygues Ė, Ė² n'étant plus séparés, se mêlent et se changent en chaleur libre. La déchirure des tétraèdres s'opère quand une partie de l'inéquilibre s'est amortie, de sorte qu'en un certain espace de temps l'équilibre s'établit entre les corps à cause de la déchirure des tétraèdres. Tous ces faits sont bien constatés par l'observation. On verra ici : 1° que la résistance est la rupture des tétraèdres, et 2° que les électrosyzygues *q*Ė, *q*Ė² n'étant plus à l'état latent, s'unissent et se transforment en chaleur libre.

Les sauvages se procurent du feu en frottant un morceau de bois dur contre un autre morceau de bois; Sénèque rapporte que les bergers opéraient de la même manière. Les tourillons de machines s'échauffent quand ils ne sont pas graissés; le phosphore placé au bout d'une allumette s'enflamme par la chaleur que produit la déchirure d'un petit nombre de ses tétraèdres. Ainsi, l'apparition de la chaleur libre et la déchirure mécanique des tétraèdres, sont liées par la physique comme cause et effet par l'intervention d'une série d'actions que je mentionnerai ici.

Briquet à pierre. Toutes les explications relatives à la manière de produire du feu en frottant du fer ou de l'acier contre un corps plus dur, ne sont que la répétition des faits observés. Dans le *briquet à air*, on a vu à quelle température l'amadou s'enflamme; il se produit une température supérieure dans la déchirure des tétraèdres d'acier, dont les filets sont d'autant plus minces que le métal est plus dur. De pareils filets s'enflamment dans l'oxygène, comme cela a lieu pour un fil très-mince à une température égale.

Parmi les limailles d'acier observées sur un papier, les unes sont à l'état métallique et ont une forme irrégulière, les autres ont la forme sphérique, elles se sont oxydées et ont été réduites en fusion. Cela a été démontré par **Howksbée,** qui, en opérant dans le vide n'a pas trouvé de parcelles sphériques oxydées.

Chaque déchirure des tétraèdres des métaux produit la séparation des limailles dont les électrosyzygues latents $q\dot{E}$, qE^2 s'ecthermosent. Il se produit ainsi une température suffisante pour brûler les limailles et pour faire naître une quantité de lumière capable d'éclairer les galeries des mines; dans ce cas, une roue en acier tourne rapidement et frotte un silex qui s'appuie sur la roue. Les étincelles éclairent, mais sans pouvoir allumer le gaz.

Circonstances qui font varier la quantité de chaleur. Les *résultats suivants, obtenus par la déchirure des tétraèdres*, se combinent de manière à faire connaître la série des actions qui les précède. La déchirure mécanique des tétraèdres dont l'électricité s'ecthermose dépend : 1° de la nature et de l'état des surfaces frottées; 2° de la pression; 3° de la vitesse.

Haldot a expérimenté au moyen d'une plaque de laiton tournant sur elle-même, et pressée contre une autre plaque de substance différente par un ressort dont on pouvait varier la tension.

1° Quand la plaque mobile était polie, la déchirure des tétraèdres s'opérait sur toute sa surface, et la chaleur produite était deux fois plus considérable que lorsqu'elle était couverte d'aspérités; dans ce dernier cas, les déchirures ne peuvent avoir lieu qu'aux sommets des aspérités.

2° Le zinc frotté sur une plaque de laiton a donné plus de chaleur que les autres substances. Le plomb et le laiton substitués au zinc en ont donné la même quantité. L'étain a dégagé les 0,78 de la quantité de chaleur fournie par le zinc. Le plomb a une chaleur spécifique trois fois moindre que celle du zinc, et un poids atomique triple. Le *nombre n de tétraèdres de zinc contient une quantité de chaleur spécifique égale* à celle contenue dans 3n de tétraèdres de plomb. La *chaleur spécifique* est composée d'électricité latente produite par la chaleur exélectrosée; ainsi l'on voit par les résultats indiqués, que les tétraèdres de plomb déchirés sont triples de ceux de zinc. La chaleur spécifique de l'étain et le poids de ses tétraèdres, correspondent à la quantité 0,78 de chaleur obtenue par le frottement.

3° Deux corps de même substance frottés l'un contre l'autre sur des surfaces identiques, s'échauffent également à cause de l'égale quantité de tétraèdres déchirés. L'une des faces f' étant moins polie que l'autre f, cette face polie a été trouvée moins chaude par **Becquerel**, quand il les comparait au moyen de la pile du thermomultiplicateur. *Ce résultat, obtenu sur le verre, est contraire à celui* obtenu par **Haldot** qui a opéré sur le laiton, et a mesuré directement la chaleur. De deux disques de verre dont l'un *d* était poli et l'autre *d'* dépoli, le premier a donné moitié moins de chaleur que le second. J'ai dit que la comparaison avait été faite au moyen de la déviation du magnète, qui prouvait que le courant va du disque poli *d* au disque dépoli *d'*.

Becquerel n'a pas considéré que le disque poli *d* était chargé d'électricité positive par rapport à celle du disque dépoli *d'*; il y avait exélectrose de chaleur de la surface en contact connue. Cette exélectrose est produite par le plateau de la machine électrique.

4° Quand on frotte les corps isolants, ils s'électrisent et s'échauffent en même temps. 1° il y a exélectrose de la chaleur dont on éloigne les aréosyzygues repoussés par le verre, et 2° il y a des déchirures des tétraèdres et ecthermose de leur électricité latente. Becquerel a trouvé dans la déviation du magnète l'accumulation de l'électricité positive proportionnelle à la vitesse avec laquelle on frotte, et par erreur, il a attribué cette déviation à un courant thermoélectrique, qui est produit par les deux corps dont l'électricité est égale et la température inégale ; il n'y a donc aucune inexactitude dans les expériences ; la seule différence consiste dans l'explication erronée.

Appareil thermogène. Tant qu'on a ignoré que l'expansion des molécules μ, μ' des électrosyzygues $\acute{E}$, $\grave{E}$ est la source inépuisable des actions, les physiciens se sont bornés à déterminer la concordance qui existe entre le travail et la chaleur. **Beaumont** et **Mayer** ont expérimenté avec une chaudière cylindrique en tôle de 2 mètres de longueur et d'un demi-mètre de diamètre. Cette chaudière est traversée par un tube en cuivre un peu conique, soudé par ses extrémités aux deux bases de la chaudière. Un cône en bois entouré d'une tresse de chanvre remplit complétement ce tube ; une courroie sans fin lui imprime un mouvement de rotation sur lui-même ; une mince couche d'huile est soutenue entre le cône et le chanvre. De cette manière les surfaces frottées s'usent très-peu, et cependant cette circonstance ne fait pas diminuer la quantité de chaleur dégagée.

Avec une vitesse de 400 tours par minute, il suffit de quelques heures pour porter à 130 degrés les 400 litres d'eau que contient la chaudière ; la vapeur à 130 degrés a une tension de plus de deux atmosphères et demie. La chaleur ainsi obtenue produit le travail d'un cheval, et le travail appliqué était de deux chevaux. Une autre espèce d'appareil donnerait un autre résultat, parce que la chaleur ainsi obtenue résulte de l'ecthermose de l'électricité latente des tétraèdres déchirés.

Résumé. On trouve que la chaleur obtenue par un travail de frottement est inférieure à celle employée pour produire le travail ; cependant il n'en résulte pas qu'en employant d'autres procédés la chaleur produite serait toujours inférieure à la chaleur employée pour sa production ; l'expérience suivante en fait foi : 9 grammes d'eau à 0° sont portés à 400 degrés par 3600 calories, et ils se transforment en 1 gramme d'hydrogène et 8 grammes d'oxygène. Ces gaz brûlés donnent 23600 calories lumineuses. On obtient ainsi 20000 calories avec 9 grammes d'eau. En opérant sur une grande échelle, on produirait à volonté d'immenses quantités de chaleur.

III. ÉQUIVALENT MÉCANIQUE EXPOSÉ EN CALORIES.

§ 91. Le produit des machines à eau correspond au produit *hs* en indiquant par *h* la hauteur de la chute de l'eau et par *s* la coupe de cette chute. Le produit des machines à vapeur correspond au produit *rv* en indiquant par *r* la poussée répulsive exercée par l'expansion des molécules μ' entre les tétraèdres de la vapeur et par *v* la détente qui indique combien de fois le volume 1 de vapeur augmente en poussant le piston.

Ainsi, 1° la poussée répulsive *r* de la vapeur correspond à la hauteur *h* de la chute d'eau, et 2° l'accroissement du volume 1 de vapeur dans la détente pour devenir *v* fois plus grand correspond à la section *s* de l'eau en chute.

Les produits des moulins à eau dont la chute est égale et des moulins à vapeur dont la tension est égale sont dans un cas proportionnel aux sections *s*, s et dans l'autre aux volumes *v*, v.

Le volume 1 de vapeur ou de gaz, croît à l'aide d'une poussée *p* de l'expansion des molécules μ' des aréosyzygues *q*Ê qui se séparent des thermozeugmes ÈÉ². Ainsi celles-ci deviennent : 1° électricité neutre inactive *q*ÈÉ, et 2° les molécules μ' dont l'expansion fait accroître le volume 1 de vapeur qui devient *v* quand on exerce une poussée répulsive *r'* correspondant à celle *r* de vapeur dont le volume est 1.

Cette poussée *r* correspond à la température *t* de l'intérieur de la chaudière soutenue par une quantité θ de chaleur produite dans le foyer. Ainsi le produit des machines à vapeur correspond à la quantité θ de chaleur arrivant par seconde du foyer à la chaudière. Une partie *a* de cette chaleur s'exélectrose en transformant 1 gramme d'eau en 1 gramme de vapeur dont le volume est 1 et la poussée *r* provenant de la température *t* soutenue par la chaleur libre $\theta - \alpha$.

Au fur et à mesure que 1 gramme de vapeur, dont le volume est 1, augmente au moyen de la poussée *r* exercée par l'expansion des molécules μ', il y a simultanément disparition des thermozeugmes $q\dot{E}\dot{E}'$ qui sont la chaleur θ et accroissement du volume 1 pour devenir *v*, qui est la mesure du travail dans les machines des chaudières dont la température est *t*.

Preuve de la production du travail par l'expansion des molécules. La température des gaz ou de la vapeur comprimés s'abaisse pendant leur dilatation, et cet abaissement est dû à la poussée *p* exercée par l'expansion des molécules μ' pour vaincre la résistance et faire apparaître un travail. Dans le cas où il n'y a pas de résistance, les gaz et la vapeur se dilatent sans le secours de la poussée *r* d'expansion des molécules μ'; alors les intervalles λ entre les tétraèdres s'accroissent au moyen des aréosyzygues $q\dot{E}'$ de la surface des tétraèdres, comme on le voit par le résultat de l'expérience suivante.

Dans le vase B' (fig. 25), l'air a été comprimé à 22 atmosphères; le vide a été fait dans le vase égal B. A la température ordinaire, les deux vases ont été unis par le tube *a*, et ont été mis en communication par les robinets V, V'; après avoir été plongés dans l'eau d'un calorimètre aucun changement de température ne s'est manifesté.

Fig. 25.

En introduisant du mercure au fond *s* du récipient vide B qui reçoit le tube *ds* fermé en *c* par un robinet, la même expérience amène un degré de froid correspondant au travail qui est la pression du mercure élevé dans le tube *ds*.

On a vu par cette double expérience que la chaleur qui disparaît dans la dilatation des gaz correspond à la résistance vaincue qui est le produit; dans le cas où il n'y a aucune résistance, la chaleur qui parcourt le vide se trouve dans l'air qui y a été introduit.

Procédé pour déterminer l'équivalent mécanique d'une calorie. Après avoir établi la concordance qui existe entre la disparition des thermozeugmes $q\dot{E}\dot{E}'$ et la production du travail, **Joule** a mesuré la chaleur produite par une quantité de travail connu. Il a comprimé l'air à 22 atmosphères dans un récipient en cuivre, plongé, ainsi que la pompe foulante, dans l'eau d'un calorimètre. Une fois toutes les corrections faites, le résultat moyen a été 444 kilogrammètres par calorie.

Dans une série d'expériences, Joule a fait passer l'air, également comprimé, du récipient dans une cloche pleine d'eau. La température s'est abaissée dans le récipient, et par le travail mécanique correspondant à la dilatation du gaz, il a trouvé, dans trois expériences, les valeurs 451^{km}, 447^{km} et 418^{km}.

Au moyen du calcul basé : 1° sur la chaleur spécifique c de l'air à volume constant, et 2° sur sa chaleur spécifique $\mathbf{c}$ à pression constante, **Person** est arrivé au même résultat; de sorte qu'on a pu vérifier en même temps la valeur de $c = 0{,}1686$ trouvée par **Laplace** et celle de $\mathbf{c} = 0{,}2377$ trouvée par Regnault.

Un mètre cube d'air à 0° pèse p; α est le coefficient de sa dilatation et h sa tension. Chauffé à 1 degré par la chaleur $\theta = pc$, il acquiert la tension $h(1 + \alpha)$. On fait le vide dans le vase v contenant une fraction α du mètre cube et on le met en communication avec l'air chauffé à 1 degré. Ainsi la tension redevient h et la température $t + 1$ degré reste.

Si l'on chauffe à 1 degré le même air qui est à 0° en le laissant se dilater, il faut lui fournir la chaleur $\vartheta = p\mathbf{c}$. Dans ce cas comme précédemment le volume est $1 + \alpha$ avec la même tension qui correspond à la pression égale h et à 1 degré. La différence consiste en $\vartheta - \theta = p(\mathbf{c} - c)$ qui est la chaleur enlevée par l'expansion de ses molécules μ' dont la poussée a produit le travail nécessaire pour chasser l'air du vase v; ce travail est αh. Le rapport $\alpha h : p(\mathbf{c} - c)$ entre ce travail et la quantité de chaleur disparue $\vartheta - \theta$ s'obtient par la pression de l'atmosphère 76 cent.; $h = 10334^k$, $p = 1^k{,}293$. On trouve 424 kilogrammètres pour le travail produit par une calorie, qui est la quantité de chaleur nécessaire pour élever de 1 degré 1 gramme d'eau. C'est ainsi que s'établit le rapport entre le travail et la quantité de chaleur disparue.

Travail animal. Le produit obtenu d'un moulin à eau ou à vapeur ne diffère pas de celui d'un moulin mû par un cheval. On voit par les expériences citées, qu'une calorie disparaît pour que le travail de 444 kilogrammètres se produise. On évalue à 45^{km} le travail d'un cheval par seconde. Un cheval peut travailler huit heures sur vingt-quatre et arriver au résultat suivant :

$$60 \times 60 \times 8 \times 45 = 1394000 \text{ kilogrammètres.}$$

En comptant environ 440 à 450 kilogrammètres par calorie, il faudrait pour ce travail que 3000 calories eussent disparu. Liebig compare : 1° les animaux aux foyers chauffés pour la combustion des aliments, et 2° le produit de leur travail à celui des machines à vapeur. On trouve ici que pour produire le travail d'un cheval au moyen de la vapeur il faut 3000 calories ; cette perte de chaleur n'a pas lieu chez les animaux pendant que le travail s'effectue. C'est le contraire qui arrive ; l'homme et les animaux, pendant leur travail, produisent de la chaleur, et ne reprennent leur température normale que quand ils se reposent.

§ 92. Il faudra à l'avenir abandonner les termes qui indiquent l'état observé sans pouvoir indiquer en même temps la série des actions qui précèdent l'apparition de cet état. J'ai démontré ici que l'expansion des molécules μ' produit la poussée répulsive r qui fait augmenter le volume 1 de vapeur en en transmettant le mouvement comme cause de travail.

Chez les animaux, la poussée répulsive r est produite par l'expansion des molécules denses μ des pycnosyzygues $q\dot{\ddot{E}}$ qui soutiennent la circulation. Pendant le travail, la chaleur se produit dans les muscles par le mélange des pycnosyzygues qui arrivent des extrémités des artères et des nerfs et se combinent avec les aréosyzygues $q\ddot{E}^2$ dont une moitié $q\ddot{E}$ est amenée des extrémités des veines et l'autre $q\ddot{E}$ se sépare de la substance des muscles.

Le mode de production de la chaleur animale a toujours été observé à la température ordinaire ; les résultats ainsi obtenus conduisent à trouver les résultats analogues à l'égard des animaux qui vivent dans les pays froids, où, en hiver, la nourriture n'est pas plus abondante qu'en été, et où l'eau reste gelée pendant plus de six mois. Je montrerai plus bas que l'air froid inspiré s'exhydatose dans les poumons, et que les animaux en obtiennent de l'eau et de la chaleur.

QUATRIÈME SECTION.

STŒCHIOMÉTRIE ÉLECTRIQUE.

§ 93. Au moyen de la *balance*, on a constaté la permanence de la masse pendant que les corps changent d'état quand ils se combinent et quand ils se décomposent.

Au moyen du calorimètre, on a constaté un rapport inverse entre les poids des équivalents indécomposables et leur chaleur spécifique.

Au moyen des quantités de calories produites par la combustion, on a découvert un rapport entre le nombre des équivalents des combustibles et les quantités des calories produites.

Au moyen des rencontres des deux électricités, on obtient des quantités de calories qui correspondent à l'intensité des courants des électrosyzygues *q*È, *q*E, intensité mesurée pendant la déviation du magnète. Par ce mode de production des calories les chimistes ont appris : 1° que les aréosyzygues É sont soutenus par l'hydrogène Ḣ et par les métaux Ṁ composés des particules pycnoélectriques; 2° que les pycnosyzygues Ė sont soutenus par l'oxygène Ō du chlore Cl, du brome B̄r, de l'iode J, du fluore Ẹ et des acides.

Quand **Berzelius**, à l'aide de la balance, fut parvenu à déterminer le poids des portions de corps différents qui se combinent entre eux, une grande simplification fut introduite dans la chimie à l'égard de ces portions constantes nommées *équivalents*. Les déplacements de ces équivalents donnent des produits dont on trouve le poids aussi bien à l'aide du calcul qu'à l'aide de l'expérience.

Dans le poids des équivalents on ne trouve pas l'origine de l'explication des propriétés des corps. Les chimistes ont reconnu que l'électricité était l'élément ayle de la *chaleur spécifique*, de la *chaleur latente*, de la *chaleur libre* et de la *lumière;* ils n'ignoraient pas que l'électricité produit des saveurs, des odeurs, des couleurs et des bruits, toutes choses que l'on peut considérer comme des *qualités*.

En général, on a attribué aussi les *propriétés* des corps à l'électricité.

L'existence d'une *stœchiométrie électrique* et sa réalisation est une découverte analogue à celle de la stœchiométrie hylique exposée par Berzélius et complétée ensuite par les autres chimistes. C'est au moyen de cette stœchiométrie hylique et des quantités de calories devenues libres pendant la combustion que je suis parvenu à démontrer : 1° que les corps terrestres ont pour éléments primitifs l'hydrogène et l'oxygène, et 2° que la chaleur et la lumière ont pour éléments les deux espèces d'éléments électriques nommés, 1° *positifs* ou *pycnosyzygues*, indiqués par le signe $\dot{E}$, et 2° *négatifs* ou *aréosyzygues*, indiqués par le signe $\bar{E}$.

L'ensemble des pycnosyzygues $q\dot{E}$ est l'*électricité positive*, nommée *pycnoélectricité*; l'ensemble des *aréosyzygues* $q\bar{E}$ est l'*électricité négative* nommée *aréoélectricité*.

Les deux électricités isolées et à l'état stationnaire peuvent être de densités différentes ; lorsqu'elles communiquent par un fil, l'expansion a un nombre égal de syzygues hétéronymes en sens opposé. Ce sont de telles expansions des molécules μ, μ' qui composent les électrosyzygues $\dot{E}$, $\bar{E}$ qui forment les *courants électriques* employés dans les *électrolyses*.

Produits des électrolyses et des combustions. C'est au moyen des courants électriques que s'opèrent les électrolyses sans qu'il y ait aucun affaiblissement. Les éléments ainsi obtenus se combinent de nouveau, et cette action est accompagnée : 1° de chaleur lumineuse, 2° de chaleur obscure calme, 3° ou de chaleur obscure avec explosion.

Je me suis servi des électrolyses pour démonter que la décomposition des composés hyliques est toujours accompagnée de la décomposition d'une quantité égale de thermozeugmes indiqués par le signe $\dot{E}\bar{E}^2$. 1° L'aréosyzygue $\bar{E}$ passe à l'élément hylique positif qui reste dans le pôle négatif; 2° le couple $\dot{E}\bar{E}$ d'électricité neutre passe à l'élément hylique négatif qui reste dans le pôle positif.

I. **Électrolyse.** L'électrolyse de l'eau $\dot{H}\bar{O}$, qui est un couple hylique, s'opère en même temps que l'électrolyse des thermozeugmes $\dot{E}\bar{E}^2$ qui sont des composés ayles. En passant dans l'aréosyzygue $\bar{E}$, l'hydrogène pycnoélectrique $\dot{H}$ se sépare de l'oxygène aréoélectrique $\bar{O}$, lequel se trouve pénétré par le couple d'électricité neutre $\dot{E}\bar{E}$, et il se forme ainsi un zeugme $\bar{O}\dot{E}\bar{E}$ analogue au thermozeugme $\dot{E}\bar{E}^2$, et non un couple neutre $\bar{O}\dot{E}$ comme l'hydrogène. On dit que l'oxygène $\bar{O}\dot{E}\bar{E}$ est *ozoné*, à cause de l'odeur qu'il répand.

L'électrolyse des sels $\dot{M}\bar{O}$, $\dot{M}'\bar{O}^n$ s'opère, comme celle de l'eau, au moyen des courants électriques. L'oxyde pycnoélectrique $\dot{M}\bar{O}$ passe dans l'aréosyzygue du pôle négatif, tandis qu'au pôle positif le couple neutre pénètre dans l'aréosyzygue $\dot{M}'\bar{O}^n$, et c'est ainsi que se produit un zeugme $\dot{M}\bar{O}^n\,\dot{E}\bar{E}$ correspondant à l'oxygène ozoné. Ce zeugme est est un acide.

II. **Combustion.** Il se produit de la chaleur et de la lumière dans les mélanges des quantités égales $3q\dot{E}$, $3q\bar{E}$ d'électrosyzygues hétéronymes qui peuvent être amenés dans l'arc voltaïque par deux fils. Comme on trouve à l'état latent : 1° les fils *négatifs* $3q\bar{E}$ dans les combustibles, et 2° les fils *positifs* $3q\dot{E}$ dans les comburants, ils se rencontrent dans le foyer et produisent la chaleur et la lumière comme dans l'arc voltaïque.

Procédé pour déterminer la stœchiométrie électrique. 1° On connaît le poids des atomes primitifs et celui des équivalents indécomposables ; 2° on connaît les quantités de calories obtenues par la combustion de 1 gramme de combustible ou d'une quantité égale d'équivalents hyliques q. Ainsi, à 1 gramme d'hydrogène correspondent 14 grammes d'oxyde de carbone qui ont un volume égal, et les produits sont : 1° la vapeur, et 2° une quantité égale de calories. Dans la combustion de 1 gramme d'hydrogène qui devient 9 grammes d'eau et dans celle de 14 grammes d'oxyde de carbone qui deviennent 22 grammes d'acide carbonique, on emploie 8 grammes d'oxygène.

Après avoir établi qu'il entre : 1° dans chaque thermozeugme $\dot{E}\bar{E}^2$ deux aréosyzygues et un pycnosyzygue, et 2° dans chaque photozeugme $\dot{E}^2\bar{E}$ deux pycnosyzygues et un aréosyzygue, j'ai trouvé que les $3q\dot{H}$ atomes d'hydrogène ou les $3q$CO équivalents d'oxyde de carbone soutiennent $3q\bar{E}$ d'aréosyzygues qui, mêlés avec les $3q\dot{E}$ de pycnosyzygues des 8 grammes d'oxygène, donnent :

$$(\alpha)\quad \begin{aligned} 6q\dot{H}\bar{E} + 6q\bar{O}\dot{E} &= 0q\dot{H}\bar{O} + 2q\dot{E}^2\bar{E} + 2q\dot{E}\bar{E}^2,\\ 6q\dot{C}\bar{O}\bar{E} + 6qO\dot{E} &= 6q\dot{C}\bar{O}^2 + 2q\dot{E}^2\bar{E} + 2q\dot{E}\bar{E}^2. \end{aligned}$$

Quand la combustion s'opère dans un appareil où il se produit très-peu de lumière, la chaleur augmente; alors il y a un excédant de pycnoélectricité d'après le calcul suivant :

$$(\beta)\quad \begin{aligned} 6q\dot{H}\bar{E} + 6q\bar{O}\dot{E} &= 6qHO + 3q\dot{E}\bar{E}^2 + 3q\dot{E},\\ 6q\dot{C}\bar{O}\bar{E} + 6q\bar{O}\dot{E} &= 6qCO^2 + 3q\dot{E}\bar{E}^2 + 3q\bar{E}. \end{aligned}$$

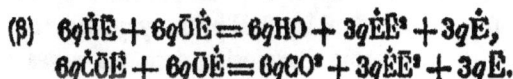

Coïncidence entre les résultats du calcul et ceux des observations. Si l'on brûle 1 gramme d'hydrogène ou 14 grammes d'oxyde de carbone dans l'appareil A de Desprez, on obtient 23040 calories et une quantité égale d'unités de lumière 23640 φ (α). Si on pouvait brûler les mêmes combustibles en supprimant complétement la production de la lumière dans l'appareil B, on obtiendrait :

$$(\beta) \quad 23640 + 11820 = 35460 \text{ calories.}$$

C'est à cause de la petite quantité de lumière produite que Dulong a obtenu les calories 34601 et Silbermann celles 34462.

Si l'on trouvait les quantités de calories obtenues par les combustions dans un semblable rapport pour tous les combustibles, on ne manquerait pas de découvrir que ce rapport, bien que moins exact, est obtenu par la combustion de quelques métaux. Cette ressemblance a pour cause l'égalité de l'état des combustibles et des produits de la combustion : 1° l'hydrogène et l'oxyde de carbone sont des gaz et leur produit de la vapeur; 2° les métaux sont solides, et leurs oxydes ou acides le sont aussi.

Dans tous les cas, que le combustible soit un solide comme le *soufre*, le *carbone*, et que son produit soit une vapeur comme l'acide sulfureux SO^2 ou l'acide carbonique C^2O^4, il y a une quantité de chaleur latente ϑ ; c'est pourquoi les calories obtenues par le calorimètre ne sont que la différence $\theta - \vartheta$ entre les calories θ trouvées par le calcul et celles ϑ qui restent à l'état latent. Les physiciens connaissaient bien les quantités de calories latentes ϑ qui se trouvent dans la vapeur des liquides ; c'est donc par oubli qu'ils ne les ont pas introduites dans le calcul en même temps que les calories observées $\theta - \vartheta$.

Les nombres différents 23640 et 34601 des calories obtenues par la combustion de 1 gramme d'hydrogène dans les appareils A et B dénotent une ignorance complète de la différence qui existe entre la chaleur obscure et la chaleur lumineuse.

Ici, c'est précisément dans cette différence qu'on trouve la preuve que les mêmes quantités d'électrosyzygues $6q\text{Ë}$, $0q\text{Ē}$, 1° se combinent dans un appareil de manière à produire une quantité égale de chaleur et de lumière sans qu'il reste aucun excédant A ; 2° ils se combinent dans l'autre appareil pour produire la chaleur obscure en laissant pour excédant les $3q$E pycnosyzygues, dont l'expansion se manifeste sous forme d'explosion dans les vases isolants d'ivoire, de verre, de racine.

I. QUANTITÉ DE THERMOZEUGMES CONTENUS DANS UNE CALORIE.

§ 94. Les atomes 4ŌĖ d'oxygène étant en tétraèdres soutiennent chacun un pycnosyzygue, et les hydrotétraèdres sont 4ḢĖ. Les atmotétraèdres sont $H^4Ė^2Ō^4Ė$; chaque atmotétraèdre que l'on voit sous forme de vésicule microscopique est supposée soutenir un thermozeugme $ĖĖ^2$.

Le diamètre de ces vésicules diffère en ce que : 1° l'été il est de 0^{mm},01402, et 2° l'hiver il est de 0^{mm},02752. Pendant les pluies fines, l'espace vide du milieu reste le même et l'épaisseur de l'enveloppe croît pour devenir 0^{mm},06 ; cet accroissement est dû au déchirement des enveloppes. Enfin c'est de telles enveloppes déchirées et réunies plusieurs ensemble que se forment les gouttelettes de pluie.

Nombre de tétraèdres qui se trouvent dans 1 gramme d'eau. En prenant la longueur 0^{mm},02 pour moyenne des diamètres des vésicules, on en trouve 500 dans 1 centimètre et 500^3 dans 1 centimètre cube. La densité de l'eau est 12^3 fois celle de sa vapeur; il y a donc $12^3 + 500^3$ enveloppes. Dans chaque enveloppe il entre un oxytétraèdre 4O et un hydrotétraèdre 4H, en tout 8 atomes; il y en a donc $2^3 \times 12^3 \times 500^3$ dans 1 gramme.

Par la combustion de 1 gramme d'hydrogène, le nombre 23640 de calories θ et d'unités de lumière φ est $3 \times 23640\, q\dot{E}\ddot{E}$: Ainsi l'on a;

$$q\dot{E}\ddot{E} = 2^3 \times \frac{12^3 \times 500^3}{23640} = 39200000.$$

Ce nombre de syzygues compose une calorie lumineuse, tandis que le nombre $2^3 \times 12^3 \times 500^3 = 928000000000$ indique les atomes *o*, *o'* contenus dans 1 gramme d'eau. Le diamètre 0^{mm},02 des vésicules comprend deux diamètres des atomes *o*, *o'* et l'intervalle qui existe entre eux ; ainsi le nombre d'atomes contenus dans 1 gramme d'eau serait plus grand si les intervalles n'existaient pas.

II. RAPPORT ENTRE LES ÉQUIVALENTS HYLIQUES ET LES SYZYGUES AYLES.

§ 95. Les atomes simples, tels que l'oxygène et l'hydrogène combinés, sont un *couple hylique* $\dot{H}\bar{O}$ qui engendre l'eau ; ces atomes séparés sont des tétraèdres composés des *couples hylicoayles* $\dot{H}E$, $\bar{O}\dot{E}$. Cette coïncidence entre le nombre des équivalents et celui des syzygues n'existe pas dans les substances végétales, dans les métaux et les métalloïdes.

L'équivalent de carbone soutient 3 aréosyzygues $\bar{C}E^3$; l'équivalent d'azote à l'état gazeux en soutient 1 $\dot{A}z\bar{E}$, mais à l'état liquide le même équivalent hylique remplace trois atomes d'oxygène. De même l'équivalent de soufre remplace un équivalent d'oxygène ; on sait que cette substitution a lieu, mais on n'a pas supposé qu'elle s'étende aux équivalents indécomposables.

On sait très-bien aussi qu'en s'évaporant le protoxyde d'azote liquéfié fait disparaître une telle quantité de chaleur que la température descend jusqu'à 70 degrés.

Si l'on brûle l'hydrogène ou l'oxyde de carbone, dans l'oxygène dans un même appareil A, ils donnent la chaleur lumineuse $2q$; si on les brûle dans l'oxyde d'azote sans changer l'appareil, on obtient la somme de calories $2q + 3q$: 1° celles $2q$ de la combustion, et 2° celles $3q$ de la chaleur latente.

Eau oxygénée. La séparation d'un atome d'oxygène s'opère par la reproduction de la chaleur et de la lumière, précisément comme cela a lieu lorsqu'on brûle les combustibles dans l'oxygène. Dans ce cas, l'électricité neutre se consomme de la manière suivante :

$$H^2E^2O^4\dot{E}^2 + 5\ddot{E}E = H^2O^3 + O^2\dot{E}^2 + 3\dot{E}E^3 + \dot{E}^2E.$$

III. POIDS SPÉCIFIQUE DES PRODUITS HYLIQUES.

§ 96. Les combinaisons chimiques sont de deux espèces : 1° les *entétraédriases*, qui sont le sejour des tétraèdres pycnoélectriques Δ dans les aréoélectriques Δ' ; 2° les *paratétraédriases*, qui sont l'insertion des hémitétraèdres dans les intervalles existant entre les tétraèdres.

I. **Entétraédiases.** Dans les tétraèdres Δ' entrent les oxytétraèdres Δ ; l'espace occupé par ceux-ci disparaît, et dans l'espace Δ' est contenue la somme du barogène $b + ab$, qui fait que la densité d des tétraèdres Δ' devient $d + ad$. Dans un tétraèdre 4COË d'oxyde de carbone dont la densité est 14δ s'entétraédriase un oxytétraèdre 4OË dont la densité est 8δ. Le produit 4CO² est l'acide carbonique dont la densité est (14 + 8)δ.

II. **Paratétraédriases.** Les métaux sont composés des tétraèdres 'Δ ; les oxytétraèdres, pendant la combustion, restent dans les intervalles existant entre les métallotétraèdres. L'espace qu'ils occupaient reste vacant ; le volume du combiné croît et sa chaleur spécifique aussi. Parmi les métaux se distingue l'antimoine, dont les équivalents brûlés se changent en acide stannique SbO⁴Ë dont la densité reste à peu près la même sans éprouver aucune diminution analogue à celle des oxydes.

CHAPITRE PREMIER.

STŒCHIOMÉTRIE ÉLECTRIQUE ET EN QUOI ELLE DIFFÈRE DE LA STŒCHIOMÉTRIE CHIMIQUE.

§ 97. La somme du poids des éléments d'un équivalent se trouve dans le poids de l'équivalent, de même que le poids de chaque équivalent se trouve dans la somme du poids de ses équivalents. La masse hylique et pondérable *m*, *m'* sous forme de tétraèdres Δ, Δ' se trouve unie ou séparée dans un état différent sans rien perdre ou gagner en poids.

On voit par les expériences calorimétriques qu'il n'en est pas de même à l'égard des éléments électriques qui dans leur rencontre produisent de la chaleur et de la lumière en séparant les aréosyzygues $0qE$ des combustibles et les pycnosyzygues $6q\dot{E}$ des comburants, qui s'unissent et sont le produit hylique de la combustion.

Pour recouvrer le combustible aréoélectrique et le comburant pycnoélectrique, on soumet le produit de la combustion aux courants électriques dans le bain ou aux *courants thermoélectriques* de températures élevées. La masse et le poids obtenus des éléments du produit de la combustion sont les mêmes que ceux qui se sont combinés en formant ce produit, tandis qu'il n'en est pas ainsi pour les électrosyzygues $6q\dot{E}$, $6qE$.

Ces électrosyzygues, en se combinant différemment dans l'appareil A d'éclairage et dans l'appareil B de chauffage, produisent : 1° la chaleur et la lumière sans aucun excédant :

$$0q\dot{E} + 6qE = 2q\dot{E}E^2 + 2q\dot{E}^2E,$$

ou 2° la chaleur obscure et un excédant de pycnosyzygue :

$$0q\dot{E} + 0qE = 3q\dot{E}E^2 + 3q\dot{E}.$$

L'expansion des molécules μ de ces pycnosyzygues $3q\dot{E}$ chasse au loin le bouchon du vase contenant un mélange de 1 volume d'oxygène et de 2 volumes d'hydrogène, comme cela s'opère dans le pistolet de Volta.

Dans l'électrolyse des produits de la combustion ou dans leur décomposition à des températures élevées, il n'y a aucune diminution de chaleur; c'est le contraire qui a lieu dans la désoxydation de l'oxyde d'argent, dont 1 gramme produit 22 calories et 1 équivalent AgO $116 \times 22 = 2552$.

Il est évident qu'en opérant sur les mêmes éléments hyliques pour les combiner par la combustion et les décomposer par l'électrolyse on engendrerait une immense quantité de chaleur et de lumière. D'après l'axiome *ex nihilo nihil*, ces masses indéfinies de fluides ayles prouvent incontestablement l'existence des molécules μ, μ' composant les électrosyzygues $\dot{E}$, E pendant leur expansion indéfinie.

Les combinaisons des éléments hétéroélectriques par la combustion ou par la voie chimique, s'opèrent par l'entétraédriase ou par les paratétraédriases. Ainsi les molécules μ des pycnosyzygues $6q\dot{E}$ et celles μ' des aréosyzygues $6q$E, en se séparant des éléments hyliques, perdent toute résistance, et c'est ainsi que leur expansion est provoquée.

La cause immédiate de ces expansions des molécules μ, μ' est donc l'absence de résistance qui se fait sentir pendant l'entétraédriase des éléments hyliques qui se séparent de leurs éléments ayles. La densité $\delta + \delta'$, δ des molécules μ, μ' étant indéfinie, elle reste la même après la courte ou la longue durée de leur expansion; de sorte que leur état actuel ne diffère pas de celui où elles se trouvaient au moment où a fini l'action qui a exercé sur elles une compression, en leur faisant parcourir l'espace céleste indéfini, pour se trouver indéfiniment comprimées, et occuper deux espaces limités formant deux *cosmosphères*.

La séparation des éléments des corps composés à des températures élevées ou par l'électrolyse, ne fait pas disparaître la chaleur ou la lumière par un recul des molécules d'où résulte une périodicité de va-et-vient comme on l'a cru longtemps. L'absence de ce recul est reconnue aussi bien dans le système de l'émission que dans celui des ondulations. Il y a des *diastoles* de très-petites amplitudes.

Si le froid apparaît, il n'en faut pas conclure que la chaleur est anéantie, car elle reparaît; c'est seulement un changement de l'état des syzygues composant la chaleur. Les syzygues $q\dot{E}$, $2q$E sont la chaleur libre quand ils sont unis, et ils sont l'électricité latente quand ils sont soutenus par des particules hyliques hétéronymes. Cette électricité existe dans tous les corps, en petite quantité dans les solides, en quantité supérieure dans les dissolutions, et en plus grande quantité encore dans les vapeurs.

Dans la décomposition des solides à de hautes températures ou en cas de dissolution par l'électrolyse, les électrosyzygues latents $\dot{E}$, E^2 deviennent : 1° des aréosyzygues $\dot{E}$ dans lesquels pénètrent les tétraèdres positifs Δ', et 2° l'électricité neutre $\dot{E}\bar{E}$, laquelle pénètre dans les tétraèdres négatifs Δ.

Stœchiométrie électrique. Les deux électricités latentes $\dot{E}$, E^2 des composés apparaissent multipliées, dans les éléments hyliques séparés, comme électricité négative $\bar{E}$ et comme électricité neutre $\dot{E}\bar{E}$. La combinaison de ces éléments oxydes $\dot{M}\bar{O}$ et acides $\dot{M}'\bar{O}^n\dot{E}\bar{E}$ par la voie humide favorise, l'expansion des molécules μ, μ', en même temps que leur mélange, pour les faire devenir des thermozeugmes $\dot{E}\bar{E}^2$.

Au moyen du poids des combustibles et des comburants, et des quantités de calories obtenues pendant la combustion dans les deux espèces de calorimètres, on peut déterminer : 1° le rapport qui existe entre les syzygues $6q\dot{E}$, $6q\bar{E}$ et les calories lumineuses $2q\dot{E}\bar{E}^2 + 2q\dot{E}^2\bar{E}$, et 2° celui qui se trouve entre les mêmes syzygues et les calories obscures $3q\dot{E}\bar{E}^2$ avec un excédant $3q\dot{E}$ de pycnosyzygues. L'équation suivante donne une solution sous ces deux rapports :

$$6q\dot{E} + 6q\bar{E} = 2q\dot{E}\bar{E}^2 + 2q\dot{E}^2\bar{E} = 3q\dot{E}\bar{E}^2 + 3q\dot{E}.$$

La quantité θ' de calories observées dépend : 1° de l'état du combustible ; 2° de celui du comburant ; 3° de l'état de la chaleur, lumineuse ou obscure ; 4° de l'état du produit. Les expérimentateurs n'ont pas fait ces distinctions, ils se sont contentés de donner les résultats tels qu'ils se sont présentés. Pour connaître la quantité réelle des calories θ produites : 1° au moyen des calories observées θ, et 2° au moyen des états indiqués, j'ai dû faire des calculs basés sur les quantités de chaleur latente et de chaleur spécifique.

ÉLECTROLYSE DANS PLUSIEURS BAINS RÉUNIS.

Le mode de décomposition des corps dans un bain ne diffère pas de celui usité pour plusieurs bains, réunis pour être traversés par le même courant. L'union (fig. 26) opérée par des fils métalliques ne permet que l'endosmose des électrosyzygues $q\dot{E}$, $q\bar{E}$ d'un bain dans l'autre. Si l'union est opérée au moyen de mèches im-

Fig. 26.

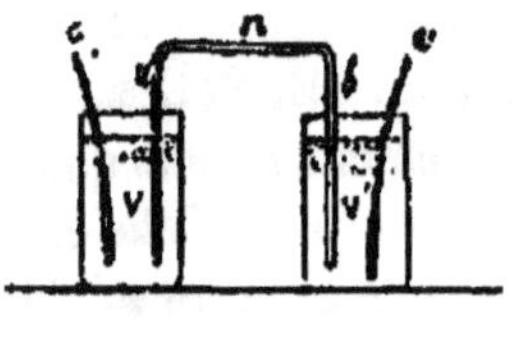

bibées dans une dissolution à décomposer, il y a endosmose électro-chimique ; dans ce cas les courants repoussent les éléments hyliques qui leur sont homonymes et les font passer à travers les mèches d'un bain dans l'autre. On voit qu'il y a endosmose hylique.

Je mentionnerai séparément les résultats obtenus en opérant dans deux ou plusieurs bains sur deux ou plusieurs substances pour démontrer : 1° l'égalité de la poussée répulsive *r* dans tout le circuit, et 2° l'éloignement des tétraèdres hyliques qui deviennent hylicoayles sans la moindre diminution de chaleur, sinon quand il se produit une élévation de température telle qu'on l'a découverte dans la désoxydation de l'oxyde d'argent.

I. ÉLECTROLYSE DE DEUX DISSOLUTIONS CONTENUES DANS DEUX VASES UNIS.

§ 98. Les vases V, V' (fig. 14) contiennent deux dissolutions indiquées dans les colonnes V, V' ; on voit ces composés cubiques à l'état hylicoayle dans les deux autres colonnes *v*, *v'*. Tout ce qui a été dit sur l'électrolyse de l'eau trouve ici son application. Dans le bain V, l'extrémité *a* du fil de communication a est électrode négatif, et dans le bain V' l'extrémité *b* est électrode positif.

La poussée p de l'expansion des molécules produit un travail indiqué par la résistance vaincue r. De même que la poussée p peut être d'un inéquilibre i ou de *ni*, de même la résistance r peut être exercée dans un seul bain ou dans deux, trois, etc.

V	V'	*v*	*v'*
1° HOĖĒ³	HO,SO^3	ŌĖĒ	SĒ
2° HO	HCl	OĖĒ	HĒ
3° HO	HJ	OĖĒ	HĒ
4° HCl	HO	C̄lĖĒ	HĒ
5° HJ	HO	J̄ĖĒ	HĒ
6° HO	KCl	OĖĒ	KOĒHĒ
7° HO	KJ	C̄lOĖ	KOĒHĒ
8° KCl	HO	ClĖĒ	HĒ
9° KJ	HO	JĖĒ	HĒ
10° HO	KO,SO^3		KOĒ,HĒ
			. . . .
			CaOĒ,HĒ

Les composés hyliques des deux vases V, V' après l'électrolyse sont devenus hylicoayles, parce que les composés ayles qui sont des thermozeugmes $\dot{E}\bar{E}^2$ sont également devenus hylicoayles. Sachant que c'est à l'aide de la décomposition des thermozeugmes que toutes les électrolyses s'opèrent, on est conduit à chercher les syzygues ayles dans les éléments des couples décomposés, ainsi qu'Ampère et les autres chimistes l'ont reconnu, ce qui manquait c'était la connaissance du rapport $\dot{E} : 2\bar{E}$.

Pour unir la poussée de l'endosmose avec celle de l'électrolyse, on fait communiquer les bains *a*, *b*, *c* (fig. 27) par les mèches *d*, *e* imbibées dans les dissolutions, ou l'on sépare par deux diaphragmes en forme de vessie un bain en trois compartiments. Il y a la même solution dans les bains extrêmes *a*, *c* et une solution différente dans le bain *b*. Dans les colonnes *a*, *c* et *b*, on a indiqué les solutions hyliques avant l'électrolyse; dans les colonnes A, C, on a indiqué les solutions hylicoayles obtenues par l'électrolyse.

Fig. 27.

a, *c*.	*b*	*a* +	*c* —
1° $HO\dot{E}\bar{E}^2$	J ou Br	$\bar{O}\dot{E}\bar{E}$	$\dot{H}\bar{E}$
2° HO	$HO,SO^3\dot{E}\bar{E}$	$SO^3\dot{E}\bar{E},O\dot{E}\bar{E}$	$H\bar{E}$
3° HO	$HO,KO\bar{E}$	$O\bar{E}$	$KO\bar{E},H\bar{E}$
4° HO	KCl	$HCl\dot{E}\bar{E},O\dot{E}\bar{E}$	$KO\bar{E},H\bar{E}$
5° HO	AzH^4Cl	$HCl\dot{E},O\dot{E}$	$AzH^3\bar{E},H\bar{E}$
6° HO	KJ	$2JO^5\dot{E}\bar{E}$	$5KO\bar{E},5H\bar{E}$
7° AzH^4ClO^5	ZO,SO^3	$2Cl\dot{E}\bar{E}$	$AzH^3\bar{E},H\bar{E}$
8° ZnO,SO^3	AzH^4Cl	$SO^3\dot{E}\bar{E},O\dot{E}\bar{E}$	$Zn\bar{E}$

1° Le brome et l'iode ne pénètrent pas la cloison; il y a décomposition de l'eau et de la chaleur et production d'hydrogène ordinaire $\dot{H}\bar{E}$ et d'oxygène ozoné $\bar{O}\dot{E}\bar{E}$.

2° L'acide sulfurique hylique $S\bar{O}^3$ est repoussé à travers la cloison par l'expansion des aréosyzygues $\dot{E}$; il y a décomposition d'eau comme dans le cas précédent.

3° Il y a décomposition de l'eau et endosmose de la potasse.

4° Il y a décomposition du chlorure de potassium, de l'eau et de la chaleur; il y a endosmose du $\bar{Cl}$ négatif dans le bain *a* et endosmose du potassium positif dans le bain *c*. L'eau décomposée dans *c* du potassium produit la potasse KO et l'hydrogène; celle décomposée dans *a* produit l'acide chlorhydrique $\dot{H}\bar{Cl}\dot{E}\bar{E}$ et l'oxygène.

5° Tout s'opère comme dans le cas précédent; le potassium K est remplacé par l'ammonium $Az\dot{H}^4$, lequel ne décompose pas l'eau, mais la chaleur $\dot{E}\bar{E}^2$, pour devenir

$$AzH^4 + \dot{E}\bar{E}^2 = AzH^3\bar{E} + \dot{H}\bar{E} + \dot{E}.$$

6° L'iode J hylique devient très-négatif JO^5; l'aréoélectricité l'amène par l'*endosmose* dans le bain *a*, où la chaleur $5\dot{E}\bar{E}^3$ lui donne les syzygues des couples neutres $6\dot{E}\bar{E}$ dont les cinq aréosyzygues se mêlent aux cinq atomes d'hydrogène $5H\bar{E}$ et le sixième se joint à la potasse $KO\bar{E}$.

7° Le chlore négatif $\bar{Cl}$ reçoit de la chaleur $\dot{E}\bar{E}^3$ le pycnosyzygue et devient $\bar{Cl}\dot{E}$; l'ammonium $Az\dot{H}^4$ reçoit les deux aréosyzygues et devient l'ammoniaque $AzH^3\bar{E}$ et l'hydrogène $\dot{H}\bar{E}$.

8° Il y a décomposition de sulfate de zinc; le métal positif $\dot{M}$ est amené dans le bain *c* à travers le bain *b* du milieu et à travers les deux cloisons; il y acquiert l'aréosyzygue double et devient $Zn\bar{E}^2$ parce qu'il y a dans le bain *a* deux couples neutres $SO^3\dot{E}\bar{E}$, $\bar{O}\dot{E}\bar{E}$.

II. ÉLECTROLYSE DE TROIS DISSOLUTIONS.

§ 99. L'expérience se fait : 1° dans trois bains qui se communiquent par des cloisons endosmotiques, ou 2° dans des tubes en forme d'U. La dissolution la plus dense occupe la courbure qui représente le bain *b* du milieu; les deux dissolutions entrent dans les deux bras du tube.

	a +	*b*	*c* —	*a'* +	*b'*	*c'* —
1°	HO	KO,SO^3	BaCl	$SO^3\dot{E}\bar{E}$, $\dot{H}\bar{Cl}\dot{E}\bar{E}$	—	—
2°	KO,SO^3	BaCl	HO	—	—	—
3°	BaCl	KO,SO^3	HO	—	BaO,SO^3	$KO\bar{E}$
4°	HO	AgO,SO^3	BaCl	$SO\dot{E}\bar{E}$	AgCl	—
5°	HO	KO	KO,SO^3	$SO\dot{E}\bar{E}$	—	—
6°	KO,SO^3	SO^3	HO	—	—	$KO\bar{E}$

1° Les éléments hyliques négatifs des sels KO,SO^3 et BaCl se trouvent pénétrés par les couples ayles $\dot{E}\bar{E}$ dans le bain *a*, et acquièrent la saveur aigre ainsi que plusieurs autres propriétés; les métaux positifs séparés $\dot{M}$, acquièrent les syzygues négatifs $\bar{E}$ et deviennent hylicoayles $\dot{M}\bar{E}$.

2° Dans ce cas, la poussée n'a pas un effet chimique, mais elle produit des endosmoses.

3° Par une endosmose, le chlorure de baryte BaCl passe du bain *a* en *b*, et il y décompose le sel KO,SO^3 et l'eau pour produire l'acide $H\bar{Cl}\dot{E}\bar{E}$ qui reste libre; le sel $BaOSO^3$, insoluble dans l'eau, se forme et reste dans le vase *b*; la potasse $KO\bar{E}$ traverse facilement la cloison, et arrive dans le vase *c*.

4° Le chlore négatif $\bar{\mathrm{Cl}}$ est séparé du métal positif et transmis par l'endosmose dans le bain *b*, ou il est pénétré par l'argent, le quel laisse libre l'élément négatif SO^3 qui est transféré dans le bain *a*, où il se trouve pénétré par un couple ayle $\dot{E}\bar{E}$ et devient un acide $SO^3\dot{E}\bar{E}$.

5° L'élément négatif SO^3 du sel est séparé de l'oxyde KO et transféré à travers les deux cloisons dans le bain *a* où il se trouve pénétré par un couple ayle $\dot{E}\bar{E}$.

6° Le métal positif $\dot{M}$ est séparé de l'élément négatif $S\bar{O}^4$, lequel est transféré dans le bain *c*. De l'eau décomposée, l'oxygène $\bar{O}$ est pénétré par le métal, et devient KO; l'hydrogène pénètre l'élément SO^4 et devient SO^3, HO.

Les électrolyses suivantes sont faites dans un tube en U ; la courbure correspond au bain *b* du milieu du bras gauche au bain *a* et le bras droit au bain *c*.

	a +	*b*	*c* —	*a'*	*b'*	*c'*
1°	AzH^4Cl	NaCl	NaO,SO^3	—	—	—
2°	NaCl	CaCl	AzH^3AzO^5	$\bar{\mathrm{Cl}}\bar{\mathrm{O}}^5\dot{\mathrm{E}}^5\mathrm{E}^5$	—	—
3°	AzH^4Cl	HO,SO^3	$2NaO,PhO^5$	—	..	—
4°	CaO,AzO^5	NaO,AzO^5	AzH^4Cl	—	—	—
5°	PbO,SO^3	KO,AzO^5	AzH^4Cl	$PbO^2\dot{E}$	—	—
6°	CuO,AzO^5	CaO,NO^5	AzH^4Cl	—	—	—
7°	AgO,AzO^5	KO,NO^5	KO,SO^3	$AgO^2\dot{E}$	—	—

1° Il n'y a transmission ni de SO^3 de *c'* dans *a'* ni de AzH^3 de *a'* dans *c*.

2° Il y a dans *a* l'acide chlorique formé de l'oxygène ozoné de l'eau.

Résumé. Les détails exposés dans l'électrolyse de l'eau dans un bain ne diffèrent ni de ceux de l'électrolyse dans plusieurs voltamètres unis, ni de ceux de plusieurs bains qui sont en communication endosmotique contenant des dissolutions hyliques. L'électrolyse n'est que la transformation des composés hyliques $\dot{H}O$, $\dot{M}\bar{O}$... et des thermozeugmes ayles $\dot{E}\bar{E}^2$ en composés hylicoayles :

$$\dot{H}\bar{O} + \dot{E}\bar{E}^2 = \dot{H}\bar{E} + \bar{O}\dot{E}\bar{E}; \quad \dot{M}\bar{\mathrm{Cl}} + \dot{E}\bar{E}^2 = \dot{M}\bar{E}^2 + \bar{\mathrm{Cl}}\dot{E}\bar{E}.$$

CHAPITRE II.

STŒCHIOMÉTRIE ÉLECTRIQUE ET CALORIQUE.

§ 100. Depuis Ampère, les électrochimistes ont reconnu dans les corps deux espèces d'éléments, l'un hylique pondérable et l'autre ayle impondérable. Jusqu'à présent on n'a pas développé cet état général des corps; on savait seulement qu'il existait une hétéroélectricité entre les particules matérielles et les syzygues électriques. Je démontre ici que l'état hétéroélectrique ne consiste que dans la densité inégale des molécules μ, μ' dont l'effet immédiat est l'absence de résistance mutuelle; car l'expansion des molécules μ ne rencontre nulle part une résistance inférieure, si ce n'est dans celle des molécules μ', qui sont moins denses. On a attribué cette absence de résistance à une *attraction* hypothétique entre les deux électricités : 1° l'une inséparable do la matière ou de la masse, qui est le *barogène* β, et 2° l'autre soutenue par le barogène au moyen de l'électricité unie avec lui.

J'ai fait connaître les détails de cet état : 1° Le barogène β pénètre dans le thermozeugme $\dot{E}\bar{E}^2 = \theta$, et constitue l'atome hydrogène $\dot{H} = \theta\beta$; 2° le photothermozeugme $\varphi\theta^7$ pénètre dans le cube $2^3\beta$ de borogène et forme l'atome oxygène $\bar{O} = \varphi\beta\overline{\theta\beta}^7$.

A cause de leur barogène, ces atomes se coordonnent en tétraèdres, et à cause de leurs électrosyzygues, 1° les atomes *positifs* $\dot{H}$ soutiennent les syzygues négatifs, et deviennent des tétraèdres $4\dot{H}\bar{E}$, indiqués par le signe Δ'; 2° les atomes *négatifs* $\bar{O}$ soutiennent les syzygues positifs. et deviennent des tétraèdres $4\bar{O}\dot{E}$, indiqués par le signe Δ.

Cette coordination en tétraèdres, basée sur la loi de l'aérostatique, est incontestable, et elle est l'origine d'une longue série de faits qui se manifestent dans les changements de densité, lorsque les tétraèdres Δ Δ' s'étant séparés, se mêlent les uns avec les autres, et laissent vide l'espace qui avait été occupé par une espèce de tétraèdre dont le volume est inférieur ou égal à celui de l'autre espèce.

L'entétraédriase des tétraèdres Δ dans les tétraèdres Δ' est accompagnée : 1° d'un accroissement de densité du composé ; 2° de chaleur obscure ou de chaleur et de lumière. Le produit est : 1° *neutre* comme l'eau HO ou les sels $\dot{\bar{M}}\bar{O}\dot{\bar{M}}'\bar{O}''$; 2° *aréoélectrique* comme les oxydes $\dot{\bar{M}}\bar{O}\dot{E}$, ou 3° *pycnoélectrique*, comme les acides $C^2O^4\dot{E}$, $\dot{\bar{H}}Cl\dot{E}\dot{E}$.

Dans les *entétraédriases*, qui correspondent aux combustions ou aux combinaisons chimiques, il y a une différence : 1° dans les combustibles et les comburants ; 2° dans les oxydes et les acides ; 3° dans les produits dont la densité est supérieure à la moyenne de leurs deux éléments.

I. **Espèce de combustibles.** La chaleur se produit dans chaque combinaison ou *entétraédriase*. On appelle celle-ci *combustion* lorsque la chaleur est unie à la lumière. Les aréosyzygues $\bar{E}^2$ des thermozeugmes $\dot{E}\bar{E}^2$ sont soutenus par les particules hyliques des combustibles, qui sont des pycnolétriques indiqués par les signes $\dot{\bar{H}}$, $\dot{\bar{C}}$, $\dot{A}z$, $\dot{\bar{M}}$.

Les équivalents hyliques des combustibles soutiennent un ou plusieurs aréosyzygues $\bar{E}$; c'est pourquoi le même nombre d'équivalents hyliques des combustibles ne donne pas exactement la même quantité de calories. Au moyen de ces calories, j'ai déterminé ici le nombre d'aréosyzygues soutenus par un équivalent de combustibles différents. Cette coïncidence entre les quantités de calories et d'équivalents des combustibles est la base de la stœchiométrie électrique.

Dans la stœchiométrie hylique, le *poids* des équivalents est déterminé au moyen de la balance. Dans la stœchiométrie électrique, la quantité d'aréosyzygues de chaque équivalent hylique est déterminée au moyen des calories, mesurées dans le calorimètre après qu'on y a fait toutes les corrections.

Espèces de comburants. Les combustibles brûlent dans les corps qui soutiennent des pycnosyzygues $\dot{E}$; tels sont l'oxygène $\bar{O}\dot{E}$, le chlore $\bar{C}l\dot{E}$, le brome $\bar{B}r\dot{E}$, l'iode $\bar{J}\dot{E}$, le fluor $Fl\dot{E}$ et le protoxyde d'azote $\dot{A}z\bar{O}\dot{E}$.

Au moyen des quantités de calories obtenues par la combustion du même combustible dans les gaz *oxygène*, *chlore*, *protoxyde d'azote*, il est démontré que chaque équivalent hylique ne soutient qu'un seul pycnosyzygue Ė.

Combustion. On a donné le nom de *combustion* à l'action de l'entétraédriase des tétraèdres Δ du comburant dans les tétraèdres Δ' du combustible. La cause de pareilles entétraédriases est toujours un inéquilibre entre les molécules μ' des aréosyzygues E et les molécules μ des pycnosyzygues Ė. Ceux-ci, en pénétrant dans les aréosyzygues, amènent les tétraèdres Δ dans les tétraèdres Δ'.

Produits des combustions. Les couples de tétraèdres ΔΔ' sont le produit hylique; la chaleur et la lumière sont le produit ayle, lequel ne diffère en rien de celui de l'arc voltaïque du mélange des molécules μ, μ' en expansion avec les syzygues hétéronymes Ė, E qui y sont amenés par les fils métalliques de la pile soutenue en inéquilibre, comme on le verra plus bas.

C'est dans cette identité des produits ayles qu'on trouve la preuve : 1° que, par leurs particules pycnoélectriques, les combustibles soutiennent à l'état latent les aréosyzygues E, et 2° que, par leurs particules aréoélectriques, les comburants soutiennent également à l'état latent les pycnosyzygues Ė.

On voit par la quantité égale des calories lumineuses obtenues par la combustion de l'hydrogène ḢE dans l'oxygène ŌĖ ou dans le chlore ClĖ qu'il y a un pycnosyzygue Ė dans chaque équivalent d'oxygène et de chlore. Le même hydrogène ḢE, brûlé dans un appareil qui s'oppose à la production de la lumière, produit une quantité de calories obscures moitié plus grande que celle des calories lumineuses. Ce rapport $(4q\dot{E}E^2+\varphi) : 6q\dot{E}E^2$ prouve que dans la quantité φ de lumière il entre la quantité $2qE$ d'aréosyzygues et $4q\dot{E}^2$ de pycnosyzygues. De ceux-ci il entre $q\dot{E}^2$ dans les $2q\dot{E}E^2$ calories, et il en reste l'excédant $3q\dot{E}^2$ des pycnosyzygues.

C'est donc l'expansion des molécules μ de ces pycnosyzygues qui exerce une poussée répulsive suffisante pour briser les vases les plus forts, vases qui contiennent un mélange d'un volume d'oxygène et de deux volumes d'hydrogène, que l'on fait se combiner au moyen d'une étincelle en produisant des calories obscures.

Explosions. L'expansion des molécules μ, μ' exerce contre les corps mauvais conducteurs une poussée qui correspond à leur quantité. Ces poussées sont produites aussi bien dans les décharges de l'électricité des machines et des nuages que dans les entétraédriases des comburants dans les combustibles sans production de lumière. Les entétraédriases des mêmes comburants, opérées dans des vases métalliques, ne produisent pas d'explosion si elles sont en faible quantité; mais si elles sont abondantes, comme dans la poudre à canon, les explosions correspondent aux quantités de poudre et sont en rapport inverse avec la quantité des pycnosyzygues $q\dot{E}$, poussés vers le sol par le métal.

Dans la balistique, les canons rayés chargés avec la même quantité de poudre produisent des effets mécaniques qui surpassent ceux des canons non rayés. La différence correspond à la diminution de la quantité d'aréosyzygues obtenue quand il n'y a pas contact entre l'espace vide des raies et de la balle.

Combinaisons par la voie humide. Les acides diffèrent des comburants et des combustibles en ce qu'ils ne soutiennent, par leurs équivalents hyliques, ni un seul pycnosyzygue $\dot{E}$, ni un ou plusieurs aréosyzygues, mais un couple électrique $\dot{E}\dot{E}$. Ainsi les entétraédriases des tétraèdres et les produits hyliques, ne diffèrent pas dans la combustion et dans les combinaisons par la voie humide; dans ces combinaisons, les couples $\dot{E}\dot{E}$ de l'acide pénètrent dans les aréosyzygues $\dot{E}$ des oxydes et deviennent des thermozergmes $\dot{E}\dot{E}\dot{E}$.

§ 101. **Historique de la calorimétrie.** Au moyen du thermomètre on obtient la dilatation du mercure produite par la poussée qu'il éprouve de l'expansion des molécules μ' des aréosyzygues $\dot{E}$ contenus en excédant dans les thermozeugmes.

Au moyen du calorimètre on obtient une élévation de température de 1 degré de 1 gramme d'eau; la quantité c de thermozeugmes $\dot{E}\dot{E}^2$ employés pour produire cette élévation de température nommée *calorie* est l'unité qui sert à mesurer la chaleur produite par la combustion des quantités connues de combustibles et de comburants.

En brûlant différents combustibles, tout chimiste trouve la même quantité de calories. Dulong a trouvé aussi les mêmes quantités que ses prédécesseurs, sauf celle de l'hydrogène qu'il a trouvée plus forte de moitié. Pelouze et Fremy (*Chimie*, t. I, p. 200), sans avoir expérimenté, ont pensé être plus près de la vérité, en supposant que la quantité trouvée par les premiers chimistes était supérieure de 6000 calories, et celle trouvée par les chimistes postérieurs inférieure de 4000 calories.

Après avoir évité toute perte de chaleur en brûlant 1 gramme d'hydrogène, Despretz a trouvé 23640 calories lumineuses, ce qui fait voir qu'il y a une quantité égale d'unités de lumière :

$$23640\dot{E}\dot{E}^2 + 23640\dot{E}^2\dot{E} = 6 \times 23640\dot{E}\dot{E}.$$

En diminuant la quantité de la lumière après avoir modifié l'appareil, Dulong a obtenu :

$$34601\dot{E}E^{3} + a\hat{E}^{2}E = (23640 + 11820)\,\dot{E}E^{2} + 11820\dot{E}.$$

On trouve que la quantité a de l'unité de lumière consiste dans la différence $a = 35460 - 34601 = 859$ des calorics, qui est entre les calories 35460 tout à fait obscures et celles 34601 accompagnées d'une très-faible lumière.

Les résultats obtenus au moyen d'appareils différents, correspondent aux modes des entétraédriases. C'est ainsi qu'il est devenu nécessaire de faire connaître exactement la construction des appareils, pour qu'on puisse voir la différence des entétraédriases qui occasionne la diminution de la lumière. Le gaz détonnant, combiné au moyen de l'étincelle, fait disparaître complétement la lumière.

Calories obscures ou lumineuses par rapport aux électrosyzygues. Avec les deux espèces d'appareils, on obtient de la combustion de l'hydrogène la chaleur lumineuse ou la chaleur obscure. Par la voie humide, on n'obtient que la chaleur obscure $\dot{E}E + E$, 1° des couples neutres $\dot{E}E$ de l'acide, et 2° des aréosyzygues E des oxydes.

La chaleur est toujours lumineuse dans la rencontre et l'expansion libre des molécules μ, μ' des deux espèces d'électrosyzygues comme dans l'arc voltaïque et dans la décomposition de l'eau oxygénée $\check{H}EO^{2}\dot{E}^{3}$. Cette décomposition est indiquée dans l'équation suivante:

$$3q\check{H}E\bar{O}^{2}\dot{E}^{3} = 3qHO + 3qO\dot{E} + q\dot{E}^{2}E + q\dot{E}E^{3}.$$

Détails de la stœchiométrie électrique. Il est nécessaire de connaître d'abord les deux espèces d'appareils et les résultats obtenus par les expérimentateurs, dont les uns indiquent les combustibles en volumes et en équivalents, et les autres en poids. Ici le calcul s'opère sur les nombres des électrosyzygues soutenus par les équivalents qui se combinent.

Au moyen des entétraédriases, on trouve par le calcul les mêmes densités que celles obtenues par les expériences. Il est bien démontré qu'une masse d'eau ou d'un autre liquide peut être décomposée mille fois sans aucune perte de chaleur, tandis que les gaz obtenus, une fois recomposés, produisent des quantités énormes de calories qui correspondent aux quantités d'équivalents, et qui sont engendrées; car dans l'électrolyse il y a absence, 1° de toute production de froid comparable à celui de la dilatation des gaz, et 2° de toute consommation de chaleur identique à celle de la transformation de l'eau en vapeur. D'après l'axiome *ex nihilo nihil*, la chaleur est l'expansion des molécules μ, μ' en inéquilibre; c'est donc la diminution de résistance qui produit l'expansion des molécules μ, μ', lesquelles venant à se rencontrer se mêlent et se transforment en chaleur.

I. Appareil a d'éclairage et B de chauffage.

§ 102. Dans le principe on a fait les expériences avec des appareils qui ne diffèrent pas de ceux des becs de gaz d'éclairage. Dulong a modifié ces appareils; Silbermann et Favre ont cru les avoir perfectionnés, ils en ont obtenu la quantité de 34462 calories, quantité inférieure à celle 34601 obtenue par Dulong.

I. **Appareil d'éclairage.** Au bec B (fig. 28), l'hydrogène se rencontre avec l'oxygène qui afflue de toute la périphérie; ses tétraèdres pénètrent dans ceux de l'hydrogène, et pendant leur expansion les couples d'électricité neutre ÈÉ viennent se rencontrer: 1° du dehors, avec les sphères positives E, et deviennent des *photozeugmes* É, E, È qui se répandent; 2° du dedans, avec les sphères négatives È, et deviennent des *thermozeugmes* È, E, È, lesquels sont amenés par les hydatozeugmes HO dans le serpentin E, où la vapeur se condense et se dépose dans la paroi froide du serpentin plongé dans l'eau du calorimètre. L'eau produite par la vapeur y reste, et il n'en sort par son orifice C que l'excédant d'oxygène. Le thermomètre *t* indique l'élévation de température dans le calorimètre.

Fig. 28.

On a tout d'abord contesté l'expérience en prétendant qu'il y a une grande perte de chaleur avec la lumière; c'est pourquoi **Despretz** a placé cet appareil dans une caisse contenant l'eau du calorimètre de manière qu'aucune portion de chaleur produite ne pût être perdue; et cependant le résultat qui a été trouvé de 23640 calories diffère peu de ceux obtenus sans cette modification de l'appareil, lesquels sont 23352 et 23294. La quantité de chaleur qui s'est évaporée avec la lumière n'est que d'environ 300 calories.

II. **Appareils de chauffage.** On a considéré l'appareil de Dulong comme ayant été perfectionné par Silbermann et Favre.

1° *Appareils de Dulong.* Cet appareil est une chambre de combustion C (fig. 29) qui est une caisse rectangulaire en cuivre rouge ayant 25 centimètres de hauteur, $7^{\text{cent.}}$, 5 de largeur et 10 cent. de longueur; elle est formée à sa partie supérieure par un couvercle *v*, dont les bords rabattus plongent dans une rigole remplie de mercure.

Fig. 29.

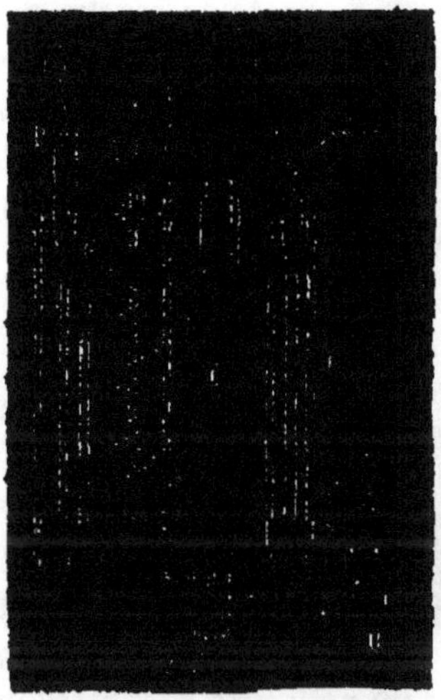

L'oxygène arrive dans la chambre C par le tube *o* qui aboutit au bas de la chambre quand on brûle l'hydrogène qui entre par *e*. Dans la combustion des autres corps, l'oxygène est conduit par le tube O placé à la face inférieure au-dessous des combustibles.

La vapeur d'eau se répand dans la chambre C; à sa base est l'orifice *r* du serpentin froid *nmv* dans lequel se condense la vapeur au fur et à mesure qu'elle arrive de la chambre.

La rencontre entre les tétraèdres des deux gaz est limitée du coté de l'orifice du tube *o* qui occupe *a* degrés de la périphérie $2\pi r$; l'oxygène traverse la distance *r* et par l'arc *a* il pénètre dans les tétraèdres d'hydrogène. Les sphères électriques unies deviennent des couples neutres ÈE. L'expansion de ces couples s'opère vers la périphérie $2\pi r$ sans rencontrer d'oxygène, sinon dans l'arc *a*; il n'y a donc qu'une faible quantité *n*EÈ de couples neutres qui se rencontrent avec les syzygues positifs Ė et qui se changent en photozeugmes ou en lumière *n*ĖÈÉ. Tout le reste des couples 3*q*EÈ pénètrent dans les syzygues négatifs de 3*q* atomes ÌE d'hydrogène, et il en résulte la grande quantité de chaleur obscure 3*q*ĖEÈ = 34601 calories.

2° *Appareil de Favre et de Silbermann.* En 1844, ces physiciens, après avoir apporté quelques prétendus perfectionnements à l'appareil de Dulong, trouvèrent un nombre de calories de 34462, chiffre inférieur de 139 à celui de Dulong. Quoique le perfectionnement de l'appareil consiste à éviter toute perte de chaleur, personne n'a tenu compte de la grandeur de l'arc *a*.

La chambre à combustion A (fig. 30) s'introduit par le côté supérieur dans le calorimètre *aa* qui est enfermé dans une caisse VV argentée en dedans. L'intervalle *aa* entre les deux vases renferme une peau de cygne. Une dernière enveloppe II retient une couche d'eau et est recouverte par un disque de carton garni de duvet en dessous. La chambre à combustion A est en cuivre doré mince; elle est suspendue au couvercle C du calorimètre.

Fig. 30.

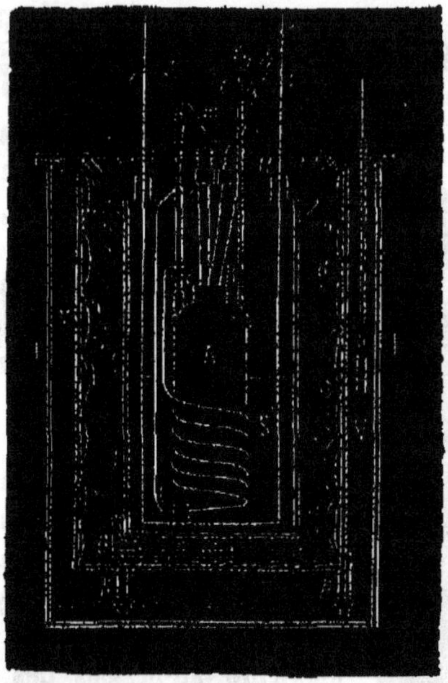

L'oxygène arrive à la base de la chambre à combustion par le tube *o'* dont l'orifice occupe l'arc *a'*. La vapeur pénètre de cette chambre par l'orifice *c* dans un serpentin en cuivre S ayant 2 mètres de longueur et en sort par le tube *cv*. En *o* est un petit vase pour recevoir l'eau de la vapeur condensée.

Fig. 31.

Le tube H (fig. 31) conduit l'hydrogène dans la chambre; au-dessus de son orifice est celle du tube O qui conduit l'oxygène; s'il en reste un excédant, il se dissipe avec la vapeur dans le serpentin.

Comparaison des modes de production des différentes quantités de calories. On voit par la quantité $2q\dot{E}\dot{E}\dot{E} = 23640$ calories lumineuses obtenues par Despretz, que dans le cas où il serait possible d'éviter toute production de lumière la quantité de calories obscures devrait être $3q\dot{E}\dot{E}\dot{E} = 35460 = 23640 + 11820$.

Avec son appareil, Dulong a trouvé 34601 calories; les $859\dot{E}\dot{E}\dot{E}$ calories qui manquent ont servi à former 1718 photozeugmes observés dans la chambre par l'œil *r* (fig. 30); le rapport $859 : 23640 = a : 2\pi r$ n'a pas encore été vérifié par des observations.

Après avoir pris toutes les précautions possibles, Silbermann et Favre ont trouvé la quantité inférieure de 34462 calories. Ceux qui ignorent le degré de perfectionnement des expériences pensent que sur le grand nombre de 35000 calories, il faut attribuer à des erreurs quelques centaines de plus ou de moins. Je démontre ici que les erreurs inévitables ne s'élèvent jamais jusqu'à 100; les résultats des observations sont donc exacts, ils ne diffèrent qu'à cause de la quantité de lumière qui, dans l'appareil de Dulong, est inférieure à celle de l'appareil de Silbermann. Pour s'en convaincre, il suffit de faire arriver la même quantité d'oxygène par deux tubes égaux des deux côtés de l'orifice de l'hydrogène ; dans ce cas la lumière augmente et le nombre des calories diminue.

Résumé. On ne peut contester l'existence, 1° d'une sphère ou d'un syzygue positif Ė dans les particules à l'état électronégatif, et 2° d'une sphère ou d'un syzygue négatif Ē dans les particules à l'état électropositif; tels sont les atomes ŌE d'oxygène et les atomes ĖĒ d'hydrogène. On a déjà reconnu cet état hylicosyle des corps, et la production de la chaleur lumineuse 2qĖE' + 2qĖ'Ē des syzygues 6qĖĒ ; on apprendra ici : 1° que la chaleur forme des couples d'électricité neutre ĖE, qui ont pénétré dans l'aréosyzygue Ē, pour se changer en chaleur ĖĖĒ; 2° que les pycnosyzygues Ē ont pénétré dans ces couples ĖE pour se changer en lumière ĖĖĒ. Il résulte des appareils employés pour la combustion de l'hydrogène que les couples neutres qui n'ont pas de pycnosyzygues Ē en contact, se combinent avec les aréosyzygues Ē, et se transforment en chaleur, tandis que l'excédant 3qĖ des pycnosyzygues acquiert une expansion à travers le métal de l'appareil sans qu'on l'ait aperçu, pour que les expansions des pycnosyzygues soient mises au jour. C'est pour cette raison que je vais exposer le mode de production des *explosions*, ainsi que quelques séries des actions chimiques.

II. EXPLOSIONS ET COMMENT ELLES SE PRODUISENT.

§ 103. Chaque déplacement des corps est l'effet de l'expansion des molécules μ, μ' en sens opposés. Ces expansions sont soutenues par les inéquilibres. Les expansions des molécules durent autant que les inéquilibres.

I. La longue surface des expansions est due à des courants ou *électrorrheumes* dont l'effet est une poussée d'intensité indiquée : 1° par la déviation du magnéte, des *galvanomètres ;* 2° par la hauteur du niveau de l'*endosmomètre ;* 3° par la quantité de l'eau décomposée en une minute dans le *voltamètre*.

II. La très-courte durée de l'expansion des molécules est due à une *décharge*, à une *diastole*. Son effet est un choc nommé *explosion*

L'intensité des décharges se mesure : 1° par les degrés de résistance vaincus; 2° par l'intensité du bruit entendu, comme je l'ai démontré dans l'*Harmonique chimique* (§ 35).

Après avoir reconnu, avec Ampère, l'existence des sphères ou des syzygues des deux électricités, lesquelles forment la même espèce de molécules de densités différentes, on voit que les décharges s'opèrent aussi bien quand les sphères sont isolées que lorsque, étant contenues par les particules des corps hétéroélectriques c, c', elles s'en séparent pour se combiner en même temps que les corps comme cela a lieu dans la combinaison de l'hydrogène $6q\dot{H}\dot{E}$ avec l'oxygène $6q\bar{O}\dot{E}$: 1° dans les appareils d'éclairage; 2° dans ceux de chauffage, 3° dans un autre appareil nommé *pistolet de Volta*.

Dans un vase de métal C (fig. 32), il entre une tige métallique B mastiquée dans un tube de verre qui sert à l'isoler et dont l'extrémité supérieure se trouve très-près de la paroi du vase ab. On remplit le vase avec un mélange d'un volume d'oxygène et de deux volumes d'hydrogène, du côté inférieur opposé la tige B, et on le ferme avec un bouchon.

Fig. 32.

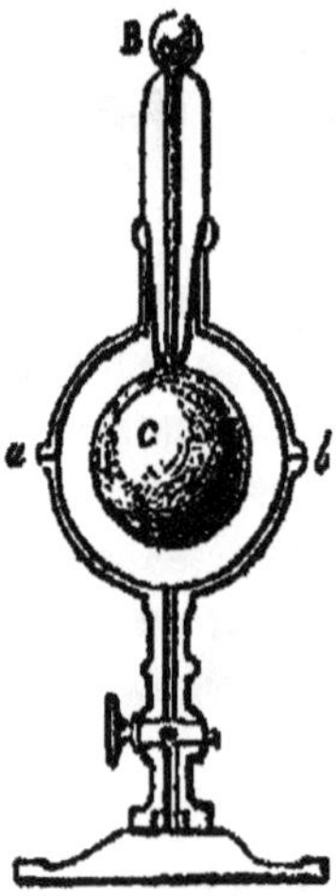

Si l'on fait communiquer le vase cc' avec le sol, et le bouton B avec un corps électrisé soutenant une quantité de pycnosyzygues $a\dot{E}$, on occasionne une expansion des molécules μ des pycnosyzygues $a\dot{E}$ de l'extrémité de la tige à travers la mince couche du gaz pour passer dans le vase métallique cc' et de là se propager sur le sol, dont l'expansion des molécules μ' se propage en sens inverse et traverse la mince couche du mélange des tétraèdres $\Delta'\Delta$ des deux gaz $4\dot{H}\dot{E}$, $4\bar{O}\dot{E}$. Les molécules μ des sphères positives $\dot{E}$ pénètrent alors dans les molécules μ des sphères négatives $\bar{E}$; elles entraînent les tétraèdres d'oxygène $4\bar{O}$ dans les tétraèdres d'hydrogène $4\dot{H}$, et il en résulte des tétraèdres aquatiques $4\dot{H}\bar{O}$ et une chaleur obscure comme dans les appareils de chauffage. Il reste un excédant d'électricité positive libre dont les molécules μ en expansion subite exercent une poussée répulsive r contre la paroi solide cc' du vase qui résiste. Il n'y a que la partie de la paroi occupée par le bouchon qui cède à la répulsion r, et qui est chassée au loin avec violence.

On a d'abord attribué cette répulsion à l'expansion de la vapeur produite; cependant on a dû abandonner cette hypothèse lorsqu'on a trouvé par le calcul : 1° que le volume $3v$ du mélange des gaz est réduit à $2v$ de vapeur ; 2° que la quantité de chaleur produite ne suffit pas à échauffer le vase et la vapeur pour obtenir une répulsion suffisante pour chasser le bouchon instantanément ; 3° que l'expansion des molécules isolées μ, μ' produit sur les corps des chocs dont les effets mécaniques prouvent les degrés d'intensité de l'expansion. Les décharges ou expansions les plus faibles sont celles des instruments de musique qui produisent des sons et ébranlent l'air ; les plus fortes décharges sont celles des nuages froids supérieurs vers le sol humide et chaud, ou vers les nuages, qui sont un mélange de vapeur et d'air chaud. Entre ces deux extrémités d'intensité d'expansion et de choc, j'ai choisi les chocs suivants pour mettre en évidence leur existence et leur formation.

I. **Mortier électrique.** Cet appareil est indiqué dans la fig. 33 ;

Fig. 33.

il est construit en bois ou en ivoire, corps qui ne conduisent pas facilement l'électricité. La balle est placée dans la cavité creusée pour la recevoir, et elle bouche aussi le petit tube o, où aboutissent les extrémités de deux fils métalliques, qui communiquent avec une machine électrique ou avec une bouteille de Leyde. Lorsque les deux fils f, f' amènent en o l'expansion des molécules μ, μ' l'un f de la machine ou de la bouteille et l'autre f' du sol en quantités égales $6q\dot{E}$, $6q\ddot{E}$, le mélange de ces sphères ou syzygues d'électricité hétéronyme s'opère comme dans les appareils de chauffage ; ainsi, dans le pistolet de Volta, il s'est produit, chaleur et excédant, $3q\dot{E}$ des sphères positives ou des pycnosyzygues, d'après l'équation suivante :

$$6q\dot{E} + 6q\ddot{E} = 3q\dot{E}\ddot{E}^{3} + 3q\dot{E}.$$

La chaleur $3q\dot{E}\ddot{E}^{3}$ se répand dans la masse du mortier, l'excédant $3q\dot{E}$ de pycnosyzygues exerce un choc par l'expansion subite de ses molécules μ ; ce choc a une telle intensité, qu'elle suffit pour chasser au loin la balle avec une vitesse correspondant au degré d'électricité de la quantité de gaz détonant.

En opérant de la même manière avec le mortier en l'absence de la balle, il y a une étincelle dans la partie o, entre les extrémités des fils f, f' dont f f' communique avec le sol, et avec la machine ou la bouteille. On entend aussi un bruit ; il y a absence de choc ; dans ce cas, le mortier fait l'usage d'un appareil d'éclairage.

II. **Perce-carte.** Au lieu de chasser la balle du mortier, le choc étant toujours produit par l'expansion des molécules μ, μ', il est ici employé pour déchirer une carte placée entre le sommet d'un cône métallique qui communique par la chaîne C (fig. 34) avec le sol. Au moyen du bouton *o* rapproché de la bouteille de Leyde, l'expansion des molécules μ des pycnosyzygues se propage à travers l'espace occupé en partie par la carte, quand par le même espace se propage en sens inverse l'expansion des molécules μ' de l'électricité neutre ĖE, dont les pycnosyzygues sont repoussées vers le sol. C'est cet éloiguement des syzygues Ė qui cause l'isolement des aréosyzygues E et l'expansion de leurs molécules en sens inverse de celle des molécules μ. Les deux expansions s'opèrent par la voie la plus courte entre les deux pointes, et produisent un trou moins éloigné du sommet du cône *c* que de l'autre. Les filaments de la bordure *o* du trou sont renversés en sens divergents vers les deux surfaces. Ceux produits pas le choc H des molécules μ sur le bord dirigé en bas sont d'une longueur supérieure à celle des filaments dirigés en haut et produits par les molécules μ' les moins denses.

Fig. 34.

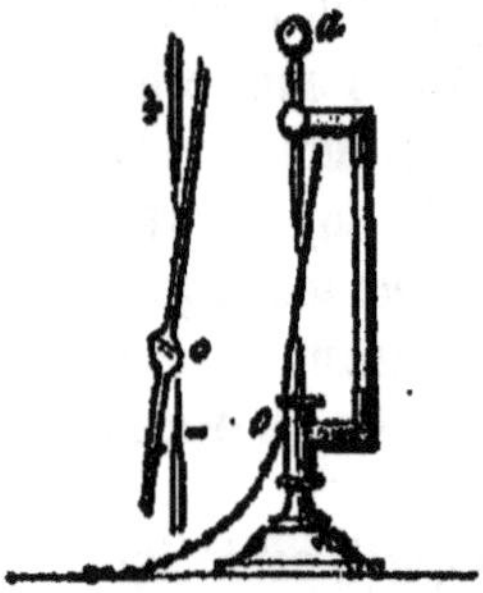

Pour obtenir deux trous dans la carte, il faut disposer les pointes métalliques en sens divergents, ou leur imprimer un mouvement au moment de la décharge. Les deux trous forment un couple, parce que dans un trou les filaments sont dirigés vers une face seulement, et dans l'autre vers l'autre base de la carte.

Ces couples de trous, au nombre de sept, se sont produits sur une lame de cuivre dans une cloche d'église frappée de la foudre ; cela a servi à démontrer que les plus puissantes machines produisent des chocs d'intensité mille fois inférieure à celle des chocs exercés par l'expansion de la grande quantité de molécules du mélange de vapeur et d'air froid composant les nuages.

III. RAPPORT ENTRE LES ÉQUIVALENTS DES COMBUSTIBLES ET DES CALORIES PRODUITES.

§ 104. L'identité des calories obtenues par la combustion, par la combinaison des éléments chimiques et dans la rencontre des deux électricités, rend incontestable l'existence des syzygues électriques à l'état latent dans les équivalents chimiques et à l'état libre dans les courants électriques. Cet état libre n'est que l'expansion des molécules μ, μ' des mêmes syzygues électriques nommés *latents* parce que leurs molécules ne sont pas en expansion.

Les molécules qui entrent en expansion, et qui se trouvent être des calories, correspondent aux quantités des équivalents des combinaisons chimiques. Ainsi, les quantités q des calories et les quantités q' des éléments hyliques une fois connues, le rapport $q : q'$ se trouve déterminé ; on peut voir alors si les équivalents des combustibles soutiennent un ou plusieurs électrosyzygues.

On obtient les calories : 1° par la combustion, ou 2° par les combinaisons chimiques.

I. La combustion s'opère dans des appareils qui donnent une chaleur obscure ou une chaleur lumineuse.

II. Les combinaisons chimiques par la voie humide donnent toujours une chaleur obscure.

Les calories obtenues par 1 gramme de combustible, se trouvent multipliées par le poids de leur équivalent, et l'on arrive ainsi au rapport $q:q'$ entre les calories et les équivalents chimiques. Dans le cas où ce rapport diffère, on en peut conclure : 1° qu'il y a absence de calories, parce qu'une partie devient latente, ou 2° qu'il y en a un excédant, parce qu'une quantité de calories latentes a été mise en liberté par la combinaison chimique.

Les comburants sont au nombre de six, tandis que le nombre des combustibles est indéfini ; le nombre des combustibles indécomposables est limité. Je mentionnerai d'abord les calories obtenues par la combustion des corps indécomposables.

A. Rapport entre les éléments indécomposables des équivalents et les calories produites.

§ 105. Quand, parmi les corps indécomposables solides ou liquides, on a séparé les six comburants, tels que l'oxygène, le chlore, l'iode, le brome, le fluor, le protoxyde d'azote, tous les autres sont combustibles comme le carbone ; car c'est l'hydrogène ou le carbone hydrogéné qui possède toute espèce de combustible : le composé se trouve dans la nature à l'état neutre. Il faut décomposer les sels pour en obtenir des corps indécomposables qui ne sont jamais neutres.

La décomposition hylique opérée par le feu ou par l'électrolyse, est toujours accompagnée de la décomposition de la chaleur latente $\dot{E}\grave{E}^2$. L'aréosyzygue $\dot{E}$ passe au métal et le couple neutre $\dot{E}\grave{E}$ à l'acide ou au comburant. A cause de l'eau de l'atmosphère et des changements fréquents de température qui amènent des courants thermoélectriques, les corps acquièrent un état neutre qu'ils conservent.

Pour obtenir des métaux et de l'oxygène $\dot{M}E^2$, $\bar{O}E$, il faut décomposer : 1° les oxydes $\dot{M}\bar{O}E$ et les thermozeugmes $\dot{E}E^2$ ou les sels et les thermozeugmes

$$\dot{M}\bar{O}E + \dot{E}E^2 = \dot{M}E^2 + \bar{O}\dot{E}$$

$$\dot{M}\bar{O}\dot{M}''\bar{O}^n + \dot{E}E^2 = \dot{M}\bar{O}E + \dot{M}'\bar{O}^n\dot{E}E.$$

On trouvera dans les tableaux suivants les calories obtenues par plusieurs expérimentateurs. La combustion de l'hydrogène et de l'oxyde de carbone a eu lieu dans deux appareils, dont l'un A (fig. 30) produit la chaleur et la lumière, et l'autre B (fig. 28) la chaleur et peu de lumière. Les autres combustibles ont été brûlés de façon à produire la chaleur et la lumière.

A. TABLEAU DES RÉSULTATS NUMÉRIQUES DES COMBUSTIONS PROVENANT D'EXPÉRIMENTATEURS DIFFÉRENTS.

SUBSTANCES.	NOMBRE de calories dégagées par 1 gramme.	NOMS des expérimentateurs.
Hydrogène	23.352	Laplace, Lavoisier.
	23.294	Clément, Desormes.
	23.040	Despretz.
Charbon	7.624	Laplace, Lavoisier.
	5.761	Crawfort.
	6.318	Hassenfratz.
	7.386	Clément, Desormes.
	7.915	Despretz.
Charbon de chêne	7.024 à 7.670	Berthier.
Braise	5.972 à 7.670	
Anthracite	6.800 à 7.070	
Houille grasse	6.730 à 7.070	
— sèche	6.230	
Lignite	4.320 à 4.830	
— passant au bitume	6.580	
Asphalte	7.500	
Bois	4.314	Rumfort.
	4.314	Berthier.
Tourbe	4.300	
Phosphore	7.900	Laplace, Lavoisier.
Huile de colza	9.307	Rumfort.
— d'olive	11.702	Laplace, Lavoisier.
	9.044	Rumfort.
Suif	7.509	Laplace, Lavoisier.
	8.369	Rumfort.
Cire blanche	10.520	Laplace, Lavoisier.
	9.479	Rumfort.
Éther	8.030	
Alcool à 42 degrés	6.195	
— à 33 degrés	5.261	
Naphte	7.338	

B. TABLEAU DES RÉSULTATS NUMÉRIQUES DE CALORIES OBTENUS DES COMBUSTIONS, PAR DULONG.

NOMS DES SUBSTANCES.	CHALEUR PRODUITE PAR 1 litre à 0° et 0m,76.	CHALEUR PRODUITE PAR 1 gr. de substance.	CHALEUR PRODUITE PAR 1 litre d'oxygène.	OBSERVATIONS.
Hydrogène.	3.106,6	34.601	6.212,0	Moyenne de 5 expériences.
Id. brûlant dans le protoxyde d'azote.	5.220,7	»	»	Il se produit de l'acide azoteux.
Gaz oléfiant.	15.338,0	»	»	Moyenne de 5 expériences.
Gaz des marais.	7.587,7	»	4.793,0	Moyenne de 3 expériences.
Cyanogène.	12.210,3	»	»	Il se forme un peu d'acide azoteux ; 3 expériences.
Oxyde de carbone. . .	3.130,3	»	»	Il a été mêlé avec un volume égal d'hydrogène ; 3 expér.
Id. dans le protoxyde d'azote.	5.549,0	»	»	Il se produit de l'acide azoteux.
Carbone.	7.295	»		Dulong admet que l'acide carbonique contient 1 volume d'oxygène et 1/2 vol. de vapeur de carbone condensés en un seul.
Soufre.	»	2.601	»	Production d'acide sulfurique anhydre.
Fer.	»	»	6.216,0	Moyenne de 2 expériences.
Étain.	»	»	7.508,0	Moyenne de 3 expériences.
Protoxyde d'étain. . .	»	»	6.477,0	Dulong pense qu'il s'était formé une combinaison entre le protoxyde et le peroxyde
Cuivre.	»	»	3.722,0	Moyenne de 3 expériences.
Protoxyde de cuivre. .	»	»	3.130,0	Une seule expérience.
Antimoine.	»	»	5.481,0	Le produit est de l'acide antimonieux, moy. de 5 exp.
Cobalt.	»	»	5.721,0	Une seule expérience.
Nickel.	»	»	5.333,0	Une seule expérience.
Zinc.	»	»	7.576,0	Moyenne de 3 expériences.
Alcool absolu $CH^{8}H^{7}O$.	14.375,5	7.087		
Éther $C^{4}H^{5}HO$.	33.358,0	7.431		
Essence de térébenthine $C^{4}C^{16}H^{16}$. . . .	70.001,0	10.836		
Huile d'olive.	»	9.862		

C. TABLEAU DES RÉSULTATS NUMÉRIQUES DES COMBUSTIONS PAR FAVRE ET SILBERMANN.

NOMS DES SUBSTANCES.	FORMULES chimiques.	CHALEUR dégagée par 1 gr. de combustible.		NOMS DES SUBSTANCES.	FORMULES chimiques.	CHALEUR dégagée par 1 gr. de combustible.
Hydrogène.	»	34.462	Alcools.	Esprit de bois.	C^2H^2, H^2O^2	5.307
— avec chlore. .	»	23.783,3		Alcool de vin	$(C^2H^2)^2H^2O^2$	7.184
Oxyde de carbone	»	2.403		— amylique.	$(C^2H^2)^5H^2O^2$	8.958,6
Charbon de bois.	»	8.080		— éthalique.	$(C^2H^2)^{16}H^2O^2$	10.629,3
— de sucre	»	8.039,8	Acides $(C^2H^2)^nO^4$.	Acétone	$(C^2H^2)^3O^2$	7.303
— des cornues à gaz.	»	8.047,3		Acide formique.	C^2H^2, O^4	2.000
Graphite naturel.	»	7.796,6		— acétique.	$(C^2H^2)^2O^4$	3.505
— des hauts fourneaux.	»	7.762,3		— butyrique.	$(C^2H^2)^4O^4$	5.047
Diamant.	»	7.770,1		— valérique.	$(C^2H^2)^5O^4$	6.439
— chauffé à 500°.	»	7.878,7		— éthalique.	$(C^2H^2)^{16}O^4$	9.314,5
Soufre natif opaque . . .	»	2.201,8		— stéarique.	$(C^2H^2)^{18}O^4$	9.716,5
— cristallisé depuis 1 h.	»	2.258,6	Ethers composés.	Formiate de méthylène.	$(C^2H^2)^2O^4$	4.197,4
— fondu depuis 7 ans.	»	2 210,8		Acétate de métylène. . .	$(C^2H^2)^3O^4$	5.342
— mou après 1/2 h. .	»	2.258,4		Ether formique..	$(C^2H^2)^3O^4$	5.278,8
Sulfure de carbone. . . .	»	3.400,5		— acétique.	$(C^2H^2)^4O^4$	6.292,7
Gaz des marais.	C^2H^4	13.063		Butyrate de méthylène .	$(C^2H^2)^5O^4$	6.798,5
— oléfiant..	$(C^2H^2)^2$	11.857,8		Ether butyrique..	$(C^2H^2)^6O^4$	7.090,9
Amylène.	$(C^2H^2)^5$	11.491		Valérate de méthylène. .	$(C^2H^2)^6O^4$	7.375,6
Paramylène.	$(C^2H^2)^{10}$	11.303		Ether valérique	$(C^2H^2)^7O^4$	7.834,9
Carbure bouillant à 180°.	$(C^2H^2)^{11}$	11.262		Acétate d'amylène. . . .	$(C^2H^2)^7O^4$	7.971,2
Cétène.	$(C^2H^2)^{16}$	11.055		Ether valéramylique. . .	$(C^2H^2)^{10}O^4$	8.543,6
Métamylène.	$(C^2H^2)^{20}$	10.928		Blanc de baleine.	$(C^2H^2)^{32}O^4$	10.342
Ether sulfurique.	$(C^2H^2)^2HO$	9.027,0		Essence de citron. . . .	$C^{10}H^8$	10.759
— amylique. . . .	$(C^2H^2)^5HO$	10.188		— de térébenthine. .	$C^{20}H^{17}$	10.852
Cire d'abeilles.		10.496		Térébène.	$C^{20}H^{16}$	10.062

§ 106. Pour obtenir les quantités de calories correspondant au même nombre d'équivalents, il faut multiplier ces calories par le poids de l'équivalent de chaque combustible. *L'appareil de Despretz* étant le plus perfectionné, ses résultats sont discutés dans la combustion de l'hydrogène et du charbon. Les calories lumineuses suivantes ont été obtenues dans les deux espèces d'appareil.

Equivalent en poids.	Combustibles.	Calories de 1 gramme.		Calories dont l'équivalent est 1.	
		Appareil A.	Appareil B.	Appareil A.	Appareil B.
1	Hydrogène	23640	34601	23640	34601
6	Charbon	7915	8089	47490	48534
$C^4H^6 = 28$	Alcool	6195	7087		
$C^8H^8 = 56$	Ether	8030	9028		

Remarques. Les calories obtenues par le charbon dans les deux appareils diffèrent si peu, que la différence 174 n'est subordonnée qu'à la qualité différente du charbon, tandis qu'on ne peut attribuer les différences qui existent entre les calories des trois autres combustibles ni à la qualité des combustibles ni au défaut d'exactitude des expériences.

Dans les deux appareils, c'est la vapeur de l'éther et de l'alcool qu brûle. Dans l'appareil A, la quantité de lumière est d'autant plus grande que la quantité de calories est inférieure à celle obtenue dans l'appareil B, où la lumière est plus faible. Cette infériorité de lumière est due à la combustion de l'hydrogène dans l'appareil B ; c'est donc parce que la production de lumière diminue considérablement que la quantité de calories augmente beaucoup. L'absence complète de lumière donnerait la somme 23640 + 11820 de calories.

Équivalent du carbone et ses calories. En admettant un aréosyzygue Ė pour chaque équivalent hylique, la quantité qĖ de ces syzygues se trouverait, pour 1 gramme d'hydrogène, avoir le volume V, et un volume égal dans 14 grammes d'oxyde de carbone. Dulong a tiré 3106,8 calories de 1 litre d'hydrogène, et 3104,3 de 1 litre d'oxyde de carbone.

1° A. Calories et lumière de la combustion de l'hydrogène.

§ 107. Dans l'appareil A, les aréosyzygues 6qĖ ayant 1 gramme d'hydrogène, et les pycnosyzygues 6qĖ ayant 8 grammes d'oxygène, produisent une quantité égale 2qĖĖ² = 23640 de chaleur et 2qĖ²Ė de lumière. Si la lumière fait tout à fait défaut, comme dans le pistolet de Volta, il y a 23640 + 11820 = 3qĖĖ² de chaleur et les molécules μ des pycnosyzygues 3qĖ produisent par leur expansion une poussée répulsive, c'est-à-dire une explosion.

Le gramme d'hydrogène brûlé dans l'appareil B produit une quantité de lumière d'autant plus faible : 1° que l'orifice du tube qui conduit l'oxygène est plus étroit, et 2° que l'orifice du tube qui conduit l'hydrogène est plus grand.

En produisant moins de lumière que Silbermann, Dulong a obtenu 34601 calories de 1 gramme d'hydrogène, tandis que Silbermann en a obtenu 34462. La différence 139 est trop grande pour qu'on puisse l'attribuer à une inexactitude dans les expériences.

Dans leur ouvrage de 1860, t. I, p. 200, les chimistes Pelouze et

Fremy disent : *1 gramme d'hydrogène dégage en brûlant* 30000 *calories.* Cette quantité n'a d'autre avantage sur des résultats très-différents obtenus par les expériences que de différer moins de chacun de ces résultats. Les susdits chimistes ont montré ainsi qu'ils admettent la possibilité de grossières erreurs dans les expériences d'un grand nombre de physiciens.

Jusqu'à ce jour, les physiciens eux-mêmes n'ont pas trouvé le moyen de rétorquer les objections qu'on leur a faites, sans néanmoins rien changer aux résultats obtenus par les expériences. A l'avenir, les chimistes précités apprendront à respecter les résultats des expériences des autres.

2° B. CALORIES ET LUMIÈRE DE LA COMBUSTION DU CHARBON.

§108. Dans toutes les expériences, le charbon de bois a été privé de son hydrogène par la calcination; on le met dans un cylindre de platine, qu'on allume en y jetant un fragment de charbon allumé. L'oxygène arrive à la base inférieure du charbon comme dans l'appareil A, et il soutient une combustion brillante qui engendre une quantité égale de chaleur et de lumière, comme cela a lieu pour l'hydrogène brûlé dans l'appareil A.

On ne trouve pas le même nombre d'équivalents $6q$ dans 1 gramme d'hydrogène et dans 6 grammes de carbone. Comme on obtient 8000 calories de 1 gramme de carbone, 6 grammes en donnent 48000, quantité plus que double de celle produite par 1 gramme d'hydrogène brûlé dans 8 grammes d'oxygène, tandis que les 6 gr. de carbone brûlent dans 16 grammes d'oxygène. En admettant pour 1 gramme de carbone 7913 au lieu de 8006 calories, on aurait $6 \times 7913 = 2 \times 23640$.

La double quantité d'équivalents d'oxygène contient les pycnosyzygues $12q\dot{E}$; la double quantité de calories lumineuses est produite par la double quantité d'aréosyzygues $12q\bar{E}$. Ainsi l'on a :

$$6q\check{C}\bar{E}^3 + 6qO^3\dot{E}^3 = 6q\dot{C}\ddot{U}^2 + 4q\dot{E}^3\bar{E} + 4q\dot{E}\bar{E}^3.$$

Remarque. L'acide carbonique est une vapeur qui contient une quantité de chaleur latente égale à celle qui disparaît pendant l'évaporation de cet acide liquéfié. On trouve 640 calories latentes dans 1 gramme de vapeur d'eau ; 1 gramme d'hydrogène brûlé donne 9 grammes de vapeur contenant $9 \times 640 = 5960$ calories. Au lieu donc que l'eau soit à l'état liquide, elle peut être comme l'acide carbonique à l'état vaporeux, et contenir 5960 calories dans 9 grammes de vapeur. Alors on aurait pour 1 gramme d'hydrogène brûlé les calories 17680 = 23640 — 5960. Cette chaleur latente 5960 est le quart de 23640.

Dans 22 grammes de vapeur d'acide carbonique il y a une quantité de calories supérieure à celle contenue dans une quantité égale de vapeur d'eau. Si l'on fait le calcul en admettant qu'il y a 640 calories latentes dans 1 gramme d'acide carbonique, on en trouverait $22 \times 640 = 14080$ dans 22 grammes. Ainsi le total de calories obtenues par la combustion de 6 grammes de charbon est supérieur à la somme $48000 + 14080 = 62080$, environ 3×23640. On voit ainsi qu'un équivalent de carbone soutient trois aréosyzygues, ce qui est indiqué par le signe $\dot{C}E^3$.

8° Calories et lumière de la combustion de l'alcool et de l'éther.

§ 109. *L'alcool* est composé d'un hémitétraèdre d'eau 2HO, logé dans un tétraèdre C^4H^4 de gaz oléfiant et qui devient C^4H^4, H^2O^2.

Un hydatotétraèdre 4HO se loge dans un double tétraèdre de gaz oléfiant C^8H^8 ; on sépare de ces tétraèdres un hémitétraèdre d'eau 2HO, et l'autre reste dans le double tétraèdre pour devenir C^8H^8, H^2O^2. *L'éther* est un tétraèdre d'alcool logé dans un tétraèdre de gaz oléfiant.

Le poids d'un équivalent ou d'un hémitétraèdre C^2H^2 est 14, celui de l'alcool C^4H^4, H^2O^2 est 46, et celui de l'éther C^8H^8,H^2O^2 est 74. Les densités calculées sont :

I. **Densité du gaz oléfiant.** La densité *d* du gaz oléfiant composé des hémitétraèdres C^2H^2 est 14 fois celle de l'hydrogène, parce que le carbone est logé dans les tétraèdres Δ', dont le volume est **v**, volume qui ne diffère pas de celui **v** des tétraèdres Δ' de l'hydrogène. Ainsi l'on a :

$$d = 14 \times 0,06926 = 0,9696.$$

W. **Henry** a trouvé 0,967 et **Thomson** 0,9709.

II. **Densité de l'alcool.** L'hémitétraèdre de l'eau H^2O^2, logé dans l'hémitétraèdre C^2H^2, forme un hémitétraèdre C^2H^2, H^2O^2, qui se loge dans un deuxième hémitétraèdre, dont le volume est invariable, comme on le voit par la densité **d** de la vapeur de l'alcool, qui est la somme $\mathbf{d} = 2d + d' = 2 \times 0{,}9696 + 0{,}622$; d' est la densité de la vapeur d'eau, et $2d = 1{,}9392$ est celle des tétraèdres C^4H^4. Cette densité $\mathbf{d} = 2{,}561$ est trouvée par l'expérience.

III. **Densité de l'éther.** Le volume Δ' ne diffère pas dans les tétraèdres C^4H^4, H^2O^2 et C^8H^8, H^2O^2 de l'alcool et de l'éther. Ainsi, l'expérience et le calcul font voir que la densité D de l'éther est de même que :

$$D = 4d + d' = 4 \times 0{,}9696 + 0{,}622 = 4{,}4500.$$

I. **Calories d'un équivalent de gaz oléfiant.** 1 gramme de ce gaz a donné 11857,8 calories; les équivalents C^2H^2 de 14 grammes donnent $14 \times 11857{,}8 = 166009 + 11857{,}8 \times 14$. Il y a dans chaque équivalent C^2H^2 8 aréosyzygues, 6 dans le carbone $C^2\overline{E}^6$ et 2 dans l'hydrogène $H^2\overline{E}^2$; il y a en tout $8a\overline{E}$ aréosyzygues dont les $a\overline{E}$ correspondent à $\times \frac{1}{8}$ $176009 = 22005$. Cette quantité est inférieure à 23640, à cause de la chaleur latente de l'acide carbonique, qui est supérieure à celle de la vapeur brûlée du gaz oléfiant; la différence $23640 - 2200 = 1635$ indique les calories latentes en quantité $\mathfrak{Q}$ dans la vapeur de l'alcool et en quantité $\mathfrak{Q} + 1353$ dans l'acide carbonique.

II. **Calories des équivalents de l'alcool.** L'équivalent C^4H^4, H^2O^2 de l'alcool pèse 46; sur ce poids, les éléments C^4H^4 du gaz oléfiant sont combustibles, et pèsent 28. Ainsi, sur 46 grammes, les 28 qui sont combustibles contiennent la somme $(12+4)a\overline{E}$ d'aréosyzygues.

1 gramme de vapeur d'alcool donne 6195 calories lumineuses et 7087 moins lumineuses; on a fait le calcul sur les calories lumineuses pour pouvoir les comparer à celles 23640 de 1 gramme d'hydrogène.

Les calories de 46 grammes sont $6195 \times 46 = 284970$; ce produit, divisé par 28, donne les calories 10177,5 pour la quantité correspondant à celle de 1 gramme d'hydrogène, qui est 23640. La différence $23640 - 10180 = 13460$ indique la qualité des calories séparées : 1° pendant l'entétraédriase de l'eau H^2O^2 dans le gaz C^2H^2, et 2° pendant l'entétraédriase du composé C^2H^2, H^2O^2 dans le gaz C^2H^2.

III. **Calories des équivalents de l'éther.** L'équivalent C^8H^8, HO^2 de l'éther pèse 74; sur ce poids, les éléments C^8H^8 sont combustibles; ils pèsent 56 et ils soutiennent la somme $(24+8)a\overline{E}$ d'aréosyzygues.

1 gramme de vapeur d'éther donne 8030 calories lumineuses et

9434 moins lumineuses. Les calories de 74 grammes sont 74 × 8030 = 594220. Ce produit, divisé par 32, donne pour $a\bar{E}$ aréosyzygues le nombre de calories 18569 correspondant à celles 23640 d'un gr. d'hydrogène. La différence 23640 — 18569 = 5061 indique qu'il n'y a pas séparation de calories dans la séparation des deux équivalents d'eau des tétraèdres d'alcool C^8H^8, H^2O^2. Au contraire, la chaleur latente croît.

IV. **Calorie d'un litre de vapeur d'alcool et d'éther.** Un litre de vapeur d'alcool pèse 46, tandis qu'un litre d'éther pèse 74. Dans chacune de ces vapeurs il y a 18 parties de vapeur d'eau, et les parties combustibles restent au nombre de 28 et 56. Les calories d'un litre de vapeur d'alcool sont 14375,5 et celles obtenues d'un litre de vapeur d'éther sont 33353. Il y a donc excédant de chaleur latente dans l'éther, excédant qui se produit pendant que la séparation des deux équivalents d'eau s'opère.

B. Rapport entre les équivalents des corps indécomposables et les calories de leur combustion dans l'oxygène.

§ 110. Les métaux sont des carbures d'hydrogène C^nH^m ; ils diffèrent : 1° par les quantités différentes de n, m, et 2° par quelques mélanges de ces combinés avec l'oxygène ou avec l'azote.

Brûlés dans l'oxygène, les métaux deviennent des oxydes ou des acides. Le gaz azote ne brûle pas dans l'oxygène ; c'est au moyen des étincelles électriques que la combinaison s'opère sans qu'il se produise de chaleur.

Un litre d'oxygène contient n équivalents qui se combinent avec un nombre égal ou avec $\frac{1}{2}$ n, $2n$, $3n$... d'équivalents de métal.

Les produits des combustions dépendent du nombre d'aréosyzygues soutenus par chaque métal; ils dépendent aussi du nombre d'atomes d'oxygène unis à un équivalent de métal.

1° *Rapport entre les équivalents des métaux et les calories de leur combustion.*

§ 111. Weller d'abord, puis d'autres chimistes, ont déterminé les quantités de calories qui correspondent aux équivalents et non aux poids. Parmi les métaux brûlés, les uns deviennent des oxydes, les autres des hyperoxydes et des acides. En supposant 1 litre d'oxygène pour les oxydes $\acute{M}\ddot{O}\bar{E}$, il en faudrait deux ou trois pour les deutoxydes $\dot{M}\bar{O}^{2}\dot{E}\bar{E}$ qui sont aussi des acides. Les hyperoxydes $\dot{M}^{2}\bar{O}\bar{E}$ sont tirés des oxydes doubles ou de leurs tétraèdres par la séparation d'un hémitétraèdre d'oxygène. Dulong a déterminé les calories de neuf métaux brûlés pour la première fois par Welter et indiqués dans le tableau B. Par la combustion des autres métaux, on obtient des quantités de calories qui ne paraissent pas correspondre à celles de l'oxygène, comme on le voit par les résultats indiqués.

Les quantités des calories diffèrent pour chaque métal ; cependant ces différences prouvent, qu'il y a dans chaque métal des éléments homonymes, qui y entrent en quantités différentes, et qui font différer le poids des équivalents. Ces éléments font changer la couleur des oxydes, d'après les sept rapports chromatiques entre les nombres des atomes qui entrent dans les oxydes et les hyperoxydes, composés de tétraèdres adhérents, et non de tétraèdres mêlés les uns avec les autres. La double disposition des tétraèdres se manifeste dans l'accroissement ou le décroissement de la densité.

I. **Entétraédriase.** Dans les *entétraédriases* il y a accroissement de densité ; par exemple, 14δ étant la densité du gaz oléfiant, celle de la vapeur de l'alcool est $28 + 0{,}622$ et celle de l'éther $56\delta + 0{,}622$. De même la densité de l'oxyde de carbone est 14δ et celle de l'acide carbonique 22δ. On trouve $\delta = 0{,}06926$ pour la densité de l'hydrogène, car les entétraédriases sont toutes des logements situés dans les tétraèdres Δ' de l'hydrogène. (On dira *énédeiase.*)

II. **Paratétraédriase.** Les métaux sont composés de tétraèdres ; la composition des métaux avec l'oxygène des tétraèdres Δ ne s'opère qu'à l'aide d'une entétraédriase, comme cela a lieu pour les tétraèdres Δ' de l'hydrogène, mais au moyen d'une *paratétraédriase* qui est une disposition des tétraèdres les uns à côté des autres, d'où il résulte une diminution de densité et une structure cristalline dont je parlerai séparément plus bas. (On dira *parédriase.*)

I. **Étain.** L'étain brûle dans l'air comme le charbon. Comme celui-ci, il se change en acide en se combinant avec deux atomes d'oxygène. On voit par la somme $6216 + 6508 = 12724$ de calories que l'hémitétraèdre d'étain Sn^{2}, comme celui de carbone C^{2}, soutient six aréosyzyques, et qu'il a la forme $Sn^{2}\dot{E}^{6}$. L'action de la combustion est exposée dans l'équation

$$Sn^{2}\dot{E}^{6} + 4\bar{O}\dot{E} = Sn^{2}\bar{O}^{2}\dot{\bar{E}} + 3\dot{E}\dot{E}^{2}.$$

La densité 7,291 du métal diminue et devient 6,90 dans l'acide obtenu par la combustion ; elle est 6,66 : 1° dans l'acide obtenu par la voie humide, et 2° dans l'oxyde SnO.

II. **Cuivre**. Le cuivre ou ses hémitétraèdres chauffés dans l'air laissent les hémitétraèdres d'oxygène se placer entre eux et non dans leur intérieur. Les calories 6852 sont formées par les aréosyzygues du cuivre et par les pycnosyzygues de l'oxygène exposés dans l'équation

$$Cu^2E^4+O^2\dot{E}^2=Cu^2O^2E^2+2\dot{E}E^2.$$

Le protoxyde de cuivre chauffé avec du potassium est réduit en métal avec production de lumière de la manière suivante :

$$Cu^2O\dot{E}+KE^2=Cu^2E^2+K\bar{O}E^2.$$

Les couples d'électricité neutre étant $3q\dot{E}E$ se changent en chaleur et en lumière. La densité 8,94 du cuivre est réduite à 6,401 pour le deutoxyde, et à 5,300 pour le protoxyde; car le volume du deutoxyde ne change pas par la séparation de l'atome d'oxygène.

III. **Fer**. Les hémitétraèdres de l'oxygène pénètrent dans les tétraèdres de protoxyde de fer 4FeO et se transforment en peroxyde de fer O^2,Fe^4O^4. Les calories 6216 et la lumière sont formées par les aréosyzygues du fer et par les pycnosyzygues de l'oxygène exposés dans l'équation

$$Fe^4E^{12}+O^6\dot{E}^6=2Fe^2\bar{O}^3E+4\dot{E}E^2+2\dot{E}E.$$

Dans l'article sur le fer, j'ai démontré la cause de la production de cet oxyde dans la combustion du fer. La densité 7,8439 du fer est réduite à 5,251 dans le deutoxyde de fer.

IV. **Antimoine**. On distingue que la combustion d'un équivalent d'antimoine dans l'air par le séjour des oxytétraèdres dans chacun des équivalents du métal dont la densité éprouve à peine une diminution. Le quadruple des calories 5481,6 correspond à un équivalent d'antimoine; la combustion est exposée dans cette équation

$$SbE^4+O^4\dot{E}^4=SbO^4+2\dot{E}E^4+2\dot{E}E.$$

V. **Zinc**. Parmi les quantités de calories obtenues par la combustion des métaux, celle 7576,6 du zinc excède; sa chaleur spécifique 0,0955 ne diffère pas de celle 0,0952 du cuivre. Il y a une différence entre la densité 8,789 du cuivre et celle 61861 du zinc, différence qui se réduit à 5,734 dans l'oxyde de zinc. L'effet de la combustion est exposé dans l'équation

$$3ZnE^2+3O\dot{E}=3ZnO\bar{E}+\dot{E}^2E+\dot{E}E^2.$$

Je mentionnerai plus bas les résultats calorimétriques obtenus par Silbermann par les combinaisons chimiques des oxydes avec les acides.

2° *Rapport entre les équivalents du soufre ou du gaz des marais et les calories de leur combustion.*

§ 112. J'ai démontré dans l'article sur le soufre que ce corps indécomposable quand il est à l'état vaporeux, ne diffère du gaz des marais que, 1° par la voie qu'il prend pour y arriver, et 2° par celle qu'il prend pour revenir à son état solide. Ce recul n'a pas lieu pour le gaz des marais. Dans l'article sur ce gaz, je prouve pourquoi ce gaz est permanent. Un gramme de soufre et un de gaz des marais contiennent les mêmes éléments hyliques et des quantités diverses d'aréosyzygues; c'est en cela que consiste leur différence.

L'équivalent $S\dot{E}^2$ de soufre soutient deux aréosyzygues, tandis que l'équivalent $C^2H^4\dot{E}^{10}$ du gaz en soutient 10; la vapeur du soufre soutient une quantité de calories à l'état d'électricité latente. Ces calories sont mises en liberté dans les combinaisons du soufre avec les métaux.

Soufre. Dulong a obtenu 2601 calories d'un gramme de soufre, tandis que Silbermann n'en a plus obtenu que 2261,8. Il ne faut cependant pas attribuer la différence 339,2 à un manque d'exactitude de ces expérimentateurs. Dulong a toujours cherché le maximum de calories en modifiant l'introduction de l'oxygène, sans savoir que cet accroissement de calories s'opère aux dépens de la lumière, tandis que Silbermann a cherché l'accroissement des calories dans la diminution de leur perte.

Les 16 grammes de soufre, qui sont un équivalent, contiennent la même quantité d'aréosyzygues deux grammes d'hydrogène; par suite, la quantité de calories obtenues par la combustion de deux grammes d'hydrogène ou de 16 grammes de soufre ne peut pas être très-différent. Le calcul donne, abstraction faite de la chaleur latente :

$$2601 \times 16 = 41661 = 2 \times 20831.$$

On voit par le résultat de Dulong, qui est le moins éloigné du résultat des calculs, qu'il y a dans l'équivalent du soufre deux aréosyzygues.

Gaz des marais. La densité 8δ de ce gaz correspond au combiné CH^2 qui pèse 8; le composé $C^2H^4\dot{E}E^{12}$ se trouve occupé par un oxytétraèdre $4\ddot{O}\dot{E}$ pendant la combustion, et le produit est : 1° de l'acide carbonique CO^2, 2° de l'eau 4HO, 3° des calories indiquées dans l'équation

$$C^2\ddot{E}^4H^4E^4 + 4O^2\dot{E}^2 = C^2\ddot{O}^4\dot{E}^2E^2 + 4\dot{E}E^2.$$

Un litre de gaz oléfiant C^2H^2 pèse 14, et un litre de gaz des marais CH^2 pèse 8; l'équivalent de carbone en moins dans le gaz des marais, rend ses calories 7587,7, inférieures de 7750 à celles 15338. Cette différence est de près de 7669, moitié de 15338, parce que, d'après l'hydrogène, les deux gaz ne diffèrent pas.

L'équivalent de carbone $\check{C}\bar{E}^2$ correspond à trois équivalents d'hydrogène, dont 3 litres produisent $3 \times 3106,6 = 9319$ calories. La différence $1569 = 9319 - 7750$ indique la chaleur latente, qui est plus grande dans la vapeur de l'acide carbonique que dans le gaz des marais.

C. Calories obtenues des combustibles composés de carbone.

§ 113. Le nombre de combustibles contenant du carbone est indéfini, mais les éléments qui y entrent ne sont que le carbone, l'hydrogène et l'oxygène. L'équivalent d'azote n'entre que pour remplacer trois équivalents d'oxygène à l'état solide ou liquide, de même que l'équivalent de soufre remplace un équivalent d'oxygène.

Les résultats du tableau C obtenus par les expériences suffisent pour faire connaître le mode de production des calories des aréosyzygues $\bar{E}$, et non ceux des éléments hyliques; ceux-ci n'en sont que le support. Dans les éléments hyliques, les électrosyzygues ne changent pas, ils sont toujours $\mathring{H}\bar{E}$, $\bar{O}\bar{E}$, $\check{C}\bar{E}^2$, $Az\bar{E}$; dans les combinaisons chimiques des éléments hyliques, les syzygues ayles se séparent, et dans les électrolyses de ces combinés les éléments hylicoayles diffèrent par leurs électrosyzygues de ceux qui ont été composés, comme on le voit dans les équations suivantes :

On obtient de l'eau, de la lumière et de la chaleur du gaz

$$3q\mathring{H}\bar{E} + 3q\bar{O}\bar{E} = 3q\mathring{H}\bar{O} + q\dot{E}^2E + \dot{E}E^2.$$

On obtient de l'hydrogène ordinaire et de l'oxygène ozoné des éléments

$$3q\mathring{H}\bar{O} + 3q\dot{E}E^2 = 3q\mathring{H}\bar{E} + 3qO\dot{E}E^2.$$

Les résultats des expériences calorimétriques sont d'accord avec ceux obtenus des propriétés et des qualités des corps composés des mêmes éléments hyliques. Au moyen des quantités différentes de calories obtenues de corps ayant les mêmes éléments hyliques, on parvient à connaître les électrosyzygues qui produisent les qualités organoleptiques, les propriétés physiques, physiologiques et thérapeutiques.

La découverte de la stœchiométrie électrique est donc d'une grande importance ; aussi en ai-je donné un grand nombre d'exemples, basés sur des résultats réels obtenus par les expériences.

Les combustibles du tableau C ont pour facteur commun les éléments hyliques du gaz oléfiant C^2H^2, qui est un hémitétraèdre composé de celui du carbone situé dans l'hémitétraèdre d'hydrogène. Chaque séjour ultérieur semblable amène une diminution des électrosyzygues latents $\bar{E}^3$, $\dot{E}$; *c'est pourquoi* chaque fois que les éléments *du carbure* ($C^2H^2 = 4$ *vol.*) *entrent une fois de plus dans* la constitution d'un nouveau carbure, la chaleur du combustible diminue de 37 calories. Ainsi tout se réduit au mode de production des calories 11858 de 1 gramme de C^2H^2 de gaz oléfiant, dont 14 grammes donnent exactement six fois les calories 23640 obtenues par la combustion de 1 gramme d'hydrogène dans l'appareil A. Ces calories lumineuses correspondent à 23640 + 11820 = 35460 calories obscures $= 4q\dot{E}\bar{E}^3$.

La combustion du gaz oléfiant est exposée dans l'équation

$$2q\dot{C}\bar{E}^{8}\dot{H}\bar{E} + 6q\bar{O}\dot{E} = q\dot{C}^{2}\bar{O}^{4}\dot{E}^{2}\bar{E}^{8} + 3q\dot{E}\bar{E}^{3}.$$

Le gaz oléfiant n'est pas permanent comme celui des marais : c'est une vapeur ; son odeur et celle de l'*alcool*, de l'*éther*, du *vinaigre* et de tous les autres combustibles résultent de l'expansion des aréosyzygues $\bar{E}$ qui y sont en excédant et disparaissent dans les produits des combustions après séparation de ces aréosyzygues. Au moyen des quantités décroissantes des calories de la combustion des composés des couples multipliés, on obtient l'éloignement de 6 aréosyzygues $\bar{E}^6$ des tétraèdres $C^4\bar{E}^{18}$ et d'un aréosyzygue $\bar{E}$ du tétraèdre $H^4\dot{E}C^4\bar{E}^{12}H^4\bar{E}^4 - \bar{E}^7 = C^4\bar{E}^6H^4\bar{E}^4$. J'en montrerai la cause plus bas.

Corps isomères. On nomme ainsi les composés de mêmes éléments combinés dans les mêmes proportions ; tels sont :

L'*acide acétique* et le *formiate de méthylène* $(C^2H^2)^2$, O^4 ;

Le *térébène* et l'*essence de térébenthine* $C^{20}H^{16}$.

Lorsqu'on ignorait que les électrosyzygues soutenus par les éléments hyliques produisent les qualités, les propriétés et les combustions des corps, on disait tout simplement que les atomes identiques étaient groupés différemment sans faire mention des quantités de calories qui sont supérieures aux corps les plus aréoélectriques.

Coïncidence entre les résultats du calcul et ceux des expériences. Dans les combustibles *hydroanthraciques* $(C^2H^2)^nE^{2n}$, 1° les $2n$ grammes d'hydrogène brûlé donnent 2×23640 calories lumineuses ; 2° les $12n$ grammes de carbone donnent $12n\times8080$; 3° les calories latentes ϑ contenues dans la vapeur de $12n$ grammes de carbone du combustible, en quantités différentes, sont mises en liberté et sont en rapport inverse avec le nombre n des couples. Ces calories latentes ϑ ne se rencontrent pas dans le charbon, dont 1 gramme donne 8080 calories libres et ϑ' à l'état latent dans la vapeur de l'acide carbonique.

Espèces de combustibles. Les hydroanthracites sont seuls ou accompagnés d'oxygène ; celui-ci est combiné : 1° avec l'hydrogène pour former de l'eau ; 2° avec le carbone pour former l'oxyde de carbone qui brûle, ou 3° l'oxygène à l'état ozoné $\bar{O}\bar{E}\bar{E}$, soutenu par les hydroanthracites. Ces composés ont les formes suivantes :

$$(C^2H^2)^n ; (C^2H^2)^n,2HO ; (C^2H^2)^n,C^2,2HO ; (C^2H^2)^nC^2O^2,$$
$$(C^2H^2)^nC^4,4HO, (C^2H^2)^nC^2H^2, C^2O^4.$$

1° Calories calculées des combustibles ayant la forme $(C^2H^2)^n nE^2$.

Chaque gramme d'hydrogène produit 23640 calories lumineuses ; chaque gramme de carbone produit 8080 calories, et la quantité ϑ de calories latentes est mise en liberté au moyen des calories de 1 gr. de combustible, obtenues par l'expérience et au moyen des éléments des équivalents. Je vais faire connaître ici les calories correspondant à ces éléments hylicoayles $2n\bar{H}\bar{E}$, $2nC\bar{E}^2$:

$$(\alpha)\ p\theta = \Theta = 2n\times23640 + 12n\times8080 + n\vartheta.$$

p est le poids $14n$ de l'équivalent du combustible (C^2H^2) ; ϑ est la chaleur latente de 1 gramme de carbone gazeux du combustible.

14 grammes de gaz oléfiant $(C^2H)^2\bar{E}^2$ donnent :

$$14\times11857{,}8 \text{ cal.} = 2\times23640 + 12\times8080 + 12\vartheta ;\ \vartheta = 1814.$$

5×14 grammes de mylène $(C^2H^2)^5 5\bar{E}^2$ donnent :

$$70\times11491 \text{ cal.} = 10\times23640 + 60\times8080 + 60\vartheta ;\ \vartheta = 1386.$$

10×14 grammes de paramylène $(C^2H^2)^{10}10\bar{E}^2$ donnent :

$$110\times11303 \text{ cal.} = 20\times23640 + 120\times8080 + 110\vartheta ;\ \vartheta = 1107.$$

11×14 grammes bouillant à 180° $(C^2H^2)^{11}12\bar{E}^2$ donnent :

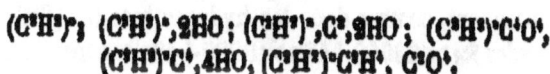

$$154 \times 11262 \text{ cal.} = 22 \times 23640 + 132 \times 8080 + 132\,\mathfrak{Z};$$
$$\mathfrak{Z} = 16 \times 14 \text{ grammes de cétène.}$$

$(C^2H^2)^{16}16\ddot{E}^8$ donnent :

$$224 \times 11055 \text{ cal.} = 32 \times 23640 + 192 \times 8080 + 192\,\mathfrak{Z}.$$

20×14 grammes de métamylène $(C^2H^2)^{20}20\ddot{E}^8$ donnent :

$$280 \times 10928 = 40 \times 23640 + 240 \times 8080 + 192\,\mathfrak{Z}.$$

20×14 grammes de métamyline $(C^2H^2)^{20}20\ddot{E}^8$ donnent :

$$280 \times 10928 = 40 \times 23640 + 240 \times 8080 + 240\,\mathfrak{Z}.$$

2° *Calories calculées des combustibles ayant la forme* $(C^2H^2)^n$,2HO.

Dans un équivalent dont le poids est $p = 14n + 18$, les $14n$ grammes sont combustibles, et les 18 grammes ne le sont pas. Dans les p grammes du combustible, il y a 18 grammes d'eau ; les autres $14n$ gr. contiennent, comme dans les hydroanthracites $(C^2H^2)^n$, la somme de calories $2n \times 23640 + 12n \times 8080 + 12n\mathfrak{Z}$. Ainsi l'on a :

$$(\beta)\ \Theta = p\theta = 2n \times 23640 + 12n \times 8080 + 12n\mathfrak{Z},\ p = 14n + 18.$$

θ est la quantité de calories obtenues d'un gramme de combustible, et $\mathfrak{Z}$ est la chaleur latente du carbure liquide. Cette chaleur $\mathfrak{Z}$ est en rapport inverse avec le nombre n et en rapport direct avec le poids $p = 14n + 18$. Par exemple :

32 grammes d'*esprit de bois* $C^2H^4\ddot{E}^8$,2HO donnent :

$$32 \times 5307 \text{ cal.} = 2 \times 23640 + 12 \times 8080 + 12\,\mathfrak{Z};\ \mathfrak{Z} = 2132.$$

244 grammes d'*alcool éthalique* $(C^2H^2)^{16}16\ddot{E}^8$,2HO donnent :

$$244 \times 10629{,}2 = 32 \times 23640 + 212 \times 8080 + 212\,\mathfrak{Z};\ \mathfrak{Z} = 595.$$

Le calcul de (β) s'applique aux combustibles :

Éther sulfurique $(C^2H^2)^4\ddot{E}^{32}$,2HO, $\theta = 9027{,}6$.
Éther amylique $(C^2H^2)^{10}10\ddot{E}^8$2HO, $\theta = 10188$.
Alcool amylique; $(C^2H^2)^5 5\ddot{E}^8$,2HO, $\theta = 8958{,}6$.

3° *Calories des combustibles ayant la forme* $(C^2H^2)^n\ CH^2,\ CO^2$.

La forme $C^6H^6O^2$ de l'acétone ne diffère de celles des acides que par l'unique équivalent d'acide carbonique ; elle est $(C^2H^2)^2CH^2CO^2 = 58$. Les 58 grammes donnent :

$$58 \times 7305 \text{ cal.} = 4 \times 23640 + 24 \times 8080 + 8 \times 13063 + 30\,\mathfrak{Z};$$
$$\mathfrak{Z} = 1024.$$

4° *Calories des acides combustibles ayant la forme* $H^2,(C^2H^2)^n,C^2O^4$.

$$p\theta=(2+2n)23640+12n\times 8080+12n\vartheta.$$

1° $C^4H^4O^4$; 60 grammes d'*acide acétique* donnent :

$$60\times 3505 \text{ cal.}=4\times 23640+12\times 8080+12\vartheta,\ \vartheta=1565.$$

La forme des éléments de l'acide acétique est C^2H^4, $C^2O^4\dot{E}^2E^2$.

2° 88 grammes d'*acide butyrique* ayant la forme $H^2(C^2H^2)^3$, C^2O^4 donnent :

$$88\times 5647 \text{ cal.}=8\times 23640+36\times 8080+36\vartheta.$$

3° 102 grammes d'*acide valérique* ayant la forme $H^2(C^2H^2)^4,C^2O^4$ donnent :

$$102\times 6439 \text{ cal.}=10\times 23640+48\times 8080=48\vartheta.$$

4° 256 grammes d'*acide éthalique* ayant la forme $H^2(C^2H^2)^{15},C^2H^2$ donnent :

$$256\times 9316{,}5 \text{ cal.}=32\times 23840+30\times 8080+30\vartheta.$$

5° 300 grammes d'*acide stéarique* ayant la forme $H^2(C^2H^2)^{18}$, C^2O^4 donnent :

$$300\times 9716{,}5=38\times 23640+36\times 8080+36\vartheta.$$

Dans les articles relatifs à chacun de ces acides, j'ai montré le mode de production de leurs propriétés par les mêmes électrosyzygues exposés ici comme électricité latente, qui se change en chaleur libre dans les combustions.

5° *Calories des combustibles ayant la forme* CH, CO^2, HO^2.

On trouve par le calcul suivant la composition de l'acide formique, dont l'équivalent pèse 46 grammes et donne :

$$46\times 2000 \text{ cal.}=92000=23640+6\times 8080+6\vartheta\ ;\ \vartheta=8313.$$

Cette grande quantité de chaleur latente, qui surpasse celle 2647 du carbone du gaz des marais, et l'existence de l'eau oxygénée, produisent la série des propriétés par lesquelles l'acide formique se distingue des acides suivants :

6° *Calories des combustibles ayant la double forme :*

$$(C^2H^2)^n\,O^4 = \begin{cases} H^4(C^2H^2)^{n-2}, C^4O^4\,;\ p\theta = 2n \times 23640 + (2n-4)8080 + \\ \quad (2n-4)\vartheta. \\ C^4(C^2H^2)^{n-2}, H^4O^4\,;\ p'\theta' = (2n-4)\,23640 + 2n \times 8080 + \\ \quad 2n\vartheta. \end{cases}$$

a. CALORIES DES COMBUSTIBLES AYANT LA FORME $H^4(C^2H^2)^{n-2}, C^4O^4$.

1° *Formiate de méthylène* $H^4, C^4O^4 = 60$; les 66 grammes donnent :

$$60 \times 4197{,}4 \text{ cal.} = 4 \times 23640 + \tfrac{18}{14} \times 23640 + 24\vartheta.$$

La forme de l'acide acétique est C^2H^4, C^4O^4.

2° *Acétatate de méthylène* $H^4(C^2H^2)$, $C^4O^4 = 74$; les 74 grammes donnent :

$$74 \times 5342 \text{ cal.} = (6 + H)23640 + 36\vartheta.$$

3° *Butyrate de méthylène* $H^4(C^2H^2)^3, C^4O^4$.
4° *Valérate d'alcool* $H^4(C^2H^2)^3, C^4O^4$.
5° *Ether valéramylique* $H^4(C^2H^2)^9, C^4O^4$.

b. CALORIES DES COMBUSTIBLES AYANT LA FORME $C^4(C^2H^2)^{n-2}, H^4O^4$.

1° *Formiate d'alcool* $C^4(C^2H^2)$, $H^4O^4 = 74$; les 74 grammes donnent :

$$74 \times 5279 \text{ cal.} = 36 \times 8080 + 2 \times 23640 + 36\vartheta\,;\ \vartheta = 1457.$$

2° *Ether acétique* $C^4(C^2H^2)^2, H^4O^4$.
3° *Ether butyrique* $C^4(C^2H^2)^4, H^4O^4$.
4° *Valérate de méthylène* $C^4(C^2H^2)^4, H^4O^4$.
5° *Blanc de baleine* $C^4(C^2H^2)^{30}, H^4O^4$.

c. CALORIES DES COMBUSTIBLES DEVENUS ANHYDRES $C^2(C^2H^2)^n$ OU $C^4(C^2H^2)^n$.

1° *Essence de citron* $C^{10}H^8 = C^2(C^2H^2)^4, H^2O^2 - 2HO$.
2° *Essence de térébenthine* $C^4(C^2H^2)^8$.
3° *Térébène* $C^4(C^2H^2)^8$.

Résumé. Dans le tableau C, on a indiqué les quantités de calories obtenues par les expériences, en brûlant 1 gramme de combustible composé de carbone et d'hydrogène seuls ou mêlés avec quelques combinés d'oxygène, sous forme, 1° d'eau 2HO,4HO; 2° d'oxyde de carbone 4CO; 3° d'eau, d'oxygène et d'acide carbonique HO^2, CO^2; 4° d'acide carbonique C^2O^4.

Le produit des calories de 1 gramme par le poids de l'équivalent du combustible, contient le total de calories produites : 1° par l'hydrogène, de 23040 par gramme, et 2° par le carbone liquide, de 8080 calories par gramme de carbone solide, dans lequel il n'y a pas de chaleur latente $\mathfrak{Z}$, tandis que cette chaleur se trouve dans le carbone liquide. Cette même chaleur est mise en liberté; elle est indiquée par $\mathfrak{Z}$, et elle présente un excédant trouvé par le calcul.

Le contraire a lieu dans la combustion des métaux qui, comme le charbon, ne contiennent pas de chaleur latente qui soit mise en liberté; mais de 8080 calories, correspondant à 1 gramme de carbone, une partie $\mathfrak{Z}'$ devient latente dans le produit de la combustion : 1° qui est d'une densité inférieure à celle du métal, et 2° qui a pour cela une chaleur spécifique supérieure à celle du métal. Les calories d'un gramme de métal, obtenues par l'expérience, sont la différence $8080 - \mathfrak{Z}'$ des calories d'un gramme de charbon et de la chaleur $\mathfrak{Z}'$, qui reste latente dans le produit.

De même les 8080 calories obtenues d'un gramme de charbon, sont la différence $\frac{1}{2} \times 23640 - \mathfrak{Z}$ des 11820 calories, qui correspondent à l'un des trois aréosyzygues CE^3 de 6 grammes de charbon; la chaleur latente de 22 grammes d'acide carbonique est :

$$\mathfrak{Z} = 6(11820 - 8080) = 3740 \times 6.$$

θ étant les calories obtenues d'un gramme de métal, $8080 - \theta = \mathfrak{Z}$ est la chaleur latente du produit de la combustion.

26 grammes de *cyanogène* C^2Az donnent :

$$26 \times 5244 \text{ cal.} = 12 \times 8080 + 12\mathfrak{Z}; \; \mathfrak{Z} = 3265.$$

38 grammes de *sulfure de carbone* donnent :

$$38 \times 3400{,}5 = 6 \times 8080 + 2 \times 23040 + 36\mathfrak{Z}; \; \mathfrak{Z} = 902.$$

D. DÉGAGEMENT DE LA CHALEUR LATENTE PAR LA DESTRUCTION DES COMPOSÉS.

§ 114. L'électricité soutenue à l'état latent dans les solides se change en chaleur à la suite de la rupture des tétraèdres au moyen du frottement (§ 90).

Dans les liquides et les vapeurs, les tétraèdres décomposés chimiquement permettent aux syzygues 2EĖ des deux électricités de se combiner pour paraître comme chaleur; cette production de chaleur n'a pas lieu dans la décomposition au moyen de l'électricité, car alors les syzygues 2E, Ė de la chaleur restent séparés.

Il y a donc production de chaleur, 1° par les solides, 2° par les liquides, 3° par les vapeurs, au moyen des actions mécaniques ou des actions chimiques, et non au moyen des actions électriques.

1° *Production de chaleur par les solides.*

Pour obtenir une quantité de chaleur des corps solides composés de tétraèdres soutenant les deux électricités à l'état latent, il faut : 1° briser les tétraèdres, non par une pulvérisation, mais par le frottement, ou 2° décomposer les corps en faisant passer les éléments d'un tétraèdre à l'autre.

Chaleur produite par la glace. I. Quant aux autres corps solides, comme j'ai exposé le mode de production de la chaleur par le frottement, je me contenterai de mentionner ici le fait suivant. La glace pilée reste solide au-dessous de zéro, tandis que la glace frottée se fond; cette expérience sert à fixer les idées sur la structure tétraédrique des corps, ainsi que sur les deux électricités soutenues à l'état latent. On réduit en fusion les métaux mêmes, par la chaleur obtenue par le frottement.

II. La chaux vive CaO, la magnésie, et plusieurs autres oxydes, décomposent l'eau; l'hydrogène passe au métal pour que ses tétraèdres se complètent, et l'oxygène complète les tétraèdres ou les hémitétraèdres.

Cette décomposition des tétraèdres de l'eau est produite par le charbon, dont les tétraèdres C^4 deviennent des hémitétraèdres $2C^2E^4$;

de ceux-ci : 1° l'un est pénétré par l'oxytétraèdre $4\ddot{O}$ et se change en acide carbonique C^2O^4 ; 2° l'autre pénètre dans l'hydrotétraèdre $4\ddot{H}$ et se transforme en gaz des marais C^2H^4. La houille souterraine, en produisant ces deux gaz avec les éléments de l'eau, amène la combinaison des électricités latentes $\dot{E}$, $\bar{E}^2$ soutenues par les tétraèdres de l'eau ; ainsi se produit la chaleur terrestre.

2° *Production de chaleur par l'électricité latente des tétraèdres des liquides.*

Les tétraèdres des liquides se détruisent, et leurs électricités latentes s'ectbermosent dans les cas où des liquides hétéroélectriques viennent en contact avec leurs tétraèdres. Les oxydes aréoélectriques $\mathring{M}\ddot{O}\bar{E}$ se raréfient en se dissolvant dans l'eau ; de même les tétraèdres pycnoélectriques $\mathring{M}\ddot{O}^{4}\dot{E}\dot{E}$ des acides se trouvent également raréfiés quand leurs tétraèdres s'introduisent dans l'eau. Ces deux espèces de dissolutions mêlées ont les tétraèdres de l'eau pour facteur commun, lequel sert de cloison, qui permet l'endosmose des tétraèdres $4\mathring{M}\ddot{O}^{4}\dot{E}\dot{E}$ de l'acide dans ceux de l'oxyde $4\mathring{M}\ddot{O}\bar{E}$. En même temps il y a expansion des molécules μ, μ' des syzygues $\dot{E}\dot{E}$ de l'acide et des molécules μ' des syzygues $\bar{E}$ de l'oxyde. Les rencontres de ces molécules et leurs mélanges sont les calories mesurées, lesquelles ne sont pas en quantité égale pour le même oxyde combiné avec différents acides ou pour un nombre égal d'équivalents d'oxydes ; mais les différences sont très-minimes et correspondent à celles de la chaleur spécifique des oxydes et des acides.

Favre et Silbermann ont déterminé les quantités de calories pour 1 gramme d'oxyde saturé des acides *sulfurique*, *nitrique*, *chlorhydrique* et *acétique*. Par un regrettable oubli, les expérimentateurs précités ont négligé de multiplier les nombres de calories obtenues par celui du poids de l'équivalent de chaque oxyde ; autrement ils auraient vu qu'il y a entre les couples de tétraèdres et les calories une coïncidence pareille à celle qui existe entre les calories de 1 gramme d'oxyde avec chacun des quatre acides précités.

a. CHALEUR PRODUITE PAR LA FORMATION DES SELS NEUTRES.

TABLEAU D.

1 GRAMME de	Équivalents H = 1.	ACIDES sulfurique.	azotique.	chlorhydrique.	acétique.
Potasse.. . . .	47	342	330	333	297
Soude.	31	520	493	498	439
Ammoniaque.	20	565	527	530	486
Baryte.	76,5	270	202	201	174
Strontiane. . .	52			279	
Chaux.	28	670	005	600	524
Magnésie.. . .	20,5	724	642	661	613
Protoxyde de fer.	35	307	268	273	238
Protoxyde de manganèse.	35,5	346	310	321	285
Protoxyde de zinc.	40,3	253	203	202	188

1 GRAMME de	Équivalents H = 1.	ACIDES sulfurique.	azotique.	chlorhydrique.	acétique.
Protoxyde de cobalt. . . .	37,5	310	202	273	244
Id. de nickel.	37,5	316	275	274	248
Bioxyde de cuivre. . .	39,8	194	159	160	131
Protoxyde de cadmium. .	64	160	121	128	118
Id. de plomb.	111,5	102	82	101	64
Id. d'argent. .	116	80	53	198	
Alumine. . . .		040			
Sesquioxyde de fer.		249			

Coïncidence entre les couples des tétraèdres et les calories. Les sels neutres sont des couples produits, non par une *entétraédriase*, mais par une *paratétraédriase;* cela se voit par les poids spécifiques qui croissent dans un cas et décroissent dans l'autre.

Dans les deux cas les calories sont produites par l'électricité latente, soutenue par les éléments matériels des deux facteurs hétéro-électriques, tandis que dans les vésicules de vapeur, les deux électricités sont soutenues de même que dans les corps solides. Ces électricités se combinent et se changent en chaleur quand les tétraèdres ont été détruits au moyen d'une action mécanique. Si l'on comprime la vapeur, si l'on frotte les solides, les calories arriveront en quantités correspondantes au travail. Le liquide obtenu par les enveloppes déchirées ne redeviennent vapeur qu'au moyen de l'exélectrose possédant une quantité égale de calories.

Si au lieu d'employer l'action pour déchirer les enveloppes des vésicules, on l'emploie pour diminuer les intervalles λ entre les tétraèdres des gaz, il y a également apparition des calories qui existaient dans l'espace d'abord occupé par le gaz, puis par l'eau du calorimètre (§ 75). Les faibles différences que constate le tableau D entre les calories d'un gramme du même oxyde avec des acides dissemblables, sont dues à ce que les différentes quantités de calories latentes ne sont pas semblables dans les divers acides.

Les calories obtenues par le même acide avec des oxydes divers présentent ces différences et même de plus considérables encore, elles sont dues à la même cause. En multipliant les poids des équivalents des oxydes de la seconde colonne par les nombres de chacune des quatre autres colonnes, on obtient des produits peu différents, qui constatent l'existence d'un rapport inverse entre les calories et le poids des équivalents des oxydes. Les poids des équivalents des oxydes avec leur chaleur spécifique sont dans ce rapport; on voit par là que l'électricité latente produit : 1° la chaleur latente; 2° la chaleur spécifique; 3° les calories obtenues pendant la formation des sels (§ 59).

On parvient à mesurer la chaleur spécifique au moyen des calories *c*, **c**, C... employées pour élever la température t à $t+t'$ dans les corps différents.

On mesure les équivalents aréoélectriques des oxydes au moyen des calories qui deviennent libres lorsque les tétraèdres des oxydes et ceux des acides se séparent des tétraèdres de l'eau et se combinent entre eux de manière à permettre l'expansion de leurs électrosyzygues Ė, ĖË, dont le mélange forme les calories observées.

Le rapport inverse entre les poids P, **p**, *p* des équivalents indécomposables et les calories *c*, **c**, C indiquant leur chaleur spécifique, est produit par les aréosyzygues des tétraèdres, de même que celui qui existe entre les poids P', **p**', *p*' des équivalents des oxydes et les calories *c*', **c**', C est produit par la combinaison des oxydes avec les acides. Ainsi l'on a $cp = c'p'$; pour le même corps $p = p'$ la chaleur spécifique *c* est égale ou proportionnelle à la chaleur *c*' mise en liberté dans la *paratétraédriase* des oxydes et des acides.

Mode d'accroissement des calories et des sels formés par les oxydes anhydres. Les oxydes anhydres ne se trouvent pas en cet état dans la nature; on les obtient en calcinant les hydrates ou les carbonates. 1° La dissolution de ces oxydes dans l'eau forme une espèce de sel aréoélectrique qui a l'eau pour acide. Cette paratétraédriase s'opère à la suite de la production d'une quantité *c*'' de calories. 2° De même la dissolution de l'acide dans l'eau forme un sel pycnoélectrique qui a aussi l'eau pour base. Cette paratétraédriase s'opère également à la suite de la production des calories *c*'''. 3° Les calories *c*' du tableau D obtenues par la paratétraédriase des deux sels hétéroélectriques sont produites par les aréosyzygues Ė de l'oxyde et par les couples électriques ĖË des acides. En même temps une partie de l'eau se décompose et, son hydrogène $\dot{H}$ complète les tétraèdres du métal $\dot{M}$, et l'oxygène $\bar{O}$ complète les tétraèdres de l'acide $\dot{M}'\bar{O}^n$.

La masse des quatre corps chlore $\bar{Cl}$, brome $\bar{Br}$, iode J, fluor $\bar{Fl}$, est composée de particules aréoélectriques; la masse de tous les autres acides est composée de particules pycnoélectriques indiquées par le signe $\dot{M}$. Les quatre corps précédents soutiennent des pycnoélectrosyzygues $\dot{E}$ et sont comburants, $\bar{Cl}\dot{E}$, $\bar{Br}\dot{E}$, J$\dot{E}$, $\bar{Fl}\dot{E}$ comme l'oxygène $\bar{O}\dot{E}$; les autres corps indécomposables sont combustibles, $\dot{M}\bar{E}^2$, ou $\dot{M}\bar{E}^3$; ils contiennent du carbone et de l'hydrogène, ou des sels d'oxygène et d'azote.

Les acides soutiennent des couples $\dot{E}\bar{E}$ de pycnosyzygues et d'aréosyzygues; sous ce rapport ils se distinguent des comburants précités. Quand ces couples d'acides et les aréosyzygues des oxydes $\dot{M}\bar{O}\bar{E}$ sont mêlés, ils forment des calories obscures. Si les sels se produisent simultanément avec la chaleur, la lumière n'apparaît que dans les cas où il y a un excédant des couples électriques $3q\dot{E}\bar{E}$ qui se changent en chaleur lumineuse $q\dot{E}\bar{E}+q\dot{E}^2\bar{E}$, de même que la chaleur lumineuse des aréosyzygues $3q\bar{E}$ est produite par les combustibles et les pycnosyzygues $3q\dot{E}$ des comburants.

b. Rapport inverse entre le poids des équivalents et les calories d'un gramme d'oxyde.

Nous savons : 1° que les équivalents indécomposables soutiennent une égale quantité de syzygues de l'une ou de l'autre espèce ; 2° que les oxydes soutiennent des aréosyzygues, et 3° que les acides soutiennent des couples $\dot{E}\bar{E}$ d'électrosyzygues. Si l'on multiplie par le poids de l'équivalent de l'oxyde les calories du tableau D obtenues avec 1 gramme d'oxyde, on a pour produit les calories provenant d'un équivalent d'acide $\dot{M}\bar{O}^n\bar{E}\bar{E}$ et d'un équivalent d'oxyde $\dot{M}\bar{O}\bar{E}$. Ainsi l'on a les mêmes résultats pour les trois autres espèces de sels que pour les sulfates calculés ici :

Potasse KO; $47 \times 342 = 16074$.
Soude NaO; $31 \times 520 = 16120$.
Ammoniaque AzH^3,HO, $26 \times 565 = 14690$.
Baryte BaO; $76,5 \times 270 = 20655$.
Chaux CaO; $28 \times 670 = 18760$.
Magnésie MgO; $20,5 \times 724 = 14842$.
Oxyde de cobalt $\frac{1}{2}$ Co^2O^3; $50 \times 310 = 15500$.

Oxyde de fer Fe^2O^3; 78×219=15482.
Oxyde de manganèse MnO^2; 43.5×346=15036.
Protoxyde de zinc Zn^2O; 72×253=16216.
Bioxyde de cuivre Cu^2O^2; 79×194=15326.
Protoxyde de cadmium ½ Cd^2O^2; 96×160=15360.
Protoxyde de plomb ½ Pb^2O^2; 163×102=16760.
Protoxyde d'argent ½ Ag^2O^2; 348×89=15436.
Alumine ½ Al^2O^6; 26×644=16744.

Remarque. Le terme moyen est de 16000 calories pour un équivalent d'oxyde dans la production des sulfates; ce nombre diminue dans les azotates, les chlorhydrates et les acétates, à cause des électrosyzygues latents Ė, Ė² qui y sont en quantité moindre que celle des syzygues de l'acide sulfurique. J'ai donné les détails de ces différences dans les articles relatifs à chacun des corps indécomposables dont les éléments homonymes ne diffèrent que par les nombres, et dont, par conséquent, le poids des équivalents est différent.

V. RAPPORT ENTRE LES ÉQUIVALENTS DES COMBURANTS COMPOSÉS ET LES CALORIES PRODUITES.

§ 115. Parmi les corps qui brûlent dans l'oxygène, les uns brûlent aussi dans le chlore, le protoxyde d'azote, le deutoxyde d'azote, et les autres n'y brûlent pas; il y en a qui produisent la chaleur et la lumière et d'autres qui produisent la chaleur obscure. Les résultats des observations servent à faire connaître, dans les comburants composés, les espèces et les quantités d'électrosyzygues. Les trois comburants odorants indécomposables, chlore, brome, iode, sont comparables à l'oxygène ozoné. 1° Le deutoxyde d'azote AzO^2 est inodore, car il ne contient pas un excédant d'éléments aréoélectriques. 2° L'odeur et la saveur du protoxyde AzO prouvent qu'il contient des aréosyzygues comme l'oxygène ozoné. Le deutoxyde d'azote correspond à l'eau oxygénée. Dans ce gaz il n'y a que trois corps qui brûlent : le *charbon*, le *phosphore* et le *potassium;* ces corps sont les seuls dont l'équivalent soutient trois aréosyzygues ĊĖ³, PhĖ³, KĖ³.

A. CALORIES DES COMBURANTS DÉCOMPOSABLES.

§ 116. **Calories latentes du protoxyde d'azote.** Un litre d'hydrogène ou d'oxyde de carbone, brûlé par Dulong dans le protoxyde d'azote (tableau B), donne la somme $3q + 2q$ de calories : 1° la quantité $2q$ s'obtient à l'état de calories lumineuses, et 2° la quantité $3q$ de calories obscures est à l'état d'électricité latente dans le gaz, qui ici n'est qu'une vapeur. Dans les deux cas il y a production d'acide azoteux, lequel est en quantité supérieure dans la combustion de l'oxyde de carbone, qui donne un excédant de calories $328,3 = 5549 - 5220,7$.

Différence entre les deux oxydes d'azote par rapport aux combustibles. Le protoxyde odorant est composé de $Az^4E^2\bar{O}^2\dot{E}^2$; il correspond à l'oxygène ozoné $\bar{O}E\dot{E}$. Le deutoxyde inodore est composé de $\dot{A}zE^2\bar{O}^4\dot{E}^4$; il correspond à l'eau oxygénée $\dot{H}E\bar{O}^2\dot{E}$.

L'hydrogène, l'oxyde de carbone et les autres combustibles, qui brûlent dans l'oxygène et le protoxyde d'azote, ne brûlent pas dans le deutoxyde d'azote, sauf les trois espèces dont chaque équivalent hylique soutient trois aréosyzygues; leur combustion est indiquée dans l'équation

$$C^2E^4 + \dot{A}z^2\bar{O}^4E^2\dot{E}^4 = C^2O^4\dot{E} + Az^2E^2 + 3\dot{E}E^2.$$

L'hydrogène ne brûle pas dans ce gaz, parce qu'il n'a qu'un aréosyzygue dans son équivalent, et que cet équivalent ne suffit pas pour faire obtenir aux molécules μ des pycnosyzygues $\dot{E}^4$ une expansion vers elles

$$H^4E^4 + \dot{A}z^2\bar{O}^4\dot{E}^4E^2,$$

il y a manque d'inéquilibre, et par suite manque d'action.

B. Calories des combustibles et des comburants indécomposables.

§ 117. On trouvera dans le tableau E le résultat des expériences calorimétriques de Favre et de Silbermann.

TABLEAU E.

MÉTAUX.	ÉQUIVALENTS.	OXYDES.	CHLORURES.	BROMURES.	IODURES.	SULFURES
Hydrogène.	1	34462	23783	9323	3006	2741
Potassium.	39		100960	90188	77278	45033
Sodium.	23		94847			
Zinc..	32	42451	50290			20910
Fer.	27	37828	49651			17753
Cuivre.	32	21885	21885			9133
Plomb..	104	27675	44730	32802	23208	9536
Argent.	108	6113	34800	25018	18651	5520

Parmi les cinq espèces de comburants, il y en a trois qui ressemblent à l'oxygène ozoné, tandis que le soufre est un combustible ayant la forme aréoélectrique SÉ; sa vapeur se mêle avec les métaux comme elle se mêle avec le carbone et avec les sulfures qui sont des mélanges M̊SÉ des combustibles, tandis que les chlorures M̊Cl, les bromures M̊Br et les iodures M̊J, qui sont des produits neutres de combustion, ne brûlent pas. Ces 4 corps contiennent des hydroanthracotétraèdres $(C^2H^2)^n, H^m$.

Soufre $= C^2H^4$É.

2 Chlore $= 8HO - H = H^3, 4HO^2$ĖÉ.

Brome $= 9HO - H^2 = H^3O, 4HO^2É^2É^2$.

Iode $= 14HO + H = H^2O^2, 4H^2O^2$ĖÉ.

I. **Oxygène comburant** ŌÉ. Parmi les *métaux qui* brûlent dans l'oxygène, 1° les uns M̊É² deviennent acides comme le carbone M̊O²Ė tel est l'antimoine; 2° les autres M̊É² deviennent oxydes M̊ŌÉ; 3° parmi ceux M̊É, les uns deviennent hypooxydes M²ŌÉ et les autres oxydes M̊Ō. La quantité de calories obtenues par le calcul fait sur un poids d'équivalents ne diffère de celles obtenues par Dulong sur un litre d'oxygène que par le rapport constant *n* entre le poids du volume d'un litre et le poids d'un gramme.

II. **Chlore comburant** C̄lĖÉ. De même que l'oxygène ozoné ŌĖÉ le chlore est un comburant par son pycnosyzygue É. Ce sont *les expériences qui ont fait découvrir cette ressemblance, mais jus*qu'à présent on n'a pu l'expliquer.

Les quantités de calories du tableau sont produites directement avec la lumière comme celles de l'hydrogène brûlé dans l'appareil A.

1° **Hydrogène.** 1 gramme d'hydrogène brûlé dans l'oxygène ŌE ou dans le chlore C̄lÉ donne la même quantité de calories lumineuses; les produits hyliques sont l'eau H̊Ō et l'acide chlorhydrique C̄lḦÉ.

2° **Zinc.** Le produit nommé chlorure de zinc ZnCl est solide, et non liquide comme le précédent. La somme 42451 + 6845 est contenue dans les calories 50296 ; la quantité 42451 est produite par la combinaison comme avec l'oxygène, et les calories latentes 6645 sont contenues dans 35gr.,5 de vapeur de chlore.

3° **Fer.** Ce cas ne diffère pas du précédent;

4° **Cuivre.** Ce métal M̊É se combine avec un équivalent de chlore C̄l qui correspond à un équivalent d'oxygène ozoné. La chaleur latente du chlore passe dans le combiné dont la densité est 3,677, tandis que celle du cuivre est 8,94.

5° **Plomb.** Ce métal est comme le zinc.

6° **Argent.** L'argent est comme le cuivre.

III. **Brome ou Iode comburants.** Ces corps correspondent au chlore et à l'oxygène ozoné. Le brome se distingue par son odeur et sa triple chaleur spécifique. Ces deux propriétés résultent d'un excédant de couples ÉË d'électrosyzygues neutres. Je me bornerai à mentionner d'une manière générale comment les calories produisent des quantités différentes de celles produites par l'oxygène, mais semblables à celles produites par le protoxyde d'azote dont l'oxygène serait ozoné.

IV. **Soufre.** A l'état solide, le soufre est un combustible dont l'équivalent SË14gr· donne une quantité de calories égale à 1 gramme d'hydrogène.

La vapeur du soufre acquiert une odeur qui indique l'excédant des couples d'électricité négative. Cette odeur disparaît dans les sulfures qui sont produites d'après l'équation

$$\dot{M}E^2 + S\dot{E}\ddot{E} = \dot{M}SE + \dot{E}\ddot{E}^2.$$

Les sulfures brûlent dans les comburants tandis que les produits de ces comburants ne brûlent pas dans la vapeur du soufre.

Les sulfures ressemblent aux produits des comburants par rapport à la paratétraédriase des tétraèdres, car elle dépend des métaux et non des comburants. J'ai donné à ce sujet tous les détails dans les articles relatifs à chaque corps.

CINQUIÈME SECTION.

FORMATION DU CHARBON ET DE L'AZOTE PAR L'EAU, ET PRODUCTION DE LEURS PROPRIÉTÉS PAR L'ÉLECTRICITÉ.

---

§ 118. Avant que les plantes et l'air fussent produits, il n'y avait : 1° que des tétraèdres aquatiques composés d'oxytétraèdres $\Delta = o,4\bar{O}\dot{E}$ logés dans les hydrotétraèdres $\Delta' = o,4\dot{H}\dot{E}$, et 2° que l'expansion des molécules μ, μ' des électrosyzygues $\dot{E}$, $\dot{E}$ arrivant du Soleil à la Terre sous forme de rayons composés de chaleur et de lumière.

La poussée exercée par l'expansion des molécules sur les deux éléments des hydatotétraèdres a produit : 1° dans l'eau des plantes la séparation de trois atomes d'oxygène de chaque tétraèdre, et le résidu $o,4HO - 3O = 0,4H$ est un équivalent double de carbone ; 2° dans l'eau des mers chaudes, l'expansion des molécules μ a produit la séparation d'un atome d'oxygène de chaque tétraèdre, et le résidu $o,4HO - O = O^2,4H$ est un équivalent double d'azote ; on a :

(α) $$o,4\dot{H}\dot{E}^3\bar{O}\dot{E} - 3\bar{O}\dot{E} = \bar{O}\dot{E},4\dot{H}\dot{E}^3 = \dot{C}^2\dot{E}^6 = \text{carbone.}$$

(β) $$o,4\dot{H}\dot{E}^3\bar{O}\dot{E} - \bar{O}\dot{E} = \bar{O}^2\dot{E}^3,4\dot{H}\dot{E}^3 = \dot{A}z^2\dot{E}^3 = \text{azote.}$$

Le lecteur trouvera plus bas le mode de production d'après la loi de l'Aérostatique de toutes les propriétés du carbone et de l'azote, dont le poids $C^2 = 12 = 0,4H$ et $Az^2 = 28 = O^2,4H$ est incontestable. Il me reste seulement à montrer comment il se fait : 1° que l'hydrogène et l'oxygène, composés de tétraèdres *lipospermes* $o,4O$, $o4H$, et l'azote, composé de tétraèdres *trispermes* $O^2 4H$, sont des gaz permanents, et 2° que les hydrotétraèdres *monospermes* $\bar{O}\dot{E},4\dot{H}\dot{E}^3$ sont dans un état solide permanent.

Gaz permanents. Les éléments hylicouyles $\dot{H}\dot{E}$, $\bar{O}\dot{E}$ des tétraèdres $o,4\dot{H}\dot{E}$, $o,4\bar{O}\dot{E}$, 1° éprouvent par leur barogène β une poussée compressive p de la part de l'expansion des molécules isopycnes μ'', et 2° ils éprouvent par leurs éléments électriques une poussée répulsive *r* supérieure à la poussée *p* constante seule ou multipliée par toute pression possible.

Les hydrotétraèdres trispermes de l'azote sont un gaz permanent comme les tétraèdres lipospermes. On voit ainsi que les poussées répulsives entre les molécules μ des pycnosyzygues E^3 des trois noyaux $\bar{O}^3E^3$, ont leur expansion dans une direction qui n'est pas en opposition avec la direction de l'expansion des molécules μ' des quatre atomes d'hydrogène composant la périphérie ou les limites de la surface des tétraèdres Δ'.

Il y a donc une double poussée répulsive, savoir : 1° celle *r* qui se trouve entre les molécules μ des pycnosyzygues $3\dot{E}$, et 2° celle *r* qui se trouve entre les molécules μ' des aréosyzygues $4\dot{E}$. La poussée compressive *p* restant la même, la poussée répulsive étant : 1° *r* entre les molécules μ, et 2° *r'* entre celles μ' dans l'oxygène et l'hydrogène, elle est $r + r'$ dans les tétraèdres trispermes d'azote.

Solidité permanente. Les hydotétraèdres $4\check{H}.\dot{E}$ sont : 1° *lipospermes* dans le gaz hydrogène $o,4\check{H}\dot{E}$; 2° ils sont *trispermes* dans le gaz azote ; 3° les hydrotétraèdres du charbon, dont la solidité est permanente sont *monospermes*. La production une fois constatée de l'état gazeux par les poussées répulsives *r*, *r'* depassant la poussée compressive invariable *p*, il est facile de voir que, dans les tétraèdres, qui n'ont pas de poussée répulsive *r*, les éléments hyliques n'obéissent qu'à la poussée compressive *r*. En s'approchant ils font diminuer les intervalles λ qui séparent les quatre atomes périphériques $4\check{H}\dot{E}$ du noyau $\bar{O}\dot{E}$; car l'unique noyau $\bar{O}\dot{E}$ occupant le centre de chaque tétraèdre $o,4\check{H}\dot{E}$, fait disparaître la poussée répulsive *r* entre les quatre atomes homonymes $4\check{H}\dot{E}$.

Noir. Le charbon se fait sentir par les rayons en expansion du *pigmentum*, qui arrivent sur lui en traversant la rétine, de même que dans un versant on voit obscure, l'ouverture d'une grotte profonde.

Le *noir* n'est qu'une surface que l'on voit au moyen d'une lumière en expansion venant de la rétine de l'œil sans qu'on y découvre aucun détail de l'objet. On a attribué à l'absorption l'affaiblissement de la lumière par les interférences multipliées, et cela sans donner à ce sujet la moindre explication physique comme je le fais ici.

Dimensions des tétraèdres composant le charbon. La densité de l'eau étant 12^3 fois celle de la vapeur les trois dimensions 3, 2, 2 des tétraèdres de la vapeur $3^3 \times 2^3 \times 2^3$ se réduisent à une dans les tétraèdres de l'eau. Le diamètre moyen des vésicules de la vapeur d'eau est $0^{mm},02$; en le divisant par 12, on obtient pour le diamètre $\frac{1}{800}$ de millimètre comme dimension des tétraèdres de l'eau.

On voit par la densité absolue du diamant que le volume *v* des anthracotétraèdres est quatre fois moindre que celui **v** des hydatotraèdres, ou $\frac{1}{3100}$ de millimètre; dimension trop petite pour qu'on y trouve la longueur d'une onde de lumière suffisante pour une diastole. (*Physique*, t. II, p. 458.) Pour le violet extrême, la longueur de l'onde est $\frac{395}{1000000}$ de millimètre.

Extinction de la lumière dans les anthracotétraèdres. La longueur de sept espèces de lumière chromatique, exposée en millionièmes de millimètre varie entre 710 pour le rouge extrême et 395 pour le violet extrême du spectre. La dimension $\frac{1}{3100}$ des anthracotétraèdres étant inférieure à la longueur $\frac{395}{1000000}$ des ondes perceptibles, correspond à la longueur des ondes qui sont au delà de la limite du spectre. Cet effet est produit par les anthracotétraèdres qui ne sont pas classés d'une manière régulière, tandis que les tétraèdres, coordonnés en cristaux de dimensions perceptibles, réfléchissent les ondes de lumière comme le fait le *graphite*, ou bien les laisse se propager comme le fait le *diamant*.

Production du carbone et de l'azote. L'expansion des molécules μ des pycnosyzygues $\dot{E}$, contenus dans les rayons solaires, exerce une poussée répulsive contre celle des molécules homonymes de l'oxygène des hydatotétraèdres *o*, $\dot{E}\dot{E}\bar{O}\dot{E}$. Dans les mers, l'expansion des molécules μ se propage du fond froid vers la surface chaude. Chaque hydatotétraèdre dont le sommet perd son atome d'oxygène est réduit en hydrotétraèdre trisperme $4\dot{H}\dot{E}^3\bar{O}\dot{E} - \bar{O}\dot{E} = \bar{O}^3\dot{E}^3, 4\dot{H}\dot{E}^3$. L'ensemble de ces tétraèdres est un gaz permanent, l'*azote*, et le mélange de ces gaz avec l'oxygène séparé est l'*air*.

L'expansion des molécules μ dans les plantes, s'opère quand le temps est serein, pendant le jour, à partir du sol et de l'intérieur des plantes froides jusque vers leur surface chaude. L'eau du sol est repoussée sur la surface des feuilles; de trois sommets de la base des tétraèdres les molécules μ séparent les trois atomes d'oxygène, et c'est ainsi que se produisent les hydrotétraèdres monospermes $\bar{O}\dot{E}, 4\dot{H}\dot{E}^3$ composant le carbone.

Air. L'azote $Az^2 = \bar{O}^3\dot{E}^3, 4\dot{H}\dot{E}^3$ forme des équivalents dont le volume est **2v**, lequel est double du volume **v** de l'hydrogène $\dot{H}\dot{E}$ et quadruple du volume *v* de l'oxygène. L'azote de l'air ne se produit que dans les mers : 1° une partie 20*a* de l'oxygène de l'air se produit en même temps que l'azote, et 2° une autre partie *a* se produit simultanément avec le carbone.

Ainsi, 1° sur 100 volumes d'air il y en a 21 d'oxygène et 79 d'azote; 2° sur 100 grammes d'air, il y en a 23 d'oxygène et 77 d'azote.

Densités. Le volume égal $v = 2v$ contient 1 gramme d'hydrogène, 14 grammes d'azote et 16 grammes d'oxygène; $\delta = 0,00920$ étant la densité de l'hydrogène, 14δ est celle de l'azote et 16δ celle de l'oxygène.

Terre. L'eau qui est liquide, et les minerais qui sont solides, composent le globe; dans le principe il n'y avait de solides que les restes des plantes contenant du charbon uni avec de l'eau par des électrosyzygues propres à chaque espèce de plante. Une minime partie des restes des plantes carbonisés est restée conservée à l'état de houille; le reste a été transformé : 1° à la surface du globe en minerais d'alluvion, et 2° dans les fournaises souterraines en minerais métalliques contenus dans les filons logés dans les crevasses de la couche de l'alluvion ancienne.

Densité des minerais qui composent la Terre. J'ai traité ce sujet fort au long dans le tome III de la *Physique céleste*. Il est résulté de toutes les expériences que le total du globe a une densité peu supérieure à 5,5. Cette densité est supérieure à celle de Mars, inférieure à celle de Mercure et peu différente de celle de Vénus.

Origine de la chaleur terrestre. La houille, en contact avec l'eau, se combine avec ses deux éléments, et met en liberté la chaleur latente. Au fur et à mesure qu'en hiver une certaine quantité de chaleur s'éloigne de la surface de la Terre, les houilles en produisent une nouvelle quantité. Fourier a démontré que depuis 2000 ans la température du globe n'a éprouvé aucun abaissement malgré la disparition constante d'une grande quantité de chaleur.

On connaissait depuis longtemps l'existence de la chaleur latente de l'eau et la combinaison de la houille avec les éléments de l'eau, laquelle combinaison met en liberté la chaleur latente, et cependant ni Fourier ni aucun autre ne s'en sont souvenus. Se basant sur la température de 32 degré, de l'eau du puits de Grenelle qui a 600 mètres de profondeur, Arago et les autres physiciens et géologues ont supposé une élévation générale de température de 1 degré par 30 mètres de profondeur. Trente ans plus tard l'eau du puits de Passy, dont la température est de 20 degrés, s'éleva de la même profondeur; tout le monde alors abandonna l'hypothèse d'Arago, sans cependant que personne parvînt à découvrir la véritable origine de la source de chaleur des puits artésiens, des eaux minérales et des volcans.

La température s'élevant avec la profondeur, est une hypothèse contradictoire avec la densité de la Terre et avec les produits volcaniques composés de minerais d'alluvion, et non de métaux venant des filons.

CHAPITRE PREMIER.

CARBONE ET SES DIVERS ÉTATS.

§ 119. Après l'eau et ses deux éléments, le carbone est le corps qui est le plus répandu partout : 1° dans l'air et dans la mer à l'état d'acide carbonique ; 2° dans l'alluvion à l'état de carbonate des métaux ; 3° au-dessous de l'alluvion à l'état de dépôts de *lignite*, d'*anthracite*, de *houille*, de *graphite* et en petite quantité à l'état de *diamants*.

L'*eau*, ainsi que *ses deux éléments* et le *carbone*, sont généralement répandus dans toutes les parties du globe ; et cela parce que le carbone est produit *dans les plantes par les deux éléments de l'eau*. Les restes des plantes ont été accumulés : 1° par les eaux des fleuves autour de l'embouchure inférieure des lacs, et 2° par les vents des mers autour des embouchures des vallées des côtes. Ces espèces de plantes monocotylédonées prouvent, que dans les latitudes supérieures, en hiver, la température ne baissait pas au-dessous de zéro ; alors les pluies habituelles étaient cent fois plus fortes que celles de nos jours, et j'en donne pour preuve les vallées, creusées toutes suivant la loi de l'hydraulique pour conduire l'eau à la mer.

I. MODIFICATION DU CHARBON.

§ 120. Parmi les troncs d'arbres accumulés comme je viens de le dire, ceux qui ne sont exposés ni à l'air ni à l'eau ont conservé leur état primitif ; ils diffèrent peu du bois et s'appellent *lignite*.

De semblables amas de troncs d'arbres, qui avaient été exposés à l'humidité, ont perdu leur eau et ont été convertis en carbone pur ou en carbone combiné avec l'hydrogène.

Le diamant ou la houille sèche sont du carbone pur ; le graphite, l'anthracite et la houille grasse sont des composés de carbone et d'hydrogène.

Les amas de lignite, d'anthracite, de graphite et de houille sont restés en place comme ils l'avaient fait quand les eaux les avaient accumulés; les anthracotétraèdres qui composent les diamants ont été transportés, et coordonnés par les courants électriques qui diffèrent en direction et en intensité dans chaque partie du globe. Les pays *diamantophores* se ressemblent suivant les courants électriques, parce que le charbon ne manque nulle part.

Selon que le carbone se conserve en masse amorphe, ou que ses tétraèdres se combinent en cristaux transparents, on le distingue : 1° en carbone amorphe, et 2° en carbone cristallisé ou *diamants*.

A. Diamants.

§ 121. 6 grammes de diamant ou de charbon calciné brûlés dans l'oxygène donnent exactement 22 grammes d'acide carbonique; si l'on expose cet acide au contact des étincelles électriques, il se change en oxyde de carbone; enfin, l'oxygène une fois séparé, il reste le carbone à l'état amorphe. On voit ainsi que les propriétés du diamant résultent de la combinaison des anthracotétraèdres, de même que cela a lieu pour la cristallisation de tout autre corps. Connaissant donc : 1° la densité, 2° la dureté, 3° la réfraction de la lumière, 4° la forme des cristaux, 5° leur grandeur, 6° enfin les pays où l'on trouve les diamants, on peut déterminer la série des actions qui font que les anthracotétraèdres se combinent comme on l'a observé.

1° *Densité des diamants.*

§ 122. Tous les diamants n'ont pas la même densité; on a trouvé que les moins purs sont les moins denses. Les trois diamants brûlés par Dumas ont donné les résultats suivants :

Poids en grammes.	Densité.	Cendre p. 100.	Carbone p. 100.	Sommes.
0,444	3,141	2,03	96,84	98,87
0,446	3,410	0,24	99,73	99,97
0,332	3,251	0,27	99,10	99,37

La densité des diamants dépasse 2,5 qui est celle du graphite et

1,20 à 1,60 qui est celle de l'anthracite, et cela à cause de la diminution des intervalles λ entre lesanthracotétraèdres Δ, et non par suite de la diminution du volume *v* des tétraèdres mêmes.

Les équivalents de carbone $C^2=4HO-O^2$ pèsent 12, un anthracotétraèdre pèse $4C^2=48$. Les intervalles λ entre les équivalents C^2 diminuent plus dans les diamants les plus purs que dans les diamants les moins purs.

Les tétraèdres lipospermes *o*,4HO de l'eau ont le volume **v**, le poids 36 et la densité 1; les anthracotétraèdres $4C^2$ composés des éléments monospermes $C^2=O,4H$ ont le volume *v*, le poids 12, et la densité **d**. Le volume *v* de l'élément C^2 est douze fois moindre que le volume **v** et trois fois moins pesant; de sorte que la densité absolue des anthracotétraèdres serait $4=\frac{12}{3}$.

En partant de cette densité trouvée par le calcul pour le diamant d'une pureté parfaite, pureté qui n'existe pas, on trouve celle de 3,55 et au-dessous, d'après les parties hétérogènes trouvées dans la cendre.

Couleurs. Les densités des diamants n'ont aucun raport direct avec leur couleur, car elles ne proviennent pas, comme les chimistes l'ont cru, de corps colorants, mais des rapports chromatiques qui existent entre les atomes qui composent l'exanthracotétraèdre. Cette origine des couleurs est vérifiée par les changements qui s'oppèrent quand on les a taillés; par exemple : 1° les diamants verts de Rio blanchissent ou restent verts; 2° les diamants verts ou bruns de Bahia deviennent bruns ou jaunes; 3° les diamants rougeâtres de Bagagem (Brésil), conservent cette teinte ou se foncent; 4° enfin ceux de l'île Bornéo, de rougeâtres qu'ils étaient d'abord, deviennent blancs.

2° *Dureté.*

§ 123. Tous les corps solides ont une certaine dureté et une structure cristalline d'où résulte leur *clivage*. Cliver un diamant c'est en séparer une lamelle à l'aide d'un couteau d'acier sur lequel on frappe avec un marteau; les deux faces sont nettes. C'est ainsi qu'on arrive à la structure polygonale des diamants composés de lamelles, dont chacune contient des milliers d'anthracotétraèdres disposés symétriquement.

Ces lamelles et leur combinaison sous forme stéréométrique régulière sont composées de tétraèdres; les faces *f*, *f'* en contact soutiennent à l'état latent des électrosyzygues hétéronymes Ė, Ē, qui n'exercent entre eux aucune poussée répulsive, et qui, en obéissant à la poussée compressive p exercée sur leur barogène β par les molécules isopycnes μ'', restent pressées les unes contre les autres. Pour les séparer il faut employer un poussée répulsive mécanique π supérieure à la poussée p, laquelle est invariable.

La poussée mécanique π correspond donc à la diminution de la résistance entre les faces f, f' vis-à-vis des tétraèdres; cette résistance est en rapport inverse avec les densités δ, δ' des électrosyzygues É, Ē qui y sont accumulés. De sorte que les mêmes anthracotétraèdres $4C^2$ peuvent produire des diamants qui sont faciles à cliver ou à tailler, ou des diamants d'une excessive dureté qui ne peuvent être ni clivés ni taillés. De pareils diamants, après avoir été pulvérisés, sont employés pour polir les diamants moins durs.

De même que la densité des diamants, sans atteindre le maximum 4, varie dans un rapport inverse avec la cendre, de même leur dureté varie, non pas dans un certain rapport avec les élements hyliques, car elle n'a aucune relation avec ces éléments, mais avec les densités des électrosyzygues É, Ē, qui sont en rapport direct avec les *duretés*. L'accumulation des pycnosyzygues É sur les faces f qui regardent en dehors et celle des aréosyzygues Ē sur les faces f' qui regardent vers le centre du cristal, est due aux courants électriques, dont les faces centrifuges sont l'expansion des molécules μ' des aréosyzygues Ē du carbone $C^2\bar{E}^2$ qui s'accumulent sur les faces f' regardant le centre. L'expansion des molécules centripètes μ charge de pycnoélectricité les faces f qui regardent en directions centrifuges.

Ce mode de combinaison des anthracotétraèdres et des tétraèdres du quartz et de la topaze, est constaté par le liquide trouvé dans plusieurs de leurs cristaux. Chaque fois qu'on casse des diamants pour examiner le liquide qui y est contenu, celui-ci acquiert une si grande expansion, que les vases les plus solides ne peuvent résister. On voit par cette propriété que le liquide n'est que de l'acide carbonique qui se liquifie à 0° sous une pression de 36 atmosphères et à 20° sous une pression de 56 atmosphères. Cela prouve qu'on ne peut pas vaincre la solidité de l'enveloppe du liquide par une telle pression.

Dans le principe, le noyau de ces diamants ne pouvait contenir que de l'acide carbonique ayant la densité de l'air, et ce n'est que par l'endosmose de plusieurs siècles qu'il s'y est introduit une telle quantité de ce gaz que la grande densité l'a fait liquéfier. Cet obstacle devient une cause physique qui s'oppose à l'accroissement des diamants à noyaux liquides, car il n'y en a pas parmi les gros.

3° Grosseur, forme et âge des diamants.

§ 124. D'après l'ordre chronologique, il a dû se former d'abord : 1° l'intérieur de la Terre, 2° les continents, 3° les plantes; 4° le carbone. Ensuite, et comme je l'ai déjà demontré, les anthracotétraèdres n'ont pas manqué de se combiner, en se rapprochant avec des vitesses inégales, pour engendrer des cristaux de diverses dimensions dans des espaces de temps peu différents.

Les diamants se trouvent dans des sables ferrugineux d'alluvion ancienne; on voit par là qu'ils sont antérieurs au Déluge, époque où les courants thermoélectriques terrestres avaient une plus grande intensité que celle des courants actuels.

Chaque diamant, à une époque plus au moins antérieure au Déluge, n'était qu'un germe microscopique dont les moins âgés sont les grains que nous découvrons aujourd'hui; ces petits grains, de même que les gros diamants, avaient la même dimension au moment du Déluge; depuis cette époque, les diamants ont cessé de croître.

En partant d'un tétraèdre (forme primitive), les formes stéréométriques des diamants se succèdent en avançant : 1° en métamorphoses, 2° en dimensions, 3° en âge. La surface des plus gros diamants est composée d'un plus grand nombre de faces de formes régulières composées chacune d'un nombre de faces dont les tétraèdres ont des triangles réguliers. Il n'existait pas de diamants ayant la forme de tétraèdres ou d'hexaèdres réguliers au moment du Déluge, et il ne s'en est pas formé depuis.

1° L'octaèdre simple et le cube sont assez rares, de même que l'octaèdre pyramidé.

2° Le dodécaèdre rhomboïdal est très-fréquent soit simple, soit curviligne, ou dérivant de l'octaèdre par un pointement à six faces sur chacune de ces faces; ce qui constitue l'hexakisoctaèdre ou solide à 48 faces.

3° Le triforme est très-rare.

Age des diamants. L'accroissement des diamants a cessé au moment du Déluge, époque où ils étaient tels que nous les trouvons à présent. Il n'y a ni tétraèdres ni hexaèdres réguliers parce que ceux qui avaient cette forme microscopique avant le Déluge ont eu le temps de croître et de devenir des dodécaèdres. Le grand nombre de formes (2°) prouve qu'avant le Déluge il y a eu une époque qui a favorisé les courants terrestres. Avant cette époque, les diamants à trois formes ont commencé à se former; ce n'est que postérieurement que les autres diamants ont pris naissance.

Gros diamants. 1° Le plus gros diamant connu est celui du rajah du Matan, à Bornéo; il pèse 300 karats = 63 grammes.

2° Le diamant de l'empereur du Mogol pèse 270 karats; sa valeur est de 12 millions de francs.

3° Le diamant du roi de Lahore passa à la reine d'Angleterre; il pèse 103 karats.

4° Le diamant *Orlow*, des rois de Perse, fut acheté par l'impératrice Catherine II. Il pèse 195 karats.

5° Le *Régent*, diamant de la couronne de France, pèse 136 karats.

6° Le diamant de l'Autriche est de 139 karats.

7° Le *Sancy*, d'une pureté parfaite, pesant 33 karats, appartient à la Russie.

8° Le diamant du Portugal pèse 95 karats.

9° l'*Étoile du Sud* a été trouvée en 1853, c'est le plus gros diamant venu du Brésil; il pesait à l'état brut 254 karats; après sa taille il pèse 125 karats; sa valeur est de 10 millions de francs.

Diamants contenant un liquide ou des minerais. On trouve dans quelques diamants un liquide clair analogue à celui qu'on trouve dans le quartz et la topaze. On croit que ce liquide très-expansif est de l'acide carbonique, car les tubes de verre employés dans ces expériences ont été brisés.

Les diamants bruts sont souvent recouverts d'une croûte raboteuse qui leur laisse la translucidité en leur ôtant la transparence; les mines de Bornéo et quelques-unes du Brésil les offrent au contraire à l'état parfaitement limpide et lisse.

Les teintes du diamant varient, elles changent après la taille; les diamants verts de Rio blanchissent à la taille ou restent verts; de même les diamants bruns de Bahia restent tels ou deviennent jaunes.

Les diamants *carboniques* ou *carbonates* sont d'un gris d'acier ou d'un noir légèrement roux; il y a toujours quelques minerais.

Pays diamantophores. Les premiers diamants sont venus des Indes, du Mogol et de l'île Bornéo; depuis le siècle dernier on en trouve dans l'Amérique du Sud dans les mêmes latitudes; le Brésil seul en exporte annuellement de 20 à 25 millions de francs. Depuis 1850 on a découvert les diamants sur la pente occidentale des monts Ourals.

B. Graphite (γράφειν, écrire).

§ 125. Le graphite artificiel ne diffère pas du graphite naturel; on laisse refroidir lentement les fonds surchargés de carbone; on les dissout dans l'eau régale, qui éloigne le fer; il reste en suspension un corps cristallin d'un gris métallique. *Le carbone mêlé avec le fer reste inaltérable à une haute température, s'il est à l'abri de l'oxygène de l'air et en contact avec l'eau de l'hydrate de fer.* Le carbone 0,4H uni à une quantité *q* d'hydrogène se change en *graphite* dont les qualités et les propriétés correspondent à la quantité *q* d'hydrogène.

Propriétés. Le graphite contient 95 à 96 pour 100 de carbone, doux et onctueux au toucher; il tache les doigts et laisse sur le papier des taches d'un gris de plomb; il brûle avec autant de difficulté que le diamant, quoique sa densité ne soit que de 2,5; ses tétraèdres se combinent en forme de petites tables hexagonales.

Le graphite, comme les diamants et les autres espèces de carbone, se trouve dans l'alluvion d'avant le Déluge. Les diamants ont été formés de fragments de troncs, le graphite de masses végétales plus considérables; ce qui a produit tantôt des rognons compactes, tantôt une masse pulvérulente. Comme la houille, il est répandu en certains endroits sur toute la surface du globe. C'est dans l'île de Ceylan et dans plusieurs autres endroits qu'on trouve les meilleures qualités.

Le graphite ressemble tellement au fer qu'on l'a d'abord considéré comme un carbure de fer; cependant, par les moyens chimiques, on n'y trouve que très-peu de fer, et la ressemblance se réduit aux gisements, ce qui prouve que la masse est contenue dans des bassins qui se sont remplis du dehors.

II. COMBUSTIBLES FOSSILES, LEURS GISEMENTS ET LEUR AGE.

§ 126. Les *tourbes* sont des combustibles fossiles postdiluviens; le *lignite*, l'*anthracite* et la *houille* sont des combustibles fossiles antédiluviens.

Le produit annuel des plantes aquatiques est une couche mince de tourbe; dans toutes les parties du globe que l'on a explorées, on n'a pas trouvé un nombre de couches de tourbe supérieur à 6000.

De même que les autres fleuves, le Nil laisse chaque année, après son débordement, une couche de sable; on ne trouve nulle part, autour des embouchures des fleuves, un nombre de dépôts inférieur à celui de l'embouchure du Nil, nombre qui ne diffère pas de celui des dépôts de tourbe. Avant le Déluge, l'eau rouge du Nil se jetait dans le golfe Éthiopique, ce qui lui a fait donner le nom de mer Rouge. Les 6000 couches de dépôts, indiquent les années écoulées depuis le déluge. J'ai donné dans la *Physique Céleste* (t. III) tous les détails relatifs à ce fait géologique.

Le *lignite*, l'*anthracite* et la *houille* sont composés de plantes monocotylédonées qui végétèrent dans les pays où, pendant l'hiver, la température restait toujours au-dessus de zéro, tandis que dans ces mêmes pays, il n'y a pas aujourd'hui de monocotylédonés, mais seulement des dicotylédonés qui se trouvent dans la tourbe, et non dans les houilles. On voit par là que la cause physique qui a amené le Déluge, a produit un abaissement de température dans les zones tempérées et glaciales. (Voir *Physique Céleste*, t. III.)

Les produits des substances végétales varient à l'infini: on les comprend tous sous le nom de *lignite*. Le *lignite* est formé par les monocotylédonés, comme l'*anthracite* et la *houille*; il n'y a de différence que dans la modification des masses végétales accumulées par les eaux et exposées à la pluie et au soleil, ou recouvertes de couches d'alluvion postérieures, qui les ont empêchées d'être détruites plus tard.

Les troncs d'arbres enlevés aux versants des vallées par les eaux des pluies, ont été conduits dans les lacs les plus voisins, et d'après la loi de l'Hydraulique, ont été arrêtés autour de l'embouchure inférieure de ces lacs. Pendant les intervalles de pluie, les bois qui arrivaient étaient arrêtés par ceux qui les avaient précédés; ceux-ci étaient ainsi forcés de se diriger vers le fond en formant des couches d'une épaisseur correspondante à la quantité des arbres et à l'étendue de la superficie du récipient d'où ils avaient été enlevés.

Les torrents charriaient des débris de minerais et des fossiles qui restaient déposés sur les couches des arbres. Le nombre des couches correspond à celui des siècles, car les arbres enlevés n'ont pu être remplacés que dans un espace de temps d'environ un siècle.

Le fond des bassins, comparé à celui d'un bateau, se trouve tapissé par des couches alternatives des masses végétales et minérales, inclinées dans les versants opposés vers le milieu du fond du bassin. Ces couches primitives ont été nommées *cul-de-sac*.

Dans les parties où le support des couches était faible ou miné par l'eau, il y a eu des affaissements qui ont fait prendre aux couches une forme de zigzag, et leur ont fait former entre elles des angles de toutes dimensions et à des intervalles différents.

Houillères maritimes et houillères continentales. Les fossiles contenus dans la houille sont composés d'eau douce seulement ou d'un mélange d'eau douce et d'eau de mer; cela n'a lieu que dans les versants des côtes. On voit ainsi que les troncs amenés par les fleuves dans la mer, en ont été chassés par les vents avec des fossiles de la mer sur les côtes, où les eaux pluviales amenaient les fossiles terrestres. A l'aide de ces données, on peut déterminer les endroits où se trouvent les houillères.

Distribution des houillères. Dans les bassins des continents séparés de la mer par des chaînes de montagnes percées par une vallée de communication, les houillères sont situées autour de l'embouchure de cette vallée par laquelle l'eau sort maintenant du bassin qui a été comblé, et va s'écouler dans la mer ou dans les bassins inférieurs. En partant des Alpes, 1° vers l'ouest, on trouve les houillères de Sarrebruck et les eaux thermales de la rive droite du Rhin; 2° vers l'ouest, on rencontre les houillères d'Oravitza dans le Banat les eaux thermales de Méhadie dans les Carpathes, et les eaux thermales de Brusse dans la vallée du Bosphore. En suivant le vent sud-ouest de l'Atlantique, on est conduit aux houillères des côtes occidentales de l'Irlande, de l'Angleterre, de la Belgique et de l'Allemagne occidentale.

Guidé par cette description des lieux carbonifères, M. Fischbach, ingénieur du gouvernement en Thessalie, a découvert les houilles dans les environs de l'embouchure des bassins. Si les houillères sont généralement répandues sur tout le globe, cela est dû au mode d'accumulation des troncs d'arbres pendant plus de mille siècles; cette durée, pendant laquelle les troncs se sont accumulés, correspond à celle des pluies avant le Déluge, durée bien marquée, par les nombres des dépôts annuels des fleuves, nombres qui vont de 135 à 145 mille.

A. LIGNITE.

§ 127. Parmi les amas d'arbres monocotylédonés antédiluviens, on nomme *lignites* ceux qui ont éprouvé les plus faibles modifications, sans avoir toujours été séparés de quelques parties qui ont subi les modifications de l'anthracite et de la houille. Dans les environs de Tœplitz en Bohême, et partout ailleurs, on voit les troncs d'arbres dans leur structure naturelle de monocotylédonés. Ces dépôts sont situés dans le bassin de Prag, sur la rive gauche du fleuve Moldaou, au-dessus de l'embouchure de la vallée de l'Elbe. On appelle ce lignite *bois fossile*, *bois bitumineux*. Les modifications que les arbres ont éprouvées leur ont donné des qualités qui les rendent propres au service de l'industrie.

La densité du lignite diffère peu de celle du bois; on comprend sous ce nom, tous les combustibles minéraux, quel qu'en soit le gisement, qui ne donnent pas de coke. Ils laissent, par la calcination en vase clos, 30 p. 100 de cendres, et donnent des matières liquides plutôt acides qu'alcalines, pareilles à celles obtenues par le bois.

Le lignite est d'une cassure compacte, conchoïde, quelquefois résinoïde, et dont le tissu est toujours celui du bois des arbres monocotylédonés, lesquels ne diffèrent pas de ceux qui composent l'anthracite et la houille. Lorsque le lignite est mêlé avec du sable, on le nomme *terreux;* il renferme souvent beaucoup de pyrites.

On voit par la couleur jaunâtre l'absence de coke, et par les produits acides de la distillation du lignite, que son bois contient une quantité d'eau qui ne se trouve pas dans l'anthracite et dans la houille, qui ont subi des modifications ultérieures à la cause, 1° de leur contact avec une portion d'eau, ou 2° de leur communication avec l'atmosphère, qui fait sentir les variations atmosphériques au milieu des dépôts.

B. ANTRACITE (ἄνθραξ, charbon).

§ 128. L'anthracite n'est autre chose que du lignite carbonisé; on donne ce nom aux combustibles minéraux qui, comme le lignite, ne donnent pas de coke; qui, par leur calcination en vase clos, abstraction faite des cendres, donnent au moins 85 p. 100 de résidus fixes; qui ne fournissent à la distillation que des traces de matières huileuses et aqueuses.

L'anthracite se présente comme une substance noire, friable, sèche au toucher, tachant les doigts en noir *foncé*, et laissant sur le papier un trait noir mat. Sa densité est de 1,60 à 1,21.

L'anthracite a été produit par de faibles quantités de bois dispersées et mêlées avec le sable. Par sa carbonisation, il diffère du lignite; par ses taches noires et par sa densité, il diffère également de graphite et de la houille.

C. Houille.

§ 129. Dans le principe, les houillères n'étaient qu'un amas d'arbres, enlevés aux versants des récipients par les eaux de pluie, et charriés par les torrents troubles dans les lacs voisins, dont ils ne pouvaient sortir, et qui restaient ainsi accumulés autour des versants de l'embouchure inférieure.

Les arbres enlevés ne pouvaient être remplacés qu'une fois par siècle, et cet état de la Terre a eu une durée d'environ 1400 siècles, comme on peut en juger par les couches des dépôts à l'embouchure des fleuves Mississipi, Gange, Pô.

Nous trouvons : 1° des quantités de couches d'arbres; 2° des minerais qui séparent les couches d'arbres et ceux qui sont restés mêlés avec eux à l'état incombustible. Le carbone a été composé des deux éléments de l'eau, et a produit des combinés qui n'existaient pas, et qui diffèrent dans chaque houillère et dans les parties différentes de la même houillère.

Propriétés. Les tétraèdres de carbone sont d'une dimension imperceptible et rendent l'aspect de la houille d'un noir éclatant; leur cassure conchoïde, moins prononcée que celle du lignite, indique le tissu des arbres monocotylédonés. La poussière des anthracotétraèdres, composée de cristaux, est noire; mais par la réfraction de la lumière elle apparaît parfois d'un brun très-foncé.

La densité varie de 1,16 à 1,60, selon la pression et la combinaison du carbone avec les éléments de l'eau.

Les minerais trouvés dans les houilles sont : l'*argile*, le *carbonate de chaux*, les *sulfures de plomb et de fer*, le *sulfate de chaux*, le *sulfate de baryte*, le *phosphate de chaux* et la *dolomie*.

Éléments combustibles. Le soufre à l'état de pyrite n'existait pas dans le principe; il n'est autre chose que le gaz des marais absorbé par le fer. La houille donne à la distillation : de l'*eau*, des *gaz combustibles*, de l'*ammoniaque*, des *huiles empyreumatiques* et des *goudrons* contenant un *carbure d'hydrogène* solide, la *naphtaline*.

Les produits de la distillation sont ceux qui, contenus dans la houille, brûlent avec une flamme d'un blanc jaunâtre avec beaucoup de fumée; après la disparition de ces produits, il reste un charbon, le *coke*, qui continue de brûler comme le graphite si la température est élevée. Le charbon de bois, comme le coke, est insoluble dans tous les dissolvants; la différence qui existe entre les houilles ne consiste que dans les produits du carbone et des éléments de l'eau; le carbone diminue en raison de l'accroissement de ces produits. Dans les bitumes, la proportion de l'hydrogène est très-considérable par rapport au carbone, qui s'éloigne en même temps que l'hydrogène sans que rien reste à l'état de coke.

Selon que le coke obtenu par la distillation de la houille en vases clos est *boursouflé*, *fritté*, *coagulé* ou *pulvérulent*, on distingue la houille par les noms suivants.

1° *Houilles grasses et dures à courte flamme.* Elles donnent un coke fritté d'au moins 75 p. 100 par la calcination en vase clos; elles se ramollissent peu quand on les charge dans un foyer dont la grille est en ignition.

2° *Houilles grasses maréchales.* Elles donnent le coke le plus boursouflé qui existe, savoir 70 p. 100; elles se ramollissent considérablement lorsqu'on les charge sur un foyer. Cette variété assez rare est employée par les maréchaux, les forgerons, etc.

3° *Houilles grasses à longues flammes.* Elles donnent un coke un peu boursouflé de 60 p. 100; elles se ramollissent sur la grille moins que les précédentes; elles donnent une flamme très-vive avec un faible brasier de coke en ignition. On les emploie pour le gaz d'éclairage et pour le chauffage domestique. On en fait des vases, des tabatières, des encriers, etc. La chaleur les divise en feuilles très-minces, qui correspondent au tissu végétal.

4° *Houilles sèches ou houilles maigres à longues flammes.* Elles fournissent un coke fritté de 50 p. 100; elles donnent, par la combustion sur la grille, un faible brasier de coke. On les emploie pour chauffer les chaudières à vapeur.

5° *Houilles sèches sans flammes.* Elles brûlent difficilement; elles contiennent le carbone en excès; récemment extraites, elles subissent une décomposition à la température ordinaire; elles dégagent de l'eau, du gaz et des huiles carburées. Le dégagement croît avec la température jusqu'au point de décomposition de la houille.

6° Les houilles provenant des mines à *grisou*, 1° s'altèrent par l'exposition à l'air, dégagent de l'hydrogène carboné et le principe gras; elles se dilatent et tombent en poussières; 2° celles qui proviennent des mines sans *grisou* n'en dégagent point; le gaz qu'elles donnent est de l'*azote*. Le grisou est un gaz des marais produit de la manière indiquée plus bas.

Origine de l'azote et des autres produits. L'azote en petite quantité, ne manque jamais dans les houilles; mais il y est à l'état d'ammoniaque. Ici l''hydrogène et l'azote se présentent comme deux gaz dont l'un remplace l'autre. Les houilles réunies en grandes masses s'enflamment spontanément, tandis que cela n'arrive jamais dans les houillères.

Nous connaissons les deux éléments de l'eau et sa décomposition, 1° en hydrogène qui, uni avec le carbone, produit le grisou, et 2° en oxygène qui, uni avec le carbone, produirait l'oxyde de carbone, qui ne se trouve pas dans les houillères, et qui est remplacé par l'azote; car on a $C^2O^2 = O$, $H^4O^2 = O^2$, $4H = Az^2$.

L'inflammation de la houille à l'air est due à l'expansion des molécules denses μ' des aréosyzygues $\bar{E}$ du carbone, lesquelles provoquent l'expansion de leurs hétéronymes $\dot{E}$ dans l'oxygène, et c'est ainsi que l'inflammation commence.

Calories de 1 gramme de coke. Par sa combustion dans l'air, 1 gramme de coke réduit en vapeur 74 fois son poids d'eau. Pour obtenir le rapport entre les calories d'un équivalent du carbone et de l'hydrogène, il faut comparer les calories de 1 gramme d'hydrogène et de 6 grammes de coke. On sait que 1 gramme d'eau à 0° reçoit 640 calories pour produire 1 gramme de vapeur; 6 grammes de coke réduiraient en vapeur $74 \times 6 = 444$ grammes d'eau.

III. SÉPARATION ARTIFICIELLE DU CARBONE.

§ 130. En parlant de l'électrolyse de l'eau (§ 30), j'ai dit que les feuilles des plantes sont des espèces de bains dans lesquels, pendant les jours chauds, l'électricité positive remonte du sol par les racines, et l'électricité négative y passe en venant de l'air. Ainsi la queue est le pôle *positif* et la surface de la feuille le pôle *négatif;* de sorte que l'oxygène O^3 séparé d'un tétraèdre d'eau s'éloigne, et que le résidu O,4H est un double équivalent de carbone, qui, mêlé avec l'eau, est le *chylus;* les éléments hyliques sont communs à toutes les plantes dont les qualités et les propriétés correspondent aux molécules μ, μ' des électrosyzygues.

Le carbone isolé forme le diamant; dans le graphite il est modifié par l'hydrogène. Pour obtenir le carbone on en éloigne les corps avec lesquels il est combiné; cependant dans la combustion des corps le carbone ne se change pas toujours en acide carbonique, mais en oxyde de carbone qui se transforme en azote :

$$C^2O^2 = OH^4,O^2 = O^2,4H = Az^2.$$

Les produits artificiels sont : 1° le noir de fumée; 2° le charbon métallique; 3° le charbon de bois; 4° le charbon animal; 5° enfin le coke, de la fabrication duquel j'ai déjà parlé.

A. Noir de fumée.

§ 131. Lorsqu'on introduit dans la flamme d'une bougie un morceau de porcelaine ou une lame métallique, on détermine un dépôt de noir de fumée, lequel contient une quantité de matières qui n'existent ni dans la stéarine ni dans le coton. Le noir de fumée contient les onze corps suivants :

Carbone	79,1
Matière résinoïde	5,3
— bitumeuse	1,7
Ulmine	0,5
Sulfate d'ammoniaque	3,3
— de potasse	0,4
Sulfate de chaux	0,8
A reporter	89,1
Report	89,1
Phosphate de chaux ferrugineux	0,3
Chlorure de potassium	traces.
Sables quartzeux	0,6
Eau	8,9
Total	100,00

Au lieu de montrer ces produits comme attestant la production de corps nouveaux, **Pelouze** et **Fremy** disent simplement (*Chimie*, t. I, p. 731) que *le noir de fumée est produit par la combustion incomplète de certaines substances organiques riches en carbone*. Les autres chimistes ont tenu le même langage, et cela à cause d'une hypothèse à laquelle on s'est rattaché en attendant qu'on ait découvert une cause physique incontestable.

Les matières employées pour produire le noir de fumée sur une grande échelle sont les résines, les goudrons, les restes de bois de sapin; il s'en produit en très-grande quantité dans les fours à préparer le coke, ainsi que cela se pratique à Sarrebruck.

Le noir de fumée sert à la fabrication de l'encre d'imprimerie; on en fait également usage pour la confection de différentes peintures, notamment celles employées pour la marine, etc.

B. CHARBON MÉTALLIQUE.

§ 132. Il se dépose des matières organiques volatiles, conduites par des tubes rouges, un résidu charbonneux, le *charbon métallique*; il se forme aussi de ces dépôts dans les hauts fourneaux et dans la fabrication du gaz d'éclairage, où se produit également le noir de fumée, dans des tubes qui ne sont pas chauffés au rouge. C'est donc une haute température qui éloigne les substances composant le noir de fumée, et le carbone isolé composé de tétraèdress apparaît comme un métal brillant, sonore, dur, bon conducteur de la chaleur et brûlant avec difficulté. Il sert à fabriquer des vases.

Remarque. On tire de la houille : 1° le charbon métallique, corps indécomposable ; 2° le noir de fumée, contenant du charbon et une dizaine d'autres corps indécomposables qu'on ne trouve pas si l'on soumet la houille à des réactions chimiques.

Dans les souterrains la même houille éprouve une espèce de distillation dont la température correspond : 1° à celle qui produit les substances composant le noir de fumée, et 2° à celle qui produit le charbon métallique. Les fournaises souterraines correspondent aux vases clos, et les puits par lesquels la vapeur arrive aux crevasses de la couche d'alluvion ancienne correspondent aux tubes des vases clos ; enfin les filons ne diffèrent de ceux des dépôts dans les courbures des tubes que par la disposition des cristaux qui, 1° dans les courbures des tubes avancent du milieu vers les deux bras des tubes, et 2° dans les filons, au contraire, les cristaux déposés avancent des deux versants des crevasses vers l'axe allant par le milieu de la crevasse le long des filons parallèlement aux versants des filons.

C. CHARBON ANIMAL.

§ 133. En calcinant des os en vase clos, on en obtient un mélange de charbon très-divisé et des sels terreux ; ce mélange possède à un haut degré la propriété décolorante qu'il doit à l'expansion de ses molécules μ', et non, comme l'ont prétendu **Bussy**, **Payen**, **Desfosses**, à la grande division mécanique du charbon ; la preuve en est : 1° que le charbon obtenu par l'alcool n'a pas une subdivision inférieure, et 2° que l'affaiblissement de l'expansion des molécules produit par le contact avec les corps colorés fait disparaître la propriété décolorante sans diminuer la subdivision du carbone. Les chimistes ont admis qu'il existe dans les corps : 1° des espèces d'encres pour chaque couleur; 2° des mélanges indéfinis de ces encres pour les nuances. C'est donc cette double erreur qui rend plausible l'explication des susdits chimistes, qui se seraient abstenus de la donner s'ils eussent connu la cause physique des couleurs des corps.

On emploie le charbon animal : 1° dans la fabrication du sucre pour faire disparaître la couleur rougeâtre de la betterave, et 2° dans les distilleries pour éloigner l'odeur empyreumatique. Quand on l'a employé pendant quelque temps, le charbon n'agit plus; alors on le révivifie en employant des moyens obtenus par une infinité d'expériences.

Les uns l'abandonnent à lui-même pendant quelques semaines et le soumettent ensuite à la calcination; les autres placent les charbons usés dans les cylindres de fer chauffés au rouge et traversés par la vapeur de l'eau. Ainsi la même masse peut être révivifiée vingt à vingt-cinq fois; cependant le charbon finit par s'affaiblir au point de ne plus agir. Avant de le jeter, on le soumet à un frottement léger entre deux meules horizontales assez écartées pour éviter le broyage des grains, et on le mêle avec du charbon nouveau.

Le jus de betterave ne contient pas de matière colorante, ni le ferment de l'orge et de la farine une matière empyreumatique odorante. *La couleur rouge résulte de la coordination des atomes d'oxygène* pour que les éléments $C^{12}H^{12}O^{12}$ se trouvant dans des facteurs $C^6H^6O^6C^6H^6O^6$ forment des tétraèdres $(C^2H^2,4CHO^2)$ $(C^2H^2,4CHO)$. Pour faire disparaître la couleur, il ne faut que détruire cette coordination des tétraèdres, opération qui ne peut s'obtenir par la voie mécanique. Le contact du jus *positif* avec le charbon *négatif* produit une combinaison tétraédrique $o,4C^3H^3O^3$ des éléments du jus; la couleur disparaît sans qu'il se trouve dans le charbon aucun dépôt de matière rouge colorante.

De même, les distillateurs n'obtiennent aucune matière odorante du charbon traversé par des liqueurs à odeur empyreumatique, quand elles ont perdu cette odeur.

Les chimistes ont appris les séries de faits par les fabricants, et *n'en connaissant pas les causes physiques, ils ont inventé des hypothèses* logiques pour relier les séries de faits. Les fabricants prenant les hypothèses pour des causes physiques, attribuent aux chimistes des connaissances qu'ils ne possèdent pas.

Noir de schiste. Dans la *Physique céleste* (t. III), j'ai fait connaître l'origine de la subdivision des dépôts d'argile en lames parallèles; j'ai prouvé que les courants thermoélectriques entre les fournaises souterraines et l'air à une température variable, ont été la cause d'une subdivision des dépôts d'argile en lames parallèles, et que la vapeur de la houille a noirci l'argile avant sa solidification.

Je signale ici la découverte auprès de *Menet* en *Auvergne*, de schistes bitumineux légers qui donnent, après calcination en vases clos, un charbon décolorant. Ce charbon argileux n'a pas, comme le noir animal, la propriété d'enlever la chaux mise en excès dans les liquides sucrés. Il existe dans ces schistes du bisulfure de fer qu'il est impossible de séparer entièrement; ce composé passant à l'état de protosulfure pendant la calcination, détruit en partie l'effet décolorant du charbon; cet obstacle, néanmoins, n'empêche pas de l'appliquer dans les distilleries de liqueurs.

Le charbon bitumineux, dans les schistes, sert à montrer la communication des dépôts d'argile avec les fournaises.

D. CHARBON DE BOIS.

§ 134. Le charbon de bois est le résidu fixe que laisse la distillation du bois ou sa combustion incomplète. Le bois séché à l'air présente à peu près la composition suivante :

	Carbone.	Eau combinée.	Eau libre.	Cendre.	Somme.
(a)	38,5	35,5	25,0	1,0	100

Si, par la distillation, le bois pouvait se décomposer en eau et en carbone, sur 100 parties on devrait en obtenir 38,5 au lieu de 27 à 28 ; il est impossible d'éviter, pendant la distillation du bois, la production, 1° de gaz hydrogène carboné, 2° d'oxyde de carbone, 3° de goudron, 4° d'acide carbonique. Il entre dans ces gaz un quart du carbone, les trois autres quarts sont du charbon pur de bois. Les procédés ordinaires de carbonisation employés dans les forêts n'en donnent que 17 à 18 pour 100 après la carbonisation. Le volume de la meule de bois est descendu à 0,30 ou 0,40; cette meule s'est beaucoup affaissée.

Pour déterminer ce qui se passe dans l'opération de la carbonisation en meule, il est indispensable de savoir : 1° si l'oxygène de l'air produit de l'acide carbonique ou de l'oxyde de carbone; 2° si l'oxygène brûle une partie du charbon ou seulement les produits de la distillation du bois en vase clos; 3° comment la carbonisation marche dans la meule.

En comparant la composition des gaz qui se dégagent des évents de la meule avec celle des gaz produits dans la distillation du bois en vase clos, **Ebelmen** a trouvé (moyenne de cinq expériences) :

	Acide carbonique.	Oxyde de carbone.	Hydrogène.	Azote.	Somme.
(β)	20,7	9,7	0,9	68,7	100

Ces parties de gaz forment la fumée blanche et abondante qui sort des évents; 1 litre de ce mélange de gaz pèse 1gr.,103; il ne diffère pas du mélange des parties que donne la distillation du bois en vase clos.

Le dégagement de cette fumée blanche dure quelques heures, puis apparaît une fumée bleuâtre, presque transparente, qui indique que la carbonisation est achevée dans cette partie de la meule. Cette fumée contient :

	Acide carbonique.	Oxyde de carbone.	Hydrogène.	Azote.	Somme.
(γ)	27,6	5,7	12,3	59,4	100.

Un litre de ce gaz pèse 0gr.,530 un peu plus que la moitié de 1,03.

Produits de la distillation du bois en vase clos. A la première période de la distillation le gaz contient :

	Acide carbonique.	Oxyde de carbone.	Hydrogène.	Azote et perte.	Somme.
(δ)	44,9	36,8	16,8	1,5	100

Ces gaz brûlent dans l'air avec une fumée blanche qui ne diffère pas de celle provenant de la meule pendant la première période. A la fin de la distillation les gaz dégagés brûlent dans l'air avec une fumée bleue ; ils sont un mélange de

	Acide carbonique.	Oxyde de carbone.	Hydrogène.	Azote et perte.	Somme.
(ε)	20,2	24,0	41,2	1,7	100

Excès d'hydrogène. Le bois séché à l'air est composé d'un nombre égal d'équivalents d'eau et de carbone. L'oxygène de l'air produit de la chaleur en se combinant avec le carbone pour former de l'acide carbonique ; cette chaleur exerce sur le bois un effet qui ne diffère pas de celui de la distillation en vase clos. Dans les deux cas l'oxygène de l'eau s'éloigne après avoir été combiné avec une partie de carbone, et l'hydrogène s'éloigne après s'en être séparé; mais la quantité de ce gaz dans les quatre résultats, est trop grande comparativement *à la quantité de l'eau qui y est contenue*, et cela *surtout* dans la deuxième période (γ) et (ε). Il y a même un rapport inverse entre l'oxyde de carbone et l'hydrogène.

Le carbone contient O et 4H; ainsi on aurait $C^6 = C^4 + O^2,4H^2$ qui donne de l'oxyde de carbone C^2O^2 et de l'hydrogène. Je traite ce sujet dans la *Phytochimie*.

CHAPITRE II.

COMPOSÉS DU CARBONE AVEC L'OXYGÈNE ET AVEC L'HYDROGÈNE.

§ 135. Le carbone est un tétraèdre d'hydrogène au milieu duquel est un atome d'oxygène *sous forme de noyau*, lequel soutient l'électricité positive composée des molécules μ de pycnoélectre, non à l'état d'inertie, mais en expansion indéfinie. L'hydrogène soutient l'électricité négative composée des molécules μ' d'aréoélectre également en expansion. Nulle part les molécules μ d'électre dense n'éprouvent une résistance inférieure à celle qu'ils éprouvent de la part des molécules μ' d'électre moins dense. C'est cette absence de résistance entre l'expansion des molécules électriques hétéronymes μ, μ' qui fait que le tétraèdre d'hydrogène 4HĒ est attaché au noyau OE d'oxygène. On a longtemps attribué ce résultat à une force imaginaire, l'*attraction*; mais depuis la découverte de l'expansion, des molécules, expansion que l'on niait, toutes les hypothèses relatives à l'attraction se sont évanouies. La pesanteur résulte de la poussée exécutée par les molécules isopycnes μ'' affluentes contre leurs homonymes contenus dans les corps auxquels on a donné le nom de *masse* ou mieux de *barogène*. La masse de l'hydrogène ainsi poussée se rapproche donc de celle de l'oxygène du noyau, car elle éprouve le même minimum de résistance.

Les composés du carbone solide avec l'oxygène ou avec l'hydrogène ne sont ni solides ni liquides, mais gazeux; il n'y a de composés solides ou liquides que dans les cas où le carbone est composé en même temps d'hydrogène et d'oxygène. L'état gazeux des composés du carbone avec l'une ou l'autre espèce d'atomes est donc causé par la production d'une poussée répulsive : 1° de l'oxygène extérieur contre le noyau OĒ, ou 2° de l'hydrogène contre celui du tétraèdre 4HĒ³ du carbone. Le gaz est donc produit : 1° par le carbone et l'oxygène pendant la combustion, ou 2° par le carbone et l'hydrogène pendant la décomposition de l'eau et la combinaison de ses atomes d'hydrogène avec le carbone.

a. Composés du carbone avec l'oxygène.

§ 136. Le carbone chauffé dans l'oxygène se combine en produisant la chaleur et la lumière. Cette action, nommée *combustion*, ne diffère de celle de l'arc voltaïque qu'en ce que les deux électricités libres arrivent à l'arc; pendant qu'elles sont à l'état latent : 1° l'électricité négative dans le charbon et 2° l'électricité positive dans l'oxygène. Un tétraèdre d'oxygène 4O vient se placer dans le tétraèdre d'hydrogène monosperme O,4H pour devenir O,4OH et former deux couches d'oxygène en contact; les molécules pycnoélectriques μ exercent une poussée répulsive, tandis que les molécules μ' des aréosyzygues E de l'hydrogène n'éprouvent de sa part aucune résistance. Les quatre atomes d'oxygène ont le volume $4v=2V$ qui est celui des tétraèdres C^2O^4=O,4OH composant l'*acide carbonique*.

Le charbon chauffé dans cet acide se change en oxyde de carbone en transformant l'acide en oxyde $C^2+C^2O^4=C^4O^4=2(O^2,4H)$. Le tétraèdre d'hydrogène reste le même; il n'y a que le noyau qui s'est triplé, et par suite il n'occupe pas le centre de l'hydrotétraèdre, mais trois points en asymétrie par rapport aux quatre sommets de l'hydrotétraèdre. Il y a donc double répulsion : 1° l'une entre les molécules μ' des aréosyzygues; 2° et l'autre entre les molécules μ des pycnosyzygues. Ces poussées répulsives sont cause que le composé $C^2O^2=O^2$,4H reste à l'état gazeux; c'est de ces tétraèdres trispermes que se compose l'*oxyde de carbone*.

Densité. Dans les mélanges de deux gaz dont la densité est *d*, *d'*, on trouve la moyenne $\frac{1}{2}(d+d)$, tandis que dans les composés gazeux la densité dépend des éléments qui entrent dans les tétraèdres considérés comme équivalents chimiques.

Qualités et propriétés. Les expansions des molécules μ, μ' arrivant aux organes des sens produisent des sentiments identiques à ceux qu'on attribue aux *qualités des corps;* quand ces expansions arrivent aux corps en contact, elles produisent des actions accompagnées des mêmes changements chimiques qu'on attribue aux *propriétés des corps*.

1. ACIDE CARBONIQUE $C^2O^4 = O,4OH$.

§ 137. Acide méphitique, ***acidum carbonicum***, ***spiritus sylvestris*** (***kohlensuere***, ***kohlensores gas***, all).

État naturel. 1° Dans plusieurs endroits, il sort de la Terre une espèce de source alimentée régulièrement; 2° 10000 volumes d'air contiennent 5 volumes d'acide; 3° toutes les eaux contiennent de l'acide carbonique; les eaux minérales sont des sources d'eau et d'acide; 4° cet acide est uni avec de la *potasse*, du *soude*, de la *baryte*, du *strontiane*, de la *chaux*, de la *magnésie*, du *manganèse*, de l'*oxyde de zinc*, du *plomb*, du *sesquioxyde de fer*, de l'*oxyde de cuivre* et de quelques liquides organiques.

Formation. 1° De la combustion des corps organiques dans l'air. Il faut chauffer au rouge le graphite et le diamant pour qu'ils prennent feu; quant au charbon, une température inférieure lui suffit; 2° le charbon bouilli avec l'acide sulfurique ou azotique en reçoit l'oxygène; 3° de la combustion de l'oxyde de carbone dans l'air.

Préparation. 1° Le charbon brûlant dans un excès d'air se change en acide carbonique; la combustion n'est que le séjour des oxytétraèdres $o,4O\dot{E}$ dans les hydrotétraèdres $O\dot{E},4H\ddot{E}^2$; il en résulte des hydatotétraèdres monospermes et de la chaleur lumineuse ou de la chaleur obscure indiqués dans l'équation suivante :

$$C^2 + O^4 = O\dot{E},4H\ddot{E}^2 + o,4O\dot{E} = O\dot{E},4HO = C^2O^4\dot{E}^2\ddot{E}^2 + 3\dot{E}\ddot{E}^2.$$

2° En soumettant à la calcination le carbonate de chaux, ou en ectétraédriasant l'acide carbonique, il reste la chaux vive :

$$4CaOCO^2 + 2\dot{E}\ddot{E}^2 = o,4CaO\ddot{E} + 2C^2O^4\dot{E}^2\ddot{E}^2.$$

3° Habituellement on ectétraédriase l'acide carbonique de la chaux en y ectétraédriasant un autre acide plus pycnoélectrique, comme l'acide sulfurique ou l'acide chlorhydrique :

$$SO^3\dot{E}^2\ddot{E},HO + CaO,CO^2 = CaO,SO^3 + CO^2\dot{E}\ddot{E} + HO,$$

$$CaO,CO^2 + HCl\dot{E}\ddot{E} = CaCl + CO^2\dot{E}\ddot{E} + HO.$$

Propriétés. L'acide est une vapeur soutenant les deux électricités en plus grande quantité que la vapeur de l'eau. Pour en obtenir un liquide, il faut : 1° au moyen du froid en éloigner une grande partie à l'état de chaleur, et 2° déchirer les enveloppes des vésicules au moyen d'une grande pression. L'ensemble des enveloppes est un liquide dont la densité varie beaucoup ; aux températures — 20°, 0° ou 30° la densité diminue respectivement et devient 0,90 ; 0,838 ; 0,60.

État liquide. A 0° il faut une pression de 30 atmosphères pour déchirer les enveloppes des vésicules ; le volume diminue à mesure que le vide des vésicules disparaît. Ce liquide se soutient en plein air et s'évapore comme l'eau en ébullition, sans explosion ; la lumière en est réfractée plus faiblement que dans l'eau.

État solide. Le liquide gèle à — 65° ; il se présente sous la forme d'une masse de neige : on l'a trouvé de — 87° au moyen d'un thermomètre à alcool et de — 95° quand toute la colonne d'alcool y était enfoncée. Une élévation de température n'amène pas un dégel et un retour à l'état liquide. La glace se transforme directement en vapeur, comme cela a lieu pour l'eau gelée dans le vide. Il en résulte que l'état liquide n'est pas indispensable pour que la vapeur se forme.

État gazeux. La vapeur de chaque corps se comporte comme un gaz dont la densité est déterminée. Il n'y a pas d'états intermédiaires entre la vapeur et l'état liquide ou l'état solide. Respiré, l'acide produit une pléthore accompagnée de mal de tête et suivie de mort. Les boissons gazeuses gonflent l'estomac et gênent la digestion.

On emploie l'acide comme réactif pour découvrir l'eau dans la strontiane, la baryte ou la chaux qui deviennent des carbonates insolubles.

Éléments.	Formes.	Poids.	Volume.	Densité.
$2C = O\dot{E}, 4H\ddot{E}^3$	$2C^2O^2\dot{E}\ddot{E} + 3\dot{E}\ddot{E}^3$	12	0	$6\delta, \delta = 0{,}00026$
$4O = 4O\dot{E}$		32	4	10δ
$4CO^2 = C^2O^4\dot{E}^2\ddot{E}^3 + 3\dot{E}\ddot{E}^3$		44	2	$22\delta = 1{,}52{,}37$

§ 138. **Décomposition.** 1° Les chocs électriques de directions opposées des deux électricités, font séparer les couples ÉË des électrosyzygues en même temps que leurs supports l'oxygène $O\dot{E}$ et l'oxyde de carbone $CO\ddot{E}$. Ces mêmes chocs, exercés sur un mélange d'oxygène et d'oxyde de carbone, produisent de l'acide carbonique.

2° On sépare l'oxygène en opérant en présence de l'*hydrogène* et du *mercure*, ou bien on passe l'acide par des tubes rouges contenant du charbon, du fer ou du zinc.

3° On conduit l'acide sur le potassium chaud qui brûle; le sodium ne brûle pas. Les oxydes se combinent avec l'acide, et c'est ainsi qu'on en extrait des carbonates de potasse et de soude. Le phosphore et le bore, mis en contact avec les carbonates alcalins, en séparent l'acide. Le potassium brûle dans l'acide liquéfié.

Combinaison. 1° L'eau ne dissout pas l'acide liquide, lequel forme une couche superficielle. L'eau dissout un volume égal d'acide carbonique et acquiert la densité 1,0018. Sous une pression supérieure et à 0°, l'eau dissout deux ou trois volumes d'acide.

L'acide humique a une saveur piquante et acidulée; il se sépare de l'eau chauffée ou gelée.

2° L'acide se combine avec les oxydes dont il se sépare à une température élevée, sauf la potasse, la soude, l'ammoniaque et le lithion.

3° Les carbonates alcalins ou neutres sont insolubles dans l'eau, sauf les quatre sels précités, qui sont indécomposables à la chaleur. Les carbonates acides, au contraire, se dissolvent dans l'eau.

MODE DE PRODUCTION DES FAITS OBSERVÉS.

§ 139. **État naturel.** 1° Les sources d'acide carbonique produisent des millions de mètres cubes de gaz par vingt-quatre heures. *Dans l'espace de quelques siècles, le volume de ce gaz devient égal* à celui de la Terre. Il n'y a aucune apparence que ces sources disparaîtront avec le temps. Si l'acide provenait des houillères et de l'eau, il serait mêlé avec le gaz des marais, comme il l'est avec les eaux boueuses. Pour que l'acide carbonique soit isolé des sources, il faut qu'il soit produit par l'eau et par l'oxygène au fur et à mesure de son apparition dans les sources. Un atome d'oxygène introduit dans les tétraèdres de l'eau est de l'acide carbonique; on a

$$O+4HO=C^2O^4=O\dot{E},H^4O^4\dot{E}\dot{E}^2.$$

2° Dans l'air l'acide carbonique est en équilibre avec l'azote et l'oxygène; cet équilibre ne fait défaut qu'autour des sources où le gaz est en excédant, tandis que, quand cet excédant manque, un tel inéquilibre ne se trouve nulle part dans l'atmosphère.

3° Les eaux se trouvent en contact avec l'acide avant d'arriver aux sources.

4° Les carbonates naturels n'ont pas été d'abord des métaux, puis des oxydes, et ne sont pas arrivés à l'état actuel en se combinant avec l'acide. Ce sont les restes des plantes qui sous, l'action des rayons solaires, ont engendré les minerais alluviens.

Formation. Le charbon négatif et l'oxygène positif mis en contact, ne se combinent pas, parce que leurs électrosyzygues $\bar{E}$, E ne se mêlent pas ; on multiplie les électrosyzygues négatifs $\bar{E}$ en élevant la température du charbon jusqu'à ce que les syzygues denses $\dot{E}$ commencent à pénétrer dans les sysygues moins denses $\bar{E}$. C'est ainsi que les tétraèdres d'oxygène pénètrent dans ceux d'hydrogène, et le composé est l'acide carbonique

$$C^2O^4 = O,4H + 4O = O,4OH \text{ et } 4HO + O = O,4HO.$$

Préparation. 1° L'action qui précède l'apparition de l'acide consiste dans l'introduction des oxytétraèdres 4O entre le noyau de l'hydrotétraèdre 4H du charbon O,4H, d'où résultent des hydatotétraèdres monospermes $O,4OH = C^2O^4$.

2° Les éléments ayles du carbone $OE,4H\ddot{E}^3$ et de l'oxygène $4O\dot{E}$, deviennent trois zeugmes de chaleur $3\dot{E}\ddot{E}^2$ et deux couples d'électrosyzygues $2\dot{E}\ddot{E}$, soutenus dans l'acide. Une partie de la chaleur $3\dot{H}\ddot{E}^7$ reste latente dans la vapeur, et l'excédant mis en liberté se mesure au moyen du calorimètre

$$C^2\dot{E}\ddot{E}^3 + 4O\dot{E} = C^2O^4\dot{E}^2\ddot{E}^2 + 3\dot{E}\ddot{E}^2.$$

Propriétés. On mesure la chaleur latente de la vapeur d'eau en l'introduisant, pour la liquéfier, dans l'eau du calorimètre. Ce procédé n'est pas applicable à la vapeur d'acide; dans ce cas l'acide liquéfié est introduit dans le calorimètre d'eau chaude, pour déterminer les calories consumées dans la vaporisation de 1 gramme d'acide.

La grande dilatation du liquide dont la densité est 0,90 à —20° à celle de 0,60 à 30° correspond à la grande quantité de sa chaleur spécifique, de même que la grande dilatation de la glace et de l'eau résulte de leur chaleur spécifique.

La compression mécanique de la vapeur pourrait être remplacée par celle d'une atmosphère environ cinquante fois plus épaisse que l'atmosphère actuelle ; mais il faut absolument un froid de — 75° pour que le liquide se congèle.

1° **Gaz liquéfiés** : *hydrogène bicarboné* ou *gaz oléfiant*, *fluorure de silicium*, *acide chlorhydrique*.

2° **Gaz liquéfiés et ensuite solidifiés** : *acide iodhydrique bromhydrique*, *sulfhydrique*, *sulfureux*, *hypochlorique*, *carbonique*, *protoxyde d'azote*, *cyanogène*, *ammoniaque*, *chlore*, *hydrogène arsénié*.

3° L'*alcool* est devenu demi-liquide.

4° L'*azote*, le *bioxyde de carbone*, l'*oxyde d'azote* et le *gaz* C^2H^4, l'hydrogène et l'oxygène n'ont donné aucun signe de liquéfaction.

Les effets physiologiques du gaz respiré sont produits par l'oxydation du carbone du sang par l'oxygène de l'acide, et par la production d'une double quantité d'oxyde de carbone. Dans l'estomac les boissons gazeuses deviennent chaudes ; leurs gaz se séparent et sortent par la bouche. Ces gaz n'agissent pas sur l'acide gastrique.

On trouve la même densité pour le gaz soit par l'observation, soit par le calcul, basé : 1° sur le poids 44 de l'équivalent C^2O^4, et 2° sur le volume $\mathbf{v}=2v$ de l'hydrotétraèdre 4H. Dans la moitié de ce volume $\mathbf{v}$, qui est v, se trouve contenu le poids 22β, dont l'unité β produit la densité $\delta=0,06926$ de l'hydrogène, et $22\delta=22\times 0,06926$ est la densité de l'acide.

Décomposition. La série des actions qui précèdent le séjour de l'oxytétraèdre dans l'hydrotétraèdre ne recule plus. Il y a d'autres séries d'actions qui ont pour résultat la séparation d'un oxytétraèdre des tétraèdres de l'acide.

1° Les étincelles ne séparent que les deux atomes d'oxygène de chaque tétraèdre en même temps que leurs électrosyzygues, de sorte qu'on obtient l'oxygène et l'oxyde de carbone $2CO^2\dot{E}\dot{E} = 2CO\dot{E} + 2O\dot{E}$. Dès que les deux gaz deviennent égaux, les étincelles les font se combiner de nouveau.

2° On évite ce retour en mêlant l'acide avec l'hydrogène, qui se combine avec l'oxygène.

3° Les métaux les plus oxydables, tels que le *potassium* et le *sodium* $M\dot{E}^2$, deviennent plus négatifs après avoir été chauffés ; dans cet état, ils se changent donc en carbonates. Je ferai connaître la distinction entre le *bore* et le *phosphore* dans le chapitre relatif à ces corps.

Combinaisons. 1° Chaque tétraèdre d'eau 4HO, dont le volume est *v*, reçoit dans son intérieur un volume d'acide, et la densité de l'eau devient 1,0018.

2° A une température élevée, les carbonates des métaux oxydables se décomposent, tandis que les sels des métaux très-négatifs, et par conséquent peroxydables, ne se décomposent pas : tels sont les carbonates d'ammoniaque, de potasse, de soude et de lithion. Sauf ces quatre sels, les carbonates neutres ou peu alcalins sont insolubles dans l'eau. Les carbonates acides se dissolvent de même dans l'eau. L'eau étant neutre, exerce une faible résistance aussi bien sur les carbonates très-alcalins que sur ceux qui sont acides.

II. OXYDE DE CARBONE $C^2O^2Ë^2$.

§ 140. Gaz oxyde de carbone, gaz hydrogène oxyde carburé (*kohlen oxyde*, all.).

État naturel. Ce gaz se trouve comme produit pathologique dans le canal intestinal des bêtes à cornes.

Formation. 1° Lorsqu'on chauffe le charbon ou le graphite avec les corps dont l'oxygène peut se séparer. Lorsqu'on conduit la vapeur d'eau dans un tube rouge contenant du charbon ; il se forme 100 volumes de gaz qui donnent 56,21 hydrogène, 28,96 oxyde de de carbone, 14,63 acide carbonique. Si la vapeur est en excédant, il y a plus d'acide et moins d'oxyde. De même l'oxygène des oxydes MOË des métaux oxydables passe dans le charbon.

2° L'acide carbonique isolé $C^2O^4Ė^2Ë^2$ ou combiné $MOCO^2$, conduit sur le charbon ou sur le fer dans un tube rouge, se sépare de la moitié de son oxygène et se change en oxyde de carbone.

3° L'oxyde est trouvé dans les produits de la calcination en vase clos de substances végétales.

4° L'oxyde est produit par la décomposition de l'acide formique $C^2H^2O^4$ et de l'acide oxalique C^2HO^4 traités par l'acide sulfurique.

Préparation. 1° On chauffe au rouge dans des tubes les oxydes MOË des métaux oxydables en même temps que le charbon, ou bien au lieu de ce mélange, on chauffe les carbonates des métaux peroxydables $MË^2$.

2° Une mélange chauffé d'une partie d'acide oxalique avec cinq parties d'acide sulfurique concentré devient un acide sulfurique concentré, et l'acide oxalique se décompose en oxyde de carbone et en acide carbonique; cet acide est absorbé par une dissolution de potasse, et l'oxyde de carbone pur reste. On peut remplacer l'acide oxalique par le sucre; *le mélange chauffé est une partie de sucre avec* quatre parties d'acide sulfurique concentré. De même une partie de ferrocyanure de potassium chauffé avec huit à dix fois son poids d'acide sulfurique concentré dégage de l'oxyde de carbone pur.

Propriétés. Gaz permanent combustible, sans saveur, d'une odeur particulière, très-délétère; si on le respire, il produit un mal de tête et amène la mort; réfraction de la lumière, 1,157.

Éléments.	Forme.	Poids.	Volume.	Densité.	
$C^2 = O,4H$	$\dot{E}^2\bar{E}^2$	12	0	428	$\delta = 0,0690$
$O^2 = O^2$	$= O^2 4H$	16	2	168	
$2CO\bar{E}$	$O^2,4HO^2\bar{E}^2$	28	2	$\frac{1}{2} \times 288 = 0,9696$	

§ 141. **Décomposition.** L'oxygène de l'oxyde passe au potassium chaud et le fait briller et devenir noir; il passe au sodium sans briller. Le corps noir traité par l'eau produit une effervescence et il se forme deux corps, l'un rouge et l'autre jaune.

MODE DE PRODUCTION DES FAITS OBSERVÉS.

§ 142. **Formation.** 1° L'eau et sa vapeur neutre mis en contact avec du charbon rouge se comportent comme un acide; il se produit ainsi de l'acide carbonique et de l'oxyde

$$C^4 + 6HO = C^2O^4 + C^2O^2 = O,4HO + O^2,4H.$$

2° L'acide carbonique se change en oxyde en oxydant le carbone

$$C^2O^4\dot{E}^2\bar{E}^2 + C^2\bar{E}^4 = 4CO\bar{E} + 2\dot{E}\bar{E}^2.$$

Préparation. On chauffe au rouge dans un tube du charbon avec des oxydes $MO\bar{E}$ des métaux *oxydables* $M\bar{E}^2$, le fer, le zinc, le plomb le cuivre, ou avec les carbonates $MOCO^2\bar{E}$ des *métaux petoxydables* $M\bar{E}^3$, la potasse, la soude, la baryte, le strontiane, la chaux :

$$MO + C\bar{E}^3 = M\bar{E}^2 + CO\bar{E};\ MOCO^2 + C\bar{E}^3 = MO\bar{E} + 2CO\dot{E}\bar{E}.$$

Propriétés. Le gaz étant composé d'hydrotétraèdres trispermes est permanent; il est incolore et a la densité 145. Son état négatif ou aréoélectrique est la cause de son odeur, de sa combustion et de ses effets délétères quand on le respire. Le sang étant neutre, agit comme un acide sur l'oxyde et comme une base sur l'acide carbonique. La densité 0,0690 obtenue par le calcul est inférieure à 0,0706 et supérieure à 0,967, 0,957, densités obtenues par les observations.

Décomposition. L'oxyde de potassium engendre un corps noir très-négatif qui, traité par l'eau, produit une effervescence sans qu'il se développe aucun gaz. Je reviens plus bas sur ce sujet.

β. COMPOSÉS DU CARBONE AVEC L'HYDROGÈNE.

§ 143. Les deux espèces de composés du carbone avec l'oxygène correspondent à deux espèces de ses composés avec l'hydrogène. L'acide carbonique qui est une vapeur correspond au gaz des marais qui est un gaz permanent; et l'oxyde de carbone qui est un gaz permanent correspond au gaz oléfiant qui est une vapeur.

I. GAZ DES MARAIS $C^2H^4 = 0,4H,4H = C^2H^4\dot{E}E^{12}$.

§ 144. Hydrogène protocarboné, méthylène (*methylin gas*, *sumpf gas*, all.).

État naturel. 1° Dans plusieurs endroits le gaz provient de la terre, et si on l'allume il brûle avec une flamme bleue, nommée *fontaine ardente*; quand il n'est pas allumé, on l'appelle *salzes, volcan de boue*, *volcan d'air;* il se dégage aussi des cratères de plusieurs volcans.

2° Les eaux boueuses ou stagnantes produisent ce gaz mêlé avec l'air; on le recueille dans des ballons renversés remplis d'eau; en agitant l'eau du dessous des ballons le gaz s'en dégage et remonte dans les ballons.

3° Ce gaz ne manque pas dans les houillères: dans les unes il est mêlé avec l'air et dans les autres avec l'azote et l'acide carbonique, les feux grisous des houillères et le feu sacré de Bacu ne sont que du gaz des marais brûlant dans l'oxygène de l'air.

Formation. 1° Dans certaines décompositions des corps organiques $C^{12}H^{12}O^{12} = C^{6}O^{12} + C^{6}H^{12}$.

2° Dans la calcination de ces corps en vase clos, et dans le passage de leur vapeur par des tubes rouges. Ces corps sont : le *bois*, la *tourbe*, la *houille*, la *graisse*, l'*alcool*, l'*éther*, le *camphre*. Ils donnent toujours du gaz des marais mêlé avec l'acide carbonique, le gaz oléfiant, l'azote et le gaz oxyde de carbone.

3° En chauffant l'acide acétique.

4° Il se trouve comprimé : 1° dans certains échantillons de sel gemme; il s'en échappe en faisant entendre une certaine décrépitation quand on dissout le sel dans l'eau, et 2° dans quelques diamants.

Préparation. 1° On chauffe dans une cornue un mélange de 10 grammes d'acétate de soude, 10 grammes d'hydrate de potasse et 15 grammes de potasse.

2° Des eaux boueuses ou stagnantes.

3° De la carbonisation du bois, de la tourbe, etc.

Propriétés. Incolore, inodore, sans saveur, neutre. Ainsi, si on l'aspire sans retenir sa respiration, le sang n'en est pas affecté ni sa circulation troublée; les mineurs respirent souvent l'air contenant 10 à 11 pour 100 de ce gaz. Lorsque l'air en contient davantage, les mineurs sentent une pression au front, aux tempes et aux yeux; mais cette pression s'évanouit dès qu'ils viennent en plein air. Les uns ont trouvé la densité 0,5546 et les autres celle 0,5600.

Éléments.	Forme.	Poids.	Volume.	Densité.
2C = OĖ.4HĖ⁴	4HĖ³,OĖ,4HĖ³	12	0	124,8 = 0,00920
4H = 4HĖ³		4	4	46
C²H⁴ C²H⁴Ė¹⁶	10,4H³	16	2	88 = 0,55408

§ 145. **Décomposition.** 1° Les étincelles ne décomposent qu'une partie du gaz; mais celui-ci, conduit par un tube rouge, se décompose en charbon et en hydrogène de volume double.

2° Le gaz brûlé dans l'air produit de l'acide carbonique, de l'eau et 13063 calories par gramme.

3° Un mélange de deux volumes de gaz avec quatre volumes de chlore se soutient dans l'obscurité. La combinaison est subite et explosive au moyen de l'étincelle, ou avec la lumière en quelques jours.

Le carbone se sépare et se trouve remplacé par le chlore. En présence de l'eau, le gaz mêlé au chlore ne se décompose qu'à la lumière.

MODE DE PRODUCTION DES FAITS OBSERVÉS.

§ 140. **État naturel.** Dans les mines de houille, il y a 80 à 90 pour 100 de gaz sans acide carbonique. Cet acide ne se recontre avec le gaz que dans les eaux boueuses; on ne le trouve pas au-dessus de ces eaux, encore moins loin d'elles. Depuis que **Saussure** a découvert la formation de l'acide carbonique, par l'eau et l'oxygène, les chimistes font tous leurs efforts pour découvrir le mode de cette production. **Boussingault,** en altérant l'exactitude des analyses chimiques, a été jusqu'à admettre l'existence du gaz des marais dans l'atmosphère, pour expliquer la production de l'acide carbonique opérée par la combinaison d'un atome d'oxygène avec quatre équivalents d'eau $C^2O^4 = O,4HO$.

Les houilles d'Angleterre contiennent des fossiles d'espèces maritimes mêlés avec d'autres espèces d'eau douce; celles de Saarbruck ne contiennent que des fossiles d'eau douce; quelques houilles sont *maritimes* et d'autres *continentales*. 1° Dans les premières le grisou est composé de gaz des marais et de peu d'air; 2° dans les houillères continentales le grisou contient toujours 80 à 90 pour 100 de gaz des marais, et au lieu d'air il y a du gaz oléfiant, de l'azote et de l'acide carbonique, qui sont des produits de *fermentation*, tandis que dans les houilles d'Angleterre qui sont maritimes, cette fermentation n'a pas lieu.

Formation. W. **Henry** a admis, comme je l'ai dit ci-dessus, que les deux gaz se produisent du carbone et de l'eau à la surface de la Terre et dans les houilles. Toutefois, comme le grisou des houillères maritimes contient du gaz des marais et peu d'air, on comprend qu'il se forme directement du carbone simultanément avec de l'eau, et non avec de l'acide carbonique, comme à la surface de la Terre. Ainsi l'on a :

$$Az^2 + C^2O^4 = O^3H^4 + O,8HO,$$

par suite :

$$14C^2 = 6C^2 + 8C^2 = 6C^2 + O^8,4H^8 = 6C^2H^4 + 8HO.$$

1° La décomposition des restes des plantes humides en gaz des marais et acide carbonique est soutenue par les changements diurnes de la température.

2° Une température élevée amène une semblable décomposition par la distillation sèche des corps organiques tels que la tourbe, le bois, la houille, la résine, l'alcool, l'éther, le camphre. Le gaz n'est pas isolé, mais il est mêlé avec l'hydrogène, l'oxyde de carbone et le gaz oléfiant.

3° L'acide acétique $C^4H^4O^4$, l'acétone $C^6H^4O^2 + 2HO$, chauffés avec de la potasse, produisent des carbonates et du gaz des marais. On obtient un gaz pareil de la vapeur d'alcool conduite dans un tube rouge contenant de la baryte, laquelle se change en carbonate, et il en reste un gaz composé comme le gaz des marais :

$$2C^4H^4O^4 + Ba^2O^2 = Ba^2O^2C^2O^4 + 3C^2H^4.$$

Le gaz ainsi obtenu ne diffère de celui des marais que par son électricité négative qui produit l'odeur du gaz oléfiant. Le brome, très-odorant, agit lentement à la lumière sur le gaz des marais naturel et inodore, tandis que mis en contact avec le gaz odorant préparé par l'alcool, il produit rapidement de l'acide bromhydrique HBr et la même huile aromatique qu'on obtient du brome en contact avec le gaz oléfiant.

Préparation. Le gaz naturel recueilli dans les marais ou dans les mines de houille diffère de celui préparé avec du vinaigre et encore plus de celui préparé avec de l'alcool.

Propriétés. L'eau dissout les trois quarts du volume du gaz ; recueilli dans les marais et dans les houillères, le gaz est inodore, tandis que celui, préparé avec du vinaigre et surtout avec de l'alcool, a une odeur désagréable. Le gaz étant neutre comme le sang, il ne produit sur lui aucune altération si on le respire ; il ne fait que diminuer l'air respiré, d'où résultent les symptômes mentionnés ci-dessus. La densité calculée est plus exacte que celles peu différentes obtenues par les observations. Le gaz est permanent comme l'oxyde de carbone, sans être, comme celui-ci, composé de tétraèdres trispermes. Son unique noyau, l'oxygène OË, occupe le centre des deux hydrotétraèdres 4H et 4H, lesquels ne coïncident pas ; mais les quatre sommets de l'un passent par le milieu des quatre faces de l'autre. Il faut que cette disposition existe pour amener la permanence de l'état gazeux et les propriétés observées dans les combinaisons de ce gaz, dont les éléments hyliques ne diffèrent pas de ceux du soufre. Ce n'est que la coïncidence des deux hydrotétraèdres qui donne au soufre toutes les remarquables propriétés dont je parle dans l'article relatif à ce corps singulier.

La densité $d=8\delta$ du gaz est en rapport avec celle $d=4\times8\delta$ de la vapeur du soufre à 1000 degrés et $4\times4\times8\delta$ à 500 degrés. On en induit que la surface de la base dans les tétraèdes de la vapeur en soufre est quatre fois moindre, et que leur hauteur est le tiers de celle des tétraèdres croisés du gaz des marais.

Décomposition. 1° Les étincelles séparent l'un des deux hydrotétraèdres; l'autre, avec le noyau, est le carbone qui reste à l'état solide.

2° Le gaz brûlé dans l'oxygène produit de l'eau, de l'acide carbonique et 13063 calories par gramme. $C^2H^4+8O=4HO+C^2O^4$; les calories sont produites par les électrosyzygues soutenues, 1° par le carbone $C^2\dot{E}E^4=O\dot{E},4H\dot{E}^2$, et 2° par l'hydrogène $4H\dot{E}$. Les éléments hylicoayles du gaz sont $C^2H^4\dot{E}E^{12}$. 1 gramme de gaz donnant 13013 calories, 16 grammes de C^2H^4 en donnent seize fois autant. La quantité 4×23640 de calories est produite par l'hydrogène 4H; il reste la somme $\theta+\vartheta$, 1° de calories libres θ provenant de la combinaison de 12 grammes de carbone, et 2° calories latentes ϑ dans la vapeur de l'acide carbonique. On a ainsi la valeur de θ de ϑ :

$$\theta=13063\times16-4\times23640=6\times1607$$

$$\vartheta=6(23640-16073)=6\times7507.$$

3° 1 gramme de charbon solide brûlé donne 8080 calories; s'il est à l'état gazeux, il donne le double, 16033. Le reste 16073—8080 est la chaleur latente contenue dans le gaz des marais C^2H^4.

4° Un mélange de deux volumes de gaz avec quatre volumes de chlore se soutient dans l'obscurité; à la lumière du jour, la combinaison s'opère en quelques jours avec explosion. Le carbone se sépare; il se produit huit volumes d'acide chlorhydrique.

L'action n'est autre chose que le remplacement de l'hydrotétraèdre monosperme $0,4H=C^2$ par le *chlorotétraèdre* 4Cl. Le volume **v** de l'hydrotétraèdre reçoit le volume *v* de chlore. Ce volume n'éprouve aucun changement; c'est le volume du gaz des marais qui devient quatre fois plus grand après la séparation du carbone.

La lumière ou l'étincelle ne font que disposer les électrosyzygues à opérer le remplacement du carbone par le chlore, remplacement qui a lieu subitement de la manière suivante :

$$C^2H^4\dot{E}\dot{E}^{12}+4Cl=C^2\dot{E}\dot{E}^8+4HCl\dot{E}\dot{E}.$$

1° Les six volumes du mélange C^2H^4+4Cl et l'accroissement produit par la séparation du carbone, d'une part, et 2° le changement de la densité 8ε du gaz en $\frac{1}{7}$ 36,5×ε de l'acide chlorhydrique d'autre part, sont des preuves directes du remplacement du tétraèdre monosperme $C^2=0,4H$ par le chlorotétraèdre liposperme 4Cl.

II. GAZ OLÉFIANT $C^2H^2=H^2O, 4H$.

§ 147. *Hydrogène bicarboné*, *éthyl*, *gaz hydrogène deutocarboné* (oelbidendes gaz, all.).

Ce gaz, découvert en Hollande par Dedmant et d'autres chimistes en 1793, est extrait des liquides provenant de la fermentation des substances végétales; il n'existe pas à l'état naturel.

Quelques chimistes, surtout les chimistes allemands, admettent la forme C^4H^4; d'autres, les chimistes français, préfèrent la formule C^2H^2 comme étant la plus simple. Cette divergence n'a pas cessé, parce que jusqu'à présent on ne connaissait la véritable forme d'aucun corps.

Formation. 1° De l'alcool ou de l'éther par la séparation de l'eau au moyen de l'acide sulfurique;

2° Des substances végétales calcisées en vase clos, telles que la graisse, la résine, la houille, etc.; de la vapeur d'alcool et de l'éther, conduite dans des tubes rouges, contenant des fragments d'argile.

Propriétés. L'hydrogène bicarboné $C^2H^2\dot{E}^2$ répand par ses aréosyzygues une odeur empyreumatique et éthérée; ce n'est pas un gaz, mais une vapeur, car les enveloppes des vésicules peuvent être déchirées pour unir les deux électricités et produire de la chaleur, 1° par la pression de quelques atmosphères, et 2° par le froid que produit un mélange d'acide carbonique solide et d'éther. On unit ainsi les électricités et elles se transforment en chaleur.

L'expansion de leurs molécules μ' exerce contre les atomes hylicoayles une poussée répulsive **r**, qui est supérieure à la poussée latérale compressive *p* exercée par les molécules affluentes μ'' contre leurs homonymes qui sont le barogène β des atomes **H** et O. C'est cette poussée répulsive **r** qui s'oppose à la congélation des liquides tels que l'alcool et l'éther composés d'hydrogène bicarboné et d'eau.

Éléments.	Forme.	Poids.	Volume.	Densité.
$C^2\dot{E}E^4 = 0,4H$	$= H^2O, 4H$	12	0	128 16=0,00926
H^2E^2		2	2	28
$C^2H^2\dot{E}E^{10}$	$H^2O, 4H$	14	1	148=0,960

Cette valeur de la densité est entre celle 0,978 trouvée par Saussure et celle 0,967 trovvée par Henry.

Décomposition. 1° Les étincelles décomposent le gaz en carbone et hydrogène d'un volume double.

2° Un mélange de gaz et d'oxygène est enflammé par des corps comburants, tels que l'électricité et le fer rouge. La poudre de platine opère une combinaison entre le gaz et l'oxygène et produit l'acide acétique. L'éponge de platine transforme le même mélange en acide acétique et en eau.

Un mélange de gaz oléfiant, d'oxyde de carbone et d'oxygène suffisant pour leur combustion étant conduit vers l'éponge de platine l'oxyde se change en acide carbonique et le gaz oléfiant reste. Si l'oxyde de carbone est remplacé par le gaz des marais, c'est le gaz oléfiant qui, en passant par l'éponge brillante, se combine avec l'oxygène, et le gaz des marais reste intact.

On introduit une boule chaude de platine dans un mélange de gaz oléfiant, de gaz des marais, d'oxyde de carbone, d'hydrogène et d'oxygène et les combustions se trouvent dans l'ordre suivant : l'hydrogène et l'oxyde de carbone brûlent les premiers; la boule, devenue plus chaude, fait brûler le gaz oléfiant, et quand elle devient rouge, elle fait brûler le gaz des marais.

Le gaz brûle dans l'air avec une flamme claire et blanche; s'il est mêlé avec un triple volume d'oxygène et enflammé par l'étincelle, il se produit un éclair avec une explosion capable de briser les tubes les plus forts. Les deux volumes de gaz et les six volumes d'oxygène deviennent quatre volumes d'acide carbonique, CO^2 et quatre volumes de vapeur d'eau.

Le mélange de deux volumes d'oxygène avec deux volumes de gaz oléfiant allumé par l'étincelle produit, avec une faible explosion, un volume double de gaz dont une moitié est de l'oxyde de carbone et l'autre moitié de l'hydrogène. Le mélange des deux volumes de gaz avec un volume d'oxygène n'est pas enflammé par l'étincelle.

3° Le mélange de deux volumes de gaz oléfiant et de quatre volumes de chlore pendant leur production, conduit sur un corps enflammé, brûle avec une flamme rouge et produit du carbone et de l'acide chlorhydrique.

4° La vapeur du soufre se combine avec l'hydrogène du gaz et sépare le carbone. Le volume de la vapeur de l'acide sulfhydrique est double de celui du gaz.

5° Le chlorate de potasse chauffé dans une cornue avec le gaz produit une inflammation, tandis que les oxydes de mercure et de plomb se décomposent lentement et qu'il se forme de l'acide carbonique et de l'eau.

6° Un mélange de deux volumes de gaz avec douze volumes de deutoxyde d'azote n'est pas enflammé par les étincelles de la machine, mais par une seule de la bouteille de Leyde.

7° Le gaz, conduit dans l'acide hypochloreux, se transforme en eau et en *anthracochlore* C^2Cl sans qu'il se produise de chaleur. Si l'acide est humide, il se produit $C^2H^3Cl^2$ et du chlore.

8° Le gaz, mêlé à la vapeur d'acide sulfurique monohydraté, conduit dans un tube rouge, produit de l'eau, de l'acide sulfureux, de l'acide sulfhydrique, de l'acide carbonique et du carbone. Le gaz, conduit dans l'acide sulfurique étendu, produit de la chaleur, de l'eau, de l'acide sulfureux et du carbone.

MODE DE LA PRODUCTION DES FAITS EXPOSÉS.

§ 148. La forme du gaz oléfiant est l'hydrotétraèdre à noyau d'*eau hydrogéné* OH^2. Ainsi l'on a :

$$C^2H^2 = H^2O, 4H = H^2\bar{E}^2O\dot{E}, 4H\bar{E}^2 = C^2H^2\dot{E}\bar{E}^{10}.$$

Formation. Le gaz n'existe pas à l'état naturel ; il est formé par des substances végétales neutres qui se décomposent en acide carbonique, en eau et en gaz oléfiant. Cette décomposition, appelée *fermentation*, s'opère à une certaine température peu supérieure à celle de l'air. Les chimistes n'ont pu expliquer cette action, parce qu'ils ignoraient que c'est la chaleur qui se décompose : 1° en électricité neutre $\dot{E}\bar{E}$ qui s'éloigne avec l'acide carbonique $C^2O^4\dot{E}^2\bar{E}^2$, et 2° en électricité négative $\bar{E}^2$ qui reste dans le gaz oléfiant $C^2H^2\bar{E}^2$. Le suc des raisins est composé de $C^{12}H^{12}O^{12}E^{12}\bar{E}^{24}$.

1° La fermentation est occasionnée par l'expansion des molécules électriques μ, μ' composant la chaleur ; elle consiste en une action qui est la séparation spontanée des éléments de chaleur à cause de la faible résistance qu'ils éprouvent dans les éléments hyliques du suc. Il y a :

$$12C^2H^6O^2\dot{E}^8E^4 = 6C^2O^2\dot{E}^2E^4 + 6C^2H^4E^2.$$

2° L'acide carbonique disparait et le gaz oléfiant, qui est une vapeur, ne se sépare pas de l'eau ; il y reste aussi de l'acide carbonique que la distillation fait évanouir, et la vapeur condensée ne contient que du gaz oléfiant dissous dans l'eau dont on le sépare au moyen de l'acide sulfurique monohydraté.

Propriétés. L'expansion indéfinie des molécules électriques produit : 1° l'odeur, et 2° l'état gazeux ; sa liquéfaction résulte de l'éloignement de la chaleur latente et du rapprochement des hydrotétraèdres 4H de leur noyau H^2O. Il y a dans cet état absence de chaleur latente, et état liquide d'un volume mille fois moindre que celui occupé par les vésicules, qui sont des ballons vides soutenant les deux électricités à l'état latent.

Si la vapeur d'alcool est conduite dans un tube rouge contenant de la baryte, celui-ci se change en carbonate et le gaz en provenant a la forme C^2H^4 du gaz des marais ; mais il s'en distingue par une odeur désagréable. On voit par là que les corps isomères ne diffèrent que par les éléments ayles qui produisent leurs propriétés, et non par une combinaison différente des éléments.

Le volume **v** des hydrotétraèdres ne reste constant que dans les cas où ils sont lipospermes ; alors leur densité est $\delta = 0,00026$. Les tétraèdres monospermes 0,4H acquièrent une densité supérieure à celle de l'eau, parce que les quatre atomes d'hydrogène se rapprochent du noyau O d'oxygène. Ce noyeau, devenu H^2O, produit un écartement des quatre atomes de l'hydrotétraèdre et le volume presque nul est ainsi devenu *v* et non **v**.

Le gaz oléfiant liquéfié est l'unique élément produit par les plantes ; ses éléments hyliques restent conservés, tandis que les électriques étant en expansion ne se trouvent pas dans un état permanent. Les propriétés des substances végétales changent, tandis que les minerais se maintiennent.

Décomposition. 1° En séparant du carbone $C^4 = 0,4H$ l'hydrogène H^2 du noyau celui-ci acquiert son volume normal **v**.

2° Le mélange des tétraèdres de gaz oléfiant et d'oxygène venant en contact avec la poudre de platine ou avec son éponge, les tétraèdres n'en éprouvent que deux dérangements différents : 1° du séjour d'un oxytétraèdre dans le tétraèdre du gaz, il résulte l'acide acétique

$$2C^2H^4 + 4O = C^4H^4O^4;\ 2C^2H^4E^{10} + 4O\dot{E} = C^4H^4O^4\dot{E}^4E^4 + 3\dot{E}\dot{E}^2,$$

et 2° du séjour d'un oxytétraèdre 4O dans le carbone $C^2 = O,4H$, il résulte de l'acide carbonique; l'eau est produit séparément

$$C^2H^4 + 6O = C^2O^4 + 2HO;\ C^2H^4\dot{E}E^{10} + 6O\dot{E} = C^2O^4\dot{E}^2E^2 + 2HO + 5\dot{E}\dot{E}^2.$$

Le mélange de gaz oléfiant, d'oxyde de carbone et d'oxygène conduit vers l'éponge de platine, fait passer les oxytétraèdres 4O dans les hydrotétraèdres trispermes de l'oxyde et non dans les monospermes du gaz. En remplaçant l'oxyde par le gaz des marais dont l'hydrotétraèdre monosperme est double, l'éponge fait pénétrer les oxytétraèdres dans les tétraèdres simples du gaz oléfiant.

Le mélange de quatre gaz combustibles avec une quantité d'oxygène suffisante pour leur combustion restant en contact avec la boule chaude de platine, celle-ci fait passer successivement les oxytétraèdres lipospermes $o,4H$; 2° puis les tétraèdres trispermes $C^2O^2 = O^2,4H$; 3° puis les tétraèdres à noyau monosperme composé $C^2H^2 = H^2O,4H$; 4° enfin les doubles tétraèdres C^2H^2. Cette succession est due à la combinaison des oxytétraèdres, dont le plus simple est celui qui est combiné avec l'hydrogène, et le plus compliqué celui qui est combiné avec le gaz des marais.

Le mélange de deux volumes de gaz et de six volumes d'oxygène, brûlé, donne quatre volumes d'acide carbonique et quatre volumes d'eau. La poussée répulsive mécanique qui brise le vase est due à l'expansion des *molécules électriques* μ, μ, parce que le volume reste le même.

Si au lieu de six volumes d'oxygène on en prend deux, l'étincelle produit un volume double, et cependant l'explosion est faible parce que l'expansion des molécules n'est pas subite.

3° Les tétraèdres de chlore pénètrent dans ceux de l'hydrogène du noyau du gaz $C^2H^2 = H^2O, 4H$. Le rouge est produit par le rapport 4 : 2 entre les atomes d'hydrogène $H^2 : H^4$

4° De même les tétraèdres de la vapeur de soufre pénètrent dans les hydrotétraèdres du gaz. Le soufre est négatif et le gaz l'est aussi; les produits sont du carbone négatif et de l'acide sulfhydrique positif, plus faible cependant que l'acide chlorhydrique produit par le chlore $Cl\overset{+}{E}$ qui est comburant. L'acide sulfhydrique est produit par

$$2SE+C^2H^4\overset{+}{E}E^{10}+\overset{+}{E}^3E=C^2\overset{+}{E}E^8+2HSE\overset{+}{E}.$$

5° L'oxygène se sépare de l'acide et des deux oxydes et forme des tétraèdres qui pénètrent dans ceux de l'hydrogène du gaz.

6° Les tétraèdres équilibrés du gaz oléfiant et du bioxyde d'azote n'exercent entre eux qu'une faible poussée répulsive; ils ne sont pas déplacés par les poussées des traînées électriques de la machine ou des conducteurs, mais bien par l'unique choc qui provient de la bouteille comme celui d'une décharge de toutes les batteries qui ouvre une brèche.

7° Le gaz conduit vers l'acide hypochloreux $ClO\overset{+}{E}^3E$ laisse les tétraèdres d'oxygène pénétrer dans son hydrogène H^2 pour former de l'eau. L'hydrotétraèdre du carbone contenant son noyau d'oxygène $O\overset{+}{E}$ reçoit trois équivalents de chlore $3Cl\overset{+}{E}$, et c'est ainsi que se trouve complété un tétraèdre mixte positif $OCl^3\overset{+}{E}^4$ contenu dans l'hydrotétraèdre; cet anthracochlore est donc une espèce d'eau O^4H^4.
Si l'acide hypochloreux est étendu, le chlore pénètre dans l'hydrogène H^2 du noyau et forme l'huile $C^2H^2Cl^2$.

8° En passant par le tube rouge, le gaz C^2H^2 et la vapeur d'acide sulfurique $SH,4O$ ils deviennent :

$$2C^2H^2+4SO^2=S^2O^4+C^2O^2+H^2S^2+H^2O^2+C^2.$$

Combinaison du gaz. Un volume de gaz se dissout dans huit volumes d'eau.

Les hydrotétraèdres $H^2O,4H$ reçoivent un équivalent de *chlore*, de *brome* ou d'*iode* pour compléter leur noyau qui devient :

$$HOHCl,\ HOHBr,\ HOHI \text{ ou } MC^2.$$

Avec l'acide sulfurique anhydre, le gaz produit des tétraèdres d'eau ayant de l'acide sulfhydrique pour noyau :

$$C^4H^4+S^2O^6=H^4O^2,4H^2+S^2O^6=2H^2S,4H^2O^2.$$

En général le noyau O de l'hydrotétraèdre se complète par un équivalent des métaux ou des métalloïdes et acquiert la forme MC^2.

CHAPITRE III.

AZOTE $Az^2E^2 = O^2\dot{E}^2, 4HE^2$ (ἀ priv.; ζῆν, vivre).

§ 149. Nitrogène, alcaligénètre, septone, *azotum*, *nitrogenium* (stickgas, stickstoffgas, all.).

État naturel. 100 volumes d'air contiennent 79 volumes d'azote et 21 d'oxygène; 100 grammes d'air contiennent 77 grammes d'azote et 23 d'oxygène. Il y en a dans la vessie des poissons, dans les sels d'ammoniaque, dans les azotates, dans les substances végétales, et notamment dans les substances animales.

Formation. 1° L'air recueilli entre midi et une heure à la surface de toutes les mers chaudes, contient le plus d'azote et le moins d'oxygène, jusqu'au rapport de 77,5 à 22,5.

2° Après des averses de longue durée l'air contient moins d'azote et plus d'oxygène jusqu'au rapport de 76,99 et 23,01.

3° Dans les substances animales la petite quantité d'azote produit, pendant la putréfaction, une quantité d'ammoniaque contenant mille fois plus d'azote.

4° L'azote se forme par la vapeur d'eau, conduite dans des tubes rouges, contenant du sesquioxyde de fer ou du manganèse.

5° Enfin dans le contact du mellon et du potassium chaud et dans un grand nombre d'autres cas semblables que je mentionnerai séparément.

Préparation. 1° On sépare l'oxygène de l'air en y brûlant le phosphore.

2° On décompose l'ammoniaque avec du chlore ou avec d'autres corps.

3° On chauffe des parties animales avec de l'acide azotique étendu.

Propriétés. Gaz permanent, incolore, neutre, sans odeur, sans saveur, ni combustible ni comburant. Sans réaction sur les couleurs des plantes. Il peut être respiré quelques minutes, mais ne peut entretenir la respiration. Son équivalent pèse 14 et occupe 2 volumes.

Éléments.	Forme. Équivalent.	Volume.	Poids.	Densité.
$4H\dot{E}^2$	$O^2\dot{E}^2, 4H\dot{E}^2, 3HO\dot{E}\dot{E}^2, H\dot{E}^2$	4	4	28
$3O\dot{E}$		8	24	128
$O^2\dot{E}^2, 4H\dot{E}^2,, 3HO\dot{E}\dot{E}^2, H\dot{E}^2 = Az^2\dot{E}^2$		4	28	$146 = 0,0694$

Décomposition. 1° En eau, en contact avec l'oxygène restant exposé aux étincelles électriques; l'eau ainsi formée passe dans l'acide produit.

2° Dans le mélange de l'air froid et de l'air chaud.

3° Chez les individus atteints de diabète.

4° Dans l'acide azotique anhydre.

5° Dans les poumons par la respiration.

6° Dans les souterrains dont sont alimentées les sources.

I. **Exanthracose de l'azote.** On débarrasse l'air de toute la vapeur d'eau et de l'acide carbonique et l'on y introduit de l'hydrogène pur en décomposant l'eau par l'oxydation du cuivre. En brûlant cet hydrogène avec l'oxygène de l'air pur, il se produit une quantité d'acide carbonique aCO^2 correspondant exactement à la disparition de la quantité $aAz + aO$. Cette expérience répétée a donné en poids l'équation $2CO^2 = Az^2 + O^2$, qui conduit à $C^2 + O^4 = Az^2 + O^2$ et $C^2 + O^2 = Az^2$. Il résulte donc que lorsque l'oxygène O^2 se sépare de l'azote Az^2, ce corps se change en carbone C^2 de la manière suivante :

$$Az^2 = O^2,4H ; \; C^2 = O,4H ; \; Az^2 - O^2 = C^2.$$

II. **Exazotose de carbone.** L'azote est produit de la manière suivante : dans une cloche remplie d'un peu moins de moitié d'eau et où trempent quelques brins d'herbe, il reste de l'air, et l'on introduit dans l'eau de l'acide carbonique jusqu'à saturation. Dans l'obscurité cet acide n'éprouve aucun changement, il reste dans l'eau; mais si on l'expose au soleil dans une cloche incolore ou bleue, tout l'acide disparaît en un petit nombre de jours sereins, et l'on trouve à sa place du deutoxyde d'azote. Ce changement de l'acide carbonique n'a pas lieu dans les cloches de couleur rouge ou orangée.

Th. de Saussure qui, le premier, a fait cette observation sous des cloches incolores, ne remarqua pas que dans les cloches colorées les résultats ne sont pas les mêmes pour chaque couleur. Les chimistes se sont abstenus de chercher des hypothèses pour donner l'explication de cette métamorphose exposée dans l'équation

$$C^2O^4 + O^2 = O,4HO + O^2 = O^2,4HO = Az^2O^4.$$

Personne n'attendait l'apparition du rapport 4 : 3 du bleu dans les nombres des équivalents d'oxygène composant les deux facteurs du deutoxyde d'azote $(O^3,4H),O^4$; on voit par ce rapport entre les atomes $O^4:O^3$ d'oxygène *pourquoi les cloches colorées doivent être bleues et non d'une autre couleur.*

MODE DE PRODUCTION DES FAITS OBSERVÉS.

§ 150. **État naturel.** 1° Les rayons solaires séparent un atome d'oxygène d'un tétraèdre d'eau; le résidu est de l'azote $4HO\dot{E}E^2 - O\dot{E} = 3HO\dot{E}E^2,HE^2 = Az^2E^2$. Cet azote mêlé avec l'atome d'hydrogène est l'air $= Az^2 + O$. Dans cet air 100 volumes contiennent 80 volumes d'azote et 20 d'oxygène et non 79 d'azote et 21 d'oxygène. L'excédant de 1 pour 20 d'oxygène arrive des plantes. Les rayons solaires y séparent trois atomes d'oxygène des tétraèdres d'eau des feuilles, qui passent dans l'air. Ainsi l'on trouve : 1° 21 pour 100 d'oxygène dans l'air ordinaire; 2° 21,01 dans l'air recueilli après des pluies; 3° 20,75 à la surface de la mer à midi, lorsque l'action des rayons atteint son maximum.

2° En traitant les substances animales avec des acides, à peine trouve-t-on l'existence de l'azote; ces substances abandonnées à la putréfaction, répandent une odeur d'ammoniaque pendant des semaines entières, et tout cela aux dépens du carbone, sans qu'il y ait production d'acide carbonique. Les cadavres enterrés se décomposent sans production d'ammoniaque; si on les calcine en des vases clos, ils *donnent peu d'ammoniaque, de l'eau, du carbone et des sels.* Pendant la putréfaction, c'est le carbone qui devient ammonium d'abord, puis ammoniaque. On a :

$$3C^2 = 3(O,4H) = O^3,4H^3 = Az^2H^6.$$

Formation. La présence d'une substance contenant des traces d'azote fait prendre aux tétraèdres de l'eau et du carbone une combinaison symétrique. Une telle combinaison des tétraèdres des corps organiques s'obtient au moyen de levain.

Préparation. Dans l'air l'azote est mêlé avec l'oxygène; c'est pourquoi leur rapport varie. Dans l'ammoniaque et les corps azotés l'azote est contenu dans les tétraèdres de l'hydrogène toujours en rapport constant; pour l'en extraire, il faut séparer l'oxygène ou l'hydrogène.

Propriétés. 1° La permanence du gaz est un effet des poussées répulsives, exercées en directions différentes séparément entre les quatre atomes d'hydrogène, occupant les quatre sommets des tétraèdres, et séparément entre les trois atomes d'oxygène en asymétrie avec les atomes d'hydrogène.

2° Les intervalles qui existent entre les atomes dans les gaz permanents sont trop grands pour produire des interférences qui engendrent les couleurs.

3° Il n'y a pas d'électricité négative en excédant et en expansion pour rendre le corps combustible, ou odorant, ou alcalin, ou réactif, sur les couleurs des plantes.

4° Le volume de **v** l'hydrotétraèdre 4H ne diffère pas dans l'eau o,4OH et dans l'azote O^3,4H. L'hydatotétraèdre $4HO\dot{E}E^3 = 4HO\theta$ se sépare en quatre équivalents d'eau; l'hydrotétraèdre de l'azote $3HO\theta, HE^3 = Az^2E^3$ présente deux équivalents par ses deux aréosyzygues E^3. Chaque équivalent de vapeur d'eau a un volume **v** et pèse 9, ayant une densité $d = 9\delta = 0,6334$; chaque équivalent de gaz azote a un volume $2v$ et pèse 14, ayant une densité $d = 14\delta = 0,9694$ et non 7δ; la poussée répulsive dans la vapeur de l'eau est double de celle qui existe entre les éléments de l'azote.

Décomposition. L'azote étant un résidu, et non un composé de trois atomes d'oxygène avec quatre d'hydrogène, il n'est pas décomposable, mais après avoir été complété par un atome d'oxygène il se change en eau; ces réductions de l'azote en eau, par sa combinaison avec l'oxygène s'opèrent : 1° dans l'atmosphère par le contact de l'air chauffé par la chaleur qui s'élève du sol et l'air qui couvre le sol ombragé; 2° en hiver dans les poumons, où l'air chaud qui reste après l'expiration se rencontre avec l'air froid inspiré; 3° l'excédant du produit diurne des individus atteints de diabète est de l'eau produite dans leurs poumons par l'air; 4° l'hiver, dans les souterrains, l'air est plus chaud que dehors; en été, au contraire, c'est l'air du dehors qui est le plus chaud. Il y a donc contact continuel d'air chaud et d'air froid, et par suite il y a production d'eau qui alimente les sources.

c. Combinés de l'azote avec l'oxygène.

§ 151. D'un mélange d'azote et d'oxygène on obtient l'acide azotique au moyen des étincelles électriques de longue durée. Cette combinaison est moins lente en présence de l'eau ou de la potasse humide.

Il y a six composés d'azote et d'oxygène :

I. *Acide azotique* qui est de trois espèces :

1° Anhydre Az^2O^{10} ou $Az^2O^2,4O^8$;

2° Monohydraté $Az^2H^2,4O^8$;

3° Tétrakishydraté $Az^2O^{10},8HO = Az^2O^2,4H^2O^4$.

II. *Acide hypoazotique* $Az^2,4O^8$.

III. *Acide fumant* $Az^4H^2,4O^8$.

IV. *Acide azoteux* $Az^2O^2,4O$.

V. *Deutoxyde d'azote* $Az^2,4O$.

VI. *Protoxyde d'azote* Az^2O^2.

I. Acide azotique $Az^2O^2,4O^8$, $Az^2H^2,4O^8$, $Az^2O^2,4H^2O^4$.

§ 152. Acide nitrique, *acidum nitricum* (salpetersaure, all.).

État naturel. Il forme des sels avec les oxydes de potasse, de soude, de chaux, d'alumine; il se trouve dans l'eau des pluies d'orage.

Formation. 1° Par l'*azote* et l'*oxygène*. Un mélange de 6 équivalents d'azote et de 21 atomes d'oxygène ou de 12 volumes d'azote et de 21 d'oxygène, exposé plusieurs semaines aux étincelles électriques, devient un acide azotique hydraté.

2° Le fil de platine unissant les deux pôles de l'arc voltaïque dans un mélange d'azote, d'oxygène et d'hydrogène produit l'acide **Davy**.

3° **Berzélius** a obtenu l'acide en brûlant un mélange d'un volume d'azote avec 14 d'hydrogène dans l'oxygène.

4° **Davy** a obtenu l'acide en conduisant la vapeur de l'eau *pure* dans un tube rouge contenant du sesquioxyde de fer ou de manganèse.

5° Dans l'électrolyse faible de l'eau, **Davy** a trouvé l'acide au pôle positif.

II. *Formation des corps par l'ammoniaque*. 1° Un mélange d'ammoniaque et d'oxygène, conduit dans un tube rouge, détone et devient de l'eau et de l'acide.

2° L'ammoniaque conduit dans un tube rouge de porcelaine contenant du sesquioxyde de manganèse ou de fer, engendre de l'acide et devient de l'azotate.

3° Une dissolution de chaux contenant peu d'ammoniaque renfermée dans un vase, produit de l'acide si on l'agite fréquemment pendant six semaines.

III. *Par les corps organiques*. Les substances organiques peu azotées, lorsqu'on les recueille, sont composés de chaux ou de manganèse à l'état de carbonates. Ces substances dans leur état naturel, ou leur extrait, abandonnés pendant des mois ou des années, se trouvent composées d'azotate ; elles exhalent de l'*ammoniaque* en séchant et non de l'*eau*. Leur acide carbonique avec l'eau devient azotate d'ammoniaque ; l'ammoniaque se sépare et est remplacé par la chaux et la manganèse, bases des carbonates. Pour expliquer la multiplication de l'azote, **Kuhlmann** et les Allemands, ses partisans, disaient qu'il vient de l'air ; **Longchamp** et ses partisans français disaient que l'azote se trouve dans les pores des plantes et de leurs extraits. Les chimistes actuels s'abstiennent de l'hypothèse, et pour ne pas embrouiller leurs lecteurs, ils éliminent de leurs ouvrages les faits inexplicables d'après l'hypothèse que *les corps indécomposables ont une existence perpétuelle.*

A. Acide azotique anhydre.

§ 153. **Préparation.** On chauffe de l'azotate d'argent dans des tubes solides et l'on y conduit du chlore qui se combine avec l'argent, dont l'oxygène s'éloigne avec la vapeur de l'acide, laquelle, refroidie, se liquéfie et laisse se former des cristaux baignés d'une petite quantité de liquide. Au bout de quelque temps, ils se liquéfient et brisent avec explosion les tubes en verre très-solides.

Propriétés. Les cristaux prismatiques ont plus d'un centimètre de côté, à base rhomboïdale à quatre ou huit pans. Ils se dissolvent dans l'eau, fondent à 30 degrés et détonent à 50 degrés en donnant des vapeurs rutilantes et en attaquant fortement les matières organiques. Il se combinent avec l'ammoniaque et donnent un mélange d'hypoazotate et d'azotate d'ammoniaque.

Éléments.		Forme.			Poids.
2Az	= Az^2O^8	= 0,4HO	= $0,4HO^3 = C^2O^{12}$		28
100	$4O^2$	$4O^2$			80
Az^2O^{10}				C^24O^9	108

B. Acide azotique monohydraté.

§ 154. *Spiritus nitri acidus.*

Formation. 1° Par l'azotate d'ammoniaque ; 2° par un mélange d'azote $3Az^2$ (de 12 volumes) et d'oxygène $2IO$ (de 21 volumes) exposé aux étincelles pendant des semaines entières.

Préparation. I. On chauffe dans une cornue de verre 6 parties de nitre et 4 parties d'acide sulfurique concentré; il se dégage d'abord des vapeurs rutilantes, lesquelles cessent, et l'acide azotique se distille; vers la fin de la distillation, cette vapeur d'acide hypoazotique réapparaît. J'ai exposé dans l'équation suivante tous les syzygues hylicoayles :

$$KOAzO^5 + S^2O^6, 2HO\dot{E}E = AzO^4, HO^2\dot{E}^2E^2 + KO, S^2O^6, HO.$$

Le double couple $2\dot{E}E$ d'électricité neutre est la cause de la formation du bisulfate de potasse.

II. L'éponge de platine fait déplacer les syzygues hylicoayles de l'ammoniaque et de l'oxygène, ou mieux de leurs tétraèdres, et l'acide en est formé de la manière suivante :

$$Az^2H^6, 2HE^2 + 16O\dot{E} = Az^2O^6, 2\dot{H}E^2O^2\dot{E}^2 + 2HO.$$

Propriétés. Densité 1,62 **Proust**; 1,554 **Kirvan**; 1,552 à 20 degrés **Millon**; 1,55 **Davy**; 1,52 **Pelouze**; moins il y a d'eau plus la densité croît. L'acide dont la densité est 1,30 gèle à 19°, et celui de 1,5 à — 54°; il bout à 100 degrés. L'acide anhydre s'éloigne dans l'ébullition et celui qui reste devient plus étendu jusqu'à 1,42; dans cet état, l'acide bouillant reste constant.

Éléments.	Forme.	Poids.
Az^2H^3	$= H^2O^3 4 HO^3$	80
$4O^3$		96
$Az^2H^3, 4O^3$	$H^2O^3, 4HO^3$	126

C. Acide azotique tétrakishydraté $AzO^5, 4HO$.

§ 155. **Formation.** Pendant l'ébullition de l'acide de chaque densité, il se forme de l'acide dont la densité est 1,42, composé d'un équivalent d'acide anhydre dissous dans un tétraèdre d'eau, qui bout à 123 degrés.

Propriétés. L'acide bout par soubresauts; s'il n'y a pas de fil de platine, la vapeur liquéfiée ne diffère pas de l'acide distillé ayant la densité 1,42. Cet acide et les plus étendus, en fondant la neige, font baisser la température; au contraire les acides de densité supérieure, en fondant la neige, produisent une élévation de température jusqu'à ce qu'ils acquièrent la densité 1,42.

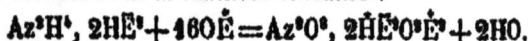

Éléments.	Forme.	Densité.
Az^2O^2 / $4H^2O^4$	$= O4HO,4H^2O^4 = C^2O^3,4H^2O^4$	1,300 / 1,444
$Az^2O^3,4H^2O^4$	$C^2O^4,4H^2O^4$	$\frac{1}{2} \times 2,840 = 1,42$

I. **Décomposition de l'acide anhydre.** 1° Il bout à 50 degrés en donnant des vapeurs rutilantes dues à une décomposition en oxygène, acide hypoazotique et deutoxyde d'azote : $Az^2O^3,4O^2 = AzO^4 + AzO^4 + 4O$.

2° Avec l'ammoniaque il produit de l'azotate d'ammoniaque et de l'acide hypoazotique.

II. **Décomposition des acides hydratés.** A. 1° La vapeur de l'acide dont la densité est supérieure à 1,42, conduite dans des tubes rouges, se décompose en acide ayant la densité 1,42 et en acide anhydre, lequel se décompose en acide hypoazotique et oxygène; si le tube est très-rouge, cet acide hypoazotique se décompose en azote et en oxygène.

2° La même décomposition de l'acide concentré se produit par son exposition au Soleil, ou lorsqu'on mêle de l'acide faible avec de l'acide *sulfurique concentré.*

B. 1° En contact avec l'hydrogène l'acide est inactif, mais sa vapeur mêlée avec l'hydrogène et conduite dans un tube de porcelaine rouge, détone avec la séparation de l'azote. Le même mélange, conduit sur l'éponge de platine chaude, devient de l'eau et de l'ammoniaque.

2° Le charbon allumé brûle dans l'acide.

3° Le bore devient de l'acide borique.

4° L'acide ayant la densité 1,2 dissout le phosphore, développe de la chaleur, du deutoxyde d'azote, un peu d'azote, et il le transforme en acide phosphorique et en acide phosphoreux.

5° Le phosphore hydrogène se décompose rapidement dans l'acide.

6° Le sélène devient de l'acide sélénieux dans l'acide azotique.

7° L'iode chauffé dans l'acide très-concentré, donne de l'acide azotique et de la vapeur d'acide hypoazotique.

8° Le deutoxyde d'azote conduit dans l'acide très-concentré et froid, le fait devenir jaune, puis vert, puis bleu et enfin incolore.

C. 1° Excepté les métaux suivants, le silicium, le titane, le columbium, le platine, l'or, le rhodium et l'iridium, tous les autres s'oxydent dans l'acide : l'oxyde formé (sauf ceux de tungstène, de tellure, d'étain et d'arsenic) se combine avec le reste de l'acide. Les azotates (sauf le sel d'antimoine) se dissolvent dans l'acide étendu. L'étain, le zinc, le cadmium et le fer se combinent avec l'oxygène de l'eau, et son hydrogène avec l'azote.

2° A la température ordinaire, l'étain décompose l'acide, avec développement de chaleur, en oxyde d'étain, protoxyde et deutoxyde d'azote, azote et ammoniaque. L'acide à 1,2 étendu avec une double quantité d'eau, avec l'étain, développe du protoxyde pur.

3° Des boules de fer polies, dans l'acide à 1,2 étendu par une double quantité d'eau, se couvrent d'une couche noire ou bleue ou bleue et jaune laquelle n'est que du sesquioxyde de fer. L'acide à 1,42 n'attaque pas le fer poli.

4° L'acide n'agit ni sur l'antimoine ni sur l'arsenic; de même le bismuth conserve son état métallique, tandis que l'acide tétrakishydraté le dissout rapidement.

5° L'acide pur à 1,07 n'agit pas sur le cuivre à 20 degrés; si l'on y introduit du deutoxyde d'azote ou de potasse, la dissolution commence. L'acide agit sur l'argent et sur le mercure comme sur le cuivre.

D. 1° Les substances végétales telles que l'huile, l'alcool, le charbon, se décomposent dans l'acide jusqu'à l'inflammation. L'acide devient de l'acide hypoazotique ou de l'azote et du deutoxyde d'azote.

2° L'acide dissout l'eau oxygénée étendue.

3° Les oxydes deviennent des azotates qui produisent une saveur rafraîchissante.

E. Tous les azotates se décomposent par la chaleur; des uns il se développe de l'oxygène, des autres de l'oxygène et de l'acide hypoazotique, des autres encore il se sépare de l'acide anhydre (plomb).

F. Parmi les bases, les unes restent dans leur état naturel, les autres s'oxydent (oxyde de manganèse).

Les combustibles décomposent les azotates à des températures élevées, avec inflammation et explosion. L'azote à l'état liquide devient un gaz dont le volume est mille fois supérieur; son expansion ne produit pas le froid, mais bien une élévation de température (charbon, bore, phosphore, soufre, fer, zinc, étain).

Les azotates décomposent l'acide chlorhydrique et produisent des chlorures. A des températures de plus en plus élevées, les azotates se décomposent dans les acides sulfurique, phosphorique, arsénique, borique, en leur cédant leur base. Sauf les azotates alcalins, tous les autres sont solubles dans l'eau.

G. 1° Mêlé avec un peu de deutoxyde d'azote, l'acide change; d'incolore qu'il était il devient jaune; avec plus d'oxyde il devient vert; avec davantage il devient bleu, et plus d'oxyde encore rend le liquide incolore. Ces changements des couleurs et l'absorption du deutoxyde dépendent de la densité de l'acide. Ainsi l'on a :

Densité 1,115 manque d'absorption de gaz et de coloration.
— 1,320 absorbe peu de gaz et devient *vert*.
— 1,410 absorbe plus de gaz et devient *orangé*.
— 1,500 devient rouge, jaune foncé ; chauffé, il développe beaucoup d'acide hypoazotique.

2° *L'*acide contenant plus de 5 équivalents d'eau, entouré de glace, le deutoxyde fait former un liquide bleu, dont on distille un acide de même couleur ; s'il contient moins d'eau, l'acide devient jaune, contenant de l'acide hypoazotique.

3° L'acide monohydraté, en recevant graduellement plus de deutoxyde, devient successivement de couleurs *jaune*, *orangé*, *vert-foncé*, *vert clair* et enfin *vert bleu*. Le volume du liquide croît, la densité s'affaiblit, et une vapeur rouge se développe.

Mode de la production de l'acide et de ses propriétés.

§ 156. **État naturel.** Les quatre espèces d'azotates de potasse, de soude, de chaux et d'alumine sont des produits directs de la substance végétale. Comme Kuhlmann l'a prouvé, il n'a jamais existé d'acide azotique libre, non plus que de potasse de soude ou de chaux. Le changement des carbonates en azotates est exposé plus loin.

Formation. A. 1° Si l'on mêle les azototétraèdres $Az^2,4Az$ et les oxytétraèdres $O,4O^6$ (12 volumes d'azote et 21 d'oxygène), ils s'arrangent par la pesanteur. Dans cet état les étincelles font unir les noyaux avec leurs tétraèdres ; le composé ainsi produit est de l'acide azotique monohydraté

$$\left.\begin{matrix} Az^2 4Az \\ O,4O^6 \end{matrix}\right\} = AzO^6,4HO;\ Az^2 + O = 4HO.$$

2° Dans un mélange d'azote, d'oxygène et d'hydrogène, les deux pôles des fils de platine font s'arranger les gaz en tétraèdres. 1° Du côté du pôle positif + l'excédant d'oxygène devient de l'eau oxygénée $4H^2O^4$. 2° Du côté du pôle négatif — l'excédant d'hydrogène produit de l'*eau hydrogénée* $4O^2H^4$. 3° Au milieu entre les pôles, les tétraèdres mixtes sont $(OH^3 + O^3H^2)$, $4H^4O^4$, desquels est formé l'acide par la séparation du tétraèdre central, d'où résulte : 1° de l'acide azotique $O^3H^2O^4,4HO^3 = H^2O^3,4HO^3 = Az^2H^3,4O^3$, et 2° de l'ammoniaque $OH^3H^4,4OH^3 = Az^2O^2,4H^2$.

3° Le mélange d'un azototétraèdre $4Az^2$ et de 14 hydrotétraèdres

$4H^{14}$, exposé à la pesanteur, s'arrange de manière que les uns se trouvent entourés par les autres, lorsque par la combustion dans l'oxygène, six oxytétraèdres passent dans un tétraèdre d'azote et d'hydrogène, et c'est ainsi qu'il résulte un tétraèdre d'acide azotique uni à 13 tétraèdres d'eau

$$4O^{19}+4Az+4H14=4AzH+4H^{13}+4AzHO^{6}+4H^{12}O^{12}.$$

4° Les tétraèdres des sesquioxydes en contact avec la vapeur, deviennent des tétraèdres de péroxyde, et leur oxygène 60 passe dans les hydrotétraèdres, et forment des azototétraèdres, puis de l'acide :

$$M^{4}O^{6}+4H^{2}O^{2}=M^{4}O^{8}+4Az.$$

5° Dans les électrolyses, entre les deux pôles, l'acide se produit comme dans le cas précédent; le contact de l'azote de l'air est ici nécessaire comme l'est celui des sesquioxydes. Si l'électrolyse s'opère dans d'autres gaz, il n'y a pas production d'acide.

B. *Formation de l'acide par l'ammoniaque.* 1° Les tétraèdres d'ammoniaque et d'oxygène $4AzH^{3}+4O^{6}$ deviennent de l'eau et de l'acide azotique

$$4AzH^{3}+4O^{6}=4H^{2}O^{2}+4AzHO^{2},4O^{4}.$$

2° Comme dans le cas précédent l'oxygène des sesquioxydes passe dans l'azote et dans l'hydrogène

$$4AzH^{3}+4M^{16}O^{24}=4H^{2}O^{2}+4M^{16}O^{16}+4AzHO^{2},4O^{4}.$$

3° L'azote de l'ammoniaque détermine la formation d'azotate d'ammoniaque de l'eau; l'ammoniaque devient carbone, et l'acide reste dans la chaux. Il est $4H^{2}O^{2}=Az^{4}O^{2}$, et l'on a :

$$4OHO=4H^{2}O^{2},4H^{2}O^{2}=Az^{2}H^{6}+Az^{2}O^{2},4H^{2}O^{4};\ Az^{2}H^{2}=C^{6}.$$

C. *Formation de l'acide par les corps organiques.* L'azote des corps organiques occasionne la formation de l'azotate d'ammoniaque comme dans le cas précédent, la présence des bases des carbonates fait séparer l'ammoniaque et le remplace. L'acide carbonique ne s'éloigne pas, il devient azotate d'ammoniaque; ainsi on a :

$$4C^{2}O^{4}=\left\{\begin{array}{l}Az^{2}H^{2}O^{2}\\ Az^{2}O^{2},4H^{2}O^{*}\end{array}\right\}=\begin{array}{l}2AzH^{4}O\\ 2AzO,4H^{2}O^{4}\end{array}$$

Propriétés de l'acide anhydre ou hydraté. A. L'acide anhydre est composé de tétraèdres monospermes d'eau *trioxygénée* d'où résulte sa solidité.

B. L'*acide tétrakishydraté* est un composé de tétraèdres d'eau oxygénée ayant l'acide carbonique pour noyau.

C. L'acide différemment hydraté n'est que de l'acide tétrakishydraté contenant : 1° de l'eau, ou 2° de l'acide anhydre; l'eau ou cet acide s'éloignent par l'ébullition. La densité croît par la multiplication de l'acide anhydre, elle diminue par l'introduction de l'eau. La combinaison de l'acide anhydre avec l'eau produit une chaleur qui fond la neige; l'acide tétrakishydraté se dissout dans l'eau, et la neige y produit du froid

Décomposition de l'acide hydraté. A. 1° Dans un mélange d'acide tétrakishydraté de 1,42 densité avec de l'acide anhydre, l'hydrate se sépare, et le reste de l'anhydre se décompose en acide hypoazotique et en oxygène, de même que dans les cas où il est isolé.

2° Les rayons solaires produisent le même effet que la chaleur.

3° L'acide sulfurique monohydraté HSO^4, venant en contact avec l'acide azotique étendu, en reçoit l'eau pour devenir tétrakishydraté, et il y produit de l'acide azotique anhydre qui se décompose :

$$HSO^4 + Az^2O^2H^8O^{16} = SH^2O^8 + AzO^6 + AzO^6,4HO^2.$$

B. 1° En contact avec l'hydrogène, l'acide liquide reste inactif, mais le mélange de la vapeur de l'acide et de l'hydrogène détone dans le tube rouge.

2° Ce mélange, conduit sur l'éponge de platine, s'échauffe et devient de l'eau et de l'ammoniaque. Les pores de l'éponge empêchent la combinaison subite; les hydrotétraèdres $4H^{12}$ reçoivent les trois oxytétraèdres de l'acide et le tétraèdre d'azote

$$4AzO,4H^4O^8 + 4H^{12} = 4H^2O^2 + 4AzH^3.$$

3° Le charbon allumé brûle avec l'oxygène de l'acide anhydre, et non avec celui de l'acide tétrakishydraté.

4° Avec le bore chauffé, l'acide étendu devient de l'acide borique, du deutoxyde d'azote et de l'azote

$$4B + Az^4O^4HO,3H^2O^6 = 4BO^3 + 10HO + Az^2O^4 + AzO + Az.$$

5° Le phosphore chauffé dans l'acide étendu de 1,2, produit de la chaleur, du deutoxyde d'azote, peu d'azote, de l'acide phosphoreux et de l'acide phosphorique

$$4AzO,4H^4O^8 + 4Ph = Ph^2O^6 + Ph^2O^{10} + Az^2O^4 + Az^2.$$

Si l'acide est concentré, le phosphore chaud s'y allume et brûle comme le charbon; il en est de même du phosphore hydrogéné.

6° Le soufre pulvérisé brûle aussi dans l'acide azotique. Dans un flacon rempli d'acide sulfhydrique le peu d'acide introduit l'allume, une flamme bleue s'élève, produisant des vapeurs rouges. Ces couleurs indiquent : 1° les rapports $S^2O^4 : SO^3$, et 2° $AzO^4 : AzO^2$.

7° Le sélène chauffé dans l'acide devient de l'acide sélénieux.

8° L'iode diffère des substances qui sont négatives; ils est faiblement positif; c'est pourquoi c'est l'oxygène de l'acide anhydre $Az^2O^3,4O^4$, qui passe à l'iode, et produit de l'acide iodique $I^2O^3,4O^2$.

L'azote qui reste devient de la vapeur d'acide hypoazoteux. L'acide iodhydrique décompose l'acide en eau, iode et deutoxyde d'azote

$$4H^4I^4 + Az^4O^4 4H^4O^{12} = 4Az^2O^6 + 4H^4O^2 + 4I^3.$$

Le chlore, étant plus pycnoélectrique que l'iode, n'agit pas sur l'acide ; ce n'est que de l'acide chlorhydrique étendu qui se sépare un atome d'oxygène, qui produit de l'eau, du chlore et de l'acide hypoazotique.

C. Les métaux inoxydables soutiennent dans leur équivalent un seul aréosyzygue E sous la forme ME. Ces métaux bouillis dans l'acide ne laissent pas pénétrer l'expansion des molécules pycnoélectriques μ pour y amener l'oxygène de l'acide. Les métaux oxydables ME^2 et ceux très-oxydables ME^3 sont promptement pénétrés par les molécules pycnoélectriques μ de l'acide. La poussée P, exercée par l'expansion des molécules μ, étant constante pour une densité, par exemple, de 1,42, les effets sur les métaux correspondent aux degrés de leur état aréoélectrique. De même l'état aréoélectrique des azotates, qui laissent pénétrer l'acide dans leurs tétraèdres, diffère pour produire une dissolution.

1° Dans l'acide étendu, le fer devient peroxyde. La moitié de l'hydrogène devient de l'ammoniaque et il en résulte un sel double

$$(\alpha)\ \begin{cases} Fe^2 + Az^2O^2, 4H^2O^4 = H^4Fe^2O^4Az^2O^4, 4HO^2 = Fe^2O^4, C^2O^4, 8HO \\ Fe^6 + Az^2O^2, 4H^2O^4 = 2Fe^3O^6 + Az^2O^2, 4H^3 \end{cases}$$

2° L'étain produit aussi de l'ammoniaque

$$(\beta)\ \begin{cases} 4Sn^3 + Az^2O^2, 4H^2O^4 = 4Sn^2O^4 + Az^2O^2, 4H^3 \\ Az^4O^4, 4H^4 + 28AzO^5 = 32AzO^4 + 10HO = 4Az + 100 + \\ \quad 28AzO^4 + 16HO. \end{cases}$$

3° Les métaux tels que le cuivre, l'argent... plus aréoélectriques que l'or, le platine, le rhodium et l'iridium, produisent l'action suivante exposée en forme tétraédrique :

$$(\gamma)\ 4M^8 + 4Az^2O^3, 4H^{12}O^{24} = 4M^8Az^2O^2, 4O^{16} + 4AzO^3 + 48HO.$$

Ces métaux restent intacts dans l'acide dont la densité est supérieure à 1,42, lequel est un mélange d'acide anhydre et d'acide tétrakishydraté. C'est l'acide anhydre qui brûle le charbon, l'huile, l'alcool, et qui empêche l'oxydation des métaux oxydables, tels que le fer, le cuivre, l'étain, l'argent. Les réactions de chaque métal sur l'acide sont exposées après que les éléments de chaque métal ont été démontrés, lesquels, comme ceux de l'acide, sont hylicoayles : 1° d'oxygène et d'hydrogène, et 2° d'électricité positive et négative.

D. 1° Les corps très-négatifs aréoélectriques, tels que l'huile, le carbone, l'alcool, exercent une faible résistance sur l'expansion des molécules pycnoélectriques μ. C'est dans cette pénétration des molécules μ que consiste la combustion observée, qui est une action produisant un déplacement d'oxygène, et le reste est 1° de l'acide hypoazotique dans la combustion faible, et 2° de l'azote avec du deutoxyde d'azote dans les combustions rapides de l'huile et de l'alcool.

2° L'acide $Az^2O^8,4H^2O^4 = C^2O^4,4H^2O^4$ étant composé d'eau oxygénée pénètre dans cette eau à l'état étendu, à cause de l'affaiblissement de la résistance.

3° Les sels comme les azotates soutiennent les éléments hyliques dont la saveur est rafraîchissante, à cause de leur dissolution sur la langue.

E. La chaleur fait augmenter l'état négatif et diminuer l'état positif; à l'état hylique, l'oxygène négatif chauffé $\bar{O}$ le devient davantage, tandis que l'hydrogène hylique positif $\hat{H}$ le devient moins. Ainsi les atomes se séparent, et il en résulte des corps entre lesquels la chaleur produit la plus grande poussée répulsive :

1° Si tout l'oxygène se sépare, l'azote reste dans le métal; 2° habituellement il se développe de l'oxygène et de l'acide hypoazotique (β); 3° l'azote du sel de plomb se décompose en acide anhydre

$$P^2O^4Az^2,4O^8 = Pb^2O^2 + 2AzO, 4O^2.$$

F. A l'état solide, liquide ou vaporeux, les composés azotés contiennent l'azote, non pas comme un gaz très-comprimé, mais comme un acide carbonique d'une oxydation supérieure

$$Az^2O^2,4O^3 = C^2O^4;4O^4.$$

C'est pendant la combustion que la chaleur se produit, et au lieu d'oxyde de carbone il se développe de l'azote.

L'acide chlorhydrique se décompose en décomposant les azotates, et cela parce que le chlore hylique $\overline{Cl}$ est un équivalent qui a la valeur de deux équivalents hyliques d'oxygène

$$2\bar{O},MAzO^2,4O + HCl\dot{\bar{E}}\bar{E} = MCl + HO + AzO,4O.$$

En présence des autres acides, la base des azotates, de même que celle des carbonates, abandonnent leur acide et en reçoivent un autre.

G. L'acide tétrakishydraté est le composé d'acide carbonique et d'eau oxygénée $Az^2O^8,4H^2O^4 = C^2O^4,4H^2O^4$; sa densité est 1,42; on l'obtient par l'ébullition de chaque densité supérieure ou inférieure; il est incolore. La densité 1,5 s'affaiblit aussi bien par l'introduction de l'eau sans production de couleurs que par l'introduction de deutoxyde d'azote avec changement de couleurs. Ces changements de couleurs se présentent dans le mélange d'acide azotique et d'acide hypoazotique par l'introduction de l'eau, de même que dans l'acide sulfurique concentré par l'introduction de soufre. Je fais connaître plus bas la règle d'après laquelle les couleurs se produisent.

Azotates et leur décomposition. 1° Les azotates se produisent dans les substances végétales des carbonates par l'éloignement de l'ammoniaque qui est remplacée par la chaux, le manganèse. 2° Les oxydes MO ou ceux des carbonates $MOCO^2$ se combinent avec l'acide azotique.

Les azotates calcinés se décomposent : 1° les uns donnent d'abord de l'oxygène en devenant azotites $M^2Az^2, 4O^2 = M^2O^2H^2O, 4HO^2$; 2° les autres (potasse) développent de l'oxygène et de l'azote.

Des métaux oxydables la base reste à l'état d'oxyde MO, ou à l'état de sesquioxyde celle des métaux inoxydables est réduite à l'état métallique (argent).

Réaction. La production des couleurs est utilisée pour découvrir l'existence de l'acide azotique dans les différents liquides : 1° On introduit de l'acide chlorhydrique pour obtenir de l'eau régale, qui dissout l'or en se colorant en jaune. 2° L'acide azotique chauffée avec la tournure de cuivre donne du deutoxyde d'azote, qui se transforme à l'air en acide hypoazotique, de couleur orangée et d'une odeur particulière. 3° L'acide décolore l'indigo dissous dans l'acide sulfurique, et colore en jaune la soie et les tuyaux de plumes. 4° L'acide colore en rouge brun le sulfate de fer, cette coloration disparaît quand on chauffe le mélange.

Chaque corps, composé d'atomes dont les quantités forment des tétraèdres propres qui soutiennent des aréosyzygues Ē, se trouve en inéquibre lorsqu'il vient en contact avec un corps différent. Les actions qui en résultent se reconnaissent dans leurs effets, qui se présentent comme des précipités de couleurs différentes, comme gaz odorant, etc.

La recherche des corps qui entrent dans les minerais, dans les eaux minérales et dans les gaz, fait partie de la chimie industrielle. Les réactifs dont le nombre est illimité sont employés d'après une règle composant des livres plus ou moins complets.

La vapeur de l'acide azotique, à la température blanche se décompose en azote et en oxygène ; il y a un équivalent d'azote dont le volume est $2v$ et cinq d'oxygène dont le volume est $5v$.

II. Acide hypoazotique $Az^2, 8O^2$.

§ 157. **Acide nitreux** (unter salpe tersaüre, all.).

Formation. 1° Un mélange de deutoxyde d'azote et d'oxygène devient, à la température ordinaire, un composé d'un volume produit d'un volume d'oxygène et de deux volumes de deutoxyde.

2° Le protoxyde de chlore, mêlé avec le deutoxyde d'azote détone à la température ordinaire en produisant de l'acide azotique et du chlore.

3° Un mélange de chlore humide et de deutoxyde d'azote à la température ordinaire devient de l'acide chlorhydrique et de l'acide hypoazotique.

4° L'acide hypoazotique est produit par le deutoxyde introduit dans l'acide azotique concentré. Les dissolutions des azotates et l'acide azotique étendu, exposés au Soleil, produisent de l'acide hypoazotique; celui-ci en obtient aussi au moyen de la chaleur et des étincelles.

Préparation. On conduit un mélange d'un volume d'oxygène et deux volumes de deutoxyde dans un tube rouge de porcelaine et de là dans un tube V plongé dans la glace à — 20°.

2° On chauffe le nitrate de plomb et l'on condense la vapeur.

3° On chauffe l'acide fumant dans une cornue et la vapeur est condensée comme dans le cas précédent. Il y a deux couches de liquides; la couche inférieure est un mélange d'acide hypoazotique et d'acide azotique monohydraté; dans la couche supérieure, il y a moins d'acide azotique, lequel peut en être éloigné par la distillation. Les cristaux se forment à — 20°.

Propriétés. Incolore, les cristaux fondent à — 9°; ayant la densité 1,451; de — 20° à 0° incolore; de 0° à + 10° jaune clair; de + 15° à + 28° orangé, et toujours plus foncé dans les températures supérieures. Il bout constamment à 22 degrés. La densité de la vapeur est 3,169; il rougit le tournesol, tache la peau en jaune. Il est aigre et d'une odeur propre.

Éléments,	Forme.	Poids.	Volume.	Densité.	
$2Az^2$	$= Az^2, 4O^2$	28	2	14δ	δ = 0,06926
$2O^4$		64	1	32δ	
Az^2O^4	$2AzO^4$	92	2	46δ = 3,180	

Décomposition. 1° La vapeur avec de l'hydrogène en excès, conduite sur l'éponge de platine, la fait rougir et produit de l'eau et de l'ammoniaque. Le charbon allumé y brûle avec une flamme rouge sombre. Le phosphore allumé brûle avec vivacité.

Le potassium s'allume dans la vapeur de l'acide et brûle avec une flamme rouge. Le sodium décompose l'acide sans brûler, de même que le mercure, le cuivre, l'étain. Si la vapeur est conduite dans un tube rouge contenant du fer ou du cuivre, il se produit de l'oxyde et de l'azote.

3° La vapeur conduite dans l'acide sulfhydrique, précipite le soufre et produit l'ammoniaque. Si la vapeur est conduite dans l'eau contenant de l'ammoniaque, elle la décompose.

4° Dans l'eau, la vapeur devient de l'acide azotique et de l'acide azoteux et du deutoxyde d'azote. Les différentes quantités d'eau font obtenir à l'acide des couleurs différentes.

5° Les alcalis agissent comme l'eau; la potasse dans l'acide devient azotate et azotite, avec un faible développement de deutoxyde. La vapeur, conduite sur la baryte, en est lentement absorbée. Si la baryte est à 200 degrés elle devient brillante, elle fond, et, sans développer de gaz, devient azotate et azotite.

Combinaisons. 1° Avec l'acide azotique il produit l'acide fumant :

$$4AzHO^6 + 2AzO^4 = Az^6H^4,6O^8.$$

2° Il n'y a que le plomb dont l'oxyde produise un sel avec l'acide hypoazotique.

MODE DE PRODUCTION DES FAITS EXPOSÉS.

§ 158. **Formation.** 1° Les gaz deutoxyde d'azote et oxygène, dans le rapport de deux volumes d'oxyde et d'un d'oxygène, arrivent à être combinés par la pesanteur, de manière que le tétraèdre d'oxygène se trouve avec celui du deutoxyde dans l'hydrotétraèdre trisperme de l'azote $= O^3,4H$, qui a la densité 14δ; le deutoxyde Az^2O^4 n'a pas une densité 30δ, mais $\frac{1}{2}(14+16)\delta$, ce qui prouve que le deutoxyde n'est qu'un mélange équilibré, une *parédriase* des deux gaz, et la densité 46δ de la vapeur de l'acide hypoazotique, prouve que le double oxytétraèdre est introduit par l'énédriase dans l'hydrotétraèdre $(Az^3+4O)+4O=O^3,4O^2H=Az^2O^8$.

2° Du protoxyde de chlore, l'oxygène pénètre dans l'hydrotétraèdre de l'azote, car il est repoussé du chlore; il y a énédriase.

3° Du mélange de chlore humide et de deutoxyde il se produit de l'acide chlorhydrique et de l'acide hypoazotique par les éléments hylicoayles, de la manière suivante :

$$2Cl\dot{E} + 2HO\dot{E}E^3 + AzO^3\dot{E}E^3 = 2HCl\dot{E}E + AzO^4E^3\dot{E}^4.$$

4° La lumière, la chaleur et les étincelles, font pénétrer l'oxygène du protoxyde, du deutoxyde, de l'acide azoteux, de l'acide azotique étendu et des azotates, dans l'hydrotétraèdre trisperme dont l'énédriase est favorisée à cause du minimum de résistance. Les expansions des molécules ahyles en exerçant des poussées en tous sens contre les éléments hyliques y déterminent enfin une combinaison de parédriase qui exerce le minimum de résistance.

Préparation. L'azotate de plomb chauffé au rouge dans un tube se décompose en oxygène, oxyde et acide :

$$Pb^2Az^2,4O^3 = Pb^2O^2 + O^2 + Az^2,4O^2.$$

Sa vapeur, condensée dans un tube courbe U à —20°, contient de l'eau ; on croyait que cette eau était contenue dans le sel, ou qu'on ne pouvait le sécher suffisamment. Pour obtenir cette vapeur sèche, on la fait passer par des fragments de potasse et d'acide phosphorique anhydre, lesquels, se dissolvant dans l'eau produite, doivent être remplacés par d'autres. On voit par cette série de faits, qu'il y a production d'eau par l'azotate de plomb, laquelle etait inexplicable, tandis qu'ici elle prouve qu'il y a combinaison d'un atome d'oxygène et d'un atome double d'azote $Az^2 + O = 4HO$.

Propriétés. Les colorations sont exposées plus bas. La température constante de l'ébullition de l'acide correspond à la grande densité de la vapeur qui provient de l'énédriase de l'oxytétraèdre double $4O^2$ dans l'hydrotétraèdre trisperme $O^3,4H = Az^2$. La densité 3,186 trouvée par le calcul diffère peu de celle 3,189 trouvée par l'observation.

Décomposition. 1° La vapeur de l'acide, avec un excédant d'hydrogène, se dérangent en passant par l'éponge ; les deux oxytétraèdres de l'acide passent dans l'hydrogène avec leur noyau trisperme O^3, lequel devient de l'eau hydrogénée $3OH^2$; ainsi il se produit de l'eau et de l'ammoniaque :

$$Az^2O^5 + 14H = O^3,4O^2H + H^2;4H^4 = 3OH^2,4H + 4H^2O^2.$$

2° Le potassium venant en contact avec l'acide sépare son oxygène, qui pénètre dans les hydotétraèdres, qui, unis au carbone, composent les métaux. De même l'oxygène de l'acide passe au charbon, lequel allumé devient plus négatif, et par conséquent exerce une plus faible résistance à l'expansion des molécules positives μ. De même le mercure, le cuivre et l'étain, pour devenir suffisamment négatifs, doivent se trouver rouges, pour que l'oxygène puisse y pénétrer en se séparant de l'azote.

3° L'acide se décompose en décomposant l'acide sulfhydrique ; il se produit du soufre et de l'ammoniaque : deux corps négatifs dérivés des deux acides de la manière suivante :

$$14HSE^2\dot{E} + Az^2O^5E^5\dot{E}^5 = 8HO\dot{E}\bar{E} + 14S\bar{E} + Az^2H^6\bar{E}^6.$$

L'acide se décompose dans l'ammoniaque, en eau, azote et oxygène :

$$Az^2H^6\dot{E}^6 + Az^2O^8\dot{E}^2\dot{E}^9 = Az^4\dot{E}^4 + 6HO\dot{E}\dot{E} + 2O\dot{E}.$$

4° L'eau étant neutre, se comporte avec l'acide comme une base qui produit des azotates et des azotites, parce que l'acide comme tel ne se combine pas avec les bases; il y a aussi production de deutoxyde d'azote de la manière suivante :

$$4Az^2O^8 + 5HO = Az^5O^{11},5HO + AzO^3 + Az^2O^4.$$

Lorsque l'eau n'est pas suffisante pour produire la quantité indiquée d'acide azotique, une partie du reste de l'acide hyposulfurique se combine avec le double de l'acide monohydraté, et produit l'acide fumant.

En versant peu à peu de l'eau dans une grande quantité d'acide, il devient vert, sans aucun développement de gaz. En versant peu à peu de l'acide dans une grande quantité connue d'eau, il se développe d'abord du deutoxyde ; dès qu'il ne s'en développe plus, la liqueur devient bleue; avec plus d'acide elle devient verte et puis orangée.

Si l'on introduit 9 grammes d'eau HO dans 92 grammes d'acide Az^2O^8 par un très-faible développement de deutoxyde, il se forme dans la liqueur deux couches vertes; la couche inférieure est foncée, et la couche supérieure, d'une épaisseur de 1/5 de la précédente, est claire. La couche supérieure *c* est une liqueur qui bout à 20 degrés, mais son point d'ébullition monte, la vapeur concentrée dans le tube froid à — 20° est bleue, et le point d'ébullition monte rapidement à 120 degrés. La liqueur de la couche inférieure *c* bout d'abord à 17 degrés et monte lentement à 28 degrés. La distillation donne un liquide vert-bleu; il reste dans la cornue de l'acide hypoazotique vert.

Si l'on introduit 45 grammes d'eau H^5O^5 dans 92 grammes d'acide avec une quantité insignifiante de deutoxyde, la liqueur se divise en deux couches ; la couche supérieure *c'* ne diffère pas de la précédente *c*; la couche inférieure *c'* est vert-bleu très-foncé. Dans la distillation, la couche *c'* bout à 0° ; le point d'ébullition monte à 25 degrés et la liqueur distillée, de couleur bleue, est de l'acide hypoazotique.

Un volume d'acide versé dans cinq volumes d'eau développe une quantité de deutoxyde. L'équilibre ainsi obtenu est détruit par le fil de platine, qui conduit l'expansion des molécules des électricités latentes; la poussée qu'elles exercent contre les éléments hyliques ne diffère pas de celle de l'ébullition. Une rupture d'équilibre semblable et même plus forte est produite par les métaux oxydables tels que le fer, le cuivre, l'argent.

III. Acide azotique fumant : $4AzHO^6,2AzO^4$.

§ 159. **Préparation.** On mêle l'acide azotique concentré avec un peu d'acide hypoazotique, ou l'on y introduit du deutoxyde d'azote. On l'obtient par distillation, d'un mélange d'une partie d'acide sulfurique et de deux parties d'acide azotique concentré. D'abord une moitié distille de l'acide azotique monohydraté, et du reste, chauffé au rouge, proviennent de l'oxygène et de la vapeur, laquelle, se mêlant avec l'acide distillé, produit l'acide fumant.

Propriétés. Liquide de densité 1,510 de couleur brune. En versant de l'eau peu à peu dans une quantité considérable d'acide, la densité diminue et les teintes changent dans l'ordre suivant :

Densité 1,510 couleur brune.
— 1,410 — jaune.
— 1,320 — vert bleuâtre.
— 1,250 *reste incolore.*

En introduisant de l'acide sulfurique concentré dans cette liqueur incolore on en éloigne l'excédant de l'eau, et les couleurs réapparaissent en ordre inverse. La vapeur rouge provenant du liquide froid est la même que celle de l'acide hypoazotique bouillant. L'acide fumant gèle à —40° en formant une masse brune.

Éléments.	Forme.	Poids.	Densité.
$4Az^2H^2O^{12}$	$Az^3,4Az^3H^2O^{18}$	504	1,526
$3Az^2O^8$		276	1,451
$Az^{14}H^8O^{72}$	$Az^3,4Az^3H^2O^{18}$	780	$\frac{1}{2}$(2,977).

Décomposition. 1° On en obtient deux couches par la distillation : 1° La couche supérieure est de l'acide hypoazotique, la couche inférieure de l'acide fumant. Les deux liquides agités se mêlent ; avec peu d'eau la liqueur devient *verte*, avec un peu plus elle devient *bleue ;* un peu plus d'eau rend la liqueur incolore.

2° Les alcalis forment des azotates avec séparation de deutoxyde d'azote. Cet acide agit sur les métaux plus fortement que l'acide azotique.

Mode de production des faits exposés.

§ 160. La couleur brune de l'acide fumant et sa disparition dans l'acide étendu, de même que le développement de vapeur d'acide hypoazotique, proviennent d'une combinaison particulière d'une parédriase des tétraèdres de l'acide azotique concentré et de l'acide hypoazotique.

Propriétés. Les colorations sont mentionnées plus bas; l'état fumant est un effet de l'arrangement des tétraèdres, qui fait que le noyau est un équivalent double d'azote, qui ne diffère pas de celui de l'acide hypoazotique $Az^2,4O^2$, lequel obtient la forme de vapeur même sans ébullition. La densité 1,528 et non $\frac{1}{2} \times 2,977$ prouve que les tétraèdres des deux acides sont en *parédriase* les uns à côté des autres et non en *enédriase* logés les uns dans les autres.

Décomposition. 1° L'excédant de l'acide azotique provient de l'évaporation de l'acide hypoazotique; c'est pourquoi l'acide fumant forme une couche d'autant plus faible qu'il est préparé et exposé à l'air depuis plus longtemps. La couleur de la distillation n'est pas brune, parce que sa densité 1,321 correspond au vert.

2° Les alcalis remplacent l'hydrogène H^2 du noyau H^2O^2 de l'hydrotétraèdre de l'acide azotique; c'est à cause de l'absence de ce noyau qu'il n'y a pas de sels d'acide hypoazotique.

3° La séparation du deutoxyde par l'introduction et le passage graduel d'une couleur à l'autre est une preuve que l'acide hypoazotique est décomposé et qu'il est remplacé par l'eau oxygénée

$$Az^4H^4,4O + Az^6,4O^6 + 4H^2O^3 = 6AzO^2 + 4AzOH^2O^2.$$

IV. Acide azoteux.

§ 161. Acide hyponitreux, acide pernitreux (Salpetrige-Saüre).

Formation. 1° Par la décomposition du deutoxyde; 2° par la combinaison du deutoxyde avec de l'oxygène. 3° Dans l'introduction du deutoxyde d'azote dans l'acide hypoazotique anhydre ou dans l'acide azotique monohydraté avec l'azotate de protoxyde de mercure, le deutoxyde produit de l'azotite; 4° Dans les combinaisons des oxydes ou de l'eau avec l'acide hypoazotique; 5° Dans l'ébullition de l'azotate de plomb avec du plomb.

Préparation. On verse cinq équivalents d'eau $5HO = 45$ dans deux équivalents $Az^2O^8 = 92$ d'acide hypoazotique, on chauffe les deux couches de liqueur en recueillant la vapeur dans un tube refroidi en U, et l'on interrompt la distillation dès que le point d'ébullition est monté jusqu'à 28 degrés ; le produit distillé est d'un bleu indigo.

2° Un mélange d'un volume d'oxygène et de quatre volumes de deutoxyde est conduit dans un tube rouge de porcelaine, où les gaz se combinent, la vapeur produite se condense dans un tube courbe en U entouré de glace ; la couleur ainsi obtenue est vert foncé.

3° On conduit du deutoxyde sec dans de l'acide hypoazotique contenu dans des tubes entourés de glace, il s'y forme une liqueur verte La vapeur de cette liqueur se condense dans le tube froid à l'état d'une liqueur bleu-vert foncé très-volatile.

4° On chauffe une partie d'amidon avec huit parties d'acide azotique de 1,25, on conduit la vapeur par un tube contenant du chlorure de calcium, d'où elle passe dans un tube courbe plongé dans de la glace à — 20°. La liqueur qui s'y produit est incolore ; elle devient verte à la température ordinaire. En distillant cette liqueur on obtient un acide de couleur vert foncé, qui bout à 10 degrés contenant 30,8 pour 100 d'azote. Cet acide distillé en donne un autre qui bout à — 2° et contient 33 pour 100 d'azote, ce qui révèle l'existence de l'acide hypoazotique.

Propriétés. La liqueur est de couleur indigo foncé, et très-volatile, elle bout à — 10° sa vapeur est jaune rouge.

Éléments.	Forme.	Poids.
$Az^{12}O^{6}$	$Az^2O^3,4Az^4O^{13}$	380
$Az^{8}O^{14}$		304
$9Az^2O^6$	$Az^2O^2,4(Az^2O^3,AzO^5)$	684

Décomposition. La liqueur couleur indigo se décompose en deutoxyde et acide hypoazotique.

Combinaison. A. *Avec l'eau*, l'acide se dissout dans l'eau à 0° et la couleur indigo devient bleu faible. Au-dessus de 0° il se développe du deutoxyde, et il reste de l'acide azotique étendu.

B. *Avec des oxydes*, il se produit des sels *azotites* ou *hyponitrites*.

1° Le deutoxyde en contact avec la potasse se décompose en protoxyde et en acide hypoazotique qui se combine avec la potasse. 2° On conduit un mélange d'un volume d'oxygène et de quatre volumes de deutoxyde dans les alcalis aqueux ; 3° On conduit l'acide hypoazotique dans des alcalis aqueux ; il y a production d'azotates et d'azotides. 4° On chauffe les azotates de potasse ou de soude pour en séparer les deux atomes d'oxygène. L'azotite de soude avec l'azotate d'argent deviennent azotate, l'oxyde d'argent devient azotite; i est employé pour recevoir le chlore des chlorures et le transformer l en azotite; bouillis dans l'eau, ils se décomposent en azotates, en deutoxydes; 5° On introduit du plomb dans l'azotate de plomb bouillant.

C. Les azotites sont incolores ou jaunes; chauffés, les azotites se décomposent en oxyde, oxygène ou deutoxyde et en excédant de la base.

Dans les vases clos, couverts d'acide sulfurique, les azotites développent du deutoxyde, et la liqueur contient des acides azotique et hypoazotique. Dans des vases ouverts le deutoxyde produit de la vapeur rouge; si les azotites aqueux bouillent dans ces vases, ils deviennent azotates.

MODE DE PRODUCTION DES FAITS EXPOSÉS.

§ 462. **Formation.** La potasse aqueuse KOË, mise en contact avec l'oxygène et le deutoxyde, reçoit quatre volumes de celui-ci et un de l'oxygène, et l'on a $KAzO^4$. Le deutoxyde se combine avec les acides azotique ou hypoazotique; le plomb sépare l'oxygène de l'azotate de plomb;

Préparation. Au moyen: 1° du calcul basé sur les équivalents homonymes qui entrent en nombres différents dans les deux facteurs, et 2° de la couleur, les éléments acquièrent une combinaison tétraédrique sans aucune exception. Ainsi le composé Az^4O^{18} n'est pas impossible sous la forme Az^2O^{10},Az^2O^8 (**Pelouze**, t. I, p. 368), car l'indigo y est représenté par le rapport des atomes 10 et 8 d'oxygène.

Des cinq équivalents d'eau, deux passent dans l'un des équivalents d'acide et trois dans l'autre; ainsi le composé vert est AzH^2O^6,AzH^3O^6. La liqueur indigo est le produit de neuf équivalents d'hydrogène, dont un est le noyau d'un double tétraèdre d'eau oxygénée $H,4H^2O^4 = H,4HO^2,4HO^2$ ou H^5O^8,H^4O^8.

Les couleurs jaune et rouge de la vapeur, sont produites par les mêmes atomes qui forment des facteurs H^4O^{10},H^5O^6. C'est le noyau H d'hydrogène qui fait changer l'état de l'acide; $H^4:H^5$ est le rouge; $O^{10}:O^6$ est le jaune.

Décomposition. Le noyau triple d'oxygène s'établit dans le liquide indigo qui prend la forme $O^3,H^9O^{12} = Az^2O^9,5HO^2$. Une partie de l'azote s'éloigne à l'état de deutoxyde AzO^2 laissant ses deux atomes d'oxygène dans deux équivalents d'eau, qui restent à l'état d'oxygène.

Combinaison. L'acide $Az^2O^4,5HO$ dissous dans l'eau, en reçoit deux équivalents, et devient AzH^4O^7,AzH^2O^3 composition indiquée par sa couleur bleue, ($H^4:O^3$).

1° La potasse est l'oxyde le plus aréoélectrique, elle passe dans le noyau O^3 de l'hydrotétraèdre; son oxygène et celui des deutoxydes forment deux oxytétraèdres introduits dans l'hydrotétraèdre

$$K^2O^2 + Az^2O^6 = K^2Az^2,4O^2 + AzO^2.$$

2° Les oxydes, venant en contact avec le mélange d'oxygène et de deutoxyde, deviennent des azotures doubles contenant des doubles oxytétraèdres. Les azotates sont des azotures pareils, contenant de triples oxytétraèdres, lesquels s'en séparent dans la chaleur; de la soude et de la potasse, la séparation d'un oxytétraèdre s'opère à une faible température $M^2Az^2,4O^3 = M^2Az^2,4O^2 + O^4$.

3° L'acide hypoazotique, conduit dans les alcalis aqueux, produit des azotates, des azotites et du deutoxyde

$$14AzO^4 + 12MO = 4Az^2M^2,4O^{12} + Az^4M^4,4O^4 + Az^2O^4.$$

4° Des azotites de potasse et de soude on obtient l'azotite d'argent par son azotate, et cela parce que, parmi les azotates, l'oxyde d'argent est la base la moins négative.

5° Parmi les métaux, le plomb se distingue : 1° par son rapport avec l'acide sulfurique, et 2° par sa transformation en thallium, qui n'est qu'un résidu de la séparation d'un hydrotétraèdre d'un double équivalent de plomb. $Pb^2 - H^4 = 208 - 4 =$ thallium.

$$Pb^2Az^2,4O^3 + 4P = Pb^2Az^2,4O^2 + 4PbO.$$

Les azotites incolores ont la forme $MAzO^3,MAzO^2$; les jaunes ont la forme $MAzO^3,MAzO^3$.

V. Deutoxyde d'azote $Az^2O^4 = Az^2\ddot{E}^3,4OE$.

§ 163. Oxyde nitrique, oxyde d'azote, bioxyde d'azote, gaz nitreux, gaz nitrosum (stickoxyde, stickstoffoxyde, all.).

Formation. 1° On conduit l'ammoniaque dans un tube rouge contenant du péroxyde de manganèse, dont l'oxygène passe à l'azote et à son hydrogène

$$Az^2H^2,4H + 5Mn^2O^3 = Az^2O^4 + 6HO + 5M^2O^2.$$

2° On chauffe de l'acide azotique ou hypoazotique ou azoteux avec du charbon, du phosphore, du soufre, des combustibles; dans tous ces cas le double équivalent d'azote reste en parédriase avec un oxytétraèdre; ainsi les deux volumes égaux des gaz se soutiennent, et c'est en cela que la parédriase diffère du mélange de chaque rapport.

Préparation. 1° On dissout les métaux inoxydables tels que le cuivre, le bismuth, le plomb, le mercure, l'argent dans l'acide azotique de densité 1,2 à 1,3.

$$Az^2O^6,4O^3 + 4M^3 = 4AzO^2 + 12MO.$$

Dans l'un des bras du tube en forme de ∩ on dissout du cuivre dans l'acide azotique; il s'y produit de la vapeur qui exerce une pression de 20 atmosphères. En chauffant l'un des bras et refroidissant l'autre on obtient dans celui-ci une liqueur bleue verte. Si l'on chauffe pour élever la pression à 50 atmosphères la liqueur s'y vaporise.

Propriétés. Gaz incolore, permanent, peu soluble dans l'eau, ayant la densité 1,039; si on le respire, il donne la mort; il ne rougit pas le tournesol. Le charbon ardent y brûle et produit de la vapeur rouge jaune d'acide fumant. Comme réactif il rougit la solution de fer, s'il y a du cuivre la couleur est violette.

Éléments.	Forme.	Poids.	Volume.	Densité.	
2Az	$-O^3,4OH$	28	1	78	δ — 0,06926
4O		32	1	88	
Az^2O^4	$O^3,4OH$	60	2	(7+8)δ = 1,0389.	

Décomposition. Par les étincelles; dans le passage par un tube rouge, conduit sur des fils de platine, un équivalent d'azote se sépare, l'autre étant sec reste acide hypoazotique; sous la présence de l'eau et de l'air, cet acide se combine avec l'eau devenue oxygénée, et devient acide azotique.

2° En restant six mois en contact avec la potasse aqueuse de deutoxyde, il devient protoxyde.

3° De même mis en contact avec l'acide sulfureux, de deutoxyde il devient protoxyde, et de sulfureux l'acide devient sulfurique.

4° L'acide sulfhydrique décompose le gaz en protoxyde et sulfhydrate d'ammoniaque.

5° Un volume égal de deutoxyde et d'hydrogène, conduits dans des tubes rouges détonent dans certains cas, et dans d'autres, le mélange reste intact; mais allumé dans l'air, ce mélange brûle avec une flamme qui est quelquefois blanche et d'autre fois verte; la vapeur est de l'acide hypoazotique. Ce mélange conduit sur l'éponge froide, dans quelque cas se change en eau et en ammoniaque et dans d'autres reste intacte.

6° Le charbon allumé brûle dans ce gaz avec plus de vivacité que dans l'air conduit dans un tube rouge contenant du charbon, un volume de deutoxyde devient $\frac{1}{2}$ volume d'azote et $\frac{1}{2}$ volume d'acide carbonique.

7° Le potassium, chauffé au gaz, s'allume et brûle avec vivacité : 1° si le métal est en excédant il se produit de la potasse; 2° si le gaz excède, il se forme d'abord du péroxyde de potasse, puis de l'azotate de potasse. Le sodium n'agit pas sur le gaz.

8° Les métaux rouges tels que le fer, le zinc, l'arsenic et le sulfure de barium, deviennent des oxydes, et l'azote reste.

MODE DE PRODUCTION DES FAITS MENTIONNÉS.

§ 164. **Formation**. 1° Le péroxyde de manganèse Mn^2O^4, ou le sulfate de fer $FeSO^4$, dans un tube rouge, venant en contact avec l'ammoniaque $Az^2H^2,4H$, deviennent des oxydes, et produisent de l'eau et du deutoxyde à l'état de tétraèdres.

(α) $$Mn^2O^4,4Mn^2O^4 + Az^2H^2,4H = 10Mn^2O^3 + Az^2O^4 + 6HO.$$

2° Dans les acides ayant la forme $Az^2H^2,4O^3$; $Az^4H^2,4O^3$, $Az^4,4O^3$ les oxytétraèdres sont en *parédriase* de l'azote et non en *énédriase* comme ils le sont dans l'acide hypoazotique. Un *azototétraèdre* Az^4 reste avec un double oxytétraèdre $4O^2$, et les autres oxytétraèdres se combinent avec les combustibles.

Préparation. L'acide azotique de 1,3 à 1,2 de densité, mis en contact avec des métallotétraèdres oxydables, se décompose en deutoxyde, et les oxytétraèdres viennent en parédriase avec les métallotétraèdres en se séparant de l'eau oxygénée.

$$3M^2E^3 + Az^2O^{10}\dot{E}^4\dot{E}^{10},8HO = 6MO + Az^2O^4E^4E^4 + 8HO + 8\dot{E}E^2.$$

Propriétés. Les *azototétraèdres* étant en parédriase avec les oxytétraèdres, conservent leur volume et leur état de gaz permanent incolore; respiré il est délétère comme l'est l'oxygène, car il y a dans ce gaz quatre fois plus d'oxygène que dans l'air. En plein air le gaz se combine avec la vapeur et l'oxygène, et produit une vapeur jaune rouge d'acide fumant. La densité 1,0389 étant la moyenne $\frac{1}{2}(d + d')$ de celle d de l'oxygène et de celle d' de l'azote, on voit que les deux gaz sont en parédriase, et non en énédriase ou en mélange comme dans l'air.

Décomposition. Les tétraèdres des deux gaz Az^2O^4 en parédriase viennent avec les hydrotétraèdres $H^2,4H^2$ en parédriase; celle-ci manque quand les volumes des deux gaz ne sont pas dans le rapport de 20 : 8. En opérant avec les deux gaz en parédriase; on obtient des décompositions du deutoxyde qui manquent dans les cas où l'on opère avec des gaz qui ne sont pas en parédriase, comme on le voit dans les expériences suivantes.

A. 1° Le gaz conduit avec de l'hydrogène dans un tube rouge, détone si les deux gaz sont en parédriase; autrement ils restent intacts.

2° Exposés aux étincelles, les gaz détonent dans un cas et non dans l'autre.

3° Allumés dans l'air, dans un cas la flamme est blanche, dans l'autre elle est verte.

4° L'éponge froide, recevant les gaz à l'état de parédriase, les transforme en eau et en ammoniaque; autrement ils restent intacts.

5° Les gaz en parédriase, cinq volumes d'hydrogène et deux de deutoxyde, produisent de l'eau et de l'ammoniaque lorsqu'on les conduit dans une cornue munie d'une éponge; après en avoir éloigné l'air, on chauffe l'éponge et on y laisse passer les gaz.

(β) $$Az^2O^4 + H^2.4H^2 = 4HO + Az^2H^2,4H.$$

Ces exemples suffiront pour excuser les chimistes qui ne savaient pas que la combinaison des tétraèdres des gaz en parédriase correspond à celle des liquides, ce qui est prouvé dans les deux cas par la densité d du composé, qui est inférieure à celle D de l'un des corps, et supérieure à celle *d* de l'autre.

B. Après l'ammonium $AzH^4\ddot{E}^2$, le potassium $K\ddot{E}^2$ est le métal *peroxydable*, le fer, le zinc, l'arsenic, le sulfure de barium sont *oxydables* $M\ddot{E}^2$. La potasse $K\bar{O}\ddot{E}$ et les oxydes MO décomposent l'acide azotique étendu, et il leur sert à produire du deutoxyde, tandis que la potasse $K\bar{O}\ddot{E}$ en produisant la chaleur $E\ddot{E}^2$ se combine avec l'acide $AzO^5\dot{E}\ddot{E}^3$ et devient de l'azotate.

$$K^2O^2\ddot{E}^2 + Az^2H^2\ddot{E}^4,4O^2\ddot{E}^2 = K^2Az^2,4O^6 + 2HO + 3\dot{E}\ddot{E}^2.$$

VI. Protoxyde d'azote $Az^2O^2\ddot{E}^2\dot{\ddot{E}}^2 = O,4HO = C^2O^4$.

§ 165. Oxyde nitreux, gaz oxyde d'azote (stickstoffoxyde, sticksoxydul.).

Formation. Il arrive toujours dans les composés de l'azote avec plusieurs atomes d'oxygène, que les tétraèdres d'azote se combinent en parédriase avec cinq oxytétraèdres.

Préparation. A. *A l'état gazeux* : 1° On chauffe l'azotate d'ammoniaque dans une cornue de 170 à 260 degrés; 2° on dissout le zinc dans l'acide azotique étendu.

B. *A l'état liquide.* L'azotate d'ammoniaque est chauffé dans l'un des bras d'un tube courbe ∩, et dans l'autre, plongé dans la glace, la vapeur se condense. La liqueur présente deux couches; la couche inférieure contient de l'eau, de l'acide hypoazotique et du protoxyde; la couche supérieure est du protoxyde pur. Faraday a comprimé le gaz froid et il en a obtenu un liquide.

Propriétés. Le liquide produit la plus faible réfraction de la lumière. Le gaz est incolore, d'une odeur et d'une saveur agréable; on peut le respirer pendant quatre minutes; il produit ensuite des effets propres, physiologiques. Les animaux arrivent d'abord à une espèce d'ivresse, puis ils meurent. Une bougie brûle dans ce gaz avec plus de vivacité que dans l'air. Mis en contact avec le deutoxyde, le protoxyde ne produit pas une vapeur rouge et il n'y a pas de changement de volume.

Éléments.		Formes.	Poids.	Volume.	Densité.	
Az^2	$O^2,4H$	$O,4HO = C^2O$	28	2	145	$\delta = 0,0696$.
O^4	O^2		16	1	83	
Az^2O^2		$O,4HO,C^2O^4$	44	2	228 = 1,5200	

La réduction des trois volumes à deux provient de l'énédriase de l'oxytétraèdre 4O de quatre volumes dans l'azototétraèdre 4Az de huit volumes.

Décomposition. 1° Le gaz, exposé aux étincelles, ou conduit dans un tube rouge, se décompose en azote et en oxygène, avec une diminution de $\frac{1}{10}$ du volume. Il se produit deux volumes d'acide hypoazotique.

2° Le mélange d'un volume égal de gaz et d'hydrogène détone par l'étincelle ou dans un tube rouge. Un volume se transforme en eau et l'autre est de l'azote. Si l'hydrogène est en moins grande quantité, il se forme un peu d'acide azotique. L'éponge s'échauffe dans ce mélange, et elle le décompose en eau et en azote. Si l'hydrogène est en excès, il se forme de l'ammoniaque. Le mélange du gaz et de l'ammoniaque détone aussi par l'étincelle ou dans le tube rouge. Si l'ammoniaque est remplacée par du carbone, du phosphore, du soufre hydrogénés, il se produit de l'azote, de l'eau et des acides carbonique, phosphorique sulfureux.

3° Un volume d'oxyde de carbone et un peu plus de protoxyde, détonent par l'étincelle en produisant un volume d'acide carbonique, un peu plus d'un volume d'azote et peu d'oxygène.

4° Le charbon allumé brûle dans le protoxyde avec plus de vivacité que dans l'air. Un volume de gaz devient un volume d'azote et $\frac{1}{2}$ volume d'acide carbonique. Le bore chaud brûle dans le gaz et devient de l'acide borique. Le phosphore peut se transformer en vapeur dans le gaz sans être enflammé; pour l'allumer, il faut le toucher avec le fer blanc. Le soufre allumé brûle avec vivacité dans le gaz, la flamme est rouge et il se produit de l'acide sulfureux.

5° Le potassium et le sodium chauds s'allument dans le gaz et brûlent avec vivacité en devenant des peroxydes. Ceux-ci produisent de l'acide azotique et deviennent des azotates.

6° Le fer rouge brûle dans le gaz, de même que les autres métaux oxydables $M\bar{E}^2$, tels que le manganèse, le zinc, l'étain.

Le gaz éprouve une diminution de volume en traversant l'acide fumant, sans que les chimistes en sachent la cause.

Combinaison. Les quatre volumes d'eau dissolvent à 18 degrés trois volumes de gaz, et l'eau devient un peu douce; à une température élevée le gaz s'en sépare. L'alcool, l'éther et les huiles dissolvent le gaz en plus grande quantité que l'eau.

MODE DE PRODUCTION DES FAITS EXPOSÉS.

§ 166. **Formation.** L'azote et l'oxygène en toute proportion exposés ensemble aux étincelles pendant des mois entiers, ne produisent que de l'acide azotique monohydraté.

1° Le gaz se forme du deutoxyde Az^2O^2 dont l'un des deux oxytétraèdres passe dans l'hydrotétraèdre de l'acide sulfurique, dans le sulfure de potassium, dans les limailles humides des métaux oxydables $M\bar{E}^2$ fer, zinc.

2° L'azotate d'ammoniaque chauffé, se décompose en tétraèdres de protoxyde, d'oxygène et d'eau. Les métaux oxydables, tels que le zinc, l'étain, le fer, le cuivre, décomposent l'acide azotique étendu en oxygène et protoxyde.

Préparation. 1° Les tétraèdres composant l'azotate d'ammoniaque, sont combinés en parédriase les uns à côté des autres, car ils ne sont pas logés les uns dans les autres. Ils se séparent à 170 degrés en produisant de l'eau et du protoxyde :

(α) $$Az^2O^8,4HO = Az^2O^8 + 4HO.$$

2° L'acide azotique tétrakishydraté et étendu est $Az^2O^4,4HO$; il se décompose par les métaux en tétraèdres d'eau oxygénée $4HO^2$ et en deutoxyde; les métaux reçoivent de celui-ci un atome d'oxygène, et il y a production de chaleur :

(β) $$M^2\bar{E}^1 + Az^2O^4\bar{E}^2\dot{\bar{E}}^3,4H^2O^4 = M^2O^2 + Az^2O^2\bar{E}^2\dot{\bar{E}}^3 + 8HO + 2\bar{E}\dot{\bar{E}}^2.$$

Propriétés hyliques. Le protoxyde est composé de tétraèdres d'azote contenant chacun un oxytétraèdre, de même que la vapeur d'eau est composée de tétraèdres d'hydrogène contenant des oxytétraèdres, tandis que dans le deutoxyde, les tétraèdres logent les uns à côté des autres. La densité de la vapeur d'eau 9δ, du protoxyde 22δ, du deutoxyde $\frac{1}{2}$ (14+16)δ en est une preuve aréostatique incontestable.

Propriétés ahyles. Le protoxyde $Az^2O^2\bar{E}^2\dot{\bar{E}}^3$ soutient l'électricité neutre; c'est une vapeur contenant une quantité de chaleur à l'état latent. En brûlant l'hydrogène ou l'oxyde de carbone, il en résulte la somme de calories $\vartheta + \theta = 5q$; ϑ indique la quantité $3q$ de calories latentes et θ la quantité $2q$ produite par les syzygues $\bar{E}\dot{\bar{E}}$ du protoxyde. Un gramme d'hydrogène produit 23640 calories lumineuses quand il brûle dans l'oxygène et $\frac{5}{2} \times 23640$ quand il brûle dans le protoxyde dont l'azote $Az^2\bar{E}^3$ reste séparé; les $\frac{3}{2} \times 23640 = \vartheta$ sont des calories latentes de 22 grammes de gaz.

L'électricité neutre du gaz respiré, produit des séries de symptômes différents pour chaque individu; ces symptômes sont dus à la faible combustion d'une partie du carbone du sang dans le protoxyde, ce qui produit une circulation accélérée et une espèce d'ivresse qui va jusqu'à l'évanouissement; ensuite l'individu devient pâle, il voit les objets doubles, éprouve de l'anxiété, une disposition désagréable, des douleurs dans les tempes pendant une heure; puis arrivent l'obscurcissement des yeux et la surdité; la gorge se sèche; il y a tendance à parler et à rire. Enfin le dernier symptôme est la léthargie et l'envie de dormir; mais après le sommeil l'individu revient à son état normal. Le gaz a produit aussi sur une personne une espèce de rage qui a duré quelques jours.

Décomposition. 1° Un volume de protoxyde exposé aux étincelles ou conduit dans un tube rouge, au lieu d'augmenter pour devenir un et demi, quand il est composé en azote et en oxygène, diminue de $\frac{1}{10}$; la quantité d'acide hypoazotique est trop minime pour produire cet effet, et surtout l'absence de couleur jaune rouge. Cette diminution de volume a pour cause la production de l'eau par la combinaison d'un atome d'oxygène avec l'équivalent double d'azote :

$$Az^{12}O^{12} = Az^{4}O^{2} + AzO^{4} + Az^{7} + O^{6}\text{ ; il est } Az^{4}O^{8} = 8HO.$$

2° L'azote ne reste isolé que parce que l'oxytétraèdre s'éloigne pour passer dans un autre corps plus négatif que l'azote, tel que l'hydrogène pur et celui de l'ammoniaque et des acides hydriques.

3° L'oxyde de carbone se comporte comme l'hydrogène ; la vapeur de l'acide carbonique ne se condense pas comme celle de l'eau.

4° Le charbon solide, avec deux volumes d'oxygène du protoxyde, devient deux volumes d'acide carbonique, et il reste quatre volumes d'azote :

$$C^{2}E^{4} + 4AzO\dot{E}E = 4AzE + C^{2}O^{4}\dot{E}^{2}E^{2} + 3\acute{E}E^{2}.$$

5° Les métaux peroxydables ME^{3} deviennent d'abord des peroydes MO^{2} ; s'il y a excédant de protoxyde, ils deviennent des azotates

$$MO^{2} + AzO,4AzO = MAzO^{6},O^{2} + Az^{4} + O^{2}.$$

6° Les métaux oxydables rouges brûlent dans le protoxyde en recevant son oxygène. Les oxydes MO ne sont pas assez négatifs pour se combiner avec le protoxyde.

7° Le protoxyde diminue en traversant l'acide fumant. Cette découverte, due à **Balard**, est une preuve qu'il se produit de l'eau par la combinaison d'un atome d'oxygène avec un équivalent double d'azote :

$$Az^{2}HO^{2},4O + (Az^{2} + O) = Az^{2}HO^{2},4O^{2} + 4HO = Az^{2}H^{5}O^{6},4O^{2}.$$

Les faits observés étaient déclarés inexplicables lorsqu'ils n'étaient pas d'accord avec l'hypothèse que *les corps indécomposables sont simples* ; ici ils se trouvent expliqués par la rectification de l'hypothèse. Les corps indécomposables sont des résidus par cette raison, n'étant pas composés, ils ne peuvent pas être *décomposés*.

B. Combinaisons de l'azote avec l'hydrogène.

§ 167. L'azote est composé des hydrotétraèdres trispermes $O^{2},4H = Az^{2}$. Ces tétraèdres sont situés dans des hémihydrotétraèdres 2H, puis dans des hydrotétraèdres 4H, et c'est ainsi que sont produits les tétraèdres $Az^2H^2,4H$ de la vapeur qui compose le *gaz ammoniac.*

Ce gaz éprouve, dans la structure de ses tétraèdres, deux modifications, lorsqu'ils viennent en parédriase avec les autres corps : 1° Les deux atomes d'hydrogène H^2 du noyau s'en séparent sans être remplacés, ou 2° ils se trouvent remplacés par un hydrotétraèdre 4H. Dans un cas on a $Az^2,4H$, nommé *amide*, et dans l'autre $Az^2,4H^2$, nommé *ammonium*.

I. Amide, $Az^2,4H$.

§ 168. Dans les parédriases de l'ammoniaque avec les métaux $\ddot{M}$ les deux atomes d'hydrogène sont remplacés par deux équivalents de métaux peroxydables. Ces composés, nommés *amidites métalliques*, ont la forme $M^2Az^2,4H$.

1° En chauffant le potassium ou le sodium dans l'ammoniaque, deux atomes d'hydrogène se trouvent remplacés par deux équivalents de métal $K^2 + Az^2H^2,4H = H^2 + Az^2K^2,4H$.

2° En dissolvant quelques chlorures et quelques sels dans l'ammoniaque pendant la parédriase, il se produit des composés ayant la forme $M^2Az^2,4H$.

Avant de connaître la combinaison des tétraèdres en parédriase, les chimistes se bornaient à dire que l'amide tient la place d'un atome d'oxygène. L'amide AzH^2 correspond aux péroxydes MO^2, l'ammoniaque AzH^3 aux oxydes $MO\ddot{E}^2$, et l'ammonium AzH^4 à un métal peroxydable $M\ddot{E}^4$.

II. Ammoniaque $Az^2H^2\ddot{E}^2,4H\ddot{E}$.

§ 169. Ammonium, alcali, amoniacum, amide hydrogéné.

Historique. Kunckel chimiste allemand, vers 1612, a préparé l'ammoniaque caustique en chauffant le sel ammoniaque avec la chaux vive, comme on le fait encore aujourd'hui.

Hœfer a fait dériver le mot ἀμμόνιον, sel ammoniac de ἄμμος = sable, exploité dans la Cyrénaïque. Cette dérivation ne s'accorde ni avec les règles de la langue hellénique ni avec l'état minéralogique du sel qui se compose de morceaux de cristaux et non de grains de sable. Ce sel ammoniaque était exploité en Égypte dans le désert du temple de Ζεὺς Ἄμμων, d'où il est apporté encore aud'hui. Le mot ἀμμόνιος, d'après les règles de la langue hellénique, dérive de Αμμων, génitif Αμμονος, et non de ἄμμος, génitif ἄμμου (1).

Tachenius, qui vivait vers 1650, a dit : Tout ce qui est sel se décompose en deux substances, savoir : un alcali (*base*) et un acide. C'est ici, après deux siècles, qu'on apprendra que la décomposition des sels est un ectétraédriase, accompagnée d'une exélectrose et d'une disparition de chaleur $\dot{E}E^{6}$, à cause de la combinaison de la base avec l'aréosyzygue E et l'acide avec le couple électrique EE :

$$HCl,AzH^{3}+\dot{E}E^{3}=AzH^{3}E+HCl\dot{E}E.$$

État naturel. Dans l'air à l'état de carbonate ; dans l'eau de la mer ; dans les eaux minérales à l'état de sel ammoniac ; dans l'eau des fleuves ; dans les terreaux ; dans le sel gemme, et dans les produits des volcans. Dans la rouille du fer, dans toutes les oxydations par le feu, l'ammoniaque se sépare quand on chauffe ces corps dans l'air ou dans l'eau ; celle-ci mêlée d'un peu d'acide chlorhydrique, acquiert du sel ammoniac. L'oxyde de fer hydraté contient aussi de l'*ammoniaque*. L'argile chauffée avec la potasse produit de l'ammoniaque. Il y a également des sels d'ammoniaque dans le suc de plusieurs plantes et dans les liquides des animaux, notamment dans l'urine.

Formation. A. *Par les corps organiques*. 1° Par la combustion d'un mélange d'hydrogène en excès dans l'oxygène et l'azote. Dans l'électrolyse faible de l'eau, il se forme de l'ammoniaque dans le pôle négatif et de l'acide azotique dans le pôle positif (**Davy**). Le mélange d'un volume d'azote et de trois volumes d'hydrogène, conduit dans un tube rouge, ne donne pas d'ammoniaque.

2° Au moment de son développement, l'hydrogène mis en contact avec l'azote produit par l'ammoniaque. Les limailles humides de fer ou de zinc, en contact avec l'air ou avec l'azote, produisent de l'ammoniaque ; dans certains cas cependant il ne s'en produit pas. De même un mélange de soufre et de limailles de fer produit de l'ammoniaque. Le sulfure de potasse, fondu avec des limailles de fer, produit de l'ammoniaque, si, quand le sulfure est chaud, on laisse tomber des gouttes d'eau. Les oxydes alcalins hydratés, tels que la po-

---

(1) Dans la *Physique céleste*, t. III, p. 530, on trouve l'œil = ὀμμα comme ornement et offrant dans un temple d'Isis et d'Osiris à Thèbes ; ce mot ὀμμα, en forme de grain de sable, renversé fait Αμμων et ἄμμος. Ainsi les deux noms qui indiquent des objets très-différents, Jupiter (comme représentant du Soleil) et le sable composé des grains arrondis, ont pour racine commune le mot ὀμμα.

tasse, la soude, la chaux, chauffés avec les métaux peroxydables comme le potassium, et avec les métaux oxydables comme l'arsenic, l'étain, le zinc, le plomb, le fer, le cuivre, produisent beaucoup d'ammoniaque. Cette production n'a pas lieu quand on opère avec des métaux inoxydables MË comme l'or, le platine, etc. L'ammoniaque se produit également lorsqu'on chauffe les métaux dans l'hydrogène (**Faraday**).

3° *Au moment du développement de l'azote en présence de l'hydrogène.* Deux volumes de deutoxyde d'azote et trois d'hydrogène, conduits sur l'éponge chaude, produisent de l'ammoniaque. Ce mélange, conduit dans un tube rouge rempli de fragments de corps poreux, produit beaucoup d'ammoniaque; l'oxyde de fer sollicite plus la production que les oxydes de zinc, d'étain et de cuivre. Le protoxyde d'azote et d'hydrogène en excès conduits sur l'éponge ou le noir de platine contenu dans un tube froid, n'éprouvent aucun changement; ces gaz produisent de l'ammoniaque lorsqu'on chauffe le platine. Dans un mélange de deutoxde d'azote ou de vapeur d'acide hypoazotique et d'hydrogène l'éponge devient rouge, et occasionne souvent de violentes explosions; elle change tout l'azote en ammoniaque. L'éponge froide agit sur le mélange de la vapeur d'acide hypoazotique et d'hydrogène.

4° *Au moment de la naissance de l'azote et de l'hydrogène.* Le deutoxyde humide, conduit sur des limailles de fer rouge, donne de l'ammoniaque. Le deutoxyde se décompose, et produit de l'ammoniaque, qui vient en contact avec des limailles humides de fer ou d'étain et avec de l'acide sulfhydrique ou des sels sulfhydriques. L'acide hypoazotique se décompose dans l'acide sulfhydrique, et forme un peu d'ammoniaque. Le même effet est produit par l'acide azotique étendu, par les métaux oxydables MË², comme le zinc, le cadmium, le fer, et non avec les métaux peroxydables MË³, comme le potassium et le natrium.

Si on laisse pendant une nuit un mélange de limaille de fer et d'acide azotique très-étendu l'un près de l'autre, on trouve le lendemain que ce mélange contient des cristaux de carbonate d'ammoniaque à la surface. La limaille de fer couverte d'une couche d'acide fumant étendu dans six parties d'eau développe beaucoup d'ammoniaque au bout de quelques jours. S'il y a douze parties d'eau l'ammoniaque est en petite quantité; il ne s'en produit point s'il y a seize parties d'eau. La limaille de zinc couverte d'une solution d'azotate de cuivre produit de l'ammoniaque. Les limailles de fer couvertes d'acide azotique étendu ou d'une solution d'azotate de cuivre, exhale une odeur d'ammoniaque si elles restent quelques jours dans un vase fermé. Il se produit de l'ammoniaque lorsque de la solution bouillante d'azotate d'argent on précipite ce métal par le fer. L'acide sulfurique étendu, mêlé dans une certaine proportion avec l'acide azotique, dissout les métaux oxydables MÉ², tels que le zinc, le fer ou l'étain, sans développement de gaz, et produit du sulfate d'ammoniaque. L'azotate de potasse calciné avec l'hydrate de potasse ne produit pas d'ammoniaque; celle-ci apparaît en abondance lorsqu'on y introduit du zinc.

Un mélange d'une portion d'azotate de potasse, de trois de potasse hydratée et de vingt de limailles de fer, quand il est chauffé, développe beaucoup d'ammoniaque mêlée avec l'hydrogène et l'azote. Le zinc avec le fer, plongés dans une solution de potasse, produisent de l'ammoniaque s'il y a de l'azotate de potasse; autrement il n'y a que de l'hydrogène. L'ammoniaque se produit aussi dans la décomposition des azotures de phosphore, de soufre, d'iode et de chlore en contact avec l'eau.

B. *Par les corps organiques.* 1° Les hydrates des métaux peroxydables MÉ³ comme la potasse, la soude, la baryte, la chaux, chauffés avec du sucre, de la charpie, des silicates et autres substances non azotées, produisent de l'ammoniaque lors même que l'expérience se fait dans des vases clos contenant de l'hydrogène.

2° Une pâte de farine ou d'amidon, contenant des traces d'azote, produit de l'ammoniaque jusqu'à sa disparition, si elle est humide.

3° Un mélange de gaz oléfiant, de vapeur d'alcool et de deutoxyde d'azote, conduit sur l'éponge, produit du prussiate d'ammoniaque. Une dissolution de platine dans l'eau régale saturée de potasse et mêlé avec de l'alcool, produit au soleil une poussière noire de platine et d'ammoniaque dont la quantité croît continuellement. L'azotate de potasse produit de l'ammoniaque si on le chauffe avec de la gomme.

4° Les corps organiques azotés produisent de l'ammoniaque en se décomposant, pendant leur calcination dans des vases clos, surtout lorsqu'on les chauffe avec l'hydrate de potasse, pendant leur fermentation et surtout pendant leur putréfaction.

Préparation. On introduit dans une cornue *en terre, à poids* égal, un mélange de chaux vive et de sel ammoniac en laissant vide plus de la moitié de la cornue. Cet espace est rempli par de petits fragments de chaux destinée à dessécher le gaz; la vapeur est recueillie sur le mercure.

Pour faire condenser cette vapeur, on la fait arriver à un tube en U plongé dans la glace à —40°.

Propriétés. A l'état liquide l'ammoniaque est incolore, très-volatile; sa densité est 0,76; elle produit une plus grande réfraction de lumière que l'eau. Elle bout à — 33°,7.

A l'état vaporeux elle est incolore, d'une odeur pénétrante et excitante. Les animaux n'y peuvent résister et succombent; sa saveur est piquante, alcaline; elle rougit le curcuma même à l'état sec et change en vert le papier rouge de tournesol, dont la couleur primitive revient s'il reste exposé à l'air. C'est pour toutes ces causes qu'on a donné à cette vapeur le nom d'*alcali volatil.* Elle brûle avec difficulté dans l'air quand on l'enflamme avec une bougie.

Éléments.	Forme.	Poids.	Volume.	Densité.	
Az^2E^2	$H^2O^3,4H^3$	28	1	14δ	δ=0,06926.
6HE		6	3	3δ	
$Az^2H^2E^4,4H\ddot{E}$;	$H^2O^3,4H$	34	2	$\frac{1}{2}\times 17\delta=0,58871$	

Décomposition. A. 1° Les étincelles décomposent l'ammoniaque en deux gaz de volume double, dont un quart est de l'azote et les trois autres quarts de l'hydrogène.

2° Elle se décompose, de la même manière, en passant par un tube chauffé au rouge et contenant des fragments de porcelaine: elle se décompose mieux s'il y a des fils de platine, d'argent ou d'or, encore mieux avec les fils de cuivre, et parfaitement avec les fils de fer. Le poids des métaux change à peine; le cuivre et le fer deviennent fragiles; l'or et le platine n'éprouvent aucun changement. L'élévation de température facilite la décomposition.

B. 1° Un mélange de deux volumes d'ammoniaque et pas moins d'un volume ou pas plus de six volumes d'oxygène, détone par l'étincelle. 1° S'il y a excédant d'oxygène, il se produit de l'azote, de l'eau et de l'azotate d'ammoniaque; 2° si, au contraire, l'ammoniaque est en excès, il se produit de l'azote, de l'hydrogène et de l'eau. Elle s'enflamme et brûle dans l'oxygène, si elle est introduite par un orifice très-étroit; la flamme est petite et jaune. Si la vapeur contient de l'air, elle fait augmenter la flamme normale sans agir sur la combustion normale des corps.

2° Le mélange de vapeur d'ammoniaque et d'acide hypochloreux détone avec inflammation et produit du chlore; avec l'acide hypochlorique la vapeur s'allume, brûle avec une lumière jaune et produit de l'azote et du chlore.

3° L'ammoniaque humide introduite dans l'acide hypochlorique très-froid, produit de l'azote et des gouttes de chlorure d'azote. Si l'acide est très-concentré, ou si l'on agite vivement le mélange, il se développe du chlore et de l'azote.

4° L'ammoniaque avec l'acide hypochloreux produit à la température ordinaire de l'azote, du sel ammoniaque et du chlorate d'ammoniaque.

5° Un mélange de quatre volumes d'ammoniaque et de deux à trois de protoxyde d'azote, détone par l'étincelle : 1° S'il y a trois volumes de protoxyde, il se produit de l'eau, de l'azote et peu d'acide hypoazotique ; il reste peu de protoxyde. 2° S'il y a deux volumes de protoxyde, il se produit de l'eau, de l'azote et de l'hydrogène, et il reste un peu d'ammoniaque. Dans les deux cas il y a une diminution de volume. De même le mélange de l'ammoniaque et d'une certaine quantité de deutoxyde d'azote détone par l'étincelle ; en se décomposant il donne des produits pareils aux précédents. 3° Un volume égal d'ammoniaque et de deutoxyde se réduit, au bout d'un mois à la moitié du volume, sans que toute l'ammoniaque soit encore détruite. L'ammoniaque humide et le deutoxyde d'azote produit aussi du protoxyde.

6° L'ammoniaque se décompose avec intensité dans l'acide hypoazotique et dans sa vapeur et produit de l'eau, de l'azotate et du deutoxyde d'azote. Les vapeurs très-sèches d'ammoniaque et d'acide hypoazotique produisent de la chaleur, de l'azote, de l'eau, de l'azotite d'ammoniaque, un peu de protoxyde et de l'azotate d'ammoniaque.

7° En contact avec des oxydes MO de métaux oxydables MÉ², chauffé au rouge l'ammoniaque se décompose en azote, en eau et en métal ou azoture de métal.

C. 1° L'ammoniaque en contact avec du charbon rouge produit du cyanate d'ammoniaque et de l'hydrogène.

2° Le mélange de vapeur d'ammoniaque et de phosphore, conduit dans un tube rouge, se décompose en phosphore hydrogéné et en azote avec de la vapeur de phosphore. De même le mélange des vapeurs d'ammoniaque et de soufre produit de l'hydrogène, de l'azote et de l'hydrosulfure d'ammoniaque.

3° A la température ordinaire, l'iode humide devient, dans l'ammoniaque, de l'iodure d'azote et de l'ammoniaque iodhydrique.

4° Le brome devient chaud et produit de l'azote et de l'ammoniaque bromhydrique.

5° L'ammoniaque brûle dans le chlore à la température ordinaire avec une flamme rouge et blanche; le produit est de l'azote et du sel ammoniaque. Les bulles de chlore qui passent par l'eau ammoniacale produisent de faibles détonations et de la lumière visible dans l'obscurité.

Combinaison de l'ammoniaque avec l'eau. La vapeur de l'ammoniaque se répand avec violence dans l'eau et amène une élévation de température; elle se répand aussi dans la glace, dont la fusion produit un abaissement de température. Dans un volume d'eau il se dissout 670 volumes de vapeur d'ammoniaque à 10 degrés; la liqueur acquiert la densité 0,875 **Davy**. A une température inférieure l'eau dissout une plus grande quantité d'ammoniaque et acquiert la densité 0,850. Un volume d'eau après avoir reçu 505 volumes d'ammoniaque, devient un volume et demi; sa densité est 0,900. Cette liqueur mêlée avec un volume égal d'eau, donne un liquide dont la densité est 0,9455; ce qui prouve qu'il y a accroissement de volume.

La liqueur est claire comme de l'eau; concentrée, elle gèle à —38° ou —41° et forme des aiguilles élastiques; à —49° les aiguilles forment une masse gélatineuse et l'odeur devient insensible. La saveur est brûlante, urineuse. Au-dessous de 100 degrés, presque toute l'ammoniaque se sépare de l'eau.

2° L'ammoniaque se combine avec les acides et forme des sels monohydratés ou polyhydratés; avec les hydroacides elle forme des sels anhydres. Les sels monohydratés chauffés au rouge se décomposent en perdant de l'eau. Le sels ammoniaques sont neutres; ils ont une saveur piquante, urineuse. Les sels des hydroacides et de l'acide carbonique se changent en vapeur sans se décomposer, tandis que dans les sels des acides d'oxygène calcinés : 1° les uns laissent l'ammoniaque se séparer de l'acide sans aucune décomposition (acide phosphorique); 2° les autres se décomposent et l'oxygène de l'acide se combine avec l'hydrogène de la base (acide azotique); 3° d'autres exposés à l'air perdent une partie de leur ammoniaque et il y reste un excédant d'acide.

3° Parmi les solutions de sels traitées par le chlore, les unes donnent de l'azote et de l'acide chlorhydrique, les autres donnent cet acide et du chlorure d'azote. Si l'on frotte de l'oxyde de plomb contre les sels d'ammoniaque humides, il se produit de l'ammoniaque.

4° Tous les sels d'ammoniaque se dissolvent dans l'eau; par leur solution peu concentrée il se forme des cristaux volumineux.

5° L'ammoniaque forme des sels doubles avec les oxydes des métaux dont la structure est semblable à la sienne. Ces oxydes sont : la soude, la magnésie, l'alumine, le manganèse, l'oxyde de zinc, de cobalt, de nickel, de cuivre, de platine, de palladium, de rhodium et d'iridium.

6° L'ammoniaque se combine ou se change en parédriase avec les oxydes des métaux oxydables ME^2 et des métaux inoxydables ME; ces métaux sont : le chrome, le tellure, le zinc, le cadmium, l'étain, le plomb, le fer, le cobalt, le nickel, le cuivre, l'argent. Les solutions d'ammoniaque se combinent en parédriase avec les oxydes des métaux inoxydables, tels que le vanadium, l'uranium, l'antimoine, le mercure, l'argent, l'or, le platine, et le rhodium. Ces parédriases se décomposent en grande partie avec détonation.

7° L'ammoniaque se combine en parédriase avec les peroxydes des métaux oxydables ME^2; il se produit de la chaleur; cette chaleur y remplace l'eau cristalline et s'en éloigne à une température élevée. Ces parédriases se trouvent remplacées par l'eau, car dans leur solution l'ammoniaque s'éloigne.

8° Plusieurs métaux à l'état d'iodures, de bromures ou de chlorures se combinent en parédriase avec l'ammoniaque sèche ou dissoute dans l'eau, en produisant de la chaleur. Les 4 équivalents reçoivent 2, 4, 8 ou 12 équivalents d'ammoniaque; celle-ci remplace l'eau. L'ammoniaque s'éloigne de quelques composés s'ils restent exposés à l'air; elle en abandonne d'autres pendant leur calcination; alors elle s'éloigne composée avec l'hydrochlore, l'hydrobrome l'hydroïode. L'eau remplace l'ammoniaque séparée en dissolvant les sels (chlorure de calcium); dans d'autres sels ce remplacement n'a pas lieu; les sels dissous conservent l'ammoniaque qu'ils contenaient à l'état solide.

MODE DE PRODUCTION DES FAITS EXPOSÉS.

§ 170. **État naturel.** L'ammonium est plus que peroxydable par rapport au potassium; c'est pourquoi ni lui ni l'ammoniaque ne se trouvent nulle part à l'état libre. Il en résulte que les composés d'ammoniaque ont été produits comme nous les trouvons; elle s'en sépare à une température élevée. C'est par cette séparation que s'engendre l'ammoniaque. Les mêmes atomes composent trois équivalents doubles de carbone et un équivalent double d'ammonium $C^{6}=O^{8}H^{10}=Az^{2}H^{6}$, car c'est dans cet état qu'il entre dans les sels. Avant le Déluge les fortes carrières de sel ammoniac étaient des amas d'arbres amenés par les eaux des torrents causés par les pluies. Comme ces carrières restaient exposées au Soleil, sur 24 équivalents de carbone il s'en séparait un tétraèdre d'hydrogène ayant pour noyau un oxytétraèdre et un atome d'hydrogène H,4OH. Le résidu C^{24}—H,4OH est le sel ammoniac exposé dans l'équation suivante où il est $Cl^{8}=C^{10}H^{11}$:

(α) $4C^{6}-H,4HO=C^{6},4C+C^{6},4C^{6}+4C^{6}-H,4HO=Az^{2}H^{6}Cl.$

La distribution du carbone dans tous les corps y occasionne la production de l'ammoniaque; elle s'en sépare en y laissant l'un des quatre atomes d'hydrogène.

Les quatre tétraèdres d'eau $4H^{4}O^{4}$ se changent en azotate d'ammoniaque en recevant de l'air deux atomes d'oxygène :

$$4H^{4}O^{4}+O^{2}=2O^{9}H^{8}=2Az^{2}O^{8},4HO.$$

Le fer est composé d'équivalents dont les éléments sont $Fe^{2}=C^{4}H^{6}O^{8}$; s'il est en limaille humide, il y a production de rouille et d'ammoniaque

$$Fe^{2}+4HO=C^{4}H^{6}O^{8}+4HO=O^{8},H^{4}H^{6}+C^{4}O^{4}=Az^{2}H^{6}+C^{4}O^{4}.$$

La rouille est cet oxyde combiné avec le fer.

Ammoniaque à l'état naturel. Les corps azotés sont répandus sur toute la surface du globe de même que l'eau et le carbone. L'azote avec l'hydrogène s'y trouve à l'état de base de sel comme l'est le sel ammoniac ou avec l'oxygène à l'état d'acide composé avec des oxydes. Les acides et les bases n'ont jamais existé séparés; les sels sont des produits naturels dont les éléments sont l'eau et le carbone.

Sel ammoniac. Un tétraèdre triple de carbone et un tétraèdre d'ammonium sont composés des mêmes éléments. Le tétraèdre 4Cl de chlore est le résidu de quatre tétraèdres d'eau après la séparation de deux atomes d'hydrogène; ainsi on a :

(α) $4AzH^{4}Cl=4C^{3}+4H^{4}O^{4}-H^{2}=4AzH^{4}+4Cl.$

L'équivalent double de chlore $4H^{2}O^{2}$ — H et l'équivalent double d'ammoniaque est $3C^{2}=3O^{3}H^{4}=O^{8},4H^{3}=Az^{2}H^{6}$.

Rouille de fer et ammoniaque. Le double équivalent de fer est $C^{4}H^{6}O^{3}$; trois de ces éléments avec trois tétraèdres d'eau produisent la rouille et l'ammoniaque

(β) $3Fe^{2}+3H^{4}O^{4}=3Fe^{2}O^{3}+Az^{2}H^{6}.$

$O^{9}H^{2}$ est l'ammonium $Az^{2}H^{6}$.

Formation. A. *Par les corps organiques.* L'azote $O^3,4H$ se trouve d'abord dans l'hémihydrotétraèdre 2H de quatre volumes et forme un hydrotétraèdre dont le noyau est H^2O^3; ensuite ce noyau réside dans un autre hydrotétraèdre et forme l'ammoniaque

(γ) $Az^2 + H^2;\ 4H = H^2O^3,4H + 4H = Az^2H^2,4H.$

4° Dans l'électrolyse de l'eau l'hydrogène est repoussé du pôle positif et l'oxygène y reste à l'état de tétraèdre.

L'oxygène est repoussé du pôle négatif et il y reste des hydrotétraèdres. La présence de l'air produit des parédriases symétriques des atomes dans les deux pôles :

(δ) $Az^2O^{10} = O,4O^2H;\ Az^2H^6 = O2OH,4H^2.$

2° Les limailles humides de zinc ou de fer décomposent l'eau dont les éléments se combinent en parédriases avec l'azote; c'est pourquoi sa présence est nécessaire dans la production de l'ammoniaque. Quand ces parédriases ne sont pas d'abord établies, l'ammoniaque ne se produit pas.

Les éléments du soufre sont $C^2H^4 = S = O,4H^2$; ces éléments et deux équivalents d'eau étant en contact avec le fer $Fe^2 = C^4H^6O^6$, il en résulte la combinaison suivante de l'ammoniaque :

(ε) $S + 2HO = O,4H^2 + 2HO = O,^2HO,4H^2 = Az2H^2,4H.$

Les hydrates $MHO^2\ddot{E}$ des métaux peroxydables chauffés avec les métaux oxydables, décomposent l'eau; sur dix équivalents sept atomes d'oygène passent aux sept équivalents du métal; dans les deux hydrotétraèdres $4H^2$, il reste comme noyau un atome d'oxygène avec deux équivalents d'eau qui forment de l'ammoniaque

(ζ) $10MHO^2 + 7M\ddot{E}^2 = 10MO\ddot{E} + 7MO + O^3H^2,4H^2.$

3° Le deutoxyde d'azote Az^2O^4 est une parédriase des deux gaz à volume égal. Avec quatre volumes de chacun de ces gaz et douze volumes d'hydrogène on obtient, à l'aide de l'éponge, une parédriase propre à exercer le minimum de résistance :

$$4AzO^2 + 4H^3 = 4AzH^3 + 4O^2,$$

laquelle amène la formation de l'ammoniaque.

Le deutoxyde de fer ne diffère des autres oxydes des métaux que par la combinaison des éléments $4C^4H^6O^3$ qui composent le corps $O,4C^4H^6O^4$.

L'éponge de platine chaude se trouvant dans le mélange d'hydrogène et de deutoxyde ou de la vapeur de l'acide hypoazotique, y produit une *parédriase* qui est suivie d'une *énédriase* explosible.

4° L'ammoniaque est produite par le contact du fer et du deutoxyde lorsque l'un deux est humide; ainsi on a :

(η) $$Az^4O^4H^4O^4 + 4Fe = Az^2H^6 + 2Fe^4O^6.$$

5° L'ammoniaque se forme ainsi dans les cas où les gaz azote et hydrogène se développent simultanément. D'abord les quatre volumes d'azote Az^2 pénètrent dans quatre volumes d'hydrogène H^8 et produisent un composé Az^2H^2 qui ne se soutient pas, mais qui pénètre dans un hydrotétraèdre 4H dont le volume est double. Le deutoxyde étant en contact avec les limailles de fer produit du peroxyde de fer et d'ammoniaque

$$Az^2O^4 + 4Fe^2HO = 4Fe^2O^3 + Az^2H^3,4H.$$

L'acide azotique étendu se décompose en ammoniaque en oxydant les métaux oxydables ME^2 :

$$Az^2O^{10},6HO + 4M^4E^8 = Az^2H^6 + 4M^4O^4.$$

En opérant sur des métaux peroxydables ME^3, leurs oxydes alcalins MOË se combinent avec l'acide azoteux et s'opposent à la production d'ammoniaque.

L'acide azotique étendu décompose quatre tétraèdres d'eau en oxydant un tétraèdre de métal et en produisant du carbonate d'ammoniaque. Ainsi l'on a :

(η) $$Fe^8 + 16HO = Fe^8O^4 + C^2O^4Az^2H^8,2HO.$$

Le contact de l'air ne sert qu'à établir le parédriase et non à fournir de l'acide carbonique pour former du carbonate d'ammoniaque en présence de l'acide azotique. Le résultat suivant est conforme à celui-ci.

L'acide fumant étendu dans six parties d'eau, s'il couvre des limailles de fer, produit de l'ammoniaque en se décomposant en même temps que l'eau dans le rapport d'un équivalent d'azote à six d'eau. Les limailles de fer ne décomposent pas l'azotate de cuivre pour produire de l'ammoniaque, mais cet azotate en éprouve une parédriase symétrique propagée dans les éléments de l'eau (ζ).

Le zinc, en s'oxydant, décompose l'eau de l'hydrate de potasse, dont l'hydrogène avec deux équivalents d'eau et un atome d'oxygène produit l'ammoniaque.

(θ) $$7Zn + 10HO = 7ZnO + O^8H^1,4H^2 = 7ZnO + Az^2H^2,4H.$$

Si l'on remplace les limailles de zinc par celles de fer, la production d'ammoniaque se trouve favorisée, et cela à cause des éléments du fer $Fe^8 = C^4H^6O^8$.

Le zinc et le fer plongés dans une solution de potasse, en s'oxydant, produisent de l'hydrogène. La production d'ammoniaque dépend du contact de l'azote de l'air, et non de l'introduction de l'azote. Cet azote favorise la coordination de l'hydrogène $4H^4$ avec un noyau O,H^2O^2 pour devenir Az^2H^4.

B. *Formation de l'ammoniaque par les corps organiques*. 1° L'eau des hydrates se décompose, et ses éléments produisent, avec le carbone, du combustible d'ammoniaque et d'acide carbonique

(ι) $$6HO + C^4 = C^4H^6O^6 + C^2O^4 = Az^2H^6 + C^2O^4.$$

On a $H^2O^2 + C^2 = O,H^2O^2,4H = Az^2H^3$; le sucre et les autres substances organiques $4C^4H^6O^6$ peuvent être transformés en ammoniaque.

2° C'est de cette manière que se décompose une pâte d'amidon qui contient une trace d'azote et qui est en contact avec l'air.

3° En séparant un atome double de carbone de l'alcool, on trouve pour résidu de l'ammoniaque

$$C^4H^6O^2 = C^2 + C^2H^2O^2,4H = C^2 + Az^2H^2,4H.$$

Ainsi l'on obtient du prussiate d'ammoniaque $= C^4Az^2H^6$ ou un mélange de vapeur d'alcool, de gaz oléfiant et de deutoxyde d'azote d'après l'équation suivante :

(κ) $$(Az^2H^2,4H + C^2) + C^2H^2 + Az^2O^4 = C^4Az^4,4H + 2HO + O^2.$$

Le platine se précipite de l'azotate et transforme l'alcool en ammoniaque.

4° *Les corps organiques à peine azotés ne produisent d'ammoniaque que lorsqu'on les calcine avec de l'hydrate de potasse.*

Préparation. Le sel d'ammoniaque $ClAz^2H^4$ est un composé de chlore et d'ammonium; la chaux vive Ca^2O^2 est un composé de calcium et d'oxygène. Ces deux corps, chauffés dans une cornue, se décomposent par la disparition des éléments soutenant l'électricité positive, à cause de l'inéquilibre occasionné par la chaleur. La chaux $Ca^2O^2 = C^4H^4O^2$ donne :

(λ) $$C^4H^4O^2 = C^4H^2,C^2H^2O^2 = C^4H^2,Az^2H^2.$$

Il n'y a que l'acide chlorhydrique qui passe dans la chaux, et le résidu est de l'ammoniaque

(μ) $$Az^2H^4,Cl^2H^2 + Ca^2O^2 = Az^2H^6 + 2CaOClH.$$

Propriétés. La vapeur de l'ammoniaque se condense à — 49° et donne un liquide dont la densité est 0,76, c'est-à-dire exactement les trois quarts de la densité de l'eau obtenue par la condensation de sa vapeur. Cette densité résulte des éléments $Az^2H^6 = O^3H^3,4H^3$, tandis que le point d'ébullition — 33°,7 correspond aux aréosyzygues Ē, dont l'expansion est interceptée à — 49°, et c'est ainsi que l'odeur devient à peine sensible. L'expansion des molécules négatives μ' qui produit l'odeur est opérée par leurs homonymes de la chaleur, lesquels sont très-raréfiés à — 49°, et un tel état favorise peu l'expansion des molécules μ' de même que l'air raréfié favorise peu la propagation des molécules μ de la pycnoélectricité des sons.

Les effets chimiques sur les corps en contact, résultent de l'expansion des molécules μ' de l'électricité négative de l'azote et de l'hydrogène $Az^2H^6\bar{E}^6$. C'est cette expansion qui fait mourir les animaux qui respirent la vapeur, qui change la couleur des plantes, qui produit une saveur amère, brûlante, et qui étant très-intense, empêche la formation d'une combustion vive dans l'air. Pour faire brûler la vapeur, il faut l'introduire dans l'oxygène par un bec très-étroit.

Densité calculée. Un volume d'azote dont la densité est 14δ et trois volumes d'hydrogène dont la densité est δ=0,06926 donnent deux volumes dont la densité correspond aux éléments Az^2H^3 situés dans le tétraèdre 4H. Ces éléments sont $Az^2H^3 = O^3H^3,4H = C^2H^2O^3 = 3OH^3$ *eau hydrogénée*. L'équivalent Az^2 est de quatre volumes; il est placé dans les deux atomes d'hydrogène de quatre volumes. Ces quatre volumes sont situés dans un hydrotétraèdre de huit volumes; ainsi il résulte de seize volumes un composé de huit ou d'un corps de huit volumes il résulte un autre corps de quatre contenant en poids 28 parties d'azote et 6 d'hydrogène, en tout 34, dont le quart $8\frac{1}{2}$ contenu dans chacun des quatre volumes est ce qu'on appelle *densité*.

Décomposition. A. Les étincelles et la chaleur des fragments d'argile contenus dans le tube rouge exercent sur l'azote et l'hydrogène des poussées d'inégale densité qui les font se séparer. Ces poussées sont exercées par les métaux inoxydables, mais mieux encore par les métaux oxydables; le fer est le seul qui produit une décomposition parfaite. Cet effet correspond aux éléments du fer

(v) $$C^4H^6O^3 = C^2O,C^2O^2H^6 = C^2O,Az^2H^6.$$

Après le fer, c'est le cuivre qui décompose le mieux l'ammoniaque et ces deux métaux croissent très-peu en poids et deviennent fragiles. En parlant du cuivre, j'ai démontré qu'il est composé de la manière suivante :

$$Cu^4 = C^{12}H^9O^4 = C^6Az^2H^9 = 3C^2Az,3AzH^3 = 3CyAzH^3;\ Cu = 31,75.$$

B. 1° Le mélange d'oxygène et de vapeur d'ammoniaque se combine en parédriases; s'il y a un volume double d'oxygène, il se distribue pour se combiner avec tout l'hydrogène. Il faut en poids 17 grammes de vapeur et 24 d'oxygène. Si l'oxygène est en excès, on a $Az^4H^{12} + 4O^4 = Az^2, 4H^2, Az^2, 4O^2 + 4HO$; si au contraire c'est la vapeur, on a $Az^4H^{12} + O^6 = 8HO + Az^4 + 4H$.

2° Les acides hypochloreux $ClO\dot{E}'$ et hypochlorique $ClO^4\dot{E}^2$ brûlent l'ammoniaque $Az^2H^6\dot{E}^2$; l'azote $Az\hat{E}$ reste; l'hydrogène $6H\hat{E}$ se combine avec l'oxygène $O\dot{E}$ et le chlore $Cl\dot{E}$. Si l'ammoniaque est humide, il en résulte de l'eau oxygénée et du *chlorure d'azote*

$$(\pi) \qquad Az^2H^6 + 12HO + Cl^4O^{16} = Az^2Cl^4\dot{E}^2\dot{E}^6 + 18HO^2.$$

3° L'acide hypochloreux $ClO\dot{E}'$ produit de l'azote et des sels; on a :

$$(\rho) \qquad 4ClO + Az^4H^{12} = Az^2 + AzH^4Cl + AzH^4ClHO + 3HO.$$

4° Le mélange de 4 volumes d'ammoniaque et de deux à trois de protoxyde d'azote, donne la parédriase avec deux volumes, laquelle produit $Az^2H^6 + Az^4O^4 = H^2 + Az^6 + 4HO$.

5° Le mélange avec trois volumes $Az^2H^6 + Az^6O^6$ donne la parédriase $Az^7 + 8HO + AzH^4$.

6° L'expansion des tétraèdres d'ammoniaque s'opère avec intensité dans l'acide hypoazotique et dans sa vapeur; il s'y produit les parédriases d'eau, d'azote et de deutoxyde $Az^2H^6 + Az^2O^8 = 6HO + AzO^2 + 3Az$. En opérant sur des vapeurs sèches, il y a production d'azotite et d'azotate d'ammoniaque et de protoxyde d'azote.

7° Les oxydes des métaux oxydables décomposent l'ammoniaque; les uns se désoxydent, les autres se combinent avec l'azote.

C. 1° Le charbon brûlant, en se combinant avec l'azote de l'ammoniaque, se change en cyanogène $C^4Az^2 = O,4H^2O$, lequel se combine avec l'ammonium; ainsi on a :

$$(\sigma) \qquad C^4 + Az^4H^{12} = C^4Az^2, Az^2H^8 + 4H; \; C^4Az^4 = 4H^4O^2.$$

2° Le mélange de vapeur d'ammoniaque et de phosphore acquiert la parédriase suivante :

$$(\tau) \qquad Ph^2 + Az^2H^6 = Ph^2H^6 + Az^2; \; Ph^2 = Az^4H^6; \; Ph = Az^2H^3.$$

Le phosphore hydrogéné $Ph^2H^6 = 4AzH^3$ est un tétraèdre d'ammoniaque. Le soufre est $S = C^2H^4$; sa vapeur acquiert dans l'ammoniaque une parédriase qui est exposée sous la forme suivante :

$$(\upsilon) \qquad Az^2H^6 + S = Az + H^2 + SAzH^4.$$

3° Dans l'ammoniaque, l'iode devient de l'iodure d'azote, et de l'hydrolate d'ammoniaque; ainsi on a :

(φ) $J^4 + Az^2H^6 = AzJ^3 + H^3 + JAzH^4.$

4° Le brome ne produit pas d'azoture de brome; ainsi on a :

(χ) $Br + Az^2H^6 = BrAzH^4 + H^2 + Az.$

5° Dans le chlore, l'ammoniaque acquiert une parédriase propre à produire du sel ammoniac et de l'azote; ainsi l'on a :

(ψ) $Cl^4 + Az^4H^{12} = Az + 4ClAzH^4.$

La flamme rouge correspond aux facteurs $Cl^3Az^2H^6$,$ClAzH^4$, la flamme blanche est produite par les facteurs égaux $C^4Az^2H^{12}$.

Combinaisons de l'ammoniaque. 1° *Avec l'eau.* La poussée répulsive **r** entre les éléments hyliques est exercée par l'expansion des molécules ahyles négatives μ′, lesquelles éprouvent une faible résistance dans l'eau, car ses molécules denses μ penètrent sans résistance dans l'ammoniaque. 670 volumes de vésicules de vapeur déchirées donnent un volume de liquide composé des enveloppes de ces vésicules. Le volume *v′* des enveloppes des vésicules de 505 volumes, mêlé avec un volume *v* d'eau le fait devenir $v' + v = 1 \frac{1}{4} v$ ayant la densité 0,900. En y introduisant un volume et demi *v* d'eau, la densité du liquide n'est pas $\frac{1}{2}(1 + 0,90) = 0,95$, mais elle est inférieure, 0,9455. Telle est la preuve physique incontestable de l'existence d'une poussée expansive entre les éléments homoïdes de tous les corps; il n'y a que les intensités qui diffèrent et qui varient inégalement avec les températures. La chimie est une science composée des actions qui ont leur origine dans l'expansion des molécules μ, μ′.

2° Les hydroacides sont de l'eau dont l'oxygène serait ozoné $\bar{O}\bar{E}\bar{E}$; à cet oxygène correspondent le chlore $Cl\bar{E}^2\bar{E}$, le brome et l'iode. Les sels d'hydracide d'ammoniaque ne sont que de l'ammoniaque monohydraté AzH^4O et AzO^4Cl, AzO^4Br, AzH^4J. Dans les sels acides oxygénés l'ammonium AzH^4 correspond au métal potassium K et AzH^4O à l'oxyde de potasse KO. Les sels d'ammoniaque sont neutres à cause de l'expansion intense des molécules μ′ des aréosyzygues de l'hydrogène $H\bar{E}$. A une température élevée, le carbonate d'ammoniaque $C^2O^4Az^2H^6 = C^2Az^2H^8,4HO$ devient une vapeur qui se condense dans le froid : tels sont les sels des hydracides, tandis que parmi les sels des acides oxygénés, 1° les uns se décomposent avec la chaleur $E\bar{E}^2$, pour devenir de l'acide $MO^n\bar{E}\bar{E}$ et des bases $AzH^4\bar{E}$; 2° les autres deviennent de l'eau, de l'azote, et l'acide est réduit en un oxyde neutre parce que dans ce cas la chaleur ne se décompose pas ; 3° les autres, même le sel ammoniac, exposés à l'air, laissent s'éloigner une partie de leur ammoniaque comme elle s'éloigne de l'eau à cause de la poussée répulsive exercée par l'expansion des molécules μ' des aréosyzygues Ē ; ainsi les sels neutres deviennent acides. C'est cette expansion qui fait devenir neutre les sels très-alcalins d'ammoniaque.

Les solutions des sels traitées par le chlore se décomposent, les unes en acide chlorhydrique et azote, les autres en acide chlorhydrique et azoture de chlore

$$(\omega) \qquad AzMH^3O^n + 6Cl = MO + 3HCl + AzCl^3.$$

En frottant les sels d'ammoniaque contre un oxyde des métaux oxydables, l'éloignement de l'ammoniaque est sollicité par la diminution de la résistance contre son expansion. De même l'eau favorise cette expansion et laisse s'établir une parédriase; après l'éloignement d'une partie de l'eau et à cause de l'expansion continuelle, il se fait une combinaison cristalline, comme on le verra plus bas.

Les oxydes, tels que la soude, la magnésie, l'alumine, le manganèse, les métaux de zinc, cobalt, nikel, cuivre, platine, palladium, rhodium l'iridium, se distinguent des autres par leur structure qui se manifeste dans les parédriases avec l'ammoniaque pour reforme une base commune du même acide MO^n. Le tétraèdre du cuivre est $Cu^4 = C^{12}H^7O^6 = C^6, C^6O^6H^7 = 3C^2Az, Az^3H^7$. Cette stucture du cuivre engendre plusieurs espèces de parédriasesiors qu'on varie les quantités de l'eau et de l'ammoniaque.

Les oxydes des métaux oxydables tels que le chrome, le tellure, le zinc, le cadmium, l'étain, le fer, le cobalt, le nickel, le cuivre, l'argent, se mettent en parédriase avec la solution d'ammoniaque, laquelle exerce une faible résistance sur l'expansion de leurs molécules plus denses μ qui produisent des solutions telles qu'il ne s'en forme pas de semblables si l'on opère avec les métaux mêmes.

Les oxydes des métaux inoxydables, tels que le vanadium, l'urane, l'antimoine, le mercure, l'argent, l'or, le platine et le rhodium, exercent de faibles poussées entre leurs molécules, et leur composé avec l'ammoniaque est solide. Les parédriases sont détruites par un choc, et il en résulte une détonation.

Les iodures, les bromures, les chlorures et les cyanures, acquièrent une parédriase avec 2, 4, 8 ou 12 équivalents d'ammoniaque gazeux ou dissous dans l'eau. Dans les parédriases, un équivalent AzH^3 d'ammoniaque remplace trois équivalents d'eau. Quand le nombre des équivalents d'eau est $3n+1$ ou $3n+2$, il y a n équivalents d'ammoniaque et 1 ou 2 d'eau ; en l'absence d'ammoniaque, il y a $3n$, $3n+1$, $3n+2$ équivalents d'eau.

Les n équivalents d'ammoniaque qui ont été éloignés à une température élevée, se trouvent ensuite remplacés par $3n$ équivalents d'eau. Le cyanogène, l'iode, le brome et le chlore se séparent des métaux inoxydables avec l'ammoniaque, tandis qu'ils ne s'en séparent pas avec les métaux oxydables. Ces métaux au lieu de rester oxydés par l'oxygène $\dot{M}\bar{O}$, se changent en iodures $\dot{M}J$, en bromures $\dot{M}\bar{Br}$, en chlorure $S\dot{M}\bar{Cl}$, en cyanures $\dot{M}Cy$, où un atome négatif $\bar{O}$ est remplacé par des équivalents plus négatifs, analogues à l'oxygène ozoné $\bar{O}\dot{E}\bar{E}$, avec cette différence que l'aréosyzygue $\bar{E}$ est hylique et non ahyle.

Le cyanogène $\check{C}^2\dot{A}z\bar{E}^4$ correspond à l'oxygène ozoné $\bar{O}\dot{E}\bar{E}$ parce que le carbone est $\check{C}\bar{E}^2$ et l'azote $\dot{A}z\bar{E}$; c'est pourquoi ses combinaisons ne diffèrent pas de celles de l'iode, du brome et du chlore.

III. Ammonium, $Az^2,4H^8$.

§ 171. L'ammonium a été reconnu par Berzélius comme un métal peroxydable analogue au potassium, au sodium, etc. ; de sorte que les chlorures $\bar{Cl}\dot{M}$ correspondent à $\bar{Cl}\dot{A}zH^4$. Ainsi l'ammonium oxydé AzH^4O est analogue aux oxydes des métaux $\dot{M}\bar{O}$ qui se combinent avec les acides. Au lieu de comparer l'ammonium aux métaux je démontre ici que c'est la parédriase qui régit la combinaison des tétraèdres, des oxydes et des acides d'oxygène, parce que les hydrotétraèdres ne sont que de l'eau dont l'oxygène ordinaire $\bar{O}\dot{E}$ est remplacé par un équivalent, corps correspondant à l'oxygène ozoné $\bar{O}\dot{E}\bar{E}$: tels sont le chlore, l'iode, le brome.

Les tétraèdres des sels, des acides de soufre, de phosphore, d'azote ou de carbone ont la forme

$$4MM'O^4,\ MM'O^2,O^2,\ 4CMO,O^2,$$

En y remplaçant le métal M par l'ammonium AzH^4, on aurait :

$$4AzM'H^4O^4,\ AzM'O^2H^4O^2,\ 4CAzH^4O^2,$$

sulfate, azotate, phosphate ou carbonate d'ammoniaque.

Différence entre l'ammonium et les métaux. Les métaux sont composés des atomes d'oxygène et d'hydrogène sous forme de carbone et d'azote comme l'ammonium; celui-ci est décomposable en azote et en hydrogène, tandis que les métaux ne le sont pas. L'oxygène 4ÖË pénètre dans les hydrotétraèdres 4M et 4AzH4 des métaux et de l'ammonium; ainsi la diminution du nombre d'atomes d'hydrogène des équivalents des métaux pour devenir des équivalents d'eau, est ce qu'on nomme *oxydation*. L'eau HO ainsi formée est inséparable, et comme telle, elle devient partie intégrante de l'équivalent métallique, tandis que cet équivalent d'eau peut se séparer de l'ammonium, lequel ne cesse pas pour cela de conserver un état analogue à celui des oxydes très-alcalins.

Les métaux sont composés des quatre mêmes espèces d'éléments que les corps organiques; les parédriases, dont les quantités sont différentes pour chaque espèce d'éléments, varient indéfiniment. Au moyen de la transformation de l'eau en ammoniaque par le fer, l'étain, etc., nous voyons que ces parédriases sont produites dans l'eau par celles qui existent dans les métaux.

La combinaison d'un atome d'hydrogène de l'ammonium avec un atome d'oxygène, est le premier degré d'oxydation. La chaleur ou l'électricité des métaux oxydés MO, sépare l'oxygène, tandis que c'est l'équivalent d'eau *HO*, qui se sépare de l'*ammonium* oxydé AzH^4O. Ainsi il ne reste pas d'ammonium AzH^4 comparable au métal desoxydé, mais de l'ammoniaque AzH^3 comparable aux oxydes MO des métaux.

Les peroxydes MO^2 des métaux correspondent au peroxyde d'ammonium AzH^4O^2, lequel ne perd pas sa propriété d'électricité positive par la séparation des deux équivalents neutres d'eau 2HO pour que l'*amide* AzH^2 reste.

D'ordinaire l'atome d'hydrogène reste inséparable du métal; il y a des cas où il se sépare avec l'oxygène comme l'hydrogène se sépare avec l'ammonium. Il en résulte que certains chimistes trouvent p comme poids des équivalents, et que d'autres trouvent $p+1$ ou $p+2$. Les uns font le calcul sur la forme AzH^2 de l'amide, les autres sur celle AzH^3 correspondant au poids $p+1$ de l'ammoniaque; mais le poids véritable est $p+2$ qui correspond à celui 18 de l'ammonium. Dans la table A (§ 3), on voit que les poids des équivalents diffèrent de 2 — 0,15; 2 — 0,4; 2 — 0,05; 2 — 0,9; 1 — 0,13, etc. La valeur véritable est $p+\frac{1}{4}$, $p+\frac{2}{4}$, $p+\frac{3}{4}$, $p+1$ et même $p+2$. Les erreurs dans les résultats des analyses chimiques, comme Dumas l'a démontré, sont inévitables, cependant elles ne vont pas au delà de 0,2; celles qui dépassent cette limite ne sont pas une preuve du manque d'exactitude des expériences, mais on voit par les différences ainsi obtenues que l'hydrogène se sépare de l'oxygène. Par exemple, le poids atomique 20 de calcium $Ca = C^2H^8$ et celui 37 de son hydrate $CaHO^2$ ont conduit : 1° Davy à la valeur de 21 qui est celle de $CaH = C^2H^9$; 2° Berzelius à la valeur de 20,5 où l'on compte un volume d'oxygène $v = 0,5$; 3° Dumas à séparer parfaitement l'hydrogène et à trouver la valeur 20.

Les résultats très-réels obtenus par les différents chimistes sont égaux, ou leur différence est inférieure à 0,25 pour les corps dont l'hydrogène ne se sépare pas ; ces séparations sont indiquées par les différences qui existent entre les résultats très-exacts obtenus par plusieurs chimistes.

CHAPITRE IV.

DES CORPS INORGANIQUES COMPOSÉS DES MÊMES TROIS OU QUATRE ÉLÉMENTS QUE LES CORPS ORGANIQUES.

§ 172. Le carbone et l'azote, avec les deux atomes oxygène et hydrogène, composent tous les corps organiques et un grand nombre de corps inorganiques. De ces corps, j'expose ici quelques-uns à titre d'exemple, qui servent à prouver que ce n'est pas d'après les éléments hyliques que diffèrent les corps organiques et les corps inorganiques.

Les deux espèces d'éléments hyliques, oxygène et hydrogène, obéissant à la pesanteur, s'arrangent en tétraèdres d'oxygène A, A' o, 40 et d'hydrogène *o,4H* lipospermes. Les hydrotétraèdres *monospermes* O,4H composent le carbone, et les mêmes hydrotétraèdres *trispermes* O^3,4H composent l'azote.

Il y a deux espèces de compositions chimiques : 1° par *parédriase*, et 2° par *énédriase*. Les chimistes *ne connaissaient que* la première.

I. Les chimistes admettaient les quatre éléments comme quatre espèces de pièces de jeu avec lesquelles *les enfants*, d'après des dessins, construisent des châteaux, des théâtres, des maisons, des ponts, etc. Les dessins peuvent varier sans qu'il soit nécessaire de changer les pièces admises ayant la forme de tétraèdre, car chaque polyèdre se décompose en tétraèdres.

II. Ici, pour la première fois, les chimistes apprendront à connaître les combinaisons par *énédriase*, dont l'existence est mathématiquement démontrée, et ainsi toute objection se trouve exclue.

Les deux espèces d'arrangements par énédriase et par parédriase des quatre espèces d'éléments, proviennent des actions, qui consistent en expansion des molécules μ, μ' indéfiniment comprimées. Ces actions spontanées entraînent les tétraèdres, et leur accumulation régulière forme des corps organiques ou inorganiques. Lorsque ces expansions indéfinies des molécules étaient inconnues, on était limité à indiquer leur état d'inéquilibre par le mot *force* et leur expansion par le mot *action*.

De même on se limitait à nommer *isomères* les corps composés des mêmes éléments chimiques et possédant des propriétés différentes. Cet objet est exposé dans l'article sur la cristallisation.

Ici est démontré le mode de la production des corps, de leurs qualités, de leurs propriétés, de leurs couleurs, des formes dans l'arrangement, des éléments et de leur décomposition.

Les corps exposés sont composés :

I. De carbone et d'azote;

II. De carbone, d'oxygène et d'hydrogène;

III. De carbone, d'azote, et d'hydrog ène;

IV. De carbone, d'azote, d'oxygène et 'hy rogène;

V. Il n'existe pas de corps composés de carbone, d'azote et d'oxygène.

Remarque. Les chimistes, les physiciens et les médecins n'ignorent pas que les combinaisons entre les corps en poids limités, ou leurs mélanges, ne sont possibles que lorsque ces corps sont composés de mêmes éléments; cette hypothèse est réalisée, et en même temps il est démontré que les résidus, n'étant pas des corps produits par une composition, sont indécomposables. Ainsi il est impossible qu'il se trouve dans l'avenir quelqu'un qui prétende à l'existence de 60 à 70 corps simples, par la seule raison qu'ils sont indécomposables.

I. CORPS COMPOSÉS DE CARBONE ET D'AZOTE; ANTHRÆCOAZOTES.

§ 173. Les deux corps, azote et carbone, sont composés d'hydrotétraèdres dont les uns sont monospermes $C^2 = O,4H$ et les autres trispermes $Az^2 = O^3,4H$. Dans le cas où les tétraèdres d'azote logent dans ceux du carbone, la densité du composé est la somme des poids, ou du barogène contenu dans les deux éléments. De telles énédriases s'opèrent seulement dans les compositions des gaz et des vapeurs, tandis que les liquides s'arrangent toujours en parédriases, et la densité des composés est peu supérieure à la moyenne des densités *d*, *d* des deux composants.

En remplaçant l'équivalent d'azote Az par trois atomes d'oxygène 3O, les composés du carbone avec l'azote se réduisent en acide carbonique et en acide oxalique anhydre.

Mellon $= C^{12}Az^8$ est acide carbonique $C^{12}O^{24}$;

Cyanogène $= C^4Az^2$ est acide oxalique C^4O^6 anhydre;

Paracyanogène $C^{12}Az^6 = 3C^4Az^2$ est composé des tétraèdres du cyanogène arrangés de manière qu'il en entre trois dans la composition de tétraèdres triples. Le cyanogène est liquide parce qu'il est composé de tétraèdres simples; lorsque les tétraèdres deviennent triples, il devient solide; la cause physique des trois états des corps n'étant pas connue jusqu'à présent, les chimistes se limitaient à l'exposition des faits observés, en disant que les corps pareils sont *isomères*.

A. Cyanogène $C^4Az^2 = Cy^2$.

§ 174. (Κυανοῦς bleu, γεννᾶν produire).

En 1814 Gay-Lussac a découvert ce corps et plusieurs de ses propriétés, lesquelles ont été vérifiées et multipliées par les chimistes postérieurs.

État naturel. Le cyanogène isolé n'existe pas dans la nature, mais uni avec l'hydrogène il se trouve dans différentes plantes à l'état d'acide cyanhydrique $C^4Az^2H^2$.

Formation. 1° Le potassium chauffé au rouge en contact avec du carbone et de l'azote devient un cyanure. On conduit de l'azote dans un tube rouge de porcelaine contenant du carbonate de potasse et du charbon de sucre après y avoir fait passer de l'oxyde de carbone, alors on trouve 12 pour 100 de cyanure de potassium.

2° On obtient de l'acide cyanhydrique, du cyanhydrate d'ammoniaque ou du cyanure de potassium en chauffant des corps organiques même les non azotés avec le deutoxyde d'azote, avec l'acide azotique ou azoteux. Un mélange de gaz oléfiant et de deutoxyde d'azote, conduit dans un tube contenant de l'éponge chaude, fait briller cette éponge et se transforme en eau, en azote, en acide carbonique et en cyanhydrate d'ammoniaque.

3° En distillant quelques corps azotés avec du chromate de potasse et de l'acide sulfurique, on obtient de l'acide cyanhydrique ou de l'oxyde de carbone.

4° En calcinant des corps organiques, même le graphite, en contact avec de l'ammoniaque, on produit du cyanhydrate d'ammoniaque ou du cyanure de potassium.

5° *Tous les corps azotés*, même leur charbon, calcinés avec des alcalis, produisent des cyanures en quantités considérables.

Préparation. A. *A l'état gazeux.* 1° On chauffe le cyanure de mercure dans une cornue, et on conduit la vapeur dans une éprouvette plongée dans le mercure. Le mercure vaporisé abandonne la vapeur de cyanogène, qui traverse la couche de mercure, dans lequel reste la vapeur.

2° On chauffe deux parties (1 équivalent FeCy, KCy) de ferrocyanure de potassium avec 3 parties (2 équivalents 2HgCl) de chlorure de mercure. La vapeur est composée, comme dans le cas précédent, de mercure et de cyanogène ; elle est conduite dans un tube courbé en U. Au froid, le mercure condensé reste au fond et le cyanogène est recueilli dans un bras au-dessus du mercure. Sous la pression ordinaire la vapeur se condense à un froid de —25° à —30°.

B. *A l'état liquide.* 1° Par la pression produite lorsque l'on chauffe le cyanogène dans un bras du tube ∩ et on le refroidit dans l'autre ; 2° par le froid artificiel de — 30°.

Propriétés. A l'état liquide le cyanogène gèle à —30° et au-dessous ; il devient une masse d'aiguilles transparentes. Le volume ne change pas dans les cristaux qui fondent à —34°,4, et qui sont de la même densité que le liquide.

Le liquide est clair comme l'eau, très-volatil ; à 17° sa densité est 0,866 ; la réfraction de lumière de 1,316 ; un courant électrique, produit de 300 couples ne traverse pas une couche de ce liquide. Le froid, produit par l'évaporation du liquide, ne suffit par pour faire geler le reste ; ainsi tout le liquide s'évapore lentement jusqu'à la fin.

TENSION DE LA VAPEUR DE —28°,7 A 20°.

Température.	Atmosphère.	Température.	Atmosphère.
— 20°,7	1,00	0°	2,7
20	1,06	+ 5	3,2
15	1,45	10	3,8
10	1,85	15	4,4
5	2,30	20	5,0

La vapeur du cyanogène est incolore de densité 1,8064 d'après **Gay-Lussac** et de 1,80395 d'après Thomson. D'une odeur semblable à celle de l'acide cyanhydrique et très-irritante ; peu délétère.

Éléments.		Forme.	Poids.	Volume.	Densité.
4C	$O^2,4H^2$	=O, $4H^2O$	24	0	128,8=0,06926
2Az	$O^2,4H$		28	1	148
C^4Az^2		O, $4H^2O$	52	2	208=1,8008

Décomposition. 1° Les étincelles séparent le carbone, et l'azote conserve le même volume qu'il a dans le cyanogène. Le mélange de cyanogène et d'hydrogène n'éprouve aucun changement ni dans les étincelles ni dans les tubes rouges vides ou contenant du platine, de l'or et du cuivre.

2° La vapeur allumée brûle avec une flamme rouge. Un volume de vapeur avec un volume d'oxygène allumé par l'étincelle détone avec violence et brise des tubes très-solides, et cela sans changement de volume, car l'azote occupe le même volume que le cyanogène, et l'acide carbonique occupe le volume de l'oxygène. Le cyanogène conduit dans un tube rouge contenant de l'oxyde de cuivre, devient de l'azote et de l'acide carbonique.

3° Le chlore sec n'agit pas sur le cyanogène, même au soleil; si le mélange est humide, la lumière produit une houille composée de chlorure de carbone et d'azote; il y a aussi production d'un corps blanc, solide, d'odeur aromatique, insoluble dans l'eau et peu soluble dans l'alcool. **Serullas.**

4° Le protoxyde de chlore sec décompose le cyanogène et produit de l'acide carbonique, du chlore, de l'azote et du cyanure de chlore. S'il est humide, l'oxyde avec les *quatre gaz nommés*, y produit encore, avec effervescence, un mélange d'acide cyanique et chlorhydrique couvert d'une couche d'huile de chlorure de cyanogène et d'azote.

5° Venant en contact avec le sulfate de manganèse, le cyanogène se décompose en azote et en acide carbonique.

6° Le cyanogène dissous dans l'eau, abandonné à côté, se colore en quelques jours en jaune, puis en brun, il dépose peu d'acide azulmique. L'odeur piquante disparaît, elle devient pareille à celle de l'acide cyanhydrique. Enfin le cyanogène devient de l'acide carbonique, cyanhydrique, oxalique, de l'ammoniaque, de l'urée; il y a parfois des cristaux tout particuliers.

7° Le cyanogène conduit dans un tube rouge contenant du carbonate de potasse, produit de l'acide carbonique et un mélange fondu de cyanure de potassium et de cyanate de potasse. Les alcalis aqueux de potasse, de chaux, de soude dissolvent le cyanogène en se colorant en jaune, puis brun. Il s'y forme du cyanure, du cyanate et de l'azulmate; avec le cyanogène humide le mercure produit des composés pareils.

8° L'ammoniaque humide dissout copieusement le cyanogène; il se forme une liqueur brune contenant de l'ammoniaque, des acides azulmique, cyanique, oxalique et urée.

9° Le cyanogène, conduit dans un tube rouge contenant du fer, se décompose ; l'azote s'éloigne, le fer se couvre de carbone et devient fragile.

Combinaisons. 1° Le cyanogène liquide se mêle avec l'eau, en quelques jours la solution devient rouge. Un volume d'eau à 20° dissout 4,5 de cyanogène et elle en obtient une odeur et une saveur piquante.

2° Avec l'hydrogène le cyanogène devient de l'acide cyanhydrique.

3° Avec l'hydrogène et l'oxygène il devient de l'acide cyanique.

MODE DE LA PRODUCTION DES FAITS EXPOSÉS.

§ 175. L'importance du cyanogène consiste en ce qu'il donne naissance à une famille très-nombreuse de corps, au moyen de la parédriase. Ainsi par le cyanogène et ses parédriases on découvre la structure et les éléments des métaux, dont le potassium se distingue par sa petite densité ; dans l'article sur ce métal il est prouvé que le potassium n'est pas un composé $K^2 = C^{10}H^{18}$ mais un résidu de $C^{10}H^{20} - H^2$, et comme tel il est un corps indécomposable.

Formation. Pour produire le cyanogène, il faut faire pénétrer les tétraèdres trispermes d'hydrogène dans deux tétraèdres monospermes non coïncidants. On y parvient par plusieurs moyens dont il est ici rapporté un nombre suffisant pour rendre évident l'énédriase des tétraèdres.

1° Dans un tube rouge contenant du carbonate de potasse et du charbon on conduit de l'azote ; il sort d'abord du tube de l'oxyde de carbone, et après la formation du cyanogène il en sort de l'azote.

Des huit équivalents de potassium employés, l'un devient cyanure de potassium. L'éloignement de l'oxyde de carbone et la pénétration de l'azote dans le carbone sont en rapport direct. 1° Ces deux corps sont composés des mêmes éléments hyliques $C^2O^2 = O^2, 4H = Az^2$. 2° La quantité de cyanogène produit est déterminée par les éléments de potassium $8K = 8C^5H^9 = 4C^{10}H^{18}$.

Les huit atomes d'hydrogène qui manquent des $8C^5H^9$ pour devenir $40CH^2$ sont complétés par le cyanogène ; à une température très-élevée le cyanogène n'est pas produit. L'apparition de l'oxyde de carbone et la quantité limitée du cyanure de potassium sont exposées dans l'équation suivante :

$$(\alpha) \qquad K^2O^2 + C^8 + Az^2 + C^4 = C^8O^4, K^2C^4Az^2.$$

L'oxygène O^2 de la potasse pénètre dans le carbone C^2 et forme de l'oxyde de carbone ; la séparation de cet oxygène sollicite l'introduction de l'azote logé dans un tétraèdre de carbone formant un équivalent double de cyanogène C^4Az^2.

Dans chaque tétraèdre double de potasse 8KO, un équivalent seul devient un cyanure ; ainsi l'on a :

$$(\beta) \qquad C^4Az + 8KO = C^{10}H^{12}KC^2Az + 7KO + O.$$

2° Le deutoxyde d'azote, l'acide azoteux et l'acide azotique, traités par des composés de carbone, produisent du cyanogène. Le gaz oléfiant C^2H^2, avec un excédant de deutoxyde d'azote conduit dans un tube contenant une éponge chaude, en élève la température et produit du cyanhydrate d'ammoniaque et de l'acide carbonique

$$(\gamma) \qquad Az^4O^4 + C^8H^8 = Az^2H^6C^4Az^2H^2 + C^4O^8.$$

L'azotite de l'éther acétique, conduit dans un tube contenant une éponge, et celle-ci étant chauffée à 400°, il y a production de deutoxyde ; mais si la température est supérieure, il se produit de l'eau, du cyanhydrate d'ammoniaque, de l'oxyde de carbone, du gaz des marais et du charbon ; on a :

$$(\delta) \qquad 4C^4H^5O^4Az = Az^2H^6C^4Az^2H^2 + C^2H^4 + C^{10}O^{10} + H^{10}O^{10}.$$

3° Le mélange d'ammoniaque et d'oxyde de carbone, conduit dans un tube rouge, produit du cyanhydrate d'ammoniaque et de l'eau

$$(\epsilon) \qquad Az^2H^6 + C^2O^2 = AzH^3C^2AzH + 2HO.$$

Un mélange rouge de potasse et de charbon, exposé à l'ammoniaque, produit facilement du cyanure de potassium.

4° En calcinant deux parties de coke, deux parties de carbonate de potasse et une partie de limailles de fer, on obtient du cyanure de potassium ; si le vase est ouvert la quantité est plus grande que s'il est clos. Ainsi l'on a ici comme en (α) :

$$(\zeta) \qquad Fe^2 + K^2O^2C^2O^4 + 4C^2 = Fe^2 + K^2C^4Az^2 + 4CO.$$

Le fer $Fe^2 = H^2O^2,4CH$ produit un effet analogue à celui qui résulte du contact de l'azote de l'air avec la potasse ; car il entre le triple d'atome d'oxygène dans le noyau du fer comme dans celui de l'azote.

Préparation du cyanogène. Le cyanogène est composé de tétraèdres monospermes. Ces tétraèdres se dissolvent dans les métaux fondus comme le font les tétraèdres d'oxygène, de chlore, de brome et d'iode. Au moyen de la chaleur on sépare le cyanogène des métaux, ou on remplace les tétraèdres par ceux d'une autre espèce.

1° On distille le cyanure de mercure HgCy dans une cornue; la vapeur de mercure se condense dans une éprouvette remplie de mercure, tandis que celle du cyanogène est recueillie au-dessus.

2° On chauffe deux parties de ferrocyanure de potassium et trois de chlorure mercure et on obtient du cyanogène; ainsi l'on a :

(5) $K^3Cy^3,Fe^2Cy^3 + Hg^2Cl^3 = K^3Cl^3 + FeCy + Hg^3 + Cy^3$.

Propriétés. Le liquide gèle à — 30° et la glace, composée d'aiguilles, fond à — 34°,4.

Le cyanogène liquide est clair; il bout à 26°,5; les intervalles de —34°,4 à 26°,5, de 60° correspondent à la poussée *r* répulsive exercée entre les tétraèdres par l'expansion des molécules homonymes μ' négatives. Cette poussée répulsive produit la densité 0,866 du liquide, et la tension de sa vapeur à 0° de deux atmosphères et sept dixièmes est mille fois plus grande que celle de la vapeur d'eau. L'odeur est aussi un effet de l'expansion de ses molécules μ' négatives.

La densité de la vapeur $1,8008 = (12 + 14) \times 0,06926$ prouve que les tétraèdres trispermes de l'azote, qui sont pycnosyzygues, logent dans les tétraèdres doubles momospermes de carbone. Cette démonstration géométrique est une découverte qui prouve l'existence des deux espèces de combinaisons chimiques : 1° l'une par *énédriase*, et 2° l'autre par *parédriase ;* telles sont les combinaisons du cyanogène avec les métaux.

La forme géométrique $O,4H^2O$ correspond à l'énédriase; elle est en même temps vérifiée par l'équivalent double $Cy^2 = C^4Az^2 = O,H^2O$ qui entre dans les combinaisons des métaux M, dont les équivalents véritables sont aussi doubles M^2.

Par rapport à sa combustibilité, le cyanogène C^4Az^2 produit une quantité de calories (§ 113) qui prouve que le carbone C^4 conserve ses douze aréosyzygues en état séparable, et l'azote Az^2 conserve les deux siens E^2 en état inséparable; le carbone devient de l'acide carbonique, tandis que l'azote reste intact.

Décomposition. Pour décomposer un corps il y a deux moyens : 1° par les chocs des décharges électriques on sépare des *endotétraèdres* $O^2,4H$ trispermes, qui sortent des *tétraèdres* $O^2,4H^2 = 2(O,4H)$ monospermes ; 2° on obtient ce résultat par le contact d'une autre espèce de tétraèdres; ainsi on occasionne une résistance assez faible qui fait que l'azote abandonne le carbone et reçoit d'autres espèces de tétraèdres qui sont plus positifs.

1° Les étincelles, en faisant sortir les tétraèdres trispermes $O^3,4H$ des monospermes, occasionnent le rapprochement des hydrotétraèdres $4H\dot{E}^2$ de leur noyau $O\dot{E}$, et c'est ainsi que le charbon noir et solide est réduit en un volume imperceptible, tandis que l'azote conserve le même volume que le cyanogène. La densité de celui-ci $(14+12)\delta$ est réduite à 14δ de l'azote. Ces détails suffiraient seuls pour rendre tout lecteur en état de se convaincre de la structure tétraédrique des corps.

2° La combustion de la vapeur de cyanogène n'est que le remplacement des azototétraèdres trispermes de densité 14δ par des oxytétraèdres lipospermes $o,4O$ de densité 16δ. On obtient ainsi l'azote de densité 14δ et d'acide carbonique de densité 22δ composé des tétraèdres d'eau monospermes $O,4HO = C^2O^4$.

La couleur rouge de la flamme est produite du rapport $O^4 : O^2$ de l'oxygène $4O$ qui arrive et celui O^2 qui est dans les doubles hydrotétraèdres monospermes.

3° Le chlore $\overline{Cl}\dot{E}$ sec est comme l'oxygène, la présence de l'eau produit des changements exposés plus bas.

4° Le protoxyde de chlore $4ClO\dot{E}^2$ sec se décompose en tétraèdres d'oxygène qui déplacent les azototétraèdres O^2,H^4, comme dans le cas précédent, et produisent de l'acide carbonique; en même temps le chlore reste séparé de l'oxygène et de l'azote séparé du carbone. La présence de l'eau occasionne la formation des composés secondaires exposés plus bas.

5° Le sulfate de manganèse produit, par son oxygène, des effets comme ceux de l'oxygène libre.

6° Dans l'eau, le cyanogène devient de l'acide azulmique $C^{12}Az^8H^4$, $8HO$ qui est rouge; il se trouve d'abord à l'état d'un composé C^8Az^2H ou $C^{10}Az^8H^4$. Les deux couleurs d'abord jaune et puis brune, correspondent : 1° la jaune au rapport de 5 : 3 ou au corps $C^{10}Az^8H^4$, $C^{11}Az^8H^4$; 2° la rouge est l'*acide azulmique* $C^{11}Az^8H^4,8HO = C^8Az^4H^6O^4$, $C^4Az^4H^6O^2$.

Les substitutions sont exposées dans l'équation suivante :

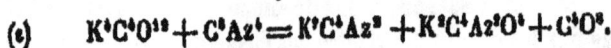

$$(\epsilon) \qquad K^4C^4O^{12} + C^4Az^4 = K^2C^4Az^2 + K^2C^4Az^2O^4 + C^4O^8.$$

La présence de l'eau produit des composés colorés jaunes et puis bruns; ainsi l'on a :

$$(\zeta) \qquad C^{12}Az^6 + 12HO = C^2O^4 + C^4Az^2H^2 + C^4H^2O^2 + C^2Az^2H^4O^2 + O^2 + Az^2H^6.$$

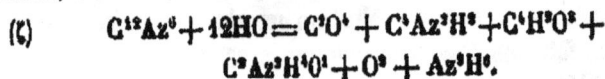

L'excédant d'oxygène produit des cristaux de composition particulière.

7° Les mêmes composés se forment dans le mélange de l'ammoniaque humide avec le cyanogène. L'urée et les acides cyanique et oxalique sont des produits secondaires.

Résumé. Le cyanogène est un produit chimique de carbone et d'azote. La formation de plusieurs corps par l'eau et le cyanogène a pour cause les directions de l'expansion des molécules μ, μ' du carbone et de l'azote. Les mêmes molécules sont dans l'eau, mais elles ne possèdent pas de direction préétablie, dans leur expansion elles suivent les directions des molécules provenant du cyanogène. 1° Les cinq corps exposés dans l'équation (ζ), et 2° celui dans lequel entre l'excédant d'oxygène, ont une existence préétablie dans le cyanogène. Toutes les actions ont leur cause dans les inéquilibres, leurs effets ne sont que l'établissement d'équilibre.

Les deux tétraèdres d'hydrogène monosperme de carbone C^4 ne coïncident pas, mais les quatre sommets de l'un sont dans les quatre faces de l'autre, de même que cela a lieu pour les tétraèdres du gaz des marais, avec la différence qu'il y a dans un cas deux noyaux et dans l'autre un seul. L'hydrotétraèdre trisperme d'azote ne coïncide avec aucun des deux ; mais trois tétraèdres de cyanogène peuvent coïncider pour produire des *tétraèdres triples*, lesquels ne sont pas volatils.

B. Paracianogène $C^{12}Az^6 = C^8Az^4, C^4Az^2$

§ 176. **Formation.** 1° Dans la calcination de quelques cyanures dans des vases clos; 2° on calcine le cyanure de plomb et de fer séparé de l'air, et on traite la masse refroidie avec de l'acide azotique étendu chaud, ensuite avec l'acide sulfurique; de cette dissolution l'eau précipite le paracyanogène; 3° on calcine l'acide azulmique $= C^{12}Az^8H^4, 8HO$.

Préparation. On calcine dans une cornue le cyanure de mercure : la vapeur de cyanogène et de mercure se sépare, il est également obtenu de la calcination de l'acide azulmique séparé de l'air.

Propriétés. Le paracyanogène est une poudre brune qui, étendue sur le verre se voit rouge, noire comme le charbon, insipide, inodore, insoluble dans l'eau; il est composé de tétraèdres dont chacun contient trois tétraèdres de cyanogène en parédriase.

Éléments.	Forme.		Poids.
$4C^3$	$3O^2,4H^6$	$\}=3O,4H^6O^3$	3×26
$2Az^3$	$3O^3,4H^3$		3×28
$3C^4Az^3$ ou C^4Az^3,C^8Az^4		$3(O,4H^8O)$	3×52

Décomposition. 1° Le paracyanogène, calciné dans des vases clos ou sous courant d'azote ou d'acide carbonique, change parfaitement en vapeur de cyanogène.

2° Le paracyanogène brûle lentement dans l'air sans fumée, en perdant proportionnellement plus de carbone, de sorte qu'il en résulte : 1° un composé $C^{12}Az^8$; 2° ensuite le composé $C^{12}Az^{10}$, et 3° enfin le composé d'égal nombre d'équivalents d'azote et de carbone $C^{12}Az^{12}$; on a $C^{12}Az^8$; $C^{12}Az^{10}$ et $C^{12}Az^{12}$.

3° Le chlore sec conduit dans un tube rouge contenant du paracyanogène, produit une vapeur, laquelle refroidie se condense en formant un corps blanc, lequel est inodore, indécomposable dans la chaleur; fondu avec le carbonate de potasse il produit une masse dont les réactions montrent l'existence du cyanogène et du chlore. La dissolution de cette masse dans l'eau n'indique aucune réaction de cyanogène.

4° Le paracyanogène chauffé sous un courant d'hydrogène produit de l'ammoniaque, de l'acide cyanhydrique et du carbone. S'il est préparé de paracyanure d'argent dissous dans de l'acide azotique, le résidu de l'évaporation est un corps jaune.

Combinaisons du paracyanogène. Ce corps se dissout dans l'acide sulfurique chaud; le résidu de l'évaporation est une masse noire, insoluble dans l'eau.

Il se dissout dans l'acide chlorhydique chaud avec une couleur claire, jaune rouge; il se dissout aussi dans la potasse aqueuse.

Le paracyanure d'argent calciné dans une cornue développe de l'azote et du cyanogène, d'abord dans le rapport de volumes 1 : 1,5, puis dans le rapport de 1 : 2, 4, ensuite dans celui 1 : 0,86, enfin dans le rapport de 1 : 0,9.

L'acide azotique pénètre dans le paracyanure d'argent $Ag^6C^{12}Az^8$, dont une partie $Ag^2C^{12}Az^6$ reste à l'état insoluble. Dans l'article sur l'argent il est prouvé que son équivalent pèse 54 et son tétraèdre 216; les éléments $C^4Az^2H^2$ de son tétraèdre $Ag^4=4C^4Az^2H^2$ sont réduits à l'état solide, correspondant à celui du paracyanogène.

MODE DE PRODUCTION DES FAITS EXPOSÉS.

§ 177. **Formation.** Les tétraèdres du cyanogène forment deux corps, l'un volatil et l'autre solide, et chacun de propriétés différentes; ces deux états des mêmes tétraèdres servent ici à prouver que des trois hydrotétraèdres, les quatre sommets et les quatre faces d'électricité hétéronyme s'arrangent avec six autres, de manière à exercer le minimum de résistance.

1° Dans les cas où les tétraèdres en parédriase ont vis-à-vis les parties homoélectriques, l'état est instable, car il y a une poussée répulsive: tel est le *cyanogène* C^4Az^2.

2° Au contraire, dans les cas où les parties vis-à-vis des tétraèdres sont hétéroélectriques, la poussée répulsive manque, la position est stable et le corps est solide; tel est le *paracyanogène* $C^{12}Az^6 = C^4Az^2, C^8Az^4$.

Préparation. D'abord on prépare un cyanure triple de mercure en faisant pénétrer trois tétraèdres de cyanogène dans un de mercure. Ces triples tétraèdres Hg^3Cy ne diffèrent de trois tétraèdres de cyanogène que par la parédriase des faces *ff'* soutenant de l'électricité hétéronyme. Cet objet est traité en détail dans la section suivante contenant la cristallographie.

Propriétés. Les trois hydrotétraèdres composant le cyanogène $C^4Az^2 = 2(O,4H),O^2,4H$ avec six autres s'arrangent de manière à exercer un minimum de poussées répulsives: 1° le corps composé de triples tétraèdres de cyanogène est solide à cause du manque de poussée répulsive, et 2° il est rouge à cause de la parédriase d'un tétraèdre à côté des deux autres

$$3C^4Az^2 = C^8Az^4, C^4Az^2.$$

Le mode de la production de l'état solide des corps par la pesanteur et par l'électricité latente est exposé dans la section suivante. Il suffit ici de connaître que les tétraèdres de cyanogène doivent être trois: 1° pour produire le rouge, et 2° pour faire coïnider les trois hydrotétraèdres de chacun avec leurs homonymes.

Décomposition. 1° La parédriase stable des tétraèdres devient instable par la calcination du paracyanogène.

2. Pendant la combustion le corps du paracyanogène $C^{12}Az^6 = 3(O,4H^2O)$ devient mellon $C^6Az^4 = O,4H^2O^2$, et enfin il devient $C^6Az^6 = O,4H^6O^4$ pour passer de $C^{12}Az^6$ à $C^{12}Az^{12}$, il se trouve en un

état intermédiaire de $C^{12}Az^{10}=0,4H^{14}O^{8}$. Les tétraèdres de carbone se séparent entiers et non en fractions, et les trois composés indiqués contiennent en entier ces tétraèdres ; ainsi l'on a :

(4) $C^{12}Az^{6}-C^{2}=C^{10}Az^{6}$; $C^{10}Az^{6}-C^{2}=C^{8}Az^{6}-C^{2}=C^{6}Az^{6}$.

3° Le chlore conduit dans un tube contenant du paracyanogène séparé du mercure, développe une vapeur blanche d'une *odeur* étouffante qui se coudense dans l'éprouvette, formant un corps blanc composé : 1° de carbone et d'azote comme les trois corps $C^{10}Az^{6}$, $C^{8}Az^{6}$, $C^{6}Az$, et 2° de carbures de chlore $C^{2}Cl^{3}$, $C^{4}Cl^{4}$, $C^{4}Cl^{6}$.

4° Le paracyanogène calciné dans un tube sous un courant d'hydrogène devient de l'ammoniaque, de l'acide cyanhydrique et dépose du carbone ; ainsi on a :

(6) $$C^{12}Az^{6}+14H=Az^{4}H^{12}+C^{4}Az^{2}H^{2}+C^{8}.$$

C. Mellon $C^{12}A^{8}=C^{6}Az^{4}C^{6}Az^{4}$.

§ 178. **Formation.** On calcine lentement le paracyanure de sulfure de mercure, le paracyanure d'amide, le mélanim, l'ammélide, le mélem séparés de l'air; de même il se forme en calcinant les cyanures, des iodures, bromure et chlorure d'ammoniaque.

Préparation. 1° On distille sous un courant de chlore le sulfocyanure de potassium seul ou mêlé avec du sel gemme pilé ; ensuite on en éloigne les chlorures de potassium et de sodium en les dissolvant dans l'eau. 2° On chauffe le cyanure de chloramide, l'amélin ou l'amélide. On décompose par la chaleur le mellonure de mercure, Quand on verse une solution de mellonure de potassium dans une solution d'azotate de peroxyde de mercure, il se forme de l'acide mellonhydrique, qui reste en dissolution et il se précipite un mélange de bimellonure et de protomellonure de mercure qui est séché puis calciné dans une cornue de verre. On arrête l'opération quand la vapeur est absorbée aux trois quarts par la potasse. Cette vapeur contient trois volumes de cyanogène et un volume d'azote. **Liébig.**

Propriétés. Le mellon pur est un corps pulvérulant, jaune, léger, insoluble dans l'eau, l'alcool, l'éther, les acides étendus; il est soluble à chaud dans l'acide sulfurique concentré; l'eau le précipite de cette dissolution. Le mellon est inodore, insipide, neutre.

LIÉBIG.		VOELCKET.		LAURENT.	
Éléments.	Poids.	Éléments.	Poids.	Éléments.	Poids.
6C	36	4C	26	12C	72
4Az	56	3Az	42	9Az	126
H	0	H	1	3H	3
C^6Az^4	92	C^4Az^3H	67	$C^{12}Az^9H^3$	201

Acide mellonique cristallisé $= C^6Az^4H^2O^3$. **Liebig.**

Décomposition. 1° Le mellon calciné dans des vases clos se décompose : 1° en un mélange de un volume d'azote et de trois de cyanogène, **Liebig**, en azote, en cyanogène et en acide cyanhydrique, **Volckél.** Le mellon préparé d'améline ou de chlorocyanure d'amide calciné dans un tube disparait en se changeant en vapeur d'une odeur d'ammoniaque et d'acide cyanhydrique; la vapeur dépose un sublimé d'abord rouge, puis jaune et enfin brun. Ce sublimé, traité par la potasse, développe de l'ammoniaque, et il précipite l'argent de son azotate. Des gaz ainsi développés : 1° l'un (*ammoniaque*) se décompose avec l'acide chlorhydrique; 2° l'autre (*cyanogène*) se combine avec la potasse et 3° un autre (l'*azote*) qui reste libre va en croissant; les trois gaz changent dans les proportions $= 9 : 51 : 40$, et enfin $= 10 : 30 : 60$.

2° Chauffé dans le chlore sec le mellon produit un corps blanc, volatil, d'une odeur pénétrante et affectant les yeux.

3° Le mellon se dissout très-peu dans l'acide azotique bouillant en produisant une vapenr presque sans deutoxyde d'azote; il se décompose en ammoniaque et en acide cyanurique, lequel se sépare en état d'aiguilles de cristaux. La quantité de cet acide est inférieure à celle donnée par le calcul.

4° La dissolution du mellon dans l'acide sulfurique produit de l'ammoniaque, l'eau en précipite un corps blanc qui n'est pas du mellon; il est inconnu.

5° Le mellon avec la potasse aqueuse devient hydromellon; mais à l'état débullition il se dissout en développant de l'ammoniaque; il reste un sel de potasse d'un acide particulier dont les éléments ont été trouvés différents par les chimistes.

MODE DE PRODUCTION DES FAITS EXPOSÉS.

Formation. L'anthraconzote se trouve dans les corps dont le mellon se forme par la calcination qui occasionne l'éloignement de l'azote du cyanogène.

Préparation. Lorsqu'on distille dans un courant de chlore le sulfocyanure de potassium, on obtient un composé Me, lequel, traité par le potassium, dégage de l'ammoniaque, et l'on obtient le composé $K^2C^{12}Az^8$. Tel est le fait incontestable et en même temps inexplicable qui fit admettre à **Liebig** les éléments $C^{12}Az^8 = 2C^6Az^4$, et à **Valcket** et **Laurent** $C^{12}Cz^8, AzH^3$.

La formation et la préparation du mellon par des cyanures $2M^6C^{12}Az^6$, rend évident qu'il y a disparition de carbone dans le changement du paracyanogène en mellon. En disputant sur l'existence ou la non existence de l'ammoniaque dans le mellon, personne ne fait mention du carbone disparu : cette série de faits très-bien connus, devient une preuve incontestable du changement du carbone en cyammonium dans la formation du mellon par le paracyanogène. Parlons du fait incontestable qui est le corps Me obtenu du sulfocyanure de potassium ; je dis qu'il contient du paracyanogène, et au moyen du développement de l'ammoniaque et de la production du corps jaune, je prouve par le calcul la transformation du carbone en ammonium.

(α) $$C^3 = 3(O, AH) = O^3, 12H = Az^2H^6 \text{ ammonium.}$$

Le mellon est donc un composé de $C^{12}Az^8$ comme le dit **Liebig**, et il y a développement d'ammoniaque dans la transformation du cyanogène en mellon. Laissons les hypothèses à part, suivons les faits qui nous conduisent sans peur de nous égarer.

Je montrerai que l'ensemble de trois tétraèdres de cyanogène compose un tétraèdre solide de paracyanogène. Dans la formation du mellon par le paracyanogène, il faut trois tétraèdres de celui-ci ; le mellon s'en forme par la disparition du carbone C^{12} ; on obtient ainsi :

(β) $$C^{36}Az^{16} = C^{27}Az^{16} + C^{12} = 3C^9Az^6 + AzH^3.$$

La couleur jaune prouve l'existence du rapport $Az^6 : Az^8$ ou $Az^{10} : Az^6$, on trouve ainsi que le mellon est composé de deux facteurs qui sont :

(γ) $$C^{12}Az^{10}, C^{12}Az^6 = C^{24}Az^{16}.$$

L'un de ces facteurs est le paracyanogène $C^{12}Az^6$, et l'autre $C^{12}Az^{10}$ est la base de l'améline $C^{12}Az^{10}H^{10}O^4$. Ce composé est aussi obtenu par la combustion lente du paracyanogène.

Décomposition. 1° Le mellon ne contient pas d'ammoniaque, celle-ci n'y est trouvée ni par **Liebig** ni par **Volckel** ; 2° celui-ci a observé l'acide cyanhydrique $C^4Az^2H^2$; il a aussi observé l'ammoniaque dans la préparation du mellon. Dans l'équation (α) le calcul donne le changement du carbone C^6 en ammonium Az^2H^8 ; après la séparation de l'ammoniaque Az^2H^6 il reste les deux atomes d'hydrogène dans le cyanogène pour produire de l'acide cyanhydrique.

Le mellon $C^{12}Az^8$ préparé d'amélide $= C^{12}Az^8, AzH^3, 6HO$, calciné dans un tube, se vaporise ; l'ammoniaque et l'acide cyanhydrique s'éloignent et il reste un sublimé d'abord rouge, comme le paracyanogène, puis jaune comme le mellon, et enfin brun comme le paracyanogène. Ce sublimé est composé d'ammoniaque, de cyanogène et d'azote. Le cyanogène se développe en rapport inverse avec l'azote ; le développement du carbone varie très-peu. Cette longue série de faits trouve son explication dans les trois équations (α), (β), (γ) et dans (δ).

(δ) $C^6,C^{12}Az^{12} = Az^2H^8, C^{12}Az^{12} = Az^6H^6 + C^4Az^2H^2 + C^8Az^4 + Az^6.$

2° Le chlore se combine avec le carbone C^6 et produit le corps $C^6Cl^6, C^{12}Az^{12}$ correspondant au mélanine $C^{12}Az^{12}H^{12}$.

3° Le mellon, bouilli dans l'acide azotique, donne une vapeur qui contient de l'ammoniaque, de l'acide cyanurique : celui-ci contient moins de carbone que le mellon, mais il y a production d'ammoniaque et de peu de deutoxyde d'azote ; c'est donc la présence de cet ammoniaque qui correspond au carbone disparu et exposé dans l'équation (ε).

(ε) $$C^6,C^{12}Az^{12} + 10HO = Az^2H^8, C^{12}Az^{12} + 10HO - C^{12}Az^6H^6O^{12} + Az^2O^4 + Az^6H^8.$$

4° L'ammoniaque est produite du carbone C^6, dont l'excédent de deux atomes d'hydrogène se combine avec deux atomes d'oxygène de l'acide sulfurique, d'où il résulte deux équivalents d'acide sulfureux qui, combinés avec l'anthracoazote $C^{12}Az^{12}$, composent le corps $C^{12}Az^{12}S^2O^4$.

(ζ) $$C^6,C^{12}Az^{12} + S^2O^6 = Az^2H^8O^2 + C^{12}Az^{12}S^2O^4.$$

5° Le mellon, bouilli dans la potasse hydratée, développe de l'ammoniaque et forme un composé avec la potasse $C^{12}Az^{12}K^2$ (η)

(η) $$C^6,C^{12}Az^{12} + K^2O^2 = C^{12}Az^{12}K^2 + H^2O^2 + Az^2H^6.$$

Résumé. Le changement du carbone en ammonium, se présente en un si grand nombre de résultat, qu'il est impossible de le méconnaître lorsqu'on expose ces résultats obtenus en équations déterminées par les éléments du mellon. La disparition du carbone C^6

de même que l'apparition de l'ammoniaque, étaient, pour les chimistes, deux faits très-réels, mais inexplicables. Il n'y aura plus de cas pareils, parce que la réalité des faits est incontestable, tandis que les hypothèses sur la simplicité des corps indécomposables ne le sont pas.

I. PRODUCTION CHIMIQUE DES CORPS COMPOSÉS DE CARBONE, D'HYDROGÈNE ET D'OXYGÈNE.

§ 179. Les corps composés de carbone, d'hydrogène et d'oxygène sont en très-grand nombre, ce qui rend nécessaire leur subdivision en acides, en alcalis et en corps neutres; chacune de ces classes est subdivisée en ordres basés sur le nombre d'équivalents de carbone.

Sans rien contester de ces subdivisions, reconnues insuffisantes, et pour cela modifiées par chaque auteur, après avoir établi que les corps sont composés des atomes d'hydrogène et d'oxygène arrangés *en tétraèdres, par leur masse obéissant à la pesanteur*, je suis parvenu à constater que l'eau est le produit d'un tétraèdre Δ d'oxygène 40 logé dans un tétraèdre Δ' d'hydrogène. Donc l'équivalent de l'eau est H^4O^4 et l'élément d'hydrogène y entre *en poids de 4 et non en un* poids de 1. Il est ainsi prouvé que le poids des équivalents de l'eau et les soixante autres indécomposables doivent être pris quatre fois plus grands. **Dumas** a démontré *qu'en cas pareil tous les équivalents* deviennent exposés en nombres entiers.

En partant de tétraèdres, et non d'atomes, je découvris que les tétraèdres Δ, Δ' étant les uns à côté des autres, occupent le volume $V = v + v$, et la densité est *d*; tel est le mélange des deux gaz obtenus de la décomposition de l'eau. Si une égale quantité d'eau est transformée en vapeur, la densité est **d** égale à celle obtenue par le calcul basé sur le logement des tétraèdres Δ de volume *v* dans les Δ' de volume $v = 2v$.

Parmi les corps, les uns sont produits par des tétraèdres en *énédriase* ou en *parédriase* Δ, Δ' ou Δ + Δ'; les autres sont des *résidus* des tronçons des tétraèdres restés après la séparation d'un tétraèdre élémentaire. Tant que les chimistes ignoraient la structure tétraédrique des corps, il manquait la distinction de ces corps : 1° en corps produits par des énédriases ou des parédriases, et 2° en corps résidus, produits par la séparation de quelque tétraèdre.

Corps organiques, corps inorganiques et corps chimi-

ques. 1° Les corps organiques sont des produits des plantes et des animaux ; 2° les corps inorganiques sont les minerais indécomposables, et 3° les corps chimiques sont produits par des éléments déjà existants, amenés en énédriase ou en parédriase, et nommés *composés chimiques décomposables*. Au lieu de décomposer ces composés, si on leur enlève une partie intégrante, on produit un résidu, un tronçon (*colobome*) indécomposable en ses éléments.

Comme exemples, j'expose le mode de production de quelques-unes des deux classes de corps chimiques par les éléments des corps organiques ; chacune des deux classes contient des corps acides, neutres ou basiques.

Les corps organiques, en leur état normal, sont isomères, car ils sont composés de mêmes tétraèdres hyliques $4C^{12}H^{11}O^{11}$; leur différence provient des densités des molécules μ qui composent la *pycnoélectricité* $\dot{E}$, et des molécules μ' qui composent l'*aréoélectricité* $\bar{E}$. Le sucre, étant un produit chimique, ne diffère pas par ses éléments hyliques des corps organiques. En me limitant dans l'exposition de la structure, j'indique le mode de formation des alcools, par la séparation des tétraèdres de l'oxygène pour qu'il ne reste qu'un tétraèdre d'eau avec $2n$ tétraèdres de gaz oléfiant. De l'alcool se séparent les tétraèdres d'hydrogène, qui donnent pour résidus les corps nommés *aldéhides*. Ainsi sont produits par des séparations les *acides*, les *éthers*, etc. En suivant un ordre analytique, j'expose d'abord un nombre d'acides de classes différentes.

A. Acides composés de carbone, d'hydrogène et d'oxygène.

§ 180. L'état acide des corps est produit par l'électricité positive ou par l'électricité neutre, et non par les éléments hyliques de carbone, d'hydrogène et d'oxygène, qui ne diffèrent pas dans les corps isomères. De ces corps, ceux qui sont acides étant brûlés, donnent une quantité de calories inférieure à celle que donnent les corps qui ne sont pas acides.

Les acides non organiques ont pour facteur négatif l'oxyde de carbone ou un métal oxydable, et pour facteur positif l'eau ou l'hydrogène :

Acide rhodizonique $C^{14}O^{14},H^{6}$;
Acide croconique $C^{10}O^{10},H^{2}$;
Acide mellitique $C^{4}H^{4},H$.

Dans les acides organiques le facteur négatif est un carbure d'hydrogène et le facteur positif est de l'acide carbonique. Il y a autant d'espèces d'acides organiques qu'il y a d'espèces d'alcool, exposées dans la formule $C^{4n}H^{4n}$,4HO. La fabrication de l'alcool consiste en délogement d'un tétraèdre neutre d'eau 4HO.

1° Acide rhodizonique (ῥόδον, rose) $C^{14}O^{14}$,6H.

§ 181. **Formation.** Le potassium chauffé dans l'oxyde de carbone devient un corps noir sans séparation de carbone ; ce corps est un *anthracooxydure de potassium* $4K^2C^6O^6$.

Préparation. Le corps noir, traité par l'eau, produit une forte effervescence, et la dissolution contient deux corps composés de mêmes éléments : 1° l'un rouge, insoluble, et 2° l'autre jaune, soluble dans l'eau. En filtrant la dissolution, on sépare le corps rouge insoluble, qu'on lave avec de l'alcool parce qu'il se dissout dans l'eau et devient jaune.

Le corps solide rouge, *rhodizonate de potasse*, traité par l'acide sulfurique étendu dans 15 parties d'eau et la même quantité d'alcool, devient du sulfate de potasse insoluble, qu'on sépare par la filtration, et l'acide rhodizonique reste dans la liqueur qu'on concentre par l'évaporation et met de côté. Au bout de quelque temps l'acide se présente séparé de l'eau à l'état d'aiguilles de cristaux.

Propriétés. L'acide est solide ; les cristaux sont rouge jaune à cause de l'eau mère, comme l'a prouvé **Heller**, qui parvint à obtenir des cristaux incolores. Werner obtint des cristaux incolores en aiguilles et autres, des dodécaèdres bruns qui réfléchissent la lumière sous une couleur pourpre. L'acide est inodore, aigrelet, astringent ; les cristaux s'affaissent et deviennent une masse amorphe, ils se dissolvent dans l'eau, l'alcool et l'éther.

Éléments.	Forme		Poids.
	tétraédrique.	chromatique.	
C^{14}			84
O^{14}	$C^2H^2O^2$,$4C^3O^3H$;	$C^7O^7H^4$,$C^7O^7H^2$	112
H^6			6
$C^{14}O^{14}H^6$	$C^2H^2O^2$,$4C^3O^3H$;	$C^7O^7H^4$,$C^7O^7H^2$	202

Décomposition. 1° Les cristaux de l'acide chauffés au-dessus de 100° deviennent gris noir et se volatilisent sans résidu **Heller.** Ils développent de l'eau, ensuite une vapeur brune, après ils deviennent noirs et développent une vapeur grise, ensuite une vapeur jaune d'une odeur empyreumatique; ainsi brûlé l'acide laisse une trace de cendre non alcaline, **Werner**; 2° l'acide se décompose dans les acides minéraux; 3° il précipite l'or de ses dissolutions; 4° étendu dans l'eau l'acide exposé à l'air pendant plusieurs semaines devient acide croconique et oxalique.

Combinaisons. La dissolution concentrée dans l'eau est rouge, étendue elle est jaune. **Werner.**

Les *rhodizonates* sont rouges de toutes les nuances; il y en a d'un vert métallique, abandonnés à l'air ils deviennent plus foncés. Chauffés ils laissent un mélange de carbone et de métal oxydé ou à l'état de carbonate. Ils se dissolvent dans l'eau. Les dissolutions concentrées sont rouges, exposées à l'air elles deviennent jaunes.

Rhodizonate d'ammoniaque. L'ammoniaque se combine avec l'acide dissous dans l'alcool, et la liqueur est rouge jaune foncée; le sel sec est d'un brun chocolat. Le mélange de rhodizonate de potasse avec le sulfhydrate d'ammoniaque séché, est une poudre violette qui se dissout dans l'eau en se décomposant en croconate et en oxalate d'ammoniaque.

MODE DE PRODUCTION DES FAITS EXPOSÉS.

§ 182. **Formation.** La combinaison d'un équivalent de potassium avec trois équivalents d'oxyde de carbone, correspond à son peroxyde KO^3. La combinaison de 24 équivalents de carbone correspond à l'équivalent végétal $C^{24}H^{24}O^{24}$; le corps noir est $4C^6K^2O^6$.

Préparation. Le potassium et l'oxyde de carbone sont une base très-aréoélectrique, et l'eau neutre y remplace un acide; tel est le mode de production d'une effervescence lorsqu'on jette le corps noir dans l'eau. La division de ce corps, en deux autres d'inégale composition, est un effet direct des éléments de l'équivalent double de potassium.

$$(\alpha) \qquad K^2 = C^{10}H^{18}.$$

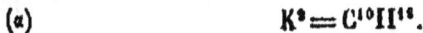

Le corps noir traité par l'eau se décompose en $K^6O^6H^6$, 14CO et $K^2H^2O^2$,10CO; ce sont donc les 10 équivalents de carbone composant le potassium qui produisent la séparation d'égal nombre d'équivalents d'oxyde de carbone. Du tétraèdre de potassium 4K se sépare un équivalent double K^2 et non une portion $\frac{10}{31}$, et des deux corps provient directement du carbone des éléments composant le potassium. L'équivalent double K^2 de potassium peut également se séparer avec 10 équivalents d'oxyde de carbone, pour cette raison l'acide rhodizonique ou les rhodizonates se décomposent en croconates, $C^{10}M^2H^2O^{10}$, en oxalate et en métal.

Propriétés. C'est à cause de la triple base $3K^2H^2O^2$ que le rhodizonate est insoluble et le croconate à base simple est soluble dans l'eau. Le rouge correspond au rapport $M^4H^4O^4$, $M^2H^2O^2$ dans lequel la base entre dans les deux facteurs ; ainsi on a :

$$(\beta) \qquad M^4H^4O^4C^7O^7, M^2H^2O^2C^7O^7.$$

Après la séparation de l'oxyde du métal les 6 équivalents d'hydrogène restent dans les deux moitiés de l'acide divisé en deux facteurs dans le même rapport, ils le rendent rouge : mais en dissolvant ces cristaux dans l'alcool, en les laissant se reproduire plusieurs fois on parvient rarement à diviser les six équivalents d'hydrogène en deux moitiés pour obtenir l'acide en forme de $2C^2H^2O$ et pour cela à l'état incolore.

Décomposition. 1° A 100° et au-dessus l'acide se volatilise parfois sans décomposition ; 2° dans les cas où une inégalité de température produit dans le corps chauffé des courants thermoélectriques il se décompose en vapeur d'eau, en un corps donnant de la vapeur rouge et puis en un autre donnant de la vapeur jaune, odorante. La cendre qui reste est un corps neutre. En ce cas il y a décomposition de l'acide et en même temps formation de produits secondaires, de facteurs dont les éléments correspondent aux couleurs rouge et jaune et au manque de couleur qui produit le noir et le gris. L'odeur est produite par l'expansion des molécules μ', les moins denses du carbone ; 3° l'acide étant très-faible s'arrange comme une base avec les acides minéraux ; 4° la division préétablie de l'acide d'après l'inéquilibre s'opère si lentement, qu'il lui faut plusieurs semaines pour devenir : 1° de l'acide croconique ; 2° de l'acide oxalique, et 3° un autre corps indiqué dans l'équation suivante :

$$(\gamma) \qquad C^7O^7H^4, C^7O^2H^3 = C^2O^2H^3(C^5O^5, C^3O^3) + C^2HO^4 + C^2H^2.$$

Cette décomposition spontanée correspond à celle obtenue par l'élévation de température.

Combinaisons. L'acide dissous dans l'eau est d'abord rouge et puis jaune, couleur qui indique sa décomposition (γ).

Les rhodizonates sont rouges parce que leurs deux facteurs sont composés de la manière suivante :

(δ) $M^4H^4C^7O^7, M^3H^2C^7O^7$.

La couleur verte indique l'existence du rapport $M^3H^9;M^8H^9$. Le facteur M^3H^8 est celui de $C^4M^4H^4O^8$ doût se sépare l'acide oxalique C^2HO^4 ou l'oxalate C^2MO^4.

2° Acide croconique $C^{10}H^2O^{10}$.

§ 183. **Formation et préparation.** L'acide est obtenu du croconate de potasse traité par l'acide sulfurique très-étendu dans l'alcool; le sulfate de potasse est séparé par la filtration, et la liqueur concentrée par l'évaporation, laissée de côté produit des cristaux d'acide croconique.

Propriétés. Les cristaux sont des prismes et des grains transparents orange jaunes, parfois rouges; ils persistent jusqu'à 100°. Sur le bain-marie l'acide reste comme une plaque mince jaune; il est inodore, très-aigre et rougit le tournesol.

Éléments.	Forme (tétraédrique)	(chromatique)	Poids.
$C^{10}O^{10}$	$C^2H^2O^2,4C^2O^2$	$C^2H^2O^2(C^6O^6,C^2O^2)$	140
H^2			2
$C^{10}H^2O^{10}$	$C^2H^2O^2,4C^2O^2$	$C^2H^2O^2(C^6O^6,C^2O^2)$	142

Décomposition. L'acide chauffé développe une vapeur d'abord blanche, puis jaune, d'une odeur de bitume et poussant à la toux; il laisse peu de charbon qui brûle sans laisser trace de potasse.

Combinaisons. L'acide se dissout facilement dans l'eau, la dissolution en quelque temps perd sa couleur jaune et devient incolore.

Les *croconates* sont tous colorés jaunes ou orangés. Quelques sels des métaux inoxydables se voient rouges par la lumière transmise et bleu violets ou indigo par la lumière réfléchie. Ils se décomposent dans la chaleur en devenant brillants et étincelants, ils produisent de l'acide carbonique et de l'oxyde de carbone; le résidu est composé de charbon et de métal ou de carbonate. Les sels ne se décomposent ni dans l'air, ni dans les dissolutions, ni dans l'eau.

Mode de production des faits exposés.

Formation et préparation. L'anthracooxydure de potassium traité par l'eau se décompose en deux hydrates :

(ε) $4C^6O^6K^3 + 4H^2O^2 = C^7K^3H^2O^2,4C^2O^2 + C^2K^3H^2O^2,4C^2KHO^4$

Le croconate est séparé par la filtration ; et la liqueur traitée par l'acide sulfurique se sépare de la potasse et il reste un hydracide

$$(\zeta)\quad C^2K^2H^2O^2,4C^2O^3 + 2SHO^4 = 2SCO^4 + 2HO + C^2H^2O^2,4C^2O^3.$$

Propriétés. La couleur jaune normale provient des facteurs (C^2O^3,C^2O^3) composé chacun avec CHO. Dans les cristaux contenant plus d'eau se forme le rapport de $O^2 : O^4$, et puis celui de $H^4 : H^2$ qui produit *le rouge*.

Décomposition. Dans la chaleur il ne se sépare pas de l'hydrogène seul pour laisser l'oxyde de carbone, mais l'hydrogène éloigne une partie d'oxygène et laisse un excédant de carbone; c'est donc ce carbone C^2 dont une partie, avec peu d'oxygène, produit l'odeur de bitume, et l'excédant reste à l'état de charbon pur.

Combinaisons. La dissolution jaune de l'acide dans l'eau devient incolore par la disparition de l'inéquilibre entre les facteurs colorants C^2O^3,C^2O^3.

Les *croconates* sont jaunes parce que les facteurs de l'acide conservent le rapport de 5 : 3. Les sels des métaux inoxydables obtiennent le dichroïsme par la superposition des facteurs C^2O^3 qui donnent le rapport 2 : 1 au couple C^4O^4,C^2O^2. Ainsi la lumière transmise par ces facteurs est rouge et celle réfléchie par les facteurs C^2O^5,C^4O^4, l'une C^2O^5 est jaune et l'autre C^4O^4 établie est indigo.

3° Acide mellitique $H^2,4C^2O^3$.

§ 184. **Naturel.** L'acide mellitique compose le minéral *mellite*, *pierre de miel*, mellitate d'alumine $Al^2O^3,3C^4O^3,18HO$; il a été découvert par Klaproth en 1709.

Préparation. Le mellite pulvérisé est traité par la dissolution du carbonate d'ammoniaque dont l'excédant est ensuite éloigné par l'ébullition, l'alumine se précipite, et il est séparé par la filtration du mellitate d'ammoniaque contenu dans la liqueur. Celle-ci concentrée produit les cristaux, qu'on sépare de l'eau mère par la filtration. Ces cristaux dissous dans l'eau sont traités par l'acétate de plomb ou par l'azotate d'argent, le métal se précipite et il se forme un sel d'ammoniaque et l'acide mellitique reste dans la dissolution, celle-ci concentrée et laissée de côté produit des cristaux d'acide mellitique, où l'on obtient l'acide par l'évaporation de l'eau.

Propriétés. La poudre blanche ainsi obtenue est composée de cristaux microscopiques, On obtient des aiguilles de cristaux ou des lamailles en la dissolvant dans l'alcool. Les cristaux très-aigres fondent étant chauffés.

Éléments.	Forme.	Poids.
4CO / H	} = H,4CO	56 / 1
C^4O^4H	H,4CO	57

Décomposition. 1° A 200° l'acide ne perd pas d'eau ; à une température supérieure une partie indécomposée se sépare par sublimation, tandis que la plus grande partie séparée laisse beaucoup de charbon sans apparition d'odeur empyreumatique ; 2° l'acide brûle dans l'air avec une flamme claire, fumante, répandant une odeur aromatique et laissant du charbon qui brûle entièrement. Les acides azotique ou sulfurique n'agissent pas sur l'acide mellitique.

MODE DE PRODUCTION DES FAITS EXPOSÉS.

§ 185. **État naturel.** Le minerai mellite ou la mellitate d'alumine $Al^2O^3, 3C^4O^3, 6H^2O^2$ se trouve dans les houillers, car l'alumine est un composé de $C^4H^3O^3 = Al^2O^3$, qui avec l'acide anhydre $C^{12}O^9$ est $H^3,4C^4O^3 = Al^2O^3,C^{12}O^9$; l'hydrogène H^3 qui manque dans l'acide de même que l'oxygène O^3 sont dans l'alumine $Al^2O^3 = C^4H^3O^3$. L'acide mellitique H,4CO avec l'ammoniaque produit le sel $AzH^4C^4O^4$ à l'état hydraté de forme $AzH^3C^4O^4H,6HO$. Ce sel chauffé se divise en paramide $= C^4Az,C^4O^4H$, et en acide euchroïque $= Az^2H^6C^8Az^2, 4C^4O^4H$ exposés plus bas.

Propriétés. Les aiguilles des cristaux sont formées par la parédrasse des tétraèdres de l'oxyde de carbone qui forment la hauteur avec l'hydrogène H qui détermine la base.

Décomposition. Après la sublimation de la couche superficielle dans la chaleur, pour qu'il reste beaucoup de charbon il faut éloigner l'oxygène avec l'hydrogène, ainsi que le carbone.

La même décomposition s'opère dans la combustion

$$2C^4O^4H = H^2O^2 + 3CO^2 + 5C.$$

Combinaisons. Les mellitates sont de la forme MC^4O^4 de même que les croconates $M^2C^2O^2,4C^2O^2$ et les rhodizonates $M^6C^2O^2,4C^3O^3$. Les métaux y entrent sans être oxydés comme ils le font avec tous les hydracides ; les sels sont *rhodizonures*, *croconures*, *mellitonures*.

Résumé. L'oxyde de carbone forme des séries d'hydracides dont les sels ne diffèrent pas des sels des hydracides minéraux. Le nombre des équivalents de carbone qui entrent dans ces hydracides est déterminé par le nombre des équivalents de carbone qui composent les métaux.

Les trois espèces d'acides exposés correspondent à l'acide cyanhydrique $C^4Az^2H^2$ et aux autres hydracides minéraux MH. La base de ces acides est l'oxyde de carbone et leurs sels sont :

$K^2C^{14}O^4$ = oxycarbure de potassium rhodizonique ;

$K^2C^{10}O^{10}$ = oxycarbure de potassium croconique ;

$Al^2C^8O^8$ = oxycarbure de potassium mellitique.

Ces sels traités par l'eau deviennent hydratés

$$K^2H^2O^2C^{14}O^{14}, K^2H^2O^2C^{10}O^{10}, Al^2H^2O^2C^8O^8.$$

Les hydracides ne sont que de l'oxyde de carbone logé dans l'hydrogène qui soutient le couple ĖĖ d'électrosyzygues restés des calories ĖĖ², dont les aréosyzygues Ė se séparent avec l'oxyde des métaux peroxydables MOĖ.

B. Hydracides aquatiques.

§ 184. Les acides considérés comme organiques par les chimistes allemands, et comme inorganiques par les chimistes français, sont de l'hydracide comme le sont tous les acides organiques, dont les sels ne sont que le remplacement d'un ou de plusieurs équivalents d'eau par un ou plusieurs équivalents d'oxydes ou des composés analogues. Ainsi, la différence entre ces acides et les précédents consiste en remplacements des équivalents de l'eau par les oxydes, de même que cela a lieu pour les sels des acides minéraux.

1° Acide formique $C^2H^2O^4 = C^2O^3,3HO$.

Ameisensaure, all.

§ 185. **Naturel.** Dans le suc de la *fourmi rouge* ; dans la térébenthine exposée à l'air, surtout lorsqu'elle est contenue dans des vases de plomb, dans le suc des pins et dans quelques eaux minérales.

Formation. 1° Par l'oxydation de l'esprit de bois $C^2H^4O^2$, dans l'air en contact avec du platine ou de l'acide azotique ; 2° en chauffant l'esprit de bois avec de la chaux et de la potasse ; 3° en décomposant le chloroforme, bromoforme ou iodoforme par la potasse; 4° en décomposant l'acide cyanhydrique par la potasse ou par les acides minéraux; 5° par la décomposition de l'acide oxalique dans la chaleur; 6° par la combustion lente et sans flamme de l'alcool ou de l'éther; 7° par la production de l'iodoforme, de l'alcool, de l'iode et de la potasse; 8° par l'action de l'air dans la dissolution de la potasse dans l'alcool; 9° en chauffant l'alcool avec l'acide azotique; 10° par la décomposition du chlorate et du bromate dans la potasse aqueuse; 11° en faisant bouillir la potasse dans l'éther chlorhydique; 12° en faisant bouillir la térébentine à l'air ou en la chauffant dans l'acide chromique; 13° par la distillation de l'acide tartarique aqueux avec du protoxyde de manganèse; 14° dans l'acide sulfurique étendu et mêlé de peroxyde de manganèse et d'amidon, de sucre, de filaments de bois, etc.; 15° par la distillation du sucre, de l'amidon, des filaments de bois, etc., mêlés avec de l'acide sulfurique étendu.

Préparation. 1° On broie les fourmis rouges, et l'on mêle le jus avec 2 à 3 parties d'eau et l'on distille; cette liqueur, traitée par les oxydes des métaux oxydables, produit des formiates. On sépare le formiate de plomb insoluble par la filtration; ce sel, décomposé par l'hydrogène sulfuré, donne l'acide formique.

2° L'oxyde de carbone en contact avec la potasse hydratée devient de l'acide formique.

3° On chauffe dans une cornue le mélange de 10 parties d'amidon, 37 parties de peroxyde de manganèse, 30 parties d'acide sulfurique et 30 parties d'eau. La vapeur de la distillation, refroidie dans le récipient, donne une liqueur contenant de l'acide formique; celui-ci est séparé au moyen de l'acétate de plomb, comme il a été indiqué.

4° On chauffe l'acide oxalique avec la glycérine, l'acide carbonique s'éloigne et l'acide formique reste dans la glycérine; il en est séparé par la distillation en introduisant de l'eau dans la cornue.

5° L'acide concentré est préparé avec du formiate de soude dont 7 parties sont dissoutes dans 10 parties d'acide sulfurique étendu de 4 parties d'eau.

6° On distille 10 parties d'acide tartarique avec 14 parties de peroxyde de manganèse et 30 à 43 parties d'eau.

Propriétés. L'acide anhydre est un liquide incolore; il bout à 98°,15, gèle à —1° en limailles luisantes, et dégèle à 1°; sa densité est 1,2333. De sa vapeur de 114° à 118° la densité est de 2,125 à 2,14, **Bineau**. Il est fumant dans l'air, répand une odeur aigre pénétrante. Une petite goutte de cet acide produit sur la peau une inflammation douloureuse qui amène un ulcère qui laisse une cicatrice blanche, **Liebig**. L'acide étendu a une odeur propre d'acide, et une saveur aigre.

Éléments.	Forme.	Poids.	Volume.	Densité.
2C	$C^2O^3,2HO$	12	0	$(14+18)\delta$
2H	$C^2H^2,4O$	2	4	
4O		32	4	
$C^2H^2O^4$	$C^2O^3,2HO$	46	1	$(14+18)\delta = 32\delta = 2,21632$

Décomposition. 1° La vapeur de l'acide brûle dans l'air avec une flamme bleue. Le noir de platine humecté par l'acide dans l'air s'échauffe en le décomposant en eau et en acide carbonique avec sifflement.

2° Le chlore se combine avec l'hydrogène et se sépare de l'acide carbonique.

3° L'acide azotique produit de l'eau et de l'acide carbonique.

4° L'acide iodique aqueux, traité par l'acide formique bouillant laisse de son oxygène, l'iode se sépare et l'acide carbonique se développe.

5° L'acide sulfurique sépare l'eau de l'acide formique.

6° L'acide formique se combine avec l'oxygène des métaux inoxydables.

7° Avec celui des peroxydes des métaux oxydables.

8° Le formiate de potasse, traité par la potasse hydratée, développe de l'hydrogène et produit de l'oxalate de potasse.

Combinaisons. L'acide étendu par l'eau devient moins dense sans production de chaleur.

Les formiates sont obtenus en chauffant l'acide étendu avec les oxydes des métaux ou avec leurs carbonates.

Les sels des métaux peroxydables, chauffés dans le vide, développent de l'oxyde de carbone et d'hydrogène; ils laissent des carbonates noircis de peu de carbone. L'acide sulfurique se combine avec la base et la sépare de l'oxyde de carbone et de l'hydrogène. Le noir de platine humecté par la dissolution des formiates les change en carbonates.

Les formiates sont solubles dans l'eau; ces dissolutions traitées par celle de l'oxyde de fer donnent une liqueur qui est rouge.

MODE DE PRODUCTION DES FAITS EXPOSÉS.

§ 187. La formation de l'acide formique par l'oxydation du térébène, de l'esprit de bois, du suc, des feuilles des pins, etc., fait connaître que c'est le gaz oléfiant C^2H^2, qui devient un acide en recevant un oxytétraèdre 4OÉ. Cette structure est confirmée par la densité de la vapeur de l'acide exposée plus bas.

Formation. 1° L'esprit de bois en contact avec du platine ou avec de l'acide azotique exposé à l'air, se transforme en acide formique en recevant un oxytétraèdre, lequel éloigne l'hémitétraèdre d'eau :

(α) $$C^2H^4O^2 + 4O = C^2H^2O^4 + 2HO.$$

2° En chauffant la potasse et la chaux hydratée avec l'esprit de bois, on obtient :

(β) $$KCaH^2O^4 + C^2H^4O^2 = C^2KCaO^4 + O^2H^4 = C^2H^2O^4 + KCaH^2O^2.$$

3° En traitant le chloroforme par la potasse on a :

(γ) $$C^2HCl^3 + 4KO = C^2HKO^4 + 3KCl.$$

4° De l'acide hydrocyanique en contact d'un acide minéral :

(δ) $$C^4Az^2H^2 + 4HO = 2C^2H^2O^4 + Az^2H^6.$$

En restituant l'azote Az^2 par l'oxygène 6O, on voit qu'il n'y a qu'un équivalent d'eau dans l'acide formique en plus que dans l'acide cyanhydrique.

5° Dans la décomposition de l'acide oxalique par la chaleur :

(ε) $$C^2H^2O^4, C^2O^4 = C^2H^2O^4 + C^2O^4.$$

6° Dans la combustion obscure de l'alcool ou de l'éther :

(ζ) $$C^4H^4, 2HO + 4O^2 - 2HO = 2C^2H^2O^4.$$

7° Dans la préparation de l'iodoforme dans l'alcool, l'iode et la potasse :

(η) $$C^4H^6O^2 + 8J + 6KO = C^2HJ^3 + 5KI + C^2HKO^4.$$

8° En chauffant l'acide azotique avec l'alcool :

(θ) $$C^4H^6O_2 + 4O^2 = 2C^2H^2O^4 + 2HO.$$

9° Dans la dissolution de la potasse, dans l'alcool exposé à l'air et dont les oxytétraèdres passent au carbone :

(ι) $$C^4H^6O^2 + K^2O^2 + 8O = 2C^2KHO^4 + 4HO.$$

10° Dans la décomposition du chloral ou bromal par la potasse aqueuse :

(κ) $$C^4HCl^3O^2 + 4K^2O^2HO = 2C^2HKO^4 + 3KCl + 3KOHO.$$

11° En faisant bouillir la potasse dans l'éther chlorhydrique.

(λ) $$C^4ClH^3O^4 + 4KO + O^2 = 2C^2KHO^4 + KCl + KHO^2.$$

12° Les oxytétraèdres $4O^2$ de l'air ou de protoxyde de chlore pénètrent dans l'antracotétraèdre libre de la térébentine :

(μ) $$C^{20}H^{16} + 4O^2 = C^4H^2O^4 + C^{18}H^{12}.$$

13° Dans la distillation de l'acide tartarique avec le peroxyde de manganèse :

(ν) $$C^8H^6O^{12} + 4Mn^2O^4 = C^4H^2\dot{M}n^2O^8 + 4HO.$$

14° Les corps organiques, amidon, sucre, filaments de bois, composés de $4C^6H^6O^6$ traités par le peroxyde de manganèse dissout dans l'acide sulfurique étendu donnent :

(ξ) $$C^6H^6O^6 + O^6 = 3C^2H^2O^4.$$

Préparation. La potasse hydratée au moyen de ses éléments $K^2O^2 = C^{16}H^{16}O^2$ détermine les tétraèdres de l'eau et de l'oxyde de carbone à obtenir l'arrangement suivant :

(ο) $$4CO + K^2H^2O^4 = 2C^2HKO^4.$$

On décompose l'acide oxalique étendu en le distillant en présence de la glycérine qui reste intacte :

(π) $$C^4H^2O^8 = C^2H^2O^4 + C^2O^4.$$

Les équations des autres moyens de préparation de l'acide se trouvent parmi celles indiquées dans sa formation.

Propriétés. Les différents modes de la formation de l'acide font connaître que les éléments du gaz oléfiant C^2H^2 reçoivent un oxytétraèdre $4O\ddot{E}$. 1° Les pycnosyzygues $4\dot{E}$ produisent les propriétés de l'acide, et 2° le barogène 18β des l'hémitétraèdre 2HO d'eau logée dans l'hémitétraèdre C^2O^2 d'oxyde de carbone de 14β atomes de barogène forme un volume v contenant 32 atomes de barogène; ainsi on a $32\beta = 32 \times 0{,}06920 = 2{,}21632$ dans la température ordinaire. Bineau a trouvé la densité 2,125 à 112 degrés; ainsi est obtenue la preuve géométrique de la structure C^2O^2,2HO des hémitétraèdres composant l'acide formique.

Décomposition. L'acide chauffé dans un tube scellé se décompose en eau 2HO et en oxyde de carbone de volume égal à celui de la vapeur de l'acide après l'éloignement de la vapeur d'eau.

1° Dans l'air l'oxyde de carbone brûle avec une flamme couleur bleue qui est le produit du rapport 4 : 3 de l'oxygène de l'acide carbonique C^2O^4 et de celui C^2O^3 du mélange de l'oxyde CO et de l'acide CO^2. Le sifflement entendu lorsque le platine décompose l'acide est l'effet des décharges électriques occasionnées par le délogement des tétraèdres de l'eau et de ceux de l'oxyde de carbone.

2° L'oxyde C^2O^2 en contact avec le chlore devient du gaz phosgène hydraté $C^2O^2Cl^2,2HO$.

3° L'acide azotique cède son oxygène à l'oxyde de carbone qui abandonne l'eau 2HO en recevant l'oxygène 2O.

4° Le même résultat est obtenu par l'acide iodique.

5° L'acide sulfurique concentré fait abandonner à l'eau 2HO l'oxyde C^2O^2 de l'acide formique.

$$(\rho) \qquad C^2O^2,2HO + HS,O^4 = C^2O^2 + HSO^4,2HO.$$

6° En contact avec les acides MO des métaux inoxydables $M\bar{E}$ ou avec les peroxydes MO^2 *des métaux oxydables* $M\bar{E}^2$, *un atome d'oxygène* passe dans l'oxyde de carbone de l'acide, cet oxyde est devenu de l'acide carbonique qui se sépare de l'eau :

$$(\sigma) \qquad C^2O^2,HO + 2O = C^2O^4 + 2HO.$$

7° La potasse $KO\bar{E}$ correspond aux métaux inoxydables $M\bar{E}$; si elle vient en contact avec le formiate de potasse elle exerce par ses molécules μ', *moins denses*, une poussée répulsive qui fait que l'hydrogène se sépare et que la potasse reste seule :

$$(\tau) \qquad C^4H^2K^2O^8 + K^2O^2\bar{E}^2 = C^4K^2O^8 + H^2\bar{E}^2 + K^2O^2\bar{E}^2.$$

Ces faits produits sur l'acide *formique par les oxydes*, correspondent aux métaux qui perdent deux aréosyzygues $\bar{E}^2$ en recevant un atome d'oxygène. Des trois espèces de métaux $M\bar{E}^3$, $M\bar{E}^2$, $M\bar{E}$, les oxydes ont la forme $MO\bar{E}$, MO, $M^2O^2\dot{E}$. Les peroxydes $M^2O^4\dot{E}$ correspondent aux oxydes $MO\dot{E}$, et les oxydes $MO\bar{E}$ des métaux peroxydables $M\bar{E}^3$ correspondent aux métaux $M\bar{E}$ inoxydables.

Combinaisons. Le mélange de l'acide avec l'eau s'opère sans production de chaleur, parce que l'eau en compose la plus grande partie. Un pareil mélange en parédriases avec les oxydes sont les formiates. Un couple MHO^2 de l'oxyde aqueux remplace le couple 2HO d'eau dans l'acide.

Les sels des oxydes $MO\bar{E}$ des métaux peroxydables $M\bar{E}^3$ étant négatifs le deviennent davantage à une température élevée; la poussée répulsive *r des molécules* μ' les fait se séparer de l'hydrogène, dont l'oxygène passe dans la moitié du carbone de l'oxyde qui devient acide carbonique en restant dans l'oxyde MOË du métal peroxydable, le reste de l'oxyde se développe avec l'hydrogène :

(v) $$6C^2HKO^4 = 6KO,6CO^2 + 6H + 6CO.$$

Résumé. Les mêmes éléments électriques produisent les propriétés exposées de l'acide formique et les 2000 calories obtenues de la combustion de 1 gramme; un équivalent $C^2H^2O^4$ qui pèse 46 grammes, lorsque celui d'hydrogène pèse 1, donne $46 \times 2000 = 92000$ calories lumineuses. Elles sont produites par les 4Ë aréosyzygues soutenus, les 2Ë par l'oxyde de carbone $C^2O^2Ë^2$, et les 2Ë par l'hydrogène $H^2Ë^2$. En comptant 2×23640 pour l'hydrogène et autant pour l'oxyde de carbone, on a :

$$92000 = 4 \times 23640 = 94560 - \vartheta\,;\ \vartheta = 2560.$$

Les 2560 calories restent latentes dans l'acide carbonique produit par la combustion de l'acide formique qui pèse 44 grammes.

2° Acide oxalique $C^4H^2O^8 = C^2O^3C^2O^3, 2HO$.

§ 188. **Naturel.** L'acide est pur dans le suc des cerises, de l'oxalis acetosa et dans un grand nombre d'autres plantes; à l'état de sels oxalates, dans le guano il est combiné avec l'ammoniaque, et dans les plantes avec les oxydes des métaux peroxydables, la potasse, la soude et surtout la chaux.

Formation. 1° Lorsqu'on traite les corps organiques par l'acide azotique; 2° du cyanogène par l'eau; 3° dans la décomposition de l'acide urique par le chlore; 4° en chauffant l'hydrate de potasse avec beaucoup de corps organiques; 5° dans la préparation du potassium, de carbonate de potasse et de charbon.

Préparation. 1° L'oxalate de silice dissous dans l'eau bouillante, traité par l'acétate de plomb, devient oxalate de plomb insoluble. Ce sel d'un poids connu est traité par une quantité d'acide sulfurique étendu et suffisante pour séparer l'oxyde de plomb, qui devient un sulfate insoluble, dont on éloigne l'acide dissous par la filtration. La liqueur concentrée produit des cristaux d'acide oxalique.

2° On chauffe dans une cornue 1 partie de sucre dans 8 parties d'acide azotique de densité 1,12; la vapeur concentrée dans le froid produit des cristaux d'acide oxalique.

3° Les cristaux perdent l'eau par la sublimation, et ainsi on obtient l'acide à l'état anhydre.

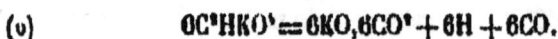

Propriétés. La sublimation à 100° s'opère lentement, à 140° rapidement, à 212° l'acide fond et sa sublimation augmente. Il se présente à l'état d'aiguilles brillantes. L'acide froid est inodore, mais chauffé il produit une odeur irritante, acide et faisant tousser et éternuer. Cet acide surpasse en acidité tous les acides organiques ; étendu dans 2000 parties d'eau il rougit le tournesol.

Éléments.	Forme.	Poids.
4C	$C^2H,4O$	24
2H	$C^2O^3,C^2O^4,2HO$	2
8O		64
$C^4H^2O^8$	$C^2O^3,C^2O^4,2HO$	90

L'acide oxalique $C^2H^2O^4$, C^2O^4 est un carbonate ayant pour base l'acide formique $C^2H^2O^4$.

Décomposition. 1° La vapeur de l'acide conduite dans un tube rouge se décompose en eau et en gaz sans reste de charbon.

2° De même, chauffé dans une cornue, l'acide se volatilise sans résidu ; dans les deux cas les produits sont : 1° de l'eau 2HO ; 2° de l'acide carbonique C^2O^4, et 3° de l'oxyde de carbone C^2O^2 ; quelquefois l'eau 2HO et l'oxyde C^2O^2 restent unis en état d'acide formique $C^2H^2O^4$, alors l'acide formique se sépare seul.

3° Le noir de platine, par l'oxygène qu'il soutient, fait que l'oxyde de carbone devient de l'acide carbonique.

4° Le chlore pénètre dans l'hydrogène de l'acide et forme le composé $C^4H^2Cl^2O^8$.

5° Le brome introduit dans l'oxalate de potasse ou de soude développe l'acide carbonique.

6° L'acide traité par l'acide azotique se décompose en eau et en acide carbonique.

7° Le protoxyde de chlore aqueux développe de l'acide carbonique et du chlore.

8° L'acide chauffé avec l'acide iodique aqueux développe de l'acide carbonique, de l'iode et y est réduit.

9° Chauffé dans l'acide sulfurique, l'acide oxalique se décompose en eau et en gaz d'égal volume d'acide carbonique et d'oxyde de carbone.

10° Les peroxydes MO^2 traités par l'acide en développent de l'acide carbonique, et deviennent réduits en oxydes MO.

11° L'oxalate d'ammoniaque traité par la dissolution de chlorure de mercure dans la lumière produit du sel d'ammoniaque, du calomel et de l'acide carbonique.

12° L'oxyde de l'or est réduit dans l'acide oxalique.

13° L'acide réduit au soleil le bichlorure de platine par un développement d'acide carbonique.

14° Les oxalates acides chauffés dans l'hydrate de potasse se décomposent en hydrogène et en carbonate.

15° L'acide chauffé avec la baryte produit du carbonate de baryte et de l'oxyde de carbone.

16° Le potassium et le sodium chauffés dans l'acide deviennent des oxydes.

Combinaisons. L'acide cristallise en soutenant quatre équivalents d'eau. Il se mêle avec l'eau et avec les acides sans se décomposer.

Les oxalates sont neutres $C^4M^2O^8$, acides C^4MHO^8 ou peracides $C^4MH^3O^{16}$.

Mode de production des faits exposés.

§ 189. **État naturel.** Si dans l'acide oxalique $C^4H^2O^8$, l'on remplace le carbone par ses éléments $C^4 = 2(O,4H)$, on voit qu'il n'y a que de l'eau :

(α) $$C^4H^2O^8 = (O^2H^8)H^2O^8 = Az^2H^8 = 2(HO,4HO).$$

Formation. Le cyanogène C^4Az^2 traité par l'eau développe de l'ammoniaque et il reste de l'acide oxalique pur, on a :

(β) $$C^4Az^2 + 8HO = Az^2H^6 + C^4H^2O^8.$$

Tant qu'on ignorait que l'azote est $Az^2 = O^6,4H$ il était impossible de se rendre compte du remplacement des six atomes d'oxygène par l'atome double d'azote. Dans l'équation (α) est exposée la série suivante d'actions, qui ont pour cause commune l'inéquilibre entre les tétraèdres de l'eau $4H^2O^2$ et celui du carbone C^4 du cyanogène ; 1° il reçoit l'oxytétraèdre 2(H,4O) monosperme ; son azote $Az^2 = 6O$ se combine avec l'hydrogène 6H et devient de l'ammoniaque qui s'éloigne ; 2° le carbone à la place de l'équivalent double d'azote reçoit six atomes d'oxygène et les deux équivalents d'eau qui sont le reste des tétraèdres ; 3° le carbone C^2 reçoit un oxytétraèdre et devient de l'acide carbonique, tandis que son autre moitié reste dans l'autre oxytétraèdre avec l'hydrogène.

Ce tétraèdre et le carbonate de potasse $K^4C^4O^{12}$ en contact avec les composés de carbone et l'eau 4HO y fait se propager sa parédriase et en résulter des tétraèdres $4HCO^3 = 4HO + 4CO$.

Le tétraèdre de la potasse KO substitué par celui $C^4H^2O^4$ en fait résulter l'acide $C^2H^2O^4, C^2O^4 = 2C^2H^2O^4$. Le même corps est produit par la potasse hydratée, chauffée dans les corps organiques contenant du carbone et de l'oxygène.

Préparation. 1° En faisant bouillir l'oxalate de silice dans l'acétate de plomb, on fait au moyen de la parédriase passer un acide à a base de l'autre sans dérangement des tétraèdres, ainsi on a :

(β) $$C^4SiHO^8 + C^4PbH^3O^4 = C^4PbHO^8 + C^4SiH^3O^4.$$

Le sucre $3C^6H^6O^6$ bouilli dans l'acide azotique forme de l'acide oxalique de la manière exposée dans l'équation suivante :

(γ) $$Az^2O^{10} + C^6H^6O^6 = 2C^4H^2O^8 + Az^2H^2O^2.$$

Propriétés. L'oxyde de carbone C^4O^4 est le facteur négatif dont les molécules μ' entrent en expansion par l'inéquilibre thermosmatique, ainsi elles affectent les organes des sens et produisent des sentiments correspondants, car en même temps s'opère l'expansion des molécules μ denses de l'acide carbonique avec une grande intensité à cause du manque de résistance du côté des molécules μ' hétéronymes. La chaleur n'est pas nécessaire dans l'expansion des molécules denses, qui affectent la couleur du tournesol.

L'acide est incolore parce que l'oxygène ou son tétraèdre O^4 entre dans les deux facteurs, dans l'acide carbonique C^2O^4, et dans l'acide formique $O^2H^2O^4$. La séparation de l'acide carbonique de l'acide formique s'opère par la chaleur.

Décomposition. 1° L'acide chauffé se décompose en ses éléments,

2° Tandis que ceux-ci passent en parédriases lorsque l'acide est en contact avec d'autres corps ; ainsi au lieu de ses éléments propres il s'en présente d'autres, lesquels servent à faire connaître les éléments des corps en contact.

3° La poudre noire de platine ne change l'oxyde de carbone C^2O^2 en acide C^2O^4 qu'en lui cédant une partie de son oxygène. Réduit à cet état ses molécules μ denses sont en opposition à leurs homonymes du facteur C^2O^4 ; repoussées elles séparent l'acide carbonique de l'eau.

(δ) $$C^2H^2O^4, C^2O^4 + O^2 = 2HO + 4CO^2.$$

4° Le chlore Cl^2, comme dans le cas précédent, l'oxygène O^2 passe dans l'oxyde C^2O^2 et forme le gaz phosgène $C^2O^2Cl^2$ qui reste en parédriase avec l'acide carbonique; les deux ensemble forment un corps blanc, lequel traité par l'eau devient deux acides, l'un chlorhydrique HCl et l'autre carbonique C^2O^4; celui-ci se trouve en répulsion avec son homonyme, et tous les deux s'éloignent en se séparant non pas de l'eau comme en (δ), mais de l'acide chlorhydrique :

(ε) $$C^2H^2Cl^2O^4,C^2O^4+2HO=C^4O^8+2HCl+2HO.$$

5° Le brome traité par l'oxalate de potasse ou de soude aqueux, de 40 à 50 degrés, développe de l'acide carbonique, et il pénètre dans le métal; ainsi on a :

(ζ) $$C^2K^2O^4,C^2O^4+Br^2=K^2Br+C^4O^8.$$

Le brome ne pénètre pas comme le chlore dans l'oxyde de carbone, mais bien *dans les métaux peroxydables.*

6° L'acide oxalique traité par l'acide azotique devient de l'acide carbonique :

(η) $$C^4H^2O^8+Az^2O^{10}=C^4O^8+2HO+Az^2O^8.$$

7° Le protoxyde de chlore concentré Cl^2O^2 passe dans l'acide formique $C^2H^2O^4$ pour substituer l'acide carbonique C^2O^4 qui s'éloigne. Si le protoxyde n'est pas concentré le chlore se sépare et son oxygène passe à l'oxyde; ainsi on a :

(θ) $$C^2H^2O^4,C^2O^4+Cl^2O^2=C^2H^2O^4+C^2O^4+Cl^2O^2.$$
(ι) $$C^2H^2O^4,C^2O^4+Cl^2O^2=2HO+2Cl+4CO^2.$$

8° *L'acide iodique traité par l'acide oxalique se décompose en* cédant ces oxytétraèdres à ceux de l'oxyde de carbone; on a :

(κ) $$4C^{10}H^2O^{10}+4JO^5=4J+4H^2O^2+4C^{10}O^{10}.$$

Le mélange étant exposé au soleil, la production de l'acide carbonique croît; elle devient interceptée par la présence de l'acide cyanhydrique $C^4Az^2H^2$, car le carbone y est à l'état d'oxyde de forme $C^4O^6H^2$ en remplaçant l'azote Az^2 par le triple d'oxygène, on a :

$$C^4O^6H^2=C^4O^4,2HO.$$

9° Traité par l'acide sulfurique l'acide oxalique perd ses deux équivalents d'eau, et ses deux facteurs s'unissent.

10° Traité par les peroxydes métalliques l'acide les réduit en oxyde en leur enlevant un atome d'oxygène pour transformer son oxyde de carbone en acide carbonique; ainsi on a les deux résultats

(κ) $$C^2H^2O^4,C^2O^4+H^2S^2O^8=H^2S^2,O^{10}+C^2O^2+C^2O^4.$$
(λ) $$C^2HO^4,C^2O^4+M^2O^4=M^2O^2+H^2O^2+4CO^2.$$

11° L'oxalate d'ammoniaque traité par le chlorure de mercure se décompose en chlorate d'ammoniaque et en demi-chlorure de mercure :

$$(v) \quad Az^2H^4,C^4H^2O^8 + Hg^4Cl^4 = Az^2Cl^2,4H^2 + Hg^4Cl^2 + 4CO^2.$$

L'azote remplace un nombre triple d'atomes d'oxygène, tandis que le chlore en remplace un égal nombre, et il est $Az^2Cl^2,4H^2$ homologue à 6HO + 2HO.

12° L'oxygène se sépare facilement de l'or inoxydable dont l'oxyde, traité par l'acide oxalique, laisse passer son oxygène à l'oxyde de carbone, lequel s'éloigne lorsqu'il est devenu acide carbonique.

13° Les oxalates acides traités dans la chaleur par la potasse hydratée deviennent de l'eau, de l'hydrogène et des carbonates :

$$C^4HKO^8 + 3(KO,HO) = 4(KO,CO^2) + 2HO + H^2.$$

Résumé. Dans l'acide oxalique $C^4H^2O^8$, le carbone $C^2 = O,4H$ entre à l'état de deux corps : 1° C^4H^4 *gaz oléfiant* avec l'oxytétraèdre, et 2° C^2O^4 *acide carbonique* qui est soutenu en parédriase avec l'acide formique $C^2H^2O^4$. Cet exemple sert à distinguer les composés binaires de l'atome double de carbone et les composés des métaux avec l'oxyde de carbone, qui donnent naissance aux hydracides.

3° Acide acétique $C^4H^4O^4 = C^2O^2,C^2H^2,2HO$.

Acidum aceti cristallisatum (*Essigsaüre*, all.).

État naturel. L'acide acétique est produit dans toutes les plantes, car il est composé de mêmes éléments hyliques que les plantes. Ses propriétés sont produites par ses éléments ahyles, qui sont les électro-syzygues Ė et Ė soutenus en quantités différentes des éléments hyliques. Il est dissous dans la séve des plantes surtout dans celui des arbres, à l'état de sels de potasse, de soude et de chaux. Les liquides organiques contiennent de l'acide acétique après être entré en putréfaction ou en fermentation; en général l'acide est produit chaque fois qu'ils arrivent à un inéquilibre.

Les matières organiques étant composées de tétraèdres de forme $4C^2H^2O^2$ comme l'est l'acide, et en les traitant par la potasse ou par les acides, on en obtient, par cet inéquilibre, l'expansion des éléments ahyles produisant les propriétés du vinaigre. Telle est l'origine de la formation constante de l'acide pendant la distillation des matières organiques. Il suffit de réduire les matières organiques à un inéquilibre quelconque pour y occasionner des expansions des molécules μ, μ', qui amènent les dédoublements des tétraèdres hexaples $4C^6H^6O^6$ en tétraèdres simples $C^4H^4O^4$, et en un grand nombre d'autres tétraèdres possédant des éléments abyles qui diffèrent souvent, lors même que les éléments hyliques ne diffèrent pas.

Formation. 1° Dans la distillation sèche des matières organiques, dans leur calcination et dans l'introduction des matières volatiles dans des tubes rouges; 2° pendant la décomposition spontanée des matières organiques; 3° ces matières entrent en inéquilibre en se trouvant en contact avec l'acide azotique, de l'acide chromique, de l'acide sulfurique, du peroxyde de manganèse, etc.; 4° l'acide acétique est aussi produit lorsqu'on chauffe la potasse hydratée avec l'alcool, le sucre, l'amidon, l'acide tartrique, etc.

Préparation de l'acide hydraté. A. Lorsque le vin, le cidre, la bière, l'eau-de vie restent exposés à l'air, il se produit un inéquilibre dans leurs molécules, et leur expansion dédouble les tétraèdres $6C^4H^4O^4$ et produit les tétraèdres simples mêlés avec l'eau, et soutenant des électrosyzygues propres $\dot{E}^n$, $\dot{E}^m$.

B. Le *vinaigre distillé* est obtenu par la distillation du vinaigre ordinaire : ainsi s'éloigne l'eau avec une partie de vinaigre et il reste le plus concentré.

C. Le *vinaigre concentré* est préparé : 1° Des dissolutions des acétates en en éloignant l'eau par l'évaporation ; les acétates dissous dans l'acide sulfurique peu étendu deviennent des sulfates et l'acide acétique est obtenu séparé par la distillation ; 2° Le vinaigre faible obtenu par la distillation, exposé à une température basse, reste liquide, et l'eau gelée en est éloignée; 3° le vinaigre distillé mêlé avec du charbon est de nouveau distillé ; d'abord il s'éloigne de l'eau et alors le vinaigre est concentré.

D. Il se produit du vinaigre par la combustion lente et obscure de l'alcool dans la poussière de platine.

E. Le bois soumis à une distillation sèche produit du vinaigre.

Préparation de l'acide anhydre. 1° Les acétates secs deviennent réduits en sulfates, et l'acide acétique ainsi séparé est obtenu par la distillation ; 2° on distille l'acétate double de potasse ; 3° on distille les acétates des oxydes MO des métaux oxydables surtout l'acétate de cuivre ; 4° la séparation est facilitée lorsque l'acétate de cuivre est humecté avec l'acide anhydre.

Propriétés. Le vinaigre anhydre gèle à 13 degrés en formant des cristaux incolores prismatiques. A l'état équilibré, renfermé dans le vase, l'acide reste liquide jusqu'à — 12°, dès qu'on ouvre le vase et produit un inéquilibre, les cristaux se forment. A l'état solide à 85 la densité de l'acide est de 1,100. L'acide anhydre fond à 16 (**Lowitz**), à 25°,5 (**Mollerat**). La densité du liquide est 1,063 (**Mollerat**), ou 1 165 (**Persoz**), à 13° ou 1,0622 (**Sebill-Auger**).

L'acide est fumant dans l'air, il bout à 119°. La tension de la vapeur à 15° est de 7^{mm},7; à 22° de 14^{mm},5 et à 32° de 23 millimètres. La densité de la vapeur varie sans rapport avec les températures ou avec l'eau.

A la température du point d'ébullition de 119° la densité de la vapeur ne correspond pas à celle observée à une autre de 100° plus élevée.

L'acide a une odeur et une saveur aigre, pénétrante, c'est un poison à l'état anhydre, qui ne rougit pas le papier sec portant le tournesol, il faut qu'il soit humecté pour que la réaction paraisse.

Éléments.	Formes.	Poids.	Densités.
4C		24	
	$C^2O^2,C^2H^2,2HO$ à 125°.		(14 + 14 + 18)δ
4H		4	
	$2C^2H^2,O^2$ à 300°.		(14 + 10)δ
4O		32	
$C^4H^4O^4$	$C^2O^2,C^2H^2,2HO$; C^4H^4,O^4	60	3,100 et 2,077

A l'état liquide la densité de l'acide n'est pas en rapport avec la quantité d'eau qu'il contient. A l'état de vapeur l'acide anhydre est composé : 1° d'oxyde de carbone; 2° de gaz oléfiant, et 3° de vapeur d'eau lorsque sa température est 125°; sa vapeur de 300° et au-dessus est composée de tétraèdres d'oxygène logés dans des tétraèdres de gaz oléfiant.

Decompositions. 1° La vapeur de l'acide conduite dans un tube rouge se décompose peu si le tube est vide, mais s'il contient un corps négatif de charbon ou de métal l'acide se décompose en gaz des marais, acide carbonique, acéton et une huile empyreumatique.

2° En chauffant l'acide à l'air, avant d'entrer en ébullition il s'enflamme et brûle avec une flamme bleue.

3° Le chlore sec avec de l'acide dans un vase, n'agit pas dans l'obscurité; il agit faiblement à la lumière du jour, et très-promptement au soleil, quelquefois même avec explosion. L'acide chlorhydrique s'échappe avec violence lorsqu'on ouvre le flacon. Dans les cas où l'explosion manque il y a une vapeur de gaz phosgène $C^2O^2Cl^2$; 2° d'acide oxalique; 3° de trichlore, acide acétique $C^4HCl^3O^4$; 4° d'un autre acide liquide qui est produit lorsque l'acide acétique est en excédant par rapport au chlore; 5° il y a parfois une autre *huile* qui n'est ni de l'*huile hollandaise* ni du chloroforme. Dans les cas où, à la lumière du jour, la *composition* s'opère, il n'est produit que de l'acide chlorique $C^4H^3ClO^4$.

4° Le brome se dissout promptement dans l'acide acétique et forme de l'acide bromhydrique; il forme un liquide, lequel cristallise quelquefois.

5° En faisant bouillir l'acide iodique dans l'acide acétique on obtient de l'acide carbonique, de l'eau et de l'iode.

6° En chauffant un mélange d'acide acétique et d'acide sulfurique il devient noir, il se produit de l'acide carbonique, de l'acide sulfureux et il reste du vinaigre aqueux.

7° L'oxyde de l'or est réduit lentement dans l'acide sans production d'acide carbonique.

Combinaisons de l'acide avec l'eau. Le minimum de densité de l'acide anhydre de forme $C^4H^4O^4$ ou de l'hydraté de forme $C^2H^2C^2O^2,2HO$ est de 1,0035; celle de l'acide tétrakishydraté C^2H^2, $C^2O^2,4HO$ est le maximum 1,073. L'acide de cette densité, qui pèse 78, étendu de son poids d'eau, est réduit à la densité 1,0035 de l'acide hydraté. Le minimum de densité est le produit des acides

$$C^2H^2C^2O^2,2HO \text{ et de } C^4,4HO + 4HO + C^4 = 8HOC = 2C^4H^4O^4.$$

Acétates. L'acide anhydre seul ou mêlé d'alcool ne pénètre pas dans les carbonates secs $C^2MH^2C^2O^4$, tandis que cela s'opère promptement dès qu'on y verse de l'eau.

Les acétates de même base que les métaux oxydables ou peroxydables, sont négatifs; calcinés, ils donnent de l'acéton, une huile empyreumatique $C^{12}H^{11}O^2$ et de l'acide carbonique. Dans une distillation très-lente, les acétates se décomposent en acéton et en carbonate, tandis qu'une distillation prompte produit aussi de l'huile empyreumatique.

Tous les acétates, mêlés avec des oxydes des métaux peroxydables hydratés, et chauffés lentement se décomposent en gaz des marais et en carbonate des oxydes.

L'acétate de potasse, chauffé jusqu'au rouge avec l'acide d'arsenic, se décompose en acide carbonique et en alcarsine = C^4H^6AsO.

Les dissolutions étendues des acétates, surtout des métaux peroxydables, abandonnés, se décomposent et deviennent des carbonates, et il se forme une couche de moisissure.

Les acides azotique, phosphorique, sulfurique, introduits dans les dissolutions des sels, développent l'odeur de l'acide acétique.

Le liquide obtenu de la distillation des acétates dans l'acide sulfurique étendu, devient alcalin si on le traite par l'oxyde de plomb.

Tous les acétates sont solubles dans l'eau; leurs dissolutions, traitées par les sels de l'oxyde de fer de jaunes clairs deviennent rouges.

En traitant les dissolutions des autres acétates par les azotates de l'oxyde d'argent ou du protoxyde de mercure, ces oxydes se précipitent à l'état de feuilles blanches d'acétates.

Parmi les acétates se distinguent les sels des oxydes des métaux oxydables, dont il entre un grand nombre dans un équivalent d'acide. Il est traité de cet objet dans l'article de chaque métal, après qu'ont été exposés les éléments de l'eau contenus dans chaque métal avec du carbone.

MODE DE PRODUCTION DES FAITS EXPOSÉS.

§ 190. Les anomalies que les chimistes rencontraient dans les propriétés de l'acide acétique, servent à rendre évident que les hypothèses d'après lesquelles ils expliquaient les faits observés n'ont aucune réalité. Les anomalies n'existent pas dans la production des faits d'après la loi physique, elles ont leur origine dans les hypothèses.

État naturel. Dans la sève des arbres se trouvent les acétates de potasse, de soude et de chaux, ils y sont formés directement des deux éléments de l'eau, le potassium est $K^2 = C^{10}H^{18}$, le sodium $Na^2 = C^6H^{10}$ et le calcium $Ca^2 = C^6H^6$. Par suite les acétates de ces métaux sont dans le principe :

Acétate de potasse $= C^{24}H^{24}O^{24} - C^6O^{16} = C^{18}H^{24}O^8 = C^8K^2H^6O^8$.
Acétate de soude $= C^{18}H^{24}O^8 - C^4H^8 = C^{14}H^{16}O^8 = C^8Na^2H^6O^8$.
Acétate de chaux $= C^{14}H^{16}O^8 - H^6 = C^{14}H^{10}O^8 = C^8Ca^2H^4O^8$.

Formation. Dans la nature tous les inéquilibres sont occasionnés par les changements de température diurnes et annuels; leur effet est la formation de l'acide acétique; en chauffant les matières organiques nous y produisons des courants thermoélectriques, comme le fait moins promptement le Soleil, et nous y sollicitons la formation de l'acide.

1° Chaque introduction de calories, qui sont des zeugmes de chaleur $E\dot{E}^2$, dans les matières organiques, occasionne l'expansion des molécules μ, μ', lesquelles, en suivant des directions opposées, font que les tétraèdres hexaples $4C^6H^6O^6$ se chargent de ces molécules μ et μ', et se dédoublent pour obtenir : 1° la forme $C^8H^{12}O^{12}$; 2° par la séparation de l'eau H^6O^6, et du facteur O^4H^4, de l'acide du minimum de densité, se présente l'acide $C^2O^2C^2H^2.4HO$ tétrakishydraté du maximum de densité. En dédoublant le tétraèdre de l'eau 4HO pour en faire rester la moitié 2HO ; la poussée répulsive entre les trois hémitétraèdres $C^2O^2C^2H^2$ et 2HO atteint un maximum comparable à celui de dihydrate $C^2O^2C^2H^2$,2HO.

2° La poussière de platine, au contact de l'oxygène, fait passer les oxytétraèdres 4O dans les tétraèdres du gaz oléfiant C^4H^4 qui y est conduit. De même l'alcool, l'aldéhyde, et en général les matières qui sont composées de gaz oléfiant C^4H^4, reçoivent des oxytétraèdres de l'air ou des acides, et deviennent de l'acide acétique :

(α) $$C^4H^4 + 4O = C^2O^2C^2H^2,2HO.$$

C'est au moyen de la densité $(14 + 14 + 18)\frac{1}{3}$ de la vapeur à 125° du point d'ébullition, qu'il est prouvé que telle est la structure de la vapeur produite par le liquide dans lequel il a été trouvé la même structure. Ici la poussière, de finesse extrême, en recevant le gaz oléfiant C^4H^4, amène ses tétraèdres en contact avec les oxytétraèdres $O^4\dot{E}^4$; les pycnosyzygues $\dot{E}$ en éprouvant une minime résistance dans les aréosyzygues $\bar{E}$ du gaz oléfiant $C^4H^4\bar{E}^{16}$, s'y propagent en amenant les oxytétraèdres ; c'est ainsi que résulte l'arrangement (α) géométrique.

Les tétraèdres de l'acide acétique diffèrent, par l'arrangement de leurs éléments, de ceux des substances organiques ; lors donc que celles-ci restent exposées aux courants thermoélectriques de toute élévation de température, les éléments des tétraèdres obtiennent l'arrangement (α).

3° Au lieu d'occasionner l'inéquilibre et les courants par une inégalité de température, on peut le produire par la présence des acides ou des alcalis.

4° L'alcool, le sucre, l'amidon, l'acide tartrique, etc., chauffés en contact avec la potasse aqueuse, arrivent en inéquilibre, et les courants thermoélectriques déterminent la formation (α) de l'acide.

Préparation. Les sucs des fruits des plantes sont composés de tétraèdres organiques $4C^6H^6O^6$ étendus dans l'eau et différents par les densités de leurs électrosyzygues $\dot{E}^8, \dot{E}^{16}$.

En distillant le vinaigre faible, l'eau s'éloigne avec une partie de l'acide, et le vinaigre le plus concentré reste dans l'alambic.

Les chimistes trouvent les mêmes éléments dans le vinaigre produit dans toutes les fabriques et dans tous les ménages, cependant il y a une différence de qualité, différence qui ne provient pas du degré de concentration.

L'acide anhydre est un poison; s'il est étendu pour obtenir une concentration égale à celle du vinaigre de table, sa qualité n'est pas la même, ce vinaigre chimique est d'une qualité inférieure.

Propriétés et qualités du vinaigre. Il n'est aucun corps dont les qualités et les propriétés soient aussi évidentes que celles du *vinaigre. Pour cette raison* les chimistes n'en cherchèrent plus la cause ni dans les éléments hyliques, ni dans le mode de leur arrangement. Ils y ont reconnu l'existence des éléments ahyles, éléments *connus seulement par quelques effets* physiques, physiologiques et chimiques et non par leur nature. En adoptant le nom d'*électricité* pour indiquer le nom des deux fluides, les chimistes en parlent comme de deux fluides gazeux dont *la nature* est *inconnue*. Ils ont obtenu : 1° dans le vinaigre liquide deux minima de densité, et 2° dans sa vapeur une grande densité du point d'ébullition du liquide, densité qui diminue pour atteindre un *minimum constant* à 300°.

J'utilise, comme exemple, ces deux faits afin de rendre évident que les molécules denses μ, et celles moins denses μ' possèdent une expansion innée indéfinie.

Pour diminuer la densité de la vapeur, ses tétraèdres doivent éprouver une augmentation croissante de poussée répulsive r; 1° en élevant la température par l'introduction de la chaleur $= \dot{E}\dot{E}^2$, les molécules μ' se multiplient des aréosyzygues $\dot{E}$; leur expansion exerce une poussée répulsive entre les tétraèdres, et leur densité diminue par l'augmentation des intervalles qui les séparent ; 2° une augmentation de poussée répulsive est également produite par le changement des faces vis-à-vis des tétraèdres, au lieu d'être vis-à-vis les faces f, f' hétéroélectriques qui ne se repoussent pas et rendent plus grande la densité $\mathbf{d}$ et petit le volume v, ils viennent vis-à-vis les faces f, f ou les faces homoélectriques f', f' qui éprouvent une poussée répulsive r; les intervalles croissent avec le volume $\mathbf{v}$ et la *densité* $\mathbf{d}$ *décroît et devient* d.

I. *Densités du liquide.* Voyant que les volumes des corps croissent dans les températures élevées, les chimistes ont attribué à la chaleur une *force répulsive; cependant* quelques sels chauffés deviennent plus denses; la densité du vinaigre $C^4O^2C^4H^4,2HO$ augmente et atteint un maximum lorsque l'on y introduit de l'eau jusqu'à 2HO pour devenir $C^4O^4C^4H^4,4HO$. En continuant d'introduire de l'eau dans ce vinaigre la densité **d** commence à diminuer pour redevenir *d* lorsque l'eau introduite a le poids dC^4+6HO.

Cette condition de poids égal de l'eau et du vinaigre ne pourrait avoir lieu si les éléments de l'eau n'étaient pas contenus dans le carbone $C^4=O^2,4H^2$; pour éviter les fractions et ne pas s'éloigner de l'état *normal des tétraèdres* $4C^2H^2O^2$, *composant les corps organiques*, le calcul sur le rapport entre les densités *d*, **d** et les équivalents d'eau introduite doit se faire : 1° sur les tétraèdres $4C^2H^2O^2$ composant le vinaigre de densité *d*; 2° sur les tetraèdres $4C^2H^2O^2+6HO=H^2O^2,4C^2H^2O^2$ composant le vinaigre de densité **d**, et 3° sur les tétraèdres $H^2O^2,4C^2+H^2O^2,8HO=4C^2H^2O^2,4H^2O^2$ composant le vinaigre hydraté de densité *d égale à celle du vinaigre anhydre* $4C^2H^2O^2$.

Faisant la comparaison entre la structure des tétraèdres et les densités qui en résultent, on trouve : 1° que la petite densité et la grande répulsion sont produites entre les éléments des tétraèdres $4C^2H^2O^2$ isolés, ou dans la présence des doubles tétraèdres $4H^2O^2$ d'eau, et 2° que la grande densité et la faible poussée répulsive sont produites entre les tétraèdres $4C^2H^2O^2$ et leur noyau H^2O^2 :

I. Tétraèdres $4C^2H^2O^2$ densité *d*.
II. Tétraèdres $H^2O^2,4C^2H^2O^2$ densité **d**.
III. Tétraèdres $4C^2H^2O^2,4H^2O^2$ densité *d*.

II. *Densités de la vapeur du vinaigre.* En tenant compte de la poussée répulsive *r*, croissant avec la température, la densité *d* des gaz permanents reste invariable; la vapeur du soufre à 500° et au-dessus est de densité $\mathbf{d}=(8\times12)\delta=96\delta$; cette vapeur à 1000° est de densité $d=(8\times4)\delta=32\delta$.

De même la vapeur du vinaigre à 125° est $\mathbf{d}=46\delta=3,166$, elle diminue avec l'élévation de température et à 250° elle atteint un minimum de $d=30\delta=2,077$ lequel se soutient à toutes les températures supérieures.

Les tétraèdres de volume *v*, composés des éléments contenant 50 atomes de barogène β pèsent 50, et ont une densité

$$\mathbf{d}=C^2H^2,4HO=50\delta=50\times0,06926=3,463,$$

et non pas 3,20, *ni 3,470 trouvée par les observations.*

Aux températures 250°, 280°, 300°, etc., la densité atteint un minimum constant qui est :

$$d=C^2H^2,2HO=32\delta=32\times0,04926=2,077,$$

résultat peu différent de 2,08 trouvé par l'observation et par le calcul suivant :

C^4	volume	4	densité	1,6640
H^4	—	4	—	0,2772
O^4	—	2	—	2,2186
$C^4H^4O^4$	—	2	—	$\frac{1}{2}$(4,1598) = 2,0799

Pour passer de la densité 3,463 de la forme $C^8H^8,4HO$ à celle de 2,077 de la forme $C^8H^8,2HO$, par les températures entre 125° et 2×125°, il faut opérer la séparation des couples des équivalents d'eau, et c'est en cet état que l'acide acétique obtient sa forme complète qui est :

$$(C^4H^4,2HO)\,(C^4O^4,2HO).$$

En ce cas il y a deux volumes d'égale densité $d = 32$ qui sont en parédriose, car le gaz oléfiant C^4H^4 et l'oxyde de carbone de volume v pèsent 14.

III. *Qualités du vinaigre.* Toutes les espèces de vinaigre sont composées de mêmes éléments hyliques et dans le même rapport, et cependant la qualité n'est pas la même, la différence en est déterminée par la saveur, et davantage par l'odeur. Les éléments hyliques agissent sur la balance et sur l'aréomètre ; pour déterminer les éléments ahyles il faut conduire l'expansion de leurs molécules denses μ sur la langue et leurs molécules μ' les moins denses sur l'organe de l'odorat. Les sentiments ne diffèrent pas si le vinaigre provient de la même fabrique, lorsqu'on le prépare des mêmes corps organiques, vin ou cidre, sucre ou alcool, etc. Chacun de ces corps produit du vinaigre qui correspond à ses éléments ahyles. L'origine de ces éléments se trouve dans la matière organique.

IV. *Propriétés du vinaigre.* L'expansion des molécules denses μ éprouve une faible résistance dans les oxydes des métaux oxydables et des métaux peroxydables ; ce sont donc elles qui amènent l'acide dans les oxydes. Le nombre d'équivalents des oxydes qui reçoivent un seul équivalent d'acide est déterminé par les éléments qui composent chaque métal. Le plomb se distingue des autres métaux par le grand nombre de ses combinaisons avec l'acide acétique. Dans l'article sur ce métal, il est démontré que le double équivalent de plomb est un résidu de l'équivalent d'argent, dont on a séparé quatre atomes d'hydrogène $pb = Aj - H4 = C^4H^4O^8$.

V. *Isomérie de l'acide acétique et de formiate de méthylène.* Le formiate ne soutient pas des pycnosyzygues E composés de molécules denses μ, pour cette raison, se trouvant en contact avec les bases, il n'y est pas entraîné pour y pénétrer et former des sels. Les deux corps, brûlés dans l'oxygène, produisent une égale quantité d'eau et d'acide carbonique, et une inégale quantité de calories.

1 gramme de formiate donne 4197,4;

1 gramme d'acide acétique donne 3505.

Ces résultats numériques sont dans le rapport

$$4197,4:3505=6:5\left\{\begin{array}{l}6:4197,4=5:3,4978\\5:3505\quad=6:\quad 4205\end{array}\right.$$

Il y a donc production de 6 × 701 calories de 1 gramme de formiate et 5 × 701 d'acide acétique; brûlés, les deux corps produisent des calories lumineuses de mêmes éléments hyliques; cependant de ces éléments : 1° deux atomes d'hydrogène et les deux atomes d'oxygène en se combinant ont produit une quantité 20 de calories qui manquent de l'eau 2HO, du formiate $C^2O^4C^2H^2,2HO$; et 2° deux équivalents de carbone combinés avec 4 atomes d'oxygène ont produit 30 de calories qui manquent de l'acide C^2H^4,C^2O^4.

I. Le formiate $C^2O^4,C^2H^2,2HO$ brûlant, devient $C^2O^4+C^2O^4+2HO+2HO$; les calories 6*q* résultent de la combustion : 1° de l'oxyde de carbone C^2O^2; 2° du carbone C^2, et 3° de l'hydrogène 2H.

II. L'acide C^2H^4,C^2O^4 brûlant, produit les calories 5*q* par la combustion du carbone C^2 et de l'hydrogène H^4.

III. Le formiate bout à 35°, et la densité de sa vapeur 2,08 ne diffère pas de celle de la vapeur de l'acide acétique à 250°, à cette température, où la structure de l'acide passe à celle du formiate, parce que la chaleur, par ses aréosyzygues Ē, neutralise les pycnosyzygues Ė de l'acide.

Décomposition. 1° La vapeur de l'acide, conduite dans un tube contenant du charbon, se décompose en acide carbonique, gaz des marais, acétone et huile *damasine*, ainsi l'on a :

$$(\beta)\qquad 9C^4H^4O^4=C^6H^6O^2+C^{12}O^{24}+C^6H^{12}+8HO+C^{12}H^{10}O^2.$$

Dans les deux expériences suivantes opérées, l'une par un tube en fer rouge et vapeur à 125°, et l'autre par un tube en porcelaine rouge et vapeur à 250°, les produits ne donnent une équation que lorsque, dans les tétraèdres de l'acide acétique, le carbone C^4 d'un équivalent est remplacé par ses éléments $2(O,4H^2)=C^4$.

Tromsdorff, dans un tube en fer, obtint 3 volumes de gaz des marais, 1 volume d'acide carbonique, et un dépôt jaune d'oxyde de fer hydraté. Si le tube est en porcelaine et la vapeur très-chaude le produit est de l'acétone, de l'eau, et un mélange de gaz qui brûlent sans laisser de restes. Tant qu'on n'admit pas un changement du carbone C^4 en ses éléments H^2O^2 il était impossible d'obtenir une équation; tandis que dans les deux équations suivantes on en trouve une preuve incontestable :

(γ) $$4C^4H^4O^4 = C^{16}H^{16}O^{16} = C^2O^4 + C^6H^{10} + O^2 + 6HO$$

(δ) $$4C^4H^4O^4 = C^{16}H^{16}O^{16} = C^6H^6O^2 + 14HO + C^4H^4 + C^2O^4.$$

Liebig et **Pelouze**, en obtenant les mêmes produits, ne pouvaient les exposer en une équation, parce qu'ils ignoraient que le carbone est un corps indécomposable mais non simple.

La décomposition de la vapeur s'opère facilement dans les tubes contenant de l'éponge de platine.

La vapeur de l'acide a 125° de densité, 3,403 indique une structure de C^2H^2,4HO et celle de 250° de densité 2,799 indique la structure de C^2H^2,2HO.

B. Le chlore $\bar{Cl}^2\dot{E}$ correspond à l'oxygène ozoné $\bar{O}\dot{E}\dot{E}$ du vinaigre, l'expansion des molécules homonymes μ' empêche la pénétration du chlore dans l'acide. Le mélange exposé au soleil détone parce que l'expansion des molécules homonymes μ, contenues dans les pycnosyzygues É de la lumière $\acute{E}^2E$, entraînent leurs homonymes de chlore ; ainsi se produit le composé *acide trichlore acétique* $= C^4HCl^3O^4$; si le mélange reste à la lumière du jour, la pénétration du chlore s'opère lentement, et en pareil cas il se forme de l'*acide chloracétique* C)H^3ClO^4 ; ainsi l'on a :

(ε) $$C^2H^4C^2O^4 + 2Cl = C^2H^3,HCl,C^2O^4 + HCl;$$

(ζ) $$C^2H^4C^2O^4 + 3Cl^2 = C^2H,3HCl,C^2O^4 + 3HCl.$$

2° Le brome se dissout dans l'acide, et des deux équivalents, l'un devient acide bromhydrique, et l'autre remplace l'atome d'hydrogène dans l'acide, et l'on a :

(η) $$C^2H^4C^2O^4 + 2Br = C^2H^3,HBr,C^2O^4 + HBr.$$

3° L'iode n'agit pas sur le vinaigre de la même manière que l'acide azotique; car leur électrosyzygue homonyme É se repousse.

4° En traitant le vinaigre par l'acide sulfurique, la décomposition s'opère comme en (β) et (γ), une partie du carbone devient noir. L'hydrogène H^2, soutenu par le carbone C, se combine avec l'oxygène O^2 de l'acide sulfurique qui devient acide sulfureux ; ainsi l'on a :

(θ) $$C^2H^4C^2O^4 + H^2S^2O^6 = CH^2CO^2,4HO + 2SO^2 + CO^4.$$

Combinaisons de l'acide avec l'eau et ses densités. Le

maximum de densité 1,073, dans le cas où l'eau introduite dans le vinaigre $C^4H^4O^4$ est 2HO, prouve que la forme du composé devient $C^2H^2C^2O^2$,4HO, lorsque la poussée répulsive entre les éléments atteint un maximum. En partant de cet état, il y a un inéquilibre et un accroissement de la poussée répulsive ; de même, lorsqu'on éloigne l'eau ou que l'on en introduit. L'éloignement est limité jusqu'aux deux équivalents d'eau pour revenir à l'état anhydre. L'introduction de l'eau est illimitée; ainsi la densité diminue jusqu'à atteindre celle de l'eau; elle devient 1,0035, égale à celle de l'acide anhydre, lorsque le poids de l'eau introduite est celui de l'acide du maximum de densité.

Pour obtenir le poids de l'acide $C^4H^4O^4$, 2HO en équivalents d'eau, il faut en faire le calcul sur trois équivalents, et l'on a 12 équivalents de carbone de poids égal à 8 équivalents d'eau. Il faut donc au vinaigre étendu $3C^4H^4O^4$,6HO introduire 8 + 18 équivalents d'eau, et l'acide ainsi étendu aurait la structure suivante :

(1) $$C^{12}H^{12}O^{12},6HO + 26HO = 4C^{3}H^{3}O^{3},4H^{3}O^{3}.$$

ACIDE ANHYDRE	DENSITÉ.	ACIDE ANHYDRE	DENSITÉ.	ACIDE ANHYDRE	DENSITÉ.	ACIDE ANHYDRE	DENSITÉ.
100	1,0635	74	1,072	49	1,059	24	1,033
99	1,0655	73	1,072	48	1,058	23	1,032
98	1,067	72	1,071	47	1,056	22	1,031
97	1,068	71	1,071	46	1,055	21	1,029
96	1,070	70	1,070	45	1,055	20	1,027
95	1,0706	69	1,070	44	1,054	19	1,026
94	1,0708	68	1,070	43	1,053	18	1,025
93	1,0716	67	1,069	42	1,052	17	1,024
92	1,0721	66	1,069	41	1,0513	16	1,023
91	1,0730	65	1,068	40	1,0513	15	1,022
90	1,0730	64	1,068	39	1,050	14	1,020
89	1,0730	63	1,068	38	1,049	13	1,018
88	1,0730	62	1,067	37	1,048	12	1,017
87	1,0730	61	1,067	36	1,047	11	1,016
86	1,0730	60	1,067	35	1,046	10	1,015
85	1,0730	59	1,066	34	1,045	9	1,014
84	1,0730	58	1,066	33	1,044	8	1,013
83	1,0730	57	1,065	32	1,042	7	1,012
82	1,0730	56	1,064	31	1,041	6	1,010
81	1,0732	55	1,064	30	1,040	5	1,008
80	1,0735	54	1,063	29	1,039	4	1,007
79	1,0735	53	1,063	28	1,038	3	1,004
78	1,0732	52	1,062	27	1,036	2	1,002
77	1,0732	51	1,061	26	1,035	1	1,001
76	1,0730	50	1,060	25	1,034	0	1,000
75	1,0720						

Dans les tétraèdres du carbone et ceux de l'eau les éléments homonymes entrent en rapport les plus divergents $H^2O^4 : H^4O^2$, ils se trouvent en inéquilibre, et par leur poussée répulsive ils font diminuer la densité.

Le tableau contient les résultats obtenus par l'observation, sur les rapports entre les densités et les quantités de l'acide contenu dans 100 parties du liquide.

La densité de l'eau étant 1, elle croît lorsqu'on éloigne un volume égal d'eau, et que l'on introduit de l'acide anhydre; après avoir atteint un maximum de 1.0735 de densité dans le mélange de 80 ou 79 parties d'acide, et 20 à 21 parties d'eau, la densité commence à diminuer pour devenir 1,0635 dans l'acide anhydre.

Appendice sur l'acide acétique.

§ 191. Les deux densités de la vapeur, et le maximum de densité du liquide, qui n'est pas en rapport avec l'eau contenue dans l'acide, correspondent aux deux densités de la vapeur du soufre, et aux deux formes des cristaux du soufre qui amènent des densités différentes.

L'acide acétique est isomère du formiate de méthylène, la densité de la vapeur de ce corps, au point d'ébullition, est égale à celle de la vapeur de l'acide acétique élevée 150° au-dessus du point d'ébullition.

La quantité de calories produite par la combustion de 1 gramme de formiate de méthylène étant 60, celle produite par 1 gramme d'acide acétique est 50.

Tous ces faits, de nature différente, sont des résultats physiques, les uns des éléments hyliques $C^4H^4O^4$, et les autres des éléments ahyles qui sont les électrozengmes ÉE, lesquels diffèrent lorsque les éléments hyliques ont la forme $C^2H^4C^2O^4$ du vinaigre de la forme $C^2H^2C^2O^4$,2 HO du formiate de méthylène.

L'acide acétique est isomère du soufre par son facteur C^4H^4, il est, dans ce facteur commun, la cause physique des changements de la densité des vapeurs de l'acide acétique et du soufre : 1° Au point d'ébullition les densités sont $d = 46\delta$ pour l'acide, et $d = 96\delta$ pour le soufre; 2° à 250° et nu-dessus la densité de la vapeur de l'acide est $d = 32\delta$, et celle de la vapeur du soufre à 1000 degrés et au dessus est aussi $d = 32\delta$.

En corrélaunt les faits, tout lecteur est conduit aux mêmes résultats que l'on trouve dans les arrangements des tétraèdres composant les équivalents chimiques.

Exoxydatose de l'eau (changement de l'eau en vinaigre). En Orient, en Serbie, en Valachie, en Thracomacédoine et dans les ménages aisés on trouve fréquemment des tonneaux *vinaigriers* dont on tire du vinaigre, et l'on y introduit de l'eau pour ne pas trop s'éloigner de la moitié qui reste vide. Dans le principe on avait du vinaigre dans des tonneaux de 30 à 50 litres et davantage; si l'acidulité croît on la diminue par une petite quantité d'eau, en continuant de tirer de ce vinaigre étendu; au bout de quelque temps il devient trop aigre pour être servi et il doit de nouveau être étendu d'une quantité proportionnelle d'eau, de sorte qu'on n'achète plus de vinaigre.

Dans le ménage de mon frère un tonneau produisait une quantité de vinaigre plus grande que celle dont il avait besoin; l'excédant a été distribué aux voisins dont le nombre augmenta. Croyant que l'efficacité va en augmentant, on a introduit des feuilles de vigne dans le tonneau, l'effet a été tout opposé; le vinaigre contenu dans le fût est devenu faible, et il a été impossible d'en produire davantage.

Le vinaigre ainsi obtenu est clair comme l'eau, il n'a aucun arome, et, abandonné, il devient très-faible, il n'est plus que de l'eau acidulée impropre à remplacer le vinaigre.

Formation. Le vinaigre principal sert comme levain, il amène l'arrangement pareil parmi les atomes de l'eau au moyen de pareil arrangement dans les atomes homonymes composant l'eau; ainsi l'on a :

$$C^4H^4O^4 + 4H^2O^2 = 4C^4H^4O^4 + O^{14}.$$

L'intétraèdre de l'acide acétique $C^4H^4O^4$ étant en contact avec huit tétraèdres d'eau y propage leur arrangement, et il en résulte un tétraèdre composé de quatre tétraèdres dont l'un est le levain et les trois autres sont produits par les atomes d'eau par la séparation des quatorze atomes d'oxygène. Ce nouveau tétraèdre sert, comme le primitif, à propager l'arrangement; de telles propagations d'arrangement s'opèrent au moyen des levains; elles sont exposées dans l'article sur la fermentation.

Influence du bois de chêne. Les vases dans lesquels se transforme l'eau en vinaigre sont tous de bois de chêne. Les planches (douves) des gros tonneaux, préparés du corps des gros arbres, servent aussi à en faire des petits, tandis que les planches faites des branches ne sont employées que pour des petits tonneaux. La quantité de cendre et de potasse est médiocre dans les troncs de chêne et considérable dans leurs branches employées pour la construction de petits tonneaux.

Ces détails font connaître pourquoi, dans les gros tonneaux, le vinaigre ne devient pas un levain pour transformer l'eau en vinaigre. Le potassium, traité par l'oxyde de carbone, le fait se combiner avec l'eau et lui donne la propriété de l'acide rhodizonique, de l'acide croconique et de l'acide oxalique. Beaucoup d'autres corps venant en contact avec la potasse changent leur état

En général, les contacts pareils, et ceux des levains, ne servent qu'à propager l'arrangement de tétraèdres, propagation croissant en volume d'après une progression géométrique

$$\div\div 1 : 4 : 4^2 : 4^3 : 4^4 \cdots\cdots 4^n.$$

Ainsi, en *u* unités de temps, depuis l'introduction de volume 1, l'arrangement de ses molécules se propage avec une vitesse constante, mais en volume croissant, pour envahir en *u*, unité de temps, un volume 4^n fois plus grand. De la fermentation de toute substance végétale résulte un corps organique de degré inférieur; cet ordre n'est pas renversé dans l'acétation de l'eau, parce que ce vinaigre incolore, en dehors du tonneau, revient à l'état d eau, tandis que le vinaigre de vin et d'autres substances organiques se conserve.

L'acide acétique sert ici à prouver le dernier degré de l'état des corps organiques.

C. Composés neutres du carbone avec l'hydrogène et l'oxygène.

De l'alcool on produit une famille très-nombreuse de composés de plusieurs ordres; ceux de premier et de deuxième ordre ne peuvent être reproduits chimiquement, comme peuvent l'être les composés des ordres les plus éloignés. C'est à titre d'exemple que sont ici exposés les détails des trois corps *méthylal* $C^6H^8O^4$, *acétone* $C^6H^6O^2$ et *acétal* $C^{12}H^{14}O^4$; l'acétone peut être considéré comme $C^{12}H^{12}O^4$.

1° Méthylal $C^6H^8O^4$.

§ **Formation.** Le méthylal se produit lorsqu'on distille l'esprit de bois avec un mélange d'acide sulfurique et de peroxyde de manganèse.

Préparation. Dans le mélange de 120 parties de formiate et de 176 parties d'eau, on dissout en petites portions de la potasse hydratée. Le méthylal formé s'élève comme une couche sur le liquide alcalin.

Propriétés. Le méthylal est un liquide de densité 0,855 ; il bout à 420 degrés; la densité de sa vapeur est de 2,625.

Éléments.	Forme.	Poids.	Volume.	Densité.
6C	$C^2,4CH^2O$	36	0	36δ
8H	$C^2H^4,C^2H^2,C^2O^2,H^2O^2$	8	8	8δ
4O		32	2	32δ
$C^6H^8O^4$	$C^2,4CH^2O$; $C^2H^4,C^2H^2,C^2O^2,H^2O^2$	76	2	$\frac{1}{2} \times 76 \times \delta = 2{,}6319$

Décompositions. 1° L'acide azotique étendu et le méthylal chauffés, développent le bioxyde d'azote, il se produit beaucoup d'acide formique et point d'acide carbonique, ni d'oxyde de carbone, ni d'esprit de bois. Le bichromate de potasse agit comme l'acide azotique.

2° Le méthylal mêlé dans la dissolution alcoolique de la potasse, disparait lentement par l'absorption de l'oxygène de l'air ; il se produit de l'acide formique.

3° Le chlore, conduit dans le méthylal, reste quelques heures en repos, alors apparait une réaction, ensuite se présente une effervescence avec développement de vapeur. Le résidu, traité par l'eau, pousse des cristaux de carbure de chlore C^4Cl^6, dont l'eau mère contient beaucoup d'acide formique.

Un volume de méthylal se dissout dans 3 volumes d'eau; de ce mélange, si l'on éloigne l'eau par la potasse, le méthylal reste sans avoir éprouvé de modifications.

MODE DE LA PRODUCTION DES FAITS EXPOSÉS.

Formation du méthylal. D'abord on prépare l'esprit de bois par la distillation du bois sec. Dans l'esprit $C^2H^4O^2$ on introduit un mélange d'acide sulfurique et de peroxyde de manganèse que l'on distille, et l'on obtient le méthylal; ainsi l'on a :

(α) $3C^2H^4O^2 + 2MnO^2 + SHO^4 = C^6H^8O^4 + 2MnO + SO^3,5HO.$

(β) $C^6H^6,6HO + O^4 = C^2H^4,C^2H^2C^2O^2,H^2O^2 + 4HO.$

La densité $16 \times 0{,}06926 = 1{,}108$ de la vapeur de l'esprit de bois prouve qu'un volume d'oxyde de carbone C^2O^2 est logé dans deux volumes d'hydrogène H^4. Dans l'équation (β), la présence d'un oxytétraèdre 4O fait que de l'hydrotétraèdre H^4 se sépare un équivalent d'esprit de bois; l'oxyde de carbone C^2O^2 ainsi isolé, occasionne l'arrangement symétrique des éléments des deux équivalents d'esprit de bois.

Préparation. Le formal $C^8H^{10}O^8 = C^6H^8O^4, C^4H^4O^4$ est composé de méthylal contenant de l'acide acétique; sa densité $\frac{1}{3} \times 166 \times 0{,}00026 = 2{,}445$ prouve que son volume est triple. Les 120 volumes de formal et 176 ou 180 d'eau, sont dans le rapport de 2 à 3; il faut donc 18 équivalents d'eau pour 1 équivalent de formale en poids 162 et 166. La potasse hydratée devenue un acétate de methylal de densité 0,855 s'élève au-dessus.

$$(\gamma) \qquad 2C^6H^8O^4, C^4H^4O^4 + KHO^2 = 2C^6H^8O^4 + C^4H^3KO^4 + HO.$$

Propriétés. La densité 2,6319 de la vapeur correspond aux deux volumes du tétraèdre C^2H^4 contenant les tétraèdres des trois autres facteurs C^2H^2, C^2O^2, H^2O^2.

Décompositions. 1° Le méthylal traité par l'acide azotique chaud, devient de l'acide formique sous le développement du bioxyde d'azote et d'oxygène

$$(\delta) \qquad C^6H^8O^4 + Az^4O^{10} = 3C^2H^2O^4 + Az^4O^8 + H^2O^2 + O^2.$$

2° La potasse alcoolique agitée avec le méthylal, le transforme en acide formique par l'oxygène de l'air

$$(\varepsilon) \qquad C^6H^8O^4 + 10O = 3C^2H^2O^4 + 2HO.$$

3° Le chlore introduit en excès dans le méthylal s'y répand pour se trouver en équilibre, il faut pour cela quelques heures; c'est alors que l'enédriase d'une partie de chlore commence, il pénètre dans l'hydrogène de l'eau, dont l'oxygène passe dans l'oxyde de carbone, alors il y a production d'acide chlorhydrique et de chaleur. L'acide carbonique se combine avec l'hydrogène H^2 du facteur C^2H^4 qui reçoit le chlore d'égal nombre d'équivalents, pour en résulter $C^2H^4 + 8Cl = C^2Cl^4 + H^4Cl^4$; en même temps se forme du gaz oléfiant et du chlore $C^2H^2 + 4Cl = C^2Cl^2 + H^2Cl^2$; ainsi l'on a dans les deux périodes les productions de corps différents. Le produit final est :

$$(\zeta) \qquad C^6H^8O^4 + 12Cl = 6HCl + C^2H^2O^4 + C^4Cl^6.$$

Pendant la première période de l'action c'est l'hydrogène de l'eau

H^2O^2 qui reçoit le chlore et s'éloigne ; l'oxygène O^2 passe avec l'oxyde de carbone dans l'hydrogène H^2 du gaz des marais, et ainsi est formé l'acide formique $C^2H^2O^4$.

Résumé. 1° Du *bois*, on obtient par la distillation, avec beaucoup d'autres composés, l'*esprit de bois*; 2° Cet esprit traité par l'acide sulfurique étendu et distillé, produit le *formal;* 3° Le formal traité par la potasse hydratée devient *méthylal;* 4° Le méthylal traité par l'acide azotique devient de l'*acide formique.*

Dans chacun de ces changements il y a expansion des molécules μ, μ' dont le maximum de densité est dans le bois; cette densité des molécules diminue dans leur expansion en forme de chaleur, de lumière et d'odeur, sans jamais s'épuiser en s'affaiblissant. Comme il n'est plus possible d'établir dans les corps dérivés la densité précédente des molécules, on ne peut, de ces dérivés, reproduire du bois ni de l'esprit de bois, tandis que les mêmes atomes d'oxygène, d'hydrogène et de carbone peuvent être transformés d'un état en un autre et revenir à l'état précédent. La différence ne consiste qu'en un manque d'accumulation de molécules dans le carbone, et encore moins dans l'oxygène et l'hydrogène qui ne sont que des supports d'électrosyzygues É, È composés de mêmes molécules μ, μ'.

2° Acétal $C^{12}H^{14}O^4$.

§ 192. **Formations.** 1° L'alcool conduit dans le noir de platine produit de l'acétal; 2° il est aussi formé dans la décomposition de l'alcool par le chlore.

Préparation. 1° On dispose au-dessus d'une soucoupe contenant de l'alcool absolu, des verres de montre remplis de noir de platine; le tout est recouvert d'une cloche dont les bords reposent sur la soucoupe, afin que la vapeur qui se condense sur les parois puisse retomber dans l'alcool, tenu dans un lieu de 20° à 25°. En renouvelant l'air au bout de quelques jours, l'alcool est devenu un liquide visqueux et acide, qui est rectifié sur du carbonate de potasse. On éloigne l'alcool du produit de la distillation au moyen du chlorure de calcium et puis on le distille de nouveau.

2° On distille 3 parties d'un mélange de 2 parties de peroxyde de manganèse, 3 parties d'acide sulfurique, 2 parties d'eau et 2 parties d'alcool. De ce produit on sépare l'aldéhyde et l'acétal par la distillation, au-dessus et au-dessous de 80° sans surpasser 95°. La première portion traitée par le chlorure de calcium est distillée au bain-marie. Ce qui passe avant 60° est l'aldéhyde; le liquide qui distille entre 60° et 80° contient de l'éther acétique et peu d'acétal, car s'il est isolé il bout à 104°.

3° L'acétal est aussi préparé de l'éthylate de soude traité par le bromure d'éthylidène.

4° On ajoute à l'aldéhyde deux fois son volume d'alcool absolu; dans ce mélange, placé dans la glace, on conduit la vapeur de l'acide chlorhydrique. Il se forme deux couches liquides; la supérieure est éthérée et l'inférieure est aqueuse, saturée d'acide chlorhydrique. Le liquide éthéré, distillé sur du marbre en poudre, commence à passer vers 50°, mais le point d'ébullition s'élève jusqu'au delà de 100°. A chaque distillation le liquide se décompose, et il se dégage de l'acide chlorhydrique; il en reste un résidu charbonneux C^8H^9ClO, lequel, mêlé avec l'éthylate de soude, est chauffé au bain-marie et distillé, produit un liquide sirupeux. Une solution de chlorure de calcium, agitée avec ce liquide, en sépare une couche d'acétal;

Propriétés. L'acétal est liquide, incolore, d'une odeur agréable, d'une saveur propre. Sa densité à 22° est de 0,821. Il bout entre 104° et 106°. La densité de sa vapeur est 4,24 ou 4,141 (**Stas**); il brûle avec une flamme brillante.

Éléments.	Forme.*	Poids.	Volume.	Densité.
12C	$H^2,4C^2H^2O$	72	0	868
14H	C^2H^2,C^6H^{12},C^4O^4	14	2	76
4O		32	1	168
$C^{12}H^{14}O^4$	$C^2H^4,C^6H^6,C^4H^4O^4$	118	1	503=4,0863

Décompositions. 1° L'acétate exposé à l'air ne change pas, mais étant en contact avec le noir de platine il devient d'abord aldéhyde et puis acide acétique concentré; 2° l'acide azotique étendu produit d'abord de l'aldéhyde et puis de l'acide acétique; 3° l'acide chromique produit directement de l'acide acétique; 4° l'acide sulfurique pénètre dans l'acétal, et il en sépare une partie de son carbone; 5° l'acétal seul, ou avec l'alcool, ne réduit pas l'argent de ses composés, lors même qu'ils sont dissous par l'ammoniaque; ni la potasse, ni la soude, ni la chaux ne le décomposent. L'acétal mêlé avec la dissolution de potasse dans l'alcool, et chauffé en contact de l'air, se colore en rouge de haut en bas, il produit une résine jaune d'aldéhyde. Si on le chauffe en vase clos, le liquide ne change pas de couleur, mais il obtient une odeur désagréable, et, s'il est versé et exposé à l'air, il en absorbe l'oxygène; 6° l'acétal, traité par l'acide chlorhydrique se noircit en quelques jours, et tient alors en dissolution de l'éther chlorhydrique; 7° l'acétal chauffé au bain d'huile, dans un tube fermé, avec plusieurs fois son poids d'acide acétique monohydraté, donne de l'éther acétique, dont il se forme plus d'un équivalent pour un équivalent d'acétal. En distillant un mélange d'alcool et d'esprit de bois avec de l'acide sulfurique, on obtient les corps $C^{10}H^{12}O^4$ et $C^6O^{14}O^4$.

Combinaisons. Une partie d'acétal se dissout dans 6 à 7 parties d'eau; à 25° il en faut 18 parties; la quantité d'eau croît avec les températures. Le chlorure de calcium et les sels solubles dans l'eau en séparent l'acétal.

MODE DE PRODUCTION DES FAITS EXPOSÉS.

§ 193. **Formation.** L'acétal est plutôt un corps organique qu'inorganique, car il n'est produit que de l'alcool pénétré de tétraèdres d'oxygène ou de chlore.

Préparation. L'espace limité d'une cloche qui couvre un vase contenant de l'alcool se remplit de sa vapeur; s'il y a des verres de montre, remplis de noir de platine, placés tout près du fond de la cloche, et si les bords de celle-ci permettent la communication avec l'air on trouve en deux ou trois semaines une partie de l'alcool changée en *eau*, *acide acétique*, *éther acétique*, *aldéhyde* et *acétal*. Basé sur les éléments de ces produits et sur ceux de l'alcool, on trouve par le calcul : 1° que la moitié du carbone forme de l'acétal et 2° la quantité d'oxygène 20O, reçue de l'air se combine avec l'hydrogène.

$$(\alpha)\ 20O + \underset{\text{Alcool.}}{12C^4H^6O^2} = \underset{\text{Acide acétique.}}{2C^4H^4O^4} + \underset{\text{Aldéhyde.}}{2C^4H^4O^2} + \underset{\text{Éther acétique.}}{C^8H^8O^4} + \underset{\text{Acétate.}}{2C^{12}H^{14}O^4} + \underset{\text{Eau.}}{20HO}$$

Les cinq corps sont produits par l'inéquilibre des molécules denses μ, μ' des électrosyzygues de l'alcool, et cela malgré leur expansion dans la production de l'alcool par le glycol. L'inéquilibre est le même dans tout alcool absolu, mais l'expansion des molécules μ, μ' éprouve mille modifications par les corps et par leur température; ainsi, en opérant par des distillations et par des corps différents, on obtient des résultats semblables, mais non identiques, et pour cela inexposables en équations comme l'est (α).

Propriétés. L'odeur et la saveur de l'acétal sont produites par les molécules μ, μ' de ses électrosyzygues; il a la densité 0,799 comme l'alcool, et cependant l'alcool bout à 78°, tandis que l'acétal ne bout qu'à 104°, et cela à cause de la diminution des aréosyzygues Ē. La densité de la vapeur trouvée est 4,24 ou 4,141 ; Stas a trouvé 4,0863 par le calcul. Il en résulte que dans le tétraèdre du gaz des marais C^2H^4 de 2 volumes, sont logés l'acide acétique $C^4H^4O^4$, et le gaz oléfiant C^4H^4; de leur masse, du poids de 118, contenue dans les 2 volumes, la moitié 59 donne la densité $59 \times 0,0696 = 4,0863$. Le point d'ébullition s'élève de même que la densité de la vapeur à cause des tétraèdres C^2H^2,4CH de gaz oléfiant contenant ceux $C^4O^4H^4$ d'acide acétique, et ainsi logés dans les tétraèdres C^2H^4 du gaz des marais.

Décompositions. 1° Le contact du noir de platine présente une grande surface à l'oxygène de l'air, qui est amené par l'expansion des molécules μ de son pycnosyzygue Ē. Dès qu'un oxytétraèdre 4O pénètre dans un équivalent d'acétal, il devient trois équivalents d'aldéhyde par la separation de deux équivalents d'eau

$$(\beta) \qquad C^2H^4,C^2H^2,C^4H^2O^2,H^2O^2 + 4O = 3C^4H^4O^2 = 2HO.$$

2° La forme de l'aldéhyde est C^2H^4,C^2O^2; son équivalent double, en recevant de l'air un oxytétraèdre 4O, devient de l'acide acétique

$$(\gamma) \qquad 2(C^2H^4,C^2O^2) + 4O = 2(C^2H^4,C^2O^4).$$

3° L'acide sulfurique sépare l'eau du facteur $C^4H^2O^2,H^2O^2$ (β) et le carbone C^4 se dépose.

4° En présence de la potasse et de l'alcool, le liquide chauffé au contact de l'air reçoit de l'oxygène les tétraèdres indiqués en (β) et (γ); le facteur composé de ces deux oxytétraèdres 8O, avec celui soutenant l'oxytétraèdre de l'équivalent double de l'acétal, produit le rouge. La densité du facteur soutenant l'oxygène 8O augmente, et pour cela, en s'abaissant, il amène la couleur rouge aux couches inférieures.

La résine formée de l'aldéhyde remplace l'acide acétique, car l'aldéhyde est en même rapport que le cyanogène C^4Az^2 et le paracyanogène $C^{12}Az^6$. L'aldéhyde étant $C^4H^4O^2$, sa résine est $C^{16}H^{14}O^6 = C^8H^6O^4,C^8H^8O^2$, de ces facteurs est produite la couleur jaune de la résine.

5° L'équivalent de l'acétal, avec trois équivalents d'acide acétique, donne deux équivalents d'éther acétique. Le troisième contient deux équivalents d'eau.

(5) $$C^{12}H^{14}O^{4} + 3C^{4}H^{4}O^{4} = 2C^{8}H^{8}O^{4} + C^{8}H^{8}O^{4},2HO.$$

Mélange de l'acétal avec l'eau. Les mélanges des liquides sont des parédriases soutenues par les poussées répulsives **r**, **r'** exercées entre les expansions des molécules μ, μ' des deux électricités; les résistances *r*, *r'* étant inférieures. La chaleur fait augmenter les poussées **r**, **r'** répulsives qui facilitent la pénétration des tétraèdres hétéronymes. Les tétraèdres de l'acétal étant très-composés $C^{4}H^{4}$, $C^{4}H^{6}$,$C^{4}H^{2}O^{2}$,2HO, les quatre facteurs, au lieu de se repousser comme tels d'un seul tétraèdre, ce sont les quatre tétraèdres élémentaires qui repoussent, et la chaleur ainsi employée fait diminuer la poussée répulsive entre les tétraèdres du liquide, et c'est ainsi qu'il faut une résistance inférieure *r* produite d'une plus grande quantité d'eau.

3° Acétone $C^{4}H^{4}$,$C^{2}H^{2}O^{2}$.

§ 194. **Formation.** 1° Dans la décomposition de l'acide acétique et des acétates par la chaleur; 2° dans la distillation de l'acide citrique; 3° en distillant une partie d'acide citrique, de gomme, de sucre, d'amidon, tous quatre mêlés avec huit parties de chaux, ou chacun de ces corps avec deux parties de chaux.

Préparation. 1° Par la distillation des acétates; mais il y a production d'une huile *dumassine* composée de $C^{20}H^{16}O^{2}$. Kane.

2° On distille dans une bouteille à mercure un mélange de deux kilogrammes d'acétate de plomb et un kilogramme de chaux. Le produit de la distillation est passé sur le chlorure de calcium et puis distillé; l'acétone pur est environ le dixième du poids de l'acétate de plomb.

Propriétés. L'acétone est un liquide clair, incolore, d'une odeur particulière : l'odeur, la saveur, la densité du liquide et de la vapeur, ont été trouvées différentes par chaque chimiste, tandis que les éléments hyliques sont les mêmes; cependant dans l'arrangement des éléments on n'est pas d'accord. Ces résultats, tous réels, prouvent l'existence d'un état instable provenant d'un inéquilibre. L'acétone est neutre : sa densité trouvée est de 0,75 à 0,88; la densité de la vapeur trouvée est de 2,0025 à 2,022. Le point l'ébullition de 55°,25 à 59° (C^{2} = 0,4H).

Éléments.	Forme.	Poids.	Volume.		Densité.
6C	$C^3H^1O^2,4CH$	30	4CH	2	308
6H	$O^3H^3,4CH$	6	$C^3H^3O^3$	1	08
2O		10			108
$C^6H^6O^2$	$C^3H^2O^2,4CH;\ H^2O^2,4CH^3$	58		2	½ 588 = 2,0065

La densité 2,0025 trouvée par Dumas est la moins éloignée de la véritable.

Décompositions. 1° L'acétone conduit dans un tube rouge, contenant du charbon, produit de l'eau, du charbon et de l'huile *dumassine.*

2° Allumé, l'acétone brûle avec une flamme blanche, mais bleue dans l'extrémité inférieure.

3° Traité par le chlore l'acétone devient :

bichloré $C^2H^2O^2,C^4H^2Cl^2 = C^2O^2Cl^2,H^4C^4$.

trichloré $C^2H^2O^2,C^4HCl^3 = C^2O^2Cl^3H^4C^4$.

quadrichloré $C^2H^2O^2,4LCl = C^2O^2Cl^2C^2Cl^2C^2H^2$.

L'acétone traitée par un mélange d'acide chlorhydrique et de chlorate de potasse se convertit en :

acétone quintichlor $C^4HClO^4,4CCl$.

L'acide citrique traité par le chlore, au soleil, devient :

acétone perchloré = $C^2Cl^2O^2,4CCl$.

4° Le citraconate de potasse traité par le brome donne le liquide

acétone tribromé $C^2H^2.C^4HBr^3$.

5° En traitant l'acétone par le phosphore, il se produit trois acides :

1° *L'acide phosphacétique* ; 2° *l'acide acéphosique, et* 3° *l'acide acéphogénique.*

6° L'acétone traité à chaud par l'acide azotique concentré donne un liquide huileux nommé *aldéhyde mésityque* $C^4H^4O^2$.

Ce liquide absorbe l'ammoniaque, se cristallise et devient *ammonialdéhyde mésityque.*

Il se produit aussi l'*azotide d'oxyde de pteleyle,* de l'acétone traité par l'acide azotique.

7° L'acide chlorhydrique est absorbé par l'acétone, et produit une liqueur brune et fumante contenant, outre les autres éléments inconnus, du *chlorure de mésityle* $C^2HCl,4CH$. Ce corps se forme facilement en mélangeant petit à petit deux parties de perchlorure de phosphore pour une partie d'acétone ; il se sépare en liquide oléagineux qui est le *chlorure de mésityle*. Un mélange d'iode de phosphore et d'acétone, soumis à la distillation, donne un liquide oléagineux insoluble dans l'eau ; c'est l'*iodure de mésityle*.

8° L'acétone traité par le mélange d'acide chlorhydrique et d'acide cyanhydrique produit un acide nommé *acétonique* $C^8H^8O^6$: il pousse des cristaux prismatiques solubles dans l'eau, l'alcool et l'éther. Les acétonates cristallisent facilement. Le sel de baryte a pour formule $C^8H^7BaO^6$.

9° L'acétone traité par l'acide sulfurique fumant produit le *mésitylène* C^6H^4, qui est un liquide oléagineux incolore ; son odeur est alliacée ; il est plus léger que l'eau ; il bout à 135°. Traité par le chlore, il donne la *chlorométsitylène* C^6H^3Cl, ou d'après Hoffmann $C^{18}H^9Cl^3$. Ainsi est obtenue la série des composés de mésitylène.

Mésitylène	$C^{18}H^{12}$.
Trichloromésitylène	$C^{18}H^9Cl^3$.
Tribromomésitylène	$C^{18}H^9Br^3$.
Binitromésitylène	$C^{18}H^{10}(AzO^4)^2$.
Trinitromésitylène	$C^{18}H^9(AzO^4)^3$.
Acide sulfomésitylique	$C^{18}H^{11}(SO^3)^2$.

10° La vapeur de l'acétone venant en contact avec la potasse hydratée se décompose : 1° une partie en gaz des marais et d'acide carbonique, et 2° une autre partie en acétate et en formiate de potasse. Dans le cas où on conduit la vapeur d'acétone dans un tube U contenant dans son fond de la potasse hydratée fondue, on en obtient du gaz des marais et peu d'acide carbonique.

La vapeur d'acétone conduite dans la potasse et la chaux hydratée produit du gaz des marais, peu d'hydrogène ; l'acide carbonique forme des carbonates.

11° La potasse hydratée pulvérisée, humectée par l'acétone, s'échauffe et devient jaune ; elle s'enfle et devient rouge. Cette masse traitée par l'eau se décompose en huile et en résine de xylite, et 2° en une dissolution aqueuse contenant de l'acétate de potasse, de l'esprit de bois et d'acétone. Lewig et Weidmann ont obtenu les mêmes produits en traitant l'acétone par la chaux vive.

Dans une partie d'acétone refroidie par la glace, on introduit deux parties de potasse hydratée; après huit jours, on mêle la masse avec de l'eau, et il y a séparation d'une huile brune : 1° cette huile avec de l'eau distillée se décompose : 1° en huile de xylite $C^{12}H^{7}O$ distillée, et 2° en résine de xylite $C^{24}H^{18}O^{3}$ qui reste dans la cornue. Cette huile ne diffère pas du liquide obtenu du lignon $C^{8}H^{10}O^{4}$; de même la résine de l'acétone ne diffère pas de celle du lignon; 2° la dissolution jaune alcaline, traitée par l'acide sulfurique, se décolore en donnant une trace de précipité résineux; distillée, elle donne d'abord de l'acétone avec de l'esprit de bois, ensuite, en chauffant davantage, on obtient peu d'acide acétique; le résidu ne contient pas de carbone.

La potasse hydratée, humectée par l'acétone, contenant peu d'huile dumassine, absorbe l'oxygène de l'air et devient un acétate.

12° Le potassium et le sodium, plongés dans l'acétone, s'échauffent et produisent les mêmes composés que la potasse hydratée. Le potassium donne un liquide jaune brun, contenant de l'acétate de potasse sur lequel il nage une huile verte. Le potassium donne une masse brune. Le potassium développe du gaz et un tel degré de chaleur qu'il produit la séparation du carbone. Si l'on introduit petit à petit le potassium dans l'acétate, il n'y a pas développement de gaz. D'abord il se dépose un dépôt alcalin, lequel ensuite se dissout. La masse finale, traitée par l'eau, produit de l'huile de xylite mêlée avec de la résine de xylite.

Combinaisons. L'eau pénètre dans l'acétone en toute proportion; le phosphore y pénètre peu, et encore moins le soufre; la potasse hydratée pénètre dans l'acétone et devient un composé rouge; tandis que la potasse aqueuse ne produit pas un tel composé.

L'hypochlorite de chaux change l'acétone en chloroforme.

L'ammoniaque convertit l'acétone en *acétonine*.

Le sulfhydrate d'ammoniaque pénètre dans l'acétone et produit un corps nommé *thacétone*, qui, distillé, produit quatre composés : l'*acéthine*, la *mélathine*, la *thérytine* et l'*élathine*.

Un mélange d'acétone, d'ammoniaque et de sulfure de carbone dépose des cristaux jaunes de *sulfhydrate de carbacétine*.

L'acide chromique transforme l'acétone en acide acétique.

Il y a production de plusieurs composés de l'acétone chauffée avec du bichlorure de platine, on en peut isoler *l'acéchlorplatine* $C^{6}H^{5}PtClO^{2}$, qui est de l'éther mésityque $C^{6}H^{5}O$ contenant le protochlorure de platine.

L'acétone se dédouble en gaz oléfiant et en aldéhyde.

$$C^{12}H^{12}O^{4} = C^{8}H^{8}O^{4} + C^{4}H^{4}.$$

Un mélange d'acide chlorhydrique et d'acétone soumis à une électrolyse par un courant produit de trois éléments de Bunsen, développe beaucoup d'hydrogène, tandis qu'au pôle positif on voit peu de gaz; il y a production de chaleur. Des gouttes d'huile s'y forment et se déposent au fond du vase. Au bout de vingt-quatre heures l'équilibre s'établit, on lave alors l'huile et on la dessèche. Soumise à la distillation elle commence à bouillir à 90°; la majeure partie passe de 115° à 119°. Cette portion agitée avec de l'oxyde de plomb, puis redistillée, bout à 117°, et présente exactement la composition de l'acétone monochloré $C^6H^5ClO^2$. C'est un liquide incolore, limpide, d'odeur irritante. Sa densité est de 1,14; la densité de sa vapeur est de 3,40. Ce corps n'est altéré ni par l'air ni par la distillation; il n'agit pas sur le tournesol, il ne se mêle pas avec l'eau. Si l'acétone est acidulé par l'acide sulfurique, il devient acide carbonique, acide acétique, acide formique et une huile.

MODE DE PRODUCTION DES FAITS EXPOSÉS.

§ 195. L'acétone a pour facteurs hyliques: 1° Le tétraèdre 4CH de gaz olétiant; 2° il contient l'hémitétraèdre $C^2H^2O^2$ de l'acide acétique; tous ces éléments $C^2H^2O^2$,4CH occupent deux volumes, dont chacun contient la moitié du poids 30 + 28; ainsi la densité de la vapeur est 29^5 = 2,0068 trouvée 2,0025 par **Dumas**.

Formation. 1° Les tétraèdres de l'acide acétique $4C^4H^4O^4$ chauffés laissent se décomposer le quart du carbone C^4, et devenir deux hydrotétraèdres monospermes $C^4{=}O^2,4H^2$ qui donnent :

$$(\alpha)\qquad 4C^4H^4O^4 = 2C^6H^6O^2 + H^{12}O^{12} = C^6H^6O^2 + C^6H^{12}O^{10}.$$

Les équivalents doublés des corps organiques $4C^6H^6O^6$ ne diffèrent pas des triples tétraèdres de l'acide acétique. Ainsi l'acétone se forme des corps organiques, comme le fait l'acide acétique.

Préparation. L'équivalent de l'acétate de plomb $C^4PbH^3O^4$ pèse 57 + 104 = 171; les trois équivalents de chaux 3CaO pèsent 3 × 28 = 84, presque la moitié 85,5 de 171; ces corps chauffés donnent dix-sept parties d'acétone, dont l'équivalent pèse 58. Il faut donc quatre équivalents d'acide acétique pour la formation d'un équivalent d'acétone (α) avec un excédant des éléments $C^4H^{12}O^{10}$. Il faudrait le tétraèdre de ses éléments pour former l'huile dumassine $C^{20}H^{16}O^2$. Ce composé est incompatible avec les autres obtenus de la décomposition de l'acide acétique et de l'acétate de plomb.

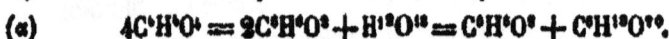

Propriétés. Tous les chimistes qui ont préparé de l'acétone trouvèrent des qualités d'odeur et de saveur, de même que des densités différentes, ce qui ne se rencontre pas dans les autres corps. Je prouve que l'acétone n'est pas produit par les éléments des corps organiques arrangés différemment, mais par la décomposition du carbone C^2 en hydrotétraèdres monospermes.

La structure $C^2H^2O^2,4CH$ est instable, et c'est cet état qui amène ceux des qualités et des propriétés. Au moyen du calcul, **L. Gmelin** trouve pour la vapeur de l'acétone la densité 2,0405, et cela parce qu'il admet pour l'hydrogène la densité 0,0693 et non 0,06926, comme Regnault l'a trouvé.

Décompositions. 1° Les produits d'eau, de charbon et les éléments de l'acétone étant connus, on déterminerait les éléments de l'huile $C^{10}H^{11}O^2$ trouvés par **Kane**; mais ce n'est possible que lorsqu'on remplace le carbone C^4 par ses éléments.

2° Les produits de la combustion dans l'air sont : 1° les calories 7305 par gramme; 2° l'acide carbonique $6CO^2$ et l'eau 6HO. Il a été prouvé que l'oxygène entre comme acide carbonique dans l'acide acétique, en cet état, il doit se trouver dans l'acétone $CO^2CH^3,4CH$; il y a donc production de 58×7305 de calories par la combustion du gaz des marais CH^2 de huit grammes, et du gaz oléfiant C4H4 de 28 grammes. Ainsi l'on a :

$$58 \times 7305 = 423690 = 8 \times 13063 + 28 \times 18038 - 9 ; \; 9 = 185578 .$$

Les calories 9 sont à l'état latent dans la vapeur de l'acide carbonique C^6O^{12} de 102 grammes, dont chacun contient 1880 calories, tandis que dans un gramme de vapeur d'eau il n'y en a que 640.

3° La densité de la vapeur de l'acétone monochloré $C^6H^5ClO^2$ est de 3,2033, tandis que celle de la vapeur de l'acétone $C^6H^6O^2$ est de 2,0065; la différence correspond au remplacement de l'atome H d'hydrogène de poids I, par le chlore Cl de poids 35,5.

4° Les remplacements de l'hydrogène par le chlore s'opèrent par la formation de l'acide chlorhydrique, lequel *occasionne* la combinaison du chlore et du carbone; ainsi on a :

$$C^2Cl^2O^2,C^4H^4 ; \; C^2Cl^2O^2,CCl,C^3H^3 ; \; C^2Cl^2O^2,C^2Cl^2,C^2H^2.$$

$$C^2Cl^2O^2,C^2Cl^2CH \text{ et } C^2Cl^2O^2,4CCl.$$

5° Le phosphore est un composé d'ammoniaque et d'azote.

$$Ph = AzH^3,Az.$$

Les trois espèces d'acides sont composés d'acétone et des éléments de phosphore.

6° L'acide azotique pénètre dans l'acétone $C^6H^2O^4,4CH$ et donne de l'aldéhyde *mésityque*

(β) $$C^6H^2O^4,4CH + Az^2O^{10} = C^6O^6,4CH + 2HO + Az^2O^7.$$

L'aldéhyde mésitique $C^6O^6,4CH$ est un corps pycnoélectrique qui pénètre dans l'ammoniaque et produit un sel.

7° L'acide chlorhydrique pénètre dans l'acétone et produit une couleur brune qui indique un rapport de 2:1, qui est le résultat d'un composé, le *chlorure de mesityle*, de la forme suivante :

(β) $$2(C^6H^2O^4,4CH) + 2HCl = C^6H^6Cl^2,C^4H^4.$$

Le facteur $C^6H^6Cl^2$ se sépare par la distillation; la couleur jaune provient du rapport 5:3, donc il est connu que ce corps est composé de la manière suivante :

(γ) $$4C^6H^6Cl^2 = C^{12}Cl^4H^{18},C^{12}Cl^4H^6.$$

L'état fumant provient de la combinaison HCl^2 du chlore et de l'hydrogène correspondante à l'eau oxygénée.

8° L'acide acétonique $C^6H^6O^8$ prouve par ses huit atomes d'oxygène qu'il a fallu un tétraèdre d'acétone pour sa formation; ainsi on a :

(δ) $$4(C^6H^2O^4,4CH) + C^4Az^2H^2 + H^2Cl^2 = C^6H^6O^8 + 4C^4H^4 + C^2Az^2H^2 + H^2Cl^2.$$

9° L'acide sulfurique fumant et brun de Nordhaus en est l'acide anhydre contenant dans six équivalents trois équivalents d'eau ; la combinaison suivante produit la couleur brune

(δ) $$S^6O^{18},H^3O^3 = S^4O^{12}H^2O^2,S^2O^6HO.$$

Cet acide fumant devient monohydraté en recevant les deux équivalents d'eau de l'acétone, ainsi on a le mésitylène C^6H^6 formé par

(ε) $$C^6H^6O^2 + S^4O^{12},2HO = C^6H^4 + 4SO^3HO.$$

Le mésitylène étant produit de l'acide sulfurique rouge, il faut en prendre triple le facteur S^6O^{18},H^3O^3, alors elle aurait la forme $C^{18}H^{12}$ analogue à celle du mellone, comme Hofmann l'a prouvé.

10° La vapeur de l'acétone venant en contact avec la potasse bihydratée KH^2O^2 produit beaucoup de gaz des marais, peu d'acide carbonique, de l'acétate et du formiate de potasse; dans ces trois derniers composés il ne peut entrer moins de douze atomes dont six sont dans la potasse $2KH^2O^2$, et les six autres se trouvent dans trois équivalents d'acétone; ainsi on a :

(ζ) $$3C^6H^6O^2 + K^2O^2,4HO = C^4H^3KO^4 + C^2HKO^4 + C^2O^4 + C^{12}H^2 + C^2H^{16}.$$

11° Dans la chaux vive, trois équivalents séparent, de l'équivalent double d'acétone, trois équivalents d'eau; le résidu $C^{12}H^{9}O$ est de l'huile de xylite

$$2C^{6}H^{6}O^{2} + 3CaO = C^{12}H^{9}O + 3CaO,3HO.$$

Cette séparation de trois équivalents d'eau, pas plus et pas moins, a son origine dans les éléments du calcium = $C^{2}H^{2}$; ceux des trois équivalents de la chaux vive $3CaO = C^{6}H^{6}O^{3}$ séparent de l'acétone $C^{12}H^{12}O^{4}$ les trois équivalents d'eau pour établir la parédriase entre $C^{6}H^{6}O^{6}$ et $C^{12}H^{9}O$. Ce corps oléagineux bout au-dessus de 200 degrés.

En variant les inéquilibres entre la chaux et l'acétone à des températures différentes on parvient à séparer différentes quantités d'équivalents d'eau de deux, trois ou quatre équivalents d'acétone; chacun des résidus de l'acétone devient un corps qui n'est plus de l'acétone et qui ne peut être obtenu par une combinaison de ses éléments.

L'oxyde de mésityle $C^{12}H^{10}O^{2} = 2C^{6}H^{6}O^{2} - 2HO$ bout à 13° et sa vapeur est de densité $49 \times 0{,}06926 = 3{,}314$.

COMPOSÉS PRODUITS DE L'ACÉTONE TRAITÉS PAR LA CHAUX.

			Ébullition à
$C^{12}H^{10}O^{2}$	Oxyde de mésityle	= 2 (acétone) — 2HO	131°
$C^{18}H^{12}$	Mésitylène	= 3 (acétone) — 6HO	135° à 160°
$C^{18}H^{14}O^{2}$	Phorone	= 3 (acétone) — 4HO	210° à 220°
$C^{24}H^{22}O^{6}$	Naphte de xylite	= 4 (acétone) — 2HO	110° à 120°
$C^{24}H^{18}O^{2}$	Huile de xylite	= 4 (acétone) — 6HO	au dessus de 200°

Couleurs. Le nombre d'équivalents de l'acétone est ici déterminé par la couleur du résidu qui reste après la séparation de quelques équivalents d'eau : 1° Si la potasse est en excédant la couleur est rouge et l'eau séparée de trois (acétone) est 3HO; 2° si, au contraire, l'acétone est en excédant la couleur est jaune et l'eau séparée de l'acétone $3C^{6}H^{6}O^{2}$ est 2HO. Dans un cas on a le corps jaune produit des facteurs $H^{10} : H^{6}$.

(η) $$C^{18}H^{18}O^{6} - 2HO = C^{9}H^{10}O,C^{9}H^{6}O,$$

et dans l'autre cas on a le corps brun produit des facteurs

(θ) $$C^{18}H^{18}O^{6} - 3HO = C^{12}H^{10}O^{2},C^{6}H^{5}O.$$

Le composé jaune $2(C^{9}H^{10}O,C^{9}H^{6}O)$ se dédouble dans la distillation en huile de xylite incolore, en résine brune; on a :

(ι) $$C^{36}H^{32}O^{4} = C^{12}H^{9}O + C^{18}H^{14}O^{2},C^{6}H^{10}O^{2}\ (\eta)\ \text{et}\ (\theta).$$

Une espèce d'huile verte, comparable aux huiles incolores, est produite en même temps que les deux corps (η) et (θ) Le vert indique le rapport 3 : 2, lequel est produit par la séparation de quatre équivalents d'eau et de quatre atomes d'oxygène qui passent au potassium pour devenir potasse hydratée ; ainsi on a :

(χ) $$C^{24}H^{20}O^{8} + K^{4} = K^{4}O^{4},4HO + C^{12}H^{11},C^{12}H^{8}.$$

12. Par des distillations fractionnées, les facteurs des composés (η), (θ), (ι), (χ) *se séparent et se présentent comme trois espèces d'huile incolores.*

		Points d'ébullition.
Méthyle acétone	$C^{8}H^{8}O^{2}$	de 75° à 77°
Ethylacétone	$C^{10}H^{10}O^{2}$	de 90° à 95°
Dumassine	$C^{11}H^{10}O^{2}$	de 120° à 125°.

L'acétone traité par le sodium, puis soumis à la distillation donne de l'huile jaune (η) qui devient une masse cristalline ; laquelle bouillie dans l'eau donne des tables carrées, isolées et transparentes ; en perdant l'eau les cristaux deviennent opaques, ils sont exprimés par la *formule $C^{6}H^{12}O^{8}$, laquelle conduit à l'équation suivante basée sur les* huit atomes d'oxygène :

$$4C^{6}H^{6}O^{2} = C^{6}H^{12}O^{8} + C^{18}H^{12} \text{ (mésitbylène).}$$

L'électrolyse de l'acétone acidulé par l'acide chlorhydrique fait qu'une partie d'hydrogène s'éloigne et il se forme de l'huile d'acétone monochlorée $C^{6}H^{5}ClO^{2}$. Si l'acétone est acidulé par l'acide sulfurique il produit des acides acétique, formique, carbonique et une huile de forme $C^{28}H^{30}O^{2}$ d'après l'équation suivante :

$$6C^{6}H^{6}O^{2} = C^{4}H^{4}O^{4} + C^{2}O^{4} + C^{2}H^{2}O^{4} + C^{28}H^{30}O^{2}.$$

D. Corps chimiques préparés des corps organiques.

§ 196. Tous les corps organiques sont composés de tétraèdres de forme $4C^{6}H^{6}O^{6}$; leurs différences ne proviennent que des éléments électriques. Cette uniformité de l'arrangement des trois éléments hyliques, dans les plantes, prouve que la végétation s'opère d'après une série d'inéquilibres (*forces*) et d'expansions des molécules (*actions*) invariable, correspondante aux saisons. Les différentes propriétés correspondent aux deux espèces d'éléments électriques, qui sont en densité inégale, non-seulement dans tous les corps organiques, mais aussi dans le même corps à des époques différentes, et cela à cause de leur expansion continuelle.

Les corps organiques, amylon, glycol, bois, dès leur séparation des plantes, en conservant leurs éléments matériels, indiqués dans leurs poids, ne soutiennent pas aussi leurs molécules μ, μ' électriques, à cause de leur grande densité, et à cause du manque de résistance; ainsi elles sont en expansions continuelles. Dans les corps organiques à l'état solide, l'expansion des molécules est faible et ils se conservent longtemps; leur putréfaction est amenée avec la perte de leur solidité.

Les glycols sont soutenus à l'état liquide par la poussée répulsive exercée par les molécules en expansion, contre les éléments hyliques; ainsi est empêché leurs cristallisation. Pour la rendre possible on traite les glycols par la chaux, laquelle ne sépare pas quelques substances matérielles colorées, mais facilite l'expansion des molécules, et il en résulte une diminution de leur poussée répulsive, qui rend possible la cristallisation comme cela est exposé dans la section suivante. Il suffit ici qu'il soit prouvé en quoi consiste le changement des corps organisés, qui sont des matières alimentaires, en corps chimiques qui ne le sont pas.

En parlant du sucre j'expose : 1° le mode de séparation de deux tétraèdres d'acide carbonique, dont le résidu est un tétraèdre *d'alcool ;* 2° le mode de la séparation d'un tétraèdre d'eau de l'alcool, dont le résidu est un hémitétraèdre *d'éther ;* 3° le mode de la séparation de deux hydrotétraèdres de l'alcool, dont le résidu est *l'aldéhyde ;* et 4° le mode de séparation de la stéarine, dont le résidu est la *glycérine.*

1° Alcool C^4H^4,H^2O^2.

Esprit de vin, spiritus vini (weingeist-all.).

§ 197. **Formation.** Le carbone du sucre dissout dans l'eau et exposé à l'air arrive en inéquilibre avec l'oxygène. Cet inéquilibre fait que les oxytétraèdres $4O^4$ pénètrent dans les anthracotétraèdres $4C^2$, et deviennent des tétraèdres $4C^2O^4$ de gaz acide carbonique qui se développe, et le résidu est :

$$(\alpha) \qquad 4C^6H^6O^6 - 4C^2O^4 = 4C^4H^6O^2 \textit{ alcool.}$$

Préparation. 1° L'alcool hydraté est obtenu par la distillation de la liqueur produite par la fermentation du sucre. 2° L'alcool absolu est obtenu par l'éloignement de l'eau de l'alcool hydraté; pour y arriver on emploie le carbonate de potasse, le chlorure de calcium, la chaux calcinée, l'acétate de potasse, ou l'on introduit l'alcool rectifié dans une vessie qu'on expose à l'air chaud, la vessie par l'endosmose livre passage à l'eau qui s'évapore et l'alcool y reste.

Propriété. L'alcool absolu est clair comme l'eau, très-volatile; à la plus basse température possible de — 100° à — 110°, il devient demi-liquide; sa densité à 20° est de 0,291, et à 15° de 0,2925. Il bout à 76°. La densité de sa vapeur est 1,6133, **Gay-Lussac.** L'alcool exerce une résistance à l'électricité; il a une odeur rafraîchissante, une saveur brûlante et produit un état d'ivresse, car une partie passé dans le sang sans être digérée et en sort par la respiration.

Éléments.	Formes.	Poids.	Volume.	Densité.	
4C	$C^4H^4,2HO$	24	0	815	$\delta = 0{,}00926$
6H	$C^4H^4,C^4H^2O^2$	6	2	08	
2O		16	2	188	
$C^4H^6O^2$	$C^4H^4,C^4H^2O^2$	46	2	238 = 1,59298	

Décomposition. 1° La vapeur de l'alcool, conduite dans un tube rouge de porcelaine, donne un grand nombre de produits secondaires. Si le tube est de verre il en est obtenu un gaz de densité 0,430, il brûle comme l'alcool, il ne se combine pas dans l'obscurité avec le chlore. Les 100 volumes de gaz contiennent 48 volumes de gaz des marais, 19 volumes de gaz oléfiant et 33 volumes d'oxyde de carbone.

2° L'alcool exerce une grande résistance contre la propagation de l'expansion des deux électricités.

3° Allumé, l'alcool brûle avec une flamme bleue; les produits sont de l'eau et de l'acide carbonique.

4° En contact avec chaque corps l'alcool arrive en inéquilibre, qui en est déterminé, il en résulte des expansions propres, des molécules; ces expansions sont des actions dont les effets obtenus ont pour causes: 1° l'alcool, et 2° le corps en contact.

MODE DE PRODUCTION DES FAITS EXPOSÉS.

§ 198. **Formation.** Le sucre dissout dans l'eau restant en contact avec l'air, se trouve en inéquilibre provenant de l'inégale résistance exercée par l'air ou l'eau contre l'expansion de ses molécules électriques. Cet inéquilibre manque également lorsque le sucre cristallisé reste en contact avec l'air, ou lorsque son sirop aqueux n'est pas en contact avec l'air. Le mot abstrait de *fermentation* correspond : 1° à l'inéquilibre (*force*) ; 2° à l'expansion des molécules (*action*), dont l'effet est la pénétration de l'oxygène dans le carbone, lequel se sépare et son résidu est l'alcool (α) ; les levains produisent l'inéquilibre propre, comme le fait l'air.

Préparation L'alcool bout à 36° dans la distillation ; avec sa vapeur il passe toujours de la vapeur d'eau, parce que l'alcool très-étendu bout à 80° et à 90° ; l'eau est éloignée de l'alcool rectifié, par la manière indiquée plus haut.

Propriété. La résistance contre la propagation de l'électricité, et la grande réfraction de la lumière ont leur cause dans la couche dense d'électricité positive soutenue par l'électricité négative de l'alcool. La grande densité de cette électricité produit une poussée répulsive r entre les éléments hyliques, qui est de beaucoup supérieure à la poussée ρ compressive, exercée par le barogène μ'' libre de l'espace contre le barogène β contenu dans l'alcool : c'est ainsi que sa congélation est empêchée. La densité de la vapeur 1,59298, trouvée par le calcul, ne diffère presque ni de celle 1,6133, trouvée par l'observation, un peu inférieure à cause du peu d'eau qui y reste, ni de celle de 1,5945, trouvée par le calcul, de la valeur $\delta = 0,0692$ au lieu de 0,06926.

Décomposition. 1° La vapeur de l'alcool conduit dans un tube rouge ne donne pas les éléments dont il est composé ; il y a production de gaz des marais, d'oxyde, de carbone et d'hydrogène de volume 48, 34, 18, qu'on ne peut obtenir par le calcul des éléments connus de l'alcool $C^4H^6O^2$, et encore moins lorsqu'on admet une décomposition du carbone C^2 en OH^4. Les rapports entre les trois gaz ne peuvent être obtenus que par une production de carbone qui amène une diminution de l'hydrogène et de l'oxygène $OH^4 = C^2$; ainsi on a :

$$(\beta) \qquad C^{24}H^{36}O^{12} = C^{24}H^{32}O^{11} = C^{11}O^{11} + C^{13}H^{30} + H^2.$$

2° La grande densité d'aréo-electricité Ē de l'alcool soutient une couche dense de pycnoélectricité ; c'est cette couche qui exerce une résistance à l'expansion et la propagation de l'électricité homonyme, tandis que l'électricité négative qui pénètre cette couche est repoussée par celle de l'alcool.

3° L'alcool, à cause du peu de carbone, brûle dans l'air avec une flamme faible et bleue; cette couleur est le produit du rapport de $O^8 : O^6$, les huit atomes d'oxygène vont au carbone C^4 et les six atomes vont à l'hydrogène H^6; on a :

(γ) $$C^4H^6O^2 + 12O = C^2H^2O^8, O^2H^2O^6.$$

4° L'alcool en contact avec le chlore $Cl^2\dot{E}^2$ produit de la chaleur par l'arkosyzygue E^2 de l'hydrogène $2H\dot{E}$ et le pycnosyzygue $\dot{E}$ du chlore. Un atome d hydrogène se sépare avec un équivalent de chlore (contenant le couple électrique $\dot{E}\ddot{E}$) à l'état d'acide chlorhydrique $HCl\dot{E}\ddot{E}$ l'autre équivalent de chlore reste avec l'hydrogène à l'état de $HCl\dot{E}\ddot{E}$. Ainsi sont produits par le chlore, qui reste des composés, d'abord les uns contenant peu de chlore, et d'autres sans chlore ; ensuite le chlore croît dans les résidus, et l hydrogène se sépare jusqu'à disparaître ; le chlore ne remplace pas l'hydrogène, mais il se combine avec le carbone. Chacune des deux formes de l'alcool, venant en contact avec le chlore, donne des produits correspondants qui sont les suivants :

(δ)
$$\begin{cases} C^4H^6, C^2H^4, C^2O^4 + Cl^4 = H^4Cl^4 + 2C^2H^2, 2C^2H^2O^2 \text{ (aldéhide)}. \\ C^6H^{12}, C^2O^4 + 2Cl = H^6Cl^6 + C^4H^6Cl^4, C^2O^4. \\ C^4H^6, C^4H^4O^4 + Cl^2 = 2HO + C^4H^6, C^2ClO^2H^2 \text{ (éther chlorique)}. \\ C^6H^{12}, C^4H^4O^2, C^2O^4 + 2Cl = 2HCl + 2HO + C^{12}H^{11}O^4 \text{ (acétate)}. \\ C^4H^6, C^4H^4O^4 + 12Cl = 8HCl + C^4Cl^6 + C^4H^4O \text{ (acide acétique)}. \end{cases}$$

L'alcool traité par le chlore, dans la chaleur, donne les produits suivants :

(ε) $$C^4H^6, C^4H^4O^4 + 8(CaO, ClO) = 8HO + C^2aCl^6 + C^2HCl^6 + 3C^2HCaO^4.$$

L'hydrogène H^8 et l'oxygène O^8 donnent l'eau 8HO ; les huit équivalents de chaux deviennent des chlorures; les huit atomes d'oxygène de l'acide avec les quatre de l'alcool forment trois équivalents d'acide formique qui produisent trois équivalents de formiate de chaux.

5° Le brome étant en contact avec l'alcool donne des produits qui correspondent à ses éléments ahyles $Br\dot{E}^2E^2$ (ces éléments triplent la chaleur spécifique du brome, et augmente son odeur qui est la plus pénétrante des corps indécomposables).

6° L'iode $I\dot{E}\ddot{E}$ diffère par ses éléments ahyles du brome et du chlore $2Cl\dot{E}\ddot{E}$; entre ces trois corps la ressemblance provient de leur élément ahyle ozonique $\dot{E}\ddot{E}$.

7° Le phosphore $Ph = AzH^3Az$ est négatif ou aéroélectrique comme l'est l'alcool ; ces deux corps se repoussent l'un l'autre.

Le mélange de la vapeur de l'alcool et du bioxyde d'azote, passant par l'éponge chaude de platine, donne les produits suivants :

(ζ)
$$2C^6H^{12}\,2C^6H^6O^6 + 3Az^2O^4 = Az^2H^6C^2O^4$$
$$= Az^2H^6C^4Az^2H^3 + 20HO + C^{20}H^2.$$

9° L'alcool traité par l'acide azotique donne de l'azote, beaucoup de protoxyde d'azote, de bioxyde d'azote, de vapeur d'acide hypoazotique, de vapeur d'eau, d'acide carbonique, d'acide cyanhydrique, de vapeur d'aldéhyde, d'acide acétique, d'éther acétique, d'acide formique, et beaucoup d'éther azotique. Le peu de résidu contient de l'acide azotique, de l'alcool, de l'aldéhyde, de l'acide pomurique, de l'acide oxalique et de quelques autres matières. Ce grand nombre de corps n'est pas le même à toute température ; les rapports entre leurs quantités se soutiennent moins encore.

10° L'alcool pénètre dans les tétraèdres d'hydrocarbone $C^{44}H^{44}$; les composés alcooliques $C^{44}H^{44}C^4H^4,2HO$ sont obtenus de la fermentation des corps sucrés, qui diffèrent du sucre $4C^6H^6O^6$ par un nombre de tétraèdres d'hydracarbone, lesquels, après la fermentation de leur sucre $4C^6H^6O^6$, restent dans l'alcool qui en résulte. Les composés pareils ont l'alcool comme un acide et les hydrocarbones en sont des bases ; ce sont des *alcoolates*, et non des espèces d'alcools. Les corps suivants, et un grand nombre d'autres pareils sont de ces alcoolates :

Alcool prosolyque	$C^2H,C^4H^6O^2$.
Alcool butyrique	$C^4H^4,C^4H^6O^2$.
Huile de pommes de terre alcool amylique	$C^6H^6,C^4H^6O^2$.
Alcool caproyque	$C^8H^8,C^4H^6O^2$.
Alcool caprylique	$C^{12}H^{12},C^4H^6O^2$.
Ethal ou alcool éthélique	$C^{28}H^{28},C^4H^6O^2$.
Alcool cétylique	$C^{50}H^{50},C^4H^6O^2$.
Alcool mélissique	$C^{56}H^{56},C^4H^6O^2$.
Etc.	

Les substances végétales, en leur état naturel, sont composées de mêmes éléments de tétraèdres hyliques et diffèrent par les densités de leurs éléments électriques : ces éléments inéquilibrés occasionnent, par leur contact de l'air ou des levains, des fermentations, dont : 1° celle du sucre consiste en séparation d'acide carbonique ; 2° les fermentations des autres substances consistent en séparation d'acide carbonique et d'eau. Le résidu du sucre fermenté est de l'alcool ; le résidu des autres jus fermentés est de l'alcool ou de la glycérine composé avec de l'hydrocarbone :

$$(\mu) \qquad 4C^6H^6O^6 = C^6O^{12} + 6HO + C^{12}H^{12} + C^6H^6O^6 \text{ (glycérine).}$$

2° Ether $C^4H^4,C^4H^6O^2$.

§ 199. **Formation.** L'alcool $2C^2H^8,4H^2O_2$ chauffé en contact avec des acides, se sépare de l'un de ces deux tétraèdres d'eau, et le résidu est un équivalent double d'alcool et un autre anhydre.

Préparation. Un mélange d'une partie d'alcool et de une à deux parties d'acide sulfurique distillé donne de l'éther contenant de l'eau, de l'acide sulfureux qu'on éloigne. Les autres acides, le phosphorique et l'arsénique, peuvent séparer la moitié de l'eau et transformer l'alcool en éther.

Propriétés. L'état instable de l'alcool anhydre ou de l'hydrocarbone C^4H^4 rend l'éther volatil. L'équivalent de l'éther est double de celui de l'alcool, moins les deux équivalents d'eau séparés ; sa densité est de 0,7119 ; il ne gèle pas à 100° ; il bout à 36° ; il s'évapore et produit un abaissement de température ; son odeur est pénétrante, sa saveur est sucrée et rafraîchissante ; sa vapeur respirée produit l'évanouissement. La quantité de calories produite par sa combustion est exposée § 113. La densité de sa vapeur est 2,586 **Gay-Lussac**, 2,38, **Despretz**.

Éléments.	Formes	Poids.	Volume.	Densité.
8C	$C^4H^4,C^4H^6O^2$	48	0	488 δ = 0,06926
10H		10	10	106
2O		16	2	108
$C^8H^{10}O^2$	$C^4H^4,C^4H^6O^2$	74	2	376 = 2,5626

Décomposition. *La vapeur de l'éther conduite dans un tube* rouge ne se décompose pas toute en gaz oléfiant et en eau ; il y a aussi des traces d'hydrogène, d'aldéhyde, ou de carbone, de naphthaline et d'huile empyreumatique. Conduite dans un tube rouge de verre vide, la vapeur ne donne ni carbone ni huile ; mais des gaz de densité de 0,709, qui brûlent avec une flamme clair rougeâtre. Ces gaz traités par le chlore de ses huit volumes restent 7. Ce résidu brûle avec une flamme bleuâtre. Une couche mince d'éther empêche l'expansion des molécules électriques, d'un inéquilibre provenant de 210 couples.

2° L'éther allumé brûle avec une flamme blanche. Cent volumes de vapeur d'éther se combinent avec six cents volumes d'oxygène, et donnent quatre cents volumes d'acide carbonique.

3° La combustion lente de l'éther forme des produits déterminés par chaque corps en contact, et pour le même corps les produits changent avec les températures.

4° L'éther brûle dans le chlore et donne du charbon; le chlore, conduit dans l'éther froid, à l'obscurité ou à la lumière, donne des produits qui varient avec les quantités de chlore.

5° L'acide azotique chaud décompose l'éther en bioxyde d'azote, en acide hypoazotique, acide acétique, acide oxalique et acide carbonique.

6° La vapeur de l'éther, conduite dans un mélange chaud de chaux et de potasse hydratées, donne un mélange d'hydrogène et de gaz des marais; le résidu est du carbonate de potasse.

MODE DE PRODUCTION DES FAITS EXPOSÉS.

§ 200. **Formation.** L'alcool est le résidu de la séparation de deux tétraèdres d'acide carbonique du tétraèdre $4C^6H^6O^6$ du sucre; on a :

$$(a) \qquad 4C^6H^6O^6 - 4C^2O^4 = 4C^4H^6O^2.$$

L'acide sulfurique sépare du tétraèdre d'alcool (a) l'un des deux tétraèdres d'eau, et le résidu est de l'éther qui est un tétraèdre d'hydrocarbone contenant en enédriase un tétraèdre d'alcool; c'est ainsi que dans le même volume *v* est contenu le poids $C^4H^6O^2$ d'alcool de densité *d* et le poids de $2C^4H^6O^2 - 2HO$ d'éther de densité δ.

Préparation. Le contact de l'acide sulfurique sépare des tétraèdres d'alcool l'un des deux tétraèdres d'eau, lequel est remplacé par le tétraèdre d'alcool; de sorte que l'éther n'est pas un résidu simple comme l'alcool, mais un composé; il bout à 36°, ainsi sa vapeur séparée est condensée dans un récipient froid; au fur et à mesure qu'elle se forme elle s'éloigne; tandis que l'alcool est introduit dans l'alambic ; ainsi l'acide devient de plus à plus étendu, et il faut le renouveler.

Propriétés. L'éther, obtenu par la séparation d'une partie d'eau, soutient les molécules μ' d'aréoélectricité en densité plus grande que l'alcool ; ces molécules déterminent la formation d'une couche de molécules μ de pycnoélectricité ; c'est donc cette couche des molécules μ qui produit une grande résistance : 1° aux molécules homonymes de la lumière, et lui fait éprouver une grande réfraction ; 2° aux molécules de la pile, dont la propagation est interceptée. La grande densité des molécules μ' occasionne une poussée répulsive r entre les éléments hyliques, d'où résulte : 1° la densité très-médiocre 0,7119 presque égale à celle 0,76 de l'ammoniaque ; 2° le point bas d'ébullition à 36°, et 3° le manque de congélation à — 100°.

La grande densité de la vapeur les trouve la même 2,5626 par le calcul et 2,584 par l'observation **Despretz, Gay-Lussac**, elle est produite par le grand poids contenu dans le volume *v* limité. Ainsi : 1° les éléments hyliques limités produisent la grande densité de vapeur de volume *v* ; 2° les éléments ahyles par leur expansion et la poussée répulsive r contre les éléments hyliques font diminuer la densité du liquide.

Les faits physiologiques proviennent de l'expansion des molécules μ' par les artères, et de la résistance qu'elles exercent contre le sang des veines.

Décomposition. 1° Dans la chaleur, l'éther ne se décompose pas en gaz oléfiant C^4H^4 et alcool $C^4H^6O^2$, mais les éléments de ces deux corps se combinent, et produisent des corps qui ne sont pas les mêmes ; mais varient d'après la température et les corps en contact.

2° Cent volumes de vapeur et six cents volumes d'oxygène donnent quatre cents volumes d'acide carbonique.

$$(\beta) \qquad C^4H^4,C^4H^4,2HO + 24O = 4C^2O^4 + 8HO + 2HO.$$

3° La vapeur de l'éther, répandue dans l'air d'un récipient, laisse une partie de son aréoélectricité passer à l'oxygène, qui devient ozoné $\bar{O}\dot{E}\dot{E}$, comme l'est celui obtenu par l'électrolyse de l'eau. Si la vapeur de l'éther vient en contact avec du chlore, qui est un corps ozoné $\overline{Cl}\dot{E}\dot{E}$, son aréoélectricité $\bar{E}$ avec le couple $\dot{E}\dot{E}$ d'électricité du chlore deviennent de la chaleur. Un atome d'hydrogène de l'éther reçoit un double équivalent de chlore ; ensuite il s'en sépare avec l'un à l'état d'acide chlorhydrique, et l'autre équivalent de chlore reste à la place de l'hydrogène. On trouve la série suivante d'après les quantités de chlore :

$$(\gamma)\quad \begin{cases} C^8H^8,2HO+4Cl=C^8H^6Cl^2,2HO+2HCl. \\ C^8H^6Cl^2,2HO+4Cl=C^8H^4Cl^4.2HO+2HCl. \\ C^8H^4Cl^4,2HO+4Cl=C^8H^2Cl^6,2HO+2HCl. \\ C^8H^2Cl^6,2HO+4Cl=C^8Cl^8,2HO+2HCl. \end{cases}$$

3° Aldéhyde C^2H^3,C^2HO^2.

§ 201. **Formation.** 1° Dans les décompositions de l'alcool par le chlore et autres corps pénétrant dans l'hydrogène ; 2° dans la décomposition de l'éther dans des tubes rouges ; 3° dans la décomposition des éthers différents ; 4° dans la décomposition de l'huile de la semence de chanvre par la chaleur ; 5° dans la calcination du bois.

Préparation. 1° On conduit la vapeur de l'éther dans un tube rouge en verre contenant des fragments de verre, de là dans une bouteille d'éther froid, dans laquelle on introduit par intervalles de de l'ammoniaque. Dans cette liqueur poussent des cristaux d'aldéhyde, composé avec de l'ammoniaque.

2° On distille un melange de deux parties d'alcool, de trois parties de peroxyde de manganèse, de trois parties d'acide sulfurique et de deux parties d'eau, jusqu'à obtenir une partie distillée.

3° On conduit le corps jusqu'à saturation dans dix parties d'alcool et dans vingt parties d'eau, et on en distille une partie et demie.

4° On distille trois parties d'alcool avec deux parties d'acide azotique de densité 1,23.

5° Dans une cornue on introduit trois parties d'alcool, trois parties de bichromate de potasse, et on y laisse tomber goutte à goutte quatre parties d'acide sulfurique. En distillant on condense la vapeur par le froid, l'acide carbonique s'en éloigne, et l'aldéhyde liquéfié contient de l'acide acétique et d'autres corps qu'on en éloigne.

Propriétés. L'aldéhyde est un liquide clair, de densité 0,790 ; il bout à 22° ; la densité trouvée de sa vapeur est de 1,532 ; l'aldéhyde est neutre ; sa vapeur respirée produit des spasmes de poitrine.

Éléments.	Formes.	Poids.	Volume.	Densité.
4C	C^2H^4,C^2O^2	24	0	248 $\delta = 0,06926$
4H	$C^2H^2,C^2H^2O^2$	4	4	48
2O		16	0	108
$C^4H^4O^2$	$C^2H^4C^2O^2$; $C^2H^2C^2H^2O^2$	44	2	228 = 1,52312

Décomposition. 1° L'aldéhyde contenu dans des vases clos produit deux espèces de cristaux isomères entre eux et avec l'aldéhyde. **Liebig.**

2° Il brûle avec une flamme faible.

3° Dans des vases contenant de l'air il devient de l'acide acétique.

4° Le chlore ou le brome produisent de l'acide chlorhydrique ou bromhydrique avec du chloral ou du bromal.

5° L'acide azotique étendu change l'aldéhyde en acide acétique et il devient de l'acide azoteux.

6° L'aldéhyde traité par l'acide sulfurique rougit d'abord, et puis devient noir et solide; l'acide phosphorique produit le même effet.

7° L'oxyde d'argent est réduit dans l'aldéhyde chaud sans développement de gaz; d'où il est connu qu'il y a un sel d'argent.

8° L'aldéhyde traité par la potasse étendue dans l'alcool devient résine jaune. La vapeur de l'aldéhyde, conduite dans un mélange de potasse et de chaux hydratées contenues dans un tube chaud, les fait devenir rouges, ensuite la couleur disparaît et une grande quantité d'hydrogène se développe, on n'y trouve que des acétates.

9° L'aldéhyde traité par le potassium froid devient gaz; sa vapeur conduite sur le potassium développe de l'hydrogène.

10° La vapeur de l'acide cyanique pénètre dans l'aldéhyde, de l'acide carbonique se développe et enfin il en résulte un corps blanc.

11° L'aldéhyde traité par l'ammoniaque et l'hydrogène sulfuré se décompose en thialdin et en eau.

Combinaisons. L'ammoniaque produit avec l'aldéhyde des parédriases à l'état de masse cristalline avec développement de chaleur.

MODE DE PRODUCTION DES FAITS EXPOSÉS.

§ 202. L'alcool est de deux états isomères $C^4H^6O^2 = C^2H^4,C^2H^2O^2 = C^4H^4,H^2O^2$; l'éther est le résidu de $C^4H^4,H^2O^2 - HO + C^4H^4,HO$; l'aldéhyde est le résidu de $C^2H^4,C^2H^2O^2 - H^2 = C^2H^2,C^2H^2O^2$.

Formation. 1° Le chlore introduit dans l'alcool $C^2H^4,C^2H^2O^2$ se combine avec l'hydrogène H^2 du bihydrocarbone C^2H^4 et étant devenu de l'acide chlorhydrique il se sépare :

$$(\alpha) \qquad C^2H^4,C^2H^2O^2 + Cl^2 = C^2H^2,C^2H^2O^2 + 2HCl.$$

2° De même le chlore Cl^2 se combine avec l'hydrogène H^2 du bihydrocarbone C^2H^4 et donne

$$(\beta) \qquad C^4H^6C^2H^2C^2O^2 + 4Cl = C^4Cl^4H^6,C^2H^2,C^2O^2.$$

Ce composé (β), venant en contact avec de l'eau, en reçoit deux équivalents, laisse s'éloigner le tétraèdre d'acide chlorhydrique; on a :

$$(\gamma) \qquad C^4Cl^4H^8,C^2H^2,C^2O^2 + 2HO = 4HCl + 2(C^2H^2,C^2H^2O^2).$$

Préparation. 1° La vapeur de l'éther arrive dans un récipient d'éther après avoir traversé un tube rouge; il y arrive aussi de l'ammoniaque. Dans la liqueur poussent des cristaux composés d'aldéhyde d'ammoniaque

$$(\delta) \qquad C^4H^6C^2H^2C^2O^2 + Az^2H^6 = Az^2H^6,C^2H^2,C^2H^2O^2 + C^4H^6.$$

2° L'alcool saturé par le chlore produit, comme en (β), un composé d'acide chlorhydrique et d'aldéhyde qui obtient par la distillation la forme suivante :

$$(\varepsilon) \qquad C^4H^8C^4H^4O^4 + 4Cl = C^4H^8Cl^4,C^4H^4O^4 = 4HCl + 2(C^2H^2,C^2H^2O^2).$$

Propriétés. L'éloignement d'hydrogène et de molécules μ'aréoélectriques de l'éther fait diminuer la densité de l'aldéhyde; la densité 1,523 de la vapeur, inférieure à celle 1,6136 de l'alcool et plus encore à celle 2,5626 de l'éther, prouve que dans le volume 2*v* d'hydrogène sont contenus le carbone C^4 et l'oxygène, structure comparable à celle de l'alcool et non à celle de l'éther.

Décomposition. 1° Les deux espèces de compositions des éléments hyliques produisent deux ordres de cristaux isomères entre eux et avec l'aldéhyde, qui se forment lors même que l'aldéhyde est gardé dans des vases fermés tenus dans l'obscurité; ainsi on a :

$$(\eta) \qquad C^4H^4O^2 = C^2H^4,C^2O^2 = C^2H^2,C^2H^2O^2.$$

2° En présence de l'oxygène la structure C^2H^4,C^2O^2 favorise la formation de l'acide acétique

$$(\zeta) \qquad C^2H^4,C^2O^2 + O^2 = C^2H^4,C^2O^4.$$

3° Le carbone est, dans l'aldéhyde, en proportion plus grande que dans l'éther et dans l'alcool, et la clarté de la flamme est proportionnelle au carbone de ces trois corps.

4° Le chlore $\mathrm{Cl\dot{E}E}$ ozoné et le brôme $\mathrm{B\bar{r}\dot{E}^3E^3}$ triozoné étant en contact avec l'aldéhyde produisent les composés suivants :

(η) $$C^4H^4,C^4O^4 + 8Cl = C^4Cl^4O^4,C^4H\,Cl^3 + 2HCl.$$

5° L'acide azotique produit le composé (ζ).

6° L'acide phosphorique ou sulfurique introduit dans l'aldéhyde se combine avec les deux facteurs dans le rapport de 2 : 1, d'où il résulte le rouge

(η) $$2C^4H^4O^2 + 3SO^3 = (C^2H^4S^2O^6,C^2O^2)\,(C^2H^2SO^3,C^2H^2O^2).$$

7° De deux équivalents d'oxyde d'argent l'un est réduit, et son oxygène passe à l'autre, qui reste combiné avec le facteur C^2H^4 de l'aldéhyde; ainsi on a :

$$C^2H^4,C^2O^2 + 2AgO = C^2H^4C^2AgO^4 + Ag.$$

Il y a un oxalate d'argent.

8° L'aldehyde traité par la solution de la potasse dans l'alcool devient une résine jaune par le rapport du $H^6 : H^3$

(θ) $$\left\{\begin{matrix} C^2H^4,C^2O^2 \\ C^2H^2C^2H^2O^2 \end{matrix}\right\} = C^4H^6O^2,C^4H^2O^2.$$

9° La vapeur de l'aldéhyde, venant en contact avec de la chaux hydratée chauffées dans un tube, se colorent en brun, par l'arrangement de l'hydrogène dans le rapport de $H^4 : H^2$; ainsi on a successivement les deux composés :

(ι) $$C^2H^2C^4O^4 + KHO^2 = C^4H^6O^2,C^4KH^3O^4 = C^4KH^7O^6 + H^2.$$

10° L'aldéhyde aqueux, en contact avec le potassium et le sodium produit une composition de son oxyde de carbone avec les métaux

(κ) $$C^4H^{12},C^6O^6 + K^2 = C^6H^{12},K^2C^6O^6.$$

11° L'acide cyanique, conduit dans l'aldéhyde, développe de la chaleur et de l'acide carbonique; il devient de l'acide trigónique

(λ) $$C^2H^4,C^2O^2 + C^6Az^3H^3O^6 = C^2O^4 + C^2H^4,C^4Az^3H^3O^4.$$

12° L'aldéhyde, traité par l'ammoniaque et l'hydrogène sulfuré, produit de l'eau et du thialdin.

(μ) $$C^6H^6,C^6H^6O^6 + AzH^3 + 4HS = 6HO + CH,C^6AzH^3,H^4S^4.$$

De six équivalents d'eau séparés, trois sont remplacés par l'ammoniaque, et les trois autres par le tétraèdre de l'hydrogène sulfuré.

6° Glycérine $4(C^4H^5O^3,C^2O^4)$.

§ 203. **Préparation**. Un mélange d'huile d'olive ou d'axonge, d'oxyde de plomb et d'eau est maintenu en ébullition. De l'hydrocarbone de l'huile il se sépare de la glycérine, et elle est remplacée par l'oxyde de plomb, qui, avec l'hydrocarbone, forme un sel insoluble, et la glycérine reste dans l'eau, dont on la sépare par évaporation.

Propriétés. La glycérine est un liquide inodore, incolore, de saveur très-sucrée, sans arrière-goût désagréable; de densité, 2,28; l'eau et l'alcool la dissolvent; elle est insoluble dans l'éther; elle est neutre et ne se transforme pas en vapeur; elle est indistillable.

Éléments.	Forme	Poids.
6C	$C^4H^6O^2,C^2H^2$	36
8H		8
6O		48
$C^6H^8O^6$	carbonate d'alcool	92

Décomposition. 1° Dans sa distillation, la glycérine d'abord passe sans être décomposée, ensuite elle donne des gaz combustibles, de l'acide carbonique, de l'alcool $C^4H^4O^2$, de l'huile empyreumatique, de l'acide acétique et du carbone.

2° En plein air, elle brûle avec une flamme claire pareille à celle d'une huile.

3° La glycérine mêlée avec huit parties de noir de platine s'échauffe; en absorbant l'oxygène, elle produit d'abord un acide, lequel restant dans l'oxygène devient de l'eau et de l'acide carbonique; pour un équivalent double de cet acide $C^{12}H^{10}O^{12}$, il faut vingt-sept atomes d'oxygène dans leur combustion.

4° Traitée par la potasse hydratée la glycérine développe de l'hydrogène, et produit de l'acétate et du formiate de potasse.

Combinaison. La glycérine se combine avec l'eau en toute proportion; elle se dissout dans l'acide chlorhydrique fumant sans changer.

Mode de production des faits exposés.

§ 204. La glycérine est un produit organique composé comme le sucre, le bois, l'amylon, de tétraèdres $4C^{6}H^{6}O^{6}$. Elle se trouve dans l'huile et l'axonge, composée avec de l'hydrocarbone $C^{6},C^{10}H^{10}$. Cet hydrocarbone est produit par la glycérine, laquelle se forme dans les animaux de leur nourriture, et dans les plantes du carbone et de l'eau.

Le mode de la formation des axonges par la glycérine est comparable à celui de la production de l'éther par le sucre. De celui-ci s'éloigne une partie à l'état d'acide carbonique; le résidu est de l'alcool; de l'alcool, s'éloigne une partie à l'état d'eau; le résidu est de l'éther composé d'hydrocarbone $C^{4}H^{4}$ et d'eau $H^{2}O^{2}$ ou de tétraèdres $4C^{4}H^{4},H^{4}O^{4}$.

Si, pendant cette formation d'hydrocarbone, il arrive du sucre, pour se trouver dans l'éther le corps sera composé du même mode que les axonges. La glycérine $4nC^{6}H^{6}O^{6}$, en perdant de l'acide carbonique et de l'eau, devient un résidu contenant du carbone, de l'hydrocarbone, et une partie $4C^{6}H^{6}O^{6}$, qui n'a encore éprouvé aucun changement.

Les espèces d'axonges, (en y comprenant les suifs et les huiles) sont, sans exception, de la glycérine et des résidus de la séparation d'acide carbonique et d'eau d'une partie de la glycérine précédente. Ce mode de production des résidus d'hydrocarbone rend évidente la structure des corps organiques, dans laquelle les trois éléments entrent en égal nombre de tétraèdres $4C^{6}H^{6}O^{6}$, et leur différence consiste en densités des molécules électriques.

Dans les résidus $4nC^{6}H^{6}O^{6} - mH^{4}O^{4} - pC^{4}O^{4}$, le nombre des éléments hyliques diffère, et c'est en cela que consiste leur multiplication indéfinie. Ce mode de production des corps trouve son application dans la production de tous les corps de la chimie organique.

Propriétés. La glycérine est un résidu décomposable en alcool et acide carbonique $C^{4}H^{6}O^{2},C^{2}O^{2}$.

Décomposition. 1° La glycérine distillée et calcinée donne des produits secondaires analogues à ceux que donnent le sucre et l'esprit de bois calcinés séparément; 2° la flamme claire de la glycérine est le mélange de la flamme du sucre et de l'esprit de bois; 3° l'acide formé de l'oxygène au moyen du noir de platine, contient les éléments (γ)

(γ) $$3C^{6}H^{6}O^{6} + 4OO = C^{2}O^{2},4C^{4}O^{4},4H^{6}O^{6}.$$

4° La glycérine étendue dans l'eau, en contact avec de l'air à 20° ou 30° exposée plusieurs mois à l'air, devient de l'acide métacétonique par le développement d'un peu de gaz; ainsi on a :

(δ) $$C^{6}H^{8}O^{6} = C^{4}H^{4}O^{4},C^{2}H^{4}O^{2} = C^{6}H^{6}O^{4} + 2HO.$$

5° Traitée par l'acide azotique, la glycérine devient de l'acide oxalique ; on a :

(ε) $$C^6H^4O^6,C^2H^4O^8 + Az^2O^{10} = Az^2O^8 + 2HO + 3C^2HO^4.$$

6° Traitée par l'acide phosphorique étendu, la glycérine se décompose en eau et en alcool ; on a :

(ζ) $$C^4H^4O^4,C^2H^4O^2 = 4HO + C^4,C^2H^4O^2.$$

7° Traitée par la potasse hydratée, la glycérine développe de l'hydrogène, et devient de l'acide acétique et de l'acide formique qui se combinent avec la potasse ; on a :

(η) $$K^2O^2 + C^4H^4O^4,C^2H^4O^6 = 6H + C^4H^3KO^4 + C^2HKO^4.$$

Remarque sur le rapport entre la glycérine et l'alcool. La glycérine présente vis-à-vis de l'alcool, les mêmes relations que l'acide azotique vis-à-vis de l'acide phosphorique. L'acide azotique ne forme que des azotates monobasiques $M^2Az^2O^{12}$; l'acide phosphorique produit : 1° des sels monobasiques H^2MPhO^8 *métaphosphates ;* 2° des sels bibasiques HM^2PhO^8 *pyrophosphates ;* et 3° des sels tribasiques M^3PhO^8 *phosphates ordinaires.*

De même l'alcool produit avec les acides des composés de couples à un équivalent avec élimination des deux équivalents d'eau, tandis que la glycérine Gl forme avec les acides A^6 trois séries de combinaisons :

$$H^4A^6Gl, H^2A^{62}Gl, A^{63}Gl.$$

MODE DE PRODUCTION DES FAITS EXPOSÉS.

Le phosphore est $Ph^2 = Az^3H^6Az^3$, son acide est $Az^3H^6Az^3O^{16}$; ses trois espèces de sels sont déterminés par les six atomes d'hydrogène, comme cela est exposé dans l'article sur le phosphore. La glycérine fait partie intégrante des corps gras naturels qui sont produits par les substances végétales comme un résidu de la séparation d'abord de trois parties des oxytétraèdres et puis d'un équivalent d'acide formique (α).

Des deux équivalents de glycérine contenus dans l'axonge ou le corps gras (α), l'un est remplacé par trois équivalents d'oxyde (α).

La glycérine $C^6H^8O^6 = C^4H^6O^2,C^2O^4$ contient trois équivalents : un d'alcool et deux d'acide carbonique ; ces trois équivalents illimitent : 1° deux équivalents d'eau par l'équivalent d'alcool ; 2° quatre équivalents d'eau par les deux équivalents d'acide carbonique, et 3° six équivalents d'eau par l'alcool et par l'acide carbonique. Ces détails sont obtenus par la décomposition des différents corps gras.

III. CORPS COMPOSÉS DE CARBONE, D'AZOTE ET D'HYDROGÈNE.

§ 205. La quantité d'azote contenue dans les plantes est minime; tandis que dans l'aniline, préparée du goudron de houille, l'azote compose plus d'un sixième. Cet azote est formé du carbone. A titre d'exemples, j'expose les détails des composés de trois mêmes éléments qui sont des acides ou des neutres. L'unique acide est le cyanohydrique, lequel combiné avec de l'ammoniaque produit des sels neutres; les composés pareils, dans lesquels l'eau entre, sont nommés *amides*.

A. ACIDE CYANHYDRIQUE $C^4Az^2H^2 = Cy^2H^2$.

§ 206. Acide prussique, acide hydrocyanique (Blausaüre, all.).

Historique. En 1782 Scheele a découvert cet acide dont Gay-Lussac, en 1811, a exposé les éléments et quelques-unes de ses propriétés. Depuis cette époque il a été impossible d'expliquer le mode du changement de l'état liquide, en solide et de la disparition des propriétés délétères pendant que les éléments hyliques restent les mêmes.

État naturel. L'acide se trouve en très-petite quantité et pour cela non en état délétère : 1° dans les feuilles et les fleurs de plusieurs arbres de fruits à noyau; 2° dans le laurier-cerise; 3° dans les amendes amères; 4° dans les feuilles et les fleurs des pêches. Ensuite l'acide se décompose et disparaît, de même que cela a lieu pour tous les acides organiques dont un grand nombre peut être produit par la voie chimique comme l'acide cyanhydrique.

L'usage de cet acide dans la médecine et dans l'industrie rend son étude très-importante; elle a été incomplète.

Formation. Dans l'exposition de la décomposition du cyanogène j'ai eu l'occasion d'indiquer plusieurs modes de formation de l'acide; d'autres sont indiqués plus bas dans ses préparations, et d'autres dans la décomposition des fulminates d'ammoniaque.

Préparation. L'acide est préparé habituellement à l'état hydraté et en hiver; par la distillation on le concentre, et on en sépare l'eau; en décomposant les cyanhydrates on obtient directement l'acide anhydre.

A. **Acide hydraté.** 1° On dissout du ferrocyanure de potassium KCyFeCy dans de l'acide sulfurique étendu et l'on en sépare l'acide aqueux par la distillation; 2° on traite de la même manière le cyanure de potassium; 3° on calcine dans un vase de fer le ferocyanure de potassium avec du carbure de fer; dans tous les cas le cyanure de potassium est traité par l'acide sulfurique étendu pour recevoir la potasse et isoler l'acide; 4° le mélange de limailles de fer et de cyanure de mercure traité par l'acide sulfurique étendu décompose l'eau comme dans les cas précédents; 5° on distille le mélange de 126 parties de cyanure de mercure et de 179 parties d'acide chlorhydrique de densité 1,10; 6° on décompose le cyanure de mercure par l'acide sulfhydrique; 7° on traite de même les cyanures de plomb et d'argent par les hydracides.

B. *Acide anhydre.* 1° En distillant l'acide hydraté concentré on fait passer la vapeur par des tubes contenant du chlorure de calcium. 2° On conduit l'acide sulfhydrique dans un tube contenant des fragments de cyanure de mercure.

Propriétés. L'acide anhydre est un liquide clair, volatil; il gèle à — 15°; sa densité est de 0,70583 à 7° et de 0,6969 à 18° **Gay-Lussac**. Il bout à 26°. La densité de sa vapeur est de 0,9476.

La tension de sa vapeur à 10° est de 380 millimètres. La vapeur contenue dans un volume d'air à saturation le fait en éprouver une répulsion qui le fait devenir cinq fois plus grand sous la pression ordinaire.

L'acide est soluble dans l'eau, l'alcool, l'éther; sa saveur est amère; son odeur est celle des amandes amères. Sa vapeur respirée produit la toux, le mal de tête, l'évanouissement, enfin la mort. Son action toxique surpasse celle des autres poisons; il suffit d'une goutte placée sur la langue, sur l'œil ou injectée dans une veine pour produire la mort instantanée d'un chien robuste.

Réactions. L'acide précipite à l'état métallique l'argent des azotates; on obtient de l'acide prussique en introduisant d'abord le mélange de potasse et d'un sel de fer dans l'acide cyanhydrique et ensuite de l'acide chlorhydrique. Au moyen de la couleur bleue on découvre la présence d'une trace d'acide cyanhydrique.

Éléments.	Forme.	Poids.	Volume.	Densité.
4C	$Az^2H^2,4C$	24	0	24 δ = 0,06926
2Az	H^2,Az^2C^4	28	2	28 δ
2H		2	2	2 δ
$C^4Az^2H^2$	$Az^2H^2,4C$; H^2,Az^2C^4	54	4	$\frac{1}{4} \times 54 \times 0{,}06926 = 0{,}93501$

Décompositions. 1° La vapeur de l'acide, conduite par un tube rouge de porcelaine, se décompose en cyanogène, eau et azote (sans carbone) **Gay-Lussac.**

2° Cette vapeur mêlée avec de l'hydrogène, étant exposée aux étincelles, dépose peu de charbon et augmente beaucoup en volume.

3° L'acide soumis à l'électrolyse développe seulement de l'hydrogène dans le pôle négatif.

4° L'acide anhydre ou sa vapeur allumée dans l'air, brûle en produisant de l'acide carbonique et de l'azote; le mélange de la vapeur et de l'oxygène produit une explosion par le contact de l'étincelle et avec les produits nommés il se forme peu d'acide azotique. En ce cas, comme dans celui où la vapeur est conduite sur l'oxyde de cuivre, il se produit un volume d'azote et deux volumes d'acide carbonique.

5° En introduisant l'acide dans le chlore sec, il se forme au soleil de l'acide chlorhydrique et du cyanure de chlore, lequel, mêlé avec un excès d'acide cyanhydrique, produit un corps visqueux. Si le chlore est humide, il y a, même dans l'obscurité, production de chaleur, de cyanure de chlore, d'acide carbonique, d'oxyde de carbone, d'acide chlorhydrique et d'ammoniaque. Au soleil il se produit du sel d'ammoniaque et une huile jaune. Le chlore, chauffé dans l'acide étendu, produit de l'acide carbonique, de l'acide chlorhydrique et de l'ammoniaque.

6° Le protoxyde de chlore humide, traité par l'acide hydraté produit du cyanure de chlore, de l'acide cyanurique, de l'acide chlorhydrique et du chlore.

7° L'acide, traité par les acides sulfurique ou chlorhydrique étendus se décompose en ammoniaque et en acide formique. Le mélange d'égales parties d'acides cyanhydrique et d'acide chlorhydrique fumant HCl^2, développe de la chaleur et en cinq minutes devient une masse cristalline; dans sa distillation on obtient d'abord de l'acide cyanhydrique, puis de l'acide formique, et il reste du sel d'ammoniaque. L'acide sulfurique donne des produits analogues.

8° L'acide cyanhydrique, traité par les alcalis, produit aussi de l'ammoniaque et de l'acide formique.

9° L'acide étendu, traité par le peroxyde de plomb, produit du cyanure de plomb, de l'eau et du cyanogène. Le peroxyde de manganèse pénètre dans le mélange de la vapeur de l'acide et de l'hydrogène, sans séparer le cyanogène; tandis que l'oxyde de cuivre, en se réduisant par une chaleur médiocre, produit de l'eau et d cyanogène. Le protoxyde de cuivre de même que les oxydes des métaux inoxydables, traités par l'acide étendu, deviennent des cyanures. Si l'on conduit la vapeur anhydre de l'acide sur la baryte chaude ou sur la potasse, il y a production d'hydrogène et non d'eau; la potasse hydratée en développe davantage.

10° Deux volumes de vapeur de l'acide, mêlés dans l'azote ou dans l'hydrogène, conduits sur le potassium, produisent du cyanure de potassium et la séparation d'un volume d'hydrogène.

11° La vapeur de l'acide anhydre, conduite dans un tube rouge contenant des fils de fer fins, produit un égal volume d'azote et d'hydrogène; le fer est devenu fragile et couvert de carbone.

12° L'acide anhydre, dans des vases bien remplis, bien fermés, même dans l'obscurité, en différents espaces de temps, se décompose; il devient une masse solide, brune et de cyanhydrate d'ammoniaque.

Combinaisons de l'acide cyanhydrique. L'acide mêlé avec l'eau en toutes proportions ne rougit pas le tournesol; il devient moins délétère et par cela un médicament calmant très-utilisé dans l'homœopathie.

L'acide se mêle avec l'esprit de bois, avec l'alcool, l'éther et les huiles volatiles.

Mode de production des faits exposés.

§ 207. **État naturel.** L'existence de l'acide dans les plantes servait à le considérer comme un corps organique, sans exclure son existence parmi les corps inorganiques propres à être composés et décomposés par voie chimique. La distinction des corps organiques qui les exclut des inorganiques, n'est que l'accumulation des molécules électriques μ, μ', sur les trois éléments, le carbone, l'oxygène et l'hydrogène, car l'azote n'est pas un élément indispensable, il est le remplaçant de trois équivalents d'oxygène, de sorte que l'ammoniaque remplace trois équivalents d'eau; l'amide remplace deux équivalents d'eau et un atome d'oxygène, et le sous-amide AzH remplace un équivalent d'eau et deux atomes d'oxygène.

Ces remplacements des éléments dans la structure des corps azotés conduisent à prouver que l'acide cyanhydrique est un dérivé de l'acide formique : 1° par l'éloignement de deux équivalents d'eau, et 2° par le remplacement des six atomes d'oxygène par l'équivalent double d'azote ; ainsi on a :

(α) $$2C^2H^2O^4 - 2HO = C^4H^2O^6 = C^4Az^2H^2.$$

Formation. En calcinant le formiate d'ammoniaque on obtient de l'eau et de l'acide cyanhydrique ; ainsi on a :

(β) $$Az^4C^2H^2O^4 = 4HO + C^2AzH.$$

Préparation. Le ferrocyanure de potassium, traité par l'acide sulfurique étendu, devient sulfate de potasse et de fer. L'eau se décompose, son oxyde passe aux métaux, et son hydrogène passe au cyanogène en y amenant le couple électrique $\dot{E}\bar{E}$ de l'acide sulfurique. Ainsi se transmet l'acidulité de cet acide par le couple électrique à l'acide cyanhydrique, et on a :

(γ) $$KCyFeCy + H^2S^2O^8\dot{E}\bar{E} = KSO^4 + FeSO^4 + 2CyH\dot{E}\bar{E}.$$

En distillant le liquide on sépare l'acide cyanhydrique qui bout à 26°. En tous les cas de préparation il entre un acide minéral dont les éléments hyliques pénètrent dans le métal, dont le cyanogène séparé entre dans l'hydrogène séparé de l'acide minéral en même temps que le couple électrique.

L'acide formique se trouve dans les fourmis et il est aussi formé de l'esprit de bois lorsqu'il reçoit un double tétraèdre d'oxygène et se sépare d'un tétraèdre d'eau sans qu'il intervienne aucun acide minéral ; en ce cas on a :

(δ) $$2C^2H^4O^2\dot{E}^4 + 8O\dot{E} - 4HO = 2C^2H^2O^4\dot{E}^4\dot{E}^4.$$

Pour séparer le cyanogène des métaux peroxydables on emploie l'acide sulfurique, et pour le séparer des métaux inoxydables on emploie des hydracides.

Propriétés. Les tétraèdres des éléments hyliques $C^4Az^2H^2$ en *parédriase*, donnent l'état liquide ; en *enédriase*, ils donnent l'état gazeux. La densité des liquides à la même température de même que le point d'ébullition correspondent à la poussée répulsive *r*, exercée entre les tétraèdres par leurs molécules homonymes, μ, ou μ'en expansion.

La densité des gaz ou des vapeurs en *parédriase* est une moyenne de celles des gaz, tandis que celle des gaz en enédriase résulte de la somme des unités de barogène logées dans un volume *v* moitié d'un volume **v** des tétraèdres d'hydrogène. Ainsi, d'après les éléments de l'acide, se distinguent ses propriétés : 1° de sorte qu'ils résultent des éléments hyliques déterminés par la balance, et 2° de sorte qu'ils résultent des éléments abyles par l'expansion des molécules μ, μ', qui, arrivant aux organes des sens, produisent des sentiments, et arrivant aux autres corps produisent des réactions chimiques.

Propriétés hyliques. Le tétraèdre de carbone isolé occupe un volume $4^3 \times 12^3$ fois inférieur à celui **v** occupé par un tétraèdre d'hydrogène; ce volume **v**, qui pèse 1, est égal à celui de l'azote qui pèse 14. L'azote $Az^2 = O^2,4H$ est un hydrotétraèdre-trisperme, son enédriase dans le carbone $C^2 = 2(O,4H)$ fait obtenir aux tétraèdres de carbone le volume **v** égal. Ces trois hydrotétraèdres de volume **v** composent le cyanogène C^4Az^2; si tous les trois s'enédriasent dans deux volumes 2**v** d'un autre quatrième hydrotétraèdre, le composé est de l'acide cyanhydrique de volume 4**v** et de poids 54; il donne la densité $\frac{1}{4} \times 54 \times 0,06926 = 0,93401$; celle 0,9476 trouvée par Gay-Lussac prouve qu'il avait un peu d'eau dans la vapeur de l'acide.

Propriétés abyles. 1° L'odeur et la saveur organoleptiques sont des qualités exclues par des sentiments propres. 2° Les effets toxiques ou thérapeutiques sont physiologiques, et 3° les effets chimiques sont produits par expansion des molécules μ, μ' de l'acide, pour produire un changement quelconque aux autres corps mis en contact pour se trouver en inéquilibre.

Les effets toxiques sur l'état normal deviennent des effets thérapeutiques sur un état pathologique. En ces deux cas l'acide n'occasionne qu'un inéquilibre, lequel est suivi d'une action anormale; celle-ci est toujours nuisible pour l'état normal, tandis qu'il peut être salutaire dans certains états pathologiques. L'action toxique dépend donc de l'état normal physiologique; si l'état est anormal et l'acide employé à temps, son effet, en certaines circonstances, peut être salutaire. Le nom φάρμακον est employé pour indiquer l'effet nuisible des médicaments à l'état normal et leur état salutaire à l'état anormal (1).

(1) Dans la langue thraco-slave le nom farmac lu à l'envers est composé : 1° de *c* qui est une préposition de deux significations *vers* ou *contre*, et 2° de *mraf*, mort. Ainsi *c mraf* indique les corps dont l'usage conduit vers la mort ou contre la mort.

Tension. L'acide anhydre qui bout à 25°,5 a une tension de vapeur à 10° de 380 millimètres; introduit dans un égal volume d'air le mélange à une tension quatre fois plus grande.

Décomposition. Le formiate d'ammoniaque chauffé ne se dédouble pas en ammoniaque et acide formique; car au lieu de séparer deux équivalents d'ammoniaque Az^2H^6 qui correspondent à six équivalents d'eau, il se sépare huit équivalents ou deux tétraèdres d'eau, et le résidu est un équivalent d'acide cyanhydrique; celui-ci, sous la présence de l'eau redevient formiate, et si l'ammoniaque en est éloigné il reste de l'acide formique. Ce va-et-vient se répète indéfiniment sur les mêmes éléments hyliques qu'on déplace au moyen d'inéquilibres électriques des étincelles ou au moyen des courants électriques.

1° On chauffe l'acide et on sépare la vapeur en conduisant une portion dans deux tubes rouges *t*, *t'*, l'un *t* vide et l'autre *t'* contenant des limailles de fer. Des deux tubes sortent de l'eau, de l'azote, de l'hydrogène et du cyanogène; celui-ci sort en quantité supérieure du tube vide, où l'on n'aperçoit aucune trace de carbone, tandis que les limailles se couvrent de carbone et deviennent fragiles par le carbone absorbé. **Gay-Lussac.**

2° La vapeur de l'acide mêlé dans l'hydrogène dépose peu de charbon et augmente de volume.

Ces deux faits très-vérifiés et inexplicables d'après les hypothèses servent ici à faire connaître aux chimistes : 1° que le carbone devient de l'azote et de l'hydrogène dans le tube vide, et 2° que de même cette décomposition du carbone en oxyde et hydrogène fait augmenter le volume du gaz oléfiant lorsqu'on l'expose aux étincelles $C^6 = O^3H^{12} = Az^2H^6$ et $C^4 = O^2H^8$ donnent :

(ι) $$3C^4Az^2H^2 = 3C^2AzH + Az^4 + H^{14}.$$

(ζ) $$4C^4H^2 = 2C^2H^4 + O + 4H.$$

3° Dans l'électrolyse c'est le carbone qui se décompose en eau et en hydrogène et le résidu est de l'hydromellon :

(η) $$3C^4Az^2H^2 = C^6Az^4H^3 + H^2O^2 + 10H.$$

4° Dans l'explosion du mélange de quatre volumes de vapeur et cinq volumes d'oxygène, il disparaît trois volumes et il reste quatre volumes d'acide carbonique et un volume d'azote.

5° L'acide traité par le chlore sec, au soleil, devient acide chlohydrique et un corps homologue du gaz phosgène et de l'acide azotique dans lequel chaque équivalent d'azote remplace trois atomes d'oxygène :

(θ) $6C^2AzH + 12Cl = 6HCl + C^6Cl^6Az^2, C^6Az^4.$

Si le chlore est humide, l'azote remplace trois atomes d'oxygène, et l'on a :

(ι) $C^4Az^2H^2 + 2Cl + 6HO = C^2O^4 + C^2O^4 + Az^2H^6 + 2HCl.$

De ces produits exposés au soleil il se forme du sel d'ammoniaque $Az^2H^8Cl^2$; alors se décompose l'oxyde en O^2H^4 et combiné avec l'acide carbonique devient un composé dense qui se dépose.

Si l'acide est hydraté, il est produit de l'acide carbonique, de l'acide chlorhydrique et de l'ammoniaque ; ainsi l'on a :

(κ) $C^4Az^2H^2 + 8HO + 4Cl = C^4O^8 + Az^2H^6 + 4HCl.$

La structure du cyanogène et celle du formiate d'ammoniaque deviennent connues dans ces produits.

6° Le protoxyde du chlore humide traité par l'acide hydraté donne les produits (λ) :

(λ) $2C^4Az^2H^2 + 6ClO = C^2AzCl + C^6Az^3H^3O^6 + HC + 4Cl.$

L'azotocarbure de chlore est du gaz phosgène C^2AzCl^2 et de l'acide carbonique C^3Az^2.

7° On voit en (μ) la décomposition de l'acide en ammoniaque et en acide formique :

(μ) $C^4Az^2H^2 + 4H^2O^2 = Az^2H^6 + 2C^2H^2O^4.$

L'introduction de deux tétraèdres d'eau occasionne la séparation de deux tétraèdres d'oxygène dans l'acide et l'ammoniaque représente six équivalents d'eau.

Le mélange d'égale partie d'acide cyanhydrique et d'acide chlorhydrique fumant donne :

(ν) $C^8Az^4H^4 + Cl^2H^2 = Az^2H^6 + C^8Az^2Cl.$

Ces produits distillés donnent d'abord de l'acide cyanhydrique puis de l'acide formique, et le sel d'ammoniaque reste dans la cornue. De ces produits les éléments manquent parmi ceux de (ν) : 1° le poids de l'un de ces acides est 108 et celui de l'autre 144; 2° l'oxygène de l'acide formique est produit avec l'hydrogène de la décomposition du carbone $C^{10} = C^4H^2O^4 + 14H$. Cet acide est en très-petite quantité.

8° L'acide traité par les alcalis hydratés, produit aussi de l'ammoniaque et de l'acide formique :

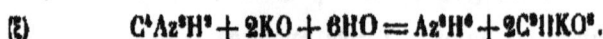

(ξ) $$C^4Az^2H^2 + 2KO + 6HO = Az^2H^6 + 2C^2HKO^4.$$

9° L'acide étendu, traité par le peroxyde de plomb, produit

(o) $$C^4Az^2H^2 + PbO^2 = 2HO + C^2AzPb + C^2Az.$$

Chacun des métaux peroxydables, oxydables et inoxydables, traités par l'acide, produit des composés avec le cyanogène analogue à ceux du chlore.

10° Deux volumes de vapeur de l'acide étendu dans l'hydrogène ou dans l'azote, et conduits sur le potassium, produisent un composé

(π) $$C^4Az^2H^2 + K^2 = C^4Az^2K^2H + H.$$

11° L'acide est décomposé par le fer rouge en carbone et égal volume d'azote et d'hydrogène, et cela parce que le carbone éprouve dans le fer rouge une résistance inférieure à celle de l'azote.

12° Les tétraèdres $2C^4Az^2 = (C^4,4H^4)(C^4,4H^2)$ de cyanogène introduit dans les tétraèdres d'hydrogène 4H sont à l'état instable. Les molécules μ, μ' des électricités dans leur expansion produisent un autre dérangement entre les trois espèces de tétraèdres. L'acide liquide et limpide devient : 1° cyanhydrate d'ammoniaque, et 2° une masse brune, solide, composée des éléments arrangés de la manière exposée dans l'équation suivante :

(ρ) $$4C^4Az^2H^2 = Az^2H^6C^4Az^2H^2 + C^2Az^2,C^4Az^2.$$

Dans la masse brune un facteur $3C^4Az^2$ est le paracyanogène, l'autre $3(C^4,C^4Az^2)$ est aussi un composé de paracyanogène $3C^4Az$ et de carbone $6C^2 = Az^2H^6 = O^2H^{12}$. La décomposition du carbone se présentait comme un obstacle que tous les chimistes cherchaient à surmonter; ils commettaient une seconde erreur en cherchant à soutenir la première, qui est l'hypothèse *que les corps indécomposables sont des corps simples*. Cette hypothèse a été rectifiée ici par la découverte que les résidus sont indécomposables, parce qu'ils ne sont pas des corps produits par une combinaison.

Combinaisons de l'acide. Dans les autres hydracides, de même dans celui-ci, les métallotétraèdres remplacent l'hydotétraèdre. Entre les hydroacides et leurs sels il n'y a d'autre différence que le remplacement de l'hydrogène ḢE correspondant aux métaux inoxydables (indiqués par le signe ṀE) par les métaux oxydables $\dot{M}E^2$ ou peroxydables $\dot{M}E^3$.

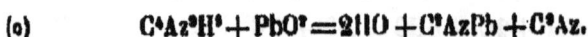

Ces remplacements tétraédriques des équivalents isarithmes sont loin d'être différents des mélanges illimités de l'acide avec l'eau et avec les autres acides, mélanges qui sont produits par les poussées répulsives r, r' exercées entre les tétraèdres homonymes Δ Δ ou Δ' Δ'. L'équilibre ne s'établit que par la distribution symétrique des tétraèdres hétéronymes $\Delta\Delta'$ sans qu'en de tels mélanges la répulsion r entre une espèce de tétraèdr : par la résistance r'' exercée par l'autre espèce.

Résumé. La densité $13\frac{1}{2}\delta$ de l'acide cyanhydrique et celle 26δ du cyanogène à l'état vaporeux prouvent : 1° que les facteurs C^4Az^2, C^4H^2 de l'acide pesant $40+14$ occupent 4 volumes, et 2° que les deux facteurs C^4Az^2 en occupent deux.

Du gaz oléfiant C^4H^4 trois volumes exposés au choc des étincelles deviennent cinq ; six volumes de la vapeur de l'acide, exposés aux mêmes chocs électriques, deviennent huit volumes.

Le gaz oléfiant exposé à des centaines de chocs d'étincelles se décompose en carbone et en hydrogène de double volume de densité $\delta=0,06926$. Si l'on s'arrête à 60 chocs lorsque les trois volumes sont devenus cinq et la densité 14δ est réduite $\frac{3}{5}\times 14\delta$ sans voir apparaître le carbone, on obtient un gaz qui diffère de l'hydrogène en ce qu'il ne se combine pas avec le chlore, ce n'est plus du gaz oléfiant ; d'après son volume il ressemble au gaz des marais, sans qu'il soit le même qu'on en obtient en faisant passer le gaz oléfiant par des tubes rouges. Ces détails s'arrangent comme causes et effets dans la série suivante :

$$(\rho) \qquad C^6H^6 = C^2H^2 + 2(O,4H) = C^2H^2 + O^2H^8.$$

De trois équivalents C^6H^6 les soixante chocs séparent les deux hydrotétraèdres de leur noyau ; ainsi on a C^2H^2 d'un volume et O^2H^8 de quatre volumes. Le mélange de ces gaz diffère de l'hydrogène de même que le gaz oléfiant et le gaz des marais. Le gaz oléfiant faisant partie de l'acide hydrocyanique éprouve par les étincelles l'effet qu'il en éprouve étant isolé.

8. Aniline ou cyanate.

§ 208. Phanamyde, amidophénase, benzidame, phénylamine.

Formation. 1° Lorsqu'on chauffe le phénicate d'ammoniaque dans des tubes fermés ; 2° dans la décomposition de nitrobenzine $C^{12}AzH^5O^4$ par l'hydrogène sulfuré dans la présence de l'alcool et de l'ammoniaque ; 3° dans la présence de l'oxybenzine $C^{24}Az^2H^{10}O^2$;

4° dans la distillation de l'indigo seul ou avec la potasse; 5° dans la distillation sèche de la houille et du goudron.

Préparation. 1° On chauffe dans un tube fermé de l'acide phénique saturé d'ammoniaque; 2° on traite la nitrobenzine par la dissolution alcoolique de potasse et de sulfhydrate d'ammoniaque; 3° La nitrobenzine chauffée avec du sulfure de carbone dans un tube fermé donne l'aniline; 4° dans la distillation de l'acide nitranilique et de l'acide carbonitique se forme de l'acide carbonique d'aniline; 5° en traitant l'indigo ou l'isaline par la potasse; 6° dans la distillation de la chaux avec le nitrobenzoène; 7° de même en traitant la nitrobenzine par l'arsénite de potasse ou de soude; 8° on traite le goudron par l'acide chlorhydrique et par l'acide sulfurique étendu; 9° l'huile de goudron de houille contient une quantité notable d'aniline qu'on extrait par l'acide chlorhydrique. La nitrobenzine traitée par l'acétate de fer produit de l'aniline; 10° une solution alcoolique de nitrobenzine mêlée avec de l'acide hydrique ou sulfurique produit de l'aniline si l'on y introduit du zinc ou du fer; 11° on introduit dans une cornue 50 grammes de nitrobenzine et autant d'acide acétique étendu de 100 grammes de limailles de fer; après l'apparition d'une effervescence on introduit peu d'éther et l'on distille l'aniline.

Propriétés. L'aniline est un liquide incolore, elle reste en cet état jusqu'à — 20°. Elle produit sur le papier des taches qui disparaissent par la chaleur. Elle bout à 180°; elle est peu soluble dans l'eau et très-soluble dans l'alcool et l'éther; sa densité de vapeur est 3,219 **Barral**; et la densité du liquide est de 1,020. Exposée à l'air, elle se résinifie et verdit le sirop de violette. L'aniline ne produit aucun effet sur la lumière polarisée, elle en produit une grande réfraction.

L'aniline a une saveur brûlante, une odeur instable, tantôt comme le miel frais, tantôt faible et aromatique comme celle du vin; la vapeur respirée ne produit pas de mal.

L'aniline est neutre, elle ne change pas la couleur des plantes.

Éléments.	Forme.	Poids.	Volume.	Densité.
24C	$Az^2H^2,4C^6H^3$ / C^{16},C^8H^6,Az^2H^3	144	0	144δ $\delta = 0,06926$
2Az		28	1	28δ
14H		14	7	14δ
$C^{24}Az^2H^{14}$	$Az^2H^2,4C^6H^3$; C^{16},C^8H^6,Az^2H^6	186	4	$\frac{1}{4} \times 186\delta = 3,21083$

Décompositions. 1° L'aniline allumée brûle dans l'air avec une flamme fumante; 2° exposée à l'air elle se colore en rouge en formant une résine rouge, soluble dans l'eau, avec une couleur jaune, et cela d'autant plus promptement que la température est plus élevée.

3° En introduisant du chlore dans l'aniline il se produit de la chaleur, de l'acide chlorhydrique et une masse de goudron demi-liquide. Si l'on conduit le chlore dans une solution d'aniline, d'acide chlorhydrique, ou dans l'alcool, il se forme une résine qui colore le liquide, d'abord bleu, puis violet et enfin noir. Cette résine mêlée avec peu d'eau et distillée donne de la trichloraniline. Ensuite elle se fond et développe de l'acide chlorhydrique et une huile en laissant un résidu de carbone dans la cornue.

4° L'aniline traitée par le brome produit de la chaleur et une solution brune; si le brome est en excédant il se forme tribromaniline.

5° De même l'iode produit une dissolution brune et des cristaux d'hydroiode-aniline.

6° L'aniline traitée par le chlorure de calcium aqueux forme un acide bleu violet, lequel, mêlé avec les acides devient rouge clair, et avec beaucoup de chlore il se décolore.

7° Dans un solution d'un sel d'aniline dans de l'eau on introduit une égale quantité d'alcool et puis de chlorhydrate et de chlorate de potasse, et il y a apparition de flocons bleus qu'on a recueillis par la filtration; lavés avec l'alcool, ils deviennent verts.

8° L'acide azotique fumant colore l'aniline en bleu; la chaleur faible change le bleu en jaune; par une effervescence l'aniline devient de l'acide carboazotique.

9° La solution de l'aniline dans l'azotate d'argent développe de l'azote et se sépare de l'acide carbonique.

10° L'acide sulfurique à 100° rougit l'aniline et il en produit du sulfate d'ammoniaque.

11° L'aniline en contact avec l'acide chromique s'enflamme et répand une odeur agréable en formant de l'oxyde de chrome.

12° Les sels d'aniline précipitent le peroxyde de manganèse de sa combinaison avec la potasse.

13° En bouillant la solution du sulfate d'aniline avec le peroxyde de plomb il se développe de l'acide carbonique et il se forme un liquide d'odeur d'acide formique; il est d'abord bleu et puis il devient incolore; la potasse en développe beaucoup d'ammoniaque.

14° Le sulfate d'aniline traité par le sulfate de fer produit un liquide brun qui donne des cristaux de sulfate de fer.

15° L'aniline chauffée dans des solutions d'argent donne un dépôt brun foncé, et chauffée dans des solutions d'or elle donne des flocons pourpres.

16° L'aniline traitée par le trichlorure de phosphore produit un corps propre.

17° Traitée par le gaz phosgène, elle devient un corps solide.

18° L'aniline traitée par le carbure de soufre développe de l'hydrogène sulfuré. Le potassium traité par l'aniline la décompose en développant de l'hydrogène; la masse devenue liquide est d'abord violette et après brune sur laquelle nagent des gouttes d'aniline indécomposée, il n'y a pas de cyanure de potassium; celui-ci est produit lorsque la vapeur de l'aniline est conduite sur le potassium fondu.

Mode de la production des faits exposés.

§ 209. La houille est composée de carbone, la petite quantité de cendre ne contient aucune matière azotique, le gaz produit par la combustion contient de l'acide carbonique et peu d'eau sans aucun composé azotique. Le goudron des usines à gaz est produit par la houille qui est du charbon. Les tétraèdres d'hydrogène et d'oxygène contenus dans le charbon étant inéquilibrés par les courants magnétiques s'unissent trois ensemble et deviennent un double équivalent d'ammonium dans lequel pénètrent les tétraèdres de carbone, et c'est ainsi qu'il résulte des composés de double équivalent d'azote avec des tétraèdres d'hydrogène et de carbone. D'abord l'inéquilibre magnétique produit la parédriase suivante :

$$C^6 = O^2H^{12} = Az^2H^8.$$

La parédriase de l'hydrogène et du carbone occasionne la séparation d'une quantité d'azote observée dans les mines à gaz qui produisent du goudron en quantité constante, correspondant à l'inéquilibre magnétique. Le double équivalent d'azote détermine une parédriase d'un nombre de tétraèdres de carbone. Une partie de l'hydrogène forme de l'ammoniaque, et le reste forme de l'hydrocarbone avec un excédant de carbone. Le goudron contient les composés suivants de doubles équivalents d'ammoniaque :

Aniline	$Az^2H^6C^{24}H^8$	Lépidine	$Az^2H^6C^{40}H^{12}$
Quinoline	$Az^2H^6C^{36}H^8$	Xilidine	$Az^2H^6C^{32}H^{16}$
Lutidine	$Az^2H^6C^{28}H^{12}$	Collidine	$Az^2H^6C^{32}H^{16}$
Pyridine	$Az^2H^6C^{20}H^4$	Cryptidine	$Az^2H^6C^{44}H^{16}$

Les hydrocarbones sont des hydrotétraèdres contenant un nombre d'anthracotétraèdres. L'ensemble de ces matières ammoniacales du goudron donne le tétraèdre $4C^{14}H^{32}Az^{4}$. Il est ainsi obtenu en poids 59 parties d'azote dans 419 parties de goudron; ce goudron est formé de la houille qui est composée de carbone; personne ne peut croire que l'azote trouvé dans le goudron, a été précédemment dans l'air ou dans la houille. Le goudron n'est ni une nourriture ni un engrais.

Formation et préparation. 1° L'acide phénique $C^{12}H^{6}O^{2}$ saturé d'ammoniaque, chauffé dans un tube fermé, abandonne deux équivalents d'eau et en reçoit trois en forme d'ammoniaque. **Hoffmann** a reconnu que les éléments des combinés doivent être doubles; ainsi la forme des tétraèdres apparait et on a un fénicate d'ammoniaque anhydre et l'aniline

$$(\alpha) \qquad C^{24}H^{8},4HO + Az^{2}H^{6} = Az^{2}H^{6},C^{24}H^{8}.$$

2° La nitrobenzoïne $Az^{2}H^{6},C^{24}H^{4}O^{8}$ traitée par le sulfhydrate d'ammoniaque ou par la dissolution alcoolique de la potasse. L'aniline en ce cas est un résidu de la séparation d'un tétraèdre d'eau oxygéné $4HO^{2}$ et sa pénétration dans deux tétraèdres d'hydrogènes; ainsi l'on a :

$$(\beta) \qquad Az^{2}H^{6},C^{24}H^{4}O^{8} + C^{8}H^{8},H^{4}O^{4} = AzH^{6},C^{24}H^{8} + C^{8}H^{8}O^{12}.$$

3° La nitrobenzoïne chauffée dans un tube fermé avec du carbure de soufre en fait décomposer le carbone $C^{4} = O^{8},4H^{8}$, et ainsi l'on a :

$$(\gamma) \qquad Az^{2}H^{6},C^{24}H^{4}O^{8} + C^{4}S^{4} = Az^{2}H^{6},C^{24}H^{8} + H^{4}S^{4}O^{16}.$$

Chaque fois qu'il y avait décomposition pareille de carbone il était impossible aux chimistes de trouver une équation.

4° L'acido anthracanilique $Az^{2}H^{6}C^{24}H^{8},C^{4}O^{8}$ n'étant qu'un carbonate d'aniline se dédouble dans la chaleur, et l'on a :

$$(\delta) \qquad Az^{2}H^{6}C^{24}H^{8},C^{4}O^{8} + Az^{2}H^{6},C^{24}H^{8} + 4CO^{2}.$$

5° L'indigo bleu ou indigotine pour contenir l'équivalent double d'azote est $Az^{2}H^{6}C^{24},C^{8}H^{4}O^{2}$: 1° La couleur indigo indique l'existence de deux facteurs dans lesquels entre un atome dans le rapport de 3 : 4; 2° la production de l'aniline de l'indigo prouve l'existence d'un excès d'hydrogène. Ces deux faits font connaitre que le carbone $C^{4} = O^{2}H^{8}$ entre dans l'indigo à l'état décomposé; ainsi l'indigo est composé de deux facteurs contenant chacun les éléments suivants :

(ε) $$C^{22}Az^2H^{10}O^4 = C^{28}Az^2H^{18}O^6 = Az^2H^8O^2C^8,C^{12}H^{10}O^4.$$

Dans les deux facteurs sont contenus les trois rapports chromatiques : l'*indigo* $H^{10} : H^8$, le *bleu* $C^{16} : C^{12}$ et le *rouge* $O^4 : O^2$. En traitant ce corps dans la chaleur, par la potasse, on obtient l'aniline d'après les déplacements des tétraèdres indiqués en (ζ)

(ζ) $$Az^2H^8O^2C^{16},C^{12}H^{10}O^4 = Az^2H^4C^{24}H^8 + C^4H^4O^6.$$

La quantité d'aniline obtenue est très-différente, et cela à cause de la décomposition du carbone en ses éléments; elle est sollicitée par la potasse.

6° On obtient l'aniline par la distillation du nitrobenzine ou de la cilicyamide avec de la chaux ; l'on a :

Nitrobenzine	$2C^{12}H^5(AzO^4) = Az^2H^4C^4H^4C^4O^8C^{16}.$
Salicyamide	$2C^{14}H^7(AzO^4) = Az^2H^6C^8H^6C^4O^8C^{16}.$
Aniline	$2C^{12}H^7Az = Az^2H^6C^8H^8C^{16} = C^4Az^2C^{10}H^{14}C^6.$

La présence de la chaux ne sert qu'à éloigner l'acide carbonique; la chaux est remplacée par l'acétate de fer.

7° Au lieu de la chaux on emploie l'arsénite de potasse.

8° Le goudron des usines à gaz contient un double atome d'ammoniaque composé avec des atomes d'hydrocarbone, chaque hydrotétraèdre contient un nombre inégal d'anthracotétraèdres. Ces composés ammoniacaux, traités par l'acide sulfurique ou chlorhydrique étendu, deviennent des sulfates qui se déposent. On les sèche sur le bain-marie ; ensuite on en sépare l'acide par la chaux qui se précipite; les huit espèces de liquides ammoniacaux, qui diffèrent par les nombres de tétraèdres de carbone et d'hydrogène, ont des points d'ébullition qui y correspondent. L'appareil est composé de huit récipients successifs ; dont le premier A reçoit la *pyridine* $Az^2H^4C^{20}H^4$, qui bout à une température au-dessous de 129° ; le deuxième B reçoit l'*aniline*, qui bout entre 150 et 250° ; le troisième récipient C reçoit la *lutidine ;* enfin le huitième récipient reçoit la *cryptidine* à la température la plus élevée.

9° Le goudron, obtenu de la houille, et son huile ne diffèrent pas du goudron naturel et de sa houille; aussi l'aniline en est obtenu de la même manière.

10° L'acétate de fer convertit la nitrobenzine en aniline, tandis que l'oxalate et le sulfate de fer ne le font pas;

(1) $C^{24}H^{10}(Az^2O^4) + C^8Fe^2H^6O^8 = C^{24}Az^2H^{14} + C^8O^{16} + Fe^4H^2.$

Le manque d'hydrogène dans l'oxalate et le sulfate de fer, fait qu'il ne produit pas d'aniline. Un équivalent double de nitrobenzine, qui pèse 236, est traité par quatre équivalents doubles d'acétate de fer pesant 688, de sorte que le résidu Ce^2H^2 (1) reste contenu dans trois équivalents doubles d'acétate de fer; ce sel se trouve réduit en hydrate de peroxyde de fer. Le liquide condensé est formé d'eau, d'acide acétique et d'acétate d'aniline. En introduisant de l'acide sulfurique, on produit du sulfate d'aniline, dont on éloigne l'acide par la distillation jusqu'à siccité. La potasse caustique introduite met l'aniline en liberté.

Ces détails font connaître que l'acide carbonique (1) reste à l'état d'acide acétique combiné avec l'aniline.

11° La solution alcoolique de nitrobenzine, traitée par l'acide chlorhydrique ou sulfurique, mise en contact avec du zinc ou du fer, se transforme en aniline.

(2) $C^{24}H^{10}(Az^2O^8) + 12M + 4HO = 13MO + C^{24}H^4Az^2.$

Dans un vase contenant de la nitrobenzine et du zinc, on introduit graduellement de l'acide de manière à entretenir un très-faible dégagement d'hydrogène, car il doit passer au carbone à l'état d'un tétraèdre, lorsque le triple oxytétraèdre passe au métal.

Propriétés de l'aniline. L'aniline est un composé chimique du carbone; elle ne gèle pas à —2° et bout à 180°; ce grand intervalle correspond à la grande densité 3,2200 de sa vapeur, et cette densité prouve que les quatre volumes de l'azote Az^2 sont contenus dans les triples hydrotétraèdres monospermes C^{24}, et ces tétraèdres sont logés dans l'hydrogène 8H de volume quadruple, contenant les 178 unités de barogène de $C^{24}Az^2H^4$. L'unité de barogène étant 0,00926, la densité de la vapeur est $\frac{1}{4} \times 180 \times 1800,06926$.

Les éléments ahyles produisent les qualités et les propriétés qui se présentent comme des sentiments et comme des réactions chimiques, dont le grand nombre a son origine dans les différences obtenues par les arrangements des éléments :

$C^{24}Az^2H^{14} = C^4Az^2, C^{14}H^{14}, C^8$, aniline.
$C^{24}H^{10}(Az^2O^8) = C^4Az^2, C^4O^8, C^{10}H^{10}, C^6$, nitrobenzine.
$C^{28}H^{14}(Az^2O^8) = C^4Az^2, C^4O^8, C^{14}H^{14}, C^6$, salicyamide.

Le manque de couleur prouve que dans l'aniline manquent des

facteurs chromatiques; elle ne devient bleue que par une structure indiquée par les facteurs

$$Az^{2}H^{4}C^{10},C^{10}H^{8}.$$

L'azote des matières du goudron ne soutient pas de molécules électriques en densité comparable à celle des matières organiques; les matières azotées du goudron sont comme l'urée et l'acide urique, qui ne servent ni à nourrir ni à engraisser.

Décomposition. 1° L'aniline allumée brûle avec une flamme fumante contenant des produits qui ne correspondent pas à ceux qui résultent de l'oxygène et des éléments de l'aniline $C^{24}Az^{2}H^{14}$.

2° Exposée à l'air elle forme une résine tantôt rouge, tantôt jaune, soluble dans l'eau avec une couleur jaune. Ce changement dépend plus de l'élévation de température que de la présence de l'air. Les couleurs rouge et jaune sont produites par le carbone, lequel ne produit aucune couleur dans le cas où les facteurs sont égaux; c'est par les couleurs que les changements des éléments des facteurs deviennent connus :

(α) $C^{12}H^{7}Az,C^{12}H^{7}Az$ incolore.
(β) $C^{16}H^{7}Az,C^{8}H^{7}Az$ rouge.
(γ) $C^{16}H^{7}Az,C^{9}H^{7}Az$ jaune.

3° Le chlore avec l'hydrogène de l'aniline produit de l'acide chlorhydrique qui s'éloigne; la masse devient un goudron demi-liquide. Si l'aniline est étendue dans l'eau et dans l'alcool, le liquide se colore en bleu, puis en violet, et enfin il devient une résine noire, laquelle distillée avec peu d'eau constitue du trichloranéline $AzCl^{3}C^{12}H^{4}$. Ensuite la résine devenue liquide, donne de l'acide chlorovalérique $C^{10}Cl^{3}H^{7}O^{4}$ et de l'acide chlorhydrique à l'état d'une huile jaune qui, cristallisée, répand une odeur désagréable, composée de $C^{12}AzCl^{3}H^{4}$ *trichloraniline*. La couleur jaune prouve que le corps est composé des facteurs suivants :

(δ) $$2C^{12}AzCl^{3}H^{4} = AzCl^{3}C^{14}H^{5},AzCl^{3}C^{9}H^{3}.$$

Les couleurs bleue et violette correspondent aux facteurs du rapport 4 : 3 et de 5 : 4. Le rapport du bleu se produit lorsque le chlore passe dans l'azote et le composé devient successivement :

(ε) $$AzCl^{3}C^{12}H^{8},AzCl^{3}C^{12}H^{6} = C^{24}Az^{2}H^{14} + 6Cl.$$
(ζ) $$AzCl^{3}C^{12}H^{8},AzCl^{3}C^{12}H^{6} + 5Cl = 5HCl + AzCl^{3}C^{12}H^{8},AzCl^{3}C^{12}H^{4}.$$
(η) $$AzCl^{3}C^{12}H^{5},AzCl^{3}C^{12}H^{4} + Cl = HCl + AzCl^{3}C^{12}H^{8},AzCl^{3}C^{12}H^{3}.$$

4° Le brome se dissout dans l'aniline en la colorant en rouge; avec une quantité suffisante de brome la masse devient solide; elle contient de la tribromaniline et de l'acide bromhydrique; on a :

$$(\theta) \qquad C^{24}Az^{2}H^{14} + 6Br = C^{24}Az^{2}Br^{6}H^{8} + 6HBr.$$

5° L'aniline, traitée par l'iode, dépose des cristaux d'iodure d'aniline. L'eau-mère, traitée par l'iode, produit une résine soluble dans l'alcool et l'éther; elle est un iodhydrate d'aniline.

$$(\iota) \qquad C^{24}Az^{2}H^{14} + 4J = AzJ^{2}C^{12}H^{7}, AzC^{12}H^{7}J^{2}.$$

6° L'aniline traitée par le chlorure de calcium aqueux, obtient une couleur indigo-bleu; elle devient une résine rouge dans les acides, et se décolore dans un excès de chlore.

Les couleurs indigo et bleue sont produites par l'hydrogène de l'aniline $H^{8}:H^{6}$ et sa décoloration est amenée par l'hydrogène de l'acide chlorhydrique $H^{2}Cl^{2}$; ainsi on a les rapports de $H^{3}:H^{4}$; $H^{4}:H^{8}$.

$$(\kappa) \qquad (AzH^{3}C^{6}, C^{6}H^{4},)\ (AzH^{4}ClC^{6}, C^{6}H^{3}Cl).$$

Les acides remplacent un des équivalents de l'acide chlorhydrique, et le composé (x) indigo-bleu reste, contenant quinze atomes d'hydrogène arrangés dans le rapport de 10 : 5. Soit Σ l'acide qui remplace l'acide chlorhydrique; on a de (x):

$$(\lambda) \qquad C^{24}H^{14}Az^{2}Cl^{2}H^{2} - HCl + \Sigma = C^{12}AzClH^{10}, C^{12}Az\Sigma H^{6}.$$

Si l'on introduit dans le composé (x) du chlore en excès, pour devenir six équivalents, il se produit un composé incolore; ainsi l'on a :

$$(\mu) \qquad C^{24}H^{14}Az^{2}Cl^{2}H^{2} + 4HCl = 2C^{12}Az^{2}Cl^{6}H^{20}.$$

7° Les sels d'aniline, dissous dans une égale partie d'alcool, traités par les chlorate et chlorhydrate de potasse, il se précipite des flocons de couleur indigo, qu'on ramasse sur le filtre; ou séchés ils deviennent une masse verte contenant 16 pour 100 de chlore; ce qui donne un équivalent d'acide chlorhydrique pour un équivalent $C^{24}Az^{2}H^{14}$ d'aniline et en même temps le rapport de 3 : 2 du reste :

$$(\nu) \qquad C^{24}Az^{2}H^{14} + HCl = C^{12}AzH^{6}, C^{12}AzH^{7}Cl.$$

Le liquide de la filtration, traité par les sels de potasse, devient jaune, et il pousse des cristaux de chloraniline qui est :

$$C^{24}Cl^2O^2 = C^2Cl^2O^2, C^{22},$$

un composé de phosgène et de carbone.

8° L'aniline, traitée par l'acide azotique, produit un sel rouge acide ; ce sel est plus promptement produit par l'acide concentré ; avant d'arriver au rouge et pour y arriver, la dissolution apparaît d'abord bleue et verte. Traitée par l'acide azotique fumant elle devient immédiatement rouge ; si elle est chauffée elle devient jaune ; sous un développement de chaleur et de gaz, le liquide redevient rouge et pousse des tables cristallines d'acide pikrique $C^{12}Az^3H^3O^{14}$.

Cet acide se produit lorsqu'on traite l'aniline par l'acide azotique en excès, il y a développement de vapeur d'acide hypoazotique ; ainsi on a :

$$(o) \qquad C^{24}Az^2H^{14} + 8AzO^5 = 8HO + Az^2O^4 + C^{24}Az^6H^6O^{28}.$$

Les couleurs passagères bleue et puis verte sont produites par les facteurs d'hydrogène d'abord $H^8 : H^6$ et puis $H^6 : H^4$ pour parvenir au rapport final $H^4 : H^2$ du rouge.

9° En traitant le chlorhydrate d'aniline par l'azotate d'argent ou de potasse, l'acide phénique $C^{12}H^6O^2$ se sépare à l'état de gouttes d'huile sous un développement d'azote ; on a :

$$(\pi) \quad C^{24}Az^2H^{14} + 3M^2Az^2O^{12} = C^{24}H^{12}O^4 + Az^2 + 2HO + M^6 + 6Az^2O.$$

10° L'aniline, traitée par l'acide sulfurique, produit du sulfate d'ammoniaque et un résidu ; on a :

$$(\rho) \qquad C^{24}H^{14}Az^2 + H^2S^2O^8 = Az^2H^8S^2O^8 + C^{24}H^8.$$

11° L'aniline contient un nombre d'atomes d'hydrogène égal à celui d'atomes d'oxygène que contient l'acide chromique Cr^2O^7. En venant en contact avec les oxytétraèdres O^4 de l'acide Cr^2O^3,O^4 pénètrent dans les hydrotétraèdres de l'aniline ; cette pénétration est ce qu'on doit entendre par le mot *combustion*. Celle-ci s'opère avec une odeur agréable, une flamme claire et sans fumer.

L'aniline liquide et l'acide chromique, de concentration croissante, mêlés, donnent successivement des précipités de couleur bleue, verte et noire ; d'abord on y trouve 62,66 pour 100 de C et 2,12 de Cr^2O^3, et à la fin 33,93 de C et 31 de Cr^2O^3. De ces quantités et des couleurs dites on peut obtenir des équations dans lesquelles l'hydrogène entre d'abord dans les rapports de 4 : 3 et de 3 : 2 et enfin le noir doit être produit par le rapport de 2 : 1 de tous les éléments qui entrent dans les deux facteurs.

12. L'aniline et ses sels séparent le peroxyde de manganèse de sa combinaison avec la potasse; celle-ci se combine avec l'aniline.

13° En bouillant, la dissolution du sulfate d'aniline avec du peroxyde de plomb donne de l'acide carbonique et un liquide brun, d'odeur d'acide formique, dont la potasse développe beaucoup d'ammoniaque.

$$(6) \quad C^{24}H^{14}Az^2,H^2S^2O^8 + 12PbO^2 = C^2O^4 + 2C^4AzH^4O^4 + 12PO + C^{12}H^8,H^2S^2O^8.$$

14° Le sulfate d'aniline, traité par le sulfate de fer, donneun mélange rouge dont il pousse des cristaux de sulfate de fer. Le sulfate (6) obtient du sulfate de fer deux équivalents d'eau, et ainsi des dix-huit atomes d'hydrogène résulte le rapport de rouge $H^{12}:H^6$.

15° L'aniline chaude, traitée par une dissolution d'argent, donne un précipité de flocons bruns; par une dissolution d'or, les flocons sont pourpres ou indigo-bleu, couleurs qui sont produites de douze atomes d'hydrogène par le remplacement, dans l'aniline, de deux atomes d'hydrogène par deux équivalents de métal. De douze atomes d'hydrogène : 1° le rapport simple $H^8:H^4$ donne le rouge, et 2° le rapport double $H^6:H^4:H^2$ donne le pourpre composé d'indigo $H^2:H^4$, de bleu $H^4:H^6$, ou de ce bleu et du rouge $(H^8+H^2):H^4$.

16° Le gaz phosgène COCl, introduit dans l'aniline, produit de la chaleur et une masse cristalline contenant du carbanilide et du chlorhydrate d'aniline; l'on a :

$$(\varphi) \quad 2C^{24}H^{14}Az^2 + 2CClO = C^{24}H^{14}Az^2,C^2O^2 + C^{24}H^{24}Az^2Cl^2.$$

17° Le mélange de l'aniline et du carbure de soufre s'échauffe, ensuite, après production d'hydrogène sulfuré, il se solidifie à l'état de lamelle de sulfocarbonilide; l'on a :

$$(\chi) \quad C^{24}H^{14}Az^2 + C^2S^4 = C^{24}H^{12},C^2Az^2S^2 + H^2S^2.$$

18° Le potassium, traité par l'aniline, développe de l'hydrogène e devient une masse demi-liquide sur laquelle nagent des gouttes d'aniline. Cette masse, d'abord violette, devient rougo sans contonir du cyanogène; l'on a :

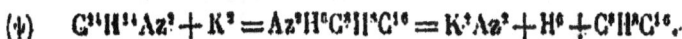

$$(\psi) \quad C^{24}H^{14}Az^2 + K^2 = Az^2H^6C^8H^8C^{16} = K^2Az^2 + H^6 + C^8H^8C^{16}.$$

Le rouge est le produit du rapport de $C^{16}:C^8$; le pourpre de courte durée est le produit du mélange de ce rouge avec le bleu provenant du rapport de $H^4:H^6$, lequel disparaît par l'éloignement du factour

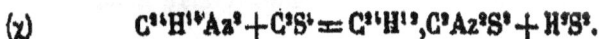

H^4. Si le potassium est fondu dans la vapeur de l'aniline il y a séparation de carbone et production de cyanogène, on a :

$$(\omega) \quad C^{24}H^{14}Az^2 + K^2 = K^2\,C^4\,Az^2 + C^8 + 14\,CH.$$

Dans le cas (ψ) il y a formation d'azoture de potassium K^3Az^4 correspondant au peroxyde K^3O^6; dans le cas (ω) il se produit du cyanure de potassium correspondant à la potasse KO.

19° L'aniline, traitée par l'iodure de méthyle, s'échauffe et donne des cristaux d'iodhydrate d'aniline; on a :

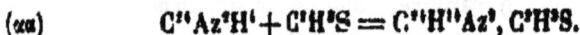

$$(\alpha\alpha) \quad C^{24}Az^2H^4 + C^2H^3S = C^{24}H^{14}Az^2, C^2H^3S.$$

Le bromure de méthyle produit un composé analogue.

20° La vapeur de cyanogène pénètre dans l'aniline pur en produisant de la chaleur; le liquide devient très-rouge. D'abord il y a une odeur d'acide cyanhydrique, et puis apparaît celle du cyanogène; on a :

$$(\beta\beta) \quad C^{24}H^{14}Az^2 + 2C^4Az^2 = C^4Az^2H^2 + C^{24}H^8, C^4Az^4H^4.$$

21° L'aniline anhydre, traitée par l'acide cyanurique, s'échauffe et devient une masse solide contenant des cristaux de cyanate d'aniline $C^{24}H^{14}$, $C^4Az^4H^2O^4$ avec de carbanilide $C^{24}H^{12}C^2Az^2O^2$ en quantité d'autant plus grande que l'élévation de température est plus grande; on a :

$$(\gamma\gamma) \quad C^{24}H^{14}Az^2 + C^2A2HO^2 = C^{24}H^{10}, C^2Az^2, 2HO + C^2Az^2.$$

$$(\delta\delta) \quad C^{24}H^{14}Az^2 + C^4Az^2H^2O^4 = C^4H^{12}, C^4Az^4H^4O^4.$$

22° La vapeur anhydre de cyanure d'aniline pénètre avec échauffement dans l'aniline, qui devient une masse cristalline; après la saturation parfaite, on obtient du chlorhydrate d'aniline.

$$(\epsilon\epsilon) \quad C^{24}H^{14}Az^2 + C^2AzC\lambda = C^{24}H^{14}Az^2, C^2AzC\lambda.$$

Des composés analogues sont obtenus par le bromure et l'iodure de cyanogène. En considérant l'équivalent d'azote comme trois atomes d'oxygène, et l'équivalent de chlore, de brome ou d'iode comme un équivalent d'oxygène, l'acide carbonique C^2O^4 correspond à $C^2AzC\lambda$, C^2AzB, C^2AzJ.

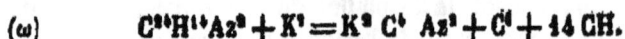

23° L'éther bromhydrique pénètre dans l'aniline chaude en vase clos; la masse devient rouge, et, refroidie, elle devient cristalline. S'il y a excès d'aniline, ces cristaux sont du bromhydrate d'aniline, et l'eau mère contient du méthyle d'aniline et de l'aniline; ainsi, on a :

(ςς) $2C^{24}H^{14}Az^{2} + 2C^{4}H^{5}Bv = C^{24}H^{14}Az^{2}, H^{2}Bv^{2} + C^{32}H^{22}Az^{2}$.

Dans le cas où l'éther est en excès, les cristaux sont composés de bromhydate de méthyle et d'aniline :

(ηη) $C^{24}H^{14}Az^{2} + C^{8}H^{10}Bv^{2} = C^{24}H^{24}, C^{8}Az^{2}Bv^{2}$.

24° L'aniline, traitée par le cyanate d'éther $C^{4}H^{5}O, C^{4}Az^{2}H^{2}O^{6}$ s'échauffe, et, refroidie, elle devient une masse cristalline de phényléthyle d'urée :

$$C^{24}H^{14}Az^{2} + C^{8}H^{10}O^{2}, C^{8}Az^{4}H^{4}O^{10} = C^{24}H^{24}, C^{12}Az^{4}O^{6} + Az^{2}H^{6}O^{6}.$$

Combinaisons. L'aniline est un sel neutre d'ammoniaque qui se combine en parédriase avec les acides et avec les métaux; le phosphore et son acide s'en distinguent à cause de ses éléments $Ph^{2} = Az^{2}H^{6}Az^{2}$; le phosphore pénètre dans l'aniline à l'état de mélange, tandis que l'acide phosphorique $Ph^{2}O^{10} = Az^{2}H^{6}Az^{2}O^{10}$ pénètre dans l'aniline en parédriase et produit le sel de forme

$$C^{48}H^{16}Az^{4}H^{12}, Ph^{2}O^{10}, 6HO = C^{48}H^{16}Az^{4}H^{12}, Az^{2}H^{6}Az^{2}O^{10}, 6HO = 4 (C^{12}H^{4}Az^{2}H^{6}O^{4}) = 4 (C^{4}Az^{2}, C^{6}H^{10}, C^{4}O^{2}).$$

Les détails sont exposés dans l'article du phosphore.

E. Mélamine $C^{12}Az^{12}H^{12}$; Mélan $C^{12}Az^{11}H^{9}$.

§ 210. **Préparation.** On chauffe 8 parties de sulfocyanure de potassium et 16 parties de sel d'ammoniaque, et l'on obtient le mélam $C^{12}Az^{11}H^{9}$. Celui-ci, mêlé avec une partie de potasse dissoute dans 30 parties d'eau, est bouilli jusqu'à sa dissolution. Le liquide filtré est concentré par évaporation, et laissé de côté, il pousse des cristaux en lamelles brillantes.

Propriétés. La mélamine se présente en cristaux d'octaèdres rhomboïdes incolores, brillants, peu transparents; ils se soutiennent dans l'air; chauffés, ils fondent avec crépitation; le liquide est clair et cristallisé de nouveau dans le froid; il est neutre; c'est un carbonate d'ammoniaque, car $Az^4 = O^{12}$ donne le composé suivant :

Éléments.	Formes.
12C	
12Az	$\left\{ \begin{array}{l} 4\,(AzH^3,\ C^3Az^3). \\ Az^4H^{12},\ C^{12}Az^8. \end{array} \right.$
12H	
$C^{12}Az^{12}H^{12}$	$Az^4H^{12},\ C^{12}Az^8.$

Décompositions. 1° Les cristaux calcinés se décomposent en ammoniaque qui s'éloigne, et en mellon qui reste. La mélamine, traitée par les acides, ne donne pas d'ammoniaque. 2° La mélamine, bouillie dans l'acide azotique ou sulfurique, d'abord concentré et puis étendu pendant l'éloignement continuel d'ammoniaque, donne des résidus qui sont successivement ammelins $C^{12}Az^{10}H^{10}O^4$, puis ammelide $C^{12}Az^9H^9O^6$, et enfin acide cyanurique $C^{12}Az^6H^6O^{12}$; 3° la mélamine fondue dans la potasse hydratée produit du cyanate de potasse, et, si elle est en excès, il se forme aussi du cyanure de potassium ; 4° si elle est fondue dans le potassium, l'ammoniaque s'éloigne, et il reste de mellonure de potassium.

MODE DE LA PRODUCTION DES FAITS EXPOSÉS.

§ 211. **Préparation.** De sulfocyanure de potassium et de sel d'ammoniaque, chacun à six équivalents chauffés, il se forme le mélam $C^{12}Az^{11}H^9$ qui est $Az^3H^9,C^{12}Az^8$ un carbonate, où l'acide est en excès ; la potasse sépare cet excès, et le résidu est un corps neutre, un sel ammoniaque :

$$(\alpha) \qquad 4C^{12}Az^{11}H^9 - C^{12}Az^8 = 3C^{12}Az^{12}H^{12}.$$

Propriétés. La mélamine est un carbonate d'ammoniaque où l'oxygène 30 est remplacé par un équivalent d'azote, comme cela se voit, même en sa formation du mélam dans l'équation suivante, où le facteur $C^{12}Az^8 = 12CO^2$ passe dans la potasse 6KO formant le bicarbonate de potasse :

$$(\beta) \qquad 4Az^3H^9C^{12}Az^8 + 6KO = 4Az^3H^9C^3Az^6 + C^{12}Az^6K^6O^6.$$

Décompositions. 1° La mélamine calcinée se décompose en

mellon et en ammoniaque, sans qu'il en résulte qu'elle soit pour cela produite de la combinaison de ces deux corps :

(β) $C^{12}Az^{12}H^{12} = Az^{6}H^{12}, C^{12}Az^{6} = Az^{6}H^{12} + C^{12}Az^{6}$.

2° Bouillie dans l'acide azotique, la mélamine $C^{12}Az^{12}H^{12} = 4AzH^{3}C^{4}Az^{2} = 4AzH^{3}C^{3}O^{6}$, perd successivement de l'ammoniaque, et les résidus sont :

1° Mélam $= C^{12}Az^{12}H^{12}AzH^{3} = C^{12}Az^{11}H^{9} = Az^{3}H^{9}C^{12}Az^{8}$

2° Ammméline $= C^{12}Az^{10}H^{10}O^{4} = Az^{2}H^{6}C^{6}O^{4}, C^{6}Az^{4}, C^{4}Az^{4}H^{4}$

3° Ammélide $= C^{12}Az^{9}H^{9}O^{6} = Az^{3}H^{9}C^{6}O^{6}C^{6}Az^{6}$

4° Acide cyanurique $= C^{12}Az^{6}H^{6}O^{12} = Az^{2}H^{6}C^{6}O^{12}, C^{6}Az^{4}$.

1° Les éléments du mélam $C^{12}Az^{11}H^{9}$, sont le résidu de la séparation d'un équivalent d'ammoniaque du tricarbonate, qui est la mélamine ;

2° Deux équivalents d'azote et d'hydrogène séparés, qui sont deux équivalents de soubamide, sont remplacés par 4 atomes d'oxygène, $2AzH = O^{4}$;

3° Dans l'amide, les 6 atomes d'oxygène remplacent 3 équivalents de soubamide $3AzH = 6O$;

4° Le même remplacement s'opère dans la production de l'acide cyanurique : $6AzH = 12O$.

IV. COMPOSÉS CHIMIQUES QUATERNAIRES DE CARBONE, D'AZOTE, D'HYDROGÈNE ET D'OXYGÈNE.

§ 212. Les composés quaternaires et ternaires du carbone étaient d'abord considérés comme corps organiques ; depuis la découverte de la production de composés pareils par la voie chimique, il devint connu que cette définition de la composition des corps organiques n'exclut pas celle des corps inorganiques.

Les composés quaternaires se réduisent en composés ternaires par le remplacement de l'équivalent d'azote par trois atomes d'oxygène dans ses composés avec le carbone et avec l'hydrogène. Ainsi le très-grand nombre des composés quaternaires obtient des formes ternaires homologues, sans cependant que les qualités, restent conservées car la correspondance entre l'azote et l'oxygène n'est en rapport qu'avec la structure des corps solides et leurs éléments hyliques. Les éléments électriques de l'équivalent double d'azote sont $Az^2\dot{E}$ et ceux de six atomes d'oxygène sont $6\dot{O}\dot{E}$.

L'équivalent d'*ammoniaque* AzH^3 est homogène à trois équivalents d'eau 3HO;

L'équivalent d'*amide* $AzH^2 = AzH^3 - H$ est homologue à un atome d'oxygène $O\dot{E}$;

L'équivalent d'*imide* $AzH = AzH^3 - H^2$ est homologue à deux atomes d'oxygène;

L'équivalent d'azote Az produit les *nitrites*, où il remplace trois atomes d'oxygène;

Le manque de composés de carbone, d'azote et d'oxygène, résulte de la structure tétraédrique et du remplacement des atomes O,2O,3O, d'oxygène par l'amide, l'imide et l'azote.

Les composés chimiques azotés, obtiennent l'azote par la transformation du carbone en ammoniaque; ils sont des corps neutres très-nombreux. Je les rapporte ici à titre d'exemple : 1° les détails des corps neutres de l'urée, et de son acide qui est aussi un corps neutre; et 2° les détails de deux espèces d'acide : le mellonhydracide et des hydatéides de cyanogène.

A. Urée C^2AzH^4O ou $C^2Ad^2O^2$. (Harstoff all.)

L'urée a été découverte en 1773 par Rouelle.

État naturel. Il y en a; dans l'urine de l'homme de 2 à 4 pour 100; dans l'urine de tous les animaux quadrupèdes, surtout des carnassiers; et il y en a aussi dans l'urine des oiseaux et des amphibies; dans le sang, lorsque l'éloignement de l'urine est intercepté.

Formation. 1° En traitant le cyanate d'ammoniaque $Az^2H^4O^2C^4Az^2O^2$ par des acides, il se développe de l'acide, et en traitant le liquide par la potasse, on en sépare l'ammoniaque, tandis qu'abandonné ou chauffé, le sel produit des composés différents. 2° L'acide urique $C^{10}Az^4H^4O^6$, bouilli dans l'eau, se décompose en urée et acide oxalique; 3° l'acide urique calciné seul ou avec des peroxydes, développe l'urée avec les autres produits; 4° cet acide, conduit dans un tube rouge avec les autres composés, produit aussi de l'urée.

Préparation. 1° L'urine de l'homme, vaporisée jusqu'à une consistance de sirop, étant abandonnée cristallise; ses cristaux, lavés et dissous dans l'alcool chaud, donnent une liqueur, qui concentrée, pousse dans le froid des cristaux d'urée.

2° L'urine concentrée, traitée par l'acide azotique, fait apparaître un azotate d'urée insoluble dans le froid de la glace. On sépare le précipité par filtration, ensuite on dissout le sel dans l'eau chaude. Le carbonate de potasse fait former de l'azotate de potasse, et l'urée cristallise dans la liqueur concentrée. L'urine peut aussi être traitée par l'acide azotique étendu dans l'alcool.

3° Au lieu de l'acide azotique, on peut employer l'acide oxalique. L'oxalate d'urée, dissous dans l'eau bouillante est traité par le carbonate de chaux, l'acide oxalique passe à la chaux séparée de l'acide carbonique, et l'urée reste libre.

4° L'urée est également préparée avec du cyanure de potassium traité par le sulfate d'ammoniaque en parties égales. On éloigne le sulfate de potasse; le reste concentré contient de l'urée qui cristallise. Les cristaux, dissous dans l'alcool, donnent une liqueur, qui, concentrée pousse des cristaux d'urée.

Propriétés. Les cristaux sont de forme de prismes, d'aiguilles ou de lances, de densité *1,33, qui fondent à 120°; ils sont inodores*, d'une saveur rafraîchissante et d'une action diurétique; neutres, sans aucune réaction sur la couleur des plantes. L'azote 4Az, restitué par l'oxyde de carbone, donne $4CH^2AzO = 4CH^2CO^2$.

Eléments.	Formes.	Poids.
4C		24
4Az	$4CH^2AzO$	56
8H	$C^4H^4, C^4Az^4O^4$	8
4O		32
$C^4Az^4H^8O^4$	$4CH^2AzO, C^4H^4C^4Az^4H^4O^4$	120

Décomposition. 1° L'urée, calcinée dans des vases clos à une température au-dessus de 120°, se décompose en ammoniaque et acide cyanurique; les acides se décomposent aussi aux températures supérieures en devenant de l'acide cyanique. Cet acide, recombiné avec l'ammoniaque, reproduit l'urée. L'urée très-pure, calcinée, donne parfois beaucoup d'eau avec de l'ammoniaque et du carbonate d'ammoniaque; le résidu, en ce cas, est le composé $C^6Az^4H^4O^4$ **Liebig et Woehler**; 2° l'urée brûle dans l'air sans résidu; 3° le chlore décompose l'urée dissoute dans l'eau, en développant de l'ammoniaque et de l'acide carbonique. Le résidu distillé développe d'abord de l'acide chlorhydrique aqueux, ensuite un sublimé composé de carbonate et de chlorhydrate d'ammoniaque avec de l'acide benzoïque; 4° Les différents acides d'azote qui sont colorés, décomposent l'urée en développant de l'azote et de l'acide carbonique; 5° l'acide azotique incolore n'agit pas sur l'urée; 6° l'urée, bouillie dans l'acide sulfurique, se décompose en acide carbonique et en sulfate d'ammoniaque; 7° chauffée avec la potasse hydratée, l'urée se décompose en ammoniaque et en carbonate de potasse. Si l'urée est dissoute dans l'eau pure, elle ne se décompose pas; si elle est dissoute dans l'eau qui contient de la gomme, de la colle, de l'albumine, etc., elle se décompose ainsi que dans la potasse hydratée. 8° L'urine en putréfaction agit de la même manière; mais, si l'on y introduit du sucre, l'action est retardée pour quelques mois; 9° l'urée distillée avec une dissolution d'azotate d'argent se décompose en azotate d'ammoniaque et en cyanurate d'argent. En distillant l'urée avec l'acétate de plomb, l'ammoniaque se développe, et il se précipite du carbonate de plomb.

Combinaisons de l'urée. — I. *Avec l'eau.* L'urée dissoute dans l'eau produit, comme les autres sels, un abaissement de température sans éprouver aucune décomposition.

II. *Avec les acides.* L'urée, comme base, se combine avec les acides forts, les composés sont aigres; l'urée s'en sépare s'ils sont traités par l'alcool, l'acide y pénètre et l'urée reste libre.

1° L'urée absorbe le gaz de l'acide chlorhydrique et devient une liqueur comme l'huile, laquelle, en développant de la chaleur, se solidifie. Ensuite, restant exposée à l'air, la masse se fond en devenant un liquide aigre, qui répand de l'acide hydrochlorique jusqu'à son éloignement total et la réduction de l'urée. Le même effet est obtenu, si l'on dissout la masse dans l'eau.

MODE DE PRODUCTION DES FAITS MENTIONNÉS.

État naturel. Les artères des animaux conduisent l'urée dans les veines, et au lieu de passer aux capilaires des veines reinales, elle passe, avec une quantité d'eau, dans les uretères pour arriver dans la vessie. L'urée contient les résidus des aliments dont les molécules expansives se sont en grande partie éloignées. Les aliments, réduits en de tels résidus, ne diffèrent pas des minerais. **Liebig** trouve que les substances azotées sont nécessaires pour l'alimentation de l'homme, cependant les chimistes ont prouvé qu'il est impossible d'employer l'urée comme nourriture; comme engrais, elle est beaucoup inférieure au guano et à la chaux; elle doit passer préalablement en putréfaction avec la paille pour arriver à ce résultat.

J'expose plus bas comment la dissolution des corps organiques fait tourner le plan de polarisation de la lumière; un tel effet manque dans les dissolutions de l'urée, de même qu'il manque dans les dissolutions de tous les corps organiques.

Formation. 1° L'ammoniaque Az^2H^6 pénètre dans l'acide cyanique $C^4Az^2H^2O^4$, et le produit est de l'urée.

$$(\alpha) \qquad C^4Az^2H^2O^4 + Az^2H^6 = C^4Az^4H^8O^4.$$

2° L'acide oxalique $C^8Az^2H^4O^8$, bouillant dans l'eau, se décompose en urée et en acide oxalique.

$$(\beta) \qquad C^8Az^2H^4O^8 + 2HO = C^2Az^2H^4O^2 + C^6H^2O^8.$$

3° L'acide urique $C^{10}Az^4H^4O^6$, calciné ou traité par le peroxyde de plomb, produit de l'urée et d'autres composés.

4° La vapeur de l'oxamide, conduite dans un tube rouge, développe aussi avec les autres produits de l'urée

$$(\gamma) \qquad C^4Az^2H^4O^4 = C^2Az^2H^4O^2 + C^2O^2.$$

Préparation. L'urine contient, avec l'urée, quelques autres résidus qui restent après l'éloignement de l'eau par l'évaporation. On dissout la masse concentrée dans l'alcool; après filtration et concentration, on laisse la liqueur pousser des cristaux d'urée. Le nombre des moyens employés dans la préparation de l'urée est grand; elle est obtenue par des combinaisons (α) ou comme un résidu (γ).

Propriétés. Le mode de formation d'un grand nombre de cristaux de la même substance est exposé dans la section suivante. L'urée est un cyanate d'ammoniaque, c'est un sel neutre, inodore comme le sont en général les corps inorganiques; sa saveur est rafraîchissante à cause de sa dissolution sur la langue; elle est piquante à cause de l'inéquilibre électrique. Introduite dans l'estomac, elle ne trouve pas de résistance de la part des reins; dès qu'elle passe de l'estomac dans la circulation, elle prend la direction vers les veines; l'urée est formée de la cellulose.

Comme l'urée, l'acide oxalinique, l'acide urique et l'oxamile sont des corps azotés chimiques inorganiques.

La forme de l'acide cyanique étant $C^4Az^2H^2O^4$, celle de l'urée est $Az^2H^6C^4Az^2H^2O^4$, ses tétraèdres lipospermes ont la forme 0,4CAzH²O, en remplaçant l'azote Az^2 par l'oxyde de carbone $C^2O^2 = O^2,4H$, l'urée obtient la forme $C^2H^4O^2$ qui est celle des aliments.

Décomposition. 1° L'urée est produite d'ammoniaque traité par l'acide cyanique; dans sa décomposition, on trouve l'ammoniaque composé avec l'acide cyanurique $C^{12}Az^6H^6O^{12}$; cet acide, à une température élevée, devient de l'acide cyanique; de même que les trois tétraèdres du cyanogène s'unissent pour devenir des tétraèdres de paracyanogène. Par la calcination de l'urée pure avec de l'ammoniaque, il se développe de l'acide carbonique, et l'on obtient les corps (δ)

$$(\delta) \qquad C^{12}Az^{12}H^{24}O^{12} = C^4Az^4H^4O^4 + 6AzH^3 + C^2O^4 + C^4Az^2O^4.$$

2° Le corps $C^4Az^4H^4O^4$ n'est qu'un résidu de l'acide cyanurique dont il a été séparé, de l'ammoniaque et de l'acide carbonique avec de l'acide cyanique.

3° Traitée par le chlore, la solution de l'urée développe de l'acide carbonique et de l'azote par la décomposition d'une partie de l'acide cyanique. Le résidu est un mélange d'urée et de sel ammoniaque; s'il est calciné, le sel et le carbonate d'ammoniaque se développent avec de l'acide benzoïque $C^{14}H^6O^4$.

4° L'acide azotique anhydre $Az^2O^2,4O^2$, ou hydraté $Az^2O^2,4H^2O^2$, est incolore, parce qu'il n'est pas composé par deux facteurs contenant de l'oxygène inéquilibré en un des sept rapports chromatiques; c'est en cet état d'inéquilibre que l'acide pénètre dans l'urée comme dans un oxyde.

5° *Dans les cas où la couleur indique l'existence des deux facteurs inégaux et pour cela inéquilibrés dans l'acide, chacun de ces facteurs, au lieu de pénétrer dans l'urée*, laisse son oxygène pénétrer dans le carbone pour y remplacer par trois atomes d'oxygène un équivalent d'azote. On a :

$$(\epsilon) \qquad C^4Az^4H^8O^4 + Az^4O^{12} = 4HO + C^4O^8 + Az^8.$$

Les facteurs colorants produits ont de même ces inéquilibres lorsqu'ils sont dans *l'urée*; la différence entre les deux inéquilibres fait différer les produits. En ce dernier cas il se développe de l'azote, du bioxyde d'azote, de l'acide carbonique, de l'acide hydrocyanique. Cette dissolution du résidu, chauffée lentement, produit une huile et finit parfois par une explosion. Tant que la cause chimique des couleurs était inconnue, les faits de cet ordre étaient problématiques; le mode de la production des explosions est exposé plus bas.

6° En faisant bouillir l'urée dans de l'acide c'est de l'acide cyanique, qui, avec de l'eau, devient de l'ammoniaque et de l'acide carbonique :

(η) $$C^4Az^4H^8O^4 + 4HO = C^4O^8 + 4AzH^3.$$

Dans l'acide cyanique $C^4Az^2H^2O^4$, en remplaçant l'azote Az^2 par l'oxygène 6O, on obtient de l'acide carbonique. En traitant l'urée par de l'acide sulfurique anhydre, elle ne se décompose pas en ammoniaque, parce qu'il y a manque d'eau pour que son oxygène serve à remplacer l'azote combiné avec le carbone. Ainsi on a :

(θ) $$C^4Az^4H^8O^4 + S^2O^6 = S^2O^6,4CAzH^2O^2 = C^4H^8Az^4O^4,S^2O^6.$$

En traitant ce composé par l'eau, il y a développement de grande chaleur. La dissolution, après quelque temps, pousse des cristaux de sulfate d'ammoniaque. **Liebig** n'a pas trouvé de carbonate ni de développement d'acide carbonique comme dans le cas précédent.

La disparition du carbone de l'urée dans le corps $C^4H^8Az^4O^4S^2O^6$ (θ) prouve que le gaz des marais C^2H^4 devient un double équivalent de soufre, et l'urée obtient la forme $C^4H^8Az^4O^4 = S^2Az^4O^4$. Ainsi le corps (θ), traité par l'eau, devient :

(κ) $$C^4H^8Az^4O^4,S^2O^6 + 6HO = Az^2K^6S^2O^6Az^2S^2O^{10}\ (1).$$

7° Traitée par la potasse hydratée, l'urée solide se décompose en ammoniaque et carbonate de potasse :

(λ) $$C^4Az^4H^8O^4 + K^4H^4O^8 = 4AzH^3 + 4KOCO^2.$$

8° L'urée étendue dans l'eau traitée par la potasse ne se décom-

---

(1) Les résultats des expériences chimiques sont des faits incontestables : ils paraissaient inexplicables alors seulement que les chimistes modernes, après avoir perfectionné les expériences, n'avaient pas encore rectifié l'hypothèse admise quand les expériences étaient incomplètes. La composition de cet ouvrage aurait été impossible au commencement de notre siècle ; de même les hypothèses admises pendant le commencement des recherches chimiques de notre époque, alors que les éminents vieux chimistes actuels étaient jeunes, ces hypothèses, dis-je, ne sont plus soutenables. Il y a une lutte entre eux et la jeunesse, qui à l'aide du perfectionnement des expériences, est parvenue à se convaincre de l'absurdité des hypothèses. Les vieux chimistes hésitent, non par ignorance de ces absurdités, mais à cause du manque de moyens de remplacer les explications en usage. Il y a eu plusieurs ouvrages où les hypothèses actuelles étaient remplacées par d'autres. L'ouvrage actuel est traité comme tel et pour cela il trouve, jusqu'à présent, peu de lecteurs. Ceux qui me suivent seront à même de simplifier les opérations chimiques et de faire des progrès rapides.

pose pas, elle se conserve plusieurs mois sans éprouver aucun changement, fait qui ne se rencontre dans aucun corps organique, et qui sert ici à prouver que l'urée est un corps inorganique. Par suite, l'existence de l'azote n'est pas l'indice des corps organiques; car, en introduisant dans la dissolution de l'urée de l'albumine, de la gomme, de la colle, du mucilage, on y produit une putréfaction qui ne diffère pas de celle de l'urine. Au contraire, le sucre qui *manque* dans l'urine de l'homme, y étant introduit, empêche pour des mois entiers sa putréfaction : la glycose ne cristallise qu'après que la densité de son électricité a diminué.

9° En traitant l'urée par une dissolution d'azotate d'argent, on obtient de l'azotate d'ammoniaque et du cyanate d'argent.

$$(\mu)\quad C^4Az^4H^8O^4 + Ag^2O^2Az^2O^{10} = Az^2H^8 2HO, Az^2O^{10} + C^4Az^2Ag^2O^4.$$

Si l'on traite l'urée par l'acétate de plomb, il se développe de l'ammoniaque, et il se précipite du carbonate de plomb. Ces différences ont leur cause dans les métaux ; le plomb oxydable est $M\bar{E}^3$, l'argent inoxydable est $M\bar{E}$.

I. Les *combinaisons* chimiques sont des arrangements de couples de tétraèdres $\Delta\Delta'$, les *mélanges* chimiques sont également des arrangements de tétraèdres Δ et Δ'; mais, en ce cas, l'équilibre n'est pas établi par un accouplement, mais par les poussées répulsives $r\ r'$.

II. L'urée, qui est un carbonate d'ammoniaque, se combine avec les acides forts; ces composés, traités par des carbonates de potasse, se décomposent, et l'urée devient libre.

1° Si l'on sature l'urée par l'acide chlorhydrique, on obtient à 100° une huile, laquelle, dans le froid, développe de la chaleur, et gèle à l'état de masse dure blanche. Ensuite, restant exposée à l'air, elle fond, et devient une liqueur aigre dont il se répand des vapeurs d'acide chlorhydrique, et l'urée reste libre. Ces changements s'opèrent dans les tétraèdres inéquilibrés d'après la série suivante :

$$(\nu)\qquad C^4Az^4H^8O^4 + H^4Cl^4 = Az^4H^{12}, C^4Cl^4O^4.$$

Ce sel correspond au carbonate d'ammoniaque, mais à l'état instable, parce que l'acide carbonique C^4O^8 y est remplacé par le gaz phosgène $C^4Cl^4O^4$.

2° L'urée, traitée par l'acide azotique, se précipite à l'état d'un azotate, et forme des lames cristallines. En traitant un volume d'urée par un volume d'acide azotique de densité 1,322, après avoir dissous l'urée dans des quantités croissantes d'eau, l'apparition des cristaux se présente dans l'ordre suivant :

10,6 d'eau, apparition immédiate des lames.

15 parties d'eau, apparition lente des lames.

20,4 d'eau, apparition des lames après 40 minutes.

24 d'eau, lames après quelques heures.

25,4 d'eau, beaucoup de lames en quelques heures.

29,4 d'eau à 13°, après 24 heures, peu de lames.

29 d'eau à 9°, après une heure, beaucoup de lames.

35,6 d'eau, à 0° en trois jours, manque de lames dans un vase cylindrique, et leur apparition dans un verre de montre.

100 parties d'eau donnent le même résultat.

Ces détails sur l'apparition des cristaux, servent dans la section suivante à prouver le mode de la production des cristaux. Les cristaux de l'urée, à 140°, développent deux volumes d'acide carbonique et un volume d'azote, et il reste un mélange d'urée et d'azotate d'ammoniaque ; ainsi on a :

$$(\xi) \quad 4(C^2Az^2H^4O^2,HO,AzO^5) = 4CO^2 + 2AzO + 2C^2Az^2H^4O^2 + 3(AzH^3,HO,AzO^5).$$

En chauffant davantage, tout le reste se décompose, et on a :

$$(\omega) \quad C^4Az^4H^8O^4 + 3(AzH^3,HO,AzO^5) = 6AzO + 8HO + 4AzH^3 + 4CO^2.$$

III. *L'urée avec des chlorures et avec des sels d'oxygène*. Un nombre égal de tétraèdres d'urée et de sel gemme, s'arrangent en parédriase de la manière suivante :

$$(\pi) \quad 4HO + C^4Az^4H^8O^4 + Na^2Cl^2 = Na^2O^2C^2O^2Cl^2,Az^4H^{12}C^2O^4.$$

De même un nombre égal d'équivalents d'urée, traité par un nombre égal d'équivalents d'azotate de soude, produisent des cristaux composés de la manière suivante :

$$(\rho) \quad C^4Az^4H^8O^4 + Na^2O^2,Az^2O^{10} + 4HO = Az^4H^{12},N^2O^2,C^4O^8Az^2O^{10}.$$

Ces cristaux, chauffés lentement jusqu'à 142°, perdent leur eau; mais, chauffés rapidement, ils produisent une explosion très-forte. Si le composé (ρ) fondu est traité par l'eau après l'ébullition, il pousse, pendant une évaporation lente, des cristaux d'azotate de soude et puis d'urée. Cette séparation s'opère subitement avec une explosion dans le cas où on élève rapidement la température; car on produit ainsi des courants thermoélectriques d'une expansion suffisante pour faire séparer les deux sels.

L'urée se combine aussi avec l'azotate de chaux et l'azotate de magnésie, qui sont, comme la soude, des métaux peroxydables $M\bar{E}^3$. L'argent est un métal inoxydable $M\bar{E}$, son oxyde $AzO\bar{E}\bar{E}$, combiné avec l'acide azotique, donne un sel $C^4Az^2H^4O^4,Ag^2O^2Az^2O^{10}$ simple et un autre double $C^4Az^4H^4O^4,2Ag^2O^2Az^2O^{10}$.

IV. *Composés binaires de l'urée.* L'acide carbonique, ou ses tétraèdres $C^2O^4 = O,4HO$, pénètre dans les tétraèdres $4CAzH^2O$ de l'urée, et produit le composé

$$(\sigma) \qquad C^2O^4 + C^4Az^4H^8O^4 = C^6,4CAzH^2O^2 = C^6Az^4,8HO.$$

Résumé. L'urée est un résidu des éléments de la nourriture, qui s'y trouvent en tétraèdres de formes $4C^6H^6O^6$. Le protoxyde d'azote $Az^2O^2 = O^2H^4O^2 = O,4H^4O = O,4H^4O = C^2O^4$ est composé de mêmes éléments que l'acide carbonique. Ainsi l'équivalent végétal contient les éléments hyliques de six équivalents d'urée

$$(\tau) \qquad 6C^2H^4Az^2O^2 = 6(C^2H^4,C^2O^4) = 4C^6H^6O^6.$$

La glycérine $C^6H^8O^6$, forme, par ses tétraèdres $4C^6H^6O^6$, également un équivalent végétal. Ces deux corps, avec les hydrocarbones, sont des résidus dans lesquels le carbone et l'hydrogène se trouvent en un grand nombre de rapports : 1° les hydrocarbones contenant de la glycérine sont des corps gras, des axonges et des huiles; 2° et ceux qui contiennent de l'urée sont nommés *amides;* par cette épithète, on indique le corps dont l'hydrocarbone se trouve combiné avec l'urée; tels sont les résidus suivants :

Ethylurée	$C^4H^4,C^2H^4Az^2O^2$	Diallylurée	$C^{12}H^8$ urée.
Phénilurée	$C^{12}H^4$ urée	Diphénylurée	$C^{24}H^8$ urée.
Sulfophénilurée	$C^{12}H^4$ urée	Ethyallylurée	$C^{10}H^8$ urée.
Diéthylurée	C^8H^8 urée	Ethylpipérylurée	$C^{14}H^{12}$ urée.

3° Dans l'*aniline* et les *amines* c'est l'ammoniaque qui est le facteur commun des résidus anhydres dérivés de la houille; on a :

$$C^6 = O^2H^{11} = Az^2H^6 \text{ qui donne}$$

$$C^{24}C^6H^6 = C^{24}H^{14}Az^2 \text{ aniline.}$$

Hoffmann obtint un résidu $C^2Ph^2H^4S^2$, homologue à l'urée, le phosphore remplace l'azote, et le soufre l'oxygène.

B. — ACIDE URIQUE. — ACIDE LITHIQUE (Harnsaüre).

État naturel. L'acide urique se trouve, comme l'urée, dans les urines de l'homme et des animaux carnivores; mais il est surtout le produit des oiseaux, des insectes et des serpents. Il se trouve aussi dans les dépôts urinaires, les calculs et les concrétions articulaires des goutteux.

Dans l'urine de l'homme à l'état normal, il y a une partie d'acide sur 30 d'urée, mais à la suite d'une mauvaise digestion ou d'alimentation très-échauffante, la quantité d'acide augmente. L'acide est contenu aussi dans le guano; en général, il ne manque pas dans les corps contenant de l'urée.

Préparation. 1° Les urines de l'homme, des animaux carnivores, les calculs, le guano, contenant de l'acide urique, sont traités par une liqueur alcaline dans laquelle pénètre cet acide; il en résulte un sel *uraté*, qui, traité par l'acide chlorhydrique, devient un chlorure $\overset{+}{M}Cl$, et l'acide urique séparé, est obtenu comme un précipité blanc qu'on lave à grandes eaux. D'abord cet acide contient quatre équivalents d'eau, dont deux se dégagent par la faible chaleur, ou même par l'exposition de l'acide à l'air. En traitant la partie centrale des excréments des pigeons par le double de leur poids de cendres, on filtre la solution dans l'acide chlorhydrique étendu. 100 parties d'excréments donnent 70 parties d'acide, quantité beaucoup supérieure à celle de l'urée.

2° Le *guano* est traité par une solution bouillante de carbonate de potasse à laquelle on a ajouté de la chaux éteinte. On filtre la liqueur, puis on l'évapore à consistance de bouillie, et l'on comprime fortement le résidu. La masse exprimée est délayée dans l'eau et décomposée par l'acide chlorhydrique. Il se dépose des flocons rouges d'acide urique. Cette couleur disparaît en faisant passer l'acide dans la potasse, et en l'en séparant par l'introduction de l'acide chlorhydrique à sa place. 100 grammes de guano ainsi traité fournissent 225 grammes d'acide urique.

3° On traite le guano par l'acide sulfurique concentré. On laisse déposer la partie insoluble. On décante et étend l'acide d'une grande quantité d'eau. L'acide urique se précipite, et il est purifié de la manière indiquée.

Propriétés. L'acide se présente en petites lames cristallines blanches, légères, sans odeur, sans saveur sensible, soluble dans 1000 parties d'eau froide ou d'eau bouillante. Il est insoluble dans l'éther et l'alcool; il rougit légèrement un papier de tournesol humide.

Le borax bouillant, dissout l'acide urique, qui se dépose à l'état pur sans contenir d'eau.

Éléments.	Forme	Poids.
10C	$C^2O^2,4C^2HAzO$	60
4H		4
4Az	$C^6C^2H^4,C^2O^2,Az^4O^4$	56
6O	$C^6,C^2H^4C^2O^2,C^4O^4$	48
$C^{10}A^4Az^4O^6$; $C^6,C^2H^4,C^2O^2,Az^4O^4$; C^6,C^4O^6,C^2H^4,C^2O^4		168

L'azote est remplacé par de l'oxyde de carbone.

Décompositions. 1° L'acide calciné donne de l'ammoniaque, de l'acide carbonique, de l'acide cyanhydrique, de l'urée, et beaucoup d'acide cyanique, et puis se forme le cyamélide. Distillé, il donne sans fondre, un sublimé d'acide cyanique, d'urée, de cyanhydrate d'ammoniaque, et beaucoup d'acide cyanhydrique. Il y a des produits de plusieurs ordres. D'abord il se dépose un sublimé de carbonate et de cynhydrate d'ammoniaque, ensuite une huile empyrrheumatique avec de l'acide cyanhydrique libre; après, il vient de l'acide cyanurique, et enfin du butyrène C^8H^8, contenant de l'eau. La quantité de l'acide cyanurique est $\frac{7}{13}$, **Schelle**, ou $\frac{8}{11}$, **Pearson**. La masse carbonique, difficile à réduire en cendre, est $\frac{1}{6}$, **Schelle**; $\frac{8}{10}$, **Pearson**; $\frac{1}{3}$, **Henry**.

2° L'acide urique chaud, laisse pénétrer le chlore dans ses tétraèdres, d'où il résulte de l'acide chlorhydrique, du chlorure de cyanogène, et une quantité considérable d'acide cyanique. En présence de l'eau, l'acide urique donne comme produit final une grande quantité d'acide oxalique. **Liebig** obtint en ce cas de l'acide carbonique et un résidu soluble dans l'eau, contenant de l'ammoniaque, de l'acide chlorhydrique et beaucoup d'acide oxalique. — L'acide, dissous dans beaucoup d'eau froide, traité par le chlore, produit de l'acide chlorhydrique, du sel d'ammoniaque, beaucoup d'oxalate acide d'ammoniaque, très-peu d'alloxantine, d'alloxan et d'acide paralanique, une matière non azotée peu soluble dans l'eau et de l'acide allanturique, **Pelouze.** L'acide, traité par le chlore, se dissout dans beaucoup d'eau ; la liqueur produite est très-aigre, d'une odeur de chlorure d'azote; chauffée, elle développe d'abord de l'azote, puis de l'acide carbonique. Après la concentration, on obtient une liqueur contenant dissous du sel d'ammoniaque; elle pousse des cristaux qui contiennent de l'oxalate acide d'ammoniaque, du sel d'ammoniaque et un dépôt blanc, lequel, chauffé, se carbonise, et, sans fondre, développe de l'acide cyanhydrique.

3° L'acide urique, traité par l'acide azotique chaud, développe de l'acide carbonique et de la vapeur d'acide azoteux; le reste est de l'alloxane et de l'urée. On introduit l'acide peu à peu dans l'acide azotique très-froid de 1,425 de densité, jusqu'à ce qu'il en résulte une masse demi-liquide avec un développement d'acide carbonique et de vapeur d'acide nitreux. La masse contient de l'alloxan qui se cristallise dans l'eau mère vaporisée; on trouve de l'azote et de l'azotate d'ammoniaque. — L'acide urique, bouilli dans l'acide azotique concentré, ne donne pas d'alloxan mais de l'acide parabanique.

4° L'acide urique reçoit les tétraèdres de l'acide sulfurique bouillant avec une effervescence forte et un développement d'acide sulfureux, d'acide carbonique et d'oxyde de carbone, et il reste du sulfate d'ammoniaque. — L'eau décompose le corps contenant les deux acides, elle les fait se séparer. L'acide urique se précipite.

5° On chauffe 90 parties d'acide urique dans 132 parties de peroxyde de manganèse et 204 parties d'acide sulfurique concentré; on en obtient, sous un développement d'acide cyanique, le sel double de sulfate d'ammoniaque et de manganèse. Le mélange des trois corps soumis à une distillation donne de l'acide azotique. En faisant bouillir l'acide urique dans l'eau contenant du peroxyde de manganèse, il se forme une masse cristalline.

6° Dans cette expérience, en remplaçant le peroxyde de manganèse par celui de plomb, l'acide urique se décompose en allantoin, en urée, en acide oxalique et en acide carbonique.

7° L'acide urique, calciné dans un vase clos avec de la potasse hydratée, laisse une masse demi-liquide contenant du carbonate et du cyanate de potasse avec du cyanure de potassium; tandis que le mélange calciné dans un vase ouvert ne laisse que du carbonate de potasse.

8° L'acide chauffé dans le potassium se décompose avec de la lumière en carbone et potasse. Le sodium ne produit pas de lumière.

Combinaisons de l'acide. — 1° *Avec l'eau.* Les cristaux de l'acide contiennent 4 ou 5 équivalents d'eau qu'ils perdent facilement. L'acide anhydre se dissout dans 1,000 à 1,500 parties d'eau sans passer en putréfaction ; ainsi étendu, l'acide précipite les sels des oxydes de plomb et d'argent, mais il faut qu'il soit chaud pour faire rougir le tournesol.

L'acide pénètre dans l'ammoniaque et dans un ou deux équivalents de potassium, de sodium, de calcium, des métaux peroxydables $\dot{M}\ddot{E}^3$ et des métaux oxydables $\dot{M}\ddot{E}^2$.

MODE DE PRODUCTION DES FAITS EXPOSÉS.

État naturel. L'acide urique, de même que l'urée, est un excrément animal, il est un résidu des aliments qui sont des corps organiques, ces résidus sont de mille espèces; leurs quatre éléments hyliques sont de même nature que ceux qui composent l'urée et son acide. L'acide est le produit final épuisé au dernier degré des molécules en expansion dans l'économie animale. Sous ce rapport, l'acide urique se distingue de tous les corps organiques et de l'urée. Les oiseaux, les insectes et les serpents consomment moins de nourriture que les mammifères.

L'urine de l'homme et des quadrupèdes contient l'excrément à l'état d'urée, tandis que l'acide urique, qui est l'excrément final, provient des quadrumanes, des reptiles, des oiseaux, des insectes, animaux qui reçoivent peu de nourriture et exercent beaucoup de mouvements.

Préparation. L'acide urique est le résidu final des aliments; pour cette raison, il en marque chaque formation. Il se trouve déjà formé; sa préparation est limitée en un éloignement de quelques autres substances animales mêlées, non combinées avec lui.

Propriétés. L'état solide correspond aux parédriases et aux enédriases multiples des tétraèdres des substances des éléments $C^2Az^2H^4O^2$ de l'urée, qui passent à ceux $C^{10}Az^4H^4O^6$ de son acide, après avoir subi deux parédriases : 1° l'urée composée avec l'acide cyanique donne :

$$(\alpha) \qquad C^2Az^2H^4O^2 + C^2AzHO^2 = C^4Az^3H^4O^3 + HO.$$

2° Ce corps, composé avec C^6AzO^3, donne :

$$(\beta) \qquad C^4Az^3H^4O^3 + C^6AzO^3 = C^{10}Cz^4H^4O^6.$$

La solubilité de l'acide dans 1,000 à 1,500 parties d'eau correspond à celle de sa solution dans le sang. L'acide urique est engendré dans les filaments des muscles par les enveloppes des globules dont plusieurs millions entrent dans un centimètre cube. Le contenu des globules s'utilise pour soutenir les mouvements, et les enveloppes déchirées sont conduites par les veines aux poumons, et, de là, ces enveloppes arrangées en tétraèdres d'urée éprouvent une minime résistance dans les veines. Cet état est donc électrique, et la structure des veines sollicite la séparation de l'eau des globules du sang. Dans cette eau sont dissous l'urée et son acide; l'accroissement de la quantité de celui-ci, occasionné par de mauvaises digestions, correspond à l'accélération du pouls, en cas pareil, et à la multiplication de l'acide aux dépens de l'urée.

Décomposition. Tant que la structure de l'acide urique était inconnue, on ne pouvait se rendre compte des divergences des résultats obtenus par les chimistes; encore moins pouvait-on se rendre compte de l'impossibilité de produire cet acide comme l'on fait avec l'urée. Les résultats exposés des expériences sont ici collatérés avec la structure de l'acide pour montrer les produits dont les facteurs sont d'ordres différents (α) (β).

1° La chaleur occasionne des courants thermoélectriques qui détruisent la structure naturelle de l'acide, qui est un résidu contenant : 1° de l'urée, 2° de l'acide cyanique, et 3° de l'oxyde de carbone dont le facteur C^2Az remplace les équivalents de formes suivantes : ($Az = O^3$, $AzH = O^2$. $AzH^2 = O$).

(γ) $$C^2Az^2H^4O;\ C^2AzHO^2;\ C^2O^2.$$

Les corps obtenus par la calcination sont : 1° de l'ammoniaque AzH^3 ; 2° de l'acide carbonique C^2O^4 ; 3° de l'acide cyanhydrique C^2AzH ; 4° de l'urée $C^2Az^2H^4O^2$; 5° de l'acide cyanique $C^6Az^3H^3O^6$; et 6° de la cyamélide $C^6Az^3H^3O^6 = AzH^3C^2O^6, C^4Az^2$, homologue à $C^6H^3O^{12}$ = acide oxalique.

Les corps obtenus par la distillation, qui est une calcination dans un vase clos, sont : 1° de l'acide cyanique $C^4Az^2H^2O^4$, 2° de l'urée, 3° de l'ammoniaque, 4° de l'acide cyanhydrique. La production successive de ces corps prouve le mode de décomposition de l'acide; mais il faut en même temps tenir compte des changements des faces des tétraèdres, qui font que les éléments abyles n'ont plus les mêmes expansions, sans que les éléments hyliques éprouvent aucune modification. L'acide cyanique instable est composé des tétraèdres $Az^2H^2, 4CO$, dont les faces $f\,f$ ou $f'\,f'$ homoélectriques, étant vis-à-vis, exercent une poussée **v** répulsive, supérieure à la poussée **p** compressive de la pesanteur ; c'est ainsi que les corps obtiennent l'état liquide. Ces mêmes tétraèdres, par les déplacements différents des faces, obtiennent une structure qui en fait provenir des corps composés de tétraèdres triples $C^{12}Az^6H^6O^{12}$, arrangés par rapport à leurs faces hétéroélectriques de trois manières différentes, d'où résultent trois corps stables : l'acide cyanurique, l'acide cyalique et le cyanamide.

Chauffé à l'air, l'acide se carbonise, le manque d'aréosyzygue E fait disparaître toute combustion.

2° Traité par le chlore à une température élevée, l'acide se décompose par la combinaison de son hydrogène et de son carbone avec le chlore ; ainsi on a :

$$(\delta)\quad 6Cl + C^{10}Az^4H^4O^6 = H^2Cl^2 + C^4Az^2Cl^2 + C^4Az^2H^2O^4 + C^2O^2Cl^2.$$

L'existence du gaz phosgène n'a pas été remarquée par les expérimentateurs, tandis que ses effets sont évidents.

En présence de l'eau, le chlorure de cyanogène décompose 8 équivalents d'eau, et devient de l'acide carbonique et du chlorhydrate d'ammoniaque

$$(\epsilon)\qquad C^4Az^2Cl^2 + 8HO = C^4O^8 + Az^2H^8Cl^2.$$

L'acide oxalique trouvé par **Liebig** est le produit de l'eau et du phosgène d'où résulte l'acide chlorhydrique fumant :

$$(\zeta)\qquad C^4O^4Cl^4 + 4HO = C^4H^2O^8 + H^2Cl^4.$$

Pelouze obtint, après les composés indiqués, de l'acide chlorhydrique, du sel d'ammoniaque, de l'oxalate acide d'ammoniaque $C^6AzH^5O^9$, des composés secondaires : 1° de l'alloxan $= C^8Az^2H^2O^3$; 2° de l'alloxantine $= C^{10}Az^4H^4O^{16}$; 3° de l'acide parabanique $= C^6Az^2H^2O^4$; 4° de l'acide allanturique $= C^6Az^2H^4O^6$.

3° L'acide urique se décompose par l'acide azotique en en recevant de l'eau ; ainsi on a de l'acide carbonique, de l'acide azoteux de l'alloxan et de l'urée

$$(\eta)\qquad C^{10}Az^4H^4O^6 + 2HO = C^8Az^2H^2O^6 + C^2Az^2H^4O^2.$$

Mélanges et parédriases. L'acide s'arrange en parédriases : 1° avec 4 ou 5 équivalents d'eau ; 2° avec 8 équivalents d'acide sulfurique et d'eau; 3° avec 1 ou 2 équivalents des oxydes des métaux peroxydables ou des métaux oxydables : 1° comme base, l'acide $C^6,C^2H^4,C^2Az^4O^4$, par ses 8 équivalents de carbone C^8H^4, reçoit deux tétraèdres d'acide sulfurique et d'eau; 2° comme l'acide, son tétraèdre ne pénètre que dans un ou deux tétraèdres des oxydes de forme MOÉ ou MO. L'acide se mêle avec 1,000 parties d'eau ou de sang. Au fur et à mesure qu'une portion se sépare du sang dissous dans l'urine, une autre portion se sépare des muscles, et elle en est amenée par le sang aux veines. L'urée et son acide, provenant des enveloppes des globules des muscles, sont comparables à la cendre des combustibles employés pour le mouvement des machines à vapeur. **Liebig** a comparé les aliments des animaux aux combustibles des machines, sans se rappeler que le mouvement des machines est accompagné de l'expansion de la vapeur et de l'abaissement de sa température, tandis que le mouvement animal est accompagné de productions de vapeur et de chaleur.

G. Acide mellohydrique $C^{12}Az^8,4HO$.

Préparation. 1° Le mellonure de potassium est traité par l'azotate de plomb ou par le sulfate de cuivre; dans le liquide, on introduit de l'hydrogène sulfuré, lequel se décompose : 1° en hydrogène dans lequel passe le mellon; et 2° en soufre qui pénètre dans l'oxyde de métal dont l'oxygène passe à l'hydrogène; il se produit ainsi de l'eau dont les deux éléments soutiennent le couple électrique OÉ + HÉ = HOÉÉ. Le tétraèdre de ces équivalents d'eau pénètre dans le mellon $C^{12}Az^4$, et le réduit à l'état d'acide; 2° on traite le mellonure de potassium par l'acide sulfurique ou l'acide chlorhydrique; il apparaît dans le liquide des flocons blancs d'hydromellon.

Propriétés. L'acide est une masse pulvérulente blanche, inodore, qui rougit le tournesol lorsqu'elle est dissoute dans l'eau bouillante.

Éléments.	Forme.	Poids.
12C		72
8Az	$4C^8Az^2HO$	112
4HO	$AzH^4OC^{12}Az^7O^3$	36
$C^{12}Az^84HO$	$AzH^4O,C^{12}Az^7O^3$	220

Décomposition. L'acide, calciné dans un tube, fait entendre une faible crépitation; il développe de l'eau et du cyanhydrate d'ammoniaque. D'abord, il vient de l'acide cyanhydrique et de l'azote, la masse devient jaune et produit du cyanogène. 2° L'acide fraîchement préparé, bouilli 3 ou 4 heures dans l'acide azotique ou chlorhydrique, donne une solution claire contenant de l'ammoniaque.

Combinaisons. L'acide est peu soluble dans l'eau froide, il l'est davantage dans l'eau bouillante; cette solution, refroidie, devient laiteuse.

L'acide est soluble dans l'acide sulfurique, et plus encore dans l'acide azotique; en y introduisant de l'eau, les liquides deviennent laiteux.

L'acide n'est soluble ni dans l'alcool, ni dans l'éther, ni dans les huiles.

Mellonhydrates. L'ammoniaque AzH^3 remplace 3 équivalents d'eau; l'équivalent des métaux peroxydables remplace l'eau de l'acide, tandis que ceux des métaux oxydables ne remplacent que la moitié des équivalents de l'eau.

MODE DE PRODUCTION DES FAITS EXPOSÉS.

Préparation. L'acide mellonhydrique contient du mellon et de l'eau en rapport constant ou en parédriase; ce composé est obtenu du mellonure de potassium hydraté traité par un acide d'oxygène. Le facteur électrique acidulant est le couple ÈÈ neutre, qui est transmis par l'eau de l'acide minéral introduit au mellon neutre $C^{12}Az^8$, qui devient en même temps hydraté et acide; ainsi on a, d'après **Liebig**, $C^{18}Az^{13}H^2K$ et $C^{18}Az^{13}H^3$.

Le facteur acidulant ÈÈ de l'acide azotique $Az^2H^4O^{12}$ÈÈ, *est transféré avec l'eau* 4HOÈÈ au mellon, qui devient un acide qui n'est ni hydrogénique ni oxygénique, mais un acide hydatique ou un *acide mellonohydatique.*

Le plomb étant un métal oxydable, le mellon hydrate de plomb a la forme $Pb^2H^2O^4,C^{12}Az^8,8HO$ de ce sel. **Laurent** et **Gerhardt** ont trouvé $C^{12}Az^8,4HO$ pour éléments de l'acide.

Ces deux résultats sont d'une importance d'autant plus grande que tous les deux sont réels, et la différence n'est qu'une preuve que le potassium étant peroxydable, remplace dans un cas un atome d'hydrogène pour être $C^{18}Az^{13}H^2K$ homologue à $3C^6Az^4H^3$. Le double atome de plomb, qui est un métal oxydable, remplace un atome d'hydrogène dans le composé $Pb^{2}H^{2}O^{4}, C^{12}Az^{8}$, 8HO homologue à $C^{12}Az^{12}H^{2}K$. Les deux résultats étant très-réels, le désaccord provenait de l'hypothèse que chaque équivalent de métal doit en remplacer un égal nombre d'hydrogène.

Propriétés. La masse pulvérulente, de couleur blanche, est composée des mêmes éléments que le mellon, et les deux corps sont neutres. La couleur du mellon résulte de l'arrangement des éléments hyliques, l'acidulité résulte des éléments ahyles soutenus par l'eau.

Décomposition. L'acide chauffé développe les corps dont il est composé : de l'eau, beaucoup de cyanhydrate d'ammoniaque ; le résidu rouge donne un sublimé soluble dans la potasse, qui devient jaune, preuve qu'il n'est pas de mellon pur. Quant à l'eau, elle correspond en quantité à celle contenue dans l'acide, si l'on admet du mellon hydraté, tandis que la grande quantité de cyanhydrate d'ammoniaque est produit par la décomposition d'une partie de mellon en oxygène et hydrogène. Ainsi on a :

$$(\alpha) \quad C^{18}Az^{13} = C^{8}Az^{9} + C^{10}Az^{4} = Az^{4}H^{12}, C^{4}Az^{4}H^{4} + 11HO + H;$$

car il est $C^{10}Az^{4} = O^{8}H^{10}, O^{6}H^{6}$. L'eau et le cyanhydrate d'ammoniaque s'éloignent, tandis que l'excès H d'hydrogène reste dans le résidu de mellon, qui devient un composé trouvé comme un corps jaune.

D. Acides cyanique, fulmique et cyanurique.

Ces trois corps isomères présentent des propriétés tellement divergentes qu'elles ont fait reconnaître à tous les chimistes l'existence des éléments ahyles dont les effets sont comparables à ceux de l'électricité. Cette idée est développée ici, et chacun parvient à distinguer : 1° les résultats exacts obtenus au moyen de la balance, et la profonde ignorance de l'origine des actions qui ont : 1° pour cause un équilibre des molécules μ μ′ composant les deux électricités ; et 2° pour effet les déplacements des éléments hyliques mesurés par la balance. Dans la poudre à canon, la chaleur occasionne l'inéquilibre (*force*), l'expansion des molécules est l'*action*, la réjection des corps en est l'*effet* hylique, qui prouve l'existence de molécules expansives analogues aux gaz très-comprimés dont l'expansion est occasionnée par l'ouverture facile du robinet.

1° Le cyanogène C^4Az^2, combiné avec deux équivalents d'eau oxygénée, est de l'*acide cyanique*; 2° le paracyanogène $C^{12}Az^6$, combiné avec 6 équivalents d'eau oxygénée est l'*acide cyanurique*.

I. Le cyanogène, composé de tétraèdres simples $C^4Az^2 = O,4H^2O$, est un corps volatile. Les tétraèdres $C^4Az^2H^2O^4 = Az^2H^2,4CO$, composent l'acide cyanique, qui est aussi un corps volatile comme le cyanogène.

II. Le paracyanogène, composé des triples tétraèdres $3C^4Az^2 = O^6,4H^2O^6$, est un corps solide. Les tétraèdres triples de l'acide cyanique

$$3C^4Az^2H^2O^4 = Az^2H^2,4C^2AzHO^2,$$

composent l'acide cyanurique, qui est un corps solide comme l'est le paracyanogène.

III. Entre le cyanogène et le paracyanogène, il n'existe pas de composé de forme C^8Az^4, de même qu'entre l'acide cyanique et l'acide cyanurique il n'existe pas isolé d'*acide fulminant* de forme

$$2C^4Az^2H^2O^4 = O,4C^2AzHO^2.$$

De même qu'il y a des cyanates de forme $C^4Az^2M^2O^4$, des cyanurates de forme $C^{12}Az^6M^6O^{12}$, de même il y a des *fulminants* de forme $C^8Az^4M^4O^8$; ceux-ci, frappés ou frottés, se décomposent avec une explosion, tandis qu'une telle action n'est produite ni par les cyanates ni par les cyanurates.

En disant que le paracyanogène et le cyanogène sont isomères, on n'indiquait pas la cause des états différents, comme cela se présente lorsqu'on attribue la structure des corps aux tétraèdres isolés, aux tétraèdres triples ou aux couples de tétraèdres.

1° Acide cyanique $C^4Az^2H^2O^4$.

Formation. Quand on traite le paracyanogène par l'acide azotique bouillant, on obtient une dissolution jaune de laquelle l'eau sépare un corps pulvérulent jaune, insipide, rougissant le tournesol, formant avec les bases des sels particuliers.

1° L'acide se forme du carbonate de potasse calciné sous un courant de cyanogène; s'il est calciné avec du cyanure de mercure, il devient cyanure de potassium; 2° en saturant avec du cyanogène un alcali aqueux; 3° l'acide se forme du mélange du cyanogène avec l'oxyde de plomb; 4° il se forme du cyanate de potasse lorsqu'on chauffe le mélange de ferrocyanure de potassium avec le peroxyde de manganèse; 5° si l'on chauffe l'azotate de potasse avec le ferrocyanure de potassium ou avec le cyanure de mercure; 6° lorsqu'on fond le cyanure de potassium avec l'oxyde de plomb; 7° L'acide cyanurique $C^6Az^3H^3O^6$ se décompose dans sa distillation en 3 équivalents d'acide cyanique.

Préparation. 1° En décomposant l'acide cyanurique par la chaleur, on condense la vapeur dans le froid; 2° on conduit l'acide chlorhydrique sur le cyanate d'argent calciné, la vapeur de l'acide cyanique est condensée dans le froid.

Propriétés. L'acide est liquide, incolore, très-fluide; son odeur est piquante et excite le larmoiement. Il est très-corrosif, et produit sur la peau une forte brûlure. Sa réaction est fortement acide; son point d'ébullition est peu élevé. Il est inflammable :

Éléments.	Forme.	Poids.
4K	$C^4Az^2H^2O^4$	24
2Az	$Az^2H^2,4CH$	28
2H	$O,4H^2O^2$	2
4O		
$C^4A^2H^2O^4$	$Az^2H^2,4CO$	80

Décomposition. 1° L'acide est stable à une très-basse température; un peu au-dessus de 0° il fait entendre une série de détonations; il subit une modification isomère, et se transforme en un corps blanc nommé *acide cyanurique insoluble* ou *cyamélide*. Ce composé se produit aussi quand on chauffe un mélange de parties égales de cyanate de potasse et d'acide oxalique cristallisé, ou quand on décompose les cyanates par l'acide chlorhydrique concentré; il est insoluble dans l'eau régale et dans les acides. L'acide sulfurique forme avec lui du sulfate d'ammoniaque et de l'acide carbonique. Avec des alcalis, il donne des cyanurates mêlés de cyanates.

2° Dans l'eau, l'acide se transforme en bicarbonate d'ammoniaque; mais, s'il est en excès, c'est de l'urée qui se forme.

Combinaison. — *Avec l'eau.* L'eau et la glace dissolvent la vapeur de l'acide; la glace se fond; la liqueur est claire, aigre, d'une odeur comme celle de l'acide; concentrée, elle se transforme rapidement en carbonate d'ammoniaque.

2° Acide fulminique $Cy^4O^4,HO = AzH^4C^4Az^2C^4O^8$.

Cet acide ne peut se soutenir à l'état indiqué, car le sel qui a l'ammoniaque pour base est instable. Dans les fulminates, l'hydrogène est remplacé par le métal, et il en résulte un sel $AzM^4C^4Az^2,C^4O^8$, qui est peu stable, parce que l'équivalent d'azote homologue a 3 atomes d'oxygène, est composé avec 4 et non avec 3 équivalents de métal, comme il l'est dans l'ammonium Az^2H^8.

Préparation du fulminate d'argent. Le tétraèdre d'azotate $Az^4Ag^4,4O^6$ pénètre dans l'anthracotétraèdre $4C^2$ de l'alcool; ainsi, d'azotate le sel devient : 1° un bicarbonate dont la base est Ag^4O^4; et 2° de l'acide C^8O^4,C^8Az^4, car les 12 atomes d'oxygène sont remplacés par 4 équivalents d'azote.

Propriétés. 1° Le sel est neutre comme le sont tous les bicarbonates; les cristaux ont la forme d'aiguilles parce que un équivalent AgO de la base a deux équivalents C^2O^4 ou C^2AzO pour acide.

Décomposition. Les sels se décomposent avec détonation en cyanure d'argent, acide carbonique et azote.

$$Ag^4AzC^4Az^3,C^4O^8 = C^4O^8 + Az^7 + Ag^4C^4Az^3.$$

Le cyanure d'argent est un tétraèdre d'acide oxalique anhydre C^4Az^2 (C^4O^6) logé dans un *argyrotétraèdre* 4Ag. Ce composé, calciné avec de l'oxyde de cuivre, devient de l'acide carbonique de l'azote et de l'argent $Ag^4C^4Az^2 + 8CuO = Ag^4 + Cu^8 + Az^2 + C^4O^8$.

2° Exposé à la lumière bleue isolée ou contenue dans la blanche, il se développe de l'acide carbonique, de l'azote, de la vapeur d'eau, et il reste du carbure d'argent mêlé avec un peu de sel indécomposé. **Liebig.** La lumière bleue produit une séparation de $\frac{1}{8}$ du sel qui conserve son état, et son résidu produit deux facteurs dans le rapport de 4 : 3; ainsi on a :

$$4Ag^8C^4Az^2O^4 = AgC^2AzO^2 + Az + C^6O^{12} + Az^2O + Ag^7C^6Az^4O.$$

La vapeur d'eau est produite par le double atome d'azote combiné avec l'oxygène $Az^2 + O = O^8,4H + O = 4HO$; l'oxyde noir est un oxalate qui a pour base Ag^7O et pour acide $4C^4Az^1$ $(4C^4O^6)$.

3° Acide cyanurique $C^6Az^3O^3,3HO = AzH^3C^2Az^2,C^2O^4$.

Formation. Cet acide n'est qu'un bicarbonate ayant l'eau pour base $H^3O^3,C^6Az^3O^3$ (C^6O^{12}); il se forme de l'urée, qui n'est que du carbonate d'ammoniaque $4AzH^3,C^6Az^2O^6$ (C^6O^{12}).

Préparation. On conduit un courant de chlore dans l'urée fondue. Ainsi se sépare un carbonate acide d'ammoniaque, parce qu'il n'en reste qu'un seul des 4 équivalents.

$$C^6Az^4H^{12}O^6 + 3Cl = HCl + Az^2H^6,H^2Cl^2 + AzH^3C^2Az^2,C^2O^6.$$

Les 6 équivalents d'acide carbonique contiennent, dans l'urée, 4 équivalents d'ammoniaque, et dans l'acide cyanurique seulement un.

Propriétés. L'acide pénètre entre les tétraèdres de l'alcool bouillant, dont il se sépare dans le froid; les petits grains sont des amas de cristaux octaèdres microscopiques, parce que, pour un équivalent de base il y en a 6 d'acide. A l'état hydraté, l'acide cristallise en prismes de base rhomboïdale; cette forme prouve que l'hydrogène de l'eau avec l'azote forme une deuxième moitié de la base précédente. L'acide $C^2Az^2C^2O^4$, avec les 4 équivalents d'eau, devient $C^2Az^2 + 4HO = AzH^3C^2O^4,CAzH$. Ainsi l'acide hydraté a la forme

$$C^6Az^3O^3 + 7HO = Az^2H^6CAzH,C^2O^{10}.$$

Décomposition. De chaque couple d'équivalents de l'acide chauffé, l'un reste inaltérable et l'autre devient de l'acide cyanique.

$$C^{12}Az^6O^6,4HO = AzH^3C^2Az^2,C^2O^6 + 3(CO^2,CAzH).$$

L'acide cyanurique est un carbonate acide d'ammoniaque, tandis que l'acide cyanique n'est que de l'acide carbonique.

Mode de production des faits exposés.

Les trois acides isomères servent à titre d'exemple pour rendre évidente la différence : 1° entre les structures d'où résulte l'état volatil de l'acide cyanique et l'état solide de l'acide cyanurique ; et 2° entre les inéquilibrées (*forces*), les expansions des molécules (*actions*), et l'établissement de l'équilibre (*produit chimique*).

a. Acide cyanique.

Formation et préparation. Les éléments hyliques des tétraèdres Δ de cyanogène C^4Az^2 et ceux de son acide $C^4Az^2H^2O^4$ ne diffèrent de ceux Δ' du paracyanogène $C^{12}Az^6$ et de ceux de l'acide cyanurique $C^{12}Az^6H^6O^{12}$ que par le nombre. Les tétraèdres de l'acide cyanique sont composés chacun de trois tétraèdres d'acide cyanurique, et, en cet état, le corps est solide, parce que les faces *f f'* hétéroélectriques des tétraèdres Δ sont vis-à-vis, et, pour cela, il y manque la poussée répulsive **r**, laquelle amène l'état solide provenant de la poussée **p** compressive exercée par les molécules μ″ de la pesanteur contre le barogène β des éléments hyliques.

1° Le carbonate de potasse devient cyanate, étant chauffé en contact avec le cyanogène; on a :

(α) $$K^2O^2,C^2O^4, + C^4Az^2 = C^4Az^2K^2O^4 + C^2O^2.$$

2° Chaque oxyde MOË des métaux peroxydables à l'état aqueux reçoit le cyanogène et devient un cyanate.

(β) $$2MOHOË + C^4Az^2 = C^4Az^2M^2O^4 + H^2.$$

3° Parmi les métaux oxydables, l'oxyde de plomb reçoit le cyanogène comme le font les oxydes des métaux peroxydables, cela provient de la structure du plomb, exposée dans la section suivante.

4° L'acide cyanurique $C^{12}Az^6H^6O^{12}$ chauffé, n'éprouve qu'un déplacement des faces des tétraèdres Δ qui entrent dans la composition des tétraèdres Δ', Au lieu d'être vis-à-vis des faces *f f'* hétéroélectriques, ils viennent vis-à-vis des faces *f f f' f'* homoélectriques.

Propriétés. La poussée répulsive r, entre les faces vis-à-vis homoélectriques, produit l'état liquide des tétraèdres. Cet état est très-instable, la preuve en est dans le passage prompt à l'état solide et stable de l'acide cyanurique. L'odeur piquante, le larmoiement, et l'inflammation produite sur la peau, sont des effets de l'expansion des molécules des faces des tétraèdres.

Décomposition. 1° L'acide liquide à 0° produit une explosion en passant à l'état solide; cette explosion ne diffère en rien de celles des décharges électriques; ces décharges sont occasionnées par les faces *ff'* hétéroélectriques qui obtiennent un arrangement stable d'être vis-à-vis. Si l'acide est très-froid, il commence à bouillir à la température ordinaire, il devient une masse pâteuse dont les faces hétéroélectriques des tétraèdres, venant vis-à-vis, produisent des décharges dont l'effet est de rejeter la pâte en toute direction divergente; toute cette série d'un inéquilibre d'actions et d'effets, se termine en cinq minutes, et cela aussi bien sous la pression ordinaire que sous celle de plusieurs atmosphères.

2° L'acide mêlé avec de l'eau devient de l'acide carbonique et de l'ammoniaque; on a :

$$(\gamma) \qquad C^4Az^2H^2O^4 + 4HO = C^4O^8 + Az^2H^6.$$

Dans l'acide $C^4Az^2H^2O^4$ l'azote remplace 6 atomes d'oxygène, de sorte qu'il est $C^4Az^2H^2O^4$ homologue à C^4O^6,H^2O^2. Ces 2 équivalents d'eau, avec les 4 autres, composent l'ammoniaque Az^2H^6. De celle-ci : 1° une partie se combine avec l'acide carbonique; 2° une autre avec l'acide cyanique, et 3° une autre avec 3 équivalents de cet acide, lesquels deviennent cyanurate d'ammoniaque.

Combinaisons. La vapeur de l'acide pénètre dans la glace qui se fond; on obtient cette vapeur en calcinant l'acide cyanurique ou le cyanate d'argent.

En conduisant le chlore sur le cyanate de potasse, il se développe de la chaleur, et elle fait se distiller un liquide composé de :

$$(\epsilon) \quad C^4Az^2H^2O^4 + H^2Cl^2 = C^4Az^2H^2O^4,2HCl = AzH^3,HCl^2O^2,C^4Az^2O^2.$$

Le liquide, dans un tube fermé, se soutient quelques jours, ensuite il devient une masse cristalline, contenant du sel d'ammoniaque et du chlorocyanamide $C^{12}Az^{10}H^8Cl^2$. Autour de cette masse est développé et très-comprimé un mélange d'acide carbonique et d'acide chlorhydrique.

Les *cyanates* $C^4Az^2M^2O^4$ diffèrent de l'acide par le remplacement de l'hydrogène $H^2\bar{E}^2$ par un métal inoxydable $M\bar{E}$ comme l'est l'argent, ou par un métal oxydable $M\bar{E}^2$; les sels de ces métaux sont basiques; ceux des métaux peroxydables $M\bar{E}^3$ le sont davantage.

b. ACIDE FULMINIQUE; SELS FULMINATES.

Deux tétraèdres Δ de l'acide cyanique et deux autres métalliques composent des *tétraèdres mixtes*. Les deux tétraèdres des métaux oxydables $2M\bar{E}^2$ peuvent être remplacés par un couple d'un métal inoxydable $M\bar{E}$, ou par un seul équivalent d'un métal peroxydable $M\bar{E}^3$. L'existence de ces tétraèdres mixtes a fait admettre aux chimistes un acide $C^4Az^4H^4O^8$ isomère de l'acide cyanique, ils l'appelèrent *fulminique*, pour expliquer par cette épithète les détonations produites par la destruction des tétraèdres mixtes. On apprendra que les fulminates et les cyanates sont composés des *mêmes éléments*; ils sont isomères, mais leur isomérie diffère de celle des cyanurates en ce que les tétraèdres de l'acide, au lieu d'être en parédriase avec ceux du métal, forment entre eux des couples de métaux et d'hydrogène.

Les fulminates sont homologues à la *cellulose tétranitrique* (fulmi-coton) $C^{24}H^{16}O^{16},Az^4O^{20}$, en restituant les 12 atomes d'oxygène par 4 équivalents d'azote et les 4 équivalents d'hydrogène par 4 équivalents d'azoture de métal; on a :

(ζ) $$C^{24}Az^4O^{16}H^{16}O^{24} \text{ homologue à } C^{24}A^{22}H^{12}O^{24}.$$

Préparation. Le mercure est traité par l'acide azotique concentré; l'azotate de mercure est traité par l'alcool et devient fulminate. Ainsi on a :

(η) $$Hg^2Az^2O^{12}+C^4H^{12}O^4=C^4Az^2Hg^2O^4+C^4H^4O^4+8HO.$$

En remplaçant l'azote Az^2 par 6 atomes d'oxygène, on trouve que les fulminates ne sont que des carbonates :

(θ) $$C^4Az^2Hg^2O^4 \text{ homologue à } Hg^2O^2C^4O^8.$$

L'azotate de mercure, d'argent et des autres métaux inoxydables remplace un acide; comme tel, il reçoit le noyau Hg^2Az^2 avec l'oxytétraèdre $4O^2$, et pénètre dans le tétraèdre 4CO d'oxyde de carbone de l'alcool; les 3 oxytétraèdres de l'acide $Az^2H^3,4O^3$ pénètrent dans les tétraèdres $4CH^3$ d'hydrocarbone. Après avoir ainsi préparé des fulminates de métaux inoxydables, ils en deviennent préparés de fulminates de métaux oxydables. Le mercure, surtout l'argent, est le métal qui, traité par l'acide azotique, devient un fulminate, lorsque l'azotate est traité par l'alcool. Pour cette raison, j'expose ici les détails observés sur l'argent pour passer ensuite à l'origine des explosions.

FULMINATE D'ARGENT ($Ag = C^4O^2Az^2H^{12}B ; Hg = Ag - O.$)

Formation. *L'azotate d'argent aqueux est traité par une solution* d'acide azotique dans l'alcool. Ainsi on a :

$$(K) \qquad 2C^4H^6O^2 + Az^2Ag^2O^{12} = C^4Az^2Ag^2O^4 + C^4H^4O^4 + 8HO.$$

Préparation. La solution (χ) est chauffée jusqu'à ébullition ; on la laisse de côté, elle pousse des cristaux de fulminate d'argent. L'opération est dangereuse à cause de l'explosion.

Propriété. Le fulminate est des cristaux blancs opaques ayant la forme d'aiguilles, d'une saveur amère métallique, délétère à 5 grammes et neutre.

Décomposition. Le fulminate exposé à la lumière blanche ou *bleue se décompose sous un développement* d'acide carbonique, d'azote et de vapeur d'eau ; le résidu est un sousoxyde noir et un peu de fulminate, **Liebig**. Ces produits font connaître que, dans l'azote, une moitié se développe et l'autre se décompose en eau et en hydrogène, $Az^2 = H^4O^4$ donne :

$$C^8Az^4Ag^4O^8 = C^4O^8 + Az^2 + 3HO + C^4HAg^4.$$

La lumière bleue est composée des deux électricités dont le rapport est négative 4 et positive 3. L'azote est composé de 4 atomes d'hydrogène 4HË et de 3 atomes d'oxygène 3OË : 1° les molécules μ' moins denses des 4 syzygues 4Ë d'électricité négative *exercent une poussée* **p** *contre* leurs homonymes des atomes 4HË d'hydrogène ; 2° les molécules μ des 3 syzygènes 3Ë d'électricité positive exercent une poussée **p'** opposée contre les homonymes des 3 atomes 3OË d'oxygène.

2° Le fulminate se décompose avec explosion par la chaleur, par l'étincelle, par le frottement, par un choc ou par l'acide sulfurique : 1° la chaleur, lentement élevée jusqu'à 130°, ne produit pas une explosion ; 2° une pression croissante graduellement ne produit une explosion qu'à un très-haut degré ; 3° frotté dans l'eau par un corps poli, il ne se décompose pas ; si on le frotte avec un fragment de verre pointu, la décomposition est prompte ; 4° exposé au soleil, le fulminate se décompose par un léger contact. Dans l'obscurité, on voit une lumière bleue, rouge, blanche ; il s'élève une vapeur d'une odeur électrique. La poudre à canon n'est pas allumée par l'explosion, elle est dispersée. — Dans la décomposition par l'acide sulfurique ou par le choc, il y a une odeur d'acide cyanhydrique. Le fulminate chauffé dans un tube avec 20 parties de sulfate de soude se décompose en 2 volumes d'acide carbonique et 1 volume d'azote pour rester un résidu calculé qui est :

$$(\lambda) \qquad C^8Az^4Ag^4O^8 = C^4O^8 + Az^2 + C^4Az^2Ag^4.$$

C'est ce composé qui produit la vapeur d'eau (κ) constatée par **Liebig**.

3° Le fulminate (λ), jeté dans un flacon rempli de chlore, fait explosion avant d'arriver au fond ; s'il est humide et exposé à un courant de chlore, il reçoit le chlore et devient du chlorure d'argent et une huile ; on a :

$$(\mu) \qquad C^4Az^2Ag^2O^4 + 8Cl = C^8Az^4Cl^4O^8 + 4AgCl.$$

4° Le fulminate, bouilli dans l'acide azotique, devient de l'azotate d'ammoniaque et d'argent ; on a le changement de C^4 en O^8H^8 qui donne :

$$(\nu) \qquad C^4Az^2Ag^2O^4 + Az^4O^{20} = Az^2H^8Az^2O^{14} + Ag^2O^2Az^2O^{10}.$$

5° Le fulminate, traité par l'acide sulfurique ou oxalique, produit de l'acide cyanhydrique et de l'ammoniaque (par le changement de C^2 en OH^4). Ainsi on a :

$$(\xi) \qquad C^4Az^2Ag^2O^4 + C^4H^2O^8 = AzH^3 + C^2AzH + C^4Ag^2O^8 + 2HO.$$

$$(o) \qquad C^4Az^2Ag^2O^4 + H^2S^2O^8 = AzH^3 + C^2AzH + Ag^2O^2S^2O^6 + 2HO.$$

6° Le fulminate, traité par l'acide chlorhydrique hydraté, devient du chlorure d'argent, et développe l'odeur de l'acide chlorhydrique ; il y a aussi de l'ammoniaque sans trace d'acide oxalique. Par le changement du carbone seul en oxygène et hydrogène, il y avait un excédant d'azote qui manque, et il est reconnu qu'une partie d'azote se décompose avec le carbone. Connaissant la production de l'acide cyanhydrique, la formation de l'eau et du chlorure d'argent, on trouve l'équation suivante :

$$(\pi)\quad C^{28}Az^{14}Ag^{14}O^{28} + 14HCl = 14AgCl + 14HO + C^{28}Az^{14}O^{14}\,(28CO^{2}).$$

$$(\rho)\quad C^{28}Az^{14}O^{14} = C^{12}Az^{6}H^{6} + Az^{2}H^{6} + 31HO + H.$$

En ce cas, c'est l'anthracoazote $C^{12}Az^{6}$, qui devient $O^{8}H^{24} + O^{2}H^{12}$.

7° L'acide iodhydrique produit de l'iodure d'argent sans aucune odeur d'acide cyanhydrique.

8° Le fulminate, 1° traité par un peu d'hydrogène sulfuré, devient du sulfure d'argent et de l'acide cyanique; 2° traité par de l'hydrogène sulfuré en excès, il donne du sulfure d'argent, du sulfate et de l'acide cyanhydrique. Ainsi on a les deux équations :

$$(\sigma)\quad C^{4}Az^{2}Ag^{2}O^{4} + H^{2}S^{2} = C^{4}Az^{2}H^{2}O^{4} + Ag^{2}S^{2}, \text{ et}$$

$$(\tau)\quad C^{4}Az^{2}H^{2}O^{4} + 4HS = C^{4}Az^{2}S^{4} + 4HO.$$

9° *Les sulfures des métaux* peroxydables, bouillis dans un excès de fulminate, produisent peu de sulfure d'argent et un fulminate de base double. On a :

$$(\upsilon)\quad C^{4}Az^{2}Ag^{2}O^{4} + MS = C^{4}Az^{2}AgBaO^{4} = AgS.$$

10° Les oxydes des métaux peroxydables MOË homologues aux métaux MË inoxydables, séparent moins de la moitié de l'oxyde d'argent, et forment avec le reste des fulminates à base double; on a :

$$(\varphi)\quad C^{4}Az^{2}Ag^{2}O^{4} + KO = C^{4}Az^{2}KAgO^{4} + AgO.$$

11° Les chlorures des métaux peroxydables précipitent une moitié de l'argent qui est remplacée par un équivalent de métal peroxydable comme en (φ).

12° Le fulminate bouilli dans l'eau avec des métaux moins inoxydables que l'argent, le mercure ou le cuivre, devient fulminate de mercure ou de cuivre, et l'argent réduit se précipite; le fer produit le même effet à des degrés inférieurs.

Combinaisons des fulminates d'argent. Les fulminates à base double, traités par l'acide azotique, changent le métal peroxydable contre un équivalent d'hydrogène qui est un atome peroxydable; on a :

$$(\varkappa) \qquad C^4Az^2AgKO^4 + HO + AzO^6 = C^4Az^2AgHO^4 + KOAz\dot{O}^6.$$

Ce remplacement fait passer l'élément acidulant ÉE de l'acide azotique avec l'hydrogène au fulminate devenu monobasique.

Si le fulminate est bouilli dans l'eau avec de l'ammoniaque, une moitié de l'argent avec un équivalent d'ammoniaque forment des cristaux de fulminate; l'argent séparé se combine avec l'ammoniaque :

$$(\psi) \qquad C^4Az^2Ag^2O^4 + 2Az^2H^4O = C^4Az^2AgAzH^4O^4 + AzH^3AgO.$$

Le platine et l'or, qui sont plus inoxydables que l'argent, ne produisent pas de fulminates simples, mais toujours à base double avec le zinc qui est un métal oxydable.

Acide cyanurique $C^6Az^3O^3,3HO = AzH^3C^3Az^2C^3O^6$.

Formation. 1° Dans la distillation de l'acide urique; 2° dans l'urée chaude; 3° dans la décomposition du cyanure de chlore $C^6Az^3Cl^3$ traité par l'eau; 4° du mélam bouilli dans l'acide azotique, ou de l'acide cyanique bouilli dans l'acide sulfurique; 5° de l'amélide bouillie pendant six heures dans 50 parties d'eau et autant d'acides phosphorique, sulfurique, azotique, ou bouillie pendant une heure dans un mélange d'une partie d'amélide et de 10 parties de potasse aqueuse; 6° dans la réaction du protoxyde de chlore sur l'acide cyanhydrique.

Préparation. 1° Par la distillation sèche de l'acide urique; 2° Le cyanure de chlore est bouilli avec beaucoup d'eau jusqu'à ce que son odeur disparaisse; la liqueur filtrée laisse l'acide solide dans le filtre qu'on lave avec de l'eau froide; ensuite on le dissout dans de l'eau bouillante et on le laisse cristalliser; 3° on chauffe l'urée pour éloigner l'ammoniaque; le résidu est bouilli dans l'eau qu'on laisse cristalliser; 4° on introduit l'acide chlorhydrique dans l'urée pulvérisée; on chauffe la masse à 145° dans un bain d'huile. Sa décomposition rapide fait élever la température à 200°; le résidu est bouilli dans l'eau et laissé de côté pour cristalliser.

Propriétés. L'acide est incolore, presque insipide, peu soluble dans l'eau froide ; l'alcool bouillant le dissout, et, dans le froid, il se dépose en petits grains. Il rougit le tournesol. Il existe à l'état anhydre et à l'état hydraté. Calciné, il laisse une partie se sublimer et produire des aiguilles blanches et brillantes, le reste est de l'acide cyanique.

L'acide hydraté se cristallise en prismes obliques à base rhomboïdale ; l'anhydre affecte la forme d'octaèdre régulier.

Éléments.	Formes.	Poids.
6C, 3Az	$C^6Az^3O^3,3HO$	36, 42
3H, 6O	AzH^3,C^2Az^2,C^2O^4	3, 48
$C^6Az^3O^3,3HO$	$AzH^3C^2Az^2,C^2O^4$	129

Décomposition. La vapeur de l'acide, conduite dans un tube rouge, se décompose par la séparation d'un peu de carbone ; de ses éléments se forment l'huile, le carbonate, l'ammoniaque et le carbure d'hydrogène ; 2° l'acide chauffé se divise en un équivalent de même acide et en trois d'acide cyanique ; 3° à l'état humide, il produit du carbonate d'ammoniaque ; 4° fondu avec le potassium, l'acide produit du cyanure de potassium et de la potasse. Si le potassium est en petite quantité, il se forme du cyanate de potasse.

MODE DE PRODUCTION DES FAITS EXPOSÉS DES TROIS ACIDES.

Le cyanogène correspond à l'acide oxalique anhydre, lorsque l'équivalent d'azote est remplacé par trois atomes d'oxygène ; en recevant un atome d'oxygène, le cyanogène correspond à l'acide carbonique. L'hydrogène de l'eau 3HO se forme d'ammoniaque avec l'azote et les trois atomes d'oxygène ; avec les trois de l'acide $C^6Az^3O^3$ ils forment de l'acide carbonique C^2O^4 qui ne diffère pas de celui C^3Az^2 ou C^6Az^4 qui est le mellon.

AA. *ACIDE CYANIQUE.*

Formation. La dissolution jaune du paracyanogène $C^{12}Az^6$ est produite par deux équivalents d'azote qui passent de l'acide dans un des deux facteurs égaux ; il en résulte C^6Az^5, C^6Az^3.

1° Le cyanogène remplace l'oxygène dans la potasse, et cet oxygène passe au cyanogène libre. Ces changements sont occasionnés par la symétrie entre les éléments de la potasse $K^2O^2 = C^{10}H^{10}O^2$, et ceux du cyanogène $C^4Az^2 = O,4H^2O = H^{12}O^6$.

Préparation. A une température élevée, l'hydrogène de l'ammoniaque de l'acide cyanurique se sépare et passe aux autres équivalents d'azote.

Propriétés. A 0° cet acide est liquide; par ses éléments hylicoahyles, il diffère de l'acide carbonique; le remplacement de l'oxygène par l'azote concerne la structure et non les propriétés. La généralité de ce remplacement facilite l'exposition du mode de la formation des faits.

Décomposition. Tant que l'acide est au-dessous de 0°, ses facteurs sont $CAzH,CO^2$: au-dessus de 0°, il se trouve en un inéquilibre électrique par rapport aux tétraèdres des facteurs CAzH et CO^2, il en résulte des décharges électriques qui font entendre un bruit ; en même temps l'hydrogène 3H passe à un seul équivalent d'azote et forme de l'ammoniaque. Le *cyamélide* insoluble est un sel de carbonate d'ammoniaque où un équivalent d'ammoniaque est composé avec trois couple d'acide C^2O^4,C^2Az^2.

2° Avec l'eau, le sel reste toujours un carbonate, il n'est que : 1° chaque équivalent d'azote qui est dans le carbone remplacé par trois atomes d'oxygène; 2° dans chaque équivalent double d'azote les quatre équivalents de carbone sont remplacés par six équivalents d'hydrogène.

$$C^4Az^2O^2 + 8HO = Az^2H^6O^2,C^4O^6 = 2C^2Az^2H^4O^2.$$

L'urée $C^2Az^2H^4O^2$ n'est que le même carbonate où les six atomes d'oxygène sont remplacés par un double équivalent d'azote. L'acide liquide étendu dans l'eau reste toujours un acide carbonique, et son équivalent double pénètre dans un équivalent d'ammoniaque aqueux $AzH^4O = AzH^3,HO$, lequel est un tétraèdre d'eau, si l'on remplace l'azote par trois atomes d'oxygène.

Cette propriété de l'azote résulte des hydrotétraèdres trispermes $O^3,4H = Az^2$; l'ammoniaque $Az^2H^6 = H^3O^3,4H^3$ remplace six équivalents d'eau, parce que l'azote Az^2 remplace six atomes d'oxygène.

Mode de production des explosions.

Les sons résultent des décharges électriques, lesquelles consistent en expansions des molécules μ μ′ et la production d'une poussée divergente contre l'air et les corps ambiants. Tous les corps sont composés de tétraèdres; les tétraèdres des sels ont l'acide logé dans la base; ces tétraèdres sont aussi ceux du cyanate d'argent et du cyanurate d'argent $C^4Az^2Ag^2O^4, C^{12}Az^6Ag^6O^{12}$. Deux tétraèdres de cyanate d'argent produisent, par leur parédriase, des couples instables soutenus par des poussées $f\,f$ ou $f'\,f'$ homoélectriques vis-à-vis des faces équilibrées, tandis que les parédriases stables sont soutenues par un minimum de répulsion exercée entre les faces $f\,f'$ hétéroélectriques. Donc le changement des faces homoélectriques $f\,f$ ou $f'\,f'$ vis-à-vis, pour se trouver vis-à-vis des faces hétéroélectriques $f\,f'$, occasionne des expansions simultanées des molécules μ μ′ électriques; leur poussée répulsive sur les corps est proportionnelle à la densité des molécules μ μ′ soutenues en un état instable. Le fulminate d'argent et d'ammoniaque dans son explosion produit une poussée triple de celle du fulminate d'argent.

Les moyens qui occasionnent l'explosion se réduisent à un courant ou une décharge électrique, analogue à celui qui produit la combinaison des mélanges d'un volume d'oxygène et de deux d'hydrogène. Au lieu d'un choc sec, qui occasionne l'explosion, celle-ci n'est pas produite, si l'on exerce une poussée graduelle jusqu'au degré de réduction des cristaux à une couche très-mince. Un fragment pointu de verre suffit par le contact à produire le même effet qu'une étincelle, car il y a une décharge électrique.

Effets des explosions. En décomposant le fulminate sans production d'explosion, on trouve les éléments $C^8Az^4Ag^4O^8$ employés dans sa composition, tandis qu'après une explosion les produits ne contiennent plus la même quantité d'azote et de carbone; ces corps ont diminué, et il y a production d'eau, d'acide cyanhydrique et d'ammoniaque. Il est connu que les décharges électriques font augmenter le volume du gaz oléfiant par une production de gaz des marais. Tous les faits inexplicables d'après les hypothèses des chimistes servent souvent ici à titre d'exemples pour rendre évident le mode de leur production.

Le fulmi-coton, la poudre à canon, le gaz détonant, etc., sont des corps composés de tétraèdres ayant vis-à-vis les faces homoélectriques $f\,f$ et $f'\,f'$ de manière que les unes empêchent l'expansion des molécules homonymes des autres. Tous les corps explosibles sont inéquilibrés; l'explosion est occasionnée par un courant électrique provenant d'une étincelle, d'un choc sec, d'une élévation de température prompte, d'un frottement vif.

Le déplacement des faces, commencé en un couple de tétraèdres, amène celui de tous les autres, et l'expansion des molécules électriques devient universelle. La poussée répulsive est proportionnelle à la quantité des faces *f f* et *f' f'* des tétraèdres dont chacun a un minime poids, de sorte que leur nombre peut être évalué par leur poids, tandis que des différences des effets est déterminée par la qualité qui consiste en une uniformité universelle des tétraèdres ou en une uniformité partielle. Dans les gaz et les liquides, l'uniformité peut être universelle, tandis que cela n'est pas le cas dans les solides.

Différence entre les explosions et les fermentations. Chaque changement d'état d'un corps 1° a pour cause l'inéquilibre d'une des molécules μ μ' électriques qui est la *force*; 2° ce changement est précédé d'une expansion des molécules qui est l'*action*; 3° elles exercent une poussée contre les éléments des corps qui éprouvent un déplacement qui est l'effet.

Les corps explosibles sont des produits chimiques, les corps susceptibles d'une fermentation sont organiques et non chimiques. L'état instable des tétraèdres de corps chimiques précède l'explosion, et celle-ci amène l'état stable qui résulte de la position vis-à-vis des faces *f f'* hétéroélectriques des tétraèdres.

Les corps organiques sont un état stable; ils arrivent en inéquilibre par le contact d'un corps hétérogène, dont les faces *f* sont hétéroélectriques des faces *f'* du corps organique. Une fois cet inéquilibre et l'expansion correspondante des molécules provoquée dans le corps organique, on en peut éloigner le corps hétérogène nommé en ce cas levain, les molécules inéquilibrées se trouvant en expansion déplacent les tétraèdres voisins, et réduisent en inéquilibres leurs molécules qui se mettent en expansion, et en repoussant les tétraèdres de plus en plus éloignés, font se propager l'inéquilibre dans tous les tétraèdres dont les molécules arrivent successivement en expansion. Ainsi celles-ci ne commencent pas simultanément, il s'écoule un espace de temps pour que l'expansion des molécules devienne universelle, tandis que l'équilibre doit être établi dans toute la masse pour compter sur la fermentation; pour éviter ce retard, on mêle une grande quantité de levain avec le jus ou avec la pâte.

Classification des métaux d'après leurs fulminates. L'azotate de mercure, et surtout celui d'argent, traités par l'alcool, deviennent un fulminate; ni l'or ni le platine, moins oxydables que l'argent, ni les métaux oxydables et peroxydables ne deviennent du sel fulminant. Il n'y a que les métaux oxydables, qui, traités par le fulminate d'argent, deviennent des fulminates monobasiques

$$C^4Az^2Ag^2O^4 + MO = C^2AzAgO^2 + AgO + C^2AzMO^2.$$

Les métaux peroxydables $M\bar{E}^2$ et les métaux très-inoxydables doivent se mêler pour former une base double $M\bar{E}^2 + \mathring{M}\bar{E} = M\mathring{M}\bar{E}^2$ oxydable propre à produire un fulminate ; pour y parvenir, il ne faut pas prendre le potassium avec le platine ou l'or, mais avec l'argent ou le mercure.

En conservant l'argent pour une base et recevant des métaux peroxydables pour l'autre, l'expérience prouve que les deux bases n'y entrent pas en rapport du poids de leurs équivalents, mais en rapport de la densité de leurs éléments électriques. L'équivalent de potassium pèse 39 et celui de sodium 23; dans le fulminate bibasique l'argent entre pour plus d'un équivalent, le potassium pour moins d'un équivalent, et le sodium pour un peu moins d'un équivalent. La parédriase des tétraèdres mixtes est ainsi établie; elle est déterminée par les empêchements mutuels de l'expansion des molécules homonymes. Les molécules μ' aréoélectriques (électronégatives) sont plus denses dans l'équivalent K de potassium que dans celui Na de sodium, cela contient 12,39 p. 100 de potasse au lieu de 36, et 8,43 p. 100 de soude au lieu de 21.

Éléments de l'argent. Je prouve plus bas que les métaux ne diffèrent qu'à cause des éléments qu'ils contiennent. Je n'en fais mention ici que pour empêcher le lecteur de croire que l'exposition du mode de production des faits soit pareille aux hypothèses logiques inventées pour expliquer chaque fait séparément.

Regnault, en confirmant la loi de **Dulong** et **Petit** sur le rapport inverse entre le poids des équivalents et la chaleur spécifique des corps, a reconnu que l'équivalent admis 108 de l'argent est double de l'équivalent réel qui est 54, car le nombre 108, multiplié par la chaleur spécifique 0,05701 de l'argent, donne un produit double de celui obtenu par la multiplication des équivalents des autres métaux par leur chaleur spécifique.

Cette opinion trouva son affirmation dans la découverte que l'argent est un corps isomère de l'acide cyanhydrique dont la forme réelle est $C^4Az^2H^2$, et le poids de son équivalent ne diffère pas de celui de l'argent admis par **Regnault.**

La densité **d** de l'argent est exactement quinze fois celle *d* de l'acide cyanhydrique.

$$\mathbf{d}=15\,d \text{ et } 10{,}428=15\times 0{,}695\text{; et } Ag^2=C^8Az^4H^4=108.$$

Le fulminate d'argent est ainsi trouvé :

$$C^4Az^2Ag^4O^4=C^4Az^2O^4,C^{16}Az^8H^8=C^{20}Az^{10}H^8O^4.$$

Les propriétés obtenues par les observations concordent de manière à rendre incontestable leur origine commune. Il ne reste réservé que : 1° l'exposition du mode de la production d'une densité de l'acide cyanhydrique qui serait quinze fois celle de son liquide; et 2° l'exposition du mode de la production des propriétés de l'argent et de ses composés avec les autres corps.

V. Manque de deux espèces de composés entre l'azote, le carbone et l'oxygène.

Il n'existe ni composés d'égal nombre d'équivalents de carbone et d'azote ni composés ternaires de carbone, d'azote et d'oxygène. Les corps organiques de forme $C^{24}H^{24}O^{24}$ sont des tétraèdres $4C^6H^6O^6$; les douze équivalents doubles de carbone se forment dans les plantes de douze tétraèdres d'eau $12H^4O^4$ dont se séparent neuf tétraèdres d'oxygène :

(α) $$12H^4O^4-9O^4=12H^4O=12C^2.$$

L'azote est le résidu de la séparation d'un atome d'oxygène d'un tétraèdre d'eau.

(β) $$Az^2=4HO-O=H^4O^3.$$

Les mêmes éléments composent l'azote et l'oxyde de carbone; la différence ne consiste qu'en éléments électriques; chaque fois que cet élément disparait, l'oxyde de carbone est remplacé par l'azote :

(ζ) $$C^2O^2=O^3,H^4=Az^2.$$

Dans la phytochimie j'ai exposé ce mode de changement de l'oxyde de carbone en azote, qui amène les nombreuses séries des corps azotés ; *alcaloïdes*, *amides*, *imides*, *nitrites*. Donc le manque de composés de carbone d'oxygène et d'azote a son origine dans la production de l'azote par l'oxyde de carbone.

Note sur le vinaigre. Dans une lettre datée de Pékin on écrit qu'il y a un polype qui transforme en vinaigre l'eau dans laquelle on le place. En quelques mois cette propriété s'épuise; on mange ces polypes et on les remplace par d'autres qu'on trouve sur les côtes. On en a apporté à Paris, mais ils moururent. (*Journal officiel*, 25 juin 1869.)

Ce résultat est d'accord avec celui exposé page 374 qui était imprimé avant le 25 juin 1869. Dans les deux cas le carbone $C^2 = H^4O$ est produit de la séparation de trois atomes d'oxygène d'un tétraèdre d'eau.

$$C^2 = 4HO - O^3 = H^4O.$$

SIXIÈME SECTION.

COULEURS, STRUCTURE ET ÉLÉMENTS DES CORPS.

Les couleurs ne sont pas des espèces d'encres ou de vernis comme **Fremy** et d'autres chimistes l'admettaient, et prétendent même les avoir isolés dans les plantes, sans cependant cesser d'y trouver les éléments de ces plantes et non quelques corps nouveaux. Les chimistes apprendront d'abord, que les cristaux des six systèmes se décomposent en tétraèdres arrangés d'une manière régulière, pour former des espèces de prismes dans lesquels les six espèces de lumière éprouvent une suppression par interférence, et il ne leur reste en expansion que l'espèce de lumière produisant la couleur des corps.

Cette comparaison entre les couleurs du spectre produites par le prisme et les couleurs des corps produites par les tétraèdres est en accord avec les faits observés; il ne reste qu'à rendre évident le mode de la suppression des expansions des six espèces de lumière et de sa liaison avec les éléments chimiques des corps décomposables et des corps indécomposables.

Le mode de la suppression de l'expansion des six espèces de lumière pour faire apparaître une couleur, est exposé dans tous ses détails dans le deuxième et le cinquième volume de *la Physique*; je me borne ici à faire connaître à chacun la liaison entre les éléments chimiques des corps et leur couleur. Après avoir indiqué que chacune des sept couleurs correspond à un des sept rapports harmoniques

$$2:1,\ 15:8,\ 5:3,\ 3:2,\ 4:3,\ 5:4,\ 9:8,$$

j'expose la liaison entre : 1° la couleur, 2° les éléments des deux facteurs, et 3° le rapport entre eux ; de sorte que deux des objets étant connus, le troisième devient déterminé.

Au moyen des éléments chimiques et de la couleur de chaque corps, on trouve que la loi s'applique partout :

Au moyen de la loi et de la couleur des corps indécomposables on découvre leurs éléments;

Au moyen de la loi et des éléments chimiques, on détermine *à priori* la couleur qui en doit résulter.

Le noir n'est pas plus une couleur que l'obscur. La différence entre le noir et l'obscur consiste en ce que les cristaux de charbon interceptent l'expansion de toutes les sept espèces de lumières, et le corps devient sensible par la lumière du pigment dont l'expansion s'opère à travers la rétine vers l'objet dont chaque expansion manque. Dans l'obscur, il n'arrive pas de lumière au pigment, et il n'y a pas d'expansion vers les objets non éclairés.

I. **Équivalents chimiques et leurs facteurs.** Le poids **p** d'un *équivalent est la somme* $p+p'$ *de ses deux facteurs qui ont deux* tétraèdres Δ Δ' chacun composé d'un nombre d'éléments homonymes en un rapport :

1° En cas d'égalité entre les éléments des deux facteurs il n'y a pas suppression d'expansion d'aucune espèce de lumière. L'expansion de l'ensemble de sept espèces de lumière produit le sentiment du blanc.

2° Dans les corps colorés, les éléments des deux facteurs sont homonymes, en même temps qu'ils sont entre eux en un des sept rapports indiqués. Si l'on change le rapport en y introduisant plus d'un *élément, la couleur change, et celle correspondante au nouveau* rapport apparaît. Il est reconnu que les couleurs des acides changent de plusieurs manières; il est possible de faire les expériences de manière à déterminer par le calcul les rapports entre les nombres des éléments chimiques et les couleurs. Après avoir exposé les résultats connus des expériences, chacun voit que chaque couleur correspond à un des sept rapports. J'expose ici quelques-unes des colorations des acides pour rendre évidente l'application de la loi.

II. **Équivalents chimiques tétraédriques et leurs arrangements.** *Les deux facteurs des équivalents sont composés des élé*ments disposés en tétraèdres : dans le cas où les tétraèdres Δ Δ' des facteurs se combinent par *enédriase*, l'un Δ entre dans l'autre; 2° dans le cas où les tétraèdres Δ Δ' se combinent par *parédriases*, l'un s'accole à l'autre, et cela peut s'opérer par cinq manières, dont chacune est la base d'un système cristallographique.

III. **Trois systèmes de cristaux optiques.** Des cristaux transparents : 1° ceux qui sont produits par l'enédriase de leur facteur Δ Δ' livrent passage à la lumière sans en produire aucune division;

2° Les cristaux du deuxième et troisième système ne livrent passage sans division qu'aux rayons incidant parallèlement à une seule direction; ceux qui incident sous toute autre direction sont divisés en deux expansions divergentes et égales; 3° les cristaux des quatrième, cinquième et sixième systèmes, diffèrent de ceux du deuxième et du troisième en ce qu'il y a deux directions sous lesquelles les rayons incidents ne se divisent pas.

IV. Les deux rayons produits par la division du rayon incident, émergent des cristaux applatis d'après deux plans perpendiculaires l'un à l'autre. Ces applatissements correspondent à la parédriase des tétraèdres arrangés symétriquement d'après trois dimensions.

1° Coloration de l'acide sulfurique et des rapports entre ses éléments.

On introduit une égale quantité d'acide sulfurique anhydre dans trois tubes U U' U", cette quantité est admise à 40 parties; ensuite on introduit 8 parties de soufre dans le tube U, 6 dans U' et 4 dans U", et on les ferme. Dans chacun des trois tubes on observe des colorations qui correspondent aux rapports entre les nombres indiquant les nombres des atomes chimiques de soufre qui entrent dans chacun des deux facteurs du liquide. **Wach** a fait le premier cette expérience qui a été répétée mille fois; mais lui ni aucun autre ne remarqua qu'il y a une correspondance entre les couleurs et les rapports entre les atomes de soufre de chaque facteur. Le liquide du tube U est rouge, du tube U' vert, du tube U" bleu.

1° **Liquide rouge.** Ce liquide est composé d'un atome de soufre introduit et de deux autres contenus dans les deux équivalents d'acide S^2O^6. Si l'on introduit 9 à 10 parties de soufre au lieu de 8, l'excédant reste à l'état insoluble, d'où il devient connu qu'il y a une *parédriase* entre les tétraèdres de soufre et non un *mélange*. Le liquide ne gèle pas dans le plus grand froid. A la lumière du jour, il pousse des cristaux de soufre. Il bout à 38° et se divise en deux couches : une supérieure jaune-brune et une inférieure brune. Ensuite il se sépare une partie du soufre, et le liquide devient de l'acide sulfureux contenant très-peu d'acide anhydre.

2° **Liquide vert.** Ce liquide est composé de 10 parties de soufre dont 4 sont introduites non dans $4S^2O^3$, mais dans S^4O^{12}. Si le même soufre 4S est introduit dans 5 équivalents d'acide $5SO^3$, le liquide réfléchit la lumière bleue, et il transforme la bleue en verte.

A la lumière du jour, l'acide dépose quelques flocons et devient brun.

3° **Liquide bleu**. Ce liquide contient 2 atomes de soufre introduit et 5 équivalents d'acide $5SO^3$ et non 1 atome de soufre et 4 équivalents d'acide. Si le soufre introduit est en moins il est dissous dans une quantité déterminée d'acide pour former un liquide bleu, et il reste un excédant d'acide. En six semaines, dans l'obscurité, ou en huit heures au soleil, le liquide bleu dépose quelques flocons de soufre et devient brun-jaune. Si l'on chauffe un bras à 56° et qu'on refroidisse l'autre à — 10°, la vapeur qui s'y condense donne deux couches dont l'inférieure est brune et la supérieure jaune.

Le lecteur restera convaincu de la correspondance entre les sept couleurs et les sept rapports chromatiques, car il la trouvera partout dans les faits exposés de même que dans tous ceux qui peuvent être présentés.

L'acide sulfurique se présente sous les couleurs successives suivantes : le soufre, avec l'oxygène, devient d'abord un liquide brun, lequel, en recevant l'acide en quantités de plus en plus considérables, devient brun-vert, bleu, couleurs obtenues dans les trois tubes avec les *détails des séries suivantes :*

1° Le liquide rouge contient $S^8 + 16SO^3 = S^{24}O^{48}$; il bout à 38° et donne deux liquides, l'un brun et l'autre brun-jaune produits des rapports des atomes de soufre contenus dans les facteurs suivants :

$$3S^{24}O^{48}\left\{\begin{matrix} S^{24}O^{48} \\ \\ 2S^{24}O^{48} \end{matrix}\right\} = \left\{\begin{matrix} S^{16}O^{24}S^{8}O^{24} & \text{brun} \\ S^{16}O^{24}S^{8}O^{24} & \text{brun} \\ S^{16}O^{24}S^{8}O^{24} & \text{jaune} \end{matrix}\right.$$

2° Le liquide vert contient $S^6 + 16SO^3$; il est vert et devient brun, preuve que de 6 atomes de soufre 4 passent dans les 6 équivalents d'acide et 2 dans les $10SO^3$; qu'ainsi se forment deux facteurs couples de

$$S^{22}O^{48} = \left\{\begin{matrix} S^{16}O^{24} = S^{8}O^{12}S^{8}O^{12} & \text{vert} \\ S^{16}O^{24} = S^{8}O^{12}S^{8}O^{12} & \text{brun} \end{matrix}\right.$$

Au lieu de 6 parties de soufre, s'il y en a 5, on a $S^5 + 16SO^3 = S^{21}O^{48}$. La lumière réfléchie est bleue, et la transmise est bleue et verte. La lumière bleue correspond au couple $S^{12}O^{24}, S^{9}O^{24}$ et la lumière verte au couple $S^3(S^9O^{24}), S^2(S^8O^{24})$.

3° Le liquide non bleu mais indigo apparaît dans la solution de 2 atomes de soufre dans 10 équivalents d'acide; ainsi on a :

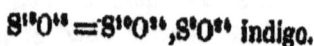

$$S^{18}O^{48} = S^{10}O^{24},S^{8}O^{24} \text{ indigo.}$$

La lumière ou la chaleur fait passer 2 atomes de soufre dans le facteur $S^{10}O^{24}$ du liquide qui se divise en deux, et on a :

$$S^{18}O^{48} + {}^{2}S = \begin{cases} S^{12}O^{24} = S^{8}O^{12},S^{4}O^{12} & \text{brun} \\ S^{8}O^{24} = S^{5}O^{12},S^{3}O^{12} & \text{jaune} \end{cases}$$

2° Colorations de l'acide azotique.

En introduisant du bioxyde d'azote dans l'acide azotique de densité, 15, il n'y a pas de coloration : 1° si l'acide est de densité 1,32, il devient vert; 2° s'il est de densité 1,41, il devient orangé; 3° si sa densité est 1,5, il devient jaune-rouge foncé.

En introduisant le bioxyde d'azote dans l'acide azotique concentré, il devient d'abord jaune, puis orangé, puis vert foncé, ensuite vert clair et enfin vert-bleu.

Dans ces expériences le nombre des équivalents n'est pas indiqué, mais seulement l'ordre de la succession des séries. De même que dans l'acide sulfurique, le soufre introduit détermine les couleurs, de même dans l'acide azotique l'azote est l'élément commun des facteurs qui passent d'un rapport à l'autre de la manière suivante :

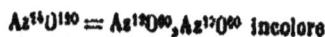

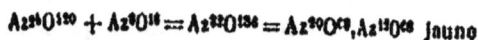

$$Az^{24}O^{120} = Az^{12}O^{60},Az^{12}O^{60} \text{ incolore}$$

$$Az^{24}O^{120} + Az^{8}O^{16} = Az^{32}O^{136} = Az^{20}O^{68},Az^{12}O^{68} \text{ jaune}$$

$$Az^{24}O^{120} + Az^{12}O^{24} = \left.\begin{cases} Az^{8}O^{36},Az^{4}O^{36} & \text{rouge} \\ Az^{16}O^{36},Az^{8}O^{36} & \text{jaune} \end{cases}\right\} \text{orangé}$$

$$Az^{24}O^{120} + Az^{16}O^{32} = Az^{40}O^{152} = Az^{24}O^{76},Az^{16}O^{76} \text{ vert}$$

$$Az^{24}O^{120} + Az^{17}O^{34} = Az^{41}O^{154} = \begin{cases} Az^{20}O^{76} = Az^{12}O^{36},Az^{8}O^{30} & \text{vert} \\ Az^{21}O^{80} = Az^{12}O^{40},Az^{9}O^{40} & \text{bleu} \end{cases}$$

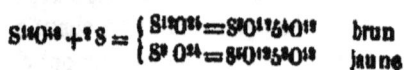

En opérant sur des acides de densités différentes, on connaît par les couleurs produites que l'acide concentré $24AzHO^{6}$ se combine avec 8 équivalents de deutoxydes. Si l'on introduit la même quantité d'eau, l'acide se combine successivement avec les équivalents $12AzO^5$, $16AzO^5$, $20AzO^5$, $24AzO^5$.

3° Colorations de l'acide hypoazotique.

1° L'acide hypoazotique froid : 1° au-dessous de 0 est incolore; 2° entre 0 et 10° il est jaune; 3° entre 15° et 28° il est jaune-rouge; 4° sa vapeur l'est aussi.

2° Si les vases v v′ v″ v‴ contiennent de l'acide hypoazotique, et si l'on y introduit de l'acide azotique de densités 1,510, 1,410, 1,320, 1,150; les liquides produits sont brun, jaune, vert-bleuâtre; le dernier du vase v″, qui reçoit l'acide de densité 1,150, reste incolore.

Dans ces deux séries de couleurs : 1° l'acide hypoazotique est incolore dans le froid et dans l'acide azotique étendu; 2° il est rouge-jaune à une température élevée et dans l'acide azotique concentré. Dans les deux cas, le manque de couleur indique qu'il y a égalité d'atomes d'azote dans les deux facteurs, tandis que les couleurs apparaissent : 1° à la température élevée, à cause de l'arrangement des $36AzO^4$ équivalents existants; ou 2° à cause de l'arrangement des atomes $24AzO^4 + 8AzO^5$; $24AzO^4 + 12AzO^5$; $24AzO^4 + 20AzO^5$.

$$3Az^{12}O^{48} = \begin{cases} Az^{8}O^{30}, Az^{4}O^{10} & \text{vert} \\ Az^{12}O^{48}, Az^{8}O^{18} & \text{jaune} \end{cases}$$

Dans le tableau suivant pareil à celui de la page 12 sont contenus les éléments des corps indécomposables, qui ont été découverts au moyen des autres propriétés des corps coordonnés avec : 1° les couleurs qu'ils possèdent, 2° les couleurs de leur flamme, et 3° les couleurs de leurs composés. Dans l'article sur chaque corps sont exposés tous les détails provenant des éléments; un aperçu général rend évidente la liaison des couleurs et des éléments des corps.

4° Six systèmes de cristaux chimiques et trois systèmes de cristaux optiques.

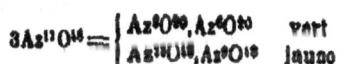

L'*énédriase* d'un tétraèdre dans l'autre ne s'opère que d'une seule manière; les équivalents sont composés de deux facteurs comme ceux des cristaux produits par *parédriase*; mais dans ceux-ci la densité est presque la moyenne de celle des deux facteurs, tandis que la densité croît dans des cristaux dont les équivalents contiennent les deux facteurs dans un seul tétraèdre.

Les deux tétraèdres des facteurs en enédriase ou en parédriase peuvent être composés d'éléments en rapports achromatiques ou d'éléments en rapports chromatiques. Ainsi, dans chacun des six systèmes, les cristaux peuvent être incolores ou colorés. Cela n'est pas le cas par rapport à l'expansion de la lumière dans les cristaux composés de tétraèdres isolés ou de tétraèdres jumeaux.

I. Les deux tétraèdres Δ Δ', en s'accolant par leur face, peuvent : 1° avoir l'une couverte de l'autre, ou 2° les trois angles d'une face triangulaire *f* peuvent passer par le milieu des trois côtés de l'autre face *f'*. Dans ces deux cas, il y a deux pyramides antipodes dont les axes coïncident, et les rayons qui incident parallèlement à ces axes conservent leur unique expansion en se propageant dans le cristal. L'expansion sous toute autre direction se divise en deux moitiés, et cela à cause du triangle de la couche électrique qui unit les bases des pyramides antipodes.

II. Les cristaux des quatrième, cinquième, et sixième systèmes sont composés de tétraèdres jumeaux ; sans que coïncident les perpendiculaires qui s'abaissent des sommets : 1° Dans le quatrième système. les tétraèdres Δ Δ sont accolés par l'une des arêtes pour qu'il en résulte un rhombe; 2° dans le cinquième système de la hauteur *h* et de la face *f* ou tétraèdres Δ, la moitié est accolée de la face *f'* de l'autre tétraèdre Δ'; 3° dans le sixième système, les tétraèdres sont accolés par l'un des sommets ayant les deux faces *f f'* sur le même plan.

Dans chacun de ces cristaux il y a trois directions différentes d'après lesquelles l'arrangement des tétraèdres est symétrique; il y a deux directions d'après lesquelles les rayons incidents ne se divisent pas; mais, opérant sur l'expansion de la chaleur, on trouve qu'elle se propage sous trois directions correspondantes aux trois axes de cristaux.

TABLE DES ÉLÉMENTS DES ÉQUIVALENTS DES CORPS INDÉCOMPOSABLES.

NOMS des CORPS.	SYMBOLE.	POIDS.	ÉLÉMENTS des ÉQUIVALENTS.	FACTEURS des ÉQUIVALENTS.
			Atomes primitifs.	
Hydrogène...	H	1	$\theta\beta$	
Oxygène....	O	8	$\varphi\beta\overline{\theta\beta}^{7}$	
			Métalloïdes d'origine aquatique.	
Azote.....	Az^2	28	H^4O^2	$O^2,4H$
Carbone....	C^2	12	H^4O	$O,4H$
			Métalloïdes d'origine de chlorophylle aquatique.	
Iode......	I	127	$22HO = \{H^{18}O^{14}$	$H^8O^8,4H^2O^2$
Chlore.....	Cl^2	71	H^7O^8	$H^3,4HO^8$
Brome.....	Br	80	$11HO = \{H^6O^8$	$O,4H^2O^8$
Fluor......	Fl	19	H^3O^8	H,H^2O^8
Bore......	B^4	43	$5HO - H^2 = H^3O^4$	$H^3O,4O$
			Métalloïdes d'origine d'ammoniaque.	
Phosphore...	Ph	31	$Az^2H^6 - H^3 =$	$Az^2H^3 = O^8H^7$
			Métalloïdes d'origine de gaz des marais.	
Soufre.....	S^4	32	C^4H^8	C^2H^8,C^2H^4
Tellure....	Te^3	192	$C^{12}H^{24}$	C^6H^{16},C^6H^8
			Métalloïdes d'origine de soufre et de gaz des marais.	
Selium....	Se^3	120	$C^2H^4S^6 - H^3 =$	C^2S^4,H^2S^2
			Métalloïdes d'origine de phosphore et de gaz des marais.	
Arsenic....	As	75	$C^2H^4P^2 - H^3 =$	C^2HPH^6
			Hydrocarbones métalliques d'origine végétale.	
Potassium..	K^2	78	$C^{10}H^{18} =$	C^8H^{16},C^2H^2
Sodium....	Na^2	46	$C^6H^{10} =$	C^4H^8,C^2H^2
Baryum....	Ba^2	137	$C^{18}H^{20} =$	$C^{12}H^{12},C^6H^6$
Silicium....	Si^2	30	$C^4H^6 =$	C^2H^4,C^2H^2
Strontium..	Sr^3	48	$C^{12}H^{16} =$	C^4H^8,C^8H^8
Thorium....	Th^2	119	$C^{30}H^{14} =$	$C^8H^3,C^{16}H^{16}$
Glucinium...	Gl	14	C^2H^3	
Didyme.....	D^2	99	$C^{16}H^{18}$	
Magnésium..	$2Mg^4$	96	$C^{14}H^{12}$	$C^4,C^{10}H^{10}$
Lanthane...	La^2	96	$C^{14}H^{12}$	C^3H^2,H^{10}
Aluminium..	Al^2	27	C^4H^3	C^2H,C^2H^2
Calcium....	Ca^2	40	C^6H^4	C^4H^2,C^2H^2
Zirconium..	Zr^2	67	$C^{10}H^7$	C^6H^3,C^4H^4
Cérium.....	Ce^2	94	$C^{14}H^{10}$	C^8H^4,C^6H^6
Lithium....	Li^2	13	C^2H	
Yttrium.....	Y^2	64	$C^{10}H^5$	C^8H^3,C^2H^2

NOMS des CORPS.	SYMBOLE.	POIDS.	
Équivalents des métaux composés comme les sels des deux facteurs.			
Fer.	Fe^2	54	$C^4H^6O^3 = C^3H^3,SO^3$
Manganèse. . .	Mn^3	55	$C^4H^7O^3 = C^3H^3,SO^3$
Chrome. . . .	Cr^3	53	$C^4H^8O^3 = C^3H,SO^3$
Cobalt.	Co^2	59	$C^4H^{11}O^3 = C^3H^7,SO^3$
Nickel.	Ni^2	59	$C^4H^{11}O^3 = H^3S,SO^3$
Uranium. . . .	U^3	191	$C^8H^9O^8 = C^4H^6O^4,C^4H^3O^4$
Zinc.	Zn^4	128	$C^8H^{16}O^8 = Az^2H^4,S^2O^6$
Cadmium. . .	Cd^2	112	$C^4H^4O^7 = C^6O^4,SO^3$
Cuivre.	Cu^4	127	$C^8H^{10}O^8 = Az^2H^3S^2O^6$
Tungstène. . .	Tu	92	$C^8H^{12}O^4$
Molybdène. . .	Mo^2	92	$C^8H^4O^8$
Vanadium. . .	V^1	137	$C^8H^9O^{10}$
Etain.	Sn^2	59	$C^4H^{11}O^3$
Titane.	Ti^2	50	$C^4H^2O^3$
Tantale. . . .	Ta	69	$C^6H^9O^3$
Niobium. . . .	Nb	49	C^4HO^3
Plomb.	Pb^2	207	$C^{16}H^7O^{13}$
Thallium. . . .	Tl	204	$C^{16}H^{18}O^{18} = C^4Az^4S^2O^5$
Bismuth. . . .	Bi^2	213	$C^{16}H^{21}O^{13}$
Antimoine. . .	Sb^2	121	$C^8H^{17}O^7$
Mercure. . . .	Hg^2	200	$C^{16}H^{26}O^{10}$
Argent.	Ag^2	216	$C^{16}H^{34}O^{13}$
Or.	Au^2	197	$C^{16}H^6O^{13}$
Platine.	Pt^2	197	$C^{16}H^{21}O^{10}$
Iridium. . . .	Ir^2	197	$C^{16}H^{13}O^{11}$
Palladium. . .	Pd^2	106	$C^{16}H^8O^{12}$
Rhodium. . . .	Rh^2	104	$C^{16}H^4O^6$
Ruthenium. . .	Ru^2	104	
Osmium. . . .	Os^2	199	$C^{16}H^{13}O^{11}$

1° RAPPORT ENTRE LES ÉLÉMENTS DES CORPS, LES POIDS DE LEUR ÉQUIVALENCE ET LEURS COULEURS.

Le lecteur voit dans cette table que le poids de l'équivalent de chaque corps est la somme des poids de ses éléments dont le nombre ne surpasse pas celui de quatre. Ainsi il est obtenu un accord entre les nombres des éléments des corps organiques et des corps inorganiques.

Dans les corps organiques entrent quatre espèces d'éléments, tandis que, dans les corps inorganiques, avec ces quatre espèces : *hydrogène*, *oxygène*, *carbone*, *azote*, entrent rarement deux autres : le *soufre* et le *phosphore*.

Le *carbone* et l'*azote* sont des résidus provenant des tétraèdres de l'eau, le *soufre* et le *phosphore* sont des composés stables provenant des tétraèdres du gaz des marais ou de l'ammoniaque.

Ainsi des deux atomes simples primitifs se forment les tétraèdres de l'eau 4HO. De ces tétraèdres décomposables réduits à l'état instable proviennent des composés stables, et pour cela indécomposables. Ces arrangements proviennent de la séparation de 1 ou de 3 atomes d'oxygène. L'azote et le carbonne contiennent les mêmes éléments que l'eau mais en rapports différents.

Les corps *azote* et *carbone*, logés dans des hydrotétraèdres sont des *gaz des marais* C^2H^4 et des *ammoniaques* $Az^2H^6 = OH^2O^3,4H^2$. De leur arrangement instable, les deux tétraèdres des gaz $2C^2H^4 = O^4,4H^4$ obtiennent un arrangement stable, lorsque les quatre sommets de l'un se trouvent au milieu des quatre faces de l'autre. Cet état stable est le soufre $S^2 = C^4H^8$, dont la couleur jaune résulte de l'arrangement des 8 atomes d'hydrogène pour se trouver dans le rapport de 5 : 3, C^2H^5,C^2H^3.

Des tétraèdres instables de l'ammoniaque Az^4H^{12} se séparent 6 atomes d'hydrogène, le résidu stable $Az^4H^{12} - H^6 = Az^4H^6$ est le *phosphore* $= Az^4H^6 = O^6H^{14}$, qui est incolore, mais exposé à la lumière *indigo* il devient rouge.

L'apparition du rouge par l'expansion de la lumière indigo dans les éléments O^6H^{14} du phosphore est déterminée par les nombres 6 et 14 de ces éléments, dont l'un donne le rapport $O^4 : O^2$ du rouge, et l'autre le rapport $H^8 : H^6$ du bleu. L'ensemble de ces deux couleurs compose les éléments du ballon, lequel livre passage aux deux espèces de lumière. L'expansion des molécules homonymes à celles des deux rapports des éléments du phosphore y produit un arrangement qui intercepte la transmission de ces deux espèces de lumière, et qui ne réfléchit que la lumière rouge provenant du rapport $O^4 : O^2$. Cette série de faits rend évidente la liaison entre les couleurs des corps et les nombres des espèces de leurs éléments chimiques.

Le mercure est un métal liquide, non à cause de la différence de ses éléments qui se trouvent aussi dans l'argent, mais à cause des deux espèces d'acide azoteux AzO^3,AzS^3 dont les tétraèdres exercent entre eux une poussée répulsive **r** supérieure à la poussée **p** compressive exercée par l'électre affluant sur le barogène des éléments matériels.

Le mercure incolore devient rouge en recevant un atome d'oxygène de même que l'argent le fait. Ainsi cet oxygène ne fait qu'établir l'arrangement des trois équivalents de soufre en rapport chromatique pour en résulter l'arrangement suivant :

$$HgO = Az^{2}S^{3}O^{4} = AzO^{3}S^{2}, AzO^{3}S \text{ rouge.}$$

De même l'oxyde d'argent devient rouge par son soufre :

$$Ag^{2}O^{2} = Az^{4}S^{6}O^{10} = Az^{3}O^{6}S^{4}, AzO^{4}S^{2} \text{ rouge.}$$

Au contraire, en recevant un équivalent de soufre, le mercure devient rouge par ses trois atomes d'oxygène, tandis que l'argent devient jaune par ses 4 atomes d'oxygène. Ainsi on a :

$$HgS = Az^{2}S^{4}O^{3} = AzS^{2}O^{2}, AzS^{2}O \text{ rouge.}$$

$$Ag^{2}S^{2} = Az^{4}S^{8}O^{8} = Az^{2}S^{4}O^{5}, Az^{2}S^{4}O^{3} \text{ jaune.}$$

Après qu'il fut établi que dans les corps indécomposables sont condensés des éléments qui faisaient partie des corps décomposables, il devint possible de découvrir ces corps préexistants. Le trisulfure d'azote $Az^{2}S^{6}$ et l'acide azotique $Az^{2}O^{10}$, qui ne deviennent stables que par la séparation d'un oxytétraèdre O^{4}, dont ce tétraèdre laisse un résidu stable qui est le mercure $= Az^{4}S^{6}O^{6}$.

L'acide azotique composé avec un tétrasulfure d'azote est un corps instable $AzO^{10}S^{8}$. La séparation d'un *oxytétraèdre* laisse pour résidu le cinabre HgS, dont l'équivalent de soufre est séparable. Au contraire, le trisulfure d'azote, produisant des tétraèdres avec l'acide azotique, en occasionne la séparation d'un atome d'oxygène. Le résidu ainsi obtenu est l'argent qui contient deux facteurs stables $AzS^{3} + AzO^{4} = Ag$, et pour cela l'argent est indécomposable.

Le rouge de l'argent $= Az^{2}S^{3}O^{4} = AzO^{3}S^{2}, AzO^{3}S$ devient sensible après avoir éloigné une partie de la lumière blanche au moyen de trois à cinq réflexions. **Bénédict Prevost.**

L'or réfléchit la lumière jaune, et il transmet la verte. Ces deux espèces de couleurs et les éléments de l'or étant connus, il ne reste qu'à arranger ces éléments en deux rapports correspondants aux couleurs. Ainsi on a :

$$Au^{4} = 2C^{16}H^{8}O^{12} = C^{16}H^{8}O^{15}, C^{16}H^{4}O^{9} \text{ jaune vert.}$$

La densité des métaux fait connaître s'il y a un excès d'hydrogène ou de carbone et d'oxygène. L'hydrogène fait diminuer la densité, l'oxygène et le carbone la font augmenter, sans cependant qu'il en résulte l'existence d'un rapport exact, et cela à cause de l'inégalité des intervalles (pores) entre les tétraèdres. La densité 0,865 du potassium est vingt-quatre fois inférieure à celle 20,740 du platine forgé. Ce rapport fait connaître qu'un volume v d'hydrotétraèdre contient : 1° le poids 36 de 4 équivalents d'eau ; 2° le poids 32 de potassium, et 3° le poids 747 de platine.

Il y a une symétrie : 1° du mode de dérivation des métalloïdes de l'eau, de la chlorophylle, de l'ammoniaque et du gaz des marais, et 2° du mode de la dérivation des métaux de la silice qui compose la croûte dans laquelle est contenue le fer qui en a été produit. Le volume v du globe, sa densité 5,6, celle 7,8 du fer et celle 2,66 de la silice étant connu, on détermine l'épaisseur de l'enveloppe de masse ignée composée de silice.

Les deux éléments d'eau trouvés dans les éléments de tous les corps indécomposables sont la preuve directe que, dans le principe, la Terre n'était composée que d'eau ayant une densité comparable à celle des quatre planètes extérieures. Les rayons solaires transforment l'eau en plantes, les substances végétales en silice, le silice en fer ; car les autres espèces de minerais sont sporadiques.

La densité des rayons solaires qui arrivent à la Terre est inférieure à celle qui arrivent à Mercure et à Vénus ; elle est supérieure à ceux qui arrivent aux planètes Mars, Jupiter, Saturne. Les rayons solaires denses firent disparaître l'eau à Mercure et à Vénus. Ils la font diminuer à la Terre, dont elle va disparaître. La Terre se trouvera en un état comparable à celui de l'état actuel de Vénus. Il n'y a donc nulle part une répétition périodique des faits physiques ; partout il y a production et avancement sans recul. Cette production a pour cause la *force* ou l'inéquilibre des molécules $\mu\ \mu'\ \mu''$ indéfiniment denses, dont l'expansion est l'*action* qui précède et qui accompagne la production de chaque espèce de faits.

2° Rapport entre les éléments des corps et leur structure.

L'équivalent chimique de chaque corps indécomposable est composé de deux facteurs ; chaque équivalent des sels a pour facteurs l'équivalent de l'acide et l'équivalent de l'oxyde. On voit dans le tableau que les équivalents des corps indécomposables sont également composés de deux facteurs Les éléments de chaque facteur sont arrangés en tétraèdres, lesquels ne s'unissent dans l'équivalent que : 1° par enédriase qui est d'une seule espèce, ou 2° par parédriase qui est de cinq manières différentes.

Les corps indécomposables se présentent en six systèmes de cristaux comme le font les corps décomposables. Cette identité de structure correspond à l'identité de la composition des équivalents des deux facteurs. Les équivalents chimiques des corps différents ne donnent que des cristaux de l'un des six systèmes. Les soixante-dix corps indécomposables dans la table contiennent de l'*hydrogène*, de l'*oxygène*, du *carbone*, de l'*azote*, du *soufre* et du *phosphore* en rapports différents.

Les deux atomes simples sont contenus dans l'azote et dans le *carbone*; celui-ci est composé des tétraèdres Δ Δ' placés l'un dans l'autre appartenant au premier système. Le *phosphore* est également du premier système, tandis que le soufre jaune est du quatrième système; mais, chauffé et devenu rouge, il passe au cinquième.

Les éléments de deux équivalents de gaz des marais, venant en parédriase, deviennent deux facteurs d'un équivalent de soufre jaune du quatrième système. Les trois axes inégaux et perpendiculaires font connaître la forme d'un corps composé de deux couples de tétraèdres ayant un rhombe pour base comme deux pyramides antipodes. Les deux diagonales du rhombe sont les deux axes inégaux perpendiculaires sur la ligne qui unit les sommets des tétraèdres aux deux pyramides des antipodes.

Système chimique et minéralogique des cristaux. Les cristaux de tous les corps décomposables ou indécomposables se réduisent à six systèmes.

Dans le premier système, les tétraèdres sont arrangés symétriquement autour l'un de l'autre.

Dans le deuxième système, les tétraèdres sont arrangés symétriquement autour de trois directions perpendiculaires l'une sur l'autre dont les deux sont d'égale étendue.

Dans le troisième système, les tétraèdres sont arrangés autour de trois directions horizontales d'égale étendue et autour d'une quatrième verticale d'étendue différente.

Dans le quatrième système, les tétraèdres sont arrangés autour de trois directions verticales entre elles et inégales; il y a deux pyramides antipodes de base de rhombe.

Dans le cinquième système, les cristaux sont des parallélépipèdes dont le plan diagonal a la forme d'un orthogone.

Dans le sixième système, les cristaux sont composés comme ceux du quatrième système; le plan diagonal est un parallélogramme.

Systèmes optiques des cristaux : 1° Dans les cristaux du premier système, l'expansion de la lumière n'éprouve aucune division; 2° dans les cristaux du deuxième et du troisième système, l'expansion, d'après une seule direction, ne se divise pas, et d'après toutes les autres elle se divise; 3° dans les cristaux des quatrième, cinquième et sixième système, la lumière en expansion ne se divise pas d'après deux directions seulement, et elle se divise d'après toutes les autres.

Systèmes thermotiques. Les cristaux des six systèmes, portés d'un espace chaud dans un espace froid, se refroidissent dans l'expansion de leur chaleur, qui s'opère d'après la direction des axes plus promptement que d'après toute autre direction. Les cristaux couverts d'une couche mince de cire liquide la font geler en commençant par la direction de l'axe. On démontre ainsi la coincidence des axes minéralogiques et des axes de l'expansion de la chaleur.

Il va être prouvé que les cristaux agissent sur l'expansion de la lumière comme ils le font sur celle de la chaleur; la différence résulte du mode de l'expansion : 1° de la chaleur centrifuge du milieu du cristal, et 2° de la lumière qui vient du milieu du corps lumineux et par la poussée qu'elle en éprouve; elle se propage à travers les arrangements des tétraèdres propres à chaque cristal et à chaque partie du même cristal, par rapport à ces axes, en en éprouvant des résistences symétriques par rapport aux axes.

CHAPITRE PREMIER.

COULEURS DES CORPS ORGANIQUES ET PLAN DE POLARISATION.

Couleurs. Les éléments matériels des corps organiques sont contenus dans des corps inorganiques; il n'y a aucune différence entre les couleurs. Je prouverai que les tétraèdres des deux facteurs des équivalents chimiques, en recevant la lumière incolore, exercent une *poussée répulsive en direction convergente. La rencontre des espèces* de lumières homonymes entre les deux facteurs est la cause de la suppression de leur expansion. L'espèce de lumière qui n'éprouve pas une telle suppression conserve son expansion, et c'est cette espèce de lumière répandue qu'on doit entendre par les mots *couleur* des corps. La transformation de la lumière incolore en lumière colorée au moyen du prisme ou au moyen des couples facteurs des équivalents ne diffère en rien.

Les éléments des couples des facteurs des équivalents sont connus dans les corps organiques; on y voit que les éléments des deux facteurs *sont entre eux comme un des* rapports qui est constant pour chaque couleur. Ainsi il devient possible de déterminer le rapport entre les éléments des couples de facteurs au moyen de leur couleur.

Polarisation ou aplatissement de l'expansion de la lumière. La lumière a une expansion en toute direction; sa *réflexion* s'opère au moyen d'une couple de poussées convergentes vers le plan d'incidence, et elle en supprime l'expansion latérale; il ne reste que celle qui est dans le sens du plan de réflexion.

La *réfraction* d'une partie de la lumière incidant sur les corps transparents *s'opère également au moyen d'une couple de poussées*, lesquelles, en ce cas, convergent : 1° l'une vers la surface de l'incidence, et 2° l'autre en sens opposé vers la surface de l'émergence. Ainsi, dans cette lumière, il ne reste que l'expansion en sens parallèle de la surface des corps réfléchissants.

Extinction de la lumière aplatie. La lumière réfléchie s'éteint, si on lui fait subir une deuxième réflexion dans ce sens pour en obtenir la suppression de l'expansion existente. De même, la lumière émergente des corps transparents s'éteint au moyen d'une réflexion dans le sens propre à supprimer l'expansion existente.

Rotation du plan de l'aplatissement de la lumière. Si la lumière qui incide est aplatie, elle émerge des corps transparents aussi aplatis. Le plan d'aplatissement conserve dans l'émergence sa position dans certains corps transparents; dans certains autres, la lumière émerge, ayant le plan dévié à droite, *dexiostrophe*, ou à gauche, *aristérostrophe*.

La déviation du plan de polarisation par les corps transparents solides ou liquides fait connaître que les tétraèdres des couples de facteurs ne sont pas arrangés de la même manière dans tous les corps.

Interférences ou suppression de l'expansion de la lumière. La lumière d'un corps lumineux est en expansion égale dans les surfaces sphériques de chaque distance. On y produit de la manière suivante un désaccord entre les chemins parcourus. Soit le corps lumineux (fig. 35) **z z** un écran dont le sommet **z** réfléchit le rayon **zo**, lequel arrive en rencontre avec un autre So sous un très-petit angle, après avoir parcouru un chemin Sz + zO plus long que celui SO. En opérant sur une lumière colorée, on voit en **o** un point obscur dont il manque une expansion lumineuse; ce point O est iridé, si l'on opère sur la lumière incolore.

Figure 35.

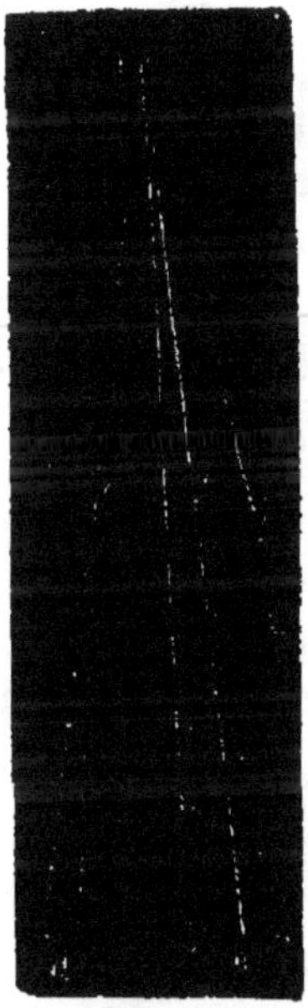

Il est ainsi démontré qu'il y a en **o** une suppression d'expansion produite par la rencontre des molécules homonymes, lesquelles ne s'éloignent pas, comme les projectiles, par une translation, mais sont en état d'expansion accompagnée d'une pulsation dont chaque coup fait agrandir le rayon des molécules de $\frac{1}{3000}$ de millimètre. C'est donc l'expansion qui occasionne la rencontre et la suppression des espèces homogènes de lumière. Les couples des facteurs des équivalents produisent des suppressions de six espèces de lumières et laissent en expansion la septième nommée *homologue*. Au moyen des écrans *z z'*, il est impossible d'obtenir une seule espèce de lu mière et la suppression de six autres. En opérant avec la lumière incolore, on obtient une lumière iridée.

Correspondance entre les sept couleurs et les sept sons. La largeur du spectre Ar (fig. 30) étant 1, Newton prit une égale longueur AC en dehors du spectre du côté violet, et en avançant d'une limite de chaque couleur à l'autre, il trouva les longueurs :

$$C\acute{v}=\frac{9}{8};\ Ci=\frac{5}{4};\ Cb=\frac{4}{3};\ Cv=\frac{3}{2};\ Cj=\frac{5}{3};\ Co=\frac{15}{8};\ Cr=2.$$

C————————A $\acute{v}$ i b v j o r.

La longueur CA d'une corde qui donne le son Ut² étant 1, Pythagoras, prenant la double longueur Cr, obtint le même son Ut de l'octave inférieure. Il a allongé la corde CA, et il trouva que, pour descendre de Ut² à Ut, il obtenait les six sons en allongeant la corde pour lui donner les longueurs

$$CA=1;\ C\acute{v}=\frac{9}{8};\ Ci=\frac{5}{4};\ Cb=\frac{4}{3};\ Cv=\frac{3}{2};\ Cj=\frac{5}{3};\ Co=\frac{15}{8};\ Cr=2.$$

Ut²   Si   La   Sol   Fa   Mi   Ré   Ut.

Cette correspondance entre les longueurs des cordes et les largeurs des espaces occupés par chacune des sept couleurs fit connaître l'existence d'une symétrie et d'une cause commune des deux fluides composés chacun de sept espèces. Dans la physique, il est prouvé que le fluide échogène contient sept espèces, comme la lumière blanche contient sept espèces de lumières colorées.

La lumière des corps terrestres résulte de l'expansion des molécules occasionnée par une destruction de leur équilibre. De même les sons résultent des décharges électriques occasionnées par une destruction de l'équilibre de l'électricité neutre. Les corps frottés entre eux ou par l'air se chargent d'électricité, et les sons ne résultent que des décharges (1).

---

(1) Depuis Pythagoras, tous les musiciens trouvent que la moitié d'une corde ne donne pas exactement le même son d'une octave supérieure ; mais ce son est un peu trop grave, et d'autant plus que la corde est plus grosse. Dans *la Physique*, t. IV, il est mathématiquement démontré qu'il faut prendre les mesures sur les longueurs des diagonales des cordes, et non, comme Pythagoras l'a fait, sur la longueur de la corde. Les faits cosmiques, étant d'une origine commune, sont liés entre eux, et il est absurde de vouloir les étudier séparés les uns des autres. Telle a été la cause qui a empêché les physiciens de remonter à l'origine commune des faits cosmiques.

I. COULEURS DES FEUILLES, DES FLEURS, DES CORPS ORGANIQUES.

Les éléments des couples des facteurs des équivalents $4C^8H^4O^4$ sont les mêmes dans les plantes; ils changent dans les corps organiques artificiels. Les feuilles des plantes contiennent de la chlorophylle et de la résine, de même que les pétales des fleurs et les tiges.

Dans la zone torride il y a manque de végétation, tant que les pluies manquent; dans les autres zones, il y a également manque de végétation, tant que l'air est d'une température au-dessous de zéro qui fait geler l'eau.

Ainsi, la végétation n'est interceptée que par le manque d'eau; elle se représente : 1° aux pays froids le printemps, lorsque la température de l'air s'élève; et 2° aux régions tropicales, lorsque les pluies apparaissent.

L'eau du sol contenant les racines des plantes est réduite en équilibre rompu par les courants thermoélectriques; c'est donc l'inéquilibre qu'on doit entendre par les mots *force végétale*.

Le courant thermoélectrique ascendant du sol froid par les racines vers la surface chaude des plantes y amène l'eau; cette translation de l'eau est ce qu'on doit entendre par les mots la *sève monte* (action végétale).

Les six tétraèdres $4H^4O^4$ d'eau arrivés au contact de l'air, s'écoulent par les ceps taillés à l'état d'eau filtrée; l'état liquide de l'eau change dans la surface des plantes; les tétraèdres d'eau deviennent des tétraèdres de *chlorophylle*.

A. Chlorophylle et ses colorations.

Le poids de chlorophylle d'un arbre, produit le printemps dans l'espace de deux semaines, s'élève dans certaines espèces jusqu'au dixième du poids de l'arbre. En admettant 1 centième même 1 millième, il est trouvé que les grandes superficies des forêts produisent en quelques semaines des chlorophylles qui formeraient une couche de plusieurs millimètres, épaisseur qui correspond à l'épaisseur de la couche d'eau arrivée au sol par les pluies tropicales ou par la fusion de la neige. Ainsi on a :

(a) $$4H^6O^6 = O^4H^{16}, H^8O^{20} = C^8H^8O^{20} = C^4H^4O^{12}, C^4H^4O^8.$$

Les éléments de l'eau deviennent éléments de la chlorophylle verte, d'un état instable, car il y a continuation d'arrivage d'eau et de séparation d'oxygène. L'eau devient une nouvelle masse de chlorophylle, tandis que la chlorophylle $C^{8}H^{8}O^{10}$, en se séparant du double oxytétraèdre $4O^{3}$, devient équivalent végétal $C^{8}H^{8}O^{8}$ qui se mêle avec la nouvelle chlorophylle.

Ce mélange, traité par l'alcool, se sépare; la chlorophylle se dissout, de sorte que la matière végétale n'est pas constante comme celle des minerais, mais elle change tous les jours. Pendant la nuit, l'air devient froid et les feuilles aussi; la direction du courant nocturne est opposée à celle du courant diurne; ils entraînent la matière végétale des feuilles et l'amènent dans l'intervalle entre l'écorce et le bois qui s'appelle *endophloeon* (ἔνδον, en dedans, φλοιός, écorce).

Le lendemain, le courant *centrifuge* amenant l'eau du sol, enlève une partie de la substance déposée la nuit, et, en cet état, nommée *sève*, elle arrive aux feuilles; après avoir laissé se séparer une partie de l'oxygène pendant le jour, la sève convertie en *suc* est ramenée par le courant nocturne centripète dans l'endophloeon.

Coloration de la séve et de la chlorophyle en jaune et en vert. La séve amène une partie végétale $C^{8}H^{8}O^{8}$ aux *feuilles* où l'eau devient chlorophylle $C^{8}H^{8}O^{10}$. Au moyen de l'alumine hydratée introduite dans la solution des feuilles dans l'alcool hydraté, on sépare : 1° la chlorophylle qui se dépose à l'état d'un lac vert foncé, et 2° la substance végétale $C^{8}H^{8}O^{8}$ jaune reste dissoute dans l'alcool; les facteurs de cet équivalent contiennent l'oxygène dans le rapport suivant :

$$(\beta) \qquad C^{8}H^{8}O^{8} = C^{4}H^{4}O^{5}, C^{4}H^{4}O^{3};\ O^{5} : O^{3} \text{ jaune.}$$

Coloration de la chlorophylle en bleu et jaune. Le jaune est toujours la substance végétale; pour l'obtenir, on dissout la chlorophylle dans l'éther, le liquide est jaune; si on la dissout dans l'acide chlorhydrique et l'éther étendu, on obtient un liquide bleu contenant une quantité d'oxygène supérieure correspondant à celle de la chlorophylle verte. Ce changement du vert en bleu, sans aucun développement de gaz, est produit par l'équivalent d'eau contenue dans l'éther, dont l'hydrogène H étant sollicité par le chlore, l'oxygène O reste dans la chlorophylle. Ainsi on a :

$$(\gamma) \qquad C^{8}H^{8}O^{10} + O = C^{4}H^{4}O^{13}, C^{4}H^{4}O^{9};\ O^{13} : O^{9} \text{ bleu.}$$

Résumé. Les feuilles des plantes contiennent : 1° de la *chlorophylle* qui s'y forme des deux éléments de 0 tétraèdres d'eau, et 2° de *substance végétale* qui y est amenée avec la séve; cette substance n'est pas en rapport constant avec la chlorophylle. Les premiers jours de leur production les feuilles sont composées presque de chlorophylle seule. L'automne, les feuilles rouges ne contiennent pas de chlorophylle, mais des substances végétales. La différence entre les feuilles et le bois ne consiste pas en éléments matériels, mais en éléments électriques.

Les chimistes, parmi eux Frémy, cesseront de traiter des substances colorantes, l'une jaune et l'autre bleue, composant la chlorophylle. Les feuilles étiolées ne se colorent pas en bleu sous l'influence des vapeurs acides qui amènent un atome O d'oxygène à un équivalent $C^8H^8O^{10}$ de chlorophylle.

B. COLORISATION DES FLEURS.

En traitant les fleurs par les acides, elles rougissent, tandis que l'indigo reste inaltérable.

Bleu. On traite par l'alcool les pétales de bleuet, de violette ou d'iris; les pétales se décolorent, et le liquide devient bleu. En quelque temps, le liquide devient jaune, rouge. En évaporant l'alcool à l'air, le bleu réapparait; le sirop obtenu traité par l'eau se sépare en une matière résineuse, et dans l'eau reste dissoute la chlorophylle bleue $C^8H^8O^{11}$, qu'on précipite par l'acétate de plomb $C^4H^3PbO^4$, et on a :

$$(\delta) \qquad C^8H^8O^{11} + C^4H^3PbO^4 = PbO + C^4H^3O^4, C^8H^8O^{10}.$$

L'atome d'oxygène, passé de la chlorophylle $C^8H^8O^{11}$ au plomb séparé, fait apparaitre le vert :

$$(\varepsilon) \qquad C^8H^8O^{11} - O = C^4H^4O^{12}, C^4H^4O^8.$$

La liqueur évaporée laisse un sirop, qui se dissout dans l'alcool, dont l'éther se sépare de l'acide acétique anhydre et la chlorophylle reparait à l'état de flocons bleus. Ainsi on a :

$$(\zeta) \qquad C^4H^3O^4, C^8H^8O^{10} = C^4H^3O^3 + C^8H^8O^{11} \ (\textit{cyanine}).$$

Cette chlorophylle bleue : 1° en contact avec les alcalis, se sépare de l'atome O d'oxygène, et redevient verte $C^8H^8O^{20}$; 2° en contact avec les acides, ses facteurs s'arrangent en parédriases avec eux, et il en résulte des facteurs du rouge.

$$(\eta) \quad \text{cyanine} \begin{cases} C^8H^8O^{21} - O = C^4H^4O^{12}, C^4H^4O^8 \text{ vert.} \\ C^8H^8O^{21} \quad\quad = C^4H^4O^{14}, C^4H^4O^7 \text{ rouge.} \end{cases}$$

Rose. Les pétales rouges de dahlias, de roses, de pivoines, etc., colorent l'alcool en se décolorant ; l'acétate de plomb produit la même substance à l'état rouge que celle à l'état bleu ; il n'y a qu'une résection acide qui crée l'arrangement du rouge et une résection neutre qui crée l'arrangement du bleu. Ainsi on a :

$$(\theta) \quad 2C^8H^8O^{21} = \begin{cases} C^4H^4O^{14}, C^4H^4O^7 \text{ rouge.} \\ C^4H^4O^{13}, C^4H^4O^8 \text{ bleu.} \end{cases}$$

Les pétales roses de mauve, d'*hybiscus syriacus* deviennent bleues, et en se flétrissant deviennent vertes ; il y a, en ce cas, séparation d'un atome d'oxygène.

Séchées dans le vide, les pétales roses produisent de l'acide carbonique, et deviennent d'abord violettes et puis vertes. En ce cas, il y a séparation d'abord de trois atomes d'oxygène, et puis de trois autres, et les couleurs sont produites des facteurs suivants :

$$(\varkappa) \quad \text{Rosa} \begin{cases} C^8H^8O^{22} - CO^2 - CH^2O = C^3H^3O^{10}, C^3H^3O^9 \text{ violet.} \\ C^8H^8O^{22} - C^2O^4 - C^2H^4O^3 = C^2H^2O^8, C^2H^2O^7 \text{ vert.} \end{cases}$$

Jaune. Le jaune de la matière végétale $C^8H^8O^8$, insoluble dans l'eau, se trouve également avec la chlorophylle verte, bleue ou jaune comme l'est celle des dahlias qui contient $C^8H^8O^{16}$ et non $C^8H^8O^{17}$.

En traitant les pétales du grand soleil (*helianthus annuus*) par l'alcool, on obtient la solution de la matière végétale jaune qui est insoluble dans l'eau, et on l'a nommée *xanthine*.

Au contraire, la chlorophylle jaune nommée *xantheine* contient $C^8H^8O^{16}$, elle est soluble dans l'eau, l'alcool et l'éther. Les alcalis, en en éloignant 1 atome d'oxygène, la colorent en brun.

$$C^8H^8O^{16} - O = C^4H^4O^{10}, C^4H^4O^5 \text{ brun.}$$

Les mêmes alcalis, en séparant un atome d'oxygène de la cyanine $C^8H^8O^{12}$, la colorent en vert, tandis qu'ils sont inactifs sur la xanthine $C^4H^8O^8$.

C. Indigo.

La couleur d'indigo se distingue de celle des autres plantes par le manque de changement en présence des acides. Le tétraèdre de l'indigo contient les mêmes éléments que le cyanure de benzoyle qui est jaune ou incolore $4C^{16}H^5AzO^2$.

Les feuilles de la plante de trois mois environ contiennent une quantité de substance végétale $gC^{24}H^{24}O^{24}$ et une quantité $g'C^{24}H^{24}O^{60}$ de chlorophylle. Les feuilles portées dans l'eau laissent la chlorophylle se dissoudre dans l'eau qui se colore en vert; ensuite un équivalent de chlorophylle $C^{24}H^{24}O^{60}$, et deux équivalents $C^{48}H^{48}O^{48}$ végétaux, en se séparant de l'eau et de l'acide carbonique, transforment 4 équivalents d'oxyde de carbone en 4 équivalents d'azote, et produisent l'indigo. Ainsi on a ($Az^4 = C^4O^4$) :

$$(\mu) \qquad C^{48}H^{48}O^{48} + C^{24}H^{24}O^{60} = C^{64}H^{20},O^8,C^4O^4 + C^4O^8, + 52HO.$$

L'acide carbonique C^4O^8 se dégage; la transformation de l'oxyde de carbone en azote répand une odeur fétide. La couleur d'indigo est produite par un mélange de rouge et de bleu; ainsi son équivalent e est composé de deux autres $e\,e'$ dont chacun contient deux facteurs. D'après (μ) on obtient l'équation suivante ($C^4O^4 = Az^4$).

$$(\nu) \qquad C^{64}Az^4H^{20}O^8 = \begin{cases} C^{32}Az^2H^8O^4 = C^{16}AzH^5O^2,C^{16}AzH^3O^2 \text{ rouge.} \\ C^{32}Az^2H^{12}O^4 = C^{16}AzH^6O^2,C^{16}AzH^6O^2 \text{ bleu.} \end{cases}$$

Dérivés de l'indigo. 1° L'indigo bouilli avec la potasse hydratée se combine avec l'hydrogène de l'eau et devient $C^{64}Az^4H^{24}O^8 = 4C^{16}AzH^6O^2$, qui est incolore ou blanc.

$$(\zeta) \qquad C^{64}Az^4H^{24}O^8 = C^{32}Az^2H^{12}O^4,C^{32}Az^2H^{12}O^4.$$

2° L'indigo traité par un mélange de trois volumes d'alcool et de un volume d'acide sulfurique devient incolore. Le liquide étendu d'eau, laisse déposer un précipité vert, qui passe au bleu de la manière suivante :

$$(\text{o})\qquad C^{64}H^{20}Az^{4}O^{8}\begin{cases}-H^{2}=C^{32}H^{9}Az^{2}O^{4},C^{32}H^{9}Az^{2}O^{4}\ \text{incolore.}\\ -H^{4}-C^{32}H^{8}Az^{2}O^{4},C^{32}H^{8}Az^{2}O^{4}\ \text{vert.}\\ -H^{6}=C^{32}H^{7}Az^{2}O^{4},C^{32}H^{7}Az^{2}O^{4}\ \text{bleu.}\end{cases}$$

3° L'indigo, traité par l'aniline bouillante, produit du rouge d'aniline; on a :

$$(\pi)\qquad 4C^{16}H^{5}AzO^{2}+4C^{12}H^{7}Az^{2}=C^{44}H^{22}Az^{6}O^{4},C^{44}H^{14}Az^{6}O^{4}\ \text{rouge.}$$

4° Le chlorure de benzoyle, chauffé à 180° avec l'indigo, donne un brun contenant les éléments suivants :

$$(\rho)\qquad 2C^{16}H^{4}\,(C^{14}H^{5}O^{2})\,AzO^{2}=C^{40}H^{11}AzO^{4},C^{40}H^{9}AzO^{4}.$$

5° L'indigo, traité par l'acide azotique, devient un corps rouge nommé *isatine*; ses éléments sont :

$$(\sigma)\qquad 6C^{16}H^{5}AzO^{4}=C^{48}H^{10}Az^{3}O^{12},C^{48}H^{10}Az^{3}O^{12}\ \text{rouge.}$$

6° En traitant par du sulfhydrate d'ammoniaque une dissolution alcoolique d'isatine, il se précipite du soufre, dont l'hydrogène passe dans l'isatine, laquelle devient *isathyde* incolore :

$$(\tau)\qquad 6C^{16}H^{5}AzO^{4}+6H=C^{48}H^{18}Az^{3}O^{12},C^{48}H^{18}Az^{3}O^{12}.$$

D. Couleurs de l'aniline et de ses dérivés.

L'aniline est obtenue de l'indigo et d'autres matières azotées; elle est également obtenue du goudron, qui n'est pas une matière azotée. C'est une partie de son carbone qui, venant en contact avec l'eau des acides étendus, devient une matière azotée, après avoir reçu l'oxygène de l'eau pour devenir de l'oxyde de carbone, de la manière suivante :

$$(\upsilon)\qquad C^{2}+H^{2}O^{2}=C^{2}O^{2}+H^{2}=O^{2},4H+H^{2}=Az^{2}H^{3}.$$

Changement du goudron en aniline. Dans cinq à six volumes de goudron, on introduit un volume d'acide chlorhydrique ou d'acide sulfurique étendu dans quatre parties d'eau. Au fur et à mesure que l'azote se forme à l'état d'azote hydrogéné $Az^{2}H^{3}$, qui se combine avec un équivalent $C^{24}H^{12}$ de goudron, il produit l'aniline, qui se sépare de l'acide par sa densité supérieure. L'acide n'ayant éprouvé aucun changement, est employé de nouveau. L'aniline obtient des couleurs simples ou composées, provenant des nombres d'atomes de son hydrogène.

Violet d'aniline. On traite les sels d'aniline, habituellement les sulfates; par du bichromate de potasse, il se formedu sulfate de potasse, et l'aniline déposée, de couleur purpurine, contient les mêmes éléments que l'aniline incolore. Le bichromate de potasse, par les facteurs de son équivalent, fait se propager une parédriase pareille aux facteurs de l'équivalent de l'aniline. Les facteurs forment deux couples : le rouge 2 : 1 et l'indigo 4 : 5 dont le mélange n'est pas le pourpre, mais le violet. Ainsi le triple tétraèdre d'aniline donne les couples de facteurs suivants :

$$(\varphi)\quad 3C^{24}H^{12}Az^{2}H^{2}=\begin{cases}C^{36}H^{31}Az^{3}=C^{18}H^{16}Az^{2},C^{18}H^{8}Az \text{ rouge.}\\ C^{36}H^{16}Az^{3}=C^{18}H^{10}A^{2},C^{18}H^{8}Az \text{ bleu rouge.}\end{cases}$$

Pourpre. Ce violet est le mélange du rouge avec de l'indigo; pour le faire rapprocher du pourpre, on traite une partie d'aniline par deux parties d'acide sulfurique pour en séparer un hydrotétraèdre et réduire l'indigo (φ) au bleu (χ).

$$(\chi)\quad 0C^{24}H^{11}Az^{2}H^{3}-H^{3}=\begin{cases}C^{36}H^{35}Az^{4}-C^{18}H^{10}A^{2},C^{14}H^{8}Az^{2} \text{ rouge.}\\ C^{30}H^{14}Az^{3}=C^{18}H^{8}Az,C^{18}H^{6}Az \text{ bleu.}\end{cases}$$

Résumé. Les exemples exposés doivent servir de règle pour exposer les facteurs chromatiques des matières colorantes suivantes :

$$\text{Iudisine}=3C^{30}H^{35}Az^{2}O^{2}.$$

$$\text{Fuchsine}=3C^{34}H^{10}Az^{2}O^{2}.$$

$$\text{Azaléine}=3C^{38}H^{30}Az^{4}O^{4}.$$

II. LUMIÈRE POLARISÉE ET SA MODIFICATION PAR LES CORPS TRANSPARENTS.

Les molécules composant la lumière, se trouvent en expansion centrifuge pour parcourir 77,000 lieues par seconde. Dans la lumière réfléchie, réfractée ou transmise par des cristaux, l'expansion à gauche et à droite ou en haut et en bas manque, et elle ne s'opère que dans les deux directions d'un plan, qui est nommé *plan de polarisation* ou mieux *plan de la lumière aplatie*. En ce manque d'expansion latérale, consiste la différence entre la lumière naturelle et la lumière polarisée ou aplatie.

La transmission de la lumière par les corps, ne diffère pas de celle des liquides ou des gaz à travers des cloisons, lesquelles doivent être imbibées du fluide incident, de sorte que la portion **p** contenue dans la cloison arrive en inéquilibre lorsqu'il éprouve une poussée d'un côté. Ainsi, elle sort de la cloison et cède sa place à une autre portion **p**', laquelle s'éloigne aussi, et ainsi de suite.

Les corps transparents sont imbibés d'une portion **p** de molécules de lumière équilibrées, une expansion de molécules homonymes incidente, réduit en inéquilibre la portion stationnaire **p**, et la fait sortir du corps et céder sa place à une autre portion **p**'; celle-ci cède également sa place à une autre **p**'', et ainsi de suite.

La différence entre la lumère et les liquides consiste en ce que ceux-ci restent en un volume limité, tandis que la lumière, comme les gaz, se trouve en une expansion continuelle indéfinie. Au cas où l'expansion latérale de la lumière incidente est interceptée, en cet état elle fait émerger la lumière stationnaire.

En faisant la comparaison entre la position du plan de l'aplatissement de la lumière incidente et de la lumière émergente, on trouve : 1° pour le verre, l'eau, l'air... que la position du plan ne change pas ; 2° pour certaines solutions de sels ou pour quelques cristaux, la position du plan dévie et se déplace de gauche à droite ; 3° pour certains autres, on trouve la déviation de droite à gauche. Les nombres de degrés de l'une ou l'autre déviation sont proportionnels à l'épaisseur du corps transparent ; on reconnaît que la déviation est produite par les tétraèdres dont le nombre **n** est proportionnel à l'épaisseur **e** du corps transparent.

On trouve dans les cristaux que chaque couche d'épaisseur de $\frac{1}{1000}$ de millimètre contient la longueur, divisée en sept longueurs chromatiques $1, \frac{8}{9}, \frac{4}{5}, \frac{3}{4}, \frac{2}{3}, \frac{3}{5}, \frac{8}{15}, \frac{1}{2}$. Cette correspondance entre l'épaisseur des corps transparents : 1° d'une part avec l'angle γ de la déviation du plan d'aplatissement ; et 2° de l'autre avec le nombre **n** des périodes chromatiques, rend possible d'obtenir, dans les cristaux, par des expériences, les mêmes longueurs que celles des intervalles qui séparent les surfaces sphériques des ondes de sept espèces de lumières.

Les sept rapports chromatiques indiquent sept dimensions de couples de tétraèdres des deux facteurs de l'équivalent chimique. Les couleurs des corps indécomposables prouvent non-seulement qu'ils ne sont pas simples, mais en même temps que le poids de leurs équivalents est la somme des poids des éléments qui entrent dans la composition de chacun des deux facteurs.

Correspondance entre l'expansion de la lumière et les tétraèdres. On trouve qu'en prenant pour unité 1 millionième du millimètre, les intervalles *r o j v b i v* qui séparent les ondes de chaque espèce de lumière, ont les longueurs suivantes :

	Observées.	Calculées.
Rouge	711	704
Orangé	656	660
Jaune	559	585
Vert	526	528
Bleu	484	464
Indigo	420	440
Violet	395	390

En prenant la longueur 500 comme moyenne, elle est le diamètre de chaque molécule à la fin de l'unité de temps β. Chaque expansion d'une telle durée, est contenue et répétée dans l'espace d'une seconde autant de fois que le nombre 500 de millionièmes d'un millimètre est contenu dans les millimètres de 77,000 lieues. Je rapporte ces nombres obtenus par les expériences pour rendre plus évidente la dimension des tétraèdres Δ Δ' composés de 4 atomes d'oxygène et de 4 atomes d'hydrogène.

Dans la dimension des tétraèdres Δ' de vapeur d'eau, les couleurs manquent parce que les grandes dimensions n'existent pas dans les longueurs indiquées. Les couleurs n'apparaissent que dans les vapeurs de tétraèdres composés qui ont une densité supérieure à celle de la vapeur d'eau et de l'air. Telles sont les vapeurs colorées du soufre, de l'acide hypoazotique, du chlore, etc.

CHAPITRE II.

MODE DE LA PRODUCTION DES COULEURS DES CORPS INDÉCOMPOSABLES.

De même que le poids p des équivalents de chaque corps décomposable est la somme $p+p'$ du poids des éléments contenus dans les deux facteurs, de même le poids p' des équivalents de chaque corps indécomposable est la somme $p''+p'''$ du poids des éléments contenus dans les deux facteurs. Dans le cas où les éléments homonymes de chaque facteur se trouvent en un des rapports chromatiques suivants, le corps est coloré :

$$2:1,\ 15:8,\ 5:3,\ 3:2,\ 4:3,\ 5:4,\ 9:8.$$

Le corps possède la couleur qui correspond à un de ces rapports, mais cela n'a pas lieu pour le *vice versâ* de l'existence d'une couleur de chaque corps correspondante aux éléments homonymes contenus dans les deux facteurs en un des rapports chromatiques. Ainsi le même rapport, par exemple, 2 : 1 le rouge, peut être formé par mille compositions des éléments homonymes de deux facteurs de corps différents. Il n'y a que la masse de deux atomes simples, l'hydrogène et l'oxygène, qui ne soit pas susceptible d'une coloration, tandis que ces atomes produisent toutes les couleurs des corps.

Les deux facteurs des équivalents contiennent les éléments qui se trouvent arrangés en deux tétraèdres; ces tétraèdres Δ Δ' peuvent entrer : 1° l'un dans l'autre, ou 2° s'accoller l'un à l'autre. L'introduction d'un tétraèdre dans l'autre ne s'opère que d'une seule manière, tandis que l'accolement de deux tétraèdres ou de deux couples de tétraèdres s'opère de cinq manières différentes, pas plus et pas moins. De sorte que les corps indécomposables, de même que les corps décomposables, ne sont que l'un des six systèmes.

Les découvertes de nouveaux corps indécomposables démontrent que le nombre total de corps pareils n'est pas encore connu ; mais ce qui paraîtra extraordinaire, c'est la découverte du mode de la production de ces corps. Dans l'article sur *le Thallium* il est exposé, que ce corps n'est qu'un résidu provenant de la séparation de 3 atomes d'hydrogène d'un équivalent double de plomb. On a :

$$Tl = Pb^2 - H^3 = C^{10}Az^4H^6SO^4 - H^3 = C^{10}Az^4O^6,SO^3, \text{ poids } 204.$$

A l'avenir, les jeunes chimistes vont s'occuper de la production de corps indécomposables ; les rêves des alchimistes vont être réalisés jusqu'à un certain degré.

Connaissant les couleurs et les éléments des corps, j'expose la *liaison* entre les sept rapports chromatiques des éléments et des couleurs. Les propriétés des corps dépendent des espèces des éléments, et non des rapports de leur nombre ; elles sont même de plusieurs ordres :

1° Par rapport à leur structure, les corps sont de six systèmes ;

2° Par rapport à leur électricité, les métaux s'arrangent en une série dans laquelle le bismuth est de l'électricité la plus dense et l'antimoine de la moins dense ;

3° Par rapport à leur densité, le platine est le plus dense et le lithium le moins dense.

4° Par rapport à leur capacité pour la chaleur, le magnésium a la plus grande et le bismuth la plus petite ;

5° Par rapport à leur fusibilité, le mercure fond à — 39°, le platine est infusible.

Occupons-nous de la correspondance entre les couleurs des corps indécomposables et de leurs éléments.

I. RAPPORTS ENTRE LES COULEURS DES CORPS INDÉCOMPOSABLES ET LEURS ÉLÉMENTS.

Une partie des corps sont d'une seule couleur, le *cuivre* ; les autres sont de deux couleurs séparées ; l'or réfléchit la lumière jaune et transmet la lumière verte ; dans l'iode, le bleu est mêlé avec le rouge. D'autres couleurs sont trop lavées dans la lumière blanche pour être aperçues ; l'argent, rouge faible, paraît blanc. Le gris est aussi un mélange de couleur avec le blanc.

A. Couleurs des métalloïdes et leurs éléments.

Azote. $Az^2 = H^4O^8$ à l'état gazeux est incolore.

Carbone. $C^2 = H^4O$.

A l'état solide, le carbone produit la suppression de l'expansion de sept espèces de lumières; cette suppression est la même que celle des interférences, elle est produite par les tétraèdres composés d'un atome d'oxygène logé dans l'hydrotétraèdre H^4.

Iode. $I = H^{18}O^{14} = H^{10}O^8, H^8O^6$.

Les éléments $H^{18}O^{14}$ de l'iode sont divisés en deux facteurs dont H^8O^6 est l'acide et $2H^8O^4$ la base : 1° du rapport $H^{10} : H^8$ résulte le rouge par la suppression de l'expansion des six autres espèces de lumière complémentaire; 2° du rapport $O^8 : O^6$ résulte le bleu par la suppression des six autres couleurs.

Les deux facteurs sont des tétraèdres indiqués par les symboles suivants :

$$I = H^{18}O^{14} = (H^2, 4H^2O^2)(HO^2, 4HO).$$

HO^2 est le noyau du tétraèdre 4HO, tandis que le tétraèdre $4H^2O^2$ est contenu dans celui des deux atomes d'hydrogène. Ainsi : 1° le couple des deux tétraèdres correspond aux deux facteurs $H^{10}O^8, H^8O^6$ de l'équivalent $H^{18}O^{14}$; 2° les cristaux du quatrième système ont : 1° la forme de lames rhomboïdales, ou 2° celle d'octaèdres allongés. Ces formes proviennent de deux modes d'accolement des tétraèdres par l'une de leurs arêtes; 3° les deux couleurs correspondent aux deux rapports chromatiques $H^{10} : H^8$; $O^8 : O^6$. Les autres propriétés du corps proviennent de ses éléments électriques.

Chlore. $C\chi^2 = 71 = H^7O^8 = H^4O^5, H^3O^3$.

Les deux facteurs du composé sont 1° la base H^4O^5, et 2° l'acide H^3O^3. Les tétraèdres $2H^2O^2 = O^2, 4HO$ de l'acide sont contenus dans ceux HO,4HO de la base, comme cela est reconnu par la densité $d = 35,5 \times 0,0692$ du gaz. Le rapport des atomes d'oxygène $O^6 : O^3$ produit la couleur jaune. Les 7 atomes d'hydrogène ne se divisent pas en $H^4 : H^3$ qui est le rapport du bleu, car cette couleur manque.

Brome. $Br = 80 = H^8O^9 = H^4O^6, H^4O^3$.

Le facteur H^4O^3 est le tétraèdre de la base dans lequel est contenu l'acide ou le facteur $O^2, 4HO$:

1° Le brome se solidifie à −22° à l'état d'une masse feuilletée cassante, d'un gris de plomb, qui prouve que les éléments s'arrangent de manière à former des tétraèdres $O,4H^2O^2$ achromates.

2° A l'état liquide, les éléments composent les facteurs H^4O^6,H^4O^8 contenant l'oxygène dans le rapport $O : O^2$ du rouge, et non dans le rapport $O^3 : O^4$ de l'indigo.

3° A l'état vaporeux, les atomes d'oxygène conservent leur arrangement; en même temps, les 8 atomes d'hydrogène obtiennent un arrangement de jaune, de sorte que le mélange du rouge et du jaune produit l'orange.

Fluor. $F = 19 = H^3O^2$.

L'ensemble des éléments est un gaz incolore.

Bore. $B^4 = 43 = H^3O^8 = HO,H^2O^4$.

Le facteur HO est la base, et H^2O^4 est l'acide. La couleur rouge est produite par le rapport $H^2 : H$ des 3 atomes d'hydrogène. En quelques échantillons se voit la couleur verte, provenant du rapport $O^4 : O^3$ de l'oxygène.

Phosphore. $Ph = 31 = Az^2H^4 - H^3 = Az^2H^3 = H^7O^2$.

Le phosphore blanc, devient rouge par rapport à l'oxygène H^2O,H^5O^2, lorsqu'il est exposé à la lumière blanche ou à la lumière violette qui arrive à travers une fiole de cette couleur; dans les fioles d'autres couleurs, le phosphore reste blanc. Ce fait tout particulier est produit par des couples chromatiques $O^2 : O$; $H^4 : H^3$, rouge et bleu, dont est composé le violet des fioles. Ainsi on a :

$$Ph^2 = Az^4H^6 = H^{14}O^6 = H^7O^4,H^7O^2 = Az^2H^4,Az^2H^2,\text{ rouge.}$$

La lumière violette, qui pénètre la fiole, est bleue-rouge, son expansion dans le phosphore produit l'arrangement des atomes d'oxygène en rapport de $O^4 : O^2$, tandis que l'hydrogène reste égal dans les deux facteurs. Ces détails servent à connaître en quoi consiste la préférence de la lumière violette sur les autres espèces. Si le phosphore n'est que le résidu $Az^4H^{12} - H^6 = Az^4H^6$, le rouge est produit de ses 6 atomes d'hydrogène, Az^2H^4,Az^2H^2, sans être en rapport avec la lumière violette.

Arsenic. $As = 75 = C^2H^4Ph^2 - H^3 = C^2HPh^2$.

L'arsenic est d'un gris qui indique l'existence d'une couleur trop faible pour être aperçue. L'arsenic n'a ni saveur ni odeur; mais, projetée sur des charbons brûlants, la poudre répand une odeur aliacée en rappelant celle du phosphore. Dans les composés de l'arsenic sont produites des couleurs correspondant à ses éléments.

Soufre. $S^2 = C^4H^8 = 32 = C^2H^4,C^2H^4$.

La couleur jaune du soufre résulte de ses 8 atomes d'hydrogène dont 5 sont obtenus : 1° par un facteur C^2H^5, qui est la base; et 2° 3 par un autre C^2H^3, qui remplace l'acide. Cette couleur reste jusqu'à 110° du soufre fondu.

A 190° la couleur devient jaune-rouge, et à 260° le jaune disparaît, et le soufre, en devenant brun, obtient une telle viscosité, qu'il ne s'écoule pas du ballon renversé. Jeté en cet état dans l'eau froide, la couleur brune persiste, et la densité 2,087 du soufre jaune est réduite à 1,920 dans le soufre brun.

D'un tétraèdre de 4 équivalents $4S^8$ à 190° en proviennent deux autres différents : l'un simple S^8 jaune, et l'autre triple, $S^{24} = C^{12}H^{24} = C^6H^{16}, C^6H^8$ rouge. A 260°, les 3 équivalents jaunes s'arrangent ensemble pour former un équivalent triple, et c'est ainsi que le jaune disparaît, et la masse devient brune.

Les couples des tétraèdres accolés par l'une de leurs 4 arêtes font résulter une surface rhombe. Deux surfaces pareilles accolées sont un corps octaèdre composé de deux pyramides antipodes.

De 4 octaèdres accolés l'un à l'autre pour avoir une base de la forme d'un parallélogramme (*fig.* 36), après avoir séparé de chaque

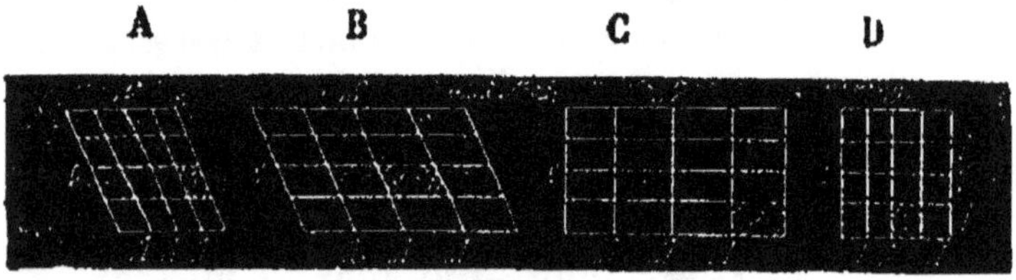

Figure 36.

extrémité un hémitétraèdre, on en obtient un séparé des trois. Ainsi, dans cette séparation de deux hémitétraèdres, la base parallélogramme C devient un orthogone B. Le soufre jaune est de la forme des cristaux du quatrième système, tandis que le soufre rouge est de la forme des cristaux du cinquième système. Ainsi on a :

$$4S^8 = \begin{cases} S^8 = C^4H^8 = C^2H^5, C^2H^3 \text{ jaune du quatrième système.} \\ 3S^8 = C^{12}H^{24} = C^6H^{16}, C^6H^8 \text{ rouge du cinquième système.} \end{cases}$$

Tellure. $Te^3 = 192 = C^{12}H^{24} = S^8, S^4$.

Le tellure est incolore ; la forme primitive de ses cristaux est celle d'un rhomboïde.

Sélénium. $Se^3 = 120 = C^2H^2S^6 = C^2S^4, H^2S^2$;

La couleur rouge du sélénium est produite par 6 équivalents de soufre contenus dans les deux facteurs composés d'hydrogène, et formant la base du composé. Le sulfure de carbone C^2S^4 en est l'acide ou le facteur positif. Les cristaux sont de la forme d'un prisme à base rectangulaire B (*fig.* 36) du cinquième système, comme le sont les cristaux du soufre rouge.

Couleur des flammes du gaz des marais, du soufre, du sélénium et du tellure. Ces quatre corps brûlent avec une flamme bleue qui provient du rapport de l'oxygène $O^4 : O^3$. Dans la combustion du gaz, les produits sont de l'eau 4HO et de l'acide carbonique $C^2O^4\dot{E}$; il y a un atome d'oxygène qui conserve son électricité $\dot{E}$; les 3 atomes O^3, avec ceux des quatre équivalents H^4O^4 de l'eau qui se séparent de leur électricité, produisent le rapport de $O^4 : O^3$ du bleu de la flamme des corps composés des mêmes éléments que le gaz des marais.

Densités. Il y a un rapport approximatif entre les poids 40, 64 des équivalents du sélénium et du tellure, et leur densité 4, 3 et 6, 2. La triple densité du soufre $3 \times 2{,}087 = 6{,}26$ est exactement celle du tellure, tandis que le poids quadruple 4×16 de son équivalent est celui 64 du tellure. Les 12 volumes de soufre se réduisent à 4 dans le tellure, et ses 12 équivalents à 3 équivalents de tellure.

B. ÉLÉMENTS DES MÉTAUX, ET MODE DE LA PRODUCTION DES COULEURS.

Les métaux sont indécomposables, parce qu'ils sont des sels *carbonates*, *sulfates*, *azotates* ou *phosphates*, dont on a séparé une partie d'oxygène correspondant à celle avec laquelle doit se combiner chaque métal pour devenir un corps neutre. Les oxydations des métaux, sont un effet direct de la séparation d'une partie d'oxygène des sels primitifs qui composent les minerais alluviens.

Le blanc du mercure, résulte du manque total de couleur; le noir n'est pas celui du charbon, mais il est l'extrême rouge; le gris est l'extrême violet ou son mélange avec du blanc et quelques couleurs. Les nuances de chaque couleur correspondent aux éléments qui accompagnent les éléments de rapport chromatique. Ici indiqués : 1° la couleur observée des métaux, 2° leurs éléments, et 3° la correspondance entre les éléments et la couleur.

Il n'existe de distinction physique tranchante entre les corps indécomposables que lorsqu'on s'éloigne des limites. Les hydrocarbones, dans lesquels entre le gaz des marais, correspondent aux métalloïdes; ceux-ci, par rapport à leur aspect métallique, ne diffèrent pas des hydrocarbones contenant l'hydrogène en rapport inférieur à celui du gaz des marais.

Ces hydrocarbones, nommés *paramétaux*, sont des résidus des substances végétales, après la séparation de leur oxygène.

Les métaux véritables se distinguent des paramétaux par leur oxygène, lequel, à l'état d'oxyde de carbone C^2O^2, disparaît en devenant de l'azote $C^2O^2 = O^2, 4H = Az^2$. Le gaz des marais disparaît aussi, et devient du soufre $C^2H^4 = S^2$. Il y a des métaux où le phosphore est produit par la séparation de 3 atomes d'hydrogène d'un équivalent double d'ammoniaque, $Ph = Az^2H^6 - H^3 = Az^2H^3$ poids 31

Je divise les corps nommés *métaux* : 1° en hydrocarbones métalliques ou *paramétaux*, et 2° en métaux ; ceux-ci dérivent tous de la silice, qui est l'unique corps, lequel en forme des terrains ignés qui enveloppent le globe, dont l'intérieur est du fer. De ces deux corps composant le globe, les densités 2,5 et 7,788 étant connues, de même que le volume du globe et sa densité 5,6, on en détermine l'épaisseur de l'enveloppe des terrains ignés.

I. D'après leur origine : 1° les paramétaux sont des résidus des substances végétales ; 2° les métaux sont des résidus de silice.

II. D'après leurs éléments : 1° les paramétaux sont des hydrocarbones; 2° les métaux sont des résidus des sels carbonates, sulfates, azotates ou phosphates.

1° Couleurs et éléments des paramétaux.

Le carbone se combine en beaucoup de rapports avec l'hydrogène; son maximum est dans le gaz des marais. Mais ce gaz C^2H^4, devenu du soufre S^2, reçoit encore de l'hydrogène : 1° le gaz oléfiant C^2H^2 est positif par rapport au gaz des marais, qui est négatif ou base du composé; 2° le même gaz C^2H^2 est négatif par rapport aux hydrocarbones $C^{2n}H^{2n-m}$ les moins hydrogénés.

Les couleurs ne sont que le produit des rapports entre les nombres des atomes d'hydrogène qui entrent dans les deux facteurs, comme cela est exposé pour chaque corps.

Potassium. $K^2 = 78 = C^{10}H^{18} = C^6H^{16}, C^2H^2$.

Ce paramétal est blanc à cause du manque de rapport chromatique entre les atomes $H^{16} : H^2$ d'hydrogène des deux facteurs.

Sodium. $Na^2 = 46 = C^6H^{10} = C^4H^6, C^2H^4$.

Ce paramétal est d'un blanc d'argent.

Baryum. $Ba^2 = 137 = C^{18}H^{29} = C^{12}H^{23}, C^6H^6$.

Ce corps est d'un blanc d'argent.

Silicium. $Si^2 = 30 = C^4H^6 = C^2H^4, C^2H^2$.

L'hydrogène en rapport $H^4 : H^6$ soutient un égal nombre d'équivalents de carbone; c'est ce rapport qui produit le rouge pur du paramétal.

Strontium. $St^2 = 88 = C^{12}H^{16}$; $C^4H^8C^4H^4 = S^2, C^4H^4$.

L'hydrogène est en rapport $H^8 : H^4$; le manque de couleur rouge provient de ce que le facteur C^4H^8 s'y trouve en forme de soufre; l'éclat métallique est très-faible, à cause de la présence du soufre.

Thorium. $Th^2 = 119 = C^{15}H^{29} = C^3H^6, C^{12}H^{23}$.

Ce corps est une poudre grise.

Glucinium. $Gl^2 = 14 = C^2H^2$.

Ce paramétal est blanc, il y manque toute trace de couleur.

Dydime. $Di^2 = 99 = C^{14}H^{15}$.

Le dydime est peu connu, son aspect est gris.

Magnésium. $4Mg^2 = 96 = C^{14}H^{12}; C^4H^2, C^{10}H^{10}$.

Le magnésium est d'un blanc d'argent.

Lanthane. $La^2 = 96$.

Il est peu connu.

Aluminium. $Al^2 = 27 = C^4H^3 = C^3H^3$.

Ce paramétal n'est pas rouge, mais il est blanc tirant sur le bleu, couleur dont les éléments n'existent que dans l'hydrogène 6H contenu dans le carbone $C^4 = 2HO + 6H$; cet hydrogène donc, avec les 3 atomes 3H du corps, donne le rapport $H^6 : H^3$ de l'indigo; lequel étant très-faible, rappelle le bleu.

Calcium. $Ca^2 = 40 = C^6H^4 = C^4H^2, C^2H^2$; $Ca^4 = C^{12}H^8 = C^6H^4, C^6H^4$.

Le calcium est d'un jaune clair produit par le rapport $H^6 : H^2$ de l'hydrogène 8H de ses tétraèdres.

Zirconium. $Zr^3 = 67 = C^{10}H^7$; C^6H^6, C^4H.

La zircone est blanche.

Cerium. $Ce^2 = 96 = C^{14}H^{12}$.

Il est peu connu à l'état pur.

Lithium. $Li^2 = 13 = C^2H$.

Le lithium a un éclat d'argent.

Ytrium. $Y^2 = 64 = C^{10}H^4$; C^6H^2, C^4H^2.

L'ytrium est incolore et très-rare.

2° Rapport entre les éléments des métaux et leur couleur.

Les métaux sont des résidus de la silice et de ses composés, sans qu'il résulte de cela que les mêmes éléments soient contenus dans les mêmes tétraèdres $4C^4H^4O^4$ de la silice et des métaux. Des éléments de la silice se forment trois corps suivants :

$$3C^{16}H^{24}O^{24} = \begin{cases} S^8O^{16}. \\ Az^{16}H^{24}. \\ Ph^8. \end{cases}$$

Les couleurs correspondent aux élements dérivés de ceux de la silice, lesquels produisent les propriétés de chaque métal par rapport aux autres, et surtout par rapport à 2 atomes, l'hydrogène et l'oxygène; ceux-ci, dans le principe, se trouvaient dans la silice qui est un état parfaitement neutre, et les métaux en résultèrent : 1° de la séparation ou de l'addition de quelques atomes d'hydrogène; 2° de la formation du *soufre*, de l'*azote* ou du *phosphore*.

Fer. $Fe^2 = 54 = C^4H^5O^5$; C^3H^3,SO^3.

Le fer est d'un blanc d'argent : 1° sa quantité correspond à celle de la silice; 2° toutes ses propriétés correspondent à ses éléments et à leur arrangement tétraédrique. L'équivalent double de fer est le résidu de la séparation d'un atome d'oxygène de l'équivalent double de la silice. Dans la *Physique céleste*, tome III, se trouve exposée la formation de l'intérieur du globe, composé de fer, de même que le sont les aérolithes.

Magnésium. $Mn^2 = 55 = C^4H^7O^3$; C^3H^3,SO^3.

Le magnésium est blanc grisâtre ; il s'oxyde à l'air, et forme une rouille brune provenant de l'hydrogène $C^2H^3O^3 = CH^2O,CHO$.

Chrome. $Cr^2 = 53 = C^4H^4O^3,C^3H,SO^3$.

Par son aspect extérieur, le chrome est blanc comme le fer; le chrome, à cause du moins de l'hydrogène, ne s'oxyde pas à l'air, et il est presque infusible.

Cobalt. $Co^2 = 59 = C^4H^{11}O^3 = C^3H^7,SO^3$.

Le cobalt est d'une blancheur d'argent; il est employé pour colorer le verre en bleu par le rapport $H^4 : H^3$ de l'hydrogène.

Nickel. $Ni^2 = 59 = C^4H^{11}O^3 = H^3S,SO^3$.

Le nickel est d'un blanc d'argent; l'hydrate $Ni^2O^3,2HO = H^3SO^3,SH^2O^3$

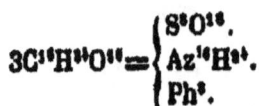

est vert par le rapport $H^{2}O^{2} : H^{2}O^{3}$ des atomes d'hydrogène et d'oxygène.

Uranium. $U^{2} = 121 = C^{8}H^{7}O^{8}$.

L'uranium est une poudre d'un brun extrême qui paraît noir ; il est le produit du $H^{6} : H^{3}$ d'hydrogène.

Zinc. $Zn^{2} = 65 = C^{4}H^{9}O^{4}$; $C^{2}H^{5}O^{2}, C^{2}H^{4}O^{2} = Hz^{2}H^{4}S^{2}O^{4}$.

Le zinc est d'un blanc bleuâtre ; les 9 atomes d'hydrogène donnent le bleu indigo ; mais, comme tel, il est imperceptible

Cadmium. $Cd^{2} = 56 \times 2 = 112 = C^{8}H^{4}O^{7}; C^{6}O^{4}, SO^{3}$.

Le cadmium est d'un blanc légèrement bleuâtre. Ce bleu est le produit du rapport $O^{4} : O^{3}$ de l'oxygène.

Tantale. $Ta = 69 = C^{6}H^{9}O^{3}$; et $Ta^{2} = C^{8}H^{12}O^{4}, C^{6}H^{6}O^{2}$.

Le tantale est d'un brun extrême qui apparaît noir, il est le produit du rapport de $H^{12}O^{4}; H^{6}O^{2}$ des atomes d'hydrogène et d'oxygène.

Niobium. $Nb = 49 = C^{4}HO^{3} = C^{2}HO^{2}, C^{2}O$.

Ce métal est d'un brun extrême, paraissant noir par le rapport de $O^{2} : O$.

Tungstène. $Tu = 92 = C^{8}H^{12}O^{4}, = C^{4}H^{8}O^{2}, C^{4}H^{4}O^{2}$.

Le métal est d'un gris foncé, provenant du brun extrême produit par le rapport $H^{8}H^{4}$ de l'hydrogène.

Molbydène. $MO^{2} = 92 = C^{6}H^{4}O^{6}; C^{6}Az^{2}, SO^{3}$.

Le molbydène est blanc, d'apparence d'argent mat.

Vanadium. $V^{2} = 137 = C^{8}H^{9}O^{10}; C^{8}Az^{4}, H^{7}O^{6}$.

Ce métal est blanc.

Étain. $Sn^{2} = 59 = C^{4}H^{11}O^{3}; C^{4}H^{8}, 3HO$.

L'étain est blanc, d'un reflet jaunâtre, couleur provenant de l'hydrogène H^{8} qui forme du soufre $C^{2}H^{5}, C^{2}H^{3}$ jaune.

Titane. $Ti^{2} = 50 = C^{4}H^{3}O^{3}; C^{2}A^{2}Az^{2}H^{3}O$.

La poudre grise du métal prouve l'existence d'un brun extrême qui est le produit des facteurs $C^{2}HO^{2}, C^{2}HO$ de l'équivalent Ti^{2}.

Antimoine. $Sb^{2} = 121 = C^{8}H^{17}O^{7} = C^{4}H^{9}O^{4}, C^{4}H^{8}O^{3}$.

L'antimoine est d'un blanc bleuâtre comme le zinc, dont le bleu est celui de l'indigo, tandis qu'ici il est un mélange de bleu du rapport $O^{4} : O^{3}$ et du violet du rapport $H^{9} : H^{8}$.

Bismuth. $Bi^{2} = 213 = C^{16}H^{21}O^{12}, C^{8}H^{14}O^{8}, C^{8}H^{7}O^{4}$.

Le bismuth est blanc-gris rougeâtre, du rapport des atomes $H^{14} : H^{4}, O^{8} : O^{4}$.

Plomb. $Pb^{2} = 207 = C^{16}H^{7}O^{16}$.

Le plomb est d'un gris bleuâtre; le bleu est produit du rapport $H^{4} : H^{3}$ de son hydrogène.

Cuivre. $Cu^{4} = 127 = C^{8}H^{9}O^{4}, = C^{4}H^{4}O^{4}, C^{4}H^{5}O$.

La couleur rouge du cuivre est produite par le rapport $H^{10}:H^{6}$ de son hydrogène.

Mercure. $Hg=100=C^{8}H^{12}O^{7}=Az^{2}S^{2}O^{2}; =AzS^{2},AzO^{2}$.

Le mercure est blanc.

Argent. $Ag=108=C^{8}H^{12}O^{4}=C^{4}H^{6}O^{4};C^{4}H^{6}O^{2}$; $AzS^{2},AzO^{4}=Az^{2}S^{2}O^{6}$, $AzSO^{2}$.

L'argent n'est pas blanc, car il apparait rouge après l'affaiblissement de la lumière blanche par un nombre de réflexions opérées entre deux lames peu inclinées l'une vers l'autre.

Or. $Au^{2}=197=C^{16}H^{5}O=C^{12}Az^{4}H^{5}O^{6}$.

L'or réfléchit la lumière jaune, il transmet la lumière verte. Le rapport $O^{2}:O^{6}$ des 8 atomes d'oxygène donne le jaune; le rapport de $H^{3}:H^{2}$ de 5 atomes d'hydrogène donne le vert. La coexistence de ces deux couleurs prouve que les atomes d'oxygène et d'hydrogène se trouvent dans les deux facteurs de l'équivalent dans les deux rapports La somme du poids de deux facteurs, est le poids 197 de l'équivalent double de l'or. Le poids obtenu par les expériences est 99,60, **Berzelius**; 99,5, **L. Gmelin**; 98,33, **Dumas et Fremy**. Il est impossible de prouver mathématiquement si aucuns de ces résultats sont les véritables, surtout quand on se rappelle que chaque résultat des expériences n'est pas le même. Si j'avais trouvé le poids 98,50 par des expériences, ni moi ni d'autres n'auraient pu être sûrs que je n'eusse pas fait erreur. Le poids 98,5 obtenu par le calcul basé sur les poids des éléments des deux couleurs de l'or se trouve entre les nombres obtenus par les chimistes, dont celui de 98,33 ne diffère que de 0,17; une telle différence se trouve dans les limites des erreurs inévitables inférieures à 0,25. Le poids 197 de l'équivalent double 98,5 est un nombre entier et non fractionnel; donc ce nombre et toutes les conditions chromatiques se trouvent exposées dans l'équation suivante :

$$Au^{2}=197=C^{16}H^{5}O^{12}=C^{12}Az^{4}H^{5}O=C^{12}\ (Az^{2}H^{2}O^{6},Az^{2}H^{3}O^{6}).$$

Dans les deux facteurs se trouvent les apports chromatiques $H^{3}:H^{2}$ et $O^{6}:O^{6}$ du vert et du jaune. Le facteur $Az^{2}H^{2}O^{6}=PhO^{3}$ contient les éléments de l'acide phosphoreux; l'autre facteur $Az^{2}H^{3}O^{6}=AzH^{4}AzO^{6}$ est un sel d'azotate d'ammoniaque dont il a été séparé un atome d'hydrogène.

La densité de l'or fondu est 19,758; celle de l'or forgé est 19,361; elle est inférieure à celle de 22,03 du platine forgé, tandis que le poids 197 des équivalents est le même. Le manque de couleurs dans le platine ne permet pas d'exposer les détails de ses éléments.

Connaissant la dérivation des métaux des corps précédents, la *silice*$=Si^2O^4 = C^4H^8O^4$, dérivation consistant : 1° en changements des nombres des atomes d'hydrogène et d'oxygène, et 2° en anédriases des tétraèdres électropositifs (acide) dans les électronégatifs (base) ; j'ai cherché les éléments du platine au moyen des couleurs de ses composés.

Parmi les métaux c'est l'or qui sert de modèle : 1° Parce que tous les détails des atomes d'oxygène et d'hydrogène se trouvent en deux rapports chromatiques différents, et dans lesquels 4 équivalents d'oxyde de carbone deviennent 4 équivalents d'azote. Cet avantage ne se rencontre pas dans les recherches des éléments des autres métaux.

Platine. $Pl^2 = 197 = C^{14}H^{12}O^{11}$.

Le platine est blanc ; il n'y a pas de production de couleur par les atomes H^{12}, O^{11} d'hydrogène et d'oxygène.

Osmium. $Os^2 = 199 = C^{16}H^{12}O^{11}$; $C^4H^8O^8, C^6Az^6H^{12} = C^4As^8H^8O^8$.

Les éléments $C^{16}H^{12}O^{11}$ se trouvent arrangés en état d'azote, de phosphore et d'arsenic, dont quelques-unes des propriétés ne se retrouvent pas dans l'osmium. Le métal est gris, les couleurs vert-rouge, produites par ses éléments, sont imperceptibles. **Dumas** a rangé l'*azote*, le *phosphore*, l'*arsenic* dans la famille des azotes, tandis que l'osmium se trouve dans la famille de l'oxygène ; dans cette classification, **Dumas** prend pour base les rapports entre les poids des équivalents. **Fremy** n'a pas suivi ce principe, et conduit des propriétés des métaux, a placé l'osmium à côté de l'arsenic.

Iridium. $Ir^2 = 197 = C^{16}H^5O^{12}$.

L'iridium est blanc et non jaune comme l'est l'or, parce qu'il n'a pas d'azote.

Rhodium. $Rh^2 = 104 = C^8H^8O^6$.

Ce métal est gris par le rapport $O^4 : O^8$ de son oxygène qui produit le brun noir.

Palladium. $Pd^2 = 106 = C^8H^{10}O^6$.

Le métal est gris-blanc.

Ruthenium. $Rt^2 = 104 = C^8H^8O^6$.

Les mêmes éléments sont différemment composés dans ce corps et dans le rhodium.

Thallium. $Tl = 204 = Pb^2 - H^3 = C^{14}H^8O^{13}$.

Le thallium est un résidu de la séparation de 3 atomes d'hydrogène, d'un atome double de plomb. Sa densité, 11,862, est supérieure à celle 11,445 du plomb. On ne manquera pas de parvenir à transformer le plomb en thallium, car les kilos de thallium recueillis dans la boue de la fabrication de l'acide sulfurique, ne sont contenus ni dans le soufre ni dans le plomb. On peut facilement s'en convaincre par le rapport direct : 1° du poids du plomb disparu des chambres, et 2° du poids du thallium produit.

Résumé. Dans les corps indécomposables, il y en a plusieurs qui se présentent sous différentes couleurs ayant été obtenues par des procédés qui ne sont pas les mêmes : 1° l'hypothèse de considérer les couleurs comme une espèce d'encre, se trouve en contradiction avec celle de considérer comme simples les corps indécomposables ; 2° l'hypothèse de considérer les arrangements des molécules homonymes comme cause des couleurs, ne suffirait pas à rendre évident le mode de la réflexion d'une espèce de lumière par l'or et le mode de la transmission d'une autre espèce de lumière. Au lieu des hypothèses, le lecteur trouve ici sept rapports dont chacun correspond à une couleur et à un son. D'abord, cette correspondance a été exposée entre les couleurs des corps décomposables et les rapports entre des éléments homonymes contenus dans chacun des deux facteurs. Ensuite la règle a trouvé son application aux corps indécomposables colorés dont est connu le poids de l'équivalent. Ce poids **p** est la somme des poids $p' + p$ des deux facteurs ; le poids p est aussi la somme des poids des éléments de l'un des facteurs f et p' la somme des poids des éléments de l'autre facteur f'.

Sans être orienté par les couleurs, la distribution des éléments des plantes dans les deux facteurs des équivalents indécomposables serait impossible. Il y a été découvert que : 1° l'oxyde de carbone devient de l'azote, 2° le gaz des marais devient du soufre, et 3° l'ammoniaque devient du phosphore.

Les métaux dérivés de la silice ne se distinguent de ceux dérivés des plantes, se trouvant encore en leur état naturel, qu'en ce que les sels *sulfates, phosphates, azotates* se décomposent en acide oxygéné et en oxyde MO ou en O oxygène et un paramétal.

Les métaux indécomposables correspondent aux minerais naturels qui sont des sels, et non aux paramétaux ; ceux-ci présentent l'aspect métallique, aspect trouvé dans plusieurs corps comptés parmi les métalloïdes. Les sels qui contiennent leur oxyde et leur acide peuvent être décomposés ; tandis que les sels devenus des résidus par la séparation de quelques éléments, sont des métaux indécomposables sans perdre leur type de sels décomposables.

Les rapports entre les propriétés des corps et leurs éléments sont exposés dans les chapitres sur chaque corps. Ici se trouve le parallélisme entre les éléments des corps et leur état électrique.

II. PARALLÉLISME DE L'ÉTAT ÉLECTRIQUE DES MÉTAUX ET DE LEURS ÉLÉMENTS.

Dans la classification des corps, **Berzelius** a pris pour base leur état électrique; **Dumas** a groupé 22 corps en 5 familles, en prenant pour base les rapports ou les différences entre les poids des équivalents exposés en nombres entiers; des autres chimistes chacun fit des classifications basées sur les propriétés des corps. Ces classifications diffèrent à cause du grand nombre des propriétés des corps.

En frottant les métaux l'un contre l'autre, on trouve dans chacun une quantité d'électricité qu'il ne possédait pas précédemment. Une expansion d'électricité positive du métal le plus positif, passe pendant le frottement au métal le moins positif. Il en résulte qu'après le frottement, l'un des corps C possède une électricité inférieure à celle qu'il possédait précédemment, et l'autre corps C' en possède davantage.

Les résultats ainsi obtenus ayant été constants, chacun obtient la même série de métaux en prenant pour base l'état électrique de chaque métal frotté avec tous les autres. Ainsi, on trouve que le bismuth perd une partie de son électricité en frottant chacun des autres métaux; au contraire l'antimoine devient positif, étant frotté par chacun des autres métaux. D'après les changements de leur état électrique par le frottement, les métaux forment la série suivante, en commençant par le plus positif.

Bismuth, palladium, platine, plomb, étain, nickel, cobalt, cuivre, or, argent, iridium, zinc, fer, cadmium, arsenic, antimoine.

Bismuth.	$C^{16}H^{22}O^{12}$; $C^{8}H^{14}O^{6}, C^{8}H^{7}O^{6}$.
Palladium.	$C^{16}H^{20}O^{12}$; $C^{4}Az^{4}H^{4}, S^{4}O^{8}$.
Platine.	$C^{16}H^{12}O^{11}$.
Plomb.	$C^{16}H^{7}O^{12}$; $C^{10}Az^{4}H^{8}SO^{9}$.
Étain.	$C^{16}H^{14}O^{12}$; $C^{16}H^{22}, 12HO$.
Nickel	$C^{16}H^{14}O^{12}$; $H^{12}S^{4}, S^{4}O^{12}$.
Cobalt.	$C^{16}H^{14}O^{12}$; $C^{8}H^{28}, S^{4}O^{12}$.
Cuivre.	$C^{16}H^{20}O^{16} = C^{8}H^{12}S^{4}O^{16}$.

Or. . . . . $C^{16}H^{5}O^{12} = C^{12}Az^{4}H^{3}O^{8}$.
Argent. . . . . . . $C^{16}H^{24}O^{12}$; $Az^{4}S^{6}O^{6}$.
Iridium . . . . . . $C^{16}H^{3}O^{12}$.
Zinc. . . . . $C^{16}H^{24}O^{16}$; $S^{8}H^{4}O^{16}$.
Fer. . . . . $C^{16}H^{24}O^{12}$; $C^{8}H^{8},S^{4}O^{12}$.
Cadmium . . . . . $C^{16}H^{8}O^{14}$; $C^{12}O^{8},S^{2}O^{6}$.
Arsenic. . . . . . . $C^{4}Az^{8}H^{14}$.
Antimoine. . . . . $C^{16}H^{24}O^{14}$; $PbH^{6}S^{3},4HO$.

Remarque. Le *bismuth* est un résidu indécomposable produit d'un sel acide dont l'une des bases a été séparée; l'antimoine est aussi un résidu indécomposable, mais il est produit de la séparation de l'acide oxygène, qui est remplacé par un acide sulphydrique. L'arsenic As $= C^{8}H^{4}P4^{2} - H^{3} = C^{8}Ph^{2}H$ est aussi le résidu d'un sel alcalin $C^{2}H^{2}Ph^{2}H^{2}$ de l'acide phosphydrique. Les métaux entre l'arsenic et le bismuth sont des résidus de sels de plus en plus acides. J'ai démontré qu'il est impossible au chimiste de trouver, au moyen de la balance, la valeur mathématique du poids d'un corps; de même qu'il est impossible à un ingénieur d'obtenir la valeur mathématique des distances au moyen des mesures des angles. Je pris pour poids des équivalents ceux des chimistes actuels car j'y trouva des divergences inférieures. Les résultats de Berzélius ont été trouvés moins exacts. Dans l'avenir on parviendra à faire des expériences plus perfectionnées et l'on s'approchera davantage du poids véritab[le] des équivalents. Ainsi, on trouvera des erreurs commises dans l[es] atomes d'hydrogène dans les composés ici exposés, surtout dans le[s] corps non colorés; toutefois, le seul moyen de vérifier les résult[ats] des expériences sera toujours la couleur existante ou l'appariti[on] d'une autre indiquant un rapport entre les éléments des deux fa[c]teurs des équivalents qui est d'une exactitude mathématique.

CHAPITRE III.

COULEURS DES COMPOSÉS DES CORPS INDÉCOMPOSABLES AVEC L'OXYGÈNE OU LE SOUFRE.

Les corps colorés, en se combinant, changent de couleur ou deviennent incolores. Les corps incolores, en se combinant, restent incolores ou leurs composés sont colorés. Sous ce rapport il n'y a aucune différence entre les corps décomposables et les corps indécomposables. Le mode de la production de couleurs est toujours un arrangement des éléments homonymes des deux facteurs en un des sept rapports chromatiques. Les éléments ne produisent pas de couleurs sans être arrangés; souvent il leur faut une élévation de température pour se mettre en un tel arrangement, lequel disparaît avec la couleur dans le froid.

La grande importance de la connaissance du mode de la production des couleurs, rend nécessaire l'exposition de cet objet sous tous les points de vue. Dans l'avenir on saura que chacune des sept couleurs est produite par un rapport chromatique entre les éléments homonymes contenus dans les deux facteurs des équivalents des corps colorés. De même que, depuis Pythagore, on sait que chacun des sept sons correspond à une longueur de corde qui est un des sept rapports harmoniques avec la longueur *h* prise pour unité.

Dans les articles, sur chaque corps se trouve exposé le mode de la production de toutes les couleurs, ici je me borne à indiquer le mode de la production des couleurs dans les composés de chaque corps avec l'oxygène ou le soufre. La généralité ainsi démontrée ne permettra à personne de persister dans l'ignorance par rapport aux couleurs des corps.

I. COULEURS DES COMPOSÉS DES MÉTALLOIDES.

Celui qui connaît les éléments des corps indécomposables et

les sept rapports chromatiques serait en état d'exposer le contenu dans ce chapitre.

CARBONE $C^2=12=O,4H$.

Carbone et oxygène. 1° L'oxyde de carbone C^2O^2 est un gaz incolore qui brûle avec une flamme bleue en devenant de l'acide carbonique $4C^2O^2+4O=O^4$. Le bleu indique l'existence d'un rapport de 4 ; 3 des atomes d'oxygène soutenus pendant la combustion. Le volume $\mathbf{v}+v=3v$ du mélange des deux gaz est réduit à $\mathbf{v}$; le volume v disparaît par l'introduction de l'oxytétraèdre 4O dans l'hydrotétraèdre de l'oxyde $4C^2O^2=4H^4O^2$. Dans l'acide carbonique $4C^2O^4\dot{E}$ l'un de 4 atomes d'oxygène ne se sépare pas de son électricité $\dot{E}$, tandis que les trois autres restent sans électricité comme sont les 4 atomes d'oxygène de l'oxyde C^4O^4. Ce rapport est donc $O^4 : O^3$ de l'oxygène de l'oxyde C^4O^4 et de l'oxygène O^3 séparé de son électricité qui se trouve dans l'acide carbonique $C^4O^8\dot{E}$.

Carbone et soufre. 1° Le *protosulfure* C^2S est un gaz incolore.

2° *Le sulfure de carbone* C^2S^4 est un liquide incolore. Les produits de la combustion sont de l'acide sulfureux et de l'acide carbonique. Le soufre brûle avec une flamme bleue comme l'oxyde de carbone ; le carbone brûle avec une flamme rouge ; le mélange des deux couleurs est le pourpre qu'on peut distinguer dans la flamme du liquide **Vauquelin, Robiquet.**

AZOTE $Az^2=28=O^3,4H$.

Azote et oxygène. Les couleurs des composés de l'azote et de l'oxygène ont été exposées plus haut.

La vapeur de l'acide hypoazotique est jaune rouge. Ces deux couleurs sont produites par les deux couples des facteurs, qui sont les suivants :

$$3Az^2O^8=Az^4O^{16},Az^2O^8 : Az^4 : Az^2 \text{ rouge} : O^{16} : O^8 \text{ jaune.}$$

Azote et soufre. L'azoture de soufre Az^2S^4 a la couleur jaune du soufre.

IODE $I=127=H^{15}O^{16}=H^{16}O^8, H^8O^8$.

Iode et oxygène. 1° L'acide iodique $I^2O^{10}=H^{30}O^{32}=H^{30}O^{16}$,

H^{16} O^{8} est incolore, les rapports H^{16} : H^{8} et O^{8} : O^{8} du rouge et du bleu disparaissent.

2° *L'acide oxyiodique* $I^{2}O^{14} = H^{30}O^{28} = H^{20}O^{18},H^{10}O^{10}$ est incolore. Le rapport H^{20} : H^{10} d'hydrogène ne produit pas un rouge perceptible ; ce rapport change dans l'acide iodhydrique qui est jaune. On a :

$$I^{2}H^{2} = H^{32}O^{30} = H^{20}O^{16},H^{12}O^{14} \text{ jaune.}$$

Dans la production des acides oxygénés, les tétraèdres d'oxygène $O^{2},4O^{2}$ ou $O^{2},4O^{2}$ pénètrent dans les tétraèdres $H^{2},4H^{7}O^{7}$ de l'iode. Dans la production de l'acide iodhydrique ce sont les tétraèdres H^{2}, $4H^{7}O^{7}$ de l'iode qui pénètrent dans les tétraèdres de l'hydrogène.

CHLORE $Cl^{2} = 71 = H^{7}O^{8} = H^{3}O^{5},H^{4}O^{3}$.

Chlore et oxygène. 1° Le protoxyde $Cl^{2}O^{2} = H^{4}O^{6}$, $H^{3}O^{4}$ est incolore.

2° Le *deutoxyde* $Cl^{2}O^{8} = H^{3}O^{10}$, $H^{4}O^{6}$ est jaune, O^{10} : O^{6}.

3° L'*acide chlorique* $Cl^{2}O^{10} = H^{3}O^{11},H^{4}O^{7}$ est incolore.

4° L'*acide perchlorique* $Cl^{2}O^{14} = H^{3}O^{14},H^{4}O^{7}$ est incolore.

L'*acide chlorhydrique* $H^{2}Cl^{2} = H^{7}O^{6},H^{2}O^{4}$ est incolore. Les éléments $H^{9}O^{8}$ ne produisent pas d'indigo H^{5} : H^{4} et de jaune O^{5} : O^{3} parce que ces arrangements manquent lorsque les tétraèdres H^{2}, $4HO^{2}$ de chlorure sont introduits dans ceux de l'hydrogène.

Chlore et soufre. 1° *Le protochlorure de soufre* $2S^{4}Cl^{2} = S^{2}Cl^{2}$, $S^{2}Cl^{2}$ est un liquide jaune.

2° Le *bichlorure* $3S^{2}Cl^{2}$ est un liquide rouge à cause de l'état du soufre $3S^{2}$ qui est de cette couleur ; ainsi on a $3S^{2}Cl^{2} = S^{4}Cl^{2},S^{2}Cl^{2}$.

3° Le *chlorure intermédiaire* $4S^{2}Cl^{2} = S^{4}Cl^{4},S^{4}Cl^{4}$ est orangé ou rouge Cl^{6} : Cl^{4} et jaune S^{6} : S^{2}.

4° Le *chlorure* $S^{2}Cl^{4}$ se trouve l'état composé avec les métaux.

5° Le *perchlorure* $S^{2}Cl^{6}$ n'est pas connu à l'état isolé.

BROME $Br = 80 = H^{4}O^{9} = H^{4}O^{6},H^{4}O^{3}$.

Le facteur $H^{4}O^{9}$ est la base dans laquelle est contenu le facteur $H^{4}O^{6}$ qui remplace l'acide.

Brome et oxygène. *L'acide bromique* $BrO^6 = H^4O^6,H^4O^6$ n'est pas indigo, mais il est incolore.

L'acide bromhydrique anhydre $HBr = H^2O^6,H^4O^6$ est incolore.

A l'état hydraté Br,10HO la couleur brune du brome devient rouge clair; il est ainsi prouvé que le brun extrême apparaît noir dans le brome; mais ce noir n'est pas celui du carbone : ainsi les teintes noires varient beaucoup.

Fluor $F = 19 = H^9O^6$.

L'acide fluorhydrique $H^4O^3 = HF$ est incolore.

Bore $B^4 = H^2O^3,HO^3 = 43$.

Le facteur H^2O^3 est la base et l'autre HO^3 est l'acide.

L'acide borique $B^4O^{11} = H^9O^{11}$ est incolore.

Phosphore $Ph^4 = 62 = Az^4H^6 = Az^2H^6,Az^2$.

Phosphore d'oxygène. 1° L'acide phosphorique $PhO^5 = AzH^3, AzO^5$ n'est qu'un azotate d'ammoniaque qui est incolore. Dans le chapitre sur le phosphore sont exposés les détails provenant des hydrates de ce sel.

2° *L'acide phosphoreux* $PhO^3 = AzH^3AzO^3$ est un azotite d'ammoniaque incolore ; l'équivalent AzH^3 sans être éloigné est remplacé par 3 équivalents d'eau, dont résulte le sel trihydraté $PhO^3,3HO$.

3° *L'acide hypophosphatique* $Ph^2O^{13} = (Az^2H^6,Az^2O^{10})\ (AzH^3,AzO^3)$ est un sel double à base d'ammoniaque incolore.

4° *L'acide hypophosporeux* $PhO = AzH^3AzO$ est incolore.

5° *L'oxyde de phosphore.* $Ph^4O^2 = Az^2H^{12}O^2$ est de couleur rouge ou de couleur jaune et non de couleur orangé (rouge et jaune). Ainsi on a :

$$2Ph^4O^2 = \left\{ \begin{array}{l} Ph^4O^2 = Az^2H^6O^2 = Az^2H^4O^2,\ Az^2H^2 ;\ \text{rouge.} \\ Ph^4O^2 = Az^2H^6O^2 = Az^2H^3O,\ Az^2H^3O ;\ \text{jaune.} \end{array} \right.$$

Les trois composés PhH^3, Ph^2H, PhH^2 de phosphore et d'hydrogène sont incolores. On a :

$$PhH^3 = Az^2H^6\ (\text{gaz});\quad PhH^2 = AzH^3,\ AzH^3\ (\text{liquide});$$
$$Ph^2H = Az^2H^6,Az^2H\ (\text{solide}).$$

Phosphore et soufre. 1° Le *sous-sulfure* Ph^2S est incolore.

2° Le *protosulfure* $Ph^2S^2 = C^4Ph^2H^8 = C^4H^4,Ph^2H^4 = C^2PhH^4, C^2PhH^4$ est jaune par le rapport de H^4 : H^4 de l'hydrogène contenu dans le soufre S^2.

3° Le *trisulfure* $Ph^2S^6 = C^{12}H^{24}Ph^2 = C^{12}PhH^{12},C^{12}PhH^{12}$ est jaune.

4° Le *pentasulfure* $Ph^2S^{10} = C^{20}H^{40}Ph^2 = C^{20}PhH^{20},C^{20}PhH^{20}$ est jaune.

5° Le *persulfure* $Ph^2S^{24} = PhS^{12},PhS^{12}$ est jaune.

SOUFRE $S^2 = 32 = C^4H^8 = C^2H^4,C^2H^4$.

Le facteur C^2H^4 est la base dans laquelle entre le facteur C^2H^4 qui est l'acide. Les colorations de l'acide sulfurique anhydre par le soufre ont été exposées.

L'acide sulphydrique $H^2S^2 = C^2H^5,C^2H^5$ est incolore.

SÉLÉNIUM $Se^2 = 120 = C^4H^8S^6 = CHS^3,CHS^3$.

Sélénium et oxygène. 1° *L'acide sélénieux* $Se^2O^4 = C^4H^8S^6, 3SO^2$ est incolore.

2° L'*acide sélénique* $Se^2O^6 = C^4H^8S^6,3SO^6$ n'est connu qu'à l'état monohydraté $Se^2O^6,3HO = C^2H^5,S^6H^4,4SO^6$; il est incolore.

L'acide sélénohydrique $H^2Se^2 = C^2S^6,S^6H^8$ est incolore.

Sélénium et soufre. Les deux corps se mêlent en toutes proportions, d'où proviennent des mélanges de couleurs correspondant aux rapports de l'hydrogène.

1° Le *bisulfure de sélénium* $Se^2S^4 = C^{12}Se^2H^{24}$ est rouge jaunâtre. On a :

$$Se^2S^4 = C^{12}Se^2SH^{24} = C^6Se^2H^{12},SeH^6 ; Se^2 : \textit{rouge} ; H^{12}S^2H^6 ; \textit{jaune}.$$

2° Le *trisulfure* $Se^2S^6 = Se^2S^4,SeS^2$ est : 1° tellement brun foncé qu'il apparaît noir quand il est fondu ; 2° il est transparent et jaune rouge pendant qu'il se refroidit ; 3° rouge et opaque après le refroidissement.

1° Le noir ou le brun extrême correspondent aux facteurs : $C^6H^{24}Se^2,C^6H^{12}Se$;

2° Le jaune rouge est produit par les facteurs $(C^6Se^2H^{12},C^6SH^6) S^2$.

3° Le rouge provient du mélange du bisulfure avec le soufre. On a :

$$3Se^2S^2 = \begin{cases} Se^6,C^{18}H^{36} = C^{18}Se^6H^{24},C^6SeH^{12} \text{ brun noir.} \\ Se^3(C^{12}H^{24},C^6H^{12}) = Se^3(C^6H^{18},C^6H^6)\ (C^7H^8,C^6H^4) \text{ jaune, rouge.} \\ Se^3C^{18}H^{36} = Se^3(C^9H^{24},\ C^9H^{12}) \text{ rouge.} \end{cases}$$

TELLURE $Te^2 = 192 = 2C^{12}H^{24} = S^8,S^4$.

Tellure et oxygène. 1° L'acide tellureux $Te^2O^6 = S^6,6SO$ est incolore.

2° L'acide tellurique Te^2O^9 cristallise en gros prismes qui contiennent 3 équivalents d'eau, qui perd au-dessus de 100° et devient orangé ou jaune rouge. Ainsi on a :

$$Te^2O^6 = C^{12}H^{24}O^6 = C^6H^{12}O^6,C^6H^9O^3;H^{12}:H^9;O^6:O^3.$$

Tellure et soufre. 1° Le bisulfure Te^2S^4 est noir ou brun extrême provenant des facteurs TeS^4,Te^2S^2.

2° Le *trisulfure* $Te^2S^9 = Te^2C^{18}H^{36} = TeC^6H^{12},Te^2C^{12}H^{24}$ est rouge jaune. Les couleurs sont produites par les facteurs suivants :

$$Te^2(C^3H^8,C^3H^4)\ (C^{12}H^{18},C^{12}H^6).$$

ARSENIC $As = 75 = C^3HPh^3$.

Arsenic et oxygène. 1° L'acide arsénieux $AsO^3 = C^3HP^3O^3$ est incolore.

2° L'*acide arsénique* AsO^5 est aussi incolore.

L'*arséniure d'hydrogène* $AsH^2 = C^3H^3Ph^6 = CH^2Ph,CHPh$ est rouge.

L'*hydrogène arsenié* $AsH^3 = C^3H^4Ph^3$ est incolore; il devient rouge comme le précédent lorsqu'il s'en éloigne un atome d'hydrogène en se combinant avec l'oxygène de l'air pour devenir $C^3H^4Ph^3,HO$; alors on a $(CH^2Ph,CHPh)HO$.

Arsenic et soufre. 1° Le sous-sulfure $As^{12}S^2 = As^6S,As^6S$ est brun.

2° Le *bisulfure d'arsenic* $AsS^2 = C^3HPh^3,C^4H^8 = C^3PhH^6,C^3PhH^3$ est d'un beau rouge brun; sa poussière est d'un jaune rouge; le jaune provient du soufre seul $S^2 = C^4H^8 = C^3H^5,CH^3$.

3° Le *trisulfure* $As^2S^6 = As^2C^{12}H^{24} = C^6As^{12}, C^6AsH^9$ est jaune.

4° Le *pentasulfure* $As^2S^{10} = As^2C^{20}H^{40} = C^{10}AsH^{25}C^{10}AsH^{15}$ est jaune.

5° Le *persulfure* $As^2S^{24} = AsS^{15},AsS^9$ est aussi jaune.

II. COULEURS DES COMPOSÉS DES PARAMÉTAUX AVEC L'OXYGÈNE OU LE SOUFRE.

Les paramétaux sont, comme le soufre, composés de carbone et d'hydrogène, où celui-ci entre en rapport inférieur. Les paramétaux sont des produits chimiques, car dans la nature ils ne se trouvent que comme oxydes et bases des carbonates, des sulfates, des azotates et des phosphates.

POTASSIUM $K^2 = 78 = C^{10}H^{18} = C^5H^{10}, C^5H^8 =$ [illegible].

Potassium et oxygène. 1° Le *sous-oxyde* $K^2O = C^5OH^{10}, C^5H^8$ est gris bleuâtre provenant du rapport $H^{10}H^8$ du bleu indigo de l'hydrogène.

2° Le **peroxyde** $K^2O^6 = KO^4, KO^2$ est rouge, et son tétraèdre K^8O^{24} est jaune K^4O^{15}, K^4O^9.

3° Le **protoxyde** K^2O^2 appelé *potasse* est blanc.

Potassium et soufre. 1° Le *monosulfure* K^2S^2 est incolore.

2° Le *polysulfure* est un mélange de K^2S^{16}.

3° Le *pentasulfure* $K^2S^{10} = C^5H^{13}S^5, C^5H^6S^5$ est brun par le rapport $H^{13}H^6$ de l'hydrogène.

4° Le *sulfocarbonate* $K^2S^2, C^2S^4 = C^{14}K^2H^{24} = C^7KH^{16}, C^7KH^8$ est jaune dû rapport $H^{16}H^8$ de l'hydrogène.

SODIUM $Na^2 = C^5H^{16} = C^3H^7, C^2H^9$.

Sodium et oxygène. Le *protoxyde* Na^2O^2 est incolore.

2° Le sous-oxyde Na^2O est incolore.

3° L'un *peroxyde* $Na^2O^3 = NaO^2, NaO$ est brun.

L'autre $Na^4O^8 = Na^2O^5, Na^2O^3$ est jaune. Il est le facteur $Na^2O^6 = Na^2O^3, NaO^3$, qui donne du rouge et du vert.

Sodium et soufre. 1° Le monosulfure est incolore.

2° Le sulfocarbonate $Na^2S^2, C^2S^4 = C^2Na^2S^6 = C^{14}Na^2H^{30} = C^7NaH^{15}, C^7NaH^{11}, H^9$ est jaune.

Résumé. Les paramétaux suivants ne produisent pas de composés colorés en se combinant avec l'oxygène ou le soufre, car l'hydrogène y est contenu en quantité qui est faible par rapport au carbone.

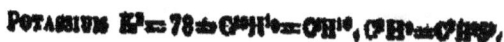

COMPOSÉS INCOLORES DES PARAMÉTAUX.

Baryum. $Ba^2 = 137 = C^{12}H^{10} = C^{12}H^{22}, C^8H^8$.
Silicium. $Si^2 = 30 = C^4H^6 = C^2H^4, C^2H^2; H^4 : H^2$ brun.
Strontium. $St^2 = 88 = C^{10}H^{14} = C^4H^6, C^4H^4$.
Thorium. $Th^2 = 119 = C^{18}H^{10} = C^2H^2, C^{16}H^{18}$.
Glucinium. $Gl^2 = 14 = C^2H^2$.
Didyme. $D^2 = 99 = C^{16}H^{12} = C^4H^2, C^{12}H^{10}$.
Magnésium. $2\ Mg^4 = 96 = C^{14}H^{12} = C^4H^2, C^{10}H^{10}$.
Lanthane. $La^2 = 96 = C^{14}H^{12} = C^4H^2, C^{10}H^{10}$.
Aluminium. $Al^2 = C^4H^2 = C^2H, C^2H^2$.
Calcium. $Ca^2 = 40 = C^6H^4 = C^4H^2, C^2H^2$.
Zirconium. $Z^2 = 67 = C^{10}H^7 = C^6H^3, C^4H^4$.
Cerrium. $Ce^2 = 94 = C^{14}H^{10} = C^8H^4, C^6H^6$.
Lithium. $Li^2 = 13 = C^2H$.
Yttrium. $Y^2 = 64 = C^{10}H^4 = C^8H^2, C^2H^2$.

III. COULEURS DES COMPOSÉS DES MÉTAUX AVEC L'OXYGÈNE OU LE SOUFRE.

Les paramétaux ou le soufre ne contiennent pas d'oxygène de même qu'ils ne contiennent ni le gaz des marais, ni l'ammoniaque dont proviennent les métalloïdes.

COULEURS DES COMPOSÉS DU FER $Fe^2 = 54 = C^1H^6O^2 = C^2H^2, SO^2$.

Fer et oxygène. 1° Le *protoxyde* $Fe^2O^2 = C^2H^2O^2, SO^2$, se trouve toujours en état de base composée avec des acides et non en état isolé.

2° Le *sesquioxyde* $Fe^2O^3 = feO^2, feO$ est rouge par le rapport $O^2 : O$ de l'oxygène.

Le *sesquioxyde hydraté* est rouge comme l'est l'anhydre ; mais il est toujours jaune dans les cas où il devient trihydraté. La présence de 6 ou de 2 équivalents d'eau fait changer la couleur, comme cela est exposé dans les équations suivantes :

$$4Fe^2O^3HO = \begin{cases} Fe^4O^6, 2HO = Fe^2HO^3, Fe^2HO^3 \text{ jaune} \\ F^4O^6.2HO = (F^2O^3, Fe^2O^3)\ 2HO;\ \text{rouge} \end{cases}$$

$$Fe^4O^6H^2O^6,10HO = (Fe^2HO^3Fe^2HO^3)10HO = (Fe^2H^2O^{10},Fe^2H^4O^6)2HO;$$
jaune.

Le mélange Fe^2O^3,Fe^2O^2 de sesquioxyde et d'oxyde introduit dans le flux de verre lui donne la couleur d'un vert foncé ; couleur produite du rapport $O^3 : O^2$ de l'oxygène.

3° *L'oxyde de fer magnétique hydraté* $2Fe^3O^4HO = Fe^3HO^4,Fe^3HO^4$ est d'un vert très-foncé qui est produit du rapport $O^4 : O^4$ de l'oxygène.

Le même oxyde préparé par l'ammoniaque en état anhydre $Fe^3O^4 = Fe^2O^3,FeO^2$ apparait noir étant d'un brun extrême, il est nommé *éthiopse minéral*.

4° *L'acide férique* Fe^2O^6 se trouve toujours composé avec des oxydes.

Fer et soufre. 1° Le protosulfure $Fe^2S^2 = C^4Fe^2H^8 = C^2FeH^4$, C^2FeH^4 est jaune.

2° Le *bisulfure* $Fe^2S^4 = C^8Fe^2H^{16} = C^4FeH^8C^4FeH^8$ est jaune; il est le rapport $H^8 : H^8$ de l'hydrogène qui produit la couleur.

3° *Le pyrite magnétique* $Fe^7S^8 = Fe^5S^5,Fe^2S^3$ est jaune ; telle est aussi la pyrite $Fe^6S^8 = Fe^4S^5,Fe^2S^3$.

4° Le *persulfure* $Fe^2S^6 = FeS^4,FeS^2$ est brun.

MANGANÈSE $Mn^2 = 55 = C^4H^7O^3 = C^2H^3,SO^3$.

Manganèse et oxygène. 1° Le protoxyde $Mn^2O^2 = C^2H^3,O^2,S^2O^3$ préparé dans un courant d'hydrogène est vert par les deux atomes d'oxygène introduits, qui donnent le rapport $O^3 : O^3$. Cet effet de l'hydrogène disparait et un des trois atomes d'hydrogène passe du carbure C^2H^3 à l'acide sulfurique avec l'atome d'oxygène et le composé obtient la forme suivante :

$$Mn^2O^2 = C^2H^3O^2,SO^3 = C^2H^2O,HSO^4 \text{ brun.}$$

2° *L'oxyde rouge* est $Mn^3O^4 = Mn^2O^3$, MnO^2.

3° Le *sesquioxyde* $Mn^2O^3 = MnO^2,MnO$ est rouge ; l'hydrate $Mn^2O^3,3HO = MnH^2O^4,MnHO^2$ est noir provenant du brun extrême.

4° Le *bioxyde* $Mn^2O^4 = C^2H^3O^4,SO^3 = C^2H^2O^3,HSO^4$ est noir provenant du bleu $O^4 : O^3$ et du brun extrême produit de l'hydrogène $H^2 : H$.

5° *L'acide manganique* $Mn^2O^6 = Mn^2,O^3,O^3 = (C^2H^2O^3,SO^2)O^4$ n'existe que dans les manganates $(M^2O^2Mn^2O^2)O^3$ qui sont de couleur verte par l'oxygène. $O^3 : O^3$ L'un des facteurs se voit dans le manganate de potasse $(K^2O^2,Mn^2O^2)O^2$, lequel au rouge se décompose en oxygène O^2, en sesquioxyde Mn^2O^3 et en potasse K^2O^2.

6° *L'acide permanganique* $Mn^2O^7 = (MnO^2,MnO^2)O^3$ est verdâtre (non vert) par rapport à l'oxygène $O^3 : O^4$. Il est brun noir par les facteurs $(MnO^2MnO)O^4$. Ce brun apparaît dans la solution des cristaux du permanganate de potasse qui est rouge. On a :

$$2Mn^2O^7 = Mn^2O^8,Mn^2O^6 = (MnO^5,MnO^3)(MnO^6,MnO^2) \text{ vert noir}$$

$$3Mn^2O^7 = Mn^4O^{12},Mn^2O^9 \text{ bleu noir}$$

$$3Mn^2O^7 = Mn^4O^{13},Mn^2O^8 \text{ brun extrême noir.}$$

Manganèse et soufre. 1° Le protoxyde et le protosulfure donnent un composé Mn^2O^2,Mn^2S^2 d'un beau rouge produit du soufre du facteur $Mn^2S^2 = C^3H^2S^2,SO^2$; $S^2 : S$.

2° Le *sulfure* Mn^2S^2 hydraté est aussi rouge par le soufre $S^2 : S$.

3° Le *bisulfure* $Mn^2S^4 = Mn^2S^2,S^2$ est aussi rouge par son facteur Mn^2S^2 qui est le protosulfure.

Chrome $Cr = 53 = C^3H^2O^3 = C^3H,SO^2$.

Chrome et oxygène. 1° Le *protoxyde* Cr^2O^2 est un composé instable.

2° Le *deutoxyde* $Cr^2O^3 = CrO,CrO^2$ est brun.

3° Le *bioxyde* $2Cr^2O^4 = (Cr^2O^2,Cr^2O^4)O^2$ est rouge par l'oxygène $O^4 : O^2$ de l'un des facteurs Cr^2O^6.

4° Le *sesquioxyde* $Cr^2O^3 = (C^3HO^2,SO^2)O$, le rapport de l'oxygène $O^3 : O^2$ produit le vert tant que le sesquioxyde est anhydre.

A l'état d'hydrate, en se combinant avec des oxydes, il produit des sels verts, bruns ou violets. En précipitant le sesquioxyde de ces sels, il est des couleurs qui *correspondent aux rapports chromatiques* des équivalents d'eau. On en connaît les couleurs et l'eau dans les hydrates suivants :

$Cr^2O^3,7HO = CrO^2H^4O^4,CrOH^3O^3$ gris de rouge et de bleu.

$Cr^2O^3,7HO = CrH^4O^6,CrH^3O^4$ bleu vert

$Cr^2O^3,2HO = CrHO^3,CrHO^3$ vert pur

$Cr^2O^3,5HO = (CrHO^3,CrHO^3)3HO$ vert mat.

5° *L'acide chromique* $Cr^2O^6 = CrO^4,CrO^2$ est rouge foncé ; chauffé, il devient brun extrême ou noir.

6° *L'acide perchromatique* $Cr^2O^7 = CrO^4,CrO^3$ est d'un bleu très-pur produit du rapport $O^4 : O^3$ de l'oxygène O^7.

Chrome et soufre. 1° Le *protosulfure* $Cr^2S^2 = C^3HS^2O,SO^2$ est noir ou brun extrême produit des rapports $S^2,S ; O^2 : O$ du soufre et de l'oxygène.

2° Le *sesquisulfure* $Cr^2S^3 = C^3HS^3, SO^2$ est gris-terne sans distinction des couleurs qui le composent

COBALT $Cb^2 = 59 = C^6H^{11}O^4 = C^6H^7,SO^4$.

Cobalt et oxygène. 1° Le *protoxyde* $Cb^2O^2 = C^6H^7O^2, SO^2$ est vert; couleur produite du rapport $O^2 : O^2$ de l'oxygène. L'hydrate $Cb^2O^2, 2HO = C^6H^6O^2.H^3SO^4$ est de couleur rose par le rapport $H^6 : H^3$ de l'hydrogène.

2° Le *sesquioxyde* $Cb^2O^3 = CbO^2, CbO = C^3H^4O^2, SH^3O^4$ est noir, il provient d'un brun extrême et de bleu $O^4 : O^2$ et $H^4 : H^3$.

L'hydrate $Cb^2O^3, H^2O^2 = CbHO^3, CbHO^3$ donne une solution verte provenant du rapport $O^3 : O^2$ de l'oxygène.

3° L'oxyde $Cb^3O^4 = Cb^2O^3, CbO$ est brun extrême ou noir, tandis que l'hydrate Cb^6O^8,OHO est vert par le rapport $H^{18} : H^{12}$ de l'hydrogène, on a :

$$Cb^6O^8, 9HO = C^6H^{30}O^{11}S^3O^9 = C^4H^{18}O^{11}, C^2H^{12}S^3O^{12},\ \textit{vert.}$$

4° *L'acide cobaltique* Cb^2O^6 n'est pas connu.

Cobalt et soufre. 1° Le *protosulfure* Cb^2S^2 et d'un gris métallique provenant du rouge, du rapport $S^2 : S$ de soufre du composé $Cb^2S^2 = C^3H^7S^2, SO^2$. Cette couleur rouge apparaît dans le mélange avec l'hydrate de potasse.

2° Le *sesquioxyde* Cb^2S^3 est gris; son rouge CbS^2, CBS est détruit par le soufre S du cobalt $Cb^2 = C^6H^7, SO^3$.

3° Le *bisulfure* $Cb^2S^4 = (CbS^2, CbS)$ S est noir par le soufre $S^4 : S$ de l'un de ses facteurs.

NICKEL $Ni^2 = 59 = C^4H^{11}O^3 = H^3S^2O^3$.

Nickel et oxygène. Le *protoxyde* $Ni^2O^2 = H^2SO^2, HSO^2$ est vert lorsqu'il est hydraté $Ni^2O^2, 2HO = (H^2SO^2, H^2SO^2)\ O^2$. A l'état anhydre sa couleur apparaît gris cendré, par la composition du vert $O^3 : O^2$ et du rouge $H^2 : H$ produits de l'oxygène O^5 et de l'hydrogène H^3.

2° Le *sesquioxyde* $Ni^2O^3 = H^2SO^2, HSO^2$ paraît noir, car il est d'un brun extrême produit du rapport $H^2 : H$, $O^6 : O^2$ de l'hydrogène et de l'oxygène.

Nickel et soufre. 1° Le *sulfure* de nickel $2Ni^2S^2 = H^3S^3O^6 = HS^5O^3, H^2S^3O^3$ est jaune. Dans la chaleur rouge, le tiers équivalent de soufre se sépare du facteur HS^2O^3 et il reste le sous-sulfure vert

$$Ni^4S^4 - S^3 = Ni^4S = HS^2O^3, H^2S^3O^3.$$

Le sulfure hydraté $Ni^2S^2, 2HO$ est jaune comme le sulfate anhydre.

2° Le *sous-sulfure* $2Ni^4S^2 = Ni^3S^2, Ni^3S^2$ est jaune.

3° Le *bisulfure* Ni^2S^4 est une poudre grise, teinte produite par un mélange de couleurs imperceptibles.

URANIUM $U^2 = 121 = C^8H^2O^6$; $C^4H^2O^3, C^4H^2O^3$.

Uranium et oxygène. 1° Le *protoxyde* $U^2O^2 = C^8H^2O^{10} = C^4O^5H^6, C^4O^5H^3$ est brun extrême, noir, H^6, H^3.

2° Le *sous-oxyde* $U^4O^3 = U^2O^2, U^2O$ est brun.

3° Le *sous-oxyde* $U^6O^4 = U^3O^2, U^3O^2$ est vert par le rapport $U^3 : U^2$.

4° L'oxyde U^4O^5 est brun extrême, noir; on a : $U^4O^5 = C^{16}H^{13}O^{21} = C^8H^{11}O^{14}, C^8H^6O^7$.

5° Les sels verts d'uranium ont la forme de l'oxyde $U^2O^2 = C^4H^5O^6, C^4H^4O^4$.

Uranium et soufre. Le *sulfure d'uranium* U^2S^2 est brun extrême ou noir comme l'est l'uranium.

ZINC $Zn^2 = 65 = C^4H^2O^4 = S^2HO^4 = SHO^2, SO^2$; $C^2H^2O^2, C^2H^2O^2$

Zinc et oxygène. 1° L'*oxyde* $Zn^2O^2 = SHO^3, SO^3$ est incolore.

L'hydrate Zn^2O^2, $2HO = S^2H^2O^4 = SH^2O^2, SO^2$ est jaune.

2° Le *bioxyde* $Zn^2O^4 = SHO^4, SO^4$ est incolore.

Les sels de zinc sont incolores.

Zinc et soufre. 1° Le *sulfure de zinc* $Zn^4S^4 = S^6H^2O^6 = S^4H^2O^5$, $S^4O^6 = S^3HO^4, S^3O^3$ est jaune. A l'état naturel il est nommé *blende* et sa couleur est jaune, brune, noire ; elles sont produites seulement du composé Zn^4S^4.

2° L'oxysulfure Zn^2O^2, $8ZnS = Zn^2O^2$ (Zn^4S^6, Zn^4S^2) est jaune.

3° Le sulfate de zinc $ZnO, SO^3, 7HO$ est incolore.

CADMIUM $Cd^2 = 112 = C^8H^4O^7$; C^8O^4, SO^3.

Cadmium et oxygène. L'oxyde $2Cd^2O^2 = C^{16}H^2O^{18} = C^8H^2O^9$, $C^8H^2O^9$ est jaune; calciné davantage dans l'air il devient $C^8H^4O^{12}$, $C^8H^4O^6$ brun, puis brun extrême ou noir.

Cadmium et soufre. Le *sulfure* $Cd^4S^4 = C^{16}H^8S^4O^{14}$ est jaune par le rapport $H^8 : H^4$ de l'hydrogène.

CUIVRE $Cu^4 = 127 = C^8H^{12}O^8 = C^8H^2S^2O^8 = Az^4H^2, 3SO^2$.

Cuivre et oxygène. 1° Le *protoxyde* $Cu^4O^2 = C^2H^2S^2O^5, HSO^5$ est rouge par les rapports $S^2 : S$ et $H^2 : H$ de soufre et d'hydrogène.

L'hydrate $2Cu^4O^4, 2HO = C^8H^{12}S^{12}O^{16}, 2HO$ est jaune par le rapport $O^{24} : O^{156}$ de l'oxygène.

2° Le *deutoxyde* $Cu^4O^4 = C^2H^2S^2O^{12} = C^2H^2SO^6, HS^2O^6$ est rouge par les rapports de $S^2 : S$, $H^2 : H$ et $O^6 : O^4$ du soufre, de l'hydrogène et de l'oxygène.

Il se dissout dans les acides ; la dissolution est bleue, si les acides sont oxygénés ; elle est verte avec l'acide chlorhydrique. Dans un cas un atome d'oxygène passe de l'acide au double équivalent de l'oxyde et dans l'autre c'est du double équivalent d'oxyde qu'un atome d'oxygène passe à l'hydracide, et on a les rapports suivants qui correspondent aux couleurs.

$$Cu^4O^4 + O^2 = C^2H^2S^2O^{14} = C^2H^2O^4S^2O^6 \text{ bleu.}$$

$$Cu^4O^4 - O^2 = C^2H^2S^2O^{10} = C^2H^2O^4, S^2O^6 \text{ vert.}$$

En y ajoutant de l'eau son hydrogène H^2 passe à l'hydracide et son oxygène O^2 au bioxyde qui devient bleu.

Le bioxyde se dissout dans du carbonate d'ammoniaque en produisant le *bleu céleste* dont la beauté vient du rouge faible provenant des trois atomes d'hydrogène.

3° Le *peroxyde* $Cu^4O^8 = Cu^2O^6, Cu^2O^2 = (CuO^3, CuO^2), Cu^2O^3$ est jaune par le rapport $O^6 : O^2$ de l'oxygène O^8. La teinte de vert est produite du rapport $O^3 : O^2$ de l'oxygène O^5 d'un facteur Cu^2O^5. Ensuite le vert disparaît et apparaît le rouge du rapport O^2 O de l'oxygène O^3 de l'autre facteur Cu^2O^3. Ainsi on a successivement :

$$Cu^4O^8 = Cu^2O^5, Cu^2O^3 = \begin{cases} (CuO^3, CuO^2)Cu^2O^3 \\ Cu^2O^5\,(CuO^2, CuO). \end{cases}$$

L'état peu stable provient de ce que l'oxygène de doubles tétraèdres 2O est soutenu en parédriase des tétraèdres du cuivre.

Cuivre et soufre. 1° Le *protosulfure* $Cu^4S^2 = C^2H^3S^5O^8$ est gris noir; sa poussière est noire ou d'un brun extrême; le gris est produit par le mélange de vert, de jaune et de rouge.

2° Le *cuivre pyrite* $Fe^4S^6, Cu^4S^2 = Fe^2Cu^2S^5, Fe^2Cu^2S^3$ est jaune du rapport $S^5 : S^3$ du soufre S^8.

3° Le *bisulfure* $Cu^4S^4 = (C^2H^3S^2O^4S^4HSO^4)S^4$ est noir qui provient du brun extrême $(H^2 : H : S^2 : S)$.

4° Les *oxysulfures* sont de plusieurs rapports, celui composé de $(Cu^4S^4)^5, Cu^4O^4, 4HO$ est brun noir, couleur qui est produite par le cuivre et non par ses éléments.

TUNGSTÈNE $Tu = 92 = C^2H^{12}O^4 = Az^4S^3O^3 = C^4H^6O^2, C^4H^6O^2$.

Tungstène et oxygène. 1° *L'oxyde de tungstène* $TuO^2 = Az^4S^3O^4$ est rouge d'après son soufre AzO^2S^2, AzO^2S ou d'après son oxygène $C^8H^{12}O^6$.

2° *L'acide* $TuO^3 = Az^8S^{11}O^{10}$ est jaune d'après son azote, ou rouge d'après son soufre. Ainsi chauffé, il devient orangé. On a :

$$4TuO^3 \begin{cases} Az^5S^6O^{10}, Az^3S^4O^{10} \textit{ jaune.} \\ Az^5O^{10}, Az^3S^{12} = Az^6S^8O^{12}, Az^2S^4O^8 \textit{ orangé.} \end{cases}$$

3° *L'oxyde intermédiaire* $Tu^4O^8 = Az^{4}S^{6}O^{9}$ est : 1° indigo d'après son oxygène O^9; 2° brun d'après son soufre $S^6 : O^3 : O^4$ et $S^4 : S^2$.

Tungstène et soufre. 1° Le *bisulfure* $Tu^2S^4 = Az^4S^{10}O^4$ est gris foncé.

2° Le *trisulfmre* $TuS^3 = Az^2S^6O^2$ est brun d'après du soufre. On a :

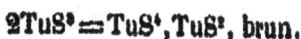

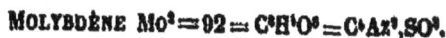

$$2TuS^3 = TuS^4, TuS^2, \text{ brun.}$$

MOLYBDÈNE $Mo^2 = 92 = C^6H^4O^6 = C^4Az^2, SO^6$.

Molybdène et oxygène. 1° L'*oxyde* $2Mo^2O^3 = Az^4S^6O^6$ est noir d'après le soufre; mais au soleil il est jaune d'après son oxygène. On a :

$$Mo^4O^6 = \begin{cases} Az^2S^4O^4, Az^2S^2O \text{ brun-noir.} \\ Az^2S^3O^3, Az^2S^3O^3 \text{ jaune.} \end{cases}$$

2° Le *deutoxyde* $Mo^2O^4 = Az^2S^3O^4$ est brun, tandis que son hydrate $Mo^2O^4, 2HO = Az^2H^2S^3O^6$ est jaune d'après l'oxygène O^6.

3° L'*acide* $Mo^2O^6 = Az^2SO^6$ est incolore; mais chauffé il devient jaune, fondu il donne un liquide brun-jaune. On a :

$$Mo^2O^6 = Az^2S^3O^6 = \begin{cases} (AzO^3, AzO^3)\ S^3 \text{ jaune.} \\ AzS^2O^3, AzO^3S^3 \text{ jaune-rouge.} \end{cases}$$

4° L'*oxyde vert* est $Mo^2O^3 = Az^2S^3O^5 = (AzO^3, AzO^2)\ S^3$.

5° L'*oxyde bleu* est $Mo^2O^5 = Az^2S^3O^7 = (AzO^4, AzO^3)S^3$.

Molybdène et soufre. 1° Le *bisulfure* $Mo^2O^3 = Az^2S^7O^2$ donne une solution bleue dans l'acide sulfurique : AzS^4O, $AzS^3O; S^1 : S^3$, bleu.

2° Le *trisulfure* $Mo^2S^6 = Az^2S^9O^2$ est brun-noirâtre par le soufre S^9.

3° Le *quadrisulfure* $Mo^2S^8 = (AzS^2O, AzLO)S^8$ est brun sans qu'il apparaisse du jaune par le soufre S^6, qui est en parédriase, et qui fait ainsi diminuer la densité.

VANADIUM $V^2 = 137 = C^8H^2O^{10}$; $C^4Az^2H^2O^6$.

Vanadium et oxygène. 1° Le *protoxyde* $V^2O^2 = C^4HO^6, S^2O^4$ est gris-noir; le noir est produit par un brun extrême de l'oxygène $O^6 : O^4$.

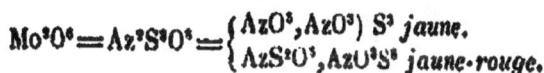

2° Le *deutoxyde* V^2O^4,H^2O^2 hydraté est blanc. Desséché dans l'air, il se colore d'abord en brun, puis en vert, par rapport à l'oxygène. On a :

$$V^2O^4H^2O^2 = VHO^4,VHO^2 \text{ rouge.}$$
$$V^2O^4,HO = VHO^3 \text{ ; } VO^2 \text{ vert.}$$
$$V^2O^4 = VO(VO^2,VO) \text{ brun extrême, noir.}$$

3° L'*acide vanadique* $2V^2O^6 = V^2O^4,V^2O^8 = V^2O^6\ (VO^3,VO^3)$ est jaune.

Vanadium et soufre. 1° Le *bisulfure* $2V^2S^4 = V^2S^2,V^2S^6 = V^2S^4$ (VS^4,VS^2) est brun extrême, noir.

2° Le *trisulfure* $V^2S^6 = VS^4,VS^2$ est brun ; ce composé prouve par sa couleur que le bisulfure V^2S^6 est un composé de protosulfure V^2S^2 et de trisulfure V^2S^6.

ÉTAIN $Sn^2 = 59 = C^4H^{11}O^3 = S^2H^3O^3$.

Étain et oxygène. 1° Le *protoxyde* $Sn^2O^2 = SH^2O,SHO^4$ est rouge par le rapport $H^2:H$ de l'hydrogène ; son hydrate $Sn^2O^2,2HO$ $= SH^2O^3,SHO^4$ est incolore.

2° L'*acide métastannique* $Sn^{10}O^{20},10HO$ est un hydrate blanc.

3° L'*acide stannique* $2Sn^2O^4 = Sn^2O^5,Sn^2O^3$ est jaune, son hydrate $Sn^2O^4,2HO = SnHO^3,SnHO^3$ est blanc.

4° L'*oxyde intermédiaire* $Sn^6O^{11},4HO = Sn^2O^8\ (SnO^4,SnO^4)4HO$ est jaune comme l'est l'acide ; chauffé à l'air il en reçoit de l'oxygène, et le facteur Sn^2O^3 devient de l'acide Sn^2O^4. Cet hydrate jaune desséché devient un brun foncé $Sn^6O^{11} = Sn^2O^6,Sn^2O^5$.

Étain et soufre. L'existence du soufre dans l'étain amène les trois composés Sn^2S^2, Sn^2S^3, Sn^2S^4.

1° Le *protosulfure* $Sn^2S^2 = S^2H^2O,S^2HO^2$ est brun noir.

2° Le *sesquisulfure* $4Sn^2S^3 = Sn^6S^6,Sn^2S^6$ est d'un jaune grisâtre et non pur, et cela à cause du soufre S^2 contenu dans l'étain $H^3S^2O^3$.

3° Le *bisulfure* $2Sn^2S^4 = Sn^6,Sn^2S^2$ est aussi d'un jaune sale. L'*or massif* d'un jaune d'or est préparé de 12 parties d'étain, 6 parties de mercure et 7 parties de soufre. Il devient ainsi évident que le soufre du composé Sn^2S^4 est en parédriase des tétraèdres de l'étain.

TITAN $Ti^2 = 50 = C^4H^2O^3 = C^2Az^2H^2O$.

Titane et oxygène. 1° Le *protoxyde* $Ti^2O^2 = C^2AzHO^2,AzHO$ est brun-noir ou brun extrême.

L'*hydrate* $Ti^2O^2,4HO = C^2Az^2H^6O^7 = C^2AzH^4O^4,AzH^2O^3$ est d'un beau bleu, et cela à cause du peu de rouge produit de l'hydrogène $H^4 : H^2$.

2° Le *sesquioxyde* $Ti^2O^3 = TiO^2 : TiO$ est brun foncé à l'état hydraté $Ti^2O^3,HO = C^4H^2O^4,HO = (C^2HO^2,C^2HO^2)$ HO; mais en prenant la forme $(H^2O^4,HO^2)C^4O$ il devient noir. De cette forme instable, le composé, en recevant l'oxygène, passe à la forme de bleu.

$$Ti^2O^4,HO = C^4H^2O^7,HO = (C^2HO^4,C^2HO^3)HO.$$

Cette forme est aussi instable; ainsi le composé devient blanc, non par plus d'oxygène, mais par le changement du facteur C^2HO^4 en Az^2HO^2, qui donne un composé d'azote. Ainsi on a :

$$Ti^2O^4,HO = \begin{cases} (C^2HO^4,C^2HO^3)\ HO & \text{bleu.} \\ C^2AzH^2AzO^8 & \text{blanc.} \end{cases}$$

3° L'*acide titanique* $2Ti^2O^4 = Ti^2O^5,Ti^2O^3$ chaud est jaune, et froid il est blanc, par le changement de l'arrangement des éléments des tétraèdres pour obtenir une densité 3,791.

Titane et soufre. Le *bisulfure* $2Ti^2S^4 = Ti^2S^5,Ti^2S^3$ est jaune comme l'or massif.

Titane et azote. L'azote contenu dans le titane occasionne ses composés avec d'autres équivalents d'azote.

1° L'*azoture* $3Ti^2Az = C^6H^6Az^4O^8 = C^6O^3\ (Az^2H^4,Az^2H^2)$ est violet foncé; il produit du rouge par son hydrogène H^4; H^2 et de l'indigo par son azote $Az^5 : Az^4$.

2° L'*azoture* $Ti^4Az^2 = Ti^2Az,TiAz$ est rouge.

3° L'*azoture* $Ti^{10}Az^6 = Ti^6Az^2$, $Ti^4Az^4 = Ti^4Az^4C^6\ (Az^2H^3O^2,Az^2H^3O)$ $= C^6O^3Ti^4Az^4\ (Az^2H^3,Az^2H^3)$ est jaune.

TANTALE $Ta = 69 = C^6H^2O^3 = C^2HS,SO^3$.

Tantale et oxygène. 1° L'*oxyde* Ta^2O^3 est gris foncé provenant du brun imperceptible du rapport TaO^2,TaO.

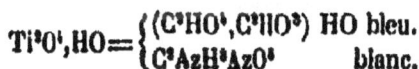

2° L'*acide tantalique* $Ta^2O^4 = TaO^2,TaO^2$ est une poudre blanche, couleur produite par le rapport $H^4 : H^6$ de l'hydrogène. Chauffé, il prend une teinte jaunâtre qui indique un arrangement de :

$$4TaO^2 = Ta^2O^6,Ta^2O^2.\ O^6 : O^2 \text{ jaune.}$$

Tantale et soufre. Le *sulfure* $TaS = C^2HSO,S^2O^3$ est un brun extrême qui apparaît noir.

L'*azoture* $Ta^3Az^2 = C^4Az^2HO,S^2O^2$ est noir.

NIOBIUM $Nb = 49 = C^2HO^3$.

Niobium et oxygène. 1° L'*acide hyponiobique* Nb^2O^3 est incolore ; chauffé, il devient jaune par la formation d'un composé tétraédrique $4Nb^2O^3 = Nb^4O^6,Nb^4O^6$.

2° L'*acide* $4NbO^2 = Nb^2O^5,NbO^3$ chaud est jaune, et froid il est blanc.

Le manque de sulfures de niobium provient du manque de soufre dans ses éléments.

PLOMB $Pb^2 = 207 = C^{10}H^{11}O^{12} = C^6Az^4H^3S^2O^4$.

Plomb et oxygène. 1° Le *sous-oxyde* $Pb^2O = C^6Az^4H^3S^2O^6$ est brun extrême ou noir par le rapport de $C^4Az^2H^2S^2O^6,C^2Az^2HSO^2$.

2° Le *protoxyde* est jaune citron ou jaune rouge d'après l'arrangement des éléments du plomb séparé des deux atomes d'oxygène.

$$2Pb^2O^2 = \begin{cases} C^6H^3S^2O^2\ (Az^2O^5,Az^2O^3) \text{ jaune} \\ C^6O^2CAz^3H^2S^2O^6,Az^2HSO^2S \text{ jaune rouge.} \end{cases}$$

Il y a même de l'oxyde incolore $Pb^2O^2 = C^6Az^2H^2S^3,Az^2O^{10}$.

3° L'*acide plombique* $Pb^2O^4 = C^6Az^4H^3S^2O^{11}$ est d'un brun extrême apparent noir, il est produit par le rapport 2 : 1 des éléments des deux facteurs.

Plomb et soufre. Les *sulfures* Pb^2S,Pb^2S^2 sont incolores ; il devient connu que le soufre adhère au plomb à l'état de parédriase, et il fait ainsi diminuer la densité.

THALLIUM $T\lambda = 204 = C^{16}H^{12}O^{12} = C^6Az^4S^2O^3$.

Thallium et oxygène. 1° L'*oxyde* $TlO = C^6S^2Az^2O$ (AzO^5, AzO^3) est jaune à l'état hydraté; séché, il devient brun extrême ou noir; alors on a :

$$TlO = C^6Az^4S^3O^9 = C^4Az^2S^2O^6, C^2Az^2SO^3.$$

2° Le *peroxyde* $Tl^2O^3 = TlO^2, TlO$ est brun extrême ou noir.

BISMUTH $Bi^2 = 213 = C^{16}H^6O^{11} = C^6Az^6HSO^6$.

Bismuth et oxygène. 1° Le *sous-oxyde* $Bi^2O^2 = C^6Az^6HSO^{10}$ est noir ou d'un brun extrême par le rapport $Az^4 : Az^2$, on a :

$$Bi^2O^2 = C^6Az^4HS, Az^2O^{10}.$$

2° Le *protoxyde hydraté* $Bi^2O^3, HO = BiHO, BiO^2$ est blanc; l'anhydre

$$Bi^2O^3 = C^6Az^6HSO^3\ (AzO^5, AzO^3)\ \text{est jaune.}$$

3° L'*acide bismuthique* hydraté $Bi^2O^5, 2HO = C^6Az^6H^2S$ (Az^2O^{10}, AzO^5) $= C^4H^2SAz^4O^{10}, C^2HAz^2O^5$ est brun.

4° Le composé Bi^2O^3, Bi^2O^5 serait jaune s'il était anhydre; la couleur brune de l'hydrate indique la composition de (Bi^2O^3, Bi^2O^5) H^2O. L'acide azotique bouillant transforme le composé en une poudre jaune anhydre Bi^2O^3, Bi^2O^5, ou s'il y a de l'eau 2HO, elle est en parédriase.

Bismuth et soufre. 1° Le *sous-sulfure* $Bi^2S^2 = C^4Az^2HS^2O^4$, $C^4Az^2SO^4$ est brun par le rapport $S^2 : S$ du soufre.

2° Le *sulfure* $Bi^2S^3 = BiS, BiS^2$ est une poudre d'un brun extrême ou noir; le natif à l'état cristallin est gris provenant du brun.

ANTIMOINE $Sb^2 = 121 = C^8H^{25}O^6 = Az^2H^6, S^2H^3, 4HO = PhS^2H^6, 4HO$.

Antimoine et oxygène. Le *sous-oxyde* $Sb^2O^2 = Sb^2O, SbO$ est une poudre noire ou d'un brun extrême.

2° Le *protoxyde anhydre* $Sb^2O^3 = PhO^3,S^3H^6,4HO$ est blanc ; mais, chauffé, il devient $2SbO^3 = (PhO^3S^3H^6,5HO)$ $(PhO^3S^3H^6,3HO)$ jaune.

3° *L'acide antimonique* $2SbO^5 = Sb^2O^5$ (SbO^5,SbO^5) est d'un jaune pâle provenant du jaune de Sb^2O^3 et de l'oxyde Sb^2O^5 incolore.

Antimoine et soufre. 1° Le *sulfure* $Sb^2S^3 = PhS^6H^6,4HO$ est gris, s'il y a peu d'oxyde de soufre il devient $PbS^6H^6,4HO = Ph(S^4H^3,S^2H^3)$ 4HO bleuâtre.

2° Le *persulfure* $2Sb^2S^5 = Sb^2S^3,Sb^2S^3 = Sb^2S^5$ (SbS^4,SbS^3) est jaunâtre.

Kermès. En mêlant 8 parties d'oxyde par 1, 2 ou 4 parties de sulfure, on obtient trois espèces de kermès : 1° rouge transparent, 2° rouge jaune opaque, et 3° brun très-foncé opaque.

Ces couleurs et les poids indiqués sont d'accord avec les rapports du soufre qui est introduit. En effet, dans le poids **p** de 9 équivalents d'oxyde Sb^2O^3 se trouve le poids *p* du sulfure Sb^2S^3 huit fois; le poids $\mathbf{p} = 9Sb^2O^3 = 9 \times 145 = 1305$ est presque 8 fois le poids $p = Sb^2S^3 = 169$, car on a 169×8 1352. La différence $1352 - 1305 = 47$ prouve qu'il faut 2 parties de sulfure à 15 parties d'oxyde pour qu'il y ait exactement 9 équivalents d'oxyde et 1 de sulfure.

$$9Sb^2O^3 + Sb^2S^3 = Sb^{10}O^{15}S^2,Sb^{10}O^{12}S \text{ beau rouge.}$$

$$18Sb^2O^3 + Sb^6S^{12} = Sb^4S^4 \ (Sb^{20}O^{36}S^6,Sb^{20}O^{18}S^3) \text{ rouge jaune.}$$

$$9Sb^2O^3,Sb^4S^{12} = Sb^{13}O^{11}S^6,Sb^{13}O^9S^4 \text{ brun noir.}$$

Les chimistes ne seraient jamais parvenus à obtenir par des tâtonnements des résultats aussi exacts.

MERCURE $Hg^2 = 200 = C^{10}H^{24}O^{10} = Az^4S^6O^6 = 2AzS^2AzO^3$.

Mercure et oxygène. 1° Le *protoxyde* $Hg^2O = Az^2S^4O^3,Az^2S^2O^6$ est noir ou brun extrême.

2° Le *deutoxyde* $Hg^2O^2 = Az^4S^6O^8$ par le rapport du soufre $(S^4:S^2)$ est rouge : par celui de l'oxygène $(O^5:O^3)$, il est jaune. Ainsi on a :

$$2Hg^2O^2 = \begin{cases} Az^4S^6O^6 = Az^2S^4O^3,Az^2S^2O^4 \ \textit{rouge.} \\ Az^4S^6O^8 = Az^2S^3O^5,Az^2S^3O^3 \ \textit{jaune.} \end{cases}$$

Mercure et soufre. 1° Le *protosulfure* $Hg^2S = Az^4S^7O^6$ est noir qui est produit du bleu ($S^4 : S^8$) et du brun extrême ($O^4 : O^2$). Ainsi on a :

$$Hg^2S = Az^2S^4O^2, Az^2S^2O^4 \text{ bleu brun.}$$

2° Le *deutosulfure* $Hg^2S^2 = Az^4S^6O^6$ est brun extrême noir; ou il est cinabre rouge pur. Dans ces deux couleurs, il manque le jaune correspondant au soufre $S^8 : S^8$. Le noir est produit de l'oxygène O^6, du soufre S^6 et le rouge de l'oxygène seul. Ainsi on a :

$$2Hg^2S^2 = \begin{cases} Az^4S^6O^6 = Az^2S^4O^4, Az^2S^4O^2 \text{ cinabre.} \\ Az^4S^6O^6 = (Az^2S^2O^4, Az^2S^4O^2)\ S^2 \text{ noir.} \end{cases}$$

3° Le *sulfate de protoxyde* $Hg^2O,SO^3 = Az^4S^7O^{10}$ est incolore, le manque de couleur est produit de la forme Hg^2,SO^4.

4° Le sulfate de bioxyde $HgO,SO^3 = Hg,SO^4$ est aussi incolore.

5° Le *sulfate tribasique* $Hg^6O^6,S^2O^6 = Hg^6O^4,S^2O^8$ est jaune par le facteur $S^2O^6 = C^4H^4O^6 = C^2H^2O^3,C^2H^2O^3$.

Mercure et azote. Les composés du mercure et de l'azote se distinguent des autres en ce que l'azote avec le soufre et l'oxygène composent le mercure.

1° L'*azoture* $Hg^6Az^2 = Hg^4Az,Hg^2Az$ est une poudre d'un brun foncé.

2° L'*azotate neutre* $Hg^2O,AzO^5 2HO$ est incolore; mais en peu de temps il devient jaune par le rapport $O^5 : O^4$ de l'oxygène O^8. Un grand nombre de ces couleurs est exposé dans le chapitre sur le mercure.

ARGENT $Ag^2 = 216 = C^{16}H^{14}O^{12} = C^4S^6O^{16} = Az^4S^6O^8 = 2Az^2S^3O^4$.

L'équivalent de l'argent est un tétraèdre composé des équivalents $C^4H^4O^2$ de fer; la densité de l'argent est une fois et demie celle du fer.

Argent et oxygène. 1° Le *sous-oxyde* $Ag^4O = Az^4S^6O^6 = Az^2S^4O^2,Az^2S^2O^4$ est noir provenant du brun extrême.

2° Le *protoxyde* Ag^2O^2 en excès d'eau est : 1° gris-olivâtre, 2° il devient jaune, 3° par une dessication à 60° il est anhydre et brun foncé. On a :

$$Ag^2O^2, 2HO = Az^4H^2S^6O^{10} = Az^2HS^3O^6, Az^2HS^3O^4 \text{ vert.}$$

$Ag^2O^3 = Az^4S^2O^6 = Az^2S^3O^3,Az^2S^1O^3$ jaune.

$Ag^3O^4 = Az^4S^4O^4 = Az^2S^4O^4,Az^2S^2O^4$ brun.

3° L'*argent fulminant* Ag^3Az n'est qu'un protoxyde Ag^3O^3 ayant les trois atomes d'oxygène remplacés par un équivalent d'azote; on a :

Ag^3O^3 égal à Ag^3Az	Az remplace O^3.
Ag^2O^2 égal à Ag^2AzH	AzH remplace O^2.
AgO égal à $AgAzH^2$	AzH^2 remplace O.

Le noir de la poudre n'est qu'un brun extrême produit du soufre $S^4 : S^2$ et de l'oxygène $O^8 : O^4$.

4° Le *peroxyde* $Ag^2O^4 = Az^4S^6O^{12} = Az^2S^4O^4,Az^2S^2O^8$ est brun extrême, noir.

Argent et soufre. Le *sulfure* $Ag^2S^2 = Az^4S^2O^8$ sont des cristaux de cubes ou d'octaèdres du premier système qui sont incolores et métalliques, ou il est une masse amorphe d'un gris produit par un mélange de couleurs dont la rouge apparaît dans les composés de ce sulfure avec ceux des autres métaux.

OR : $Au^2 = 197^5 = C^{16}H^8O^{11}2 = C^{12}Az^4H^8O^8$.

Or et oxygène. 1° Le *protoxyde* $Au^2O = C^{12}Az^4H^8O^9$ est de deux couleurs non coexistantes, qui sont produites par l'oxygène O^9, lequel donne deux rapports chromatiques O^6,O^3 de rouge, et O^5,O^4 d'indigo. Ainsi on a :

$$2Au^2O = \begin{cases} Au^2O = C^{12}Az^4H^8O^9 = C^6Az^2H^4O^6,C^6Az^2HO^3 \textit{ rouge} \\ Au^2O = C^{12}Az^4H^8O^9 = C^6Az^2H^4O^5,C^6Az^2HO^4 \text{ indigo.} \end{cases}$$

2° L'*acide aurique* $Au^2O^3 = C^{12}Az^4H^8O^{11} = AuO^2,AuO^8$ brun.

Les aurates $2MOAu^2O^3 = MAuO^5,MAuO^3$ sont jaunes.

L'hydrate $Au^2O^3,10HO$ est brun $(AuO^2,AO)10HO$.

L'hydrate $Au^2O^3,5HO = AuH^4,O^5,AuHO^3$ est jaune.

3° *Pourpre de Cassius.* C'est un composé d'étain, d'or et d'oxygène. Les chimistes peuvent bien déterminer la quantité de chacun de ces trois corps; il ne leur manque que la connaissance de la liaison entre les couleurs et les rapports des atomes d'oxygène qui entrent dans les deux facteurs. Sans une telle orientation, chacun admet une combinaison logique sans exclure les autres. On trouve : 1° l'existence du rouge provenant du rapport 2 : 1 (Au^4,Au^2), et 2° du violet ou de l'indigo mêlé avec du rouge provenant du rapport 5 : 4 (Sn^5; Sn^4) et du rapport $O^{18} : O^6$. Au lieu donc de la formule $(Au^2O,SnO^2)(SnO,SnO^2)4HO$ admise, les couleurs produites ne permettent d'admettre que la suivante, qui exclut toute autre :

$$3Au^2Sn^3O^6,12HO = Au^4O^3Sn^4O^8,Au^2O^2Sn^5O^5,12HO.$$

Il y a deux sels, l'un stannate, à base d'or, Au^4O^3,Sn^4O^8, et l'autre, aurate à base d'étain, Sn^5O^5,Au^2O^2. Cet exemple sert à prouver la règle d'après laquelle se trouvent composés les tétraèdres qui s'arrangent en parédriase pour former les corps liquides ou solides.

Il n'y a pas de sulfures d'or, parce qu'il n'en contient pas.

PLATINE $Pl^2 = 197 = C^{16}H^{12}O^{11} = C^8Az^2HS^3O^7 = C^9Az^4HS^3O^7$.

Platine et oxygène. 1° Le *protoxyde* $Pt^2O^2 = C^6H(Az^2S^2O^6, Az^2SO^5)$ est d'une couleur composée de rouge $S^2 : S$ et d'indigo $O^5 : O^4$, lesquelles donnent le violet foncé du protoxyde. L'hydrate $Pt^2O^2,2HO$ est noir, provenant du brun devenu très-foncé à cause du rapport $H^2 : H$ des trois atomes d'hydrogène.

2° Le *deutoxyde* $Pt^2O^4 = C^6Az^4,S^3HO^{11}$ est noir.

La couleur rouge de l'hydrate $2Pt^2O^4,H^4O^4 = Pt^2H^2O^8,Pt^2H^2O^4$ est produite par l'oxygène. Après que les 4 équivalents d'eau sont éloignés, le bioxyde anhydre n'est pas noir, mais jaune.

$$Pt^4O^8,4HO - 4HO = Pt^2H^2O^8,Pt^2H^2O^4 - 4HO = Pt^2O^5,Pt^2O^3.$$

Platine et soufre. 1° Le *protosulfure* Pt^2S^2 ne donne pas 197 parties de platine et 32 de soufre, mais il en est trouvé moins d'après les préparations différentes, et en même temps le protosulfure a les couleurs bleu gris, noire, bleu noir, d'après les équivalents de soufre et de platine.

2° Les mêmes variations de la quantité de soufre et des couleurs présentent le *bisulfure* Pt^2S^4.

PALLADIUM $Pd^8 = 106 = C^8H^{10}O^8 = C^2Az^2H^2S^2O^4$.

Palladium et oxygène. 1° Le *protoxyde* $Pd^2O^2 = C^2Az^2H^2S^2O^6$ est gris; sa couleur rouge, provenant de l'oxygène $O^4 : O^2$, devient inaperçue dans l'hydrate.

2° Le *deutoxyde* $Pd^2O^4 = C^2Az^2O^4HS$ est jaune. En sortant de l'eau, il devient jaune rouge.

Palladium et soufre. Le *sulfate de palladium* $Pd^2O^2S^2O^6 = C^2Az^2H^2S^2O^4, S^2O^8$ est rouge à l'état de sel neutre; tandis que la solution de ce sel dans l'acide sulfurique peut devenir $Pd^2O^2S^4O^{12}$. La couleur jaune persiste, et le rouge est produit par le soufre $S^4 : S^2$, dont S^2 est dans le métal et S^4 dans l'acide.

IRIDIUM $Ir^2 = 197 = C^{16}H^5O^{11} = C^{12}Az^2H^3Az^2H^2O^8$.

Iridium et oxygène. 1° Un protoxyde Ir^2O^2 n'existe pas.

2° Le *sesquioxyde* Ir^2O^3 hydraté $Ir^2O^3,3HO$ se dissout peu dans le fluor en couleur verte provenant de l'hydrogène H^5 du métal en rapport de $H^3 : H^2$.

3° Le *bioxyde* Ir^2O^4 est aussi vert par les mêmes 5 équivalents d'hydrogène AzH^3, AzH^2 contenus dans le métal. Ces 5 atomes d'hydrogène avec les 4 atomes des 4 équivalents de l'eau de l'hydrate $Ir^2O^4,4HO$ font apparaître l'indigo du rapport $H^5 : H^4$.

4° L'*acide iridique* Ir^2O^6 est vert bleu noir; le bleu est produit par le rapport $O^8 : O^6$ de l'oxygène dissous dans l'eau. Son vert disparaît pour devenir indigo comme dans le cas précédent; on a $H^5 : H^6$, sans que le bleu $O^8 : O^6$ disparaisse. Ces deux couleurs ensemble donnent un bleu très-beau.

Iridium et soufre. 1° Le protosulfure d'iridium $Ir^2S^2 = 8$ $C^{12}AzH^3(Az^2H^2O^5, AzS^2O^3)$ est : 1° par rapport à l'oxygène $O^8 : O^8$ jaune, et 2° par rapport à l'azote $Az^2 : Az$, il est rouge. Le vert provenant du rapport $H^3 : H^2$ de 5 atomes d'hydrogène apparaît dans la solution du sulfate d'iridium.

2° Le *sesquioxyde* $Ir^2S^3 = IrS^2, IrS$ est brun noir; son hydrate $Ir^2S^3,3HO$ est jaune par rapport à $H^5 : H^3$ des 8 atomes d'hydrogène.

3° Le *bisulfure* Ir^2S^4 est comme le protosulfure brun jaune. Ces deux couleurs sont produites par le facteur $Az^2H^8S^7O^8,AzS^7O^8$, composé de $Az^2 : Az$ et $O^8 : O^8$.

4° Le *trisulfure* Ir^2S^6 est aussi brun jaune. Telle est la preuve du manque de soufre dans les éléments de l'iridium, qui ne diffèrent pas de ceux de l'or.

RHODIUM $Rd^2 = 104 = C^6H^8O^6 = C^2Az^2S^2O^4$.

Rhodium et oxygène. 1° Le *protoxyde* $Rh^2O^2 = C^2O^2Az^2S^2O^2$ est brun noir par le rapport $O^4 : O^2$ de l'oxygène.

2° Le *sesquioxyde* Rh^2O^3 est 1° bleu noir, provenant du rapport $O^4 : O^2$ de l'oxygène, et 2° brun noir provenant de RhO^2,RhO. Il y a deux hydrates : 1° l'un Rh^2O^3,H^2O^2 est incolore, 2° l'autre Rh^2O^3, H^5O^5 est jaune par le rapport de l'oxygène $O^8 : O^8$.

Le *bioxyde* $Rh^2O^4 = C^2O^2(AzSO^4,AzSO^4)$ est brun foncé par rapport à l'oxygène $O^4 : O^2$ contenu dans le facteur composé.

4° L'*acide rhodique* $Rh^2O^6 = RhO^4,RhO^2$ hydraté obtient les couleurs verte, brune, indigo, qui correspondent aux nombres des équivalents de l'eau dont les atomes donnent les rapports suivants :

$$Rh^2O^6,H^4O^4 = RhH^2O^6,RhH^2O^4 ;\ O^6 : O^4 \text{ vert.}$$

$$2Rh^2O^6,H^6O^6 = \begin{cases} RhH^4O^6,RhHO^2 \text{ brun.} \\ RhH^3O^5,RhHO^4 \text{ indigo.} \end{cases}$$

Rhodium et soufre. Le *protosulfure* $R^4S^4 = C^4SO^8Az^4S^7O^8$ est d'une couleur bleu gris provenant de sept équivalents de soufre restant avec l'oxygène dans l'azote.

OSMIUM $Os = 199 = C^{16}H^{13}O^{11} = C^8Az^6H^7S^2O^8 = C^4Az^8H^8S^2O^8$.

L'osmium est brun noir, provenant du rapport 2 : 1 de ses éléments.

Osmium et oxygène. 1° Le *protoxyde* $Os^2O^2 = C^4O^2(Az^2O,Az^2O^2)H^3S^3$ est vert noir, provenant du rapport $O^3 : O^2$ de l'oxygène soutenu par l'azote. Son hydrate Os^2O^2,H^2O^2 est un vert produit par le rapport de l'hydrogène $H^3 : H^2$, du métal et de l'eau.

2° L'*oxyde bleu* $Os^4O^7 = Os^2Os^4,Os^2O^3$ remplace le sesquioxyde qui n'existe pas.

3° Le *bioxyde* $Os^2O^4 = C^4O^2Az^4O^6,3HO$ est brun noir par les rapports $O^6 : O^2$ de l'oxygène et $Az^4 : Az^2$ de l'azote.

4° L'*acide osmieux* $Os^2O^6 = OsO^4,OsO^2$ est rouge.

5° L'*acide osmique* Os^2O^7 est incolore, et il conserve cet état dans sa solution dans l'eau. L'odeur, qui attaque en même temps l'organe de la respiration et les yeux, est produite d'une expansion de l'électricité négative provenant de la formation de l'arsenic par les éléments du métal

$$Os^2O^7 = C^6Az^4H^2S^2O^{12} = C^2HAz^4H^4O^5,C^4Az^2O^6,S^2O^2.$$

Le facteur $C^2HAz^4H^4O^5$ contient les éléments $C^2HPh^2O^5 = AsO^5$ de l'acide arsénique. Ainsi on a :

$$Os^2O^7 = AsO^5,C^4Az^2O,2SO^3.$$

Cette propriété fait mettre par les chimistes l'osmium à côté de l'arsenic.

Osmium et soufre. Les cinq sulfures $Os^2S^2,Os^4S^7,Os^2S^4,O^2S^6$, Os^2O^7 correspondent aux oxydes.

1° Le *protosulfure* Os^4S^4 est jaune rouge. 1° Il est jaune du rapport S^6,S^2 des 8 équivalents de soufre, et 2° rouge de 6 équivalents d'azote $Az^4 : Az^2$. On a :

$$Os^4S^4 = C^6Az^2H^7S^2O^2,C^6Az^4H^7S^2O^6, \text{ rouge jaune.}$$

2° Le *sulfure* Os^4S^7 est jaune rouge. Ces couleurs sont produites comme celle du protosulfure.

3° Le *bisulfure* $Os^4S^8 = Os^2S^5,Os^2S^3$ est jaune; il est aussi rouge par rapport à $Az^8 : Az^4$ de l'azote.

3° Dans le *trisulfure* $Os^2S^6 = OsS^4,OsS^2$ reste le brun seul, le jaune y disparaît.

4° Le *sulfure* Os^2S^8 est brun par l'azote Az^6 du métal, et en plus grande partie des équivalents du soufre qui ne sont pas exactement huit.

6° Le *protoxyde* Os^2O^2 se dissout dans l'acide sulfurique avec une couleur brune; tandis que l'oxyde Os^4O^7 se dissout avec une couleur bleue; il est reconnu que dans sa dissolution le protoxyde est $Os^2O^3 = OsO^2,OsO$, à cause de l'eau contenue dans l'acide.

Résumé. La découverte de l'identité des sept rapports harmoniques et chromatiques n'a pas été obtenue au moyen des mesures sur les espaces occupés par chaque couleur dans le spectre, comme Newton l'a fait. Par la voie de l'observation, il est impossible de parvenir aux lois, lesquelles ne sont pas seulement applicables aux faits observés, mais qui excluent toutes les autres. La loi de la gravitation, par exemple, obtenue par les observations, n'exclut pas l'existence d'une autre en quelque endroit de l'espace.

L'identité entre les sept rapports harmoniques et les sept rapports chromatiques est basée sur les sept couples de périphéries, composées de deux électricités, et ayant des rayons indiqués par les nombres

$$2,\ \frac{15}{8},\ \frac{5}{3},\ \frac{3}{2},\ \frac{4}{3},\ \frac{5}{4},\ \frac{9}{8}.$$

Les sept rapports harmoniques ont été découverts au moyen de l'observation par Pythagoras, sans exclure autre rapport. En effet, les observations ultérieures ont démontré que le son de la moitié d'une corde donne un son plus grave que le son calculé. Dans la *Physique*, tome IV, je démontre que Pythagoras fit une erreur en prenant pour longueur l'axe des cordes, car leur longueur véritable est la diagonale. En prenant de la même corde deux longueurs, dont les longueurs des diagonales sont dans le rapport de 2 : 1, je trouve le même son en deux octaves. Ainsi a été complétée la découverte de l'ancien physicien.

D'abord, je trouve très-exacte l'observation de Newton, qui ignorait le mode de la production des couleurs du spectre, lequel est exposé dans la *Physique*, tome II; ensuite je trouve que les couleurs de cristaux proviennent d'une multitude de tétraèdres arrangés de manière à supprimer les six couleurs complémentaires, et à laisser l'expansion d'une seule espèce de molécule de lumière.

Ensuite je trouve que la base et l'acide sont deux tétraèdres entre lesquels s'opère la suppression de l'expansion des six couleurs complémentaires. En examinant les éléments chimiques des deux facteurs, les sept rapports correspondants aux sept couleurs s'y représentent. Le lecteur est parvenu à se convaincre : 1° des liaisons entre les couleurs des corps et leurs éléments chimiques, et 2° de la cause de l'état indécomposable des corps qui ne sont pas simples, car, à l'aide des exemples exposés, il est réduit à l'état d'appliquer la loi aux rapports des éléments homonymes contenus dans les deux facteurs des corps colorés.

La généralité 1° du mode de la production des couleurs, et 2° de la liaison entre les facteurs des équivalents chimiques et les six systèmes de structure des corps, fait que dans l'avenir la chimie sera une science, car, jusqu'à présent, les ouvrages des chimistes n'étaient que des espèces de registres augmentant avec une rapidité analogue au nombre des expérimentateurs.

Les propriétés des corps ne sont que des résultats : 1° de l'expansion des électrosyzygues qu'ils répandent, 2° de l'expansion des électrosyzygues hétéronymes des nerfs des organes des sens ou des autres corps.

I. Les composés produits par les électosyzygues des corps É Ē sont des chaleurs É Ē[1] et de la lumière qui ne périssent pas ; elles persistent *sans changer leurs* éléments en changeant continuellement le volume, lequel augmente toujours.

II. Les composés produits dans chacun des organes des sens ont pour éléments les espèces des syzygues des fluides des corps et des nerfs. Ces composés ne périssent jamais ; sans changer leurs éléments, ils sont en expansion perpétuelle comme le sont la chaleur et la lumière. A cause des rapports différents entre les espèces des électrosyzygues des fluides des corps et des nerfs, les composés produits dans les organes des sens sont nommés *sentiment, esthème.* Le mélange des syzygues hétéronymes est une action de très-courte durée nommée *sensation, esthèse ;* ces actions produites par les fluides des corps observés sont attribuées par les chimistes aux corps, ils les nomment *propriétés organoleptiques.*

CHAPITRE IV.

MODE DE LA FORMATION DES CRISTAUX PAR DES TÉTRAÈDRES.

Les naturalistes trouvèrent six systèmes de cristaux tous décomposables en tétraèdres de petitesse extrême. Personne n'a eu l'idée d'y appliquer la démonstration géométrique pour rendre évidente l'impossibilité d'en obtenir un nombre plus grand ou plus petit en opérant avec des tétraèdres.

Tous les cristaux qui se réduisent en pyramides ou en prismes ont la base : 1° carrée, 2° hexagonale, 3° rhombe, 4° rectangle, 5° parallélogramme. Sous ce rapport se divisent les cristaux : 1° en ceux qui ont pour base la face triangulaire Δ des tétraèdres accolés par leurs faces les uns aux autres, sans en résulter ni prisme ni pyramide. Il reste à exposer l'arrangement géométrique des tétraèdres pour en faire résulter les cinq formes de bases.

I. **Cristaux à base hexagonale ou exapleure.** En faisant coïncider les centres des deux tétraèdres Δ Δ', et faisant se trouver les trois angles de la face triangulaire de l'un sur le milieu des trois côtés de l'autre, il en résulte deux pyramides antipodes à base commune de forme hexagonale. Tels sont les cristaux du troisième système.

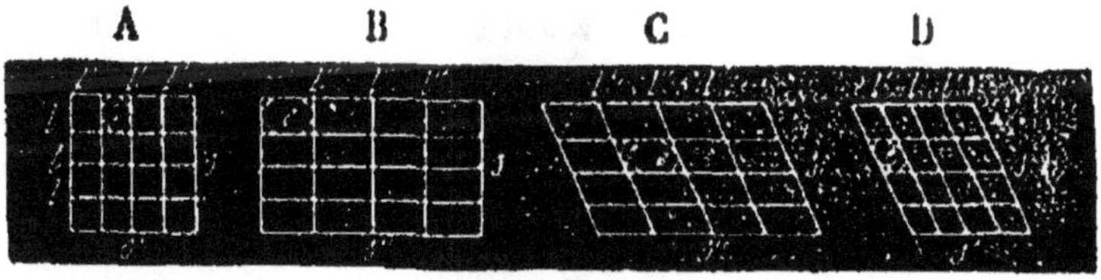

Figure 36.

II. **Cristaux à base tétrapleure.** Une base tétrapleure : 1° de forme carrée A (*fig.* 36), 2° orthogone B, 3° rhombe D, ou 4° parallélogramme C ne résulte que de deux couples de tétraèdres accolés par l'une des arêtes pour qu'il en résulte deux rhombes, lesquels ne peuvent être superposés que de quatre manières dont il résulte les quatre formes des bases des 2ᵉ, 4ᵉ, 5ᵉ et 6ᵉ systèmes. Telle est la preuve géométrique qui ne permet pas d'admettre l'existence de cristaux encore inconnus, qu'ils puissent avoir une forme qui n'entre pas dans une de celles des six systèmes. Cet *axiome géométrique* trouve son application dans tous les corps terrestres ou planétaires.

Origine physique de la forme tétraédrique. Les deux espèces primitives de globules, en obéissant par leur barogène β à la poussée du barogène affluant, ne peuvent se trouver qu'arrangés en tétraèdres occupant des volumes **v**, *v* en rapport inverse des racines cubiques de leur poids **p**, *p*. Ces globules ou ces atomes simples pour l'hydrogène et l'oxygène, pèsent 1 et 8, et occupent les volumes 2 et 1.

Origine des trois états des corps. 1° Les tétraèdres Δ Δ' exercent entre eux une poussée répulsive *r* par l'expansion des syzygues électriques mêlés avec leur barogène; cette poussée croît avec l'élévation de la température; 2° Par leur barogène β, 8β, les *tétraèdres obéissent* à la *poussée p compressive exercée* de la part du barogène affluant. Ainsi il n'y a que trois cas qui peuvent avoir lieu dont résultent les trois états des corps :

1° La répulsion *r* entre les tétraèdres peut être plus faible que la poussée *p* compressive, alors les tétraèdres restent pressés les uns contre les autres en formant un corps *solide*.

2° Si la répulsion **r**, produite par l'expansion des aréosyzygues *q*Ē entre les tétraèdres est supérieure à la poussée *p* compressive, les tétraèdres n'en obéissent plus; ils forment toujours un niveau qui prouve que les tétraèdres obéissent à une poussée **p** centripète. En ce cas les tétraèdres se trouvent en état *liquide*.

3° La répulsion R, produite non de l'expansion des aréosyzygues **q** Ē, mais par celle des syzygues ĖĒ en état d'électricité latente contre les tétraèdres, les fait se séparer pour occuper un volume $3^3 \times 4^3 n$ fois celui de l'eau; ainsi le corps se trouve en *état gazeux* indépendamment de la température.

Origine physique des propriétés des corps. Les oxytétraèdres 4O du volume *v* et de densité 16δ, introduit dans les hydrotétraèdres 4H du volume 2*v* et de densité δ produisent la vapeur d'eau en tétraèdres de volume 2 et en densité $\frac{1}{2}$ 17δ; tel est l'état de l'eau en état vaporeux; elle passe en état liquide lorsqu'on en réduit les faces des tétraèdres, et fait que les électricités latentes se recombinent et reproduisent la chaleur q ÈE'. L'eau gèle en perdant la chaleur d'expansion supprimée.

1° Des deux éléments de l'eau, et 2° de l'expansion des deux espèces de syzygues *q* ÈE électriques arrivant du soleil, résultent tous les corps organiques et inorganiques, les plantes et les animaux; l'expansion de ces syzygues correspondent à ce qu'on nomme *force vitale*.

Il ne change que la partie Z *caustique* de la surface de la Terre par laquelle passe la ligne qui unit le centre de la Terre avec celui du Soleil. Cette partie Z reçoit le maximum de densité des rayons solaires; cette densité devient une origine ou une source d'inéquilibre perpétuel, qui est la force. L'expansion des électrosyzygues est l'*action*. Les *faits cosmiques* ne sont que des résultats produits sur les tétraèdres des atomes exposés à l'expansion des syzygues dont l'intensité est en variation perpétuelle. L'expansion s'opère en périodes diurnes et annuelles et produit des plantes et des animaux dont les restes deviennent des minerais.

Le mode de la production des propriétés des métaux est exposé dans la section suivante; je ne mentionne ici que l'origine tétraédrique de l'*isomérie*, en prenant le *cyanogène* C^4Az^2 et le *paracyanogène* $C^{12}Az^6$ comme exemple. Du volume $\mathbf{v} = 2v$ occupé de cyanogène $4C^4Az^2$, une moitié est occupée par l'équivalent C^4Az^2 de cyanogène de densité *d* et l'autre est occupée par l'équivalent $C^{12}Az^6$ du paracyanogène de densité $3d$. Le volume $\mathbf{v}$ étant une pyramide à triangles équilatéraux et à base carrée, le volume v est un tétraèdre à faces de mêmes triangles. Il y a des changements de propriété par le changement de l'arrangement des tétraèdres. (Voir plus bas.)

Détails de la cristallisation. 1° Congélation, 2° cristallisation, 3° six systèmes chimiques des cristaux, 4° trois systèmes optiques des cristaux.

I. CONGÉLATION.

Pour passer de l'état liquide à l'état solide, il faut un abaissement de température qui n'est que l'éloignement de chaleur d'une quantité de chaleur latente amenant un affaiblissement de la poussée répulsive *r* qui était exercée par cette chaleur en expansion supprimée par la poussée *p* du barogène μ" contre celui β des tétraèdres des corps qui sont composés de barogène β avec une quantité de chaleur θ. Si ces tétraèdres n'éprouvaient, par leur barogène β, une poussée compressive p de la part du barogène μ″ affluant, ils seraient *indéfiniment dilatés en obéissant* à la poussée répulsive **r** de la chaleur.

Point de fusion et de congélation. Tant que les tétraèdres éprouvent de la part de la chaleur en expansion une poussée répulsive r supérieure à la poussée p compressive exercée sur leur barogène, leur état liquide persiste ; le niveau s'établit par la poussée **p** centripète exercée contre le barogène β. Dès que la poussée r répulsive de la chaleur devient plus faible que la poussée p compressive latérale, la chaleur latente s'éloigne vers l'espace froid, les tétraèdres restent accolés entre eux, et ils conservent cet état, de sorte qu'ils ne se séparent plus pour aller établir un niveau quand il est détruit.

Des métaux fusibles, le fer fond à 2118° et le mercure à — 39° ; le carbone est infusible ; il rend infusible les corps dans lesquels il entre comme facteur isolé en rapport supérieur. Il y a un rapport entre le point de fusion des métaux et les facteurs de leurs équivalents.

Métaux.	Equivalents.	Point de fusion.
Mercure	$Hg^2=C^{16}H^{24}O^{10}=Az^2O^6,Az^2S^6$	— 39
Or	$Au^2=C^{16}H^8O^{12}=C^{12}Az^4H^8O^8$	+ 1102
Fer	$Fe^8=C^{16}H^{24}O^{12}$ ou $4\,C^4H^6O^3$	2118
Chrome	$Cr^8=C^{16}H^{20}O^{12}=C^6S^4O^{12}$	presque infusible.
Platine	$Pl^3=C^{16}H^{31}O^{16}=C^4Az^3H^3S^4O^8=C^6PhS^3O^8$	infusible

II. CRISTALLISATION.

Il y a une liaison physique entre : 1° le mode de la dissolution des solides dans des liquides, et 2° le mode de la solidification de ces corps qui s'opère : 1° par la séparation du liquide dissolvant, et 2° par la cristallisation.

Dissolution. Les tétraèdres homonymes des dissolvants exercent entre eux des poussées répulsives **r** d'intensité *supérieure* à *celle* de la résistance r de la part des tétraèdres hétéronymes des sels. Donc la pénétration des couples des tétraèdres Δ Δ′ du dissolvant dans les intervalles des couples des tétraèdres Δ Δ′ des sels est ce qu'on doit entendre par le mot *dissolution* d'un solide dans un liquide. Elle est une action qui a pour cause l'inéquilibre occasionné par le contact des corps *hétéroélectriques*. Les couples des tétraèdres Δ Δ' d'un corps rencontrent une résistance r dans ceux Δ' de l'autre qui est plus faible que la poussée répulsive r exercée entre eux. Il s'établit un équilibre entre les tétraèdres hétéronymes par la pénétration des couples des tétraèdres Δ Δ' du liquide dans les intervalles de ceux Δ Δ' du solide. Pendant que cet équilibre hydrostatique s'établit, il arrive ensuite de la chaleur latente du liquide dissolvant un équilibre thermostatique qui a pour action l'éloignement et la séparation de la chaleur en état d'électricité négative qui sollicite l'affluence d'électricité positive vers la solution du sel; cette électrisation amène la cristallisation.

Le rapport entre les poussées répulsives r, exercées de l'expansion de l'électricité positive, et l'anisothermie $t - t$ entre la température t du liquide et celle t de l'air est si exact que Melloni, en mesurant les poussées au moyen de la déviation du magnète, est parvenu à déterminer les anisothermies les plus faibles entre deux corps. Tel éloignement de chaleur occasionnant une expansion centrifuge d'électricité négative et une expansion centripète d'électricité positive précède chaque congélation et chaque cristallisation des liquides. L'électricité positive ainsi accumulée sur la surface de l'eau dans le repos fait baisser le point de congélation jusqu'à — 10°. En laissant cette accumulation superficielle d'électricité à part, il y en a une dans les faces f de tétraèdres exposées à l'expansion de cette électricité centripète, de même les faces f' vis-à-vis des tétraèdres exposés à l'expansion de l'électricité négative centrifuge en deviennent chargées.

Ces faces f f' des tétraèdres composant les couches des cristaux se présentent différemment électrisées dans le clivage de chaque cristal. Le bruit qu'on entend dans la séparation des feuilles de mica résulte d'un grand nombre de décharges dont les étincelles sont visibles dans l'obscurité.

Pendant la cristallisation, la surface de la liqueur et du cristal se chargent d'électricité positive. Dans le clivage ils sont positifs; 1° les faces f, qui regardent en dehors du milieu du cristal, et 2° les faces f' vis-à-vis sont négatives.

Si l'on plie les lames des cristaux composées de plusieurs couches de tétraèdres, on y produit des inéquilibres électriques; ces lames reviennent à leur état normal par l'établissement de l'équilibre entre les faces f f'. Le poids π appliqué pour plier les lames surpasse la poussée p compressive qui presse les couches des tétraèdres l'une contre l'autre, il y est produit un inéquilibre électrique (*force élastique*); l'éloignement du poids π fait disparaître l'inéquilibre par l'expansion électrique (*action d'élasticité*). L'établissement de l'équilibre électrique entre les faces *f f'* est l'effet de l'élasticité.

Le mot abstrait *élasticité* était employé pour indiquer non la cause mais : 1° l'inéquilibre électrique (*force*), 2° l'établissement de l'équilibre (*action*), et 3° l'équilibre établi (*effet*).

Charges électriques de l'eau refroidissant. La surface de l'eau en repos se charge d'électricité qui empêche la congélation jusqu'à — 10°. Deux bombes A B (fig. 37) ont été remplies d'eau à Québec en hiver, à — 24° d'air et bien fermées avec un bouchon en fer; elles ont été exposées ainsi à la gelée. Au bout de quelques heures le bouchon A fut lancé à 138 mètres, et un cylindre *e d* de glace de 25 centimètres de long sortit de l'ouverture. La bombe B, la mieux bouchée, fut brisée, et une lame *e f* de glace s'échappa tout autour de la fente.

Fig. 37.

Cet exemple rend évident l'accumulation de l'électricité dans les faces *f* des couches de tétraèdres d'eau. La poussée répulsive **r** croît avec le nombre *n* de couches chargées d'électricité jusqu'au degré de vaincre la résistance de la solidité des vases; cette solidité n'est que l'effet des électricités hétéronymes Ė E soutenue en état latent des faces des tétraèdres des vases. Les explosions violentes sont l'effet de l'accumulation proportionnelle de l'électricité positive dans l'eau.

I. **Alimentation des cristaux.** L'exemple suivant rend évident l'effet des charges des faces *f f'* vis-à-vis des deux électricités. Au lieu de laisser les sels se cristalliser spontanément, Leblanc sépara une petite portion de la dissolution des sels, et la laissa de côté jusqu'à la formation d'un nombre de cristaux dont il a pris un comme espèce de *germe* ou de semence, et le mit dans une petite quantité de la même dissolution. Les faces *f'* des tétraèdres des sels ont été électrisées négativement par les faces *f* du cristal germe, en même temps les faces *f* du germe, et celles qui s'y superposent s'électrisent positivement. Ainsi se trouve affaiblie la résistance entre les faces *f* du germe qui reste en place, et les faces *f'* des tétraèdres ambiants, lesquels obéissent à la poussée *p*, et ils deviennent amenés et accolés aux faces *f* du germe. De cette manière, on recueille les **n** tétraèdres de la dissolution concentrée autour de *n* tétraèdres du germe. Son poids *p* est devenu $p+\mathbf{p}$; la dissolution d'abord concentrée est devenue étendue; on l'éloigne, et le cristal de poids $p+\mathbf{p}$ est placé dans une autre portion de dissolution concentrée. En un espace *t* de temps, cette portion de dissolution aussi devient étendue, et le cristal pèse $p+2\mathbf{p}$. En un espace n t de temps, on obtient un cristal qui pèse $p+n\mathbf{p}$.

La superposition des tétraèdres est interceptée du côté de la base du vase qui n'est pas baignée. Le cristal très-régulier de la surface baignée ne l'est pas de sa partie inférieure. On évite ce défaut en changeant la partie inférieure par des intervalles de temps réguliers.

Pour obtenir le sucre candi en cristaux volumineux, on prépare un sirop convenablement concentré, et on le laisse se refroidir sans l'agiter. Pour éviter l'accumulation des cristaux, on plonge des fils dans le liquide. Des rudiments de cristaux s'y prennent, et des tétraèdres ambiants s'y superposent de tous les côtés baignés du liquide. De sorte que le nombre des cristaux se multiplie, et la forme cubique reste conservée.

On distingue les modes suivants de cristallisation : 1° par les courants magnétiques, 2° par la pression, et 3° par la volatilisation par la voie humide et la voie sèche.

II. **Cristallisation du fer par les courants magnétiques.** Le fer fondu, en perdant sa chaleur, se solidifie par l'accumulation des électricités hétéronymes dans les faces *f f'* vis-à-vis des tétraèdres. Deux barres de fer B B' ainsi cristallisées, restant suspendues quelques semaines dans la direction du méridien magnétique, s'y trouvent fixées; si on les en déplace, elles reviennent à leur position. Si on les laisse sur le méridien magnétique, mais avec les extrémités renversées, elles font une demi-révolution en allant avec la moitié nord par l'ouest au sud et avec la moitié sud par l'est au nord.

Laissées à côté par terre, si on donne à l'une B des coups de marteaux tous les jours sans toucher l'autre B', et si, au bout de quelques semaines, on les suspend, la barre B battue va prendre sa position sur le méridien magnétique, tandis que l'autre B' reste à la position dans laquelle on l'a placée.

Dans la *Physique*, tome I, il est démontré l'existence de courants thermoélectriques terrestres : 1° de directions *médionales* allant des régions froides de chaque hémisphère vers la région chaude la moins éloignée, et 2° des directions hélicoïdales allant dans chaque hémisphère de l'hélice froide *h* correspondant à celle parcourue par le soleil au printemps, vers l'hélice chaude h', correspondant à celle parcourue par le soleil l'été.

III. **Cristallisation de la silice à l'aide de la pression.** L'éloignement de la chaleur des dissolutions des sels fait charger d'électricités hétéronymes les faces $f\,f'$ vis-à-vis des tétraèdres, d'où il résulte une diminution de la résistance r jusqu'au degré de devenir inférieure à la poussée p compressive. En cas que la poussée p ordinaire ne suffise pas pour faire s'accoler les faces $f\,f'$ électrisées différemment, **Sénarmont** est parvenu à obtenir des cristaux de la manière suivante : 1° en faisant opérer le refroidissement de 300° à 200°, les faces $f\,f'$ se chargent à un haut degré d'électricité; 2° en soumettant la dissolution sous une pression de plusieurs atmosphères, on fait augmenter la poussée ordinaire p; 3° les deux inéquilibres unis comme deux *forces* produisent une *action* commune, le rapprochement des faces $f\,f$. L'effet de cette action est l'accolement des faces $f\,f'$ et la production de gros cristaux; tandis que si l'on n'opère pas ainsi, les faces $f\,f'$ s'accollent séparément, et, devenues des cristaux de dimensions imperceptibles, elles donnent une masse amorphe.

Une dissolution de silice dans l'acide chlorhydrique donne un précipité de quartz pulvérisé, tandis que traitée de la manière indiquée elle donne des cristaux qui ne diffèrent pas de ceux du quartz naturel. Ce procédé d'obtenir la silice en gros cristaux fait connaître que le quartz a été formé à une époque, lorsque la pression et la température étaient supérieures à celles de l'état actuel. (Voir *Physique céleste*, tome III.)

IV. **Cristallisation par volatilisation.** On chauffe les corps solides dans une cornue, et on conduit la vapeur dans un récipient pour que les faces $f\,f'$, vis-à-vis des tétraèdres, se chargent d'électricité hétéronyme par l'éloignement de la chaleur, et deviennent ainsi en état de s'accoler pour former un corps solide de structure régulière.

V. **Cristallisation par dissolvant.** On place le corps solide dans l'eau ou dans un autre liquide, dans lequel il se dissout; cet état n'est que l'effet de la pénétration des tétraèdres du liquide entre ceux du solide. Celui-ci en devient séparé par deux moyens employés ensemble ou séparément. 1° On éloigne le dissolvant par l'évaporation; 2° on éloigne la chaleur du dissolvant pour charger d'électricité les faces $f\,f'$ des tétraèdres du corps dissous; 3° on laisse le liquide à côté se refroidir et se vaporiser. Sous ce rapport, on distingue deux voies de cristallisation : la *voie humide* et la *voie sèche*.

1° *Cristallisation par la voie humide.* L'eau étant le dissolvant, il faut qu'un nombre n de tétraèdres se placent entre deux tétraèdres du solide pour les décoller l'un de l'autre. Ce nombre n de tétraèdres, à la température ordinaire, diminue souvent pour devenir n à 100°. Si l'on fait le corps solide bouillir dans peu d'eau, on en obtient une dissolution saturée, laquelle, en perdant la chaleur, fait s'électriser les faces ff' des tétraèdres du corps dissous. Ces faces n'exerçant pas de répulsion entre elles, s'accollent en en faisant s'éloigner les tétraèdres n' du dissolvant, pour qu'il ne reste, à la température ordinaire, qu'une quantité médiocre du solide dissous. On trouve que la même quantité d'eau à la température ordinaire dissout plus grande quantité $q+q'$ du sel que la quantité q qui reste dans l'eau mère refroidie, car, en ce cas, les faces des tétraèdres ont été électrisées, et ainsi ils ont été éloignés de l'eau mère.

2° *Cristallisation par la voie sèche.* Ebelmen a employé comme dissolvant des métaux liquéfiés à température élevée. Il a fondu l'acide borique, dans ce liquide se dissolvent plusieurs oxydes métalliques, comme leurs sels se dissolvent dans l'eau. A une température rouge, le dissolvant est éloigné, et le corps dissous reste en état cristallisé. Un mélange d'alumine et de magnésie dans les proportions qui constituent le *spinelle*, donne des cristaux octaédriques identiques, par tous les rapports, avec ceux du *spinelle naturel*.

Effets électriques des vases. Un liquide se cristallise plus rapidement dans des vases rugueux, comme ceux de grès, que dans des vases de verre. Ces vases, l'un de surface impolie et l'autre de surface polie, ne font que conduire l'électricité plus ou moins facilement. Les faces ff' vis-à-vis se chargent promptement d'électricité dans les vases de grès, et ainsi elles s'accolent; tandis que, dans les vases de verre, lequel conduit peu l'électricité, les faces ff' se chargent lentement, et l'accumulation des tétraèdres ou la vitesse de cristallisation en correspond.

Les acides ou l'ammoniaque étendus, contenus dans des vases différents, dissolvent en une unité de temps quantités différentes de zinc.

Vases.	Acide HCl.	Acide SO^3.	Amon.	Vases.	Acide HCl.	Acide SO^3	Amon.
Verre	4	3		Argent	58	65	22
Soufre	5	3		Or	52	100	25
Étain	12	12	12	Platine	55	116	27
Plomb	14	28	15	Cuivre	70	150	40
Antimoine	41	38	18	Messing	120	190	103
Bismuth	45	38	20	Fer		130	

Ces résultats des vases servent à ne pas faire confondre l'effet indiqué de leur surface sur la cristallisation, avec ceux de la résistance de leurs éléments contre l'expansion de l'électricité négative du zinc.

L'acide sulfurique, dans un vase de cuivre, dissout une quantité de zinc 50 fois celle dissoute dans un vase de verre. L'expansion de l'aréoélectricité Ē des faces f du zinc est interceptée presque du verre, et elle s'opère avec une petite résistance dans le cuivre. Une telle différence n'existe pas pour l'électricité neutre EE de l'acide, laquelle pénètre dans la négative Ē du zinc, où celle-ci est remplacée par un égal nombre d'atomes d'oxygène Ō séparés de l'eau.

L'expansion atteint un minimum de résistance dans le messing, par cette raison que dans les vases de ce métal s'opère le maximum de dissolution de zinc. Dans les vases de bismuth et d'antimoine se dissout le quart de 150, qui se dissout dans le vase de cuivre. Cette égalité de résultats et ce rapport très-exact ne sont pas des cas accidentels; ils sont produits de la manière suivante :

Le bismuth, par sa pycnoélectricité des faces f des couples ΔΔ' ΔΔ' de tétraèdres, exerce un maximum de résistance contre l'expansion de la pycnoélectricité Ė de l'acide; au contraire, l'antimoine, par son aréoélectricité exerce un maximum de résistance contre l'expansion de l'aréoélectricité Ē du zinc. L'électricité hétéronyme n'éprouve aucune résistance dans ces métaux; ainsi l'expansion qui s'opère dans le bismuth est égale à celle opérée dans l'antimoine, et elle est moitié de celle opérée dans le cuivre.

Les résultats étant en rapport des surfaces, ils le sont avec les carrés des expansions, soit $e = e'$ l'expansion de chaque électricité dans le bismuth et l'antimoine, et $e - 2e$ l'expansion des deux électricités dans le cuivre; la quantité q de zinc dissous dans le vase de cuivre étant 4q, celle dissoute dans chacun des deux autres vases est q. Ainsi on a :

$$4q : q = 2^2 e : e.$$

Ces détails servent à fixer les idées sur le mode de la production des faits chimiques par l'expansion des syzygues électriques. L'expansion indéfinie des électricités de la chaleur, de la lumière et des gaz, était bien connue. Plusieurs physiciens en ont attribué les actions chimiques, sans cependant parvenir d'exposer la généralité dans toutes les actions chimiques.

III. SIX SYSTÈMES DES CRISTAUX NATURELS.

La connaissance des systèmes naturels des cristaux est, dans la physico-chimie, d'une grande importance. Il y a des corps qui se cristallisent de la même manière, et qui peuvent se remplacer sans modifier la forme ou le système du cristal; *les corps pareils sont* appelés *isomorphes;* ils ont une composition chimique semblable et sont formés du même nombre d'équivalents. Cette liaison entre les six systèmes naturels des cristaux et les équivalents, découverte de Mitscherlich, n'a pas été employée pour prouver que les équivalents des *facteurs différents des cristaux isomorphes sont des couples com*posés de tétraèdres ΔΔ. On a dit que c'est une loi qui a été appelée loi de *l'isomorphisme.*

Après avoir été démontré que les deux espèces d'atomes, par leur poids, en obéissant à la pesanteur, s'arrangent en tétraèdres, chacun *est conduit à reconnaître les couples de tétraèdres ΔΔ' comme élé*ments matériels des cristaux. Les tétraèdres qui entrent dans la composition d'un cristal C, étant égaux aux éléments chimiques différents du cristal C', composé de tétraèdres pareils, ne doit pas pour cela être de forme différente de celle du cristal C. Par exemple, en employant des pierres en marbre ou en granit, on peut construire deux maisons de même forme.

Pour connaître le poids de la matière, on n'a qu'à peser un égal volume v des deux espèces de matières; les rapports $p:p'$ de ces poids est égal au rapport P : P' du poids des matériaux; il est le rapport $P:p$ ou $P':p'$, égal au rapport $V:v$ des volumes. Ainsi il est facile de comprendre le mode de production des faits suivants : 1° Les tétraèdres d'alumine Al^2O^3 et de sesquioxyde de fer Fe^2O^3 s'arrangent séparément pour former des cristaux du premier système. Dans l'alun $=(KO,Al^2O^3)S^2O^6$, l'aluminium Al^2 peut être remplacé par les équivalents doubles de fer, de manganèse, de chrome, à cause de l'égalité des couples des tétraèdres ΔΔ', malgré la différence des éléments qui entrent dans les facteurs de chacune de ces quatre espèces de métaux. L'isomorphisme est un effet physique de la composition des corps des couples des tétraèdres, donc dans les cas d'égalité des volumes des tétraèdres, les uns peuvent remplacer les autres, sans dépendre de la densité de chaque métal.

L'égalité des tétraèdres Al^2O^3, Fe^2O^3, Mn^2O^3, Cr^2O^3 résulte de l'identité du tétraèdre de carbone, car il a été prouvé que ces métaux ont pour éléments ceux de l'alumine composés avec des atomes d'hydrogène de quantités différentes.

Alumine. $Al^2O^3 = C^4H^3O^3$.
Fer. $Fe^2 = C^4H^6O^3 = C^4H^3O^3H^3 = Al^2O^3, H^3$.
Manganèse. $Mn^2 = C^4H^7O^3 = C^4H^3O^3, H^4 = Al^2O^3H^4$.
Chrome. $Cr^2 = C^4H^5O^3 = C^4H^3O^3, H^2 = Al^2O^3H^2$.

L'alumine Al^2O_3 est contenu comme noyau dans les tétraèdres d'hydrogène en formant ceux du fer, de la manganèse, du chrome ; il est donc l'identité du noyau qui amène l'égalité des tétraèdres. Au lieu de dire *loi de l'isomorphisme,* on devait dire *série de faits d'origine inconnue.*

II. L'azotate de potasse, l'azotate de chaux et le carbonate de chaux cristallisent de la même manière; ils ont pour résultat que leurs tétraèdres ont un noyau égal qui est le facteur positif. Ainsi on a :

Azotate de potasse $KO, AzO^4 = KO^5, AzO$.
Azotate de chaux $CaO, AzO^4 = CaO^5, AzO$.
Carbonate de chaux $CaO, CO^2 = CaO, AzO$ $(CO = Az)$.

Le facteur positif AzO avec ou sans un oxytétraèdre 4O est commun dans les tétraèdres de trois espèces de sels, de même que l'alumine Al^2O^3 est un facteur positif commun des équivalents du fer, de la manganèse et du chrome.

La structure cristalline ne manque pas de corps, cependant elle ne peut être observée que dans les solides; son existence dans les liquides et les vapeurs est déterminée : 1° par leurs couleurs, lesquelles proviennent des rapports entre les éléments homonymes contenus dans les deux facteurs des équivalents, et 2° par la déviation du plan de polarisation de la lumière.

Il est à distinguer : 1° le mode de la solidification, 2° le mode de la production de six systèmes de cristaux pas plus et pas moins, et 3° le mode de production de trois systèmes optiques de cristaux.

A. Trois voies de cristallisation.

Dans les liquides et les vapeurs les tétraèdres se trouvent en inéquilibre qui est de degré instable par rapport des faces **ff'** vis-à-vis des couples des tétraèdres, lesquelles en se chargeant continuellement d'électricité hétéronyme font diminuer la résistance *r* entre elles jusqu'au degré à devenir inférieure à la poussée *p* compressive de la pesanteur, qui fait les faces **ff'** hétéroélectriques s'accoler et rester inséparables à cause de leurs électricités hétéronymes en état latent.

I. Voie de volatilisation. Les couples de tétraèdres des vapeurs, les faces **ff'** vis-à-vis se chargent pendant le refroidissement d'électricités hétéronymes qui amènent leur accolement pour en résulter des cristaux d'un des six systèmes.

II. Voie humide. Les couples ΔΔ' des tétraèdres des liquides, les faces **ff'** vis-à-vis électrisées différemment pendant le refroidissement ou pendant l'évaporation s'accolent et ainsi un liquide devient un solide par la *congélation* opérée en une température constante, qui est zéro pour l'eau.

Si l'on dissout un sel dans l'eau, un ou plusieurs de ses couples ΔΔ' s'intercalent entre les tétraèdres Δ' du sel et les font se décoller les uns des autres et obtenir un état liquide comme l'est celui de l'eau. Cet état persiste tant qu'il y a d'eau. En éloignant les tétraèdres de l'eau par évaporation les faces **ff'** vis-à-vis les tétraèdres Δ' se chargent d'électricités hétéronymes; elles s'accolent et forment de gros cristaux. En laissant la chaleur s'éloigner très-lentement on fait aussi les faces **ff'** vis-à-vis se charger d'électricités hétéronymes de tel degré qu'elles parviennent de franchir les intervalles λ' λ' λ' entre les faces **ff'** et s'accoler en en repoussant les uns des tétraèdres de l'eau et en y laissant d'autres.

L'eau à zéro et même jusqu'à — 10° étant en repos ne gèle pas; sa surface est tellement chargée d'électricité positive amenée par l'éloignement de la négative qu'elle empêche l'accolement des faces **ff'** électrisées différemment. En cas pareil un léger contact avec un métal en éloignant l'excédant d'électricité, on occasionne une cristallisation immédiate.

L'éloignement de l'électricité négative avec la chaleur et l'affluence de la positive s'opèrent plus rapidement dans des vases rongeurs, comme ceux de grès, que dans des vases de verre. Par suite, le même liquide versé dans des vases de métal, de verre ou de grès, cristallise mieux dans ces derniers.

Il a été exposé comment un croissement de pression fait la solution de la silice passer à l'état de quartz naturel. Ce fait prouve que la poussée *p* compressive de la pesanteur ne suffit pas de faire les faces *ff'* s'accoler malgré leur état électrique hétéronyme.

Voie sèche. Au lieu de l'eau **Ebelmen** a employé comme dissolvant des corps qui ne sont liquides qu'à une température élevée, et qui se volatilisent lentement au rouge, en abandonnant sous forme cristalline les corps qu'ils tenaient en suspension.

Cette voie sèche, en réalité, ne diffère pas de la voie humide, car dans les deux cas les tétraèdres du dissolvant se trouvent entre ceux du corps dissous. L'évaporation fait en même temps s'éloigner les tétraèdres du dissolvant, et les faces **ff'** vis-à-vis des couples des tétraèdres se charger d'électricité hétéronyme.

II. Mode de la production des cristaux de trois systèmes optiques et de six systèmes naturels.

§ 213. **Propriétés générales des cristaux.** Toutes les formes cristallines sont des polyèdres, ayant une surface composée au moins de quatre *faces*, dans ce dernier cas le cristal est un *tétraèdre* régulier, car sur chacune des quatre surfaces égales le corps peut rester en repos. La sphère est un *apeiroèdre* à infinité de faces parce que sa surface est composée d'infinité de faces; il n'y a pas de cristaux sphériques; le nombre de leurs faces est limité jusqu'à quarante-huit.

Les *arêtes* sont des cousures des deux faces, il en a six dans un tétraèdre.

L'*angle* des faces comme celui des arêtes peut être aigu ou obtus. L'angle solide est formé de trois ou d'un plus grand nombre de faces autour du sommet.

La forme est *simple* 1° si toutes les faces sont égales ou semblables, 2° si les faces sont de deux ou de plusieurs espèces.

La forme la plus développée dans la surface est nommée *dominante*, les autres sont *secondaires*.

Quand une arête est remplacée par une face, l'arête est *tronquée*; la face ou facette peut être *droite* ou *tangente*; dans les cas contraires elle est *oblique*. Le *biseau* est une arête remplacée par deux facettes. Il se forme un *pointement* sur un angle solide quand cet angle est rempli par un angle plus obtus.

Clivage. L'enlèvement de minces couches parallèles de la surface des cristaux est leur clivage, les directions des plans ainsi déterminées donnent la forme nommée *solide de clivage*. Dans certains cristaux, le clivage des trois dimensions est également facile ou difficile; dans d'autres il est inégal.

Les points nommés *centres* et les lignes nommées *axes* ne sont pas constants.

Nombre des systèmes de cristaux. Tous les observateurs de la structure et des formes des cristaux ont été conduits à connaître l'existence d'une régularité, qui ne permet pas de méconnaître qu'un nombre de formes se réunit dans un même groupe ou système cristallin, dont on ne trouve que six, ni plus ni moins. Tant que le mode de la production des cristaux fut inconnu, il était impossible de savoir la cause de ce nombre, et encore moins les rapports entre ces six systèmes et les trois systèmes optiques des cristaux.

1° Six systèmes de cristaux naturels composés de tétraèdres.

§ 214. Au moyen des observations, on ne trouve dans les cristaux que des tétraèdres ; il n'en résulte donc que la preuve de la production des cristaux par des tétraèdres. Si les cristaux ne sont que de six systèmes, c'est une preuve qu'au moyen des tétraèdres il est impossible d'en obtenir un nombre différent. Le lecteur voit que c'est au moyen de la géométrie que cette question peut être résolue (1).

Un fait tout particulier c'est la correspondance entre les six systèmes des cristaux et les six modes des facteurs des équivalents chimiques des éléments (tétraèdres) dont les cristaux sont composés. Berzelius, le premier, trouva que les cristaux des sels sont composés d'équivalents contenant deux facteurs hétéroélectriques. Ici il est exposé que les cristaux des corps indécomposables sont également des sels, dont les équivalents contiennent deux facteurs hétéroélectriques. Chacun des facteurs peut contenir des éléments simples, ou ils peuvent être composés d'un couple de facteurs ultérieurs.

Ici est exposée la correspondance entre les systèmes de cristaux et les six espèces d'équivalents correspondants ; Berzélius n'est pas allé si loin.

---

(1) Dans l'entrée de l'auditoire de Plato se trouvait l'inscription :

Οὐδεὶς ἀγεωμέτρητος εἰσίτω
l'entrée est interdite aux ignorants de la géométrie.

La question sur la structure des six systèmes de cristaux par des tétraèdres est inabordable aux ignorants de la géométrie. Il n'y aura donc que les lecteurs *agéomètrèles* qui ne comprendront pas le mode de la structure des six systèmes de cristaux. Leurs effets optiques exigent la connaissance de la nature de la lumière.

1° Les équivalents composés de deux facteurs ou de couples de tétraèdres ΔΔ' ΔΔ', expriment les éléments contenus dans les cristaux des 1er et 3e systèmes.

2° Les équivalents composés de facteurs dont chacun est à son tour composé des deux couples de facteurs ou de tétraèdres, expriment les éléments contenus dans les cristaux des 2e, 4e, 5e et 6e systèmes.

Premier système.

§ 215. Les tétraèdres composant les cristaux du 1er système sont des couples ΔΔ' occupant l'espace d'un seul tétraèdre, parce qu'un tétraèdre Δ creux est contenu dans l'autre Δ' également creux. Les équivalents sont composés de deux facteurs, indiquant les deux tétraèdres Δ Δ', sans en même temps indiquer qu'un Δ des deux est contenu dans l'espace occupé par l'autre. Cette position incontestable est constatée par l'accroissement de densité correspondant à la disparition du volume *v* des tétraèdres Δ. Il n'y a donc qu'une seule espèce de tétraèdres, lesquels étant à l'état vaporeux ou à l'état liquide obtiennent de l'électricité hétéronyme dans leurs faces *f f'* vis-à-vis, et c'est ainsi que l'accollement s'opère symétriquement en toute direction.

Dans la nature, il n'existe, à l'état géométriquement parfait, que quelques parties de cristaux ; pour en obtenir artificiellement, il faut changer la face en contact avec le fond du vase. Toute modification de quelque côté de la forme du vase et de sa température fait changer la vitesse de l'électrisation et de l'accroissement, sans en même temps changer le système. Ces irrégularités manquent dans les équivalents des substances qui entrent dans la structure des cristaux.

Correspondance entre les cristaux et les équivalents de leur substance. Les équivalents des deux facteurs indiquent que les couples de tétraèdres s'arrangent de manière à ce qu'il en résulte un des six systèmes, sans faire reconnaître lequel. On sait seulement : 1° que la lumière pénètre les cristaux du 1er système en toute direction sans être divisée, et 2° qu'elle ne pénètre les cristaux du 2e et du 3e système que sous une seule direction sans être divisée ; en toute autre direction elle est divisée en deux moitiés ; 3° les cristaux des 4e, 5e et 6e systèmes ne divisent pas la lumière incidente en deux directions.

Tétraèdre. En abaissant une perpendiculaire de chaque sommet sur la face opposée d'un tétraèdre, elles se coupent en un point *o* qui divise la longueur 3λ de la perpendiculaire en λ et 2λ. Ce point est le *centre de la gravitation*. Autour de ce centre *o* sont amenés par la pesanteur ceux *o'* des autres tétraèdres.

L'arrangement et la superposition des tétraèdres s'opèrent d'après la diagonale des deux poussées : 1° l'une **p**, de la pesanteur centipète, qui amène le centre *o'* de la gravitation des tétraèdres périphériques vers le *centre de la Terre*, et 2° l'autre *p* de la pesanteur compressive latérale qui est constante comme la précédente ; mais les faces **f f'** vis-à-vis, en s'électrisant différemment, font diminuer la résistance *r* exercée par une face contre l'autre. Dès que cette résistance *r* devient inférieure à la poussée *p*, celle-ci amène le centre *o'* des tétraèdres périphériques vers le centre *o*, et les fait s'y accoller.

La superposition symétrique correspond à l'identité des équivalents composés de la substance dont les éléments des facteurs sont ceux des couples des tétraèdres, qui n'ont dans aucun corps à la fois le même poids et le même rapport des poids des deux facteurs. Donc, quoique tous les cristaux soient composés de couples de tétraèdres indiqués par les couples des facteurs, il n'y en a que six systèmes, et dans chaque système il y a plusieurs formes dont on n'obtient par le clivage que des tétraèdres, forme qui est obtenue dans la décomposition de tout cristal. Les cristaux nommés *hémiédriques* manquent dans les 4e, 5e et 6e systèmes pour la cause qui est indiquée plus bas.

Octaèdre régulier. L'alun $= (KO,SO^3)\ (Al^2O^3,3SO^3),\ 24HO = KAl^2,4H^8SO^{10}$.

La densité 1,71 de l'alun est la moyenne des densités 0,80 du potassium et 2,71 de l'aluminium ; celle de l'eau s'élève à cette densité. Il est ainsi prouvé qu'il y a un accroissement de densité produit par une introduction des tétraèdres de l'acide étendu dans les tétraèdres des métaux. Preuve que le cristal produit est du 1er système.

Cube. Le sel marin $Na^2Cl^2 = C^6H^{10},H^4O^4 = C^2H,4CH^2,4H^2O^2$.

La densité 1,33 du chlore et 0,972 du sodium donnent la moyenne 1,151, qui est la moitié de la densité 2,14 du sel. Telle est la preuve que les deux tétraèdres de l'eau $4H^2O^2$ se trouvent dans le tétraèdre du gaz des marais $4CH^2$; la petite différence est le produit du facteur C^2H.

Dodécaèdre. Le phosphore $= Az^2H^3 = Az^2H^6 - H^3$.

La densité 1,77 du phosphore n'est pas exactement le double de la densité 0,76 de l'ammoniaque liquéfié ; l'excédant $1,77 - 1,52 = 0,25$ est produit par la séparation de 3 atomes d'hydrogène.

Octaèdre pyramidé, hexakisoctaèdre. Le diamant est du carbone C^4=*O,4H*. *La densité du diamant de pureté absolue ne se trouve dans aucun diamant*; le maximum de densité 3,55 est trouvé aux diamants les moins impurs, qui donnent le moins de cendres; car il n'en existe aucun qui ne donne pas de cendres.

Le tétraèdre 4HO d'eau, qui pèse 36, ne pèse que 12 après la séparation des 3 atomes d'oxygène. *Le volume 12v occupé par le tétraèdre* 4HO de l'eau est douze fois le volume *v* occupé par le tétraèdre du diamant. La surface *s* d'une face triangulaire du tétraèdre Δ de l'eau étant 12, le tiers de sa hauteur 3 est 1, et le produit 1×12 est le volume 12*v* du tétraèdre Δ de l'eau.

Résumé. Les cristaux du 1er système se distinguent de ceux des cinq autres systèmes : 1° par leur structure régulière autour de chaque point et non autour d'une ou deux directions comme le sont les cristaux des autres systèmes; 2° par *le manque de division de la lumière*, et 3° par la densité des cristaux qui est double de celle que donnerait la moyenne d'un mélange des substances indiquées par les deux facteurs qui composent l'équivalent de la substance du cristal.

Cet accroissement de densité, lié avec la forme régulière des cristaux, n'a pas été remarqué jusqu'à présent, tandis qu'ici son existence est déterminée *à priori* par la connaissance que des couples des tétraèdres Δ Δ' indiqués par les facteurs des équivalents se trouvent les deux éléments placés l'un dans l'autre, pour ne pas occuper tous les deux un espace plus grand que celui de Δ' qu'occupait l'un des facteurs. De sorte que, dans la structure des cristaux, il n'entre que des tétraèdres isolés, et non des couples, d'où résulte une symétrie *en toute direction*; *le centre unique o' de gravitation* de chaque tétraèdre ne permet aucune différence pour leur arrangement en chaque direction.

L'accroisement de densité de l'eau, pour devenir 4 dans le diamant, correspond exactement au poids 12=36 — 24 et au volume $v=\frac{1}{4}\mathbf{v}$. Ainsi on a :

$$4HO-3O=0,4H=C^4;\ \mathbf{d}:d=12:3=4:1.$$

Deuxième système.

§ 216. L'octaèdre droit à base carrée est considéré comme forme fondamentale du 2e système. Cet octaèdre résulte de 4 tétraèdres ΔΔ'Δ''Δ''' composant deux couples. Deux arêtes *a a'* des tétraèdres A A' au même plan produisent la forme d'un rhombe de 60° et de 120 angles. Pour transformer le rhombe en un carré, il faut que les faces *f f'* soient inclinées de manière que la grande diagonale du rhombe soit égale à la petite. Les deux couples de tétraèdres obtiennent cette inclinaison par un accollement des deux surfaces rhombes, de manière à croiser les diagonales pour trouver la petite d'un rhombe sur la grande de l'autre.

Des 4 tétraèdres ainsi accollés résulte un octaèdre composé des deux pyramides antipodes ayant un carré pour base commune. La perpendiculaire élevée au centre du carré passe par les sommets antipodes *s s* des deux pyramides. Les deux diagonales de la base carrée passent aussi par les quatre angles solides *a, a, a, a*; la longueur **1** de l'axe pyramidal est supérieure à celle *l* des diagonales de la base. Par suite, les huit faces égales sont des triangles isocèles. Il y a donc un seul axe dans une direction perpendiculaire sur une surface de forme carrée ayant deux diagonales égales et perpendiculaires. Ainsi il ne sera plus dit : *trois axes*, mais *deux diagonales* et un *axe*.

L'expansion de la lumière dans la direction de l'axe se propage sans éprouver aucune division, tandis qu'elle se divise en se propageant dans la direction des diagonales et dans toute autre direction.

La densité *d* des composés est peu supérieure à celle $\frac{d'+d''}{2}$ qui est la moyenne des deux facteurs des équivalents; la densité *d* du molybdate de plomb PbO,MbO^3 est peu supérieure à la moyenne des densités *d' d''* de l'oxyde de plomb et de l'acide molybdique. Ce petit accroissement de densité est un effet de la diminution de la surface rhombe des deux couples des diagonales croisées dont il résulte la surface carrée ayant pour diagonale la longueur *l* de la petite diagonale du rhombe.

Rapport entre la longueur de l'axe et celle des diagonales. Le rapport **1** : *l* entre la longueur **1** de l'axe et celle *l* des diagonales varie d'une série cristalline à l'autre ; pour le molybdate et le tungstate de plomb, ce rapport $= \sqrt{2,47}$; et pour le tungstate de chaux il est $= \sqrt{1,1}$.

Variation des formes. 1° La superposition des tétraèdres sur l'octaèdre *germe*, étant plus ou moins favorisée dans la direction de l'axe, fait changer l'angle *j* du sommet des triangles isocèles des octaèdres.

2° La superposition favorisée dans les directions des diagonales fait résulter une plaque des faces parallèles ayant pour épaisseur la longueur de l'axe. Si ces superpositions s'opèrent dans la direction de l'axe et l'une des diagonales *d*, il y a aussi une plaque dont l'épaisseur est l'autre diagonale *d*.

3° La superposition des tétraèdres, favorisée dans la direction de l'axe, fait résulter un prisme à base carrée qui se termine en pyramides.

4° Le dioctaèdre est produit par les superpositions des tétraèdres dans les directions des diagonales et par leurs deux perpendiculaires.

5° Le prisme à 8 pans est produit par la superposition des tétraèdres dans la direction de l'axe avec la formation de la base octagonale avec une faible activité.

Combinaison des formes. 1° Le prisme à base carrée terminé en deux pyramides, la hauteur *h* de chaque pyramide est inférieure à la longueur *l* des diagonales; tandis que dans les octaèdres c'est le contraire qui a lieu. On obtient ainsi une preuve que c'est aux *dépens de l'axe que l'octaèdre devient un prisme carré.*

2° Le prisme se termine en deux pyramides de hauteur **h** inférieure à la longueur *l* des diagonales.

3° Les prismes indiqués se terminent avec des faces basiques.

4° Accroissement de l'octaèdre en deux sens : 1° l'axe et la diagonale *d*, 2° l'axe et la diagonale *d'*, 3° les deux diagonales *d d'*.

Troisième système.

§ 217. Les principales formes ont pour origine deux pyramides antipodes à base commune de forme d'hexagone, produites par la superposition des deux faces triangulaires, de manière à ce que les trois sommets de l'une se trouvent sur le milieu des trois côtés de l'autre, et que le milieu d'un triangle coïncide avec le milieu de l'autre. La verticale élevée qui passe par ce point, rencontre les sommets *ss'* de deux pyramides antipodes, elle est l'*axe* du cristal.

Les trois lignes qui unissent les six angles opposés de la base hexagonale sont trois *diagonales* égales; ces cristaux sont à *un axe* et *trois diagonales*.

Les principales formes simples de ce système sont :

1° Le dodécaèdre composé de deux pyramides antipodes à base commune hexagonale, ayant pour faces 12 triangles isocèles.

2° On obtient un hexaèdre tangent dont le milieu de chaque côté se trouve perpendiculaire sur l'extrémité de chacune des trois diagonales.

3° Prismes limités soit par des faces terminales, soit par des dodécaèdres.

4° Pyramides antipodes de base commune dodécagonale.

5° Prismes à douze pans.

Le cristal de roche Ca^2O^2,C^2O^4, carbonate de chaux, forme le prisme à six pans terminé en deux pyramides à base de dodécagones. Les facteurs $Ca^2O^2C^2O^4$ sont les substances des deux tétraèdres qui ne pénètrent pas l'un dans l'autre, mais l'un s'accollant à l'autre sans beaucoup changer leur volume précédent, de sorte que la densité 2,22 du sel est presque la moyenne de celle 2,3 de la chaux et de celle 2,5 du charbon, non de celle 3,838 de l'acide carbonique liquide. Il est aussi du 4° système.

Sulfure de mercure HgS. Les deux tétraèdres sont : 1° celui de soufre de densité 2,087 et celui de mercure de densité 13,595. Du composé HgS la densité est 8,098, peu supérieure à la moyenne $\frac{2,087+13,545}{2}=7,841$. La différence $8,098-7,841=0,257$ de densité correspond à la petite diminution du volume v par rapport à celui $v+v'$ de la somme des deux tétraèdres.

Quatrième système.

§ 218. Deux couples de tétraèdres $\Delta\ \Delta'\ \Delta''\ \Delta'''$, accollés séparément par une arête comme dans le deuxième système, pour former ensemble deux rhombes composés ayant les moitiés inclinées l'une sur l'autre. Ces rhombes sont superposés pour avoir les diagonales égales $d'\,d$ d'un rhombe sur celles $d'\ d'$ de l'autre. On a ainsi deux couples de pyramides antipodes. Les lignes $x\ x\ x'\ x'$ (fig. 38), qui unissent les sommets antipodes, se croisent au milieu de la diagonale $s\ s'$ qui indique la projection de la surface des rhombes ; donc, $s\ s'$ étant une diagonale d, l'autre d' est perpendiculaire sur elle et sur le plan déterminé par les deux axes $x\ x\ x'\ x'$ croisés au milieu du rhombe, qui est une base commune de leurs couples de pyramides antipodes. Il y a donc deux axes égaux formant deux angles, l'un aigu et l'autre obtus :

Fig. 38.

il y a aussi deux diagonales inégales perpendiculaires l'une sur l'autre.

Il est reconnu qu'il y a dans les cristaux de ce système deux directions dans lesquelles l'expansion de la lumière se propage sans éprouver de division, mais on ne les a pas prises en considération. Les cristallographes ont cru que l'axe est la direction *m m'*, direction que les opticiens appellent *section principale*. Ces erreurs ont rendu extrêmement difficile l'étude de la structure des cristaux. Je m'abstiens de les mentionner.

Soufre. $S^2 = C^4H^8$. Les tétraèdres C^2H^4 du gaz des marais obtiennent un état solide par un arrangement qui forme deux couples de pyramides à base rhomboïdale. En prenant comme axe la section principale *m m'*, on est conduit : 1° à une couple de diagonales dont *s s'* est l'une, et 2° à un axe qui est la section principale *m m'* perpendiculaire sur le rhombe *s s'* qui est la base commune de pyramides antipodes, lesquelles ne sont pas deux ayant la section principale pour axe commun, mais quatre qui ont : 1° les lignes *x x x' x'* pour axes, et 2° les substances C^2 H^4 pour facteurs, indiquant les tétraèdres $C^2 = 0,4H$ et H^4.

Mode de changement de l'état gazeux en état solide. Dans le gaz C^2H^4, le tétraèdre $C^2 = 0,4H$ de l'hydrogène monosperme est contenu dans l'hydrotétraèdre H^4 ; la poussée répulsive entre les deux hydrotétraèdres, qui est la cause de l'état gazeux, disparaît dans le cas de l'accollement des deux tétraèdres par l'une des arêtes. En ce cas, l'oxygène O du noyau d'un tétraèdre Δ ne l'est pas pour l'autre Δ', dont les hydrotétraèdres, n'en éprouvant aucune répulsion, s'approchent, et l'état gazeux se change en état solide.

Densité des cristaux du 4e système. L'accollement des couples de tétraèdres Δ Δ' des oxydes MO et des couples de tétraèdres Δ, Δ' des acides, ne fait que très-peu diminuer l'espace occupé ; donc la densité des sels n'est que la moyenne du métal de l'oxyde et du métalloïde de l'acide. Cette règle de densité s'applique aux cristaux de tous les cinq systèmes.

Formes dérivées et leurs combinaisons. La superposition des tétraèdres étant favorisée dans la direction des deux diagonales, fait résulter des plaques ayant dans leur épaisseur le couple des axes. Si, au contraire, la superposition est favorisée dans la direction des axes, il résulte des prismes qui se terminent en deux pyramides séparées par un plan qui correspond à la section principale. Les deux axes *x x x' x'* sont les deux directions dans lesquelles l'expansion de la lumière ne se divise pas.

Cinquième système.

§ 219. En prenant toujours l'octaèdre comme forme fondamentale, on trouve que la base commune des pyramides antipodes est un orthogone et non un rhombe. Ce résultat de l'observation se relie avec celui de la production des orthogones par le renversement des deux faces rhombes, pour ne couvrir que le milieu de chaque rhombe, et rester des deux côtés en forme de cornes un couple d'angles dont les extrémités unies font apparaître la forme d'un rectangle B (fig. 37).

Les deux diagonales sont égales, mais non perpendiculaires ; au lieu de reconnaître les lignes $x\,x$ $x'\,x'$ (fig. 37) comme deux axes des deux couples des pyramides antipodes, on a admis la section principale $m\,m'$ comme troisième axe, lequel est vertical sur le plan des deux diagonales, et sa longueur est différente de celles $l'\,l''$ des diagonales.

Changement du système dans le soufre. Le soufre jaune est du 4ᵉ système, tandis que le soufre cristallisé par fusion est du 5ᵉ. Ici les mêmes tétraèdres s'accollent de deux manières par leur face rhombe. Le soufre naturel, en se formant du gaz des marais, est du 4ᵉ système, tandis que le soufre fondu se cristallise par l'électrisation des faces $f\,f'$ vis-à-vis des couples $\Delta\,\Delta'$ $\Delta\,\Delta'$ des tétraèdres déjà existants. Telle est la cause : 1° du changement du mode de l'accollement des faces rhombes, et 2° de l'état visqueux du soufre rouge à 200°.

Les cristaux aplatis et les cristaux prismatiques du 5ᵉ système sont produits par la superposition des tétraèdres dans les directions des deux diagonales ou dans celle des deux axes.

Sixième système.

§ 220. On trouve dans les cristaux du 6ᵉ système les deux diagonales obliques l'une sur l'autre et inégales, car la forme de la base des pyramides antipodes est un parallélogramme (fig. 37). La section principale $m\,m'$ n'est ni verticale sur la base ni égale aux diagonales. Cette structure correspond à la formation suivante.

Le rhombe plié d'après sa courte diagonale d se raccourcit ; le rhombe plié d'après sa longue diagonale s'allonge ; par leur accollement, il résulte un parallélogramme. Les deux axes des couples de pyramides antipodes déterminent une section principale, laquelle n'est perpendiculaire ni aux diagonales ni à leur plan.

VARIATION DES FORMES DE CRISTAUX DU MÊME SYSTÈME.

§ 221. L'électrisation des faces f f' vis-à-vis des couples ΔΔ' ΔΔ' des tétraèdres par la chaleur a été établie par des observations. La même dissolution d'alun à 100° donne, en se refroidissant, des cristaux octaédriques; mais, si elle est en vase clos à 100° et au-dessus, elle donne des dodécaèdres ou des trapézoèdres.

Il est ainsi prouvé que l'état électrique exerce une action sur les formations secondaires des cristaux, sans pour cela changer le système qui dépend des couples ΔΔ' ΔΔ', car il est déterminé par le poids de ces couples de tétraèdres et celui de chacun des facteurs des équivalents.

L'introduction de corps étrangers dans des vases de même dissolution, produit des cristaux de formes différentes. Une dissolution d'alun qui donne des dodécaèdres ne donne que des cubes, lorsqu'on y introduit de l'acide borique, des traces de carbonates alcalins, etc. Il y a des changements de formes secondaires provenant de l'arrangement des tétraèdres. Les corps étrangers ne font que dévier les directions de l'expansion de la chaleur ÈÉ' et de l'électricité négative È.

2° PROPRIÉTÉS OPTIQUES DES CRISTAUX.

§ 222. D'après leurs propriétés optiques, les cristaux et tous les corps transparents se divisent en trois classes : 1° cristaux *lipoaxes*, 2° cristaux *monoaxes*, et 3° cristaux *diaxes*.

I. **Cristaux lipoaxes ou réguliers.** Tous les corps transparents solides sont composés de couples de tétraèdres contenus l'un dans l'autre, tels sont les cristaux lipoaxes du 1er système; par suite, il n'y a pas différence entre les cristaux de ce système et le verre ou la glace par rapport à leur structure. Les tétraèdres Δ ne peuvent s'arranger que symétriquement en toute direction; ces corps n'ont pas d'axe parce qu'ils en ont des infinités; pour cette raison, l'expansion de la lumière pendant sa prorogation, s'opère en toute direction sans éprouver aucune division. Telle est la preuve optique de l'unité des tétraèdres; la preuve chimique est la densité **d**, qui est la forme $d + d'$ de celle des deux facteurs.

II. **Cristaux à un axe.** Les cristaux du 2e et du 3e système divisent en deux moitiés la lumière en expansion, il n'y a qu'une seule direction d'après laquelle la lumière incidente ne se divise pas. Cette direction est celle qui est perpendiculaire sur la surface du plan déterminé : 1° par deux diagonales égales et perpendiculaires, ou 2° par trois diagonales égales sur un même plan.

Il y a donc une preuve qui ne permet aucunement de confondre la direction axiale qui unit les sommets des pyramides antipodes avec les deux diagonales de la base carrée ou avec les trois diagonales de la base hexagonale. On cessera pour jamais de dire *cristaux à trois ou quatre axes*; sera nommée *axe* la ligne qui unit les sommets des pyramides antipodes, et *diagonales* les lignes qui unissent les angles opposés de la base commune des pyramides antipodes; on dira *cristaux monoaxes didiagonaux ou tridiagonaux*.

La base carrée est composée de 4 faces appartenant aux 4 tétraèdres, lesquels ne sont ni massifs ni creux, mais seulement 4 globules obéissant à la pesanteur. Du rapprochement de ceux-ci résulte une base carrée, dont les diagonales d *d'* sont de longueur égale et inférieure à celle 1 des axes des deux pyramides antipodes.

III. **Cristaux diaxes ou à deux axes.** La lumière est également divisée en deux moitiés pendant la propagation dans les cristaux des 4°, 5° et 6° systèmes; il n'y a que deux directions d'après lesquelles la lumière se propage sans être divisée.

Ces directions unissent les sommets des deux couples des pyramides antipodes; elles forment un angle aigu γ qui indique la déviation de l'axe de l'un des couples de pyramide de l'autre.

La forme de la base commune des pyramides est un *rhombe* D, un *orthogone* B ou un *parallélogramme* (fig. 39). D'après ces trois

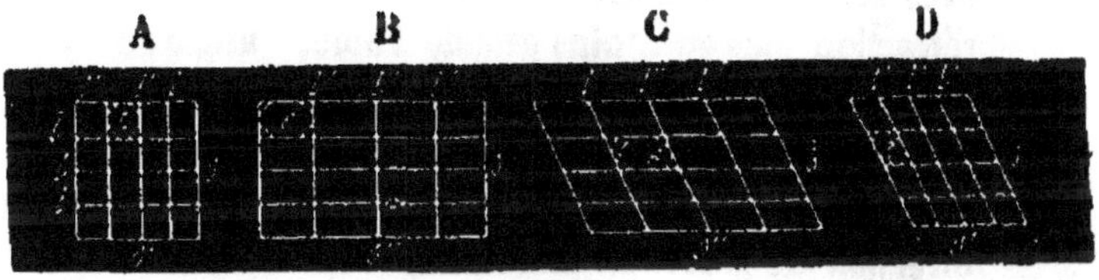

Figure 39.

formes, on distingue les systèmes 4°, 5° et 6°, tandis qu'en tous ces trois cas le système optique ne change pas, parce qu'il y a deux directions d'après lesquelles les rayons se propagent sans éprouver aucune division dans leur expansion. Ces deux directions optiques bien déterminées manquent dans la description de la structure des cristaux; à leur place, il y a une *m m'* (fig. 39) qui passe par le milieu de l'angle γ qui est considérée par les cristallographes comme axe *principal* et par les physiciens comme *section principale*.

I. **Mode de la division de la lumière dans les cristaux**. La lumière se divise en deux moitiés dans les cristaux des cinq systèmes; elle émerge en deux directions divergentes, comme si elle provenait des deux objets pareils. Il y a dans la surface des corps transparents division de l'expansion de la lumière. La partie réfractée éprouve dans les cristaux à un axe une division, et son expansion s'opère en deux directions qui se trouvent sur le plan de l'incidence; une direction, l'*ordinaire*, s'opère d'après l'angle de l'incidence; l'autre, l'*extraordinaire*, ne l'est pas d'après cet angle.

Dans les cristaux à deux axes, la division de la lumière ne s'opère de la manière indiquée que dans la direction de la section principale; en toute autre direction, les deux expansions s'opèrent en dehors du plan de l'incidence.

1° *Cristaux à un axe*. Ces cristaux de 2° et de 3° systèmes sont composés de couples de pyramides antipodes. Il n'y a donc, par rapport à l'arrangement des tétraèdres, que la direction axiale qui est en symétrie de tous les côtés; la propagation de la lumière s'opère dans cette direction sans éprouver de division. Dans toute autre direction, son expansion s'opère en deux directions, dont l'une est ordinaire et l'autre extraordinaire.

L'expansion ordinaire s'opère comme dans les cristaux du 1er système, qui sont composés dans l'air de tétraèdres contenus l'un composant les pyramides du côté de l'incidence et parallèles à l'axe qui livre passage à une moitié de lumière en expansion.

L'expansion extraordinaire est produite par les séries de tétraèdres verticales à celles de l'expansion ordinaire. Ces séries font la réfraction plus ou moins grande d'après l'angle de l'incidence.

2° *Cristaux à deux axes*. Ces cristaux de 4°, 5° et 6° systèmes sont composés des deux couples de pyramides antipodes dont les axes se rencontrent en formant un angle γ. La lumière incidant dans la direction de la section principale, éprouve la même division qu'elle éprouve dans les cristaux à un axe en chaque incidence. Ce cas rend évidente la différence de l'arrangement des tétraèdres; car, en dehors de la section principale, les directions de l'expansion de la lumière changent toutes les deux avec l'angle d'incidence.

Aplatissement de l'expansion des fluides. Chaque espèce de fluide perd son expansion latérale lorsqu'il éprouve une résistance ou une poussée opposée; l'état pareil était appelé *polarisation*, nom absitrat sans aucun rapport avec la modification du fluide. L'aplatissement des fluides est exposé en détails dans la *Physique*, tome II; je ne rapporte ici que celui de la lumière, et cela à cause de sa liaison, 1° avec la structure des cristaux, et 2° avec la division de l'expansion de la lumière. Chaque division de l'expansion de la lumière fait que les deux égales portions se trouvent aplaties d'après deux plans perpendiculaires l'un sur l'autre.

1° *Aplatissement par réflexion et par réfraction.* L'expansion libre de la lumière naturelle devient aplatie dans sa division en portion φ' réfléchie et en portion φ réfractée. L'expansion *latérale* est supprimée en une portion *p* de la lumière φ' réfléchie, et l'expansion *verticale* est supprimée en une portion *p'* de la lumière φ réfractée.

2° *Aplatissement dans les cristaux à un axe.* L'expansion de la lumière φ réfractée éprouve une division en deux directions qui sont dans le plan de l'incidence. Cette division cristalline diffère de la superficielle en ce que la lumière φ se divise en deux moitiés, dont l'ordinaire émerge aplatie comme celle qui émerge du verre, tandis que l'extraordinaire est aplatie d'après le plan vertical 1° à cet aplatissement, et 2° au plan de l'incidence. Il en devient prouvé que les séries verticales des tétraèdres divisent l'expansion de la lumière en lui produisant un aplatissement correspondant à la direction de la série des tétraèdres. Ainsi la lumière émerge divisée en deux moitiés, et chaque moitié est parfaitement aplatie.

3° *Aplatissement dans les cristaux à deux axes.* La division de la lumière réfractée φ s'opère en deux directions qui sont en dehors du plan de l'incidence, sans pour cela que les deux expansions cessent d'être aplaties d'après deux plans perpendiculaires l'une sur l'autre. En s'éloignant à gauche et à droite de la section principale, on reconnaît la symétrie de la structure du cristal par les égalités des angles formés des deux directions de l'expansion divisée. Il y a également une symétrie de la texture, qui fit alors considérer la section comme direction axiale.

Composition tétraédrique des liquides. Les cristaux liquéfiés ne divisent pas l'expansion de la lumière; en cas que la lumière aplatie se propage dans la direction de l'axe du tube contenant un liquide, le plan de l'aplatissement dévie dans certains cristaux de gauche à droite, et ils sont nommés *dexiostrophes*, dans d'autres, de la droite à gauche, et ils sont appelés *aristérostrophes*.

Certains liquides, contenus dans un tube à base de verre, produisent une semblable déviation dans le plan d'aplatissement. Après avoir découvert cette propriété dans les liquides, Biot l'a trouvée dans la vapeur d'essence de térébenthine; dans ce cas, l'appareil se composait d'un tube en fer blanc de 15 mètres de longueur.

Le nombre n de couches de tétraèdres qui donne dans le liquide une déviation de l'angle γ doit se trouver à l'état vaporeux dans un tube pareil de telle longueur qu'il y entre le même nombre n de couches. Ainsi les longueurs λL sont entre elles en raisons inverses des densités.

D. Du liquide et de sa vapeur.

§ 223. La rotation du plan de l'aplatissement étant en rapport direct avec le nombre n des couches de tétraèdres à l'état solide, liquide ou vaporeux, cette rotation, dis-je, rend évidente la composition de tous les corps de tétraèdres qui sont indiqués par les facteurs des équivalents chimiques des corps.

Cette liaison entre les éléments des corps et l'effet qu'ils produisent à la lumière aplatie est souvent utilisée pour distinguer les corps. Ici elle sert à rendre évidente 1° la correspondance entre les facteurs des équivalents et les couples des tétraèdres, et 2° l'existence d'un arrangement tétraédrique dans tous les corps.

Résumé. Tous les corps d'état solide, liquide ou vaporeux sont composés d'éléments matériels formant des couples, lesquels, 1° par rapport à leurs éléments, sont deux facteurs (oxyde et acide) d'un équivalent (sel); 2° par rapport à l'espace qu'ils occupent, ils sont deux tétraèdres $\Delta\Delta'$, lesquels peuvent 1° entrer l'un dans l'autre par *enédriase*, ou 2° rester accolés l'un à l'autre par *parédriase*.

Il est prouvé 1° que l'*enédriase* fait augmenter la densité des composés qui ne divisent pas la lumière, et que les composés pareils s'arrangent en cristaux réguliers du premier système, et 2° que la *parédriase* ne fait pas augmenter la densité, mais les corps ainsi composés divisent la lumière en deux moitiés, et ils aplatissent ces deux moitiés d'après deux plans perpendiculaires l'un sur l'autre. Si l'on introduit un corps lumineux dans une cavité d'un cristal, la lumière en émerge divisée et aplatie. Dans ce cas, les plans d'aplatissement sont trois et perpendiculaires entre eux, et cela aussi bien aux cristaux à un axe qu'à ceux à deux axes; car l'aplatissement est un effet de la superposition verticale des couches, tandis que les directions de l'expansion des deux moitiés $\alpha\alpha'$ de lumière sont déterminées 1° par la direction de la poussée de la lumière incidente, et 2° par la position des couches de tétraèdres.

Berzélius découvrit la correspondance entre les facteurs des équivalents chimiques et les matières qui entrent dans la composition des cristaux. On n'est pas allé plus loin pour unir cette découverte avec celle de **Delafosse**, que les cristaux des sels et des autres corps sont composés de tétraèdres, qui sont de couples $\Delta\delta'$, comme le sont les facteurs des équivalents des sels. Cela ne suffit pas : c'est par un oubli qu'on n'a pas comparé la densité $\mathbf{d} = d + d'$ et la densité $\frac{d+d'}{2} = d''$ des composés qui est 1° **d** la somme $d + d'$ des densités des facteurs, ou 2° la moyenne d'' des densités $d - d'$ des deux facteurs. En unissant ces résultats des densités avec la forme tétraédrique, tout chimiste trouverait qu'il y a : 1° *enédriase* dans l'accroissement des densités **d** des gaz, et 2° *parédriase* dans la conservation de densité moyenne d des liquides. L'accroissement de la densité des liquides, comme celle du cyanogène C^4Az^2, s'opère de leurs tétraèdres $4C^4Az^2$ par la séparation d'un élément $4C^4Az^2 - C^4Az^2 = C^{12}Az^6$; car les trois $3C^4Az^2$ qui restent éprouvent une espèce d'écroulement pour n'occuper qu'un espace égal à celui occupé par le seul élément C^4Az^2; c'est cette diminution d'espace qui fait augmenter la densité.

Je fis plus en utilisant la division de l'expansion de la lumière : je démontrai que les six systèmes de formes des cristaux ne diffèrent pas des trois systèmes optiques. Les cristallographes et les opticiens restent d'accord 1° que l'unique axe optique est l'axe principal, et 2° que les deux ou trois axes secondaires ne sont que des diagonales du carré ou de l'hexagone de la base. Quant aux cristaux à deux axes, les chimistes renonceront à considérer comme un *axe principal* la direction qui divise en deux moitiés l'angle γ aigu formé des deux axes optiques, cette direction n'est qu'une *section principale optique*.

Les plans d'aplatissement des deux moitiés de lumière en expansion ont été également utilisés pour vérifier la structure des solides dans leurs trois dimensions.

Quant à celle des liquides et des gaz qui ne divisent pas l'expansion de la lumière, leur structure tétraédrique se manifeste dans les déviations à gauche ou à droite du plan d'aplatissement lorsque la lumière incidente est aplatie.

CHAPITRE V.

MODE DE LA PRODUCTION DES PROPRIÉTÉS DES CORPS PAR LEURS TÉTRAÈDRES.

§ 224. Les corps sont composés d'équivalents homoïdes dont chacun contient deux facteurs FF'. De ces facteurs chacun à son tour est un équivalent composé de deux facteurs **ff'**. De ces facteurs chacun est un équivalent composé de deux facteurs *ff'*.

Les mêmes corps sont composés de couples de tétraèdres ΔΔ'ΔΔ'; chacun des deux tétraèdres ΔΔ' est composé de deux autres **ff'**; chacun de ces tétraèdres est composé des deux autres *ff*.

Les facteurs primitifs sont l'*hydrogène* et l'*oxygène* à l'état de globules très-petits, mais occupant un espace limité, et obéissant à la pesanteur qui leur fait obtenir un arrangement tétraédrique, de sorte que les facteurs primitifs ne sont pas des globules mais des tétraèdres.

Le barogène β de l'atome d'hydrogène est mêlé avec un zeugme de chaleur $0 = \dot{E}\dot{E}^2$; le barogène 8β de l'atome d'oxygène est mêlé avec 7 zeugmes de chaleur et 1 zeugme de lumière. Le volume **v** des tétraèdres de l'hydrogène est double de celui *v* des tétraèdres de l'oxygène, parce que ces volumes sont en raison inverse des racines cubiques du poids des tétraèdres 4 et 32.

$$411 : 40 = 4 : 32 ; \mathbf{v} : v = \sqrt[3]{8} : \sqrt[3]{1} = 2 : 1.$$

Vapeur d'eau. *n* tétraèdres Δ d'oxygène et *n* tétraèdre Δ' d'hydrogène occupent un volume $3nv$; après la pénétration des tétraèdres Δ dans ceux Δ' il en résulte la vapeur, composée des couples de tétraèdres ΔΔ' ΔΔ' et occupant un volume $2v$; le volume *v* reste vide.

Des tétraèdres de l'eau : 1° la séparation d'un atome d'oxygène laisse pour résidu des hydrotétraèdres *trispermes* qui sont l'*azote*; et

2° la séparation de 3 atomes d'oxygène laisse pour résidus des hydro-tétraèdres *monospermes* qui sont le *carbone*. Ainsi l'on a :

$$4HO - O = O^3,4H, \textit{ azote } 4HO - 3O = O,4H \textit{ carbone}.$$

Ce mode de multiplication des corps : 1° par des résidus, et 2° par des corps composés fait que les corps se distinguent en décomposables et indécomposables, sans pour cela cesser d'être formés de couples de tétraèdres arrangés de la manière de l'un des six systèmes. Nous connaissons que la structure des corps indécomposables ne diffère pas de celle des corps décomposables, car il n'y en a pas d'autre que celle de six systèmes, nous en sommes conduits à ne chercher l'origine des propriétés physiques des corps que dans les couples de tétraèdres qui entrent dans leurs cristaux.

L'état solide des corps se modifie : 1° par rapport à l'arrangement des couples de tétraèdres; 2° par rapport aux électrosyzeugues ÉË soutenus à l'état latent, et 3° par le changement d'un système à un autre. Les syzygues ÉË de l'électricité neutre et ceux ÉË² de la chaleur libre ou de la chaleur latente, sont la cause de toutes les propriétés qui ont été bien observées et exactement décrites.

Le lecteur trouve ici l'exposition du mode de la production de chaque propriété, d'où il devient mieux connu dans tout ce qui concerne le nombre limité de six systèmes de cristaux, et le nombre limité des ordres des facteurs, qui sont en rapport inverse avec la chaleur spécifique et en rapport direct avec le poids des équivalents.

Les propriétés des métaux dans leur généralité, sont ici exposées séparément, afin de rendre évidente la liaison qui existe entre la structure cristalline et chacune de ces propriétés. Cette liaison sert à l'exposition : 1° du mode de la production de nouvelles propriétés de l'acier par la trempe, et 2° du mode de la magnétisation du fer par la Terre et de l'acier par le fer.

I. PROPRIÉTÉS DES MÉTAUX PRODUITES PAR LEURS TÉTRAÈDRES.

§ 225. Les éléments hylicohayles des métaux sont exposés 1° en forme tétraédrique, 2° en nombres indiquant les quantités des espèces d'éléments qui entrent dans les tétraèdres. Les éléments de scorps indécomposables étaient inconnus et les physiciens étaient limités à observer les *propriétés des métaux et à publier leurs descriptions.* Ici disparaît cette distinction; le fer, par exemple, n'est pas un corps *simple, mais un sulfate à base d'acide acétique dont l'oxytétraèdre* a été éloigné, et pour cela le résidu qui est le fer est un corps indé-*composable.*

$Fe^4 = C^4H^4O^4,S^2O^6 - O^4 = C^4H^4,S^2O^6$.
Protoxyde de fer $Fe^4O^4 = C^8H^{12}O^{10} = C^4H^4O^4,S^2O^6$.
Oxyde magnétique $Fe^{12}O^{16} = C^{24}H^{36}O^{34} = C^4O^6,C^4H^4,S^8O^{22}$.
Peroxyde $Fe^4O^6 = C^8H^{12}O^{12} = C^2O^4,S^2O^5$.
Oxydes des battitures $\left\{ \begin{array}{l} Fe^6O^7 = C^{12}H^{18}O^{16} = C^4H^8O^4,S^4O^{12}, \\ Fe^8O^9 = C^{16}H^{24}O^{21} = C^2,C^2O^2,S^4O^{18}. \end{array} \right.$

Tous les composés de corps indécomposables s'arrangent comme ceux des corps décomposables.

1° *État.* Le barogène affluant μ'' de l'espace exerce une poussée p compressible sur le barogène β des corps uni avec leur chaleur θ. Cette chaleur θ éprouve de sa part une poussée répulsive r de l'expansion d'une quantité ε de chaleur latente. Dans le mercure à la température ordinaire la poussée r répulsive est supérieure à la poussée p compressive, et il en résulte l'état liquide. Quelques métaux obtiennent cet état à une température supérieure, les uns sont infusibles et les autres se volatilisent.

2° *Odeurs.* L'étain, le cuivre, le fer, le plomb produisent des odeurs par l'expansion de leur aréoélectricité, lors surtout qu'on les frotte avec la main.

3° *Saveur.* Le fer et l'étain ont une saveur désagréable, produite par leur pycnoélectricité.

4° *Couleurs.* Toute couleur indique l'existence de tétraèdres composés des couples $\Delta\Delta'$ $\Delta\Delta'$ dans lesquels l'un des éléments entre en rapport chromatique.

5° *Éclat.* Les métaux amenés à un grand état de division se présentent *noirs ou gris*; ces poudres redeviennent brillantes lorsqu'on les frotte: 1° le noir est extrême brun; 2° le gris est extrême violet, indirect.

6° *Opacité.* Les métaux sont opaques; les feuilles minces d'or transmettent la lumière verte, qui indique la coexistence du rapport 3 : 2 avec celui de 5 : 3 du jaune.

7° *Porosité.* Les faces ff' des tétraèdres se soutiennent par les syzygues latents hétéronymes ÈÉ qui exercent le minimum de résistance. Les tétraèdres étant composés de quatre globules sont creux, ainsi la porosité correspond aux intervalles entre les globules.

8° *Cristallisation.* Les tétraèdres sont la forme qui résulte de l'arrangement des globules en obéissant à la pesanteur. Les syzygues hétéronymes des faces ff' de ces tétraèdres ΔΔ' sollicitent leur combinaison pour en résulter les couples ΔΔ' ΔΔ'. De ces couples il ne peut résulter que six espèces d'arrangement qui sont les six systèmes de cristaux ; il y en a qui cristallisent en deux systèmes.

9° *Dureté.* La dureté est produite par les syzygues électriques ĖE, hétéronymes soutenus par les faces ff' des couples de tétraèdres ΔΔ' ΔΔ' composant les cristaux. L'excès *e* ou *e'* de l'une ou de l'autre espèce fait diminuer la dureté. C'est au moyen des aérosyzygues E de carbone, d'arsenic, de phosphore, qu'on éloigne de quelques métaux l'excès de pycnosyzygues Ė, et on obtient ainsi un accroissement de dureté, malgré la décroissance de la densité.

10° *Ductilité* et *malléabilité.* Les couples de tétraèdres se soutiennent : 1° dans les fils par leurs faces opposées, et 2° dans les feuilles minces par leurs quatre arêtes. La chaleur fait augmenter ces propriétés.

Ordre de ductilité.	Ordre de la malléabilité.
Or	Or
Argent	Argent
Platine	Cuivre
Fer	Étain
Nickel	Platine
Cuivre	Plomb
Zinc	Zinc
Étain	Fer
Plomb	Nickel

11° *Compressibilité.* Les métaux sont *écrouis* par la percussion ; leur volume diminue par le rapprochement des faces ff' des couples des cristaux.

12° *Tenacité.* Les faces ff' des couples de tétraèdres se soutiennent par leurs syzygnes hétéronymes, dont la densité diffère dans chaque métal ; elle est la cause de la série suivante observée dans les métaux. Les fils métalliques de 2 millimètres de diamètre se rompent sous les poids suivants :

	Kilogrammes.		Kilogrammes.
Fer	240	Or	68
Cuivre	137	Étain	24
Platine	124	Zinc	12
Argent	85	Plomb	9

Il y a une certaine symétrie entre ces nombres, qui sont en rapport avec les éléments des tétraèdres composant les métaux.

Avant la rupture des barres il apparaît un étranglement accompagné de déchirures. Les lames des tétraèdres, les syzygues électriques 3gE 3gĖ soutenus par ces lames déchirées viennent en rencontres et produisent chaleur et lumière dans la partie de l'étranglement. Le même résultat est obtenu par le frottement du silex contre l'acier; on a $3g\dot{E} + 3gE = g\dot{E}^3E$ (lumière) $+ g\dot{E}E^3$ (chaleur).

La tenacité varie avec les températures de quelques métaux; cela est l'effet de la viscosité, qui a pour cause le changement du système cristallin; le soufre jaune, liquide de 110° à 200°, qui est de 4e système, devient rouge et visqueux et de 5e système à 280°. Ainsi on a :

	à 0°	à 100°	à 200°
Or	18 k.	15 k.	13 k.
Platine	22	19	17
Cuivre	25	21	18
Argent	28	23	18
Palladium	20	32	27
Fer	205	101	210

13° *Cassure.* Les faces **ff'** des couples de tétraèdres ΔΔ' ΔΔ' les plus chargées de l'une ou de l'autre espèce d'électricité se déchirent en lamelles comme le font celles de bismuth, d'antimoine; 2° les faces chargées des deux électricités se coupent et la cassure est *grenue* comme l'est celle de l'étain.

14° *Dilatabilité.* L'expansion des syzygues de la chaleur $\dot{E}E^3$ croît avec leur densité en rapport direct entre les températures et les densités des syzygues latents hétéronymes des faces **ff'** des couples de tétraèdres.

15° *Elasticité.* Les faces **ff'** des couples de tétraèdres soutenant les deux électricités à l'état latent les réduisent en inéquilibre par leur déviation de la ligne droite. La surface **s** normale diminue dans la face concave pour devenir $\mathbf{s} - s$; elle augmente dans la face convexe pour devenir $\mathbf{s} + s$. Les électrosyzygues latents $q\dot{E}E$ de chaque côté de densité **d** obtiennent : 1° dans la surface concave $\mathbf{s} - s$ la densité $\mathbf{d} + d$; et 2° dans la surface convexe $\mathbf{s} + s$ la densité $\mathbf{d} - d$.

Ce double inéquilibre provenant de densités $\mathbf{d} + d$ et $\mathbf{d} - d$ produit l'expansion des syzygues $q\dot{E}E$ de densités $\mathbf{d} + d$ qui exerce la double poussée $2p$ sur la surface $\mathbf{s} - s$ 1° par l'une p, elle revient à sa place pour devenir **s**; 2° par l'autre p la surface **s** devient convexe s + s et elle soutient ses syzygues qÈE en densité **d** — *d*. Ainsi une excursion d'amplitude *a* produit en une unité τ de temps une autre égale *a'* opposée de même inéquilibre, pour en résulter des va-et-vient perpétuels.

16° *Conductibilité pour la chaleur et l'électricité.* La chaleur ÈE² dans son expansion, éprouve dans les métaux des résistances qui correspondent aux densités des syzygues latents de la chaleur. L'électricité neutre ÈE, soutenue par les faces **ff'**, exerce des résistances à l'expansion des syzygues hétéronymes des deux électricités. Ainsi on a :

Conductibilité pour la chaleur.	Conductibilité électrique.
Or	Cuivre
Platine	Or
Argent	Argent
Cuivre	Zinc
Fer	Platine
Zinc	Fer
Étain	Étain
Plomb	Plomb
	Mercure
	Potassium

Le cuivre se distingue par une égalité des syzygues hétéronymes qÈqE soutenus par les faces **ff'** des couples de tétraèdres ΔΔ'ΔΔ'; sous ce rapport, la résistance *r* exercée contre l'expansion des syzygues des deux électricités est petite. Le potassium, le mercure, le plomb... soutiennent des aérosyzygues en excès, c'est donc cet excès qui exerce une résistance aux aréosyzygues qE de l'électricité dont le retard amène celui de pycnosyzygue.

L'or, le platine, l'argent... métaux inoxydables, ne soutiennent qu'un minime excès d'aréosyzygues, lequel n'exerce qu'une résistance médiocre à l'expansion des syzygues ÈE² de la chaleur. Le plomb et l'étain, qui soutiennent des aréosyzygues en excès, exercent à l'expansion de la chaleur une résistance qui fait retarder sa propagation.

17° *Capacité pour la chaleur.* L'expansion des syzygues ÈE² de la chaleur d'un foyer aux métaux et de ceux-ci vers l'air, dépend des syzygues qÈ q'E soutenus par les faces **ff'** des couples de tétraèdres. La quantité qÈE² de zeugmes de chaleur nécessaire pour chauffer de 0° à 100° 1 kilogramme d'eau étant représenté par 1, celle qui produira la même élévation de température sur 1 kilogramme des divers métaux est représentée par les nombres suivants :

Magnesium	0,2466	Argent	0,0570
Aluminium	0,2150	Cadmium	0,0567
Manganèse	0,2187	Étain	0,0562
Fer	0,1135	Antimoine	0,0508
Nickel	0,1086	Mercure	0,0333
Cobalt	0,1070	Platine	0,0324
Zinc	0,0955	Or	0,0324
Cuivre	0,0952	Plomb	0,0314
Palladium	0,0593	Bismuth	0,0308
Rhodium	0,0580		

Il y a un rapport inverse entre les nombres qui indiquent les poids des tétraèdres des équivalents des métaux et les nombres qui indiquent leur capacité pour la chaleur. Mais cette capacité est en rapport direct avec les quantités des syzygues $q\dot{E}\,qE^3$ soutenus par les faces **ff'**. Par suite l'accroissement du poids des équivalents s'opère avec la séparation des quantités $q\dot{E}\,qE^3$ de syzygues à l'état de chaleur, comme elle a lieu toujours dans les combinaisons des facteurs.

18° *Fusibilité.* L'état solide du carbone et l'état gazeux de l'azote résultent des noyaux des hydrotétraèdres $4\dot{H}E$, lesquels isolés $4\bar{H}\dot{E}$ sont en répulsion expansive des aréosyzygues $\bar{E}$; cette répulsion n'est point modifiée par l'existence des trois atomes d'oxygène $3\bar{O}E$ en dehors du *centre des tétraèdres* 4H. Au contraire, l'unique atome $\bar{O}\dot{E}$ d'oxygène au centre de l'hydroèdre $4\dot{H}E$ fait disparaître chaque poussée répulsive, et les atomes O,4H, en obéissant par leur barogène à la poussée *p* compressive, forment un corps solide permanent, tandis que l'azote est un gaz permanent.

Cet état solide du carbone se distingue des deux autres, de la *congélation* opérée à une température déterminée pour chaque corps et de la *cristallisation* opérée à toute température.

Les métaux sont *infusibles*, *presque infusibles* et *fusibles* aux températures entre —39° et 2100°. 1° L'excès de carbone rend les métaux infusibles ; 2° la diminution de l'hydrogène les rend presque infusibles. D'après leur point de fusion les métaux s'arrangent dans l'ordre suivant :

Mercure	— 39°	Manganèse entre la fonte et le fer		
Potassium	+ 58°	Nickel	id.	
Sodium	90	Fer forgé		2118°
Lithium	180	Palladium	presque infusible.	
Étain	230	Molybdène		
Bismuth	246	Uranium		
Plomb	312	Tungstène		
Cadmium	360	Chrome		
Zinc	370	Titan		
Antimoine	432	Cerium	infusible.	
Argent	1022	Osmium		
Cuivre	1092	Iridium		
Or	1102	Rhodium		
Fonte grise	1581	Platine		
Acier, entre la fonte et le fer.				

Les points de fusion dépendent des électrosyzygues ÈÉ des couples de tétraèdres dont la densité dépend des éléments de ces tétraèdres, qui sont exposés séparément dans les chapitres sur chaque métal.

Résumé. Il était connu que le soufre, le carbonate de chaux, le sesquioxyde de fer... ont des propriétés différentes lorsque leurs couples de tétraèdres sont arrangés de manière à être de deux systèmes différents. Les changements incomplets produisent des séries de propriétés correspondant aux mélanges d'arrangements des couples de tétraèdres appartenant aux deux systèmes.

Les corps *isomères* sont des couples de tétraèdres produits de la séparation de l'un des quatre tétraèdres pour que les trois qui restent soient réduits à occuper la moitié v de volume $\mathbf{v}$ qu'occupaient les tétraèdres ensemble.

Rapports entre les densités des métaux. Après avoir exposé : 1° le mode de la formation des métaux par la silice, et 2° le mode de la formation des corps d'équivalents triples, on est conduit aux résultats suivants :

1° La silice est dimorphe ; dans un état sa densité est 2,2 et dans l'autre 2,6 ; la moyenne est 2,4. En partant de cette densité du corps primitif son triple $3 \times 2,4 = 7,2$ est la densité de l'acier après sa fusion.

2° Le triple de cette densité $3 \times 7,2 = 21,6$ est celle du platine.

3° La moitié de celle-ci $\frac{1}{2} \times 21,6 = 10,8$ est la densité de l'argent.

La densité de la vapeur de soufre à 1000° est 2,211 et celle à 500° est triple $3 \times 2,211 = 6,633$.

La *cyanogénine* est obtenue du cyanure de mercure avec le *paracyanogène*. Ces corps isomères ont pour équivalent C^4Az^2 et $C^{12}Az^6$ dont l'un est triple de l'autre; l'un est liquide, incolore, d'une odeur pénétrante, de densité 0,9; l'autre est pulvérulent, noir, insipide, inodore, insoluble dans l'eau. Ces grands changements de propriétés dans les deux corps proviennent des tétraèdres formant des cristaux à 4 équivalents qui changent leur arrangement pour former, dans le même espace divisé en deux, des cristaux composés : 1° les uns des couples de tétraèdres indiqués par le facteur C^4Az^2 et 2° les autres des couples triples de tétraèdres indiqués par $C^{12}Az^6$. Ces résultats dérivent du changement d'une pyramide à base carrée et à faces des triangles isopleures en deux tétraèdres égaux.

Soit **p** une telle pyramide, a longueur d'une arête, sa hauteur est $h = \frac{1}{2}\, a\, \sqrt{2}$, et son volume $\mathbf{v} = \frac{1}{3} ha^2 = \frac{1}{6} a^3 \sqrt{2}$.

Soit une autre pyramide p composée des 4 triangles égaux de côté a; la surface d'un triangle est $s = \frac{1}{4} a^2 \sqrt{3}$, sa hauteur $h' = a \sqrt{\frac{2}{3}}$ et son volume $v = \frac{1}{3} h's = \frac{a^2}{12} \sqrt{3} \times a \sqrt{\frac{2}{3}} = \frac{1}{12} a^3 \sqrt{2}$.

Ainsi on a

$$\mathbf{p} : p = \mathbf{v} : v = \frac{1}{6} a^3 \sqrt{2} : \frac{1}{12} a^3 \sqrt{2} = 2 : 1.$$

Il est connu que dans le volume **v** de cyanure de mercure sont contenus le cyanogène C^4Az^2 et le paracyanogène $C^{12}Az^6$; ces deux corps séparés occupent un égal volume v, dans lequel l'un $C^{12}Az^6$ entre avec une densité triple; ce corps présente en même temps un état stable provenant d'un manque de poussées répulsives entre les faces **ff'** des couples de tétraèdres, tandis qu'il est instable dans l'état des poussées entre les faces des couples des tétraèdres du cyanogène C^4Az^2.

II. TREMPE OU ECCHALYBOSE (ἐκχαλύβωσις) DE L'ACIER (χάλυψ).

§ 226. Dans le principe, on admettait que la présence de quelques millièmes de carbone change le fer en acier; plus tard, les observations différentes, dont j'expose deux séries, ont fait connaître qu'il faut encore, avec du carbone, de l'azote; le désaccord se limite dans l'oxyde de carbone.

Changement du fer en acier; ecchalybose du fer. Un nombre égal d'équivalents d'azote et de carbone, introduits dans le fer $Fe^3 = C^4H^6O^3 = C^2H^3,SO^3$ le transforment en un autre sulfate.

L'oxyde de carbone est $C^2O^2 = O^4,4H = Az^2$.

De même donc que l'azote seul, sans carbone, n'ecchalybose pas le fer, de même seul l'oxyde de carbone ne le fait pas; c'est ainsi que disparait le désaccord par rapport à la présence de l'oxyde de carbone.

Expériences de Sanderson.

1° Le fer chauffé avec du charbon ne s'ecchalybose pas.

2° Il s'ecchalybose à l'accès de l'air.

3° L'oxyde de carbone est sans action.

4° De même que l'ammoniaque et l'azotate d'ammoniaque.

5° Il en est de même des hydrogènes carbonés.

6° Il y a ecchalybose du fer par l'ammoniaque et le gaz oléfiant.

7° Le fer carboné s'ecchalybose par l'ammoniaque ou par le sel d'ammoniaque.

8° Le cyanure de fer et de potassium ecchalybose le fer.

9° Le cyanure de potassium et le cyanoférure ecchalybosent le fer. L'auteur conclut que l'ecchalybose est produite par le concours simultané du carbone et de l'azote.

Expériences de Binks.

1° $Fe + C$ donne du fer.

2° $Fe + C$ + air — de l'acier.

3° $Fe + Az$ }
4° $Fe + CO$ } donne du fer.
5° $Fe + C^4H^4$ }

6° $Fe + C^4H^4 + AzH^3$ }
7° $Fe + C^2Az$ }
8° $Fe + K^2, FeCy^3$ } donne de l'acier
9° $FeCy$ }

10° $Fe + KO$ }
11° $Fe + K$ }
12° $Fe + AzH^3$ } donne du fer.
13° $Fe + AzH^4Cl$ }

14° $Fe + C + AzH^3$ }
15° $Fe + C + AzH^4Cl$ } donne de l'acier

Les aciers obtenus par **Faraday** et **Sotart** du fer fondu avec quelques centièmes d'iridium et d'osmium, loin de servir à faire une objection, comme Chevreul le croit, ne font que prouver la présence du carbone et de l'azote dans ces deux corps. En même temps il devient connu que le carbone et l'azote entrent en petit rapport dans le fer. Si l'azote et le carbone entrent dans le rapport de $\frac{5}{108}$ dans le fer, on aura :

$$(1) \qquad Fe^{32} + Az^2C^2 = C^{46}H^{96}Az^2O^{48} = C^{24}H^{16},S^{44}O^{44}Az^2S^4.$$

(1) Pour faire disparaître l'hydrogène de l'acier il faut un nombre double d'équivalents d'azote et de carbone Az^4C^4 pour les 32 équivalents de fer; ainsi on a :

$$Fe^{32} + Az^4C^4 = C^{20}S^{16}O^{48},Az^4S^8$$

En ce cas il faudrait pour 108 parties de fer 3 parties de carbone et 7 parties d'azote. Cette orientation servira à faire parvenir à une ecchalybose parfaite du fer.

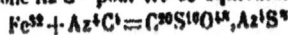

L'acier de forme cristalline présente une cassure des fibres, des lames, des fascettes; après la trempe, elle est grenue fine. La trempe fait que les facettes deviennent des globules, dont chaque hémisphère soutient des électrosyzygues hétéronymes. Ainsi l'éloignement et l'expansion prompte de la chaleur, exercent une poussée suffisante pour *déchirer les facettes; en même temps il vient solliciter l'affluence* des pycnosyzygues, de sorte que les hémisphères des globules soutiennent les électrosyzygues ÉÉ plus denses que les facettes.

Cet accroissement des électrosyzygues fait : 1° augmenter la chaleur spécifique qui est 0,11379 avant la trempe et devient 0,11848 après ; 2° augmenter l'intensité des expansions qui amènent un écartement des globules et une diminution de la densité.

Propriétés de l'acier trempé. Toutes les propriétés produites à l'acier par la trempe servent, à titre d'exemples, à rendre évidentes les séries de faits provenant : 1° de l'expansion des électrosyzygues, et 2° du manque de résistance entre les syzygues hétéronymes. Ces faits électriques sont communs à tous les corps; il n'y a que le degré qui excède dans l'acier trempé. En exposant le mode de production des propriétés de l'acier, je profite de l'occasion pour indiquer une production semblable dans d'autres métaux, mais différente dans leur alliage.

1° *Sonorité.* Une barre d'acier frappée ou courbée et puis abandonnée, donne un des sept sons de la gamme en octaves qui sont en rapport inverse des longueurs des barres. On dit que *l'acier contient la matière des diapasons*, expression qui indique le fait produit et non la cause.

2° *Elasticité.* Une barre d'acier trempée, fixée horizontalement dans un étau, est chargée au milieu de poids pour obtenir une déviation d'une amplitude a; après l'éloignement du poids, la barre revient à sa position précédente.

3° *Fusibilité.* Le fer, de chaleur spécifique 0,11379, fond à 2100°; l'acier trempé, de chaleur spécifique 0,11848, fond de 1730° à 1850°.

4° *Dureté.* L'acier trempé est, après le diamant, le corps le plus dur.

5° *Tenacité.* Une barre d'acier, ou de fer non trempé, qui porte 73 kilogrammes, en porte 102 après la trempe.

6° *Malléabilité et ductilité.* La trempe de l'acier ou du fer fait diminuer ces propriétés.

7° *Densité.* Le fer et l'acier, par la trempe, deviennent moins denses.

La trempe donne au bronze quelques propriétés contraires : il en devient plus mou, plus ductile, moins élastique ; le recuit lui fait obtenir des propriétés opposées à celles-ci. En opérant séparément sur le cuivre et sur l'étain, on en obtient des résultats qui correspondent à ceux produits par la trempe de l'acier. Donc, l'azote et le carbone n'entrent pas dans le fer en espèce d'alliage comme le font le cuivre et l'étain dans le bronze. La cassure du bronze trempé est jaune ; le recuit la rend d'un blanc brillant comme l'est celle de l'étain.

La sonorité croît par la trempe dans le bronze et dans le verre en même temps que le volume. Les faces planes des prismes en verre deviennent convexes, parce que la longueur des arêtes reste invariable.

A. MODE DE LA PRODUCTION DES SONS DE L'OCTAVE PAR L'ACIER.

§ 227. Les décharges électriques sont accompagnées de lumière, de chaleur et de bruit ; elles sont précédées de charges d'électricité. Ces charges manquent dans le vide ; il y a pour cette raison manque de décharge électrique et de production de bruit. Au lieu d'attribuer le manque de bruit dans le vide au manque de décharges électriques, les physiciens l'ont attribué au manque d'air. Cette hypothèse devint la base d'une série d'autres : 1° On a admis dans l'espace un fluide équilibré correspondant à l'air ; 2° on y a admis une production de vibrations par les corps lumineux correspondant aux vibrations des corps sonores qui se communiquent à l'air ambiant : cette erreur en a amené d'autres.

Tant qu'on ignorait la nature des fluides impondérables, on était forcé de soutenir la liaison des idées par des hypothèses pareilles, qui ne s'appliquent à l'explication de chaque fait que par d'autres hypothèses. Par exemple, pendant les orages, il y a dans l'atmosphère rapprochement des masses d'air froid des couches supérieures et des masses d'air chaud d'un courant ascendant. Ces masses anisothermes d'air, chargées d'électricité hétéronyme, occasionnent des décharges : la lumière apparaît comme éclair, la chaleur reste imperceptible, le bruit est entendu quelques secondes plus tard d'après la distance.

La thermo-électricité n'est que les deux électricités unies pour être chaleur $q\dot{E}\bar{E}^2$, et séparées pour être $q\dot{E}$ *électricité positive* et $q\bar{E}^2$

électricité négative. L'excès qE d'électricité négative contient les sept espaces de segments indiquées par les signes $\alpha, \beta, \gamma, \delta, \epsilon, \xi, \eta$. L'expansion de chacun de ces segments produit des ondes de surfaces sphériques séparées par des intervalles de sept espaces de longueur correspondant aux sept espaces d'intervalle qui séparent les surfaces sphériques produites par l'expansion de sept espaces de lumière colorée.

La chaleur de la combustion de l'hydrogène 9,35 se décompose, et le bord du tube autour de la flamme se charge d'électricité dont les décharges donnent des sons harmoniques sans qu'on y fasse intervenir aucun frottement. Encore moins en intervient-il un dans la production du tonnerre sur les nuages.

Le cuivre est peu sonore, l'étain l'est moins encore. Leur alliage dans un certain rapport donne des sons de grande durée et de grande intensité; ils proviennent des décharges électriques des faces ff' des couples des tétraèdres $\Delta\Delta'$ du cuivre sur les faces $f''f'''$ des couples des tétraèdres $\Delta''\Delta'''$ de l'étain. La trempe fait perdre au bronze une partie de sa sonorité et de sa dureté; elle rend l'acier sonore et dur.

Dans le vide, les chocs de l'acier ne produisent ni des charges électriques, ni des décharges, ni des sons. Dans l'air, les mêmes chocs produisent des charges, des décharges et des sons. Ces charges et décharges se répètent d'une courbe de tétraèdres à l'autre, de même qu'elles se répètent d'une couche d'air à l'autre.

L'acier surpasse en élasticité tous les corps; il les surpasse aussi en sonorité. Il n'y a aucun autre métal dont la barre chargée ou poussée puisse atteindre l'amplitude **a** de la barre d'acier. Les amplitudes *aa* des excursions des deux barres correspondent aux inéquilibres électriques *e* **e** entre l'électricité **e** dense de la surface *s* concave et l'électricité raréfiée de la surface **s** convexe. C'est la poussée *p* qui produit et qui soutient les électricités de l'acier en inéquilibre par rapport à celle de l'air en contact des deux surfaces *s* **s** de la barre. Au moment de l'éloignement de la poussée *p*, il y a une expansion double dans les deux surfaces de la barre : 1° De la surface *s* concave il y a des décharges vers l'électricité moins dense de l'air; 2° vers la surface **s** convexe il y a des décharges de la part de l'électricité de l'air; ces décharges sont accompagnées de bruits composés de sons homonymes, d'abord d'une octave supérieure, ensuite d'une octave inférieure.

La barre arrivée à l'extrémité opposée de l'amplitude se trouve en égal inéquilibre électrique comme elle l'était dans l'autre excursion.

Les sentiments acoustiques ne changent pas tant que la longueur de la barre ou de sa moitié reste la même.

Pour obtenir les sept sons de l'octave, il faut que les longueurs soient dans les rapports $\frac{9}{8}, \frac{5}{4}, \frac{4}{3}, \frac{3}{2}, \frac{5}{3}, \frac{15}{8}, \frac{2}{1}$. On ne doit pas prendre les longueurs dans l'axe des barres, comme le fit Pythagore et tous les savants après lui; mais ces longueurs doivent être prises dans la diagonale de la barre.

Les barres de fer ou autres métaux de texture cristalline donnent toujours des sons, mais ils ne sont pas isolés et purs comme ceux de l'acier, dans lequel la texture cristalline a été convertie par le trempe en texture globulaire.

Ce changement de texture produit dans le bronze une désharmonie, à cause de deux espèces de couples de tétraèdres.

La trempe rend le verre plus sonore, car ses couples de tétraèdres sont d'une seule espèce.

B. Élasticité.

§ 228. L'électricité latente se multiplie dans l'acier par la trempe; la preuve en est dans la diminution de la densité et l'accroissement de la chaleur spécifique avec un accroissement des amplitudes des excursions des barres courbes.

L'excès d'électricité par la trempe empêche la séparation des globules disloqués, lesquels reviennent en place lorsque la poussée éloignée permet l'expansion de l'électricité inéquilibrée.

Les ressorts sont des bandes d'acier, on y produit un inéquilibre électrique : 1° en diminuant l'une des surfaces *s* qu'on rend *concave*, et 2° en augmentant l'autre *s*, qu'on rend *convexe*. Si l'on ménage l'établissement subit de l'équilibre par une résistance médiocre on peut augmenter la durée des répétitions de l'inéquilibre. Connaissant cette origine électrique de l'élasticité, on est en état d'y réduire toutes les espèces de faits et de modifications qui sont produits. Par le mot abstrait d'*élasticité* on doit entendre que : 1° l'inéquilibre de l'électricité latente produit par une poussée mécanique qui est la *force;* 2° l'expansion de l'électricité accumulée dans la face concave *s* est l'*action*, et 3° l'établissement d'un équilibre électrique est l'*effet*.

C. Fusibilité.

§ 229. *Les tétraèdres se soutiennent par le manque de répulsion* entre leurs faces *ff'*; électrisées différemment; ils éprouvent la poussée compressive *p* du barogène qui les soutient à l'état solide.

En introduisant les corps solides dans un espace d'une température élevée, l'électricité négative y augmente sur toutes les faces ff' des tétraèdres. Dans les cas où la poussée répulsive *r* entre les faces f' négativement électrisées augmente pour vaincre la poussée *p* compressive du barogène, le corps devient liquide.

Deux barres égales d'acier *B* et de fer *B'* introduites dans un four à 2000° arrivent à la même température. La poussée *p* compressive du barogène est égale, mais à cause de sa chaleur spécifique, l'acier trempé reçoit du four la quantité $\Theta + \theta$, tandis que le fer n'en reçoit que la quantité Θ.

La poussée répulsive, donc, devient **r** dans l'acier et *r* dans le fer. La poussée *p* compressive est inférieure à la répulsion **r** et elle est supérieure à celle *r*. L'acier trempé devient liquide, tandis que le non trempé conserve son état solide; car c'est à 2100° que la poussée répulsive augmente jusqu'à devenir égale à la poussée *p*. On voit que les chaleurs spécifiques sont presque en raison inverse des températures de fusion.

La fusibilité des corps est un effet des deux facteurs antagonistes *p* et *r* dont *p* la poussée compressive est constante, tandis que *r* la poussée répulsive varie avec la température; celle-ci, par son élévation, ne fait que multiplier l'électricité négative : 1° dans le carbone et les métaux infusibles l'électricité négative reste à l'état latent sans éprouver aucune multiplication par celle Ē de la chaleur ĖĒ². Dans l'alcool, l'éther et les espèces de liquides permanents, l'électricité négative reste de même à l'état latent, sans éprouver aucune diminution par une expansion vers l'espace froid ambiant.

D. Dureté.

§ 230. La trempe fait augmenter la chaleur spécifique de l'acier, qui prouve une multiplication de son électricité latente; en même temps elle change la texture. La dureté des métaux et du fer augmente par la présence d'une petite quantité de combustibles qui soutiennent un excès d'électricité négative : tels sont l'*arsenic*, le *phosphore*, surtout le *carbone*. Ces corps, mêlés avec du fer, font augmenter sa dureté comme le fait la trempe, sans en même temps détruire la texture. Le fer mou non carbonisé ne devient pas par la trempe si dur que le fer carbonisé non trempé, et c'est pour cela qu'il est appelé *acier*. Le fer trop carbonisé perd de sa dureté, car la quantité d'électricité négative, en surpassant celle de la positive, l'excès se trouvant en expansion, fait diminuer la dureté : ainsi le carbone produit sa dureté jusqu'au degré de rendre l'électricité négative égale à la positive ; un excès de charbon étant un excès d'électricité négative, la dureté alors diminue.

Le charbon est moins dur que le diamant, à cause d'un excès d'électricité négative ; c'est cet excès qui fait que la chaleur spécifique est 0,24111 dans le carbone, et 0,14687 dans le diamant; et que le poids de 1 gramme de diamant brûlé donne 7770 calories, et que 1 gramme de carbone en donne davantage, 8080.

Le mercure $Hg^2 = Az^2S^6, Az^2O^6$ est le métal de minimum de dureté et de petite chaleur spécifique 0,03332. Son état liquide est un effet de la poussée répulsive **r** entre les couples des tétraèdres $\Delta\Delta'$ composés des substances indiquées par les facteurs Az^2S^6, Az^2O^6 peu hétéroélectrique. Cet état électrique change : 1° par la présence de l'oxygène $Hg^2O^2 = Az^2S^6, Az^2O^8$; ou 2° par celle du soufre $Hg^2S^2 = Az^2S^8, Az^2O^6$, en même temps la répulsion **r** s'affaiblit, elle devient *r* inférieure à la poussée *p* compressive et l'état du composé est un corps solide Hg^2S^2 le *cinabre* de densité 8,008 peu supérieure à la moyenne de $\frac{13,596 + 2,87}{2} = 7,842$ de celle 13,596 du mercure et de 2,087 de soufre.

Le cinabre naturel cristallise en prismes hexaèdres du 3ᵉ système qui est à un axe optique et à trois diagonales égales. Les cristaux sont composés de tétraèdres en parédriases de soufre non de densité 2,087 comme celle du soufre jaune de 4ᵉ système, mais de densité 1,9 du soufre rouge de 5ᵉ système.

E. Ténacité de l'acier.

§ 231. Une barre d'acier qui porte 73 kilogrammes après la trempe porte 102 kilogrammes ; ce changement résulte de la quantité supérieure d'électricité latente amenée dans la barre. La charge de poids π fait augmenter la poussée répulsive **r**; il produit cela en faisant diminuer la poussée p compressive. Dans le cas où ce poids π en croissant fait que la poussée r surpasse la poussée compressive, les électricités latentes pénètrent l'une dans l'autre, il en est produit une élévation de température précisément au point de l'allongement. Cette liaison entre l'allongement et la chaleur produits par le poids π se présente ici spontanément comme une série de causes et effets liés par la loi physique. La quantité θ de chaleur de l'allongement est en chaque métal proportionnelle à la quantité $g\grave{E}\grave{E}$ de ses électricités latentes.

En partant de 0° la ténacité du fer diminue jusqu'à 100°, ensuite elle croît, et à 200° elle est supérieure à celle du fer à 0°. Ces changements correspondent : 1° l'un à la poussée r répulsive de l'électricité négative en expansion, laquelle croît avec la température jusqu'à 100°; 2° l'autre l'accroissement de la ténacité entre 100° et 200° résulte du soufre contenu dans le fer, lequel fond à 110° est très-liquide à 200° et devient visqueux à 290°.

Dans aucun autre métal ce cas ne se présente ; le fer n'en diffère que par un excès de soufre dans ses éléments, $4Fe^2 = C^{14}H^{14}O^{11} = C^4S^2,4SO^2$. Ainsi la ténacité comme la viscosité sont produites par un mélange de deux arrangements des couples de tétraèdres correspondant à deux systèmes. En ce cas, les faces hétéroélectriques ff' des deux systèmes arrivent a se trouver vis-à-vis.

II. MAGNÉTISME DU FER ET DE L'ACIER.

§ 232. La pierre naturelle d'aimant $4Fe^3O^4$ constitue des dépôts dans les terrains anciens ; elle manque dans les terrains de sendement : ses cristaux sont du premier système. La limaille de fer s'attache à l'aimant parce qu'elle en éprouve une poussée répulsive plus faible que de tout autre corps. Tout ce mode d'accolement du fer au magnète ou du magnète au fer était inconnu. D'abord les anciens, et puis les modernes en les imitant, croyaient qu'il y a une attraction, ἕλξις; souvent on a essayé d'exposer cet attachement au moyen de la poussée, ὤθησις; cependant on n'a pas réussi, parce qu'on n'a pu reconnaître 1° l'origine et la nature du barogène, et 2° la diminution de la résistance entre les faces ff' des tétraèdres différemment électrisées. Ici sont utilisées les nombreuses propriétés de l'aimant pour rendre évidents 1° l'existence des courants thermoélectriques terrestres, et 2° l'arrangement des faces ff' des tétraèdres des cristaux de fer pour en exercer le minimum de résistance. Les faits ici exposés sont :

1° Origine du fer magnétique naturel et ses propriétés;

2° Aimantation du fer par la Terre;

3° Direction méridionale et direction hélicoïdale des courants terrestres;

4° Modification des *directions méridionales depuis* les siècles derniers.

Cet objet est traité dans tous ses détails dans la *Physique*, tome I. Il en a été fait mention au commencement de cet ouvrage (page 44). J'en parle ici pour rendre évident l'arrangement des couples ΔΔ'ΔΔ' des tétraèdres du fer, car leurs faces ff' se disposent de manière à exercer le minimum de résistance aux courants terrestres, tandis que les courants terrestres ne peuvent produire un tel effet aux autres métaux, et cela à cause des faces ff' différemment électrisées qui sont dans le fer à l'état instable, et il suffit de l'expansion électrique terrestre pour leur faire obtenir un arrangement propre à exercer le minimum de résistance. Cet état instable de faces ff' existe en degré inférieur dans le bismuth et dans d'autres métaux.

A. AIMANTATION DU FER PAR LA TERRE.

§ 233. Gilbert, en 1500, en frappant par le bout une barre de fer placée sur le méridien magnétique la vit devenir un aimant. Les barres de fer deux BB restant suspendues dans le méridien magnétique pendant quelques semaines deviennent deux aimants, car déplacées de leur position elles y retournent 1° si l'on les place en une ligne, et 2° si l'on attache aux pôles hétéronymes une aiguille d'acier, elle devient un aimant.

On obtient également un aimant lorsqu'on place la barre d'acier dans une hélice de métal dirigée dans le méridien, et qu'on y fait passer un courant électrique; l'hélice, même équilibrée, se place dans cette direction pendant qu'elle est parcourue par le courant; elle s'y soutient avec une force correspondant à l'intensité électrique du courant qui la traverse.

Tant *qu'on ignorait que les corps sont composés de globules* arrangés en tétraèdres, dont les faces *ff'* vis-à-vis soutiennent à l'état latent les deux électricités, il était impossible de se rendre compte 1° du mode d'aimantation du fer par la Terre, et 2° du mode d'aimantation de l'acier par la touche d'un aimant. On utilisa cette identité d'effets pour considérer la Terre comme un magnète, sans aller plus loin pour y reconnaître l'existence de deux courants thermo-électriques, l'un méridional rectiligne et l'autre hélicoïdal équatorial.

1° Les courants rectilignes vont des régions froides de chaque hémisphère vers les *régions chaudes du globe. Les points neutres* indiquant les rencontres de ces courants sont unis par l'*équateur magnétique*. Cette limite n'est que dans l'Amérique du Sud, au sud de l'équateur terrestre, toute son autre étendue est dans le nord. La cause est qu'en Amérique c'est l'eau froide de l'archipel Galapagos qui produit cette déviation. Dans le reste du globe, l'hémisphère sud est plus froid que l'hémisphère nord, et ses courants ne deviennent isodynames qu'au nord de l'équateur terrestre (*fig.* 5, p. 104).

2° Les directions des courants hélicoïdaux ont pour cause les hélices A (*fig.* 5, p. 104), dont l'une *a* indique la marche du Soleil de l'équateur *m* vers l'hémisphère nord, l'autre *b* indique sa marche vers l'hémisphère sud. Chacune de ces deux hélices inverses est *froide par rapport aux hélices chaudes de la marche du Soleil* du tropique des deux hémisphères vers l'équateur. Il y a donc dans chaque hémisphère des courants qui vont des deux hélices froides vers les deux hélices chaudes.

B. Correspondance entre l'aimantation du fer et les deux courants terrestres.

§ 234. Le fer, comme les autres métaux, est composé de tétraèdres correspondant à ses équivalents $4Fe^2 = 4C^2H^2SO^2 = C^4S^2,4SO^2$. La différence du fer aux autres métaux consiste non en espèces d'éléments, qui sont les mêmes que celles des éléments de la silice, mais en quantités de chaque espèce. Il y a donc un arrangement cristallin plus instable qu'aux autres cristaux, et cet arrangement est soutenu par la poussée *p* compressive exercée par le barogène contre les tétraèdres AA' dont les faces ff' soutenant les deux électricités n'exercent pas de répulsion entre elles. La grande ténacité du fer, qui est un état visqueux, résulte des inclinaisons des faces ff' pour se trouver en état instable propre à faire s'arranger les tétraèdres pour passer dans un autre système.

Donc la ténacité du fer et son aimantation par les courants terrestres ont pour cause commune le mode d'arrangement de ses tétraèdres et de leurs faces électrisées. Celles-ci étant soumises pendant un espace de temps aux deux courants terrestres, se déplacent et s'arrangent d'une manière propre à exercer le minimum de résistance. Une hélice B (*fig.* 5) équilibrée et parcourue par un courant, prend une position pour se trouver 1° son axe dans la direction du courant méridional, et 2° ses tours dans la direction de la marche du Soleil vers l'équateur.

Cet exemple sert à prouver quel est le courant qui détermine l'hélice équilibrée à prendre une position pour exercer le minimum de résistance aux deux courants terrestres. Cette hélice, remplacée par un tube également équilibré et parcouru par un courant, conserve sa position méridionale, mais ses deux extrémités *n's'* se placent indifféremment vers nord et vers sud, sans rester l'une *n* vers nord et l'autre *s* vers sud (*fig.* 5), comme le fait le magnète.

Différence entre le magnète et l'hélice. La position polaire des deux extrémités et la direction méridionale de l'axe de l'hélice et du magnète sont les mêmes si l'hélice est parcourue d'un courant. Ce même effet est obtenu par le magnète au moyen de l'arrangement hélicoïdal des faces *f'* pour exercer le minimum de résistance à l'ensemble des courants hélicoïdaux venant, dans l'hémisphère nord, du nord-est pour monter vers le méridien et descendre vers le sud-ouest comme le fait le Soleil les jours d'été; cette marche des hélices est nommée *dexiostrophe*. Dans l'hémisphère sud, les faces *f'* exercent le minimum de résistance étant en face des courants venant du sud-est, montant vers le méridien et descendant au nord-ouest.

Cet arrangement des faces *f'* des tétraèdres diffère de celui des faces *f'''* dirigées vers le nord contre le courant méridional. Les faces *ff'''* chargées d'électricité positive sont en directions opposées aux courants d'électricité négative.

Un magnète suspendu par son centre de gravité, est équilibré par rapport à la poussée p, centripète de la pesanteur, et il est en inéquilibre également : 1° par rapport au courant méridional allant de l'horizon vers le sud-zénith, et 2° par rapport au courant hélicoïdal. Pour exercer le minimum de résistance, 1° l'extrémité *n* (*fig.* 5, p. 404) doit être inclinée sur l'horizon, et 2° son axe doit former un angle γ avec l'horizon.

Dans l'hémisphère sud, les faces *f'* du magnète regardent comme dans l'hémisphère nord contre la marche que le Soleil y suit l'été. C'est cet arrangement des faces *f'* conservé dans les magnètes qui ne permet pas à leurs extrémités *ns* de se renverser comme cela s'opère dans l'hélice.

Aimantation de l'acier par le fer. L'acier ne diffère du fer que 1° par des modifications provenant d'une quantité de carbone, et 2° par celles de la trempe, lesquelles ne permettent pas aux faces *ff* de s'arranger de manière à obéir à la poussée *p* des courants terrestres. On y parvient au moyen de la multiplication de cette poussée par les barres BB' magnétisées, lesquelles placées dans le méridien, ont entre leurs extrémités *n's* hétéronymes l'acier trempé. Une courte durée de ce contact a pour résultat la propagation de l'arrangement des *ff'* des tétraèdres du fer dans ceux de l'acier. Cet arrangement y reste conservé, tandis que celui des barres BB' jetées à côté se détruit.

Ce mode de communication de la structure du fer aimanté à l'acier s'opère par l'expansion des électrosyzygues du fer vers l'acier; après l'éloignement du fer, la structure ne retourne plus. Si l'acier est un *sirop* et *le fer une levure*, l'*expansion des électrosyzygues* de celui-ci se propage aux tétraèdres du sirop; elle en fait changer l'arrangement, qui se propage même après l'éloignement de la levure.

Aimantation des cristaux. Le bismuth se présente souvent en cristaux assez grands : on en obtient des lames dont l'une des faces se porte verticalement à l'axe de l'hélice parcourue par un courant. Faraday a observé un cristal de bismuth se dirigeant comme le fer sous l'influence de la Terre, mais très-faiblement. Plucker l'observa dans un cyanite, dans les cristaux de l'oxyde d'étain, qui peuvent *même devenir* des petits *magnètes*. En résistant à la structure des lames cristallines par des feuilles de papier contenant des particules de fer, on en a construit des prismes : 1° dans les uns **p**, les feuilles ont la longueur et la largeur; 2° dans les autres **p'**, elles ont l'étendue des bases. Les prismes **p** suspendus se dirigent dans le méridien magnétique, tandis que les prismes **p'** se dirigent de l'est à l'ouest. Dans les deux cas, les lames et les clivages se maintiennent toujours dans le plan magnétique.

Dans la construction des pyramides *pp'* pareilles, si la poudre de fer est remplacée par celle de bismuth, en les suspendant, on voit des positions inverses : l'axe des prismes *p'* est vertical sur le plan magnétique, tandis que ses bases sont dans ce plan.

Ces détails rendent évidente la liaison entre les faces **ff'** des tétraèdres différemment électrisés et leur arrangement pour exercer le minimum de résistance aux courants terrestres.

C. Fer magnétique naturel.

§235. Le fer magnétique Fe^3O^4 naturel se trouve en masses de montagnes dans des terrains qui ne sont pas composés de couches de débris amenés dans les bassins par les eaux. Les parois de ces bassins convergent vers le fond où elles se rencontrent pour former un vaste récipient de la forme d'un navire. Les parois des bassins sont des terrains anciens et le contenu dans les récipients sont des terrains sédimentaires qui y ont été chariés par des torrents, des averses copieuses.

Dans les terrains anciens est contenu le fer magnétique Fe^3O^4, dans les terrains sédimentaires sont contenus le peroxyde de fer Fe^2O^3 et surtout son hydrate. Le manque de sédiments dans l'intérieur des terrains anciens est la preuve directe qu'à l'époque de leur formation et à l'époque de la production du fer magnétique les pluies manquaient. Celles-ci ont commencé à une époque dans laquelle le fer magnétique devient peroxyde hydraté ou non hydraté. Cet ordre chronologique, par rapport aux oxydations du fer, l'est aussi par rapport aux terrains anciens relativement aux terrains sédimentaires.

Cette différence chronologique de l'époque de la production des deux espèces d'oxydes, unie avec le changement de l'état atmosphérique, fait connaître qu'avant les pluies, les courants thermoélectriques terrestres faisaient arranger les tétraèdres de fer de manière à exercer le minimum de résistance. C'est donc l'arrangement qui reste conservé pendant l'époque postérieure, lorsque les pluies faisaient se former le peroxyde de fer et l'hydrate de fer magnétique existant, car il ne s'est pas formé d'autre fer depuis l'apparition des pluies.

Il n'est pas difficile de découvrir la propriété du magnète sur le fer ; elle a été connue avant le déluge, car le nom magn-ète renversé *n' gam* signifie en langue thrace *en forme d'un gamma* Γ ; en effet le morceau de fer s'accroche par l'une de ses extrémités à l'extrémité du magnète pour produire la forme de la lettre gamma Γ. Cet accrochement n'est pas l'effet d'une *attraction*, mot qui n'indique rien de réel, mais cet effet correspond aux faces *f f'* différemment électrisées qui exercent entre elles le minimum de résistance.

D. CORRESPONDANCE ENTRE LES VARIATIONS DE TEMPÉRATURE DU SOL ET DES ÉLÉMENTS MAGNÉTIQUES.

§ 236. **Variations diurnes et annuelles.** I. Pour un observateur à Paris : 1° le matin le soleil est à l'est, il chauffe l'Asie et l'Europe; l'Amérique n'est pas chauffée. Les courants thermoélectriques nord-est s'affaiblissent, et ils permettent à l'aiguille de dévier pour s'approcher de la direction des courants nord-ouest; 2° le soir le soleil est à l'ouest, il chauffe l'Amérique, lorsque l'Asie et l'Europe deviennent moins chaudes. Ainsi les courants nord-ouest s'affaiblissent et ceux de nord-est croissent. En même temps l'aiguille recule pour obtenir la position qu'elle avait douze heures avant.

En été, l'hémisphère nord devient chaud, la zone tempérée, tandis que la zone glaciale reste froide; il y a donc un accroissement de l'intensité des courants méridionaux, qui font baisser l'extrémité nord de l'aiguille vers l'horizon et augmenter son inclinaison qui est l'angle Γ formé par son extrémité sud et l'horizon. En hiver la zone tempérée de l'hémisphère nord devient froide, l'intensité des courants s'affaiblit, l'extrémité nord du magnète s'éloigne de l'horizon, et elle fait diminuer l'angle Γ de l'inclinaison.

Variations séculaires. II. Après avoir établi la liaison entre les périodicités thermométriques des hémisphères du globe et des éléments magnétiques, il devient évident que depuis les deux derniers siècles le sol du milieu de l'Europe (Allemagne et Autriche), précédemment ombragé, était froid; puis, par la disparition des forêts, il devint chaud. Cette élévation de température, comparable à celle du matin, fit affaiblir les courants nord-est; l'aiguille, en Europe occidentale, se tint vers l'ouest jusqu'en 1814. Depuis cette époque, la multiplication des colons en Amérique fit disparaître une grande étendue de forêts; le sol ainsi chauffé produisit un affaiblissement des courants nord-ouest, comme cela arrive le soir; l'aiguille, depuis 1814, a dévié de 2° en reculant vers l'est.

III. Le sol de la zone tempérée de l'hémisphère nord, par la disparition des forêts, devint moins froid, comme il le devient l'été, tandis que le sol de la zone glaciale n'éprouve aucun changement. Ce rapprochement des régions anisothermes des deux zones fit augmenter l'intensité des courants thermoélectriques, lesquels produisirent un rapprochement de l'extrémité nord de l'aiguille vers l'horizon; ils ont ainsi fait augmenter l'inclinaison Γ; elle continue de croître, car elle correspond à la disparition des forêts de la zone tempérée.

IV. Les éruptions volcaniques élèvent pour quelques mois la température du sol ambiant ; une semblable élévation locale de température est produite aussi pendant l'apparition des aurores boréales. Dans ces deux cas, il y a des perturbations magnétiques ; elles apparaissent anomales lorsqu'on les compare à celles produites par les courants provenant des anisothermies de la marche solaire.

Ici ces anomalies sont précisément utilisées pour démontrer que, pour les observations au sud d'un volcan, la perturbation est opposée à celle observée au nord du même volcan. Les aurores produisent des perturbations qui ne sont pas opposées, mais très-inégales, comme le sont les variations diurnes.

V. Les amplitudes des variations diurnes diffèrent chaque jour le matin et le soir ; la cause n'en est pas le déplacement diurne du soleil, mais bien l'état atmosphérique qui ne reste jamais le même pendant vingt-quatre heures dans tout l'hémisphère. Il est reconnu que le ciel couvert fait diminuer les amplitudes des variations diurnes. Au contraire, elles croissent les jours sereins, lors surtout que ces jours se soutiennent des semaines et des mois. (Voir *Atlas météorologique*, page 96, *Physique*, tome I.)

RÉSUMÉ SUR LE MODE DE LA PRODUCTION DES PROPRIÉTÉS DES MÉTAUX.

§ 237. Il y a autant d'espèces de fluides qu'il y a d'organes des sens ; il est ainsi prouvé qu'il n'y a pas de *propriétés organoleptiques* différentes de celles qu'éprouve l'observateur. Si un autre ne trouve pas la même propriété, cela provient de ce que l'expansion de l'espèce du fluide n'existe pas. Le *barogène* ne manque dans aucun corps, il produit des faits *mécaniques*. Les expansions des fluides des six autres espèces produisent des faits chimiques. Il y a donc trois ordres de propriétés : 1° *physiologique*, 2° *physique*, et 3° *chimique*.

I. **Propriétés organoleptiques.** Les sept espèces de fluides se divisent en deux classes d'après les sentiments simples ou heptaples qu'ils produisent : 1° la *lumière blanche*, la *chaleur* et le *barogène* produisent des sentiments homoïdes qui ne diffèrent que d'après l'intensité.

2° La *lumière colorée*, les *sons*, les *odeurs*, les *saveurs* sont des fluides dont chacun se décompose en sept espèces, et produisent dans le même organe des sens sept espèces de sentiments de chaque intensité.

II. **Propriétés physico-mécaniques des corps.** Au moyen de leur barogène, les corps font écran les uns aux autres, en empêchant l'avancement d'une égale quantité de barogène.

Les corps étant composés de barogène de zeugmes Ė E' de chaleur, *si l'expansion de leurs syzygues* Ė E' *se trouve en opposition* à l'expansion des syzygues extérieurs plus forts, ceux-ci entraînent ceux des corps avec leur barogène. Il y a dans la production de ces résultats : 1° une action de l'expansion de barogène, et 2° une autre de l'expansion des syzygues électriques Ė E. Les propriétés *densité*, *élasticité*, *fusibilité*, *dureté*, *ténacité*, *malléabilité*, *ductilité* résultent d'une double action.

Propriétés physico-chimiques. En mettant en contact un métal avec tous les autres, il y a production d'inéquilibre et expansion des syzygues de l'un à l'autre qu'on trouve après leur séparation. Si l'on met en contact un troisième corps C' avec les deux précédents, il y aura un inéquilibre d'expansion de syzygues entre les deux corps et le troisième. Après leur séparation, tous les trois corps se trouveront en état électrique différent, état qui n'est pas le même, mais qui varie avec les températures.

Les propriétés physico-chimiques des corps sont indéfinies ; chacun en découvre un nombre proportionnel à celui des expériences qu'il fait. Le nombre des découvertes faites jusqu'à présent n'est qu'une minime partie de celles qui vont être découvertes dans l'avenir par les chimistes qui seront guidés dans leurs expériences : 1° par les éléments des facteurs des équivalents des corps indécomposables, 2° par les couleurs, 3° par les systèmes des cristaux, et 4° par les expansions des syzygues hétéronymes Ė E qui, isolés, se manifestent comme deux électricités, et unis par leur rencontre, forment la chaleur et la lumière, état qui est organoleptique. L'expansion de la chaleur produit des faits physico-mécaniques qui peuvent être multipliés à l'infini, sans pour cela changer le mode de la production des inéquilibres électrostatiques, inéquilibres qui sont l'origine (*force*) de chaque expansion (*action*) ; l'équilibre restitué est l'*effet* qui reste conservé.

Il y a au monde des changements perpétuels progressifs non périodiques, les faits qui ont résulté de l'équilibre d'une expansion sont réduits en inéquilibre par d'autres expansions alimentées constamment par les électrosyzygues 6γ Ė E neutres venant du Soleil qui, arrivés à la Terre, se décomposent pour devenir chaleur et lumière : $6\gamma\,\dot{E}E = \gamma\,\dot{E}E' + \gamma\,\dot{E}'E = \theta + \rho$.

SEPTIÈME SECTION.

ÉLECTROCHIMIE.

---

§ 238. Les chimistes dans leurs expériences commencent toujours par l'établissement d'inéquilibres : 1° thermométrique en changeant la température, ou 2° électrométrique en mettant en contact les corps hétéroélectriques. Ces inéquilibres sont un état instable qui est indiqué par le mot abstrait *force, potentia*, δύναμις.

La *chaleur* inéquilibrée n'a pas besoin d'une poussée centrifuge pour se mettre en expansion : elle le fait spontanément et avec une intensité correspondante au degré de l'inéquilibre thermométrique qui, par rapport à la température ordinaire, peut atteindre les limites de 100° à 2100°.

L'électricité des corps est équilibrée par rapport à la résistance qu'elle éprouve de son homonyme contenue dans l'air. Son expansion s'établit dès que la raréfaction de l'air commence ou dès que deux corps viennent en contact.

Les corps sont produits des deux éléments hydrogène et oxygène, lesquels contiennent de la chaleur ÉÈ² et du barogène; les corps chimiques soutiennent les pycnosyzygues É ou les aréosizygues È en densités différentes. Le contact des corps intercepte la résistance de l'air et rend libre l'expansion des électrosyzygues hétéronymes.

La chaleur inéquilibrée nommée *anisothermie* et indiquée par les signes $\theta - \theta = q$ÈÉ² provoque, par son expansion, l'affluence de la lumière $\varphi = q$É²È et elle devient lumineuse $\theta\varphi$. L'électricité neutre ÈÉ est un facteur commun de la chaleur et de la lumière; ainsi l'expansion centrifuge de la chaleur des corps chauds et l'expansion centripète de la lumière vers ces corps se réduisent en expansions opposées des syzygues hétéronymes ÈÉ des deux électricités. Il n'y a pas de différence entre les courants thermoélectriques et les courants électriques. Ils ne sont que l'expansion des syzygues hétéronymes

EE, et ces expansions sont ce qu'on doit entendre par les mots *action physique*.

D'abord on expérimentait pour découvrir le mode de la production des faits différents : retenir par cœur toutes les séries de la succession des faits, ne diffère en rien du mode de multiplication d'après la table de Pythagore; les chimistes qui ont existé jusqu'ici sont comparables à des mathématiciens pareils.

Dans la section précédente ont été exposés : 1° les éléments des corps indécomposables qu'on admettait simples; 2° le mode de la production des couleurs par les éléments des facteurs des équivalents; 3° les six modes d'arrangement de couples de tétraèdres qui sont les six systèmes de cristaux; et 4° le mode de la production des déviations du magnéto, au moyen des courants électriques d'intensité supérieure à celle des courants terrestres.

Dans cette section j'expose : 1° le mode de l'établissement des inéquilibres des fluides pour en résulter des expansions ou de suppression d'expansions qui font changer l'état du corps; 2° le mode de la séparation ou de l'accolement des tétraèdres qui entrent dans les six systèmes de cristaux; ces deux changements ne s'opèrent que lorsque les corps sont à l'état liquide. Les gaz peuvent aussi se composer ou se décomposer, tandis que les solides qui ne deviennent pas liquides n'éprouvent d'autre changement que celui de leur état thermométrique ou électrométrique.

Changement de l'état des corps. L'état chimique consiste en accolement des deux tétraèdres pour en résulter des couples ΔΔ' qui ne peuvent obtenir que six espèces d'arrangements, lesquels se soutiennent dans chacun des trois états. Tandis que les changements des éléments par des couples ΔΔ' tétraédriques amènent un *changement chimique*.

1° Le mode de suppression de l'expansion d'une quantité *v* de calories pour faire la glace liquide et de densité supérieure, et 2° le mode de changement de la quantité θ de calories en électricités latentes soutenues par les deux éléments des couples tétraédriques ne font qu'exercer deux poussées répulsives *r* r contre les syzygues EE' de la chaleur unie avec le barogène β dans les corps. Ce barogène des corps éprouve du barogène μ" affluant une poussée *p* compressive constante et une poussée répulsive *r* r variable.

Fusion. En partant d'un espace à — 20° jusqu'à zéro la glace se dilate. A zéro l'état change : 1° l'expansion d'une quantité δ de calorie est interceptée; 2° la densité croît. La chaleur δ n'est pas anéantie, ce n'est que son expansion qui rencontre une autre *antagoniste* la compression *p*, laquelle en intercepte une partie égale pour en résulter un équilibre. La glace, en obéissant aux deux poussées antagonistes, devient liquide, d'une densité qui croît à cause de la poussée *p* pour atteindre un maximum à 4°.

Vaporisation. Au delà de 4° la densité de l'eau s'affaiblit jusqu'à 100°, cette température reste constante, car les calories Θ introduites dans l'eau deviennent de l'électricité latente $q\dot{E} + 2q\bar{E}$. Le volume devient 12^3 fois celui de l'eau. La poussée répulsive **r** a pour antagoniste la poussée *p* compressive ; car dans le volume **v** la poussée **r** répulsive est en rapport inverse. Les calories latentes étant 80 dans l'eau elles sont $80 \times 2^3 = 640$ dans sa vapeur.

II. Changement chimique des corps. Les éléments des couples ΔΔ' tétraédriques peuvent être séparés, et les couples d'une espèce deviennent des éléments en se combinant avec des couples d'une autre espèce. Pour séparer les couples ΔΔ de tétraèdres on emploie plusieurs espèces d'appareils dont les effets se réduisent en expansions opposées des deux électricités ; il y a un grand nombre de moyens pour obtenir des expansions pareilles. Il est établi qu'il n'y a d'autre source pour les expansions électriques que les syzygues hétéronymes de la chaleur $\dot{E}\bar{E}^3$.

Passivité des métaux. Dans les contacts des métaux et des acides oxygéniques : 1° il y a expansion de pycnosyzygues $\dot{E}$ de l'acide vers les métaux qui séparent l'hydrogène $\dot{H}$ de l'eau ; 2° il y a expansion d'aréosyzygues $\bar{E}$ du métal qui séparent l'oxygène $\bar{O}$: 1° cet oxygène $\bar{O}$ et l'aréosyzygue $\bar{E}$ d'une part ; 2° le métal $\dot{M}$ et l'acide de l'autre, qui sont deux espèces de tétraèdres, entraînés les uns vers les autres, s'accolent et deviennent des sels.

Dans les cas où les métaux en contact avec les acides ne produisent pas d'expansion propre à former des sels, on a dit que le métal *passe à l'état passif*. Cette série de faits reconnus comme inexplicables, précisément comme telle, est utilisée à rendre évident le mode de la production : 1° des actions chimiques, et 2° des propriétés des métaux.

IV. Expansion des fluides. Les gaz se dilatent indéfiniment, spontanément par une expansion innée, non de leur *barogène*, mais de leur *chaleur latente* Une telle expansion est reconnue dans les rayonnements de la lumière, de la chaleur et des syzygues $\dot{E}\bar{E}$ qui composent séparément les deux électricités, et mêlés séparément ils sont $q\dot{E}^1\bar{E}$ de lumière ou $\dot{E}\bar{E}^3$ de chaleur.

L'expansion des gaz ne se manifeste que lorsqu'elle est interceptée par un obstacle ; de même l'expansion des électricités interceptées dans l'air ne l'est pas dans le vide.

Pour se rendre compte du mode de l'expansion on admet la chaleur et la lumière existant dans les corps lumineux, et au lieu de reconnaître une expansion provenant d'une densité indéfinie et soutenue d'un manque de résistance Newton a commis l'erreur d'attribuer aux corps lumineux une poussée répulsive contre les atomes inertes de la lumière.

Cette hypothèse ne pouvant trouver dans les faits son application a été combattue parce qu'elle ne présente pas les effets d'une expansion. Pour obtenir des faits pareils on conserva l'erreur de Newton sur l'existence d'une poussée centrifuge dans les corps lumineux et on a admis dans l'espace un fluide équilibré, l'*éther* dont les vibrations sont *lumière*, *chaleur*, *électricité positive*, *électricité négative*, même *pesanteur* (barogène).

Les erreurs d'un système soutiennent l'autre, l'ignorance de l'origine du *mouvement* et de la cause de l'*affinité* font se multiplier les recherches et les expériences. Dès qu'on reconnaîtra : 1° l'expansion comme origine du mouvement, et 2° deux densités du même fluide primitif, on trouvera qu'il y a une séparation réelle de fluide des corps lumineux. Les deux densités font ce fluide être :

1° Électricité neutre $q\dot{E}E$, de la masse empyrée ;
2° Chaleur lumineuse séparée de cette masse ;
3° Lumière $q\dot{E}^2E$;
4° Chaleur $q\dot{E}E^2$;
5° Pycnoélectricité $3q\dot{E}$;
6° Aréoélectricité $3qE$.

$$6q\dot{E}E = q\dot{E}^2E + q\dot{E}E^2 = 3q\dot{E} + 3qE.$$

Le fluide primitif n'est plus équilibré dans l'espace, il a été divisé en deux parties inégales comprimées pour occuper deux volumes égaux en y entrant en densité inégale.

Expansion et constance de vitesse. La propagation de la lumière, de l'électricité, des sons et de la chaleur rayonnante, s'opère avec une vitesse constante, qui diffère pour chaque espèce de fluide. Il suffirait de cette invariabilité de vitesse pour rendre évidente l'existence d'une expansion qui est même reconnue dans l'extinction de la lumière dans les interférences. Si l'éther obtenait des poussées des corps lumineux et si l'air éprouvait des poussées de la part des corps sonores, la vitesse de la propagation serait, comme à leur intensité, en raison inverse des carrés des distances. Les vibrations des cordes mettent en unisson l'ébranlement de très-solides édifices des théâtres.

Pesanteur. Les corps sont composés de chaleur $\theta = \dot{E}E^2$ et de barogène β. Les éléments de la chaleur sont en expansion lorsqu'il y a un manque de résistance; tandis qu'une expansion pareille est impossible pour le barogène, à cause de la résistance exercée de la part du barogène μ″ isolé de chaleur et affluant de deux cosmosphères de l'espace céleste pour arriver à l'espace en astre à l'état de densité égale.

Le barogène β des corps éprouve une poussée *p* compressive constante de la part du barogène μ″ affluant; l'état des corps ne change que par les poussées répulsives exercées contre leur chaleur θ mêlée avec leur barogène β. C'est cette chaleur soutenue par le barogène β qui intercepte l'expansion de la chaleur δ ou θ devenue latente dans les liquides et les vapeurs.

Les gaz permanents n'éprouvent pas de poussées répulsives de chaleur de la part de la chaleur $\dot{E}E^2$, mais de la part des syzygues $\dot{E}$ positifs ou des syzygues négatifs E.

Propriétés des corps. Les corps ont un poids et une forme, car chaque corps occupe un espace limité; en divisant cet espace $\mathbf{v} = nv$ par les *n* unités qui indiquent le barogène *n*β, on obtient la portion *v* d'espace contenant une unité β de barogène. C'est par chacun des organes des sens que la communication s'opère avec les corps au moyen d'expansion d'espèces de fluides, dont le poids et l'espace occupé ne manque dans aucun corps. La *sonorité*, qui provient de l'expansion d'un fluide qui n'existe pas, mais doit être produit, se distingue des autres espèces de fluides.

Les expansions des fluides des corps les uns vers les autres produisent des séries de faits qui servent aux chimistes à distinguer les corps. Sous ces deux rapports les corps sont composés de fluides dont l'expansion produit : 1° aux organes des sens des sentiments *physiologiques*, et 2° aux autres corps des faits *physicochimiques*.

Nombre d'espèces des fluides. La correspondance de chaque organe des sens à une espèce de fluide en expansion sert à faire connaître qu'il n'y a pas plus d'espèces de fluides que d'organes des sens.

Il est cependant à distinguer, 1° trois espèces : *lumière incolore, chaleur* et *barogène* qui ne varient qu'en intensité, et 2° quatre autres espèces de fluides dont chacun contient sept espèces : il y a 7 *couleurs du spectre*, 7 *sons de la grmme*, 7 espèces d'*odeurs* et 7 espèces de *saveurs*.

Ainsi il est établi que : 1° l'existence du barogène dans chaque corps est inévitable; 2° les corps non lumineux sont invisibles dans l'obscurité; 3° les corps non brûlants ne produisent pas de sentiments de chaud; 4° les corps non aréoélectriques ne produisent pas d'odeurs, les corps non pycnoélectriques ne produisent pas de saveurs.

Les couples de tétraèdres ΔΔ' représentent les facteurs des équivalents des corps dont les éléments homonymes, en y entrant en un des sept rapports chromatiques, déterminent dans la lumière incidente la suppression de l'expansion de six espèces complémentaires pour n'en rester qu'une seule.

CHAPITRE PREMIER.

MÉCANISMF DES ÉLECTROLYSES.

§ 239. La série de faits observés se résume en un circuit composé d'un électrode communiquant avec les deux extrémités d'une pile. Cet électrode coupé plonge par ses deux nouvelles extrémités dans une solution de sel ou dans l'eau acidulée. Dans l'extrémité *o* d'un électrode est accumulé l'oxygène, et dans celle *h* de l'autre est accumulé l'hydrogène.

Action et inéquilibre des circuits. Le magnète rapproché de l'électrode accuse une expansion qui part d'une extrémité de la pile et avance par l'électrode avec une égale intensité pour aboutir à l'autre. Les éléments des piles produisent par leurs syzygues hétéronymes en expansion un inéquilibre aux syzygues Ė Ē² de la chaleur, lesquels, repoussés en directions divergentes, pénètrent chaque espèce dans une des deux extrémités de l'électrode pour arriver à la pile par son autre extrémité. Ces expansions des syzygues ne s'opèrent pas par une translation locale des syzygues, mais par un inéquilibre qui consiste en une poussée **p** du côté de la pile supérieure à celle *p* du côté de l'électrode.

Dans le circuit fermé, il existe une double expansion opposée des syzygues Ė Ē hétéronymes, l'intensité de l'expansion est égale partout, car elle résulte de la quantité transmise d'une extrémité de la pile à l'autre ; cette quantité *e* d'expansion produit au magnète rapproché une déviation dont le degré est connu.

Correspondance entre les zeugmes de chaleur et d'eau décomposés. Si l'on coupe le circuit pour plonger dans l'eau acidulée ses nouvelles extrémités, l'expansion double venant de la pile se termine au milieu du bain entre les deux pôles.

Chacun de ces pôles exerce un minimum de poussée contre l'expansion des syzygues hétéronymes de la chaleur Ė Ē².

Dans le pôle positif, l'expansion des pycnosyzygues au pôle *n* sollicite une égale expansion des aérosyzygues Ė de la chaleur vers la pile. De même, dans le pôle négatif, les aérosyzygues sollicitent l'expansion des pycnosyzygues de chaleur vers la pile.

Mécanisme de la formation des gaz. I. Dans le pôle + positif, l'expansion des pycnosyzygues E provoque celle des aérosyzygues Ė vers le cuivre de la pile.

II. Dans le pôle — négatif, l'expansion des aérosyzygues E provoque celle des pycnosyzygues Ė de la chaleur vers le zinc de la pile.

III. L'expansion des pycnosyzygues Ė du pôle positif en éloigne l'hydrogène positif Ĥ; l'expansion des aérosyzygues E du pôle négatif en éloigne l'oxygène négatif Ō E avec un aérosyzygue E de chaleur.

IV. Au milieu du bain viennent en rencontre les éléments hétéroélectriques positifs Ĥ Ė et négatifs Ō E^2, qui se combinent, et il y a une fin ou une fermeture des expansions qui ont pour cause l'inéquilibre entre l'eau acidulée et les lames de cuivre et de zinc.

V. Dans cette eau acidulée de la pile, le zinc est le pôle positif, le cuivre est le pôle négatif : 1° L'expansion des pycnosyzygues éloigne du zinc l'hydrogène Ĥ, l'aérosyzygue de la chaleur pénètre dans l'électrode, le couple Ė E d'électricité neutre se mêle avec l'oxygène, qui devient ozoné Ō Ė E; 2° l'expansion des aérosyzygues E, éloigne du cuivre l'oxygène Ō E et un aérosyzygue de la chaleur. Ainsi s'opère, entre les deux lames, la rencontre et la combinaison des éléments hétéroélectriques Ĥ Ė, ŌE^2 et il en résulte une fin des expansions provenant de la part du bain vers la pile.

Produits dans le bain et dans la pile. Si l'électrode est en zinc et en cuivre, l'oxygène ozoné et le zinc produisent de l'oxyde et de la chaleur dans la pile et dans le bain.

$$\bar{O}\dot{E}E + ZnE^2 = Zn\bar{O}E + \dot{E}E^2.$$

Dans le cuivre, l'hydrogène se mêle avec les aérosyzygues en expansion, et devient gaz dans la pile et dans le bain.

Si les deux électrodes sont en platine, il y a les mêmes expansions, mais l'oxygène ozoné Ō E Ė reste accumulé dans le pôle positif du bain, et il n'y a que le zinc de la pile qui se combine avec l'oxygène, et ensuite l'oxyde ZŌĒ se combine avec l'acide étendu $HSO^4\dot{E}^2\bar{E}$ et il s'en forme du sel sulfate de zinc et de la chaleur

$$Zn\bar{O}\bar{E} + HSO^4\dot{E}^2\bar{E} = ZnSO^4 + \dot{E}\bar{E}^2 + \dot{E}\bar{E}.$$

De la chaleur en expansion résulte un nouvel inéquilibre thermostatique dans la pile. Les pycnosyzygues Ė obtiennent une expansion vers le cuivre, et les aérosyzygues vers le zinc, pour être conduits au milieu du bain, où ils se combinent avec les éléments de l'eau, de sorte qu'il n'y a pas de changements de température.

Résumé. Les *courants électriques* ne sont que des expansions des syzygues électriques réduits en inéquilibre : 1° par le contact de deux corps hétéroélectriques, ou 2° par l'inégalité des températures.

D'abord on obtient des expansions au moyen des contacts, ensuite par la production des sels on produit de la chaleur et un inéquilibre thermométrique. La séparation des syzygues $\dot{E}\bar{E}^2$ de la chaleur est obtenue par le zinc et le cuivre ; le zinc étant positif exerce une faible résistance aux aérosyzygues Ē; le cuivre, au contraire, étant négatif, exerce une faible résistance aux pycnosyzygues Ė.

L'action a pour origine l'inéquilibre provenant du contact de l'eau acidulée avec les lames de zinc et de cuivre; ensuite l'inéquilibre est soutenu 1° par l'expansion des syzygues de chaleur produite dans les éléments de la pile, 2° par la combinaison de l'oxyde de zinc $Zn\bar{O}\bar{E}$ et de l'acide sulfurique $SO^3\dot{E}\bar{E}$ qui donne $ZnSO^4 + \dot{E}\bar{E}^2$.

I. MODE DE LA SÉPARATION DES FACTEURS DES ÉQUIVALENTS.

§ 240. L'eau et la glace ne diffèrent que par une quantité de calories latentes ; l'expansion est employée pour exercer sur les couples de tétraèdres $\Lambda'\,\Lambda = H^2O^4$ une poussée répulsive r antagoniste de la poussée p compressive exercée par le barogène μ'' affluent contre le barogène β des deux éléments de l'eau. Si le poids de l'eau contenue dans 1 centimètre cube est 1, il y a 80 calories d'expansion interceptée. Lorsque l'eau devient de l'hydrogène $4\gamma\dot{H}\bar{E}$ et de l'oxygène ozoné $4\gamma\bar{O}\dot{E}\bar{E}$, les 80 calories sont devenues $80\gamma\dot{E}\bar{E}^2 = 80\gamma\dot{E}$ pycnosyzygues et $80\bar{E}^2$ aérosyzygues. Telle est la cause qui fait qu'ils ne sont que des liquides décomposables en leurs facteurs et non des solides ou des gaz.

Éléments de Smée. Fig. 40.

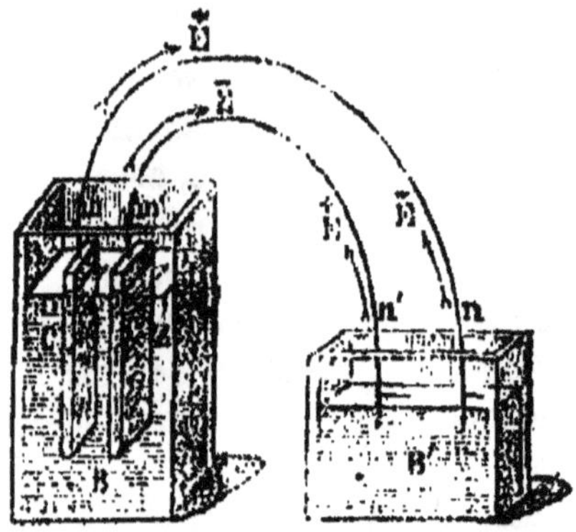

Au moyen des contacts de l'eau acidulée de 8HO + SO^3,HO avec une lame *c* (fig. 40) de cuivre et un autre *z* de zing amalgamé, on obtient un inéquilibre double : 1° les pycnosyzygues Ė de la chaleur, en éprouvant une résistance faible dans le cuivre, y obtiennent une expansion; 2° au contraire, l'expansion des aérosyzygues Ē s'opère vers le zinc.

1° Du cuivre *c*, les pycnosyzygues Ė se propagent par l'électrode *m n*, et 2° du zinc *z* les aérosyzygues Ē se propagent par l'électrode *m′ n′*, et vont plonger dans un bain B′ de même eau acidulée ; mais les électrodes étant de platine, il n'y a pas un inéquilibre analogue à celui des deux plaques *c z*. Il y a aux extrémités P P′ (fig. 41.) des électrodes nommés *pôles* d'inéquilibres qui en sont communiqués à l'eau acidulée du bain nommé *électrolytère* ἠλεκτρολυτήριον.

Électrolytère. Fig. 41.

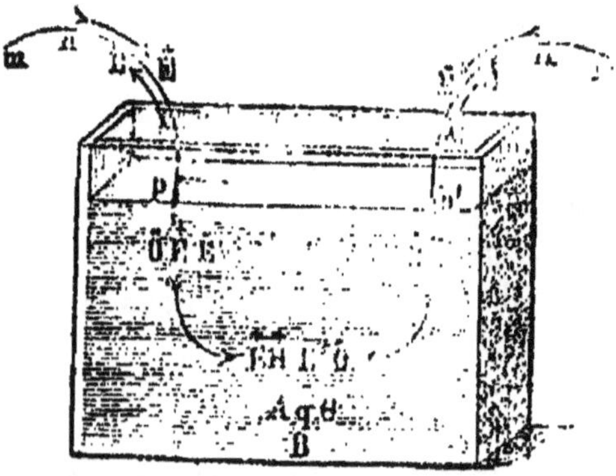

Du pôle positif, l'expansion des pycnosyzygues éloigne l'hydrogène H, et elle y laisse l'oxygène avec le couple électrique ĖĒ de la chaleur décomposée, pour pénétrer dans le pôle P d'expansion des aérosyzygues Ē.

Dans le pôle P′, l'expansion des aérosyzygues Ē repousse l'oxygène et un aérosyzygue de la chaleur ĖĒ²; l'autre reste avec l'hydrogène, et le pycnosyzygue Ė pénètre dans le pôle P′.

Nature des courants électrolytiques. Chaque courant n'est qu'une expansion d'un fluide soutenue par une poussée centrifuge, ou : 1° par une pression, et 2° par une aspiration. Dans les deux poles P P', l'expansion double converge vers le milieu B du bain. Au fur et à mesure que les éléments hétéroélectriques ĪĖ ŌĖ² y arrivent, ils se combinent pour devenir de l'eau et de la chaleur. Il y a donc une aspiration des fluides hylicoahyles.

Les aérosyzygues Ė, qui pénètrent dans le pôle P positif, arrivent au cuivre de l'élément; les pyonosyzygues Ė, qui pénètrent dans le pôle P' négatif, arrivent au zinc. Il y a donc dans chaque élément de la pile répulsion d'hydrogène du côté du zinc, répulsion d'oxygène du côté du cuivre. Il y a aussi au milieu, entre ces deux lames, des rencontres et des combinaisons des éléments hétéroélectriques ĪĖ ŌĖ². Il y a donc : 1° dans le bain une aspiration des deux électricités qui viennent de la pile, et 2° dans chaque élément de la pile une aspiration des deux électricités venant du bain.

Calcul stoechiométrique. Les gaz produits dans les pôles du bain, sont conduits dans les tubes *i i'* (fig. 42) du voltamètre pour en déterminer le volume, puis le poids et le nombre *n* des équivalents d'eau décomposée.

Voltamètre. Fig. 42.

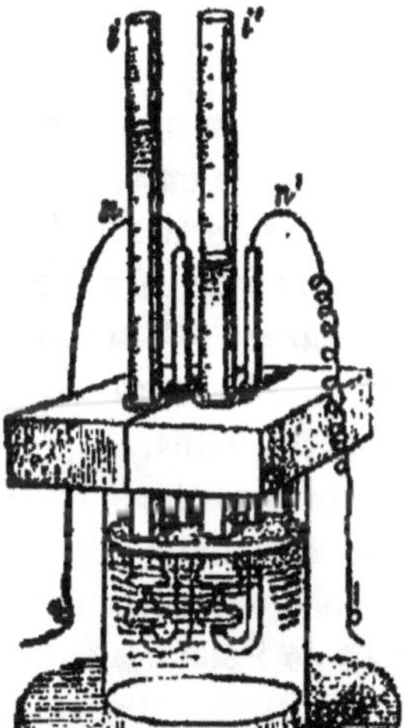

La quantité de zinc dissous est trouvée par la différence Z — Z' des poids avant et après l'électrolyse. Du poids disparu, on trouve le nombre *n'* d'équivalents oxydifiés ; ce nombre *n'* ne diffère pas de celui *n* des équivalents de l'eau décomposée.

Il y a donc égal nombre d'équivalents d'eau décomposée dans le bain et dans les éléments; la quantité 80 de calories de 1 gramme d'eau se trouve, dans les gaz, réduite en deux électricités soutenues à l'état d'hydrogène ordinaire ĪĖ et à l'état d'oxygène ozoné ŌĖĖ. En brûlant l'hydrogène 6γĪĖ dans l'oxygène ozoné 6γŌĖĖ, on obtiendrait la chaleur obscure 2γĖĖ², si les aérosyzygues Ė restaient dans cet oxygène. Leur éloignement produit l'odeur observée. L'oxygène ordinaire ŌĖ, étant en cet état, si l'on brûle 1 gramme d'hydrogène, il se produit de 23400 calories lumineuses ou de 23460 + 11730 = 35190 calories parfaitement obscures. A cause de la très-faible quantité de lumière, les uns ont trouvé 34462 et les autres 34670 calories.

Le poids de l'eau et des gaz reste le même : de même les éléments γĖĖ² des 80 calories d'eau se séparent pour soutenir les γĖĖ par les γ atomes d'oxygène ozoné et les γÉ par l'hydrogène ordinaire. Ainsi on a :

$$\gamma\dot{E} + \gamma\dot{E}\dot{E} = 35190 \text{ calories.}$$

En chauffant 9 grammes d'eau pour les élever à 400° l'eau se décompose en oxygène et hydrogène. Le mélange explosif de ces gaz exige une précaution pendant son refroidissement, parce que, aux températures au-dessus de 400°, les gaz ne se combinent pas.

Éléments des piles. Si dans l'eau acidulée du bain plongent deux plaques de zinc et de cuivre, on'aura un élément de Smée qui reste inactif, si le zinc est amalgamé. Il n'y a pas de poussée d'expansion dans les électrodes de la part de la pile, mais il y a manque de rencontres et de combinaisons des éléments ĪIĖ,ŌĖ² hétéroélectriques soutenant les courants par *aspiration*.

II. ESPÈCES D'ÉLÉMENTS DES PILES ET DES COURANTS PAR ASPIRATION.

§ 241. La décomposition de l'eau est obtenue par un grand nombre d'appareils composés des éléments dans lesquels entrent des corps hétéroélectriques. Les déviations des magnètes servent à démontrer l'existence d'expansion nommée *courant électrique*, et attribuée aux corps hétéroélectriques de l'élément qui exercent une poussée à leur électricité homonyme. Ainsi les courants ont été considérés comme un effet de pression de même que l'étaient les vents.

Ici est établi qu'il est contre la loi de la statique, de séparer, dans chaque espèce de courants, l'existence d'une pression sans qu'il coexiste une aspiration qui est établie et soutenue par le changement de l'état des fluides. Les poussées répulsives entre les corps et leurs électricités homonymes sont un inéquilibre sans expansion ; sans un éloignement de l'électricité, l'équilibre serait établi, et il n'y aurait pas de courants. Je prouve la coexistence d'une pression et d'une aspiration dans les éléments d'une pile, et je rapporte ensuite, à titre d'exemple, les espèces différentes de piles.

Pile à gaz. Fig. 43.

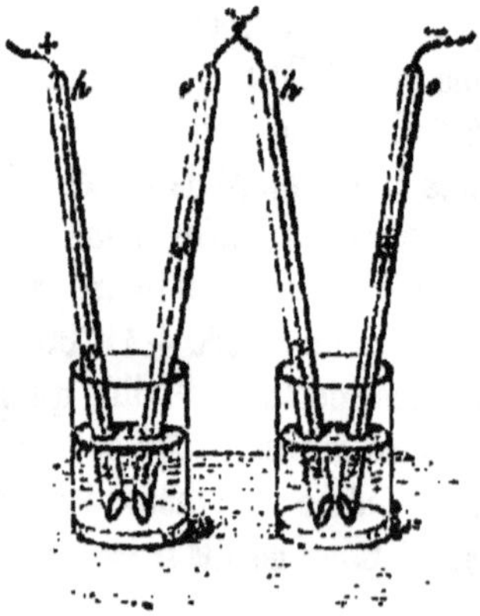

Pile à gaz. Dans l'eau acidulée plongent deux tubes *o h* (fig. 43) contenant *o* d'oxygène et *h* d'hydrogène. Dans chaque tube se trouve une lame de platine dont un fil perce le tube pour aller s'unir avec le fil qui vient du tube du gaz hétéronyme; ainsi on a ici deux couples qu'on peut multiplier à volonté. Tant que les électrodes + — restent séparés par une couche d'air, il y a des poussées : 1° de l'oxygène ŌĖ contre les pycnosyzygues Ė des calories ĖĒ², et de l'hydrogène ĪĒ contre les aérosyzygues Ē, mais il y a manque d'expansion et manque de courants.

I. Si les électrodes + — viennent en contact, les expansions indiquées commencent par la déviation du magnéte; les gaz diminuent jusqu'à disparition, le poids reste le même; la température a éprouvé une élévation dans l'eau acidulée. Il y a eu des rencontres et des combinaisons des électricités et des gaz dans l'eau acidulée; il en résulte une *aspiration* qui soutient les courants.

II. Si les électrodes + — sont joints avec ceux + — du voltamètre, il y a à leur extrémité des décompositions de calories ĖĒ² : 1° Le pôle positif expire les pycnosyzygues et aspire les aérosyzygues, il en repousse l'hydrogène de l'eau, et l'oxygène qui reste se mêle avec le couple d'électricité neutre ĖĒ, et devient gaz ozoné; 2° Le pôle négatif expire les aérosyzygues Ē, et il aspire le pycnosyzygue; il repousse l'oxygène Ō, et l'aérosyzygue Ē; l'hydrogène se mêle avec les aérosyzygues et devient un gaz ĪĒ.

Au milieu du bain s'opère la rencontre des éléments hétéroélectriques ĪĖ ŌĒ², qui deviennent de l'eau et de la chaleur

Au même temps, dans chacun des deux couples se combine la moitié des électrosyzygues 2γĖ 2γĒ qui y arrivent des 2γ de calories décomposées. Il y a dans les tubes du voltamètre du gaz d'un volume égal à celui qui disparaît dans l'ensemble des *n* couples.

Cette pile a un commencement de courant, une durée et une fin, résultat qui consiste en une production de quantité de gaz égale à celle disparue dans l'ensemble des éléments de la pile. En prenant cette série de faits comme base, j'expose les séries pareilles produites par les piles de toute autre espèce.

Éléments chimiques du zinc et du cuivre. Ces deux métaux sont d'un usage universel dans la composition des éléments des piles; le zinc remplace l'oxygène et le cuivre l'hydrogène dans les éléments à gaz. Tant qu'on admettait : 1° le zinc comme un corps simple, comme l'est l'oxygène, et 2° le cuivre simple comme l'est l'hydrogène, on ne savait pas en quoi ces deux métaux, sous ce rapport, diffèrent des autres. Il est ici démontré que les tétraèdres de ces deux métaux sont composés des éléments suivants :

$$Zn^4 = 128 = C^8H^{16}O^8 = Az^2H^4,38O^4.$$
$$Cu^4 = 127 = C^8H^{15}O^8 = Az^2H^3,35O^3 = Ph,38O^4.$$

Le zinc cristallise en prismes à six pans de troisième système, produit des tétraèdres $\Delta = 38O^3$ accolés aux $\Delta' \cdot Az^2H^4$; il en résulte des cristaux incolores de zinc ; la densité 6,86 indique une existence d'hydrogène.

Le cuivre cristallise en cubes de premier système, produits par l'introduction des tétraèdres $\Delta = 38O^4$ dans ceux $\Delta' = Ph$. Il en résulte des cristaux rouges ; la densité 8,788 correspond à la disparition de l'hydrogène.

A. Pile de Volta.

§ 242. Après mille combinaisons entre les métaux et les liquides, Volta construit une colonne composée de lamelles égales de cuivre, de zinc et de drap mouillé dans une solution de sel. A l'extrémité *c* (fig. 44) est le cuivre et à l'autre *z* le zinc.

Figure 44.

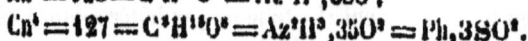

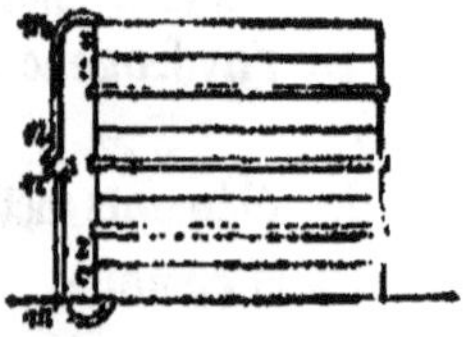

Les syzygues des calories $\dot{E}\dot{E}^2$ de la solution étant sans expansion éprouvent une résistance différente dans les métaux : 1° les aérosyzygues $\dot{E}$ pénètrent du drap dans le zinc pour arriver au cuivre ; 2° l'expansion des pycnosyzygues $\dot{E}$ des calories s'opère de la solution dans le cuivre, et elle arrive au zinc. Dans les cas où le zinc n'est pas amalgamé, il s'oxyde ; il y a production d'hydrogène odorant, sans même que les deux électrodes soient en contact. S'ils sont rapprochés, il y a des étincelles, et si on les soutient en contact tout près d'un magnèle, la déviation de celui-ci accuse l'existence d'un courant. Il y a alors élévation de température et oxydation supérieure du zinc. Ainsi on a :

$$Zn^4 + O^4 = Az^2H^4,S^3O^6 + O^4 = Az^2H^4O^4,S^3O^6 = Zn^4O^4.$$

De la chaleur latente de l'eau décomposée, les pycnosyzygues $\dot{E}$ passent à l'oxygène pour se combiner avec le zinc, et les aérosyzygues $\dot{E}^2$ passent à l'hydrogène, qui répand une odeur comparable à celle de l'oxygène ozoné. Les chimistes croyaient que cet hydrogène n'est pas pur.

B. PILE DE SMÉE.

§ 243. Les lames de cuivre et de zinc amalgamé sont séparées d'une couche mince d'eau acidulée. L'expansion des syzygues de la chaleur latente 2 de l'eau occasionne leur division : 1° les aérosyzygues $\bar{E}$ se propagent par le zinc dans l'électrode *mn* (fig. 44); et 2° les pycnosyzygues $\dot{E}$ se propagent par le cuivre dans l'autre électrode. La résistance de l'air dans les extrémités des électrodes intercepte l'avancement des expansions, c'est un *élément en inaction*. Pour lui donner de l'activité il faut en éloigner des électrosyzygues; pour faire place aux autres qui les suivent, il faut produire une aspiration.

1° Les pycnosyzygues $\dot{E}$ sont amenés au zinc, leur expansion en repoussent l'hydrogène $\dot{H}$ de l'eau acidulée; de la chaleur latente l'aérosyzygue $\bar{E}$ pénètre dans l'électrode, le couple d'électricité neutre $\dot{E}\bar{E}$ passe avec l'oxygène dans le zinc $Zn\bar{E}^2$ et il en résulte de l'oxyde et de la chaleur.

$$Zn\bar{E}^2 + \bar{O}\dot{E}\bar{E} = ZnOE + \dot{E}\bar{E}^2.$$

Cet oxyde étant en contact avec l'acide sulfurique en fait se former de la chaleur et du sel et l'on a

$$ZnO\dot{E} + HSO^4\dot{E}\bar{E} = HO + ZnSO^4 + \dot{E}\bar{E}^2.$$

2° Les aérosyzygues $\bar{E}$ se propagent dans le cuivre, leur expansion en repousse l'oxygène $\bar{O}$ et l'un des deux aérosyzygues de chaleur, car l'autre passe dans l'hydrogène qui devient un gaz $\dot{H}\bar{E}$. Le pycnosyzygue de la chaleur $\dot{E}\bar{E}^2$ décomposée se propage dans l'électrode négatif.

3° Les éléments positifs $\dot{H}\dot{E}$ repoussés du zinc et les négatifs $\bar{O}\bar{E}^2$ repoussés du cuivre se rencontrent et se combinent au milieu de la couche de l'eau acidulée

$$\dot{H}\dot{E} + \bar{O}\bar{E}^2 = HO + \dot{E}\bar{E}^2.$$

Cette disparition des gaz et des syzygues fait qu'il ne s'en forme pas une accumulation qui serait un obstacle à l'expansion ultérieure; il s'y établit une aspiration des éléments hylicoahyles.

Pile de Smée. Un nombre $n + 1$ d'éléments sont unis par n électrodes qui ont une extrémité dans un métal du couple et l'autre dans l'autre métal du couple suivant: deux électrodes *mn m'n'* partent des deux extrémités *z* et *c* de la série des $n+1$ éléments dont l'ensemble est une *pile*. Celle-ci est inactive tant que les électrodes restent séparés. Ce n'est pas le contact qui occasionne l'expansion des pycnosyzygues du cuivre ou du zinc et celle des aérosyzygues du zinc ou du cuivre, mais c'est l'aspiration qui soutient le courant.

Il s'établit ainsi dans chaque pile la série des faits qui ont été exposés pour un élément : 1° Les expansions ont leur origine dans la poussée de la chaleur latente de l'eau ; 2° la séparation de ses syzygues est occasionnée par l'inégale résistance qu'ils rencontrent dans les deux métaux ; 3° la recombinaison des éléments hylicoahyles hétéroélectriques $\bar{\dot{H}}E : \bar{O}E^{2}$ au milieu de la couche d'eau ne permet pas qu'il s'y forme un obstacle, elle soutient un inéquilibre par l'*aspiration*. Au moyen de l'égale déviation du magnète il est établi que la poussée produite par un ou *n* éléments est égale ; car dans chacun d'eux sont égaux : 1° la poussée expansive de la chaleur latente de l'eau ; et 2° l'inéquilibre d'aspiration soutenu au milieu de chaque couche d'eau.

Produits de la pile à gaz et de la pile de Smée. Dans la pile à gaz l'expansion des pycnosyzygues de l'oxygène $\bar{O}\dot{E}$ passe par l'électrode des tubes *o o* aux tubes *hh* ; l'hydrogène $\dot{I}$ en est repoussé, tandis que l'expansion des aérosyzygues $\dot{E}$ se propage aux tubes *o o*, dont l'oxygène $\bar{O}$ est repoussé. Les éléments hétéroélectriques, $\bar{\dot{H}}\dot{E}$, $\bar{O}\dot{E}$ se rencontrent et se combinent dans l'eau dans laquelle plongent les tubes. Il y a disparition de gaz de chaque élément, et production d'eau et de chaleur lumineuse.

$$6q\bar{\dot{H}}\dot{E} + 6q\bar{O}\dot{E} = 0qHO + q\dot{E}^{2}E + q\dot{E}E^{2}.$$

I. Le produit de chaque élément est indépendant du nombre *n* des éléments de la pile, parce que chaque élément est un circuit entier, un *cyclome* inéquilibré : 1° par deux poussées expansives, et 2° par une aspiration.

II. L'expansion des syzygues de la chaleur latente 2 de l'eau acidulée s'opère par la séparation des syzygues négatifs qui se propagent du zinc par l'électrode au cuivre, et 2° des pycnosyzygues qui vont du cuivre au zinc. L'inéquilibre de l'aspiration est soutenu au milieu de la couche liquide où s'opère la rencontre et la combinaison des éléments hétéroélectriques $\bar{\dot{H}}\dot{E}$, $\bar{O}E^{2}$.

III. 1° Un inéquilibre entre les électrosyzygues $\dot{E}$ $\dot{E}$ du gaz ou ceux

ÉE² de la chaleur latente ℨ et les métaux est indispensable. 2° Il en est de même d'un inéquilibre d'aspiration, soutenu par la rencontre et la combinaison des éléments hétéroélectriques. 3° L'oxydation du zinc et la formation du sulfate sont en symétrie avec les éléments hétéroélectriques et avec l'hydrogène. 4° L'élévation de la température dans l'eau acidulée fait augmenter l'expansion de la chaleur, indiquée par la déviation du magnète. Il y a alors une origine thermoélectrique.

C. Piles a deux liquides séparés par une cloison imbibée.

§ 244. L'élément de cette pile est un tube à U dont le milieu est bouché d'argile humectée dans une solution de sel marin. On verse dans l'un des bras de l'acide azotique et dans l'autre de la potasse concentrée. Lorsqu'on unit les deux liquides par un fil de platine, il y a des expansions et des courants dans le cas où la pâte n'est ni trop dense ni trop épaisse pour être pénétrée par l'acide. Un seul élément suffit pour réduire l'acide azotique en acide hypoazotique et produire de l'oxygène dans la potasse.

L'acide correspond à l'oxygène des éléments à gaz, la potasse correspond à l'hydrogène, et la pâte d'argile à l'eau acidulée dans laquelle plongent les tubes.

Les pycnosyzygues Ė vont de l'acide par l'électrode à la potasse; ils en repoussent l'hydrogène Ī, et décomposent par leur expansion l'eau et sa chaleur latente ĖĒ²; l'expansion de l'un des aérosyzygues Ē pénètre dans l'électrode et va à l'acide pour en séparer un atome d'oxygène.

Il y a, dans la cloison, des rencontres et des combinaisons des éléments hétéroélectriques ĪĖ ŌĒ, et par suite une persistance d'inéquilibre aspiratoire, qui ne diffère en rien de celui de l'élément à gaz, dans lequel il y a disparition des gaz et production d'eau dans la cloison. Ici l'eau est produite par l'oxygène de l'acide et l'hydrogène de l'eau dont l'oxygène reste dans la potasse.

Au lieu d'un si l'on unit deux ou plusieurs éléments, dans chacun d'eux s'opère la rencontre et la combinaison des éléments hétéroélectriques ĪĖ ŌĒ, qui soutiennent le même degré d'inéquilibre aspiratoire indiqué par la déviation du magnète.

Le nombre n de couples ne fait que multiplier l'intensité de l'expansion dans le circuit. Si l'on éloigne un ou plusieurs éléments de la pile pour les remplacer par des voltamètres, il n'y a que l'intensité de l'expansion **e** qui s'affaiblit et devient *e*, car il n'en résulte aucune modification de l'inéquilibre aspiratoire.

L'expansion **e** de grande intensité fait que les éléments sont chargés proportionnellement d'électricité; il y en a même une perte vers l'air. En cas pareils, si l'on éloigne *e* ou 2*e* de l'expansion **e**, il ne se produit pas d'affaiblissement sensible **e**—*e* ou **e**—2*e*. En introduisant un voltamètre on y obtient une quantité *q* de gaz qui correspond à l'expansion **e**—*e*; si l'on en introduit deux, on obtient dans chacun une quantité *q'* de gaz qui correspond à l'expansion **e**—2*e* et qui diffère peu de *q*, au cas où la poussée **e** expansive est considérable. Ainsi en introduisant deux voltamètres dans une pile à **n** couple, le gaz produit est presque double de celui produit par un seul voltamètre. Au contraire, si la pile est à *n* couples, le gaz produit dans un voltamètre est beaucoup supérieur à celui produit dans deux.

D. Pile de Daniell.

§ 245. Un vase poreux d'argile contient la dissolution de sulfate de cuivre. La case zinc renferme de l'eau très-légèrement acidulée, et communique avec la dissolution par un fil de cuivre, tel est l'élément de la pile.

L'expansion de la chaleur latente de l'eau ne manque jamais, l'eau est à peine acidulée pour en occasionner une séparation des aérosyzygues Ē dont l'expansion va du zinc dans la solution; ils font que les pycnosyzygues Ė obtiennent une expansion vers le zinc.

Les aérosyzygues Ē repoussent l'oxygène de l'oxyde de cuivre, le métal réduit se dépose sur l'électrode. Les pycnosyzygues Ė repoussent l'hydrogène de l'eau dont l'oxygène se combine avec le zinc, qui reste à l'état d'oxyde sans devenir un sulfate.

Dans le vase poreux s'opère la rencontre et la combinaison des éléments hétéroélectriques $\dot{H}\dot{E}\ \bar{O}\bar{E}^2$ qui soutiennent l'inéquilibre aspiratoire, dont la durée constante est indéfinie pourvu qu'on ait le soin d'introduire dans la solution de sulfate de cuivre et d'en éloigner l'acide produit.

La décomposition de la chaleur opérée dans l'eau acidulée par le contact du zinc, y produit un abaissement considérable de température découvert par **Joule**. Un tel abaissement de température manque dans l'élément de Smée; il y a au contraire une élévation, qui est trouvée inférieure dans un intervalle de 6^{mm} de plaques et supérieure dans l'intervalle de 12^{mm}, parce que d'une épaisse couche d'eau on obtient plus de chaleur que d'une couche mince.

La faiblesse de l'élément de **Daniell** a sa cause dans l'absence d'une grande surface de cuivre. 1° Par rapport au zinc, il y a un élément de piles; 2° par rapport au fil de cuivre, il y a un bain ou voltamètre.

E. PILE DE BUNSEN.

§ 246. Un cylindre de zinc amalgamé est plongé dans l'eau acidulée contenue dans un vase poreux; autour de ce vase est un manchon en charbon, et ils plongent ensemble dans l'acide azotique qui est contenu dans un vase préparé de pâte de poudre de charbon mouillée dans l'huile et puis calcinée. On a introduit quelque modification à cet élément de **Bunsen**, dont un nombre *n* compose une pile d'intensité croissante avec *n*. L'usage universel de cette pile dans les cas de production d'expansion des deux électricités prouve sa supériorité sur les autres. Pour rendre évidente l'origine des électricités, j'expose d'abord : 1° le mode de leur production par la décomposition de la chaleur latente, 2° l'inéquilibre aspiratoire, comparés à ceux des autres piles.

L'acide azotique $AzO^5\dot{E}^5\bar{E}^2$ produit une expansion de pycnosyzygues; l'eau acidulée produit une expansion des aérosyzygues $\bar{E}$; le vase poreux empêche le mélange des deux acides; il n'y a aucune action tant que la communication des expansions est interceptée par la résistance de l'air.

Dès qu'on unit les électrodes, les pycnosyzygues $\dot{E}$ arrivent au zinc; ils en repoussent l'hydrogène $\breve{H}$ dont l'oxygène passe au zinc, et dans l'oxyde de zinc passe l'acide, comme dans l'élément de Smée. Les aérosyzygues $\bar{E}$, arrivés à l'acide azotique, en repoussent l'oxygène. Les éléments hétéroélectriques $\dot{H}\bar{E}\,\breve{O}\dot{E}^2$ se rencontrent et se combinent dans le vase poreux où ils sont soutenu, par l'inéquilibre aspiratoire, et ils persistent sans l'inéquilibre de l'expansion de la poussée.

Au cas où l'on multiplie les éléments, l'avancement de l'expansion électrique indiquée par le magnète reste invariable, tandis qu'en même temps l'excès *e* d'expansion se répand dans les liquides des éléments. De sorte que la quantité $q\dot{E}\bar{E}$ de syzygues d'un élément devient $nq\dot{E}\bar{E}$ dans la pile de *n* éléments.

F. PILES THERMOÉLECTRIQUE.

§ 247. L'élément de ces piles est composé de deux métaux soudés par une extrémité et joints par l'autre avec l'électromètre lorsqu'on veut observer le sens de l'expansion et le degré de son intensité. Si l'on chauffe la soudure, l'expansion éprouve dans les deux métaux une inégale résistance, les aérosyzygues Ē se propagent dans le métal positif et les pycnosyzygues Ė dans le négatif. On obtient avec la chaleur la même séparation de ces syzygnes ĖĒ² que celle de la chaleur latente des liquides mis en contact avec les métaux. Ainsi l'élément composé de deux métaux unis par deux soudures est inactif lorsqu'il y a inégalité de température, car alors il y a manque d'exsion et de décomposition de chaleur.

La correspondance entre la différence $\Theta - \theta$ des températures des soudures et les déviations du magnète est tellement exacte, que **Melloni** l'a utilisée pour mesurer l'une des températures Θ, θ en connaissant l'autre. Les calories EĒ² se décomposent; les pycnosyzygues Ė se propagent de la soudure chaude par le métal négatif et les aérosyzygues Ē par le métal positif. Ils se rencontrent et se combinent dans la soudure froide. Il y a donc un équilibre soutenu par aspiration, et durant autant que les soudures sont anisothermes pour que l'expansion de la chaleur ne manque pas.

Un nombre n d'éléments unis par $2n$ soudures d'égale température sont une pile inactive; pour la mettre en action il faut chauffer les n soudures alternatives. Le rhéomètre indique la même circulation d'expansion dans la pile que dans un seul élément, tandisqu'un voltamètre uni avec une pile, peut en obtenir une intensité expansive suffisante pour décomposer l'eau, comme le fit d'abord **Botto** et puis **Poggendorff** avec une pile de 120 éléments composés chacun : 1° de platine ou d'argentant (pack-fong) de 26 millim. de longueur et de $\frac{1}{4}$ millim. de diamètre, et 2° de fil de fer. Les soudures alternatives sont disposées pour se trouver dans la flamme d'une lampe.

Les syzygues des calories ĖĒ² se séparent dans chaque soudure les positifs Ė se propagent par le platine et les négatifs par le fer : ils se rencontrent et se combinent dans les soudures froides. Un excès d'expansion e de chaque couple se répand dans le circuit en y devenant $e = ne$. C'est donc cet excès qui produit la décomposition de l'eau dans le voltamètre.

En soudant du fer et du cuivre, qui sont joints par l'autre extrémité à deux lames de cuivre plongées dans une dissolution de sulfate de cuivre, l'eau y est décomposée par un seul élément qui diffère des précédents en ce que : 1° les syzygues positifs amenés par le cuivre repoussent l'hydrogène, et 2° les syzygues négatifs Ē amenés par le fer repoussent l'oxygène. Il y a décomposition de chaleur *dans les deux pôles : 1° par le pôle négatif du cuivre les aérosyzygues* Ē arrivent à la soudure, et 2° par le pôle négatif du fer les pycnosyzygues viennent en rencontre dans la même soudure.

En même temps les éléments hétéroélectriques ĪĪĖ ŌĒ², repoussés des deux pôles, se rencontrent et se combinent dans le bain. En remplaçant le cuivre par le platine, **Becquerel** trouva une expansion plus prompte indiquée par le magnète ; en ce cas elle se propageait par la solution d'un pôle à l'autre. C'est donc ce manque de résistance qui cause l'expansion prompte. Il y a deux inéquilibres, l'un aspiratoire dans la soudure, et l'autre répulsive dans la même *soudure; au milieu du bain l'inéquilibre aspiratoire manque.*

Production du froid dans la rencontre des deux électricités. **Joule** découvrit le froid dans l'appareil de Daniell, la cause en a été exposée. **Peltier** fit geler l'eau dans les soudures S (fig. 45, 46); on y fit arriver les pycnosyzygues Ė par l'extrémité B du

Figure 45.

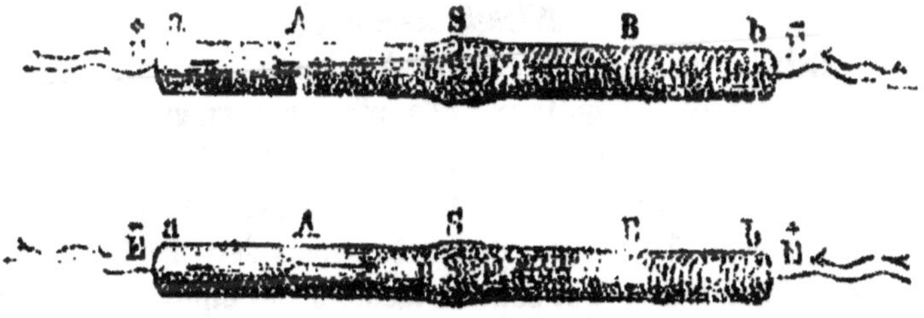

Figure 46.

bismuth, et les aérosyzygues Ē par celle A de l'antimoine. Cette expérience très-facile donne un résultat par lequel chacun peut se convaincre qu'il n'y a aucun résultat d'expériences physico-chimiques qui ne trouve ici le mode de sa production.

1° *La soudure S chauffée fait séparer les syzygues* ĖĒ² de la chaleur, les positifs se propagent dans l'antimoine et les négatifs dans le bismuth.

2° Si l'on fait arriver les pycnosyzygues Ė à la soudure par le bismuth et les aérosyzygues Ē par l'antimoine, ils s'en éloignent plus promptement qu'ils n'y arrivent. C'est donc cette décomposition des calories ÈÉ² qui fait s'abaisser la température ordinaire jusqu'à zéro.

3° Si l'électricité négative arrive par le bismuth et la positive par l'antimoine, il y a un grand excès entre la quantité $q + q'$ de syzygues qui arrivent et celle q des syzygues qui s'éloignent. L'excès q' de syzygues hétéronymes se combine et produit des élévations de température dans cette soudure, qui surpassent toutes les autres produites par les mêmes courants avec deux métaux quelconques.

État électrique des métaux. En frottant les métaux l'un contre l'autre, les plus positifs repoussent les pycnosyzygues et reçoivent les aérosyzygues È, et les plus négatifs repoussent les aérosyzygues È et reçoivent les pycnosyzygues. Cet état électrique des métaux change : 1° dans les températures élevées ; 2° dans le contact des métaux et des acides, ou 3° par les courants électriques ; dans ces cas plusieurs métaux deviennent *passifs*. Il ne faut donc pas considérer comme constante la série suivante des métaux arrangés d'après leur état électrique, en commençant par le plus aréoélectrique (négatif), le *charbon* et avançant graduellement, pour arriver au plus positif qui est le *bismuth*.

Charbon, Antimoine, Arsenic, Fer, Zinc, Or,
Cuivre, Laiton, Cadmium, Plomb, Étain, Argent,
Manganèse, Cobalt, Palladium, Platine,
Nickel, Mercure, Bismuth.

Cette série ne correspond à aucune propriété organoleptique ou chimique des métaux. Elle n'indique qu'un excès de l'une ou de l'autre espèce de syzygues dans les faces ff' vis-à-vis des couples des tétraèdres ΔΔ' ΔΔ' qui s'arrangent pendant la solidification des corps. Il y a aussi des excès pareils dans les faces ff' vis-à-vis des tétraèdres ΔΔ' qui sont les facteurs des équivalents, comme cela se voit dans les liquides qui font tourner le plan de la lumière polarisée.

L'inégalité de l'excès électrique des faces ff' vis-à-vis produit des expansions de l'un des corps sur l'autre d'où résulte un état d'équilibre au point de contact des deux corps. En touchant chaque corps avec l'électroscope, on n'y trouve pas d'électricité en expansion ; on en trouve si l'on a précédemment touché les deux corps.

Mode de la décomposition de la chaleur par les métaux. Un fil de métal soudé aux deux bras d'un galvanomètre n'y produit aucune déviation du magnète s'il est chauffé au milieu. S'il est coupé et que l'on en chauffe d'abord une extrémité e' qu'on presse sur l'autre *e* nonchauffée, il y a une déviation du magnète, qui diffère en grandeur et en sens pour les métaux différents. D'après les deux sens de déviation les métaux se divisent en deux classes par rapport de l'état électrique de leurs faces *ff'* cristallines.

En chauffant l'extrémité *e'* la chaleur en expansion se décompose, les syzygues du métal repoussent leurs homonymes de la chaleur et livrent passage à leurs hétéronymes. Les syzygues restés sur l'extrémité chaude *e'* passent dans la froide *e'* au moment du contact ; c'est donc l'expansion de ces syzygues qui occasionne la déviation du magnète : 1° les métaux, bismuth, platine, or, argent, cuivre... repoussent en sens qui indique l'expansion des pycnosyzygues É de l'extrémité froide *e*; 2° les métaux zinc, fer, antimoine, repoussent en sens qui indique que les pycnosyzygues E se propagent de l'extrémité chaude par le métal au galvanomètre. **L. Gmelin** disait que des métaux les uns *zinc*, *fer*, *antimoine*, conduisent mieux l'électricité positive, les autres, *bismuth*, *platine*, *or*, *cuivre*, conduisent mieux la négative, sans en indiquer la cause.

Au lieu de chauffer les métaux, si on les met en contact avec l'eau acidulée soutenant de la chaleur latente, celle-ci se décompose de la même manière, aussi bien que la chaleur du frottement. Il ne faut donc pas chercher, pour l'électricité, des frottements d'autre origine, comme le fit **Becquerel**. La généralité du mode de la décomposition de la chaleur en deux électricités, et celle de l'origine de ces électricités dans les syzygues EÉ² composant la chaleur, ces généralités, dis-je, ont échappé aux physico-chimistes qui n'ont pas pris en considération la chaleur latente des liquides. Cette origine des électricités ne manque que dans la pile à gaz, car elles s'y trouvent déjà séparées.

Parallélisme de l'origine de l'électricité. Des éléments des piles, des machines électriques et des électromagnètes les électricités obtenues produisent dans le voltamètre le *même effet d'intensité* différente. Telle est la preuve du manque de différence entre les électricités. Ici il est prouvé que les syzygues composant les deux électricités sont précédemment à l'état de chaleur libre ou de chaleur latente.

I. **Électricité des piles de chaleur latente.** Les liquides qui entrent dans les éléments des piles, *contiennent de la chaleur latente* ; dans l'élément de Smée les aérosyzygues de la chaleur ÉÉ² de l'eau acidulée, par leur expansion, exercent sur leurs homonymes de métaux une poussée, en même temps que les pycnosyzygues É en exercent une contre leurs homonymes dans le cuivre. La circulation des expansions s'établit par le contact des métaux, et sa durée est soutenue par la *recombinaison* des syzygues dans le liquide. Il y a donc un *électrocyclome* dans chaque élément. Les excès d'expansion de chaque élément composent l'*électricité emmagasinée* du circuit, laquelle se manifeste dans la pile de **Riter.**

II. **Électricité des piles thermoélectriques.** C'est la chaleur libre ÈÉ² des soudures chauffées qui exerce, par son expansion, des poussées répulsives inégales sur les métaux soudés, et en éprouvent des résistances analogues. Les pycnosyzygues obtiennent leur expansion par le métal négatif et les aréosyzygues par le métal positif, pour revenir et se recombiner dans la soudure. Ainsi, la différence entre les éléments secs ou liquides, consiste en ce que l'inéquilibre répulsif et l'inéquilibre aspiratoire coïncident dans les électrocyclomes des éléments secs, tandis que dans les éléments liquides ils sont séparés. 1° Les deux inéquilibres répulsifs sont sur les lames en contact avec les liquides, et 2° l'inéquilibre aspiratoire est entre les lames.

L'excès d'expansion dans les éléments secs est très-médiocre par rapport à celui des éléments liquides, et cela en rapport inverse des conductibilités des métaux et des liquides. Au moyen d'un seul élément de fer et de cuivre combiné avec l'eau acidulée, on obtient une intensité d'électrocyclome qui ne diffère pas de celle des éléments secs, tandis que l'excès d'expansion emmagasinée suffit pour décomposer l'eau, et il faut 120 portions des éléments secs pour produire le même résultat.

III. *Electricités de frottement.* J'ai exposé que les deux électricités de la chaleur à l'état latent sont soutenues par les faces **ff'** des couples ΔΔ'ΔΔ' de tétraèdres. En détruisant ces faces par le frottement, il se produit une combinaison de syzygue ÈÉ² qui est la *chaleur* du frottement. L'expansion de cette chaleur par les deux métaux ne diffère en rien de son expansion lorsqu'on chauffe la soudure des mêmes métaux.

Les couples de métaux frottés et ceux soudés et chauffés exercent à l'expansion des syzygues ÈÉ² hétéronymes la même résistance. L. Gmelin a réfuté l'hypothèse de Becquerel qui croyait qu'il y a une différence entre la chaleur libre des soudures et celle produite par le frottement, dont l'origine était jusqu'à présent inconnue. Dans le frottement de la silice contre l'acier, le mode de la production de la chaleur par les deux électricités est incontestable, tandis que cet effet restait imperceptible dans le frottement des métaux ou du plateau de la machine électrique.

IV. *Electricité des magnétoélectres ou des électromagnétes.* Sous ces noms sont indiquées deux classes d'appareils : les uns reçoivent l'électricité des piles et les autres la reçoivent des courants magnétiques terrestres. Ces courants ont été utilisés pour obtenir des appareils d'action perpétuelle ; cet objet est traité séparément.

G. Pile de Riter, ou électricité emmagasinée.

§ 248. Dans les électrolyses, si l'on sépare les électrodes de la pile pour les plonger dans un autre bain *b* en laissant leur autre extrémité dans le bain B précédent, l'expansion va en arriver du bain B vers le nouveau bain *b* par les mêmes électrodes.

Ce recul de l'expansion ne manque nulle part ; tout électrode, séparé d'une pile ou d'une machine, laisse l'électricité éloignée reculer par son extrémité libre. Pour se rendre compte de ce recul, on ne peut faire différemment que de reconnaître l'existence d'une poussée de la pile ou de la machine vers l'électrode, de sorte qu'il en résulte une inégalité de densité, dont les deux maxima sont aux extrémités des conducteurs attachés aux deux extrémités de la pile.

Chaque fluide est introduit dans un espace par une poussée, par exemple, la lumière dans le diamant, la chaleur dans tous les corps, les gaz dans les liquides. Les reculs sont trop évidents pour être méconnus : ils commencent tous par un maximum qui s'affaiblit pour devenir imperceptible.

1° Les diamants et les autres phosphores exposés au soleil, en obtiennent une couche de lumière de densité diminuant vers l'intérieur des corps ; ceux-ci ainsi insolés, introduits dans une chambre obscure, laissent paraître l'expansion de la couche de lumière ; les corps d'abord très-lumineux s'obscurcissent graduellement pour devenir imperceptibles ; si alors on les chauffe ils redeviennent visibles.

2° Les vases ou les liquides contenant des gaz introduits par une pression les laissent s'échapper en commençant par un maximum et diminuant pour devenir imperceptibles.

3° Les corps chauffés au rouge, introduits dans un espace froid, commencent à perdre un maximum de chaleur par l'unité de temps. Cette perte de chaleur diminue en rapport avec les carrés des unités T de temps, pour devenir insensibles.

4° Les conducteurs chargés d'électricité, les bains, les bobines chargées aussi d'électricité et laissées isolées, la perdent graduellement pour devenir insensibles en un espace de temps.

5° Dans la pile à gaz, l'expansion des électricités est interceptée par l'air tant que le circuit est ouvert; l'expansion s'établit dès qu'on le ferme, et elle termine avec la disparition des gaz.

Résumé. L'expansion est le mode de propagation de l'électricité et de tous les fluides élastiques; le recul en est un résultat inévitable L'expansion fait que la densité de la lumière est en raison inverse des carrés des distances. L'expansion est une *action indéfinie qui est* soutenue par un inéquilibre *force* aussi indéfinie. Cet inéquilibre n'est qu'une tendance des molécules indéfiniment comprimées pour réoccuper l'espace indéfiniment étendu. L'expansion s'établit chaque fois : 1° qu'on a accumulé les fluides, ou 2° qu'on éloigne la résistance, comme cela s'opère : 1° par la fermeture de la pile à gaz, et 2° dans le vide; *en ces deux cas on ne fait qu'éloigner la résistance* qui intercepte l'expansion.

L'effet produit par l'air diffère de celui produit par les autres corps, en ce que l'air, par ses deux électricités, intercepte l'expansion de l'une et de l'autre. Les métaux soutiennent dans les faces **ff'** de leurs couples de tétraèdres les deux électricités en inégale densité; au lieu *donc d'intercepter l'expansion* de toutes les deux, comme le fait l'air, des métaux, les uns interceptent l'expansion de la pycnoélectricité, et les autres celle de l'aréoélectricité. Parmi les métaux, il y en a donc qui ont un excès de l'une des électricités, et d'autres qui ont un excès de l'autre. Les excès *e e'* de chacune des deux espèces ne sont pas de même degré dans chaque métal : 1° l'excès positif *e* est en son maximum dans le bismuth; 2° l'excès négatif *e'* est en son maximum dans l'antimoine; 3° l'argent et surtout le cuivre ne contiennent pas un excès pareil; les deux électricités s'y trouvent équilibrées; 4° le zinc soutient des excès négatifs *e'* un minimum. Le mode de production des résultats suivants rend évidents ces excès *e e'*.

On attache l'extrémité *b* d'un fil de bismuth à l'un des bras *r'* du rhéomètre et l'extrémité *b'* à son autre bras *r'*; le magnète ne dévie pas. Si l'on chauffe une extrémité *b'* et qu'on la presse sur l'autre *b* de celle-ci, l'expansion se propage par le rhéomètre vers l'extrémité *b''*. En opérant de la même manière avec l'antimoine, l'expansion va de l'extrémité *b'* chauffée par le rhéomètre à l'autre extrémité *b*. Exposer le mode de la production des faits est leur *explication.*

1° De l'extrémité *b'* chauffée s'éloignent, dans le bismuth, les aréosyzygues Ė par leur expansion facile; les pycnosyzygues Ė restés, passent à l'extrémité froide *b*, d'où leur expansion s'opère dans le rhéomètre.

2° *Dans l'antimoine, c'est* l'expansion de la pycnoélectricité E qui s'éloigne, et il y reste l'aréoélectricité E. Celle-ci passe par le contact à l'extrémité *b*, et de là son expansion est plus facile par le rhéomètre, d'où est sollicitée l'expansion de la pycnoélectricité.

Métaux positifs et métaux négatifs. En opérant de la manière indiquée avec tous les métaux, on les divisa en deux classes, *positifs* et *négatifs*. En observant les déviations angulaires γ du magnète ou leurs cosinus, on détermine le degré des excès *e e'* des syzygues *q* É positif ou *q'* E négatif. Il est facile de faire la division en deux classes, tandis que l'arrangement en deux séries ne l'est pas, parce qu'il y a des variations avec les degrés de la température et avec les métaux. On trouve que l'antimoine, le fer et le zinc sont négatifs, le zinc l'est à un très-faible degré ; tous les autres métaux sont positifs, le bismuth à un très-haut degré, l'argent, surtout le cuivre, à un degré insignifiant. Ces minima d'excès hétéronymes du cuivre et du zinc sont la cause qui rend ces deux métaux indispensables dans la composition des éléments des piles.

De la chaleur latente des liquides, les aréosyzygues E ne se propagent pas dans le cuivre, ni les pycnosyzygues É dans le zinc ; ils exercent des poussées répulsives divergentes contre leurs homonymes : 1° les pycnosyzygues É latents du liquide repoussent leurs homonymes du cuivre, et les aréosysygues latents E^2 repoussent leurs homonymes du zinc.

Syzygues électriques en expansion ou en poussées. Tant que le circuit d'un élément est ouvert, l'expansion des syzygues de la chaleur libre y est interceptée, tandis qu'il y a des poussées *p* de la part des syzygues latents contre leurs homonymes des métaux. Ces poussées répulsives, étant *p* dans un élément, le sont *np* dans une pile de *n* éléments.

Chaque élément fermé est un *électrocyclome :* 1° dans chaque pôle il y a décomposition d'un zeugme d'eau et de chaleur ÎÖEË², ils y restent séparés des éléments d'un équivalent d'eau et de chaleur : 1° ŌÉE oxygène ozoné dans le pôle positif, 2° ÎIE dans le pôle négatif, et 3° les éléments hétéroélectriques ÎIÉ ŌE² repoussés des deux pôles, viennent en rencontre au milieu, et se combinent, et ainsi est soutenu le double inéquilibre, 1° poussée des pôles, et 2° aspiration.

L'existence des poussées *p* répulsives exercées par le liquide de chaque élément, se manifeste dans le résultat obtenu dans le voltamètre, qui n'est qu'un couple sans lames métalliques ; de sorte que les poussées *np* répulsives de *n* couples à lames produisent dans les pôles du voltamètre d'expansion de *n* couples ÈÉ de syzygues qui y décomposent *n* unités de chaleur et d'eau *n*HOÈÉ²; en même temps qu'au milieu de chaque élément se compose une unité de chaleur et d'eau. Ce rapport physique a été nommé une *loi*, indiquant par ce nom la dernière limite de la série des faits observés.

Il est ici prouvé que pour dépasser ces limites, il faut savoir : 1° que du même fluide primitif, inégalement comprimé, il en résulte deux, l'un dense, *pycnoélectre* ε, et l'autre moins dense, *aréoélectre* ε', ayant l'un et l'autre la même tendance de dilatation par une expansion qui apparaît comme s'il y avait des translations des fluides. Il est ici établi qu'il y a des inéquilibres aspiratoires, soutenus par la combinaison des syzygues hétéronymes;

2° Que ces mêmes syzyzygues composent la lumière et la chaleur, dont l'expansion ne diffère pas de celle des syzygues;

3° Que l'excès de l'une ou de l'autre espèce d'électrosyzygues dan les métaux et les liquides, exerce une poussée répulsive contre les syzygues homonymes. L'effet de cette poussée diffère dans ce cas : 1° lorsque la chaleur en expansion est indiquée par le rhéomètre; 2° lorsqu'elle est à l'état latent; dans ce dernier cas, le circuit ouvert manque à chaque expansion; toutes les deux s'établissent ensemble dans le circuit fermé avec l'électrocyclome soutenu par l'inéquilibre aspiratoire;

4° Que les faits chimiques sont des effets des expansions ou des courants, et non des causes.

La *passivité* des métaux, exposée dans le chapitre suivant, loin de présenter aucun obstacle dans le mode de sa production, ne sert, avec tous ses détails, qu'à mieux affirmer l'expansion des syzygues.

Aérohydato-cyclomes. Les physico-chimistes ignoraient l'existence des électro-cyclomes, et encore plus le double inéquilibre par pression et par aspiration. Ils apprendront avec satisfaction, que les rayons solaires produisent dans les mers des anisothermies et des expansions diurnes ascendantes, vers la surface tant qu'elle est exposée au soleil, et descendante pendant la nuit. Ces courants, de directions inverses et alternatives, décomposent les tétraèdres d'eau 4HO en un atome d'oxygène et en un double atome d'azote $4HO = O + Az^2$. Ces deux gaz mêlés sont de l'air; ils occupent un volume 800 fois plus grand que celui de l'eau. On trouve, dans les régions des calmes sur toutes les mers, un maximum de pression barométrique qui indique l'existence d'une pression et d'un inéquilibre aérostatique sollicitant l'éloignement de l'air.

Dans les versants ombragés des montagnes et dans les régions boisées, la température de l'air pendant le jour est celle de la nuit, tandis que celle de l'air et du sol exposés au soleil est supérieure de 20° à 30°. 1°. Il y a donc expansion d'aérosyzygues E de l'air chaud qui en enlèvent l'azote $2Az^2E^2$ et le conduisent vers l'air froid; 2° il y a aussi expansion de pycnosyzygues $\dot{E}$ de l'air froid qui amènent l'oxygène $\bar{O}\dot{E}$ en rencontre de l'azote Az^2E^2; ces gaz se combinent et deviennent vapeur d'eau, composée de vésicules qui n'exercent qu'une faible résistance contre l'air ambiant. 1° *L'air chaud du* sol remonte vers les espaces raréfiés, et fait diminuer la pression barométrique; l'air froid descend des couches supérieures et il fait se multiplier l'expansion électrique : il y a des éclairs, des tonnerres, des combinaisons des deux électricités et des deux gaz, comme cela se fait au milieu du bain et des lames des éléments des piles. L'inéquilibre *aspiratoire* provoque l'affluence de l'air vers les régions pluviales. D'après la loi de l'aérostatique, l'air des mers se distribue pendant les heures chaudes de tous les jours sereins; il passe par les côtes. D'après la même loi, l'air devenu eau, laisse les espaces raréfiés qui aspirent l'air ambiant.

Un équilibre aérostatique n'est possible nulle part que sur les mers chaudes, car l'air produit se partage en directions divergentes. On sait que les régions des calmes sont les limites des vents divergents. On sait aussi que dans chaque région intertropicale, pendant la saison des pluies, se trouvent les limites des vents affluents. L'origine des vents a sa cause physique : 1° dans les anisothermies diurnes produites dans les mers par le soleil, et 2° dans les anisothermies de l'air ombragé et de l'air non ombragé des continents.

Les tempêtes des calmes sont produites par l'éloignement prompt de l'air chaud vers les régions pluviales; cet air chaud est remplacé par l'air froid descendant des couches supérieures. Ainsi l'anisothermie entre les masses d'air produit 1° de l'expansion électrique qui amène la combinaison des deux gaz, 2° la formation des espaces raréfiés, et 3° l'affluence rapide de l'air ambiant, le vent.

III. MACHINES ÉLECTRIQUES OU APPAREILS DE L'EXELECTROSE DE LA CHALEUR LATENTE.

§ 249. La chaleur et l'électricité de frottement se trouvent dans les corps à l'état latent; cet état n'est que des syzygues de chaleur

É É², soutenus par les faces f f′ des couples ΔΔ′ ΔΔ′ des tétraèdres composant les corps solides, liquides ou gazeux.

Je rapporte le mode de l'exélectrose de la chaleur, au moyen de trois genres d'appareils : 1° machines électriques ordinaires ; 2° machine du frottement de la vapeur, et 3° machine du frottement de l'air.

I. **Machine ordinaire**. Un plateau ou un cylindre en verre tourne autour de son axe OO′ (*fig.* 47). 1° D'un côté se trouve un

Figure 47.

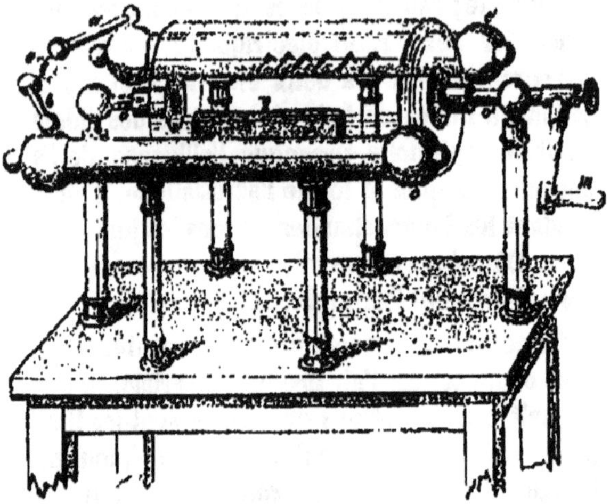

cylindre C qui porte un coussin F pressé par un ressort contre le verre ; il est enduit d'un amalgame de zinc ; 2° de l'autre côté est un autre cylindre C′ garni de pointes disposées vers le verre sans le toucher. Cet appareil est employé pour exélectroser la chaleur de la surface des deux corps en contact.

1° Le verre étant négatif exerce une poussée répulsive contre les aréosyzygues É de la chaleur ÉÉ², et il laisse en place les pycnosyzygues É.

2° Le zinc amalgamé étant positif repousse les pycnosyzygues É de la chaleur, et il laisse les aréosyzygues en place.

Il en résulte une expansion de ces aréosyzygues par une chaîne vers le sol et une expansion des pycnosyzygues É du sol vers les coussins et vers le verre pour passer par les pointes dans le cylindre C′ isolé, nommé *conducteur*, car sur sa surface se répand l'électricité à cause de la résistance qu'elle éprouve par l'air. Les effets obtenus de cette électricité lui correspondent.

1° En rapprochant du cylindre V (*fig.* 48) électrisé un autre qui

Figure 48.

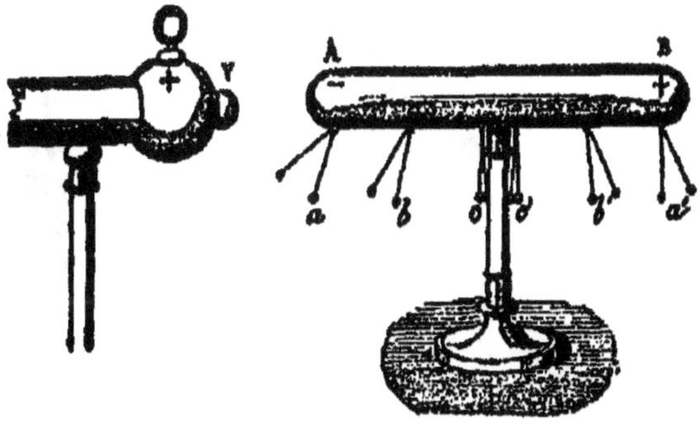

ne l'est pas et porte des globules *abc*, *c'b'a'* suspendus, ces globules se déplacent : 1° dans l'extrémité A voisine du cylindre V, ils sont attirés; 2° au contraire, dans l'autre extrémité B, ils sont repoussés. Ainsi est établie l'existence d'une poussée expansive de la part du cylindre V, qui va dans la couche d'air ambiant, et de celle-ci dans le cylindre isolé AB. Les pycnosyzygues $q\dot{E}$ de la chaleur superficielle sont repoussés vers l'extrémité B, et les aréosyzygues $2q\ddot{E}$ restent en place. Ils se propagent aux globules *ab*, lesquels, éprouvant un minimum de résistance du côté du cylindre V, y sont repoussés. Dans l'extrémité B, les pycnosyzygues repoussés $q\dot{E}$ se propagent aux globules *a'b'*, lesquels éprouvant de la part du cylindre V une poussée répulsive, s'en éloignent. Il ne reste en place que les globules *cc'* verticaux.

Si le cylindre AB est éloigné suffisamment, les globules *ab*, *a'b'* redeviennent verticaux. Cette même direction est obtenue lorsque le cylindre AB est rapproché du cylindre V, chargé pour faire éclater une étincelle, entendre un bruit et produire de la chaleur et de la lumière. L'odeur de soufre se répand déjà pendant l'éloignement des aréosyzygues $2q\ddot{E}$ accumulés dans les coussins.

2° Lorsqu'on éloigne le cylindre AB, l'autre V conserve ses pycnosyzygues, tandis que ceux-ci disparaissent lorsqu'on les conduit vers les aréosyzygues ; il en résulte beaucoup de lumière $q\dot{E}^2\ddot{E}$ et peu de chaleur.

Tant que l'expansion des électrosyzygues était inconnue, l'arrangement exposé de la série des faits organoleptiques était impossible : *odeur*, *déviations des globules*, *bruit*, *lumière*.

II. **Machine d'Arago.** Un plateau *ll* (*fig.* 49) en cuivre fixé au centre *x* tourne horizontalement au moyen d'un appareil d'horlogerie. Le corps frottant est l'air. De sa chaleur, les pycnosyzygues Ė séparés éprouvent dans la périphérie du plateau une accumulation, d'où ils se propagent vers le centre en quantité correspondante à la conductibilité du métal. Du centre, l'expansion obtient une direction centrifuge sur un niveau à petite distance du plateau.

Fig. 49.

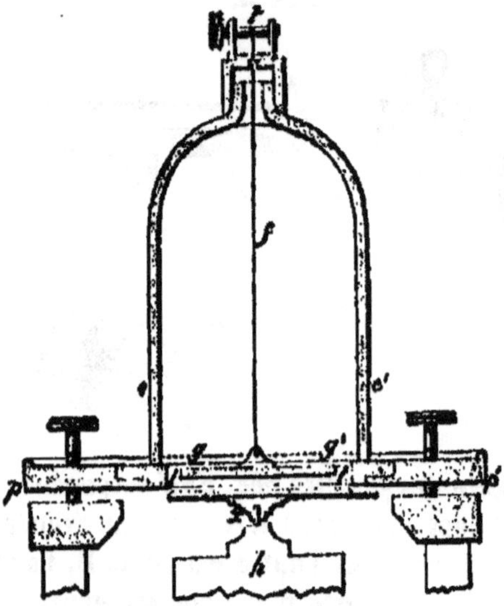

1° L'expansion centripète produit une poussée du magnète *gg'* (*fig.* 49); 2° l'expansion centrifuge est observée au moyen du magnète vertical suspendu d'abord sur le centre qu'on éloigne jusqu'au delà de la périphérie du disque. Le magnète reste vertical : 1° au centre, 2° à une distance *d* au delà de la périphérie du disque de rayon 2*r*, et 3° à une distance de *r* du centre, comme cela se voit dans la figure 50.

Fig. 50.

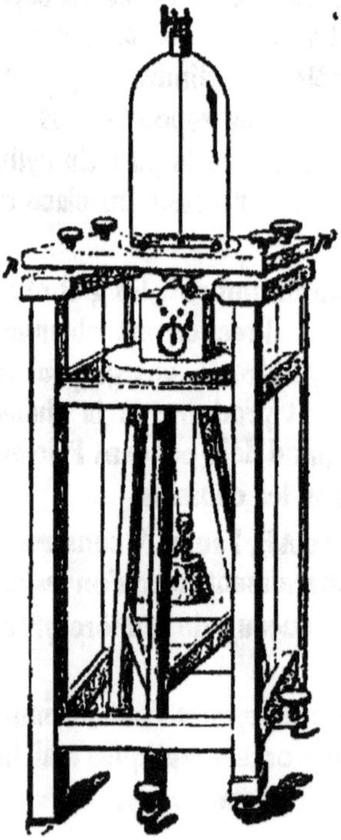

1° L'expansion centrifuge est au centre du disque à son maximum. Elle n'y apparait pas dans le magnète qui en est également repoussé en tous sens. En éloignant le magnète du centre, il est repoussé en sens inverse par les deux poussées; il dévie pour atteindre un maximum en obéissant à l'expansion centripète, laquelle s'affaiblit ensuite, et dans la distance *r* les deux expansions antagonistes s'égalisent; le magnète n'obéit qu'à son poids; il est vertical.

Au delà de la distance *r*, l'extrémité inférieure du magnète éprouve une poussée centripète toujours plus faible jusqu'au-dessus de la périphérie du disque, où elle atteint le maximum de déviation centrifuge. Au delà de la distance $2r$, la poussée centripète est nulle, l'expansion centrifuge s'affaiblit, et dans la distance $2r + d$ elle devient insensible, le magnète n'obéit qu'à son poids.

Fig. 54.

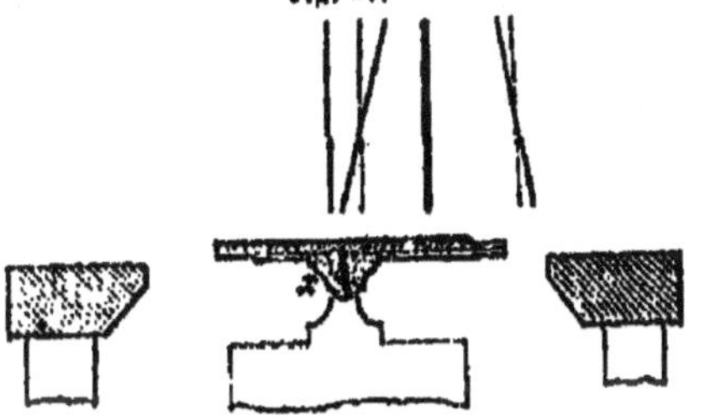

2° La déviation γ du magnète gg (*fig.* 54) horizontal croît : 1° avec la vitesse v de la rotation du disque; 2° avec la diminution de la distance d entre lui et le disque; et 3° avec la conductibilité du métal. Ainsi la même déviation γ indique l'existence d'une expansion exerçant une poussée, qui est produite de trois manières différentes, sans pour cela être de nature différente.

1° L'expansion centripète croît avec les carrés de vitesse v **v** de rotation, car avec ces carrés croissent les quantités de pycnosyzygues $\gamma\dot{E}$, $\gamma\dot{E}$ séparés de la chaleur. Le même disque, dans la même distance d, produit au magnète des déviations correspondant jusqu'à 90°; au delà de cette limite, le magnète tourne dans le sens du disque avec une vitesse analogue à celle de la rotation.

2° L'expansion centripète croît en raison inverse des distances **d** d, entre le magnète et le disque; ce rapport est basé, comme celui des densités de la lumière, dans la diminution des densités aux surfaces *s s* les plus grandes et les plus éloignées.

3° La vitesse **v** et la distance d restant invariables, si la déviation du magnète est γ dans le disque en cuivre, elle diminue dans les disques d'autres métaux dans les rapports suivants :

Cuivre	γ	Zinc	$0{,}005\gamma$
Étain	$0{,}46\gamma$	Antimoine	$0{,}00\gamma$
Plomb	$0{,}25\gamma$	Bismuth	$0{,}02\gamma$

Cette diminution de déviation n'existe pas, lorsque le disque restant en cuivre, on l'entoure d'un anneau mince d'un autre métal. Si, au contraire, les disques d'autres métaux sont entourés d'un anneau en cuivre, leur effet sur le magnète ne change pas. Le bismuth exerce le maximum de résistance à l'expansion des pycnosyzygues centripètes. Cette résistance ne résulte que des pycnosyzygues de faces **F** des couples $\Delta\Delta'$ $\Delta\Delta'$ des tétraèdres qui entrent dans la formation des cristaux du bismuth. Cet état pycnoélectrique de faces f fait avoir à ce métal des propriétés correspondantes.

III. **Machine d'Armstrong.** L'expansion rapide de la chaleur est employée pour solliciter l'expansion centripète des pycnosyzygues de l'air. La légende des parties qui composent l'appareil est la suivante. La chaudière a une soupape *s* (fig. 52), *n* est un tube à

Figure 52.

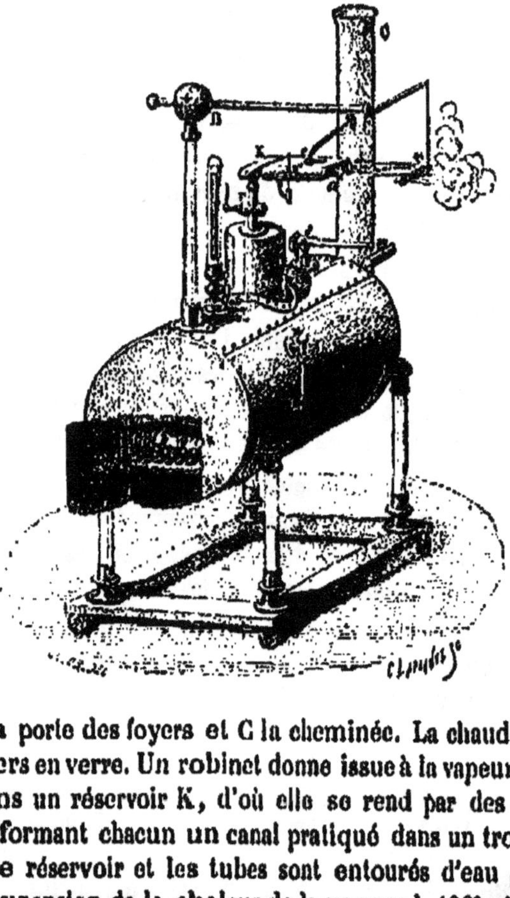

niveau, *p* la porte des foyers et C la cheminée. La chaudière repose sur des piliers en verre. Un robinet donne issue à la vapeur, qui passe d'abord dans un réservoir K, d'où elle se rend par des tubes aux ajutages *a* formant chacun un canal pratiqué dans un tronc de cône en buis. Ce réservoir et les tubes sont entourés d'eau glacée, qui sollicite l'expansion de la chaleur de la vapeur à 106° et l'affluence des pycnosyzygues de l'air.

La vapeur s'échappe des tubes chargée de pycnosyzygues, dont l'expansion provoque celle des aréosyzygues de la chaleur. Ainsi, comme dans la machine ordinaire, il y a des décharges accompagnées de bruit, de lumière et de chaleur en quantité mille fois supérieure, quantité qui correspond à celle de la chaleur produite dans la cheminée, et décomposée par l'eau glaciale. L'excès d'aréosyzygues γE, qui y arrive de la vapeur, sollicite l'expansion des pycnosyzygues, comme cela s'opère dans l'eau au-dessous de zéro, et à un plus haut degré dans l'eau renfermée et exposée à la gelée de — 20° à — 30°.

Résumé. Toute espèce de machine électrique décompose la chaleur de la température ordinaire. Armstrong opéra sur une chaleur produite par la combustion; celle-ci n'est qu'une combinaison des aréosyzygues $3\gamma E$ des combustibles avec les $3\gamma\dot{E}$ pycnosyzygues de l'oxygène. Ainsi, on ne fait que produire de la chaleur et de la lumière.

$$3\gamma E + 3\gamma\dot{E} = \gamma\dot{E}E' + \gamma\dot{E}'E' = \theta + \varphi.$$

La chaleur θ passe dans l'eau et la transforme en vapeur à 100°. Cette chaleur s'éloigne de la vapeur en passant à côté du réservoir K, et elle y accumule la pycnoélectricité.

V. ÉLECTROMAGNÈTES ET MAGNÉTOÉLECTRES.

§ 250. Il y a deux genres d'appareils, de fonction et de structure semblables. Les uns se chargent de l'électricité d'une pile, les autres le font de l'électricité des courants terrestres.

Pour se rendre compte du mode de l'accumulation des syzygues **q**$\dot{E}$ **q**E dans les électromagnètes, il faut se rappeler celle des bouteilles de Leyde par une faible machine électrique.

A. ÉLECTROMAGNÈTES A PILE.

§ 251. Deux barres de fer doux droites ou en forme de fer à cheval, se trouvent dans deux ou dans quatre bobines formées d'un électrode qui est uni avec les deux extrémités de la pile. Il y a donc appareil à deux cylindres ou à deux fers à cheval. Dans l'un de ces cas il y a entre les bases vis-à-vis une *ligne axiale*, dans l'autre il en a deux. Cet appareil se prête à observer l'accroissement de l'expansion convergente des deux espèces de syzygues qui amènent les extrémités de l'un des fers vers celle de l'autre.

Fig. 53.

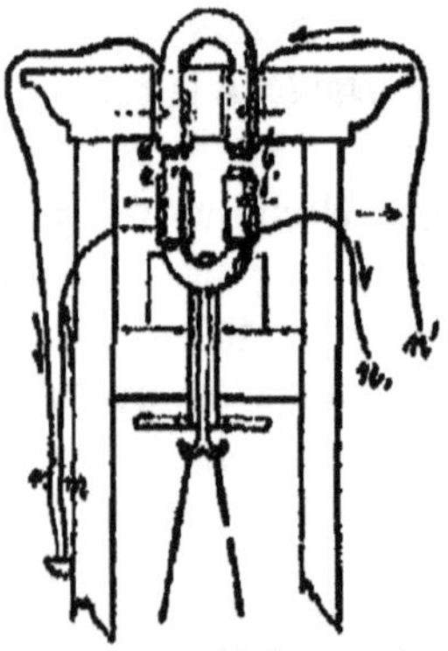

I. Appareils à deux fers à cheval. L'électrode *nn'* (fig. 53) qui amène les deux électricités de la pile se plie et forme quatre bobineuses autour de ses quatre bras *aa'* et *bb'*. Le fer *ab* est soutenu dans un support en bois, l'autre *ab* l'est aussi. D'abord le support est équilibré par le poids P du fer tant que le circuit reste ouvert; dès qu'il est fermé, le poids commence à diminuer pour devenir nul; ensuite le fer commence à remonter, et il faut employer un poids P antagoniste pour empêcher son attachement au fer *aa'*. Avec un fil électrode de 1 millimètre de diamètre et 1,000 mètres de longueur, Pouillet obtint des poussées convergentes de tel degré qu'il lui a fallu un poids de 1,000 kilogrammes pour les vaincre. Le même physicien avait uni les deux moitiés *mm'* de l'électrode en les plongeant dans un vase de mercure, voulant les en éloigner, la décharge en recul s'opéra sur son bras avec une expansion si violente *qu'il a été* jeté évanoui à terre. Le poids P a reculé, obéissant à sa pesanteur, la poussée **pp'** convergente est à l'instant disparue des extrémités *a'b*, *ab'* des fers à cheval, une détonation a été entendue. Toute cette série de faits a été obtenue par une pile de Bunsen de 30 éléments.

Un électrode, de quelque longueur qu'il soit, étant ouvert sans être plié *en bobines, ne produit ni des poussées compressives ni des dé*tonations ni une poussée de recul d'une si grande intensité ; dans ce cas la poussée initiale se soutient sans l'accroissement qu'occasionne la présence des bobines, dont l'effet est le suivant :

L'expansion des syzygues positifs E et négatifs Ė s'opère de l'une des extrémités à l'autre par l'électrode ouvert, son recul vers l'ouverture s'opère de la même manière. *L'électrode plié en bobines est d'abord* traversé par l'expansion des syzygues; ensuite cette expansion s'opère de la surface de l'une des bobines pliées à l'autre jusqu'au degré où commence une expansion par le total de chaque bobine. C'est le maximum de poussées **p p'** convergentes, ayant pour cause l'expansion des syzygues Ė E, qui entraînent les plis des bobines, et avec eux les fers à cheval.

L'ouverture occasionne le recul de l'expansion : celle-ci s'opère graduellement en se propageant jusqu'à la pile lorsque les bobines manquent. Si l'électrode forme quatre bobines chacune à *n* plis et l'ouverture est faite au milieu, on obtient le recul de 4 *n* d'expansion dont l'effet est 4*n* fois celui obtenu par les poussées *pp'* de l'ouverture d'un circuit de la même pile et de la même longueur d'électrode sans bobines.

II. **Électromagnète à deux cylindres.** Au lieu d'avoir les deux barres de fer doux pliées en forme de fer à cheval Ruhmkorff les laissa droites en conservant tout le reste. Ainsi, au lieu des deux *mésostomes aa' bb'* ici il n'y en a qu'un dans lequel ont été opérées les observations des poussées expansives des électrosyzygues ÉE venant de la pile par les extrémités + — (fig. 54) de l'électrode. Le

Figure 54.

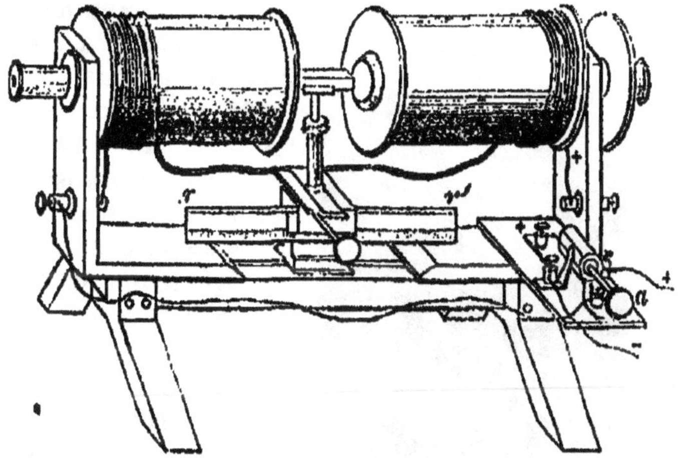

fil partant de + fait une bobine autour d'un cylindre, il passe devan le mésostome et va former une autre bobine autour de l'autre cylindre d'où il recule et vient à —. Les extrémités + — du fil communiquent avec celles de la pile pour en amener l'expansion aux bobines d'où elle se communique aux cylindres pour apparaître dans leur mésostome à l'état de deux sources d'expansion allant en sens inverse : 1° la pycnoélectrique du cylindre *r'* vers l'autre *r*, et 2° l'aréoélectrique du cylindre *r* vers l'autre *r'*. Dans le mésostome, on nomme : 1° *ligne axiale*, celle qui unit les axes des deux cylindres, et ligne *équatoriale* la perpendiculaire à la ligne axiale.

En opérant sur des cylindres de métaux suspendus dans le mésostome par le milieu de leur longueur, les uns, comme le fer, restent dans la ligne axiale, et on les appelle *magnétiques*, les autres, comme le bismuth, restent dans la ligne équatoriale et on les appelle *diamagnétiques*.

Étincelles. En admettant toujours la pile composée de deux éléments de Bunsen on en obtient des poussées expansives qui sont dans leur minimum au moment de la fermeture, elles croissent, et avant la fin d'une minute atteignent un maximum qui se soutient. Si l'on ajoute aux extrémités de l'électrode des gros fils de cuivre, l'étincelle éclate à une distance maximum de 2 à 3 centimètres. En multipliant les décharges par seconde par une roue dentée, les étincelles sont de plus en plus courtes. La poussée expansive des excès *ee'* accumulés dans la pile s'affaiblit par leur éloignement très-court. Lorsque cette accumulation était inconnue, l'explication n'était qu'une description disant que *le magnétisme du fer ne se développe pas instantanément.*

Résistances mécaniques. I. Un disque de cuivre A (fig. 55) tournant au moyen d'une manivelle qui peut faire plus de 150 tours par seconde, a été placé entre les bases des cylindres NSD. Tant que le circuit reste ouvert, le disque produit les faits exposés dans la machine d'Arago. Dès que le disque par son axe est mis en communication avec le circuit d'une pile de Bunsen à 60 couples le bras commence à sentir une résistance de la manivelle. Si l'on veut la vaincre à force multiple, il se produit sur le disque de la chaleur qui fait monter la température de 12° à 95°.

Figure 55.

La résistance provenant des excès *ee* des syzygues d'expansion de chaque élément de la pile, croît pour atteindre un maximum, lequel reste constant par un inéquilibre qui se soutient par la combinaison des syzygues hétéronymes ÉÈ du circuit du disque. C'est donc la chaleur ainsi produite, qui soutient les expansions des syzygues par leur disparition qui est un inéquilibre aspiratoire.

II. On suspend un cube solide de cuivre par un gros fil de soie ayant une forte torsion pour tourner avec une grande vitesse. Ce mouvement s'arrête à l'instant où l'on ferme le circuit; le cube est repoussé du pôle positif + au négatif — (fig. 56). Le cuivre soutient dans ses faces *ff'* des couples ΔΔ'ΔΔ' de tétraèdres les syzygues ÈÉ hétéroélectriques en inégales densités. L'expansion, très-facile à travers du cuivre, arrête sa rotation, et le repousse vers le pôle négatif.

Fig. 56.

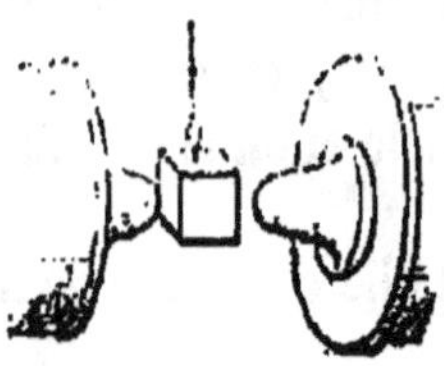

III. Un cylindre de carbone : 1° dans le vide est repoussé dans la direction équatoriale; le même effet est produit dans l'acide carbonique, l'azote, l'hydrogène et le protoxyde d'azote; pour en être déplacé il faut une torsion du fil de 3°,85.

2° Dans l'oxygène, le même cylindre de carbone reste dans la direction axiale; pour l'en déplacer il faut une torsion de 18°,55.

3° Dans l'air le cylindre reste encore dans la direction axiale, mais il en est déplacé par une faible torsion de 1°,20.

Le charbon est mauvais conducteur à cause de l'excès des aréosyzygues; l'oxygène l'est davantage à cause de l'excès des pycnosyzygues. Tel est le mode de la production des positions indiquées.

4° Le bioxyde d'azote se comporte comme s'il était un mélange d'azote et d'oxygène; de même aussi l'acide hypoazotique liquide.

Résistance des faces ff' des couples des tétraèdres. 1° Une lame de tourmaline perpendiculaire à l'axe reste équatoriale. Un cristal cubique de bismuth, suspendu de manière que le clivage soit vertical, se met dans la ligne axiale et est repoussé vers le pôle négatif. Si la face de clivage est horizontale, le cristal ne se dirige plus et il n'y a aucun déplacement du centre de gravité. Si les faces f positives d'un métal sont en excès, la direction équatoriale est déterminée par le pôle positif; le contraire a lieu pour les cristaux dans lesquels les faces f' négatives sont en excès.

Fig. 57.

Résistance de l'expansion de la lumière. 1° L'expansion d'un jet de flamme dans l'arc voltaïque est repoussé du pôle positif (fig. 57).

2° Le plan de la lumière aplatie passant par la ligne axiale dévie en cédant à la poussée venant du pôle positif.

Résumé. Les séries de faits exposés dépendent : 1° les unes des éléments de la pile, et 2° les autres de l'état électrique des objets observés. Le nombre des faits observés est indéfini : 1° par rapport à l'ensemble des objets; 2° par rapport au nombre des éléments des piles, dont les excès *e e'* sont à leur minimum au moment de la fermeture, il leur faut quelques secondes pour atteindre leur maximum. Par rapport aux objets observés les effets correspondent à l'expansion de leurs syzygues positifs ou négatifs.

I. **Étincelles.** La longueur des étincelles croît 1° avec le nombre des éléments de la pile; 2° avec les secondes écoulées depuis la fermeture, et 3° elle atteint un maximum dans l'inclinaison magnétique, car alors l'expansion des électrosyzygues de la Terre et de la pile coïncident. Au contraire, en renversant la position des cylindres, la longueur des étincelles produites dans la même direction diminue. Ces résultats sont d'accord : 1° avec la déviation de la flamme repoussée du pôle positif vers le négatif, et 2° avec le déplacement du plan de polarisation de la lumière.

Au lieu de conduire l'expansion des syzygues d'une pile aux bobines et aux cylindres de fer, en remplaçant ceux-ci par des magnètes, on en conduit l'expansion des électres terrestres aux bobines. En unissant un nombre *n* de tels éléments on obtient une pile.

II. **Résistances mécaniques.** La conductibilité des corps n'est qu'un effet de résistance des électres contre l'expansion de leurs homonymes. Cette résistance existe de la part des corps positifs comme des corps négatifs. Le cuivre, étant presque neutre par rapport à ses faces **ff** cristallines, est bon conducteur des deux électricités ; le fer obtient dans ses faces un arrangement pour être comme le cuivre. Le bismuth et l'oxygène sont aréoélectriques ; tous ces corps exercent une résistance à l'expansion de l'une ou de l'autre espèce d'électres.

Les corps placés entre les pôles d'un électromagnète en forme cylindrique, sont exposés comme l'air aux poussées de l'expansion double provenant des pôles. En cas que le cylindre exerce une résistance *r* inférieure à celle *r'* exercée par l'air le cylindre est dans la ligne axiale ; au contraire, si la résistance *r'* de l'air est inférieure à celle **r** du cylindre, celui-ci est repoussé dans la ligne équatoriale.

B. Magnétoélectre.

§ 252. Ce système d'appareils diffère du précédent en ce que les électrosyzygues ĖĖ sont amenés aux bobines par des magnètes des courants thermoélectriques terrestres. Clark fixa un magnète en fer à cheval et il fit entre ses branches tourner un cylindre de fer doux portant deux bobines. Verdet fit tourner une plaque de fer devant deux pôles hétéronymes de deux magnètes entourés de deux bobines. La différence ne consiste qu'en une accumulation de l'expansion aux bobines autour du fer ou autour des magnètes. J'expose précédemment les deux appareils, et puis le mode de l'accumulation de l'expansion des électres par les magnètes des courants terrestres.

I. **Magnétoélectre de Clark.** Cet appareil se compose d'un magnète fixe *ab* (fig. 58); en fer à cheval devant ce magnète tourne une

Figure 58.

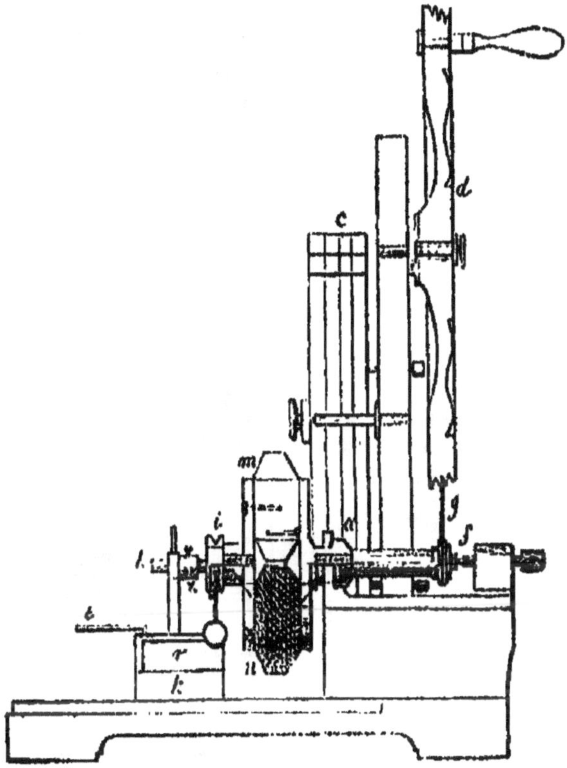

barre de fer dans *mn* mais parallèle dont les deux bobines *mn* sont de fil de cuivre de 1 millimètre de diamètre et de 40 mètres de longueur ; il est mis en mouvement au moyen de la roue *f*. L'une des extrémités du fil qui forme la bobine communique avec l'axe *h* et l'autre extrémité avec une espèce de virole *i* qui est isolée de l'axe. Dans le support se trouvent deux caisses en cuivre *r* et *k* remplies de mercure.

Pour fermer le circuit, il faut que le fil *f*, pressé par le ressort *x* amène l'expansion de la virole *i* à la caisse *r*, laquelle communique avec l'autre *k*, où arrive l'expansion des électres hétéronymes de l'extrémité *h*. En montant sur l'axe une pièce d'électricité *z*, on en obtient une répétition régulière de fermeture et d'ouverture par des intervalles d'autant plus courts que la rotation est plus rapide.

Si l'on fait les bobines d'un fil de cuivre très-mince de 1,500 mètres de long, et si les intervalles entre les fermetures et les ouvertures sont égaux, l'expansion des syzygues hétéronymes croît jusqu'au degré de la décomposition de l'eau ; en ce cas la rotation doit être lente, car les trop petits intervalles ne suffisent pas pour opérer la décomposition de l'eau. Pour obtenir séparément l'oxygène, il y a séparation des expansions, celle des pycnosyzygues produit de l'oxygène, et celle des aérosyzygues produit de l'hydrogène.

II. **Appareil de Verdet**. A la place des deux cylindres de fer deux parallèles portant chacun une bobine, il y a ici deux magnètes ayant sur le même plan les pôles hétéronymes *a b* (fig. 50); une

Figure 50.

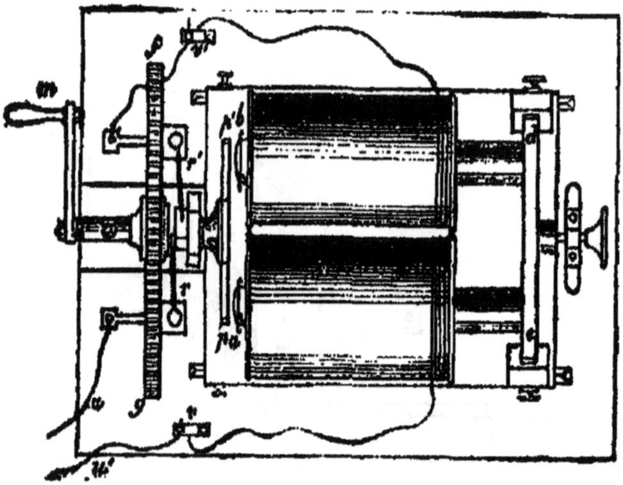

plaque en métal *pp* tourne au devant des pôles *ab'*. Les extrémités *vv'* de l'électrode sont deux pôles dont les expansions des électres hétéronymes sont sollicitées par la diminution de l'intervalle, il y a alors des étincelles. Si l'on forme le circuit il s'établit un inéquilibre aspiratoire par la combinaison des syzygues ÉÈ hétéronymes, et c'est ainsi que le rhéomètre indique une expansion, dont l'intensité est trop faible pour décomposer l'eau : 1° lorsque les magnètes sont dans les bobines, l'intensité est supérieure à ce qu'elle est lorsqu'ils n'y sont pas ; 2° lorsque la plaque *p p'* est un bon conducteur, l'intensité indiquée par le rhéomètre est supérieure à ce qu'elle est, lorsqu'il est moins bon ; 3° il y a un retard entre les moments où le courant change par la position de la plaque et les changements de déviation des magnètes.

Mode de la production des faits par l'expansion des électres des courants terrestres. Les magnètes remplacent les éléments de la pile de la manière suivante : les courants méridionaux et hélicoïdaux terrestres obtiennent une expansion en quantité supérieure aussi bien par le milieu des magnètes que par le milieu de tout autre corps. Si deux bobines armées tournent en rasant les deux branches d'un magnète en fer à cheval, il y a introduction des expansions alternatives. Ces expansions se propagent du fer doux aux bobines, dont les expansions sont facilitées par le rapprochement des deux extrémités de l'électrode des bobines où les étincelles éclatent. Si les extrémités de l'électrode sont jointes avec les bras d'un rhéomètre, les expansions changent deux fois de direction pour chaque révolution de la plaque; elles sont observées dans les déviations alternatives du magnète du rhéomètre.

Ces expansions ont été nommées *induction* qui indique la propagation d'une expansion, sans faire savoir en quoi consiste l'accumulation des expansions comparables à celle des bouteilles de Leyde, dont l'expansion produit des chocs qui sont d'une intensité *n* fois celle de chaque étincelle employée pour charger ces bouteilles. Ces accumulations d'expansion nommées induction, pour les électrosyzygues, correspondent à celles de l'accumulation du barogène dans la machine hydraulique. Dans le principe, la pression est nulle : elle croît indéfiniment, et reste latente tant que l'expansion du liquide ou de son barogène est interceptée. La moindre ouverture de la colonne exerce un choc d'une violence extrême et d'une courte durée.

(Figure 60.)

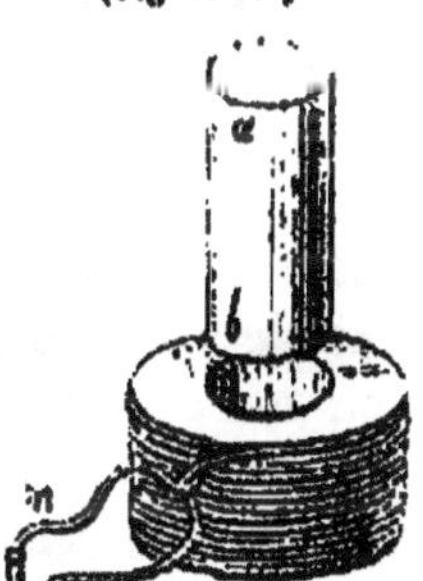

L'électrode correspond au tube contenant la colonne d'eau; les communications partielles des expansions des électrosyzygues terrestres par les magnètes au disque, correspondent au travail employé pour élever les petites portions d'eau. Soit *m n* (fig. 60) les extrémités d'une bobine vide jointes avec un rhéomètre : 1° si l'on y introduit un magnète *a b*, le magnète **m** du rhéomètre dévie γ vers l'est, et bientôt il revient à son méridien; 2° si l'on éloigne le magnète *a b* de la bobine, le même magnète dévie γ, vers l'ouest.

L'expansion des électrosyzygues ĖĒ du magnète *a b*, produit par une poussée *p*, la déviation γ du magnète **m**; l'équilibre s'établit, et ce magnète **m** revient à son méridien. La portion γĖĒ de syzygues déplacés est soutenue par la présence du magnète *ab*. Si l'on attend le retour du magnète **m** à son méridien pour éloigner le magnète *a b*, il n'y a pas d'accumulation d'électrosyzygues; tandis que, si dans le magnète *a b* les va-et-vient s'opèrent par des intervalles très-courts, s'il reste un excès γ—γÈÉ d'électrosyzygue dans la bobine de chaque va-et-vient du magnète *a b*. Ainsi l'inéquilibre croit dans la bobine dans laquelle il se soutient en état latent des deux espèces de syzygues. L'effet de cet inéquilibre est une expansion au moment de la fermeture, et une autre au moment de l'ouverture du circuit.

La déviation γ du magnète **m** du rhéomètre diminue, et devient même nulle, si on l'introduit dans la bobine on en éloigne très-lentement le magnète *a b*; l'effet ainsi obtenu correspond à l'affaiblissement du choc produit par la communication graduelle de l'expansion des électrosyzygues terrestres du magnète dans la bobine.

C. EXPANSION DES ÉLECTROSYZYGUES ET SES EFFETS.

§ 253. L'unique force motrice, l'*expansion* des électrosyzygues ÈÉ, produit une infinité de faits en agissant sur les corps indéfiniment nombreux et sur les fluides impondérables. Connaissant cette double expansion et les faits qui en sont produits sur chaque corps, on détermine la différence des corps par rapport à leur état électrique. Au lieu de distinguer les faces **ff'** des couples ΔΔ' ΔΔ' des tétraèdres μ en 1° positives È, 2° en négatives É, et 3° en neutres ÈÉ, qui exercent des résistances différentes à l'expansion des électrosyzygues ÈÉ, on a admis des forces motrices différentes : *magnétisme*, *diamagnétisme*, *paramagnétisme*, *électromagnétisme*, *induction*, etc. Quand une machine met en mouvement plusieurs espèces d'appareils, les produits farine, huile, drap, etc., ne prouvent pas une différence de cause motrice. De même : 1° si les cylindres en fer, en cuivre, en bronze, restent dans la ligne oxiale, et 2° si ceux en charbon, en bismuth ou en verre, remplis d'oxygène, restent dans la ligne équatoriale, cela provient, d'après la loi de la mécanique, de la même force motrice appliquée aux résistances différentes.

Jusqu'à présent on ne connaissait que les fluides lumière, chaleur, électricité, se propageant avec des vitesses constantes. On apprendra ici que de telles propagations ne sont soutenables que par une expansion indéfinie des molécules d'un même fluide primitif, qui ne diffèrent que d'après leur densité. Les pycnosyzygues È et les aérosyzygues É ne sont pas de volume constant; celui-ci est toujours en accroissement avec une vitesse égale. C'est ainsi qu'est soutenue l'inégale densité des molécules composant les deux électricités et le rapport inverse entre les carrés de distance et la densité de la lumière.

L'éloignement d'une résistance qui soutenait un équilibre fait se présenter un inéquilibre, lequel provoque une expansion; celle-ci a été appelée *induction* dans le cas où sa propagation s'opère dans des bobines; l'électrode se charge par la pression des molécules de l'une de ses extrémités jusqu'à l'autre. A cause du contact des piles formant les bobines, la décharge s'opère instantanément d'un pli à l'autre, de sorte que la charge est à peine sensible; tandis que les décharges produisent des chocs violents, à cause du recul de l'expansion de l'une à l'autre, et non graduellement, le long de l'électrode. Les électromagnètes se chargent par l'expansion qui se propage de la pile dans l'électrode des bobines, et ses décharges s'opèrent directement d'un pli à l'autre. On y voit même des étincelles dans l'obscurité. Il est employé pour condenser l'azote et l'oxygène et en produire de l''acide azotique hydraté.

Les magnétoélectres se chargent par l'expansion des électrosyzygues des courants terrestres traversant les magnètes. Chaque rapprochement d'une base du cylindre de fer doux d'un pôle à l'autre du magnète occasionne l'expansion des électrosyzygues ÈÉ des pôles aux cylindres et aux bobines. Pour donner issue à ces expansions, on diminue l'intervalle entre les extrémités de l'électrode. Au moyen du mécanisme indiqué, on fait se séparer les pycnosyzygues È du pôle positif des aérosyzygues É du pôle négatif, pour les employer dans la décomposition de l'eau. Ainsi est constatée l'existence des deux espèces d'électres dont l'expansion séparée provient des pôles hétéronymes des magnètes. Ceux-ci n'engendrent pas ces expansions, ils ne font que livrer passage aux expansions des électres, qui ont leur origine dans la décomposition de l'électricité neutre 3qÈÉ, composant les rayons solaires qui arrivent à chaque pays en inégale densité.

Ces rayons arrivent en un maximum de densité à chaque moment au pays *caustique*, par lequel passe la ligne unissant les centres de la Terre et du Soleil. L'expansion est un effet direct de l'inéquilibre soutenu par la rotation de la Terre; de sorte qu'il n'y a pas de différence entre l'expansion des syzygues électriques amenés aux bobines des deux extrémités d'une pile ou des pôles hétéronymes des deux magnètes.

VI. Origine de l'électricité.

§ 254. Au moyen des appareils électromagnétiques, on obtient des séries de faits identiques par des électricités des piles ou des magnètes. Ceux-ci ne diffèrent des autres corps qu'en un arrangement des faces ff' des couples ΔΔ' ΔΔ' de tétraèdres, pour exercer un minimum de résistance à l'expansion des électrosyzygues terrestres. Ils arrivent du soleil non par une poussée centrifuge pareille à celle des projectiles, ni par un ébranlement d'un fluide, comme il est admis dans les corps sonores. Il n'y a ni *système d'émission* ni *système d'ondulations*, c'est une expansion des couches d'électricité neutre, qui se séparent de l'eau qui en est imbibée pour obtenir un état de pâte demi-liquide nommée *matière empyrée*.

Le pays *caustique*, qui soutient l'inéquilibre de la densité de l'électricité neutre, décrit en six mois une hélice composée de 183 plis, et en six autres mois une autre hélice égale, mais ayant les plis en sens inverse. L'hélice décrite est *dexiostrophe* pendant l'avancement du soleil du nord au sud, et elle est *aristérostrophe* pendant son retour.

Dans l'hémisphère nord, l'hélice dexiostrophe est chaude, et l'aristérostrophe froide; le contraire a lieu pour les hélices de l'hémisphère sud, attendu qu'il y a dans chaque hémisphère expansion des pycnosyzygues de l'hélice froide vers la chaude. Ces expansions forment par leur direction deux hélices hétéronymes convergentes vers l'équateur.

Une barre de fer doux étant exposée aux expansions des électrosyzygues terrestres, on obtient par ses tétraèdres un arrangement exerçant le minimum de résistance. Cet effet n'est possible que dans la seule position de la barre pour se trouver parallèle à l'axe des hélices.

Les plis des électrodes des bobines des électromagnètes, qui exercent des poussées hélicoïdales dans le mésostome des cylindres suspendus bons conducteurs ou aux cylindres mauvais conducteurs par rapport à l'air *sont* pareils aux plis des hélices décrites autour de l'axe terrestre par l'expansion des deux électres. Ainsi, dans un cas, les cylindres bons conducteurs se placent dans l'axe des bobines, et les mauvais conducteurs dans la direction équatoriale.

En remplaçant dans cet appareil les deux cylindres en fer par un magnète séparé en deux, on obtient un élément composé de deux bobines, dont l'électrode a ses deux extrémités dans le mésostome. Les bobines reçoivent un maximum d'expansion des électrosyzygues terrestres, lorsque les magnètes sont dans la direction de l'axe des hélices terrestres.

Masse du soleil. Le soleil est de l'eau et de l'électricité neutre; cette masse nommée *empyrée* n'est ni chaude ni lumineuse. L'électricité neutre $\bar{E}\dot{E}$ est un mélange des syzygues hétéronymes $\dot{E}\bar{E}$, composés des molécules du même fluide, mais d'inégale densité. Cet inéquilibre a pour résultat de ne pas exciter une répulsion entre ces syzygues, comme elle n'existe non plus entre les deux électricités. La masse empyrée se trouve renfermée dans une enveloppe épaisse de glace, laquelle livre passage à l'expansion des couches superficielles de l'électricité neutre. C'est alors que des syzygues de celle-ci est composée la lumière $q\dot{E}^3\bar{E}$ et la chaleur $\dot{E}\bar{E}^3$. Par la décomposition de la chaleur, l'eau devient hydrogène $\dot{H}\bar{E}$ et oxygène ozoné $\bar{O}\bar{E}\bar{E}$.

$$3q\dot{E}\bar{E} = q\dot{E}^3\bar{E} + q\dot{E}\bar{E}^3 \text{ et } \dot{H}\bar{O} + \dot{E}\bar{E}^3 = \dot{H}\bar{E} + \bar{O}\dot{E}\bar{E}.$$

Trois mesures chimiques. Les fluides peuvent être inéquilibrés 1° par deux poussées opposées et inégales; 2° par une pression ou 3° par une aspiration. 1° Les actions de tels inéquilibres produisent les poids des corps mesurés au moyen de la *balance;* 2° la pression provenant de la poussée expansive des électres soutenus dans le volume d'un liquide ou dans la surface d'un solide est mesurée au moyen du *voltamètre;* 3° l'aspiration provenant de la combinaison des syzygues hétéronymes est mesurée par le *galvanomètre.*

Pour le poids, on était d'accord qu'il est produit par la masse, quant aux deux autres mesures les chimistes attribuaient à l'électricité leur cause, et jusqu'à présent ils n'ont pu la découvrir, malgré le grand nombre de faits découverts qui sont en rapport direct.

Galvanomètre. L'aspiration des électrosyzygues est soutenue par leur combinaison opérée dans les extrémités des électrodes et dans les lames liquides des éléments des piles. On disait que c'est la loi d'**Ohm**, avec cette expression on ne fit aucun progrès. On n'a qu'à se rappeler tous les cas qui font dévier le magnète, et on trouvera qu'il y a des rencontres et des combinaisons des électres hétéronymes.

Voltamètre. La pression est ici la cause motrice, sans pour cela faire disparaître l'aspiration soutenue dans les éléments. Dans les piles à liquides, la pression est produite par le volume des éléments; tandis que dans les piles des éléments secs, la pression est produite par la surface des éléments. Sans que change l'aspiration, la pression croît proportionnellement avec le nombre des éléments. Si la pile reste la même, le voltamètre produit une égale quantité de gaz par heure. Tandis que la longueur des étincelles ou de l'arc varie, elle est 1° à son maximum lorsque la ligne mésostome des pôles est dans l'inclinaison magnétique, et 2° à son minimum, lorsque la ligne mésostome est dans la même position, mais que les expansions des deux pôles se trouvent en opposition aux expansions des électres homonymes terrestres. Dans un cas l'arc voltaïque est produit par la somme des syzygues $3\mathbf{q}\acute{E}E + 3q\dot{E}E = (\mathbf{q} + q)(\dot{E}^2E + \dot{E}E^2)$, et dans l'autre il est produit par la différence

$$3\mathbf{q}\acute{E}E - 3q\dot{E}E^2 = (\mathbf{q} - q)(\dot{E}^2E + \dot{E}E^2).$$

CHAPITRE II.

PROPRIÉTÉS CHIMIQUES DES CORPS INDÉCOMPOSABLES.

§ 255. Les corps indécomposables ne diffèrent pas par rapport à leurs propriétés chimiques des corps décomposables. Pour qu'un corps soit décomposable, il doit avoir été produit par des tétraèdres ΔΔ', placés l'un dans l'autre ou accolés, pour en résulter un des six systèmes. Si, de ces composés, il ne se sépare pas un tétraèdre, mais un élément de tétraèdres, le résidu qui reste est nécessairement inséparable en tétraèdres. Pour produire la séparation d'un élément et non d'un tétraèdre, il ne faut pas opérer de la même manière. De même, dans les résidus, il faut précédemment compléter les éléments des tétraèdres pour les réduire à leur état précédent. Le nombre de corps indécomposables croît de deux manières : 1° par la découverte des minerais, et 2° par la séparation de quelques éléments des tétraèdres des corps connus.

Les corps indécomposables par rapport aux systèmes cristallins ne diffèrent pas de ceux avec lesquels ils se composent ; ce n'est que l'expansion de leurs électrosyzygues ÈÈ qui change : 1° par la chaleur, et 2° par les pycnosyzygues.

1° La chaleur fait changer le système cristallin des tétraèdres, qui amène un changement des propriétés; on dit, dans ce cas, que les corps sont devenus *allotropiques*.

2° La pycnoélectricité diminue l'état négatif des corps et les rend inoxydables; on dit qu'ils sont devenus *passifs*.

Lorsque les éléments des corps indécomposables étaient inconnus, il était impossible de savoir la cause des différents degrés d'oxydation, mais cela n'empêchait pas de reconnaître que le changement des systèmes cristallins amène toujours un changement de propriétés.

I. OXYDATION DES CORPS INDÉCOMPOSABLES.

§ 256. Les tétraèdres de l'oxygène s'arrangent en parédriases avec les tétraèdres des éléments des corps indécomposables en rapports bien déterminés. En même temps les pycnosyzygues $\dot{E}$ de l'oxygène et les aérosyzygues E des métaux se combinent et produisent une *combustion* qui n'est qu'un mélange de chaleur et de lumière; la quantité de calories peut être mesurée, celle de la lumière ne peut pas être évaluée :

$$12qO\dot{E} + 12q\dot{M}E^2 = 3qM^4O^4E^4 + 4q\dot{E}^2E + 4q\dot{E}E^2.$$

Par rapport aux tétraèdres, il faut 4 équivalents de métal, et par rapport à la combustion, il en faut 3. La production de ce double effet à la fois exige le nombre 12 ou 24 d'équivalents, nombre bien connu dans les corps organiques.

Au lieu de faire les calculs sur des poids de 1 ou de 12,5 atomes d'hydrogène, qui n'existent ni dans les tétraèdres des cristaux, ni dans les équivalents chimiques, ce sont le poids 4 de l'hydrotétraèdre 4H et l'unité des poids qui correspondent à ceux des équivalents; ceux-ci, conformément à ceux des corps organiques, doivent contenir les poids des tétraèdres et non les poids des atomes. A titre d'exemple, j'expose le mode de six degrés d'oxydation du fer déterminés par ses éléments :

	$Fe^4 = C^4H^{12}O^6 = C^4H^4,S^2O^6.$
Protoxyde de fer. . . .	$Fe^4O^4 = C^8H^{12}O^{10} = C^4H^4O^4,S^2O^6.$
Oxyde magnétique. . .	$Fe^{12}O^{16} = C^{24}H^{36}O^{34} = C^4O^6,C^4H^4O^4,S^6O^{24}.$
Sesquioxyde.	$Fe^4O^6 = C^8H^{12}O^{12} = C^2O^3,S^2O^9.$
Oxydes de battitures. .	$Fe^6O^7 = C^{12}H^{18}O^{16} = C^4H^2O^4,S^4O^{12}.$
	$Fe^8O^9 = C^{16}H^{24}O^{22} = C^2,C^2O^8,S^8O^{12}.$

Le fer est un sulfate; ses cinq oxydations en sont préétablies; il n'y a rien d'accidentel ou de fortuit; cependant de ces corps la chaleur fait changer le système cristallin et en même temps les propriétés.

Le sesquioxyde $Fe^4O^6 = C^2O^3,S^2O^9$ est produit : 1° par la combustion du fer dans l'oxygène, et 2° par son traitement par l'acide azotique étendu; cependant, dans ces deux cas, le système cristallin change, et il amène des propriétés correspondant à la chaleur latente qui fait changer le système des cristaux. Les modifications cristallines des métaux sont exposées dans les chapitres sur chaque métal. Pour fixer les idées, j'expose ici celles du sesquioxyde ou du peroxyde de fer.

A. Sesquioxyde de fer de deux systèmes.

§ 257. Les deux facteurs du sesquioxyde de fer $Fe^4O^6 = C^2O^3,S^2O^3$ sont l'acide oxalique et l'acide sulfurique anhydre. La chaleur latente, ou ses électrosyzygues $q\dot{E}\,qE^s$, de densités différentes, font obtenir aux éléments des deux facteurs la composition de l'oxygène dans un facteur double de celui de l'autre $Fe^4O^6 = C^2O^4,S^2O^2$, d'où résulte, *en même temps, le rouge et le changement du système.*

Le sesquioxyde se trouve, comme la silice, partout sur le globe en grandes masses :

I. Si l'on prépare du sulfate de protoxyde de fer par deux manières, on l'obtient de deux couleurs : 1° En faisant bouillir jusqu'à siccité la solution dudit sel, on obtient le sesquioxyde rouge; 2° en calcinant le même sel avec du sel marin, on obtient le sesquioxyde à l'état de rouge-violet presque noir. Ces couleurs font connaître le changement des facteurs du sesquioxyde rouge, et en même temps le passage d'un système à l'autre par l'élévation de la température. Ainsi l'on a :

$$2Fe^4O^6 = \begin{cases} Fe^4O^6 = C^8H^{12}O^{12} = C^2O^4,S^2O^6 \text{ rouge,} \\ Fe^4O^6 = C^8H^{12}O^{12} = C^2O^6,S^2O^6 \text{ brun violet.} \end{cases}$$

II. De l'azotate de sesquioxyde, on n'obtient que du sesquioxyde du 3e système.

III. Ces deux états, (l'un *ordinaire* et l'autre *allotropique*), diffèrent de celui qu'obtient ce corps chauffé au rouge; il devient insoluble dans les acides. Cet état, nommé *passif*, résulte d'un accroissement de pycnoélectricité, qui amène une diminution de l'aréoélectricité et de la chaleur spécifique. Les pycnosyzygues s'accumulent pendant le refroidissement du peroxyde rouge. Ils se combinent avec une partie de la chaleur et *se dégagent de la lumière.*

Je rapporte ces différents états pour empêcher le lecteur de confondre les propriétés provenant des systèmes cristallins avec celles produites par des pycnosyzygues multipliés et de la chaleur spécifique diminuée.

1° Hydrate de sesquioxyde de fer.

§ 258. Dans la nature, cet hydrate est de la forme $Fe^4O^6,2HO$;

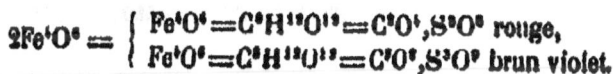

mais en précipitant le sesquioxyde par un alcali, on obtient l'hydrate $Fe^4O^6,3HO$. Dans les deux hydrates, la couleur est *jaune* et le peroxyde anhydre est *rouge*. La présence de l'eau ne fait que doubler les tétraèdres, dont l'arrangement produit le jaune; en l'absence d'eau, les tétraèdres et leurs facteurs ne produisent que le rouge. Ainsi l'on a :

$$Fe^8O^{12},6HO = C^{16}H^{12}O^{14} = C^4SO^6,S^3O^{18}(6HO) \textit{ jaune},$$
$$Fe^4O^6 = C^8H^{12}O^{12} = C^7O^5,S^2O^8 \textit{ rouge}.$$

Le sesquioxyde chauffé au-dessus du rouge commence à perdre de l'oxygène et devient oxyde magnétique; le mélange de ces deux oxydes est de couleur verte produite des facteurs suivants :

$$\left.\begin{matrix} Fe^8O^{12} \\ Fe^6O^8 \end{matrix}\right\} = Fe^{14}O^{20} = Fe^7O^{12},Fe^7O^8 \textit{ vert}.$$

Ainsi par le calcul on trouve que le moyen d'obtenir le meilleur vert est de prendre $Fe^8O^{12} = 312$ parties de peroxyde et $Fe^6O^8 = 210$ parties d'oxyde magnétique. Ce résultat du calcul est d'accord avec celui de l'observation.

2° Sesquioxyde de fer allotropique.

§ 259. Les chimistes rapportent pêle-mêle les propriétés provenant du changement des systèmes cristallins, et celles provenant de l'accroissement des pycnosyzygues. J'ai exposé précédemment le mode de préparation pour rendre évidente la distinction de ces deux états, il y a deux méthodes.

I. *L'acétate de peroxyde de fer*, préparé par la voie ordinaire, est rouge vineux : chauffé jusque près de l'ébullition, il devient rouge foncé, et dégage l'odeur d'acide acétique; il lui faut quelques jours pour revenir à sa couleur précédente. Cet acétate, en bouillant, dégage de la vapeur d'acide acétique, et laisse déposer tout le fer changé en cristaux de troisième système; ce changement n'est pas parfait dans le cas où le liquide, contenu dans un vase bouché, n'est pas chauffé au-dessus de 100°. Le mélange des cristaux des deux systèmes fait : 1° paraître le liquide limpide par la lumière transmise à travers les cristaux des deux systèmes, et 2° paraître trouble par la lumière réfléchie différemment des cristaux de chaque système. La saveur métallique disparaît, et il ne reste que celle de vinaigre. De cet acétate, on précipite l'oxyde par le carbonate de soude ou par l'acide sulfurique. Le mélange de tétraèdres formant deux systèmes cristallins, produit des propriétés nommées *allotropiques*, dont l'origine était inconnue.

II. Parmi les azotates de peroxyde basique, il y en a deux solubles; on en renferme une égale quantité dans deux tubes scellés, et on les laisse bouillir dans un bain-marie. Les liquides rouges sont vus : 1° limpides par la lumière transmise, et 2° troubles par la lumière réfléchie. En débouchant les tubes, il y manque l'odeur de l'acide azotique; les propriétés de sels correspondent au mélange de tétraèdres appartenant aux deux systèmes cristallins.

III. Le peroxyde hydraté jaune ocreux, dissous et bouilli pendant 7 à 8 heures, devient rouge brique. C'est le refroidissement pendant et après l'ébullition qui amène une quantité de pycnosyzygues dont la multiplication rend le peroxyde insoluble dans les acides. Le peroxyde ainsi bouilli a perdu une partie de sa chaleur spécifique; il ne diffère pas de celui obtenu par la calcination, parce que, chauffé au rouge, il ne développe plus de lumière. J'expose plus bas les détails de la production de la passivité par la présence des pycnosyzygues É.

3° Sesquioxyde de fer magnétique.

§ 260. La présence des aréosyzygues É rend le sesquioxyde magnétique; précédemment le lecteur a vu que le sesquioxyde doit éprouver certaines modifications qui font augmenter son état aréoélectrique, telles sont les suivantes :

1° Un carbonate ou un sel organique quelconque à base de protoxyde de fer, étant chauffé à l'air pour qu'il y ait élimination de l'acide, il reste des sesquioxydes très-magnétiques.

2° Le protoxyde de fer, séparé d'un protosel de fer quelconque par l'*ammoniaque*, passe à l'état de sesquioxyde par l'exposition à l'air. Si l'on torréfie cet hydrate, il devient un peroxyde très-magnétique.

3° La rouille ordinaire purifiée par un fort aimant de ses parties magnétiques reste composée de peroxyde. Vient-on à le chauffer, ce peroxyde devient magnétique.

Ces peroxydes perdent leur magnétisme, lorsqu'on les expose à une haute température, ou lorsqu'on les dissout dans un acide; tandis que l'oxyde magnétique Fe^3O^4 ne perd son magnétisme, ni par la chaleur, ni par les acides. La différence entre cet oxyde Fe^6O^8 consiste en pycnosyzygues Ė et en aréosyzygues Ë; ceux-ci sont en quantité supérieure dans l'oxyde magnétique; ils se multiplient aussi par le peroxyde Fe^6O^9 obtenu par un des trois moyens indiqués. Cependant ils s'en séparent, lorsque le peroxyde est chauffé au rouge, et lorsqu'il est mis en contact avec des acides; en ces deux cas, le peroxyde se charge de pycnosyzygues, il devient *passif*. L'état donc du peroxyde *magnétique* est opposé ou antagoniste de son état passif.

4° Oxyde de fer magnétique.

§ 261. Le protoxyde de fer hydraté Fe^6O^6,4HO, bouilli dans l'eau, de l'hydrogène, et devient de l'oxyde magnétique hydraté vert. Ainsi on a :

$$Fe^6O^6,4HO - H^2 = Fe^6O^6,2HO = Fe^2HO^6,Fe^4HO^4;\ O^6 : O^4 \text{ vert.}$$

En opérant sur la rouille, on obtient de l'oxyde magnétique, même après une longue calcination. Cet oxyde se décompose en protoxyde et en peroxyde; on a du 1ᵉʳ système :

$$Fe^6O^8 = Fe^2O^2 + Fe^4O^6.$$

La densité même 5,09 de l'oxyde magnétique est entre celle 5,251 dégage du peroxyde du 3ᵉ système et celle 4,7 du même peroxyde du 1ᵉʳ système. Il est impossible qu'il se présente aucune découverte sur les propriétés des fers et des oxydes qui ne seraient pas un résultat : 1° des systèmes cristallins, 2° des expansions des aérosyzygues Ë, ou 3° de celle des pycnosyzygues Ė.

I. **Allotropisme.** Les tétraèdres et leurs couples s'arrangent d'après l'expansion des électrosyzygues latents de la chaleur spécifique ĖË², qui varie pour devenir : 1° des cristaux de l'un ou de l'autre système, ou 2° des cristaux mélangés de deux systèmes.

II. **Passivité.** Le peroxyde Fe^6O^9 est plus pycnoélectrique que l'oxyde magnétique Fe^6O^8, si l'on fait augmenter les pycnosyzygues Ė, le peroxyde devient insoluble dans les acides, car il est lui-même un acide.

III. **Magnétisme.** Le peroxyde Fe^6O^9, en recevant des aérosyzygues se réduit en un état comparable à celui de l'oxyde magnétique Fe^6O^8. En cet état, les faces *f f*, des couples de tétraèdres ne peuvent plus résister aux poussées exercées sur elles de la part des courants terrestres thermoélectriques. Ces faces obtiennent un arrangement propre à exercer le minimum de résistance aux courants dirigés des régions froides vers les régions chaudes.

Le magnétisme n'est que des courants thermoélectriques ou des expansions d'électrosyzygues entre les régions anisothermes de la Terre : le fer doux et l'oxyde magnétique ne sont que des corps aréoélectriques dont la poussée centripète *p* de la pesanteur est vaincue par la poussée double *h* hélicoïdale et *m* méridionale des courants terrestres. Avec raison, on a appelé des *rhéomètres* les appareils dont le magnéte reste en une position pour exercer le minimum de résistance à la double poussée *h* et *m*. Ce magnète ne dévie de sa position que dans le cas où il y a d'autres poussées *h'* hélicoïdales ou *m'* rectilignes, qui lui font prendre une direction diagonale.

B. Systèmes cristallins de l'azotate et des sous-azotates de peroxyde de fer.

§ 262. Le fer se dissout dans l'acide azotique chaud ; il cristallise en prismes rectangulaires à 6 ou à 4 pans du 3ᵉ système. Cet azotate neutre perd, dans la chaleur, des portions de l'acide, et il en résulte des sels basiques ; une chaleur supérieure éloigne tout l'acide, et il reste le sesquioxyde de fer *allotropique*, parce qu'il est composé de tétraèdres ΔΔ' arrangés en cristaux du 3ᵉ système.

Lorsqu'on éloigne peu d'acide par la chaleur, il reste un sel moins basique que lorsqu'on en éloigne plus. Des sous-azotates ainsi obtenus, les uns sont stables, les autres ne le sont pas. Au lieu d'éloigner une partie de l'acide, on obtient des mêmes sous-azotates en traitant l'acide azotique par un excès de fer.

Il existe plusieurs azotates doubles de protoxyde et de sesquioxyde de fer ; leur formation dépend de la densité de l'acide, parce que les tétraèdres de l'acide Δ pénètrent dans ceux de l'eau Δ', et chaque composé pareil agit différemment sur le fer ; les sels produits sont des sous-azotates où la base est d'équivalents d'eau et d'oxyde de fer. Il est trouvé que les cristaux de l'azotate Fe^4O^6,Az^6O^{30} contiennent 36 équivalents d'eau, nombre égal à celui des atomes d'oxygène, s'il est préparé par le refroidissement de la dissolution directe du fer dans l'acide. Ces cristaux fondus cristallisent en en formant d'autres contenant 24 équivalents d'eau ; la dissolution, évaporée au bain-marie, abandonne des cristaux qui en contiennent 24 et enfin 4.

Rapport entre l'eau et les cristaux. Les prismes rectangulaires, ayant une base au fond du vase ou fixée sur un autre cristal, croissent par la superposition :

1° De 6 ou de 4 équivalents placés dans les 6 ou les 4 sommets de la base libre ;

2° De 24 équivalents placés, les 6 ou les 8, autour des deux bases, et les 24 ou les 16 autour des 6 ou les 4 arêtes des pans ;

3° De 36 équivalents d'eau placés de la manière indiquée pour les 24 et les 12 sur les surfaces des 6 pans, de sorte que l'épaisseur croît par les 12 équivalents et la longueur par les 24.

Ce mode de distribution des équivalents d'eau correspond à celui de la distribution des équivalents des oxydes de fer dans la structure des prismes par les sous-azotates de formes suivantes :

$$Fe^2O^3Az^2O^{10} \qquad Fe^8O^{12}Az^2O^{10},2HO \qquad Fe^{16}O^{24}Az^2O^{10},6HO$$

$$Fe^4O^6Az^2O^{10} \qquad Fe^{12}O^{18}Az^2O^{10},4HO \qquad Fe^{16}O^{24}Az^2O^{10},4HO.$$

L'acide restant le même, les nombres des équivalents de l'oxyde sont 4, 8, 12, 16, ou 1, 2, 3, 4 tétraèdres ; les équivalents de l'eau suivent le même ordre.

Rapports entre les densités de l'acide et les sous-azotates. L'acide azotique est plus étendu, quand on le combine avec un plus grand nombre de tétraèdres d'eau, et que sa densité est inférieure. Il s'ensuit que les nombres des tétraèdres d'eau et d'oxyde de fer qui entrent dans un tétraèdre d'acide sont en rapport inverse. Les couples de syzygues ÈÈ de l'acide avec les syzygues négatifs È de l'eau produisent quantité de zeugmes ÈÈ² de chaleur analogues aux équivalents de l'acide, qui a la forme $Az^2O^{10}È^{10}È^2$. Dans le tableau suivant sont exposés les rapports observés.

Densité.	Chaleur.	Fe^2O^3 p. 100 AzO^5.	Sur 100 Fe^2O^3.	Liquide AzO^5.
1,211	88	55,80	14,37	25,58
1,263	99	58,00	14,96	27,03
1,285	99	51,80	15,81	28,06
1,308	100	60	17,81	29,81

L'eau et l'acide ne se mêlent pas, mais les tétraèdres de l'acide s'accolent à ceux de l'eau. L'acide anhydre donne des cristaux de

4e système. Un tétraèdre d'acide dans 4 d'eau est un liquide de 1,42 de densité. Dans les densités inférieures il entre un plus grand nombre de tétraèdres d'eau Δ' et un plus petit nombre de tétraèdres Δ d'acide. Dans le cas où le tétraèdre Δ d'acide est introduit dans 3 ou 5 d'eau, l'accolement n'est pas comme l'est celui entre un tétraèdre Δ d'acide et 4 d'eau. Pour cette raison, les rapports du tableau obtenus par l'observation ne présentent pas une régularité entre les densités de l'acide et les équivalents de fer contenus dans 100 parties d'acide étendu.

II. PASSIVITÉ DES ÉLECTRODES EN FER.

§ 263. Les cristaux des corps indécomposables ont six systèmes, comme les cristaux des corps décomposables. Il a été géométriquement démontré qu'en collant les couples de tétraèdres, il est mpossible d'en obtenir plus ou moins que trois systèmes optiques ou six systèmes chimiques. Déjà Berzélius a reconnu dans les cristaux des sels les couples de tétraèdres correspondant les uns à l'oxyde et les autres à l'acide. Il est établi ici que les pycnosyzygues E, par leur expansion spontanée, amènent les oxytétraèdres de l'acide vers les tétraèdres aréoélectriques de la base. D'après ce mode de production des cristaux, il se trouve qu'il ne faut prendre en considération que les électrosyzygues des couples de tétraèdres pour connaître *à priori* s'il y aura des parédriases ou s'il n'y en aura pas. J'expose séparément les cas où le fer est un électrode de l'expansion des pycnosyzygues, laquelle empêche celle des pycnosyzygues de l'oxygène des acides. Tels sont les cas suivants.

P_1. Si l'on met les deux électrodes de platine et de fer en contact dans le bain, on les sépare après.

P_2. Si l'on rompt le circuit en un point quelconque pour le refermer après.

P_3. Si l'on touche le fer dans le bain avec un métal bon conducteur : zinc, étain, cuivre, argent.

P_4. Si l'on réunit les deux électrodes par un fil de métal μν capable de détourner une grande partie de l'expansion des électrosyzygues EE, et qu'on éloigne ensuite ce fil μν.

P_5. Si l'on agite vivement l'électrode en fer dans le bain.

P_6. Si l'on met en communication permanente les électrodes positif et négatif plongés dans deux godets pleins de mercure, et communiquant par un fil $\mu\nu$ qui est nommé *l'anastomose* des électrodes. On trouve que : 1° si le fil $\mu\nu$ a une longueur l inférieure à 8 centimètres, ou une longueur $l+l'+l''$ supérieure à 15 mètres, l'activité du fer de l'électrode est périodique ; elle s'interrompt pour quelque moment puis réapparaît pour quelque autre. On dit qu'il y a une *pulsation*.

P_1. Si l'électrode négatif est de platine, et si le bain est un acide azotique de densité 1,25, le fer devient passif, s'il est plongé dans l'acide après le platine ; si au contraire il est plongé avant, il est actif.

Exposition du mode de la production des faits observés. — Ces expériences, faites d'abord en 1841 par **Schoenbein**, et d'autres découvertes faites par lui avec plusieurs chimistes, ne sont plus mentionnées dans leurs ouvrages, par la seule raison qu'on n'a pu trouver d'hypothèses pour donner une explication du même fait ou autres espèces pareilles de faits chimiques. Ce manque d'explication est précisément une preuve qui rend ici plus facile l'exposition du mode de la production des faits, qui consistent en une augmentation de l'expansion des pycnosyzygues dans le *fer*, car elle résiste à l'expansion homonyme des pycnosyzygues de l'oxygène et des acides. Cette cause physique produit toute la série des faits attribués à une cause inconnue et nommée *passivité*.

De telles séries de faits ne manquent pas dans les autres métaux, mais elles y sont produites en degrés inférieurs, et sont exposées dans la Métallochimie. Pour rendre évidente la non-oxydation du fer et des autres métaux, j'expose premièrement le mode de leur oxydation.

A. Mode de l'oxydation du fer et des métaux.

§ 264. Je prends le fer comme représentant des métaux, parce qu'étant tous produits de la silice, les différences en résultèrent depuis par des actions de chaleur et des mélanges avec d'autres corps, surtout avec du carbone.

Le fer brûlé dans l'oxygène devient du peroxyde composé de tétraèdres $4Fe^2O^3 = Fe^8O^{12}$, dont l'arrangement est double dans leur état naturel : 1° il est trouvé en cristaux d'octaèdres réguliers du premier système de densité 4,7, et 2° en cristaux rhomboèdres du troisième système de densité 5,251. Ce dimorphisme amène des propriétés qui correspondent à la chaleur spécifique qui en est la cause. Si le fer était un corps simple comme l'est l'oxygène, l'arrangement de leurs tétraèdres ne serait que d'une seule manière. Le peroxyde est composé de facteurs correspondants aux espèces de couples de tétraèdres qui, arrangés de deux manières, forment deux systèmes de cristaux. Ainsi on a :

$$Fe^6O^{18} = Fe^4O^6,F^4O^6 = C^{16}H^{24}O^{11} = C^4O^6,S^4O^{16}.$$

Les couples de tétraèdres indiqués par les facteurs Fe^4O^6,Fe^4O^6 s'arrangent en cristaux du 1er système de densité 4,7 et ceux des tétraèdres indiqués par les facteurs C^4O^6, $3S^4O^6$ s'arrangent en cristaux du 3e système de densité 5,251.

I. La quantité d'oxygène O^3 qui brûle un équivalent double de fer donne la même quantité de calories 6216 qu'elle donne dans la combustion des trois atomes d'hydrogène H^3 pour produire 3 équivalents d'eau. Telle est la preuve de l'égale quantité d'aérosyzygues E^3 séparés d'un double équivalent de fer ou de 3 atomes d'hydrogène. Ce nombre 3 d'aréosyzygues d'hydrogène se trouve dans le facteur C^3H^9, qui est la base du sulfate $C^3H^9,SO^3 = Fe^3$.

II. Le peroxyde de fer des terres arables s'y forme de leur silice; si l'on creuse à une profondeur de quelques décimètres dans la terre argileuse on n'y trouve pas de fer, mais en quelques semaines on en trouve dans la surface en forme de protoxyde de fer, lequel, plus tard, devient du peroxyde.

B. Mode de la non-oxydation du fer des électrodes positifs.

§ 265. Les six modes de production de passivité et de la pulsation exposés ci-dessus servent à titre d'exemple pour rendre évidente l'existence d'une expansion de pycnosyzygues qui empêche l'oxydation du fer et des autres métaux.

P_1. Le contact des deux métaux dans le bain facilite l'expansion des pycnosyzygues E de la pile dans le fil de fer; la séparation des métaux dans le bain occasionne un fort recul d'expansion de la part du liquide par les deux électrodes vers la pile. Le fer ainsi chargé de pycnosyzygues, comme dans le cas de la pile de Riter, est devenu inoxydable lorsque, en cet état, on le met en contact avec des acides, l'expansion des pycnosyzygues rencontre une résistance égale à celle de la part du fer, qui empêche la parédriase des oxytétraèdres 4O et des *sidérotétraèdres* 4Fe. Cette cause de la suppression de l'oxydation a une existence réelle vérifiée dans tous les cas qui précèdent l'apparition de la passivité ou la pulsation.

P_3. Si l'on coupe l'électrode positif chargé d'expansion de pycnosyzygues en direction centrifuge de la pile, il s'opérera du point de l'ouverture un recul centripète vers la pile et un autre du bain vers l'ouverture. Ces changements d'expansion chargent les faces ff' des couples des tétraèdres de pycnosyzygues qui empêchent, par leur expansion, celle de leurs homonymes venant des acides.

P_3. En touchant dans le bain l'électrode en fer avec un bon conducteur en zinc, cuivre, argent, il en résulte une expansion supérieure, laquelle, au moment de l'éloignement du conducteur, en produit un recul proportionnel vers le fer, suffisant pour amener son état de passivité. D'autres métaux moins bons conducteurs que le fer ne produisent ni accroissement d'expansion ni passivité.

P_4. Un fil d'*anastomose* $\mu\nu$, d'un métal bon conducteur et gros, fait passer une forte expansion de l'électrode positif au négatif; son éloignement produit un recul d'expansion centripète de toute la longueur de *l'électrode* qui devient passif.

P_5. Le changement des contacts entre l'extrémité de l'électrode et le liquide du bain occasionne un accroissement de l'expansion; dès qu'il n'est plus agité le recul s'opère et il amène la passivité.

P_6. Le fil $\mu\nu$ d'anastomose fait par sa longueur : 1° augmenter ou diminuer la quantité des électrosyzygues qu'il soutient et qui font augmenter la résistance et diminuer l'expansion centrifuge; 2° il fait se propager l'expansion d'un électrode à l'autre plus ou moins facilement. Ainsi : 1° par rapport à la quantité $\mathbf{q}$ des pycnosyzygues et leur accumulation il faut une grande longueur; 2° par rapport à la quantité $\mathbf{q}'$ des pycnosyzygues qui se propagent par l'anastomose il faut une petite longueur; 3° une longueur médiocre produira alternativement des faits qui ont pour cause la quantité $\mathbf{q} - q$ des pycnosyzygues accumulés ou la quantité $\mathbf{q}' - q'$ des pycnosyzygues propagés en unité de temps. Ces alternatifs, d'un intervalle inférieur à la durée d'une seconde, se manifestent par une oxydation d'une durée très-courte, qui est comparée à celle du pouls de la veine. Telle est la cause physique des trois faits suivants :

I. La longueur de l'anastomose $\mu\nu$ varie : 1° avec le nombre n des éléments de la pile de Bunsen; 2° avec la longueur de ses électrodes, et 3° avec le diamètre du fil $\mu\nu$ de cuivre. En opérant avec une pile médiocre, **Schœnbein** a employé pour anastomose un fil de cuivre de 1 millim. de diamètre, et il obtint le même résultat 1° avec un fil de longueur l inférieur à 8 centimètres, et 2° avec un autre supérieur à 15 mètres; en ces deux cas le fer est passif, preuve qu'il y a dans l'électrode expansion de pycnosyzygues : 1° lorsque par le fil l court de l'anastomose se propagent les électrosyzygues de la pile et du bain, et 2° lorsque par le fil $l+l'+l''$ long de l'anastomose s'accumulent beaucoup de pycnosyzygues venant du bain qui empêchent les oxytétraèdres 40 de s'arranger en parédriase avec les sidérotétraèdres. Ces deux cas se présentent lorsque la longueur l est inférieure à 8 centimètres et lorsque celle $\lambda+\lambda'+\lambda''$ est supérieure à 15 mètres, presque 20 fois la longueur λ.

II. Si la longueur $l+l'+\gamma$ est plus grande que 5ᵐ et plus petite que 15 mètres, la pulsation est produite par l'accumulation des pycnosyzygues dans cette anastomose et par leurs décharges simultanées dans l'anastomose et dans le bain où la pulsation s'établit.

La durée t de la charge de l'anastomose $\mu\nu$ de 15 mètres est triple de celle f de la charge de l'anastomose de 5 mètres de longueur; par suite, en ce dernier cas, à peine peut-on apercevoir les intervalles entre les pulsations.

III. La longueur $l+l'$ entre 16 centimètres et 5 mètres produit des faits instables, il y a de la passivité, il y a aussi des pulsations à peine perceptibles.

IV. Si dans l'anastomose $\mu\nu$ le cuivre est remplacé par un métal moins bon conducteur, la série des faits exposés n'est reproduite que très-imparfaitement, au moyen de longueurs d'autant moins grandes que la conductibilité est inférieure.

Le bismuth pycnoélectrique, qui est comme la résine, est presqu'un isolateur; tel est aussi l'antimoine aréoélectrique, comparable au verre. Ces corps n'exercent aucune résistance à l'expansion des syzygues hétéronymes, mais ils empêchent l'expansion simultanée des syzygues homonymes.

P_7. Si le platine plonge précédemment dans le bain d'acide azotique, l'expansion de ses pycnosyzygues se propage par la pile à l'électrode positif de fer. C'est donc cette expansion dans le fer qui empêche l'expansion des pycnosyzygues de l'acide qui en doivent séparer les tétraèdres de l'oxygène pour les amener à ceux du fer.

Résumé. L'ensemble des séries des faits exposés résulte : 1° de la poussée p exercée de l'expansion spontanée des pycnosyzygues de la pile, et 2° de la résistance r produite aussi d'une expansion inverse des syzygues É homonymes. La conductibilité supérieure du cuivre n'est qu'un résultat d'une médiocre résistance à l'expansion des deux espèces d'électrosyzygues. Le cuivre recuit devient moins aréoélectrique et meilleur conducteur, tant que la chaleur fait augmenter les aérosyzygues, elle fait diminuer la conductibilité de tous les métaux en rapports différents.

Le fer est aéroélectrique, et il le devient davantage par la chaleur, de sorte que de 0° à 100° sa conductibilité s'affaiblit de 17 à 10, cas qui n'arrive à aucun autre métal. Les changements pareils de l'état aéroélectrique du fer, et encore ceux qui sont exposés plus bas, occasionnent au fer des résultats chimiques propres, lorsqu'il est traité par les acides ou par les alcalis. Le nombre de résultats pareils est indéfini, lorsqu'on opère à toute température sur tous les corps; pour cette raison on n'apprend d'abord que l'état électrique des corps et le mode de ses changements. Après avoir reconnu : 1° le mode de la production des composés par l'expansion des électrosyzygues, et 2° le mode de l'interception de l'expansion de ces électrosyzygues d'où il ne résulte point des composés, on est devenu un *chimiste parfait*.

III. PASSIVITÉ DES MÉTAUX PRODUITE PAR LA CHALEUR, PAR LES ACIDES OU PAR DES ALCALIS.

§ 206. Dans le paragraphe précédent il est démontré que l'expansion des électrosyzygues homogènes du fer en état d'électrode positif empêche la parédriase des tétraèdres de l'oxygène. Cette expansion de pycnosyzygues s'obtient, dans le fer rouge, par son refroidissement, et dans le fer ordinaire par le contact des acides concentrés de densités différentes. Ici sont exposés les rapports entre le fer et les densités de l'acide azotique, pour prouver l'existence des propriétés qui correspondent à celles des sels monobasiques, dibasiques, tribasiques,... où un couple de tétraèdres d'acide $4AzO^5$ se met en parédriase avec 1, 2, 3,... couples de tétraèdres d'eau.

Chaque azotate monobasique, dibasique, tribasique... d'eau est un sel dont la densité *d* est en rapport inverse avec le nombre des tétraèdres d'eau qui entrent à l'état de base de sels; de sorte que chaque densité indique un sel qui se distingue des autres par des propriétés qui lui appartiennent. Dans l'article sur l'acide azotique (page 278), il est bien exposé que le sel tétrabasique est $AzO^5,4HO$ de densité 1,42, et le sel monobasique AzO^5,HO de densité 1,5.

En exposant le fer aux acides de densités différentes, on en obtient des résultats qui correspondent aux sels de nombre de bases différent. En pareils cas, 1 équivalent d'eau de la base se décompose; son oxygène est amené avec l'acide et les autres bases d'eau dans les couples de tétraèdres du fer; l'hydrogène ḦË s'éloigne avec un aérosyzygue Ë séparé du fer $FeË^3$.

En traitant le fer par des densités différentes de l'acide azotique, on obtient les sous-azotates suivants :

1° D. 1,034 ne produit que l'azotate de protoxyde et d'ammoniaque.

2° D. 1,073 produit l'azotate de protoxyde, de peroxyde de fer et d'ammoniaque avec développement d'hydrogène.

3° D. 1,115 produit l'azotate et le peroxyde de fer.

4° Les densités supérieures à 1,115 produisent les azotates et les sous-azotates de protoxyde de fer qui sont des sels dimorphes de 1er et de 3e système, tandis que l'azotate de protoxyde est de 1er système et instable.

Mode de la production des oxydations indiquées. La très-petite différence entre les densités produit des sels qui diffèrent beaucoup.

1° L'acide de densité 1,034, ne produit que l'azotate de protoxyde de fer. Il ne se dégage ni hydrogène, ni oxygène, ni ammoniaque; c'est l'acide Az^2O^{10} qui se décompose en eau 4HO et en oxygène 9O, lequel passe au fer Fe^9 ou Fe^6; les chimistes cherchaient l'azote dans l'air pour composer, par l'hydrogène qui devait se produire, l'ammoniaque qu'on ne trouve nulle part : ils admettaient son existence.

2° L'acide de densité 1,073 dissout le fer en produisant un mélange d'azotate, de protoxyde et de peroxyde; il y a formation d'ammoniaque d'après l'équation suivante :

$$(\alpha) \qquad 4HO + 24Fe + 28AzO^5 = 4Fe^6Az^7O^{35} + 8AzH^3;$$

on a :

$$(\beta) \qquad 40HO = 8Az + 4O + 24HO = 8AzH^3 + 28O.$$

3° L'acide de densité 1,115, produit l'azotate de peroxyde de fer; dans ce cas, il n'y a pas trace d'ammoniaque, c'est l'acide qui se décompose en eau et en oxygène, lequel passe au fer. Ainsi l'on a ($Az^4O^{19} = H^8O^{26}$) :

$$(\gamma) \qquad Fe^{12} + Az^4O^{20} + Az^4O^{20} = Fe^{12}O^{18},Az^4O^{20} + 8HO.$$

4° L'acide de densité supérieure à 1,115, produit toujours l'azotate de peroxyde de fer, car chaque couple d'acide donne 9 atomes d'oxygène O^9 qui passent à 3 atomes doubles de fer $3Fe^6$. Au lieu de démontrer cette disparition de l'acide et l'origine de l'oxygène du peroxyde, les chimistes se limitaient à annoncer que la quantité de fer dissoute varie beaucoup.

5° La production de l'ammoniaque pendant l'oxydation du fer dans l'air, a été attribuée à l'azote de l'air et à la vapeur qu'il contient, tandis qu'elle ne résulte que de l'eau, comme dans le cas (β).

A. Moyens employés pour rendre le fer passif.

§ 267. Pour devenir passif, le fer doit être protégé contre l'oxygène par une expansion de pycnosyzygues. Ce cas exposé pour l'électrode du fer, on trouve sa vérification dans chaque autre cas produit par la chaleur ou par le contact d'autres corps et surtout de l'acide azotique, dont les propriétés se modifient avec les quantités des équivalents d'eau combinées avec 1 équivalent d'acide.

P_1. On chauffe un fil de fer jusqu'au degré pour obtenir une couche d'oxyde de battiture; ainsi non-seulement l'extrémité chauffée e' devient passive, mais aussi l'autre e, qui n'éprouve aucun changement de température.

P_2. On plonge un fil de fer pour quelques moments 1° dans l'acide azotique fumant, 2° dans l'acide azotique de densité 1,5, ou 3° dans un mélange d'acide azotique de densité 1,35 et d'acide sulfurique; il n'y a aucune apparition de gaz.

P_3. On plonge le fil dans l'acide azotique de 1,399 de densité; il y devient rouge et il apparaît de la vapeur rouge, puis il devient blanc; l'effet est prompt si l'on touche le fer dans l'acide par le platine.

Si l'acide est plus faible, il y a des actions et des *interruptions* alternatives, de durées d'une demi-seconde et même moindres, qui vont d'une extrémité du fil plongé jusqu'à l'autre.

P_4. On plonge le fil dans l'acide 1,35 de densité, l'oxydation est active. On l'enlève pour une demi-seconde. On le plonge de nouveau. Après avoir répété cela quatre à six fois, il devient plus passif que celui P_3. Même dans l'acide de densité 1,3, la passivité est obtenue par un nombre supérieur desdites répétitions.

P_5. 1° Dans un mélange de deux parties d'acide de densité 1,399, on introduit une partie d'eau et on y plonge le fer; son oxydation est très-active; elle est interceptée par le contact du fer avec le platine. Cet effet ne se produit pas par un acide de densité inférieure.

2° Dans l'acide de densité 1,35, on plonge d'abord le platine, puis après avoir mis le fer en contact avec le platine, on l'introduit dans l'acide; il n'en est pas attaqué.

3° Une feuille mince d'or ou de platine, appliquée sur l'extrémité du fer, le rend passif dans l'acide de densité 1,35.

4° L'effet du platine disparaît, 1° à 75°, et 2° dans le cas où l'on introduit très-peu d'eau dans l'acide.

5° Si le fer reste uni avec l'une des branches du rhéomètre et le platine plongé dans l'acide avec l'autre, dès que le fer y est plongé, l'expansion des pycnosyzygues É va, par le rhéomètre, du platine au fer avec une intensité décroissante, jusqu'à atteindre un minimum lorsque le fer est devenu passif.

6° Avant d'atteindre son minimum d'intensité, si l'on éloigne le platine, le fer n'est plus passif. Ce fer n'est pas en état de rendre passif d'autre fer P_1.

7° Même dans l'acide de densité 1,3, le fer devient passif s'il est en contact avec du platine de l'or, du graphite, du charbon; l'argent agit faiblement.

8° Une aiguille d'acier se dissout dans l'acide de densité 1,3; elle se couvre de carbone et devient passive.

9° Dans l'acide de densité 1,204, le fer entouré de platine se fond plus promptement que le fer libre. Mais si l'on plonge d'abord le fil de platine et puis le fer qui en est entouré, il devient passif et se soutient en cet état, même après l'éloignement du platine; cependant il n'est pas en état de communiquer la passivité à d'autre fer P_1, au contraire, il le rend plus actif.

10° Le plomb déposé sur l'extrémité du fil de fer agit comme l'or.

P_6. En conduisant l'expansion des syzygues É négatifs d'une pile avec un électrode de platine, et celle des syzygues É positifs avec un électrode de fer, dans un acide de densité 1,35, 1° si l'on y plonge le fer avant le platine, il est actif; 2° si, au contraire, on plonge le platine avant et puis le fer, celui-ci est passif.

P_7. *Par expansion.* 1° Si une extrémité *e* d'un fil de fer P_1, rendue passive par la chaleur, est plongée d'abord dans un acide de densité 1,35, et ensuite l'autre *e'*, celle-ci est aussi passive. Le même effet est obtenu avec deux fils *ff* qu'on unit avant et qu'on plonge dans l'acide; d'abord le fil *f* calciné est devenu passif, et puis le fil *f'* est devenu passif. Si les extrémités non plongées des fils deviennent unies avec les branches *b b'* d'un rhéomètre, le magnèle indique une expansion qui va du fil *f* passif au fil *f'*.

2° Le fil *f* P_2 rend passif un autre fil *f'*, de même que le fil P_1.

3° Le fil P_2 couvert d'oxyde de plomb à l'une des extrémités *e*, étant plongé d'abord par celle-ci dans l'acide de densité 1,3, rend passive l'autre *e* plongée après. Si l'on met en contact de cette extrémité *e'* celle *e''* d'un autre fil *f'*, elle devient passive, et la passivité de cette extrémité se propage à l'autre *e''*, et ainsi de suite indéfiniment.

4° Le fil P_3 ne se dissout pas dans l'acide de 1,355 densité, si même on le lave dans l'eau ou l'ammoniaque ; mais un frottement fort le rend actif pour une courte durée. Il devient aussi actif s'il est touché dans l'acide avec du zinc, de l'antimoine, du bismuth, du plomb ou du cuivre. L'oxydation se propage du point touché à toute la surface atteinte par l'acide.

5° Si le milieu du fil P_3 est couvert de cire et si ses deux extrémités sont dans l'acide, et si on touche l'une des extrémités *e'* avec le cuivre, toutes deux, *e* et *e'*, deviennent actives.

6° Le fil P_3 résiste à une faible ou grande densité, même à une température élevée, qui ne va pas jusqu'à l'ébullition ; tandis que le fil P_1 résiste même pendant son ébullition.

B. Mode de la production des passivités découvertes.

§ 268. *Dans tous les cas, c'est une expansion de pycnosyzygues* É, qui rend le fer passif. Ces cas ne sont pas rapportés ici pour prouver l'existence d'une telle expansion qui est innée dans les électrosyzygues, mais à titre d'exemples pour que les jeunes chimistes ne s'arrêtent pas à la description simple des faits, dont le nombre est indéfini, tandis que leur production ne s'opère que par l'expansion, laquelle ne varie que d'après les intensités, qui dépendent de la quantité des équivalents d'eau composés avec un équivalent d'acide.

I. P_1. Pendant l'expansion de sa chaleur le fer rouge reçoit l'expansion centripète des pycnosyzygues, laquelle se propage de l'extrémité *e'* chaude dans toute l'étendue du fil ; celui-ci en devient protégé contre l'expansion homonyme des pycnosyzygues des acides et de l'oxygène.

II. P_2. Lorsque le fer est en contact avec l'acide, l'expansion des pycnosyzygues s'y propage comme pendant le refroidissement. Dès qu'on sépare le fer, l'expansion devient centrifuge, de sorte que cet état du fer ne diffère pas du précédent, obtenu par la chaleur.

III. P_3. L'oxygène de l'acide oxydifie le fer, et la vapeur rouge est de l'acide hypoazotique; l'oxyde se sépare pour passer dans l'acide, et le fil devient blanc. En touchant le fer par le platine, on favorise l'expansion des pycnosyzygues de l'acide. Cette expansion est d'une intensité inférieure de la part d'un acide de densité inférieure à celle de 1,399. En ce cas, il faut une demi-seconde pour couvrir d'oxyde la partie plongée dans l'acide, et une autre demi-seconde pour détacher la couche d'oxyde et passer dans l'acide.

IV. P_4. L'intensité faible de l'expansion de l'acide de densité 1,35 produit un recul d'expansion nommé *opisthorrheume* (ὄπισθεν, en arrière, ῥεῦμα, courant), *trop faible pour vaincre son antagoniste* venant de l'acide. Pour faire augmenter l'intensité de cet opisthorrheume, il ne faut que répéter sa production d'autant plus de fois que l'acide est plus faible.

V. P_5. 1° L'acide de densité 1,399, étendu avec égale quantité d'eau, oxydifie le fer. Le contact du fer par le platine intercepte l'oxydation. Cet effet dans cet acide, est le contraire de celui de l'acide de densité 1,390 P_3. Toutefois le fer touché n'est pas dans le même état dans ces deux cas; il est périodiquement oxydé P_3, tandis qu'ici il l'est continuellement.

2° En plongeant le platine dans l'acide de densité 1,35, l'expansion de ses pycnosyzygues s'y propage; elles en passent au fer, qui est ainsi introduit dans l'acide. Après l'éloignement du platine, l'expansion recule du fer et vient contre celle de l'acide.

3° Une feuille mince de métal inoxydable exerce par l'expansion de ses pycnosyzygues une poussée répulsive contre celle de l'acide, et ainsi elle intercepte l'oxydation du fer.

4° A 75°, de même que par l'introduction de l'eau, il diminue l'intensité de l'expansion des pycnosyzygues de l'acide, qui passe par le platine au fer. Après l'éloignement du platine, l'expansion qui recule du fer est dans ces cas trop faibles pour vaincre celle de l'acide.

5° Le platine étant uni avec une branche du rhéomètre et le fer avec l'autre, si l'on plonge dans l'acide précédent le platine, il s'établit une poussée répulsive des pycnosyzygues de l'acide par le platine, le rhéomètre et le fer, d'où elle se propage lorsqu'on le plonge dans l'acide dans lequel arrive l'expansion des aréosyzygues E du platine. Donc la rencontre et la combinaison de ces syzygues est la cause de l'avancement de la poussée indiquée par la déviation du magnète d'un maximum, qui diminue avec l'oxydation du fer pour atteindre un minimum, lorsque le fer est devenu passif à cause d'un équilibre entre les deux poussées antagonistes, l'une du côté du platine, et l'autre directement du côté de l'acide.

6° Avant l'établissement de l'équilibre des expansions antagonistes, si le platine est éloigné, il laisse dans le fer une expansion trop faible pour résister à celle du côté de l'acide, l'oxydation du fer continue.

7° Les corps inoxydables or, graphite, charbon, même argent, produisent le même effet que le platine. Plongés dans l'acide par une extrémité, ils en propagent l'expansion au fer; celui-ci ne devient passif qu'après avoir obtenu un degré d'intensité d'expansion suffisant pour empêcher l'expansion du côté de l'acide.

8° Une couche de carbone reste dans l'acier, après l'éloignement de la couche de fer oxydifiée; cette couche n'exerce pas une résistance à l'expansion des pycnosyzygues de l'acide; le fer reste ainsi protégé par l'éloignement de l'expansion.

9° L'expansion facilitée par les tours de platine, favorise la fusion du fer, dans lequel se propage l'expansion des pycnosyzygues de l'acide. Pour empêcher la fusion, il faut précédemment plonger le platine; ainsi l'expansion des pycnosyzygues de l'acide passe au fer venant du platine. Le fer, devenu pycnoélectrique précédemment, n'est plus oxydable dans l'acide. Cet état persiste même après l'éloignement du platine. Le fer rouge, devenu passif par le refroidissement, perd ses pycnosyzygues, lorsqu'on le met en contact avec le fer dont les pycnosyzygues ont été amenés de l'acide par les plis de platine qui laissent des intervalles. La passivité est produite : 1° dans un cas par les plis de platine qui sont séparés des plis qui ne possèdent pas d'expansions pycnoélectriques; 2° dans l'autre, par le refroidissement qui recouvre toute la surface de pycnosyzygues.

Le contact des fers différemment pycnoélectrisés occasionne l'expansion des pycnosyzygues du fer refroidi dans le fer dont toute la surface n'est pas pycnoélectrique. Cette expansion, opérée dans l'acide, produit l'oxydation prompte de chacun des deux fers.

10° L'extrémité d'un fil de fer plongée dans l'acétate de plomb se couvre d'oxyde de plomb vers lequel se propage une partie de l'expansion des pycnosyzygues Ė de l'acide, et c'est ainsi qu'on empêche leur expansion vers le fer.

VI. P_4. L'électrode positif en fer, plongé dans l'acide, ne diffère en rien du fil qui n'est pas un électrode, et cet état persiste, lors même qu'on le plonge dans l'acide après l'électrode négatif. Au contraire, si on plonge le platine avant, l'expansion des pycnosyzygues s'en propage par la pile jusqu'à l'électrode positif; le fer ainsi pycnoélectrisé, venant en contact avec l'acide, empêche l'expansion de ses pycnosyzygues, il est passif.

VII. P_7. Le fil *f*, chauffé par une extrémité *e* pendant son refroidissement, devient dans toute sa longueur chargé de pycnosyzygues $\dot{E}$; ainsi son autre extrémité *e'* devient passive; car, plongée dans l'acide, elle est inoxydable.

Si l'extrémité *e'* du fil *f* est unie avec celle *e''* d'un autre fil *f'*, son autre extrémité *e'''*, plongée dans l'acide, est passive. En ces cas, il y a expansion de pycnosyzygues du fil *f* vers le fil *f'*; on le découvre en unissant l'extrémité *e* du fil *f* avec un bras *b* du rhéomètre, et l'extrémité *e'* du fil *f'* avec l'autre *b'* du même rhéomètre. Cette expansion rend évident le mode de la production de la passivité d'un fil à l'autre.

2° Le fil *f* P4 et P5 rend passif de la même manière un autre fil *f'*.

3° L'expansion du pycnosyzygue de l'acide par le fil *f* entouré de platine se propage par son autre extrémité *e'* au fil *f'* et de ce fil à un troisième, et ainsi de suite.

4° Le fil passif frotté perd une partie des pycnosyzygues obtenus de l'acide, et, en en recevant d'autres, il devient actif pour quelques moments. Si l'on éloigne les pycnosyzygues du fer en le touchant avec des métaux qui exercent des résistances médiocres, le fer devient actif. En l'éloignant de l'expansion des pycnosyzygues, il commence du point de contact, et se propage sur toute la surface du fil qui devient actif.

5° La cire, dans la partie du fil en dehors de l'acide, n'empêche pas l'éloignement des pycnosyzygues E de toute l'étendue du fil, lorsqu'on le met en contact avec le cuivre.

6° Le fil P4 est chargé de pycnosyzygues $\dot{E}$ de densité *d* supérieure à celle *d* des pycnosyzygues $\dot{E}$ du fil P3.

RÉSUMÉ SUR L'OXYDATION ET LES DENSITÉS.

§ 269. Au moyen de la suppression de l'oxydation du fer, on obtient la preuve du mode de son oxydation et de l'oxydation de tous les autres métaux qui sont tous produits de la silice, comme l'est le fer, la différence du poids des équivalents n'est que l'effet de la séparation ou de l'addition de quelques atomes d'oxygène ou d'hydrogène qui amène une modification du système cristallin et de l'état électrique des faces $f\,f'$ des tétraèdres $\Delta\,\Delta'$ composant lés *équivalents*, et des faces **f f** des couples $\Delta\,\Delta'$ $\Delta\,\Delta'$ de tétraèdres qui entrent dans les *cristaux*. Ainsi les six systèmes des cristaux correspondent aux équivalents dont les facteurs contiennent des atomes oxygènes et hydrogènes de nombres différents arrangés toujours en tétraèdres Δ, Δ' accollés par les faces ou placés les uns dans les autres.

Le changement de la température ou les contacts des acides occasionnent l'expansion des pycnosyzygues qui font que les couples $\Delta\,\Delta'\,\Delta\,\Delta'$ de tétraèdres s'accolent différemment. Dans ces cas : 1° le volume change et la densité aussi de tous les couples de tétraèdres, ou 2° le volume **v** se divise en deux moitiés dont l'une est occupée par 1 couple de tétraèdres de densité *d*, et l'autre de 3 couples de mêmes tétraèdres qui produisent la densité 3*d*. Ainsi la densité 21,6 du platine est triple de celle 7,2 du fer fondu, et celle-ci est triple de la densité 2,4 de la silice; celle-ci est de deux systèmes cristallins dont l'un est de densité 2,2 et l'autre de densité 2,6.

Trois décroissements de densité par les arrangements des tétraèdres. I. Dans le 1er système, le volume $\mathbf{v}+v$ des éléments $\Delta'+\Delta^{s}$ se réduit à $\mathbf{v}=\Delta'$ du composé $\Delta'\,\Delta'$, le volume v disparait et augmente la densité d' du mélange de volume $\mathbf{v}+v$, elle devient $\frac{3}{2}\,d'=d'$. Le volume de gaz détonant étant $3v$, il se réduit à $2v$ dans la vapeur d'eau.

II. Dans les cas où les couples de tétraèdres d'un système se déplacent par la chaleur ou les acides pour passer à un autre système, la densité **d** diminue et devient *d*; celle 2,087 du soufre du 4° système est réduite à 1,9 dans les cristaux de 5° système; le peroxyde de fer du 4° système a la densité 5,251 et le 2° système a la densité 4,7.

III. Dans le cas indiqué où de 4 couples de tétraèdres l'un reste dans une moitié du volume et les autres trois dans l'autre moitié, les densités **d** *d* sont dans le rapport de 3 : 1, tandis que celles **d'** *d'* sont dans un rapport de $\frac{3}{2}$: 1; car, en ce cas, le volume $3v$ est réduit à $2v$.

Oxydation. Les tétraèdres d'oxygène sont amenés par l'expansion des pycnosyzygues dans les tétraèdres aréoélectriques des métaux. Dans les cas où une expansion de pycnosyzygues s'est opérée à travers des aréosyzygues d'un métal, il y laisse une expansion en arrière au moment de l'interruption. Ainsi il n'est plus à l'état électrique précédent ; ce recul de l'expansion est trop connu pour qu'il faille prouver son existence. Il est ici utilisé pour faire abandonner par les chimistes les hypothèses, et terminer la dispute sur l'origine de l'électricité et sur la nature des actions chimiques.

IV. ORIGINE DE L'ÉLECTRICITÉ.

§ 270. Il n'y a de disputes que sur des objets inconnus : cet état d'ignorance est d'un degré inférieur lorsqu'on admet une hypothèse comme une action réelle. Les chimistes actuels, se trouvant convaincus que les actions chimiques sont la cause de l'électricité, en sont réduits à une ignorance de degré supérieur à celle des chimistes qui hésitaient sur l'origine de l'électricité. Telle est l'origine de la difficulté de faire connaître aux physicochimistes d'abord leur ignorance et de les mettre en état de s'occuper d'apprendre. Il faut donc recommencer par la question du commencement du siècle, sur la source de l'expansion electrique.

Problème. L'électricité provient-elle du contact des corps ou *résulte-t-elle des actions chimiques? (Telles sont les questions des* voltaïstes et des galvanistes.)

Réponse. Vous êtes dans l'erreur les uns et les autres. L'électricité est un fluide indéfini, qui a été divisé et comprimé inégalement pour devenir *pycnoélectricité* et *aréoélectricité*. 1° Quelques-uns des chimistes reconnaissent deux fluides, sans savoir que leur différence consiste en densités différentes d'un même fluide primitif. 2° Les autres (les Anglais) reconnaissent la présence et l'absence d'un seul fluide; sous ce rapport, en prenant la différence $\text{d}—d$ des densités comme fluide réel ils l'appellent *positif*, le même fluide de densité d se présente tel qu'il ne possède pas la différence indiquée par $\text{d}—d$, pour cette raison il est appelé *négatif*. Il n'y a plus de production d'électricité, de même qu'il n'y a plus production des corps. La quantité d'électricité reste invariable ; par son expansion indéfinie elle occupe un espace croissant.

Pour vous préparer à apprendre vous devez commencer par dire : 1° nous ne savions pas que le fluide primitif est devenu *pycnoélectricité* et *aréoélectricité* ; nous l'admettions à l'état équilibré dans l'espace indéfini ; 2° nous ne savions pas que le Soleil est composé d'eau et de deux électricités à l'état neutre, composant une *masse empyrée* non *brûlante*, ayant une enveloppe de glace, laquelle livre passage à l'expansion de l'électricité neutre pour se répandre dans l'espace; 3° nous ne savions pas, que des syzygues É É de l'électricité neutre se forment la lumière É^{2}É et la chaleur ÉÉ^2; 4° nous ne savions pas, que l'expansion très-lente de la chaleur *dans les liquides* et prompte dans les métaux, produit une séparation de ses syzygues *électriques*, dont l'expansion est ce que nous appelions *courants électriques*; 5° nous ne savions pas, qu'il y a une pression et une aspiration soutenant ces courants : 1° par la pression de l'expansion de la chaleur, et 2° par une aspiration soutenue de la *combinaison* des syzygues hétéronymes É É^3, qui redeviennent de la chaleur. En un mot nous *disons comme* Socrate :

ἓν οἶδ' ὅτι μηδὲν οἶδα

Tout ce que nous savions *par* rapport à la *nature* de l'électricité, se réduit à ce que nous n'en savions rien.

Pour résoudre le problème, vous devez savoir qu'il n'y a au monde qu'expansion électrique, elle est l'unique action indéfinie : 1° qui produit tout ce que nous observons; 2° qui a produit tout ce qui est au Monde, et 3° qui *va produire ce qui va paraître dans l'avenir*. *L'expansion* spontanée des électrosyzygues éprouve, dans la solution du sulfate de cuivre, une résistance 2,500,000 fois plus grande que dans le cuivre; telle est la preuve des nombreux inéquilibres et des densités électriques qui en résultent. Si le nombre n indique l'électricité qui reste dans un *métal pendant son expansion de l'une de ses extrémités* à l'autre, il en faut plus de deux millions lorsque l'expansion s'opère à travers un liquide de même volume.

Après l'interruption de l'expansion, la quantité q d'électricité s'éloigne en τ unités de temps du métal ρ; une expansion en arrière, de degré n', et la quantité q s'éloigne *du liquide en un espace de temps* t et avec une intensité d supérieure; telle est l'origine de l'électricité de la pile de Riter. L'accumulation d'électricité étant n dans le liquide d'un élément de la pile, est an dans ses a éléments. Pour mesurer les trois états d'électricité il y a trois appareils :

I. *L'électricité stationnaire* des *corps* qui en *possèdent* plus ou moins que le cuivre à son contact, passe au cuivre, ou du cuivre elle (la positive) passe au corps. Le disque de cuivre, en communiquant cette expansion aux deux globules suspendus, les fait diverger l'un de l'autre.

II. *L'expansion* ou la propagation de l'électricité, s'opère avec une poussée qui correspond à la différence $p - b$ entre l'inéquilibre produit par la pression p et la respiration b; cette poussée est mesurée par la déviation du magnète du rhéomètre.

III. L'intensité provenant de la somme *an* de poussées du liquide de *a* éléments de la pile déterminée, par unité de temps, la production de gaz détonant dans le voltamètre, analogue au nombre *a* des éléments de la pile, mais modifiée de la manière indiquée plus bas.

A. Trois espèces d'électromètres de trois états de l'électricité.

§ 271. 1° Au moyen du contact on mesure la différence d—d d'électricité stationnaire de la surface des corps dont l'existence était soutenue par **Volta.**

2° Au moyen du rhéomètre on mesure la poussée exercée par la quantité *e* d'électricité provenant de la chaleur, qui va remplacer égale quantité d'électricité disparue par la combinaison des syzygues $q\text{E}+q\text{E}^1=q\dot{\text{E}}\text{E}^2$ pour devenir chaleur, celle-ci n'exerce aucune résistance à l'expansion des syzygues suivants. Ces combinaisons des syzygues s'opèrent dans le milieu du liquide du voltamètre et dans celui du liquide de chaque élément; il y a donc dans tout le circuit une égalité de syzygues avançant : 1° pour aller remplacer ceux qui disparaissent comme tels, car ils deviennent de la chaleur, et 2° être remplacés par d'autres provenant de la décomposition de la chaleur.

3° Le voltamètre diffère des éléments de la pile : 1° en ce que les extrémités des électrodes de platine remplacent les grandes surfaces de zinc et de cuivre, et 2° en ce que le voltamètre et les deux gaz restent aux pôles, tandis que dans les éléments de la pile l'oxygène ozoné $\bar{\text{O}}\dot{\text{E}}\text{E}$ pénètre dans le zinc Zn^2 et produit l'oxyde $\text{ZnO}\bar{\text{E}}$ et la chaleur $\dot{\text{E}}\text{E}^2$ et il ne reste que l'hydrogène.

Au milieu du liquide, entre les pôles du bain ou entre les deux lames, s'opère la rencontre et la combinaison des éléments hylicoshyles $\text{H}\dot{\text{E}}$ $\bar{\text{O}}\text{E}^2$ hétéroélectriques, qui font apparaître l'eau HO et la chaleur $\dot{\text{E}}\text{E}^2$, deux fluides qui soutiennent l'aspiration, parce qu'à l'état de chaleur et d'eau ils n'exercent aucune résistance aux éléments qui les suivent.

Jusqu'à présent on connaissait la loi de la statistique : *que la circulation des fluides se soutient à la fois 1° par une pression exercée par de nouveaux éléments produits, et 2° par la disparition des mêmes éléments rencontrés et combinés.* Au lieu d'utiliser cette loi dans l'explication des courants électriques, et même ceux de l'air dans l'atmosphère (les *vents*), les chimistes accumulent les résultats des expériences en prétendant qu'il n'y en a pas encore assez pour en déduire la loi.

Volta et ses partisans ont pour adversaires **Faraday**, **De La Rive** et presque tous les physico-chimistes actuels. Si Volta avait su que tous les courants ont pour cause : 1° une *pression* provenant de nouveaux syzygues par la décomposition de la chaleur, et 2° une *aspiration* provenant de la rencontre et de la recombinaison de mêmes syzygues, il y aurait appliqué la loi de la statique comme preuve incontestable. Il ne resterait qu'à prouver le mode de décomposition de la chaleur du liquide en deux électricités en partant : 1° de l'expansion spontanée de la chaleur ; 2° des états électriques des métaux, et 3° de la grande résistance des liquides contre l'expansion des électrosyzygues.

Dans le contact du cuivre et du zinc, la pycnoélectricité Ė de la chaleur ĖE' éprouve une résistance inférieure dans le zinc, le plus aréoélectrique, et l'aréoélectricité Ē éprouve une résistance inférieure dans le cuivre, le plus pycnoélectrique.

Fig. 61.

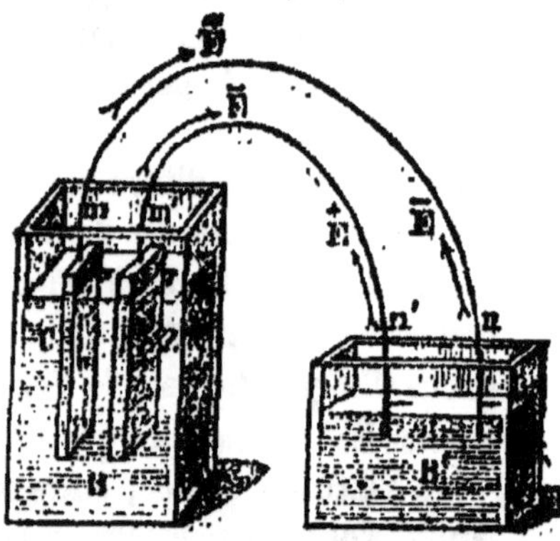

Dans le cas où les deux lames Z (fig. 61) sont séparées par une couche d'eau acidulée l'expansion de sa chaleur ĖE' exerce au cuivre une poussée aréoélectrique et au zinc une poussée pycnoélectrique. Si le zinc est amalgamé il n'y a *pas d'oxydation, on croit* qu'il y a une inertie, car on ignorait que les syzygues ĖE, qui ont pénétré dans les lames, ont produit un inéquilibre dans la chaleur du liquide. Il faut donc un espace *de temps t ou* **t**, *proportionnel au volume v* ou **v** de liquide, pour y établir l'équilibre. Il y a alors du côté du cuivre plus de pycnoélectricité, et du côté du zinc plus d'aréoélectricité.

Si l'on unit l'élément B et le vase B' d'eau acidulée qui peut être un voltamètre : 1° il y a production d'hydrogène en *n'* et oxydation de l'électrode *n* en zinc ; 2° il y a également dans l'élément B production d'hydrogène dans la lame C et oxydation du zinc amalgamé. La quantité de gaz produit en chaque heure diminue, celle de l'oxyde de zinc diminue aussi. Pour que l'électricité réobtienne son intensité initiale, il faut ouvrir le circuit en éloignant les électrodes $n\,n'$ du bain B' pour un espace de temps t ou t.

L'épuisement électrique résulte : 1° de l'éloignement rapide des électrosyzygues par les lames, et 2° de l'avancement lent de leurs homonymes dans le liquide. Après avoir ouvert le circuit, il est intercepté l'éloignement des électricités, alors persiste dans le liquide l'accumulation d'une électricité vers un sens et de l'autre vers l'autre : 1° on connaissait la grande résistance des liquides contre l'expansion de l'électricité; 2° il était aussi connu, qu'après l'affaiblissement du courant, pour lui donner une force supérieure (non la force initiale) il faut tenir le circuit ouvert; lorsqu'il n'y a pas oxydation du zinc amalgamé, ces deux faits unis rendent évidente l'origine de l'électricité accumulée pendant l'ouverture du circuit.

En même temps devient évident le rapport entre la quantité q de gaz obtenu d'un élément et la quantité rq obtenue, en même temps, non de n éléments, mais d'un nombre $n+a$, qui varie d'après la quantité de liquide qui entre dans chaque élément; plus le volume v du liquide est grand, plus le nombre $n-a$ des couples est petit. Lorsque le gaz obtenu par heure dans le voltamètre est le même, le fait est exposé dans les expériences suivantes.

1° Une pile de 40 éléments, avec 1 ou deux voltamètres, produit, dans un seul 23 volumes de gaz, et dans chacun des deux 21, ensemble 42 volumes.

2° Une pile de 20 éléments, avec 1 voltamètre, donne 52 volumes de gaz, et avec 2 voltamètres, elle produit dans chacun 14 ½, et dans les deux 29 volumes.

3° Une pile de 10 éléments, avec 2 ou 3 voltamètres, devient si faible, qu'à peine il apparaît une production de gaz.

Zinc oxydifié. Par la décomposition d'un équivalent d'eau, dans le premier cas, avec un seul voltamètre, il y a 88,4 équivalents de zinc oxydifiés; avec 2 voltamètres, il n'y en a que 48. Dans le second cas, avec 1 voltamètre, il y a oxydation de 34 équivalents de zinc, et avec 2 voltamètres, il y en a 97. Il est donc ainsi prouvé que la décomposition d'un équivalent d'eau correspond aux équivalents 88,4; 48; 34 ou 97 de zinc.

Expansion électrique. Isolés, les 20 éléments donnent 52 volumes; unis, ils donnent 23, ou 2×21 avec 2 voltamètres; ces 20 éléments séparés donnent 29 volumes. L'expansion correspond aux volumes du liquide des éléments; la quantité des syzygues q propagés est en raison inverse. Le très-grand nombre (40) d'éléments, livre passage à 23 syzygues; mais séparés par deux voltamètres, chacun d'eux en reçoit 21.

Dans le cas où la pile est de 20 couples, elle livre passage à 52 syzygues provenant de 2,6 du liquide de chaque couple; s'il y a deux voltamètres, il arrive à chacun les syzygues 14,5 des 10 éléments, car l'expansion, devenue moitié, la résistance du liquide en intercepte plus que la moitié: au lieu de devenir 1,3, le nombre de syzygues propagés de chaque élément devient $\frac{14,5}{20} = 0,72$ moitié moindre.

B. Causes de l'inversion de la direction du courant.

§ 272. Dans l'exposition de la passivité du fer, je prouvai qu'il devient pycnoélectrique, et qu'alors l'expansion obtient une direction opposée; de semblables inversions existent entre les métaux lorsqu'ils plongent dans des liquides différents, ou lorsque, dans un liquide le même métal plonge avec d'autres. Les expériences ont été faites par **Faraday** dans l'appareil VV (fig. 62) composé de deux vases *vv* remplis du même liquide, dans lequel plongent les métaux *a b* soudés en *n*; *e e'* sont deux gros fils de platine joints avec un rhéomètre, dont la déviation γ du magnète indique en même temps la déviation de l'expansion et son intensité.

Figure 62.

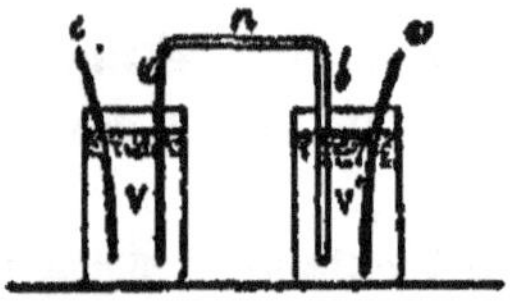

Je rapporte séparément les observations de **Delarive** et celles de **Faraday**, qui sont considérées comme des preuves incontestables de l'origine de l'électricité dans les actions chimiques. Le nombre des expériences de ce genre est indéfini. Après avoir exposé le mode de la production des inversions des courants, on sait pourquoi **Delarive** obtint une inversion du plomb avec le cuivre dans l'acide azotique étendu ou concentré, tandis que **Faraday** n'en obtint pas. Ces chimistes ont exposé des résultats véritables, quoique différents; basés sur des résultats pareils et réels, ils assuraient que les électricités ont pour source l'oxydation du zinc, laquelle n'est que la pénétration de l'oxygène dans le zinc, pénétration qui ne persiste dans le zinc amalgamé qu'autant que le circuit est fermé pour y établir une aspiration, dont l'existence est ici découverte pour la première fois; c'est ainsi que les fluides impondérables ont été trouvés obéissant à la loi de la *statique*, de même que les gaz obéissent à celle de l'*aérostatique*.

Delarive opéra 1° avec des couples de lames de cuivre et de fer ou d'étain, et 2° avec un couple de plomb et cuivre ou fer. Cet appareil est un élément de Smée.

1° Si le liquide est de l'eau salée ou acidulée, ou une dissolution de potasse, le pôle négatif est du côté du cuivre ; il y a inversion dans l'ammoniaque.

2° Avec le couple plomb et cuivre ou fer dans l'acide azotique étendu, le pôle négatif est au cuivre, et dans l'acide azotique concentré, il est au plomb.

En ces deux cas l'expansion des pycnosyzygues va par le cuivre, le plus pycnoélectrique, vers le métal le plus aréoélectrique, si le cuivre est en contact avec l'eau salée, acidulée ou alcaline. Il y a inversion 1° dans l'ammoniaque $Az^2\bar{H}^6\bar{E}^6$ d'électricité négative en excès, et 2° dans l'acide azotique concentré $Az^2O^{10}\bar{E}^2\dot{E}^{10}$ d'électricité positive en excès.

L'expansion de l'aréoélectricité $\bar{E}$ de l'ammoniaque éprouve une résistance plus faible, vers le cuivre, le plus pycnoélectrique, que vers le fer ou l'étain ; au contraire, l'expansion de la pycnoélectricité $\dot{E}$ de l'acide concentré, éprouve dans le plomb, le moins pycnoélectrique, une résistance inférieure à celle du fer, devenu passif, et de l'étain, qui est plus pycnoélectrique.

Le tableau suivant contient les résultats d'inversions obtenus par Faraday. Dans chaque colonne le métal le premier inscrit est moins attaqué que ceux qui le suivent.

ACIDE azotique étendu.	ACIDE azotique concentré.	ACIDE chlorhydrique.	POTASSE caustique.	SULFHYDRATE de potasse.
1 Argent.	5 Nickel.	3 Antimoine.	1 Argent.	6 Fer.
2 Cuivre.	1 Argent.	1 Argent.	5 Nickel.	5 Nickel.
3 Antimoine.	3 Antimoine.	5 Nickel.	2 Cuivre.	4 Bismuth.
4 Bismuth.	2 Cuivre.	4 Bismuth.	6 Fer.	8 Plomb.
5 Nickel.	4 Bismuth.	2 Cuivre.	4 Bismuth.	1 Argent.
6 Fer.	6 Fer.	6 Fer.	8 Plomb.	3 Antimoine.
7 Étain.	7 Étain.	8 Plomb.	3 Antimoine.	7 Étain.
8 Plomb.	8 Plomb.	7 Étain.	9 Cadmium.	2 Cuivre.
9 Cadmium.	10 Zinc	9 Cadmium.	7 Étain.	10 Zinc.
10 Zinc.	9 Cadmium.	10 Zinc.	10 Zinc.	9 Cadmium.

L'appareil de **Faraday** (fig. 62) n'est pas un élément composé de deux métaux en comparaison, comme l'est celui de La Rive, mais il est un double élément où chacun des deux métaux entre séparément avec le platine dans le même liquide. L'argent, par exemple, et le cuivre, sont inégalement plus aréoélectriques que le platine, étant plongés dans l'acide azotique étendu. L'expansion va de l'acide, contenant le cuivre aréoélectrique, par le platine, au rhéomètre, et elle provient du cuivre après avoir traversé l'argent, qui est plus pycnoélectrique que le cuivre.

Si l'acide est concentré et si le cuivre est remplacé par le nickel, l'expansion va de l'acide contenant l'argent, et elle y arrive après avoir parcouru le nickel, qui est devenu beaucoup moins pycnoélectrique que le platine.

Dans le tableau les anomalies disparaissent lorsqu'on cesse de confondre les deux appareils (fig. 62) qui diffèrent ; pour cette raison, le plomb avec le cuivre, ou avec le fer plongés dans l'acide étendu ou dans l'acide concentré, présentent une inversion dans l'un des appareils, et elle manque dans l'autre.

V. MOLÉCULES HYLICOAHYLES, MOLÉCULES AHYLES, ATOMES.

§ 273. Les solides et les liquides présentent un volume limité, tandis que le volume des gaz est illimité dans le vide. Pour distinguer ces deux états, les physico-chimistes admettent 1° que dans les solides et les liquides la matière entre à l'état atomique, et 2° que dans les gaz, elle entre à l'état moléculaire, car le même nombre n d'atomes à l'état solide ou liquide occupe le volume v, tandis que, réduits à l'état gazeux, ils obtiennent la propriété d'occuper dans le vide un volume indéfini. Les *électricités* $\dot{E}\bar{E}$, la *lumière* $\dot{E}^2\bar{E}$ et la *chaleur* $\dot{E}\bar{E}^2$ possèdent cette propriété. Sous ce rapport, ces fluides sont composés de molécules dans lesquels n'entrent pas d'atomes hyliques. Il y a donc 1° des atomes primitifs de volume invariable, 2° des fluides composés de molécules ahyles, et 3° des gaz composés de molécules hylicoahyles. J'expose ici l'origine de ces trois états.

Atomes. Il n'y a que l'*hydrogène* et l'*oxygène* 1° qui sont des corps indécomposables, comme le sont les 60 ou 70 autres, et 2° qui ne contiennent que du *barogène* β et de la chaleur θ. 1° dans l'hydrogène $= \theta\beta$, l'unité de barogène est indiquée par le signe β et l'unité de chaleur par $\dot{E}\bar{E}^2$. 2° dans l'oxygène $= \varphi\beta\theta\beta'$ sont contenus le barogène β^6, la lumière φ et la chaleur θ^7. Ces détails ont déjà été exposés avec les poids 1 : 8, qui mettent les volumes V v en rapport inverse des volumes cubiques

$$V : v = 1 : \sqrt[3]{8} ; H : O = 1 : 8.$$

Le barogène 8β éprouvant une pression de la part du barogène μ' affluant de chaque côté, cette pression est double de celle qu'éprouve le barogène β dans l'hydrogène, il est forcé d'occuper la moitié du volume. Ce rapport V : v n'est pas seulement entre les volumes qui résultent de la pesanteur; en même temps les atomes H et O, en obéissant à la pesanteur, sont forcés de prendre un arrangement tétraédrique; il n'y a donc que 1° des tétraèdres d'hydrogène $\Delta' = 4H$ ou *hydrotétraèdres*, et 2° des tétraèdres d'oxygène $\Delta = 4O$ ou *oxytétraèdres* et non pas des atomes isolés.

Gaz. Dans les gaz les atomes n'entrent pas isolés, mais en forme de tétraèdres, le volume de chaque atome H ou O restant le même, 1° l'intervalle λ sépare les atomes *o* d'oxygène qui pèsent 8, et 2° l'intervalle 2λ sépare les atomes *h* d'hydrogène qui pèsent 1. Les gaz dans le vide obéissent à l'expansion de leurs électrosyzygues Ė E° de chaleur; l'intervalle λ entre les atomes des tétraèdres peut indéfiniment augmenter; ainsi augmente le volume des tétraèdres; au contraire, par la compression, il diminue, sans pour cela que change le volume invariable *o* ou *h* des atomes primitifs; telle est la différence entre les atomes et les molécules.

En disant que les gaz sont composés non d'atomes, mais de molécules, on doit entendre les tétraèdres des atomes dont les intervalles λ croissent dans le vide. Toutefois, dans les liquides et les solides, les intervalles λ entre les atomes changent également, et ils font augmenter ou diminuer le volume. Telle est la preuve que tous les corps sont composés de tétraèdres, et leur densité est en raison inverse de la longueur λ qui sépare les atomes qui composent les tétraèdres.

Fluides impondérables. Les électrosyzygues Ė E en expansion centrifuge, ne diffèrent pas sous ce rapport des gaz dans le vide, leurs tétraèdres croissent en volume par l'accroissement des intervalles λ qui séparent les atomes. Ces atomes, par l'expansion des électrosyzygues de leur chaleur, exercent entre eux une poussée répulsive indéfinie dans le vide, mais limitée par rapport à la poussée centripète, qui détermine la limite de l'atmosphère.

Donc les molécules hylicohyles ne sont que des tétraèdres soutenant à l'état latent des quantités différentes de thermosyzygues Ė E' connus sous le nom de *chaleur latente*, qui est 80 dans l'eau et 8×80 dans sa vapeur.

Les molécules abyles sont toujours soutenues par les atomes; elles sont le fluide primitif inégalement divisé et inégalement comprimé, ainsi se trouvèrent les deux masses inégales, de densité inégale, occupant deux volumes égaux. La masse dense *pycnoélectre* ε et la masse moins dense *aréoélectre* ε', étant en inéquilibre, possèdent une expansion comparable à celui des ressorts sans fin.

L'action dans les plantes et les animaux n'est qu'un effet de l'expansion du fluide *électre* indéfiniment comprimé; une telle expansion aurait lieu même si tout le fluide primitif était accumulé dans un seul volume.

La formation d'espèces de plantes primitives, des couples primitifs d'animaux, et leur reproduction, seraient impossibles si le fluide primitif n'était pas réduit en pycnoélectre et en aréoélectre, parce que chaque fois que l'électre ou ses deux densités viennent en rencontre, il y a un inéquilibre, qui a pour action la pénétration du pycnoélectre dans l'espace occupé par l'aréoélectre. Cet inéquilibre est la force nommée *affinité*, et la pénétration du pycnoélectre dans l'espace de l'aréoélectre est ce qu'on doit entendre par les mots *action chimique*, action qui est le résultat d'un inéquilibre, et qui, en plusieurs cas, est suivi ou accompagné d'autres actions.

Résumé. Une action suprême a divisé le fluide primitif équilibré, en deux parties inégales, qui subirent une compression inégale pour se trouver dans deux volumes égaux d'inégale densité, et réduites à l'inéquilibre (force), qui se manifeste par une expansion (action). Si la densité était égale, l'*affinité* manquerait et la *création* aussi. Cette affinité et l'action indéfinie sont les deux facteurs qui produisirent, d'après une loi ainsi préétablie, tous les faits cosmiques; ils produisent les faits actuels et ils vont produire les faits de l'avenir.

Les actions de l'homme sont également l'expansion des électrosyzygues, cependant les directions de ces expansions s'opèrent par des arrangements logiques propres à chaque individu. C'est la *langue*, moyen de créer des représentants des objets. C'est donc au moyen des représentants des objets, que nous prenons les parties qui entrent dans la composition d'un grand nombre d'individus semblables, et l'ensemble de ces parties obtient un représentant, qui est un nom *substantif*, indiquant un objet abstrait, et non un individu qui a une réalité. C'est dans la métaphysique qu'il est traité de la logique, des beaux-arts, de la vie sociale et de l'éternité de l'intelligence humaine créée au moyen de la langue pendant la vie de chaque individu. Ces lignes suffiraient pour faire comprendre au lecteur l'unité de la source de toutes les actions, et de l'existence d'une liaison physique entre tous les faits cosmiques, dont on ne peut bien connaître les uns si on ignore les autres.

HUITIÈME SECTION.

CAUSE PHYSIQUE COMMUNE DE LA VÉGÉTATION ET DE LA FERMENTATION.

§ 274. La ressemblance entre la végétation et la fermentation consiste en des séries de faits qui se succèdent en ordre chronologique invariable, mais en sens inverse. Ces deux actions ne sont que des expansions d'électres soutenues par l'eau. Ces électres arrivent du Soleil le jour sur un hémisphère du globe à l'état de chaleur lumineuse, et ils s'éloignent de l'autre hémisphère à l'état d'aréoélectricité Ė séparée de la chaleur du sol. La pycnoélectricité s'éloigne du globe pendant le jour à l'état de lumière Ė'Ė.

1° L'inéquilibre thermométrique entre la surface du globe et l'air est la *force*; 2° l'expansion du pycnoélectre du côté froid vers le côté chaud est l'*action*; 3° les deux tropes thermométriques diurnes produisent deux inversions des filets d'électre, d'où résulte une espèce de bobines composées de ces filets amphistrophes.

Les substances végétales sont toutes composées de carbone et d'hydrogène, ou de carbone, d'hydrogène et d'oxygène; elles soutiennent des bobines d'électre qui diffèrent dans chaque plante et dans chaque âge de la même plante.

I. **Végétation.** La semence soutient l'expansion des bobines d'électre obtenues pendant la végétation de la plante dont elle a été séparée. Elle est l'unisson de ces bobines **b** en expansion avec celle *b* du sol qui est l'*action végétale* déterminée par la semence. Les tétraèdres de l'eau, réduits d'abord en chlorophylle, et puis réduits en chyle par la séparation de l'oxygène, sont les supports de ces bobines, dont le nombre *n* de filets correspond à celui des jours écoulés pendant la durée de sa végétation. Chacun de ces filets correspond, par son intensité, à l'amplitude thermométrique *a* du jour lorsqu'il a été produit. Le maximum du nombre **n** de filets d'électre est soutenu par les fruits mûrs des plantes.

Fermentation. Dès que la végétation et l'accumulation des filets d'électre deviennent interceptés, l'expansion de l'électre, formant dans chaque plante et dans ses parties des bobines propres, commence. Le support matériel reste le même, il n'y a que l'électre en expansion qui perd en intensité. Par suite de ce support, les tétraèdres se séparent, de sorte que la substance végétale exposée à l'air passe en même ordre chronologique d'un état à l'autre, de même que cela a lieu dans la succession invariable des états des plantes pendant leur végétation.

L'expansion de l'électre qui s'opère dans l'air, change lorsque le corps vient en contact avec un autre corps ; de cette manière l'intensité de l'expansion de l'électre, modifiée par les corps en contact, fait résulter de la même substance des produits différents.

L'inéquilibre (force) de la fermentation, se trouve dans les électres latents soutenus par les enveloppes des vésicules du jus : ces électres manquent dans le contenu des vésicules vers lesquels l'expansion s'opère. Les électres latents font que la densité des enveloppes est 1,5 (cellulose), et cette densité fait que chaque enveloppe, dès qu'elle est vidée de son contenu se dépose au fond.

On appelle ces dépôts *ferment* ou *levûre*, parce qu'en les mettant en contact avec des jus ils y occasionnent une fermentation comme cela est exposé plus bas.

I. PLANTES AVANT ET APRÈS LE DÉLUGE.

§ 275. En arrosant la poussière de silex de quelques hectares du désert éloigné du Nil, on obtient toujours des herbes neutres. Si ces herbes restent en place comme engrais, et si l'arrosement est soutenu, on parvient, en une dizaine d'années, à obtenir des récoltes abondantes d'herbes hermaphrodites, d'espèces qui existent dans les environs, car, l'amplitude thermométrique étant la même, les espèces de plantes qui en sont produites ne diffèrent pas sous ce rapport. Il n'y a qu'une amélioration du sol par la multiplication du chyle, qui, préparé dans les plantes antérieures, passe aux plantes postérieures; et c'est l'excès x de chyle accumulé de cette manière dans les herbes neutres, qui y occasionne un inéquilibre et un accroissement d'intensité d'action, qui se termine par la séparation de l'excès de chyle. C'est donc cet excès de chyle rejeté qu'on considère 1° comme produit de la végétation ; 2° comme fruit, et 3° comme semence soutenant la reproduction.

Distinction des plantes en antédiluviennes et en postdiluviennes. Les plantes postdiluviennes *indigènes* ne périssent pas comme le font les *exotiques*. Les plaines restent nues, les versants se couvrent d'arbres dicotylédonés en un espace de temps qui dépend de l'amplitude *a* locale. Parmi les espèces de ces plantes manquent celles qui ont été conservées de celles d'avant le déluge.

Les arbres monocotylédones trouvés pétrifiés dans les pays froids n'existent plus ; les uns périssent entièrement, les autres perdent en hiver leur tige et il ne reste que le col et les racines dont il pousse chaque printemps une nouvelle tige. Il y a même à présent des plantes (*colonnières*) qui sont des arbrisseaux ou des plantes annuelles au pays où la température s'approche de zéro en hiver (Égypte) ; dans l'Inde cette plante est un arbrisseau, et au sud de l'Europe elle perd sa tige en hiver. De semblables espèces d'arbres lipocormes sont conservées par la culture dans les pays froids sans y être *exotiques;* tandis que les céréales exigent une culture perpétuelle, parce que ces plantes sont exotiques.

Les forêts actuelles des arbres dicotylédones sont postdiluviennes ; dans le principe le sol ne produisait que des herbes comme il le fait actuellement dans les grandes surfaces unies du récipient caspien et des plaines des côtes orientales d'Amérique. Les versants des vallées ne diffèrent pas des plaines par leur sol, mais par l'amplitude supérieure thermométrique qui fait que l'intensité I de l'expansion amphistrophe y est supérieure à celle *i* des plaines. Cette intensité I fait que les plantes persistent en hiver, y étant parcourues par l'expansion amphistrophe. Les arbres végètent par un excès de chyle, cet excès manque dans les plantes annuelles.

Reproduction. Dans ce chyle x séparé (semence) est soutenue l'expansion amphistrophe de la plante mère en intensité I supérieure à celle *i* de l'expansion locale. Les deux expansions e du chyle x et *e* du sol unies, parcourent le chyle x de la semence, et l'intensité I + *i* des deux expansions, fait se produire une plante pareille à la plante mère. Si le chyle x manque, l'expansion *e* du sol arrosé produit une espèce d'herbe neutre.

II. MODE DE LA PRODUCTION DES ARBRES DIOIQUES.

§ 276. 1° Le saule se reproduit par boutures et par racines, car le chyle qui s'y produit n'en est pas rejeté en grande quantité par les fleurs mâles qui s'en séparent; 2° les arbres hermaphrodites fruitiers rejettent l'excès du chyle tous les ans; 3° Parmi les arbres dioïques les mâles sont comme le saule, les femelles rejettent le chyle à l'état de fruit et de semence. Il est ici établi que la femelle des dioïques est produite par la fleur de son mâle. Il est d'abord : 1° un arbrisseau neutre qui ne produit rien ; 2° cet arbrisseau devient arbre *jeune*, qui rejette le chyle en forme de fleurs ; 3° ces fleurs soutiennent l'expansion e' amphistrophe de l'arbre depuis l'époque de la translation du chyle des feuilles pour former la fleur. La somme $e+e'$ d'expansion produit un arbre, dans lequel l'expansion e' de la fleur est inverse par rapport à l'expansion e' amphistrophe locale.

La succession des trois états *neutre*, *mâle*, *femelle* chez les dioïques ne diffère ni chez les animaux primitifs ni chez l'homme même (1). L'arbrisseau dioïque primitif ne produit pas des fleurs, il est neutre à cet âge comme l'est l'abeille. La production continuelle de chyle en fait provenir un excès x qui devient la cause d'un inéquilibre et d'une expansion, celle-ci fait ce chyle se séparer de l'arbre. En nourrissant bien les abeilles, elles produisent un excès de chyle ; celui-ci est rejeté par des parties génitales ainsi produites ; en cet état l'abeille mâle est comparable au saule. Du chyle (semence) rejeté de l'abeille mâle (par expermatose) sur la nourriture, est produite l'abeille femelle qui pond les œufs. Ceux-ci soutiennent l'expansion $e+e'$ amphistrophe, laquelle se propage dans la reproduction. C'est de cette manière que la fleur des arbres mâles primitifs produit des femelles, qui rejettent leur excès de chyle en forme de fruit.

Cette série physique fait connaître que c'est l'*inéquilibre thermo-*

---

(1) Dans la *Physique céleste*, tome III, il est exposé que l'homme primitif 1° enfant était neutre. 2° L'excès de chyle accumulé produisit le cervelet d'abord ; ensuite, par l'expansion, une partie en fut conduite dans l'extrémité inférieure de la moelle dorsale ; il s'y forma une partie propre au rejet extérieur de la quantité excédente ; ce furent les parties génitales qui manquaient, alors que les autres organes existaient. L'expansion amphistrophe de ces parties n'est pas à l'unisson avec celle des autres organes. 3° Le chyle rejeté (expermatose) d'Adam en âge de puberté sur la plante nourrissante, soutenait l'expansion e amphistrophe qui avait produit Adam et celle e' qui produisit les parties génitales sans que ces deux expansions soient à l'unisson. Les parties génitales d'Eve ont la forme inverse par rapport à celles d'Adam.

Lorsqu'Eve fut arrivée à l'âge de puberté Adam se trouva à l'âge mûr, tous les deux produisaient un excès de chyle par leur abondante nourriture végétale. La séparation de l'excès de chyle, facilitée par l'accouplement, a amené le mode actuel de la séparation du chyle de la femme.

métrique terrestre qui est l'origine de l'expansion électrique qui s'accumule par les inversions dans les éléments de l'eau et les fait devenir du chyle. C'est la multiplication de ce chyle qui devient un obstacle à l'expansion ; celle-ci parvient à le vaincre, en le faisant se séparer, réduit à l'état propre à reproduire d'autres plantes ou d'autres animaux pareils à ceux qui ont été produits par les expansions e amphistrophes terrestres.

III. VÉGÉTATION SUR LES PLAINES ET SUR LES VERSANTS.

§ 277. Il y a plus de pluies dans les vallées que sur les plaines, l'amplitude thermométrique a dans les vallées est supérieure à celle *a* des plaines. L'eau des pluies et l'intensité I de l'expansion provenant de la grande amplitude a font que les versants sont couverts d'arbres. L'eau des pluies médiocres sur les plaines et l'intensité *i* médiocre de l'expansion provenant de la petite amplitude thermométrique, ont fait que les plaines furent d'abord couvertes d'herbes neutres et puis de plantes annuelles hermaphrodites.

Les plaines immenses du récipient caspien, qui ne font qu'une à présent, l'ont été, même avant le déluge; 1° il n'y a pas d'arbres pétrifiés; 2° les gros animaux enlevés à leur pâturage par le vent violent, ont été transférés dans la région polaire. De cette région, la masse d'air s'est détachée du globe portant une grande quantité de minerais, du système permien; ces minerais obtinrent un mouvement orbiculaire dans des orbites différents de ceux des météores. Il y a donc des rencontres d'amortissement du mouvement orbiculaire, c'est ainsi que se produit la chute des minerais attachés aux météores (bolide et aérolithe), ou séparés les uns des autres. Dans le récipient caspien s'il y avait des forêts, les animaux n'en pourraient être enlevés par le vent, et accumulés ensemble dans la mer Glaciale en quantité correspondante à la superficie de ce récipient.

Végétation. Ce mot est employé pour indiquer trois objets différents, mais liés par la loi physique : 1° l'accroissement des plantes, qui est le produit de l'accumulation de globules de chyle; 2° l'expansion amphistrophe, qui précède cette accumulation, et 3° l'amplitude thermométrique, qui soutient en inéquilibre la chaleur $ÉÉ^2$ et qui fait, 1° que l'expansion des parties froides vers les parties chaudes ne manque jamais; et 2° qu'elle est en forme de bobines ou *amphistrophes* ; les filets d'électre forment, par leur va-et-vient diurne, une espèce de bobines soutenues par le chyle. Le chyle matériel $C^{24}H^{24}O^{24}$ des plantes et des animaux, contient l'expansion amphistrophe qui diffère dans chaque espèce de plantes et d'animaux; et qui est en changement continuel dans le même corps. Il y a :

1° **Séve montante, chyme.** L'expansion centrifuge est le printemps d'une grande intensité **i** correspondant à l'amplitude **a** thermométrique entre la température **f** de l'air et celle *f* du sol;

2° **Chlorophylle.** Le chyme contient de l'eau seulement, ou avec un peu de chyle, les éléments de l'eau s'arrangent au contact de l'air, de manière à former la chlorophylle, lorsque l'inversion de l'expansion arrive, et lorsque l'expansion de la lumière ĖE fait séparer l'oxygène du carbone dans lequel pénètrent les tétraèdres de l'eau, ainsi on a :

$$36HO = O^{6}H^{24}O^{18}H^{12}O^{12} = C^{12}O^{18}H^{12}O^{12}, \textit{ chlorophylle.}$$
$$C^{12}O^{18}H^{12}O^{12} - O^{18} = C^{12}H^{12}O^{12}, \textit{ chyle.}$$

3° **Globules de chyle ou séve centipète.** Après l'inversion du soir l'expansion devient centripète; elle repousse le chyle de la surface supérieure des feuilles par la queue dans la tige, dans laquelle le filet mince de chyle s'arrête et forme une gouttelette allongée jusqu'au lendemain, lorsque, après le lever du soleil, l'expansion après une nouvelle inversion redevient centrifuge. Cette inversion fait que la couche superficielle de chaque gouttelette, obtient les deux électres à l'état latent; 1° le pycnoélectre Ė dans la face extérieure, et 2° l'aréoélectre Ë dans l'intérieur; cette couche de chyle est *l'enveloppe;*

4° **Cellulose.** Les enveloppes des globules composant le chyle sont le *cellulose*. La différence entre ces enveloppes et leur contenu consiste, en ce que les enveloppes soutiennent les deux électricités à l'état latent, tandis que le contenu n'en soutient pas.

Ce mode de la formation des arbres et des plantes annuelles prouve leur liaison avec la forme de la surface du sol.

I. Dans les versants croissent les arbres par la grande intensité de l'expansion amphistrophe.

II. Sur les plaines croissent les herbes par l'intensité inférieure de cette expansion.

Par rapport à leur rut, les plantes comme les animaux se distinguent en familles : 1° les aloës arrivent en rut en plusieurs années ; 2° les plantes diètes une fois en deux ans; 3° les arbres une fois par an; 4° les céréales une fois pendant quelques mois; 5° les légumineuses plusieurs fois, l'une après l'autre en un ou deux mois 6° les champignons sont neutres.

IV. RAPPORT ENTRE LA VÉGÉTATION ET LES SAISONS.

§ 278. Dans les pays froids, en hiver, l'air est froid et le sol est chaud; l'expansion va de la surface des arbres vers leurs racines; une partie du chyle est amenée dans les extrémités des racines, qui s'allongent dans le sol.

II. Dans les pays chauds, l'expansion est centrifuge le jour et centripète la nuit; il y a une végétation perpétuelle, cependant le rut apparaît dans chaque plante à une époque où l'excès de chyle est accumulé. Pendant le manque de pluie la végétation est interceptée; il n'y a alors qu'une accumulation d'électre amphistrophe, provenant des amplitudes *a* thermométriques diurnes; le manque de végétation pendant la sécheresse est remplacé par son accroissement produit par l'accumulation des électres.

La saison des pluies intertropicales est celle de la végétation, qui se présente sur les arbres des forêts avec une intensité beaucoup supérieure à celle des arbres des jardins, car ceux-ci végètent seulement par l'arrosement. Cette différence d'intensité de végétation correspond à une accumulation d'électre amphistrophe occasionnée dans les arbres des forêts pour les inversions diurnes de l'expansion; tandis que dans les arbres des jardins, où la végétation persiste, une accumulation pareille d'électre amphistrophe, n'existe pas.

Végétation en rapport avec les engrais. Dans le poussier de silex, la semence arrosée végète par la transformation de l'eau en chlorophylle, et de celle-ci en chyle. La même superficie de sol 1° en silex; 2° en terre des champs; 3° en terre qui a reçu un engrais en guano; 4° et une autre qui a reçu un engrais en chaux, étant semée de la même espèce de céréales pendant cinq années continuelles également arrosées donnent des récoltes qui sont en rapport direct avec l'état du sol.

1° Le silex donne des récoltes très-faibles qui restent invariables; elles croissent lorsque le chyle qu'on y produit, reste comme engrais;

2° La terre des champs donne des récoltes également croissantes par l'engrais;

3° Le guano donne, la première année, un maximum de récolte; elle diminue les années suivantes par degré, et par son emploi comme engrais elle redevient croissante;

4° Les tétraèdres de la chaux $4CaO = C^{12}H^{8}O^{4}$ en recevant un tétraèdre d'eau et un tétraèdre d'oxygène, deviennent le tétraèdre de chyle. Ainsi on a :

$$4CaO + 4HO + 4O = C^{12}H^{12}O^{12}, \textit{ chyle.}$$

Cette formation de chyle est très-lente, à cause de l'introduction de l'oxygène de l'air, qui s'opère par l'expansion centripète nocturne ; l'intensité de cette expansion, correspond à l'amplitude thermométrique diurne de chaque pays. Plus cette amplitude *a* est grande, mieux la chaux est convertie en chyle, et moins il en faut ; au contraire, il en faut beaucoup aux pays de petite amplitude thermométrique.

Des expériences très-nombreuses, faites sur la chaux employée comme engrais ont donné, par hectare, des résultats dont l'arrangement rend évidents les éléments de la chaux, et en même temps l'existence des expansions amphistrophes, dont l'intensité est 1° en rapport direct, en chaque pays, avec les *amplitudes thermométriques* ; et 2° en rapport inverse avec les quantités de chaux employées comme engrais par hectare. Les produits restant comme engrais, font augmenter davantage les récoltes postérieures que dans les trois cas précédents.

Les pommes de terre, croissent par le dépôt du chyle produit dans les feuilles pendant le jour, et transféré la nuit par l'expansion centripète le long de la tige aux racines dans le sol, qui ne doit pas être plus froid que l'air. Cette plante, si répandue dans l'Europe occidentale (Angleterre), ne croît ni dans l'Europe orientale ni aux pays à hiver très-froid, car du sol froid, l'expansion *centrifuge empêche la centripète* nocturne de pénétrer dans les racines. On sème des pommes de terre dans deux pots **p** **p**' égaux, et des haricots dans deux autres *p p*' ; on laisse les deux pots **p** *p* végéter en leur état naturel, les deux autres **p**' *p*' sont tenus dans un courant d'eau froide ; dans le pot **p**' il n'y a pas de pommes de terre, au contraire, le haricot du pot *p*' donne plus de fruits que l'autre *p*.

V. FERMANTATION DES CORPS ORGANIQUES.

§ 279. Les corps organiques, composés de chyle $C^{12}H^{12}O^{12}$, diffèrent des minerais par leurs électres en état amphistrophe, aussi ils diffèrent entre eux : 1° par l'intensité de l'éloignement de cet électre, et 2° par la succession des plis composant cette espèce de bobine. Pendant la végétation, il y a unisson de l'électre $e + e$ amphistrophe, e est le local et e de la semence; leur raréfaction commence à s'opérer au fruit séparé en état mur.

Ainsi les inversions diurnes de l'expansion font accumuler les électres dans le chyle en forme de bobine, pendant la durée de la végétation. Le chyle, séparé de la plante, n'est pas un corps inerte comme le sont les minerais, car l'expansion des électres amphistrophes persiste à l'état centrifuge, et il n'y en a pas à l'état centripète. Cet état du chyle devient la cause des séries de faits qui se succèdent d'après un ordre constant, de pareilles séries de faits se succèdent pendant la reproduction des plantes par la végétation.

Les corps organiques sont composés de chyle, ce chyle est contenu dans des enveloppes qui sont aussi de chyle, mais ils soutiennent les deux électres à l'état latent. La structure globulaire est l'état primitif de ces corps. Pour en obtenir une structure cristalline (sucre) la séparation des enveloppes est indispensable; cette séparation ne s'obtient qu'imparfaitement, les mélasses en sont la preuve. L'eau, coulant lentement sur la farine des céréales, en enlève le chyle (amidon), et les enveloppes, (gluten), restent à cause du poids spécifique 1,5; sans pour cela être composées d'éléments différents de ceux du chyle.

Cette égalité des éléments matériels ne disparaît pas après la séparation des enveloppes de leur contenu. Si le gluten humide reste à l'air, il produit d'abord de l'azote et puis de l'ammoniaque. L'ammoniaque est produite aussi par les enveloppes humides sans en être séparé à l'état de contenu. Tant qu'on persistait dans les hypothèses des anciens chimistes, chacun se permettait d'en admettre d'autres dans l'explication des faits. On disait : 1° *que l'azote trouvé dans le gluten ne peut pas manquer dans le blé, mais il y est assimilé*; 2° *que l'ammoniaque est formé de l'azote et de l'hydrogène de l'eau, dont l'oxygène n'apparait pas.* Certains chimistes émettaient de telles hypothèses, les autres les répétaient sans les approuver. Ici l'on voit que dans les tétraèdres du chyle l'oxygène, au moyen de l'expansion de leurs électres hétéronymes, se combine par la pénétration des tétraèdres de l'oxygène O^4 dans le tétraèdre C^4H^4, d'où résulte Az^4H^4, qui est un composé instable; il se décompose en azote et en eau. Ainsi on a : $(C^2O^2 = Az^2)$.

$$C^4H^4O^4 = Az^4H^4 \text{ (diamide)}.$$

Cette présence de l'azote dans le gluten, fait que les trois tétraèdres de carbone du chyle $C^{12}H^{12}O^{12}$, se séparent de l'eau et deviennent de l'ammoniaque par la séparation de l'eau ; l'excès d'hydrogène se combine avec l'azote existant. Ainsi on a ($C^8 = Az^2H^8$).

$$C^2O^4 + 12C^4 = Az^8 + 12Az^2H^8 = 32AzH^3.$$

Les enveloppes à l'état de gluten se réduisent en chyle (glucose) lorsqu'on les traite par l'acide sulfurique SO^3 ÉÈ étendu. Les électres ÉÈ sont à l'état latent dans les enveloppes, et à l'état libre dans l'acide. A 100° les électres libres séparent leurs hétéronymes des enveloppes, et c'est ainsi que le gluten devient du chyle (glucose) qui cristallise, parce qu'il n'y a pas d'enveloppes.

Le lait est un composé de chyle contenu dans des enveloppes de chyle soutenant les deux électres ; ceux-ci empêchent l'arrangement des tétraèdres en forme cristalline. Pour éloigner les électres ÉÈ des enveloppes, il faut mettre le lait en contact avec un acide ou avec un alcali dont l'électre libre É ou È n'exerce aucune résistance à l'expansion de son électre hétéronyme latent ; lequel, séparé des enveloppes, les réduit en chyle cristallisable. C'est donc un état uniforme qui fait que les tétraèdres du chyle obtiennent un arrangement propre (sucre de lait).

Séparation d'une partie d'acide carbonique du chyle. L'expansion des deux électres du chyle, sépare une partie d'acide carbonique ; en même temps une partie des enveloppes du chyle se dépose au fond. En opérant avec des farines de céréales, ces enveloppes se séparent 1° du chyle qui reste à l'état d'amidon, ou 2° du chyle qui se décompose en acide carbonique et en alcool.

Le rapport entre le gluten **g** et l'amidon **a** varie entre 1 et 1/6° dans les céréales, dont le chyle est sec, tandis que dans le jus des fruits, ce rapport diminue jusqu'à 1/30°. Ces différences résultent de ce que l'eau du chyle liquide est enlevée des grains des céréales. La séparation diurne d'une couche d'eau du chyle, s'opère par une inversion, qui laisse la surface du chyle à l'état d'enveloppe soutenant les deux électres. Ainsi, les grains des céréales sont composés de globules, correspondant aux vésicules du jus des fruits, sans que diffèrent les dimensions des grains entre eux. Les enveloppes du jus étant simples, ne montent qu'à 1/30° du chyle liquide ; au contraire, les enveloppes multiples des globules de céréales en font parfois une partie égale à celle du chyle ; ce rapport diminue jusqu'à 1/6°.

Pour voir que les enveloppes sont contenues les unes dans les autres, on laisse un grain d'orge pendant quelques jours dans l'eau ; celle-ci pénètre par endosmose, se mêle avec le chyle sec, qu'elle réduit à l'état de pâte. Les enveloppes crèvent et se décolent les unes des autres. L'expansion des électres latents, favorisée par une température de 25 à 30°, fait émerger les enveloppes intérieures. Des globules voisins de la base du grain, la sortie d'une enveloppe postérieure, est produite par la poussée venant d'un autre globule voisin de la base, on croyait d'abord qu'il a des bifurcations venant d'un seul globule.

Le côté du sommet du grain n'est qu'un seul globule qui obtient un allongement par l'agrandissement de son volume.

Formation des graines de l'orge. Chacun des grains d'un épi reçoit d'une feuille propre chaque nuit, une gouttelette de chyle depuis la floraison jusqu'à la récolte, durée qui est d'environ un mois; de sorte que trente de ces gouttelettes composent le grain, qui devient sec par l'éloignement diurne d'une couche mince d'eau, entraînée par l'expansion centrifuge. L'inversion nocturne laisse une nouvelle enveloppe dans la surface du chyle qui reste. La gouttelette *o*, amenée la première à la base du grain après la floraison en perdant son eau pendant trente jours, obtient autant d'enveloppes concentriques. La gouttelette *o'*, amenée au sommet presque sèche le dernier jour, n'a qu'une seule enveloppe. Sous ce rapport, les trente globules composant un grain, diffèrent l'un de l'autre; dans le globule *o* sont contenues trente enveloppes, tandis que *o'* n'en contient qu'une seule.

Changement du chyle par l'expansion de ses électres. Les jus des plantes ou des fruits ne cristallisent pas étant contenus dans les enveloppes. Il faut que celles-ci crèvent pour laisser le chyle s'écouler; les enveloppes, qui sont de densité 1,5 se déposant au fond, le chyle liquide se cristallise, s'il est concentré et il reste à l'état inaltérable, à cause de sa solidité, soutenue par la pression exercée par le baroélectre **b.**

Alcools. Le sucre, dissout dans l'eau et exposé à l'air de 30 à 25°, obtient une expansion électrique, laquelle est favorisée par la présence de l'oxygène. Ainsi le chyle neutre devient un sel de base d'acide carbonique, car il y a en même temps décomposition de chaleur $\dot{E}E^{2}$, le pycnoélectre passe dans l'acide et l'aréoélectre reste dans la base nommée *alcool*; ces bases ont deux facteurs; 1° un tétraèdre d'eau et 2° un tétraèdre d'*hydroanthrax*. Ainsi on a :

Le facteur $C^{8}H^{12}O^{4}$ étant isolé, est de l'alcool ordinaire; en pénétrant dans le facteur des hydroanthrax $4C^{24}H^{24}$ il produit différentes espèces d'alcool.

$$\text{sucre } C^{12}H^{12}O^{12} - C^{4}O^{8} = C^{8}H^{12}O^{4} \text{ alcool.}$$

Acides organiques. 1° La chlorophylle $C^{11}O^{18}H^{11}O^{11}$ est un oxalate qui a pour base trois tétraèdres d'eau; cet acide devient d'autant plus sensible que le nombre des équivalents de la base diminue. Il s'affaiblit dans le suc des fruits par l'éloignement de l'oxygène.

2° *Les acides alcooliques* sont produits par l'expansion aréoélectrique des alcools exposés à l'air ou à l'oxygène, dont l'expansion pycnoélectrique amène dans l'alcool ses tétraèdres. L'acide acétique est produit par un tétraèdre d'oxygène $4O\dot{E}$ introduit dans l'hydrotétraèdre $H^4\ddot{E}^3$ de l'alcool. Ainsi on a :

$$C^4A^4\ddot{E}^3, 2HO + 4O\dot{E} = C^4H^4O^4\ddot{E}^3\dot{E}^4 + 2HO.$$

Si l'on ne prend pas en considération les éléments électriques dans le vinaigre, on ne peut savoir comment les mêmes éléments matériels présentent des propriétés si différentes, et encore moins comment il se fait que les mêmes éléments, réduits par la combustion en acide carbonique, donnent des nombres de calories qui sont supérieurs pour le chyle et inférieurs pour le vinaigre.

Mère de vinaigre. L'air ou l'oxygène en contact avec la couche superficielle du vinaigre, éprouve une expansion aréoélectrique, qui fait pénétrer les tétraèdres d'oxygène dans le vinaigre, pour produire une couche superficielle de tétraèdres d'acides carbonique et d'eau. Leurs cristaux étant de systèmes différents, présentent vis-à-vis, des faces *f f* et *f' f'* hétéréolectriques, qui exercent de faibles résistances entre elles. Ainsi, la couche superficielle composée d'eau et d'acide carbonique, se distingue du vinaigre liquide par une grande viscosité. Sur la surface du vin une couche pareille est également produite, mais son épaisseur croît moins, parce que tout l'oxygène n'y est pas arrêté; s'il se répand et parvient à produire un arrangement cristallin, le vin devient visqueux.

VI. CHIMIE ORGANIQUE.

§ 280. Dans la chimie organique il est traité : 1° du chyle *diélectrique* produisant de l'azote par les électres à l'état latent ; 2° du chyle monoélectrique amphistrophe non azoté : 1° le chyle *azotigène* forme l'enveloppe; il est *ectochyle* (ἐκτός, dehors), il soutient les électres à l'état latent et à l'état amphistrophe. Le chyle non azoté est le contenu de l'enveloppe : il est *endochyle* (ἔνδον), dedans), il ne soutient que les électres amphistrophes.

La levûre provenant de la *fermentation*, de la *zymose* ou de la *pu-*

tréfaction est azotée. Cette levûre employée pour faire fermenter l'endochyle (sucre) devient non azotée; car son azote à l'état de *diamide* ne redevient pas de chyle mais de glycérine et d'acide succinique. Tant que les chimistes ignoraient les deux états électriques du chyle, l'apparition de quantités variables d'azote et sa disparition, de même le changement du fromage en beurre et le mode de la production du *vibrion* étaient des faits mystérieux.

CHAPITRE PREMIER.

AGRICULTURE (GÉORGIE, γεωργία).

§ 281. L'agriculture ou *Géorgie* (γῆ, terre, ἐργάζεσθαι, labourer) signifie labour de la terre. *Agrocomie* (ἀγρὸς, ferme, κομεῖν, améliorer) signifie amélioration du sol par des engrais. *Agronomie* (ἀγρός, ferme, νέμειν, partager) signifie partage de la ferme en portions, dans chacune d'elles se trouvaient des tables πλᾶκες ἀγρόνομοι indiquant les espèces de plantes qui devaient y être semées à époques fixes.

Cette terminologie suffit à prouver la connaissance et le perfectionnement de l'agriculture chez les Hellènes ; non pas chez ceux qui habitaient la Grèce et qui achetaient les céréales dans les Thraces, mais chez leurs ancêtres propriétaires de l'Egypte avant le déluge. Cette histoire des Hellènes en Egypte avant le déluge resta conservée dans les noms dogmatiques, astronomiques et architectoniques, dans les physionomies des statues et des peintures, où les indigènes d'origine de Nubie labourent la terre et les Hellènes arrivés par Suez dirigent les travaux et gouvernent le pays, comme le font à présent dans les îles Britanniques les lords descendants des Normands qui ont pris possession sur les Saxons habitants primitifs du pays. Cet objet historique antédiluvien est traité en détail dans le tome III de la Physique celeste. Le nom *Suez* renversé est Ζευς.

Les agricoles modernes ne font qu'améliorer le sol par des engrais et partager les fermes en portions propres pour vignobles, oliviers, céréales, etc. Ni les anciens ni les modernes ne connaissaient en quoi consiste la cause physique de la végétation, et encore moins celle de la production des plantes primitives.

La végétation a pour cause une *action vitale*, celle-ci est précédée d'une *force vitale*. Ces termes abstraits, employés dans tous les temps, sont ici exposés par ordre d'après la loi physique. Les mots *vie, force, action*, correspondent aux objets qui ont une existence physique qui se manifeste dans les plantes et dans les animaux. L'inertie est le manque de vie, car la vie n'est que l'expansion de l'électre ; cet électre se compose des molécules du fluide primitif équilibrées dans l'espace; une action suprême les divisa en deux parties inégales et les comprima pour les réduire en deux volumes égaux de densités inégales.

Ainsi les molécules denses sont le *pycnoélectre*, les molécules moins denses sont l'*aréoélectre*. L'inéquilibre de ces molécules est la *force vitale;* leurs expansions, provenant de l'inéquilibre, sont l'*action vitale*. Les deux électres arrivent du Soleil à la Terre à l'état de chaleur lumineuse; la chaleur pénètre dans la surface du globe, la lumière s'en éloigne. En partant de ces données, j'expose d'abord les quatre familles ou classes de plantes, et ensuite le mode de l'amélioration du sol et le rapport climatologique entre le sol, et les espèces de plantes. La cause immédiate de la végétation, est l'expansion amphistrophe des deux électres ou les espèces de bobines composées de filets des deux électres produites autour du globe de la manière suivante.

Électres amphistrophes. Pendant le jour, la chaleur solaire pénètre dans le globe; la nuit, l'air et la surface du globe sont froids. L'expansion de l'aréoélectre va du côté chaud vers le froid, et celle du pycnoélectre en direction opposée. Les deux tropes diurnes thermométriques produisent deux inversions des filets d'électres, lesquels, en se soutenant mutuellement, forment des espèces de bobines qui ne manquent en aucun point du sol. L'intensité de l'expansion en chaque partie du sol, est déterminée par l'amplitude **a** de la variation thermométrique locale. Les expansions d'électres ne produisent aucun effet matériel sur le sol sec, tandis que sur le sol arrosé elles produisent des plantes; sur les mers elles produisent de l'air. C'est l'eau qui devient de l'air; c'est l'air qui devient de la vapeur et des pluies qui arrosent le continent, et c'est cette eau qui devient plantes.

L'expansion des deux électres est spontanée et perpétuelle, parce que ce sont des molécules indéfiniment comprimées, et il leur faut un espace de temps indéfini pour se trouver équilibrées comme elles l'étaient avant leur division et leur compression. Connaissant donc les poussées exercées sur l'eau et les éléments composant l'air ou les plantes, on en détermine directement: 1° l'action qui intervient entre l'eau et l'air, et 2° celle qui intervient entre l'eau et les plantes.

Ici est exposé: 1° le mode de la production des plantes primitives et leur conservation par la reproduction; 2° la transformation de l'eau en chyle et la translation du chyle du sol dans les plantes; 3° les engrais d'espèce minérale et d'espèce végétale.

I. DE LA FORMATION DES PLANTES PRIMITIVES ET DE LA VÉGÉTATION.

§ 282. Il est connu qu'il y a expansion de pycnoélectre des parties froides vers les parties chaudes des corps. La surface du globe et des corps terrestres est chaude le jour, l'intérieur en est froid; l'expansion centrifuge va vers la surface chaude. La nuit l'air, la surface du globe et des corps sur lui est froide; il y a donc une *inversion* d'expansion qui devient centripète. Le lendemain l'air et les surfaces redeviennent chauds; après une *inversion*, l'expansion redevient centrifuge. La surface du globe et des corps sur lui soutiennent des espèces de bobines de filets électriques, qui perdent en intensité par l'expansion, et en gagnent autant par l'addition diurne d'électres arrivant du Soleil.

Les faits composant cette série étaient bien connus; il ne manquait que leur arrangement : 1° il y a en vingt-quatre heures deux tropes thermométriques; 2° en même temps il y a deux *inversions électriques;* 3° chaque point du sol soutient une bobine électrique en expansion, de sorte que la surface hylique du globe se trouve dans une enveloppe composée de filets d'électres; le nombre *n* de ces filets est égal au nombre des jours depuis la formation de la Terre : 4° le maximum de l'intensité de l'expansion des filets des électres, est celui du jour actuel; 2° le maximum de l'étendue de la bobine est dans les forêts, dans les bâtisses élevées, dans les pyramides (1).

Dans les pays actuellement froids végétaient, avant le déluge, des arbres monocotylédonés conservés à l'état pétrifié, au-dessous des

(1) Le mot πυραμίς (πῦρ, feu, ἅπτειν, toucher), indique un corps qui est en contact avec le feu (la lumière). Avant le déluge, lorsque la surface des pyramides était polie et l'atmosphère plus dense que celle actuelle, les Hellènes, possesseurs du pays, employaient les habitants de leurs propriétés à leur construire des tombeaux portant de la lumière. Telle est l'origine de l'usage des torches et des chapelles ardentes employées dans la cérémonie des décès. Les Indiens brûlaient leurs *morts*.

Le nom hellénique, sa signification, les sarcophages y contenus, l'usage actuel d'allumer des chandelles sur les tombeaux sont des séries de faits dont la liaison est un monument des habitants de l'Egypte avant le deluge. L'état politique des Slaves dans l'Inde resta conservé dans leurs descendants postdiluviens. Les souverains d'Egypte ont toujours été des étrangers.

arbres dicotylédonés actuels, qui ont été produits en place, et qui ont des dimensions supérieures prouvent qu'avant le déluge, les amplitudes *a* a thermométriques diurnes et annuelles étaient inférieures à celles *a'*a' après le déluge. Des plantes annuelles de plusieurs espèces, restèrent, après le déluge, comme elles étaient avant; plusieurs périrent et d'autres nouvelles, ont été formées d'après les amplitudes thermométriques nouvelles qui indiquent les intensités de l'expansion *amphistrophe* des deux électres.

I. Par rapport au déluge, les plantes actuelles se distinguent : 1° en antédiluviennes, et 2° en postdiluviennes.

II. Par rapport à la durée de leur végétation, elles sont : 1° éphémères, de courte durée; 2° annuelles; 3° *diètes*, de durée de deux ans; 4° *polyètes* ou de longue durée.

III. Par rapport à leur origine : 1° les plantes actuelles sont formées de leurs homoïdes précédentes par une reproduction; 2° les plantes primitives, qu'on obtient en arrosant le sable des déserts ou le sable calciné; elles ne diffèrent pas des herbes neutres qui existent, car elles sont toutes produites de mêmes expansions amphistrophes locales; les expansions sont donc la cause des plantes dont l'origine est attribuée aux germes imperceptibles.

A. Mode de la production et de la reproduction des plantes.

§ 283. L'expansion amphistrophe de la superficie du globe correspond à sa forme : 1° dans les plaines unies, les électres amphistrophes ont une intensité faible; 2° celle des versants est supérieure, et 3° le maximum d'intensité est dans les versants boisés.

Les couches de dépôts de sable annuels dans l'embouchure du Mississipi et du Gange sont 150000, celles du Pô sont de 130000. Il en résulte que les pluies ont commencé dans les latitudes inférieures 20,000 ans avant celles des latitudes supérieures. Avant cette époque les continents étaient déserts, et il n'y avait de plantes qu'aux bords de la mer arrosés par les marées.

Mode de la production des plantes primitives. Les expansions des filets d'électres amphistrophes ne produisent que de l'air, de l'eau de la mer. Pendant l'absence des pluies les continents étaient déserts; il n'y avait alors de plantes que sur les champs arrosés par les marées de la mer (Physique céleste, t. I, p. 263).

Ces expansions avaient pour cause, dans tous les temps, les amplitudes thermométriques diurnes et annuelles. A l'époque où les continents ont commencé à être arrosés, les éléments de l'eau ont été entraînés par les électres et arrangés en forme de chlorophylle, dont la lumière sépare l'oxygène du carbone. Dans les tétraèdres de celui-ci pénètrent ceux de l'eau et forment le chyle $C^{24}H^{11}O^{11}$, lequel est le support d'électres amphistrophes dont l'intensité croît pendant la végétation, et décroît dans les fruits après la séparation des plantes.

Connaissant les éléments de l'eau HO, ceux de la chlorophylle $C^{24}O^{36}H^{11}O^{11}$ en même temps que les variations diurnes de la température, on détermine les directions des expansions diurnes du pycnoélectre. Ces expansions allant toujours de la partie froide de la plante vers la partie chaude, amènent, pendant le jour, l'eau avec des éléments du chyle du sol en forme de séve montante (chyme) par les racines des plantes dans leur surface, où l'eau obtient la forme de *chlorophylle*, dont la lumière sépare l'oxygène et le résidu qui reste est du chyle.

Pendant la nuit l'air et la surface des plantes sont froids, l'expansion du pycnoélectre est centripète, elle amène le chyle de la surface supérieure des feuilles par leur queue dans la tige en forme de filets minces, jusqu'à ce que le lendemain l'expansion éprouve une inversion.

Organe (rut) et organes de reproduction. La quantité $\mathbf{x}$ de chyle produite tous les jours, surpasse celle x amenée dans les racines et la tige. L'excès $\mathbf{x}-x$ exerce une résistance à l'expansion, en produisant une accumulation d'électre, dont la poussée parvient à repousser le chyle $\mathbf{x}+x$. Alors celui-ci obtient la forme de fleurs et de fruits, avec des semences qui croissent jusqu'à obtenir un volume trop grand pour être parcouru par l'expansion amphistrophe du pycnoélectre. En cet état les fruits se séparent et tombent sur le sol ; telle est l'*expermatose* des plantes et le mode de leur reproduction par la semence contenant les expansions amphistrophes de toute la généalogie depuis la formation de la plante primitive.

La semence sur le sol soutenant l'expansion amphistrophe d'intensité $\mathbf{I}$, se trouve en contact avec le sol, qui soutient aussi des expansions d'intensité inférieure i. L'unisson de deux expansions d'intensité $\mathbf{I}+i$ opérée dans la couche d'eau des pluies, détermine l'arrangement de ses éléments de manière à répéter toute la série d'expansion amphistrophe de la semence en ordre chronologique.

Après une expermatose dans les céréales, après plusieurs dans les légumineuses, se termine la production du chyle dans les plantes annuelles, tandis que dans les *polyètes* elle continue dans les pays chauds, où elle se répète tous les ans. Dans chaque pays, l'excès annuel de chyle devient la cause d'un rut et d'une expermatose.

Les expansions amphistrophes déterminent dans les éléments de l'eau un arrangement qui leur correspond. Il suffit d'arroser de la poussière de silex, ou une superficie du désert, pour en obtenir des plantes, d'abord neutres, à cause du manque d'engrais; mais en laissant en place les récoltes de chaque année, le chyle se multiplie dans le sol, d'où il est amené avec l'eau dans les herbes postérieures, qui obtiennent ainsi un excès de chyle, lequel fait que la plante arrive en rut, et produit des expermatoses; la semence ainsi rejetée fait la reproduction des plantes pareilles aux précédentes.

Reproduction. La semence de l'exspermatose soutient les expansions **e** amphistrophes de toute la généalogie précédente; une telle expansion *e*, d'intensité *i*, inférieure à celle **1** des expansions **e**, ne manque d'aucun point du sol Ainsi les expansions **e** et *e* venant en unisson, obtiennent une intensité **1**+*i*. Si le sol contient de l'engrais, son chyle soutient aussi une expansion *é* amphistrophe, qui entre en unisson avec les deux précédentes **e**+*e*. C'est ainsi que le chyle *x* de l'engrais et le chyle **x** produit par l'eau dans la plante, obtiennent *un arrangement déterminé par l'expansion* **e** *de la semence.*

I. L'existence d'une expansion amphistrophe correspondante aux doubles tropes diurnes thermométriques, et 2° la formation par la semence de plantes pareilles à celle que l'on a rejetée par une expermatose, sont les deux données qui rendent évidente la série d'actions indiquée par le mot de végétation (1). La comparaison entre les

---

(1) MIASMES ET CONTAGES. — Il y a dans les maladies subites une succession de symptômes en ordre chronologique invariable; il y a une déjection (expermatose) : 1° unique, comme dans les céréales; 2° multiple par des intermittences complètes, comme dans les arbres; ou 3° par des intermittences incomplètes, comme dans les légumineuses. Cette ressemblance entre la végétation et les cours des maladies resterait chez les médecins comme une notice parmi les autres obtenues par les observations.

Cela n'est pas le cas ici, où il est démontré que la végétation est soutenue par des expansions amphistrophes préexistantes; les maladies sont aussi soutenues par des expansions amphistrophes formées par les amplitudes thermométriques dans des pays marécageux, dont l'expansion amphistrophe se répand avec une intensité qui croît avec les amplitudes *a* thermométriques, et avec l'étendue de la superficie des pays marécageux, des champs de bataille, des malades, des assemblées très-nombreuses, des cimetières, etc.; c'est donc une expansion e de cette origine qui se met en *mission* avec l'expansion amphistrophe *e* des plantes, des animaux ou de l'homme. Les intervalles de la série des symptômes d'une maladie sur chaque individu qui en est atteint ne diffèrent pas dans leur ordre de

ruts et les expermatoses des plantes et des animaux, rend évident que la même expansion amphistrophe soutient la végétation des plantes et la vie des animaux.

---

celle de la succession des états dans lesquels se trouve successivement chaque tige d'un champ semé.

Il y a un *prodrome*, un *commencement*, une *acnée* et une *crise*. Le chyle existe déjà ; l'expansion hétérogène e en fait former une espèce de plante, ou un champ de plantes comparables aux champignons ; l'*acnée* indique l'état de leur *rut* et la *crise* leur *expermatose*.

Au lieu d'une expansion e amphistrophe extérieure, parfois une grande amplitude thermométrique détermine une expansion e, locale suffisante, pour déterminer une mission avec l'expansion *e* de l'individu, sur lequel l'amplitude thermométrique a lieu ; parfois des amplitudes pareilles et des expansions produites se limitent en une seule partie ; il y a l'ophthalmite, la céphalite, l'otite, la laryngite, la pleurésie.

Pathologie. — Par rapport à l'expansion amphistrophe, il n'y a que des *prodromes* (frisson), *commencement* (chaleur, fièvre), *acnée* (agitation, anxiété), *crise* (évacuation). La durée de chacun de ces quatre stades diffère, sans pour cela que la nature des stades homonymes altère.

Thérapie. I. Un individu en pleine santé, au moment où il sent le *frisson* dans le dos, doit se boucher la bouche et le nez à de petits intervalles, prendre des substances excitantes, telles que le poivre, le rhum, l'eau-de-vie, l'ail, prendre un vomitif et se faire saigner. Peu importe le nom de la maladie, on est sûr d'avoir ainsi supprimé l'expansion amphistrophe hétérogène.

II. Si la chaleur a commencé, on n'est plus si sûr d'intercepter l'expansion hétérogène par les moyens indiqués, et cependant on doit les employer ensemble avec des purgatifs.

III. Pendant l'acnée, on est en expectative les boissons peu aromatiques font augmenter les excrétions et la transpiration. Dès qu'on sent le rut, on cherche à faciliter la crise.

IV. L'excès de chyle accumulé par l'expansion e hétérogène, doit être éloigné par la transpiration, par le canal intestinal, par l'urine, par les poumons, par une incision, etc. Tous ces traitements diffèrent d'après les espèces de maladies, tandis que cela n'a pas lieu dans le cas de l'apparition des prodromes qui sont un frisson.

Ainsi la thérapie est composée : 1° d'opérations *antagonistes* à l'expansion hétérogène, opérations simples et applicables contre toute maladie, et 2° d'opérations *synagonistes* de ladite expansion, employées pour faciliter et accélérer la déjection de la matière anormale produite par le chyle. Sous ce rapport, la thérapie exige de observations sur chaque espèce de maladie.

J'utilise ici la comparaison entre la végétation et la succession des symptômes des maladies, pour démontrer l'identité de l'expansion amphistrophe qui soutient les deux actions. Une fois la cause physique découverte, il est facile d'exposer l'état naturel de la pathologie et de la thérapie. Il sera traité séparément de cet objet. Des aphorismes *similia similis* et *contraria contrariis*, l'un est véritable dans les deux dernières stades et l'autre dans les deux précédentes.

B. Subdivision des plantes en quatre ordres d'après la durée de leur végétation.

§ 284. La durée de la végétation des plantes diffère beaucoup : il en est de même de la vie des animaux :

1° Aux animaux *éphémères*, microscopiques, d'infusion, correspondent les *champignons* des fermentations et des autres espèces ;

2° Aux *insectes* correspondent les plantes *annuelles* ;

3° Aux vers à soie correspondent les plantes *diètes* ;

4° Aux vertébrés correspondent les plantes *polyètes*.

1° Le rut ou *orgasme* (ὀργασμός) manque chez les éphémères, les champignons et les animalcules ; 2° le rut apparaît à l'âge de quelques mois chez les monoètes, plantes et animaux ; 3° il se présente à la deuxième année chez les diètes plantes et animaux ; 4° chez les polyètes, l'orgasme se présente à un âge de trois ans et au-dessus.

Le rut est un effet physique de l'excès de chyle chez les plantes aussi bien que chez les animaux. Il amène les expermatoses chez les mâles, et les séparations d'individus composés de chyle chez les femelles.

La répétition de l'accumulation d'excès de chyle, tend à répéter le rut ; si la nourriture n'est pas suffisante, un excès de chyle n'est pas produit ; en cas pareil, il n'y a pas apparition de rut non plus chez les plantes.

1° Plantes éphémères. Champignons.

§ 285. Les champignons, comme les animaux d'infusion, résultent directement des expansions de leurs électres soutenus à l'état latent par les enveloppes des globules. Les champignons sont neutres, comme le sont les animaux d'infusion. Le rut qui précède la production des éphémères, champignons ou animaux, n'est qu'une expansion des électres soutenus à l'état latent. Le grand nombre d'espèces de champignons correspond aux expansions de ces électres, lesquelles varient en intensité et en directions.

Ces expansions e, fixées dans une espèce de champignons, deviennent suffisantes pour faire que l'expansion e du chyle de l'engrais se mette en unisson, et produise des champignons de même espèce.

La durée de la végétation des champignons est *éphémère*. Elle se termine dès que le volume a atteint une certaine grandeur ; avec le volume croît la résistance, et c'est ainsi que l'expansion des électres est interceptée. Le pycnoélectre de l'oxygène de l'air se propage dans le chyle des champignons à la fin de leur formation, de sorte qu'au lieu de rester dans son état normal, il devient en grande partie de diamide de la manière suivante :

$$C^4H^4O^4 = O^6H^{12} = Az^2H^6.$$

L'azote est formé dans les champignons par l'oxygène du chyle et par le carbone, de même qu'il se forme dans le dépôt du vin, de la bière, etc. Sous ce rapport, les champignons sont un produit de fermentation et non de végétation; de même que les animalcules sont un produit de l'expansion amphistrophe des deux électres plus celles des photozeugmes et des thermozeugmes $\dot{E}^2E + \dot{E}E^2 = 3\dot{E}E$ produits dans les rencontres des deux électres $\dot{E}^3$ et E^3 à l'état latent.

L'ammoniaque est produit dans la putréfaction du carbone et d'un peu d'oxygène; la chair devient liquide de la manière suivante :

$$C^6H^6O^6 + O^2 = O^2H^{12} + O^2 + 6HO = Az^2H^6 + 8HO$$

2° PLANTES MONOÈTES ANNUELLES.

§ 286. L'eau du sol est amenée dans les plantes par l'expansion du pycnoélectre allant par les racines à la surface chaude, sur laquelle les tétraèdres aquatiques ainsi repoussés par le pycnoélectre se trouvent arrangés de manière à apparaître comme chlorophylle; car en cet état la résistance est réduite à son minimum. On a :

$$36HO = H^{24}O^6O^{18}, 12HO = C^{12}O^{18}H^{12}O^{12} \text{ chlorophylle.}$$

Le pycnoélectre $\dot{E}$ de la lumière $\dot{E}^2E$ pénètre dans l'oxygène $18\bar{O}$, et il le fait devenir un gaz $18\bar{O}\dot{E}$, qui se sépare, et le résidu $C^{12}H^{12}O^{12}$ est le chyle, lequel est amené la nuit dans la tige par l'expansion centripète du pycnoélectre.

Par rapport à leur rut, les *monoètes* : 1° sont neutres, 2° ou arrivent par an une fois en rut, et 3° ou arrivent plusieurs fois.

I. **Plantes neutres, mousses**. Les espèces de *mousses* sont produites par l'eau et la lumière, et se propagent comme les champignons par le contact. L'expansion amphistrophe a la forme d'une espèce de bobine composée de filets de deux électres, qui produit les mousses. Celles-ci n'arrivent pas en rut à cause du manque d'une accumulation suffisante de chyle, comme cela se voit dans le manque de *nourriture de ces plantes* (1).

II. **Herbes.** Si l'on arrose la poussière de silex ou le sable des déserts avec de l'eau distillée, on obtient d'abord des herbes neutres, contenant trop peu de chyle pour arriver en rut. Si les restes des herbes restent en place, le sol en obtient un engrais qui se multiplie tous les ans, jusqu'au point de faire obtenir aux espèces d'herbes une accumulation de chyle suffisante pour produire un rut.

Cet accroissement des herbes est produit et soutenu par les expansions amphistrophes des deux électres qui sont partout sur le globe.

III. **Céréales.** Les herbes neutres d'espèces différentes, arrivées en rut de la manière indiquée, produisent des expermatoses, qui sont composées de chyle soutenant des filets d'électres amphistrophes en expansion d'*intensité* **I**. *Cette semence, versée sur le sol, fait trouver* en unisson son expansion amphistrophe d'intensité **I** avec celle du sol d'intensité inférieure *i*. C'est ainsi qu'a commencé la reproduction; ces plantes disparaîtraient chez nous par défaut de culture, comme cela est exposé plus bas.

IV. **Plantes légumineuses.** *Dans ces plantes il y a apparition* de rut et production de chyle en même temps, de sorte que, dans la même tige, on voit au sommet le commencement de la formation de la chlorophylle; plus bas le chyle est déjà accumulé; plus bas le chyle est en rut, il y a des fleurs; plus bas encore la semence est formée et plus bas enfin l'expermatose est terminée, la semence est versée sur le sol.

3° Plantes diètes.

§ 287. Les plantes diètes n'arrivent pas en rut par la quantité de chyle produite pendant la durée de la végétation estivale. Elles doivent être conservées l'hiver et être replantées au printemps; lorsqu'elles

---

(1) Par un usage religieux, en Valachie, les dames de la classe supérieure conservent l'eau bénite de la théophanie dans des carafes mal bouchées. Au bout de la première année, il y a au fond une couche verte, de l'épaisseur d'une feuille de papier; on la laisse avec la quantité d'eau restée, et à chaque fête de théophanie on remplit les carafes. Il y a des exemples que, au bout de vingt à vingt-cinq ans, l'épaisseur de la mousse remplissait la moitié de la carafe, qui est tenue au devant des images saintes. Les dames soutiennent que l'eau non bénite ne se conserve pas; elle se gâte.

obtiennent de nouvelles feuilles, leur chyle augmente, et il devient suffisant pour produire un rut. Les plantes pareilles fleurissent et produisent une expermatose. La semence recueillie est conservée l'hiver, et elle est semée au printemps suivant.

Ce mode d'obtenir un rut et l'expermatose au moyen de la multiplication du chyle existe aussi chez les animaux. Le ver à soie est neutre; il reçoit le chyle des feuilles jusqu'au point d'arriver en rut; alors il s'enveloppe dans ce chyle réduit en fil de soie; le papillon est une espèce, de fleur hexipétale, dont les deux opposés sont remplacés par la tête et par la queue. De cette fleur provient l'expermatose.

Les abeilles sont neutres; c'est au moyen d'une nourriture abondante qu'elles arrivent en rut en obtenant des parties génitales; de leur expermatose sur la nourriture se forment des abeilles des deux sexes, dont les femelles poudent les œufs.

Les plantes diètes sont exotiques, elles sont conservées par la culture. A titre d'exemple, j'expose le mode de la végétation de l'oignon et de la betterave.

Oignon. L'oignon, semé au printemps, devient pendant l'été un médiocre tubercule, composé de couches concentriques de chyle. Déterré en automne, il est conservé l'hiver pour être replanté le printemps suivant; lorsque l'expansion verticale du pycnoélectre amène, par la racine, l'eau du sol dans les couches de chyle. Le *chyme*, ou séve montante, est composé d'eau et de chyle. Chacune des enveloppes produit une feuille cylindrique qui est composée de deux couches, l'intérieure de chyle et l'extérieure de chlorophylle.

Pendant le jour, l'oxygène se sépare de la chlorophylle, et le résidu qui reste est du *chyle*. Celui-ci est amené la nuit dans la couche intérieure des feuilles, et de là dans le tubercule, pour former une couche composée : 1° du chyle x d'une couche du tubercule semé, et 2° du chyle $\mathbf{x}$ formé de la chlorophylle d'une seule feuille.

Le chyle $\mathbf{x}+x$ des deux végétations fait arriver la plante en rut; il vient des fleurs et des semences; celles-ci, après avoir obtenu une quantité de chyle, tombent sur le sol soutenant les filets amphistrophes des électres en expansion.

Betterave. La betterave est semée au printemps, comme l'oignon; elle a d'abord des petites feuilles, qui produisent une quantité médiocre de chyle. En automne, les feuilles croissent, et produisent de grandes quantités de chyle, contenant beaucoup d'eau, laquelle empêche l'apparition du rut. Sous ce rapport l'état du chyle diffère en automne dans la betterave et dans l'oignon; le chyle est trop aqueux dans la betterave et dans l'oignon il l'est trop peu pour produire un rut

Au printemps suivant, la betterave replantée reçoit par ses petites racines l'eau du sol, conduite par l'expansion du pycnoélectre vers la surface chaude de la plante. Dans cette eau se dissout une partie du chyle. La sève (chyme), ainsi formée, est amenée sur le sommet de la tige, où l'eau devient de la chlorophylle, formant la face f supérieure des feuilles, tandis que le chyle forme les veines et la face inférieure f'.

L'oxygène, séparé de la chlorophylle, laisse pour résidu le chyle x, lequel est conduit la nuit par l'expansion centripète de la face f supérieure des feuilles la plus froide dans la face f' inférieure, et de là dans la tige avec le chyle x, qui a été amené avec le chyme dans cette face f'.

Cette multiplication $x + x$ de chyle fait arriver la plante en rut; il se présente d'abord à l'état de fleurs et puis en expermatose qui est un versement de semence sur le sol.

4° ARBRES OU PLANTES POLYÈTES (πολύς, BEAUCOUP, ἔτος, AN).

§ 288. La famille des plantes dont la végétation dure plus de deux ans, se subdivise en *arbres* et en *plantes lipocormes* (λείπειν, manquer, κορμός, tronc), celles-ci conservent en hiver, comme les arbres, leurs racines et le col qui les soutient, mais la tige produite en été périt l'hiver, tandis que les arbres conservent leur tronc même en hiver.

La durée de la végétation des polyètes varie entre trois ans et plusieurs siècles. Le chyle produit pendant la végétation estivale, est amené pendant les nuits des feuilles dans l'endophloeon; en hiver une partie de ce chyle est amenée dans les racines à l'état de *sève descendante*. Ainsi les racines des arbres croissent chaque hiver et deviennent d'autant plus volumineuses que la végétation des arbres est d'une durée plus longue.

Dans les pays où, en hiver, la température ne baisse pas beaucoup au-dessous de zéro, la végétation n'éprouve aucune interruption; le chyle reste déposé dans les nœuds du tronc sans être amené aux racines pour les rendre volumineuses. Sous ce rapport les arbres des pays chauds se distinguent : 1° en *monocotylédonés* ayant de petites racines avec un tronc composé des nœuds, et 2° en *dicotylédonés* ayant des racines volumineuses dont le tissu ne diffère pas de celui du tronc des arbres monocotylédonés, tandis que le tissu du tronc des arbres dicotylédonés est composé des cylindres concentriques dont le nombre correspond à celui des hivers écoulés durant sa végétation.

L'épaisseur *e* de chaque cylindre contient le chyle produit pendant la durée de la végétation annuelle. Si les pluies ne manquent pas et si l'été et l'automne sont chauds, l'épaisseur *e* du cylindre est grande; au contraire, elle est petite *e* si les pluies manquent ou si l'été n'est pas chaud.

Rut des plantes polyètes. Il faut plus de deux ans pour produire une quantité de chyle suffisant et mettre la plante polyète en rut. L'accumulation du chyle en été fait croître le tronc; en hiver une partie est transférée dans les racines, pour remonter le printemps suivant lorsque la plante arrive en rut. J'expose à titre d'exemple le mode de la *végétation* du cep de vigne.

Végétation des ceps de la vigne. Au lieu de semer des grains de raisin on plante les boutures des ceps; elles doivent être coupées l'automne, rester enterrées du côté inférieur pendant l'hiver, et être replantées le printemps. Si l'on coupe les boutures au printemps, les plantes ne prennent pas.

Cette série de faits, obtenue par les observations et le mode exposé sur les déplacements du chyle par l'expansion du pycnoélectre des parties froides vers les parties chaudes, se présentent en un accord parfait.

Le chyle produit l'été et l'automne dans les grandes feuilles des ceps, est amené par les expansions centripètes nocturnes dans la tige, et de là dans le raisin. C'est en hiver que l'expansion centripète amène la séve dans le tronc et dans les racines. Si à la même racine on laisse en hiver plusieurs tiges et qu'on les coupe le printemps pour les planter, elles ne prennent pas, parce que leur chyle a été transféré dans les racines. Cet éloignement du chyle est empêché si l'on coupe quelques autres tiges l'automne et on les enterre par l'extrémité inférieure dans un engrais de ferme, dont la température en hiver est supérieure à celle du sol. Ces boutures plantées au printemps prennent toutes, à cause du chyle accumulé en hiver dans leur extrémité enterrée.

Enterrement des ceps en hiver. Aux pays où la température baisse en hiver d'une dizaine de degrés au-dessous de zéro, on laisse les vignobles comme ils sont, tandis qu'aux pays d'hiver rude on enterre les ceps. Cette précaution fait rester une partie de chyle dans le col et dans l'extrémité inférieure de la tige, pour remonter au printemps avec l'eau à l'état de séve. Sans un tel enterrement, si l'hiver est froid, le chyle est conduit aux extrémités des racines d'où il ne peut pas remonter au printemps.

Taille des ceps. Au printemps on éloigne la partie des tiges dont le chyle a été éloigné et on ne laisse que deux ou trois nœuds pour en obtenir autant de tiges formées : 1° du chyle x qui monte au printemps avec de l'eau à l'état de séve (chyme), et 2° du chyle $\mathbf{x}$ produit par l'eau qui devient de la chlorophylle; dont, après la séparation de l'oxygène, le résidu est du chyle $\mathbf{x}$ de quantité supérieure. Ce chyle $\mathbf{x}$ est produit dans la couche supérieure des feuilles; dans leur couche inférieure et dans leurs veines se trouve le chyle x des racines amené par le chyme.

Au lieu de deux ou trois nœuds, si l'on en laisse un nombre n supérieur, les tiges sont produites de la quantité nx de chyle amené des racines, où il n'en reste qu'une quantité médiocre; de sorte que l'excès de raisin obtenu d'une taille pareille ne peut être répété l'année suivante; le produit d alors est inférieur à celui de l'ordinaire.

Tronce de ceps. Si on laisse les ceps sans les tailler, du chyle accumulé en été une partie est amenée en hiver dans la racine et une autre reste en formant un tronc cylindrique mince et long soutenu par des arbres pour ne pas être couché par terre. Le chyle produit dans les branches en été, est amené l'hiver dans le tronc en grande partie, et il fait croître son épaisseur; la racine croît aussi d'une partie de chyle qui y est amenée l'hiver.

Le tronc est composé des filets de chyle contenus dans des globules allongés dont l'enveloppe est de cellulose. Cette structure du tronc diffère de celle des arbres monocotylédonés et de celle des arbres dicotylédonés.

Rapport entre la superficie du sol et le produit des ceps. Sans employer d'engrais, un hectare d'arbres donne un produit en substances végétales supérieur à celui d'un hectare de céréales. Un hectare de vignoble donne, en vin et en bois, trois à cinq fois plus qu'un hectare de céréales sans irrigation. Mais à l'état de chyle sec, cette différence disparaît. C'est dans le maïs que le chyle sec se trouve en excès.

En prenant la superficie des feuilles et des tiges pour base, on trouve un rapport direct entre ces superficies et les quantités des produits à l'état solide. Dans un hectare, les feuilles de maïs sont d'une surface $\mathbf{s}$ autant de fois plus grande par rapport à la surface s des feuilles des autres céréales et de vignoble que la quantité de produits en chyle $\mathbf{x}$ de maïs par rapport à celle x, x', x'' du blé, de l'orge, du vignoble. L'eau, à l'état de chlorophylle, forme la couche supérieure des feuilles. Après la séparation de l'oxygène, le chyle produit passe par la couche inférieure dans la tige, et l'eau amenée le jour suivant devient de la chlorophylle dans la surface supérieure.

Rut des arbres. De l'excès de chyle de l'été, une partie reste accumulée dans la tige, autour de la racine, de quelques feuilles. En hiver, ces amas de chyle en forme de boutons, éprouvent un abaissement de température inférieur à celui des rameaux; ainsi il y a affluence d'expansions qui amènent le chyle des parties ambiantes, comme cela s'opère dans les ceps vers leur col.

Lorsqu'au printemps la séve montante amène une quantité x de chyle, celui-ci, avec le chyle $\mathbf{x}$ des boutons, est dans les arbres fruitiers, suffisant pour exciter le rut. Une partie du chyle $x + \mathbf{x}$ devient des pétales, et dans leur milieu est produit le *stigine* ou l'*embryon* dont l'accroissement est exposé plus bas.

Sur les versants des montagnes, le rut des arbres, est en retard sur celui de mêmes espèces dans les plaines. La cause en est la température, qui est inférieure sur les montagnes, et elle fait : 1° que l'amplitude a thermométrique y est inférieure à celle $\mathbf{a}$ sur la plaine, et 2° que l'intensité i de l'expansion diurne sur les versants des montagnes est inférieure à celle des plaines.

Certaines espèces d'aloès n'arrivent en rut qu'en une dizaine d'années, lorsqu'elles obtiennent une grande accumulation de chyle. Le contraire a lieu dans les pays chauds pour d'autres espèces d'arbres, qui arrivent en rut plusieurs fois par an ; car, au moyen de leurs feuilles très-nombreuses, ces arbres produisent du chyle en très-grande quantité.

Forêts d'avant le déluge et forêts actuelles. Les arbres pétrifiés antédiluviens sont d'une dimension médiocre : les couches de leur végétation annuelle sont d'épaisseur considérable et de nombre médiocre; c'est ce qui prouve qu'il y avait, avant le déluge, amplitude thermométrique médiocre et grande abondance d'eau. Les arbres ne végétaient qu'une dizaine d'années, le sol était bien arrosé.

Les grandes superficies actuelles couvertes d'arbres dicotylédonés dans une couche de sol au-dessus des forêts pétrifiées, prouvent que les arbres d'une même espèce de ces forêts ont été produits sur place, ils ne sont pas les produits d'un seul arbre par la reproduction. Cette uniformité des arbres manque dans les forêts intertropicales, qui descendent de celles d'avant le déluge.

En admettant cinq siècles comme maximum de durée de la vie des arbres des forêts vierges, il en résulte qu'en six cents ans, depuis le déluge, il y a douze générations de chyle des arbres, et leurs fruits, en revenant dans le sol, passent dans la formation des arbres postérieurs et de leurs fruits. Ainsi la partie qui provient des alluvions accumulées au fond des ravins est médiocre, et amenée par les fleuves au fond de la mer; ce fond s'élève et en fait diminuer la profondeur, car son niveau reste constant.

Plaines avant le déluge et plaines actuelles. La quantité médiocre de chyle produit par an, dans les herbes et dans les fruits des plantes annuelles, retourne tous les ans dans le sol, et une partie remonte l'année suivante aux plantes qui y croissent. Dans un hectare de forêt, il se produit par an une quantité de chyle supérieure à celle produite dans un hectare d'herbes. Nous trouvons les fondations des monuments archéologiques dans les vallées à plus d'un mètre au-dessous du sol actuel; un pareil enfoncement ne se rencontre pas dans les fondations des monuments qui sont dans des pays élevés et au sommet des collines.

De même, la profondeur de la base des *blocs erratiques*, qui occupent leur place actuelle depuis 6,000 ans, est médiocre. On trouve dans le sable des tubes vitrés en dedans, d'une longueur de plusieurs mètres; la foudre actuelle produit parfois des tubes pareils de quelques centimètres de longueur. Ces dimensions prouvent, qu'avant le déluge, les foudres étaient, comme celles actuelles, des expansions électriques; il n'y a que l'intensité, qui était une centaine de fois supérieure à celle actuelle. Ces foudres étaient de cette intensité, parce que l'épaisseur de l'atmosphère était alors une centaine de fois plus grande qu'à présent; de même les averses, avant le déluge, produisaient des torrents qui ont creusé les vallées, et dont les détritus ont été accumulés au devant des embouchures.

Chyle et cellulose. Le chyle est en filets minces comme ceux du coton, lorsqu'il est amené des feuilles par l'expansion nocturne centripète. Le lendemain, l'inversion arrête cet avancement, elle forme une surface de chyle qui soutient les deux électres à l'état latent; tandis que le chyle intérieur n'en soutient pas. La couche superficielle, composée de chyle et soutenant les électres, devient une *enveloppe* du chyle qui y est contenu. Celui-ci, à l'état d'engrais, se dissout dans l'eau pour être transféré du sol dans les racines voisines par l'expansion centrifuge du pycnoélectre, tandis qu'à l'état d'enveloppe (cellulose) il est insoluble dans l'eau.

Les minerais ayant été produits pendant des siècles des celluloses de densité 1,5, sont les sels qui composent l'alluvion; leur densité est 2,5 environ. On trouve ainsi qu'une couche d'alluvion de 1 mètre d'épaisseur représente une couche d'eau disparue de 2 mètres et demi. La durée pendant laquelle toute l'eau de la Terre deviendra de l'alluvion est donc préétablie; à cette époque reculée, la Terre se trouvera en un état comparable à l'état actuel de Vénus.

C. Pays nus et pays boisés.

§ 289. Les versants des chaînes des montagnes sont boisés; les plaines du bassin caspien et celles des côtes orientales d'Amérique sont nues. Les amplitudes thermométriques de l'air des vallées sont supérieures à celles des plaines. L'air chaud des plaines entre par les embouchures des vallées le jour; l'air froid descend du sommet des vallées le matin. On voit un animal gelé le matin et son cadavre pourri à midi. Cette différence entre les amplitudes thermométriques *a* des versants et *a* des plaines y amène des expansions amphistrophes d'intensité *I i* correspondantes. Sur les plaines, les expansions verticales restent isolées, tandis qu'elles s'unissent dans les versants. Les herbes sont produites par les expansions isolées, tandis que les expansions multiples produisent les arbres; cette cause physique rend les plaines et les plateaux nus, les versants boisés.

L'eau du sol devient des herbes dans les plaines et des arbres sur les versants; le chyle produit en une saison dans les herbes et dans les céréales, tombe sur la surface du sol, dont l'eau a été amenée dans la plante; le sol donne de l'eau à la plante et en reçoit du chyle.

Sur les versants, les tiges primitives des arbres ne diffèrent pas de celles des herbes; mais, l'automne, la tige continue à être parcourue par des expansions diurnes d'intensité suffisante pour ne pas être interceptée par l'expansion centripète de l'hiver. Les amplitudes thermométriques diurnes *a* sont, sur les versants, supérieures à celles *a* des plaines. Ainsi la tige conservée pendant l'hiver est, le printemps, exposée à l'expansion centrifuge qui amène l'eau du sol, dont les tétraèdres s'arrangent à l'état de chlorophylle. La quantité x de chyle en est produite pendant la durée de la végétation annuelle; elle reste, et fait augmenter le volume de l'arbrisseau; sans qu'il en reste un excès pour être séparé à l'état de fruit. Le chyle x, accumulé dans les trois à dix premières années, fait entrer pour la première fois l'arbre en rut.

II. CULTURE DES PLANTES BASÉE SUR L'EXPANSION AMPHISTROPHE ET SUR LES ENGRAIS.

§ 290. Les amplitudes thermométriques annuelles **a** et diurnes *a* de chaque pays, sont la cause de l'expansion amphistrophe des deux électres; pour cette raison, il y a une correspondance entre ces amplitudes et les intensités des expansions. Lorsqu'on ignorait la cause: 1° des poussées centrifuges produisant l'élévation de la séve, et 2° des poussées centripètes amenant le chyle ou la séve descendante, on attribuait ces poussées à une origine de nature inconnue; on disait qu'il y a une *force vitale* qui produit des *actions vitales*, lesquelles ont pour effet la formation des plantes.

Ici le lecteur apprend que ces mots abstraits ont une signification réelle: 1° Les *forces vitales* sont l'*anisothermie* (l'inéquilibre thermométrique), laquelle est, entre la terre et l'air, en changements perpétuels tous les jours et tous les ans: 2° L'*action vitale* est l'expansion amphistrophe allant des parties froides vers les parties chaudes, et éprouvant par jour deux inversions; 1° l'air est chaud le jour de même que la surface du globe, tandis que le sol est froid, l'expansion est centrifuge; 2° l'air est froid la nuit, de même que, à la surface du globe, l'expansion éprouve une inversion, elle devient centripète.

Les changements diurnes des températures de l'air et du sol, l'existence de l'expansion et des deux inversions toutes les vingt-quatre heures, sont des faits bien connus; on ignorait que dans les inversions il y a une continuité d'expansion qui y amène un accroissement analogue d'intensité. Cependant il n'était pas inconnu que plusieurs composés, qu'on n'obtient que par des courants ou par une forte décharge, sont produits aussi par des décharges faibles fréquemment répétées, car chaque interruption s'opère par une inversion de l'expansion initiale.

L'expansion amphistrophe se renouvelle à tous les points du globe tous les jours; c'est elle qui entraîne l'eau du sol, et qui fait que ses tétraèdres obtiennent un arrangement qui est celui de la chlorophylle; on a:

$$9H^4O^4 = 0^6H^{24}O^{12}H^{12}O^{12} = C^{12}O^{12}H^{12}O^{12}$$ *chlorophylle.*

La répulsion exercée par l'expansion de la lumière $\dot{E}^2E$ du jour contre l'oxygène 180Ė, le fait se séparer de la chlorophylle, et il en résulte un résidu $C^{12}H^{11}O^{11}$ qui est le *chyle*.

Les plantes cultivées sont exotiques : 1° elles périssent si elles ne sont pas tous les ans semées à la saison dont l'expansion amphistrophe se met en unisson avec celle soutenue par la semence; 2° aux pays froids elles périssent ou dégénèrent également, si on les sème tous les ans dans le même sol sans y porter de l'engrais.

Ainsi l'agriculture des plantes exotiques est composée de deux parties bien connues. Chez les anciens, l'une était appelée *agronomie* et l'autre *agrocomie*. Les agricoles actuels suivent ces deux branches : 1° s'ils sèment chaque espèce de plantes en une saison déterminée et dans des endroits convenables; ce sont des *agronomes*; 2° s'ils portent des engrais dans les champs, ce sont des *agrocomes*.

Ni les anciens ni les modernes ne savaient pourquoi chaque espèce de plante doit être semée dans certaines conformations locales et à une époque qui n'est pas la même pour chaque pays; ils ignoraient également comment l'engrais fait augmenter la récolte.

A l'avenir 1° il y aura des *agronomes* qui sauront choisir dans chaque pays non unis les endroits et les saisons, en se basant sur les intensités des expansions amphistrophes, et 2° il y aura des *agrocomes* qui sauront que chaque espèce d'engrais végétal ou minéral doit contenir le chyle, ou ce chyle doit s'y trouver en un état peu altéré (chaux). Les chimistes agricoles, en suivant l'expansion amphistrophe déterminée par les amplitudes thermométriques non par la déviation du magnète, vont exposer le mode de l'arrangement des globules de chyle dans chaque espèce de plantes.

A. AGROCOMIE; MODE DE LA MULTIPLICATION DES RÉCOLTES PAR LES ENGRAIS.

§ 291. Dans tous les temps les jardiniers ont employé l'engrais avec avantage dans la végétation de toute espèce de plantes. La chaux, comme engrais, est connue en Europe depuis trente à quarante ans; elle est employée depuis des siècles par les fleuristes arméniens en Orient.

Les plantes ne contiennent que du chyle; le fumier des fermes est composé de ce même chyle; on le disperse dans le champ, on laboure, et puis on sème. L'eau de la pluie dissout un peu de chyle, et par l'endosmose, soutenu par l'expansion, elle pénètre dans les grains qui enflent; les globules contenus dans ces grains en sortent, et forment des filets repoussés dans le sol par l'expansion centripète nocturne. L'unique globule du sommet des grains enfle, et forme la tige, qui croît par l'expansion centrifuge do jour.

Dans la tige, l'eau devient d'abord de la chlorophylle et puis du chyle x. Si la séve montante contenait de l'eau et du chyle x', celui-ci, mêlé avec le chyle x produit par l'eau, forme la somme $x+x'$, qui est amenée la nuit dans la tige; dans le cas où le chyle x' manque dans le sol, il manque aussi dans celui amené par l'expansion nocturne des feuilles dans la tige.

Au lieu d'engrais de ferme si l'on répand dans le champ semé de la chaux vive, on en obtient une récolte qui ne diffère pas de celle produite par l'engrais habituel. Ce résultat fait connaître que les éléments du chyle x' sont produits par la chaux, puis que celle-ci manque dans les grains de la récolte. Les chimistes devaient chercher les éléments du chyle dans ceux de la chaux. Ils ont commis une grave erreur en abandonnant la voie déterminée par les résultats les plus positifs; ils ne peuvent donc que me suivre pour se convaincre de la réalité des résultats, et de l'erreur qu'ils ont commise par des raisonnements.

Changement de la chaux en chyle. Les éléments de tétraèdres de *calcium* sont $Ca^4 = C^{12}H^8$, ceux de la chaux Ca^4O^4 sont $C^{12}H^8O^4$; la chaux monohydratée est $4CaHO^2 = C^{12}H^{12}O^8$. C'est en cet état qu'est la chaux contenue dans la séve et dans la chlorophylle produite par l'eau de cette même séve. On a :

$$Ca^4H^4O^8 + C^{12}O^{12}H^{12}O^{12} = C^{12}H^{12}O^{12} + C^{12}H^{12}O^{12} + 140.$$

Un tétraèdre d'oxygène, séparé de la chlorophylle, passe dans l'hydrate de chaux et devient du chyle x', lequel se mêle avec celui x, produit par la chlorophylle, et la somme $x+x$, est amenée dans la tige.

1° Engrais des minerais.

§ 292. Des minerais sont employés comme engrais, tels que la chaux, l'azotate de soude et l'azotate bibasique d'ammoniaque, car, de même que la chaux, ces deux sels deviennent du chyle x', qui se mêle avec le chyle x produit par de l'eau. On a : (Az = CO).

$$C^{24}H^{24}O^{24} = \left| \begin{array}{l} 6NaOAzO^5 - 6HO - 12O = C^{12}H^{30}O^6, C^6O^{36} - 6HO - 12O, \\ Az^{16}H^{48}, Az^8O^{40} - 24HO - 20O. \end{array} \right.$$

L'oxygène se sépare avec celui de la chlorophylle, et l'eau devient de la chlorophylle; c'est en cet excès d'eau que la présence d'ammoniaque se distingue des autres engrais.

Différence entre le plâtre et la chaux. En France, on répand par hectare de 3 à 5 kilogrammes de chaux et de 500 à 600 de plâtre.

Plâtre. Dans le jardin des Plantes, à Paris, la terre plâtrée et humectée fait transformer le plâtre en potasse; au lieu de 46 grammes de potasse que 1,000 grammes de terre non plâtrée contenaient, on en a trouvé 355 grammes vingt-quatre heures après le plâtrage. Ce changement du plâtre en potasse est un fait constant. On a : ($K^4 = C^{20}H^{36}$).

$$3Ca^4H^4O^8 = C^{36}H^{36}O^{24} = C^{20}H^{36}O^4, C^{16}O^{20}.$$

Avec l'oxygène 120 et celui 200 reçu de l'air le carbone C^{16} deviennent de l'acide carbonique qui s'éloigne, et le reste est de la potasse $K^4O^4 = C^{20}H^{36}O^4$.

Chaux vive. Avec une même quantité d'engrais de ferme on obtient le même avantage de récolte en Angleterre, en Allemagne et en France; tandis que pour y arriver au moyen de la chaux, il en faut par hectare 3 à 5 hectolitres en France, 8 à 10 en Allemagne, et 100 en Angleterre. Entre ces trois pays il n'existe d'autre différence que celle des amplitudes thermométriques diurnes; elles sont grandes **A** en France, médiocres **a** en Allemagne, et petites *a* en Angleterre. Par suite, l'intensité d'expansion est grande **I** en France, médiocre **1** en Allemagne, petite *i* en Angleterre.

La quantité de séve qui monte par jour du sol dans la tige, est proportionnelle à l'intensité de l'expansion; elle est grande **Q** en France, médiocre **q** en Allemagne, et petite *q* en Angleterre. Pour qu'il y ait une égale portion de chaux contenue dans ces quantités de séve, il faut qu'il s'en trouve dans le sol une grande quantité : 100*c* en Angleterre, une quantité médiocre 9*c* en Allemagne, et une petite quantité 3*c* en France.

Durée de l'engrais de chaux. La quantité de chaux qui se dissout dans l'eau est très-petite; la séve qui monte pendant la végétation des céréales n'en contient qu'une portion médiocre, de sorte qu'elles en ont assez pour cinq ans; ensuite elle diminue, et il faut en introduire une autre quantité.

2° Engrais de substances végétales ou animales.

§ 293. Dans les corps organiques, le chyle se trouve formé; il ne lui faut qu'être dissous dans l'eau du sol et conduit par l'expansion centrifuge dans les racines environnantes, pour remonter à la surface des plantes avec l'eau, celle-ci devient précédemment de la chlorophylle et du chyle. Ainsi 1° la même semence, se trouvant dans le sol sans engrais, produit une récolte qui contient la quantité x de chyle qui a été formé par l'eau devenue d'abord chlorophylle et puis chyle. 2° Dans le sol qui a reçu une quantité de chyle en forme d'engrais, la racine de la semence en reçoit avec l'eau une portion x'; la récolte contient la somme $\mathbf{x} + x'$ de chyle; la quantité $\mathbf{x}$ est produite par l'eau, et celle x est amenée de l'engrais. A titre d'exemples, je rapporte les résultats obtenus par les cultivateurs qui amènent dans le sol le chyle sous différentes formes, et qui en obtiennent par des récoltes, avec le chyle, $\mathbf{x}$ produit l'eau.

I. **Fumier de ferme.** Pour obtenir le fumier de ferme, on épand sous les animaux de la paille, pour absorber les déjections, et en obtenir l'état propre à transformer le chyle et la cellulose en glucose.

Dans l'avenir, les chimistes s'en occuperont sérieusement, car tout consiste à obtenir à l'état soluble toute la quantité de chyle contenue dans la paille et les excréments qui y sont mêlés. Le principe actif contenu dans le fumier a été trouvé par Thénard, $C^{30}H^{15}AzO^{11}$; en remplaçant 1° l'azote par trois atomes d'oxygène, et en y introduisant 15 équivalents d'eau, il en résulte le composé $4C^{30}H^{30}O^{30} = 4C^{24}H^{24}O^{24} + 4C^{6}H^{6}O^{6}$. Le chyle est donc contenu dans l'engrais; il s'en sépare et passe dans la plante.

II. **Engrais flamand.** Le produit des écuries est conduit dans des citernes. Après quelques mois on en enlève, et la place est remplie par d'autres quantités, de sorte qu'il y reste une partie comme espèce de levûre. L'engrais réduit en chyle obtient une viscosité. **Kuhlmann** a constaté qu'à cet état on en obtient le maximum de propriété fertilisante. Il y a une fermentation lente. Ce chimiste n'est pas allé plus loin pour se convaincre que cet avantage consiste en ce que le chyle, étant à l'état de cellulose, a perdu ses électres latents, et est devenu du glucose soluble dans l'eau.

III. **Poudrette.** Les parties solides de la matière fécale, contiennent une quantité considérable de chyle réduit à l'état soluble, lequel, par la distillation, donne des produits secondaires qui se forment à 200° ou à 300°.

IV. **Guano.** Les excréments des oiseaux aquatiques constituent le guano. Sa qualité comme engrais consiste en une quantité de chyle comparable à celle des excréments des oiseaux de chaque espèce. Les éléments du chyle se trouvent à l'état de phosphore et d'azote. Le transport du guano des îlots de la mer du Sud et des côtes sud-ouest d'Afrique en fait élever sa valeur, et cependant la grande quantité de chyle qui y est contenue fait tellement augmenter les récoltes, que les cultivateurs y trouvent leur compte. Il est plus avantageux d'en employer, par exemple, tous les ans une quantité q médiocre que d'en employer une quantité triple $3q$ tous les trois ans. La récolte de la première année, en ce dernier cas, est supérieure, mais celle des deux autres années devient si médiocre, que le total est inférieur à celui obtenu par la distribution de la même quantité en plusieurs années. Employé en petites portions, le chyle se dissout et pénètre dans les racines sans se perdre.

Il est ainsi prouvé qu'il y a une perte de chyle, qui augmente avec la quantité. Ce cas ne trouve pas son application sur la chaux, car le chyle s'en forme lentement. Il faut cinq ans pour transformer en tout pays différentes quantités de chaux en chyle. Ces différences des quantités n'ont pas lieu pour le guano. En France, en Angleterre, en Allemagne, il en faut par hectare la même quantité pour obtenir le même avantage dans la récolte.

J'utilise cette différence locale entre les deux espèces d'engrais comme un exemple, pour convaincre chacun que dans le guano et dans les engrais organiques, le chyle se trouve préparé, tandis que dans la chaux il n'y a que ses éléments matériels qui y existent; il n'y a que son électre qui y parvient par les anisothermies diurnes locales à l'état amphistrophe.

V. **Noir animal.** Les os et le sang calcinés donnent un engrais de noir animal, qui est composé de chyle et de produits composés de ses éléments. Ce noir est employé dans la clarification du sucre. Avant de l'employer comme engrais, on en éloigne le sucre par un lavage. La chaux avec le phosphore et l'azote deviennent du chyle de la manière indiquée, en recevant une quantité d'électre des expansions amphistrophes locales.

VI. **Enfouissement des végétaux.** Les plantes légumineuses, telles que le lupin, les fèves, les vesces, le trèfle, dont la tige et le fruit contiennent beaucoup de chyle, sont employés comme engrais vert. Il est étonnant que des faits si évidents n'aient pas fait connaître que c'est le chyle de ces plantes légumineuses, qui passe dans les céréales semées dans le sol; ces plantes contenant, avec beaucoup de chlorophylle, une quantité considérable de chyle.

VII. **Composts.** Au lieu d'employer séparément les substances minérales et les substances végétales, on en a fait des combinaisons nombreuses, on réunit de mauvaises herbes, de menues branches d'arbres, de fougère, etc., et l'on en forme une meule qu'on arrose avec une lessive composée de 25 kilogrammes de la lessive précédente, servant comme levain, et des matières suivantes :

Urines et matières fécales,	100 kil.
Suie de cheminée,	25
Plâtre en poudre,	200
Chaux vive,	30
Cendres de bois non lessivées,	10
Sel marin,	0,500
Salpêtre,	0,320.

Au moyen de la fermentation, les corps ligneux perdent de leur cellulose une partie d'électres latents, et il reste une portion de chyle à l'état libre. Le plâtre et la chaux ne servent que par leurs éléments matériels.

3° Quantité d'engrais a employer par hectare.

§ 294. Ceux qui se sont occupés de déterminer la quantité de chaux par hectare, ont été conduits à des résultats concordants. 1° En France, il en faut 3 à 5 hectolitres; 2° en Allemagne, 8 à 10; et 3° en Angleterre 100, et même davantage.

Cela n'est pas le cas pour l'engrais de ferme ou pour le guano, qui sont partout employés en égale quantité; 300 kilogrammes de ce dernier engrais par hectare de blé sont employés partout. Cependant cela n'est pas une généralité par rapport aux autres plantes, car plus la superficie des feuilles est grande, plus la récolte est abondante, et plus il faut une grande quantité d'engrais contenant du chyle.

L'engrais de ferme est illimité pour la betterave; il en entre moins dans les vignobles et davantage dans les prairies. Dans les récoltes on obtient la somme de chyle $x + \mathbf{x}$; la quantité x vient de l'engrais, et celle $\mathbf{x}$ de l'eau et des électres e amphistrophes. L'eau des pluies est la même partout, mais de quantités d'électres différentes. L'intensité des électres amphistrophes est proportionnelle aux amplitudes thermométriques *a* a de chaque pays. 1° Aux pays où les amplitudes *a* sont médiocres (Europe occidentale), l'intensité *i* des électres amphistrophes est faible; elle *ecchylose* (ἐκχυλοῦν, changer en chyle), une quantité médiocre d'eau, et en beaucoup de temps; les récoltes y retardent. 2° Aux pays d'amplitudes thermométriques a considérables (Europe orientale et États-Unis d'Amérique), les électres amphistrophes sont de grande intensité I; ils ecchylosent beaucoup d'eau en peu de temps; les récoltes y avancent. Le rut est de grande activité, et il se termine en un espace de temps court.

B. Agronomie climatologique et géographique.

§ 295. Le laboureur, γεωργός, est conduit par l'agronome, qui lui indique les époques propres pour labourer et semer les céréales, et les endroits qui ont reçu des engrais où chaque espèce doit être semée. L'attribut de l'agronome était de déterminer la correspondance entre la conformation de chaque partie de la ferme et l'espèce de plantes qui peut y mieux prospérer. Cette connaissance fondamentale de l'agriculture en grandes dimensions ne manque pas parmi les cultivateurs actuels. Sur les versants des vallées ils ont déterminé les limites des vignobles, des champs, des céréales, des prairies, sans en savoir la cause physique. Quand, pour les plaines, les mêmes espèces de céréales sont semées de l'une des extrémités à l'autre, elles y prospèrent également. Les arbres et les vignobles prospèrent mieux sur des superficies exposées aux changements des courants d'air, qui amènent sur les versants des amplitudes thermométriques supérieures à celles des plaines.

Tant que cette cause physique de la production des expansions amphistrophes des électres fut inconnue aux cultivateurs, les chimistes leur disaient : 1° qu'à chaque espèce de céréales ou autres espèces de plantes, vignobles, oliviers, marronniers, etc., correspond un sol de minerais différents, et 2° que les engrais ne font que remplacer les espèces de minerais qui manquent.

1° Agronomie climatologique.

§ 296. I. **Amplitudes thermométriques des vallées.** Les amplitudes thermométriques diffèrent dans les vallées et dans les plaines ambiantes quoiqu'elles soient également chauffées par le Soleil. Cette différence a sa cause dans les courants diurnes d'air, qui sont périodiques dans les longues vallées dont l'embouchure est du côté de la mer, dans lesquelles l'eau s'exaérose pendant le jour. L'air produit y fait augmenter la pression barométrique; ainsi, il se répand des côtes et des plaines vers les vallées, dont les versants exposés obtiennent une température élevée.

Cet air chaud, venant en contact avec l'air froid des sommets des montagnes, s'exhydatose les jours sereins, et la vapeur d'eau ainsi produite rend l'air humide, et il y a le soir un dépôt de rosée.

L'air froid des sommets des montagnes vient, la nuit, en rencontre avec l'air chaud des plaines; il s'y exhydatose et y est remplacé par un autre air plus froid qui s'écoule des sommets froids des montagnes, et produit un abaissement de température supérieur à celui des plaines, et cela surtout au printemps, avant la disparition de la neige. Les montagnards disent : *mars fait que les animaux gèlent le matin et pourrissent le soir.*

Les jours sereins, si vous observez le thermomètre dans la même vallée, au milieu des vignobles, des champs de céréales, des prairies, et des parties boisées des sommets, vous trouverez la grande amplitude a dans les vignobles, la petite *a* dans les parties boisées et la médiocre dans les champs de céréales et les prairies.

Le mot κλίμα signifie *versant*, ainsi les amplitudes thermométriques de leur superficie est *climatique;* il y a donc une *agronomie climatologique*.

2° Agronomie géographique.

§ 297. **Amplitudes thermométriques continentales.** L'air chaud produit dans chacun des trois océans se rencontre sur les continents avec l'air froid; l'expansion des pycnoélectres amène l'oxygène de l'air froid, et celle de l'aréoélectre amène l'azote de l'air chaud. De la combinaison de ces deux gaz résulte la vapeur des nuages, les pluies et des espaces raréfiés qui attirent l'air ambiant par *aspiration.*

Cet inéquilibre aérostatique est la cause physique des vents; des amplitudes thermométriques correspondent aux vents chauds venant du côté des océans, et aux vents froids amenant l'air des couches supérieures de l'atmosphère du côté des continents. Les pays de même latitude n'ont pas la même température ni la même amplitude thermométrique, parce que l'air y amène une inégale quantité de chaleur. Il se produit ainsi une inégale intensité des expansions amphistrophes des électres, et d'inégales fertilités du sol des parties mêmes continents.

I. **Amplitudes thermométriques et fertilité du sol de l'Europe.** 1° L'air de l'Atlantique parcourt les îles Britanniques, les côtes de l'Europe occidentale et de l'Europe boréale; 2° l'air de la Méditerranée et de la mer Noire parcourt l'Europe méridionale; 3° l'air de la mer Caspienne et celui de l'océan Pacifique parcourt, en été, l'Europe orientale; il y produit une chaleur de 40°.

En hiver, l'air de l'Atlantique parcourt, comme en été, les côtes de l'Europe occidentale et de l'Europe boréale, il y arrive alors aussi l'air du Pacifique. De ces côtes, l'air, en perdant sa chaleur, avance vers l'intérieur de l'Europe orientale, et produit un abaissement de température aux pays habités, qui fait geler le mercure.

L'amplitude thermométrique annuelle $\Theta - \theta = a = 40°$ de l'Europe occidentale, produit l'expansion d'intensité médiocre i des électres, laquelle fait que le sol est d'une fertilité médiocre aux îles Britanniques, au nord de la France, en Belgique et en Allemagne occidentale.

L'amplitude thermométrique annuelle $\Theta' - \theta' = a = 60°$ de l'Europe orientale, produit une expansion amphistrophe des électres d'une très-grande intensité i, laquelle fait que le sol est d'une grande fertilité.

II. **Amplitude thermométrique et fertilité du sol de l'Amérique du Nord.** L'air produit dans l'Atlantique, compose le vent sud-ouest de cet océan : 1° l'air produit dans le Pacifique, compose le vent d'ouest, qui est chaud sur les côtes du Mexique et de la Californie; mais en parcourant le continent, il perd sa chaleur; 2° l'air produit dans le golfe du Mexique, arrive aux États-Unis, l'été, à 35°, et l'air du Pacifique, qui fait en hiver le tour au nord des Andes, y arrive à — 35°.

La fertilité du Mexique et de la Californie correspond, comme celle de l'Europe occidentale, à l'amplitude médiocre a produite par l'expansion amphistrophe d'intensité i; tandis que la grande fertilité du sol des États-Unis et du Canada, comme celle de l'Europe orientale, correspond à la grande amplitude thermométrique a de ces pays, qui y produit des expansions amphistrophes d'intensité i laquelle fait que le sol est très-fertile.

3° AGRONOMIE HYDROGRAPHIQUE.

§ 298. La végétation est l'effet de deux facteurs : 1° un ahyle qui est l'expansion amphistrophe des électres, et 2° l'autre hylique, les deux éléments de l'eau. Les amplitudes thermométriques ne manquent nulle part ; ainsi les expansions amphistrophes ne manquent pas non plus ; mais cela n'est pas le cas avec l'eau, laquelle gèle ou manque ; ainsi, dans un cas ses éléments, étant à l'état solide ne peuvent être entraînés par l'expansion du pycnoélectre, et dans l'autre ils sont absents.

I. Régions intertropicales, leurs pluies et leur végétation. L'amplitude thermométrique *a* annuelle est médiocre, mais il y a une grande amplitude diurne $\Theta - 0 = a$. L'expansion amphistrophe diurne atteint un maximum d'intensité *i* précisément à l'époque des pluies ; lorsqu'elle est au Soleil $\Theta = 50°$ ou 60°.

Végétation de la saison des pluies. Le sol reçoit le maximum de chaleur du Soleil lorsqu'il est à la même latitude ; du sol la chaleur passe à l'air et elle fait que l'air très-chaud se trouve en contact avec l'air froid des couches supérieures. Dans la région de leur rencontre : 1° l'expansion du pycnoélectre de l'air froid amène l'oxygène, et 2° l'expansion de l'aréoélectre de l'air chaud amène l'azote. De la combinaison de ces deux gaz il résulte chaque jour une pluie orageuse d'une courte durée.

Il commence immédiatement une végétation d'une énergie qui manque aux latitudes supérieures, et même aux plantes indigènes potagères de jardins locaux arrosés à l'époque des pluies. Telle est la preuve de l'existence d'une accumulation des électres amphistrophes sur le sol et les plantes où la végétation reste absente pendant la durée de la sécheresse.

Manque de végétation pendant la sécheresse ou le froid. Les expansions amphistrophes ne manquent ni dans les arbres des pays froids, ni dans les régions intertropicales pendant la sécheresse ; si, dans ceux des grandes latitudes, pendant l'hiver, la végétation est interceptée dans un cas, c'est à cause du manque d'eau, et dans l'autre à cause de l'eau gelée.

Les plantes annuelles exotiques périssent de gelée ou de sécheresse ; les plantes indigènes et les arbres recommencent à végéter également ou après le dégel ou à l'apparition des pluies. Cette observation de la vie des plantes pendant le manque de leur végétation est une preuve 1° que lors même que l'eau manque, les expansions amphistrophes des électres s'y soutiennent, et 2° elles empêchent l'interruption de la vie lors même que la circulation du chyme et du chyle soutenus par elles est interceptée.

II. **Végétation sur les rives du Nil.** Dans le désert, loin des rives du Nil, il y a sur la surface du sol des arbres pétrifiés antédiluviens. De tels arbres se trouvent également dans les îles Britanniques et ailleurs, mais ils sont à une certaine profondeur et non à la surface du sol. Cette différence résulte du manque de pluies dans le désert d'Égypte depuis le déluge. Ces arbres ont été produits avant le déluge, lorsqu'il y avait des averses de pluie, dont l'eau formait des torrents qui ont produit les vallées formées d'après la loi de l'hydraulique, comme elles le sont dans tous les continents.

Les récoltes du Nil surpassent celles de tout autre pays du globe par leur abondance, et cela à cause de la couche d'eau qui reste conservée dans le sable après la crue du fleuve, durant laquelle la végétation est limitée au maïs et aux autres plantes de tige de grande hauteur, dont le sommet reste au-dessus de l'eau. Pendant le reste de l'année on obtient plus qu'une récolte abondante. Aux régions intertropicales, durant les pluies, la végétation est d'une énergie supérieure à celle des rives du Nil, mais la durée des pluies est médiocre. Cette énergie correspond à la grande intensité de l'expansion amphistrophe des électres qui s'accumulent pendant l'absence de la végétation.

Sur les rives du Nil, la végétation étant perpétuelle comme l'est celle des plantes potagères des jardins des régions intertropicales, il y a une expansion amphistrophe qui correspond à l'amplitude thermométrique $\Theta - \theta = a$; Θ est la température de midi au soleil, et θ celle du matin.

La crue du Nil se termine en automne, lorsque les amplitudes thermométriques diurnes sont médiocres, et pour cela la végétation est faible. C'est au printemps que les amplitudes thermométriques croissent entre le sol et l'air; elles font augmenter l'intensité o de l'expansion amphistrophe, et avec elle augmente la végétation. La durée entre la floraison des céréales et leur récolte est courte. Cette courte durée est la cause physique qui rend leur qualité inférieure à celle des céréales de tout autre pays.

C. GÉORGIE, LABOUR DE LA TERRE.

§ 299. Laissant à part les appareils agricoles perfectionnés, il n'y a rien de changé dans l'agriculture par rapport à l'agronomie. On sème partout à l'époque à laquelle semaient nos ancêtres, et quand il s'agit de faire une nouvelle plantation, on tâtonne et on expérimente pour trouver les limites des superficies des terrains qui en sont susceptibles. Pendant ces expériences, personne ne pense à consulter les chimistes; ceux-ci s'offenseraient même, si un paysan, portant un sac de terre, leur demandait quelle espèce de plant il doit semer dans sa propriété composée de semblables minerais.

De la même manière, les cultivateurs modernes ont découvert les différentes espèces d'engrais; ils ont introduit l'usage de la chaux, (comme en Orient), même en dépit des chimistes, et cependant ceux-ci ne veulent pas renoncer aux hypothèses admises à une époque, où l'on ne connaissait, qu'une minime partie des faits découverts depuis, et cela surtout par rapport aux actions électriques. J'utilise ici les résultats agricoles pour mettre chacun en état de connaître l'existence d'un rapport direct entre les amplitudes diurnes et annuelles thermométriques de chaque pays et l'intensité de la végétation.

Ceux qui ignorent la poussée qui existe du côté froid d'un corps vers le côté chaud, ne peuvent comprendre la liaison entre les amplitudes thermométriques et l'intensité de la végétation. Toutefois, par un nombre suffisant de faits agricoles de l'Europe orientale, je rendrai tout chimiste en état de se convaincre, que l'électricité n'est pas un fluide composé de molécules de volume limité, mais qu'elle est, comme les gaz, composée de molécules, qui, ayant éprouvé deux compressions indéfinies inégales, devinrent deux électres, l'un plus dense nommé *pycnoélectre*, et l'autre moins dense nommé *aréoélectre*. Leur inéquilibre est leur *force*, et leur expansion, est leur *action*. Chez les plantes, cette action est nommée *végétation*; chez les animaux, elle est nommée *vie*. En un mot, chaque action ne résulte que de l'expansion des molécules du pycnoélectre, de l'aréoélectre ou de celle du barogène.

Récoltes égales des engrais ou de grandes amplitudes thermométriques. J'ai exposé les résultats obtenus par les espèces d'engrais, je me limite ici à la description des opérations agricoles en Moldovalachie et en général dans l'Europe orientale. Habituellement on laboure en avril et on sème le maïs. Après sa récolte, on laboure en automne, et on sème le blé sur le même champ. Sur les mêmes champs, sans aucun engrais, on sème alternativement du blé et du maïs après un seul labour.

1° Pour obtenir une récolte double de maïs, on fait un *ougore* (calcination); c'est-à-dire on laboure en mars, et, après deux mois, on renverse par un deuxième labour, et on sème. La récolte est très-abondante, mais elle est retardée et parfois gâtée par la rosée gelée de l'automne.

2° Pour semer continuellement du blé dans le même champ, sans y semer de maïs, on fait un *ougore*, après la coupe du blé. Au mois de juillet on laboure. Au mois de novembre on renverse, ce qui est un deuxième labour, et on sème. Les récoltes de blé, ainsi obtenues, ne diffèrent pas de celles qu'on obtient des champs après le maïs.

Un hectare de glaise argileuse de l'Europe occidentale, peut donner tous les ans des récoltes de blé, s'il reçoit une quantité d'engrais contenant le chyle x; la quantité $\mathbf{x}$ est produite par l'eau. Dans l'Europe orientale (Vlaho-Bogdanie, Russie), un hectare de même qualité, labouré après la coupe du blé, et encore une fois trois mois après, lorsqu'on le sème, donne tous les ans, sans engrais, une récolte contenant la quantité $x' + \mathbf{x}''$ de chyle, dont x' provient des restes en chyle de la récolte précédente, et $\mathbf{x}'$ de l'eau. Les récoltes égales proviennent de $x + \mathbf{x}' = x' + \mathbf{x}'$, où x est inférieur à x', et $\mathbf{x}$ inférieur à $\mathbf{x}'$.

Résumé. *la* est dans l'Europe occidentale l'amplitude thermométrique $\Theta - \theta = 40°$; $\Theta = 30°$ étant la température de l'été, et celle d'hiver $\theta = -10°$. Cette amplitude $\mathbf{a}$ dans l'Europe orientale est $\Theta' - \theta' = 60°$, car elle est en été $\Theta' = 35°$ et en hiver $\theta' = -25°$. L'amplitude médiocre $\mathbf{a} = 48°$ produit des expansions diurnes amphistrophes d'intensité i; celle $\mathbf{a} = 60°$ produit des expansions diurnes d'intensité $\mathbf{i}$ supérieure à celle i.

Donc, la quantité de l'eau qui est amenée du sol dans les tiges par l'expansion du pycnoélectre étant q dans l'Europe occidentale, elle est $\mathbf{q}$ dans l'Europe orientale.

Les récoltes sont égales, parce que dans la petite quantité d'eau q, il y a beaucoup de chyle x du premier engrais, et que dans la grande quantité d'eau $\mathbf{q}$ il y a peu de chyle x'. Par l'eau q est produit le chyle x, qui est inférieur à celui x' produit par l'eau $\mathbf{q}$ (1).

(1) Les effets des amplitudes thermométriques locales ont été constatés pour les

CHAPITRE II.

CHYLE, SA FERMENTATION, SA PUTRÉFACTION ET SA ZYMOSE.

§ 300. Les corps organiques se distinguent des inorganiques en ce qu'ils sont le support des deux électres amphistrophes. L'intensité de leur expansion non-seulement est inégale, dans chaque espèce de plantes, mais elle diffère tous les jours dans le chyle de la même plante; elle croit par l'addition d'un filet des deux électres toutes les vingt-quatre heures. Le maximum d'intensité des électres amphistrophes, est obtenu dans le chyle réduit à l'état de maturité, qui est l'état de séparation.

Les électres amphistrophes des corps organiques obtenus pendant la végétation, arrivent en inéquilibre après l'interruption de cette végétation. Une fois leur expansion commencée, elle continue; elle fait devenir ces corps différents, tandis que leurs éléments hyliques restent les mêmes. En ces expansions des électres des corps organiques consiste la série des changements attribués aux actions *fermentation*, *putréfaction*, *zymose*; *actions* de nature inconnue, provenant de *forces* plus inconnues encore. Le lecteur trouve ici : 1° que l'expansion des deux électres produit ce qu'on nomme fermentation, et 2° que cette expansion est inévitable à cause de l'inéquilibre des électres qui s'établit après l'interruption de la végétation.

La production du chyle pendant la végétation, et sa fermentation après sa déjection des plantes, rend nécessaire une exposition du mode de la production des chyles de plusieurs espèces de plantes,

caves de la fabrication des fromages, de la conservation des vins et de la bière. On n'est pas allé plus loin en chercher la cause, et encore moins connait-on la *cause de la qualité de certains produits locaux; par exemple de la bière de Munich*, du pain d'Ulm, des teintures de Lyon dans l'eau du Rhône et *non dans celle de* la Saône, de trempe de Damas, etc.

Les amplitudes thermométriques de chaque pays produisent des effets propres aux plantes, aux animaux et même aux habitants. Leur application à l'industrie produira un développement dont les traces ne sont pas inconnues, mais dont on ignorait la cause physique.

et puis les espèces de fermentation correspondantes aux densités des électres du chyle de chaque plante.

Après avoir exposé : 1° le mécanisme de la végétation, 2° le mode de la production de la chlorophylle par les éléments de l'eau, et 3° la production du chyle par la séparation de l'oxygène de la chlorophylle, j'expose ici, à titre d'exemple, la production d'un petit nombre d'espèces de chyles utilisées dans la fabrication du sucre, du vin, du cidre, de la bière, en indiquant en même temps le mécanisme végétal. Ensuite j'expose les espèces indéfinies des changements du chyle, produites par les expansions des deux électres amtrophes.

1. ESPÈCES DE CHYLE DES PLANTES ET DES ANIMAUX.

§ 304. La structure des corps inorganiques, composés de tétraèdres, est *cristalline*; la structure des corps organiques, composés de vésicules, est celluleuse ou *globulaire*. Les *tétraèdres* sont simples ou multiples, ayant pour éléments primitifs les atomes d'hydrogène et d'oxygène; ils sont de volume variable et de poids constant, comme on admet les *molécules* hyliques ou ahyles. Les globules sont composés de chyle, dont une partie est l'enveloppe, dans laquelle est contenu le reste. Entre ce contenu et l'enveloppe, la différence est, que dans les enveloppes les deux électres se trouvent à l'état latent et à l'état amphistrophe; tandis que dans le chyle qu'ils contiennent, ils ne sont qu'à l'état amphistrophe.

Les espèces de chyles se divisent : 1° en enveloppes (*cellulose*), et 2° en chyle propre (*sucre*). Le chyle, dans son état naturel, diffère dans chaque plante : 1° par l'intensité des expansions des électres amphistrophes, et 2° par celle des électres latents des enveloppes (cellulose). On doit donc distinguer : 1° le *jus* (glycose) composé de chyle et des enveloppes; 2° le chyle isolé (*sucre*); 3° les enveloppes isolées (cellulose).

Changement des jus en sucre et en cellulose. Les vésicules, de dimensions microscopiques, ne crèvent qu'en passant deux fois entre trois roues cylindriques en fond, employées dans la compression de la canne à sucre. La mélasse reste, comme le jus, sans cristalliser, à cause d'une quantité d'enveloppes qui s'y trouvent. En employant cinq roues, au lieu de trois, pour faire passer les tiges quatre fois entre elles, on en obtient plus de sucre et moins de mélasse. Celle-ci disparaîtrait s'il était possible de faire crever toutes les vésicules et d'en séparer les enveloppes.

Changement du cellulose en chyle. Sachant que la cellulose n'est que du chyle soutenant les deux électres à l'état *latent*, *il suffit d'en éloigner l'un pour faire séparer l'autre*. Le pycnoélectre Ė s'en éloigne par le contact d'un alcali; et l'aréoélectre Ē par le contact d'un acide. La charpie, par exemple, n'est que de la cellulose ou du chyle soutenant les deux électres 1° à l'état amphistrophe et 2° à l'état latent. Pour en éloigner les électres latents, on fait bouillir cette charpie dans l'acide sulfurique étendu, lequel, en présentant dans la chaleur un minimum de résistance à l'aréoélectre Ē de la charpie, la fait s'éloigner de la cellulose, et cet éloignement de l'aréoélectre Ē amène celui du pycnoélectre Ė.

Ainsi on obtient le chyle soutenant les deux électres à l'état amphistrophe, qui ne s'en séparent pas. Le chyle de la cellulose, isolé des électres latents, ne diffère pas de celui contenu dans les vésicules de la canne, de la betterave, etc. Les tétraèdres matériels s'arrangent de manière à produire des cristaux de sucre, qui ne diffèrent pas de ceux obtenus de la canne ou de la betterave.

Les espèces de jus *glycoses* des plantes diffèrent des produits chimiques *glycérine* $C^6H^8O^6$ et *glycol* $C^4H^6O^4$, comme cela se trouve exposé séparément dans les corps gras. Cette distinction est obtenue même des espèces de fermentation du sucre et des corps gras.

Le sucre est fabriqué 1° du jus des plantes, 2° du chyle des produits des animaux, et 3° des céréales où le chyle est à l'état solide. Pour en obtenir du sucre, il faut précédemment les réduire à l'état de jus en les diluant dans l'eau, après les avoir convertis en diastase.

A. Modes de séparation du glycose des plantes enveloppes.

§ 302. *Le chyle est toujours produit dans les feuilles pendant le jour, et il est amené la nuit dans la tige. Le rut des plantes arrive après le dépôt d'une quantité de chyle, lequel est entraîné dans la direction qui présente le minimum de résistance. Cette accumulation de chyle s'opère dans les plantes monoètes, diètes ou polyètes. Les champignons n'arrivent pas en rut.*

I. **Canne à sucre.** Le chyle produit pendant le jour dans les grandes feuilles de la plante, est conduit la nuit dans les nœuds de sa tige. Dans 100 kilogrammes de canne, 10 sont ligneux et 90 sont du jus. La canne de Cuba contient 6 parties ligneuses, 16 de sucre dissous dans 78 d'eau, ou 1 de sucre et 5 d'eau. Les tiges coupées à ras du sol sont soumises à une double pression énergique entre trois roues cylindriques; on parvient à obtenir 50 à 65 p. 100 de jus, qui donne 10 p. 100 de sucre en poids pour 100 de canne, dont 90 parties d'eau s'évapore. Une partie d'eau, mêlée avec des enveloppes et du chyle, est la mélasse, qui, à cause des enveloppes, ne cristallise pas, mais elle fermente et donne du rhum et d'autres liqueurs. Une partie des enveloppes se décompose en se combinant avec l'oxygène, et devient des écumes copieuses, qui servent d'engrais à cause du chyle des enveloppes, dont une partie devient ammoniaque et phosphore.

II. **Betterave à sucre**. La betterave est *diète;* depuis le printemps qu'on la sème, elle végète jusqu'à l'automne, sans arriver au rut par la très-grande quantité de chyle, car il est très-aqueux d'abord. Dans 100 kilogrammes de betteraves mûres, il y a 10 à 12 kilogrammes de sucre, mais on n'en obtient que la moitié. Il y a 84 à 82 parties d'eau et 6 parties d'enveloppes.

La séparation du chyle de ses enveloppes s'opère par une 1re *filtration sur le noir en grains*, — 1re *évaporation;* — 2e *filtration sur le noir*, — *cuite*, — *cristallisation*. D'abord on défèque le jus et on en éloigne les acides par de petites quantités de chaux, 50 grammes par hectolitre de jus. L'ammoniaque dégagée n'est pas contenue à état de sels, mais elle est produite par l'oxygène de l'air et le carbone du chyle des enveloppes de la manière suivante :

$$C^{12}H^{11}O^{12}+O^{4}=O^{6}H^{24},12HO+O^{4}=Az^{4}H^{12},16HO.$$

La grande quantité de mélasse résulte des enveloppes qui pénètrent le filtre sans se déchirer, et sans se séparer du chyle qu'elles contiennent. Au moyen d'un passage des tranches de betteraves entre trois cylindres, comme la canne, on pourrait mieux déchirer les enveloppes que par une filtration sur le noir.

III. **Sucre d'érable**. A la fin de l'hiver, lorsque l'expansion centrifuge du pycnoélectre est à son maximum, on perfore l'arbre du côté du sud, le plus chauffé du soleil. On obtient d'autant plus de liquide que les jours sont plus chauds et les nuits plus froides; de même que cela a lieu pour l'eau qui coule du cep. La quantité recueillie en 24 heures varie d'un quart de galon à 5 galons. En général, l'arbre fournit, dans une saison, 113 litres de sève, produisant 2^k^,5 de sucre; il y a donc une partie de glycose dissous dans 4 parties d'eau. Le glycose produit l'automne précédent a été amené pendant l'hiver dans le col et le tronc de l'arbre, d'où il remonte; car si l'on perfore les racines, il ne s'en écoule rien.

A la fin de l'hiver, lorsque la neige fond aux Etats-Unis d'Amérique, l'eau du sol froid est amenée par le pycnoélectre dans les racines. En montant, elle dissout dans le col et le tronc une quantité de chyle, et l'amène du côté le plus chaud. On met en ébullition le jus pour prévenir sa fermentation. Ce sucre raffiné ne diffère en rien du sucre de canne.

IV. **Sucre de palmier**. Les palmiers sont de plusieurs espèces, ces arbres sont monocotylédonés, et croissent dans l'extrémité sud de l'Asie; il y en a aussi en Afrique, mais on n'en tire pas de sucre. La manipulation très-compliquée et différente à chaque côte et aux îles ambiantes, prouvent que cet usage date d'avant le déluge, lorsque l'Afrique, en dehors de l'Abyssinie et de la vallée du Nil, était occupée par des sauvages (*Physique céleste*, t. III).

Pour obtenir le jus nommé *callou*, on opère de la manière suivante : dès que la spadice ou pédicule floral est à moitié formée, tandis que le spathe reste fermé, on coupe la pointe de ce dernier organe, on serre le bout arrêté avec une ligature, et l'on frappe quelques minutes avec un petit bâton l'extrémité durant quinze jours, en enlevant chaque jour une mince tranche. Le chyle commence alors à couler, il est reçu dans un petit vase; pour empêcher la formation d'une cicatrice, on enlève du sommet tous les jours une tranche mince sans plus battre la spadice. La production du chyle est grande pendant le jour, et médiocre la nuit. Un arbre produit plus de 500 livres de chyle, dont une partie est du sucre, et quatre de l'eau.

Les palmiers de Vipah sont de la taille de l'homme; ils croissent aux côtes de la mer et sur le bord des rivières. On fait une section au tiers de la longueur d'un bourgeon florifère qui apparaît quand l'arbre a trois ans. Le sucre de vingt-quatre heures est d'une livre et demie pendant trois mois. Ensuite on répète l'opération sur un autre bourgeon du même arbre.

Pour obtenir le chyle du *gomuti* on perce avec un bâton pointu une des spathes longues d'environ 1 mètre au sommet où le fruit commence à paraître; on répète l'opération trois jours de suite. L'écoulement du jus commence alors de la partie lésée.

L'espèce d'Aren est un grand arbre; il croît sur les pentes des côteaux, il commence à l'âge de dix à onze ans à donner du chyle. Dès que la fleur est indiquée, on ouvre une enveloppe qu'on bat avec du bois pour y faire une blessure, on la secoue ensuite pendant un quart d'heure. Chaque jour pendant un mois on recommence cette opération, après quoi on coupe la fleur en laissant le pédicule. On y applique alors pendant quarante-huit heures un emplâtre composé d'oignons de la racine de l'arbre *ginginang* et de la feuille de l'aren. Enfin on rafraîchit la section du pédicule et l'écoulement du chyle apparaît.

V. **Sucre de sorgho.** Cette plante d'Indo-Chine et d'Arabie est cultivée depuis 1855 dans le midi de la France. La tige de cette plante mûre est comparable à celle de la canne à sucre; on en obtient 10 à 15 p. 100 de sucre. La *graine noirâtre non durcie et la tige verte,* tels sont les indices d'un rendement maximum. Lorsque la tige est verte et la panicule à peine formée le rendement est à son minimum. Le sucre de sorgho ne diffère pas de celui de la canne, il est obtenu de la manière suivante.

Les tiges coupées au ras du sol sont séparées des feuilles et des panicules chargées de graines noires et puis on les fait passer entre trois cylindres dont la pression les réduit à une épaisseur de gros papier. Ainsi les enveloppes déchirées laissent s'écouler le chyle qui est du sucre dissous dans l'eau. Celle-ci s'en éloigne par l'évaporation.

VI. **Sucre de maïs.** On enlève les efflorescences sans leur laisser le temps de se développer; à l'aide de cette suppression, le chyle produit dans les feuilles reste dans la tige, qui remplace la canne à sucre. C'est à la Nouvelle-Orléans qu'est fabriqué le sucre de maïs. On ne tardera pas à introduire cette industrie en Moldo-Valachie, où le maïs croît facilement.

VII. **Sucre de caroubier.** Le fruit du caroubier renferme un sucre cristallisable, mélangé avec un autre non cristallisable. Les cristaux diffèrent peu de ceux du sucre de canne, toutes les autres propriétés sont les mêmes; la petite quantité ne permet pas de s'occuper de l'extraction de ce produit.

VIII. **Sucre de fruits, raisin, figues, pruneaux, cerises, groseilles, fraises.** Dans le jus des fruits mûrs et peu acides, les tétraèdres de chyle acide sont arrangés avec ceux du sucre symétriquement, de manière à faire dévier le plan de la lumière aplatie, à gauche et à droite. Cet effet des cristaux fit admettre deux espèces de sucres d'égale quantité, contenues dans le suc des fruits acidules; on a dit qu'il y avait du sucre *interverti,* lequel, traité par des alcalis, devient du sucre ordinaire, tandis qu'il est connu que l'alcali ne fait qu'éloigner l'acide, lequel permet au sucre d'obtenir sa cristallisation normale. Cette erreur grossière est l'effet d'une autre plus grave par rapport à la nature de la lumière aplatie, introduite parmi les physiciens français par **Fresnel.**

Le sucre de canne devient interverti par l'action des acides ou du ferment : en cet état il ne diffère du sucre des fruits, qui est incristallisable, que par un équivalent d'eau qui manque dans le chyle $C^{12}H^{12}O^{12}$ des fruits acides avant leur maturité, laquelle fait que le chyle $C^{12}H^{11}O^{11}$ est comme le sucre interverti. *Pour soutenir son* erreur **Buignet**, rapporte quatorze arguments, en se basant sur des faits obtenus des transformations du chyle des fruits acides. Le même naturaliste ignorait que les deux électres amphistrophes, en se multipliant tous les jours, produisent la diminution de l'état pycnoélectrique, qui atteint un minimum à l'époque de la maturité.

IX. **Sucre du lait.** Le lait est composé des vesicules remplies de chyle; les vésicules se distinguent de leur contenu en ce qu'elles soutiennent les deux électres à l'état latent. On les éloigne au moyen : 1° d'un acide qui éloigne l'aréoélectre E, ou 2° d'un alcali qui sépare le pycnoélectre E. Ainsi les vésicules crèvent et leur enveloppe se separe, devient du fromage. Le liquide est alors composé de tétraèdres homogènes, lesquels obtiennent un arrangement propre à exercer le minimum de résistance à l'expansion des deux électres; c'est en un tel arrangement des tétraèdres que : 1° le sucre est mêlé avec l'eau ; 2° les tétraèdres du caséum sont produits de l'enveloppe, qui constitue en la coagulation du lait. On filtre, et la liqueur, clarifiée avec du charbon animal, donne par l'évaporation des cristaux de sucre de lait.

X. **Mélitose d'eucalyptus. La manne d'Australie** est une exsudation des diverses espèces d'eucalyptus; elle se présente en petites masses blanches arrondies, grenues, d'un goût douceâtre comme celui de la manne ordinaire. On traite la manne par l'eau et par le noir animal; la liqueur, après une évaporation spontanée, donne des cristaux très-légèrement sucrés.

XI. **Manne tréhalose.** Cette substance est produite comme le miel par un insecte du genre *Echinops*; la forme est celle de coques blanches ovoïdes, creuses. Le *tréhalose*, traité par l'eau, se gonfle et se change en bouillie mucilagineuse. Il contient de la gomme, un amidon particulier. Les cristaux de tréhalose sont du sucre dexiostrophe, dont le charbon brûle sans résidu.

XII. **Manne Mélézitose.** Cette manne de Briançon produite par le mélèze (*larix europæa*) contient le sucre nommé *mélézitose* qui cristallise, et il est dexiostrophe. En traitant la manne par l'alcool bouillant on évapore la liqueur à consistance d'extrait.

Résumé. Le petit nombre d'espèces de sucre exposé ici, doit être considéré comme représentant de la production d'excès de chyle, produit dans toutes les espèces de plantes, qui en devient séparé comme un corps devenu hétérogène.

B. Mode de l'accumulation du chyle dans les plantes.

§ 303. Par des réactions chimiques, l'existence du sucre est découverte dans les plantes, avec des quantités différentes d'eau. Dans les céréales et dans la charpie, il faut de l'eau pour en obtenir le sucre. J'expose le parallélisme du chyle dans les plantes et dans le jus des fruits et des plantes, pour rendre plus évidents les deux états électriques.

I. **Canne à sucre.** Cette plante, des pays chauds et à grandes feuilles, végète sur le sol humide, dont l'eau est amenée, le jour, par le pycnoélectre à la surface de la plante. Les portions de chyle produites chaque jour, sont composées des mêmes éléments matériels, tandis qu'il y a toutes les vingt-quatre heures, addition d'un filet d'électres amphistrophes qui font croître la quantité de sucre par rapport à l'eau du jus. Des feuilles, le chyle s'accumule dans les nœuds de la tige; de là, il est transféré dans l'intérieur, et vers le sommet pendant le rut.

II. **Betterave.** Cette grosse plante a des racines minces, et le sommet du cône dans le sol, de sorte que, par ce sommet, l'eau du sol est amenée dans les feuilles. Le chyle qui en est produit, est amené dans leurs racines. Chaque jour il y a addition d'un filet amphistrophe des deux électres; c'est cette multiplication des électres, qui fait augmenter la quantité de sucre par rapport à l'eau. Dans les étés chauds, la betterave donne plus de sucre que dans les étés peu chauds.

III. **Érable.** Cet arbre de quelques forêts des États-Unis forme son chyle l'automne; il est amené l'hiver au col et en partie dans le tronc. Au printemps, lorsque l'eau du sol monte par les racines vers la surface chaude, elle dissout le chyle et le transfère dans la partie chauffée par le soleil, d'où il s'écoule; on perfore le tronc à une profondeur de 5 centimètres. Avant la fin du printemps; lorsque la sève diminue, on perfore l'arbre du côté nord. Pendant les jours chauds et les nuits froides, le rendement s'élève à 20 litres, et cela pendant le jour seul, car la nuit la sève ne coule pas, de même que l'eau ne coule pas du cep la nuit. Le rendement d'un arbre pendant le printemps est de 113 litres de jus, dont on tire $2^k,5$ de sucre, le reste est de l'eau et de la cellulose.

Palmier. Cet arbre, intertropical comme la canne, donne beaucoup de chyle pendant son rut. La maculation exposée correspond à la perforation du tronc de l'érable. Le chyle ici est éloigné des racines des feuilles au fur et à mesure de sa production. La végétation permanente fait augmenter dans ces arbres l'intensité de l'expansion amphistrophe des électres. Elle y est horizontale; car les amplitudes *a* annuelles y sont médiocres, et les diurnes *a* sont grandes, comme elles le sont dans le sol autour des racines des plantes. Par cette raison, le tissu des tiges et des troncs des monocotylédonés ne diffère pas de celui des racines des dicotylédonés.

Sorgho. Cette plante annuelle produit le chyle, lequel s'accumule au milieu de la tige; la quantité de sucre, par rapport aux autres parties qui sont de la cellulose dans la plante mûre, est de 30 p. 100; avant la maturité, elle est de 20 p. 100. La partie ligneuse de la tige est de 40 p. 100 dans chaque âge de la plante; il en résulte que le chyle devient du sucre par la multiplication des filets amphistrophes des électres. Avant la maturité, une partie du chyle est à l'état acide, à cause d'un excès de pycnoélectre. Le manque de cet acide dans le chyle mûr, fait arranger les tétraèdres homonymes en un seul système cristallin qui est dexiostrophe de la lumière aplatie.

Maïs. Cette plante, d'origine intertropicale, produit, comme le palmier, beaucoup de chyle dans ses grandes feuilles; il s'accumule dans leur racine en y formant des nœuds jusqu'à l'âge du rut, lorsque le chyle accumulé commence à être transféré pour devenir des fleurs et des fruits. Par une interception de formation de ces parties, le chyle est transféré par l'expansion centrifuge du jour dans les parties supérieures de la tige : 1° il y a suppression de formation de fruit, comme dans le palmier; et 2° il y a accumulation de chyle dans la tige comme dans la canne.

Caroubier. Dans le fruit mûr de cette plante, le sucre contenu ne diffère pas de celui de la canne; sa quantité médiocre ne permet pas son extraction en grand.

Mannes et gommes. Ces substances sont des déjections du chyle produit dans les feuilles, et accumulé dans l'endophlocon jusqu'au point de commencer à devenir un obstacle à l'expansion centrifuge du pycnoélectre. L'obstacle devient une cause de l'accroissement de la poussée, jusqu'au point de vaincre la résistance, et faire parvenir le chyle en espèce de rut, et se transformer vers la partie qui présente une résistance inférieure.

Le chyle est une *manne* lorsqu'il soutient les amphistrophes en expansion d'une intensité de 1, et il est une *gomme* lorsque l'intensité *i* de l'expansion des électres est faible.

II. FERMENTATION NATURELLE DES ESPÈCES DE JUS DES PLANTES

§ 304. Toutes les espèces de jus, à leur état naturel, sont composées des enveloppes contenant du chyle dissous dans des quantités différentes d'eau. Les enveloppes sont du chyle contenant les deux électres : 1° à l'état d'expansion amphistrophe, et 2° à l'état latent; tandis que le chyle liquide soutient ces électres seulement à l'état amphistrophe. Cette différence électrique entre les enveloppes (*cellulose*) et le contenu (*sucre*), résulte des doubles inversions des expansions des deux électres. Il était inconnu que les *molécules* composant les deux électres, ayant éprouvé une compression indéfinie, se trouvent inéquilibres et en expansion d'une durée indéfinie; pour cette raison, il était impossible de distinguer en quoi consiste la différence entre le sucre et la cellulose; encore moins pouvait-on découvrir l'inéquilibre provenant de la *déchirure* des enveloppes, qui a pour effet la rencontre des deux électres latents, dont l'expansion amène celles des autres enveloppes. Par exemple :

I. Les fruits intacts sur les plantes, se conservent lorsqu'ils sont cueillis avec la main, et placés dans du coton. Si l'on déchire quelques enveloppes par une pression ou par quelque incision, ils commence à se faire une expansion des deux électres latents vers celles des enveloppes ambiantes, jusqu'à envahir toute la masse, non-seulement du fruit lésé, mais de tous ceux qui sont en contact immédiat les uns avec les autres. Ici l'incision est la cause des faits considérés comme provenant d'une levure.

Ce mode de propagation des deux électres par une lésion mécanique, est trop simple pour exiger des explications; au contraire, il servirait à rendre évident, que les enveloppes déchirées produisent, par l'expansion de leurs électres, un inéquilibre aux électres latents de toutes les autres enveloppes. Ainsi, on sait bien que le nom de *fermentation* indique l'expansion des deux électres, expansion occasionnée par un inéquilibre électrique et produisant des inéquilibres pareils.

II. Le raisin intact reste conservé jusqu'au nouveau. Le jus est composé : 1° de chyle en sucre dissous dans l'eau, et 2° des enveloppes *e* déchirées et des enveloppes e non déchirées. Le rapport e : *e entre ces enveloppes est médiocre pour le raisin aigre*, et très-grand pour le raisin mûr et doux. Dans le premier cas, le jus commence à fermenter dès les premiers jours, et dans le deuxième il se conserve doux des semaines et même tout l'hiver, et il se met en fermentation, laquelle se répète un grand nombre d'années.

III. On remplit de ce même jus frais deux bouteilles qu'on bouche bien : l'une *b*, qui reste inaltérable, l'autre *b'*, introduite dans l'eau bouillante pendant deux à trois minutes, se trouble; il s'y opère un léger dépôt *d*. Après un an, la bouteille *b*, transvasée dans une autre *b''*, perd sa transparence, et il se forme un dépôt *d'* supérieur au précédent *d* et de qualité différente.

Dans le jus de la bouteille *b* s'établit un équilibre entre les électres des enveloppes qui restent en place; la transvasion détruit cet *équilibre par l'éloignement d'une partie des électres latents*, et les enveloppes déchirées et vides, étant de densité 1,6, se déposent dans la bouteille *b''*. La chaleur détruit l'équilibre dans la bouteille *b'*, il y a un dépôt *d* léger, composé seulement des enveloppes déchirées, qui ont reçu des pycnoélectres pendant le refroidissement du jus, tandis qu'aux enveloppes du dépôt *d'* il manque de pareils pycnoélectres en recul; ce dépôt *d'* est une *levure*, tandis que l'autre *d* n'en est pas une.

IV. Si le raisin est sous une cloche, dont on éloigne l'air en y introduisant de l'hydrogène, et si on l'y écrase, le jus n'éprouve aucun changement. Si l'on y introduit un peu d'oxygène, il y a production de dépôt et d'acide carbonique, dont le volume est une centaine de fois celui de l'oxygène introduit. Le contact d'oxygène et de chyle : 1° *facilite l'expansion des électres latents des enveloppes*, 2° *ces électres* occasionnent la décomposition du sucre $C^{12}H^{12}O^{12}$ en acide carbonique C^4O^8 et en alcool $C^8H^{12}O^4$. Car du couple $\dot{E}^2\underset{\cdot}{E}^2$ des électres latents, le pycnoélectre $\dot{E}^2$ passe dans l'acide $C^4O^8\dot{E}^2$, et l'aréoélectre reste dans l'alcool $C^8H^8\underset{\cdot}{E}^2$, $4HO = 2(C^4H^4\underset{\cdot}{E}, 2HO)$. C'est le syzygue $\underset{\cdot}{E}$ aréoélectrique, qui fait que l'alcool $C^4H^6O^2$ est *monoatomique*.

Les exemples exposés servent à rendre évident que, entre le sucre et les jus, les deux états du chyle contenu dans les fruits fait entrer spontanément le jus en fermentation; la présence de l'air empêche un équilibre de s'établir dans le jus. La fabrication du vin, du cidre et du poiré, n'exige que la séparation du jus des parties ligneuses, et alors une fermentation s'établit spontanément. La fabrication de la bière est également obtenue par une fermentation du jus, mais la préparation de celle-ci est obtenue au moyen d'une série d'opérations qui sont restées inexplicables. Dans tous les cas où l'on opère sur les jus, le produit est du vin, du cidre, du poiré, de la bière. Dans ces boissons se produit une quantité d'alcool, sans qu'il soit possible de reproduire aucun d'eux au moyen de l'alcool et du sucre, car ces matières en diffèrent par leurs électres.

J'utilise les séries d'opérations techniques bien connues, pour rendre évident que la levûre n'est que de la cellulose soutenant les deux électres en expansion amphistrophe, comme le sucre, et encore à l'état latent, comme la charpie.

A. Fabrication du vin, du cidre et du poiré.

§ 305. Le fruit mûr, intact, reste longtemps inaltérable ; au contraire, chaque fruit, vert ou mûr, coupé ou pressé, se gâte, et, se trouvant en contact avec une masse de fruits intacts, un seul gâté gâte toute la masse. De sorte qu'on serait porté à considérer comme une *levure* le seul fruit blessé. Ainsi le mot de *levure*, signifie l'expansion des électres latents, occasionnée par une cause mécanique ; puis, cet inéquilibre initial se propage par la production d'autres surinéquilibres aux autres fruits, d'électres latents équilibrés. Si le fruit de l'arbre est légèrement blessé, il ne se gâte pas ; sa blessure obtient une cicatrice, formée de cellules plus compactes que les autres. Elles y sont produites par le chyle amené par l'expansion centrifuge diurne du pycnoélectre.

I. **Fabrication du vin.** Le jus contient du chyle (*sucre*) et du chyle à l'état d'enveloppes, (*cellulose*). Les électres latents, par leur expansion, font devenir une partie variable du chyle de la *glucose*, de l'*acide pectique du tannin*, de l'*albumine*, du *ferment*, corps qui ne diffèrent que par rapport aux intensités des deux électres en expansion. Dans le même jus, ces corps changent tous les jours de proportion. **Fabroni** a trouvé l'azote dans le ferment, sans savoir que c'est le carbone du chyle qui se combine avec l'oxygène, et devient de l'azote $C^2 + O^2 = O^2H^4 = Az^2$.

Le moût doit être dans une cave où l'amplitude thermométrique est très-petite, car si on le laisse en plein air, les expansions amphistrophes diurnes se mettent en unisson avec celles du chyle, qui le font changer. Le contact de l'oxygène de l'air et du moût favorise l'expansion des électres latents des enveloppes déchirées, qui sont 1° copieuses dans le moût de raisin aigre, et 2° médiocres dans celui de raisin doux. J'ai montré le mode de la séparation d'une partie d'électres des enveloppes déchirées dont 1° la partie de chyle des enveloppes, *qui a perdu ses électres latents, est devenu de l'alcool* qui se mêle avec le chyle ; 2° la partie qui soutient très-peu d'électres latents, devient des enveloppes du gaz acide carbonique, qui les fait surnager ; 3° la partie des enveloppes évacuées, soutenant ses électres latents, est de densité 1,6, qui la fait se déposer; 4° les enveloppes déchirées ou non déchirées, qui n'ont pas été vidées, restent dans le vin.

Le moût, réparti dans les cuves, contient en inéquilibre les électres latents des enveloppes déchirées; l'expansion de ces électres fait devenir les enveloppes vidées : 1° une masse d'écume de forme hémisphérique, et 2° un dépôt. Pour séparer de l'écume les enveloppes vides, on entre nu dans la cuve, on remue, dans la liqueur, les enveloppes de l'écume avec celle du dépôt. Lorsque le liquide ne bout plus, on l'introduit dans des tonneaux dans une cave profonde où est presque nulle l'amplitude thermométrique diurne et annuelle.

Après la fermentation violente dans les cuves, correspondant à la somme des enveloppes déchirées et vidées, le calme commence dans les tonneaux, correspondant à la quantité des enveloppes déchirées, dont l'évacuation, d'abord copieuse, diminue pour devenir insensible après un nombre d'années d'autant plus grand que le raisin est plus doux. Tel est en premier ordre, le raisin de Corinthe.

Maladies du vin. Les électres amphistrophes restent dans le chyle composant le vin. L'expansion de ces électres avec celle de différents pays, se trouve en un rapport et en un inéquilibre différent. Les électres latents sont aussi toujours en inéquilibre. Il y a donc autant de variation des qualités qu'il y en a des intensités dans les expansions des électres amphistrophes et des électres latents. On distingue les qualités désagréables du vin par le nom des maladies suivantes : 1° de vin blanc *visqueux*, 2° d'*inertie*, 3° de *poussée*, 4° de *graisse*, 5° d'*acide*, 6° d'*astringence*, 7° d'*amer*, 8° de *fleur*, etc.

1° Cause de l'état visqueux du vin. Le chyle, séparé des enveloppes, est formé de tétraèdres qui s'arrangent en un système cristallin. Pendant la continuation des expansions des deux électres, certains des tétraèdres restent dans leur système cristallin, et d'autres s'arrangent en un autre système. C'est donc la combinaison de deux systèmes cristallins qui est la cause de l'état visqueux du vin ou de tout autre corps qui se trouve en un état pareil.

2° Inertie. Les expansions des électres équilibrés font s'arrêter la fermentation; on la fait se rétablir par une élévation de température.

3° **Poussée.** Après un état d'inertie qui résulte d'une suppression de l'expansion, les électres s'accumulent jusqu'au degré d'une poussée produisant une éruption de leur expansion. Le vin agité devient amer. Pour affaiblir les expansions, on soufre des tonneaux et l'on y soutire le vin.

4° **Vin graisseux.** On remédie à cet état par du tannin.

5° **Acide tartrique.** Cet acide est réduit en bitartrate de potasse par un peu de tartrate de potasse neutre.

6° **Tannin.** Ce corps, produit du cellulose, est éloigné par des collages. C'est le contraire du vin graisseux auquel on remédie par le tannin.

Résumé. Jamais les vins de la récolte d'une année ne ressemblent à ceux d'une autre, car les amplitudes thermométriques diurnes et annuelles, qui amènent des électres d'intensité analogue, diffèrent tous les ans. Elles diffèrent aussi la même année dans chaque pays. Dans les années froides et pluvieuses les amplitudes thermométriques diurnes étant médiocres, font que l'intensité de l'expansion des électres du chyle est faible, et quelle n'est pas convertie tout en sucre. Pour remédier à un vin pareil, on y introduit du sucre ou du glucose.

Le vin *tourné* se présente trouble; la couleur rouge devient jaunâtre, le bouquet disparaît, la saveur devient amère. Plus ou mieux on l'observe, plus on découvre d'états nombreux différents. Une cuvée de vin avait été transvasée dans un grand tonneau de 15,000 litres, et le reste dans des petits de 350 litres, dans le grand tonneau le vin a été tout à fait tourné, tandis qu'il resta conservé sans altération dans les autres. Il n'y a pas eu d'autre action différente que celle du refroidissement, qui produisit l'accumulation prompte du pycnoélectre dans les petits tonneaux, et très-lente dans les grands.

II. **Cidre et poiré.** Le suc de pommes ou de poires est comme le jus de raisin composé de chyle et des enveloppes 1° déchirées et vidées, 2° déchirées ou non vidées, ou 3° non déchirées. Pour extraire le suc, on écrase les fruits par une machine, et puis on les soumet sous la presse d'une grande meule. Le moût est introduit dans de grands tonneaux dont on couvre la bonde avec un linge mouillé. L'expansion des électres latents altère une grande partie du chyle qui les soutient; ils deviennent des enveloppes contenant de l'acide carbonique, qui ne trouvent d'autre issue que la bonde d'où elles s'échappent en forme d'écume, composée de matières qui manquent tout à fait dans le fruit, ou bient qui ont éprouvé une altération du carbone, lesquelles, en recevant de l'oxygène, deviennent de l'azote $C^2 + O^2 = O^2H^4 = Az^2$. Ce changement, du carbone du chyle en azote, produit le changement du jus doux en une liqueur. L'alcool de la liqueur est produit par la séparation d'une quantité d'acide carbonique analogue à celle de l'alcool formé, car l'oxygène l'air n'y entre pas; cela n'a lieu que dans la formation de l'azote.

B. EXPOSITION DES FAITS PRODUITS DANS LA FABRICATION DE LA BIÈRE.

§ 306. Il faut une série d'opérations acquise par mille expériences pour obtenir la bière de l'orge. Cette série consiste : 1° en germination de l'orge, qui est réduite en *moût;* 2° en production d'acide carbonique, qui s'éloigne, de l'alcool et de l'azote qui reste dans le chyle et le fait devenir *diastase;* 3° en dissolution de la diastase dans l'eau à 70° qui la fait devenir du *moût* doux; 4° en production d'une autre portion d'acide carbonique qui est contenu dans des vésicules en forme d'écume, et d'une autre portion d'alcool qui reste dans le chyle dissous. Ce liquide, séparé des enveloppes soutenues dans l'écume et de celles formant le dépôt, est la *bière*.

Cette série d'opérations, connue des fabricants, est fidèlement décrite par les chimistes qui en ignoraient la cause physique, sans cependant en faire aucune mention. Le lecteur considérait bien cette description comme une explication, et c'est ici que la cause physique est exposée pour la première fois. Son exposition consiste en une description du mode de la végétation de l'orge, pour connaître sa structure matérielle, et les deux espèces du chyle soutenant les électres à l'état amphistrophe seul, ou le soutenant à cet état et encore à l'état latent. Pour fixer les idées, j'expose succinctement la série des opérations suivie dans la fabrication de la bière.

Germination. On laisse l'*orge s'enfler dans l'eau et se mouiller* jusqu'au degré d'être compressible aux doigts : ensuite on l'expose en tas à l'*air; elle entre en germination*, elle pousse de sa base 4 à 8 filets radicules, et son sommet devient une tigelle simple.

Diastase malt. *Lorsque la germination atteint un certain degré* déterminé, on l'intercepte par une élévation de température. Pendant *la germination il y a production:* 1° d'acide *carbonique* avec portion analogue d'alcool par le dédoublement d'une partie du chyle; 2° il y a production d'azote, du carbone, du chyle et de l'oxygène de l'air. Le rapport de l'azote et de l'alcool formés pendant la production de l'acide carbonique, détermine la *diastase*, qui se dissout dans l'eau à 70°.

Moût. Le malt en état de diastase dissous dans l'eau, est un jus doux et clair contenant beaucoup de cellulose, qui n'est que des enveloppes toutes déchirées, vides ou demi-vides.

C. Exposition scientifique de la fabrication de la bière.

§ 307. **Bière.** Au moyen d'une petite quantité de dépôt de cellulose obtenue d'une fabrication précédente, on accélère la 2e production d'acide carbonique et l'on fait cela pour empêcher la formation de l'acide acétique. Avec l'acide carbonique il se produit de l'alcool, lequel, mêlé avec le jus, est la *bière*.

Après l'exposition des faits techniques je passe à ceux inconnus jusqu'à présent aux chimistes, car pour cela il fallait avoir des connaissances que j'expose ici pour ne plus faire considérer la description des faits comme une explication, et faire disparaître les hypothèses, qui ne sont que des espèces de fantômes sans réalité. Je profite même de l'occasion pour mieux exposer le mode de la végétation.

Germination. Les filets provenant de la base du grain sont comme une espèce de chapelet composé de vésicules. Au lieu d'un grain d'orge, si l'on prend un des globules qui le composent et le met entre deux lames de verre pour empêcher l'évaporation de l'eau, on le voit s'enfler en un endroit, et en deux heures il en immerge une vessie d'égal volume à celui du globule, et elle reste en contact avec le globule : celui-ci s'enfle de nouveau au point de contact et l'on voit provenir une deuxième vésicule d'égal volume et s'arrêter entre la première vésicule et le globule. Cette émergence persiste jusqu'à trois jours ; le nombre des vésicules diffère toujours, on en trouve 2, 3, 4, jusqu'à trente. Pour connaître l'origine de ces vésicules il faut se rappeler le mode de la production de l'orge par la végétation.

Les filets *n* de vésicules deviennent une partie des racines du grain semé, le globule du sommet reste seul et devient tige. Pour connaître ce mode de germination il faut exposer celui de la végétation de l'orge.

Végétation de l'orge. Un grain semé donne plusieurs filets de racines provenant de sa base et une seule tige provenant de son sommet. La tige est de la chlorophylle, laquelle devient du chyle le jour ;

ce chyle est la nuit transféré dans les nœuds autour des racines des feuilles. Son accumulation devient un obstacle pour l'expansion des électres, lesquels parviennent à se déplacer des nœuds au fur et à mesure qu'il y arrive des feuilles, tel est l'état du *rut* des plantes.

Épi. Le chyle des nœuds, avec l'eau amenée du sol et de la rosée des feuilles, forme la séve produisant la fleur et les pétales, contenant le stigmate composé dans chaque fleur d'un seul globule. Entre l'époque de la floraison et celle de la maturité, il s'écoule, aux pays chauds, moins d'un mois; aux pays moins chauds il s'écoule plus d'un mois. Pendant chacun des trente jours, environ il y a production de chyle dans les pétales de chaque grain, de sorte que la portion diurne d'un seul globule étant x, il y en a 30 x dans les 30 globules composant le grain entier.

Globules. En divisant par 30 le volume **v** d'un grain d'orge, on trouve un volume v qui ne diffère pas de celui obtenu par la mesure de chaque globule; telle est la correspondance entre le nombre n des globules d'un grain et le nombre des jours pendant chacun desquels est produit le chyle d'un globule de chaque grain.

Vésicules de chaque globule. Dans leur maturité les grains d'abord d'un état demi-liquide deviennent durs par l'éloignement chaque jour d'une portion d'eau de chaque globule. Ainsi il est trouvé que : 1° du globule a, composé du chyle le 1er du mois, la quantité totale **q** d'eau a été éloignée en 30 portions à une quantité q par jour ; 2° du globule z, produit le dernier, la quantité q d'eau a été éloignée en un seul jour.

L'éloignement de l'eau s'opère le jour par l'expansion centrifuge qui s'établit après l'inversion de l'expansion *nocture centripète*. Au moment donc de la séparation de l'eau q de chaque enveloppe des globules, il s'y en forme une nouvelle de chyle soutenant les deux électres à l'état latent. La quantité q d'eau éloignée en 30 portions, produit 30 vésicules de chyle soutenant les électres à l'état latent, toutes presque d'un volume égal. La quantité q d'eau du chyle du globule du sommet étant éloignée le lendemain de son arrivée, son chyle paraît n'être qu'une seule enveloppe simple.

Émergence des vésicules des globules ou germination. L'orge, imbibée d'eau, devient molle et de volume double, par l'accroissement des globules qui crèvent et font crever leurs enveloppes, d'où il résulte un inéquilibre des électres latents qui occasionne leur expansion, laquelle exercée entre les couches soutenant ces électres, produit l'émergence des vésicules en ordre chronologique de leur formation. Du globule *a* l'enveloppe *e* du premier jour s'enfle et crève; ses électres repoussent d'abord l'enveloppe *e'* produite le deuxième jour; il est ensuite repoussé par l'enveloppe *e''* du troisième jour; ainsi en ordre chronologique émergent toutes les enveloppes de chaque globule, car chacune d'elle soutient les deux électres à l'état latent. L'égal volume du vésicule indique l'égalité de leurs électres. Cette égalité se voit aussi dans la forme cylindrique des filets poussés. On y trouve le même nombre *n* : 1° des jours depuis la floraison de l'orge jusqu'à sa maturité; 2° des vésicules du globule *a* du milieu de la base de chaque grain. En s'éloignant de la base vers le sommet, les globules contiennent un nombre de vésicules de plus en plus inférieur.

Changement de l'orge en malt et diastase. Pendant la germination il y a production d'azote et d'acide carbonique. Cet acide indique la production simultanée d'alcool, qui est ici à l'état solide uni avec du chyle, lequel n'est plus dans le même état que celui de l'orge. Tant qu'il y a production d'acide carbonique l'orge passe à l'état de malt. Au point où cette production doit être interrompue, le chyle de l'orge est devenu *diastase*, composée d'azote, d'alcool et de chyle. Le chyle des enveloppes étant soumis à l'expansion de ses électres latents, se dédouble en même temps que les électres de la manière suivante :

$$(\alpha)\ C^{16}H^{24}O^{24} = C^4O^8 + C^4O^4H^6 + 3C^4H^6O^2 = C^4O^8 + Az^4H^6 + 3C^4H^6O^2.$$

Le corps $2Az^2H^3 = 2Ph$ est le phosphore. Mulder trouva les éléments du chyle de l'enveloppe $C^{12}H^{10}O^{10}$. En traitant les mêmes enveloppes par l'acide acétique, il trouva les éléments ($Az^2 = O^2H^4$).

$$(\beta)\qquad C^{48}H^{35}Az^4O^{15} = C^{38}A^{12}O^{21}.$$

La même enveloppe $C^{12}H^{10}O^{10}$, en l'absence de l'acide acétique, n'est pas azotée, mais en sa présence, à l'état étendu, il le devient en perdant l'oxygène et produisant des matières grasses des éléments indiqués dans l'équation suivante :

$$(\gamma)\qquad 3C^{12}H^{10}O^{10} + 2HO - 8O = C^{12}H^{11}, 2C^{12}H^{10}O^{10}.$$

L'enveloppe $C^{12}H^{10}O^{10}$ brûlée donne de la cendre contenant les corps suivants :

Acide phosphorique ($PhO^5 = Az^2H^2O^5 = C^2O^4, 3HO$)	29,5
Potasse ($K^2O^2 = C^{10}H^{10}O^2$)	28,3
Phosphate de chaux ($Ca^2O^2PhO^5 = C^6H^6O^2, C^2O^4, 3HO$)	9,7
Phosphate de magnésie ($Mg^2O^2PhO^5 = C^4O^2, C^2O^4, 3HO$) (1)	22,6

Le malt en état de diastase se dissout dans l'eau à 70° et on a un jus doux et clair qui est mêlé avec des enveloppes ou cellulose.

Changement de la diastase en moût. Dans le cas où la proportion entre l'orge et l'acide carbonique éloigné est normale d'après (α) il y a de la diastase dont la dissolution est du moût, qui est du jus doux et de la cellulose.

Changement du moût en bière. Le moût, comme le jus du fruit, se met en production d'acide carbonique et d'alcool, et cela par l'expansion des électres des enveloppes toutes crevées depuis leur germination. Pour accélérer cette fermentation, qui retarde à cause du temps écoulé depuis la germination, et éviter la production de l'acide acétique, on introduit une petite quantité d'enveloppes pareilles obtenues d'une préparation de bière précédente. Le jus, d'abord doux, après avoir obtenu plus d'alcool devient de la *bière*, elle s'éclaircit par la séparation de la cellulose : 1° en vésicules contenant de l'acide carbonique sous forme d'écume, et 2° en dépôt de cellulose composé des enveloppes vides de leur chyle.

D. COMPARAISON DU VIN AVEC LA BIÈRE.

§ 308. **vin.** Le vin transvasé et clair produit un nouveau dépôt à la fin de la première année, et il a obtenu une qualité meilleure. Transvasé pour la deuxième fois, il y a à la fin de la deuxième année un dépôt inférieur. Ces productions de dépôts se terminent, dans les vins ordinaires, au bout de deux à trois ans ; tandis que, pour les vins forts, de raisin très-doux, il y a production de dépôt pendant un grand nombre d'années, et la qualité s'améliore, tandis que celle du vin léger reste la même, ou bien il se gâte et devient vinaigre.

Tant qu'il y a production de dépôt, il y a aussi production de fleur de vin; celle-ci correspond à l'écume produite après l'introduction de la levure de la bière. Les enveloppes sont composées de cellulose ; le contenu dans l'écume est de l'acide carbonique en grande

(1) La magnésie Mg^2 est une espèce de carbone $Mg^2 = C^3 = OH^4$ et non $4Mg^2 = 96 = C^{14}H^{14}$ page 486.

quantité ; il est en quantité imperceptible dans le vin. Ainsi le dépôt et la fleur de la bière et du vin sont de la cellulose contenue dans les liquides qui sont clairs, parce que la cellulose est transparente. Celle-ci obtient la division dite par l'acide produit par une partie de son chyle dédoublée : 1° en alcool mêlé dans le vin, et 2° en acide carbonique contenu dans l'enveloppe de cellulose. Le reste de la cellulose, vidé de son liquide, se dépose par sa densité 1,6.

Bière. La bière, après la production de l'écume (levure nageante) et du dépôt de cellulose, reste contenant de l'alcool et du chyle, étendus dans une quantité variable d'eau. Une fois transvasée, elle ne produit plus de dépôt ; il n'y a pas de fleur sur sa surface. Sa qualité ne s'améliore pas un an après ; au contraire, si elle est en contact avec l'air, elle se gâte. La somme de levure à l'état de dépôt et à l'état d'écume obtenue à la fin de la production de la bière, par rapport à l'eau contenue dans la bonne bière et dans le bon vin, est supérieure dans la bière à celle du vin.

Dans les deux liqueurs, la levure n'est que de la cellulose provenant 1° des enveloppes simples des vésicules contenant le chyle de raisin dissous dans une quantité d'eau, et 2° des enveloppes multiples de globules des grains de l'orge, qui sont du chyle à l'état solide. Le chyle d'amidon, réduit en diastase, se dissout dans l'eau à 70°, et ainsi il devient un jus doux, non comme celui du raisin, mais comme une dissolution de sucre, à cause du manque de cellulose.

Le lecteur serait conduit à ce résultat par le mode de germination, pendant laquelle s'opère l'émergence des vésicules toutes crevées par l'enflement des globules de la semence, dans lesquels l'eau a pénétré par l'endosmose. Le volume v d'un globule diffère peu de celui v' d'une vésicule du jus de raisin ; mais si la vésicule v' est composée de la quantité c de cellulose, l'enveloppe v des globules en contient nc. Il en suit que la cellulose à l'état de levure étant c dans un hectolitre de vin, elle serait nc dans un hectolitre de bière. En réalité, on en trouve un rapport inférieur à n qui est environ 1 : 5, parce que dans un hectolitre de bière, il y a beaucoup moins d'alcool que dans un hectolitre de vin. Ce qui échapperait au lecteur est le dédoublement d'une partie de la cellulose pendant la germination, en alcool, acide carbonique et azote hydrogène (diamide et phosphore), d'après l'équation suivante déjà indiquée (α) :

$$(\delta)\quad C^{24}H^{24}O^{24} = C^{4}O^{8} + C^{4}O^{4}H^{6} + 3C^{4}H^{6}O^{2} = C^{4}O^{8} + Az^{4}H^{6} + 3C^{4}H^{6}O^{2},$$

$$(\varepsilon)\quad C^{4} + O^{4} = O^{6}H^{8} = Az^{4}.$$

1° La quantité de cellulose obtenue par la germination de l'orge à l'état de *germe* ou touraillon est considérable; elle contient la matière azotée Az^4H^6, qui la fait être un bon engrais. 2° L'alcool $3C^4H^6O^2$ reste combiné avec le chyle solide; ce combiné est du malt ou diastase. 3° Les chimistes, ne sachant pas ce mode de production de l'azote, disaient que c'est l'acide carbonique, qu'il est le produit de l'oxygène de l'air. Ainsi il leur était impossible de démontrer 1° cette combinaison, 2° l'origine de la grande quantité d'azote contenu dans le germe, et 3° encore moins savaient-ils en quoi consiste *le changement de l'amidon en malt.*

Manque des maladies de la bière. Toutes les espèces de maladies du vin, connues et à découvrir dans l'avenir, résultent de l'expansion des électres inéquilibrés soutenus de cellulose composée d'enveloppes déchirées. Il y a donc un travail continuel dans le vin, dont les changements différents sont autant de maladies; chacune de celles-ci a un commencement, une acnée, une crise de degrés correspondant aux qualités des vins. Le manque de cellulose ou d'enveloppes pareilles dans la bière, résulte de ce que toutes les enveloppes multiples des globules de grains d'orge crèvent par l'introduction de l'eau, *qui fait augmenter leur volume.* Les électres à l'état latent, réduits ainsi en inéquilibre, se trouvent tous en expansion, laquelle fait devenir les enveloppes qui la soutiennent de la levure d'écume ou de la levure déposée, sans qu'il en reste dans la bière. Une telle déchirure universelle des vésicules du jus contenant le chyle de raisin n'a jamais lieu, mais il en reste dans le vin une grande partie de non déchirées, contenant leur chyle et soutenant leurs électres à l'état équilibré entre eux. Cependant cet état n'est plus permanent, parce que l'expansion des électres des enveloppes déchirées, agissant comme une levure, réduit en inéquilibre ceux des *enveloppes non déchirées.* De sorte que c'est leur expansion ainsi provoquée, qui fait que les enveloppes se déchirent et deviennent de l'alcool, de l'azote, de l'hydrogène et de l'acide carbonique, trois corps (β) qui restent dans le vin dont la qualité s'en améliore.

On obtient ainsi 1° la cause physique du manque d'expansion d'électres dans la bière, à cause du manque de cellulose qui y amène un état permanent, et 2° celle de l'existence d'expansion d'électres dans le vin, soutenus par les enveloppes non déchirées. Il y a donc des changements hylicoabyles continuels d'où résultent habituellement les bonnes qualités du vin fort, et parfois de maladies ou de mauvaises qualités, si le vin est faible.

§ 309. **Parallélisme de la végétation des épis d'orge et**

des grappes de raisin. L'accumulation du chyle dans les nœuds des ceps ou ceux de la tige amène le rut, qui consiste en une translation du chyle pour devenir autant de fleurs qu'il y aura de grains d'orge dans l'épi et de raisin dans la grappe. 1° La fleur de chaque grain d'orge possède des pétales verts dans lesquels l'eau devient de la chlorophylle, et celle-ci du chyle, qui est amené la nuit dans le grain pour y devenir un globule. 2° Les fleurs des grappes perdent leurs pétales. C'est le chyle des nœuds qui est amené des nœuds du cep et de ceux de la tige de l'orge par la queue de la grappe et de l'épi dans chaque grain par sa queue. Ce chyle se produit dans les feuilles pendant le jour, et la nuit il est amené dans l'épi et dans les grappes à l'état liquide. Il y est également distribué dans chaque grain, où chaque nuit la portion reste à l'état de gouttelette entourée d'une enveloppe de même chyle, mais soutenant les deux électres à l'état latent. Ils y restent au moment de l'inversion de l'expansion nocturne centripète qui dure jusqu'au lendemain, lorsque la surface devient chaude et que l'intérieur ne l'est pas.

L'expansion centripète de pycnoélectre Ē, au moment de son inversion de chaque gouttelette, y abandonne une couche d'expansion centrifuge; en même temps il y reste une couche d'aréoélectre Ē, qui est la nuit en expansion centrifuge, et le jour en expansion centripète. La couche superficielle de chaque gouttelette de chyle devient ainsi le support des deux électres; ceux-ci font différer le chyle de cette couche de celui qui y est contenu. L'expansion d'un électre trouve le minimum de résistance dans l'autre, mais leur mélange est intercepté par la couche de chyle de l'enveloppe.

Différence entre le chyle de raisin et l'amidon de l'orge. Le chyle de raisin reste liquide dissous dans l'eau, laquelle n'est pas éloignée le jour par l'expansion centrifuge du pycnoélectre. Au contraire, cette expansion sépare chaque jour une portion d'eau la gouttelette qui compose un grain d'orge. La séparation de chaque couche d'eau laisse, au moment de l'inversion du soir, les deux électres à l'état latent soutenus par une couche mince de chyle. En ce cas le pycnoélectre est du côté de la face intérieure et l'aréoélectre du côté de la face extérieure.

Donc l'enveloppe des gouttelettes contenues dans un grain de grappe de raisin ne diffère pas de celle des globules composant un grain d'épi d'orge; car ces enveloppes soutiennent le pycnoélectre dans leur face extérieure et s'appellent *exoélectriques*, pour être distinguées des enveloppes *endoélectriques* qui soutiennent le pycnoélectre dans leur face intérieure.

Le chyle aigre des gouttelettes de raisin devient doux, tandis que le chyle doux des gouttelettes des grains de l'orge, en perdant l'eau, perd sa douceur; celle-ci ne reparaît que dans le moût, où le chyle se trouve en état d'être dissous dans l'eau comme il l'est dans les gouttelettes de grains de raisin.

L'excès de pycnoélectre du chyle aigre et de l'enveloppe des gouttelettes sollicite bien l'expansion centripète du jour de l'aréoélectre, tandis qu'il supprime l'expansion centripète nocturne de son homonyme; de sorte qu'il y a une continuité d'éloignement de pycnoélectre, dont l'intensité croît avec la température du jour; plus la durée des jours chauds est longue, plus le pycnoélectre du jus s'affaiblit. L'état d'une égalité des deux électres s'établit dans le raisin mûr lorsqu'il obtient la saveur douce.

A. Mode de la production de la chaleur dans les fermentations.

§ 310. Il y a production de chaleur dans la germination de l'orge, dans la fermentation du vin, dans la transformation de la paille en engrais de ferme. Il y a des électres soutenus à l'état latent par les enveloppes des cellules composant les plantes. Tant que les cellules sont intactes, les deux électres latents se soutiennent mutuellement équilibrés; lorsque l'enveloppe se déchire, les deux électres obtiennent une expansion par les bords de l'ouverture; ils viennent en rencontre; en se combinant, ils deviennent de la lumière et de la chaleur. Celle-ci reste et s'accumule, tandis que la lumière s'éloigne au moment de sa production en trop petite quantité pour être sentie.

Il y a aussi production de chaleur par les enveloppes de la vapeur, lesquelles soutiennent les électres à l'état latent, lors même qu'elles gèlent; en ce dernier cas, les électres sont comme ceux des cellules des substances végétales, tandis que, dans les vésicules de la vapeur, il est dans la face intérieure *f* un pycnosyzygue $\dot{E}$, et dans la face extérieure *f'* deux aérosyzygues $2\dot{E}$. Dans le cas donc où la vapeur de l'eau bouillante est conduite dans un calorimètre, on y trouve la même quantité de calories qu'on en consume pour changer l'eau en vapeur.

Cette égalité disparaît dans la vapeur froide par l'éloignement des aréosyzygues jusqu'à ce qu'il ne reste sur les faces *f'*, qu'un seul aréosyzygue $\dot{E}$, soutenu par le pycnosyzygue inférieur. De semblables vésicules composent la neige; laquelle, en se précipitant en grandes masses, brise les petits ballons. Ainsi les deux électres, en se combinant, éclairent les nuits les plus sombres, et font monter le thermomètre de plusieurs degrés. En se combinant, un couple d'électrosyzygues $\dot{E}E$, avec un pycnosyzygue $\dot{E}$, produisent un *photozeugme* $\dot{E}^2E$; ce couple $\dot{E}E$, combiné avec un aréosyzygue E, produit un *thermozeugme* $\dot{E}E^2$:

1° Pendant la germination, les enveloppes crèvent toutes par la cause de l'eau qui par l'endosmose pénètre ces enveloppes, et l'accroissement du volume de l'amidon les fait se déchirer. Les électres des deux faces *f f'*, ainsi inéquilibrés, entrent en expansion, et, en se combinant, produisent de la chaleur, dont l'accumulation fait élever la température.

2° Les vésicules du jus des fruits, déchirées mécaniquement, occasionnent l'expansion des électres ; ce sont ces expansions et ces effets qu'on doit entendre par le mot *fermentation*, qui se manifeste différemment dans chaque corps organique, sans jamais manquer de produire une élévation de température.

3° Les cellules de toute partie quelconque des plantes soutiennent les deux électres à l'état latent ; pour en obtenir un engrais, ces corps doivent d'abord être brisés, puis arrosés et entassés en gros amas. Ces opérations mécaniques produisent dans les électres un inéquilibre et une expansion : 1° la combinaison des deux électres fait élever la température, 2° la poussée contre les éléments du chyle fait former de l'azote, de l'acide carbonique et d'autres minerais solubles mêlés dans l'eau avec le chyle séparé des électres latents. En cet état, la cellulose de la paille devient un engrais.

Résumé. Les amplitudes thermométriques diurnes et annuelles résultent des électres amenés du soleil pendant le jour, et manquent la nuit : 1° la lumière $\dot{E}^2E$ pycnoélectrique s'éloigne par une expansion rapide, 2° la chaleur $\dot{E}E^2$ aréolectrique reste dans le sol, séparée de la lumière. Elle s'en éloigne aussi par une expansion lente, mieux favorisée par les plantes que par l'air. Pendant le jour, la chaleur, avec son aréoélectre, se trouve en expansion dans la surface chaude des plantes, et le pycnoélectre y est sollicité en expansion opposée. Il forme l'expansion qui amène l'eau du sol, et fait arranger ses éléments à l'état de chlorophylle, d'où résulte le chyle par la séparation de l'oxygène.

Le soir, l'air et la surface des plantes deviennent froids ; il se produit une inversion des expansions. Le chyle produit dans chaque feuille est amené dans la tige. Le lendemain, lorsque la surface des plantes devient chaude, elle occasionne une inversion ; c'est en ce moment que la couche supérieure de chaque gouttelette devient une enveloppe soutenant les deux électres. La déchirure des enveloppes est donc indispensable pour l'expansion de leurs électres ; ainsi, cette expansion est une action qui précède l'apparition des *faits observés* qui sont en altérations continuelles, comme l'est l'intensité de l'expansion des électres.

III. PUTRÉFACTION AMMONIACALE.

§ 311. Dans la fabrication du vin, de la bière, du cidre et d'autres liqueurs, on suit une série d'opérations obtenues par des observations et par des expériences séculaires. Si les corps organiques restent exposés à l'air et à la pluie, ils parcourent également une série d'altérations, et finissent par être réduits en eau, acide carbonique, ammoniaque, phosphore, minerais alluviens.

Après avoir exposé le mode de la production des faits téchiques par l'expansion des électres des enveloppes déchirées, il s'ensuit que la production de la série des faits pendant la décomposition des corps organiques a aussi pour cause la même expansion. Je n'ai fait qu'exposer les faits en leur ordre chronologique, dont la description est contenue dans les ouvrages des chimistes.

On y trouve qu'il n'y a de putréfaction des corps organiques ni *au-dessous de 0°*, ni au-dessus de 100°, ni dans le sel commun, ni dans l'air calciné ou filtré. La putréfaction ammoniacale est parfois précédée de production de lumière faible, visible la nuit, surtout le printemps et l'automne, les jours de minimum d'amplitude thermométrique.

Les cadavres, devenus lumineux, persistent de l'être dans l'oxygène ou dans l'azote; la lumière s'affaiblit dans l'acide carbonique; elle disparaît tout à fait dans le chlore et dans l'hydrogène phosphoré $PhHE^3$.

Pendant la putréfaction, le carbone du chyle $C^{24}H^{24}O^{24}$ se sépare en forme d'ammoniaque, de phosphore hydrogéné, de soufre et d'eau. Ainsi on a ($C^6 = O^8H^{12} = Az^2HB$) :

$$(\alpha) \quad C^{24} = Az^4H^{16}C^{12} = Az^2H^6, Ph, C^{12}H^7 = Ph, Az^2H^6, SH^2 + C^{10}.$$

L'odeur fétide qu'exhalent les cadavres pendant la putréfaction, est produite par le mélange de l'expansion des trois corps provenant du carbone et par l'expansion des électres qu'il soutient dans le chyle de la cellulose. Connaissant les éléments du carbone $C^{24} = O^{12}H^{48}$ d'une part, et ceux du phosphore hydrogéné $PhH = Az^{2}H^{4} = O^{6}H^{7}$, de l'ammoniaque $Az^{2}H^{6} = O^{8}H^{10}$, du soufre bihydrogéné $SH^{2} = C^{2}H^{6}$ de l'autre, j'obtiens l'équation (α).

A. MODE DE PRODUCTION DE LA LUMIÈRE APRÈS LA MORT AVANT LA PUTRÉFACTION.

§ 312. Cette lumière est trop faible pour être aperçue le jour; elle est rarement produite par les animaux terrestres, et toujours par les poissons de la mer, un ou deux jours après leur mort, en les tenant exposés à l'air de 12° à 18°, lorsque l'amplitude thermométrique est médiocre. La lumière se présente d'abord autour des yeux, puis dans le ventre et ensuite dans la queue; en général dans les parties muqueuses. Le support de la lumière est un chyle d'état muqueux; ce chyle peut être transféré sur les doigts aux autres corps. La lumière disparaît à 100° ou à 0°.

Dans les amphithéâtres anatomiques, il arrive parfois que certains cadavres deviennent lumineux quelques jours après la mort, avant que la putréfaction commence. Si l'on met en contact un cadavre lumineux avec d'autres apportés auprès, ils deviennent aussi lumineux.

La viande de bœuf, de veau et de volaille devient parfois lumineuse: en 1780, toute la viande d'une boucherie, à Orléans, était devenue lumineuse. Autrefois, en Allemagne, on observa, en octobre, que la viande d'un veau de 3 jours était lumineuse. Le plus souvent, on n'entre que le jour dans les boucheries et dans les amphithéâtres anatomiques, et l'on n'en sort le soir qu'avec de la bougie; ainsi plusieurs apparitions de lumières sur le chyle muqueux et sur le bois restent inaperçues.

Production de la lumière sur le chyle muqueux et sur le bois. Les corps organiques sont composés de cellules soutenant à l'état latent les deux électres dont le pycnoélectre est du côté extérieur. Après la mort, les vésicules des parties muqueuses crèvent, et il en résulte l'expansion des deux électres. Pendant l'expansion centripète nocturne des pycnoélectres $\dot{E}$, celui-ci se combine avec le couple des deux électres $\dot{E}\bar{E}$, et produit des photozeugmes $\dot{E}^{2}\bar{E}$ dont l'expansion produit la lueur apercevable la nuit. Aux autres couples $\dot{E}\bar{E}$ arrive l'aréoélectre $\bar{E}$, et il en est produit des thermozeugmes $\dot{E}\bar{E}^{2}$. Ainsi, il y a une médiocre production de lumière et de chaleur par les couples de deux électres.

Ce mode de production de lumière devient mieux connu par le mode de sa suppression, laquelle est obtenue par l'éloignement du pycnoélectre des corps lumineux, qui a lieu : 1° par le contact de ces corps avec des corps aréoélectriques, et 2° par le changement de la température.

I. **Suppression de la formation de la lumière des corps par leur contact avec d'autres.** Les photoélectres $\dot{E}^2E$ se soutiennent par l'affluence des pycnoélectres $\dot{E}$ aux *couples* $\dot{E}E$ des électres qui ne sont plus latents. La lumière disparaît : 1° lorsqu'on introduit le corps lumineux dans le vide, parce que le pycnoélectre se dissipe et il ne peut plus arriver aux corps soutenant les couples $\dot{E}E$ des deux électres. La lumière électrique a, dans le vide, une expansion très-prompte, dans les cadavres elle s'éteint, car elle n'y existe pas comme telle.

2° Dans l'hydrogène phosphoré $PhHE^3$, les cadavres ne sont pas lumineux, parce que le pycnoélectre E se combine avec l'aréoélectre $\dot{E}^3$ du gaz avant d'arriver aux couples $\dot{E}E$ des deux électres.

3° Le pycnoélectre de l'acide carbonique $C^2O^4\dot{E}$, et plus encore celui du chlore ClE, par son expansion, intercepte l'approche du pycnoélectre $\dot{E}$; celui-ci, n'arrivant plus au corps soutenant les couples $\dot{E}E$ d'électres, il n'y a pas production de lumière.

II. **Suppression de la formation de la lumière par la température.** 1° En élevant la température du chyle qui soutient les deux électres $\dot{E}E$, il en résulte une expansion d'aréoélectre $\dot{E}$, lequel se combine avec le pycnoélectre E avant qu'il arrive au couple $\dot{E}E$; 2° si l'on baisse la température dans l'espace où le chyle, support des électres, se trouve, il y a expansion de pycnoélectres de cet espace en directions convergentes; c'est donc elle qui empêche l'approche du pycnoélectre. L'exemple suivant rend évident le mode de la production de la lumière.

Le diamant et les phosphores artificiels sont des corps aréoélectriques. Si on les expose au soleil jusqu'à saturation, ces corps, introduits dans un appartement obscur, répandent une lueur qui s'affaiblit graduellement, et, pour quelques observateurs, deviennent imperceptibles, tandis que les autres continuent de les voir encore et puis finissent par ne plus rien voir.

Les conducteurs isolés, chargés de pycnoélectres, sont lumineux dans l'obscurité, mais graduellement la lumière s'affaiblit et disparaît.

Il y a donc une couche de lumière ou de pycnoélectre en inéquilibre, qui disparaît par l'expansion. Cela n'est pas le cas pour la lueur des cadavres et du bois; elle commence lentement à paraître, puis se soutient à un certain degré, comme fait la flamme d'une lampe, laquelle s'éteint aussi bien par le manque d'huile que par celui de l'oxygène; son oxygène est le pycnoélectre et son huile est l'ensemble de couples ÉË neutres d'électres soutenus par le chyle.

B. MODE DE LA PRODUCTION DE L'AMMONIAQUE PAR LE CARBONE DES CORPS ORGANIQUES.

§ 313. Les corps organiques sont produits par les plantes pendant leur végétation, et 2° par les animaux pendant leur vie. Leur structure celluleuse correspond aux inversions de l'expansion des deux électres. Chez les plantes c'est l'amplitude thermométrique diurne qui fait que le pycnoélectre est le jour en expansion centrifuge, et la nuit en expansion centripète. Chez les animaux, l'expansion centripète du pycnoélectre va de la surface de l'épiderme et du canal intestinal vers la surface des cellules des poumons; le sang des veines, mêlé avec le chyle pour devenir une espèce de séve montante, vient aux poumons en contact avec l'air froid inspiré. Cet air froid produit l'expansion centrifuge du pycnoélectre, qui pousse le sang jusqu'aux capillaires entre les extrémités des artères et des veines. Cette expansion centrifuge va aussi par les *nerfs*, qui ont leur origine dans les extrémités des artères, et qui affluent vers la moelle dorsale et vers le cerveau. De ces parties, l'expansion divergeante arrive aux extrémités des filets des muscles, pour s'y rencontrer avec les globules de sang venant par les capillaires, dont une partie s'arrête dans l'extrémité supérieure de ces filets, tandis que d'autres globules sont repoussées par l'extrémité inférieure de ces filets, pour pénétrer dans les capillaires qui vont aux extrémités des veines, de là aux poumons, et enfin dans les urètres.

§ 314. **Parallélisme entre la végétation et la vie animale.** Il y a une expansion centrifuge et une centripète de pycnoélectre allant des parties froides vers les parties chaudes, d'amplitudes thermométriques variables : 1° chez les plantes; elles ont pour cause la présence ou l'absence du soleil; 2° chez les animaux, également une amplitude thermométrique $\Theta-\theta$ entre celle $\Theta=37°$ de l'air qui reste dans les poumons, et θ qui est celle de l'air inspiré. Ainsi l'amplitude $\Theta-\theta$ croît la nuit et l'hiver; et diminue le jour et l'été.

Chez les plantes, l'expansion centrifuge amène la séve montante composée d'eau et de chyle. Chez les animaux, c'est le mélange du sang des veines et du chyle du canal pectoral, qui vient dans les poumons en contact avec l'air froid inspiré, et il y éprouve un abaissement de température. L'inversion ainsi produite, l'expansion centrifuge s'opère par les artères amenant le chyle séparé de ses enveloppes déchirées et évacuées dans son passage par les capillaires des poumons. Les électres latents des enveloppes ainsi déchirées entrent en expansion divergente, et en repoussant le sang l'amènent, dans les filets des muscles, où le pycnoélectre arrive en rencontre avec le chyle aréolectrique. Donc l'aréoélectre Ė du chyle, avec les couples ĖĖ des deux électres, deviennent des thermoélectres ĖĖ², et il en résulte une disparition des électres ĖĖ. Cette disparition des couples ĖĖ produit un inéquilibre aspiratoire.

Le travail animal consiste 1° en l'affluence des deux électres dans les filets des muscles, et 2° en leur disparition, pour devenir de la chaleur; la production de celle-ci croît avec le travail.

Les plantes produisent du chyle avec l'eau et les électres amphistrophes; les animaux produisent le travail : 1° avec les électres ĖĖ des enveloppes du chyle, et 2° avec l'aréoélectre Ė du chyle. Ainsi la vie des animaux est une continuation de la végétation des plantes.

1° Putréfaction ammoniacale.

§ 315. Le carbone de la houille se trouvant en contact avec l'oxygène, devient de l'azote par la pénétration d'un tétraèdre d'oxygène dans un tétraèdre de carbone; ainsi on a :

$$(\beta)\ C^4 + O^4 = O^4H^8 = Az^4$$

Le carbone du chyle de trois tétraèdres, pénétré par un seul tétraèdre d'oxygène, devient un tétraèdre d'eau et un d'ammoniaque; ainsi on a :

$$(\gamma)\ C^{12} + O^4 = O^{16}H^{24} = Az^4H^{12},\ 4HO.$$

La pénétration du pycnoélectre dans les couples ĖĖ d'électres du chyle, produit de la lumière lorsqu'il soutient les deux électres Ė E en expansion d'une intensité correspondante à celle du pycnoélectre. Une telle égalité d'intensité devient établie par le contact d'un cadavre lumineux avec un autre apporté après, lequel devient aussi lumineux.

La putréfaction s'opère, dans le vide, sans pénétration d'oxygène dans le chyle ; au lieu du tétraèdre d'eau il y a moins d'ammoniaque et production d'hydrogène phosphoré PhH et de soufre bihydrogéné (a). Dans tous les cas c'est l'expansion des électres qui pousse les tétraèdres d'hydrogène 4H du carbone, et qui leur fait obtenir des arrangements propres à exercer le minimum de résistance.

La résistance des hydrotétraèdres 4Ĥ s'affaiblit à une température élevée, et c'est ainsi que leur déplacement devient plus facile.

1° Si l'on divise un corps en *n* portions et si on les place dans le vide, dans l'air raréfié, dans l'air comprimé, dans l'air ordinaire d'égale température, elles donnent, par leur putréfaction, des produits différents ; 2° les produits de la putréfaction de ces portions diffèrent aussi lorsqu'elles sont contenues dans le vide ou dans des pressions égales d'air d'inégale température ; 3° les cadavres d'animaux différents morts ou tués ensemble ne disparaissent pas en même temps par la putréfaction, tous ces faits sont prévus par l'expansion des électres dont l'intensité varie, ils deviennent évidents aussi par les modes de la suppression de la putréfaction.

2° Modes de la suppression de la putréfaction.

§ 316. La production des corps puants par les éléments du carbone, s'opère par l'expansion des électres, et disparaît chaque fois qu'une telle expansion est interceptée. On a obtenu, par de longs tâtonnements, plusieurs moyens de supprimer la putréfaction des corps organiques.

1° Les corps organiques renfermés hermétiquement et introduits deux à trois minutes dans l'eau bouillante restent conservés. **Appert.**

2° Une infusion de chair musculaire est mise dans un ballon de verre portant un bouchon à deux trous traversés par deux tubes dont l'un conduit l'air qui s'élève d'abord à une température de 100° et puis il arrive dans ce ballon après avoir été refroidi. L'air précédent du ballon en devient éloigné. On commence l'expérience en faisant bouillir l'infusion, qui reste conservée. **Schwann.**

3° Au lieu de calciner l'air on le fait passer par de l'acide sulfurique ou par de la potasse. **Schulze.**

4° L'air est filtré à travers le coton. **Schroeder.**

5° Dans un ballon on introduit 100 parties d'eau, 10 de sucre et 0,5 de levûre de bière. Le col effilé du ballon communique avec un tube de platine chauffé au rouge. On fait bouillir le liquide deux à trois minutes et on le laisse se refroidir, contenant l'air calciné ; ce liquide ne s'altère pas. **Pasteur.**

Mode de la production des faits exposés. Dans tous ces cas le liquide organique porté à 100° se charge de pycnoélectre pendant son refroidissement ; de même que l'air qui a été d'abord calciné et réintroduit froid dans le ballon. L'air filtré par le coton aréoélectrique, se charge de pycnoélectre comme l'air chauffé. L'air passé par la potasse aréoélectrique, en sortant devient pycnoélectrique. L'air passé à l'acide sulfurique concentré, en obtient du pycnoélectre, et devient plus pycnoélectrique. L'expansion du pycnoélectre, du liquide et de l'air ambiant en même temps empêche la pénétration de l'oxygène dans le carbone, c'est ainsi que toute altération du liquide devient impossible.

Toutefois Pasteur par son appareil de calcination de l'air, obtient toujours des résultats constants, tandis que Schwann obtient des résultats incertains ; car après avoir laissé deux à trois minutes dans l'eau bouillante les flacons bouchés contenant le même liquide, il les renverse sur la cuve de mercure. Après leur refroidissement, Schwann introduit dans les uns de l'air ordinaire et dans les autres de l'air calciné. Pasteur dit que c'est le mercure qui fait que les résultats de Schwann sont incertains. En effet, le mercure comme tout autre métal, éloigne rapidement la chaleur du liquide chaud, et il éloigne aussi le pycnoélectre de l'air calciné. Si Pasteur se limitait à cette propriété du mercure, il n'y aurait personne pour lui faire opposition ; car les résultats obtenus y trouvent leur explication, surtout lorsqu'on voit que tout métal produit le même effet.

Substances anti-septiques. L'expansion des deux électres des corps organiques produit sur leurs éléments une poussée dont l'effet est une série chronologique d'altération. Les anti-septiques ne sont que des substances qui interceptent l'expansion des électres, qui est obtenue par les moyens suivants :

1° Une couche du carbone de la fumée, déposée sur la surface de la viande, empêche par son aréoélectre l'expansion de son homonyme provenant des couples È Ē latents ; ainsi, en même temps, elle intercepte l'expansion du pycnoélectre.

2° Des tranches de viande desséchées dans l'air sont plongées dans un jus de viande de consistance gélatineuse ; la suppression de l'expansion des électres en est obtenue comme dans le cas précédent.

3° La viande est introduite dans des vases de fer-blanc ; ils sont exposés à 100° et au-dessus ; on laisse s'échapper la vapeur, et puis on les renferme au moyen d'une soudure. Pendant le refroidissement, la viande se charge de pycnoélectre, qui empêche la pénétration de son homonyme soutenu par l'oxygène de l'air qui y a pénétré.

4° On répand le sel commun entre les filets des muscles, ou on injecte la saumure dans le corps entier. Ici c'est le sel, par ses deux éléments matériels, qui empêche l'expansion des deux électres latents.

5° L'air calciné ou filtré agit de la manière indiquée.

6° Les corps aréoélectriques empêchent l'expansion des électres latents. Ces corps sont les sels basiques, le fer, le mercure, l'alcool, l'essence de térébenthine, la créosote.

Les Égyptiens, avant le déluge, rendaient les cadavres indécomposables de la manière suivante. Ils les tenaient 70 jours dans une dissolution de carbonate de soude, ils les lavaient, et puis ils les séchaient Lorsque la dessiccation était complète, on vidait le cadavre, on y introduisait des substances goudronneuses et aromatiques, enfin on les entourait de bandelettes de toile enduite de résine, et au-dessus de laquelle on plaçait une enveloppe ayant la forme du corps (**Rouelle**).

Pour obtenir une série pareille d'opérations, il a fallu l'expérience d'un grand nombre de siècles et l'existence d'une civilisation et d'une langue hellénique avant l'époque des Pharaons (1), qui, venus d'Arabie, ont occupé l'Égypte après le déluge, peuplée par des habitants de Nubie et par des sauvages.

IV. ZYMOSE (Ζύμωσις).

§ 317. Le nom ζύμωσις indique l'expansion des deux électres exposée dans la fermentation et dans la putréfaction. Cette expansion se distingue dans la zymose, en ce qu'elle est occasionnée dans un corps organique à l'état neutre par le contact d'un corps soutenant les électres en expansion. Cette communication d'expansion du dehors, ne conduit pas à admettre une origine initiale inconnue, parce que de telles expansions sont obtenues dans les corps organiques une opération mécanique employée pour déchirer l'enveloppe de leurs vésicules (raisin) ou celle des globules de leur grain (orge, blé).

Une incision égale étant opérée sur deux fruits du même arbre, si l'un y reste, la blessure se cicatrise; si l'autre en est séparé, il se gâte. En cet état, mis en contact avec une série d'autres fruits

(1) Le nom *Phara-on* lu à l'envers sans le catalyze *on* est *araph* ou *arap*. Ce mot *arap* lu à l'envers est *para*, qui signifie *monnaie* ou objet employé à acheter.

sains, la putréfaction se propage de l'un à l'autre. Ainsi l'expansion primitive a son origine dans l'opération qui enlève la séparation des deux électres soutenus à l'état latent par les deux faces *f*, *f'* de l'enveloppe. L'expansion de ces électres réduit en inéquilibre les électres des enveloppes des autres fruits, et c'est cet inéquilibre qui occasionne leur expansion, et produit la putréfaction. Le fruit lésé resté en place reçoit les expansions amphistrophes des électres. Cette expansion, étant d'intensité supérieure, intercepte l'expansion faible, locale, et amène du chyle dans la blessure, qui se cicatrise. La généralité de l'existence d'une expansion du pycnoélectre dans toute apparition d'une action, se présente en intensité de degrés supérieurs chez les animaux en rut.

En l'absence de femelle, le mâle reste tranquille; il s'agite dès que la femelle s'approche de lui; il y est entraîné non par une *attraction*, qui est une expression d'ignorants, mais par un manque de résistance du côté de la femelle, soutenant l'aréoélectre en expansion. Après une ou plusieurs expermatoses chassées par le pycnoélectre, l'intensité s'affaiblit, et le mâle devient calme pour un espace de temps qui est long s'il n'y a pas une nourriture suffisante, ou si le travail est très-grand; au contraire, les intervalles des ruts sont courts chez les animaux bien nourris sans travailler.

C'est au moyen de la zymose que le chyle du sucre se décompose en alcool et acide carbonique, et celui de la farine en *pain*.

A. Changement de l'état de la farine dans la fabrication du pain.

§ 318. Je donne une description sommaire de la série des opérations en usage dans la fabrication du pain; ensuite, j'expose le mode des changements produits par l'expansion des électres, qui se trouvent à l'état latent dans les enveloppes du blé, lesquelles sont durement déchirées dans sa mouture. Les électres latents, réduits en inéquilibre, se mettent en expansion, ce qui réduit en inéquilibre les électres du chyle contenu; c'est ainsi que la mouture produit une série d'actions et de changements.

Le pain fait sans levain, nommé *azyme* (a priv. ζύμη, levain), est compacte et lourd; le pain fait avec levain, nommé *enzyme* (ἐν, pre-pos.), est poreux et léger, pour cette raison il est d'un usage universel.

On se sert rarement de la levûre de bière; habituellement lorsque la pâte est faite on en prélève une portion qui éprouve une fermentation et devient du *levain* (προζύμη, πρό, prép., ζύμη, levain). On délaye du levain dans de l'eau et de la farine, et le pétrisseur le répartit dans la pâte ; après avoir été bien travaillée, la pâte est divisée en portions, qu'on laisse un espace de temps pour éprouver un changement déterminé : 1° le volume de pâte devient presque double ; 2° une partie du chyle se dédouble en acide carbonique contenu dans les vésicules, et en alcool qui reste dans la pâte ; 3° une autre partie du chyle devient de minerais d'espèces et des quantités qui varient avec la durée de la fermentation, avec les espèces du blé et avec les intervalles entre la mouture et la panification.

La température d'un four à cuire le pain est de 300° et la durée de cuisson de 27 minutes. Ainsi la durée des opérations est : 1° l'*hérotation*, 2° le *pétrissage*, 3° la *fermentation*, 4° l'*apprêt* et 5° la *cuisson*. 100 kilogrammes de farine rendent un moyen de 132 kilogrammes de pain.

1° Structure microscopique d'un grain de blé.

§ 319. La structure de chaque espèce de céréales présente dans chaque grain une enveloppe contenant un nombre de globules chacun de une ou plusieurs enveloppes contenant de chyle sec (amidon fécule).

Dans la fabrication de la bière, les grains d'orge s'enflent dans l'eau qui pénètre par l'endosmose jusqu'au chyle de chaque globule. L'accroissement de volume du chyle fait se déchirer les enveloppes des globules superficiels, on déchire les enveloppes des globules intérieures par une mouture légère du malt.

Le grain du blé est composé :

1° des 5 enveloppes qui donnent le *son* et de 3 autres qui donnent le gruau ;

2° des enveloppes de globules qui, contenant le chyle, donnent le *gluten*.

3° de chyle qui donne l'*amidon*.

100 parties de grain contiennent :

Amidon et gluten (farines)	70
Sons (gros et petits)	16,5
Gruaux (blancs et bis)	12
Perte	1,5
	100

Les gruaux se séparent facilement, lorsque la farine est gardée au moins un mois après la mouture. 1° Les gruaux blancs deviennent de la farine après avoir été repassés sous la meule, ils entrent en nature dans le pétrissage de chaque fournée; 2° on dissout les gruaux bis dans l'eau, on fait dissoudre le chyle et séparer le peu de son, ce qui rend la couche supérieure de l'eau jaunâtre; elle est jetée. La couche inférieure est un liquide farineux, qui est employé au pétrissage des fournées.

I. **Son.** La centaine de globules d'un grain de blé est contenue : 1° dans une double enveloppe, *épiderme*; 2° dans une 3°, *épicarpe*; 3° dans une 4°, *testa* du tégument issu de la graine; 5° dans une membrane *embryonnaire* incolore.

II. **Gluten.** Les globules sont séparés l'un de l'autre par des diaphragmes ou des enveloppes d'une membrane incolore, l'ensemble de ces enveloppes constitue le *gluten.*

III. **Amidon.** Le chyle contenu dans les enveloppes de membranes de gluten est l'*amidon.*

IV. **Gruaux.** Entre les enveloppes composant le son et les globules, sont la membrane embryonnaire et deux couches de chyle. La 6° et la 7° couche donnent ensemble les gruaux mélangés par la meule avec un peu de son. La 8° couche, également de chyle, est plus dure, elle donne les gruaux blancs, qui, remoulus, sont de la farine, tandis que dans les couches 6° et 7°, la farine ne se sépare du peu de son que par leur dissolution dans l'eau.

Toutes les enveloppes, et les globules y contenus, communiquent avec le point *embryonique* par lequel le grain était attaché sur la queue, par laquelle : 1° le chyle aqueux a été introduit la nuit de la tige et des pétales, et 2° l'eau en a été éloignée pendant le jour vers les pétales. L'eau pure pénètre par l'endosmose toutes les enveloppes et elle se mêle avec le chyle; tandis que l'eau salée pénètre les 5 enveloppes qui donnent le son et s'arrête dans la 6° sans pénétrer par elle dans le chyle. Cela n'est pas le cas pour le point embryonique, car l'eau salée y pénètre comme l'eau pure et se répand dans les globules

La 6° couche ne diffère des 5 autres qui l'entourent qu'en ce qu'elle contient des globules de farine, qui manquent dans les précédentes composées de chyle soutenant les deux électres à l'état latent. La farine de cette 6° couche soutient comme celle des globules les électres amphistrophes, lesquels sont inéquilibres par le contact des électres latents. C'est cet état : 1° qui empêche l'endosmose de l'eau salée, et 2° qui rend le pain bis plus nutritif par la décomposition d'une partie de son chyle, provenant de l'expansion des électres latents des cinq couches qui donnent le son.

2° Parties composant le blé.

§ 320. Le blé broyé dans le moulin devient de la farine et du son ; dans 100 parties de farine on trouve de 30 à 40, même 50 parties de *gluten* et le reste est de l'*amidon*. La séparation de ces deux corps s'opère par l'action d'un faible courant d'eau sur la farine ; le chyle se dissout dans l'eau et s'éloigne de ses enveloppes insolubles et d'une densité supérieure, qui les fait rester au fond de l'eau.

Gluten. Le gluten est du chyle soutenant les deux électres à l'état latent ; il est mêlé avec du chyle composant l'amidon. Celui-ci s'en sépare lorsqu'on fait bouillir le gluten avec de l'alcool pur et ensuite avec de l'alcool aqueux ; le chyle se dissout et la cellulose qui reste est appelée *fibrine végétale* ; c'est du chyle sans amidon soutenant les deux électres comme celui-ci : 1° à l'état amphistrophe et 2° encore à l'état latent.

Les liqueurs alcooliques contiennent le chyle d'amidon qu'elles déposent à l'état de *caséine*. Ces liqueurs, évaporées, sont précipitées par l'eau, et donnent une substance blanche albumineuse, *glutine*. Celle-ci contient une matière grasse qu'on peut séparer au moyen de l'éther.

C'est le chyle du gluten qui, en soutenant les électres à l'état amphistrophe et à l'état latent, cristallise en deux systèmes, d'où résulte l'état visqueux communiqué à l'amidon, qui est le même chyle mais ses tétraèdres ne soutiennent, à leur état d'amidon, que les électres amphistrophes.

Le gluten de bonne farine est jaunâtre ou visqueux à cause des deux systèmes. Les électres latents se séparent du chyle en tout ou en partie lorsque le gluten est traité par des acides qui en éloignent l'aréoélectre É, ou par des alcalis qui éloignent le pycnosyzygue È. Le gluten se dissout dans la potasse en perdant une partie de son pycnoélectre ; si l'on éloigne la potasse, on obtient des flocons gonflés qui sont pareils au gluten, mais non pas le gluten même. Le gluten se dissout aussi dans l'acide acétique, cependant la dissolution est trouble ; traitée par le carbonate d'ammoniaque, il se produit des pellicules ou de la gelée. En ces deux cas les précipités diffèrent entre eux du gluten véritable, quoique les éléments matériels ne diffèrent pas ; leurs électres seuls ont changés.

Si le gluten délayé dans l'eau est abandonné, l'expansion des électres altère sa structure; les éléments de l'eau le pénètrent, le gonflent. Il se dégage : 1° de l'hydrogène pur, 2° de l'hydrogène sulfuré, 3° de l'acide carbonique. L'eau dont il est recouvert a une réaction acide et contient de la leucine, $C^{24}H^{26}Az^{2}O^{4}$, du phosphate et de l'acétate d'ammoniaque. La partie qui reste s'y dissout.

En même temps que les trois corps précédents il se produit de l'azote. On a

$$C^{24}H^{20}O^{20} = C^{8}O^{16} + C^{8}H^{10} + C^{8}O^{8} + H^{4} = C^{8}O^{16} + S^{4}O^{4} + H^{4} + Az^{2}.$$

Ce n'est pas cet azote qui se trouve dans la leucine, dans le phosphore $Ph^{2} = Az^{4}H^{6}$ et dans l'ammoniaque; car il y a un excès d'hydrogène d'où il résulte qu'il y a aussi changement du carbone en ammonium, qui devient de l'ammoniaque et de l'eau avec l'oxygène de l'air.

$$C^{6} + O^{2} = O^{2}H^{12} + O^{2} = Az^{2}H^{6}O^{2}.$$

Fermentation du gluten et ses produits. L'expansion des électres produit, par sa poussée, une série continuelle de changements. En divisant la liqueur aqueuse en 11 portions, si l'on met chacune d'elles chaque jour, avant et après sa putréfaction, en contact avec des corps fermentescibles différents, il y a chaque fois des produits qui correspondent aux intensités variables de l'expansion des électres.

De Saussure trouva *qu'avant le commencement de la putréfaction* l'expansion du gluten se propage par le contact au corps amylacé. Un mélange de farine et d'empois, d'amidon délayé dans l'eau est soumis pendant quelques heures à une température de 60 à 70 degrés; par sa fluidité il devient sucré. Le même résultat est obtenu en remplaçant la farine par du gluten récemment préparé. Le mélange devient alors transparent; il y a un faible dégagement d'acide carbonique; ce dégagement a lieu même en l'absence de l'air.

Le changement de l'amidon en sucre est produit par l'expansion des électres de son chyle, ce n'est qu'un affaiblissement de son intensité qui en est la cause.

Ici comme dans la germination de l'orge, l'acide carbonique résulte d'un dédoublement du chyle en cet acide et en alcool.

Amidon. $C^{12}H^{10}O^{10}$. Le mode indiqué de la séparation du gluten est d'une exactitude parfaite : 1° dans le gluten il reste peu d'amidon qui en est éloigné au moyen de l'alcool; 2° Dans l'amidon il reste peu de gluten, lequel par l'expansion de ses électres produit des matières azotées; l'amidon du blé qui contient plus de gluten diffère de celui de la fécule de pommes de terre, qui en contient aussi, mais très-peu.

L'amidon, chauffé à 200°, obtient une expansion forte de ses électres latents, qui se séparent du chyle qui se dissout dans l'eau; le liquide sucré tourne à droite le plan de la lumière polarisée ou applatie pour cette raison on l'a nommé *dextrine*.

Si l'on introduit la fécule humide dans un tube de cuivre fermé à 170° le chyle de la fécule devient aussi *dextrine*.

L'amidon, traité par l'acide sulfurique, (500 parties d'amidon, 1000 d'eau et 10 d'acide) se dissout dans la chaleur. Si l'on en sépare l'acide par le carbonate de chaux, il reste du sucre dans l'eau. Cette réaction ne diffère pas de celle opérée dans le changement de la charpie en sucre. L'acide éloigne du gluten les électres latents, le chyle qui les soutenait ne diffère plus de celui de la fécule qui soutient les électres amphistrophes.

3° Changements produits dans la zymose ou la fermentation.

§ 321. La pâte d'eau et de farine contient de l'*amidon* et du *gluten*, les électres latents de celui-ci sont en expansion depuis la mouture du blé. Cette expansion entre en unisson avec celle du levain dont l'intensité est supérieure. Une partie du chyle du gluten, en se séparant de ses électres, devient de l'acide carbonique et une matière azotée. Ainsi on a

$$C^{12}H^{10}O^{10} = C^4O^8 + C^2O^2 + C^6H^{10} = C^4O^8 + C^6Az^2H^{10}.$$

L'expansion croît en intensité par celle du gluten de la farine, la quantité de l'acide carbonique se multiplie jusqu'au degré de celle du levain (ζύμη), la pâte devient aigre, *non-seulement par l'acide* carbonique, mais aussi par d'autres acides qui se produisent.

Il y a, pendant la zymose de la pâte, une série de changements dans le chyle, qui s'opèrent avec une vitesse supérieure en été qu'en hiver. Le moment du juste point dans lequel on doit commencer l'enfournement ne peut être obtenu que par une observation spéciale; une telle observation ne peut être appliquée dans la fabrication du pain en gros. Si la zymose est au juste point, égale partout, et si la pâte est bien pétrie, l'acide carbonique y est également distribué et en minime quantité. Il y a quelques petites villes en Orient sans boulangerie, la petite quantité de pain qui s'y vend est préparée par les femmes dans leur ménage; quelques-unes parviennent à faire un pain dont la douceur et le goût surpassent toutes espèces de pain de grandes villes. A Ulm, petite ville de Bavière, on fait une espèce de pain qui ne se trouve nulle part ailleurs, il a une légère douceur; les pores, produit par l'oxygène, ou plutôt par l'expansion des électres, sont à peine perceptibles et égaux; le pain a un prix triple du pain blanc de boulangerie.

On fait en Orient du pain doux (*azyme*) avec de l'eau bouillante, ce pain (*poparnic*), compacte comme la pâte, est cuit dans la cendre brûlante, on le mange chaud comme une espèce de pâtisserie grossière.

4° Changements de la pate produits par la cuisson.

§ 322. Le mélange de farine (gluten et amidon) et d'empois d'amidon délayé dans l'eau perd sa fluidité à 65° et devient sucré. Le gluten de la farine peut y être remplacé par le gluten pur.

L'amidon seul à 200° se dissout et devient du sucre; ces deux états se produisent dans la pâte enfournée: 1° pendant qu'elle passe par la *température de 60° à 70°, et 2° pendant qu'elle passe par celle de* 200° parce que le four est à 300°. Ainsi l'amidon liquéfié par l'eau et par son changement en sucre devient du pain, sans une humidité sensible, au moyen du chyle du gluten séparé de ses électres pendant la cuisson et non à cause d'un éloignement d'eau. Dans 100 parties de farine il entre 35 à 40 parties d'eau et il en est obtenu environ 133 parties de pain.

Résumé. Les électres latents des enveloppes entrent en expansion après la mouture du blé qui déchire ces enveloppes. Il en est de ces enveloppes comme du chyle: une partie devient une matière azotée, qui, dans le son, est en rapport supérieur avec celle de la farine et en rapport minime avec celle de la fécule de pommes de terre. Les chimistes ne pouvaient aucunement se rendre compte: 1° de la nécessité de l'éloignement du son dans la fabrication du pain, et 2° de l'impossibilité de se nourrir de son qui en est plus azoté. La matière azotée, très-copieuse dans les champignons et encore plus dans l'urée, rend ces corps impropres à la nourriture de l'homme; elle n'est pas bonne même pour un engrais; de même que le sucre raffiné n'est bon ni pour nourriture ni pour engrais. Le chimiste ne consultait que sa balance indiquant les quantités de barogène: 1° sans remonter à l'inéquilibre produisant les expansions des électres indiqués dans le rhéomètre, et 2° sans poursuivre la poussée exercée sur les éléments changeants des corps. Dans l'avenir les chimistes vont étudier l'expansion des électres et leurs effets. Au lieu de considérer comme nourrissantes les matières azotées (**Liebig**), ils apprendront que c'est l'expansion des électres latents inéquilibrés qui produit les matières pareilles par les éléments du chyle. Il n'y aura pas de changements dans les résultats obtenus : 1° par la balance sur l'élément (*barogène*) ; mais 2°, par rapport aux actions qui ne sont que l'expansion des deux électres, il y aura dans l'avenir une *chimie nouvelle*.

Tous les corps chauds se chargent de pyconoélectre pendant le refroidissement, de même le pain sortant du four n'est pas de la même qualité que celle qu'il obtient trois ou quatre heures après. Si l'on met les pains du même four par terre, sur du mercure et sur des plaques de métaux ou de marbre, sur des tapis, etc., on obtient des modifications correspondantes à la conductibilité de la chaleur du corps en contact. On doit se rappeler les résultats différents obtenus dans les expériences de **Schwann** et de **Pasteur** dont l'un opérait sur le bain de mercure et l'autre sans toucher ce métal. Au lieu de ses explications hypothétiques, si Pasteur avait remplacé le mercure par une plaque de cuivre, il se serait convaincu qu'il n'y a point de germes dans le mercure, car il n'aurait pas osé en admettre dans tous les métaux.

B. Fabrication du fromage.

§ 323. J'expose d'abord la série des opérations techniques obtenues par les expériences de transformation du lait en fromages, dont il y a plusieurs espèces ; ensuite je prouve la série des substances produites avec les éléments du lait par l'expansion des électres du cellulose composant le *caseum*.

On chauffe le lait à 35° environ et on y ajoute la presure. La coagulation s'opère dans une heure et le caillé produit tombe au fond du vase ; on le ramasse et après l'avoir laisser égoutter on le comprime, ensuite il est rompu et il est soumis à une pression qui chasse le petit lait, puis entouré de linge et plongé dans une saumure concentrée.

En Orient, le fromage de brebis, coupé en gros morceaux, reste dans la saumure et quelques mois après il est livré à la consommation ; d'autres le conservent dans des sacs de peaux. En Europe, chaque pays fournit un fromage particulier. Chaque espèce de fromage ne reste pas en un état constant, il est soumis à des séries particulières de changements de goût et d'éléments chimiques, qui sont les produits de l'expansion des électres des enveloppes qui forment le caillé. Le lait coagulé devient 1° du petit-lait qui contient de l'eau et du sucre, et 2° du fromage composé d'enveloppes déchirées soutenant les électres inéquilibrés en expansion.

1° Lait.

§ 324. Le lait est du chyle contenu dans des enveloppes plus minces que celles du jus des plantes. Le plus grand nombre d'enveloppes sortent déchirées, leur électre à l'état latent s'y trouve en expansion, de sorte que le lait est soumis aux changements dès son apparition. D'abord au moyen de la presure ou même sans elle à 40° le lait se dédouble en petit-lait contenant de l'eau et du sucre qui n'éprouvent aucun changement après leur séparation l'un de l'autre et 2° en caséine, qui n'est que d'enveloppe formée de chyle et soutenant les électres à l'état latent. L'expansion de ces électres étant perpétuelle et d'intensité décroissante le *fromage frais composé de* caséine seule après un mois un tiers devient de l'eau et du beurre. Dans ce beurre se trouvent des corps nouveaux. Un volume v d'oxygène de l'air pénètre dans le lait et un volume supérieur v d'acide carbonique s'en éloigne, sans cependant que l'oxygène éloigné soit égal à celui qui disparaît pour former le beurre. Les sels qui sont produits avec le beurre sont d'abord non azotés puis azotés.

Petit-lait. Dans 100 parties de lait la quantité de sucre, 5,44, est dissoute dans 88,38 parties d'eau terme moyen, parce que la qualité du lait n'est la même dans aucun animal, pas même toujours dans le même animal. La différence entre le petit-lait et la caséine consiste en cela que l'eau et le sucre une fois isolés l'un de l'autre restent inaltérables à cause du manque d'enveloppe; tandis que la caséine, étant composée des enveloppes soutenant les électres latents inéquilibrés, et pour cela en expansion, est en altération continuelle.

Le sucre du petit-lait est du chyle qui ne soutient que d'électres amphistrophes et non d'électres latents, ce sucre cristallise. Celui-ci n'étant plus exposé à une expansion d'électres, il n'éprouve aucun changement. Pour réduire ses électres en inéquilibre et changer les éléments de son chyle, il faut, en le mettant en contact avec d'autres corps, l'exposer à une expansion d'électres. Les éléments du chyle du sucre de lait soutiennent les électres amphistrophes à un degré constant, lequel devient inéquilibré par des expansions extérieures qui ne sont jamais d'égale intensité; pour cette raison le petit-lait change restant en contact avec des acides, avec la caséine ou avec le fromage, lequel n'est jamais de même état électrique.

Sucre de lait. Le lait à 40° fermente, il éprouve une zymose, son sucre devient de l'acide carbonique et de l'alcool. Ce dédoublement est attribué à la présence de la caséine; il est ici exposé que l'expansion de ses électres soutenus par les enveloppes, est ce que Pasteur cherchait dans des germes qui occasionnent des végétations cryptogames. Cette hypothèse est basée sur une ressemblance de production des accumulations des vésicules de chyle, laquelle est incontestable. En prouvant que l'action qui produit ces accumulations est l'expansion des deux électres nous ne faisons qu'un pas en avant sur ce naturaliste, dont les recherches nombreuses ont facilité le progrès ici exposé.

On prépare le sucre par l'évaporation du petit-lait après la séparation de la crème et de la matière caséeuse dont on se sert pour la fabrication du fromage. La liqueur concentrée et filtrée est laissée à cristalliser.

Les éléments $C^{24}H^{24}O^{24}$ du sucre de lait sont ceux du chyle à 100°, par la séparation de l'eau ils deviennent $C^{24}H^{22}O^{22}$. Dans 1,000 grammes d'eau il se dissout 143 grammes de sucre, et la densité devient 1,055. Dans cette dissolution, la cristallisation du sucre ne commence que lorsqu'on en a éloigné une assez grande quantité d'eau pour faire élever sa densité à 1,063; 1,000 grammes d'eau renferment alors 216 grammes de sucre. Cette différence résulte de l'équilibre entre les électres hétéronymes des faces ff' des tétraèdres du sucre et des faces ff' des tétraèdres de l'eau.

L'expansion aréoélectrique des cristaux du sucre et celle de l'alcool ou de l'éther, exercent une poussée répulsive suffisante pour empêcher la poussée exercée sur le barogène de leurs éléments matériels, qui sont sollicités de se mêler. Telle est la cause qui fait que le sucre de lait n'est pas soluble dans les liquides aréoélectriques, tandis qu'il se dissout dans l'eau qui est un corps neutre. Les sucres de canne et des autres plantes ne possèdent pas d'expansion aréoélectrique pareille; aussi ils n'éprouvent aucune répulsion de la part des liquides aréoélectriques; étant neutres, ils se dissolvent dans l'alcool et l'éther, comme le sucre de lait aréoélectrique se dissout dans l'eau neutre.

Cette cause physique de la non dissolution des corps dans des liquides homoélectres a déjà été exposée. Les tétraèdres des corp homoélectriques exercent entre eux une poussée répulsive qui empêche l'arrangement des uns à côté des autres.

2° Caséine.

§ 325. La caséine du lait est sa cellulose, comme le gluten est la cellulose de la farine ; le petit-lait correspond à l'amidon. Par rapport aux éléments matériels, il n'y a d'intacts, dans le blé comme dans le lait, que les éléments $C^{24}H^{24}O^{24}$. Le lait est plus aréoélectrique que la farine ; celle-ci, étendue dans l'eau, se sépare en amidon qui reste dans l'eau, et en gluten qui se dépose. De même, le lait à 40°, se sépare en petit-lait, et en caséine qui se dépose. Les changements chimiques produits dans le gluten et dans la caséine, ont pour cause l'expansion des électres latents inéquilibrés. Ce n'est que l'intensité I de l'expansion des électres de la caséine qui est supérieure a celle i des électres du gluten. Cette différence $I - i$ d'intensité de l'expansion dans la caséine, y produit dans les éléments matériels, des changements prompts de degrés supérieurs et plus nombreux que ceux produits dans le gluten.

Changements continuels du fromage. Le fromage frais, non salé, contient des corps chimiques qui changent. Le fromage de Roquefort : 1° frais, 2° salé et d'un mois, 3° de deux mois et 4° d'un an, contient les corps chimiques suivants :

CORPS CONTENUS.	FROMAGE EN 100 PARTIES.			
	frais	de 1 mois	de 2 mois	de 1 an
Eau.	11,84	18,15	19,10	15,16
Caséum.	85,43	61,33	63,25	40,23
Sel commun.	» »	4,40	4,45	4,45
Acide lactique.	0,88	» »	» »	» »
Matière grasse.	1,85	16,12	18,13	» »
Margarine.	»	»	»	10,85
Oléine.	»	»	»	1,48
Butyrate d'ammoniaque.	»	»	»	5,62
Carproate d'ammoniaque.	»	»	»	7,37
Caprylate d'ammoniaque.	»	»	»	4,18
Caprate d'ammoniaque.	»	»	»	4,21
Sommes.	100	100	100	100

La quantité de graisse (beurre) que l'on peut enlever au lait par l'éther va en croissant avec le temps à partir de la traite. Müller trouva un rapport entre cet accroissement de graisse et la diminution des membranes qui entourent les globules composant le lait. Au lieu de s'arrêter à ce résultat d'observation, qui est conforme avec es précédants faits par Blondeau sur le fromage, Müller va plus loin : il découvre le rapport entre la diminution des membranes (enveloppes) et la multiplication du beurre, et il l'attribue à une *fermentation douce* (zymose), où il s'arrête, ne connaissant pas que les membranes ou enveloppes sont le support des électres latents en inéquilibre et en expansion. C'est cette expansion que Müller comme tout autre doit entendre par le mot fermentation.

Ce résultat, obtenu par Müller sur la diminution de la levure (enveloppe) pendant la fermentation, sert à faire connaître en quoi consiste la cause qui fit trouver à Thénard une diminution de levure pendant la fermentation de 100 parties de sucre par 20 parties de levure, tandis que, dans la même quantité de sucre, si l'on introduit 10 parties de levure après la fermentatiou, on trouve la quantité 11,5 de levure active. En général, il y a un accroissement de 1 p. 100 de levure dans 100 parties de sucre fermenté pour devenir de l'alcool et de l'acide carbonique.

3° LA DIMINUTION DE LA CASÉINE ET UN ACCROISSEMENT DE LA GRAISSE ET DE L'EAU.

Le lait, composé de chyle, se dédouble à 40° en petit-lait et en caséine (cellulose), composés tous les deux de chyle. La graisse n'est pas du chyle, mais un composé de cinq corps nouveaux ne contenant de l'oxygène qu'en très-petite proportion. Dans le tableau ci-dessus, on trouve qu'en un mois il y a production de 14 parties de graisse et de 18 parties d'eau dans lesquelles sont comptées les 4 parties pour le sel commun et une partie d'eau vaporisée.

Thénard, en introduisant 20 parties de levure dans une dissolution de 100 parties de sucre, après une fermentation de courte durée, en trouva 13,2. Pasteur, en introduisant 10 parties de levure dans 100 parties de sucre dissous, après une fermentation à longue durée, en trouva 11,5.

En disant que ce qui disparaît de la levure est dans le liquide, et que l'excès trouvé dans la levure a été enlevé au liquide, on ne fait que donner une description et non une explication des faits observés.

Mode de la production de la graisse et de l'eau par le

chyle. La formation du beurre de la membrane formant les cellules du lait est un fait obtenu par l'observation. Les corps composant le beurre sont : *oléine* $C^{44}H^{40}O^{8}$, *margarine* $C^{40}H^{40}O^{8}$, *butyrine* $C^{14}H^{14}O^{8}$, *caprine* $C^{18}H^{18}O^{4}$, *caproïne* $C^{12}H^{12}O^{4}$, dont la somme des éléments est $C^{120}H^{116}O^{32}$.

Ces éléments du beurre produit par le chyle et le changement du *caséum* 24,14 parties en 6,3 d'eau et 14,17 de beurre prouvent : 1° en poids, la correspondance entre le *caséum* disparu et la somme de l'eau et du beurre produits, et 2° en éléments chimiques, la disparition de la quantité O^{66} d'oxygène dans le changement du *caséum* en beurre. Cette quantité d'oxygène est réduite en eau, avec la disparition d'une quantité de chyle, par la décomposition de son carbone en ses éléments $C^{12}=O^{6}H^{24}$. Ainsi on a :

$$(\alpha)\qquad C^{64}H^{24}O^{24}=C^{16}H^{16}O^{4},\ C^{8}H^{8}O^{20}=C^{16}H^{16}O^{4}+H^{24}O^{24}.$$

En prenant 8 fois ce composé, on a $8C^{16}H^{16}O^{4}=C^{128}H^{128}O^{32}$. Ces éléments se subdivisent en 5 corps qui sont trouvés dans le beurre qui pèse $1110=C^{128}H^{128}O^{32}$; de l'eau $8H^{24}O^{24}$ le poids est 1328. Le rapport 1328 : 1110 entre ces poids correspond à celui de $\frac{18,15}{16,12}$ entre les poids de l'eau et du beurre contenus dans le fromage après un mois. Ce changement du chyle en graisse est commun chez les plantes et chez les animaux. Une partie des détails ultérieurs se trouvent dans l'exposition spéciale de quelques corps, car leur nombre est indéfini.

§ 326. **Multiplication ou diminution de la levûre et de l'azote par la fermentation.** Dans une dissolution de 100 poids de sucre dans 200 d'eau, on introduit 20 poids de levûre azotée de bière ; après une fermentation rapide, on n'en trouve plus que 13,7. Cette levûre active, employée une seconde fois dans la fermentation de 100 poids de sucre, est réduite à 10 à l'état inactif et sans azote. Ce résultat, obtenu d'abord par Thénard, restait inexplicable tant qu'il était inconnu que, par la combinaison d'un équivalent double ($Az^{2}=O^{3}H^{4}$) avec un atome d'oxygène, il se produit 4 équivalents d'eau. Ainsi on a :

$$(\beta)\qquad Az^{2}+O=O^{3}H^{4}+O=4HO.$$

Dans la même dissolution de 100 poids de sucre, si l'on introduit un poids de 10 de levûre, ou d'autant moins que la fermentation dure davantage, cette longue durée fait augmenter le poids de la levûre d'environ 1 p. 100 par rapport au sucre employé. Cet accroissement est produit par la petite quantité de cellulose contenue dans le sucre, qui produit plus que 1 p. 100, parce qu'une partie de la levûre se dissout dans le sucre à l'état d'albumine. Il y a donc production de dépôt d'enveloppes, qui se trouvaient soutenues en suspension dans le sucre.

§ 327. **Résumé.** Si la levûre est copieuse, 20 ; sa partie, 6,3 albumineuse, reste dans l'alcali produit par une fermentation trop courte pour permettre la séparation des enveloppes du sucre et l'accroissement du dépôt. Au contraire, si la quantité de levûre est petite, la quantité de son albumine dissoute est insignifiante, tandis que la longue durée de la fermentation fait que la cellulose médiocre contenue dans le sucre a le temps de se séparer du chyle qui s'y attache, et se trouve déposée à l'état de levûre. Cet accroissement médiocre de la levûre correspond à l'accroissement de celle de la fermentation du moût, laquelle devient claire. Le grand accroissement de levûre de la bière provient en effet par bourgeonnement, comme Pasteur l'a observé le premier et plusieurs autres après lui. Ici ce chimiste trouvera que le bourgeonnement de l'orge n'est qu'une émergence des enveloppes concentriques qui entourent le chyle à l'état d'amidon.

I. L'activité de la grande quantité de dépôt d'enveloppes obtenues du moût ou du sucre, est l'expansion des électres latents réduits en inéquilibre par la déchirure des enveloppes.

II. Le manque d'activité de la cellulose de poids 10, qui reste de celui 13,7 de levûre employée deux fois, résulte, non pas d'un manque total d'expansion, mais d'une expansion trop faible pour produire une fermentation dans l'espace de quelques mois ; il lui faudrait des années.

L'azote ne devient pas une matière hypothétique dans laquelle les réactions chimiques ne le découvrent pas ; c'est sa combinaison avec un atome d'oxygène de l'air, qui produit 4 équivalents d'eau en se combinant avec un équivalent double d'azote (3). Cette exposition de la cause physique de la diminution de la levûre et de la disparition de l'azote, correspond aux résultats obtenus par Thénard et par ceux qui répètent l'expérience.

C. ZYMOSE BUTYRIQUE OU BUTYROZYMOSE.

§ 328. Pour produire la zymose butyrique, on introduit dans un flacon : 1° une dissolution de sucre de fécule ayant la consistance de sirop; 2° une quantité de craie égale à la moitié du sucre employé; 3° une quantité de caséum ou de gluten de 8 à 10 p. 100 du sucre. Le flacon reste ouvert. Le sucre devient d'abord un corps visqueux, puis de l'acide tartrique, et enfin de l'acide butyrique; tous ces changements s'opèrent en deux ou trois mois. Il reste alors dans la liqueur du butyrate de chaux mêlé avec des traces d'acétate et de lactate. On délaye 1 kilogramme de ce mélange dans 3 à 4 kilogrammes d'eau. On y ajoute 300 à 400 grammes d'acide chlorhydrique; on distille et on recueille un liquide qui est un mélange d'eau, d'acide butyrique et d'une petite quantité d'acide chlorhydrique et d'acide acétique. On y introduit du chlorure de calcium, qui détermine la séparation de l'acide butyrique qui nage, et on l'enlève avec une pipette; on le distille pour le séparer de l'eau qui s'en éloigne à 100°, et l'acide ensuite à 164°. La série des changements des éléments du sucre est exposée dans les équations suivantes :

$$(\gamma)\ (\text{Sucre})\ C^{24}H^{24}O^{24} = \begin{cases} 8CO^2 + 8H + C^{16}H^{16}O^8\ (\text{acide butyrique}). \\ 4C^6H^6O^6\ (\text{acide lactique}). \end{cases}$$

Le passage du sucre à l'acide lactique isomère s'opère par un état composé de cristaux de sucre et de cristaux d'acide lactique; d'abord prédominent les cristaux de sucre, vers la fin ceux de l'acide lactique. L'état visqueux atteint son maximum lorsque les deux systèmes de cristaux sont d'égale quantité.

La fermentation n'est qu'une expansion des électres latents, laquelle provient également du gluten et du caséum, car l'un et l'autre ne sont que des enveloppes de chyle déchirées. Cette expansion fait, 1° changer le système cristallin du sucre en celui d'acide lactique, et 2° changer cet acide en acide butyrique par la séparation d'une partie d'oxygène en état d'acide carbonique; l'hydrogène de cet oxygène, avec l'acide carbonique, produisent des inéquilibres nouveaux, d'où il résulte la formation d'acide acétique $C^4H^4O^4$, d'acide valérique $C^{10}H^{10}O^4$, et parfois d'acide propionique $C^6H^6O^4$.

La disparition d'une partie d'oxygène du chyle dans la formation des deux derniers acides et de l'acide butyrique, ne s'opère pas comme on l'admet dans l'équation (γ). Cette disparition s'opère par la décomposition d'une partie de chyle exposée dans l'équation (α).

§ 329. **Mouvement des enveloppes par l'expansion des électres souteaus.** Il a été dit que le caséum ou le gluten produisent, dans la dissolution du sucre, une fermentation. Pasteur a reconnu dans le liquide, de petites baguettes cylindriques, arrondies à leurs extrémités isolées ou réunies par chaînes de 2, de 3, de 4 articles, et même davantage. Leur largeur invariable est d'environ 0^{mm},002. La longueur des articles isolés en est égale; elle varie de 0^{mm},002 à 0^{mm},015 ou 0^{mm},02. Ces dimensions sont égales à celles des enveloppes déchirées des globules composant la farine ou des vésicules composant le lait. Le mouvement de ces baguettes est soutenu par l'expansion des électres dont elles sont le support. La même expansion fait parfois s'accoler plusieurs enveloppes pour former une chaîne. Le mouvement de chaque enveloppe lui est propre; il y en a qui avancent en glissant en restant rigides, ou éprouvant de légères ondulations; d'autres pirouettent, se balancent ou font trembler vivement l'une de leurs extrémités. Les ondulations sont mieux prononcées dans les plus longues; il en est quelques-unes dont une extrémité est recourbée; rarement toutes les deux. Les enveloppes émergent l'une de l'autre, mais pas en grand nombre, ni en dimensions comparables à celles observées dans la germination de l'orge; cette émergence occasionne la formation de chaînes et d'articles. L'article qui en entraîne d'autres s'agite quelquefois vivement, et il s'en détache.

Ces enveloppes, introduites dans un liquide fermentescible, le mettent en fermentation en y produisant l'expansion des électres des enveloppes qui s'y trouvent, ou même des tétraèdres composant les cristaux et soutenant vis-à-vis dans leurs faces les deux électres. Par exemple, en introduisant les enveloppes dans un liquide renfermant du sucre, de l'ammoniaque et des phosphates, on y voit d'autres enveloppes poursuivant des mouvements pareils à ceux de la fermentation butyrique.

Le poids qui s'en forme est notable, mais minime comparé à la quantité totale de l'acide butyrique produit. En faisant passer l'acide carbonique par la liqueur, il ne se produit aucun changement dans l'expansion qui soutient toutes les enveloppes en état agité; tandis qu'un courant d'air d'une à deux heures fait s'unir les expansions partielles et former par toute la masse une direction déterminée par le minimum de résistance.

Les faits, fidèlement exposés, ne présentent pas d'actions physiologiques mystérieuses, inexplicables. Limitons-nous : 1° dans l'origine des vésicules; 2° dans l'émergence d'une vésicule de l'autre; 3° dans l'anomalie des mouvements individuels; 4° dans leur production dans le sucre seul ou dans celui contenant de l'ammoniaque et des phosphates; 5° dans la production d'un dépôt, et 6° dans la suppression de tout le mouvement produit par un courant d'air d'une durée d'une à deux heures.

Tant que l'existence d'électres latents dans les enveloppes des globules composant les graines du blé et dans les vésicules composant le lait et les jus dont on prépare le sucre a été inconnue, il était absolument impossible d'aborder la solution de cette question par la voie de la physique. J'aurais renoncé à la publication de cet ouvrage si je ne possédais pas ce grand nombre de découvertes, d'une exactitude qui ne trouve son appréciation que dans l'arrangement de plusieurs séries de faits qui se trouvent en correspondance avec les résultats.

1° La dimension $0^{mm},002$ des vésicules de la levûre est celle trouvée pour les vésicules de la vapeur; celles-ci sont un peu plus petites l'*été*, et un peu plus grandes l'hiver. 1° les globules, dont une centaine est contenue dans chaque grain de blé, et 2° ceux composant le lait sont de semblables dimensions.

2° *Les enveloppes des globules* ne sont pas simples, mais composées de quelques couches, comme l'enveloppe de chaque grain de blé est composée de cinq couches qui donnent le son; ainsi l'émergence des couches intérieures de l'enveloppe s'opère par l'expansion de leurs électres latents. Les électres hétéronymes, aux points de contact, soutiennent les vésicules à l'état d'une chaîne articulée. Un déplacement amène en contact des *électres homonymes*, fait apparaître une répulsion entre les vésicules, qui vont rompre la chaîne, et chaque vésicule reste isolé.

3° Les mouvements propres de chaque enveloppe déchirée résultent de la grandeur de la partie des globules, dans laquelle la déchirure est opérée. Le mouvement des *vibrions* est uniforme dans le fromage et dans le gluten; leur structure l'est aussi, car ils sont produits, non par les enveloppes, mais par le chyle qu'elles contiennent. Ce chyle ne soutient pas d'électres à l'état latent, mais seulement des électres à l'état amphistrophe, et pour cela d'une expansion uniforme. La structure uniforme des *vibrions* est un arrangement du chyle propre à exercer le minimum de résistance contre l'expansion amphistrophe des deux électres. Ainsi les deux électres en expansion sont la cause physique : 1° du mouvement propre de chaque enveloppe de grandeur limitée et de nombre illimité, et 2° du mouvement uniforme des *vibrions* de nombre limité et de dimensions croissantes en tous sens et non pas en un seul, la *longueur*.

4° Dans le sucre cristallisé, il est contenu un grand nombre d'enveloppes très-minces, comme le sont celles du sucre de la fécule de pommes de terre. En introduisant la levûre dans une dissolution sirupeuse de sucre pareil, on y occasionne une expansion des électres latents des enveloppes.

5 Cette expansion fait s'éloigner le chyle contenu dans les enveloppes; celles-ci, par leur densité, se déposent en soutenant leurs électres latents, et forment ainsi une levûre active d'un poids de 1 p. 100 du sucre; d'où il résulte qu'il y a 1 p. 100 d'enveloppes dans le chyle composant le sucre.

6° Un courant d'air d'une à deux heures à travers le liquide dans lequel flottent les enveloppes agitées par l'expansion de leurs électres, détermine une direction unique de toutes les enveloppes. C'est ainsi que chaque expansion partielle de ces enveloppes disparaît. Un résultat pareil n'est pas produit dans les *vibrions*, car le mouvement uniforme de chaque individu n'est que l'expansion amphistrophe du chyle contenu dans les enveloppes, et encore du chyle des enveloppes mêmes.

Diminution du gluten dans la farine de blé vibrioné. Les *vibrions* du blé, comme ceux du fromage, sont produits par le chyle dont les éléments obtiennent un arrangement propre à exercer le minimum de résistance contre l'expansion des électres amphistrophes. Les deux électres, à l'état amphistrophe, sont soutenus également par le chyle de l'amidon et celui de ses enveloppes composant le gluten. Ainsi ce gluten, en perdant sa structure d'enveloppe, et avec elle les électres latents, ne diffère plus de l'amidon. La farine sans gluten donne une pâte sans consistance, qu'on parvient à peine à rassembler en une seule masse. Cependant le pain qu'on en prépare, quoique d'un goût altéré, ne cesse pas d'être nourrissant comme l'est le pain ordinaire. La pâte de farine sans gluten ne devient pas un bon levain. A la pâte sans gluten correspond le fromage vibrioné.

Résumé. Si le grand nombre de faits découverts par Pasteur et d'autres avaient manqué, je n'aurais pas pu exposer l'existence des deux électres à l'état latent et à l'état amphistrophe dans les enveloppes, deux états d'électres propres, 1° à produire la fermentation par leur état latent, et 2° à produire des vibrions par leur état amphistrophe, comme le fait l'amidon. Les découvertes du même naturaliste rendent évidentes la distinction des corps organiques en *fermentescibles* et *non fermentescibles*.

I. Les corps organiques septiques, sont composés de globules contenant le chyle incrusté dans leur enveloppe. Payen a mis au jour les couches des enveloppes concentriques incrustées dans la face interne de l'enveloppe de chaque globule composant le bois.

II. Les substances qui sont le produit des corps organiques par l'éloignement de leurs électres latents ne fermentent pas spontanément. Dans le cas où il y a quelques enveloppes, ces substances sont encore fermentescibles au moyen d'un ferment.

III. Les dédoublements des sucres en acide carbonique et alcool, celui de l'alcool en eau et en éther, le changement du chyle du vin en vinaigre, etc., ne sont que des actions chimiques, semblables à celle du changement de la charpie en sucre.

Ces nombreuses découvertes sont faites sans connaître l'expansion spontanée des électres inéquilibrés, qui est la cause motrice distincte : 1° de celle provenant des électres latents et soutenant les *fermentations*, et 2° de celle provenant des électres amphistrophes et soutenant la *vie*.

Sans une telle distinction physique de l'origine des fermentations et de celle de la vie, on confond l'expansion des électres latents et celle des électres amphistrophes. La fermentation produite par l'expansion des électres latents, amène la putréfaction et la formation de *vibrions* soutenus en vie par l'expansion amphistrophe. Le sucre, l'alcool, l'éther, se conservent; ils deviennent une nourriture en se mêlant avec des corps soutenus par des électres latents.

I. **Apparition et disparition de l'azote.** Dans les *fermentations* il y a séparation d'acide carbonique, dans les *zymoses* il n'y en a pas; les chyles de l'enveloppe de carbone et l'oxygène deviennent de l'azote, lequel forme du *diamide* avec l'hydrogène. Ainsi ($C^2O^2=O^2H^4=Az^2$) donne :

$$(\alpha) \qquad C^{12}H^{12}O^{12}=C^{12}O^{12}H^{12}=Az^{12}H^{12}.$$

La levûre azotée employée dans la fermentation du sucre reste à l'état non azoté; la diamide $Az^{14}H^{14}=Az^2H^2,\ 4Az^3H^3$ se dédouble et devient :

$$(\beta) \quad Az^2H^2,4Az^3H^3=C^2O^2H^2,4C^2O^3H^3=C^2O^2,\underbrace{4CH^3O}_{\text{glycérine}}+\underbrace{H^2.4C^2HO^2}_{\text{acide succinique.}}$$

Au lieu de se limiter à ce résultat de l'expérience et de dire qu'il y a disparition de la diamide de la levûre et apparition de glycérine et d'acide succinique, Pasteur admet : 1° la formation d'une matière azotée imperceptible, et 2° la production de deux nouveaux corps par les éléments du sucre. Ces hypothèses ont aveuglé les chimistes au point de ne pas connaître le changement de l'oxyde de carbone en azote, et celui de l'azote non en oxyde de carbone, mais en ses composés (β).

Les chimistes trouvent dans la levûre des éléments du chyle mêlés avec des quantités d'azote qui varient; il fallait donc y reconnaître une production d'azote par les éléments du chyle. Ce n'est pas moi qui ai fait des découvertes, ce sont eux qui ont commis des fautes.

II. L'élévation de température dans la fermentation, occasionne l'expansion thermo-électrique et la production d'espèces de cryptogames par le chyle de l'enveloppe. Cette production s'opère de la même manière que celles des champignons produits dans l'engrais arrosé. L'expansion des électres de cet enveloppe se communique à la dissolution du sucre de même que le fait la levûre. Pour obtenir une cause physique de l'expansion, au lieu de la chercher dans les deux électres, Pasteur a commis une erreur en attribuant cette expansion à une *action vitale*, provenant d'une *force vitale* de nature parfaitement inconnue; j'expose ces détails pour mettre le lecteur en état de comprendre qu'il n'existe aucune autre action que celle de l'expansion des deux électres séparés ou différemment mêlés; ils sont:

1° *pycnoélectre* $\dot{E}$ électricité positive;

2° *aréoélectre* $\underset{\cdot}{E}$ électricité négative;

3° *photoélectre* $\dot{E}^2\underset{\cdot}{E}$ lumière;

4° *thermoélectre* $\dot{E}\underset{\cdot}{E}^2$ chaleur;

5° *thermophotoélectre* $\dot{E}^2\underset{\cdot}{E}, \dot{E}\underset{\cdot}{E}^2$ chaleur lumineuse.

APPENDICE

MODE DE LA PRODUCTION DES ANIMALCULES ET DES ANIMAUX.

§ 330. Les corps organiques contiennent, par leur chyle, les deux électres équilibrés et à l'état latent, tant qu'il n'y a aucune lésion. Les enveloppes déchirées occasionnent un inéquilibre dans les électres latents, lequel est suivi par leur expansion. Les électres se rencontrant se combinent pour devenir des *photoélectres* $\acute{E}^2E$ et des *thermoélectres* $\grave{E}\acute{E}^2$, lesquels étant inéquilibrés se répandent par leur expansion. De sorte qu'il y a dans l'intérieur des corps organiques avec leur barogène, expansion de quatre autres fluides, dont chacune exerce une poussée propre contre les éléments du chyle, qui sont hylicoahyles.

I. FORMATION DES ORGANES, DES SENS, PAR LES FLUIDES EN EXPANSION.

§ 331. Les poussées faibles, mais continues, des fluides en expansion, font que les éléments hylicoahyles exercent le minimum de résistance contre l'expansion de chaque espèce de fluides.

1° L'expansion des *photoélectres* fait s'arranger les éléments du chyle pour former deux yeux qui lui livrent passage sans résistance.

2° L'expansion des *thermoélectres* fait obtenir aux éléments du chyle un arrangement propre à exercer le minimum de résistance contre l'expansion de la chaleur affluente de toutes les directions; ainsi se forme l'*épiderme*, qui livre passage à l'expansion de ces thermozeugmes.

3° L'expansion du *pycnoélectre* s'opère par la bouche, et elle fait s'arranger les éléments matériels de manière à former l'estomac et le canal intestinal.

4° L'expansion de l'*aréoélectre* s'opère par l'organe de la respiration; elle fait s'arranger les éléments matériels pour produire les poumons.

5° L'expansion du *baroélectre*, affluant vers l'espace mondain, éprouve une résistance dans tous les corps, résistance correspondante à la quantité de barogène qui y est contenue. Ainsi de chaque corps émerge une quantité de baroélectres **b**—β inférieure à l'incidente **b**. Cet inéquilibre entre le baroélectre et le barogène β des éléments des corps les fait obtenir un arrangement propre à exercer le minimum de résistance : 1° par leur barogène β contre le baroélectre **b** affluent, et 2° par leurs électres latents et amphistrophes, le minimum de résistance contre l'expansion des électres homonymes.

Ainsi l'appareil de translation des animalcules, est déterminé par le baroélectre affluant de la part des corps ambiants. Les *vibrions* dans le fromage sont égaux, parce qu'il n'y a pas d'inégalité d'expansion de cinq espèces de fluides. D'abord microscopiques, ils éprouvent des métamorphoses et deviennent visibles à l'œil nu.

Parallélismes des organes des sens. 1° Les thermoélectres ÉE^3 de la surface du corps ne trouvent dans leur expansion le minimum de résistance que contre l'expansion des photoélectres É^{2}E; 2° l'aréolectre Ē de l'organe de la respiration rencontre le minimum de résistance dans l'expansion du pycnoélectre. Ainsi à l'organe de la vision correspond celui de la chaleur, et à l'organe du goût celui de l'odeur. L'appareil de translation diffère; il sert pour subdiviser les animaux en classes, ordres, familles, genres et espèces; car il est produit par des inéquilibres baroélectriques provenant des corps ambiants, qui diffèrent dans chaque partie du globe; chacun de ces appareils diffère par la quantité qβ de son barogène, fait correspondant au baroélectre **b** incident.

II. ANIMAUX VERTÉBRÉS ET ANIMAUX INVERTÉBRÉS.

§ 332. 1° Il est bien connu que les vertébrés ont l'organe de l'ouïe, qui manque chez les invertébrés; 2° il est aussi connu que jusqu'à une certaine époque *e*, il n'y avait sur le globe que des invertébrés, et que depuis cette époque, il y a des vertébrés et des invertébrés; 3° on sait aussi qu'avant une époque **e** postérieure à celle *e*, les vertébrés et les invertébrés avaient des dimensions et des physionomies qui ne sont pas les mêmes que celles des vertébrés et des invertébrés qui vivent à présent dans les mêmes pays.

Il s'agit de répondre : 1° à trois questions relatives à l'état de la cosmogonie, et 2° à deux autres relatives à deux époques dont l'une *e* sépare l'état du globe peuplé d'invertébrés de l'état où il a été peuplé de ces invertébrés et des vertébrés; l'autre époque sépare l'état du globe peuplé de vertébrés et d'invertébrés qui différaient des animaux actuels.

Les changements qui ont eu lieu à chacune de ces deux époques sont de nature différente et de courte durée; ce n'est que l'ordre chronologique des trois états du globe qui reste conservé. Ces changements ont été produits chacun par une action propre. En exposant : 1° le mode physique de la production de l'organe de l'ouïe, et 2° la cause qui fit changer l'état des animaux, j'exclus toute objection et toute autre explication. Elles ne servent que ceux qui, par ignorance, admettaient que ces questions doivent être résolues par des hypothèses physiques ou dogmatiques, qui vont mourir ignorants s'ils refusent la lecture de cet ouvrage. Comme moi tout autre peut donner l'explication exposée ici, mais il n'y aura jamais d'explication différente.

I. **Questions.** Pourquoi l'organe de l'ouïe manque-t-il chez les invertébrés et comment à une époque *e* a-t-il été produit avec les vertébrés ?

Réponse. L'organe de l'ouïe a été produit par une expansion de l'échoélectre qui est un échogène (ἦχος, son ; γεννᾶν, produire) qui n'est pas un fluide existant comme le sont les cinq autres; mais qui est produit par une continuité de décharges des molécules η pycnoélectriques dans les aréoélectriques ή. Ces inéquilibres ainsi produits dans les électres de l'air, sont suivis par des décharges opérées par des expansions et par des reculs des deux électres. Ce mode d'ondulation électrique est ce qu'on doit entendre par le mot d'échoélectre échogène, lequel ne dure qu'autant qu'il est produit. Sa production dans le vide manque, parce que la charge électrique y est impossible. (*Physique*, tome IV, section 5.)

Lorsque les animalcules primitifs, monades et les insectes se produisaient par l'expansion de cinq espèces de fluides, il manquait de décharges électriques, de production d'échoélectre et de son expansion. Le chyle des plantes par ses électres, repoussés par leurs homonymes en expansion, s'arrangeait comme il le fait à présent pour former des animalcules. Le manque d'expansion des décharges électriques était la cause d'un silence universel; les animaux alors produits ne pouvaient avoir un organe d'ouïe qui ne pouvait être produit que par une expansion d'échoélectre échogène.

Les quatre organes des sens se répétaient dans tous les ordres, les familles, les genres et les espèces, parce que la lumière, la chaleur, le pycnoélectre et l'aréoélectre n'éprouvaient aucun changement dans leur expansion; il n'y avait que les plantes et leur fruit avec le chyle qui différaient dans chaque pays et au même pays pendant chaque saison. C'est donc l'appareil de translation des animalcules et des baroélectres qui correspondait aux variations des masses accumulées du chyle. Les animaux primitifs de chaque genre obtiennent un appareil de translation déterminé par la végétation de la saison. C'est par l'accumulation du chyle que font les animaux neutres qu'ils obtiennent les parties génitales et deviennent des individus mâles.

L'expermatose opéré par ces parties sur le chyle des plantes soutenant les électres dont le mâle a été produit fait se produire un nouvel individu comme l'était le mâle en son état primitif. Les parties génitales du mâle étant formées par l'expansion centrifuge de même que la déjection du sperme, celles de la femelle ont pour cause une expansion inverse comme l'est celle de la pile de Riter. Les parties génitales des individus accouplés font apparaître l'état neutre primitif de ces deux individus. La reproduction par accouplement est très-favorisée, tandis que la production primitive est soumise aux obstacles d'autant plus nombreux que l'appareil de translation est plus compliqué.

Des invertébrés : 1° les animalcules d'appareil simple de translation sont produits directement par l'expansion de cinq espèces de fluides : les abeilles sont neutres dans leur état naturel, au moyen d'une nourriture abondante, elles obtiennent les parties génitales du mâle, dont le sperme rejeté sur la nourriture fait se former des individus de l'un ou de l'autre genre; 2° les insectes d'appareil de translation compliqués sont des deux genres; parmi eux sont les scarabés d'appareil de translation sonore, car il y a des décharges électriques et d'électres échogènes dans l'expansion.

Cet électre échogène, ainsi produit à l'époque *e*, fit par son expansion changer l'état électrique du chyle parcouru en même temps par l'expansion de cinq autres fluides; chacune des vertèbres correspond à la partie postérieure du crâne des invertébrés; ainsi l'appareil de l'ouïe étant accompagné d'un appareil de translation composé de plusieurs détails, dans chacun d'eux est amené le pycnoélectre d'une partie de la moelle dorsale. Ce pycnoélectre y est amené par les nerfs qui ont leur origine dans les capillaires des artères; c'est donc le même pycnoélectre qui, venant avec le chyle des poumons, pousse par son expansion le sang dans les artères et dans les capillaires. Il n'y a que l'excès qui est conduit par les nerfs ascendants dans la moelle et le cerveau. Accumulé dans ces parties centrales, le pycnoélectre éprouve une expansion vers la partie de l'appareil de translation, où il y a une accumulation de chyle contenant de l'aréoélectre.

L'expansion de l'électre échogène, en produisant des vertébrés possédant l'organe de l'ouïe, n'intercepta : 1° ni la production des animalcules par l'expansion des cinq espèces de fluides; 2° ni celle des insectes soutenus par la reproduction. Les détails de l'appareil de translation des animaux ont été employés pour leur classification, tandis qu'ils indiquent des changements chronologiques de la végétation et de la forme de la surface du globe. La série de ces changements est exposée dans le tome III, *Physique céleste* ; on y voit que la production de l'appareil de translation des quadrupèdes correspond à l'époque précédente du soulèvement des montagnes, car celles-ci produisent des pluies. Les reptiles, les chauves-souris, les quadrumanes, vivaient sur les plaines arrosées par les marais. Les appareils de translation des animaux sont la bibliothèque dans laquelle se trouve l'histoire des changements opérés sur le globe en ordre chronologique.

II. **Question**. Quelle cause physique, à une époque *e* postérieure à celle *e*, fit changer les dimensions et la physionomie des vertébrés et des invertébrés qui manquent parmi les animaux actuels de mêmes pays?

Réponse. L'époque *e* est celle du Déluge qui a été produit par la séparation des deux masses d'air des régions polaires, et depuis cette époque s'est établi l'état actuel du globe. Les détails de la séparation de l'air sont exposés dans la *Physique céleste*, tome III. Je me borne à indiquer : 1° comment une masse supérieure d'air a agi sur les animaux antédiluviens, par la respiration et par la nourriture et, 2° comment la séparation d'une grande partie d'air produisit la disparition de ces espèces d'animaux.

I. **Respiration sous une grande pression**. La quantité d'air du même volume est proportionnelle à sa densité; au moment où les animaux viennent au monde, la respiration commence par une pénétration de l'air dans la poitrine; le thorax doit s'élever en éprouvant une répulsion supérieure à la pression atmosphérique. L'air expiré pour la première fois est inférieur à l'air inspiré; une partie reste dans les poumons à l'état dilaté. Cet air chaud soutient un inéquilibre qui soutient la respiration pendant toute la vie et même sous une pression supérieure.

Les animaux primitifs produits sous une pression considérable d'air peuvent, par leur reproduction, s'y soutenir ; les animaux qui ont été produits sous une pression médiocre, comme l'actuelle, peuvent supporter jusqu'à un certain degré une pression supérieure; mais leur reproduction dans ces pays est impossible, les petits qui viennent au monde meurent asphyxiés.

Avant le Déluge, l'atmosphère n'était pas sphérique, elle avait la forme cylindrique. Cette forme est indiquée dans le globe ailé des monuments d'Égypte. Sous les latitudes inférieures du globe vivaient alors l'homme et les animaux actuels; dans les latitudes supérieures vivaient des animaux d'autre structure, qui ont cessé de vivre après l'éloignement des masses d'air. L'expansion de l'échogène exerçait dans le chyle des poussées proportionnelles à la pression qui différait dans chaque latitude du globe.

II. **Pluies et végétations sous une grande pression.** Les torrents d'eau des averses antédiluviennes en descendant vers la mer ont enlevé les parties les moins solides des continents et ont ainsi façonné la surface du globe par des vallées d'inclinaisons correspondantes à la loi de l'hydraulique. 1° Cette forme régulière des vallées prouve que l'eau des averses a enlevé les terrains; 2° la largeur des vallées et leur profondeur sont la mesure des masses d'eau des averses et en même temps la mesure de la pression atmosphérique d'une centaine de fois supérieure à la pression actuelle.

Le sol tellement arrosé dans les latitudes supérieures, et protégé contre le froid par la masse d'air, soutenait une végétation perpétuelle, à laquelle correspondent les gros animaux antédiluviens dont les ossements forment des îles dans la mer polaire.

III. **Question.** A côté de la reproduction y a-t-il de la production spontanée ou non?

Réponse. Une question pareille indique l'ignorance de ceux qui la proposent. Il est exposé ici que les cinq espèces de fluides ne produisent que des invertébrés qui diffèrent par l'appareil de translation. Les parties génitales, soutenant les reproductions, sont un produit de l'accumulation du chyle dans les individus neutres. La déjection de la semence par les poissons mâles et des œufs par les femelles ne diffère pas de la déjection du fruit des arbres sur le sol, en contenant le chyle produit de plusieurs récoltes précédentes. Il devient évident, que le mode de la production des plantes et des animaux primitifs étant connu, de même que le mode de la production de leurs parties génitales soutenant la reproduction, il n'y aurait personne qui ferait mention de production spontanée. Chacun connaît qu'il n'y a d'action qui ne soit précédée d'une force ; mais lorsqu'elles étaient inconnues on a nommé *spontanées* les productions des plantes et des animaux : *spontané* est ici le synonyme d'*inconnu*.

III. RAPPORT ENTRE LA PHYSICO-CHIMIE ET LA COSMOGONIE.

§ 333. La végétation est soutenue par l'expansion des quatre fluides impondérables, à laquelle obéit le chyle contenant le barogène. La vie animale résulte de l'expansion des quatre fluides impondérables et de celle du *barogène*. Il a été prouvé que la pression **p** verticale et celle *p* latérale du baroélectre produit l'état liquide et l'état solide des corps. Donc pour faire connaître la nature du barogène de même que sa différence avec les quatre autres fluides, il est nécessaire d'exposer leur origine.

Les deux électres venant en contact sont en inéquilibre, celui-ci fait pénétrer le pycnoélectre dans l'aréoélectre, il en résulte un électre équilibré ou neutre ĖE. 1° Cet électre pénètre dans l'aréoélectre E et produit des *tehrmozeugmes* ĖE² ; 2° le même électre est pénétré par le pycnoélectre Ė et produit des *photozeugmes* Ė²E; 3° dans les corps il y a du barogène et production de chaleur et de lumière.

En partant de ces données, je trouvai que le barogène est un baroélectre composé de mêmes molécules que les deux électres dont il ne diffère que par sa densité. Ainsi se présentèrent les questions sur le mode des changements opérés sur les molécules d'un fluide primitif, équilibrées dans l'espace indéfini, où chacune d'elles occupait un espace indéfini :

I. Pour en résulter du *pycnoélectre* P (fig. 63) et de l'*aréoélectre* A d'égal volume, les molécules équilibrées ont dû subir : 1° une division en deux parties inégales, et 2° une compression inégale.

II. Pour en résulter des thermozeugmes et des photozeugmes, il a fallu s'opérer précédemment dans Z la rencontre des ondes des deux électrosphères dont le mélange est l'électre neutre ĖE.

III. Pour que les molécules μ de l'électre ε dense et les molécules μ' de l'électre ε moins dense se trouvent d'égale densité, il n'est qu'un unique espace en Π en distance **d** = ΠP de la pycnosphère P et en distance *d* = ΠA de l'aréosphère A.

Époques. Il est à distinguer : 1° l'époque ε de la fin de la compres-

A————Π————Z——————P.

(fig. 63)

sion des molécules; 2° l'époque e du moment de la rencontre des ondes des deux électrosphères dans l'espace central Z; 3° L'époque e de l'arrivée des quatre espèces de fluides de l'*espace central* Z dans l'espace mondain Π.

Temps. Ces trois époques séparent quatre laps de temps 1° χρόνος κόσμιος et χρόνος εξοδοκός dont les deux limites ont terminé 2° les deux autres illimités: 1° l'un χρόνος ἄναρχος, temps sans commencement a ou sa fin à l'époque ε; 2° l'autre χρόνος αἰώνιος a commencé à l'époque e, sa durée persiste à présent, elle ne finira jamais.

Espace. Il est à distinguer : 1° l'espace *mondain* χῶρος κόσμιος Π; 2° l'espace *transmondain* χῶρος μετακόσμιος ΠΑ et ΠΡ; 3° l'espace *céleste*, χῶρος ὑπερκόσμιος au delà de ΠΑ et au delà de ΠΡ.

Action. Il est à distinguer dans l'espace mondain 1° l'expansion du baroélectre avec les autres quatre fluides; la poussée du baroélectre contre le barogène β est nommée *action physique;* 2° l'expansion de l'amphiélectre avec les autres fluides séparés du barogène est nommée *action métaphysique;* 3° l'action qui a divisé les molécules équilibrés du fluide primitif et les a indéfiniment comprimés pour qu'il en résulte deux espèces de ressorts, dont l'expansion indéfinie correspond à la compression qui fit que les molécules de l'espace indéfini se trouvent en deux volumes limités séparés d'un maximum de distances DA définie est *hyperphysique.*

Sept espèces de pycnoélectres et sept d'aréoélectres. Les sept sons, les sept couleurs bien distinctes, de même que les sept espèces d'odeurs et de saveurs moins distinctes, font connaître que chaque pycnoélectre et chaque aréoélectre est composé de sept mérides ou parties nommées *pycnomérides* (μερίς, portion).

Tous ces détails sont exposés ensemble dans la figure 6.

Époques. Les deux électrosphères P, A égales, contenant d'inégales quantités de molécules 1° à l'époque ε composaient le monde. Il n'y avait que de l'espace transmondain PA compris dans l'espace indéfini; 2° à l'époque *e* a terminé le temps cosmique; les ondes A B C D de la pycnosphère *p* vinrent, dans l'espace central Z, en rencontre avec les ondes A' B' C' D' E'... de l'aréosphère A. La périphérie *aa' aa'* de la coupe des ondes A A' se trouva sur le plan central MN.

L'onde A, en avançant à gauche du plan MN, vient en rencontre avec les ondes B' C' D' d'aréoélectres; l'onde A', en avançant à droite du plan, vient en rencontre avec les ondes B D E. De chaque côté du plan central ont été produites trois rencontres périphériques des ondes des électres. Il y a eu dans chacune d'elles des mélanges des deux électres d'égal volume, mais de quantités Q de molécules μ de pycnoélectres supérieures à celles θ' de molécules μ' et d'aréo-électres. Dans ces sept périphéries ββ *gg*, γλ *ee*, δδ *dd*, εε *ee*.... les

Fig. 64.

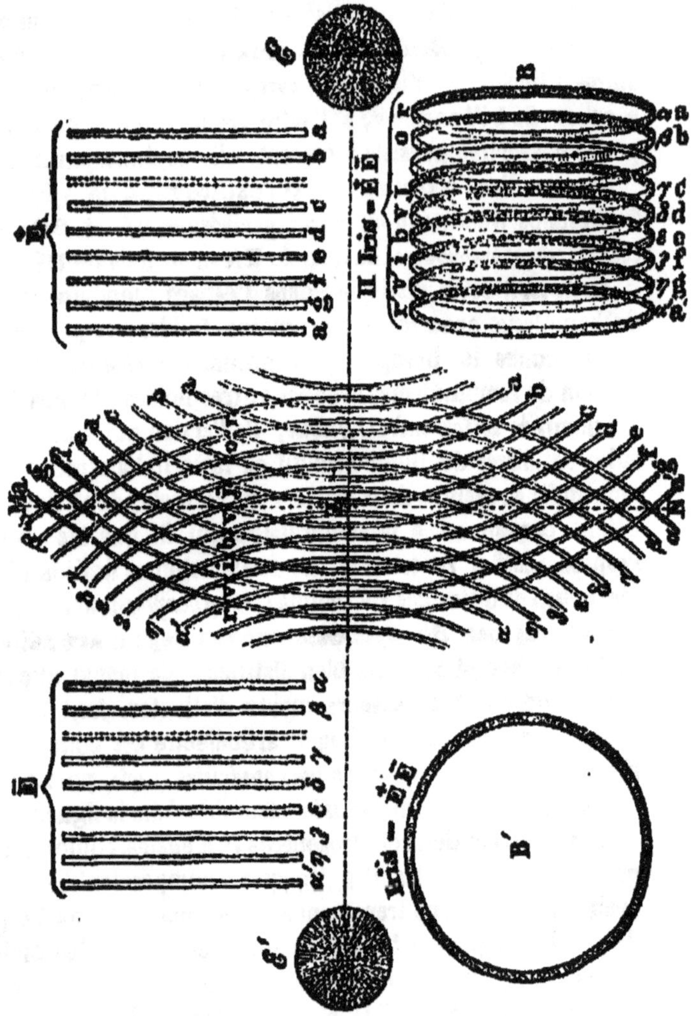

quantités de molécules $\mu\mu'$ de deux électro-sphères entrèrent dans les sept rapports suivants :

à gauche du plan	sur le plan central	à droite du plan.
9 : 8 ; 5 : 4 ; 4 : 3	3 : 2	5 : 3 ; 0 : 0 ; 15 : 8 ; 2 : 1

A droite du plan le pycnoélectre va en croissant, à sa gauche il décroît. Au delà de ces deux limites, il n'y a pas eu de mélanges pareils; il y a commencement de rapports olasmatiques. Ainsi dans les sept périphéries les molécules μ, μ' ou ÈE ont occupé un égal volume; l'expansion des molécules μμ' de ces sept périphéries produisit des ondes *heptaples* ayant sept couches sphériques. Ces ondes vinrent en rencontre : 1° d'un côté avec les ondes de l'aréoélectre È, venant de A, elles y pénétrèrent et produisirent les *thermoélectres* ÈE^7; 2° de l'autre côté les électres ÈE ont été pénétrés du pycnoélectre É venant de P et produisirent les photoélectres É^{7}E.

Ainsi à l'époque e s'opéra dans l'espace central Z, la production de sept périphéries composée de molécules μμ' en sept rapports conservés. Les molécules de ces périphéries produisent la chaleur et la lumière. La masse de ces deux fluides éprouvait dans l'espace central Z : 1° une poussée **p** de l'aréosphère A, et 2° une autre P supérieure de la pycnosphère P. Cet inéquilibre fit commencer l'*exode* de la masse totale de lumière et de chaleur pour être transférée pendant le laps de temps exodique de l'espace central Z dans l'espace mondain entre Z et A.

La fin du temps exodique est l'arrivée à II de la masse de chaleur et de lumière nommée *électre empyré*, c'est la troisième époque e cosmogonique. Cet électre empyré s'y arrêta parce que la poussée *p* de l'aréoélectre augmenta et devint $p + p'$ dans les ondes o qui ont diminué; au contraire la poussée **p** diminua et devint $\mathbf{p} - p' = p + p'$ dans les ondes O qui ont augmenté.

L'électre des ondes o et O des électrosphères A et P dans l'espace II mondain est de même densité $d + d'$. 1° Elle est supérieure à celle $d + \delta$ des thermoélectres ÈE^7 et à celle d de l'aréoélectre, et 2° elle est inférieure à la densité **d** du pycnoélectre et à celle $\mathbf{d} - \delta$ des photoélectres; cet électre ε'' est le baroélectre B.

Il y a donc eu dans l'espace mondain 1° pénétration du *baroélectre* β dans les thermoélectres ÈE^7 = θ et production de composés θβ hylicoahyles qui sont l'*hydrogène*; 2° une pénétration d'un photoélectre dans sept thermoélectres s'était opérée déjà pendant l'exode, ces composés φθ^7 en pénétrant dans le baroélectre produisirent les composés φβ$\overline{\theta\beta}^7$ hylicoahyles qui sont l'*oxygène*.

Résumé sur l'origine du barogène et de la pesanteur. Le baroélectre est amené par les ondes o, O dans l'espace mondain, il exerce une poussée **p** sur le barogène *b* de chaque diamètre du globe. La quantité B — **b** passe outre et dans son émergence elle exerce une poussée P — **p** sur les corps qui éprouvent la poussée P du baroélectre ε'' affluant. Donc le barogène β de chaque corps de la surface du globe est réduit en inéquilibre centripète indiqué par la différence $p = P - (P - p)$ des deux poussées qu'il éprouve.

La production de l'ensemble des faits chimiques, physiques, physiologiques, astronomiques, se trouve exposée dans tous ses détails d'une exactitude mathématique qui ne permet aucunement de révoquer en doute son existence et en même temps celle de l'histoire de la cosmogonie.

Comme dans la géométrie pour la démonstration de chaque proposition, on remonte jusqu'aux axiomes, de même dans chaque science physique et naturelle, ou métaphysique et morale, on doit remonter jusqu'à l'origine des corps et des fluides impondérables. Pour découvrir des faits nouveaux, il faut se limiter à une petite quantité, pour connaître le mode de la production de faits, il faut remonter à l'origine des corps et de l'expansion des électres. Cette origine est commune à toutes les sciences, tandis que le nombre des faits est indéfini.

Dans l'avenir la *cosmogonie* sera l'espèce d'alphabet applicable à l'étude de chaque science et même à la recherche des découvertes de faits nouveaux. D'abord les anciens voudront conserver la doctrine qu'ils professent, mais la jeunesse va la combattre. La force physique de l'Institut de France soutiendra son monopole ; une force semblable ne manque pas dans les autres pays civilisés. Il n'y a qu'en Orient que telles corporations de monopole intellectuel n'ont pas été encore établies. C'est donc en Orient qu'apparaîtra le soleil de la *Panepistème.*

FIN DE LA PHYSICO-CHIMIE GÉNÉRALE.

NOMENCLATURE

COMPLÉTÉE DES TERMES CORRESPONDANT 1° AUX TÉTRAÈDRES DES DEUX ESPÈCES D'ATOMES ET 2° AUX DENSITÉS DES MOLÉCULES COMPOSANT LES ÉLECTRES.

AMMONIAQUE. (non ἄμμος, sable, mais Ἄμμων, gen. Ἄμμονος, Jupiter) son temple dans le désert où est exploité le sel ammoniac.

AMPHISTROPHE. (Ἀμφὶ, prep. στρέφειν, tourner) l'expansion thermoélectrique qui en vingt-quatre heures a deux inversions correspondantes aux deux tropes thermométriques.

La poussée verticale p du baroélectre sur le barogène des branches attachées sur le tronc des arbres est souvent supérieure à 1000 kilogrammes, elle est cependant beaucoup inférieure à la pression $p + p'$ exercée par les filets multiples d'électres amphistrophes qui unissent les branches avec le tronc. V. *bioélectre*.

ANISORRHOPIE (ἄνισος, inégal, ῥοπή, inclinaison), inéquilibre.

ANISOTHERMIE, inégalité de chaleur ou de température.

ANTHRACOTÉTRAÈDRE. Tétraèdre $4C^2$ ayant un équivalent $C^2 = OH^4$ dans chacun de ses 4 sommets.

ANTHRAX (ἄνθραξ) charbon.

ARÉOÉLECTRE (ἀραιός, raréfié), électre composé de molécules moins denses, électricité négative ou résineuse.

ARÉOÉLECTRICITÉ = aréoélectre.

ARÉOMÉRIDE (μερίς, portion) portion d'aréolectre. V. *pycnoméride*.

ARÉOSMOSE (ὠθεῖν, pousser). V. *pycnosmose*.

ARÉOSYZYGUE. V. *pycnosyzygue*.

ARÉOÉLECTRISER, rendre électronégatif.

ARÉOTHÈME = aréoméride.

ATMOAÉROSPHÈRE (ἀτμός, vapeur). Ainsi est nommée la couche de l'atmosphère d'épaisseur inférieure à 3000 mètres, au-dessus de laquelle est l'*aérosphère* sans vapeur.

ATOME (ἀ privat, τέμνειν, couper), les deux composés θβ, $\overline{\varphi\beta\theta\beta}'$ d'hydrogène et d'oxygène ont un diamètre égal, limité et invariable, 4 de ces atomes sont un tétraèdre. La dimension d'un tel tétraèdre est $0^{mm},0005$.

AYLE. (α priv. ὕλη, matière) immatériel.

AZOTOGÈNE. Le carbone du chyle produisant de l'azote.

AZYME (α, priv. ζύμη, levure) pain sans levure.

BAROÉLECTRE (βάρος, poids) ainsi est nommé l'électre de densité moyenne entre celle *d* de l'aréoélectre et celle d du pycnoélectre. Cet électre affluant vers l'espace mondain exerce une poussée contre le *barogène* des corps. L'inéquilibre qui en résulte est la *pesanteur*. La portion β du baroélectre contenue dans chaque corps est son poids ou son *barogène* ou sa *baroméride*.

BIOÉLECTRE (βίος, vie; βιω en slave, je fais en bobine) c'est le nom des électres amphistrophes, car c'est l'expansion qui soutient en vie les plantes et les animaux. V. *amphistrophe.*

BIOCHYLE, chyle soutenant les bioélectres.

CHLOROPHYLLE (χλωρός, vert, φύλλον, feuille), tel est le nom du composé $C^{18}O^{16}H^{20}O^{19}$ ou $C^{36}O^{32}H^{18}O^{34}$.

CHYLE (χυλός) tétraèdres d'eau contenus dans un nombre égal d'anthracotétraèdres $4C^8H^4O^6$; il est amené des feuilles dans la tige par l'expansion centripède, *sève descendante.*

CHYME (χυμός) tétraèdres d'eau seuls ou avec du chyle amenés du sol et des racines par l'expansion centrifuge sur la surface des plantes, *sève ascendante.*

COSMOSPHÈRE, *métacosmosphère*, *hypercosmosphère*. Ainsi sont nommés : 1° l'*espace mondain* (χῶρος κόσμιος); 2° l'*espace transmondain* (χῶρος μετακόσμιος) limité de deux électrosphères, l'une de pycnoélectre et l'autre d'aréoélectre; 3° l'*espace ultramondain*, (χῶρος ὑπερκόσμιος, qui est illimité.

CRISTALLOPHRAGME (φράγμα, cloison). Dépôt de silice en cristaux de quartz, feld-spath et mica amenés par l'expansion du pycnoélectre dirigée vers la surface chaude des houillères souterraines, lesquelles séparées par le phragme de la mer sont converties en fournaises volcaniques. (*Physique céleste*, t. III, p. 404.)

DENSITÉ. Le mélange du gaz explosif de 2 volumes v d'hydrogène et d'un volume v d'oxygène pèse $1+8=9$, sa densité est $\frac{9}{3}=3$. Ce mélange réduit en vapeur occupe le volume $v=2v$; la densité est devenue $\frac{9}{2}=4,5$. Le tétraèdre de l'eau H^2O^2 pèse 36 est admi de densité; en y introduisant un deuxième tétraèdre d'oxygène de volume v et de densité 8, il va occuper le volume $v=2v$ qui fait y augmenter de 4 la densité dans le volume v du poids 9. On a trouvé ainsi pour l'eau oxygénée la densité $9:13=1:x=1,444$.

DIASTOLE accroissement des molécules des électres par leur expansion, non par leur dilatation ou par leur déplacement.

DIAZEUXE (διά, prep., ζεύγειν, conjuguer), séparation des tétraèdres, analyse.

DISPERME (δίς, deux fois, σπέρμα, noyau), à deux noyaux.

ECCHALYBOSE (χάλυψ, acier) changement (du fer) en acier.

ECCHOMATOSE (χῶμα, argile) changement (du chyle) en argile.

ECCHROMATOSE (χρῶμα), changement (de la lumière blanche) en couleurs.

ECHOÉLECTRE (ἦχος, son) les sept espèces de pycnoélectromérides déchargées dans des aréoélectromérides produisant par leur expansion de sentiments de sept sons de l'octave.

ECMÉTALLOSE, changement (des minerais) en métaux.

ECPHOTOSE (φῶς, lumière), changement (des deux électres) en lumière.

ECPHYTOSE (φυτόν, plante), changement (de l'eau) en plantes.

ECTÉTRAÉDRIASE. Sortie du tétraèdre intérieur de l'extérieur, *décomposition*, *analyse*, opp. *Entétraédriase.*

ECTHERMATOSE (θερμαίνειν, chauffer) changement (des deux électres) en chaleur.

ECTOTÉTRAÈDRE, le tétraèdre qui en contient un autre nommé *endotétraèdre.*

ECTOCHYLE (χυλός, sève) couche de chyle enveloppant d'autres couches d'ectochyle.

ÉLECTRE. Masse de molécules d'abord de volume indéfini équilibrées et nommées *éther*, puis inégalement divisées et réduites à deux volumes égaux pour se trouver de densités différentes et inéquilibrées, ces deux propriétés manquaient dans l'éther équilibré, qui n'existe pas. Les molécules les plus comprimées et les plus denses sont l'électre dense, le *pycnoélectre* ou *pycnoélectricité*. Les molécules les moins comprimées et les moins denses sont l'électre le moins dense, l'*aréoélectre* ou *aréoélectricité*. Les molécules des électres provenant des deux électrosphères sont en expansion perpétuelle. Cette poussée exercée contre les tétraèdres, leur fait obtenir la forme tétraédrique; cette forme résulte de poussées pareilles qui ne varient que d'intensité et de directions.

ÉLECTRICITÉ. V. *Électre*. *Électricité* ou *électre* à l'*état latent*; lorsque l'expansion des électres hétéronymes celle du *pycnoélectre* dans l'*aréoélectre* est interceptée par l'interposition d'une couche très-mince de tétraèdres, les deux électres ainsi rapprochés se réduisent à l'état équilibré qui se soutient autant que la couche mince de forme d'enveloppe n'est pas déchirée.

ÉLECTROLYSE (λύσις, décomposition), les tétraèdres 1° sont contenus les uns dans les autres comme dans les acides ou les alcalis et l'eau, ou 2° ils sont accolés les uns aux autres par leurs électres hétéronymes comme ils le sont dans les sels. Des couples de tétraèdres à l'état liquide étant exposés à l'expansion opposée des deux électres, se séparent lorsque les pycnotétraèdres éprouvent une *pycnoosmose* dans le pôle positif et les aréotétraèdres un aréoosmose, dans le pôle négatif, d'intensité supérieure à la *synosmose* tenant du baroélectre qui soutient ces tétraèdres accolés. Les pycnotétraèdres repoussés d'un pôle et les aréoélectres repoussés de l'autre y laissent leurs hétéronymes et venant en rencontre au milieu du bain, ils s'y combinent, de sorte qu'il en résulte un inéquilibre d'aspiration.

ÉLECTROTMÈME = électromériде.

ÉLECTROZEUGMES (ζεῦγμα, couple), couple des deux électres $\overset{+}{E}\overset{-}{E}$.

ENDOCHYLE, amylon contenue dans une enveloppe de chyle.

ENDOTÉTRAÈDRE (ἔνδον, intérieur), le tétraèdre contenu dans un autre.

ÉNÉDRIASE, introduction d'un tétraèdre dans un autre.

ENTÉTRAÉDRIASE, pénétration d'un tétraèdre dans un autre, *composition*, *synthèse*, *opp*. *ectétraédriase*.

EXAÉROSE (ἀήρ, air), changement (de l'eau) en air.

EXANTHRACOSE (ἄνθραξ), changement (des tétraèdres de l'eau) en carbone et oxygène.

EXAZOTOSE (ἄζωτον), changement (des tétraèdres de l'eau) en azote et oxygène.

EXÉDRIASE; séparation d'un tétraèdre de l'autre.

EXÉLECTROSE, changement (des thermoélectres $\overset{+}{E}\overset{-}{E}^{2}$) en électrozeugmes $\overset{+}{E}\overset{-}{E}$ et aréoélectre $\overset{-}{E}$, *thermoélectricité*.

EXHYDATOSE (ὕδωρ), changement (de l'air) en vapeur et en pluie.

EXODE (ἐκ, prép., ὁδός, marche) déplacement des fluides impondérables de l'espace central dans l'espace mondain. *Temps exodique* la durée de ce déplacement.

GEUSTOMÉRIDES (γεῦσις, goût), portions des molécules de pycnoélectres produisant une espèce de saveur.

HEPTAPLE (*ἑπταπλάσιος*, *répété* sept fois), le pycnoélectre est composé de molécules séparables en sept longueurs exposées par $\lambda, \frac{8}{9}\lambda, \frac{5}{6}\lambda, \frac{3}{4}\lambda, \frac{2}{3}\lambda, \frac{3}{5}\lambda, \frac{9}{16}$. L'expansion de chacune de sept espèces de lumière a été trouvée par Newton dans les rapports suivants : violet $= \frac{1}{9}$; indigo $= \frac{1}{16}$; bleu $= \frac{1}{10}$; vert $= \frac{1}{9}$; jaune $= \frac{1}{10}$; orange $= \frac{1}{16}$; rouge $= \frac{1}{9}$. En divisant un anneau en sept portions qu'on colore on obtient entre chaque couple de portions le centre de gravité par lequel passe le rayon qui aboutit au point de périphérie indiquant la teinte qui résulterait du mélange des deux couleurs. *Phys.*, t. III, p. 449.

HÉTEROÉLECTRIQUE (ἕτερος, l'un des deux), un mélange de deux électres égaux dont chacun contient inégale quantité de même espèce de molécules.

HYDATOTÉTRAÈDRE (ὕδωρ, eau), tétraèdre 4HO déterminé par 4 hydatozeugmes.

HYDATOZEUGME (ζεῦγμα, couple), HO d'hydrogène et d'oxygène qui composent un équivalent d'eau.

HYDROGÈNE (ὁγρὸς, humide, non ὕδωρ), l'un des deux atomes élémentaires, composé de chaleur et de barogène $H = \theta\beta$, un thermobarozeugme.

L'*hydrogène ordinaire* est $\overset{+-}{HE}$; l'*hydrogène pycnoélectrisé* est $\overset{+-}{H^{2}E}$; l'*hydrogène aréoélectrisé* est $\overset{+-}{HE^{2}}$ (allotropique et odorant).

HYDROTÉTRAÈDRE, tétraèdre 4H déterminé par 4 atomes d'hydrogène.

HYLICOAHYLE (ὑλικὸς, matériel, ἄϋλος, immatériel), composé de deux éléments dont l'un est barogène et l'autre thermozeugme $\theta\beta$ = hydrogène, tandis que le thermophote $\varphi\theta^{7}$ composé avec le barogène donne l'oxygène $= \varphi\beta\overline{\theta\beta}^{7}$.

HYLIQUE (ὑλικός, matériel).

HYPERPHYSIQUE, action qui n'est pas produite par une autre.

HYPERCOSME (κόσμος, monde) ultramondain.

HYPOLOEPE (ὑπὸ, prép., λοιπόν, résidu), des éléments d'un tétraèdre double après la séparation de quelques éléments de l'un ou de l'autre.

ISOPYCNE (ἴσος, égal, πυκνὸς, dense), d'égale densité.

ISORRHOPIE (ῥοπή, inclinaison), équilibre.

LIPOCORME (λείπειν, manquer, κορμός, tronc), arbrisseaux des pays chauds, qui perdent leur tige en hiver dans les pays froids.

MÉTATÉTRAÈDRIASE (μετα, prép.), 1° déplacement des endotétraèdres, *analyse*; 2° leur introduction dans d'autres, *synthèse*.

MONOSPERME (μόνος, seul, σπέρμα, noyau), tétraèdres à un noyau

OXYGÈNE, $O = \varphi\beta\overline{\theta\beta}^{7}$, V. *hylicoahyle*.

1° OXYGÈNE ORDINAIRE $= \overset{-+}{OE}$;

2° OXYGÈNE ARÉOÉLECTRISÉ (ozoné) $= \overset{-+-}{OEE}$;

3° OXYGÈNE PYCNOÉLECTRISÉ (callétropique) $= \overset{-+}{OE^{2}}$.

OXYTÉTRAÈDRE, tétraèdre $4\overset{+}{OE}$, déterminé par 4 atomes d'oxygène.

PARÉDRIASE, position d'un tétraèdre à côté d'un autre.

PESANTEUR, barogène inéquilibré par deux poussées inégales et opposées de baroélectre.

PHYTOSYZYGUE (σύζυγος, élément d'un couple), élément électropositif d'un composé, l'autre est *aréosyzygue*, élément électroponégatif.

PÉRICHYLE, chyle de l'enveloppe contenant le biochyle et les électres latents.

PYCNOÉLECTRISER, charger de pycnoélectre, rendre électropositif.

PYCNORRHEÜME (ῥεῦμα, courant), expansion de pycnoélectre, courant électropositif.

PYCNOSMOSE (ὠσμός, poussée) expansion pycnoélectrique à travers des cloisons.

PYCNOMÉRIDE (μερίς, portion) il en a sept de volumes égaux à ceux des sept aréomérides, lesquelles produisent ensemble les sept sons et les sept couleurs; séparément 1° les aréomérides produisent les espèces d'odeurs et 2°

les sept pyonomérides produisent les sept espèces de saveurs.

PYCNOTÉTRAÈDRE, tétraèdre soutenant le pycnoélectre.

PYCNOTHÈME = pyonoméride.

RHEUME courant, expansion, non-translation.

SYNOSMOSE (*ὠθεῖν, pousser*) *pression* convergente.

SYZEUXE (σύν, prép., ζεύγειν, conjuger), synthèse des tétraèdres 1° par pénétration du pycnoélectrique dans l'aréoélectrique ou 2° par l'accolement de deux faces ou des deux arêtes.

TÉTRAÈDRE (τέσσαρα, quatre, ἕδρα, base), corps de quatre faces de triangles équilatéraux. La longueur de l'arête étant 4, la surface d'une face est $s = 4\sqrt{3}$; la hauteur h du tétraèdre est $h = 4\sqrt{\frac{2}{3}}$; le volume est $v = \frac{1}{3} sh = \frac{16\sqrt{2}}{3}$. Ces rapports géométriques se rencontrent dans ceux des densités de changements des vapeurs en liquides.

ZEUGME, produit de la combinaison de deux éléments couple.

ZEUXE, action de la combinaison des éléments.

ZYMOSE, fermentation sans production d'acide carbonique.

FIN DE LA NOMENCLATURE.

TABLE DES MATIÈRES

Pages.

PREMIÈRE SECTION.

DEUXIEME SECTION.

TROISIÈME SECTION.

QUATRIÈME SECTION.

CINQUIEME SECTION.

SIXIEME SECTION.

SEPTIÈME SECTION.

HUITIÈME SECTION.

FIN.

Paris. — Imprimerie de CUSSET et Ce, rue Racine, 26.

OUVRAGES DU MÊME AUTEUR

Grand Atlas cosmobiographique présentant 1° le mode de la création des fluides impondérables avec les corps et le mode de la production des satellites par les planètes, 2° des planètes par les soleils, 3° des soleils par la subdivision de la masse très-dense empyrée des nébuleuses. Neuf jets de telle masse inéquilibrée ont été expulsés du soleil central visible dans la constellation de la Licorne. 12 planches coloriées, avec texte, 1859. 20 fr.

Le Déluge, 1868. . . . . 6 fr.

Origine des Sciences physiques. . . . . 6 fr.

Grand Atlas météorologique, présentant le mode de la production 1° des phénomènes dans l'atmosphère, et 2° du magnétisme dans la Terre, 1860. 12 planches coloriées, avec texte. . . . . 20 fr.

Physique simplifiée par la découverte de l'électre composé de molécules indéfiniment comprimées et réduites ainsi en inéquilibre, il est en une expansion indéfinie. 4 vol. et un supplément. . . . . 36 fr.

Physique céleste. Détails du texte de l'Atlas cosmobiographique, avec 1° une carte de la distribution des neuf espèces annulaires, 2° un tableau allégorique de la Cosmogonie; et 3° un glossaire sanscrit (slave) de noms dogmatiques, astronomiques, géographiques, ethnologiques. 3 vol., 1868. . . . . 24 fr.

Physico-Chimie, tome Ier. Partie générale simplifiée 1° par l'exposition des équivalents en tétraèdres et en nombres entiers, 2° par les sept rapports entre les nombres des *éléments et des couleurs*, 3° par la poussée de l'expansion des électres qui est l'action universelle, 4° par l'explication de la fermentation et de la putréfaction, 5° par la correspondance entre les espèces des électres et les organes des sens. Ce tome avec les deux suivants. 27 fr.

SOUS PRESSE :

Physico-Chimie inorganique, qui finira vers la fin de l'an 1870; elle ne sera pas distribuée par livraisons aux abonnés. Le tome III contiendra la *Physico-Chimie organique*.

Paris. — Imprimerie Cusset et Ce, rue Racine, 26.

www.ingramcontent.com/pod-product-compliance
Lightning Source LLC
Chambersburg PA
CBHW030009220326
41599CB00014B/1751